ÉDOUARD GOURSAT
PROFESSEUR À LA FACULTÉ DES SCIENCES DE PARIS

LEHRBUCH DER ANALYSIS

ERSTER BAND

NACH DER ZWEITEN AUFLAGE DES FRANZÖSISCHEN ORIGINALS

ÜBERSETZT VON

Dr. FELIX JAMES SCHWARZ †

MIT EINEM BEGLEITWORT VON

Dr. GERHARD KOWALEWSKI
O. Ö. PROFESSOR AN DER K. K. DEUTSCHEN UNIVERSITÄT ZU PRAG

MIT 53 FIGUREN

LEIPZIG
VERLAG VON VEIT & COMP.
1914

Druck von Metzger & Wittig in Leipzig.

Vorwort.

Am 8. Dezember 1912 folgte Dr. Felix James Schwarz, der Übersetzer des vorliegenden Bandes, seiner Gattin freiwillig in den Tod.

In einem Briefe, den er an seinem Todestage schrieb, bat er den Unterzeichneten für die Publikation des ersten Bandes und für die Fortführung der Übersetzung Sorge zu tragen.

Dem liebenswürdigen Entgegenkommen der Verlagsbuchhandlung Veit & Comp., insbesondere Herrn Dr. Thesing, ist es zu danken, daß dieser Wunsch des Verstorbenen, der mit großer Liebe an der Übersetzung des Goursatschen Werkes gearbeitet hat, nunmehr in Erfüllung geht.

Diesem ersten Bande werden, etwa in Jahresfrist, die beiden anderen folgen.

Es ist zu hoffen, daß die deutsche Übersetzung des berühmten Cours d'Analyse von Goursat dem mathematischen Studium in Deutschland förderlich sein wird. Man darf wohl sagen, daß es ein gleichwertiges Lehrbuch in der deutschen Literatur nicht gibt.

Die Übersetzung schließt sich (mit kleinen Abweichungen, die mit Rücksicht auf die Bedürfnisse unserer Studenten geboten erschienen) an die zweite Auflage des Cours d'Analyse an (Paris, Gauthier-Villars, 1910).

Dr. Gerhard Kowalewski,
o. ö. Professor an der deutschen Universität in Prag.

Inhalt.

Erstes Kapitel.

Einführung.

Zweites Kapitel.

Derivierte und Differentiale.

Drittes Kapitel.

Implizite Funktionen. — Maxima und Minima. — Änderung der Variablen.

Viertes Kapitel.

Bestimmte Integrale.

Fünftes Kapitel.
Berechnung der bestimmten Integrale.

Sechstes Kapitel.
Doppelintegrale

Siebentes Kapitel.

Mehrfache Integrale. — Integration der totalen Differentiale.

Achtes Kapitel.

Unendliche Reihen und Produkte.

Neuntes Kapitel.

Ganze Reihen. —Trigonometrische Reihen.

Zehntes Kapitel.

Theorie der Einhüllenden. — Krümmung ebener Kurven. — Berührung.

Elftes Kapitel.

Raumkurven.

Zwölftes Kapitel.

Flächen.

Erstes Kapitel.

Einführung.

I. Grenzwerte. — Mengen.

Von dem Begriffe der ganzen Zahl erhebt man sich stufenweise zu dem der rationalen, irrationalen und der algebraischen Zahlen. Wir setzen voraus, daß der Leser diese Begriffe bereits erworben hat und daß er auch die Theorie der algebraischen Operationen und die Anwendung der Zahlen auf die Messung stetiger Größen kennt.[1]

1. **Grenzwerte.** Man sagt, daß eine veränderliche Zahl x eine feste Zahl a zum Grenzwert hat oder gegen a konvergiert, wenn der absolute Wert der Differenz $x - a$ schließlich kleiner wird und bleibt als jede im voraus gegebene positive Zahl. Ist a gleich Null, so heißt die Zahl x eine unendlich kleine Größe. Die Aussagen, daß x eine Zahl a zum Grenzwert habe oder daß die Differenz $x - a$ eine unendlich kleine Größe sei, besagen offenbar das Gleiche. Um zu beweisen, daß eine Zahl x die Zahl a zum Grenzwert hat, teilt man im allgemeinen die Differenz $x - a$ in eine gewisse Anzahl von Teilen, z. B. in drei, und beweist, daß der absolute Wert jedes dieser Teile schließlich kleiner bleibt als $\frac{\varepsilon}{3}$, wobei ε eine beliebige positive Zahl bedeutet. Dieser charakteristische Beweisgang, den wir oft anwenden werden, wird mitunter der ε-Beweis genannt.

Man sagt auch manchmal, indem man sich einer inkorrekten,

[1] Wir nehmen an, daß eine Irrationalzahl durch die Zerlegung der Menge der rationalen Zahlen in zwei Klassen, welche gewissen Bedingungen genügen, definiert sei. Jeder Länge B, welche kein gemeinsames Maß mit der als Einheit gewählten Länge A hat, entspricht eine Irrationalzahl i, die das Maß von B heißt, wenn man A als Einheit nimmt. Umgekehrt entspricht jeder irgendwie arithmetisch definierten Irrationalzahl i eine Länge B, welche kein gemeinsames Maß mit der als Einheit gewählten Länge hat. Um diese wichtige These zu begründen, ist man gezwungen, sich auf ein Postulat zu stützen, welches von unserer Anschauung der geraden Linie herstammt.

aber bequemen Ausdrucksweise bedient, daß eine Zahl x zum Grenzwert $+\infty$ oder $-\infty$ hat oder gegen $\pm\infty$ strebt. Die Aussage, daß x z. B. $+\infty$ zur Grenze hat, bedeutet, daß die Zahl x schließlich größer wird und bleibt als jede im voraus gegebene positive Zahl A und nicht, daß die Differenz $(+\infty - x)$ gegen Null konvergiert, was gar keinen Sinn hätte.

Desgleichen pflegt man zu sagen, daß eine geometrische Figur, die in Form oder Lage veränderlich ist, eine feste Figur zur Grenze hat. Will man ein wenig Genauigkeit in diese Aussage bringen, so ist man gezwungen, in jedem besonderen Falle die Abweichung der fixen und der beweglichen Figur durch eine oder mehrere veränderliche Zahlen zu messen, und die vorhergehende Aussage drückt nichts anderes aus, als daß diese Zahlen unter bestimmten Bedingungen gegen Null konvergieren. Nehmen wir z. B. zwei benachbarte Punkte M, M' auf einer Kurve C. Man sagt, daß die Sehne MM' im Punkte M die Tangente MT zur Grenzlage hat, wenn der Punkt M' sich unbegrenzt dem Punkte M auf der Kurve C nähert. Die beiden Geraden MM', MT schneiden sich in einem festen Punkt M; es ist darnach natürlich, als Maß für ihre Abweichung den spitzen Winkel α zu nehmen, den diese beiden Geraden bilden, und der ausgesprochene Satz bedeutet in der Sprache der Analysis, daß der Winkel α kleiner ist als ein willkürlich gewählter Winkel ε, vorausgesetzt, daß die Distanz MM' selbst kleiner ist als eine andere geeignet gewählte Länge ϱ.

2. **Schnitte.** Nehmen wir an, daß die Menge der positiven und negativen Zahlen durch irgend ein Mittel in zwei Klassen A und B eingeteilt worden sei, derart, daß die folgenden Bedingungen erfüllt sind:

1. es existieren Zahlen beider Klassen;
2. jede positive und jede negative Zahl gehört einer der beiden Klassen an;
3. jede Zahl der Klasse A ist kleiner als jede Zahl der Klasse B.

Aus dieser letzten Bedingung folgt unmittelbar, daß jede Zahl, die kleiner als eine Zahl a der Klasse A ist, ebenfalls zur Klasse A gehört; daß hingegen, wenn b eine Zahl der Klasse B ist, auch jede Zahl, die größer als b ist, ebenfalls zur Klasse B gehört. Die beiden Klassen enthalten also stets unendlich viele rationale und unendlich viele irrationale Zahlen.

Wir wollen nun beweisen, daß eine Zahl L existiert, welche die folgenden beiden Eigenschaften genießt:

1. jede Zahl kleiner als L gehört zur Klasse A;
2. jede Zahl größer als L gehört zur Klasse B.

Die Existenz dieser Trennungszahl L ist eine unmittelbare Folge des Begriffes der Irrationalzahl. In der Tat, betrachten wir in den beiden Klassen A und B nur die rationalen Zahlen. Man zerlegt so die Menge der rationalen Zahlen in zwei Klassen (α) und (β) derart, daß jede rationale Zahl einer der beiden Klassen angehört und daß jede rationale Zahl der Klasse (α) kleiner ist als jede rationale Zahl der Klasse (β). Nachdem dies geschehen, können sich mehrere Fälle darbieten, die wir nun, einen nach dem anderen, untersuchen wollen:

I. Es kann geschehen, daß eine rationale Zahl $\frac{p}{q}$ der Klasse (α) existiert, welche größer ist als alle anderen rationalen Zahlen derselben Klasse. Dann ist die Zahl $\frac{p}{q}$ selbst die Trennungszahl L. Denn es ist klar, daß jede Zahl kleiner als $\frac{p}{q}$ der Klasse A angehört, da $\frac{p}{q}$ selbst zur Klasse A gehört. Jede Zahl b größer als $\frac{p}{q}$ gehört zur Klasse B: das ist selbstverständlich, wenn b rational ist; wenn aber b irrational ist, so nehmen wir eine rationale Zahl r zwischen $\frac{p}{q}$ und b. Diese rationale Zahl r gehört zur Klasse B; demnach gilt für b das Gleiche.

II. Wenn eine rationale Zahl $\frac{p'}{q'}$ der Klasse (β) existiert, welche kleiner ist als alle anderen rationalen Zahlen derselben Klasse, so sieht man genau so, daß alle Zahlen kleiner als $\frac{p'}{q'}$ zur Klasse A gehören und alle Zahlen größer als $\frac{p'}{q'}$ zur Klasse B; $\frac{p'}{q'}$ ist die Trennungszahl L.

III. Es kann schließlich vorkommen, daß keine rationale Zahl der Klasse (α) existiert, welche größer als alle anderen rationalen Zahlen derselben Klasse ist, noch auch eine rationale Zahl der Klasse (β), die kleiner ist als alle rationalen Zahlen derselben Klasse. Diese Zerfällung der rationalen Zahlen in zwei Klassen (α) und (β) definiert dann eine irrationale Zahl i, die größer ist als alle rationalen Zahlen der Klasse (α) und kleiner als alle rationalen Zahlen der Klasse (β). Diese Zahl i ist die Trennungszahl. Denn es ist klar, daß alle rationalen Zahlen kleiner als i zur Klasse A

gehören und alle rationalen Zahlen größer als i zur Klasse B, was unmittelbar aus der Definition dieser Zahl i folgt. Nehmen wir nun eine irrationale Zahl $i' < i$ und es sei r eine rationale Zahl zwischen i' und i; da r zur Klasse A gehört, so gehört auch i' zur Klasse A. Und ebenso würde man sehen, daß jede irrationale Zahl größer als i zur Klasse B gehört.

Die Zahl L, deren Existenz wir somit bewiesen haben, heißt auch ein Schnitt. Sie kann zur Klasse A oder zur Klasse B gehören; sie gehört zur Klasse A in dem unter I. besprochenen Falle, zur Klasse B im II. Falle. Im III. Falle kann sie zur Klasse A oder zur Klasse B gehören.

Dieser Begriff des Schnittes bietet sich in einer großen Anzahl sehr elementarer Fragen dar. Nehmen wir beispielsweise die Reihe, deren allgemeines Glied $n^{-\mu}$ ist; wirft man in eine Klasse A alle Zahlen μ, welche die Reihe divergent machen, in eine Klasse B alle Zahlen μ, welche die Reihe konvergent machen, so hat man eine Zerfällung aller Zahlen in zwei Klassen, die offenbar allen gewünschten Bedingungen genügt. Hier ist $L = 1$ und diese Zahl L gehört zur Klasse A.

3. **Begrenzte Mengen.** Wir haben bereits mehrere Male das Wort Menge verwendet. Der Begriff der Menge gehört zu denen, die man wohl nicht anders als durch Beispiele zu definieren braucht. Jede Anhäufung von Objekten in endlicher oder unendlicher Anzahl bildet eine Menge; solche Mengen sind die Menge der ganzen Zahlen, die Menge der rationalen Zahlen, die Menge der Geraden einer Ebene usw. Im folgenden werden wir uns nur mit Zahlenmengen befassen. Man sagt, daß eine Menge von Zahlen (M) nach oben begrenzt ist, wenn eine Zahl a existiert, die größer ist als alle Zahlen der Menge; wenn eine solche existiert, so ist klar, daß es deren unendlich viele gibt und jede Zahl, die diese Eigenschaft genießt, ist eine obere Grenze der Zahlen der Menge (M). Ebenso nennt man eine Menge (M) nach unten begrenzt, wenn eine Zahl b existiert, die kleiner als alle Zahlen der Menge ist; jede diese Eigenschaft genießende Zahl ist eine untere Grenze der Zahlen dieser Menge. Eine nach oben und unten begrenzte Menge heißt eine begrenzte Menge. Die Menge der positiven Zahlen ist nach unten, die Menge der negativen Zahlen nach oben begrenzt; die Menge der zwischen 0 und 1 gelegenen Zahlen ist nach beiden Seiten hin begrenzt, die Menge der positiven und negativen Zahlen weder nach oben noch nach unten.

Es sei (M) eine Menge von Zahlen, die nach oben begrenzt ist. Dann kann man alle positiven und negativen Zahlen in bezug auf die Menge (M) in zwei Klassen A und B einteilen: wir werden sagen, daß eine Zahl x zur Klasse A gehört, wenn eine oder mehrere Zahlen aus (M) existieren, die größer sind als x, und daß sie zur Klasse B gehört, wenn es keine einzige Zahl aus (M) gibt, die größer ist als x. Da die Menge (M) nach oben begrenzt ist, so ist klar, daß es Zahlen der beiden Klassen gibt und daß jede Zahl der Klasse A kleiner ist als jede Zahl der Klasse B. Es sei L die Trennungszahl der beiden Klassen; diese Zahl L besitzt die beiden folgenden Eigenschaften:

1. es existiert keine Zahl aus (M), die größer ist als L;
2. wie klein auch die positive Zahl ε sei, es gibt stets eine Zahl in (M), die größer ist als $L - \varepsilon$.

In der Tat, nehmen wir an, es existiere in (M) eine Zahl

$$L + h \qquad (h > 0)$$

die größer ist als L. Die Zahl $L + \frac{h}{2}$, die ebenfalls größer ist als L, würde zur Klasse A gehören, was absurd ist. Andererseits gehört die Zahl $L - \varepsilon$, unter ε eine beliebige positive Zahl verstanden, zur Klasse A; demnach gibt es mindestens eine Zahl in (M), die größer ist als $L - \varepsilon$.

Die so definierte Zahl L heißt die genaue obere Grenze oder einfacher die obere Grenze der Menge (M). Diese Zahl (L) kann selbst zu (M) gehören; dies ist stets der Fall, wenn die Menge von n Zahlen gebildet wird (wobei n eine endliche Zahl bedeutet). Wenn aber (M) eine unendliche Menge von Zahlen enthält, so gehört die obere Grenze nicht notwendig zur Menge. Betrachten wir z. B. die Menge der rationalen Zahlen, deren Quadrat 2 nicht übertrifft; die obere Grenze ist die irrationale Zahl $\sqrt{2}$ und gehört nicht zur Menge. Hingegen hat die Menge der rationalen und irrationalen Zahlen, deren Quadrat 2 nicht übertrifft, zwar noch immer $\sqrt{2}$ zur oberen Grenze, aber diese Zahl gehört jetzt zur Menge. Beachten wir noch, daß immer, wenn L nicht der Menge (M) angehört, unendlich viele Zahlen in (M) existieren, welche größer sind als $L - \varepsilon$, wie klein auch ε sei. Denn wenn es nur eine endliche Anzahl gäbe, so wäre die größte dieser Zahlen die obere Grenze der Menge (M).

Ebenso beweist man für eine nach unten begrenzte Menge, daß eine Zahl l existiert, welche die folgenden beiden Eigenschaften besitzt:

1. es existiert keine Zahl in (M), die kleiner ist als l;
2. wie klein auch die positive Zahl ε sei, es gibt stets eine Zahl in (M), die kleiner ist als $l + \varepsilon$.

Diese Zahl l ist die untere Grenze der Menge.

Es ist klar, daß es nur eine einzige Zahl geben kann, welche die beiden charakteristischen Eigenschaften von l besitzt, und das Gleiche gilt auch für L.

4. **Der größte Grenzwert.** Es sei (M) eine begrenzte Menge, welche unendlich viele Zahlen enthält. In bezug auf diese Menge können wir alle positiven und negativen Zahlen auch auf eine andere Art in zwei Klassen A' und B' einteilen. Wir werden sagen, eine Zahl x gehört zur Klasse A', wenn es unendlich viele Zahlen der Menge (M) gibt, die größer sind als x. Im entgegengesetzten Falle werden wir sagen, daß die Zahl x der Klasse B' angehört. Da die Menge (M) begrenzt ist und unendlich viele Zahlen enthält, so ist klar, daß Zahlen beider Klassen existieren und daß eine beliebige Zahl der Klasse A' kleiner ist als eine beliebige Zahl der Klasse B'. Es sei A die Trennungszahl zwischen den beiden Klassen A' und B'; diese Zahl A heißt nach Cauchy der größte Grenzwert der Zahlen der Menge (M). Es sei ε eine beliebige positive Zahl; nach der Definition von A gehört die Zahl $A + \varepsilon$ zur Klasse B' und die Zahl $A - \varepsilon$ zur Klasse A'. Es existieren daher stets unendlich viele Zahlen der Menge (M), die zwischen $A - \varepsilon$ und $A + \varepsilon$ enthalten sind, während es nur eine endliche Anzahl (oder gar keine) gibt, die größer sind als $A + \varepsilon$.

Diese Zahl A ist mit einer wichtigen Frage verknüpft. Zur Erleichterung der Ausdrucksweise lassen wir jeder Zahl a auf einer Geraden $x'x$ den Punkt mit der Abszisse a entsprechen und bezeichnen einen Punkt der Achse und seine Abszisse mit demselben Buchstaben. Jeder Zahlenmenge (M) entspricht so eine Punktmenge auf einer Geraden oder lineare Menge. Die Punkte einer begrenzten Menge liegen alle auf einem Abschnitte der Achse von endlicher Länge. Gegeben sei eine lineare Menge (M); ein Punkt l heißt ein Grenzpunkt oder ein Häufungspunkt, wenn unendlich viele Punkte der Menge in der Umgebung von l liegen oder genauer gesagt, wenn es stets unendlich viele Punkte der Menge zwischen $l - \varepsilon$ und $l + \varepsilon$ gibt, wie klein auch die positive Zahl ε sei.

Jede begrenzte lineare Menge, welche unendlich viele Punkte enthält, läßt mindestens einen Grenzpunkt zu.

In der Tat, der Punkt mit der Abszisse A ist nach der charakteristischen Eigenschaft dieser Zahl offenbar ein Grenzpunkt. Es können aber auch noch andere existieren; diese Häufungspunkte bilden dann eine neue Menge (M'), welche die abgeleitete Menge von (M) heißt. Die obere Grenze L' der Menge (M') ist gerade die Zahl A. Denn wenn ε eine beliebig kleine positive Zahl bedeutet, so kann es nur eine endliche Anzahl von Punkten der Menge (M)

geben, die größer sind als $L' + \varepsilon$; denn anderenfalls würden diese Punkte eine neue Menge bilden, deren größter Grenzwert größer als L' wäre, Da es andererseits mindestens einen Grenzwert gibt, der größer ist als $L' - \varepsilon$, so gibt es notwendig unendlich viele Werte in M, die größer sind als $L' - \varepsilon$. Die untere Grenze l' der abgeleiteten Menge heißt auch der kleinste Grenzwert der Menge (M).

Die Existenz der Häufungspunkte einer begrenzten Menge, welche unendlich viele Punkte umfaßt, kann direkt durch eine Überlegung, die oft angewandt werden wird, dargetan werden (vgl. Nr. 8). Eine nicht begrenzte Menge, welche unendlich viele Punkte enthält, läßt nicht unbedingt Grenzpunkte zu, wie z. B. die Menge der ganzen Zahlen. Aber es gibt sicherlich einen Grenzpunkt, wenn auf einem Abschnitte von endlicher Länge unendlich viele Punkte der Menge liegen.

5. **Konvergente Folgen.** Betrachten wir eine unbegrenzte Folge von Zahlen

(1) $$s_0, s_1, s_2, \ldots s_n, \ldots$$

deren jede einen bestimmten Rang einnimmt; diese Folge heißt konvergent, wenn s_n gegen einen Grenzwert S strebt, wofern der Rang n unbegrenzt wächst. Jede Folge, die nicht konvergent ist, heißt divergent; dies kann eintreten, wenn $|s_n|$ schließlich größer bleibt als jede im voraus gegebene Zahl oder auch wenn s_n gegen keinen Grenzwert konvergiert, ohne daß sein absoluter Wert unbegrenzt wächst.

Eine Folge heißt wachsend, wenn für jedes n die Differenz $s_{n+1} - s_n \geqq 0$ ist; sie heißt abnehmend, wenn diese Differenz für jedes n kleiner oder gleich Null ist.

Jede wachsende Folge, deren allgemeines Glied nicht unbegrenzt wächst, ist konvergent.

In der Tat, die Zahlen der Folge (1) bilden dann eine begrenzte Menge (M). Es sei L die obere Grenze dieser Menge; bezeichnet ε eine beliebig kleine positive Zahl, so existiert stets eine Zahl s_m der Folge (1), die größer ist als $L - \varepsilon$. Für jeden Wert von n, der größer ist als m, ist $s_n \geqq s_m$ und infolgedessen $L - \varepsilon < s_n \leqq L$. Die Differenz $L - s_n$ ist also kleiner als ε für $n \geqq m$; das heißt aber nichts anderes, als daß s_n mit unbegrenzt wachsendem n die Zahl L zum Grenzwert hat. Ebenso beweist man, daß jede abnehmende Folge, deren allgemeiner Term größer bleibt als eine feste Zahl, konvergent ist.[1].

[1] Dieselbe Schlußweise gestattet allgemeiner zu zeigen, daß eine veränderliche Zahl x, die niemals $\begin{Bmatrix}\text{abnimmt}\\\text{zunimmt}\end{Bmatrix}$, während sie stets $\begin{Bmatrix}\text{kleiner}\\\text{größer}\end{Bmatrix}$ bleibt als eine feste Zahl, gegen einen Grenzwert konvergiert.

Das allgemeine Konvergenzkriterium wird leicht aus der Betrachtung des größten Grenzwertes hergeleitet.

Damit eine Reihe (1) konvergent sei, ist notwendig und hinreichend, daß man jeder positiven Zahl ε eine Zahl n entsprechen lassen kann derart, daß die Differenz $s_{n+p} - s_n$ ihrem absoluten Betrage nach kleiner sei als ε, welches auch die ganze positive Zahl p sei.

Die Bedingung ist notwendig: denn wenn s_n mit unbegrenzt wachsendem n zum Grenzwert S hat, so kann man eine genügend große Zahl n finden, so daß alle Differenzen $S - s_n$, $S - s_{n+1}, \ldots$ $S - s_{n+p}, \ldots$ ihrem absoluten Werte nach kleiner als $\frac{\varepsilon}{2}$ sind. Der absolute Wert von $s_{n+p} - s_n$ wird somit kleiner sein als $2\frac{\varepsilon}{2} = \varepsilon$, was auch p sei.

Die Bedingung ist hinreichend: denn bedeutet ε eine beliebig kleine positive Zahl, so gibt es nach der Voraussetzung eine ganze Zahl n derart, daß der absolute Betrag von $s_{n+p} - s_n$ kleiner ist als ε, was auch p sei. Daraus folgt, daß alle Glieder der Folge (1) von s_n ab zwischen $s_n - \varepsilon$ und $s_n + \varepsilon$ liegen; es gibt also nur eine endliche Anzahl von Gliedern dieser Reihe, die nicht in dem Intervalle $(s_n - \varepsilon, s_n + \varepsilon)$ enthalten sind. Demnach kann der größte Grenzwert S dieser Menge nicht kleiner sein als $s_n - \varepsilon$ und nicht größer als $s_n + \varepsilon$. Man hat also $|s_n - S| \leqq \varepsilon$ und aus der Identität

$$s_{n+p} - S = (s_{n+p} - s_n) + (s_n - S)$$

folgert man, daß der absolute Betrag von $s_{n+p} - S$ kleiner ist als 2ε, was auch p sei. Nun ist aber ε eine willkürliche positive Zahl; infolgedessen hat s_n den Grenzwert S.

Würde die Folge (1) nur k verschiedene Zahlen enthalten, so wäre zur Konvergenz dieser Folge offenbar nötig, daß von einem bestimmten Range an alle Ausdrücke gleich seien; dieser besondere Fall ordnet sich also der allgemeinen Regel unter.

Wenn irgend eine unbegrenzte Folge gegeben ist, deren allgemeiner Term u_n ist, so sagt man, daß die Reihe

$$u_0 + u_1 + \ldots + u_n + \ldots \tag{2}$$

konvergent ist, wenn die durch die aufeinander folgenden Summen der Glieder dieser Reihe gebildete Folge

$$s_0 = u_0,\ s_1 = u_0 + u_1, \ldots,\ s_n = v_0 + u_1 + \ldots + u_n, \ldots$$

selbst konvergent ist. Es sei S der Grenzwert dieser zweiten Folge, d. h. der Grenzwert, gegen welchen die Summe s_n mit unbegrenzt wachsendem n konvergiert; S heißt die Summe der vorangehenden Reihe, und man bezeichnet diese Abhängigkeit durch die Gleichheit

$$S = u_0 + u_1 + \dots + u_n + \dots = \sum_{\nu=0}^{\infty} u_\nu .$$

Eine Reihe, die nicht konvergent ist, heißt divergent.

Die Frage, ob eine Reihe konvergent oder divergent ist, ist also die nämliche wie die, ob die durch die aufeinander folgenden Summen $s_0, s_1, s_2 \dots$ gebildete Folge selbst konvergent oder divergent ist. Umgekehrt, um zu wissen, ob irgend eine unendliche Folge

$$s_0, s_1, s_2, \dots$$

konvergent ist, genügt es, die Reihe

$$s_0 + (s_1 - s_0) + (s_2 - s_1) + \dots + (s_n - s_{n-1}) + \dots$$

zu untersuchen; denn die Summe der $\overline{n+1}$ ersten Glieder dieser Reihe ist offenbar gleich dem allgemeinen Gliede s_n der betrachteten Folge. Diese Bemerkung findet häufig Anwendung.

Das Konvergenzkriterium einer beliebigen unendlichen Folge, angewandt auf die Reihen, gibt die allgemeine Konvergenzregel von Cauchy: Damit eine Reihe konvergent sei, ist notwendig und hinreichend, daß man jeder positiven Zahl ε eine ganze Zahl n entsprechen lassen kann derart, daß die Summe einer beliebigen Anzahl von Gliedern von u_{n+1} angefangen dem absoluten Betrage nach kleiner sei als ε.

Denn die Differenz $s_{n+p} - s_n$ ist ja gleich der Summe von p aufeinander folgenden, mit u_{n+1} beginnenden Gliedern der Reihe (2). Ebenso gibt der Satz über die wachsenden Folgen, angewandt auf die Reihen, den folgenden beim Studium der Reihen so nützlichen Lehrsatz:

Damit eine Reihe mit positiven Gliedern konvergent sei, ist notwendig und hinreichend, daß alle Summen s_n kleiner seien als eine feste Zahl.

II. Funktionen. — Allgemeines.

6. **Definitionen.** Die moderne Definition des Wortes Funktion verdankt man Cauchy und Riemann. Man sagt, daß y eine Funktion von x ist, wenn einem Werte von x ein Wert von y entspricht, und zeigt diese Abhängigkeit durch die Gleichung $y = f(x)$ an. Die Mehrzahl der Funktionen, die wir studieren werden, sind analytisch definiert, d. h. durch die Angabe der

Operationen, die man ausführen müßte, um den Wert von y aus dem von x abzuleiten, aber meist spielt dieser Umstand in den Überlegungen keine Rolle. Es seien a und b zwei feste Zahlen $(a < b)$; wenn jeder Zahl x, die zwischen a und b enthalten ist, eine Zahl y entspricht, so sagt man, daß die Funktion $f(x)$ in dem Intervalle (a, b) definiert ist. Die Differenz $b - a$ ist die Ausdehnung des Intervalls, die Zahlen a und b sind die Grenzen oder Grenzpunkte. Bezüglich dieser beiden Zahlen a und b kann man mehrere Hypothesen machen: man kann sie als selbst zum Intervall (a, b) gehörig betrachten, welches dann ein geschlossenes Intervall heißt; oder man betrachtet eine dieser Zahlen oder auch beide als nicht zum Intervall (a, b) gehörig, welches dann ein offenes Intervall heißt. Die Menge der Werte von x z. B., welche den Bedingungen $0 \leqq x \leqq 1$ genügen, bildet ein geschlossenes Intervall, während man offene Intervalle erhält, wenn man die Menge der Werte von x nimmt, welche den Bedingungen $0 < x < 1$ oder $0 < x \leqq 1$ genügen. Wenn wir in der Folge von einer in einem Intervall (a, b) definierten Funktion sprechen werden, so wird darunter stets — wofern nicht ausdrücklich etwas anderes gesagt wird — verstanden sein, daß es sich um ein geschlossenes Intervall handelt, d. h. daß den Zahlen a und b selbst zwei Werte $f(a)$ und $f(b)$ für y entsprechen.

Es sei (M) die Menge der Werte einer im Intervall (a, b) definierten Funktion $f(x)$; wenn diese Menge begrenzt ist, so sagt man, die Funktion $f(x)$ sei in dem Intervall (a, b) begrenzt oder endlich. Die Zahlen L und l, die weiter oben definiert wurden, heißen auch die obere und die untere Grenze von $f(x)$ in diesem Intervall; die Differenz $L - l$ ist die Schwankung oder Oszillation der Funktion in diesem Intervall.

Diese Definitionen geben zu einigen Bemerkungen Anlaß. Damit eine Funktion in einem Intervall (a, b) begrenzt sei, genügt es nicht, daß sie für jeden Wert von x einen endlichen Wert habe. So besitzt z. B. die Funktion $f(x)$, die zwischen 0 und 1 durch die Gleichungen

$$f(0) = 0, \quad f(x) = \frac{1}{x} \quad \text{für} \quad x > 0$$

definiert ist, einen endlichen Wert für jeden Wert von x und dennoch ist sie nicht im obigen Sinne endlich, denn man hat, wie groß auch A sei, $f(x) > A$, wenn man nur $0 < x < \frac{1}{A}$ nimmt. Ebenso kann eine im Intervall (a, b) begrenzte Funktion Werte annehmen, die sich so wenig als man will von der oberen oder unteren

Grenze unterscheiden, aber sie braucht diese Werte nicht notwendig zu erreichen. Die Funktion $f(x)$ z. B., die im Intervall (0,1) durch die Bedingungen

$$f(0) = 0, \quad f(x) = 1 - x \quad \text{für} \quad 0 < x \leqq 1$$

definiert ist, läßt als obere Grenze $M = 1$ zu, ohne diesen Wert jemals zu erreichen.

7. **Stetigkeit.** Die moderne Definition der Stetigkeit verdankt man gleichfalls CAUCHY.[1]

Es sei $y = f(x)$ eine im Intervall (a, b) definierte Funktion; nehmen wir einen in diesem Intervall enthaltenen Wert x_0 und einen benachbarten Wert $x_0 + h$, der in demselben Intervall enthalten ist. Wenn die Differenz $f(x_0 + h) - f(x_0)$ gegen Null konvergiert, sobald der absolute Betrag von h gegen Null strebt, so heißt die Funktion $f(x)$ stetig für den Wert x_0. Nach der Definition des Grenzwertes kann man auch sagen, daß eine Funktion $f(x)$ für $x = x_0$ stetig ist, wenn man jeder noch so kleinen positiven Zahl ε eine andere positive Zahl η zuordnen kann derart, daß

$$|f(x_0 + h) - f(x_0)| < \varepsilon$$

ist für jeden Wert von h, der seinem absoluten Werte nach kleiner als η ist. Wir werden sagen, daß eine Funktion in dem Intervall (a, b) stetig ist, wenn sie für jeden Wert von x, der in diesem Intervall enthalten ist, stetig ist und wenn die Differenzen $f(a + h) - f(a)$, $f(b - h) - f(b)$ gegen Null konvergieren, sobald die Differenz h selbst durch positive Werte gegen Null strebt.

Man beweist in der Algebra, daß die Polynome, die rationalen Funktionen, die Exponential- und die logarithmische Funktion, die trigonometrischen Funktionen und deren inverse stetige Funktionen sind, ausgenommen für gewisse besondere Werte der Veränderlichen. Aus der Definition der Stetigkeit geht auch hervor, daß die Summe oder das Produkt einer beliebigen Anzahl stetiger Funktionen wieder eine stetige Funktion ist; dasselbe gilt vom Quotienten zweier stetiger Funktionen, ausgenommen für die Werte der Veränderlichen, welche den Nenner zu Null machen. Es ist aber zu bemerken, daß der Quotient zweier stetiger Funktionen für eine Wurzel des Nenners

[1] Für die Geometer zur Zeit NEWTONS und LEIBNIZ' galt eine Funktion als stetig, wenn man sie mit Hilfe von Symbolen der gewöhnlich betrachteten Operationen, wie z. B. der arithmetischen, logarithmischen und trigonometrischen, ausdrücken konnte. Diese nur ungenügend definierte Art von Stetigkeit ist unter dem Namen der EULERschen Stetigkeit bekannt.

endlich und doch unstetig sein kann. Der Quotient $\frac{|\sin x|}{x}$ z. B. konvergiert gegen ± 1, je nachdem x durch positive oder negative Werte gegen Null strebt.

In einer Ebene seien zwei Koordinatenachsen Ox und Oy sowie ein stetiger Zug C gezeichnet, von dessen Breite man absehen darf; wenn eine Parallele zu Oy diesen Zug C in nicht mehr als einem Punkte treffen kann, dann ist die Ordinate y eines Punktes M von C eine stetige Funktion der Abszisse desselben Punktes M. Es sei $y = f(x)$ diese stetige Funktion; dann sagt man, daß die Kurve C die Funktion $f(x)$ darstelle. Aber es ist nicht umgekehrt jede stetige Funktion einer derartigen graphischen Darstellungsweise fähig. Man hat nämlich gezeigt, daß es stetige Funktionen gibt, die in jedem Intervall unendlich viele Maxima und Minima besitzen. Es ist uns aber offenbar unmöglich, uns einen stetigen Zug vorzustellen, der unendlich viele Oszillationen zwischen zwei beliebigen Ordinaten, wie nahe sie auch seien, darbietet. Dies zeigt uns, daß die graphische Darstellung, die ein vorzügliches Mittel ist, um die Eigenschaften der stetigen Funktionen durch Induktion zu entdecken, keinen strengen Beweis dieser Eigenschaften liefern kann.

8. **Eigenschaften der stetigen Funktionen.** Im folgenden wird fortwährend auf eine Reihe von Theoremen bezug genommen werden, die sich lediglich auf die Definition der Stetigkeit stützen. Wir wollen sie hier zusammenstellen:

Theorem A. Es sei $f(x)$ eine in dem Intervall (a, b) stetige Funktion und ε eine willkürliche positive Zahl. Dann kann man das Intervall (a, b) stets in eine gewisse Anzahl von Teilintervallen derart zerlegen, daß für zwei beliebige Werte x' und x'' der Variablen, die einem und demselben Intervall angehören, $|f(x') - f(x'')| < \varepsilon$ ist.

In der Tat, nehmen wir an, daß dem nicht so sei, und sei $c = \frac{a+b}{2}$; dann wird mindestens eines der Intervalle (a, c), (c, b) dieselbe Eigenschaft wie (a, b) genießen, d. h. es wird unmöglich sein, es in Teilintervalle zu zerlegen, die dem angekündigten Theorem entsprechen. Bezeichnen wir dieses neue Intervall, das die Hälfte von (a, b) ist, mit (a_1, b_1). Verfährt man nun mit (a_1, b_1) ebenso wie vorhin mit (a, b) und so unbegrenzt weiter, so erhält man eine unbegrenzte Folge von Intervallen (a, b), (a_1, b_1), (a_2, b_2), $\ldots$, deren jedes die Hälfte des vorhergehenden ist und die dieselbe Eigenschaft besitzen wie das ursprüngliche Intervall (a, b): wie groß auch n sei, man kann im Intervall (a_n, b_n) stets zwei Zahlen x' und x'' finden, so daß $|f(x') - f(x'')|$ größer ist als ε. Die Zahlen $a, a_1, a_2 \ldots, a_n, \ldots$ bilden eine wachsende Folge und sind alle kleiner als b; sie konvergieren daher gegen einen Grenzwert λ (Nr. 5). Ebenso bilden die Zahlen $b, b_1, b_2, \ldots, b_n, \ldots$ eine abnehmende Folge und sind alle größer als a; sie konvergieren daher ebenfalls gegen einen Grenzwert λ'. Außerdem konvergiert die Differenz $b_n - a_n = \frac{b-a}{2^n}$ gegen Null, wenn n unbegrenzt wächst; dies zeigt, daß $\lambda' = \lambda$ ist. Nehmen wir beispielsweise an, daß diese Zahl λ in das Innere des Intervalls (a, b) fällt. Da die Funktion $f(x)$ für $x = \lambda$ stetig ist, kann man eine Zahl η finden, derart daß $|f(x) - f(\lambda)| < \frac{\varepsilon}{2}$ ist, vorausgesetzt, daß $|x - \lambda| < \eta$ sei. Wählen wir des weiteren n genügend groß, damit a_n und b_n sich von λ um weniger als η unterscheiden, so daß das Intervall (a_n, b_n) in dem Intervall $(\lambda - \eta, \lambda + \eta)$ enthalten ist; bezeichnen x' und x'' zwei beliebige Werte des Intervalls (a_n, b_n), so ist also

$$|f(x') - f(\lambda)| < \frac{\varepsilon}{2}, \quad |f(x'') - f(\lambda)| < \frac{\varepsilon}{2}$$

und infolgedessen $|f(x') - f(x'')| < \varepsilon$. Die Annahme, von der wir ausgegangen sind, führt uns also zu einem Widerspruch und das aufgestellte Theorem ist richtig.

Korollar I. Es sei $a, x_1, x_2, \ldots x_{p-1}, b$ eine Art der Zwischenteilung des Intervalls (a, b) in p Teilintervalle, die den Bedingungen des Lehrsatzes genügen. Im Intervall (a, x_1) ist dann

$$|f(x)| < |f(a)| + \varepsilon$$

und im besonderen $|f(x_1)| < |f(a)| + \varepsilon$; ebenso hat man im Intervall (x_1, x_2)

$$|f(x)| < |f(x_1)| + \varepsilon$$

und um so mehr $|f(x)| < |f(a)| + 2\varepsilon$, somit für $x = x_2$

$$|f(x_2)| < |f(a)| + 2\varepsilon$$

usf. Für das letzte Intervall wird man die Ungleichung erhalten $|f(x)| < |f(x_{p-1})| + \varepsilon < |f(a)| + p\varepsilon$, woraus man ersieht, daß der absolute Wert von $f(x)$ im Intervall (a, b) stets kleiner bleibt als $|f(a)| + p\varepsilon$. Jede in einem Intervall (a, b) stetige Funktion ist also in diesem Intervall endlich.

Korollar II. Denken wir uns, daß man das Intervall (a, b) in p Teilintervalle (a, x_1), (x_1, x_2), $\ldots$ (x_{v-1}, b) geteilt habe derart, daß für zwei beliebige Werte von x, die demselben Intervall angehören, stets $|f(x') - f(x'')| < \frac{\varepsilon}{2}$ ist. Es sei η eine positive Zahl, welche kleiner ist als alle Differenzen $x_1 - a$, $x_2 - x_1, \ldots, b - x_{p-1}$. Nehmen wir nun zwei beliebige, zwischen a und b enthaltene Zahlen, so daß $|x' - x''| < \eta$ ist und suchen wir eine obere Grenze von $|f(x') - f(x'')|$. Wenn die beiden Zahlen x' und x'' in dasselbe Teilintervall fallen, so ist $|f(x') - f(x'')| < \frac{\varepsilon}{2}$. Andernfalls gehören x' und x'' zwei aufeinanderfolgenden Intervallen an und es ist klar, daß man dann $|f(x') - f(x'')| < 2\frac{\varepsilon}{2} = \varepsilon$ hat. Man kann also jeder positiven Zahl ε eine andere positive Zahl η derart zuordnen, daß, unter x', x'' zwei Zahlen des Intervalls verstanden, stets $|f(x') - f(x'')| < \varepsilon$ ist, sobald $|x' - x''| < \eta$ ist. Man drückt diese Eigenschaft auch dadurch aus, daß man sagt, die Funktion $f(x)$ ist im Intervall (a, b) gleichmäßig stetig.

Theorem B. Eine im Intervall (a, b) stetige Funktion nimmt jeden zwischen $f(a)$ und $f(b)$ enthaltenen Wert mindestens einmal für einen zwischen a und b enthaltenen Wert von x an.

Nehmen wir vorerst einen speziellen Fall: $f(a)$ und $f(b)$ seien von entgegengesetztem Zeichen, z. B. $f(a) < 0$ und $f(b) > 0$; wir wollen beweisen, daß mindestens ein Wert von x zwischen a und b existiert, für den $f(x) = 0$ ist. In der Tat, $f(x)$ ist in der Umgebung von a negativ und in der Umgebung von b positiv; betrachten wir die Menge der Werte von x zwischen a und b, welche die Funktion $f(x)$ positiv machen, und sei λ die untere Grenze dieser Menge $(a < \lambda < b)$. Nach der Definition der unteren Grenze ist $f(\lambda - h)$ negativ oder Null für jeden positiven Wert von h; $f(\lambda)$ ist daher als Grenzwert von $f(\lambda - h)$ ebenfalls negativ oder Null. Andrerseits kann nicht $f(\lambda) < 0$ sein; nehmen wir in der Tat $f(\lambda) = -m$ an, wobei m eine positive Zahl bedeute. Da die Funktion $f(x)$ für $x = \lambda$ stetig ist, kann man eine positive Zahl η finden, so daß $|f(x) - f(\lambda)| < m$ ist, sobald $|x - \lambda| < \eta$ ist; die Funktion $f(x)$ wäre danach negativ für die Werte von x, die zwischen λ und $\lambda + \eta$ enthalten sind, und λ wäre nicht die untere Grenze der Werte von x, welche die Funktion positiv machen. Also muß $f(\lambda) = 0$ sein.

Nun sei N eine zwischen $f(a)$ und $f(b)$ enthaltene Zahl. Die stetige Funktion $\varphi(x) = f(x) - N$ nimmt für $x = a$ und $x = b$ Werte von entgegengesetztem Vorzeichen an. Nach dem eben behandelten speziellen Fall wird sie daher mindestens einmal im Intervall (a, b) zu Null.

Theorem C. **Jede in einem Intervall (a, b) stetige Funktion erreicht mindestens einmal ihre obere und untere Grenze.**

Da zunächst jede stetige Funktion, wie wir bereits gezeigt haben, endlich bleibt, so läßt sie eine obere Grenze L und eine untere Grenze l zu. Beweisen wir z. B., daß $f(x)$ für mindestens einen Wert von x im Intervall (a, b) gleich L ist.

Es sei $c = \frac{a+b}{2}$; die obere Grenze von $f(x)$ ist für mindestens eines der Intervalle (a, c), (c, b) gleich L. Ersetzen wir (a, b) durch dieses neue Intervall, auf welches wir neuerdings die gleiche Operation anwenden usw. Indem wir ebenso, wie gerade vorhin, schließen, bilden wir eine unbegrenzte Folge von Intervallen (a, b), (a_1, b_1), $(a_2, b_2) \ldots$, deren jedes die Hälfte des vorangehenden ist, während die obere Grenze von $f(x)$ in jedem dieser Intervalle stets gleich L ist. Es sei λ der gemeinsame Grenzwert der beiden Folgen $a, a_1, \ldots, a_n, \ldots$ und $b, b_1, \ldots, b_n, \ldots$; dann ist $f(\lambda) = L$. In der Tat, nehmen wir $f(\lambda) = L - h$ an, wobei h positiv ist; dann kann man eine positive Zahl η derart bestimmen, daß $f(x)$, während x von $\lambda - \eta$ bis $\lambda + \eta$ variiert, zwischen $f(\lambda) + \frac{h}{2}$ und $f(\lambda) - \frac{h}{2}$ bleibt und infolgedessen kleiner als $L - \frac{h}{2}$ ist. Nehmen wir endlich n genügend groß an, so daß a_n und b_n sich von ihrem Grenzwerte λ um weniger als η unterscheiden; das Intervall (a_n, b_n) wird dann im Intervall $(\lambda - \eta, \lambda + \eta)$ enthalten sein. Die obere Grenze von $f(x)$ im Intervall (a_n, b_n) könnte dann aber nicht gleich L sein.

Indem man dieses Theorem mit dem vorangehenden zusammenstellt, schließt man, daß **eine in einem Intervall (a, b) stetige Funktion mindestens einmal durch jeden zwischen ihrer oberen und unteren Grenze enthaltenen Wert — die Grenzen eingeschlossen — hindurchgeht.** Desgleichen kann das Theorem A auch so ausgesprochen werden: **Ist eine in einem Intervall (a, b) stetige Funktion gegeben, so kann man dieses in genügend kleine Teilintervalle zerlegen, so daß die Schwankung der Funktion in jedem von ihnen kleiner sei als jede beliebig gewählte positive Zahl.** Die Oszillation einer stetigen Funktion ist ja in der Tat gleich der Differenz der Werte von $f(x)$ für zwei besondere Werte der Veränderlichen.

Bemerkung. Wir setzen stets voraus, daß es sich um ein geschlossenes Intervall (a, b) handle. Diese Bedingung ist wesentlich. Die Funktion $f(x) = 1 - x$ z. B., definiert in dem offenen Intervall $(0 < x \leqq 1)$, welches die Grenze $x = 0$ nicht enthält, ist für jeden Wert von x in diesem Intervall stetig. Die obere Grenze ist $L = 1$, aber $f(x)$ erreicht diesen Wert nicht.

9. **Unstetige Funktionen.** Es sei $y = f(x)$ eine in einem Intervall (a, b) definierte Funktion. Wenn diese Funktion für einen zwischen a und b enthaltenen Wert x_0 nicht stetig ist, so heißt der Punkt x_0 ein Unstetigkeitspunkt. Mindestens eine der beiden Zahlen $f(x_0 + \varepsilon)$, $f(x_0 - \varepsilon)$, wobei $\varepsilon > 0$ ist, konvergiert nicht gegen $f(x_0)$, wenn ε gegen Null strebt. Man sagt, daß x_0 ein Unstetigkeitspunkt erster Art sei, wenn sowohl $f(x_0 + \varepsilon)$ als auch $f(x_0 - \varepsilon)$ einen Grenzwert haben, wenn ε gegen Null konvergiert, und man stellt diese Grenzwerte durch $f(x_0 + 0)$ resp. $f(x_0 - 0)$ dar. Wenn diese zwei Grenzwerte $f(x_0 + 0)$ und $f(x_0 - 0)$ gleich sind, so kann der Punkt x_0 nur dann ein Unstetigkeitspunkt sein, wenn dieser Grenzwert von $f(x_0)$ verschieden ist; in diesem Falle würde es genügen, den Wert der Funktion im Punkte x_0 abzuändern, um die Unstetigkeit zu beheben. Wenn aber die beiden Zahlen $f(x_0 + 0)$ und $f(x_0 - 0)$ verschieden sind, so ist der Punkt x_0, welches auch der Wert von $f(x_0)$ sei, jedenfalls ein Unstetigkeitspunkt. Ein Unstetigkeitspunkt erster Art heißt regulär, wenn

$$f(x_0) = \frac{f(x_0 + 0) + f(x_0 - 0)}{2} \tag{3}$$

ist, eine Gleichheit, die auch für jeden Punkt x_0 besteht, in dem die Funktion stetig ist. Später (Nr. 29) wird man Beispiele von Funktionen kennen lernen, die durch Reihen dargestellt sind und Unstetigkeitspunkte dieser Art besitzen.

Es sei $y = f(x)$ eine Funktion, die in einem Intervall (a, b) nur eine endliche Anzahl von Unstetigkeitspunkten der ersten Art und nur eine endliche Anzahl Maxima und Minima hat. Die durch die Gleichung $y = f(x)$ dargestellte Kurve setzt sich aus mehreren stetigen Zügen zusammen, die nicht miteinander zusammenhängen, wie AC, $C'D$, $D'B$; der Wert von y, welcher den Abszissen c und d der Unstetigkeitspunkte entspricht, kann beliebig sein. Wenn diese Unstetigkeitspunkte regulär sind, dann müssen die Mittelpunkte der Segmente CC', DD' als zur darstellenden Kurve gehörig betrachtet werden. Die oben angeführte Funktion $y = \frac{|\sin x|}{x}$ z. B. würde durch zwei kontinuierliche Züge dargestellt werden, die in den Punkten der Ordinaten $+1$, bzw. -1 auf der y-Achse auslaufen.

Ist x_0 ein Unstetigkeitspunkt **zweiter Art**, so konvergiert mindestens eine der Zahlen $f(x_0 + \varepsilon)$, $f(x_0 - \varepsilon)$ gegen keinen Grenzwert, wenn die positive Zahl ε gegen Null konvergiert. Wenn beispielsweise $f(x_0 + \varepsilon)$ gegen keinen Grenzwert konvergiert, so wird man noch zwei mögliche Fälle zu unterscheiden haben, je nachdem $f(x_0 + \varepsilon)$ dem absoluten Werte nach unbegrenzt wächst oder nicht.

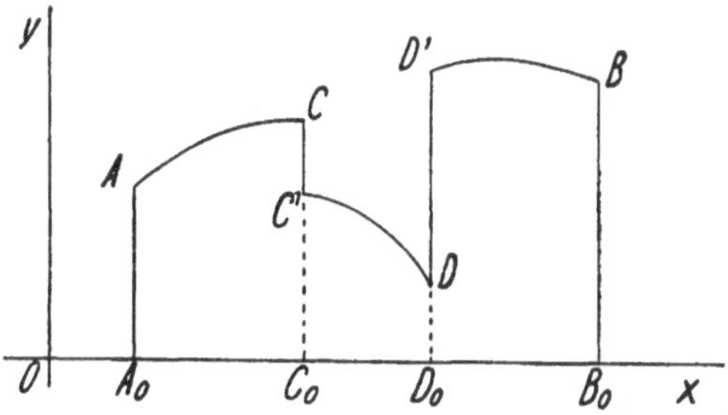

Fig. 1.

Betrachten wir eine Funktion, welche analytisch, z. B. mittels einer endlichen Anzahl von elementaren Symbolen definiert ist; diese Funktion ist im allgemeinen eine stetige Funktion, aber es kann vorkommen, daß für gewisse Werte der Veränderlichen die Definition illusorisch wird. Nehmen wir z. B die Funktion

$$f(x) = \frac{\sin x}{x},$$

die für jeden Wert $x_0 \neq 0$ stetig ist; dieses Symbol hat für $x = 0$ keinen Sinn. Da aber $f(x)$ mit gegen Null strebendem x gegen die Einheit konvergiert, so ist es natürlich, $f(0) = 1$ zu setzen.

Nehmen wir hingegen die Funktion $f(x) = \frac{1}{x-a}$, die für jeden von a verschiedenen Wert x_0 von x stetig ist. Die Operation, die man ausführen muß, um den Wert von y aus dem Werte von x abzuleiten, hat keinen Sinn mehr, wenn man x den Wert a erteilt; man sieht aber, daß y, wenn x einen Wert sehr nahe bei a annimmt, dem absoluten Werte nach sehr groß und positiv oder negativ ist, je nachdem x größer oder kleiner als a ist. Wenn die Differenz $x - a$ immer kleiner und kleiner wird, wächst der absolute Betrag von y unbegrenzt, derart, daß er größer wird als jede im voraus gegebene Zahl. Diese Tatsache drückt man kurz auch so aus, daß man sagt, die Funktion $\frac{1}{x-a}$ ist für $x = a$ unendlich. Es ist offenbar unmöglich, die Stetigkeit für $x = a$ wieder herzustellen, welchen Wert man auch für $f(a)$ zu nehmen übereinkäme.

Nehmen wir noch die Funktion $f(x) = \sin \frac{1}{x}$. Wenn x gegen Null strebt, wächst $\frac{1}{x}$ über alle Grenzen und $f(x)$ konvergiert gegen keinen Grenzwert, während es stets zwischen -1 und $+1$ eingeschlossen bleibt; die Gleichung $\sin \frac{1}{x} = A$ läßt, $|A| < 1$ vorausgesetzt, stets unendlich viele Wurzeln zu, die zwischen 0 und ε enthalten sind, wie klein auch ε sei. Welches auch der Wert sei, den man für $f(0)$ zu nehmen übereinkommt, die Funktion $f(x)$ ist unstetig für $x = 0$ und hat in diesem Punkte eine wesentliche Unstetigkeit.

In den vorangehenden Beispielen sieht man unmittelbar, wie sich die Funktion in der Umgebung des singulären Wertes von x verhält; aber dies ist nicht immer der Fall. Nehmen wir z. B. an, man habe eine Funktion $F(x)$, die durch ihren analytischen Ausdruck für jeden Wert von x, der größer als eine feste Zahl a ist, definiert ist, und man wolle erkennen, ob $F(x)$ gegen einen Grenzwert konvergiert, wenn x gegen $+\infty$ strebt. Wenn der analytische Ausdruck von $F(x)$ es nicht direkt zu erkennen gestattet, so kann man in sehr vielen Fällen den Zweifel mittels des folgenden Satzes beheben:

Damit $F(x)$ gegen einen Grenzwert konvergiere, wenn x gegen $+\infty$ strebt, ist notwendig und hinreichend, daß die Differenz $F(p) - F(q)$ gegen Null konvergiere, wenn die beiden Zahlen p und q unabhängig voneinander über alle Grenzen wachsen.

Genauer ausgedrückt, damit $F(x)$ einen Grenzwert habe, ist notwendig und hinreichend, daß man jeder positiven Zahl ε eine andere Zahl A derart entsprechen lassen kann, daß der absolute Wert der Differenz $F(p) - F(q)$ kleiner sei als ε, wenn jede der beiden Zahlen p, q größer oder mindestens gleich A ist.

Die Bedingung ist notwendig. Wenn $F(x)$ gegen einen Grenzwert L konvergiert, so existiert eine Zahl A von der Art, daß für jeden Wert von $x \geqq A$ der absolute Wert der Differenz $F(x) - L$ kleiner ist als $\frac{\varepsilon}{2}$. Sind also p und q zwei beliebige Zahlen größer als A, so wird der absolute Wert der Differenz $F(p) - F(q)$ kleiner als ε sein.

Die Bedingung ist auch hinreichend. Betrachten wir die Folge

$$F(a),\ F(a+1), \ldots,\ F(a+n), \ldots,$$

wo n eine ganze positive Zahl ist. Diese Folge ist konvergent (Nr. 5), denn die Differenz $F(a+n+k) - F(a+n)$ ist, welches auch die positive Zahl k sei, dem absoluten Werte nach kleiner als ε, vorausgesetzt, daß $a+n$ größer als A ist. Daher konvergiert $F(a+n)$ gegen einen Grenzwert L, wenn die ganze Zahl n unbegrenzt wächst. Betrachten wir jetzt eine beliebige Zahl x und sei n eine positive ganze Zahl von der Art, daß $a+n$ höchstens gleich x, aber größer als $x-1$ ist; man kann schreiben

$$F(x) - L = [F(x) - F(a+n)] + [F(a+n) - L];$$

wenn x unbegrenzt wächst, wächst auch $a+n$ über alle Grenzen und die beiden Differenzen, die auf der rechten Seite der vorstehenden Gleichung vorkommen, konvergieren gegen Null: $F(x)$ hat also L zur Grenze.

Desgleichen ist, damit eine Funktion $F(x)$ gegen einen Grenzwert konvergiert, wenn x gegen a strebt, indem es z. B. stets größer bleibt als a, notwendig und hinreichend, daß die Differenz $F(p) - F(q)$ gegen Null konvergiere, wenn die beiden Zahlen p und q, die größer als a vorausgesetzt werden, unabhängig voneinander gegen a streben.

10. **Monotone Funktionen.** Eine in einem Intervall (a, b) definierte Funktion $f(x)$ heißt monoton in diesem Intervalle, wenn, unter x_1 und x_2 zwei beliebige zum Intervalle gehörige Zahlen verstanden, das Produkt

$$(x_2 - x_1)[f(x_2) - f(x_1)]$$

stets das gleiche Vorzeichen hat. Die Funktion ist wachsend, wenn dieses Produkt positiv oder Null ist, was auch x_1 und x_2 seien; sie ist hingegen abnehmend, wenn dieses Produkt für beliebiges x_1 und x_2 negativ oder Null ist.

Nehmen wir $x_2 > x_1$ an, so ist die Differenz $f(x_2) - f(x_1)$ positiv oder Null für eine wachsende und negativ oder Null für eine abnehmende Funktion. Wenn eine monotone Funktion denselben Wert für $x = x_1$ und $x = x_2$ hat, so bewahrt sie diesen Wert im ganzen Intervall (x_1, x_2). Eine monotone Funktion kann im Intervall (a, b) beliebig viele Unstetigkeitspunkte besitzen, aber alle diese Unstetigkeitspunkte sind von der ersten Art. Betrachten wir z. B. eine wachsende Funktion und es sei x_0 ein Unstetigkeitspunkt. Wenn ε durch positive Werte gegen Null strebt, kann $f(x_0 - \varepsilon)$ nicht abnehmen, außerdem bleibt es stets $\leqq f(b)$. $f(x_0 - \varepsilon)$ hat also einen Grenzwert $f(x_0 - 0)$ und man würde ebenso sehen, daß auch $f(x_0 + \varepsilon)$ einen Grenzwert $f(x_0 + \varepsilon)$ hat. Bedeutet x_1 einen beliebigen Punkt, so ist wegen $f(x_0 - \varepsilon) \leqq f(x_0 + \varepsilon)$ auch

$$f(x_0 - 0) \leqq f(x_0 + 0).$$

Ist $f(x_0 - 0) = f(x_0 + 0)$, so hat man notwendig $f(x_0) = f(x_0 - 0)$ und die Funktion ist im Punkte x_0 stetig. Ist aber $f(x_0 - 0) < f(x_0 + 0)$, so kann $f(x_0)$ eine beliebige Zahl zwischen $f(x_0 - 0)$ und $f(x_0 + 0)$ sein.

Bemerkung. Bisweilen ist es nützlich, zwischen einer wachsenden Funktion und einer Funktion, die beständig wächst, zu unterscheiden. So nennen wir eine Funktion $f(x)$, für die stets $f(x_2) > f(x_1)$ ist, sobald $x_2 > x_1$ ist, wobei das Gleichheitszeichen ausgeschlossen bleibt. Ebenso definiert man eine Funktion, die beständig abnimmt.

11. **Funktionen mehrerer Veränderlicher.** Man sagt, daß ω eine Funktion von $x, y, z, \ldots, t$ ist, wenn jedem Wertsysteme von $x, y, z, \ldots, t$ ein Wert von ω entspricht. Nehmen wir, um die Ideen zu fixieren, an, daß wir zwei unabhängige Veränderliche x und y haben, und betrachten wir x und y als die Koordinaten eines Punktes in einer Ebene. Jedem Wertepaare von x und y entspricht ein Punkt M und umgekehrt. Wenn jedem Punkte M in einem gewissen Gebiete der Ebene ein Wert von ω entspricht, so sagt man, daß die Funktion $\omega = f(x, y)$ in diesem Gebiete, das man im allgemeinen einen Bereich oder ein Feld nennt, definiert ist.

Ein Bereich A kann durch den Teil einer Ebene, der ganz innerhalb einer geschlossenen Kurve C liegt, gebildet werden oder durch den Teil einer Ebene, der durch mehrere geschlossene Kurven begrenzt wird, eine äußere Kurve C und eine oder mehrere innere Kurven $C', C'' \ldots$. Die Kurven $C, C', C'' \ldots$ bilden die Umgrenzung dieses Bereiches. Wir werden im allgemeinen annehmen, daß die Umgrenzungslinien an dem Bereiche teilnehmen, d. h. daß in jedem Punkte von C z. B. die Funktion ω einen bestimmten Wert hat. Der Bereich heißt dann abgeschlossen. Er heißt zusammenhängend, wenn man zwei beliebige Punkte dieses Bereiches durch eine gebrochene Linie, die ganz innerhalb des Bereiches liegt, verbinden kann.

Eine Funktion $\omega = f(x, y)$ ist in einem Bereiche A begrenzt, wenn die Menge der Werte von ω für alle Punkte dieses Bereiches eine begrenzte Menge ist. Man definiert wie früher die Zahlen L, l und die Oszillation (vgl. Nr. 6).

Es seien (x_0, y_0) die Koordinaten eines Punktes M_0 dieses Gebietes der Ebene. Man sagt, daß die Funktion $f(x, y)$ für das Wertsystem (x_0, y_0) stetig ist, wenn man jeder positiven Zahl ε eine andere positive Zahl η derart entsprechen lassen kann, daß

$$|f(x_0 + h, y_0 + k) - f(x_0, y_0)| < \varepsilon$$

ist unter der einzigen Bedingung, daß $|h| < \eta$, $|k| < \eta$ ist.

Man kann diese Definition der Stetigkeit wie folgt interpretieren. Denken wir uns, daß man in der xy-Ebene ein Quadrat mit dem Zentrum M_0 und der Seite 2η konstruiere, das seine Seiten zu den Achsen parallel hat. Der Punkt M' mit den Koordinaten $(x_0 + h, y_0 + k)$ liegt im Inneren dieses Quadrates, vorausgesetzt, daß $|h| < \eta$, $|k| < \eta$ ist. Die Aussage, daß die Funktion für $x = x_0$, $y = y_0$ stetig ist, drückt nichts anderes aus, als daß man die Seite dieses Quadrates genügend klein nehmen kann, damit die Differenz der Funktionswerte im Punkte M_0 und in einem beliebigen anderen Punkte dieses Quadrates dem absoluten Betrage nach kleiner als ε sei. Danach ist es klar, daß man dieses Quadrat durch einen Kreis mit dem Zentrum (x_0, y_0) ersetzen könnte; denn wenn die vorstehende Bedingung für alle im Inneren des Quadrates gelegenen Punkte erfüllt ist, so wird sie es auch für alle Punkte im Inneren des eingeschriebenen Kreises sein. Umgekehrt, wenn die Bedingung für alle Punkte im Inneren eines Kreises erfüllt ist, so wird sie es auch für alle Punkte im Inneren eines diesem Kreise eingeschriebenen Quadrates sein. Man könnte also die Stetigkeit auch definieren, indem man sagt, daß man die positiven Zahlen ε und η einander derart entsprechen lassen kann, daß die Ungleichheit $\sqrt{h^2 + k^2} < \eta$ die Ungleichheit

$$|f(x_0 + h, y_0 + k) - f(x_0, y_0)| < \varepsilon$$

nach sich zieht.

Ebenso heißt die Funktion $f(x, y)$ in einem Punkte m der Umgrenzungslinie stetig, wenn der Wert von ω in einem benachbarten Punkte m' des Bereiches A gegen den Wert von ω in m konvergiert, sobald die Distanz mm' gegen Null strebt.

Eine stetige Funktion $f(x, y)$, die in jedem Punkte innerhalb eines Bereiches A und in jedem Punkte seiner Grenzlinie stetig ist, heißt stetig in A. Für die stetigen Funktionen von zwei Variablen existieren Theoreme, die den in Nr. 8 bewiesenen ganz analog sind.

Wenn eine positive Zahl ε gegeben ist, so kann man das Gebiet A der Ebene in kleinere Teile derart zerlegen, daß die Differenz der Werte von ω für zwei Punkte (x, y), $(x' y')$ eines und desselben Teiles stets kleiner als ε ist.

Um dies zu beweisen, werden wir durch sukzessive Unterteilungen fortschreiten, und zwar auf die folgende Art. Denken wir uns das Gebiet A der Ebene durch Parallele zur Achse der x und zur Achse der y zerlegt, wobei die Distanz zweier benachbarter Parallelen gleich δ sei. Unter den Teilgebieten von A sind die einen Quadrate mit der Seite δ, die ganz im Inneren von C liegen, die anderen Teile von Quadraten, die teilweise von Bogen der Grenzlinie C begrenzt werden. Wäre nun der ausgesprochene Satz für das Gebiet A nicht richtig, so müßte er auch für mindestens eines der neuen Gebiete A_1 falsch sein; indem man in derselben Weise das Gebiet A_1 in Teilgebiete zerlegt und so fortfährt, würde man eine Folge von Quadraten oder Teilen von Quadraten bilden

$$A, A_1, \ldots, A_n, \ldots$$

für welche der ausgesprochene Satz unrichtig wäre. Das Gebiet A_n ist ganz zwischen zwei Parallelen zur y-Achse $x = a_n$, $x = b_n$ und zwischen zwei Parallelen zur x-Achse $y = c_n$, $y = d_n$ enthalten. Wenn n unbegrenzt wächst, so haben a_n und b_n eine gemeinsame Grenze λ und ebenso haben c_n und d_n eine gemeinsame Grenze μ. Denn die a_n z. B. nehmen niemals ab und sind alle kleiner als eine feste Zahl. Alle Punkte von A_n streben gegen einen Grenzpunkt M mit den Koordinaten λ und μ, der im Inneren der Grenzkurve C oder auf dieser Kurve selbst liegt. Die Überlegung wird wie oben (Nr. 8) zu Ende geführt; wenn das ausgesprochene Theorem unrichtig wäre, könnte die Funktion $f(x, y)$ für $x = \lambda$, $y = \mu$ entgegen der Voraussetzung nicht stetig sein.

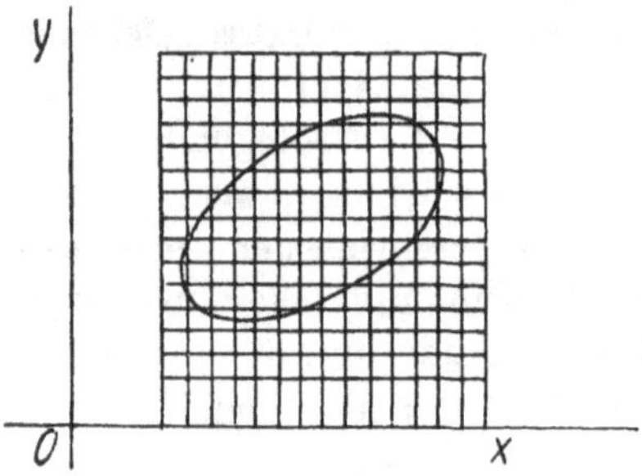

Fig. 2.

Korollar. Nehmen wir an, daß man die Parallelen genügend nahe gezogen habe, so daß die Differenz der Werte von ω für zwei Punkte, die einem und demselben Teile angehören, dem absoluten Werte nach kleiner als $\frac{\varepsilon}{2}$ ist, und es sei η die Distanz zweier benachbarter Parallelen. Es seien (x, y), (x', y') zwei Punkte im Inneren oder auf der Grenzkurve C, deren Distanz kleiner als η ist. Diese Punkte gehören demselben Teilgebiete von A oder zwei Teilgebieten an, die einen gemeinsamen Scheitel haben; in beiden Fällen kann die Differenz

$$f(x,y) - f(x',y')$$

dem absoluten Werte nach nicht größer als $2\frac{\varepsilon}{2} = \varepsilon$ sein. Man kann also jeder positiven Zahl ε eine andere positive Zahl η derart zuordnen, daß

$$|f(x,y) - f(x',y')| < \varepsilon$$

ist, sobald die Distanz der beiden in A oder auf der Grenzkurve C liegenden Punkte mit den Koordinaten (x, y) und (x', y') kleiner als η ist. Mit anderen Worten, jede in A stetige Funktion ist gleichmäßig stetig.

Aus dem vorstehenden Satze leitet man wie vorhin (Nr. 8) ab, daß jede in A stetige Funktion notwendig in A endlich ist. Mittels der Methode der sukzessiven Unterteilungen läßt sich beweisen, daß die Funktion ω mindestens einmal jeden der Werte L und l für Punkte im Inneren von C oder auf dieser Grenzkurve selbst annimmt. Es sei a ein Punkt für den $\omega = l$ ist und b ein Punkt, für den $\omega = L$ ist. Verbinden wir a und b durch einen Polygonalzug, der ganz innerhalb von C liegt. Wenn der Punkt (x, y) diese Linie beschreibt, so ist ω eine stetige Funktion der Länge dieses zwischen a und dem Punkte (x, y) liegenden Polygonalzuges; er geht daher mindestens einmal durch jeden Wert λ zwischen l und L hindurch (Nr. 8). Da man a und b durch unendlich viele Polygonalzüge miteinander verbinden kann, so sieht man, daß die Funktion $f(x,y)$ jeden Wert λ zwischen l und L für unendlich viele Punkte im Inneren von C annimmt.

Es ist klar, daß jede stetige Funktion der zwei Variablen x, y eine stetige Funktion jeder der beiden Veränderlichen einzeln genommen ist, doch die Umkehrung ist nicht immer richtig.

Nehmen wir beispielsweise die Funktion $f(x,y)$, die gleich $\frac{2xy}{x^2+y^2}$ ist, wenn mindestens einer der Werte von x und y von Null verschieden ist, und setzen wir $f(0,0) = 0$. Die so definierte Funktion ist eine stetige Funktion von x, wenn man y als konstant nimmt, und umgekehrt. Dennoch ist sie nicht eine stetige Funktion der beiden Variablen x und y für das Wertsystem $x = 0$, $y = 0$, denn wenn der Punkt (x, y) gegen den Ursprung rückt, indem er auf der Geraden $y = mx$ bleibt, so hat die Funktion $f(x, y)$ zum Grenzwert $\frac{2m}{1+m^2}$ und dieser Grenzwert ist mit m veränderlich. Bei diesem Beispiele wäre es offenbar unmöglich, für $f(0,0)$ einen solchen Wert zu wählen, daß die Funktion $f(x,y)$ im Ursprung stetig ist. Anders verhält es sich bei der Funktion $f(x,y)$, die gleich $\frac{xy}{\sqrt{x^2+y^2}}$ ist, wenn x^2+y^2 von Null verschieden ist; setzt man außerdem $f(0,0)=0$, so ist die so definierte Funktion stetig für $x=y=0$, denn der absolute Betrag von $f(x,y)$ ist kleiner als $|x|$.

Alle diese Betrachtungen lassen sich ohne Schwierigkeiten auf Funktionen einer beliebigen Anzahl von unabhängigen Variablen ausdehnen.

12. **Stetige Kurven.** Wir haben in dem Vorangehenden angenommen, daß eine geschlossene Kurve C die Ebene in zwei Gebiete zerlege, ein inneres Gebiet D_i und ein äußeres Gebiet D_a, derart, daß es unmöglich ist, einen Punkt von D_i mit einem Punkte von D_a durch einen gebrochenen Linienzug zu verbinden, der mit C keinen gemeinsamen Punkt hat. Dies ist eine Eigenschaft, die mit dem durch die Geometrie gelieferten anschaulichen Kurvenbegriff sehr wohl im Einklang steht und es ist übrigens auch leicht, sie für die durch eine geometrische Eigenschaft definierten Kurven, wie z. B. die Ellipse, zu beweisen.

Um aber einwandfrei schließen zu können, ist es nötig, diesen ein wenig vagen, der Geometrie entlehnten Begriff durch eine rein analytische Definition zu ersetzen. Es seien $f(t)$, $\varphi(t)$, $\psi(t)$ drei stetige Funktionen einer Variablen t; die Gesamtheit der Punkte, deren Koordinaten durch die Formeln

$$x=f(t),\quad y=\varphi(t),\quad z=\psi(t) \tag{4}$$

gegeben sind, bildet, wenn man t variieren läßt, eine stetige Kurve Γ oder einfacher eine Kurve. Nehmen wir an, daß die drei stetigen Funktionen $f(t)$, $\varphi(t)$, $\psi(t)$ die Periode ω zulassen, d. h. daß für ein beliebiges t

$$f(t+\omega)=f(t),\quad \varphi(t+\omega)=\varphi(t),\quad \psi(t+\omega)=\psi(t) \tag{5}$$

sei; dann wird es genügen, t in einem beliebigen Intervalle $(a, a+\omega)$ von der Amplitude ω variieren zu lassen, um alle Punkte der Kurve Γ zu erhalten, die dann eine geschlossene Kurve heißt. Wir können ω offenbar positiv voraussetzen; außerdem setzen wir voraus, daß dies die kleinste positive, den drei Relationen (5) genügende Zahl ist. Wenn man für zwei verschiedene Werte t', t'' gleichzeitig

$$f(t')=f(t''),\quad \varphi(t')=\varphi(t''),\quad \psi(t')=\psi(t'') \tag{6}$$

hat, ohne daß die Differenz $t' - t''$ ein Vielfaches von ω ist, so heißt der entsprechende Punkt von Γ ein Doppelpunkt. Ist es unmöglich, zwei Werte t', t'' zu finden, die den Bedingungen (6) genügen, ohne daß $t' - t''$ ein Vielfaches von ω ist, so hat die Kurve Γ keinen Doppelpunkt. Um diese Definitionen auf die ebenen Kurven anzuwenden, genügt es, $\psi(t) = 0$ anzunehmen.

Jordan hat strenge bewiesen (siehe seinen Cours d'Analyse), daß eine ebene geschlossene Kurve C ohne Doppelpunkte die Ebene derart in zwei Gebiete, ein inneres und äußeres, teilt, daß zwei Punkte desselben Gebietes stets durch einen gebrochenen, C nicht schneidenden Linienzug verbunden werden können, während jede stetige Linie, die einen Punkt des inneren mit einem des äußeren Gebietes verbindet, notwendig die Kurve C durchsetzt.

In diesem Falle bestätigt die Beweisführung nur die geometrische Anschauung, aber man darf nicht glauben, daß dies immer so ist. Peano hat hierfür ein sehr merkwürdiges Beispiel gegeben, indem er eine Kurve angab[1], welche die folgende besondere Eigentümlichkeit genießt. Läßt man t variieren, so fällt der Punkt, dessen Koordinaten $x = f(t)$, $y = \varphi(t)$ sind, nach und nach mit allen Punkten im Inneren eines Quadrates zusammen.

Wir haben dieses Resultat nur angeführt, um zu zeigen, um wie vieles der analytische Kurvenbegriff umfassender ist als der gewöhnliche. In der Folge werden wir uns meist nur mit Kurven befassen, die den folgenden Bedingungen, welche von den gewöhnlich betrachteten Kurven erfüllt sind, genügen. Es seien $x = f(t)$, $y = \varphi(t)$ die Gleichungen, die eine Kurve C definieren, und es sei (a, b) das Intervall, in dem man t variieren lassen muß, um alle Punkte dieser Kurve zu erhalten. Wir wollen annehmen, daß man (a, b) in eine endliche Anzahl von Teilintervallen zerlegen kann, in deren jedem jede der Funktionen f, φ beständig wächst oder beständig abnimmt oder konstant bleibt. Wenn z. B. die Funktion $x = f(t)$ in einem Intervalle (α, β) beständig wächst, so kann man nach der Theorie der inversen Funktionen hieraus für t eine stetige Funktion von x ableiten und der entsprechende Bogen ist durch eine Gleichung von der Form $y = G(x)$ dargestellt. Ebenso wird, wenn die Funktion $\psi(t)$ in einem Teilintervalle beständig wächst oder abnimmt, der entsprechende Bogen durch eine Gleichung $x = H(y)$ dargestellt.

Alle Kurven, von denen in der Folge die Rede sein wird, sind

[1] Peano, Sur une courbe qui remplit une aire plane (Math. Annalen Bd. XXXVI. — Siehe auch Hilbert (ebenda, Bd. XXXVIII), Über die stetige Abbildung einer Linie auf ein Flächenstück.

aus einer gewissen Anzahl von Bogen dieser Art gebildet, die mit ihren Enden aneinanderstoßen. Betrachten wir im besonderen eine geschlossene Kurve C ohne Doppelpunkt und nehmen wir die Punkte von C, für welche x Maximum oder Minimum ist (wobei die Punkte der zu Oy parallelen Strecken, wenn die Kurve C solche enthält, inbegriffen sind), $x_1, x_2 \ldots x_n$ seien die Abszissen dieser Punkte, geordnet nach wachsender Größe. Jede zur Oy-Achse parallele Gerade $x = \alpha$, wo α in einem der Intervalle (x_{i-1}, x_i) enthalten ist, begegnet C in einer Anzahl von Punkten mit den Ordinaten $y_1, y_2, \ldots y_{2p}$; hierbei ist y_h eine stetige Funktion $\varphi_h(x)$ im Intervall (x_{i-1}, x_i). Wir setzen des weiteren voraus, daß

$$\varphi_1 < \varphi_2 < \varphi_3 < \cdots < \varphi_{2p-1} < \varphi_{2p}$$

sei.

Jeder Punkt des Streifens, der von den Geraden $x = x_{i-1}$, $x = x_i$ begrenzt und zwischen den Kurven $y_1 = \varphi_1$, $y_2 = \varphi_2$ enthalten ist, liegt im Inneren von C; hingegen liegt jeder Punkt des zwischen den beiden Kurven $y_2 = \varphi_2$ und $y_3 = \varphi_3$ enthaltenen Teiles dieses Streifens außerhalb der Grenzkurve C usw. Fährt man so fort, so sieht man, daß das Gebiet im Inneren der Kurve C in eine **endliche** Anzahl von Teilgebieten zerlegt werden kann, deren jedes von zwei Parallelen zu Oy wie $x = a$, $x = b$ und zwei Kurven $y = \varphi_1(x)$, $y = \varphi_2(x)$ begrenzt wird, wobei die Funktionen φ_1 und φ_2 im Intervall (a, b) stetig sind.

Übung.

Wenn eine Funktion $f(x, y)$ in einem Bereiche in bezug auf jede der beiden Variablen **gleichmäßig stetig** ist, so ist sie in diesem Bereiche auch als Funktion der beiden Variablen betrachtet stetig.

Zweites Kapitel.

Derivierte und Differentiale.

I. Definitionen. — Allgemeine Eigenschaften.

13. **Derivierte.** Es sei $f(x)$ eine stetige Funktion; Zähler und Nenner des Bruches

$$\frac{f(x+h)-f(x)}{h}$$

konvergieren gleichzeitig gegen Null, wenn der absolute Betrag von h, während x unverändert bleibt, unbegrenzt abnimmt. Wenn dieses Verhältnis gegen einen Grenzwert konvergiert, so sagt man, daß dieser Grenzwert die Derivierte oder Ableitung dieser Funktion ist und stellt sie nach der Bezeichnung von LAGRANGE durch y' oder $f'(x)$ dar.

An den analytischen Begriff der Derivierten knüpft sich ein wichtiger geometrischer Begriff. Es sei $y = f(x)$ eine im Intervalle (a, b) stetige Funktion; betrachten wir in einer Ebene den Punkt mit den Koordinaten (x, y). Während x von a bis b läuft, beschreibt dieser Punkt einen Kurvenbogen AMB, welcher den Verlauf der Funktion $f(x)$ im Intervalle (a, b) darstellt. Es seien M und M' zwei benachbarte Punkte dieses Kurvenbogens mit den Abszissen x und $x+h$. Der Richtungskoeffizient der Geraden MM' ist gleich

$$\frac{f(x+h)-f(x)}{h};$$

wenn h gegen Null strebt, nähert sich der Punkt M' unbegrenzt dem Punkte M, und wenn die Funktion $f(x)$ eine Derivierte zuläßt, so konvergiert der Richtungskoeffizient der Geraden MM' gegen den Grenzwert y'. Die Gerade MM' strebt also gegen eine Grenzlage MT, welche man die Tangente an die Kurve im Punkte M nennt; die Gleichung dieser Tangente ist nach dem Vorangehenden

$$Y - y = y'(X - x),$$

wenn X und Y die laufenden Koordinaten sind.

Betrachten wir allgemeiner eine beliebige Kurve im Raume und seien

$$x = f(t), \quad y = \varphi(t), \quad z = \psi(t)$$

die Ausdrücke der Koordinaten eines Punktes dieser Kurve als Funktionen eines veränderlichen Parameters t. Nehmen wir auf dieser Kurve zwei Punkte M, M', die den beiden Werten t und $t + h$ des Parameters entsprechen; die Gleichungen der Sehne MM' sind

$$\frac{X - f(t)}{f(t+h) - f(t)} = \frac{Y - \varphi(t)}{\varphi(t+h) - \varphi(t)} = \frac{Z - \psi(t)}{\psi(t+h) - \psi(t)}.$$

Teilt man alle Nenner dieser Brüche durch h und läßt man hernach h gegen Null konvergieren, so sieht man, daß die Sehne MM' gegen eine Grenzlage strebt, die durch die Gleichungen

$$\frac{X - f(t)}{f'(t)} = \frac{Y - \varphi(t)}{\varphi'(t)} = \frac{Z - \psi(t)}{\psi'(t)}$$

dargestellt wird; dies setzt natürlich voraus, daß die drei Funktionen $f(t)$, $\varphi(t)$, $\psi(t)$ eine Derivierte zulassen. Die Bestimmung der Tangente an eine Kurve führt also analytisch auf einen Derivierten-kalkül zurück.

Jede Funktion, die eine Derivierte zuläßt, ist notwendig stetig, aber die Umkehrung ist nicht richtig. Es ist leicht, Beispiele von stetigen Funktionen zu geben, die für Ausnahmswerte der Variablen keine Derivierte haben. So z. B. die Funktion $y = x \sin \frac{1}{x}$ für $x = 0$; zugleich mit x konvergiert auch y gegen Null und die Funktion ist wohl stetig, aber der Bruch $\frac{y}{x} = \sin \frac{1}{x}$ konvergiert gegen keinen Grenzwert (Nr. 9).

Betrachten wir noch $y = x^{\frac{2}{3}}$; diese Funktion ist für jeden Wert von x stetig und man hat $y = 0$ für $x = 0$; aber der Bruch $\frac{y}{x} = x^{-\frac{1}{3}}$ wächst unbegrenzt, wenn x gegen Null strebt. Wir werden zur Abkürzung sagen, daß die Derivierte für $x = 0$ unendlich ist; die Kurve, welche den Verlauf der Funktion darstellt, hat im Ursprung die y-Achse zur Tangente.

Die Funktion $y = x \dfrac{e^{\frac{1}{x}}}{1 + e^{\frac{1}{x}}}$ ist Null für $x = 0$, aber der Bruch $\frac{y}{x}$ konvergiert gegen zwei verschiedene Grenzwerte, je nachdem x durch positive oder negative Werte gegen Null strebt. Ist x positiv und sehr klein, so ist $e^{\frac{1}{x}}$ positiv und sehr groß: der Bruch $\frac{y}{x}$ konvergiert gegen die Einheit; ist hingegen x negativ und dem absoluten Werte nach sehr klein, so ist $e^{\frac{1}{x}}$ sehr nahe der Null und der Bruch $\frac{y}{x}$ hat Null zum Grenzwert. Es existieren demnach zwei verschiedene Werte für die Derivierte, je nach der Art, wie x gegen Null strebt; die Kurve, welche den Verlauf der Funktion darstellt, hat im Ursprung einen Eckpunkt.

Allgemein definiert jede gebrochene Linie, welche von einer Parallelen zu Oy nur in einem Punkte getroffen wird, eine stetige Funktion, deren Derivierte in jedem Eckpunkte zwei verschiedene Werte besitzt.

Man ersieht aus diesen Beispielen, daß es leicht ist, stetige Funktionen zu bilden, die für gewisse besondere Werte der Veränderlichen keine Derivierte zulassen. Aber die Erfinder der Infinitesimalrechnung und deren Nachfolger haben niemals in Zweifel gezogen, daß eine stetige Funktion im allgemeinen eine Derivierte besitze. Es gab sogar einige Versuche, dies zu beweisen, freilich ungenügende, als WEIERSTRASS die Frage endgültig dadurch entschied, daß er Beispiele von stetigen Funktionen gab, die für keinen Wert der Variablen Derivierte zulassen.[1] Da diese Funktionen bisher keine Anwendung gefunden haben, werden wir uns nicht mit ihnen beschäftigen. Wenn wir in der Folge sagen werden, daß eine Funktion $f(x)$ im Intervalle (a, b) eine Derivierte besitze, so wird man darunter, wenn nicht ausdrücklich anderes bemerkt wird, immer zu verstehen haben, daß sie eine einzige und endliche Ableitung für jeden im Intervalle (a, b) liegenden Wert der Variablen zuläßt.

14. Höhere Derivierte. Die Derivierte einer Funktion $f(x)$ ist selbst eine neue Funktion von x, $f'(x)$; läßt $f'(x)$ selbst eine Derivierte zu, so nennt man diese neue Funktion die zweite Derivierte von $f(x)$ und bezeichnet sie durch das Symbol y'' oder $f''(x)$. Ebenso wird man die dritte Derivierte y''' oder $f'''(x)$ als die Derivierte der zweiten Derivierten definieren usf.; allgemein ist die n^{te} Derivierte $y^{(n)}$ oder $f^{(n)}(x)$ die Derivierte der Derivierten von der Ordnung $n - 1$. Kommt man, indem man so die sukzessiven Derivierten bildet, niemals zu einer Funktion, die keine Derivierte zuläßt, so kann man sich diese Folge der Operationen unbegrenzt

[1] Note, gelesen in der Akademie der Wissenschaften zu Berlin am 18. Juli 1872. Andere Beispiele wird man in dem Mémoire über die unstetigen Funktionen von DARBOUX finden (Annales de l'École Normale supérieure, 2e série, t. IV). Ein Beispiel von WEIERSTRASS ist am Ende des Kapitels angeführt.

ausgedehnt denken: die Folge der Derivierten der Funktion $f(x)$, von der man ausgegangen ist, ist unbegrenzt. Dies trifft für die Mehrzahl der Funktionen zu, die bisher irgend ein praktisches Interesse darbieten.

Die voranstehende Bezeichnung ist die von LAGRANGE; man bedient sich auch manchmal der Bezeichnung $D_n y$ oder $D_n f(x)$, welche man CAUCHY verdankt, um die Derivierte von der Ordnung n darzustellen. Ein wenig später werden wir die Bezeichnung von LEIBNIZ kennen lernen.

15. **Theorem von ROLLE.** Die Anwendung der Derivierten im Studium der Gleichungen beruht auf dem folgenden Satze, der unter dem Namen des Theorems von ROLLE bekannt ist.

Es seien a und b zwei Wurzeln der Gleichung $f(x) = 0$. Wenn die Funktion $f(x)$ im Intervalle (a, b) stetig ist und daselbst eine Derivierte zuläßt, dann hat die Gleichung $f'(x) = 0$ mindestens eine Wurzel, die zwischen a und b liegt.

In der Tat, die Funktion $f(x)$ ist nach der Voraussetzung Null für $x = a$ und $x = b$. Ist sie in dem Intervalle (a, b) beständig Null, so ist es auch ihre Derivierte und das Theorem ist evident. Ist die Funktion nicht beständig Null, so wird sie entweder positive oder negative Werte annehmen. Setzen wir z. B. den Fall, daß sie positive Werte annehme; sie wird dann einen Maximalwert M für einen Wert x_1 von x, der zwischen a und b liegt, annehmen (Nr. 8; Theorem C). Der Bruch

$$\frac{f(x_1 + h) - f(x_1)}{h},$$

wo man $h > 0$ voraussetzt, ist, wofern er nicht Null ist, notwendig negativ und der Grenzwert dieses Bruches, d. h. $f'(x_1)$ kann keine positive Zahl sein; man hat also $f'(x_1) \leqq 0$. Betrachtet man ebenso $f'(x_1)$ als den Grenzwert des Bruches

$$\frac{f(x_1 - h) - f(x_1)}{-h},$$

wo h positiv ist, so wird man auf dieselbe Art sehen, daß man $f'(x_1) \geqq 0$ haben muß. Die Vergleichung dieser beiden Resultate beweist, daß notwendig $f'(x_1) = 0$ ist.

16. **Der Mittelwertsatz.** Es seien $f(x)$ und $\varphi(x)$ zwei im Intervalle (a, b) stetige Funktionen, die in diesem Intervalle — die Grenzen nicht eingeschlossen — für jeden Wert von x eine Derivierte zulassen.

Wir können drei konstante Koeffizienten A, B, C so bestimmen, daß die Hilfsfunktion

$$\psi(x) = Af(x) + B\varphi(x) + C$$

für $x = a$ und $x = b$ Null sei. Dazu ist notwendig und hinreichend, daß

$$Af(a) + B\varphi(a) + C = 0, \quad Af(b) + B\varphi(b) + C = 0$$

sei; indem man Glied für Glied subtrahiert, erhält man hieraus

$$A[f(a) - f(b)] + B[\varphi(a) - \varphi(b)] = 0.$$

Da die vorangehenden Relationen nur die Verhältnisse der Koeffizienten A, B, C bestimmen, kann man

$$A = \varphi(a) - \varphi(b), \quad B = f(b) - f(a)$$

nehmen und der zugehörige Wert von C ergibt sich unmittelbar. Sind die Koeffizienten derart bestimmt, so ist die Hilfsfunktion $\psi(x)$ Null für $x = a$ und $x = b$; überdies läßt sie eine Derivierte für jeden im Intervalle (a, b) enthaltenen Wert von x zu wie die Funktionen $f(x)$ und $\varphi(x)$ selbst. Es existiert demnach eine zwischen a und b enthaltene Zahl c, welche die Derivierte

$$\psi'(x) = Af'(x) + B\varphi'(x)$$

zum Verschwinden bringt. Ersetzen wir A und B durch ihre Werte; wir erhalten

$$[\varphi(a) - \varphi(b)]f'(c) + [f(b) - f(a)]\varphi'(c) = 0,$$

oder, indem wir durch $\varphi'(c)[\varphi(a) - \varphi(b)]$ dividieren,

$$\frac{f(b) - f(a)}{\varphi(b) - \varphi(a)} = \frac{f'(c)}{\varphi'(c)}. \tag{1}$$

Setzen wir in dieser Formel $\varphi(x) = x$; dann können wir das folgende Theorem aussprechen:

Es sei $f(x)$ eine im Intervalle (a, b) stetige Funktion, die für jeden Wert von x zwischen a und b eine Derivierte zuläßt. Dann besteht die Beziehung

$$\underline{f(b) - f(a) = (b - a)f'(c),} \tag{2}$$

wo c eine zwischen a und b enthaltene Zahl bedeutet.

Diese Formel (2) ist die eigentliche Formel der endlichen Zuwächse oder die Mittelwertsformel. Man wird bemerken, daß der Beweis weder die Stetigkeit der Derivierten noch ihre Existenz für die Grenzwerte $x = a$, $x = b$ voraussetzt. Die geometrische Interpretation ist zu bekannt, als daß es nötig wäre, sie hier anzuführen.

Aus dieser Formel leitet man ab, daß die Funktion $f(x)$, wenn die Ableitung $f'(x)$ im ganzen Intervalle (a, b) Null ist, in diesem Intervalle einen konstanten Wert bewahrt: denn die Anwendung der Formel auf zwei dem Intervalle (a, b) angehörige Werte x_1, x_2 führt zu der Beziehung $f(x_2) = f(x_1)$. Daraus folgt weiter, daß die Differenz zweier Funktionen, welche die gleiche Derivierte zulassen, konstant ist und die Umkehrung ist evident. Kennt man eine Funktion $F(x)$, welche als Derivierte eine gegebene Funktion $f(x)$ hat, so erhält man daraus alle anderen Funktionen, welche die gleiche Derivierte haben, indem man zu $F(x)$ eine willkürliche Konstante hinzufügt.[1]

Hier noch eine andere Folgerung aus der Formel (2), die uns noch oft nützlich sein wird. Nehmen wir an, daß die Derivierte $f'(x)$ im Intervalle (a, b) endlich sei, derart, daß für jeden Wert von x zwischen a und b $|f'(x)| < K$ ist, wobei die positive Zahl K von x unabhänig ist. Daraus folgt, daß man für zwei beliebige Zahlen x_1 und x_2 des Intervalls (a, b) stets die Ungleichung hat

$$|f(x_2) - f(x_1)| < K\,|x_2 - x_1|\,. \tag{2}$$

Wir werden die durch diese Ungleichung ausgedrückte Bedingung, wonach K eine fixe Zahl bezeichnet und x_1, x_2 irgend zwei einem bestimmten Intervalle angehörige Größen sind, zur Abkürzung manchmal die LIPSCHITZsche Bedingung nennen.

Die Formel (1) wird bisweilen auch die **verallgemeinerte Mittelwertsformel** genannt. Das Theorem von HOSPITAL über die unbestimmten Formen läßt sich daraus unmittelbar ableiten. In

---

[1] Man wendet dieses Theorem manchmal an, ohne auf alle Bedingungen des Satzes zu achten. Es seien beispielsweise $f(x)$ und $\varphi(x)$ zwei in einem Intervalle (a, b) stetige Funktionen, die daselbst Derivierte $f'(x)$, $\varphi'(x)$ zulassen. Besteht zwischen diesen vier Funktionen die Beziehung $f'(x)\varphi(x) - f(x)\varphi'(x) = 0$, so schließt man daraus, daß die Derivierte der Funktion $\frac{f}{\varphi}$ Null ist und infolgedessen, daß das Verhältnis $\frac{f}{\varphi}$ im Intervalle (a, b) konstant ist. Man ist aber zu diesem Schlusse nur dann wirklich berechtigt, wenn die Funktion $\varphi(x)$ im Intervalle (a, b) nicht verschwindet. Nehmen wir, um die Ideen zu fixieren, an, daß $\varphi(x)$ ebenso wie $\varphi'(x)$ für einen Wert c von x zwischen a und b verschwinde. Eine Funktion $f(x)$, die zwischen a und c gleich $C_1\varphi(x)$ und zwischen c und b gleich $C_2\varphi(x)$ ist, wo C_1 und C_2 zwei verschiedene Konstante bedeuten, ist stetig und läßt in dem Intervalle (a, b) eine Derivierte zu und die obenstehende Relation ist sehr wohl für jeden Wert von x, der in diesem Intervalle enthalten ist, befriedigt. Die geometrische Interpretation ist leicht.

der Tat, nehmen wir $f(a) = \varphi(a) = 0$ an. Durch Einsetzen von x für b wird die Formel (1)

$$\frac{f(x)}{\varphi(x)} = \frac{f'(x_1)}{\varphi'(x_1)}$$

wo x_1 zwischen a und b enthalten ist. Diese Beziehung zeigt uns: wenn der Bruch $\frac{f'(y)}{\psi'(x)}$ gegen einen Grenzwert konvergiert, während x gegen a strebt, so konvergiert $\frac{f(x)}{\varphi(x)}$ gegen denselben Grenzwert, wenn $f(a) = \varphi(a) = 0$ ist.

17. **TAYLORsche Formel.** Ist $f(x)$ ein ganzes Polynom vom Grade n und entwickelt man dieses Polynom nach steigenden Potenzen von $x - a$, so erhält man die Formel

$$(4) \qquad f(x) = f(a) + \frac{x-a}{1} f'(a) + \dots + \frac{(x-a)^n}{n!} f^{(n)}(a);$$

die Entwicklung hört hierbei von selbst auf, denn alle Derivierten von der $\overline{n+1}^{\text{ten}}$ angefangen sind null.

Betrachten wir nun eine Funktion $f(x)$, die von einem Polynom verschieden ist. Die Formel (4) kann auf diese Funktion nicht anwendbar sein, wie groß auch die Zahl n sei. Wir stellen uns die Aufgabe, einen Ausdruck des Fehlers zu finden, den man begeht, wenn man diese Funktion $f(x)$ durch das Polynom

$$P_n(x) = f(a) + \frac{x-a}{1} f'(a) + \dots + \frac{(x-a)^n}{n!} f^{(n)}(a)$$

ersetzt.

Wir wollen über die Funktion $f(x)$ die folgenden Annahmen machen: diese Funktion sei ebenso wie ihre Derivierten

$$f'(x), f''(x), \dots, f^{(n)}(x)$$

in einem Intervalle (a, b) stetig und die Derivierte der Ordnung n, $f^{(n)}(x)$, läßt selbst für jeden Wert von x zwischen a und b eine Derivierte $f^{(n+1)}(x)$ zu. Das Polynom $P_n(x)$ genügt den Bedingungen

$$P_n(a) = f(a),\ P_n'(a) = f'(a), \dots, P_n^{(n)}(a) = f^{(n)}(a)$$

und infolgedessen ist die Differenz $f(x) = P_n(x)$ ebenso wie ihre höheren Ableitungen bis zur n^{ten} für $x = a$ null. Dasselbe gilt auch für die Hilfsfunktion

$$\varphi(x) = f(x) + C(x-a)^{n+1} - P_n(x),$$

was auch die Konstante C sei. Nun kann man aber diese Konstante derart wählen, daß $\varphi(x)$ auch für $x = b$ null ist; es genügt hierfür

$$(5) \qquad f(b) - P_n(b) + C(b-a)^{n+1} = 0$$

zu setzen.

Durch diese Relation wird die Konstante C bestimmt; die Hilfsfunktion $\varphi(x)$ ist dann wie ihre n ersten Derivierten im Intervall (a, b) stetig und $\varphi^{(n)}(x)$ läßt für jeden Wert von x zwischen a und b eine Derivierte $\varphi^{(n+1)}(x)$ zu. Außerdem bestehen die $n+2$ Relationen

$$\varphi(a) = 0, \ \varphi'(a) = 0, \ \ldots, \ \varphi^{(n)}(a) = 0, \ \varphi(b) = 0.$$

Wenden wir nun das Theorem von Rolle sukzessive auf die Funktion $\varphi(x)$ und ihre Derivierten an. Da die Funktion $\varphi(x)$ für $x = a$ und für $x = b$ verschwindet, so hat die Gleichung $\varphi'(x) = 0$ eine Wurzel c_1, die zwischen a und b liegt. Da diese Funktion $\varphi'(x)$ für $x = a$ und $x = c_1$ null ist, so hat die Gleichung $\varphi''(x) = 0$ selbst eine Wurzel c_2, die zwischen a und c_1 und infolgedessen auch zwischen a und b enthalten ist. Fährt man so fort bis zur n^{ten} Derivierten, so sieht man, daß die Gleichung $\varphi^{(n)}(x) = 0$ die Wurzel a und eine andere Wurzel c_n zwischen a und b zuläßt. Infolgedessen verschwindet auch die Derivierte $\varphi^{(n+1)}(x)$ für einen zwischen a und b enthaltenen Wert c. Nun hat aber diese Derivierte, da das Polynom $P_n(x)$ höchstens vom Grade n ist,

$$\varphi^{(n+1)}(x) = f^{(n+1)}(x) + 1 \cdot 2 \cdot 3 \ldots (n+1)\, C$$

zum Ausdruck.

Hieraus entnimmt man, daß die Konstante C der Relation

$$f^{(n+1)}(c) + (n+1)!\, C = 0$$

genügt, wo c eine zwischen a und b enthaltene unbekannte Zahl bedeutet.

Ersetzen wir nun C und $P_n(b)$ in der Formel (5) durch ihre Ausdrücke; aus der erhaltenen Gleichung entnehmen wir den folgenden Wert von $f(b)$:

$$(6) \qquad f(b) = f(a) + \frac{b-a}{1} f'(a) + \ldots + \frac{(b-a)^n}{n!} f^{(n)}(a) + \frac{(b-a)^{n+1}}{(n+1)!} f^{(n+1)}(c).$$

Dies ist die allgemeine Taylorsche Formel; ersetzen wir hierin b durch $a + x$ und beachten, daß c von der Form $a + \Theta x$ ist, wo Θ zwischen 0 und 1 liegt, so können wir die obige Formel auch schreiben

$$(7) \quad f(a+x) = f(a) + \frac{x}{1} f'(a) + \frac{x^2}{1 \cdot 2} f''(a) + \ldots + \frac{x^n}{n!} f^{(n)}(a) + R_n,$$

wo der Rest R_n den Ausdruck hat

$$R_n = \frac{x^{n+1}}{(n+1)!} f^{(n+1)}(a + \Theta x).$$

Dieser Rest R_n stellt den Fehler dar, den man begeht, wenn man $f(a+x)$ durch das Polynom $P_n(a+x)$ ersetzt. Bleibt $|f^{(n+1)}(z)|$ kleiner als eine Zahl M, während z von a bis $a+x$ läuft, so ist der absolute Betrag dieses Restes kleiner als $M\frac{|x|^{n+1}}{(n+1)!}$ und wir haben so eine Vorstellung von der Annäherung, die man für $f(a+x)$ erhält, indem man den Rest vernachlässigt.

Bemerkung. Wenn die Derivierte $f^{(n+1)}(x)$ stetig ist, so kann man auch schreiben

$$R_n = \frac{x^{n+1}}{(n+1)!}\left[f^{(n+1)}(a) + \varepsilon\right],$$

wo ε eine unendlich kleine Größe bezeichnet, wenn x gegen Null konvergiert. Betrachtet man x als unendlich klein von der ersten Ordnung, so sieht man, daß R_n unendlich klein von mindestens $\overline{n+1}^{\text{ter}}$ Ordnung im Verhältnis zu x ist. Indem man nach und nach $n=1$, $n=2$, $n=3$ ... setzt, erhält man also Polynome, die sich von $f(a+x)$ um unendlich kleine Größen wachsender Ordnung unterscheiden. Setzt man in der Formel (7) $a=0$, so heißt die so erhaltene Formel manchmal die Formel von MACLAURIN.

Beispiel. Wenden wir die Formel (7) auf die Funktion $f(x) = \log(1+x)$ an, wobei das Zeichen log den NEPERschen Logarithmus bedeutet, indem wir $a=0$, $n=1$, $x > -1$ voraussetzen; wir finden

$$\log(1+x) = x - \frac{x^2}{2(1+\Theta x)^2};$$

ersetzt man in dieser Formel x durch den reziproken Wert einer ganzen Zahl n, so erhält man

$$\log\left(1+\frac{1}{n}\right) = \frac{1}{n} - \frac{\Theta_n}{2n^2},$$

wo Θ_n ein positiver Bruch kleiner als eins ist.

Daraus folgert man, daß die Reihe, deren allgemeines Glied

$$\frac{1}{p} - \log\left(1+\frac{1}{p}\right)$$

ist, eine konvergente Reihe ist, denn das allgemeine Glied ist kleiner als $\frac{1}{2p^2}$.

Nun ist aber die Summe der n ersten Glieder dieser Reihe gleich

$$1 + \frac{1}{2} + \dots + \frac{1}{n} - \log(n+1) = \sum_n - \log n + \log\left(\frac{n}{n+1}\right);$$

infolgedessen konvergiert die Differenz $\sum_n - \log n$ gegen einen endlichen Grenzwert, wenn n unbegrenzt wächst. Dieser Grenzwert ist die EULERsche Konstante C, deren Wert auf 20 Dezimalstellen genau $C = 0{\cdot}57721566490153286060$ ist.

18. **Unbestimmte Formen.** Die TAYLORsche Formel gestattet, die Regel von HOSPITAL leicht zu verallgemeinern (Nr. 16).

Es seien $f(x)$ und $\varphi(x)$ zwei Funktionen, die für einen und denselben Wert der Variabeln $x = a$ verschwinden; das Aufsuchen des Grenzwertes, gegen den das Verhältnis der beiden Zahlen $f(a+h)$ und $\varphi(a+h)$ mit gegen Null abnehmendem h konvergiert, ist nur ein spezieller Fall des Problems, welches darin besteht, den Grenzwert des Verhältnisses zweier unendlich kleiner Größen zu finden. Diesen Grenzwert findet man unmittelbar, wenn man den Hauptteil dieser unendlich kleinen Größen kennt, was gerade der Fall ist, wenn die Formel (7) auf jede der beiden Funktionen $f(x)$ und $\varphi(x)$ in der Umgebung des Punktes a anwendbar ist. Nehmen wir an, daß die erste Derivierte von $f(x)$, die für $x = a$ nicht verschwindet, die Derivierte der Ordnung p ist, $f^{(p)}(a)$, und daß ebenso die erste Derivierte von $\varphi(x)$, die für $x = a$ ungleich Null ist, die Derivierte der Ordnung q ist, $\varphi^{(q)}(a)$. Wendet man die Formel (7) auf jede der beiden Funktionen $f(x)$, $\varphi(x)$ an und dividiert die Resultate, so kann man schreiben

$$\frac{f(a+h)}{\varphi(a+h)} = h^{p-q}\,\frac{1\cdot 2\ldots q}{1\cdot 2\ldots p}\cdot\frac{f^{(p)}(a)+\varepsilon}{\varphi^{(q)}(a)+\varepsilon'};$$

wo ε und ε' zwei unendlich kleine Größen bedeuten. Aus dieser Formel ist klar, daß das betrachtete Verhältnis mit gegen Null strebendem h unbegrenzt wächst, wenn $q > p$ ist, und gegen Null konvergiert, wenn $q < p$ ist; ist $q = p$, so konvergiert es gegen einen endlichen Grenzwert $\dfrac{f^{(p)}(a)}{\varphi^{(p)}(a)}$.

Eine Unbestimmtheit gleicher Art bietet sich manchmal in den Gleichungen der Tangente an eine Kurve dar. Es seien

$$x = f(t) \qquad y = \varphi(t), \qquad z = \psi(t)$$

die Formeln, welche die Koordinaten eines beliebigen Punktes einer Kurve C, ausgedrückt als Funktionen eines Parameters t, liefern; die Gleichungen der Tangente an diese Kurve in einem Punkte M, der dem Werte t_0 des Parameters entspricht, sind, wie man gesehen hat (Nr. 13),

$$\frac{X-f(t_0)}{f'(t_0)} = \frac{Y-\varphi(t_0)}{\varphi'(t_0)} = \frac{Z-\psi(t_0)}{\psi'(t_0)}.$$

Diese Gleichungen reduzieren sich auf Identitäten, wenn die drei Derivierten $f'(t)$, $\varphi'(t)$, $\psi'(t)$ gleichzeitig für $t = t_0$ null sind. Um die Schwierigkeit zu beheben, nehmen wir noch einmal die Überlegung auf, die zur Aufstellung der Tangentengleichungen gedient hat. Es sei M' ein Punkt der Kurve C in der Nachbarschaft des Punktes M und $t_0 + h$ der korrespondierende Wert des Parameters; die Gleichungen der Sehne MM' sind

$$\frac{X-f(t_0)}{f(t_0+h)-f(t_0)} = \frac{Y-\varphi(t_0)}{\varphi(t_0+h)-\varphi(t_0)} = \frac{Z-\psi(t_0)}{\psi(t_0+h)-\psi(t_0)}.$$

Zur größeren Allgemeinheit wollen wir annehmen, daß alle Derivierten von niederer als der p^{ten} Ordnung ($p > 1$) der Funktionen $f(t)$, $\varphi(t)$, $\psi(t)$ für $t = t_0$ null sind, während mindestens eine der Derivierten der Ordnung p, z. B. $f^{(p)}(t_0)$ von Null verschieden ist. Dividiert man alle Nenner der vorstehenden Ausdrücke durch h^p und wendet die allgemeine Formel (7) an, so kann man diese Gleichungen auch schreiben

$$\frac{X - f(t_0)}{f^{(p)}(t_0) + \varepsilon} = \frac{Y - \varphi(t_0)}{\varphi^{(p)}(t_0) + \varepsilon'} = \frac{Z - \psi(t_0)}{\psi^{(p)}(t_0) + \varepsilon''},$$

wo ε, ε', ε'' drei unendlich kleine Größen bezeichnen. Läßt man nun h gegen Null konvergieren, so werden diese Gleichungen an der Grenze

$$\frac{X - f(t_0)}{f^{(p)}(t_0)} = \frac{Y - \varphi(t_0)}{\varphi^{(p)}(t_0)} = \frac{Z - \psi(t_0)}{\psi^{(p)}(t_0)}$$

und bieten keine Unbestimmtheit mehr dar.

Die Punkte einer Kurve C, bei denen dieser Fall eintritt, sind im allgemeinen singuläre Punkte, wo die Kurve irgendwelche Eigentümlichkeit der Form darbietet. So z. B. geht die durch die Gleichungen $x = t^2$, $y = t^3$ dargestellte Kurve durch den Ursprung und man hat in diesem Punkte

$$\frac{dx}{dt} = \frac{dy}{dt} = 0.$$

Die Kurve bietet im Ursprung einen Rückkehrpunkt erster Art mit der x-Achse als Tangente dar.

19. **Partielle Derivierte.** Es sei $\omega = f(x,y)$ eine Funktion der beiden unabhängigen Veränderlichen x und y, die in einem gewissen Bereiche D definiert ist. Erteilt man einer der Variabeln, y z. B., einen konstanten Wert, was darauf hinausläuft, den Punkt (x,y) sich auf einer Parallelen zur x-Achse im Bereiche D bewegen zu lassen, so erhält man eine Funktion der einzelnen Variablen x, deren Derivierte man, wenn sie existiert, mit $f'_x(x,y)$ oder ω'_x bezeichnet; desgleichen wird man mit ω'_y oder $f'_y(x,y)$ die Derivierte der Funktion $f(x,y)$ bezeichnen, wenn man x als eine Konstante und y als eine unabhängige Veränderliche betrachtet; $f'_x(x,y)$ und $f'_y(x,y)$ sind die p a r t i e l l e n   D e r i v i e r t e n der Funktion $f(x,y)$. Diese partiellen Derivierten sind selbst Funktionen der beiden Variablen x, y; nimmt man nun ihrerseits ihre partiellen Derivierten, so erhält man die partiellen Derivierten zweiter Ordnung von $f(x,y)$. Man erhält so vier partielle Derivierte zweiter Ordnung f''_{x^2}, f''_{xy}, f''_{yx}, f''_{y^2}. Ebenso wird man die partiellen Derivierten dritter, vierter Ordnung usw. definieren; ist auf allgemeine Art eine Funktion einer beliebigen Anzahl von unabhängigen Variablen gegeben, $\omega = f(x,y,z\ldots t)$, so ist eine partielle Derivierte der Ordnung n das Resultat von n nacheinander ausgeführten Derivationen, die an dieser Funktion f in einer bestimmten Reihenfolge in bezug auf einige darin vor-

kommende Variable ausgeführt werden. Wir wollen nun beweisen, daß dieses Resultat unabhängig ist von der Reihenfolge, in welcher man diese Derivationen ausführt.

Wir beweisen zunächst das folgende Lemma:

Es sei $\omega = f(x,y)$ eine Funktion der zwei Variablen x, y; dann ist $f''_{xy} = f''_{yx}$, vorausgesetzt daß diese beiden partiellen Derivierten stetig sind.

Dazu schreiben wir den Ausdruck

$$U = f(x + \Delta x, y + \Delta y) - f(x, y + \Delta y) - f(x + \Delta x, y) + f(x, y),$$

in dem $x, y, \Delta x, \Delta y$ bestimmte Werte haben sollen, auf zwei verschiedene Arten. Setzt man, indem man mit v eine Hilfsvariable bezeichnet,

$$\varphi(v) = f(x + \Delta x, v) - f(x, v),$$

so kann man schreiben

$$U = \varphi(y + \Delta y) - \varphi(y);$$

die Anwendung des Mittelwertsatzes auf die Funktion $\varphi(v)$ gibt uns

$$U = \Delta y\, \varphi'_y(y + \Theta \Delta y), \quad \text{wo } 0 < \Theta < 1.$$

Ersetzen wir hierin φ'_y durch seinen Wert; wir erhalten

$$U = \Delta y\, [f_y'(x + \Delta x, y + \Theta \Delta y) - f_y'(x, y + \Theta \Delta y)].$$

Eine neuerliche Anwendung der Mittelwertsformel auf die Funktion $f_y'(u, y + \Theta \Delta y)$, wobei u als unabhängige Veränderliche betrachtet wird, gibt

$$U = \Delta x\, \Delta y\, f''_{yx}(x + \Theta' \Delta x, y + \Theta \Delta y), \qquad 0 < \Theta' < 1.$$

Wegen der Symmetrie des Ausdruckes U in $x, y, \Delta x, \Delta y$ würde man ebenso, indem man die Rolle der Variablen x und y vertauscht,

$$U = \Delta x\, \Delta y\, f''_{xy}(x + \Theta_1 \Delta x, y + \Theta_1' \Delta y)$$

finden, wo Θ_1 und Θ_1' wieder positive Faktoren kleiner als eins bezeichnen. Setzen wir diese beiden Werte von U einander gleich; nach Division durch $\Delta x\, \Delta y$ bleibt

$$f''_{xy}(x + \Theta_1 \Delta x, y + \Theta_1' \Delta y) = f''_{yx}(x + \Theta' \Delta x, y + \Theta \Delta y);$$

da wir die Derivierten f''_{yx}, f''_{xy} als stetig vorausgesetzt haben, so konvergieren mit gegen Null abnehmendem Δx und Δy die beiden Seiten der vorstehenden Gleichheit bzw. gegen f''_{xy} und f''_{yx} und man gelangt zu der Gleichheit, welche man beweisen wollte.

Es ist zu bemerken, daß der vorangehende Beweis nichts über die anderen Derivierten zweiter Ordnung f''_{x^2} und f''_{y^2} voraussetzt;

ebenso gilt er auch für den Fall, wo die Funktion $f(x, y)$ von anderen unabhängigen Variablen als x und y in beliebiger Anzahl abhängt, da diese Variablen bei den vorangehenden Derivationen wie Konstante behandelt werden müssen.

Dies vorausgeschickt sei $\omega = f(x, y, z, \ldots, t)$ eine Funktion einer beliebigen Anzahl von unabhängigen Variablen und Ω eine partielle Derivierte der Ordnung n dieser Funktion. Jede Permutation in der Ordnung der Derivationen, die zu Ω führen, kann durch eine Folge von Vertauschungen zwischen zwei aufeinander folgenden Derivationen erhalten werden und da diese Operationen, wie wir eben gesehen, an dem Resultate nichts ändern, so wird es mit der betrachteten Permutation ebenso sein. Um eine Schreibweise zu erhalten, welche unzweideutig eine partielle Derivierte der Ordnung n bezeichnet, wird es demnach genügen, die Zahl der Derivationen anzugeben, welche in bezug auf jede der unabhängigen Variablen ausgeführt wurden. So werden die partiellen Derivierten einer Funktion dreier Variablen $f(x, y, z)$ durch die eine oder die andere der beiden Bezeichnungen

$$f^{(n)}_{x^p\, y^q\, z^r}(x, y, z), \quad D^{(n)}_{x^p\, y^q\, z^r} f(x, y, z),$$

wo $p + q + r = n$ ist, dargestellt sein. Die eine wie die andere dieser beiden Bezeichnungen stellt das Resultat dar, das man erhält, indem man nacheinander p-mal nach x, q-mal nach y, r-mal nach z deriviert, wobei diese Operationen in beliebiger Reihenfolge vorgenommen werden können. Es gibt drei partielle Derivierte erster Ordnung f'_x, f'_y, f'_z, sechs Derivierte zweiter Ordnung f''_{x^2}, f''_{y^2}, f''_{z^2}, f''_{xy}, f''_{yz}, f''_{xz}; usw.

Allgemein hat eine Funktion von p unabhängigen Variablen so viele partielle Derivierte der Ordnung n als es verschiedene Glieder in einem homogenen Polynome der Ordnung n mit p Variablen gibt, d. h.

$$\frac{(n+1)(n+2)\ldots(n+p-1)}{1 \cdot 2 \ldots (p-2)(p-1)},$$

wie die Theorie der Kombinationen lehrt.

Für die Funktionen mehrerer Veränderlichen gibt es Formeln, die dem Mittelwertsatz analog sind. Betrachten wir beispielsweise eine Funktion $f(x, y)$ der beiden unabhängigen Variablen x und y. Die Differenz $f(x+h, y+k) - f(x, y)$ kann geschrieben werden

$$[f(x+h, y+k) - f(x, y+k)] + [f(x, y+k) - f(x, y)];$$

wendet man den Mittelwertsatz auf jede der beiden Differenzen an, so findet man

$$(8)\quad f(x+h, y+k) - f(x,y) = hf'_x(x+\Theta h, y+k) + kf'_y(x, y+\Theta' k),$$

wo Θ und Θ' zwischen Null und Eins enthalten sind.

Der Beweis setzt nicht voraus, daß die Derivierten f'_x und f'_y stetig sind. Er enthält zwei unbestimmte Zahlen Θ und Θ'. Man kann ihn durch eine gleichartige Formel ersetzen, die nur einen Faktor Θ enthält. Nehmen wir an, daß x, y, h, k bestimmte Werte haben und sei $\varphi(t)$ die Hilfsfunktion

$$\varphi(t) = f(x + ht, y + k) + f(x, y + kt)$$

der Variablen t. Man hat offenbar

$$f(x + h, y + k) - f(x,y) = \varphi(1) - \varphi(0 = \varphi'(\Theta), \quad 0 < \Theta < 1$$

oder

$$(9)\quad f(x + h, y + k) - f(x,y) = hf'_x(x + \Theta h, y + k) + kf'_y(x, y + \Theta k).$$

Die Formeln (8) und (9) sind analog der Mittelwertsformel (2) und können offenbar auf Funktionen einer beliebigen Anzahl von Veränderlichen ausgedehnt werden.

Wenn die partiellen Derivierten f'_x und f'_y stetig sind, so kann man den Zuwachs von f auch schreiben

$$10)\quad f(x + h, y + k) - f(x, y) = h[f'_x(x, y) + \varepsilon] + k[f'_y(x, y) + \varepsilon'],$$

wo ε und ε' gleichzeitig mit h und k gegen Null konvergieren. Dieser Ausdruck der Differenz $f(x + h, y + k) - f(x, y)$ ist oft nützlich; er dient z. B. dazu, die Regel aufzustellen, welche die Derivierte einer zusammengesetzten Funktion gibt.

Bemerkung. Es sei $f(x, y)$ eine in dem durch die Bedingungen $(x_0 \leqq x \leqq X, y_0 \leqq y \leqq Y)$ definierten Bereiche D stetige Funktion, welche in diesem Bereiche endliche partielle Derivierte f'_x und f'_y zuläßt. Nehmen wir an, daß in jedem Punkte von D die absoluten Werte von f'_x, f'_y kleiner seien als zwei positive Zahlen H und K; dann leitet man aus den Formeln (8) und (9) eine Ungleichheit von derselben Form wie die Ungleichheit (3) ab,

$$(11)\quad |f(x_2, y_2) - f(x_1, y_1)| < K|x_2 - x_1| + H|y_2 - y_1|,$$

wo (x_1, y_1) und (x_2, y_2) die Koordinaten zweier beliebiger Punkte dieses Bereiches sind.

20. **Tangentenebene an eine Fläche.** Ebenso wie die Derivierte einer Funktion einer einzigen Variablen die Tangente an eine Kurve

gibt, so treten die partiellen Derivierten einer Funktion zweier Variablen bei der Bestimmung der Tangentenebene an eine Fläche auf. Es sei

(12) $$z = F(x, y)$$

die Gleichung einer Fläche S; wir nehmen an, daß die Funktion F in einem Punkte (x_0, y_0) der xy-Ebene stetig ist und stetige partielle Derivierte zuläßt; diesem Punkte entspreche der Wert z_0 von z und ein Punkt $M_0(x_0, y_0, z_0)$ der Fläche S. Betrachten wir eine beliebige Kurve C, die auf der Fläche liegt und durch den Punkt M_0 geht, und seien

(13) $$x = f(t), \quad y = \varphi(t), \quad z = \psi(t)$$

die Koordinaten eines Punktes dieser Kurve, ausgedrückt als Funktionen eines variablen Parameters t; $f(t)$, $\varphi(t)$, $\psi(t)$ sind drei stetige Funktionen des Parameters t, die sich für einen speziellen Wert t_0 von t resp. auf x_0, y_0, z_0 reduzieren. Die Tangente an diese Kurve im Punkte M_0 wird dargestellt durch die Gleichungen [Nr. 13]

(14) $$\frac{X - x_0}{f'(t_0)} = \frac{Y - y_0}{\varphi'(t_0)} = \frac{Z - z_0}{\psi'(t_0)} .$$

Andererseits besteht, da die Kurve C auf der Fläche S gelegen ist, die Relation

$$\psi(t) = F[f(t), \varphi(t)],$$

welche zurecht bestehen muß, was auch t sei. Die beiden Seiten müssen also identisch sein; nehmen wir die Derivierte der rechten Seite nach der Regel, die die Derivierte einer zusammengesetzten Funktion gibt, und setzen wir $t = t_0$. Wir erhalten

(15) $$\psi'(t_0) = f'(t_0) F'_{x_0} + \varphi'(t_0) F'_{y_0} .$$

Aus den Gleichungen (14) und (15) kann man $f'(t_0)$, $\varphi'(t_0)$, $\psi'(t_0)$ eliminieren und das Resultat der Elimination ist

(16) $$Z - z_0 = (X - x_0) F'_{x_0} + (Y - y_0) F'_{y_0};$$

diese Gleichung stellt eine Ebene dar, die der Ort der Tangenten an alle Kurven ist, die auf der Fläche liegen und durch den Punkt M_0 gehen. Man nennt sie die Tangentenebene der Fläche im Punkte M_0.

21. **Übergang von den Differenzen zu den Derivierten.** Man hat die höheren Derivierten einer Funktion dadurch definiert, daß man sukzessive die Derivierten der Ordnung n aus denen der Ordnung $n - 1$ ableitete und so fort. Es drängt sich die Frage auf, ob man nicht eine partielle Derivierte der Ordnung n direkt als Grenze eines Quotienten definieren kann, ohne durch die

Zwischenstufen der Derivierten von niederer Ordnung als n hindurchzugehen. Wir haben etwas derartiges bereits für f''_{xy} (siehe Nr. 19) gemacht, denn der früher gegebene Beweis zeigt, daß f''_{xy} der Grenzwert des Bruches

$$\frac{f(x + \Delta x, y + \Delta y) - f(x + \Delta x, y) - f(x, y + \Delta y) + f(x, y)}{\Delta x \Delta y}$$

ist, wenn Δx und Δy beide gegen Null streben. Ebenso beweist man, daß f''_{x^2} der Grenzwert des Bruches

$$\frac{f(x + h_1 + h_2) - f(x + h_1) - f(x + h_2) + f(x)}{h_1 h_2},$$

ist, wenn h_1 und h_2 beide gegen Null streben. In der Tat setzt man

$$f_1(x) = f(x + h_1) - f(x),$$

so kann dieser Bruch geschrieben werden

$$\frac{f_1(x + h_2) - f_1(x)}{h_1 h_2} = \frac{f'_1(x + \Theta h_2)}{h_1}, \qquad 0 < \Theta < 1$$

oder auch noch

$$\frac{f'(x + h_1 + \Theta h_2) - f'(x + \Theta h_2)}{h_1} = f''(x + \Theta' h_1 + \Theta h_2), \qquad 0 < \Theta' < 1.$$

Der Grenzwert dieses Bruches ist also die zweite Derivierte f''_{x^2}, vorausgesetzt, daß diese Derivierte stetig ist.

Gehen wir nun zu dem allgemeinen Fall über. Es sei, um die Ideen zu fixieren,

$$\omega = f(x, y, z)$$

eine Funktion von drei unabhängigen Variablen. Wir setzen

$$\Delta_x^h \omega = f(x + h, y, z) - f(x, y, z)$$
$$\Delta_y^k \omega = f(x, y + k, z) - f(x, y, z)$$
$$\Delta_z^l \omega = f(x, y, z + l) - f(x, y, z);$$

$\Delta_x^h \omega, \Delta_y^k \omega, \Delta_z^l \omega$ sind die **ersten Differenzen** von ω. Betrachtet man h, k, l als gegebene Konstanten, so sind diese drei ersten Differenzen selbst Funktionen von x, y, z, von denen man die Differenzen bezüglich der Zuwächse h_1, k_1, l_1 der Variablen nehmen kann und man erhält so die zweiten Differenzen $\Delta_x^{h_1} \Delta_x^h \omega$, $\Delta_x^{h_1} \Delta_y^k \omega, \ldots$ Der Vorgang läßt sich unbegrenzt wiederholen; man definiert so eine Differenz der Ordnung n als eine erste Differenz einer Differenz von der Ordnung $n - 1$. Da man die Reihenfolge zweier beliebiger der vorstehenden Operationen umkehren kann, so wird es genügen, die sukzessiven, den einzelnen Variablen erteilten Zuwächse anzuzeigen. Eine Differenz von der Ordnung n wird dann durch ein Symbol wie das folgende dargestellt werden:

$$\Delta_\omega^{(n)} = \Delta_x^{h_1} \ldots \Delta_x^{h_p} \Delta_y^{k_1} \ldots \Delta_y^{k_q} \Delta_z^{l_1} \ldots \Delta_z^{l_r} f(x, y, z), \text{ wo } p + q + r = n$$

ist und die Zuwächse h_i, k_i, l_i gleich oder ungleich sein können. Diese Differenz läßt sich mittels einer partiellen Derivierten der Ordnung n ausdrücken; sie ist gleich dem Produkte

$$h_1 \ldots h_p k_1 \ldots k_q l_1 \ldots l_r f^{(n)}_{x^p y^q z^r}(x + \Theta_1 h_1 + \ldots + \Theta_p h_p, y + \Theta'_1 k_1 + \Theta'_q k_q,$$
$$z + \Theta''_1 l_1 + \ldots + \Theta''_r l_r),$$

wo alle Θ zwischen 0 und 1 liegen. Die Formel wurde bereits für die ersten und zweiten Differenzen festgelegt. Um zu beweisen, daß sie allgemein gültig ist, nehmen wir an, daß sie für eine Differenz der Ordnung $n-1$ richtig sei und es sei

$$\varphi(x, y, z) = \Delta_x^{h_2} \dots \Delta_x^{h_p} \Delta_y^{k_1} \dots \Delta_y^{k_q} \Delta_z^{l_1} \dots \Delta_z^{l_r} f;$$

dann ist nach der Voraussetzung

$$\varphi(x,y,z) = h_2 \dots h_p k_1 \dots k_q l_1 \dots l_r f^{(n-1)}_{x^{p-1} y^q z^r}(x + \Theta_2 h_2 + \dots + \Theta_p h_p, y + \Theta_1' k_1 + \dots).$$

Die betrachtete n^{te} Differenz ist aber gleich

$$\varphi(x + h_1, y, z) - \varphi(x, y, z)$$

und es genügt, auf diese Differenz neuerdings den Mittelwertsatz anzuwenden, um zu der Formel zu kommen, welche man beweisen wollte.

Umgekehrt ist die partielle Derivierte $f^{(n)}_{x^p y^q z^r}$ der Grenzwert des Bruches

$$\frac{\Delta_x^{h_1} \dots \Delta_x^{h_p} \Delta_y^{k_1} \dots \Delta_y^{k_q} \Delta_z^{l_1} \dots \Delta_z^{l_r} f}{h_1 \dots h_p k_1 \dots k_q l_1 \dots l_r},$$

wenn alle Zuwächse h, k, l gegen Null konvergieren.

Es ist interessant zu bemerken, daß diese Definition der partiellen Derivierten höherer Ordnung manchmal weiter ist als die gewöhnliche Definition. Betrachten wir z. B. die Funktion

$$\omega = f(x, y) = \varphi(x) + \psi(y),$$

wo die Funktionen $\varphi(x)$ und $\psi(y)$ keine Derivierten zulassen. Die Funktion ω läßt ebenfalls keine Derivierten erster Ordnung zu; es ist daher a fortiori nicht am Platze, von partiellen Derivierten zweiter Ordnung zu sprechen. Wenn man hingegen die zweite Definition annähme, so würde man, um f''_{xy} zu finden, dazu geführt, den Grenzwert des Bruches

$$\frac{f(x+h, y+k) - f(x+h, y) - f(x, y+k) + f(x, y)}{hk}$$

zu suchen, der gleich ist

$$\frac{\varphi(x+h) + \psi(y+k) - \varphi(x+h) - \psi(y) - \varphi(x) - \psi(y+k) + \varphi(x) + \psi(y)}{hk}.$$

Der Zähler dieses Bruches ist stets null; er hat also Null zum Grenzwert und wir kommen dazu, $f''_{xy} = 0$ zu schreiben.[1]

[1] Ähnliche Bemerkungen kann man für die Funktionen einer einzigen Veränderlichen machen. Die Funktion $f(x) = x^3 \cos\frac{1}{x}$ z. B. hat zur Ableitung

$$f'(x) = 3x^2 \cos\frac{1}{x} + x \sin\frac{1}{x}$$

und $f'(x)$ läßt für $x = 0$ keine Derivierte zu. Dennoch hat der Bruch

$$\frac{f(2\alpha) - 2f(\alpha) + f(o)}{\alpha^2} \text{ oder } 8\alpha\cos\frac{1}{2\alpha} - 2\alpha\cos\frac{1}{\alpha}$$

Null zum Grenzwert, wenn α gegen Null konvergiert.

22. Theorem von Schwarz. An diese Gedankenreihe kann man einen interessanten Satz, den man H. A. Schwarz verdankt, anknüpfen, der bei dem Studium der trigonometrischen Reihen von Nutzen ist:

Ist $f(x)$ eine in einem Intervall (a, b) stetige Funktion von der Art, daß man für jeden Wert innerhalb dieses Intervalls

$$\lim_{\alpha=0} \frac{f(x+\alpha)+f(x-\alpha)-2f(x)}{\alpha^2}=0$$

hat, so ist $f(x)$ eine lineare Funktion von x.

Der Satz wäre evident, wenn man annähme, daß $f(x)$ eine Derivierte zweiter Ordnung im Intervall (a, b) besitzt; wir wollen aber diese Annahme nicht machen. Die lineare Funktion

$$f(a)+\frac{x-a}{b-a}[f(b)-f(a)]$$

ist gleich der Funktion $f(x)$ für $x=a$ und $x=b$. Ist $f(x)$ keine lineare Funktion, so ist die Differenz

$$\varphi(x)=f(x)-f(a)-\frac{x-a}{b-a}[f(b)-f(a)]$$

im Intervall (a, b) nicht konstant gleich Null; nehmen wir z. B. an, daß $\varphi(c)>0$ sei, wo c zwischen a und b liegt. Die stetige Hilfsfunktion

$$\psi(x)=f(x)-f(a)-\frac{x-a}{b-a}[f(b)-f(a)]+\frac{h^2}{2}(x-a)(x-b)$$

ist positiv für $x=c$, vorausgesetzt, daß man h genügend klein nimmt. Überdies ist diese Funktion Null für $x=a$ und $x=b$; sie hat daher ein Maximum für einen Wert x_1 zwischen a und b. Nun genügt aber diese Funktion $\psi(x)$, wie leicht zu sehen, der Bedingung

$$\lim \frac{\psi(x+\alpha)+\psi(x-\alpha)-2\psi(x)}{\alpha^2}=h^2.$$

Daraus folgt, daß man für ein genügend kleines α nicht gleichzeitig

$$\psi(x_1+\alpha)-\psi(x_1)\leqq 0\,,\quad \psi(x_1-\alpha)-\psi(x_1)\leqq 0$$

haben kann und infolgedessen kann die Funktion $\psi(x)$ für $x=x_1$ kein Maximum haben. Man wurde also durch die Annahme, daß die Differenz $\varphi(x)$ nicht in allen Punkten des Intervalls (a, b) Null ist, zu einem Widerspruch geführt.

II. Bezeichnung durch Differentiale.

Die Bezeichnung durch Differentiale, die älteste von allen angewendeten Bezeichnungen, verdankt man Leibnitz. Obwohl sie nicht unerläßlich ist, bietet sie in den Formeln Vorteile der Symmetrie und der Allgemeinheit, die besonders bei dem Studium der Funktionen mehrerer Veränderlichen sehr schätzbar sind. Der Ursprung dieser Bezeichnung findet sich in der Betrachtung der unendlich kleinen Größen.

23. **Differentiale.** Es sei $y = f(x)$ eine stetige Funktion, die eine Derivierte $f'(x)$ zuläßt; erteilen wir x einen Zuwachs Δx und bezeichnen wir mit Δy den entsprechenden Zuwachs von y. Aus der Definition der Derivierten folgt unmittelbar

$$\frac{\Delta y}{\Delta x} = f'(x) + \varepsilon,$$

wo ε zugleich mit x gegen Null konvergiert; betrachtet man Δx als unendlich kleine Größe erster Ordnung, so ist Δy selbst eine infinitesimale Größe, deren Hauptteil $f'(x)\,\Delta x$ ist, wofern nicht $f'(x)$ gleich Null ist. Diesen Hauptteil nennt man das Differential von y und bezeichnet es mit dy,

$$dy = f'(x)\,\Delta x.$$

Reduziert sich die Funktion $f(x)$ auf x, so reduziert sich die vorstehende Formel auf $dx = \Delta x$ und man schreibt aus Gründen der Symmetrie

$$dy = f'(x)\,dx,$$

jedoch mit dem Übereinkommen, den Zuwachs dx der unabhängigen Variablen als eine konstante, sonst aber beliebige Größe anzusehen.

Betrachten wir auf der durch die Gleichung $y = f(x)$ dargestellten Kurve C die beiden Punkte M und M' mit den Abszissen x und $x + dx$. In dem Dreieck MTN ist

$$NT = MN \operatorname{tang} \widehat{NMT} = dx\,f'(x);$$

NT stellt also das Differential dy dar, während Δy gleich NM' ist. Man ersieht aus der Figur, daß der Teil $M'T$ im Verhältnis zu NT unendlich klein ist, wenn der Punkt M' sich dem Punkte M unbegrenzt nähert.

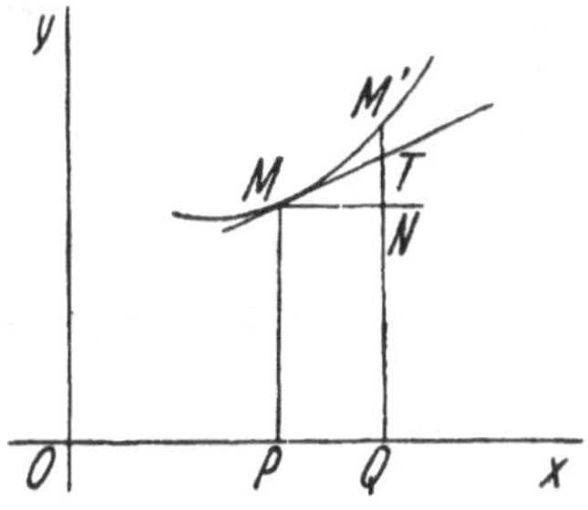

Fig. 3.

Die höheren Differentiale lassen sich nach und nach wie die höheren Derivierten definieren. So nennt man Differential zweiter Ordnung das Differential des Differentials erster Ordnung, wobei dx stets als eine Konstante betrachtet wird, und stellt es durch d^2y dar:

$$d^2y = d(dy) = [f'(x)\,dx]\,dx = f''(x)\,dx^2.$$

Desgleichen erhält man für das dritte Differential

$$d^3y = d(d^2y) = [f''(x)\,dx^2]\,dx = f'''(x)\,dx^3 \quad \text{usf.}$$

Allgemein hat das Differential n^{ter} Ordnung, das als das Differential des Differentials $\overline{n-1}^{\text{ter}}$ Ordnung definiert wird, zum Ausdruck

$$d^n y = f^{(n)}(x)\, dx^n.$$

Umgekehrt können die Derivierten $f'(x), f''(x), \ldots, f^{(n)}(x), \ldots$ mittels der Differentiale ausgedrückt werden und man erhält so eine neue Bezeichnung, um die Ableitungen darzustellen:

$$y' = \frac{dy}{dx}, \quad y'' = \frac{d^2y}{dx^2}, \quad \ldots \quad y^{(n)} = \frac{d^n y}{dx^n}, \quad \ldots$$

Jeder Regel für die Berechnung einer Derivierten entspricht eine Regel für die Berechnung eines Differentials. Verweilen wir einen Augenblick bei dem Falle einer Funktion von einer Funktion. Es sei $y = f(u)$, wo u eine Funktion der unabhängigen Variablen x ist; dann ist

$$y_x' = f'(u)\, u_x'$$

und, indem man beide Seiten mit dx multipliziert, erhält man

$$y_x'\, dx = f'(u) \cdot u_x'\, dx,$$

d. h.

$$dy = f'(u)\, du.$$

Die Formel, die dy liefert, ist also die nämliche als ob u die unabhängige Veränderliche wäre. Hierin besteht einer der Vorteile dieser Schreibweise: in der Bezeichnung durch Derivierte hat man zwei verschiedene Formeln

$$y_x' = f'(x), \quad y_x' = f'(u)\, u_x'$$

um die Derivierte von y in bezug auf x darzustellen, je nachdem y direkt als Funktion von x gegeben ist oder von x durch Vermittelung einer anderen Funktion u abhängt. In der Bezeichnung durch Differentiale läßt sich dieselbe Formel auf beide Fälle anwenden.

Ist $y = f(u, v, w)$ eine zusammengesetzte Funktion, so hat man

$$y_x' = f_u'\, u_x' + f_v'\, v_x' + f_w'\, w_x'$$

und nach Multiplikation mit dx erhält man

$$y_x'\, dx = f_u' \cdot u_x'\, dx + f_v' \cdot v_x'\, dx + f_w' \cdot w_x'\, dx$$

d. h.

$$dy = f_u'\, du + f_v'\, dv + f_w'\, dw.$$

So ist z. B.

$$d(uv) = u\, dv + v\, du, \quad d\left(\frac{u}{v}\right) = \frac{v\, du - u\, dv}{v^2}.$$

Dieselben Regeln gestatten, auch die höheren Differentiale zu berechnen. Es seien beispielsweise die höheren Differentiale einer

Funktion von einer Funktion $y = f(u)$ zu berechnen; man hat bereits gefunden

$$dy = f'(u)\,du\,.$$

Um d^2y zu berechnen, muß man bemerken, daß du nicht als konstant behandelt werden kann, da u nicht die unabhängige Variable ist. Man hat also das Differential einer zusammengesetzten Funktion $f'(u)\,du$ zu berechnen, wo u und du zwei Zwischenfunktionen sind; dies ergibt

$$d^2y = f''(u)\,du^2 + f'(u)\,d^2u\,.$$

Um d^3y zu berechnen, wird man d^2y als eine zusammengesetzte Funktion der drei Zwischenfunktionen u, du, d^2u betrachten müssen; man findet so

$$d^3y = f'''(u)\,du^3 + 3f''(u)\,du\,d^2u + f'(u)\,d^3u \quad \text{usw.}$$

Es ist zu bemerken, daß infolge der Ausdrücke d^2u, d^3u, ... die Formeln, welche die Differentiale d^2y, d^2y ... geben, nicht mehr dieselben sind wie wenn u die unabhängige Veränderliche wäre.

Die partiellen Derivierten einer Funktion mehrerer Veränderlichen werden durch eine analoge Bezeichnung dargestellt. So wird die partielle Derivierte n^{ter} Ordnung von $f(x, y, z)$, die in der LAGRANGEschen Bezeichnung durch $f^{(n)}_{x^p y^q z^r}$ dargestellt ist, in der LEIBNITZschen Darstellungsweise

$$\frac{\partial^n f}{\partial x^p\,\partial y^q\,\partial z^r}$$

geschrieben; diese Bezeichnung ist rein symbolisch und stellt keineswegs einen Quotienten dar wie in dem Fall einer Funktion einer einzigen unabhängigen Veränderlichen.[1]

24. **Totale Differentiale.** Es sei $\omega = f(x, y, z)$ eine Funktion der drei Variablen x, y, z, welche stetige partielle Derivierte erster Ordnung zuläßt. Der Zuwachs $\Delta\omega$, der den Zuwächsen dx, dy, dz der Variablen x, y, z entspricht, hat zum Ausdruck

$$\Delta\omega = (f'_x + \varepsilon)\,dx + (f'_y + \varepsilon')\,dy + (f'_z + \varepsilon'')\,dz\,,$$

wo ε, ε', ε'' gleichzeitig mit dx, dy, dz gegen Null konvergieren.

Man nennt totales Differential den Ausdruck

$$d\omega = \frac{\partial f}{\partial x}\,dx + \frac{\partial f}{\partial \omega}\,dy + \frac{\partial f}{\partial z}\,dz\,,$$

[1]) Die Verwendung des Zeichens ∂ zur Darstellung einer partiellen Derivierten, rührt von JACOBI her.

den man erhält, indem man ε, ε', ε'' in $\Delta\omega$ vernachlässigt. Die drei Produkte $\frac{\partial f}{\partial x}dx$, $\frac{\partial f}{\partial y}dy$, $\frac{\partial f}{\partial z}dz$ sind die partiellen Differentiale.

Das totale Differential zweiter Ordnung $d^2\omega$ ist das totale Differential des totalen Differentials erster Ordnung, wobei die Zuwächse dx, dy, dz konstant und stets dieselben bleiben, wenn man von einem Differential zum folgenden übergeht. Man hat also

$$d^2\omega = d(d\omega) = \frac{\partial\, d\omega}{\partial x}dx + \frac{\partial\, d\omega}{\partial y}dy + \frac{\partial\, d\omega}{\partial z}dz$$

oder entwickelt

$$\begin{aligned} d^2\omega = &\left(\frac{\partial^2 f}{\partial x^2}dx + \frac{\partial^2 f}{\partial x\,\partial y}dy + \frac{\partial^2 f}{\partial x\,\partial z}dz\right)dx \\ &+ \left(\frac{\partial^2 f}{\partial x\,\partial y}dx + \frac{\partial^2 f}{\partial y^2}dy + \frac{\partial^2 f}{\partial y\,\partial z}dz\right)dy \\ &+ \left(\frac{\partial^2 f}{\partial x\,\partial z}dx + \frac{\partial^2 f}{\partial y\,\partial z}dy + \frac{\partial^2 f}{\partial z^2}dz\right)dz \\ = &\frac{\partial^2 f}{\partial x^2}dx^2 + \frac{\partial^2 f}{\partial y^2}dy^2 + \frac{\partial^2 f}{\partial z^2}dz^2 \\ &+ 2\frac{\partial^2 f}{\partial x\,\partial y}dx\,dy + 2\frac{\partial^2 f}{\partial x\,\partial z}dx\,dz + 2\frac{\partial^2 f}{\partial y\,\partial z}dy\,dz. \end{aligned}$$

Ersetzt man auf der rechten Seite $\partial^2 f$ durch ∂f^2, so erhält man die Entwicklung des Quadrates von $\frac{\partial f}{\partial x}dx + \frac{\partial f}{\partial y}dy + \frac{\partial f}{\partial z}dz$; man kann also die symbolische Gleichheit schreiben

$$d^2\omega = \left(\frac{\partial f}{\partial x}dx + \frac{\partial f}{\partial y}dy + \frac{\partial f}{\partial z}dz\right)^{(2)},$$

wobei man übereinkommen muß, daß ∂f^2 nach der Entwicklung des Quadrates durch $\partial^2 f$ zu ersetzen ist. Dieses Gesetz ist allgemein gültig; wenn wir übereinkommen, totales Differential von der Ordnung n das totale Differential des totalen Differentials der Ordnung $n-1$ zu nennen, so gilt, was auch n sei, die symbolische Gleichheit

$$d^n\omega = \left(\frac{\partial f}{\partial x}dx + \frac{\partial f}{\partial y}dy + \frac{\partial f}{\partial z}dz\right)^{(n)},$$

wobei ∂f^k nach der Entwicklung durch $\partial^k f$ ersetzt werden muß. Dieses Gesetz ist für $n = 1$, $n = 2$ bereits bestätigt; es wird also genügen zu beweisen, daß es auch noch für $d^{n+1}\omega$ richtig ist, wenn es für $d^n\omega$ gilt. Läßt man das Gesetz für $d^n\omega$ gelten, so hat man entwickelt

$$d^n\omega = \sum A_{pqr}\frac{\partial^n f}{\partial x^p\,\partial y^q\,\partial z^r}dx^p\,dy^q\,dz^r,$$

wo $p + q + r = n$ und der Koeffizient A_{pqr} derselbe ist wie der Koeffizient von $dx^p\, dy^q\, dz^r$ bei der n^{ten} Potenz des Trinoms

$$(dx + dy + dz),$$

d. h.

$$A_{pqr} = \frac{1 \cdot 2 \ldots n}{1 \cdot 2 \ldots p \cdot 1 \cdot 2 \ldots q \cdot 1 \cdot 2 \ldots r}\,.$$

Aus der vorangehenden Formel leitet man ab

$$\begin{aligned} d^{n+1}\omega = \sum A_{pqr} \Big(& \frac{\partial^{n+1} f}{\partial x^{p+1}\, \partial y^q\, \partial z^r}\, dx^{p+1}\, dy^q\, dz^r \\ & + \frac{\partial^{n+1} f}{\partial x^p\, \partial y^{q+1}\, \partial z^r}\, dx^p\, dy^{q+1}\, dz^r \\ & + \frac{\partial^{n+1} f}{\partial x^p\, \partial y^q\, \partial z^{r+1}}\, dx^p\, dy^q\, dz^{r+1} \Big); \end{aligned}$$

ersetzt man nun $\partial^{n+1} f$ durch ∂f^{n+1}, so läßt sich die rechte Seite symbolisch schreiben

$$\sum A_{pqr} \frac{\partial f^n}{\partial x^p\, \partial y^q\, \partial z^r}\, dx^p\, dy^q\, dz^r \left(\frac{\partial f}{\partial x}\, dx + \frac{\partial f}{\partial y}\, dy + \frac{\partial f}{\partial z}\, dz \right),$$

oder auch

$$\left(\frac{\partial f}{\partial x}\, dx + \frac{\partial f}{\partial y}\, dy + \frac{\partial f}{\partial z}\, dz \right)^n \left(\frac{\partial f}{\partial x}\, dx + \frac{\partial f}{\partial y}\, dy + \frac{\partial f}{\partial z}\, dz \right).$$

Es ist also tatsächlich mit demselben Übereinkommen

$$d^{n+1}\omega = \left(\frac{\partial f}{\partial x}\, dx + \frac{\partial f}{\partial y}\, dy + \frac{\partial f}{\partial z}\, dz \right)^{(n+1)}.$$

Bemerkung. Nehmen wir an, daß man durch ein beliebiges Mittel den Ausdruck des totalen Differentials $d\omega$ erhalten habe

$$d\omega = P\, dx + Q\, dy + R\, dz, \tag{17}$$

wo P, Q, R Funktionen von x, y, z sind. Da nach der Definition

$$d\omega = \frac{\partial \omega}{\partial x}\, dx + \frac{\partial \omega}{\partial y}\, dy + \frac{\partial \omega}{\partial z}\, dz$$

ist, so leitet man hieraus die Relation ab

$$\left(\frac{\partial \omega}{\partial x} - P \right) dx + \left(\frac{\partial \omega}{\partial y} - Q \right) dy + \left(\frac{\partial \omega}{\partial z} - R \right) dz = 0;$$

nun sind aber nach unserem Übereinkommen dx, dy, dz beliebige Konstanten. Daher ist notwendigerweise

$$\frac{\partial \omega}{\partial x} = P, \quad \frac{\partial \omega}{\partial y} = Q, \quad \frac{\partial \omega}{\partial z} = R; \tag{18}$$

die Gleichung (17) ist also den drei verschiedenen Gleichungen (18) äquivalent und liefert uns auf einmal alle drei partiellen Derivierten erster Ordnung. Allgemeiner: hat man durch irgend ein Mittel das totale Differential der Ordnung n

$$d^n\omega = \sum C_{pqr}\, dx^p\, dy^q\, dz^r$$

erhalten, so sind die Koeffizienten C_{pqr}, abgesehen von numerischen Faktoren, gleich den partiellen Derivierten der Ordnung n von ω. Man erhält so gleichzeitig alle partiellen Derivierten derselben Ordnung; wir werden ein wenig später eine Anwendung dieser Bemerkung sehen.

25. Höhere Differentiale einer zusammengesetzten Funktion. Es sei $\omega = F(u, v, w)$ eine zusammengesetzte Funktion, wo u, v, w Funktionen der unabhängigen Variablen x, y, z, t sind; schreiben wir die Ausdrücke der partiellen Derivierten erster Ordnung

$$\frac{\partial \omega}{\partial x} = \frac{\partial F}{\partial u}\frac{\partial u}{\partial x} + \frac{\partial F}{\partial v}\frac{\partial v}{\partial x} + \frac{\partial F}{\partial w}\frac{\partial w}{\partial x},$$

$$\frac{\partial \omega}{\partial y} = \frac{\partial F}{\partial u}\frac{\partial u}{\partial y} + \frac{\partial F}{\partial v}\frac{\partial v}{\partial y} + \frac{\partial F}{\partial w}\frac{\partial w}{\partial y},$$

$$\frac{\partial \omega}{\partial z} = \frac{\partial F}{\partial u}\frac{\partial u}{\partial z} + \frac{\partial F}{\partial v}\frac{\partial v}{\partial z} + \frac{\partial F}{\partial w}\frac{\partial w}{\partial z},$$

$$\frac{\partial \omega}{\partial t} = \frac{\partial F}{\partial u}\frac{\partial u}{\partial t} + \frac{\partial F}{\partial v}\frac{\partial v}{\partial t} + \frac{\partial F}{\partial w}\frac{\partial w}{\partial t}.$$

Multipliziert man diese vier Gleichungen bezüglich mit dx, dy, dz, dt und addiert sie, so erhält man auf der linken Seite das totale Differential $d\omega$, während die Koeffizienten von

$$\frac{\partial F}{\partial u}, \quad \frac{\partial F}{\partial v}, \quad \frac{\partial F}{\partial w}$$

bezüglich gleich du, dv, dw sind. Es ist also

$$(19) \qquad d\omega = \frac{\partial F}{\partial u} du + \frac{\partial F}{\partial v} dv + \frac{\partial F}{\partial w} dw,$$

so daß der Ausdruck des totalen Differentials erster Ordnung einer zusammengesetzten Funktion derselbe ist, wie wenn die Zwischenfunktionen unabhängige Variable wären.

Hierin liegt einer der wichtigsten Vorteile der Bezeichnungsweise durch Differentiale; die Relation (19) hängt weder von der Zahl noch von der Wahl der unabhängigen Veränderlichen ab und sie entspricht so vielen verschiedenen Relationen als es unabhängige Variable gibt.

Um $d^k\omega$ zu berechnen, werden wir dieselbe Regel anwenden, welche eben für $d\omega$ aufgestellt wurde, indem wir beachten, daß auf der rechten Seite der Formel (19) sechs Zwischenfunktionen auftreten: u, v, w, du, dv, dw. Man erhält so

$$\begin{aligned} d^2\omega = \frac{\partial^2 F}{\partial u^2} du^2 &+ \frac{\partial^2 F}{\partial u \partial v} du\, dv + \frac{\partial^2 F}{\partial u \partial w} du\, dw + \frac{\partial F}{\partial u} d^2 u \\ + \frac{\partial^2 F}{\partial u \partial v} du\, dv &+ \frac{\partial^2 F}{\partial v^2} dv^2 + \frac{\partial^2 F}{\partial v \partial w} dv\, dw + \frac{\partial F}{\partial v} d^2 v \\ + \frac{\partial^2 F}{\partial u \partial w} du\, dw &+ \frac{\partial^2 F}{\partial v \partial w} dv\, dw + \frac{\partial^2 F}{\partial w^2} dw^2 + \frac{\partial F}{\partial w} d^2 w \end{aligned}$$

oder, indem man reduziert und dieselbe symbolische Schreibweise wie früher anwendet,

$$\begin{aligned} d^2\omega = &\left(\frac{\partial F}{\partial u} du + \frac{\partial F}{\partial v} dv + \frac{\partial F}{\partial w} dw\right)^{(2)} \\ &+ \frac{\partial F}{\partial u} d^2 u + \frac{\partial F}{\partial v} d^2 v + \frac{\partial F}{\partial w} d^2 w . \end{aligned}$$

Die Formel ist zufolge der Glieder in d^2u, d^2v, d^2w komplizierter als in dem Fall, wo u, v, w die unabhängigen Variablen sind, da ja dann jene Glieder verschwinden. Um $d^3\omega$ zu erhalten, wird man neuerdings dieselbe Regel auf $d^2\omega$ anwenden, indem man beachtet, daß $d^2\omega$ von neun Zwischenfunktionen abhängt: $u, v, w, du, dv, dw, d^2u, d^2v, d^2w$ usf. Der allgemeine Ausdruck dieser Differentiale wird immer komplizierter; $d^n\omega$ ist eine ganze Funktion in $du, dv, dw, d^2u, \ldots, d^nu, d^nv, d^nw$ und die Glieder, die d^nu, d^nv, d^nw enthalten, sind gleich

$$\frac{\partial F}{\partial u} d^n u + \frac{\partial F}{\partial v} d^n v + \frac{\partial F}{\partial w} d^n w .$$

Ersetzt man in $d^n\omega$ nachher $u, v, w, du, dv, dw, \ldots$ durch ihre Ausdrücke in den unabhängigen Variablen, so wird $d^n\omega$ ein ganzes Polynom in dx, dy, dz sein, dessen Koeffizienten (siehe die Bemerkung in Nr. 24) gleich den partiellen Derivierten n^{ter} Ordnung von ω, multipliziert mit gewissen numerischen Faktoren, sind. Man erhält so mit einem Schlag alle partiellen Derivierten n^{ter} Ordnung.

Nehmen wir z. B. an, daß man die partiellen Derivierten erster und zweiter Ordnung der zusammengesetzten Funktion $\omega = f(u)$ berechnen will, wo u eine Funktion zweier unabhängiger Variablen, $u = \varphi(x, y)$, ist. Berechnet man diese Derivierten gesondert, so erhält man zuerst die beiden partiellen Derivierten erster Ordnung

(20) $$\frac{\partial \omega}{\partial x} = \frac{\partial \omega}{\partial u} \frac{\partial u}{\partial x}, \quad \frac{\partial \omega}{\partial y} = \frac{\partial \omega}{\partial u} \frac{\partial u}{\partial y},$$

und indem man die Derivierten dieser zwei Gleichungen in bezug auf x und y nimmt, erhält man nur drei verschiedene Relationen, welche die Derivierten zweiter Ordnung geben:

$$(21)\quad \begin{cases} \dfrac{\partial^2 \omega}{\partial x^2} = \dfrac{\partial^2 \omega}{\partial u^2}\left(\dfrac{\partial u}{\partial x}\right)^2 + \dfrac{\partial \omega}{\partial u}\dfrac{\partial^2 u}{\partial x^2} \\ \dfrac{\partial^2 \omega}{\partial x\,\partial y} = \dfrac{\partial^2 \omega}{\partial u^2}\dfrac{\partial u}{\partial x}\dfrac{\partial u}{\partial y} + \dfrac{\partial \omega}{\partial u}\dfrac{\partial^2 u}{\partial x\,\partial y} \\ \dfrac{\partial^2 \omega}{\partial y^2} = \dfrac{\partial^2 \omega}{\partial u^2}\left(\dfrac{\partial u}{\partial y}\right)^2 + \dfrac{\partial \omega}{\partial u}\dfrac{\partial^2 u}{\partial y^2}; \end{cases}$$

die zweite der Relationen (21) wird erhalten, indem man die erste der Gleichungen (20) nach y oder die zweite nach x differenziert. Mittels der totalen Differentiale können diese fünf Relationen (20) und (21) durch nur zwei ersetzt werden

$$(22)\quad \begin{cases} d\omega = \dfrac{\partial \omega}{\partial u} du \\ d^2\omega = \dfrac{\partial^2 \omega}{\partial u^2} du^2 + \dfrac{\partial \omega}{\partial u} d^2 u; \end{cases}$$

ersetzt man in diesen beiden Formeln du durch $\frac{\partial u}{\partial x} dx + \frac{\partial u}{\partial y} dy$ und d^2u durch $\frac{\partial^2 u}{\partial x^2} dx^2 + 2\frac{\partial^2 u}{\partial x\,\partial y} dx\,dy + \frac{\partial^2 u}{\partial y^2} dy^2$, so geben die Koeffizienten von dx und dy in der ersten die partiellen Derivierten erster Ordnung von ω und die Koeffizienten von dx^2, $2dx\,dy$, dy^2 in der zweiten ebenso die partiellen Derivierten zweiter Ordnung von ω.

26. Differentiale eines Produktes. Die Formel, welche das totale Differential der Ordnung n einer zusammengesetzten Funktion gibt, vereinfacht sich in gewissen, in der Praxis häufig vorkommenden Fällen. So sei z. B. das totale Differential der Ordnung n eines Produktes zweier Faktoren $\omega = uv$ zu berechnen. Für die ersten Werte von n ist

$$d\omega = v\,du + u\,dv; \quad d^2\omega = v\,d^2u + 2du\,dv + u\,d^2v; \ldots$$

und es ist ersichtlich, daß man nach dem Bildungsgesetze dieser Differentiale allgemein

$$d^n\omega = v\,d^nu + C_1\,dv\,d^{n-1}u + C_2\,d^2v\,d^{n-2}u + \ldots + u\,d^nv$$

haben wird, wo C_1, C_2 ... ganze positive Zahlen sind. Man könnte schrittweise zeigen, daß diese Koeffizienten mit denen der Entwicklung von $(a + b)^n$ identisch sind, aber man gelangt dazu auf eine elegantere Art mittels des folgenden Kunstgriffes, der sich auf eine Menge gleichartiger Fragen anwenden läßt. Beachten wir, daß C_1, C_2, ... von der Natur der Funktionen u und v unabhängig sind: es genügt also, sie für besondere Funktionen zu bestimmen. Nehmen wir hierzu $u = e^x$, $v = e^y$, wo x und y zwei unabhängige Variable sind; man erhält

$$\omega = e^{x+y}, \quad d\omega = e^{x+y}(dx + dy), \ldots, \quad d^n\omega = e^{x+y}(dx + dy)^n$$

$$du = e^x dx, \quad d^2u = e^x dx^2, \ldots$$

$$dv = e^y dy, \quad d^2v = e^x dy^2, \ldots$$

und die allgemeine Formel wird nach Division durch e^{x+y}

$$(dx + dy)^n = dx^n + C_1\, dy\, dx^{n-1} + C_2\, dy^2\, dx^{n-2} + \ldots + dy^n.$$

Da dx und dy willkürlich sind, so folgt hieraus

$$C_1 = \frac{n}{1}, \quad C_2 = \frac{n(n-1)}{1 \cdot 2}, \ldots, C_p = \frac{n(n-1)\ldots(n-p+1)}{1 \cdot 2 \ldots p}, \ldots$$

und die allgemeine Formel ist infolgedessen

$$(23) \quad d^n(uv) = v\,d^2u + \frac{n}{1} dv\, d^{n-1}u + \frac{n(n-1)}{2} d^2v\, d^{n-2}u + \ldots + u\,d^nv.$$

Diese Formel läßt sich anwenden, welches auch die Zahl der unabhängigen Veränderlichen ist; sind im besonderen u und v Funktionen einer einzigen Variablen x, so erhält man nach Division durch dx^n den Ausdruck der n^{ten} Derivierten eines Produktes zweier Faktoren. Für das Produkt einer beliebigen Anzahl von Faktoren gibt es Formeln, die der Formel (23) analog sind; man beweist sie auf dieselbe Art.

Die Formel, die $d^n\omega$ gibt, vereinfacht sich auch in dem Fall, wo die Zwischenfunktionen u, v, w ganze lineare Funktionen der unabhängigen Variablen x, y, z sind

$$\begin{aligned} u &= ax + by + cz + f \\ v &= a'x + b'y + c'z + f' \\ w &= a''x + b''y + c''z + f'', \end{aligned}$$

wobei die Koeffizienten a, a', a'', b, b' ... Konstanten sind. Dann ist

$$\begin{aligned} du &= a\,dx + b\,dy + c\,dz \\ dv &= a'dx + b'dy + c'dz \\ dw &= a''dx + b''dy + c''dz \end{aligned}$$

und alle Differentiale d^nu, d^nv, d^nw, wo $n > 1$ ist, sind Null. Die Formel, die $d^n\omega$ gibt, ist also dieselbe, wie wenn u, v, w unabhängige Variable wären

$$d^n\omega = \left(\frac{\partial F}{\partial u} du + \frac{\partial F}{\partial v} dv + \frac{\partial F}{\partial w} dw\right)^{(n)}.$$

27. **Homogene Funktionen.** Eine Funktion $\varphi(x, y, z)$ heißt homogem vom Grade m, wenn identisch

$$\varphi(tx, ty, tz) = t^m \varphi(x, y, z)$$

ist.

Erteilen wir für einen Augenblick x, y, z bestimmte Werte und betrachten wir t als die einzige unabhängige Variable; die vorstehende Formel läßt sich, indem man $u = tx$, $v = ty$, $w = tz$ setzt, schreiben

$$\varphi(u, v, w) = t^m \varphi(x, y, z).$$

Setzen wir die Differentiale n^{ter} Ordnung der beiden Seiten gleich, indem wir beachten, daß u, v, w lineare Funktionen von t sind und daß

$$du = x\,dt, \qquad dv = y\,dt, \qquad dw = z\,dt$$

ist; nach der eben gemachten Bemerkung erhält man nach Unterdrückung des gemeinsamen Faktors dt^n

$$\left(x\frac{\partial\varphi}{\partial u} + y\frac{\partial\varphi}{\partial v} + z\frac{\partial\varphi}{\partial w}\right)^{(n)} = m(m-1)\ldots(m-n+1)t^{m-n}\varphi(x, y, z).$$

Setzt man jetzt $t = 1$, so reduzieren sich u, v, w auf x, y, z und ein beliebiges Glied der entwickelt angenommenen linken Seite

$$A_{pqr}\frac{\partial^n\varphi}{\partial u^p\,\partial v^q\,\partial w^r}x^p y^q z^r$$

reduziert sich auf

$$A_{pqr}\frac{\partial^n\varphi}{\partial x^p\,\partial y^q\,\partial z^r}x^p y^q z^r\,;$$

man gelangt so zu der symbolischen Gleichheit

$$\left(x\frac{\partial\varphi}{\partial x} + y\frac{\partial\varphi}{\partial y} + z\frac{\partial\varphi}{\partial z}\right)^{(n)} = m(m-1)\ldots(m-n+1)\varphi(x, y, z),$$

die sich für $n = 1$ auf die wohlbekannte Formel reduziert

$$m\varphi(x, y, z) = x\frac{\partial\varphi}{\partial x} + y\frac{\partial\varphi}{\partial y} + z\frac{\partial\varphi}{\partial z}.$$

Verschiedene Bezeichnungsarten. Wir haben endgültig drei Bezeichnungen, um die partiellen Derivierten der verschiedenen Ordnungen einer Funktion mehrerer Veränderlichen darzustellen, die von Leibniz, die von Lagrange und die von Cauchy. Diese verschiedenen Schreibweisen haben das Unangenehme, ein wenig überladen zu sein; man hat daher verschiedene kürzere Bezeichnungen ausgesonnen. Eine der meist angewandten ist die für die partiellen Derivierten erster und zweiter Ordnung einer Funktion zweier

Variablen, welche man Monge verdankt; ist z eine Funktion der beiden Variablen x und y, so setzt man

$$p = \frac{\partial z}{\partial x}, \quad q = \frac{\partial z}{\partial x}, \quad r = \frac{\partial^2 z}{\partial x^2}, \quad s = \frac{\partial^2 z}{\partial x \partial y}, \quad t = \frac{\partial^2 z}{\partial y^2}$$

und die totalen Differentiale dz und $d^2 z$ haben als Ausdruck

$$dz = p\,dx + q\,dy,$$
$$d^2 z = r\,dx^2 + 2s\,dx\,dy + t\,dy^2.$$

28. **Taylorsche Formel für die Funktionen mehrerer Variablen.** Es sei, um die Ideen zu fixieren, $\omega = f(x, y, z)$ eine Funktion dreier Variablen; man kann für den Zuwachs dieser Funktion, der den Zuwächsen h, k, l der Variablen entspricht, eine der Formel (6) in Nr. 17 analoge Entwicklung erhalten. Es genügt hierzu, den folgenden Kunstgriff anzuwenden, den man Cauchy verdankt. Erteilen wir x, y, z, h, k, l bestimmte Werte und setzen wir

$$\varphi(t) = f(x + ht, y + kt, z + lt),$$

wo t eine Hilfsvariable bezeichnet. Die Funktion $\varphi(t)$ hängt bloß von der einzigen unabhängigen Variablen t ab; wenden wir auf sie die allgemeine Formel (6) an, so erhalten wir

$$(24) \quad \begin{cases} \varphi(t) = \varphi(0) + \frac{t}{1}\varphi'(0) + \frac{t^2}{1 \cdot 2}\varphi''(0) + \cdots \\ \quad + \frac{t^n}{1 \cdot 2 \ldots n}\varphi^{(n)}(0) + \frac{t^{n+1}}{1 \cdot 2 \ldots (n+1)}\varphi^{(n+1)}(\theta t), \end{cases}$$

wo $\varphi(0), \varphi'(0), \ldots, \varphi^{(n)}(0)$ die Werte der Funktion $\varphi(t)$ und ihrer Derivierten für $t = 0$ sind und $\varphi^{(n+1)}(\theta t)$ der Wert der $\overline{n+1}^{\text{ten}}$ Derivierten für den Wert $\theta t\,(0 < \theta < 1)$ ist. Nun kann man aber $\varphi(t)$ als eine zusammengesetzte Funktion von t betrachten, $\varphi(t) = f(u, v, w)$ wobei die Zwischenfunktionen

$$u = x + ht, \qquad v = y + kt, \qquad w = z + lt$$

lineare Funktionen von t sind. Wie man vorhin gesehen hat, ist der Ausdruck für das Differential der Ordnung m der nämliche, wie wenn u, v, w unabhängige Veränderlichen wären; man erhält also die symbolische Gleichheit

$$d^m \varphi = \left(\frac{\partial f}{\partial u} du + \frac{\partial f}{\partial v} dv + \frac{\partial f}{\partial w} dw\right)^{(m)} = dt^m \left(\frac{\partial f}{\partial u} h + \frac{\partial f}{\partial v} k + \frac{\partial f}{\partial w} l\right)^{(m)}$$

die sich nach Division durch dt^m auch schreiben läßt

$$\varphi^{(m)}(t) = \left(\frac{\partial f}{\partial u} h + \frac{\partial f}{\partial v} k + \frac{\partial f}{\partial w} l\right)^{(m)}.$$

Für $t = 0$ reduzieren sich u, v, w bezüglich auf x, y, z und die vorstehende Gleichheit wird, indem man stets dieselbe symbolische Bezeichnung anwendet,

$$\varphi^{(m)}(0) = \left(\frac{\partial f}{\partial x} h + \frac{\partial f}{\partial y} k + \frac{\partial f}{\partial z} l\right)^{(m)}.$$

Ebenso ist

$$\varphi^{(n+1)}(\theta t) = \left(\frac{\partial f}{\partial x} h + \frac{\partial f}{\partial y} k + \frac{\partial f}{\partial z} l\right)^{(n+1)},$$

wobei x, y, z nach der Entwicklung bezüglich durch

$$x + \theta h t, \qquad y + \theta k t, \qquad z + \theta l t$$

ersetzt werden müssen.

Setzen wir nun in Formel (24) $t = 1$, so wird

$$(25) \begin{cases} f(x + h, y + k, z + l) = f(x, y, z) + \left(\frac{\partial f}{\partial x} h + \frac{\partial f}{\partial y} k + \frac{\partial f}{\partial z} l\right) + \dots \\ \qquad + \frac{1}{1 \cdot 2 \dots n} \left(\frac{\partial f}{\partial x} h + \frac{\partial f}{\partial y} k + \frac{\partial f}{\partial z} l\right)^{(n)} + R_n, \end{cases}$$

wobei das Ergänzungsglied

$$R_n = \frac{1}{(n+1)!} \left(\frac{\partial f}{\partial x} h + \frac{\partial f}{\partial y} k + \frac{\partial f}{\partial z} l\right)^{(n+1)}$$

ist, wo wieder x, y, z in den partiellen Derivierten nach der Entwicklung durch $x + \theta h$, $y + \theta k$, $z + \theta l$ ersetzt werden müssen.

Vernachlässigt man den Rest R_n, so hat man auf der rechten Seite der Formel (25) ein Polynom $P_n(h, k, l)$ vom Grade n in h, k, l; wenn die partiellen Derivierten der Ordnung $\overline{n+1}$ der Fuuktion $f(x, y, z)$ endlich sind, so ist die Differenz zwischen der Funktion $f(x + h, y + k, z + l)$ und diesem Polynom P_n ein homogenes Polynom $\overline{n+1}^{\text{ter}}$ Ordnung in h, k, l, dessen Koeffizienten selbst von h, k, l abhängen, aber endlich sind.

Diese Formel (25), von der man im dritten Kapitel noch andere Anwendungen kennen lernen wird, ist bei der Bestimmung der Grenzwerte von Funktionen nützlich, die sich unter einer unbestimmten Form darbieten. Es seien $f(x, y)$, $\varphi(x, y)$ zwei Funktionen, die für $x = a$, $y = b$ gleichzeitig verschwinden, die aber, ebenso wie ihre partiellen Derivierten bis zu einer gewissen Ordnung, in der Umgebung des Punktes $x = a$, $y = b$ stetig bleiben; stellen wir uns die Aufgabe, den Grenzwert zu finden, gegen den der Quotient

$$\frac{f(x, y)}{\varphi(x, y)}$$

konvergiert, wenn x und y bzw. gegen a und b streben. Wir nehmen zunächst an, daß die vier Derivierten erster Ordnung

$$\frac{\partial f}{\partial a}, \frac{\partial f}{\partial b}, \frac{\partial \varphi}{\partial a}, \frac{\partial \varphi}{\partial b}$$

nicht alle gleichzeitig Null sind; wir können schreiben

$$\frac{f(a+h, b+k)}{\varphi(a+h, b+k)} = \frac{h\left(\frac{\partial f}{\partial a} + \varepsilon\right) + k\left(\frac{\partial f}{\partial b} + \varepsilon'\right)}{h\left(\frac{\partial \varphi}{\partial a} + \varepsilon_1\right) + k\left(\frac{\partial \varphi}{\partial b} + \varepsilon_1'\right)},$$

wobei ε, ε', ε_1, ε_1' zugleich mit h und k gegen Null konvergieren. Rückt der Punkt (x, y) gegen (a, b), so streben h und k gegen Null; wir nehmen an, daß der Bruch $\frac{k}{h}$ gegen einen Grenzwert α konvergiert, d. h. daß der Punkt (x, y) eine Kurve beschreibt, die im Punkte (a, b) eine Tangente besitzt. Dividieren wir die beiden Glieder des vorangehenden Bruches durch h; wir sehen, daß der Bruch $\frac{f(x, y)}{\varphi(x, y)}$ zum Grenzwert

$$\frac{\frac{\partial f}{\partial a} + \alpha \frac{\partial f}{\partial b}}{\frac{\partial \varphi}{\partial a} + \alpha \frac{\partial \varphi}{\partial b}}$$

hat; dieser Grenzwert hängt im allgemeinen von α ab, d. h. von der Art, wie die Variablen x und y gegen ihre Grenzwerte a und b konvergieren. Damit dieser Grenzwert von α unabhängig sei, müßte

$$\frac{\partial f}{\partial a} \frac{\partial \varphi}{\partial b} - \frac{\partial f}{\partial b} \frac{\partial \varphi}{\partial a} = 0$$

sein, was aber im allgemeinen nicht zutrifft. Sind die vier Derivierten $\frac{\partial f}{\partial a}$, $\frac{\partial f}{\partial b}$, $\frac{\partial \varphi}{\partial a}$, $\frac{\partial \varphi}{\partial b}$ Null, so wird man die Entwicklung bis zu den Gliedern zweiten Grades in h und k fortsetzen und so weiter.

III. Durch Reihen definierte Funktionen.

29. **Definition neuer Funktionen durch einen Grenzübergang.** — Die in den Elementen studierten Funktionen sind die rationalen und die irrationalen Funktionen, die Exponentialfunktion und die logarithmische Funktion, die Kreisfunktionen und ihre inversen sowie diejenigen, welche man durch ihre Kombination erhält. Alle diese Funktionen lassen Derivierte in unbegrenzter Anzahl zu, die man nach bekannten Regeln berechnet. Man kann aber unendlich viele neue Funktionen durch einen Grenzübergang definieren.

Es sei $f(x, n)$ eine Funktion der Variablen x, die in einem Intervall (a, b) definiert ist und überdies von einer ganzen Zahl n abhängt. Erteilen wir x einen bestimmten, sonst aber beliebigen Wert des Intervalls (a, b); wenn der entsprechende Wert von $f(x, n)$ gegen einen Grenzwert konvergiert, während die Zahl n unbegrenzt wächst, so ist dieser Grenzwert, der im allgemeinen mit dem x beigelegten Werte veränderlich ist, selbst eine Funktion von x, die wir durch $F(x)$ darstellen und wir werden schreiben

$$F(x) = \lim_{n=\infty} f(x, n)$$

oder einfacher $F(x) = \lim f(x, n)$.

Nach einer allgemeinen Bemerkung (Nr. 5) kann diese Funktion $F(x)$ auch als die Summe einer konvergenten Reihe definiert werden

$$f(x, 1) + [f(x, 2) - f(x, 1)] + \ldots + [f(x, n) - f(x, n-1)] + \ldots,$$

denn die Summe der n ersten Glieder dieser Reihe ist offenbar gleich $f(x, n)$. Ist umgekehrt eine Reihe

$$u_0(x) + u_1(x) + \ldots + u_n(x) + \ldots$$

gegeben, deren Glieder Funktionen von x sind und die für jeden Wert von x in einem Intervall (a, b) konvergent ist, so ist die Summe $S(x)$ dieser Reihe der Grenzwert der Summe $S(x, n)$ der n ersten Glieder, wenn n unbegrenzt wächst. Es kommt also auf dasselbe hinaus, eine Funktion als Summe einer konvergenten Reihe oder als Grenzwert einer Funktion $f(x, n)$ für ein unendliches n zu definieren.

Es ist wesentlich zu bemerken, daß die Funktion $f(x, n)$ für jedes beliebige n eine stetige Funktion von x sein kann, ohne daß der Grenzwert $F(x)$ stetig ist. Nehmen wir z. B. $f(x, n) = x^n$ und setzen wir $0 \leqq x \leqq 1$ voraus. Diese Funktion ist im Intervall $(0, 1)$ stetig, was auch n sei; wächst n unbegrenzt, so hat man $\lim x^n = 0$, wenn $x < 1$ ist, und $\lim x^n = 1$ für $x = 1$. Man schließt hieraus, daß die Summe der Reihe

$$x + x(x-1) + \ldots\ldots + x^n(x-1) + \ldots, \tag{26}$$

die im Intervall $(0, 1)$ konvergent ist, für den Wert $x = 1$ unstetig ist.

Nehmen wir noch

$$f(x, n) = \frac{1 - x^n}{1 + x^n} \qquad x \geqq 0;$$

der Grenzwert $F(x)$ ist gleich $+1$, wenn $x < 1$ ist, gleich -1, wenn $x > 1$, und gleich null für $x = 1$. Die Summe der konvergenten Reihe

$$(27)\qquad F(x) = \frac{1-x}{1+x} + \left(\frac{1-x^2}{1+x^2} - \frac{1-x}{1+x}\right) + \dots + \\ + \left(\frac{1-x^n}{1+x^n} - \frac{1-x^{n-1}}{1+x^{n-1}}\right) + \dots$$

ist also eine unstetige Funktion für $x = 1$ und man hat

$$F(1+0) = -1, \qquad F(1-0) = +1, \qquad F(1) = 0.$$

Geht man von dem Ausdruck $\frac{1}{(1+x^2)^n}$ aus, so würde man ebenso eine konvergente Reihe

$$(28)\qquad F(x) = \frac{x^2}{1+x^2} + \dots\dots + \frac{x^2}{(1+x^2)^n} + \dots\dots$$

bilden, deren Summe für $x = 0$ unstetig ist. Aus diesen Beispielen, die zu vermehren leicht fiele, entnimmt man, daß die Summe einer konvergenten Reihe, deren sämtliche Glieder stetige Funktionen sind, nicht notwendig eine stetige Funktion ist.

30. **Gleichmäßige Konvergenz.** Es sei $f(x, n)$ eine Funktion, die im Intervall (a, b) gegen einen Grenzwert $F(x)$ konvergiert, wenn n unbegrenzt wächst. Wir werden sagen, daß $f(x, n)$ gleichmäßig gegen $F(x)$ konvergiert, wenn man jeder positiven Zahl ε eine ganze Zahl N entsprechen lassen kann, derart daß für jeden Wert von n, der gleich oder größer N ist,

$$|\, F(x) - f(x, n) \,| < \varepsilon$$

ist, wobei die Ungleichheit für alle Werte von x im Intervall (a, b) zurecht bestehen muß.

Um diese Difinition auf die konvergenten Reihen auszudehnen, sei $F(x)$ die Summe der Reihe

$$(29)\qquad F(x) = u_0(x) + u_1(x) + \dots\dots + u_n(x) + \dots,$$

die in einem Intervall (a, b) konvergent ist, und $s_n(x)$ die Summe der $\overline{n+1}$ ersten Glieder. Die Differenz $F(x) - s_n(x)$ ist nichts anderes als der Rest

$$R_n(x) = u_{n+1}(x) + u_{n+2}(x) + \dots\dots$$

Man wird also sagen, daß die Reihe (29) gleichmäßig konvergent ist im Intervall (a, b), wenn man jeder positiven Zahl ε eine ganze Zahl N derart entsprechen lassen kann, daß die Ungleichheit $n \geqq N$ die andere $|\, R_n(x) \,| < \varepsilon$ für alle Werte von x im Intervall

(a, b) nach sich zieht. Die Bedingung, daß die Zahl N, welche einem gegebenen Werte von ε entspricht, für alle Werte von x im Intervall (a, b) dieselbe sei, ist bei dieser Definition wesentlich. Für jeden Wert von x, der diesem Intervall angehört, ist es gewiß, daß eine ganze Zahl N existiert, so daß $|R_n(x)|$ kleiner ist als ε, vorausgesetzt daß n gleich oder größer als N ist; aber nichts beweist a priori, daß eine und dieselbe Zahl N, wie groß man sie auch annimmt, dieser Bedingung für alle betrachteten Werte von x genügen kann. Um zu sehen, daß dies tatsächlich nicht immer der Fall ist, genügt es, eine der oben geschriebenen Reihen wieder vorzunehmen, z. B. die Reihe (26), wobei man $0 \leqq x < 1$ annimmt. Der Rest $R_n(x)$ ist dem absoluten Werte nach gleich x^n. Damit diese Reihe gleichmäßig konvergent sei, müßte eine ganze Zahl N existieren, derart daß die Ungleichheit $x^n < \varepsilon$ für alle Werte von x und n, die den Bedingungen

$$0 \leqq x < 1 \qquad n \geqq N$$

genügen, zurecht bestände.

Im besonderen müßte $x^N < \varepsilon$ sein und infolgedessen $x < \varepsilon^{\frac{1}{N}}$; setzt man aber $\varepsilon < 1$ voraus, so existieren stets, wie groß auch N sei, Zahlen, die zwischen $\varepsilon^{\frac{1}{N}}$ und der Einheit liegen.

Ebenso würde man sehen, daß die Reihe (27) im Intervall $(0 \leqq x < 1)$ nicht gleichmäßig konvergent ist, noch auch die Reihe (28) im Intervall $(0 < x \leqq 1)$. Betrachten wir noch den Ausdruck

$$f(x, n) = n x e^{-n x^2},$$

dessen Grenzwert $F(x)$ für unendliches n gleich null ist. Dieser Ausdruck $f(x, n)$ konvergiert in keinem Intervall (a, b), daß den Wert $x = 0$ enthält, gleichmäßig gegen seinen Grenzwert. Nehmen wir z. B. das Intervall $(0, 1)$; der Ausdruck $f(x, n)$ reduziert sich für $x = \frac{1}{n}$ auf $e^{-\frac{1}{n}}$; er kann also nicht kleiner sein als ε, wenn man ε kleiner als e^{-1} annimmt.

Die Wichtigkeit der gleichmäßig konvergenten Reihen entspringt aus der folgenden Eigenschaft:

Die Summe einer in einem Intervall (a, b) gleichmäßig konvergenten Reihe, deren Glieder stetige Funktionen der Variablen x in diesem Intervalle sind, ist selbst eine stetige Funktion dieser Variablen.[1]

[1] Die ausgesprochene Bedingung ist nur hinreichend. Man verdankt Arzelà eine notwendige und hinreichende Bedingung dafür, daß eine

Es sei x_0 ein Wert von x zwischen a und b und $x_0 + h$ ein benachbarter Wert, ebenfalls zwischen a und b. Wählen wir eine genügend große Zahl n, damit der Rest $R_n(x)$

$$R_n(x) = u_{n+1}(x) + u_{n+2}(x) + \ldots\ldots$$

für alle Werte x des Intervalls (a, b) dem absoluten Wert nach kleiner sei als $\frac{\varepsilon}{3}$, wo ε eine beliebig kleine, positive, im voraus gegebene Zahl bedeutet. Es sei $f(x)$ die Summe der betrachteten konvergenten Reihe; man kann schreiben

$$f(x) = \varphi(x) + R_n(x),$$

indem man mit $\varphi(x)$ die Summe der $n + 1$ ersten Glieder bezeichnet

$$\varphi(x) = u_0(x) + u_1(x) + \ldots + u_n(x).$$

Aus den Gleichheiten

$$f(x_0) = \varphi(x_0) + R_n(x_0)$$

$$f(x_0 + h) = \varphi(x_0 + h) + R_n(x_0 + h)$$

entnimmt man, indem man sie gliedweise subtrahiert,

$$f(x_0 + h) - f(x_0) = [\varphi(x_0 + h) - \varphi(x_0)] + [R_n(x_0 + h) - R_n(x_0)];$$

da die Zahl n entsprechend gewählt wurde, hat man bereits

$$|R_n(x_0)| < \frac{\varepsilon}{3}, \quad |R_n(x + h)| < \frac{\varepsilon}{3} \cdot$$

Andererseits ist, da die verschiedenen Glieder der Reihe stetige Funktionen von x sind, auch $\varphi(x)$ eine stetige Funktion und man kann eine positive Zahl η finden, so daß

$$|\varphi(x_0 + h) - \varphi(x_0)| < \frac{\varepsilon}{3}$$

ist, wofern nur $|h| < \eta$ ist. Man hat dann a fortiori

$$|f(x_0 + h) - f(x_0)| < 3\frac{\varepsilon}{3}$$

für alle Werte von h, die dem absoluten Wert nach kleiner als η sind, was beweist, daß die Funktion $f(x)$ für $x = x_0$ stetig ist.

Bemerkung I. Beim ersten Versuche erscheint es sehr schwierig zu erkennen, ob eine Reihe in einem Intervalle gleichmäßig konvergent ist. Der folgende Satz gestattet in sehr vielen Fällen, dies zu entscheiden. Es sei

$$u_0(x) + u_1(x) + \ldots\ldots + u_n(x) + \ldots \tag{30}$$

Reihe von Gliedern, die in einem Intervall (a, b) stetig sind, eine in diesem Intervall stetige Funktion darstellt. (Siehe E. Barel, Leçons sur les fonctions de variables réelles.)

eine Reihe, deren Glieder im Intervall (a, b) stetige Funktionen von x sind; es sei andererseits

(31) $$v_0 + v_1 + \ldots\ldots + v_n + \ldots.$$

eine andere konvergente Reihe, deren Glieder konstante, positive Zahlen sind. Wenn für alle Werte x des Intervalls (a, b), was auch n sei, $|u_n| < v_n$ ist, dann ist die erste Reihe (30) in diesem Intervalle gleichmäßig konvergent. Es ist in der Tat klar, daß man für jeden Wert von x zwischen a und b

$$|u_{n+1}(x) + u_{n+2}(x) + \ldots\ldots| < v_{n+1} + v_{n+2} + \ldots.$$

hat und es genügt, eine hinreichend große Zahl N zu nehmen, damit der Rest $v_{n+1} + v_{n+2} \ldots.$ der zweiten Reihe kleiner sei als ε, wenn $n \geqq N$ ist; dann wird man auch für alle diese Werte von n, was auch x in dem betrachteten Intervalle sei, $|R_n(x)| < \varepsilon$ haben.

So z. B. ist die Reihe

$$v_0 + v_1 \sin x + \ldots\ \ldots + v_n \sin nx + \ldots.$$

wo $v_0, v_1, v_2 \ldots.$ wieder dieselbe Bedeutung haben, in jedem Intervalle gleichmäßig konvergent.

Bemerkung II. Die oben gegebene Definition einer gleichmäßig konvergenten Reihe ist äquivalent der folgenden: eine Reihe ist in einem Intervall (a, b) gleichmäßig konvergent, wenn man jeder Zahl ε eine Zahl N entsprechen lassen kann, derart, daß die Summe einer beliebigen Anzahl von Gliedern, von u_N angefangen, für jeden Wert von x im Intervall (a, b) dem absoluten Werte nach kleiner ist als ε.

(32) $$\left|\sum\nolimits_N^p\right| = |u_{N+1} + u_{N+2} + \ldots. + u_{N+p}| < \varepsilon.$$

Nehmen wir in der Tat an, daß eine Reihe gleichmäßig konvergent sei, indem wir uns hierbei an die erste Definition halten. Wir können dann eine Zahl N so bestimmen, daß die absoluten Beträge von R_N und R_{N+p} kleiner sind als $\frac{\varepsilon}{2}$, was auch p sei; dann wird a fortiori $|R_{N+p} - R_N| < \varepsilon$ sein und die Bedingung (32) ist also erfüllt. Genügt andererseits eine Reihe der neuen Definition, so nehmen wir eine Zahl N, derart daß der absolute Wert von $\left|\sum\nolimits_N^p\right|$ kleiner ist als $\frac{\varepsilon}{2}$, was auch p sei; dann wird auch, was auch p und q seien,

$$\left|\sum\nolimits_N^{p+q} - \sum\nolimits_N^p\right| = |u_{N+p+1} + \ldots + u_{N+p+q}| < \varepsilon$$

sein und infolgedessen $|R_{N+p}| < \varepsilon$, was auch p sei.

Bemerkung III. Das oben bewiesene Theorem über die gleichmäßig konvergenten Reihen kann auch so ausgesprochen werden:

Wenn eine stetige Funktion $f(x, n)$ gleichmäßig gegen einen Grenzwert $F(x)$ in einem Intervall (a, b) konvergiert, so ist dieser Grenzwert $F(x)$ eine stetige Funktion in demselben Intervalle.

Denn es ist klar, daß $F(x)$ durch eine gleichmäßige konvergente Reihe, deren allgemeines Glied eine stetige Funktion ist, ersetzt werden kann.

31. **Derivierte einer durch eine Reihe dargestellten Funktion.** Gegeben sei eine konvergente Reihe mit stetigen Gliedern, welche Derivierte zulassen; die durch die Derivierten gebildete Reihe ist nicht notwendig konvergent. Die Reihe $\sum \frac{1}{n^2} \sin (n^2 x)$ z. B. ist in jedem Intervalle gleichmäßig konvergent, während die durch die Derivierten gebildete Reihe divergent ist, denn das allgemeine Glied konvergiert nicht gegen Null. Wenn aber eine Reihe mit stetigen Gliedern in einem Intervall (a, b) konvergent ist und wenn die durch die Derivierten ihrer Glieder gebildete Reihe selbst in diesem Intervall gleichmäßig konvergent ist, so stellt die Summe der zweiten Reihe die Derivierte der Summe der ersten Reihe dar.

Es sei

$$(33) \qquad F(x) = u_0(x) + u_1(x) + \dots + u_n(x) + \dots$$

eine im Intervalle (a, b) konvergente Reihe, deren jedes Glied eine stetige Funktion ist, die in diesem Intervalle eine Derivierte zuläßt. Wir nehmen überdies an, daß die durch die Derivierten gebildete Reihe

$$(34) \qquad \Phi(x) = u_0'(x) + u_1'(x) + \dots + u_n'(x) + \dots$$

in diesem Intervalle gleichmäßig konvergent ist. Der vorstehende Satz besagt, daß $F'(x) = \Phi(x)$ ist oder daß die Differenz

$$\delta = \frac{F(x+h) - F(x)}{h} - \Phi(x)$$

mit h gegen Null konvergiert.

Setzen wir

$$S_n(x) = u_0(x) + \dots + u_n(x), \qquad s_n(x) = u_0'(x) + \dots + u_n'(x),$$
$$\Psi_{n,p}(x) = u_{n+1}(x) + \dots + u_{n+p}(x), \quad \psi_{n,p}(x) = u_{n+1}'(x) + \dots + u_{n+p}'(x);$$

dann ist, welches auch die Zahlen n und p seien,

$$S_{n+p}(x) = S_n(x) + \Psi_{n,p}(x), \qquad s_{n+p}(x) = s_n(x) + \psi_{n,p}(x)$$
$$S_n'(x) = s_n(x), \qquad \Psi_{n,p}'(x) = \psi_{n,p}(x).$$

Da die Reihe (34) gleichmäßig konvergent ist, nehmen wir eine Zahl n, die genügend groß ist, damit der absolute Wert von $\psi_{n,p}(x)$ kleiner ist als $\frac{\varepsilon}{3}$, welches auch die ganze Zahl p und welches auch der Wert von x in dem Intervall (a, b) sei; dies ist nach der Bemerkung II in Nr. 30 möglich.

Aus den beiden Gleichheiten

$$S_{n+p}(x+h) = S_n(x+h) + \Psi_{n,p}(x+h)$$
$$S_{n+p}(x) = S_n(x) + \Psi_{n,p}(x)$$

folgert man, indem man sie Glied für Glied subtrahiert und auf die Differenz $\Psi_{n,p}(x+h) - \Psi_{n,p}(x)$ den Mittelwertsatz anwendet

$$S_{n+p}(x+h) - S_{n+p}(x) = S_n(x+h) - S_n(x) + h\,\psi_{n,p}(x+\theta h).$$

Läßt man, während die Zahl n fest bleibt, die Zahl p unbegrenzt wachsen, so hat die linke Seite $F(x+h) - F(x)$ zum Grenzwert; da der absolute Betrag von $\psi_{n,p}(x+\theta h)$ stets kleiner ist als $\frac{\varepsilon}{3}$, so ist der Grenzwert dieser Funktion selbst dem absoluten Werte nach kleiner als $\frac{\varepsilon}{3}$ und wir könnten schreiben

$$\frac{F(x+h) - F(x)}{h} = \frac{S_n(x+h) - S_n(x)}{h} + \frac{\varepsilon}{3}\varrho(x, h),$$

wo $\varrho(x, h)$ eine Funktion bedeutet, deren absoluter Betrag kleiner als 1 ist. Diese Gleichheit läßt sich gemäß dem Werte von δ auch noch schreiben

$$\delta = \left[\frac{S_n(x+h) - S_n(x)}{h} - s_n(x)\right] + [s_n(x) - \Phi(x)] + \frac{\varepsilon}{3}\varrho(x, h).$$

Nach der Art, wie man die Zahl n gewählt hat, ist der absolute Wert der Differenz $s_n(x) - \Phi(x)$ ebenfalls kleiner als $\frac{\varepsilon}{3}$. Da andererseits $s_n(x)$ die Derivierte von $S_n(x)$ ist, so kann man eine positive Zahl η finden, derart daß die Bedingung $|h| < \eta$ die Ungleichheit

$$\left|\frac{S_n(x+h) - S_n(x)}{h} - s_n(x)\right| < \frac{\varepsilon}{3}$$

nach sich zieht. Man wird aber auch $|\delta| < \varepsilon$ haben, wofern $|h| < \eta$ ist.

Man wird bemerken, daß der Beweis nicht voraussetzt, daß die Reihe (33) gleichmäßig konvergent sei, noch daß die Derivierten $u_0'(x)$, $u_1'(x)\ldots$ stetige Funktionen seien. Dieses Theorem läßt sich auch so aussprechen:

Wenn eine Funktion $f(x, n)$ in einem Intervall (a, b) stetig ist, daselbst eine Derivierte $f'(x, n)$ zuläßt und gegen einen Grenzwert $F(x)$ konvergiert und wenn die Derivierte $f'(x, u)$ in demselben Intervall gleichmäßig gegen einen Grenzwert $\Phi(x)$ konvergiert, so ist $F'(x) = \Phi(x)$. Denn es ist ja klar, daß man $F(x)$ und $\Phi(x)$ durch zwei konvergente Reihen darstellen kann, deren zweite gleichmäßig konvergent ist und durch die Derivierten der Glieder der ersten gebildet wird.

Die vorangehenden Definitionen und Resultate lassen sich ohne Schwierigkeit auf Reihen ausdehnen, deren Glieder Funktionen mehrerer unabhängiger Variablen sind.

32. **Stetige Funktionen ohne Derivierte.** Wir beschließen dieses Kapitel, indem wir ein Beispiel einer stetigen Funktion geben, die für keinen Wert der Variablen eine Ableitung zuläßt. Dieses Beispiel verdankt man Weierstrass. Es sei b eine positive Konstante kleiner als Eins und a eine ganze, ungerade Zahl; die Funktion $F(x)$, die gleich ist der Summe der konvergenten Reihe

$$F(x) = \sum_{n=0}^{n=\infty} b^n \cos(a^n \pi x), \tag{35}$$

ist für jeden Wert von x stetig, denn die Reihe ist in jedem Intervall gleichmäßig konvergent. Ist das Produkt $a \cdot b$ kleiner als 1, so verhält sich die aus den Derivierten gebildete Reihe ebenso: die Funktion $F(x)$ läßt also eine Ableitung zu, die selbst eine stetige Funktion ist. Wir werden nun zeigen, daß sich die Sache ganz anders verhält, wenn das Produkt $a \cdot b$ größer als ein bestimmter Grenzwert ist.

Indem wir mit m eine beliebige ganze Zahl bezeichnen, können wir schreiben

$$\frac{F(x+h) - F(x)}{h} = S_m + R_m, \tag{36}$$

wobei

$$S_m = \frac{1}{h} \sum_{n=0}^{m-1} b^n \{\cos[a^n \pi (x+h)] - \cos(a^n \pi x)\},$$

$$R_m = \frac{1}{h} \sum_{n=m}^{+\infty} b^n \{\cos[a^n \pi (x+h)] - \cos(a^n \pi x)\}$$

gesetzt wurde.

Wendet man auf die Funktion $\cos(a^n \pi x)$ den Mittelwertsatz an, so erkennt man, daß die Differenz $\cos[a^n \pi (x+h)] - \cos(a^n \pi x)$ dem absoluten Betrage nach kleiner ist als $\pi a^n \,|\, h \,|$. Der absolute Betrag von S_m ist demnach, wenn man $a b > 1$ voraussetzt, kleiner als

$$\pi \sum_{n=0}^{m-1} a^n b^n = \pi \frac{a^m b^m - 1}{a b - 1}$$

und um so mehr kleiner als $\frac{\pi (a b)^m}{a b - 1}$. Wir wollen nunmehr eine untere Grenze des absoluten Wertes von R_m suchen, indem wir dem Zuwachs h einen besonderen Wert erteilen. Man kann stets

$$a^m x = \alpha_m + \xi_m$$

setzen, wobei α_m eine ganze Zahl bedeutet und ξ_m zwischen $-\frac{1}{2}$ und $+\frac{1}{2}$ enthalten ist. Wir setzen

$$h = \frac{e_m - \xi_m}{a^m}$$

wo e_m gleich ± 1 ist; es ist klar, daß h dasselbe Zeichen wie e_m hat und dem absoluten Betrage nach nicht größer als $\frac{3}{2\, a^m}$ ist. Nachdem die Zahl h auf diese Weise gewählt worden ist, hat man

$$a^n \pi (x + h) = a^{n-m} a^m \pi (x + h) = a^{n-m} \pi (\alpha_m + e_m);$$

da a ungerade und $e_m = \pm 1$ ist, hat das Produkt $a^{n-m} (\alpha_m + e_m)$ denselben Geradheitscharakter wie $\alpha_m + 1$ und daher ist

$$\cos[a^n \pi (x + h)] = (-1)^{\alpha_m + 1}.$$

Ferner ist

$$\cos a^n \pi x = \cos (a^{n-m} \cdot a^m \pi x) = \cos[a^{n-m} \pi (\alpha_m + \xi_m)]$$
$$= \cos (a^{n-m} \alpha_m \pi) \cos (a^{n-m} \xi_m \pi);$$

$a^{n-m} \alpha_m$ hat denselben Geradheitscharakter wie α_m und es ist also auch

$$\cos (a^n \pi x) = (-1)^{\alpha_m} \cos (a^{n-m} \xi_m \pi).$$

Wir können somit schreiben

$$R_m = \frac{(-1)^{\alpha_m + 1}}{h} \sum_{n=m}^{\infty} b^n [1 + \cos (a^{n-m} \xi_m \pi)];$$

da alle Glieder der Reihe positiv sind, ist die Summe dieser Reihe größer als ihr erstes Glied und infolgedessen größer als b^m, da ξ_m zwischen $-\frac{1}{2}$ und $+\frac{1}{2}$ enthalten ist. Wir erhalten demnach

$$| R_m | > \frac{b^m}{| h |}$$

oder indem wir noch den Wert von h berücksichtigen

$$| R_m | > \frac{2}{3} (a b)^m .$$

Nehmen wir nun an, daß

$$\frac{2}{3} (a b)^m > \frac{\pi (a b)^m}{a b - 1}$$

sei; hierzu genügt es, daß

$$a \cdot b > 1 + \frac{3\pi}{2} \tag{37}$$

sei. Dann erweist die Beziehung (36), daß man hat

$$\left| \frac{F(x + h) - F(x)}{h} \right| > | R_m | - | S_m | > \frac{2}{3} (a b)^m \frac{a b - 1 - \frac{3\pi}{2}}{a b - 1}.$$

Wenn die ganze Zahl m unbegrenzt wächst, so wächst auch dieser Ausdruck über alle Grenzen, während der absolute Wert von h gegen Null strebt. Es ist daher möglich, wie klein auch eine Zahl ε sei, einen Zuwachs h, der dem absoluten Werte nach kleiner als ε ist, zu finden derart, daß

$$\frac{F(x+h)-F(x)}{h}$$

dem absoluten Betrage nach größer ist als jede im voraus gegebene Zahl. Die Funktion $F(x)$ hat demnach für keinen Wert von x eine Derivierte, vorausgesetzt, daß die Relation (37) befriedigt ist.

Übungen.

1. Es sei $y = f(x)$ die Gleichung einer Plankurve in rechtwinkligen Koordinaten. Es ist die Länge der Subnormale PN, der Subtangente PT, der Normale MN und der Tangente MT als Funktion von y und y' auszudrücken. Für welche Kurven ist eine dieser Linien konstant? (Fig. 4).

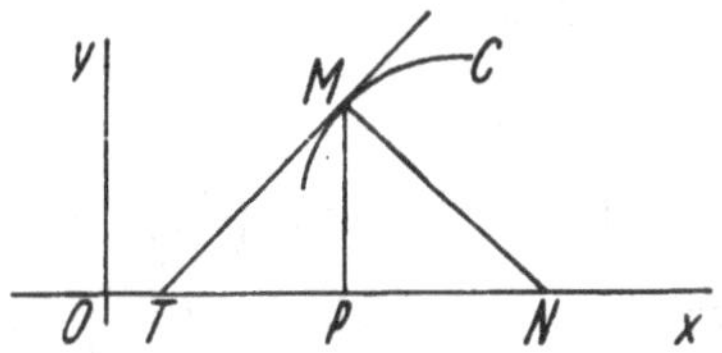

Fig. 4.

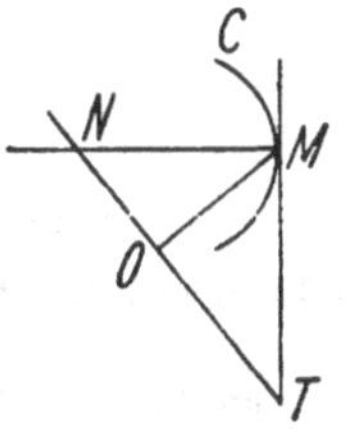

Fig. 5.

2. Es sei $\varrho = f(\omega)$ die Gleichung einer Plankurve in Polarkoordinaten. Durch den Pol O zieht man eine Normale zum Radiusvektor OM und bringt ihn mit der Tangente MT und der Normale MN zum Durchschnitt (Fig. 5). Man soll die verschiedenen Linien OT, ON, MN und MT als Funktionen von $f(\omega)$ und $f'(\omega)$ ausdrücken.

Welches sind die Kurven, für die eine dieser Linien konstant ist?

3. Es seien $y = f(x)$, $z = \varphi(x)$ die Gleichungen einer Raumkurve Γ; es sei N der Punkt, wo die Normalebene in einem Punkte M, d. h. die auf der Tangente normal stehende Ebene, die z-Achse schneidet und P der Fußpunkt, der vom Punkte M auf Oz gefällten Normale. Welches sind die Kurven Γ, für die eine der Linien PN oder MN konstant ist?

Bemerkung. Diese Kurven sind auf Rotationsparaboloiden oder auf Kugeln gelegen.

5. Ein ganzes Polynom in x vom siebenten Grade $f(x)$ zu bestimmen, wenn man weiß, daß $f(x) + 1$ durch $(x-1)^4$ und $f(x) - 1$ durch $(x+1)^4$ teilbar ist. Verallgemeinerung der Frage.

5. Es seien P und Q zwei ganze Polynome in x, für die

$$\sqrt{1-P^2} = Q\sqrt{1-x^2}$$

ist; bezeichnet n eine gewisse ganze Zahl, so ist

$$\frac{dP}{\sqrt{1-P^2}} = \frac{n\,dx}{\sqrt{1-x^2}}.$$

Bemerkung. Aus der Relation

$$\text{(a)} \qquad 1 - P^2 = Q^2(1 - x^2)$$

erhält man durch Differenzieren

$$\text{(b)} \qquad -2PP' = Q[2Q'(1 - x^2) - 2Qx];$$

die Beziehung (a) zeigt, daß Q zu P prim ist, und die Beziehung (b), daß P' durch Q teilbar ist.

*6. Es sei $R(x)$ ein Polynom vom vierten Grade mit nur einfachen Nullstellen und $x = \frac{U}{V}$ eine rationale Funktion von t, für die

$$\sqrt{R(x)} = \frac{P(t)}{Q(t)}\sqrt{R_1(t)}$$

ist, wo $R_1(t)$ ein Polynom vom vierten Grade und $\frac{P}{Q}$ eine rationale Funktion ist. Zu beweisen, daß diese Funktion $\frac{U}{V}$ einer Beziehung von der Form

$$\frac{dx}{\sqrt{R(x)}} = \frac{k\,dt}{\sqrt{R_1(t)}}$$

genügt, wo k eine Konstante bezeichnet (Jacobi).

Man bemerke, daß für alle Wurzeln der Gleichung $R\left(\frac{U}{V}\right) = 0$, die keine Nullstellen von $R_1(t)$ sind, $UV' - VU'$ und infolgedessen auch $\frac{dx}{dt}$ Null sind.

*7. Die n^{te} Derivierte einer Funktion von einer Funktion $y = \varphi(u)$, wo u eine Funktion der unabhängigen Veränderlichen x ist, hat den Ausdruck

$$\text{(a)} \qquad \frac{d^n y}{dx^n} = A_1\varphi'(u) + \frac{A_2}{1\cdot 2}\varphi''(u) + \dots + \frac{A_n}{1\cdot 2\dots n}\varphi^{(n)}(u)$$

wo

$$\text{(b)} \qquad \left\{ \begin{aligned} A_k = {} & \frac{d^n u^k}{dx^n} - \frac{k}{1}u\frac{d^n u^{k-1}}{dx^n} + \frac{k(k-1)}{1\cdot 2}u^2\frac{d^n u^{k-2}}{dx^n} - \dots \\ & + (-1)^{k-1}u^{k-1}\frac{d^n u}{dx^n} \quad (k = 1, 2, \dots n) \end{aligned} \right.$$

ist.

Man bemerke zunächst, daß der Ausdruck für die n^{te} Derivierte von der Form (a) ist, wobei die Koeffizienten $A_1, A_2, \dots A_n$ von der Form der Funktion $\varphi(u)$ unabhängig sind. Um diese Koeffizienten zu erhalten, braucht man nur sukzessive $\varphi(u) = u$, $\varphi(u) = u^2, \dots, \varphi(u) = u^n$ zu setzen und die erhaltenen Gleichungen nach $A_1, A_2, \dots, A_n$ aufzulösen; dies ergibt die Werte (b).

*8. Die n^{te} Derivierte von $\varphi(x^2)$ hat den Ausdruck

$$\frac{d^n\varphi(x^2)}{dx^n} = (2x)^n\varphi^{(n)}(x^2) + n(n-1)(2x)^{n-2}\varphi^{(n-1)}(x^2) + \dots$$
$$+ \frac{n(n-1)\dots(n-2p+1)}{1\cdot 2\dots p}(2x)^{n-2p}\varphi^{(n-p)}(x^2) + \dots,$$

wobei die Zahl p von Null bis zur höchsten ganzen in $\frac{n}{2}$ enthaltenen Zahl variiert und $\varphi^{(i)}(x^2)$ die Derivierte i^{ter} Ordnung nach x^2 bezeichnet.

Anwendung auf die Funktionen e^{-x^2}, arc sin x, arc tan x.

*9. Setzt man $x = \cos u$, so ist

$$\frac{d^{m-1}(1-x^2)^{m-\frac{1}{2}}}{dx^{m-1}} = (-1)^{m-1}\frac{1\cdot 3\cdot 5\ldots(2m-1)}{m}\sin m u.$$

(Olinde Rodrigue.)

10. Das Legendresche Polynom

$$X_n = \frac{1}{2\cdot 4\cdot 6\ldots 2n}\frac{d^n}{dx^n}(x^2-1)^n$$

genügt der Differentialgleichung

$$(1-x^2)\frac{d^2X_n}{dx^2} - 2x\frac{dX_n}{dx} + n(n+1)X_n = 0;$$

es sind daraus die Koeffizienten dieses Polynoms abzuleiten.

11. Die vier Funktionen

$$y_1 = \sin(n \arcsin x), \qquad y_3 = \sin(n \arccos x)$$
$$y_2 = \cos(n \arcsin x), \qquad y_4 = \cos(n \arccos x)$$

genügen der Differentialgleichung

$$(1-x^2)y'' - xy' + n^2 y = 0.$$

Es sind hieraus die Entwicklungen dieser Funktionen abzuleiten, wenn sie sich auf Polynome reduzieren.

12. Die Formel

$$\frac{d^n}{dx^n}\left(x^{n-1}e^{\frac{1}{x}}\right) = (-1)^n\frac{e^{\frac{1}{x}}}{x^{n+1}}$$

zu beweisen (Halphen).

13. Jede Funktion $z = x\varphi\left(\frac{y}{x}\right) + \psi\left(\frac{y}{x}\right)$, wo φ und ψ zwei willkürliche Funktionen sind, genügt der Beziehung

$$rx^2 + 2sxy + ty^2 = 0.$$

14. Die Funktion $z = x\varphi(x+y) + y\psi(x+y)$, wo φ und ψ zwei willkürliche Funktionen bezeichnen, genügt der Beziehung

$$r - 2s + t = 0.$$

15. Die Funktion $z = f[x + \varphi(y)]$ genügt der Beziehung $ps = qr$, welches auch der Ausdruck für f und φ sei.

16. Die Funktion $z = x^n\varphi\left(\frac{y}{x}\right) + y^{-n}\psi\left(\frac{y}{x}\right)$, wo φ und ψ zwei willkürliche Funktionen sind, genügt der Beziehung

$$rx^2 + 2sxy + ty^2 + px + qy = n^2 z.$$

17. Die Funktion

$$y = |x-a_1|\,\varphi_1(x) + |x-a_2|\,\varphi_2(x) + \ldots + |x-a_n|\,\varphi_n(x),$$

wo $\varphi_1(x), \varphi_2(x), \ldots, \varphi_n(x)$ ebenso wie ihre Derivierten $\varphi_1'(x), \varphi_2'(x), \ldots, \varphi_n'(x)$ stetig sind, läßt eine Derivierte zu, welche für die Werte $a_1, a_2, \ldots, a_n$ unstetig ist.

18. Eine Relation zwischen den Derivierten erster und zweiter Ordnung der Funktion $z = f(x_1, u)$ zu finden, wo $u = \varphi(x_2, x_3)$ ist, x_1, x_2, x_3 drei unabhängige Variable und f, φ zwei willkürliche Funktionen sind.

19. Es sei $f(x)$ eine willkürliche Funktion von x und $f'(x)$ ihre Derivierte. Setzt man $u = [f'(x)]^{-\frac{1}{2}}$, $v = f(x)\,[f'(x)]^{-\frac{1}{2}}$, so ist

$$\frac{1}{u}\frac{d^2 u}{dx^2} = \frac{1}{v}\frac{d^2 v}{dx^2}.$$

*20. Die n^{te} Derivierte einer Funktion von einer Funktion $u = \varphi(y)$, wo $y = \Psi(x)$ ist, hat den Wert

$$D_x^n \varphi = \sum \frac{n!}{i!\,j!\ldots k!} D_y^p \varphi \left(\frac{\Psi'}{1}\right)^i \left(\frac{\Psi''}{1\cdot 2}\right)^j \left(\frac{\Psi'''}{1\cdot 2\cdot 3}\right)^h \cdots \left(\frac{\Psi^{(l)}}{1\cdot 2\ldots l}\right)^k,$$

wo das Zeichen $\sum$ sich auf alle positiven ganzzahligen Lösungen der Gleichung $i + 2j + 3h + \ldots + lk = n$ erstreckt und $p = i + j + \ldots + k$ ist. (Faa di Bruno)

21. Es sei $F(x)$ eine Determinante n^{ter} Ordnung, deren sämtliche Elemente Funktionen von x sind; die Derivierte $F'(x)$ ist die Summe von n Determinanten, die man erhält, wenn man sukzessive alle Elemente einer Zeile durch ihre Derivierten ersetzt.

Wie würde der Satz für die Derivierten höherer Ordnung lauten?

22. Die Formel

$$\frac{1}{1\cdot 2\ldots n}\frac{d^n}{dx^n}[x^n (\log x)^n] = 1 + S_1 \log x + \frac{S_2}{1\cdot 2}(\log x)^2 + \ldots + \frac{S_n}{1\cdot 2\ldots n}(\log x)^n$$

zu beweisen, wo S_p die Summe der Produkte aus je p der n ersten Zahlen bezeichnet. (Murphy.)

Man gehe von der Formel

$$x^{n+\alpha} = x^n \left[1 + \alpha \log x + \frac{\alpha^2 (\log x)^2}{1\cdot 2} + \ldots + \frac{\alpha^n (\log x)^n}{1\cdot 2\ldots n} + \ldots\right]$$

aus und differenziere sie n mal hintereinander nach x.

Drittes Kapitel.

Implizite Funktionen. — Maxima und Minima. — Änderung der Variablen.

I. Implizite Funktionen.

33. **Studium eines speziellen Falles.** Es kommt häufig vor, daß man Funktionen zu studieren hat, deren expliziten Ausdruck man nicht kennt, die aber durch ungelöste Gleichungen definiert sind. Wir wollen zunächst einen speziellen Fall betrachten.[1]

Es sei $f(x, y, z)$ eine Funktion, die in der Umgebung eines Wertesystems (x_0, y_0, z_0) stetig ist und daselbst eine stetige Derivierte $f_z'(x, y, z)$ zuläßt. Wenn diese Funktion $f(x, y, z)$ und die Derivierte f_z' für dieses Wertesystem Null sind, so läßt die Gleichung

$$(1) \qquad z = z_0 + f(x, y, z)$$

eine und nur eine Wurzel $z = \varphi(x, y)$ zu, die gegen z_0 strebt, wenn x und y bzw. gegen die Werte x_0 und y_0 streben; diese Wurzel ist in der Umgebung dieses Wertesystems eine stetige Funktion der Variablen x und y.

Da die beiden Funktionen $f(x, y, z)$ und $f_z'(x, y, z)$ für $x = x_0$, $y = y_0$, $z = z_0$ Null sind und in der Umgebung dieses Wertesystems stetig sind, so können wir mit a, b, c drei positive Zahlen von der Art bezeichnen, daß $f(x, y, z)$ und $f_z'(x, y, z)$ in dem durch die Bedingungen

$$x_0 - a \leqq x \leqq x_0 + a, \; y_0 - b \leqq y \leqq y_0 + b, \; z_0 - c \leqq z \leqq z_0 + c$$

definierten Bereiche D stetig seien und daß überdies in diesem Gebiete

$$(2) \qquad |f_z'(x, y, z)| < K$$

---

[1] In bezug auf den Beweisgang vergl. GOURSAT, Sur la théorie des fonctions implicites (Bull. de la Société math., T. 31, 1903).

sei, wo K eine positive Zahl kleiner als 1 ist. Es ist stets möglich, diese letzte Bedingung durch eine geeignete Wahl der Zahlen a, b, c zu befriedigen, da die stetige Funktion f_z' für $x = x_0$, $y = y_0$, $z = z_0$ Null ist.

Um die Gleichung (1) zu lösen, wenden wir eine Näherungsmethode an, die analog derjenigen ist, welche man in der Algebra zur Berechnung einer Wurzel einer Gleichung zweiten Grades benutzt, wenn sie ihrem absoluten Betrage nach sehr klein ist. Setzen wir sukzessive

$$z_1 = z_0 + f(x, y, z_0), \quad z_2 = z_0 + f(x, y, z_1), \ldots$$

und allgemein

$$(3) \qquad z_n = z_0 + f(x, y, z_{n-1}) \qquad (n = 1, 2 \ldots).$$

Wir wollen zunächst zeigen, daß alle Differenzen $z_n - z_0$ dem absoluten Werte nach kleiner bleiben als c, vorausgesetzt, daß die Differenzen $x - x_0$ und $y - y_0$ selbst genügend klein sind, und daß infolgedessen diese Reihe von Operationen unbegrenzt fortgesetzt werden kann. Es sei z eine zwischen $z_0 - c$ und $z_0 + c$ enthaltene Zahl; schreibt man

$$f(x, y, z) = f(x, y, z_0) + f(x, y, z) - f(x, y, z_0)$$

und wendet den Mittelwertsatz an, so erhält man unter Berücksichtigung der Beziehung (2)

$$(4) \qquad |f(x, y, z)| < |f(x, y, z_0)| + K\,|z - z_0|.$$

Nehmen wir nun eine positive Zahl h, die höchstens gleich der kleineren der beiden Zahlen a und b ist, derart, daß der absolute Betrag von $f(x, y\, z_0)$, so lange der Punkt (x, y) in dem durch die Bedingungen

$$x_0 - h \leqq x \leqq x_0 + h, \qquad y_0 - h \leqq y \leqq y_0 + h$$

definierten Bereiche D' bleibt, kleiner sei als $(1 - K)c$. Die Ungleichheit (4) zeigt, daß dann auch

$$|f(x, y\, z)| < (1 - K)c + Kc = c$$

ist. Daraus ersieht man sukzessive, daß alle Differenzen $z_1 - z_0$, $z_2 - z_0, \ldots, z_n - z_0, \ldots$, so lange der Punkt (x, y) im Bereiche D' liegt, dem absoluten Werte nach kleiner als c sind. Man erhält also eine unbegrenzte Folge von Funktionen, die durch die Rekursionsformel (3) definiert sind und die alle in dem Bereiche D' stetig und zwischen $z_0 - c$ und $z_0 + c$ enthalten sind.

Die Funktion $z_n(x,y)$ konvergiert gegen einen Grenzwert, wenn n unbegrenzt wächst. Denn man entnimmt den Relationen

$$z_n = z_0 + f(x,y,z_{n-1}), \qquad z_{n-1} = z_0 + f(x,y,z_{n-2})$$

unter Berücksichtigung der Bedingung (2)

$$|z_n - z_{n-1}| < K|z_{n-1} - z_{n-2}|$$

und somit

$$|z_n - z_{n-1}| < K^{n-1}|z_1 - z_0| < K^{n-1}(1-K)c.$$

Die Reihe

$$z_0 + (z_1 - z_0) + (z_2 - z_1) + \dots + (z_n - z_{n-1}) + \cdots \tag{5}$$

ist also in dem Bereiche D' gleichmäßig konvergent und hat eine in diesem Bereiche stetige Funktion $Z(x,y)$ zur Summe. Diese Funktion Z genügt der Gleichung (1), denn wenn die Zahl n unbegrenzt wächst, wird die Gleichung (3) an der Grenze

$$Z = z_0 + f(x,y,Z). \tag{6}$$

Andererseits reduzieren sich alle Funktionen z_1, z_2, ... für $x = x_0$ $y = y_0$ auf z_0. Man hat also auch $Z(x_0,y_0) = z_0$ und die Funktion $Z(x,y)$ genügt allen Bedingungen des ausgesprochenen Satzes.

Dies ist aber auch die einzige Wurzel, welche diesen Bedingungen genügt. Genauer ausgedrückt, die Gleichung (1) läßt, solange der Punkt (x, y) in dem Bereiche D' bleibt, keine andere Wurzel als Z zu, die zwischen $z_0 - c$ und $z_0 + c$ eingeschlossen wäre. Denn angenommen, es gebe eine derartige Wurzel Z_1; aus den beiden Relationen

$$Z_1 = z_0 + f(x,y,Z_1), \quad z_n = z_0 + f(x,y,z_{n-1})$$

entnimmt man

$$Z_1 - z_n = f(x,y,Z_1) - f(x,y,z_{n-1})$$

und demnach

$$|Z_1 - z_n| < K|Z_1 - z_{n-1}|.$$

Also wird auch $|Z_1 - z_n| < K^{n-1}|Z_1 - z_1|$ sein; die Differenz $Z_1 - z_n$ strebt also, wenn n unbegrenzt wächst, gegen Null und Z_1 ist mit Z identisch. Diese Ableitung erweist nicht nur die Existenz der Wurzel $Z(x,y)$, sondern liefert auch ein Mittel, sie zu berechnen. Da der absolute Betrag von $z_1 - z_0$ kleiner ist als $(1-K)c$, so ist der absolute Wert von $z_n - z_{n-1}$ kleiner als $(1-K)cK^{n-1}$. Hieraus schließt man, daß der Fehler, den man begeht, wenn man die Reihe (5) mit dem Gliede $z_n - z_{n-1}$ abbricht, dem absoluten Werte nach kleiner als cK^n ist.

34. **Das allgemeine Theorem.** Es ist leicht, von dem vorangehenden speziellen Satze zu einem allgemeinen Existenztheorem überzugehen.

Es sei $F(x, y, z)$ eine Funktion der Variablen x, y, z, die den folgenden Bedingungen genügt: 1. sie ist in der Umgebung eines Wertesystems x_0, y_0, z_0 stetig und läßt daselbst eine stetige partielle Derivierte F'_z zu; 2. $F(x_0, y_0, z_0)$ ist Null, während $F'_z(x_0, y_0, z_0)$ von Null verschieden ist. Unter diesen Bedingungen läßt die Gleichung

$$F(x, y, z) = 0 \tag{7}$$

eine und nur eine Wurzel zu, die gegen z_0 konvergiert, wenn x und y bezw. gegen x_0, y_0 streben, und diese Wurzel ist in der Umgebung dieses Punktes (x_0, y_0) eine stetige Funktion der Variablen x und y.

Es sei $m = F'_z(x_0, y_0, z_0)$; der Voraussetzung nach ist m von Null verschieden und die Gleichung (7) ist gleichbedeutend mit der anderen

$$z = z_0 + \left[z - z_0 - \frac{1}{m} F(x, y, z)\right]; \tag{8}$$

dies ist eine Gleichung von der Form (1), wenn man darin

$$f(x, y, z) = z - z_0 - \frac{1}{m} F(x, y, z)$$

setzt. Der ausgesprochene Satz ist also bewiesen und es ist klar, daß der Gang des Beweises von der Anzahl der Variablen unabhängig ist.

Die Wurzel $Z(x, y)$ der Gleichung (7), deren Existenz wir eben festgestellt haben, ist im Innern des Quadrates R stetig, das den Punkt $M_0(x_0, y_0)$ zum Mittelpunkt hat und dessen Seiten zu den Koordinatenachsen parallel sind und die Länge $2h$ haben. Im Innern dieses Quadrates ist, wie aus dem Beweise folgt, $|f'_z(x, y, Z)|$ stets kleiner als eine Zahl $K < 1$ und infolgedessen kann $F'_z(x, y, Z)$ in keinem Punkte dieses Quadrates verschwinden.

Da diese Wurzel nur im Inneren des Bereiches R definiert ist, so erhalten wir so nur ein Element der impliziten Funktion. Um diese Funktion außerhalb des Bereiches R zu definieren, geht man schrittweise auf die folgende Art vor. Es sei L ein stetiger Weg, der vom Punkte (x_0, y_0) ausgeht und in einem außerhalb des Bereiches R gelegenen Punkte (X, Y) endigt. Denken wir uns, daß x und y gleichzeitig derart variieren, daß der Punkt mit den Koordinaten (x, y) den Weg L beschreibt. Geht man von dem Punkte (x_0, y_0) mit dem Werte z_0 für z aus, so hat man einen ganz bestimmten Wert für diese Wurzel, solange man aus dem Gebiete R nicht herausgetreten ist. Es sei $M_1(x_1, y_1)$ ein Punkt dieses Weges im Inneren von R und z_1 der entsprechende Wert von z; da die Bedingungen des allgemeinen Theorems auch noch für $x = x_1$, $y = y_1$, $z = z_1$ erfüllt sind, so gibt es einen anderen Bereich R_1 mit M_1 als Mittelpunkt, in dessen Innern die Wurzel, die sich für $x = x_1$, $y = y_1$ auf z_1 reduziert, definiert ist. Dieser neue Bereich R_1 wird im allgemeinen Punkte außerhalb von R haben; nimmt man von neuem auf dem Wegs L einen anderen Punkt M_2 außerhalb von R und innerhalb von R_1, so kann man dieselbe Konstruktion wiederholen, um einen neuen Bereich R_2 zu erhalten, in dessen Innern die Wurzel der Gleichung (7) eindeutig definiert sein wird usf. Diese Operation wird man fortsetzen können, solange man nicht zu einem Wertsysteme von x, y, z gelangt, für welches $F_z' = 0$ ist. Begnügen wir uns hier mit diesen Andeutungen; wir werden analoge Fragen noch in späteren Kapiteln genauer zu behandeln haben.

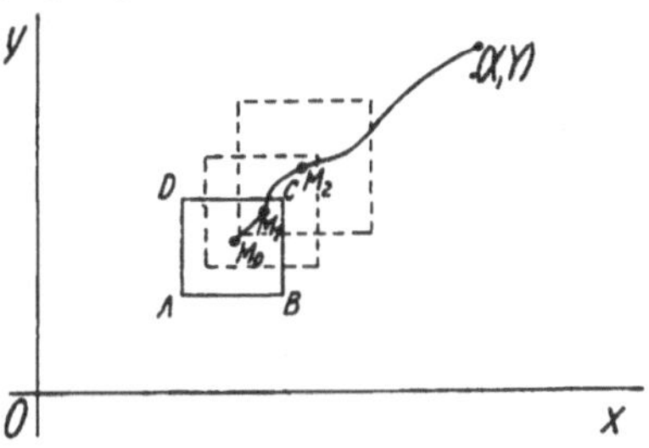

Fig. 6.

35. **Derivierte der impliziten Funktionen.** Der Beweis des vorangehenden Theorems setzt die Existenz der partiellen Derivierten F_x' und F_y' nicht voraus. Man kann sich leicht Rechenschaft davon geben, daß die Existenz dieser Derivierten keineswegs nötig ist. Es sei z. B. $\varphi(x)$ eine stetige Funktion ohne Derivierte, die für $x = a$ einen positiven Wert b annimmt. Die Gleichung $y^2 = \varphi(x)$ läßt zwei Wurzeln zu, die bezw. gegen $\pm b$ konvergieren, wenn x gegen a strebt und die ebenfalls stetige Funktionen sind.

Wenn aber die Funktion $F(x, y, z)$ stetige partielle Derivierte F_x', F_y' zuläßt, so läßt die implizite Funktion, die wir eben definiert haben, partielle Derivierte erster Ordnung zu. In der Tat, lassen wir y konstant und schreiben wir x einen Zuwachs Δx zu, welchem ein Zuwachs Δz von z entspreche; wir erhalten

$$F(x + \Delta x, y, z + \Delta z) - F(x, y, z) =$$
$$= \Delta x\, F_x'(x + \theta\, \Delta x, y, z + \Delta z) + \Delta z\, F_z'(x, y, z + \theta'\, \Delta z) = 0\,.$$

Man entnimmt hieraus

$$\frac{\Delta z}{\Delta x} = -\frac{F_x'(x + \theta\,\Delta x, y, z + \Delta z)}{F_z'(x, y, z + \theta'\,\Delta z)};$$

da z eine stetige Funktion von x ist, strebt Δz zugleich mit Δx gegen Null. Die rechte Seite konvergiert also gegen einen Grenzwert und z läßt eine partielle Derivierte in bezug auf x zu,

$$\frac{\partial z}{\partial x} = -\frac{F_x'}{F_z'},$$

ebenso könnte man die Formel

$$\frac{\partial z}{\partial y} = -\frac{F_y'}{F_z'}$$

beweisen.

Bemerkung. Wenn die Gleichung $F = 0$ in bezug auf z vom Grade m ist, so definiert sie — die m Wurzeln reell vorausgesetzt — m Funktionen der Variablen x, y. Die partiellen Derivierten $\frac{\partial z}{\partial x}$, $\frac{\partial z}{\partial y}$ lassen selbst m Werte für jedes Wertsystem der Variablen x und y zu; die voranstehenden Formeln geben diese partiellen Derivierten ohne Zweideutigkeit, vorausgesetzt daß man z auf der rechten Seite durch den Wert der Funktion, deren Derivierte man sucht, ersetzt.

Die Gleichung

$$x^2 + y^2 + z^2 - 1 = 0$$

z. B. definiert zwei Funktionen $+\sqrt{1 - x^2 - y^2}$ und $-\sqrt{1 - x^2 - y^2}$, welche stetig sind, solange $x^2 + y^2 < 1$ ist. Die partiellen Derivierten der ersten sind

$$\frac{-x}{\sqrt{1 - x^2 - y^2}}, \quad \frac{-y}{\sqrt{1 - x^2 - y^2}}$$

und die partiellen Derivierten der zweiten werden erhalten, indem man die Vorzeichen ändert. Man würde dieselben Werte erhalten, wenn man von den Formeln

$$\frac{\partial z}{\partial x} = -\frac{x}{z}, \quad \frac{\partial z}{\partial y} = -\frac{y}{z}$$

ausgeht und darin z sukzessive durch seine beiden Werte ersetzt.

36. **Anwendung auf die Flächen.** Betrachtet man x, y, z als die cartesischen Koordinaten eines Punktes im Raume, so stellt jede Gleichung

$$F(x, y, z) = 0 \tag{9}$$

eine Fläche S dar. Es seien (x_0, y_0, z_0) die Koordinaten eines Punktes A dieser Fläche; wenn die Funktion F und ihre partiellen Derivierten erster Ordnung in der Umgebung der Werte x_0, y_0, z_0 stetig sind, ohne daß diese drei Derivierten im Punkte A gleichzeitig Null sind, so läßt die Fläche S eine Tangentenebene in A zu.

Nehmen wir z. B. an, daß die partielle Derivierte F'_z für $x = x_0$, $y = y_0$, $z = z_0$ nicht Null sei. Nach dem allgemeinen Theoreme kann man sich die Gleichung der Fläche in der Umgebung des Punktes A in bezug auf z gelöst denken und sie

$$z = \varphi(x, y)$$

schreiben, wo $\varphi(x, y)$ eine stetige Funktion ist. Die Gleichung der Tangentenebene in A ist

$$Z - z_0 = \left(\frac{\partial z}{\partial x}\right)_0 (X - x_0) + \left(\frac{\partial z}{\partial y}\right)_0 (Y - y_0);$$

ersetzen wir hierin $\frac{\partial z}{\partial x}$ und $\frac{\partial z}{\partial y}$ durch ihre aus den vorangehenden Formeln entnommenen Werte, so wird die Gleichung der Tangentenebene

$$(10) \qquad \left(\frac{\partial F}{\partial x}\right)_0 (X - x_0) + \left(\frac{\partial F}{\partial y}\right)_0 (Y - y_0) + \left(\frac{\partial F}{\partial z}\right)_0 (Z - z_0) = 0.$$

Wäre $\left(\frac{\partial F}{\partial z}\right)_0 = 0$ und $\left(\frac{\partial F}{\partial x}\right)_0 \neq 0$, so würde man y und z als die unabhängigen Variablen und x als eine Funktion dieser Variablen betrachten; man würde auch dann noch zu derselben Gleichung (10) für die Tangentenebene gelangen, was aus der Symmetrie der linken Seite der obigen Gleichung a priori klar ist.

Ebenso würde man sehen, daß die Tangente in einem Punkte (x_0, y_0) einer ebenen Kurve, die durch die Gleichung $F(x, y) = 0$ dargestellt wird,

$$(X - x_0)\left(\frac{\partial F}{\partial x}\right)_0 + (Y - y_0)\left(\frac{\partial F}{\partial y}\right)_0 = 0$$

zur Gleichung hat.

Wenn gleichzeitig

$$\left(\frac{\partial F}{\partial x}\right)_0 = \left(\frac{\partial F}{\partial y}\right)_0 = \left(\frac{\partial F}{\partial z}\right)_0 = 0$$

ist, so ist der Punkt A ein singulärer Punkt; die Tangenten an die verschiedenen Kurven, die auf der Fläche liegen und durch den Punkt A gehen, bilden dann im allgemeinen einen Kegel und nicht eine Ebene. Dieser Fall wird später studiert werden.

Bei dem Beweise des allgemeinen Theorems über die impliziten Funktionen haben wir angenommen, daß die Derivierte F'_{z_0} nicht Null sei. Die geometrische Anschauung läßt sehr gut begreifen, warum diese Bedingung wesentlich ist. Denn wenn

$$\left(\frac{\partial F}{\partial z}\right)_0 = 0 \quad \text{und} \quad \left(\frac{\partial F}{\partial x}\right)_0 \neq 0$$

ist, so ist die Tangentenebene an die Fläche S parallel zur z-Achse; eine Parallele zur z-Achse, die der Geraden $x = x_0$, $y = y_0$ benachbart ist, begegnet die Fälle im allgemeinen in zwei dem Berührungspunkt benachbarten Punkten. Die Gleichung (9) läßt also zwei Wurzeln zu, die gegen z_0 konvergieren, wenn x und y resp. gegen x_0 und y_0 streben.

Schneidet man z. B. die Kugel $x^2 + y^2 + z^2 - 1 = 0$ durch die Gerade $y = 0$, $x = 1 + \varepsilon$, so gibt es zwei Werte von z, die gleichzeitig mit ε gegen Null konvergieren, reell, wenn ε negativ, imaginär, wenn ε positiv ist.

37. **Höhere Derivierte.** In den Formeln, welche die Derivierten erster Ordnung geben,

$$\frac{\partial z}{\partial x} = -\frac{F_x'}{F_z'}, \quad \frac{\partial z}{\partial y} = -\frac{F_y'}{F_z'},$$

kann man die rechten Seiten als zusammengesetzte Funktionen betrachten, wobei z eine Zwischenfunktion ist. Man könnte also die höheren Ableitungen schrittweise berechnen, indem man die Regel der Differentiation der zusammengesetzten Funktionen anwendet. Die Existenz dieser sukzessiven Derivierten ist übrigens abhängig von der Existenz der partiellen Derivierten verschiedener Ordnung der Funktion $F(x, y, z)$.

Man erhält diese Derivierten auf einfachere Weise, indem man den folgenden Satz anwendet: Wenn mehrere Funktionen einer unabhängigen Variablen eine Beziehung $F = 0$ befriedigen, so erfüllen ihre Derivierten die Relation, die man erhält, wenn man die nach der Differentiationsregel zusammengesetzter Funktionen gebildete Derivierte der linken Seite gleich Null setzt. In der Tat, reduziert sich die Funktion F identisch auf Null, wenn man darin die Variablen, von denen sie abhängt, durch Funktionen der unabhängigen Veränderlichen ersetzt, so ist klar, daß es sich mit ihrer Derivierten ebenso verhält. Das Theorem besteht auch dann noch, wenn die durch die Relation $F = 0$ verknüpften Funktionen von mehreren unabhängigen Variablen abhängen.

Dies vorausgeschickt, nehmen wir zunächst an, daß man die höheren Derivierten der impliziten Funktion y berechnen will, welche von der einzigen Variablen x abhängt und durch die Relation

$$F(x, y) = 0$$

definiert ist; man leitet hieraus sukzessive ab:

$$\frac{\partial F}{\partial x} + \frac{\partial F}{\partial y} y' = 0$$

$$\frac{\partial^2 F}{\partial x^2} + 2\frac{\partial^2 F}{\partial x \partial y} y' + \frac{\partial^2 F}{\partial y^2} y'^2 + \frac{\partial F}{\partial y} y'' = 0$$

$$\frac{\partial^3 F}{\partial x^3} + 3\frac{\partial^3 F}{\partial x^2 \partial y} y' + 3\frac{\partial^3 F}{\partial x \partial y^2} y'^2 + 3\frac{\partial^2 F}{\partial x \partial y} y'' + \frac{\partial^3 F}{\partial y^3} y'^3 + 3\frac{\partial^2 F}{\partial y^2} y' y''' + \frac{\partial F}{\partial y} y''' = 0$$

$$\cdots\cdots\cdots\cdots\cdots\cdots$$

und man kann hieraus schrittweise $y', y'', y'''\ldots$ berechnen.

Beispiel. Ist eine Funktion $y = f(x)$ gegeben, so kann man umgekehrt y als die unabhängige Variable und x als eine durch die Gleichung $y = f(x)$ definierte Funktion von y betrachten.[1] Wenn die Derivierte $f'(x)$ für den Wert x_0, der $y_0 = f(x)$ ergibt, nicht Null ist, so existiert nach dem allgemeinen Theoreme eine und nur eine Funktion von y, die der Relation $y = f(x)$ genügt und die für $y = y_0$ den Wert x_0 annimmt; diese Funktion heißt die inverse Funktion von $f(x)$.

Um die höheren Derivierten $x_y', x_{y^2}'', x_{y^3}''', \ldots$ dieser Funktion zu berechnen, genügt es, mehrere Male hintereinander zu differenzieren, indem man y als die unabhängige Variable betrachtet; dies gibt

$$1 = f'(x) x_y',$$

$$0 = f''(x) x_y'^2 + f'(x) x_{y^2}'',$$

$$0 = f'''(x) x_y'^3 + 3 f''(x) x_y' x_{y^2}'' + f'(x) x_{y^3}''',$$

$$\cdots\cdots\cdots\cdots$$

man entnimmt hieraus

$$x_y' = \frac{1}{f'(x)}, \quad x_{y^2}'' = -\frac{f''(x)}{[f'(x)]^3}, \quad x_{y^3}''' = \frac{3[f''(x)]^2 - f'(x) f'''(x)}{[f'(x)]^5}, \quad \ldots$$

Es ist zu bemerken, daß dieses Formelsystem sich nicht ändert, wenn nach x_y' und $f'(x)$, x_{y^2}'' und $f''(x)$, x_{y^3}''' und $f'''(x)\ldots$ vertauscht, denn die Beziehung zwischen den beiden Funktionen $y = f(x)$ und $x = \varphi(y)$ ist offenbar reziprok.

---

[1] Die Existenz der inversen Funktion läßt sich sehr einfach beweisen, wenn die Funktion $f(x)$ in einem Intervalle beständig wächst oder abnimmt. Es sei z. B. $y = f(x)$ eine stetige Funktion, die von A bis B beständig wächst, während x von a bis b zunimmt. Jedem zwischen A und B enthaltenen Werte von y entspricht ein und nur ein zwischen a und b enthaltener Wert von x (Nr. 8). Dieser Wert von x ist eine Funktion $\varphi(y)$, die selbst im Intervall (A, B) wachsend ist. Sie ist eine stetige Funktion; in der Tat, es sei (x_0, y_0) ein Paar korrespondierender Werte und η eine positive Zahl von der Art, daß $x_0 - \eta$ und $x_0 + \eta$ zwischen a und b enthalten sind; $y_0 - \varepsilon$ und $y_0 + \varepsilon'$ seien die entsprechenden Werte von y: wenn der absolute Wert von $y - y_0$ kleiner ist als die kleinere der beiden Zahlen $\varepsilon, \varepsilon'$, so ist der Betrag von $x - x_0$ kleiner als η. Wächst die Funktion $f(x)$ beständig von $-\infty$ bis $+\infty$, während x von $-\infty$ bis $+\infty$ läuft, so entspricht jedem Wert von y ein und nur ein Wert von x. Dies ist z. B. der Fall für die Funktion x^n, wenn n eine positive ungerade Zahl bedeutet.

Um eine Anwendung dieser Formeln zu geben, nehmen wir an, daß man alle Funktionen $y = f(x)$ erhalten will, welche der Beziehung

$$y' y''' - 3 y''^2 = 0$$

genügen; betrachtet man y als die unabhängige Variable und x als die Funktion, so wird die Gleichung $x'''_{y^3} = 0$. Nun sind aber die einzigen Funktionen, deren dritte Derivierte Null ist, Polynome von höchstens zweitem Grade. Man wird daher für x einen Ausdruck der Form

$$x = C_1 y^2 + C_2 y + C_3$$

erhalten, wo C_1, C_2, C_3 willkürliche Konstanten sind; löst man diese Gleichung in bezug auf y, so schließt man, daß alle Funktionen $y = f(x)$, die der vorgelegten Bedingung genügen, in der Formel

$$y = a \pm \sqrt{b x + C}$$

enthalten sind, wo a, b, c drei willkürliche Konstanten sind. Diese Gleichung stellt eine Parabel dar, deren Achse parallel der x-Achse ist.

38. **Partielle Derivierte.** Betrachten wir nun eine implizite Funktion zweier Variablen, die durch die Gleichung

$$F(x, y, z) = 0 \tag{11}$$

definiert ist; die partiellen Derivierten erster Ordnung sind, wie wir bereits direkt gesehen haben, durch die Relationen gegeben

$$\frac{\partial F}{\partial x} + \frac{\partial F}{\partial z}\frac{\partial z}{\partial x} = 0, \quad \frac{\partial F}{\partial y} + \frac{\partial F}{\partial z}\frac{\partial z}{\partial y} = 0. \tag{12}$$

Um die partiellen Derivierten zweiter Ordnung zu erhalten, genügt es, die beiden Gleichungen (12) neuerdings in bezug auf x und y zu differenzieren; dies gibt nur drei verschiedene Relationen, denn die Derivierte der ersten in bezug auf y ist identisch mit der Derivierten der zweiten in bezug auf x:

$$\tag{13} \left\{ \begin{aligned} \frac{\partial^2 F}{\partial x^2} + 2\frac{\partial^2 F}{\partial x \partial z}\frac{\partial z}{\partial x} + \frac{\partial^2 F}{\partial z^2}\left(\frac{\partial z}{\partial x}\right)^2 + \frac{\partial F}{\partial z}\frac{\partial^2 z}{\partial x^2} &= 0, \\ \frac{\partial^2 F}{\partial x \partial x} + \frac{\partial^2 F}{\partial x \partial z}\frac{\partial z}{\partial y} + \frac{\partial^2 F}{\partial y \partial z}\frac{\partial z}{\partial x} + \frac{\partial^2 F}{\partial z^2}\frac{\partial z}{\partial x}\frac{\partial z}{\partial y} + \frac{\partial F}{\partial z}\frac{\partial^2 z}{\partial x \partial y} &= 0, \\ \frac{\partial^2 F}{\partial y^2} + 2\frac{\partial^2 F}{\partial y \partial z}\frac{\partial z}{\partial y} + \frac{\partial^2 F}{\partial z^2}\left(\frac{\partial z}{\partial y}\right)^2 + \frac{\partial F}{\partial z}\frac{\partial^2 z}{\partial y^2} &= 0, \end{aligned} \right.$$

und ebenso würde man die Derivierten dritter und höherer Ordnung berechnen.

Die Anwendung totaler Differentiale erlaubt auch hier, alle partiellen Derivierten gleicher Ordnung gleichzeitig zu bestimmen. Dazu genügt es, sich auf das folgende Theorem zu stützen: Wenn mehrere Funktionen $u, v, w, \ldots$ einer beliebigen Anzahl unabhängiger Variablen $x, y, z, \ldots$ eine Relation $F = 0$ erfüllen, so genügen die totalen Differentiale der Relation

$dF = 0$, die man erhält, indem man das totale Differential von F so nimmt, als ob alle Variablen, die darin vorkommen, unabhängige Veränderliche wären. Um dies zu beweisen, nehmen wir z. B. die Relation $F(u, v, w) = 0$, wo v, v, w Funktionen der unabhängigen Variablen x, y, z, t sind. Die partiellen Derivierten von u, v, w genügen den vier Gleichungen

$$\frac{\partial F}{\partial u}\frac{\partial u}{\partial x} + \frac{\partial F}{\partial v}\frac{\partial v}{\partial x} + \frac{\partial F}{\partial w}\frac{\partial w}{\partial x} = 0$$
$$\frac{\partial F}{\partial u}\frac{\partial u}{\partial y} + \frac{\partial F}{\partial v}\frac{\partial v}{\partial y} + \frac{\partial F}{\partial w}\frac{\partial w}{\partial y} = 0$$
$$\frac{\partial F}{\partial u}\frac{\partial u}{\partial z} + \frac{\partial F}{\partial v}\frac{\partial v}{\partial z} + \frac{\partial F}{\partial w}\frac{\partial w}{\partial z} = 0$$
$$\frac{\partial F}{\partial u}\frac{\partial u}{\partial t} + \frac{\partial F}{\partial v}\frac{\partial v}{\partial t} + \frac{\partial F}{\partial w}\frac{\partial w}{\partial t} = 0;$$

multiplizieren wir sie bzw. mit dx, dy, dz, dt und addieren sie, so erhalten wir in der Tat

$$\frac{\partial F}{\partial u} du + \frac{\partial F}{\partial v} dv + \frac{\partial F}{\partial w} dw = dF = 0.$$

Wir sehen auch hier den Vorteil der Bezeichnung durch Differentiale, denn die vorstehende Relation ist von Wahl und Anzahl der unabhängigen Veränderlichen unabhängig. Um eine Beziehung zwischen den Differentialen der zweiten Ordnung zu erhalten, genügt es, das allgemeine Theorem auf die Relation $dF = 0$ anzuwenden, die man als eine Gleichung zwischen u, v, w, du, dv, dw betrachtet usw.; man wird hierbei nur alle Differentiale höherer Ordnung der Variablen, die man als unabhängige Veränderliche gewählt hat, gleich Null setzen.

Wenden wir dies auf die Berechnung der höheren totalen Differentiale der durch die Gleichung (11) definierten impliziten Funktion an, wo x und y die unabhängigen Variablen sind; man erhält

$$\frac{\partial F}{\partial x} dx + \frac{\partial F}{\partial y} dy + \frac{\partial F}{\partial z} dz = 0$$
$$\left(\frac{\partial F}{\partial x} dx + \frac{\partial F}{\partial y} dy + \frac{\partial F}{\partial z} dz\right)^{(2)} + \frac{\partial F}{\partial z} d^2 z = 0$$
$$\cdots\cdots\cdots\cdots\cdots$$

und die beiden ersten dieser Gleichungen können die fünf Relationen (12) und (13) ersetzen; aus dem Ausdruck von dz leitet man die zwei Derivierten erster Ordnung ab, aus dem von d^2z die drei Derivierten zweiter Ordnung usw. Betrachten wir z. B. die Gleichung

$$Ax^2 + A'y^2 + A''z^2 = 1;$$

durch zweimalige Differentiation erhält man

$$Ax\,dx + A'y\,dy + A''z\,dz = 0$$

$$A\,dx^2 + A'dy^2 + A''dz^2 + A''z\,d^2z = 0;$$

aus der ersten Relation entnimmt man

$$dz = -\frac{Ax\,dx + A'y\,dy}{A''z}$$

und indem man diesen Wert von dz in die zweite einsetzt, erhält man

$$d^2z = -\frac{A(Ax^2 + A''z^2)\,dx^2 + 2AA'xy\,dx\,dy + A'(A'y^2 + A''z^2)\,dy^2}{A''^2z^3}.$$

Man hat also bei Anwendung der Bezeichnung von Monge

$$p = -\frac{Ax}{A''z}, \quad q = -\frac{A'y}{A''z}$$

$$r = -\frac{A(Ax^2 + A''z^2)}{A''^2z^3}, \quad s = -\frac{AA'xy}{A''^2z^3}, \quad t = -\frac{A'(A'y^2 + A''z^2)}{A''^2z^3}.$$

Die Methode ist offenbar allgemein, welches auch die Zahl der unabhängigen Variablen und die Ordnung der partiellen Derivierten, die man berechnen will, sei.

Beispiel. Es sei $z = f(x, y)$ eine Funktion der zwei Variablen x und y. Betrachten wir in der vorstehenden Relation y und z als zwei unabhängige Variable und x als eine implizite Funktion dieser beiden Variablen; wir wollen uns die Aufgabe stellen, die Differentiale erster und zweiter Ordnung dx und d^2x zu berechnen. Man hat zunächst

$$dz = \frac{\partial f}{\partial x}dx + \frac{\partial f}{\partial y}dy;$$

da man y und z als unabhängige Variable nimmt, muß man d^2y und d^2z gleich Null setzen und erhält, indem man neuerdings das Differential nimmt,

$$0 = \frac{\partial^2 f}{\partial x^2}dx^2 + 2\frac{\partial^2 f}{\partial x\,\partial y}dx\,dy + \frac{\partial^2 f}{\partial y^2}dy^2 + \frac{\partial f}{\partial x}d^2x.$$

Diese Gleichungen lassen sich mittels der abgekürzten Bezeichnungsweise von Monge auch schreiben

$$dz = p\,dx + q\,dy$$

$$0 = r\,dx^2 + 2s\,dx\,dy + t\,dy^2 + p\,d^2x;$$

man entnimmt der ersten

$$dx = \frac{dz - q\,dy}{p}$$

und erhält nach Eintragung dieses Wertes von dx in die zweite

$$d^2x = -\frac{r\,dz^2 + 2(ps - qr)\,dy\,dz + (q^2r - 2pqs + p^2t)\,dy^2}{p^3}.$$

Die partiellen Derivierten erster und zweiter Ordnung von x, als Funktionen der Variablen z und y betrachtet, haben also die folgenden Werte

$$\frac{\partial x}{\partial z} = \frac{1}{p}, \qquad \frac{\partial x}{\partial y} = -\frac{q}{p}$$

$$\frac{\partial^2 x}{\partial z^2} = -\frac{r}{p^3}, \qquad \frac{\partial^2 x}{\partial y\,\partial z} = \frac{qr - ps}{p^3}, \qquad \frac{\partial^2 x}{\partial y^2} = \frac{2pqs - p^2t - q^2r}{p^3}.$$

Stellen wir uns als Anwendung dieser Formeln die Aufgabe, alle Funktionen $f(x, y)$ zu finden, die der Gleichung $q^2r + p^2t = 2pqs$ genügen. Betrachtet man in $z = f(x, y)$ das x als eine Funktion der unabhängigen Variablen y und z, so wird die vorstehende Bedingung $\frac{\partial^2 x}{\partial y^2} = 0$. Diese Gleichung drückt aus, daß $\frac{\partial x}{\partial y}$ von y unabhängig ist; man hat also $\frac{\partial x}{\partial y} = \varphi(z)$, wo $\varphi(z)$ eine beliebige Funktion von z ist. Diese neue Gleichung läßt sich schreiben

$$\frac{\partial}{\partial y}[x - y\varphi(z)] = 0$$

und drückt aus, daß $x - y\varphi(z)$ von y unabhängig ist. Es ist also auch

$$x = y\varphi(z) + \psi(z),$$

wo $\psi(z)$ eine andere willkürliche Funktion von z ist, und man wird alle Funktionen $z = f(x, y)$, die der Forderung genügen, erhalten, wenn man die vorstehende Gleichung in bezug auf z auflöst. Diese Gleichung stellt eine Fläche dar, die von einer Geraden erzeugt wird, welche der xy-Ebene beständig parallel bleibt.

39. Simultane Gleichungen. Um die Systeme impliziter Funktionen, die durch simultane Gleichungen definiert sind, zu studieren, werden wir denselben Gang wie in Nr. 33 einschlagen. Es seien

$$f_1(x_1, \ldots x_n;\ y_1, \ldots y_p), \ldots, f_p(x_1, \ldots x_n;\ y_1, \ldots y_p)$$

p Funktionen der $n + p$ Variablen x_i, y_k, die in der Umgebung eines Wertesystems $x_i = x_i^0$, $y_k = y_k^0$ stetig sind und daselbst stetige partielle Derivierte $\frac{\partial f_j}{\partial y_k}$ zulassen. Wenn überdies die p Funktionen f_j ebenso wie die p^2 partiellen Derivierten $\frac{\partial f_j}{\partial y_k}$ für dieses Wertesystem Null sind, so lassen die p Gleichungen

$$(14) \qquad y_1 = y_1^0 + f_1,\ y_2 = y_2^0 + f_2, \ldots,\ y_p = y_p^0 + f_p$$

ein und nur ein System von Lösungen zu

$$y_1 = \varphi_1(x_1, x_2, \ldots, x_n), \ldots,\ y_p = \varphi_p(x_1, x_2, \ldots, x_n),$$

welche gegen die Werte $y_1^0, y_2^0, \ldots, y_p^0$ konvergieren, wenn $x_1, x_2, \ldots, x_n$ bzw. gegen $x_1^0, x_2^0, \ldots, x_n^0$ streben, und die in der Umgebung dieses Wertesystems stetige Funktionen sind.

Nehmen wir beispielsweise ein System zweier Gleichungen zwischen zwei unabhängigen Variablen x und y und zwei Funktionen u und v und setzen wir $x_0 = y_0 = u_0 = v_0 = 0$ voraus. Man kann dieser letzten Bedingung stets genügen, indem man x, y, u, v bzw. durch $x_0 + x$, $y_0 + y$, $u_0 + u$, $v_0 + v$ ersetzt. Die Gleichungen (14) sind dann von der Form

$$(15) \qquad u = f(x, y;\, u, v), \quad v = \varphi(x, y;\, u, v),$$

wo die Funktionen $f, \varphi, \frac{\partial f}{\partial u}, \frac{\partial f}{\partial v}, \frac{\partial \varphi}{\partial u}, \frac{\partial \varphi}{\partial v}$ für $x = y = u = v = 0$ Null und in der Umgebung dieser Werte stetig sind. Es seien a, b, c drei positive Zahlen von der Art, daß die vorstehenden sechs Funktionen in dem durch die Bedingungen

$$|x| \leqq a, \quad |y| \leqq b, \quad |u| \leqq c, \quad |v| \leqq c$$

definierten Bereiche D stetig sind und daß überdies in diesem Bereiche

$$(16) \qquad \left|\frac{\partial f}{\partial u}\right| < K, \quad \left|\frac{\partial f}{\partial v}\right| < K, \quad \left|\frac{\partial \varphi}{\partial u}\right| < K, \quad \left|\frac{\partial \varphi}{\partial v}\right| < K$$

sei, wo K eine positive Zahl kleiner als $\frac{1}{2}$ ist. Bilden wir wie vorhin zwei Folgen von Funktionen, indem wir

$$u_1 = f(x, y;\, 0, 0), \qquad v_1 = \varphi(x, y;\, 0, 0)$$
$$u_2 = f(x, y;\, u_1, v_1), \qquad v_2 = \varphi(x, y;\, u_1, v_1)$$

und allgemein

$$(17) \qquad u_n = f(x, y;\, u_{n-1}, v_{n-1}), \qquad v_n = \varphi(x, y;\, u_{n-1}, v_{n-1})$$

setzen. Wenn die absoluten Werte von u_{n-1}, v_{n-1} kleiner als c sind, so erhält man bei Anwendung des Mittelwertsatzes auf die Differenzen $u_n - u_1$, $v_n - v_1$ und unter Berücksichtigung der Bedingungen (16)

$$|u_n| < |f(x, y;\, 0, 0)| + 2Kc, \qquad |v_n| < |\varphi(x, y;\, 0, 0| + 2Kc.$$

Wählen wir nun eine positive Zahl h, die höchstens gleich der kleineren der beiden Zahlen a und b ist, derart, daß die absoluten Werte von $f(x, y;\, 0, 0)$ und $\varphi(x, y;\, 0, 0)$ kleiner als $(1 - 2K)c$ seien, solange die absoluten Werte von x und y nicht größer als h sind. Wenn der Punkt (x, y) in dem so definierten Bereiche D' bleibt, so sieht man sukzessive, daß alle Funktionen u_i, v_i stetig sind und dem absoluten Betrage nach kleiner als c bleiben.

Die Funktionen u_n und v_n konvergieren mit unbegrenzt wachsendem n gegen Grenzwerte $U(x, y)$ und $V(x, y)$. Betrachten wir in der Tat die beiden Reihen

$$(18)\qquad \begin{cases} u_1 + (u_2 - u_1) + \dots + (u_n - u_{n-1}) + \dots \\ v_1 + (v_2 - v_1) + \dots + (v_n - v_{n-1}) + \dots \end{cases}$$

Aus den Beziehungen (17) entnimmt man

$$u_n - u_{n-1} = f(x, y;\ u_{n-1}, v_{n-1}) - f(x, y;\ u_{n-2}, v_{n-2})$$

und infolgedessen nach den Bedingungen (16)

$$|\, u_n - u_{n-1} \,| < K \,|\, u_{n-1} - u_{n-2} \,| + K \,|\, v_{n-1} - v_{n-2} \,|\, ;$$

man erhält offenbar eine ähnliche Ungleichheit für $|\, v_n - v_{n-1} \,|$, so daß man, unter H_n die größere der beiden Zahlen $|\, u_n - u_{n-1} \,|$ und $|\, v_n - v_{n-1} \,|$ verstanden,

$$H_n < 2KH_{n-1}$$

und infolgedessen $H_n < (2K)^{n-1} H_1 < (2K)^{n-1}(1 - 2K)c$ erhält.

Die beiden Reihen (18) sind also in dem Bereiche D' gleichmäßig konvergent und stellen zwei in diesem Bereiche stetige Funktionen $U(x, y)$ und $V(x, y)$ dar. Diese Funktionen U und V genügen den Gleichungen (15), denn wenn die Zahl n unbegrenzt wächst, werden die Beziehungen (17) an der Grenze

$$U = f(x, y;\ U, V), \quad V = \varphi(x, y;\ U, V).$$

Man könnte wie vorhin zeigen, daß dies die einzigen Wurzeln der Gleichungen (15) sind, welche den Bedingungen des ausgesprochenen Satzes genügen.

Nehmen wir schließlich ein System der allgemeinsten Form

$$(19)\qquad F_1(x_1, x_2, \dots, x_n;\ y_1, \dots, y_p) = 0, \quad F_2 = 0, \dots, F_p = 0,$$

dessen linke Seiten stetige Funktionen sind, die in der Umgebung eines Wertesystems $x_1^0, \dots, x_n^0, y_1^0, \dots, y_n^0$ stetige partielle Derivierte $\frac{\partial F_j}{\partial y_k}$ zulassen und für das

$$F_1 = 0, \ F_2 = 0, \dots, \ F_p = 0$$

ist.

Diese Gleichungen lassen ein und nur ein System von Lösungen der Form

$$y_1 = \varphi_1(x_1, \dots x_n), \dots, y_p = \varphi_p(x_1, \dots x_n)$$

zu, wo $\varphi_1, \varphi_2, \ldots, \varphi_p$ stetige Funktionen von $x_1, \ldots, x_n$ sind, die bzw. gegen $y_1^0, \ldots, y_p^0$ konvergieren, wenn die Variablen $x_1, x_2, \ldots, x_n$ selbst gegen $x_1^0, x_2^0, \ldots, x_n^0$ streben, vorausgesetzt daß die Determinante

$$\Delta = \begin{vmatrix} \frac{\partial F_1}{\partial y_1} & \frac{\partial F_1}{\partial y_2} & \cdots & \frac{\partial F_1}{\partial y_p} \\ \frac{\partial F_2}{\partial y_1} & \frac{\partial F_2}{\partial y_2} & \cdots & \frac{\partial F_2}{\partial y_p} \\ \cdot & \cdot & \cdot & \cdot \\ \frac{\partial F_p}{\partial y_1} & \frac{\partial F_p}{\partial y_2} & \cdots & \frac{\partial F_p}{\partial y_p} \end{vmatrix}$$

für dieses Wertesystem nicht gleich Null ist.

Die Determinante Δ heißt die JACOBIsche Determinante oder Funktionaldeterminante der p Funktionen $F_1, F_2, \ldots F_p$ in bezug auf die Variablen $y_1, y_2, \ldots, y_p$; man stellt sie durch die Bezeichnung

$$\frac{D(F_1, F_2, \ldots, F_p)}{D(y_1, y_2, \ldots, y_p)}$$

dar.

Zur Vereinfachung setzen wir voraus, daß man zuerst x_i durch $x_i^0 + x_i$ und y_k durch $y_k^0 + y_k$ ersetzt habe, so daß alle Anfangswerte x_i^0, y_k^0 Null seien. Es sei $a_{j,k}$ der Wert der Derivierten $\frac{\partial F_j}{\partial y_k}$ für diese Anfangswerte. Der Voraussetzung nach ist die Determinante

$$\Delta = \begin{vmatrix} a_{11} & a_{12} & \cdots & a_{1p} \\ a_{21} & a_{22} & \cdots & a_{2p} \\ \cdot & \cdot & \cdot & \cdot \\ a_{p1} & a_{p2} & \cdots & a_{vp} \end{vmatrix}$$

von Null verschieden. Das System der Gleichungen (19) ist offenbar dem folgenden Systeme äquivalent:

$$(20)\begin{cases} a_{11} y_1 + a_{12} y_2 + \cdots + a_{1p} y_p = a_{11} y_1 + \cdots + a_{1p} y_p - F_1 = \varphi_1 \\ a_{21} y_1 + a_{22} y_2 + \cdots + a_{2p} y_p = a_{21} y_1 + \cdots + a_{2p} y_p - F_2 = \varphi_2 \\ \cdot\quad\cdot\quad\cdot\quad\cdot\quad\cdot\quad\cdot\quad\cdot\quad\cdot\quad\cdot\quad\cdot\quad\cdot\quad\cdot \\ a_{p1} y_1 + a_{p2} y_2 + \cdots + a_{pp} y_p = a_{p1} y_1 + \cdots + a_{pp} y_p - F_p = \varphi_p; \end{cases}$$

die Funktionen $\varphi_1, \varphi_2, \ldots, \varphi_p$ sind ebenso wie ihre partiellen Derivierten $\frac{\partial \varphi_j}{\partial y_k}$ für $x_i = 0$, $y_k = 0$ Null. Löst man dieses System (20) in bezug auf $y_1, y_2, \ldots, y_p$ auf, was möglich ist, da Δ nicht Null ist, so erhält man in der Tat ein System der Form (14).

40. **Berechnung der Derivierten.** Wenn die Funktionen F_j stetige partielle Derivierte $\frac{\partial F_j}{\partial x_i}$ haben, so lassen auch die durch die Gleichungen (19) definierten impliziten Funktionen partielle Derivierte erster Ordnung in bezug auf die Variablen x_i zu. Nehmen wir z. B. ein System von zwei Gleichungen

$$F_1(x, y, z, u, v) = 0, \quad F_2(x, y, z, u, v) = 0. \tag{21}$$

Lassen wir y und z konstant und erteilen wir x einen Zuwachs Δx; die entsprechenden Zuwächse der Funktionen u und v seien Δu und Δv. Die Gleichungen (21) lassen sich schreiben

$$\Delta x\left(\frac{\partial F_1}{\partial x} + \varepsilon\right) + \Delta u\left(\frac{\partial F_1}{\partial u} + \varepsilon'\right) + \Delta v\left(\frac{\partial F_1}{\partial v} + \varepsilon''\right) = 0$$

$$\Delta x\left(\frac{\partial F_2}{\partial x} + \eta\right) + \Delta u\left(\frac{\partial F_2}{\partial u} + \eta'\right) + \Delta v\left(\frac{\partial F_2}{\partial v} + \eta''\right) = 0,$$

wo $\varepsilon, \varepsilon', \varepsilon'', \eta, \eta', \eta''$ gleichzeitig mit $\Delta x, \Delta u, \Delta v$ gegen Null streben.

Man entnimmt hieraus

$$\frac{\Delta u}{\Delta x} = -\frac{\left(\frac{\partial F_1}{\partial x} + \varepsilon\right)\left(\frac{\partial F_2}{\partial v} + \eta''\right) - \left(\frac{\partial F_1}{\partial v} + \varepsilon''\right)\left(\frac{\partial F_2}{\partial x} + \eta\right)}{\left(\frac{\partial F_1}{\partial u} + \varepsilon'\right)\left(\frac{\partial F_2}{\partial v} + \eta''\right) - \left(\frac{\partial F_1}{\partial v} + \varepsilon''\right)\left(\frac{\partial F_2}{\partial u} + \eta'\right)};$$

mit gegen Null strebendem Δx konvergieren auch $\Delta u, \Delta v$ und infolgedessen auch $\varepsilon, \varepsilon', \varepsilon'', \eta, \eta', \eta''$ gegen Null. Das Verhältnis $\frac{\Delta u}{\Delta x}$ hat also einen Grenzwert, d. h. u läßt eine partielle Derivierte in bezug auf x zu

$$\frac{\partial u}{\partial x} = -\frac{\frac{\partial F_1}{\partial x}\frac{\partial F_2}{\partial v} - \frac{\partial F_1}{\partial v}\frac{\partial F_2}{\partial x}}{\frac{\partial F_1}{\partial u}\frac{\partial F_2}{\partial v} - \frac{\partial F_1}{\partial v}\frac{\partial F_2}{\partial u}}.$$

Ebenso würde man sehen, daß auch das Verhältnis $\frac{\Delta v}{\Delta x}$ gegen einen endlichen Grenzwert $\frac{\partial v}{\partial x}$ konvergiert, der durch eine analoge Formel gegeben ist; praktisch berechnet man diese partiellen Derivierten mittels der beiden Gleichungen

$$\frac{\partial F_1}{\partial x} + \frac{\partial F_1}{\partial u}\frac{\partial u}{\partial x} + \frac{\partial F_1}{\partial v}\frac{\partial v}{\partial x} = 0$$

$$\frac{\partial F_2}{\partial x} + \frac{\partial F_2}{\partial u}\frac{\partial u}{\partial x} + \frac{\partial F_2}{\partial v}\frac{\partial v}{\partial x} = 0$$

und man erhält ebenso die partiellen Derivierten in bezug auf die Variablen y und z.

Die höheren Derivierten berechnen sich wie in dem Falle einer einzigen Variablen. Zu beachten ist, daß für den Fall mehrerer unabhängiger Veränderlicher es jedoch vorteilhaft ist, die totalen Differentiale zu berechnen, um daraus alle partiellen Derivierten der gleichen Ordnung abzuleiten. Nehmen wir z. B. an, daß man zwei Funktionen u und v der drei Variablen x, y, z habe, die durch die beiden Relationen (21) definiert sind; die totalen Differentiale erster Ordnung du und dv sind durch die beiden Gleichungen

$$\frac{\partial F_1}{\partial x} dx + \frac{\partial F_1}{\partial y} dy + \frac{\partial F_1}{\partial z} dz + \frac{\partial F_1}{\partial u} du + \frac{\partial F_1}{\partial v} dv = 0,$$

$$\frac{\partial F_2}{\partial x} dx + \frac{\partial F_2}{\partial y} dy + \frac{\partial F_2}{\partial z} dz + \frac{\partial F_2}{\partial u} du + \frac{\partial F_2}{\partial v} dv = 0$$

gegeben.

Man wird hierauf d^2u und d^2v mittels der Gleichungen

$$\left(\frac{\partial F_1}{\partial x} dx + \ldots + \frac{\partial F_1}{\partial v} dv\right)^{(2)} + \frac{\partial F_1}{\partial u} d^2u + \frac{\partial F_1}{\partial v} d^2v = 0,$$

$$\left(\frac{\partial F_2}{\partial x} dx + \ldots + \frac{\partial F_2}{\partial v} dv\right)^{(2)} + \frac{\partial F_2}{\partial u} d^2u + \frac{\partial F_2}{\partial v} d^2v = 0$$

erhalten usf. In den Gleichungen, welche d^nu und d^nv geben, ist die Determinante der Koeffizienten dieser Differentiale für jedes n gleich der Jacobischen Determinante $\frac{D(F_1, F_2)}{D(u, v)}$, die nach der Voraussetzung nicht Null ist.

41. **Inversion.** Es seien $\varphi_1, \varphi_2, \ldots, \varphi_n$ Funktionen der n unabhängigen Variablen $x_1, x_2, \ldots x_n$, für die die Jacobische Determinante $\frac{D(\varphi_1, \varphi_2, \ldots, \varphi_n)}{D(x_1, x_2, \ldots, x_n)}$ nicht identisch Null ist. Die n Gleichungen

$$(22) \qquad \begin{cases} u_1 = \varphi_1(x_1, x_2, \ldots, x_n), \quad u_2 = \varphi_2(x_1, x_2, \ldots x_n), \quad \ldots, \\ \qquad\qquad u_n = \varphi_n(x_1, x_2, \ldots, x_n) \end{cases}$$

definieren umgekehrt[1] $x_1, x_2, \ldots, x_n$ als Funktionen von $u_1, u_2, \ldots, u_n$. Es genügt in der Tat, ein Wertesystem $x_1^0, x_2^0, \ldots, x_n^0$ zu betrachten, für welches die Jacobische Determinante ungleich Null ist; bezeichnen $u_1^0, u_2^0, \ldots, u_n^0$ dir entsprechenden Werte von $u_1, u_2, \ldots, u_n$, so existiert nach dem allgemeinen Theoreme ein System von Funktionen

$$x_1 = \psi_1(u_1, u_2, \ldots u_n), \quad x_2 = \psi_2(u_1, u_2, \ldots u_n), \quad \ldots$$
$$x_n = \psi_n(u_1, u_2, \ldots u_n),$$

[1] Wir definieren so die inversen Funktionen nur in der Umgebung eines speziellen Wertesystems u_i^0. Der Fall, wo jedem Wertesystem von $u_1, u_2, \ldots, u_n$ ein und nur ein Wertesystem für $x_1, x_2, \ldots, x_n$ entspricht, ist ebenfalls von verschiedenen Geometern studiert worden. (Hadamard, Sur les transformations ponctuelles, Bull. de la Société. math. 1906.)

die den Relationen (22) genügen und die für $u_1 = u_1^0$, $u_2 = u_2^0, \ldots, u_n = u_n^0$ die Werte $x_1^0, x_2^0, \ldots, x_n^0$ annehmen. Dies sind die inversen Funktionen der Funktionen $\varphi_1, \varphi_2, \ldots, \varphi_n$; die tatsächliche Bestimmung dieser Funktionen heißt eine Inversion.

Um die Derivierten der inversen Funktionen zu berechnen, genügt es, die allgemeinen Regeln anzuwenden. So z. B. hat man im Falle zweier Funktionen

$$u = f(x, y), \qquad v = \varphi(x, y),$$

wenn man umgekehrt u und v als die unabhängigen Variablen, x und y als die Funktionen betrachtet, die beiden Beziehungen

$$du = \frac{\partial f}{\partial x} dx + \frac{\partial f}{\partial y} dy,$$

$$dv = \frac{\partial \varphi}{\partial x} dx + \frac{\partial \varphi}{\partial y} dy,$$

denen man

$$dx = \frac{\frac{\partial \varphi}{\partial y} du - \frac{\partial f}{\partial y} dv}{\frac{\partial f}{\partial x}\frac{\partial \varphi}{\partial y} - \frac{\partial f}{\partial y}\frac{\partial \varphi}{\partial x}}, \qquad dy = \frac{-\frac{\partial \varphi}{\partial x} du + \frac{\partial f}{\partial x} dv}{\frac{\partial f}{\partial x}\frac{\partial \varphi}{\partial y} - \frac{\partial f}{\partial y}\frac{\partial \varphi}{\partial x}}$$

entnimmt. Man erhält also die Formeln

$$\frac{\partial x}{\partial u} = \frac{\frac{\partial \varphi}{\partial y}}{\frac{\partial f}{\partial x}\frac{\partial \varphi}{\partial y} - \frac{\partial f}{\partial y}\frac{\partial \varphi}{\partial x}}, \qquad \frac{\partial x}{\partial v} = \frac{-\frac{\partial f}{\partial y}}{\frac{\partial f}{\partial x}\frac{\partial \varphi}{\partial y} - \frac{\partial f}{\partial y}\frac{\partial \varphi}{\partial x}},$$

$$\frac{\partial y}{\partial u} = \frac{-\frac{\partial \varphi}{\partial x}}{\frac{\partial f}{\partial x}\frac{\partial \varphi}{\partial y} - \frac{\partial f}{\partial y}\frac{\partial \varphi}{\partial x}}, \qquad \frac{\partial y}{\partial v} = \frac{\frac{\partial f}{\partial x}}{\frac{\partial f}{\partial x}\frac{\partial \varphi}{\partial y} - \frac{\partial f}{\partial y}\frac{\partial \varphi}{\partial x}}.$$

42. **Tangente an eine Raumkurve.** Betrachten wir eine Kurve C, die durch ein System von zwei Gleichungen

$$\text{(23)} \qquad \begin{cases} F_1(x, y, z) = 0, \\ F_2(x, y, z) = 0 \end{cases}$$

dargestellt ist; es seien x_0, y_0, z_0 die Koordinaten eines Punktes M_0 dieser Kurve, für den mindestens eine der drei Jacobischen Determinanten

$$\left|\frac{\partial F_1}{\partial y}\frac{\partial F_2}{\partial z} - \frac{\partial F_1}{\partial z}\frac{\partial F_2}{\partial y}\right|, \qquad \left|\frac{\partial F_1}{\partial z}\frac{\partial F_2}{\partial x} - \frac{\partial F_1}{\partial x}\frac{\partial F_2}{\partial z}\right|,$$

$$\left|\frac{\partial F_1}{\partial x}\frac{\partial F_2}{\partial y} - \frac{\partial F_1}{\partial y}\frac{\partial F_2}{\partial x}\right|$$

von Null verschieden sei, wenn man darin x, y, z durch x_0, y_0, z_0 ersetzt. Nehmen wir z. B. an, daß $\frac{D(F_1, F_2)}{D(y, z)}$ für die Koordinaten des

Punktes M_0 ungleich Null sei; aus den Gleichungen (23) kann man dann

$$y = \varphi(x), \quad z = \psi(x)$$

entnehmen, wo φ und ψ stetige Funktionen von x sind, die sich für $x = x_0$ bzw. auf y_0 und z_0 reduzieren. Die Tangente an die Kurve C im Punkte M_0 wird dann durch die beiden Gleichungen

$$\frac{X - x_0}{1} = \frac{Y - y_0}{\varphi'(x_0)} = \frac{Z - z_0}{\psi'(x_0)}$$

dargestellt; die Derivierten $\varphi'(x)$ und $\psi'(x)$ kann man aus den beiden Relationen

$$\frac{\partial F_1}{\partial x} + \frac{\partial F_1}{\partial y}\varphi'(x) + \frac{\partial F_1}{\partial z}\psi'(x) = 0,$$
$$\frac{\partial F_2}{\partial x} + \frac{\partial F_2}{\partial y}\varphi'(x) + \frac{\partial F_2}{\partial z}\psi'(x) = 0$$

berechnen. Setzen wir in diesen Beziehungen $x = x_0$, $y = y_0$, $z = z_0$ und ersetzen wir $\varphi'(x_0)$ und $\psi'(x_0)$ bzw. durch $\frac{Y - y_0}{X - x_0}$ und $\frac{Z - z_0}{X - x_0}$; die Gleichungen der Tangente lassen sich dann schreiben

$$(24) \quad \begin{cases} \left(\frac{\partial F_1}{\partial x}\right)_0 (X - x_0) + \left(\frac{\partial F_1}{\partial y}\right)_0 (Y - y_0) + \left(\frac{\partial F_1}{\partial z}\right)_0 (Z - z_0) = 0, \\ \left(\frac{\partial F_2}{\partial x}\right)_0 (X - x_0) + \left(\frac{\partial F_2}{\partial y}\right)_0 (Y - y_0) + \left(\frac{\partial F_2}{\partial z}\right)_0 (Z - z_0) = 0, \end{cases}$$

oder

$$\frac{X - x_0}{\left[\frac{D(F_1, F_2)}{D(y, z)}\right]_0} = \frac{Y - y_0}{\left[\frac{D(F_1, F_2)}{D(z, x)}\right]_0} = \frac{Z - z_0}{\left[\frac{D(F_1, F_2)}{D(x, y)}\right]_0}.$$

Die geometrische Interpretation des Resultates ist sehr leicht. Die Gleichungen (23) stellen zwei Flächen S_1 und S_2 dar, deren Schnitt die Kurve C ist; die Gleichungen (24) stellen die beiden Tangentenebenen an diese Flächen im Punkte M_0 dar, so daß die Tangente an die Kurve die Schnittgerade dieser beiden Tangentenebenen ist.

Die Formeln werden illusorisch, wenn die drei oben angeschriebenen Jacobischen Determinanten für die Koordinaten x_0, y_0, z_0 gleichzeitig verschwinden. Die Gleichungen (24) reduzieren sich dann auf eine einzige und die Flächen S_1 und S_2 berühren einander im Punkte M_0. In diesem Falle setzt sich der Schnitt der beiden Flächen, wie wir später sehen werden, im allgemeinen aus mehreren verschiedenen, durch den Punkt M_0 gehenden Zweigen zusammen.

II. Singuläre Punkte. — Maxima und Minima.

43. **Doppelpunkte einer ebenen Kurve.** Wenn die Koordinaten (x_0, y_0) eines Punktes M_0 gleichzeitig eine Funktion $F(x, y)$ und ihre beiden partiellen Derivierten $\frac{\partial F}{\partial x}$, $\frac{\partial F}{\partial y}$ zum Verschwinden bringen, so ist dieser Punkt M_0 ein singulärer Punkt der durch die Gleichung $F = 0$ dargestellten Kurve C.

Um eine ebene Kurve in der Umgebung eines singulären Punktes zu studieren, wollen wir annehmen, daß man den Ursprung in diesen Punkt verlegt habe, daß die Funktion $F(x, y)$ Derivierte zweiter Ordnung, die in der Umgebung des Ursprungs stetig sind, und solche dritter Ordnung, die in diesem Gebiete endlich bleiben, zulasse und daß die Derivierten zweiter Ordnung für $x = y = 0$ nicht gleichzeitig Null sind.

Die Gleichung der Kurve C ist also von der Form

$$ax^2 + 2bxy + cy^2 + Q(x,y) = 0, \tag{25}$$

wo a, b, c Konstanten sind, die nicht alle Null sind, während $Q(x,y)$ eine Funktion ist, die ebenso wie ihre Derivierten erster und zweiter Ordnung im Ursprung verschwindet und die für nahe an Null gelegene Werte von x und y endliche Derivierte dritter Ordnung zuläßt.

Wendet man die Taylorsche Formel auf diese Funktion $Q(x,y)$ an, so sieht man, daß sie von der Form

$$Q(x,y) = \alpha x^3 + 3\beta x^2 y + 3\gamma x y^2 = \delta y^3 \tag{26}$$

ist, wo $\alpha, \beta, \gamma, \delta$ Funktionen von x und y sind, die in der Umgebung des Nullpunktes endliche Werte haben.

Wir haben je nach dem Zeichen von $b^2 - ac$ mehrere Fälle zu unterscheiden. Wenn $b^2 - ac$ positiv ist, so stellt die Gleichung $ax^2 + 2bxy + cy^2 = 0$ zwei reelle und verschiedene durch den Ursprung gehende Geraden dar. Denken wir uns, daß man diese beiden Geraden als Koordinatenachsen genommen habe, was darauf hinausläuft, eine lineare Transformation der Variablen auszuführen; die Gleichung (25) nimmt dann die Form an

$$xy + R(x,y) = 0, \tag{25'}$$

wo die Funktion $R(x,y)$ denselben Bedingungen genügt wie die Funktion $Q(x,y)$ und infolgedessen auf die gleiche Form (26) gebracht werden kann.

Setzt man in dieser Gleichung $y = u x$, so erhält man

$$(27) \qquad u = -\frac{R(x, u x)}{x^2};$$

da $R(x, y)$ auf die Form (26) gebracht werden kann, so ist klar, daß $R(x, u x)$ durch x^3 teilbar ist, und die rechte Seite der Gleichung (27) verschwindet für $x = 0$.

Ebenso verhält es sich mit der Derivierten in bezug auf u. Denn $R_y'(x, y)$ läßt nach der Voraussetzung Derivierte erster Ordnung zu, die im Ursprung Null sind, und solche zweiter Ordnung, die endlich bleiben; wendet man die TAYLORsche Formel an, so erhält man demnach

$$R_y'(x, y) = l x^2 + 2 m x y + n y^2,$$

wo l, m, n Funktionen von x, y sind, die endliche Werte bewahren, wenn x und y gegen Null streben.

Des weiteren ist $R_u'(x, u x) = x R_y'(x, y)$ und infolgedessen $R_u'(x, u x)$ durch x^3 teilbar. Wir können auf die Gleichung (27) das Theorem von Nr. 33 anwenden; diese Gleichung läßt eine und nur eine Wurzel $u = \xi(x)$ zu, die mit x gegen Null strebt. Durch den Ursprung geht also ein Zweig der Kurve C, der durch eine Gleichung $y = x \xi(x)$ dargestellt wird und die x-Achse im Ursprung berührt. Kehrt man die Rolle der Variablen x und y um, so wird man ebenso sehen, daß noch ein zweiter Kurvenzweig durch den Ursprung geht, der die Oy-Achse berührt.

Der Punkt O ist ein Doppelpunkt mit verschiedenen Tangenten.[1]

Wenn $b^2 - a c$ negativ ist, so ist der Ursprung ein isolierter Doppelpunkt. Im Inneren eines genügend kleinen um O als Mittelpunkt beschriebenen Kreises verschwindet die linke Seite $F(x, y)$ der Gleichung (25) nur für den Punkt O selbst. In der Tat, setzen

---

[1] Es kann nicht mehr als zwei Kurvenzweige geben, die durch einen Doppelpunkt gehen. In der Tat, nehmen wir an, daß die Gleichung der Kurve von der Form (25) sei, wo der Koeffizient c nicht Null ist; dieser Bedingung kann man stets durch eine geeignete Wahl der Koordinatenachsen genügen. Würde diese Gleichung drei Wurzeln y_1, y_2, y_3 zulassen, die mit x gegen Null konvergieren, so hätte die Gleichung $F_y'(x, y) = 0$ nach dem Theorem von ROLLE mindestens zwei Wurzeln, die ebenfalls mit x gegen Null streben. Nun ist aber diese Gleichung von der Form $2 b x + 2 c y + \varphi(x, y) = 0$, wo sowohl $\varphi(x, y)$ als auch $\varphi_y'(x, y)$ für $x = y = 0$ Null sind. Diese Gleichung läßt also eine und nur eine zugleich mit x gegen Null konvergierende Wurzel zu (Nr. 33).

wir, wenn x und y die Koordinaten eines dem Ursprung benachbarten Punktes sind, $x = \varrho \cos \varphi$, $y = \varrho \sin \varphi$; man erhält

$$F(x,y) = \varrho^2 (a \cos^2 \varphi + 2 b \cos \varphi \sin \varphi + c \sin^2 \varphi + \varrho L),$$

wo L eine Funktion von ϱ und φ ist, die endlich bleibt, wenn ϱ gegen Null strebt. Es sei H eine obere Grenze von $|L|$, wenn ϱ kleiner als eine positive Zahl r ist.

Wenn φ von 0 bis 2π variiert, so bewahrt das Trinom

$$a \cos^2 \varphi + 2 b \cos \varphi \sin \varphi + c \sin^2 \varphi$$

ein konstantes Zeichen, da man $b^2 - ac < 0$ vorausgesetzt hat. Es sei m das Minimum seines absoluten Wertes. Für jeden Punkt im Inneren eines Kreises, der den Ursprung zum Mittelpunkt und einen kleineren Radius als r und $\frac{m}{H}$ hat, ist es klar, daß der Koeffizient von ϱ^2 nicht verschwinden kann; die Gleichung $F(x,y) = 0$ läßt also im Inneren dieses Kreises keine andere Lösung als $\varrho = 0$ zu.

Wenn $b^2 - ac = 0$ ist, so haben sich die beiden Tangenten im Doppelpunkte vereinigt und man hat im allgemeinen zwei Kurvenzweige, die eine und dieselbe Gerade zur Tangente haben und einen Rückkehrpunkt bilden. Das erschöpfende Studium dieses Falles erfordert eine sehr sorgsame Diskussion, die später vorgenommen werden wird. Beachten wir nur, daß die Verschiedenheit der möglichen Fälle für die Form der Kurve viel größer ist als in den beiden bereits untersuchten Fällen, wie die folgenden Beispiele dartun.

Die Kurve $y^2 = x^3$ bietet im Ursprung einen Rückkehrpunkt erster Art dar; die beiden Kurvenzweige haben die x-Achse zur Tangente und liegen rechts von der y-Achse zu beiden Seiten dieser Tangente. Die Kurve $y^2 - 2x^2 y + x^4 - x^5 = 0$ bietet einen Rückkehrpunkt zweiter Art dar; die beiden Kurvenzweige haben die x-Achse zur Tangente und liegen in der Umgebung des Ursprungs auf derselben Seite dieser Tangente. Denn die Gleichung ergibt

$$y = x^2 \pm \sqrt{x^5}$$

und die beiden Werte von y haben dasselbe Zeichen, wenn x sehr klein ist, sind aber nur reell, wenn x positiv ist. Die Kurve

$$x^4 + x^2 y^2 - 6 x^2 y + y^2 = 0$$

stellt zwei Kurvenzweige dar, die nichts Besonderes darbieten und beide im Ursprung die x-Achse berühren. Man entnimmt dieser Gleichung in der Tat

$$y = \frac{3x^2 \pm x^2 \sqrt{8 - x^2}}{1 + x^2}$$

und die beiden Zweige, die den beiden Zeichen vor der Wurzel entsprechen, haben im Ursprung keine Singularität.

Es kann auch geschehen, daß die Kurve von zwei zusammenfallenden Zweigen gebildet wird, wie dies für die durch die Gleichung

$$F(x, y) = y^2 - 2x^2y + x^4 = 0$$

dargestellte Kurve der Fall ist; wenn der Punkt (x, y) sich in der Ebene bewegt, so wird die linke Seite $F(x, y)$ Null, ohne das Zeichen zu ändern.

Schließlich kann es auch vorkommen, daß der Punkt (x_0, y_0) ein isolierter Doppelpunkt ist; dies trifft für die Kurve $y^2 + x^4 + y^4 = 0$ zu, für die der Ursprung ein isolierter Doppelpunkt ist.

44. **Kegelpunkte einer Fläche.** Ein Punkt M_0 einer durch eine Gleichung $F(x, y, z) = 0$ dargestellten Fläche S ist ein singulärer Punkt dieser Fläche, wenn die drei Derivierten erster Ordnung F'_x, F'_y, F'_z für die Koordinaten x_0, y_0, z_0 dieses Punktes gleichzeitig verschwinden. Nehmen wir an, man habe den Koordinatenursprung in diesen Punkt verlegt, und behalten wir dieselben Voraussetzungen in bezug auf die Derivierten zweiter und dritter Ordnung von $F(x, y, z)$ in der Umgebung des Ursprungs wie im vorangehenden Paragraphen bei. Die Gleichung der Fläche ist von der Form

$$(28) \quad \begin{cases} F(x, y, z) = a_1 x^2 + a_2 y^2 + a_3 z^2 \\ \qquad + 2 b_1 yz + 2 b_2 zx + 2 b_3 xy + Q(x, y, z) = 0, \end{cases}$$

wo $a_1, a_2, \ldots, b_3$ Konstanten sind, die nicht alle verschwinden, und $Q(x, y, z)$ ein homogenes Polynom dritten Grades in x, y, z ist, dessen Koeffizienten selbst Funktionen von x, y, z sind, die im Gebiete des Ursprungs endlich bleiben.

Die Natur des singulären Punktes hängt vor allem von der Natur des Kegels T ab, der durch die Gleichung

$$(29) \quad a_1 x^2 + a_2 y^2 + a_3 z^2 + 2 b_1 yz + 2 b_2 zx + 2 b_3 xy = 0$$

dargestellt ist.

Nehmen wir zunächst an, daß dieser Kegel reell sei und nicht zerfalle, und es seien G, G' zwei beliebige Erzeugende dieses Kegels. Macht man eine Koordinatentransformation, so daß diese zwei Erzeugenden zu Achsen Ox und Oy werden, so wird die Gleichung (28) durch eine andere derselben Form ersetzt, worin die Koeffizienten a_1 und a_2 Null sein werden, während der neue Koeffizient b_3 nicht Null ist [sonst würde der Kegel T in zwei Ebenen zerfallen].

Der Schnitt der Fläche S durch die neue xy-Ebene ist also durch eine Gleichung von der Form (25′) dargestellt; wie wir gesehen haben, setzt sich dieser Schnitt aus zwei Kurvenzweigen zusammen, die durch den Ursprung gehen und die beiden Erzeugenden G, und G' berühren. Die Fläche bietet also in der Umgebung des singulären Punktes einen analogen Anblick dar wie die zwei Kegelmäntel in der Umgebung des Scheitels; daher der Name Kegelpunkt, den man diesem singulären Punkt gegeben hat.

Wenn die Gleichung (29) einen unzerlegbaren imaginären Kegel darstellt, so ist der Punkt O ein isolierter singulärer Punkt der Fläche S. Man kann um diesen Punkt als Mittelpunkt eine Kugel von genügend kleinem Radius beschreiben, damit die Gleichung $F(x, y, z) = 0$ in ihrem Inneren keine andere Lösung als $x = 0$, $y = 0$, $z = 0$ zulasse. Es sei M ein benachbarter Punkt des Ursprungs, ϱ seine Entfernung vom Ursprung, α, β, γ die Richtungskosinus der Geraden OM. Ersetzt man x, y, z durch $\varrho\alpha$, $\varrho\beta$, $\varrho\gamma$, so wird

$$F(x, y, z) = \varrho^2(a_1\alpha^2 + a_2\beta^2 + \ldots + 2b_3\alpha\beta + \varrho L),$$

wo der Faktor L einen endlichen Wert bewahrt, wenn ϱ gegen Null strebt. Da die Gleichung (29) einen imaginären Kegel darstellt, kann das Polynom

$$a_1\alpha^2 + a_2\beta^2 + \ldots$$

nicht zu Null werden, wenn der Punkt α, β, γ die Kugel vom Radius Eins um den Ursprung als Mittelpunkt beschreibt; bezeichnen wir mit m eine untere Grenze des absoluten Betrages dieses Polynoms. Es sei andererseits H eine obere Grenze des absoluten Wertes von L in der Umgebung des Punktes O. Wenn wir um diesen Punkt als Zentrum eine Kugel mit einem Radius, der kleiner als $\frac{m}{H}$ ist, beschreiben, so ist klar, daß der Koeffizient von ϱ^2 in dem Ausdruck von $F(x, y, z)$ im Inneren dieser Kugel nicht Null werden kann. Die Gleichung (28) läßt also keine andere Lösung als $\varrho = 0$ zu.

Wenn die Gleichung (29) ein System von zwei verschiedenen reellen Ebenen darstellt, so gehen durch den Punkt O zwei Mäntel der Fläche, deren jeder eine dieser Ebenen berührt. Gewisse Flächen bieten eine Linie von Doppelpunkten dar, in denen der Tangentenkegel sich in zwei Ebenen zerlegt. Diese Linie ist eine Doppelkurve der Fläche, längs welcher zwei verschiedene Mäntel sich gegenseitig durchsetzen. So z. B. ist der durch die beiden Gleichungen

$z = 0$, $x^2 + y^2 = 1$ dargestellte Kreis eine Doppellinie der Fläche, deren Gleichung

$$z^4 + 2z^2(x^2 + y^2) - (x^2 + y^2 - 1)^2 = 0$$

ist.

Wenn die Gleichung (29) ein System von zwei konjugiert imaginären Ebenen oder eine reelle Doppelebene darstellt, so ist in jedem speziellen Falle eine besondere Diskussion nötig, um die Form der Fläche in der Umgebung des Punktes O zu studieren. Die eben durchgeführte Diskussion findet sich wieder bei dem Studium der Maxima und Minima.

45. Maxima und Minima der Funktionen einer Variablen. Es sei $f(x)$ eine in einem Intervall (a, b) stetige Funktion und c ein Punkt dieses Intervalls. Die Funktion $f(x)$ ist ein Maximum oder ein Minimum für $x = c$, wenn man eine genügend kleine positive Zahl η finden kann, so daß die Differenz $f(c + h) - f(c)$ ein konstantes Zeichen bewahrt, während h von $-\eta$ bis $+\eta$ variiert. Wenn diese Differenz positiv ist, so ist die Funktion $f(x)$ für $u = c$ kleiner als für die zu c benachbarten Werte von x; sie geht also durch ein Minimum. Ist hingegen die Differenz $f(c + h) - f(c)$ negativ, so ist die Funktion für $x = c$ ein Maximum.

Läßt die Funktion $f(x)$ eine Derivierte für den Wert c der Variablen zu, so muß diese Derivierte Null sein. In der Tat, die beiden Quotienten

$$\frac{f(c + h) - f(c)}{h}, \qquad \frac{f(c - h) - f(c)}{-h},$$

welche denselben Grenzwert $f'(c)$ haben, wenn h gegen Null strebt, sind von verschiedenem Vorzeichen; es ist also notwendig, daß ihr gemeinsamer Grenzwert $f'(c)$ Null sei. Umgekehrt sei c eine zwischen a und b liegende Wurzel der Gleichung $f'(x) = 0$; nehmen wir, um gleich den allgemeinen Fall zu erledigen, an, daß die erste für $x = c$ nicht verschwindende Derivierte die Derivierte der Ordnung n sei und daß diese Derivierte in der Umgebung des Wertes c stetig sei. Die allgemeine TAYLORsche Formel gibt, wenn man sich auf das Glied n^{ten} Grades beschränkt,

$$f(c + h) - f(c) = \frac{h^n}{1 \cdot 2 \ldots n} f^{(n)}(c + \theta h),$$

was sich auch so schreiben läßt

$$f(c + h) - f(c) = \frac{h^n}{1 \cdot 2 \ldots n} [f^{(n)}(c) + \varepsilon],$$

wo ε mit h unendlich klein wird. Wählen wir die positive Zahl η derart, daß der absolute Wert von ε, während x von $c - \eta$ bis $c + \eta$

variiert, kleiner sei als $|f^{(n)}(c)|$; für diese Werte von x hat $f^{(n)}(c) + \varepsilon$ dasselbe Zeichen wie $f^{(n)}(c)$ und $f(c+h) - f(c)$ hat infolgedessen das Zeichen von $h^n f^{(n)}(c)$. Ist n ungerade, so sieht man, daß diese Differenz zugleich mit h das Zeichen wechselt; es findet also weder ein Maximum noch ein Minimum für $x = c$ statt. Ist hingegen n gerade, so hat $f(c+h) - f(c)$ dasselbe Zeichen wie $f^{(n)}(c)$, ob nun h positiv oder negativ ist: die Funktion hat also ein Minimum, wenn $f^{(n)}(c)$ positiv ist, und ein Maximum, wenn $f^{(n)}(c)$ negativ ist. Wir können also sagen: damit die Funktion für $x = c$ ein Maximum oder Minimum sei, ist notwendig und hinreichend, daß die erste für $x = c$ nicht verschwindende Derivierte von gerader Ordnung sei.

In der Sprache der Geometrie bedeuten die vorstehenden Bedingungen, daß die Tangente an die Kurve $y = f(x)$ im Punkte A mit der Abszisse c parallel zur x-Achse ist und daß außerdem der Punkt A kein Wendepunkt ist.

46. **Funktionen zweier Variablen.** Es sei $z = f(x, y)$ eine stetige Funktion der beiden Variablen x, y, so lange der Punkt M mit den Koordinaten (x, y) im Innern eines Flächenstückes Ω, das von einer Grenzkurve C umschlossen wird, bleibt. Man sagt, daß diese Funktion für einen Punkt (x_0, y_0) des Flächenstückes Ω ein Minimum ist, wenn man eine positive Zahl η angeben kann, so daß

$$\Delta = f(x_0 + h, y_0 + k) - f(x_0, y_0) \geqq 0$$

ist für alle Wertsysteme der Zuwächse h und k, die dem absoluten Betrag nach kleiner als η sind, und das Maximum definiert man auf analoge Weise.[1] Betrachtet man für einen Augenblick y als konstant und gleich y_0, so wird z eine Funktion der einzigen Variablen x, und nach dem eben behandelten Falle kann die Differenz

$$f(x_0 + h, y_0) - f(x_0, y_0)$$

[1] Schließt man das Gleichheitszeichen in den Bedingungen $\Delta \geqq 0$ oder $\Delta \leqq 0$ aus, so sagt man, daß die Funktion ein reines Maximum oder Minimum habe; wenn aber die Gleichheit $\Delta = 0$ für gewisse Werte von h und k, die, wie klein auch η sei, ihrem absoluten Werte nach kleiner als η sind, bestehen kann, so liegt ein unreines Maximum oder Minimum vor. Betrachten wir die durch die Gleichung $z = f(x, y)$ dargestellte Fläche S, wobei die Achse Oz vertikal sei; die Maxima und Minima von $f(x, y)$ entsprechen höchsten und niedrigsten Punkten der Fläche. Ein reines Maximum entspricht einem isolierten höchsten Punkte; diese Punkte können aber auf der Fläche auch Linien bilden. Nimmt man z. B. einen Torus, dessen Achse vertikal ist, so bilden die äußersten Parallelen eine Linie unreiner Maxima, bzw. Minima.

Die Bedingungen $\frac{\partial f}{\partial a} = 0$, $\frac{\partial f}{\partial b} = 0$ sind auch notwendig, damit ein Punkt (a, b) einem unreinen Maximum oder Minimum entspreche.

nur dann ein konstantes Zeichen für kleine Werte von h bewahren, wenn die Derivierte $\frac{\partial f}{\partial x}$ für $x=x_0, y=y_0$ Null ist; auf die gleiche Art beweist man, daß diese Werte auch $\frac{\partial f}{\partial y}$ zu Null machen müssen, so daß die Systeme, welche die Funktion $f(x,y)$ zu einem Maximum oder Minimum machen, unter den Lösungen der beiden simultanen Gleichungen

$$\frac{\partial f}{\partial x}=0, \quad \frac{\partial f}{\partial y}=0$$

gesucht werden müssen.

Es sei $x=x_0$, $y=y_0$ eine Lösung dieser beiden Gleichungen. Wir nehmen an, daß die partiellen Derivierten zweiter Ordnung von $f(x,y)$ in der Umgebung der Werte x_0, y_0 stetig und für $x=x_0, y=y_0$ nicht alle Null sind und daß die Derivierten dritter Ordnung endlich sind. Die Formel von TAYLOR gibt uns

$$(30)\left\{\begin{array}{l} \Delta = f(x_0+h, y_0+k) - f(x_0, y_0) = \\ \frac{1}{1\cdot 2}\left(h^2\frac{\partial^2 f}{\partial x_0^2}+2hk\frac{\partial^2 f}{\partial x_0\,\partial y_0}+k^2\frac{\partial^2 f}{\partial y_0^2}\right)+\frac{1}{6}\left(h\frac{\partial f}{\partial x}+k\frac{\partial f}{\partial y}\right)^{(3)}_{\substack{x_0+\theta h\\ y_0+\theta k}};\end{array}\right.$$

für die der Null benachbarten Werte von h und k gibt offenbar das Trinom

$$h^2\frac{\partial^2 f}{\partial x_0^2}+2hk\frac{\partial^2 f}{\partial x_0\,\partial y_0}+k^2\frac{\partial^2 f}{\partial y_0^2}$$

der rechten Seite ihr Zeichen und man sieht voraus, daß die Diskussion des Zeichens dieses Trinoms eine vorwiegende Rolle spielen wird.

Damit ein Maximum oder Minimum für $x=x_0$, $y=y_0$ stattfinde, ist notwendig und hinreichend, daß die Differenz Δ ein konstantes Zeichen bewahre, wenn der Punkt (x_0+h, y_0+k) im Innern eines genügend kleinen Quadrates mit (x_0, y_0) als Mittelpunkt eingeschlossen bleibt. Diese Differenz Δ wird also auch ein konstantes Zeichen bewahren, wenn der Punkt (x_0+h, y_0+k) im Innern eines Kreises von genügend kleinem Radius mit (x_0, y_0) als Mittelpunkt bleibt und umgekehrt; denn man kann ein Quadrat durch den eingeschriebenen Kreis ersetzen und umgekehrt. Es sei also C ein Kreis vom Radius r um den Punkt (x_0, y_0) als Mittelpunkt; man erhält alle Punkte im Innern dieses Kreises, indem man

$$h=\varrho\cos\varphi, \quad k=\varrho\sin\varphi$$

setzt und φ von 0 bis 2π, ϱ von $-r$ bis $+r$ variieren läßt. Man könnte sich auch begnügen, ϱ nur positive Werte zu erteilen, aber für die Folge ist es besser, diese Beschränkung nicht einzuführen. Macht man diese Substitution in $\varDelta$, so erhält man

$$\varDelta = \frac{\varrho^2}{2}(A\cos^2\varphi + 2B\sin\varphi\cos\varphi + C\sin^2\varphi) + \frac{\varrho^3}{6}L,$$

wobei man

$$A = \frac{\partial^2 f}{\partial x_0^2}, \quad B = \frac{\partial^2 f}{\partial x_0\,\partial y_0}, \quad C = \frac{\partial^2 f}{\partial y_0^2}$$

gesetzt hat und wo L eine Funktion ist, deren entwickelten Ausdruck man nicht aufzuschreiben braucht, die aber jedenfalls einen endlichen Wert in der Umgebung des Punktes (x_0, y_0) bewahrt. Dies vorausgeschickt haben wir je nach dem Vorzeichen von $B^2 - AC$ mehrere Fälle zu unterscheiden.

Erster Fall. Es sei $B^2 - AC > 0$. Die Gleichung

$$A\cos^2\varphi + 2B\sin\varphi\cos\varphi + C\sin^2\varphi = 0$$

läßt zwei reelle Wurzeln in $\operatorname{tang}\varphi$ zu und die linke Seite ist die Differenz zweier Quadrate, so daß man schreiben kann

$$\varDelta = \frac{\varrho^2}{2}[\alpha(a\cos\varphi + b\sin\varphi)^2 - \beta(a'\cos\varphi + b'\sin\varphi)^2] + \frac{\varrho^3}{6}L,$$

wo

$$\alpha > 0, \quad \beta > 0, \quad ab' - ba' \neq 0$$

ist. Erteilt man dem Winkel φ einen solchen Wert, daß

$$a\cos\varphi + b\sin\varphi = 0$$

ist, so wird $\varDelta$ für sehr kleine Werte von ϱ negativ sein; nimmt man hingegen für φ einen solchen Winkel, daß $a'\cos\varphi + b'\sin\varphi = 0$ ist, so wird $\varDelta$ für sehr kleine Werte von ϱ positiv sein. Es ist daher unmöglich, eine Zahl r anzugeben, so daß die Differenz $\varDelta$ ein konstantes Zeichen bewahrt, wenn der absolute Wert von ϱ kleiner als r ist, welches auch der Winkel φ sei. Die Funktion $f(x, y)$ hat für $x = x_0$, $y = y_0$ weder ein Maximum, noch ein Minimum.

Zweiter Fall. Es sei $B^2 - AC < 0$. Das Trinom

$$A\cos^2\varphi + 2B\sin\varphi\cos\varphi + C\sin^2\varphi$$

wird nicht Null, wenn φ von 0 bis 2π variiert. Es sei m eine untere Grenze seines absoluten Betrages; andererseits sei H eine obere Grenze des absoluten Wertes der Funktion L in einem gewissen Kreise vom Radius R und dem Mittelpunkte (x_0, y_0). Bezeichnen wir mit r eine positive Zahl, die kleiner als R und als $\frac{3m}{H}$ ist; im Innern des Kreises vom Radius r hat die Differenz $\varDelta$ dasselbe Zeichen wie der Koeffizient von ϱ^2, d. h. wie A und C.

Die Funktion $f(x, y)$ ist also für $x = x_0$, $y = y_0$ ein Maximum oder ein Minimum.

Zusammenfassend können wir also sagen, wenn im Punkte $(x_0 . y_0)$

$$\left(\frac{\partial^2 f}{\partial x_0 \partial y_0}\right)^2 - \frac{\partial^2 f}{\partial x_0^2} \frac{\partial^2 f}{\partial y_0^2} > 0$$

ist, so findet weder ein Maximum noch ein Minimum statt. Wenn hingegen

$$\left(\frac{\partial^2 f}{\partial x_0 \partial y_0}\right)^2 - \frac{\partial^2 f}{\partial x_0^2} \frac{\partial^2 f}{\partial y_0^2} < 0$$

ist, so findet ein Maximum oder ein Minimum statt, je nach dem Zeichen der beiden Derivierten $\frac{\partial^2 f}{\partial x_0^2}$, $\frac{\partial^2 f}{\partial y_0^2}$. Es findet ein Maximum statt, wenn diese Derivierten negativ sind, ein Minimum, wenn sie positiv sind, und man wird bemerken, daß man ein reines Maximum oder Minimum erhält.

47. **Studium des zweifelhaften Falles.** Der Fall, wo $B^2 - AC = 0$ ist, entzieht sich der vorangehenden Diskussion. Die Geometrie zeigt sehr wohl, worin die Schwierigkeit des Problems in diesem speziellen Falle liegt. Es sei S die durch die Gleichung $z = f(x, y)$ dargestellte Fläche; wenn die Funktion $f(x, y)$ ein Maximum oder ein Minimum in einem Punkte (x_0, y_0) hat, in dessen Umgebung die Funktion und ihre Derivierten stetig sind, so muß

$$\frac{\partial f}{\partial x_0} = 0, \quad \frac{\partial f}{\partial y_0} = 0$$

sein; dies zeigt, daß die Tangentenebene an die Fläche S im Punkte M_0 mit den Koordinaten (x_0, y_0, z_0) der xy-Ebene parallel sein muß. Damit dieser Punkt einem Maximum oder Minimum entspreche, muß überdies die Fläche S in der Umgebung des Punktes M_0 ganz zu einer Seite der Tangentenebene liegen, und man wird so auf das Studium der Lage einer Fläche in bezug auf eine Tangentenebene in der Umgebung des Berührungspunktes geführt.

Denken wir uns, man habe den Ursprung in den Berührungspunkt verlegt; da die Tangentenebene die xy-Ebene ist, so ist die Gleichung der Fläche von der Form

(31) $$z = ax^2 + 2bxy + cy^2 + \alpha x^3 + 3\beta x^2 y + 3\gamma x y^2 + \delta y^3,$$

wo a, b, c Konstanten und $\alpha, \beta, \gamma, \delta$ Funktionen von x, y sind, die endlich bleiben, wenn x und y gegen Null streben.

Um zu wissen, ob die Fläche S in der Umgebung des Ursprunges ganz auf derselben Seite der xy-Ebene gelegen ist, genügt es, den Schnitt der Fläche mit der xy-Ebene zu studieren. Nun ist aber dieser Schnitt durch die Gleichung

$$(32) \qquad a x^2 + 2 b x y + c y^2 + a x^3 + \ldots = 0$$

dargestellt und bietet im Ursprung einen Doppelpunkt dar. Ist $b^2 - ac$ negativ, so ist der Ursprung ein isolierter Doppelpunkt (Nr. 43) und die Gleichung (32) läßt keine andere Lösung als $x = y = 0$ zu, wenn der Punkt (x, y) im Innern eines Kreises C von genügend kleinem Radius r um den Ursprung als Mittelpunkt bleibt. Die linke Seite der Gleichung (32) bewahrt ein konstantes Zeichen, solange der Punkt (x, y) sich im Innern dieses Kreises bewegt. Alle Punkte der Fläche S — bis auf den Ursprung —, die sich auf das Innere dieses Kreises projizieren, sind also auf einer und derselben Seite der xy-Ebene gelegen. Dies ist der Fall, wo die Funktion $f(x, y)$ ein Maximum oder ein Minimum darbietet. Der dem Ursprung benachbarte Teil der Fläche S ist einem Stück einer Kugel oder eines Ellipsoides ähnlich.

Wenn $b^2 - ac$ positiv ist, so stellt der Schnitt der Fläche S mit der Tangentenebene zwei verschiedene Kurvenzweige C_1, C_2 dar, die durch den Ursprung gehen; die Tangenten dieser Kurvenzweige m Ursprung sind durch die Gleichung

$$a x^2 + 2 b x y + c y^2 = 0$$

gegeben. Denken wir uns einen beweglichen Punkt (x, y) in der Umgebung des Ursprungs; wenn dieser Punkt einen der Kurvenzweige C_1, C_2 übersetzt, so wechselt die linke Seite der Gleichung (32) das Zeichen, indem sie durch Null geht. Gibt man jedem dem Ursprung benachbarten Gebiete der Ebene das Zeichen der linken Seite der Gleichung (32), so erhält man also eine Verteilung, die der der Fig. 7 analog ist. Unter den Punkten der Fläche, die sich auf das Innere eines Kreises der xy-Ebene projizieren, der den Ursprung zum Mittelpunkt hat, gibt es stets solche, die über, und solche, die unter der xy-Ebene liegen, wie klein auch der Radius dieses Kreises sei. Die Fläche hat in bezug auf ihre Tangentenebene dieselbe Lage wie ein einschaliges Hyperboloid oder ein hyperbolisches Paraboloid. Die Funktion $f(x, y)$ hat im Ursprung weder ein Maximum noch ein Minimum.

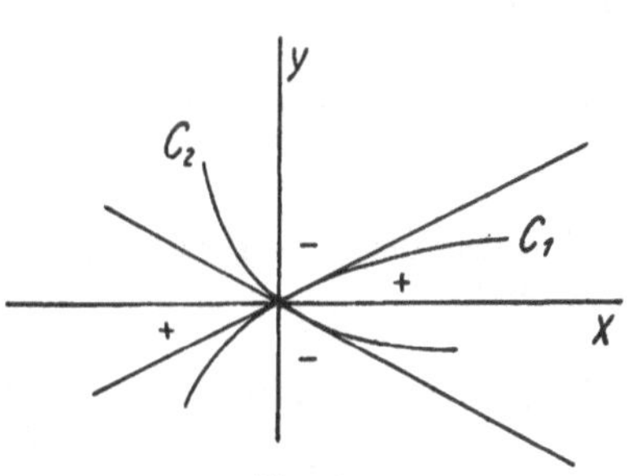

Fig. 7.

Der Fall, in dem $b^2 - ac = 0$ ist, ist gerade der, wo die Schnittkurve der Fläche mit ihrer Tangentenebene einen Rückkehrpunkt im Ursprung darbietet, ein Fall, dessen Studium wir uns aufgehoben haben. Wenn der Schnitt sich aus zwei verschiedenen durch den Ursprung gehenden Zweigen zusammensetzt, so wird weder ein Maximum noch ein Minimum stattfinden, denn die Fläche durchsetzt auch dann noch ihre Tangentenebene. Wenn aber der Ursprung ein isolierter Doppelpunkt ist oder wenn sich der Schnitt aus zwei zusammenfallenden Zweigen zusammensetzt, so wird die Funktion $f(x,y)$ ein Maximum oder ein Minimum sein (und zwar im zweiten Falle ein unreines Maximum oder Minimum).

48. Um zu erkennen, welcher der beiden Fälle vorliegt, muß man die Werte der Derivierten dritter und vierter, und manchmal noch höherer Ordnung berücksichtigen. Die folgende Diskussion, die übrigens in der Praxis meist ausreichend ist, läßt sich nur auf die allgemeinsten Verhältnisse anwenden. Wenn $b^2 - ac = 0$ ist, so kann man die Gleichung der Fläche, indem man die Taylorsche Entwicklung bis zu den Gliedern vierter Ordnung treibt, schreiben

$$(33)\quad z = f(x,y) = A(x \sin\omega - y\cos\omega)^2 + \varphi_3(x,y) + \frac{1}{24}\left(x\frac{\partial f}{\partial x} + y\frac{\partial f}{\partial x}\right)^{(4)}_{\theta x,\, \theta y},$$

und wir wollen, um die Ideen zu fixieren, $A > 0$ annehmen. Damit die Fläche S in der Umgebung des Ursprungs ganz auf einer und derselben Seite der xy-Ebene sei, ist notwendig, daß alle Schnittkurven dieser Fläche mit Ebenen, die durch Ox gehen, auf einer und derselben Seite der xy-Ebene in der Umgebung des Ursprungs gelegen seien. Schneiden wir also die Fläche durch die Ebene

$$y = x\tan\varphi,$$

so wird die Gleichung der Schnittkurve erhalten, indem man in der Gleichung (33)

$$x = \varrho\cos\varphi, \quad y = \varrho\sin\varphi$$

setzt (wobei die Achsen Oz und die Spur der Schnittebene auf xOy sind); dies ergibt

$$z = A\varrho^2(\cos\varphi\sin\omega - \cos\omega\sin\varphi)^2 + K\varrho^3 + L\varrho^4,$$

wo K einen von ϱ unabhängigen Koeffizienten bezeichnet. Wenn $\tan\omega \gtrless \tan\varphi$ ist, so wird z für unendlich kleine Werte von ϱ positiv sein: alle diese Schnitte liegen also in der Umgebung des Ursprungs oberhalb der xy-Ebene. Schneiden wir nun durch die Ebene

$$y = x\tan\omega;$$

wenn der entsprechende Wert von K nicht Null ist, so ist die Entwicklung von z von der Form

$$z = \varrho^3(K + \varepsilon)$$

und wechselt das Zeichen mit ϱ. Daraus folgt, daß der Schnitt der Fläche mit der vorstehenden Ebene einen Wendepunkt im Ursprung darbietet und die xy-Ebene durchsetzt; die Funktion $f(x,y)$ hat also im Ursprung weder ein

Maximum noch ein Minimum. Dieser Fall tritt ein, wenn der Schnitt der Fläche mit ihrer Tangentenebene einen Rückkehrpunkt erster Art darbietet, wie z. B. bei der Fläche

$$z = y^2 - x^3.$$

Wenn für den betrachteten Schnitt $K = 0$ ist, so wird man die Entwicklung bis zu den Gliedern 4ten Grades führen und erhält für z einen Ausdruck von der Form

$$z = \varrho^4 (K_1 + \varepsilon'),$$

wo K_1 eine Konstante ist, deren Ausdruck man leicht mittels der Derivierten 4ter Ordnung erhalten könnte; wir nehmen an, daß dieser Koeffizient nicht Null ist. Für unendlich kleine Werte von ϱ hat z das Zeichen von K_1; wenn K_1 negativ ist, so liegt der Schnitt in der Umgebung des Ursprungs unterhalb der xy-Ebene. Man hat hier wieder weder ein Maximum noch ein Minimum für z; dies trifft z. B. für die Fläche $z = y^2 - x^4$ zu, deren Schnitt mit der xy-Ebene sich aus den beiden Parabeln $y = \pm x^2$ zusammensetzt. Man sieht also, daß es unnütz ist, die Rechnung weiterzuführen, wenn nicht gleichzeitig $K = 0$, $K_1 > 0$ ist, weil man von vornherein behaupten kann, daß die Fläche in diesem Falle ihre Tangentenebene in der Umgebung des Ursprungs durchsetzt.

Wenn man gleichzeitig $K = 0$, $K_1 > 0$ hat, so sind alle Schnitte der Fläche mit Ebenen, die durch Oz gehen, in der Umgebung des Ursprungs oberhalb der xy Ebene gelegen. Aber dies genügt noch nicht, um behaupten zu können, daß die Fläche ihre Tangentenebene nicht durchsetze, wie es das Beispiel der Fläche

$$z = (y - x^2)(y - 2x^2)$$

beweist, welche ihre Tangentenebene längs zweier Parabeln schneidet, deren eine innerhalb der anderen liegt. Damit die Fläche ihre Tangentenebene nicht durchsetze, ist überdies notwendig, daß die Schnittkurve dieser Fläche mit einem beliebigen Zylinder, der seine Erzeugenden parallel zu Oz hat und durch Oz geht, oberhalb der xy-Ebene gelegen sei. Es sei $y = \varphi(x)$ die Gleichung der Spur dieses Zylinders auf der xy-Ebene; die Funktion $\varphi(x)$ verschwindet für $x = 0$. Die Funktion $F(x) = f[x, \varphi(x)]$ muß für $x = 0$ ein Minimum sein, was auch die Funktion $\varphi(x)$ sei; setzen wir, um die Rechnung zu vereinfachen, voraus, daß man die Koordinaten derart gewählt hat, daß die Gleichung der Fläche von der Form

$$z = Ay^2 + \varphi_3(x, y) + \ldots$$

sei, wo A positiv ist; bei diesem Achsensystem ist für den Ursprung

$$\frac{\partial f}{\partial x_0} = 0, \quad \frac{\partial f}{\partial y_0} = 0, \quad \frac{\partial^2 f}{\partial x_0^2} = 0, \quad \frac{\partial^2 f}{\partial x_0 \partial y_0} = 0, \quad \frac{\partial^2 f}{\partial y_0^2} > 0.$$

Die Derivierten der Funktion $F(x)$ sind

$$F'(x) = \frac{\partial f}{\partial x} + \frac{\partial f}{\partial y} \varphi'(x),$$

$$F''(x) = \frac{\partial^2 f}{\partial x^2} + 2 \frac{\partial^2 f}{\partial x \partial y} \varphi'(x) + \frac{\partial^2 f}{\partial y^2} \varphi'^2(x) + \frac{\partial f}{\partial y} \varphi''(x),$$

$$F'''(x) = \frac{\partial^3 f}{\partial x^3} + 3 \frac{\partial^3 f}{\partial x^2 \partial y} \varphi'(x) + 3 \frac{\partial^3 f}{\partial x \partial y^2} \varphi'^2(x) + \frac{\partial^3 f}{\partial y^3} \varphi'^3(x)$$
$$+ 3 \frac{\partial^2 f}{\partial x \partial y} \varphi''(x) + 3 \frac{\partial^2 f}{\partial y^2} \varphi' \varphi'' + \frac{\partial f}{\partial y} \varphi''',$$

$$F^{IV}(x) = \frac{\partial^4 f}{\partial x^4} + 4\frac{\partial^4 f}{\partial x^3 \partial y}\varphi' + 6\frac{\partial^4 f}{\partial x^2 \partial y^2}\varphi'^2 + 4\frac{\partial^4 f}{\partial x \partial y^3}\varphi'^3 + \frac{\partial^4 f}{\partial y^4}\varphi'^4$$
$$+ 6\frac{\partial^3 f}{\partial x^2 \partial y}\varphi'' + 12\frac{\partial^3 f}{\partial x \partial y^2}\varphi'\varphi'' + 6\frac{\partial^3 f}{\partial y^3}\varphi'^2\varphi''$$
$$+ 4\frac{\partial^2 f}{\partial x \partial y}\varphi''' + \frac{\partial^2 f}{\partial y^2}(4\varphi'\varphi''' + 3\varphi''^2) + \frac{\partial f}{\partial y}\varphi^{IV};$$

für $x = y = 0$ geben diese Formeln

$$F'(0) = 0, \quad F''(0) = \frac{\partial^2 f}{\partial y_0^2}[\varphi'(0)]^2.$$

Wenn $\varphi'(0)$ nicht Null ist, so bietet die Funktion $F(x)$ für $x = 0$ ein Minimum dar, was nach der vorangehenden Diskussion leicht vorauszusehen war. Ist aber $\varphi'(0) = 0$, so erhält man

$$F'(0) = 0, \quad F''(0) = 0, \quad F'''(0) = \frac{\partial^3 f}{\partial x_0^3},$$

$$F^{IV}(0) = \frac{\partial^4 f}{\partial x_0^4} + 6\frac{\partial^3 f}{\partial x_0^2 \partial y_0}\varphi''(0) + 3\frac{\partial^2 f}{\partial y_0^2}[\varphi''(0)]^2;$$

damit $F(x)$ ein Minimum sei, muß $\frac{\partial^3 f}{\partial x_0^3}$ gleich Null sein und überdies muß das Trinom

$$\frac{\partial^4 f}{\partial x_0^4} + 6\frac{\partial^3 f}{\partial x_0^2 \partial y_0}\varphi''(0) + 3\frac{\partial^2 f}{\partial y_0^2}[\varphi''(0)]^2$$

positiv sein, was auch der Wert von $\varphi''(0)$ sei.

Es ist leicht zu bestätigen, daß diese Bedingungen für die gerade betrachtete Funktion $z = y^2 - 3x^2y + 2x^4$ nicht befriedigt sind, während sie für die Funktion $z = y^2 + x^4$ zutreffen. In der Tat ist es auch evident, daß diese Fläche ganz oberhalb der xy-Ebene gelegen ist.

Wir wollen die Diskussion hier nicht weitertreiben, die, um vollkommen strenge geführt zu werden, sehr heikle Überlegungen erforderte, und verweisen den Leser, der sich hierin vertiefen will, auf einen wichtigen Aufsatz von Ludwig Scheeffer in Bd. XXXV der Mathematischen Annalen.

49. Funktionen dreier Variablen. — Es sei $u = f(x, y, z)$ eine stetige Funktion der drei Variablen x, y, z. Man sagt auch hier, daß sie für ein Wertsystem x_0, y_0, z_0 ein Maximum oder Minimum hat, wenn die Differenz

$$\Delta = f(x_0 + h, y_0 + k, z_0 + l) - f(x_0, y_0, z_0)$$

für alle Wertsysteme von h, k, l, die ihrem absoluten Betrage nach kleiner sind als eine genügend kleine Zahl η, ein konstantes Zeichen bewahrt. Wenn man nur einer der drei Variablen x, y, z einen Zuwachs erteilt, während man die beiden anderen Variablen als konstant behandelt, so sieht man wie früher, daß u weder ein Maximum noch ein Minimum sein kann, wenn nicht gleichzeitig

$$\frac{\partial f}{\partial x_0} = 0, \quad \frac{\partial f}{\partial y_0} = 0, \quad \frac{\partial f}{\partial z_0} = 0$$

ist, wobei jedoch ausdrücklich vorausgesetzt wird, daß diese Derivierten in der Umgebung der Werte x_0, y_0, z_0 stetig sind. Nehmen wir an, man habe ein System von Lösungen dieser drei simultanen Gleichungen gefunden und es sei M_0 der Punkt des Raumes mit den Koordinaten (x_0, y_0, z_0). Es wird ein Maximum oder Minimum stattfinden, wenn man eine Kugel mit dem Mittelpunkt M_0 finden kann, so daß die Differenz $f(x, y, z) - f(x_0, y_0, z_0)$ ein konstantes Zeichen bewahrt, solange der Punkt (x, y, z) im Innern dieser Kugel bleibt. Stellen wir die Koordinaten eines dem Punkte M_0 benachbarten Punktes durch

$$x = x_0 + \varrho\,\alpha, \quad y = y_0 + \varrho\,\beta, \quad z = z_0 + \varrho\,\gamma$$

dar, wo α, β, γ durch die Relation $\alpha^2 + \beta^2 + \gamma^2 = 1$ verknüpft sind, und ersetzen wir $x - x_0$, $y - y_0$, $z - z_0$ in der TAYLORschen Entwicklung von $f(x, y, z)$ durch $\varrho\,\alpha$, $\varrho\,\beta$, $\varrho\,\gamma$; man erhält

$$\Delta = \varrho^2[\varphi(\alpha, \beta, \gamma) + \varrho\,L],$$

wo $\varphi(\alpha, \beta, \gamma)$ eine quadratische Form in α, β, γ bezeichnet, deren Koeffizienten die Derivierten zweiter Ordnung von $f(x, y, z)$ sind, und L eine in der Umgebung des Punktes M_0 endlich bleibende Funktion ist. Diese quadratische Form läßt sich durch eine Summe von drei mit konstanten Faktoren multiplizierten Quadraten verschiedener linearer Funktionen von α, β, γ ausdrücken, wenn man den Ausnahmefall, daß die Diskriminante dieser Form Null sei, beiseite läßt. Es sei also

$$\varphi(\alpha, \beta, \gamma) = a\,P^2 + a'\,P'^2 + a''\,P''^2;$$

haben die drei Koeffizienten dasselbe Zeichen, so bleibt die quadratische Form $\varphi(\alpha, \beta, \gamma)$ ihrem absoluten Werte nach größer als ein gewisses Minimum, wenn der Punkt (α, β, γ) die Kugel vom Radius eins um den Ursprung als Mittelpunkt beschreibt, und infolgedessen bewahrt Δ das Zeichen von a, a', a'', solange ϱ kleiner als ein bestimmter Wert ist. Die Funktion $f(x, y, z)$ ist also ein Maximum oder ein Minimum.

Wenn die drei Koeffizienten a, a', a'' nicht das gleiche Zeichen haben, so findet weder ein Maximum noch ein Minimum statt. Es sei z. B. $a > 0$, $a' < 0$; nehmen wir für α, β, γ Werte, die den Relationen $P' = 0$, $P'' = 0$ genügen. Diese Werte machen P nicht zu Null und Δ wird für kleine Werte von ϱ positiv sein. Nimmt man hingegen solche Werte von α, β, γ, welche die Relationen $P = 0$, $P'' = 0$ befriedigen, so wird Δ für kleine Werte von ϱ negativ sein.

Die Methode ist die gleiche, welches auch die Anzahl der Variablen sei; stets spielt die Diskussion einer quadratischen Form eine vorwiegende Rolle. In dem Falle einer Funktion dreier Variablen $u = f(x, y, z)$ kann man bemerken, daß die Frage darauf hinausläuft, die Natur einer Fläche in der Umgebung eines singulären Punktes zu studieren. Betrachten wir in der Tat die Fläche Σ, deren Gleichung

$$F(x, y, z) = f(x, y, z) - f(x_0, y_0, z_0) = 0$$

ist; diese Fläche geht offenbar durch den Punkt M_0 mit den Koordinaten x_0, y_0, z_0 und wenn die Funktion $f(x, y, z)$ daselbst ein Maximum oder Minimum hat, so ist dieser Punkt M_0 ein singulärer Punkt von Σ. Wenn nun der Tangentenkegel in M_0 imaginär ist, so hat man gesehen, daß $F(x, y, z)$ im Innern einer um M_0 beschriebenen Kugel von genügend kleinem Radius ein konstantes Zeichen bewahrt; es findet also tatsächlich ein Maximum oder Minimum von $f(x, y, z)$ statt. Wenn aber der Tangentenkegel reell ist oder in zwei reelle und verschiedene Ebenen zerfällt, so gibt es mehrere durch den Punkt M_0 gehende Flächenmäntel, und $F(x, y, z)$ ändert das Zeichen, wenn der Punkt (x, y, z) einen dieser Mäntel durchsetzt.

50. **Abstand eines Punktes von einer Fläche.** Es seien die Maximal- und Minimalwerte der Distanz eines festen Punktes (a, b, c) von einer durch die Gleichung $F(x, y, z) = 0$ dargestellten Fläche S zu finden. Das Quadrat der Distanz

$$u = d^2 = (x - a)^2 + (y - b)^2 + (z - c)^2$$

ist eine Funktion von nur zwei unabhängigen Variablen, z. B. von x und y, wenn man z als eine Funktion von x und y betrachtet, die durch die Gleichung $F = 0$ definiert ist. Ist u ein Maximum oder ein Minimum für einen Punkt (x, y, z) der Fläche, so muß für die Koordinaten dieses Punktes

$$\frac{1}{2}\frac{\partial u}{\partial x} = (x - a) + (z - c)\frac{\partial z}{\partial x} = 0$$

$$\frac{1}{2}\frac{\partial u}{\partial y} = (y - b) + (z - c)\frac{\partial z}{\partial y} = 0$$

sein; andererseits folgt aus der Gleichung $F = 0$

$$\frac{\partial F}{\partial x} + \frac{\partial F}{\partial z}\frac{\partial z}{\partial x} = 0, \qquad \frac{\partial F}{\partial y} + \frac{\partial F}{\partial z}\frac{\partial z}{\partial y} = 0$$

und die vorstehenden Gleichungen werden

$$\frac{x - a}{\dfrac{\partial F}{\partial x}} = \frac{y - b}{\dfrac{\partial F}{\partial y}} = \frac{z - c}{\dfrac{\partial F}{\partial z}};$$

dies zeigt, daß die Normale der Fläche S im Punkte (x, y, z) durch den Punkt (a, b, c) geht. Die gesuchten Punkte sind also — abgesehen von den singulären Punkten der Fläche S — die Fußpunkte der vom Punkte (a, b, c) auf die Fläche S gezogenen Normalen. Um zu untersuchen, ob einer dieser Punkte tatsächlich einem Maximum oder Minimum entspricht, werden wir diesen Punkt zum Ursprung und die Tangentenebene zur xy-Ebene nehmen, so daß der gegebene Punkt auf der z-Achse liegt. Die zu studierende Funktion ist dann

$$u = x^2 + y^2 + (z - c)^2$$

wo z eine Funktion $f(x, y)$ ist, die ebenso wie ihre Derivierten erster Ordnung für $x = y = 0$ verschwindet. Bezeichnet man mit r, s, t die partiellen Derivierten zweiter Ordnung von z, so ist für den Ursprung

$$\frac{\partial^2 u}{\partial x^2} = 2(1 - cr), \qquad \frac{\partial^2 u}{\partial x \partial y} = -2cs, \qquad \frac{\partial^2 u}{\partial y^2} = 2(1 - ct)$$

und alles läuft darauf hinaus, das Vorzeichen des Polynoms

$$\Delta(c) = c^2 s^2 - (1 - cr)(1 - ct) = c^2(s^2 - rt) + (r + t)c - 1$$

zu studieren; die Wurzeln der Gleichung $\Delta(c) = 0$ sind stets reell, wie aus der Identität $(r + t)^2 + 4(s^2 - rt) = 4s^2 + (r - t)^2$ hervorgeht. Dies vorausgeschickt, müssen wir mehrere Fälle je nach dem Zeichen von $s^2 - rt$ unterscheiden.

Erster Fall. Es sei $s^2 - rt < 0$. Die Gleichung $\Delta(c) = 0$ hat zwei gleichbezeichnete Wurzeln c_1 und c_2, und man kann schreiben $\Delta(c) = (s^2 - rt)(c - c_1)(c - c_2)$. Es seien A_1 und A_2 die Punkte der z-Achse, die den Koordinaten c_1 und c_2 entsprechen; diese beiden Punkte liegen auf derselben Seite des Ursprungs, und zwar wenn man r und t — was man immer tun kann — größer als Null voraussetzt, beide auf der positiven Seite von Oz. Wenn der gegebene Punkt $A(0, 0, c)$ außerhalb des Segmentes $A_1 A_2$ liegt, so ist $\Delta(c)$ negativ und die Distanz OA ist ein Maximum oder ein Minimum. Um zu erfahren, welcher der beiden Fälle zutrifft, muß man das Zeichen von $1 - cr$ zu Rate ziehen; dieser Koeffizient verschwindet nur für den Wert $c = \frac{1}{r}$, der zwischen c_1 und c_2 enthalten ist, da $\Delta\left(\frac{1}{r}\right) = \frac{s^2}{r^2}$ ist. Nun ist aber $1 - cr$ für $c = 0$ positiv; es ist also positiv, wenn der Punkt A in bezug auf das Segment $A_1 A_2$ auf derselben Seite wie der Ursprung liegt, und die Distanz OA ist ein Minimum. Sie ist hingegen ein Maximum, wenn der Punkt A bezüglich des Segmentes $A_1 A_2$ auf der dem Ursprung entgegengesetzten Seite gelegen ist. Liegt der Punkt A zwischen den Punkten A_1 und A_2, so ist die Distanz weder ein Maximum noch ein Minimum. Für die Punkte A_1 und A_2 selbst ist es zweifelhaft.

Zweiter Fall. Es sei $s^2 - rt > 0$. Von den Wurzeln c_1 und c_2 von $\Delta(c) = 0$ ist die eine positiv, die andere negativ, und die Punkte A_1 und A_2 liegen zu beiden Seiten des Ursprungs. Liegt der Punkt A nicht zwischen A_1 und A_2, so ist $\Delta(c)$ positiv und es findet weder ein Maximum noch ein Minimum statt. Ist der Punkt A zwischen A_1 und A_2 gelegen, so ist $\Delta(c)$ negativ, $1 - cr$ positiv und die Distanz OA infolgedessen ein Minimum.

Dritter Fall. Es sei $s^2 - rt = 0$. Dann ist $\Delta(c) = (r + t)(c - c_1)$; man sieht wie eben vorhin, daß die Distanz AO ein Minimum ist, wenn der Punkt A in bezug auf den Punkt A_1 mit den Koordinaten $(0, 0, c_1)$ auf derselben Seite wie der Ursprung liegt, und daß weder ein Maximum noch ein

Minimum vorliegt, wenn der Punkt A_1 zwischen dem Punkt A und dem Ursprung liegt.

Die Punkte A_1 und A_2 spielen eine fundamentale Rolle bei dem Studium der Krümmung; es sind die Hauptkrümmungsmittelpunkte der Fläche S im Punkte O.

51. **Maxima und Minima der impliziten Funktionen.** Es kommt oft vor, daß man das Maximum oder das Minimum einer Funktion mehrerer Variablen zu suchen hat, welche durch eine oder mehrere Beziehungen verknüpft sind. Es sei z. B. $\omega = f(x, y, z, u)$ eine Funktion der vier Variablen x, y, z, u, welche die beiden Relationen

$$f_1(x, y, z, u) = 0, \qquad f_2(x, y, z, u) = 0$$

zu erfüllen haben.

Betrachten wir hierbei x und y als die beiden unabhängigen Variablen, z und u als Funktionen von x und y, die durch die vorangehenden Beziehungen definiert sind. Die Bedingungen, damit ω ein Maximum oder Minimum sei, sind die folgenden:

$$\frac{\partial f}{\partial x} + \frac{\partial f}{\partial z}\frac{\partial z}{\partial x} + \frac{\partial f}{\partial u}\frac{\partial u}{\partial x} = 0, \qquad \frac{\partial f}{\partial y} + \frac{\partial f}{\partial z}\frac{\partial z}{\partial y} + \frac{\partial f}{\partial u}\frac{\partial u}{\partial y} = 0;$$

andererseits sind die partiellen Derivierten $\frac{\partial z}{\partial x}, \frac{\partial u}{\partial x}, \frac{\partial z}{\partial y}, \frac{\partial u}{\partial y}$ durch die Relationen gegeben

$$\frac{\partial f_1}{\partial x} + \frac{\partial f_1}{\partial z}\frac{\partial z}{\partial x} + \frac{\partial f_1}{\partial u}\frac{\partial u}{\partial x} = 0, \qquad \frac{\partial f_2}{\partial x} + \frac{\partial f_2}{\partial z}\frac{\partial z}{\partial x} + \frac{\partial f_2}{\partial u}\frac{\partial u}{\partial x} = 0$$

$$\frac{\partial f_1}{\partial y} + \frac{\partial f_1}{\partial z}\frac{\partial z}{\partial y} + \frac{\partial f_1}{\partial u}\frac{\partial u}{\partial y} = 0, \qquad \frac{\partial f_2}{\partial y} + \frac{\partial f_2}{\partial z}\frac{\partial z}{\partial y} + \frac{\partial f_2}{\partial u}\frac{\partial u}{\partial x} = 0$$

und die Elimination von $\frac{\partial z}{\partial x}, \frac{\partial u}{\partial x}, \frac{\partial z}{\partial y}, \frac{\partial u}{\partial y}$ führt zu den beiden Beziehungen

$$(34) \qquad \frac{D(f, f_1, f_2)}{D(x, z, u)} = 0, \qquad \frac{D(f, f_1, f_2)}{D(y, z, u)} = 0,$$

die zusammen mit den Gleichungen $f_1 = 0$, $f_2 = 0$ die Werte von x, y, z, u bestimmen, die einem Maximum oder Minimum entsprechen. Nun zeigen aber die beiden Gleichungen (34), daß man für λ und μ solche Werte finden kann, daß

$$(35) \qquad \begin{cases} \dfrac{\partial f}{\partial x} + \lambda \dfrac{\partial f_1}{\partial x} + \mu \dfrac{\partial f_2}{\partial x} = 0, & \dfrac{\partial f}{\partial y} + \lambda \dfrac{\partial f_1}{\partial y} + \mu \dfrac{\partial f_2}{\partial y} = 0 \\ \dfrac{\partial f}{\partial z} + \lambda \dfrac{\partial f_1}{\partial z} + \mu \dfrac{\partial f_2}{\partial z} = 0, & \dfrac{\partial f}{\partial u} + \lambda \dfrac{\partial f_1}{\partial u} + \mu \dfrac{\partial f_2}{\partial u} = 0 \end{cases}$$

ist. Man kann also die beiden Bedingungen (34) durch die vier Gleichungen (35) ersetzen, in welchen man λ und μ als zwei unbekannte Hilfsgrößen betrachtet.

Die Beweisführung läßt sich offenbar verallgemeinern, und man kann die folgende praktische Regel aussprechen. Es sei eine Funktion

$$f(x_1, x_2, \ldots, x_n)$$

von n Variablen gegeben, die durch h verschiedene Relationen verknüpft sind

$$\varphi_1 = 0, \quad \varphi_2 = 0, \quad \ldots, \varphi_h = 0;$$

um die Werte von $x_1, x_2, \ldots, x_n$ zu finden, welche diese Funktion zu einem Maximum oder einem Minimum machen, muß man die partiellen Derivierten der Hilfsfunktion

$$f + \lambda_1 \varphi_1 + \cdots + \lambda_h \varphi_h$$

gleich Null setzen, wobei man $\lambda_1, \lambda_2, \ldots, \lambda_h$ als Konstanten betrachtet.

Die Anwendung dieser allgemeinen Regel kann durch gewisse Bemerkungen erleichert werden, insbesondere bei den durch die Geometrie gelieferten Maxima- und Minimaaufgaben. Nehmen wir z. B. an, daß man das Maximum einer Fläche eines Dreieckes $M_1 M_2 M_3$ suche, dessen Endpunkte bzw. drei geschlossene, verschiedene oder nicht verschiedene Plankurven C_1, C_2, C_3 beschreiben. Nehmen wir an, daß die Koordinaten eines Punktes der Kurve C_i als Funktionen eines Parameters t_i ausgedrückt sind ($i = 1, 2, 3$); es ist klar, daß die Fläche des Dreieckes eine Funktion $F(t_1, t_2, t_3)$ der drei unabhängigen Variablen t_1, t_2, t_3 ist. $\frac{\partial F}{\partial t_1} = 0$ drückt die Bedingung dafür aus, daß die Fläche ein Maximum oder ein Minimum sei, wenn der Punkt M_1, während die Punkte M_2 und M_3 fest bleiben, sich von seiner Anfangslage ausgehend auf C_1 verschiebt. Dazu ist offenbar nötig, daß die Tangente in M_1 an die Kurve C_1 der Seite $M_2 M_3$ parallel sei; aus demselben Grunde müssen die Tangenten an die Kurven C_2 und C_3 in den Punkten M_2 und M_3 den gegenüberliegenden Seiten parallel sein. Reduzieren sich die Kurven C_1, C_2, C_3 auf eine und dieselbe Ellipse, so gibt es unendlich viele Dreiecke mit möglichst großer Fläche; man hat es also mit einem unreinen Maximum zu tun.

52. **Allgemeine Bemerkungen über die absoluten Maxima und Minima.** Um das absolute Maximum und Minimum einer Funktion zu bestimmen, die in einem bestimmten seine Begrenzung enthaltenden Bereich stetig ist, muß man einige wichtige Bemerkungen berücksichtigen. Nehmen wir z. B. eine Funktion $f(x)$ einer einzigen Variablen, die in einem Intervall (a, b) definiert ist; sie kann ihren Maximal- oder Minimalwert für einen Punkt c im Innern dieses Intervalls erreichen, ohne daß die Derivierte verschwindet. Wenn die Derivierte $f'(x)$ für $x = c$ unstetig ist, so genügt es, daß sie das Zeichen wechsle, damit die Funktion ein Maximum oder Minimum darbiete: so z. B. hat die Funktion $y = x^{2/3}$ ein Minimum

für $x = 0$, und die Derivierte $\frac{2}{3}x^{-1/3}$ wird für diesen Wert von x unendlich. Diese Bemerkung erstreckt sich ohne weiteres auf Funktionen einer beliebigen Anzahl von Variablen. Nehmen wir beispielsweise eine Funktion der beiden Variablen x und y, $\omega = f(x, y)$, die in einem Bereiche D stetig ist. Die vorhin gegebenen Regeln zur Entscheidung, ob ein Punkt (x_0, y_0) im Innern dieses Bereiches einem Maximum oder Minimum entspricht, setzen ausdrücklich voraus, daß die Derivierten für f bis zu denen dritter Ordnung in der Umgebung dieses Punktes endliche Werte bewahren. Es kann aber auch vorkommen, daß die Funktion ω ihr Maximum oder Minimum für einen Punkt (x_0, y_0) im Innern des Bereiches D erreicht, für den diese Bedingungen nicht erfüllt sind, z. B. in einem Punkte, wo die Derivierten f'_x, f'_y unstetig sind.[1]

Es kann aber auch vorkommen, daß die betrachtete Funktion ihren Maximal- oder Minimalwert in einem Punkte der Umgrenzung des Bereiches erreicht und dieser Fall entzieht sich offenbar der Anwendung der allgemeinen Regeln. Nehmen wir, um ein Beispiel zu geben, an, man suche die kürzeste Distanz eines festen Punktes P mit den Koordinaten $(a, 0)$ von dem Kreise C mit dem Radius R und dem Ursprung als Zentrum. Nimmt man als unabhängige Variable die Abszisse von x eines Punktes M des Kreises C, so ist

$$d^2 = \overline{PM}^2 = R^2 + a^2 - 2ax.$$

Die Anwendung der allgemeinen Regel würde dazu führen, die Wurzeln der Gleichung $2a = 0$ zu suchen, was absurd ist. Man erklärt sich dieses Resultat leicht, indem man beachtet, daß nach der Natur der Frage die Variable x nur von $-R$ bis $+R$ variieren kann. Ist a positiv, so ist d^2 ein Minimum für $x = R$ und ein Maximum für $x = -R$.

Eine spezielle Diskussion hinsichtlich der Umgrenzung des Bereiches scheint also in jedem besonderen Falle notwendig. Aber diese Diskussion wird allemal dann unnütz, wenn der betrachtete Bereich **keine Begrenzungen** hat. Von jeder geschlossenen Fläche kann man sagen, daß sie einen Bereich ohne Begrenzung von zwei

---

[1] Man erhält ein interessantes Beispiel, wenn man den Punkt M einer Ebene sucht, für den die Summe $MA + MB + MC$ seiner Abstände von drei Punkten der Ebene ein Minimum ist. Wenn alle Winkel des Dreieckes kleiner als 120° sind, so ist der Punkt M der Punkt, von dem aus man die drei Seiten AB, BC, CA unter gleichen Winkeln von 120° sieht; ist aber einer der Winkel, z. B. $\bar{A}$, größer als 120°, so fällt der Punkt M mit A zusammen, und in diesem Punkte sind die partiellen Derivierten der Funktion unstetig.

Dimensionen definiere. Nehmen wir, um ein Beispiel zu geben, eine Kugel vom Radius R und drücken wir die rechtwinkligen Koordinaten eines Punktes dieser Kugel mittelst der geographischen Koordinaten

$$x = R \sin\theta \cos\varphi, \qquad y = R \sin\theta \sin\varphi, \qquad z = R \cos\theta$$

aus.

Jeder Funktion, die in jedem Punkte dieser Kugel einen einzigen Wert zuläßt, entspricht eine Funktion $\omega = f(\theta, \varphi)$ der beiden Variablen θ und φ, welche die Periode 2π in bezug auf jede der beiden Variablen zuläßt.

Wenn diese Funktion stetig ist und für alle Werte von θ und φ stetige partielle Derivierte zuläßt, so ist klar, daß die Wertepaare von θ und φ, die dieser Funktion ihren Maximal- oder Minimalwert geben, unter den Lösungen der beiden Gleichungen

$$\frac{\partial\omega}{\partial\theta} = 0, \qquad \frac{\partial\omega}{\partial\varphi} = 0$$

enthalten sind.

53. Maximalwert einer Determinante. Es sei das Maximum des absoluten Wertes einer Determinante

$$\Delta = \begin{vmatrix} a_1 & b_1 & c_1 & \dots & l_1 \\ a_2 & b_2 & c_2 & \dots & l_2 \\ \cdot & \cdot & \cdot & \cdot & \cdot \\ a_n & b_n & c_n & \dots & l_n \end{vmatrix}$$

zu finden, wenn man die Summe der Quadrate der in den einzelnen Zeilen enthaltenen Elemente kennt. Dies kommt darauf zurück, das Maximum und das Minimum der Funktion Δ von n^2 Variablen $a_i, b_i, c_i, \dots$ zu finden, die durch die n Relationen

$$(37) \qquad a_i^2 + b_i^2 + c_i^2 + \dots + l_i^2 = H_i \qquad (i = 1, 2, \dots, n)$$

miteinander verknüpft sind, wobei die H_i gegebene positive Konstanten sind. Das so definierte Gebiet ist ein Gebiet ohne Begrenzung, denn wir können $a_i, b_i, c_i, \dots, l_i$ als die Koordinaten eines Punktes einer Kugel vom Radius $\sqrt{H_i}$ im Raume von n Dimensionen betrachten.

Denken wir uns Δ nach den Elementen der i^{ten} Zeile entwickelt

$$(38) \qquad \Delta = A_i a_i + B_i b_i + \dots L_i l_i;$$

wir haben das Maximum oder das Minimum der Funktion Δ der n Variablen $a_i, b_i, \dots l_i$ zu suchen, die durch die Bedingung (37) miteinander verknüpft sind. Die Anwendung der Methode der Multiplikatoren (Nr. 51) führt unmittelbar zu den Bedingungen

$$(39) \qquad \frac{a_i}{A_i} = \frac{b_i}{B_i} = \dots = \frac{l_i}{L_i}.$$

Es seien $a_k, b_k, c_k, \ldots, l_k$ die Elemente einer anderen Zeile von Δ. Dann ist

$$A_i a_k + B_i b_k + \ldots + L_i l_k = 0$$

und infolgedessen wegen der Relationen (39)

$$a_i a_k + b_i b_k + \ldots + l_i l_k = 0, \tag{40}$$

wenn $i \neq k$. Man schließt hieraus, daß die Determinante Δ ihren Maximal- oder ihren Minimalwert nur dann annehmen kann, wenn diese Determinante orthogonal ist.

Sind die Bedingungen (40) erfüllt, so ist das Quadrat von Δ eine Determinante, deren sämtliche Elemente Null sind, außer denen der Hauptdiagonale, die bzw. gleich $H_1, H_2, \ldots, H_n$ sind. Man hat also in diesem Falle

$$\Delta^2 = H_1 H_2 \ldots H_n$$

und das Maximum des absoluten Wertes der Determinante ist also

$$\sqrt{H_1 H_2 \ldots H_n}.$$

Bemerkung. Im Falle $n = 3$ stellt Δ das Volumen des Parallelepipedes dar, das über den Geraden OA_1, OA_2, OA_3, die den Ursprung mit den Punkten $A_1 (a_1 b_1 c_1)$, $A_2 (a_2 b_2 c_2)$, $A_3 (a_3 b_3 c_3)$ verbinden, konstruiert wird. Das erhaltene Resultat ist also nur die Verallgemeinerung des geometrischen Satzes: Von allen mit drei gegebenen Strecken konstruierten Parallelepipeden hat das rechtwinklige das größte Volumen.

Da man für dieses Parallelepiped unendlich viele Lagen im Raume erhalten kann, ohne den Ursprung O zu ändern, so sieht man, daß das erhaltene Maximum von Δ^2 ein unreines Maximum ist.

Es sei Δ eine beliebige Determinante der Ordnung n; bezeichnen wir mit $a_i, b_i, \ldots, l_i$ die Elemente der i^{ten} Zeile, so besteht nach dem Vorangehenden die Ungleichheit

$$|\Delta| \leqq \sqrt{a_1^2 + b_1^2 + \ldots + l_1^2} \cdot \sqrt{a_2^2 + b_2^2 + \ldots + l_2^2} \cdots \sqrt{a_n^2 + b_n^2 + \ldots + l_n^2}. \tag{41}$$

Wenn die absoluten Werte aller Elemente von Δ eine positive Zahl M nicht übertreffen, so ist um so mehr[1]

$$\Delta \leqq \sqrt{n^n} \cdot M^n. \tag{42}$$

III. Funktionaldeterminanten.

34. **Fundamentaleigenschaft.** — Wir haben bereits gesehen, welche wichtige Rolle die Funktionaldeterminante in der Theorie der impliziten Funktionen spielt. Alle Beweise setzen ausdrücklich voraus, daß eine gewisse Jacobische Determinante nicht verschwinde. Es seien n Funktionen von n unabhängigen Variablen gegeben, die stetig sind und stetige partielle Derivierte erster Ordnung zulassen; die Jacobische Determinante dieser n Funktionen genießt analoge Eigenschaften wie eine Derivierte. So ist z. B. damit eine

[1] Dieses Theorem verdankt man Hadamard (Bulletin des Sciences mathématiques, Bd. XVII, 1903), den Beweis des Textes Wirtinger (ebenda 1908).

Funktion einer Variablen x sich auf eine Konstante reduziere, notwendig und hinreichend, daß ihre Derivierte identisch verschwinde. Das entsprechende Theorem für die JACOBIsche Determinante ist das folgende:

Es seien $u_1, u_2, \ldots, u_n$ n Funktionen der n unabhängigen Variablen $x_1, x_2, \ldots x_n$. Damit zwischen diesen Funktionen eine von den Variablen $x_1, x_2, \ldots x_n$ unabhängige Relation existiere, ist notwendig und hinreichend, daß die Funktionaldeterminante $\frac{D(u_1, u_2, \ldots u_n)}{D(x_1, x_2, \ldots x_n)}$ identisch Null sei.

1. Die Bedingung ist notwendig. Betrachten wir, um einen konkreten Fall zu nehmen, drei Funktionen dreier Variablen

$$X = f_1(x, y, z), \qquad Y = f_2(x, y, z), \qquad Z = f_3(x, y, z), \tag{43}$$

die stetig sind und stetige partielle Derivierte zulassen, und nehmen wir an, daß die JACOBIsche Determinante

$$\frac{D(f_1, f_2, f_3)}{D(x, y, z)} \tag{44}$$

nicht identisch Null sei. Es sei im besonderen (x_0, y_0, z_0) ein Wertsystem von x, y, z, für welches diese Determinante von Null verschieden ist; es seien X_0, Y_0, Z_0 die entsprechenden Werte von X, Y, Z. Nach dem allgemeinen Theoreme von Nr. 39 kann man eine positive Zahl h angeben, so daß jedem Wertsyteme von X, Y, Z, das den Bedingungen

$$\left\{ \begin{aligned} X_0 - h \leqq X \leqq X_0 + h, \quad Y_0 - h \leqq Y \leqq Y_0 + h, \\ Z_0 - h \leqq Z \leqq Z_0 + h \end{aligned} \right. \tag{45}$$

genügt, ein Wertsystem von x, y, z entspricht, das die Gleichungen (43) erfüllt. Da die Werte der Funktionen f_1, f_2, f_3 im obigen Gebiete willkürlich gewählt werden können, so kann es also keine Relation $F(X, Y, Z) = 0$ zwischen diesen Funktionen geben.

Bemerkung. Die gleiche Überlegung beweist, daß es keine Beziehung zwischen den beiden Funktionen X, Y geben kann, wenn die drei JACOBIschen Determinanten

$$\frac{D(X, Y)}{D(x, y)}, \quad \frac{D(X, Y)}{D(y, z)}, \quad \frac{D(X, Y)}{D(z, x)}$$

nicht identisch Null sind. Allgemein, damit n Funktionen $u_1, u_2, \ldots, u_n$ von $n + p$ unabhängigen Variablen $x_1, x_2, \ldots, x_{n+p}$ durch eine Relation verbunden seien, ist notwendig, daß alle Funktionaldeterminanten

$$\frac{D(u_1, u_2, \ldots, u_n)}{D(x_{\alpha_1}, x_{\alpha_2}, \ldots, x_{\alpha_n})},$$

wo die Indizes $\alpha_1, \alpha_2, \ldots \alpha_n$ n willkürliche der $n+p$ ersten Zahlen bedeuten, identisch Null seien.

2. Die Bedingung ist hinreichend. Um dies zu beweisen, nehmen wir ein System von vier Funktionen mit vier Variablen

$$(46)\qquad \begin{cases} X = f_1(x, y, z, t) \\ Y = f_2(x, y, z, t) \\ Z = f_3(x, y, z, t) \\ T = f_4(x, y, z, t) \end{cases}$$

für welches die Determinante

$$\Delta = \begin{vmatrix} \frac{\partial f_1}{\partial x} & \frac{\partial f_1}{\partial y} & \frac{\partial f_1}{\partial z} & \frac{\partial f_1}{\partial t} \\ \frac{\partial f_2}{\partial x} & \frac{\partial f_2}{\partial y} & \frac{\partial f_2}{\partial z} & \frac{\partial f_2}{\partial t} \\ \frac{\partial f_3}{\partial x} & \frac{\partial f_3}{\partial y} & \frac{\partial f_3}{\partial z} & \frac{\partial f_3}{\partial t} \\ \frac{\partial f_4}{\partial x} & \frac{\partial f_4}{\partial y} & \frac{\partial f_4}{\partial z} & \frac{\partial f_4}{\partial t} \end{vmatrix}$$

identisch Null sei. Setzen wir zunächst voraus, daß einer der Minoren erster Ordnung z. B. $\delta = \frac{D(f_1, f_2, f_3)}{D(x, y, z)}$ nicht identisch Null sei. Aus den drei ersten Gleichungen entnimmt man dann, indem man sie nach x, y, z auflöst,

$$(47)\qquad z = \varphi_1(X, Y, Z, t), \qquad y = \varphi_2(X, Y, Z, t), \qquad z = \varphi_3(X, Y, Z, t)$$

und infolgedessen

$$(48)\qquad T = f_4(\varphi_1, \varphi_2, \varphi_3, t) = F(X, Y, Z, t).$$

Wir werden nun beweisen, daß diese Funktion F die Variable t nicht enthält oder daß identisch $\frac{\partial F}{\partial t} = 0$ ist. In der Tat, man hat

$$(49)\qquad \frac{\partial F}{\partial t} = \frac{\partial f_4}{\partial x}\frac{\partial \varphi_1}{\partial t} + \frac{\partial f_4}{\partial y}\frac{\partial \varphi_2}{\partial t} + \frac{\partial f_4}{\partial z}\frac{\partial \varphi_3}{\partial t} + \frac{\partial f_4}{\partial t};$$

andererseits sind die Derivierten $\frac{\partial \varphi_1}{\partial t}$, $\frac{\partial \varphi_2}{\partial t}$, $\frac{\partial \varphi_3}{\partial t}$ der impliziten Funktionen φ_1, φ_2, φ_3 durch die drei Relationen gegeben

$$(50)\qquad \begin{cases} \frac{\partial f_1}{\partial x}\frac{\partial \varphi_1}{\partial t} + \frac{\partial f_1}{\partial y}\frac{\partial \varphi_2}{\partial t} + \frac{\partial f_1}{\partial z}\frac{\partial \varphi_3}{\partial t} + \frac{\partial f_1}{\partial t} = 0 \\ \frac{\partial f_2}{\partial x}\frac{\partial \varphi_1}{\partial t} + \frac{\partial f_2}{\partial y}\frac{\partial \varphi_2}{\partial t} + \frac{\partial f_2}{\partial z}\frac{\partial \varphi_3}{\partial t} + \frac{\partial f_2}{\partial t} = 0 \\ \frac{\partial f_3}{\partial x}\frac{\partial \varphi_1}{\partial t} + \frac{\partial f_3}{\partial y}\frac{\partial \varphi_2}{\partial t} + \frac{\partial f_3}{\partial z}\frac{\partial \varphi_3}{\partial t} + \frac{\partial f_3}{\partial t} = 0. \end{cases}$$

Die Relationen (49) und (50) bilden ein System von vier Gleichungen, die in $\frac{\partial\varphi_1}{\partial t}, \frac{\partial\varphi_2}{\partial t}, \frac{\partial\varphi_3}{\partial t}, \frac{\partial F}{\partial t}$ linear sind. Man entnimmt hieraus leicht den Wert von $\frac{\partial F}{\partial t}$; multipliziert man die Elemente der drei ersten Kolonen von Δ bzw. mit $\frac{\partial\varphi_1}{\partial t}, \frac{\partial\varphi_2}{\partial t}, \frac{\partial\varphi_3}{\partial t}$ und addiert sie hierauf zu denen der letzten Kolonne, so erhält man mit Berücksichtigung des Systems (50) $\Delta = \delta \frac{\partial F}{\partial t}$. Da δ nicht Null ist, kann also F die Variable t nicht enthalten und infolgedessen existiert zwischen den vier Funktionen X, Y, Z, T eine Relation der Form

$$T = F(X, Y, Z).$$

Man kann noch bemerken, daß es zwischen diesen vier Funktionen keine von der vorstehenden verschiedene Relation geben kann, die von x, y, z, t unabhängig ist. Andernfalls würde man daraus eine Relation zwischen X, Y, Z ableiten und infolgedessen wäre $\delta = 0$.

Gehen wir zu dem Fall über, wo alle Minoren erster Ordnung von Δ identisch Null sind, während mindestens einer der Minoren zweiter Ordnung, z. B. $\delta' = \frac{D(f_1, f_2)}{D(x, y)}$ nicht identisch verschwindet. Aus den ersten beiden Gleichungen (46) entnimmt man

$$x = \varphi_1(X, Y, z, t), \qquad y = \varphi_2(X, Y, z, t)$$

und infolgedessen

$$Z = f_3(x, y, z, t) = F_1(X, Y, z, t), \qquad T = F_2(X, Y, z, t).$$

Beweisen wir z. B., daß $\frac{\partial F_1}{\partial t} = 0$ ist. Aus den drei Beziehungen

$$\frac{\partial F_1}{\partial t} = \frac{\partial f_3}{\partial x}\frac{\partial\varphi_1}{\partial t} + \frac{\partial f_3}{\partial y}\frac{\partial\varphi_2}{\partial t} + \frac{\partial f_3}{\partial t}$$

$$0 = \frac{\partial f_1}{\partial x}\frac{\partial\varphi_1}{\partial t} + \frac{\partial f_1}{\partial y}\frac{\partial\varphi_2}{\partial t} + \frac{\partial f_1}{\partial t}$$

$$0 = \frac{\partial f_2}{\partial x}\frac{\partial\varphi_1}{\partial t} + \frac{\partial f_2}{\partial y}\frac{\partial\varphi_2}{\partial t} + \frac{\partial f_2}{\partial t}$$

leitet man, indem man wie gerade vorhin vorgeht, die Beziehung

$$\frac{D(f_1, f_2, f_3)}{D(x, y, t)} = \delta' \frac{\partial F_1}{\partial t}$$

her, und infolgedessen ist $\frac{\partial F_1}{\partial t} = 0$. Ebenso würde man sehen, daß

$$\frac{\partial F_1}{\partial z} = 0, \quad \frac{\partial F_2}{\partial z} = 0, \quad \frac{\partial F_2}{\partial t} = 0$$

ist, und es existieren in diesem Falle zwei verschiedene Relationen zwischen den vier Funktionen X, Y, Z, T

$$Z = F_1(X, Y), \quad T = F_2(X, Y);$$

es gibt aber auch keine von diesen verschiedene, denn man würde daraus eine Relation zwischen X und Y ableiten und es müßte gegen die Vorasusetzung $\frac{D(X, Y)}{D(x, y)} = 0$ sein.

Wenn schließlich alle Minoren zweiter Ordnung der Jacobischen Determinante Null wären, ohne daß die vier Funktionen X, Y, Z, T sich auf Konstanten reduzieren, so würde man ebenso sehen, daß drei unter ihnen als Funktionen der vierten betrachtet werden können. Der eben durchgeführte Beweisgang ist offenbar allgemein; wenn die Jacobische Determinante von n Funktionen $F_1, F_2, \ldots, F_n$ der n unabhängigen Variablen $x_1, x_2, \ldots, x_n$ Null ist und ebenso alle Minoren von $n - r + 1$ Zeilen, während mindestens einer der Minoren von $n - r$ Zeilen von Null verschieden ist, so gibt es genau r verschiedene Relationen zwischen den n Funktionen und r unter ihnen lassen sich mittels der $n - r$ übrigen ausdrücken, zwischen denen keine weitere Relation mehr besteht.

Wir überlassen es dem Leser, den folgenden Satz zu beweisen, der auf die gleiche Art begründet werden kann. Damit n Funktionen von $n + p$ unabhängigen Variablen durch eine diese Variablen nicht enthaltende Relation verbunden seien, ist notwendig und hinreichend, daß die Jacobischen Determinanten dieser n Funktionen in bezug auf n beliebige der unabhängigen Variablen sämtlich Null seien. Damit im besonderen von zwei Funktionen $F_1(x_1, x_2, \ldots, x_n)$ und $F_2(x_1, x_2, \ldots, x_n)$ die eine eine Funktion der anderen sei, ist notwendig und hinreichend, daß die entsprechenden partiellen Derivierten $\frac{\partial F_1}{\partial x_i}$ und $\frac{\partial F_2}{\partial x_i}$ proportional seien.

Bemerkung. Die Funktionen $F_1, F_2, \ldots, F_n$, die in den vorangehenden Sätzen vorkommen, können außerdem von gewissen Variablen $y_1, y_2, \ldots, y_m$ abhängen, die von $x_1, x_2, \ldots, x_n$ verschieden sind. Ist die Jacobische Determinante $\frac{D(F_1, F_2, \ldots, F_n)}{D(x_1, x_2, \ldots, x_n)}$ identisch Null, so sind die Funktionen $F_1, F_2, \ldots, F_n$ durch eine oder mehrere Relationen verknüpft, welche die Variablen $x_1, x_2, \ldots, x_n$ nicht enthalten, in denen aber im allgemeinen die anderen Variablen $y_1, y_2, \ldots, y_m$ vorkommen werden.

Die betrachtete Jacobische Determinante ist in der Tat identisch mit

$$\frac{D(F_1, F_2, \ldots, F_n, y_1, y_2, \ldots, y_n)}{D(x_1, x_2, \ldots, x_n, y_1, y_2, \ldots, y_n)}.$$

Anwendung. Das vorstehende Theorem ist in der Analysis von großer Wichtigkeit. Man könnte damit z. B. die fundamentale Eigenschaft des Logarithmus beweisen, ohne sich der arithmetischen Definition zu bedienen. Man wird in der Tat zu Beginn der Integralrechnung zeigen, daß eine für alle positiven Werte der Variablen eindeutig definierte Funktion existiert, die sich für $x = 1$ auf Null reduziert und deren Derivierte gleich $\frac{1}{x}$ ist. Es sei $f(x)$ diese Funktion; setzen wir

$$u = f(x) + f(y), \quad v = xy,$$

so ist

$$\frac{D(u, v)}{D(x, y)} = \begin{vmatrix} \frac{1}{x} & \frac{1}{y} \\ y & x \end{vmatrix} = 0.$$

Es existiert somit eine Beziehung von der Form

$$f(x) + f(y) = \varphi(xy);$$

um die Funktion φ zu bekommen, genügt es $y = 1$ zu setzen: dies gibt $f(x) = \varphi(x)$ und infolgedessen ist, da x willkürlich ist,

$$f(x) + f(y) = f(xy).$$

Man sieht, wie die vorstehende Definition zu den fundamentalen Eigenschaften der Logarithmen geführt hätte, wenn ihre Erfindung nicht der der Integralrechnung vorangegangen wäre.

Die Formel, welche die Derivierte einer Funktion von einer Funktion gibt, kann gleichfalls auf die Jacobischen Determinanten ausgedehnt werden. Es sei $F_1, F_2, \ldots, F_n$ ein System von n Funktionen der Variablen $u_1, u_2, \ldots, u_n$ und wir nehmen an, daß $u_1, u_2, \ldots, u_n$ selbst Funktionen von n unabhängigen Variablen $x_1, x_2, \ldots, x_n$ seien. Man erhält die folgende Formel

$$\text{(51)} \qquad \frac{D(F_1, F_2, \ldots, F_n)}{D(x_1, x_2, \ldots, x_n)} = \frac{D(F_1, F_2, \ldots, F_n)}{D(u_1, u_2, \ldots, u_n)} \cdot \frac{D(u_1, u_2, \ldots, u_n)}{D(x_1, x_2, \ldots, x_n)},$$

deren Beweis unmittelbar aus der Multiplikationsregel der Determinanten und der Formel, welche die Derivierte einer zusammengesetzten Funktion gibt, folgt. Schreiben wir in der Tat die beiden Determinanten

$$\begin{vmatrix} \frac{\partial F_1}{\partial u_1} & \frac{\partial F_1}{\partial u_2} & \cdots & \frac{\partial F_1}{\partial u_n} \\ \cdot & \cdot & \cdot & \cdot \\ \frac{\partial F_n}{\partial u_1} & \frac{\partial F_n}{\partial u_2} & \cdots & \frac{\partial F_n}{\partial u_n} \end{vmatrix}, \qquad \begin{vmatrix} \frac{\partial u_1}{\partial x_1} & \frac{\partial u_1}{\partial x_2} & \cdots & \frac{\partial u_1}{\partial x_n} \\ \cdot & \cdot & \cdot & \cdot \\ \frac{\partial u_n}{\partial x_1} & \frac{\partial u_n}{\partial x_2} & \cdots & \frac{\partial u_n}{\partial x_n} \end{vmatrix},$$

indem wir Reihen und Kolonnen der zweiten vertauschen; das erste Element des Produktes ist gleich

$$\frac{\partial F_1}{\partial u_1}\frac{\partial u_1}{\partial x_1}+\frac{\partial F_1}{\partial u_2}\frac{\partial u_2}{\partial x_1}+\cdots+\frac{\partial F_1}{\partial u_n}\frac{\partial u_n}{\partial x_1},$$

d. h. gleich $\frac{\partial F_1}{\partial x_1}$ und Analoges gilt für die anderen.

Die Formel, welche die Derivierte einer zusammengesetzten Funktion gibt, kann ebenfalls auf die Funktionaldeterminanten ausgedehnt werden.

Es seien z. B. X und Y zwei Funktionen der drei Variablen x, y, z, die selbst die Funktionen der zwei unabhängigen Variablen u und v sind. Dann ist

$$\frac{D(X,Y)}{D(u,v)}=\frac{D(X,Y)}{D(x,y)}\frac{D(x,y)}{D(u,v)}+\frac{D(X,Y)}{D(y,z)}\frac{D(y,z)}{D(u,v)}+\frac{D(X,Y)}{D(z,x)}\frac{D(z,x)}{D(u,v)};$$

es ist leicht, diese Formel zu beweisen und zu verallgemeinern.

IV. Änderung der Variablen.

55. **Allgemeines.** Bei einer großen Anzahl von Fragen der Analysis ist es häufig angezeigt, die unabhängigen Variablen zu ändern. Man muß dann die nach den ursprünglichen Variablen genommenen Derivierten mittels der nach den neuen Variablen genommenen ausdrücken können. Wir haben ein derartiges Problem bereits gelegentlich der Inversion behandelt. Die Lösung des allgemeinen Problems erfordert keine neuen Prinzipien; es genügt, die Regeln anzuwenden, welche die Derivierten der zusammengesetzten und der impliziten Funktionen liefern. Wenn mehrere unabhängige Variablen vorhanden sind, so vereinfacht man die Rechnungen sehr durch Anwendung der totalen Differentiale, indem man sich auf die folgendeu Bemerkungen stützt, die wir unter der Annahme dreier unabhängiger Variablen x, y, z aussprechen wollen.

1. Es seien u, v, w drei voneinander unabhängige Funktionen von x, y, z (d. h. solche, zwischen denen keine Relation besteht); zwischen ihren totalen Differentialen du, dv, dw kann es keine Beziehung von der Form

$$\lambda\,du+\mu\,dv+\nu\,dw=0 \tag{52}$$

geben, worin die Koeffizienten λ, μ, ν nicht gleichzeitig Null wären. Denn wenn man die Koeffizienten von dx, dy, dz in der voranstehenden Relation gleich Null setzt, so erhält man drei lineare homogene Gleichungen in λ, μ, ν und die Determinante der Koeffizienten von λ, μ, ν ist genau die JACOBIsche Determinante $\frac{D(u, v, w)}{D(x, y, z)}$.

2. Es seien ω, u, v, w vier Funktionen der drei unabhängigen Variablen x, y, z, für die $\frac{D(u, v, w)}{D(x, y, z)}$ nicht Null sei. Man kann dann umgekehrt x, y, z als Funktionen von u, v, w ausdrücken und erhält, wenn man diese Werte von x, y, z in ω einträgt, eine Funktion $\omega = \Phi(u, v, w)$ der drei Variablen u, v, w. Wenn man durch irgend ein Mittel eine Relation zwischen den nach den unabhängigen Variablen x, y, z genommenen totalen Differentialen $d\omega, du, dv, dw$ von der Form

$$d\omega = P\,du + Q\,dv + R\,dw$$

erhalten hat, so sind die Koeffizienten P, Q, R bzw. gleich den partiellen Derivierten von $\Phi(u, v, w)$,

$$P = \frac{\partial \Phi}{\partial u}, \quad Q = \frac{\partial \Phi}{\partial v}, \quad R = \frac{\partial \Phi}{\partial w}.$$

In der Tat ist nach der Regel, welche das totale Differential einer zusammengesetzten Funktion gibt (Nr. 25)

$$d\omega = \frac{\partial \Phi}{\partial u} du + \frac{\partial \Phi}{\partial v} dv + \frac{\partial \Phi}{\partial w} dw$$

und es kann zwischen $d\omega, du, dv, dw$ keine hiervon verschiedene lineare Relation geben, denn man würde hieraus zwischen du, dv, dw eine Gleichung von der Form (52) ableiten, wo die Koeffizienten λ, μ, ν nicht Null wären; dies ist aber nach der ersten Bemerkung unmöglich.

Wir gehen nun daran, diese allgemeinen Prinzipien anzuwenden, indem wir die Probleme, die sich am häufigsten darbieten, durchgehen.

56. **Problem I.** Es sei y eine Funktion der unabhängigen Variablen x. Man nimmt eine neue unabhängige Variable t, die an x durch die Relation $x = \varphi(t)$ gebunden ist, und stellt die Aufgabe, die sukzessiven Derivierten von y nach x mittels t und der sukzessiven Derivierten von y nach t auszudrücken.

Es sei $y = f(x)$ die betrachtete Funktion und $F(t) = f[\varphi(t)]$ die Funktion, die man erhält, wenn man x durch $\varphi(t)$ ersetzt. Nach der Regel, die die Derivierte einer Funktion von einer Funktion gibt, erhält man

$$\frac{dy}{dt} = \frac{dy}{dx} \varphi'(t),$$

woraus man

$$y_x' = \frac{\frac{dy}{dt}}{\varphi'(t)} = \frac{y_t'}{\varphi'(t)}$$

entnimmt; dies läßt sich so aussprechen: um die Derivierte von y in bezug auf x zu erhalten, nimmt man die Derivierte dieser Funktion nach t und dividiert sie durch die Derivierte von x nach t.

Man findet die zweite Derivierte $\frac{d^2y}{dx^2}$, indem man die vorstehende Regel auf den Ausdruck, den man eben für die erste Derivierte erhalten hat, anwendet

$$\frac{d^2y}{dx^2} = \frac{\frac{d}{dt}[y_x']}{\varphi'(t)} = \frac{y_{t^2}''\,\varphi'(t) - y_t'\,\varphi''(t)}{[\varphi'(t)]^3};$$

eine neue Anwendung derselben Regel gibt die Derivierte dritter Ordnung

$$\frac{d^3y}{dx^3} = \frac{\frac{d}{dt}(y_{x^2}'')}{\varphi'(t)}$$

oder nach Ausführung der Rechnungen

$$\frac{d^3y}{dx^3} = \frac{y_{t^3}'''[\varphi'(t)]^2 - 3\,y_{t^2}''\,\varphi'(t)\,\varphi''(t) + 3\,y_t'[\varphi''(t)]^2 - y_t'\,\varphi'(t)\,\varphi'''(t)}{[\varphi'(t)]^5} \quad \text{usw.}$$

Diese höheren Derivierten werden sich schrittweise durch Anwendung derselben Regel berechnen lassen; allgemein läßt sich die Derivierte der Ordnung n von y in bezug auf x mittels $\varphi'(t)$, $\varphi''(t), \ldots, \varphi^{(n)}(t)$ und der höheren Derivierten von y in bezug auf t bis zu derjenigen der Ordnung n ausdrücken. Man kann die vorstehenden Formeln noch auf eine symmetrischere Form bringen; bezeichnen wir mit $dx, dy, d^2x, d^2y, \ldots d^nx, d^ny$ die sukzessiven Differentiale von x und y in bezug auf die Variable t und mit $y', y'', \ldots, y^{(n)}$ die sukzessiven Derivierten von y in bezug auf x; die vorstehenden Formeln lassen sich schreiben

$$(53)\quad \begin{cases} y' = \dfrac{dy}{dx}, \\ y'' = \dfrac{dx\,d^2y - dy\,d^2x}{dx^3}, \\ y''' = \dfrac{d^3y\,dx^2 - 3\,d^2y\,dx\,d^2x + 3\,dy\,(d^2x)^2 - dy\,d^3x\,dx}{dx^5}, \\ \ldots\ldots\ldots\ldots\ldots\ldots \end{cases}$$

Die unabhängige Variable t, in bezug auf welche die auf der rechten Seite dieser Formel vorkommenden Differentiale genommen sind, ist vollständig willkürlich und man geht von einer Derivierten zur folgenden durch die Rekursionsformel

$$y^{(n)} = \frac{d[y^{(n-1)}]}{dx}$$

über, wo die rechte Seite der Quotient zweier Differentiale ist.

57. **Anwendungen.** Man bedient sich dieser Formeln beim Studium einer ebenen Kurve, wenn die Koordinaten eines Punktes dieser Kurve mittels einer Hilfsvariablen t ausgedrückt sind,

$$x = f(t), \quad y = \varphi(t);$$

um diese Kurve in der Umgebung eines ihrer Punkte zu studieren, muß man die Werte der sukzessiven Derivierten $y', y'', \ldots$ von y nach x für den betrachteten Punkt berechnen können. Nun geben uns aber die vorstehenden Formeln gerade diese Derivierten, ausgedrückt mittels der sukzessiven Derivierten der Funktionen $f(t)$ und $\varphi(t)$, ohne daß es notwendig wäre, den expliziten Ausdruck von y als Funktion von x zu kennen, was praktisch unmöglich sein könnte. So gibt die erste Formel

$$y' = \frac{dy}{dx} = \frac{\varphi'(t)}{f'(t)}$$

den Richtungskoeffizienten der Tangente; der Wert von y'' kommt in einem wichtigen geometrischen Elemente, dem Krümmungsradius vor, dessen Ausdruck, wie wir später zeigen werden,

$$R = \frac{(1 + y'^2)^{3/2}}{|y''|}$$

ist.

Um den Wert von R zu erhalten, wenn die Koordinaten x und y als Funktionen eines Parameters t gegeben sind, muß man nur y' und y'' durch die vorangehenden Ausdrücke ersetzen und man erhält so

$$R = \frac{(dx^2 + dy^2)^{3/2}}{|dx\,d^2y - dy\,d^2x|};$$

die rechte Seite enthält nur die ersten und zweiten Derivierten von x und y in bezug auf t.

Hier noch eine interessante Bemerkung in bezug auf diese Frage, die dem Traité de Calcul différentiel et intégral von J. Bertrand entnommen ist (Bd. I, S. 170). Denken wir uns, daß man bei der Berechnung eines geometrischen Elementes einer Plankurve, deren Koordinaten x und y mittels eines Parameters t ausgedrückt seien, den Ausdruck erhalten habe

$$F(x, y, dx, dy, d^2x, d^2y, \ldots, d^nx, d^ny),$$

wobei alle Differentiale nach t genommen sind. Da nach der Voraussetzung dieses Element eine geometrische Bedeutung hat, darf sein Wert von der Wahl der unabhängigen Variablen t nicht abhängen. Setzt man aber $x = t$, so muß man $dx = dt$, $d^2x = d^3x = \ldots = d^nx = 0$ setzen und der vorstehende Ausdruck wird

$$f(x, y, y', y'', \ldots y^{(n)});$$

dies ist das Resultat, das man erhalten hätte, wenn man von Anfang an vorausgesetzt hätte, daß die Gleichung der betrachteten Kurve nach y aufgelöst sei, also $y = \Phi(x)$. Um von diesem besonderen Falle zu dem Fall aufzusteigen, wo die unabhängige Variable willkürlich ist, genügt es, $y', y'', y''', \ldots$ durch ihre aus den Formeln (53) entnommenen Werte zu ersetzen. Führt man diese Substitution in

$$f(x, y, y', \ldots, y^{(n)})$$

aus, so wird man also den Ausdruck $F(x, y, dx, dy, d^2x, d^2y \ldots)$ wieder erhalten müssen, von dem man ausgegangen ist. Ist dies nicht der Fall, so wird man behaupten können, daß das erhaltene Resultat irrig ist. Der Ausdruck

$$\frac{dx\, d^2y + dy\, d^2x}{(dx^2 + dy^2)^{3/2}}$$

z. B. kann für eine ebene Kurve keine geometrische Bedeutung haben, die von der Wahl der unabhängigen Variablen unabhängig ist; denn wenn man $x = t$ annimmt, so reduziert sich dieser Ausdruck auf $\frac{y''}{(1 + y'^2)^{3/2}}$ und ersetzt man hierin y' und y'' durch ihre den Formeln (53) entnommenen Werte, so findet man den vorstehenden Ausdruck wieder.

58. Man bedient sich der Formeln (53) auch häufig beim Studium der Differentialgleichungen. Nehmen wir z. B. an, daß man alle Funktionen y einer unabhängigen Variablen x bestimmen will, die der Beziehung

$$(54)\qquad (1 - x^2)\frac{d^2y}{dx^2} - x\frac{dy}{dx} + n^2 y = 0$$

genügen, wo n konstant ist. Nehmen wir eine neue unabhängige Variable t, indem wir $x = \cos t$ setzen; dann ist

$$\frac{dy}{dx} = \frac{\frac{dy}{dt}}{-\sin t},$$

$$\frac{d^2y}{dx^2} = \frac{\sin t\,\frac{d^2y}{dt^2} - \cos t\,\frac{dy}{dt}}{\sin^3 t}$$

und die Gleichung (54) wird nach der Substitution

$$(55)\qquad \frac{d^2y}{dt^2} + n^2 y = 0.$$

Es ist leicht, alle Funktionen von t zu finden, die dieser Relation genügen, denn man kann sie, indem man mit $2\frac{dy}{dt}$ multipliziert, schreiben

$$2\frac{dy}{dt}\frac{d^2y}{dt^2}+2n^2y\frac{dy}{dt}=\frac{d}{dt}\left[\left(\frac{dy}{dt}\right)^2+n^2y^2\right]=0;$$

es muß also

$$\left(\frac{dy}{dt}\right)^2+n^2y^2=n^2a^2$$

sein, wo a eine beliebige Konstante bezeichnet, und infolgedessen ist

$$\frac{dy}{dt}=n\sqrt{a^2-y^2}$$

oder

$$\frac{\frac{dy}{dt}}{\sqrt{a^2-y^2}}-n=0.$$

Die linke Seite ist die Ableitung von $\arcsin\frac{y}{a}-nt$; diese Differenz muß also einer neuen Konstanten b gleich sein und man erhält

$$y=a\sin(nt+b),$$

was man auch schreiben kann

$$y=A\sin nt+B\cos nt.$$

Kehrt man zu der ursprünglichen Variablen x zurück, so schließt man hieraus, daß alle Funktionen von x, welche die vorgelegte Beziehung (54) befriedigen, in der Formel

$$y=A\sin(n\arccos x)+B\cos(n\arccos x)$$

enthalten sind, wo A und B zwei willkürliche Konstanten bezeichnen.

59. **Problem II.** Mittels der Transformationsformeln $x=f(t,u)$, $y=\varphi(t,u)$ entspricht jeder Relation zwischen x und y eine solche zwischen t und u. Man stellt die Aufgabe, die Derivierten von y nach x mittels t, u und der Derivierten von u nach t auszudrücken.

Dieses Problem läßt sich unmittelbar auf das vorangehende zurückführen; denn die Transformationsformeln

$$x=f(t,u),\quad y=\varphi(t,u)$$

geben uns die ursprünglichen Variablen x und y durch die Variable t ausgedrückt, wenn man sich denkt, daß man in diesen Formeln u durch seinen Wert als Funktion von t ersetzt habe. Es wird also genügen, die allgemeine Methode anzuwenden, indem man jedesmal x und y als zusammengesetzte Funktionen von t betrachtet, während der Buchstabe u die Rolle einer Zwischenfunktion spielt. Es ist zunächst

$$\frac{dy}{dx} = \frac{dy}{dt} : \frac{dx}{dt} = \frac{\frac{\partial \varphi}{\partial t} + \frac{\partial \varphi}{\partial u}\frac{du}{dt}}{\frac{\partial f}{\partial t} + \frac{\partial f}{\partial t}\frac{du}{dt}},$$

dann

$$\frac{d^2 y}{dx^2} = \frac{d}{dt}\left(\frac{dy}{dx}\right) : \frac{dx}{dt}$$

oder nach Durchführung der Rechnungen

$$\frac{d^2 y}{dx^2} = \frac{\left(\frac{\partial f}{\partial t} + \frac{\partial f}{\partial u}\frac{du}{dt}\right)\left[\frac{\partial^2 \varphi}{\partial t^2} + 2\frac{\partial^2 \varphi}{\partial u\,\partial t}\frac{du}{dt} + \frac{\partial^2 \varphi}{\partial u^2}\left(\frac{du}{dt}\right)^2 + \frac{\partial \varphi}{\partial u}\frac{d^2 u}{dt^2}\right] - \left(\frac{\partial \varphi}{\partial t} + \frac{\partial \varphi}{\partial u}\frac{du}{dt}\right)\left[\frac{\partial^2 f}{\partial t^2} + \ldots\right]}{\left[\frac{\partial f}{\partial t} + \frac{\partial f}{\partial u}\frac{du}{dt}\right]^3},$$

usw. Allgemein läßt sich die n^{te} Derivierte $y^{(n)}$ mittels t, u und der Derivierten $\frac{du}{dt}, \frac{d^2u}{dt^2}, \ldots, \frac{d^n u}{dt^n}$ ausdrücken.

Nehmen wir z. B. an, es sei die Gleichung einer Kurve in Polarkoordinaten $\varrho = f(\omega)$. Die Formeln, welche die rechtwinkligen Koordinaten eines Punktes geben, sind

$$x = \varrho \cos \omega\,, \quad y = \varrho \sin \omega\,;$$

es seien $\varrho', \varrho'', \ldots$ die sukzessiven Derivierten von ϱ in bezug auf die Variable ω, welche man als die unabhängige betrachtet. Man entnimmt den vorstehenden Formeln

$$dx = \cos \omega\, d\varrho - \varrho \sin \omega\, d\omega\,,$$
$$dy = \sin \omega\, d\varrho + \varrho \cos \omega\, d\omega,$$
$$d^2 x = \cos \omega\, d^2\varrho - 2 \sin \omega\, d\omega\, d\varrho - \varrho \cos \omega\, d\omega^2,$$
$$d^2 y = \sin \omega\, d^2\varrho + 2 \cos \omega\, d\omega\, d\varrho - \varrho \sin \omega\, d\omega^2$$

und infolgedessen

$$dx^2 + dy^2 = d\varrho^2 + \varrho^2 d\omega^2,$$
$$dx\, d^2y - dy\, d^2x = 2\, d\omega\, d\varrho^2 - \varrho\, d\omega\, d^2\varrho + \varrho^2 d\omega^2.$$

Der oben für den Krümmungsradius erhaltene Ausdruck wird

$$R = \pm \frac{(\varrho^2 + \varrho'^2)^{3/2}}{\varrho^2 + 2\varrho'^2 - \varrho\varrho''}\,.$$

60. **Transformation ebener Kurven.** Denken wir uns, daß man jedem Punkte m einer Ebene nach einer bestimmten Konstruktion einen anderen Punkt M derselben Ebene zuordne; bezeichnet man

mit (x, y) die Koordinaten des Punktes m, mit (X, Y) die Koordinaten des Punktes M, so bestehen zwischen diesen Koordinaten zwei Relationen

(56) $$X = f(x, y), \quad Y = \varphi(x, y).$$

Diese Formeln definieren eine Punkttransformation; die Geometrie liefert hierfür zahlreiche Beispiele wie die homographische Transformation, die Transformation durch reziproke Radien usw. Wenn der Punkt m eine Kurve c beschreibt, so beschreibt der entsprechende Punkt M eine andere Kurve C, deren Eigenschaften sich aus denen der Kurve c und aus der Natur der angewandten Transformation herleiten lassen. Es seien $y', y'', \ldots$ die sukzessiven Derivierten von y nach x und $Y', Y'', \ldots$ die sukzessiven Derivierten von Y in bezug auf X; zum Studium der Kurve C ist notwendig, $Y', Y'', \ldots$ mittels $x, y, y', y'' \ldots$ ausdrücken zu können. Dies ist gerade das Problem, das wir eben behandelt haben; man hat zunächst

$$Y' = \frac{\frac{dY}{dx}}{\frac{dX}{dx}} = \frac{\frac{\partial \varphi}{\partial x} + \frac{\partial \varphi}{\partial y} y'}{\frac{\partial f}{\partial x} + \frac{\partial f}{\partial y} y'}$$

$$Y'' = \frac{\frac{dY'}{dx}}{\frac{dX}{dx}} = \frac{\left(\frac{\partial f}{\partial x} + \frac{\partial f}{\partial y} y'\right)\left(\frac{\partial^2 \varphi}{\partial x^2} + \ldots\right) - \ldots}{\left(\frac{\partial f}{\partial x} + \frac{\partial f}{\partial y} y'\right)^3}$$

usw. Man sieht, daß Y' nur von x, y, y' abhängt; wendet man also die Transformation (56) auf zwei Kurven c, c_1 an, die sich im Punkte (x, y) berühren, so werden die transformierten Kurven C, C_1 sich im entsprechenden Punkte (X, Y) berühren. Daher ist es gestattet, die Kurve c durch jede andere sie berührende Kurve zu ersetzen, wenn es sich nur darum handelt, die Tangente an die transformierte Kurve C zu finden.

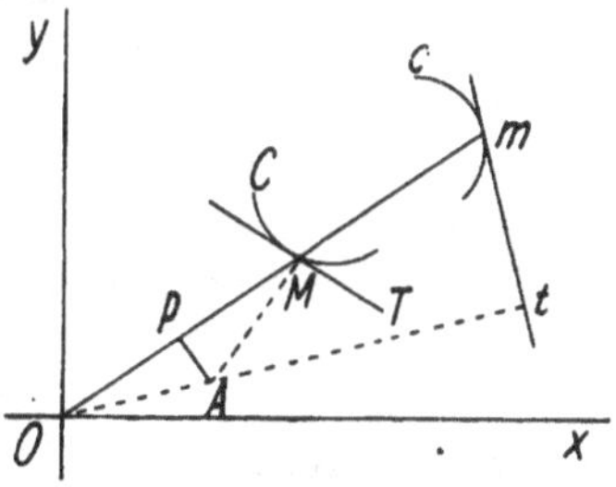

Fig. 8.

Betrachten wir z. B. die durch die Formeln

$$X = \frac{h^2 x}{x^2 + y^2}, \quad Y = \frac{h^2 y}{x^2 + y^2}$$

definierte Transformation, die nichts anderes ist als eine Transformation durch reziproke Radien oder Inversion mit dem Ursprung als Pol. Es sei m ein Punkt der Kurve c und M der entsprechende Punkt der Kurve C. Um die Tangente an diese Kurve C zu finden, haben wir nur den elementargeometrischen Satz anzuwenden, daß die inverse Figur einer geraden Linie ein durch den Inversionspol gehender Kreis ist.

Ersetzen wir die Kurve c durch die Tangente mt, so ist die inverse Figur von mt ein durch die beiden Punkte M und O gehender Kreis, dessen Mittelpunkt A auf den Perpendikel, das man vom Ursprung auf mt fällt, liegt. Die Tangente MT an diesen Kreis steht normal auf AM und die Winkel Mmt, mMt sind als Komplemente des Winkels mOt gleich. Die Tangenten mt und MT sind also in bezug auf den Radiusvektor antiparallel.

61. **Berührungstransformationen.** Die vorangehenden Transformationen sind nicht die allgemeinsten, welche zwei sich berührende Kurven in zwei andere sich berührende Kurven überführen. Denken wir uns, daß man aus jedem Punkte m einer Kurve c einen anderen Punkt M durch eine bestimmte Konstruktion herleite, die nicht nur vom Punkte m, sondern auch von der Tangente in diesem Punkte abhängt. Die Formeln, welche diese Transformation definieren, sind von der Form

$$X = f(x, y, y'), \qquad Y = \varphi(x, y, y') \tag{57}$$

und der Richtungskoeffizient Y' der Tangente an die transformierte Kurve ist

$$Y' = \frac{dY}{dX} = \frac{\dfrac{\partial \varphi}{\partial x} + \dfrac{\partial \varphi}{\partial y} y' + \dfrac{\partial \varphi}{\partial y'} y''}{\dfrac{\partial f}{\partial x} + \dfrac{\partial f}{\partial y} y' + \dfrac{\partial f}{\partial y'} y''}.$$

Im allgemeinen hängt Y' von den vier Veränderlichen x, y, y', y'' ab; wendet man die Transformation (57) auf zwei sich in einem Punkte (x, y) berührende Kurven an, so werden die entsprechenden Kurven C, C_1 einen gemeinsamen Punkt (X, Y) haben, aber sie werden sich nicht berühren, es sei denn, daß y'' den gleichen Wert für die beiden Kurven c und c_1 habe. Damit die beiden Kurven C, C_1 einander stets zur selben Zeit wie die Kurven c, c_1 berühren, ist notwendig und hinreichend, daß Y' von y'' unabhängig sei, d. h. daß die Funktionen $f(x, y, y')$ und $\varphi(x, y, y')$ der Bedingung genügen

$$\frac{\partial f}{\partial y'}\left(\frac{\partial \varphi}{\partial x} + \frac{\partial \varphi}{\partial y} y'\right) = \frac{\partial \varphi}{\partial y'}\left(\frac{\partial f}{\partial x} + \frac{\partial f}{\partial y} y'\right);$$

man sagt dann, daß die betrachtete Transformation eine Berührungstransformation sei. Es ist klar, daß eine Punkttransformation ein besonderer Fall der Berührungstransformation ist.[1]

[1] LEGENDRE und AMPÈRE haben zahlreiche Beispiele dieser Transformationen gegeben. SOPHUS LIE hat die allgemeine Theorie in verschiedenen Arbeiten entwickelt (man vergleiche besonders seine Geometrie der Berührungstransformationen, sowie auch JACOBI, Vorlesungen über Dynamik).

Betrachten wir z. B. die Transformation von LEGENDRE, welche darin besteht, einem Punkte (x, y) einer Kurve c den Punkt M mit den Koordinaten

$$X = y', \quad Y = xy' - y$$

zuzuordnen: man entnimmt diesen Formeln

$$Y' = \frac{dY}{dX} = \frac{xy''}{y''} = x,$$

woraus man ersieht, daß diese Transformation eine Berührungstransformatinn ist. Ebenso erhält man

$$Y'' = \frac{dY'}{dX} = \frac{dx}{y''\,dx} = \frac{1}{y''}$$

$$Y''' = \frac{dY''}{dX} = -\frac{y'''}{y''^3}, \quad \text{usf.}$$

Man entnimmt den vorstehenden Formeln

$$x = Y', \quad y = XY' - Y, \quad y' = X;$$

dies beweist, daß die Tranformation reziprok ist. Alle diese Eigenschaften erklären sich leicht, wenn man bemerkt, daß der Punkt mit den Koordinaten $X = y'$, $Y = xy' - y$ gerade der Pol der Tangente an die Kurve c im Punkte (x, y) in bezug auf die Parabel $x^2 - 2y = 0$ ist. Wenn man aber ganz allgemein den Pol M der Tangente im Punkte m einer Kurve c in bezug auf einen Leitkegelschnitt Σ nimmt, so ist der Ort des Punktes M eine Kurve C, deren Tangente im Punkte M gerade die Polare des Punktes m in bezug auf Σ ist. Es herrscht demnach zwischen den beiden Kurven c und C Reziprozität: ersetzt man übrigens die Kurve c durch eine sie im Punkte m berührende Kurve c_1, so berührt die reziproke Kurve C_1 die Kurve C im Punkte M.

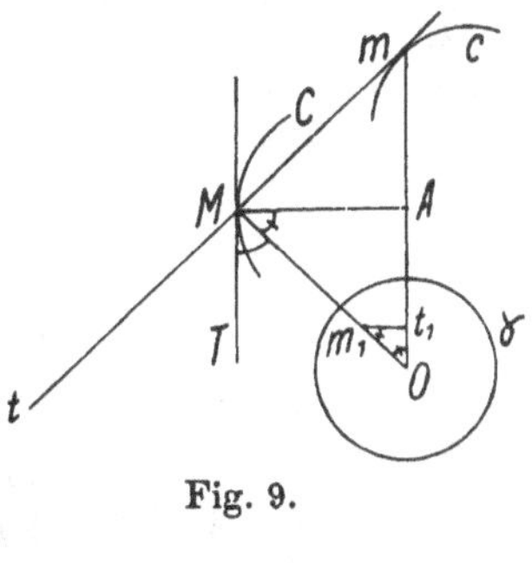

Fig. 9.

Fußpunktskurve. Fällt man von einem festen Punkte O in der Ebene einer Kurve c ein Perpendikel OM auf die Tangente im Punkte m an diese Kurve, so ist der Ort des Fußpunktes M dieses Perpendikels eine Kurve C, welche die **Fußpunktskurve** der **ersten** heißt. Es wäre leicht, rechnerisch die Koordinaten des Punktes M zu erhalten und zu zeigen, daß die so erhaltene Transformation wirklich eine Berührungstransformation ist, aber man gelangt dazu einfacher auf folgende Weise: Betrachten wir einen Kreis γ vom Radius R um O als Mittelpunkt und es sei m_1 ein Punkt auf OM, für den $Om_1 \times MO = R^2$ ist. Der Punkt m_1 ist der Pol der Tangente mt in bezug auf den Kreis γ; die Transformation, die c in C überführt, geht somit aus einer Transformation durch reziproke Polaren gefolgt von einer Inversion hervor. Wenn der Punkt m die Kurve c beschreibt, so beschreibt der Punkt m_1, der Pol von $m\,t$, eine Kurve c_1. deren Tangente die Polare des Punktes m in bezug auf den Kreis γ ist, d. h. die auf $O\,m$ normale Gerade $m_1\,t_1$. Die Tangente $M\,T$ an die Kurve C und die Tangente $m_1\,t_1$ an die Kurve c_1 bilden mit dem Radiusvektor $O\,m_1\,M$ gleiche Winkel; ziehen wir also die Normale MA, so sind die Winkel AMO, AOM als Komplemente gleicher Winkel gleich und der Punkt A ist die Mitte des Radius Om. Daraus schließt man, daß man die Normale an die Fußpunktskurve erhält, indem man den Punkt M mit der Mitte von Om verbindet.

Allgemeine Transformationen. Wenn die Formeln (57) eine Berührungstransformation definieren, ohne sich auf eine Punkttransformation zu reduzieren, so hängt mindestens eine der Funktionen f, φ von y' ab Nehmen wir z. B. an, daß f die Variable y' enthalte; entnimmt man y' der ersten der Relationen (57) und setzt den erhaltenen Wert in die zweite ein, so kann man diese Gleichungen in der äquivalenten Form schreiben

(58) $$X = f(x, y, y'), \qquad Y = \Phi(x, y, X).$$

Man leitet hieraus

$$\frac{dY}{dX} = \left(\frac{\partial \Phi}{\partial x} + \frac{\partial \Phi}{\partial y}y'\right)\frac{dx}{dX} + \frac{\partial \Phi}{\partial X}$$

ab. Nun ist aber

$$\frac{dX}{dx} = \frac{\partial f}{\partial x} + \frac{\partial f}{\partial y}y' + \frac{\partial f}{\partial y'}y''$$

von y'' abhängig; damit $\frac{dY}{dX}$ nur von x, y, y' abhänge, ist notwendig, daß die Werte von X und Y, die sich aus den Formeln (58) ergeben, auch die Beziehung

$$\frac{\partial \Phi}{\partial x} + \frac{\partial \Phi}{\partial y}y' = 0$$

erfüllen und da diese nur x, y, y', X enthält, muß sie mit der ersten der Gleichungen (58) identisch sein.

Umgekehrt sei $F(x, y;\, X, Y)$ eine Funktion der beiden Variablen-(paare (x, y), (X, Y). Wenn die beiden Gleichungen

(59) $$F(x, y;\; X, Y) = 0, \qquad \frac{\partial F}{\partial x} + \frac{\partial F}{\partial y}y' = 0$$

in bezug auf X, Y aufgelöst werden können, so definieren die erhaltenen Formeln

$$X = f(x, y, y'), \qquad Y = \varphi(x, y, y')$$

eine Berührungstransformation. Die ersten der Relationen (59) entnimmt man nämlich

$$\frac{\partial F}{\partial x}dx + \frac{\partial F}{\partial y}dy + \frac{\partial F}{\partial X}dX + \frac{\partial F}{\partial Y}dY = 0,$$

was bei Berücksichtigung der zweiten

$$\frac{\partial F}{\partial X}dX + \frac{\partial F}{\partial Y}dY = 0$$

ergibt; man sieht, daß das Verhältnis $\frac{dY}{dX}$ nur von x, y, y' abhängt.

62. **Problem III.** Es sei $\omega = f(x, y)$ eine Funktion der beiden unabhängigen Variablen x, y; man nimmt zwei neue unabhängige Veränderliche u und v, die an die alten durch die Formeln

$$x = \varphi(u, v), \qquad y = \psi(u, v)$$

gebunden sind, und stellt sich die Aufgabe, die partiellen Derivierten von ω inbezug auf x und y mittels u, v und der partiellen Derivierten von ω nach u und v auszudrücken.

Es sei $\omega = F(u, v)$ das Ergebnis der auf die Funktion $f(x, y)$ angewandten Substitution; die Differentiationsregel der zusammengesetzten Funktionen gibt uns

$$\frac{\partial \omega}{\partial u} = \frac{\partial \omega}{\partial x}\frac{\partial \varphi}{\partial u} + \frac{\partial \omega}{\partial y}\frac{\partial \psi}{\partial u}$$

$$\frac{\partial \omega}{\partial v} = \frac{\partial \omega}{\partial x}\frac{\partial \varphi}{\partial v} + \frac{\partial \omega}{\partial y}\frac{\partial \psi}{\partial v};$$

aus diesen beiden Gleichungen kann man die Werte von $\frac{\partial \omega}{\partial x}$ und $\frac{\partial \omega}{\partial y}$ entnehmen, denn wenn die Determinante $\frac{D(\varphi, \psi)}{D(u, v)}$ Null wäre, so hätte die ausgeführte Änderung der Variablen keinen Sinn. Man wird also aus den vorstehenden Gleichungen

$$(60) \qquad \begin{cases} \dfrac{\partial \omega}{\partial x} = A\dfrac{\partial \omega}{\partial u} + B\dfrac{\partial \omega}{\partial v} \\[2ex] \dfrac{\partial \omega}{\partial y} = C\dfrac{\partial \omega}{\partial u} + D\dfrac{\partial \omega}{\partial v} \end{cases}$$

ableiten, wo A, B, C, D bestimmte Funktionen von u und v sind, und diese Formeln lösen das Problem für die Derivierten erster Ordnung. Sie zeigen, daß man, um die Derivierte einer Funktion in bezug auf x zu erhalten, die nach u genommene Derivierte mit A, die nach v genommene Derivierte mit B multiplizieren und die beiden Produkte addieren muß; ebenso verfährt man, um die partielle Derivierte in bezug auf y zu erhalten, indem man A und B bzw. durch C und D ersetzt. Um die Derivierten zweiter Ordnung zu berechnen, genügt es, die durch die vorangehenden Formeln ausgedrückte Regel auf die Derivierten der ersten Ordnung anzuwenden; man erhält so

$$\frac{\partial^2 \omega}{\partial x^2} = \frac{\partial}{\partial x}\left(\frac{\partial \omega}{\partial x}\right) = \frac{\partial}{\partial x}\left(A\frac{\partial \omega}{\partial u} + B\frac{\partial \omega}{\partial v}\right)$$

$$= A\frac{\partial}{\partial u}\left(A\frac{\partial \omega}{\partial u} + B\frac{\partial \omega}{\partial v}\right) + B\frac{\partial}{\partial v}\left(A\frac{\partial \omega}{\partial u} + B\frac{\partial \omega}{\partial v}\right)$$

oder nach Ausführung der Rechnungen

$$\frac{\partial^2 \omega}{\partial x^2} = A\left(A\frac{\partial^2 \omega}{\partial u^2} + B\frac{\partial^2 \omega}{\partial u \partial v} + \frac{\partial A}{\partial u}\frac{\partial \omega}{\partial u} + \frac{\partial B}{\partial u}\frac{\partial \omega}{\partial v}\right)$$
$$+ B\left(A\frac{\partial^2 \omega}{\partial u \partial v} + B\frac{\partial^2 \omega}{\partial v^2} + \frac{\partial A}{\partial v}\frac{\partial \omega}{\partial u} + \frac{\partial B}{\partial v}\frac{\partial \omega}{\partial v}\right)$$

und ebenso findet man $\frac{\partial^2 \omega}{\partial x \partial y}$, $\frac{\partial^2 \omega}{\partial y^2}$ und die folgenden Derivierten. In allen auszuführenden Derivationen genügt es die Operationen $\frac{\partial}{\partial x}$ und $\frac{\partial}{\partial y}$ durch die Operationen

$$A\frac{\partial}{\partial u} + B\frac{\partial}{\partial v}, \qquad C\frac{\partial}{\partial u} + D\frac{\partial}{\partial v}$$

zu ersetzen; alles läuft also auf die Berechnung der Koeffizienten A, B, C, D hinaus.

Beispiel I. Betrachten wir die Gleichung

$$a\frac{\partial^2 \omega}{\partial x^2} + 2b\frac{\partial^2 \omega}{\partial x \partial y} + c\frac{\partial^2 \omega}{\partial y^2} = 0, \tag{61}$$

wo die Koeffizienten a, b, c konstant sind; wir wollen trachten, diese Gleichung auf eine möglichst einfache Form zurückzuführen. Wäre gleichzeitig $a = c = 0$, so wäre es überflüssig, nach einer Vereinfachung der Gleichung zu suchen; wir können also voraussetzen, daß c z. B. nicht Null ist. Unter dieser Voraussetzung nehmen wir zwei neue unabhängige Variablen u und v

$$u = x + \alpha y, \qquad v = x + \beta y,$$

wo α und β zwei unbestimmte konstante Koeffizienten sind. Man erhält

$$\frac{\partial \omega}{\partial x} = \frac{\partial \omega}{\partial u} + \frac{\partial \omega}{\partial v}$$
$$\frac{\partial \omega}{\partial y} = \alpha\frac{\partial \omega}{\partial u} + \beta\frac{\partial \omega}{\partial v}$$

so daß in diesem Falle $A = B = 1$, $C = \alpha$, $D = \beta$ ist. Die allgemeine Methode ergibt sofort

$$\frac{\partial^2 \omega}{\partial x^2} = \frac{\partial^2 \omega}{\partial u^2} + 2\frac{\partial^2 \omega}{\partial u \partial v} + \frac{\partial^2 \omega}{\partial v^2}$$
$$\frac{\partial^2 \omega}{\partial x \partial y} = \alpha\frac{\partial^2 \omega}{\partial u^2} + (\alpha + \beta)\frac{\partial^2 \omega}{\partial u \partial v} + \beta\frac{\partial^2 \omega}{\partial v^2}$$
$$\frac{\partial^2 \omega}{\partial y^2} = \alpha^2\frac{\partial^2 \omega}{\partial u^2} + 2\alpha\beta\frac{\partial^2 \omega}{\partial u \partial v} + \beta^2\frac{\partial^2 \omega}{\partial v^2}$$

und die vorgelegte Gleichung wird

$$(a + 2b\alpha + c\alpha^2)\frac{\partial^2 \omega}{\partial u^2}$$
$$+ 2[a + b(\alpha + \beta) + c\alpha\beta]\frac{\partial^2 \omega}{\partial u \partial v} + (a + 2b\beta + c\beta^2)\frac{\partial^2 \omega}{\partial v^2} = 0.$$

Wir haben demnach mehrere Fälle zu unterscheiden:

Erster Fall. Es sei $b^2 - ac > 0$; nimmt man für α und β die beiden Wurzeln der Gleichung

$$a + 2br + cr^2 = 0,$$

so nimmt die Gleichung die einfache Form

$$\frac{\partial^2 \omega}{\partial u \partial v} = 0$$

an; da man dies auch $\frac{\partial}{\partial v}\left(\frac{\partial \omega}{\partial u}\right) = 0$ schreiben kann, so sieht man, daß $\frac{\partial \omega}{\partial u}$ eine Funktion der einzigen Variablen u ist, etwa $f(u)$. Bezeichnen wir mit $F(u)$ eine Funktion von u, deren Derivierte $F'(u) = f(u)$ ist; da die Derivierte von $\omega - F(u)$ in bezug auf u Null ist, so ist diese Differenz von u unabhängig und man hat infolgedessen $\omega = F(u) + \Phi(v)$. Die Umkehrung ist unmittelbar. Kehrt man zu den Variablen x und y zurück, so schließt man daraus, daß alle Funktionen, die der Gleichung (61) genügen, von der Form

$$\omega = F(x + \alpha y) + \Phi(x + \beta y)$$

sind, wobei die Funktionen F und Φ willkürlich sind. Das allgemeine Integral der Gleichung

$$\frac{\partial^2 \omega}{\partial y^2} - a^2 \frac{\partial^2 \omega}{\partial x^2} = 0$$

z. B., welche sich in der Theorie der schwingenden Saiten darbietet, ist

$$\omega = f(x + ay) + \varphi(x - ay).$$

Zweiter Fall. Es sei $b^2 - ac = 0$. Nimmt man α gleich der Doppelwurzel der Gleichung $a + 2br + cr^2 = 0$ und β von α verschieden, so wird der Koeffizient von $\frac{\partial^2 \omega}{\partial u \partial v}$ Null sein, denn er ist gleich $a + b\alpha + \beta(b + c\alpha)$; die Gleichung wird sich also auf $\frac{\partial^2 \omega}{\partial v^2} = 0$ reduzieren. Man sieht, daß ω eine lineare Funktion von v sein muß, $\omega = v f(u) + \varphi(u)$, wobei die Funktionen von f und φ willkürlich sind; kehrt man zu den Variablen x und y zurück, so ist der Ausdruck von ω

$$\omega = (x + \beta y) f(x + \alpha y) + \varphi(x + \alpha y);$$

dies läßt sich auch schreiben

$$\omega = [x + \alpha y + (\beta - \alpha) y] f(x + \alpha y) + \varphi(x + \alpha y)$$

oder auch

$$\omega = y F(x + \alpha y) + \Phi(x + \alpha y).$$

Dritter Fall. Ist $b^2 - ac < 0$, so läßt sich die vorangehende Transformation nicht mehr anwenden, es sei denn, daß man imaginäre Variable einführe. Man kann dann α und β derart bestimmen, daß

$$a + 2b\alpha + c\alpha^2 = a + 2b\beta + c\beta^2$$

$$a + b(\alpha + \beta) + c\alpha\beta = 0$$

ist; dies gibt

$$\alpha + \beta = -\frac{2b}{c}, \qquad \alpha\beta = \frac{2b^2 - ac}{c^2}.$$

Die Gleichung zweiten Grades, die α und β zu Wurzeln hat,

$$r^2 + \frac{2b}{c} r + \frac{2b^2 - ac}{c^2} = 0$$

hat in der Tat reelle Wurzeln. Die vorgelegte Gleichung wird dann

$$\Delta_2 \omega = \frac{\partial^2 \omega}{\partial u^2} + \frac{\partial^2 \omega}{\partial v^2} = 0;$$

diese Gleichung $\Delta_2 \omega = 0$, die unter dem Namen der LAPLACEschen Gleichung bekannt ist, spielt eine fundamentale Rolle in einer großen Anzahl von Fragen der Analysis und der mathematischen Physik.

Beispiel II. Sehen wir, was aus der vorstehenden Gleichung wird, wenn wir $x = \varrho \cos \varphi$, $y = \varrho \sin \varphi$ setzen. Man erhält

$$\frac{\partial \omega}{\partial \varrho} = \frac{\partial \omega}{\partial x} \cos \varphi + \frac{\partial \omega}{\partial y} \sin \varphi$$

$$\frac{\partial \omega}{\partial \varphi} = -\frac{\partial \omega}{\partial x} \varrho \sin \varphi + \frac{\partial \omega}{\partial y} \varrho \cos \varphi$$

und wenn man in bezug auf $\frac{\partial \omega}{\partial x}, \frac{\partial \omega}{\partial y}$ auflöst,

$$\frac{\partial \omega}{\partial x} = \cos \varphi \frac{\partial \omega}{\partial \varrho} - \frac{\sin \varphi}{\varrho} \frac{\partial \omega}{\partial \varphi}$$

$$\frac{\partial \omega}{\partial y} = \sin \varphi \frac{\partial \omega}{\partial \varrho} + \frac{\cos \varphi}{\varrho} \frac{\partial \omega}{\partial \varphi}.$$

Danach ist

$$\frac{\partial^2 \omega}{\partial x^2} = \cos \varphi \frac{\partial}{\partial \varrho} \left(\cos \varphi \frac{\partial \omega}{\partial \varrho} - \frac{\sin \varphi}{\varrho} \frac{\partial \omega}{\partial \varphi} \right) - \frac{\sin \varphi}{\varrho} \frac{\partial}{\partial \varphi} \left(\cos \varphi \frac{\partial \omega}{\partial \varrho} - \frac{\sin \varphi}{\varrho} \frac{\partial \omega}{\partial \varphi} \right)$$

$$= \cos^2 \varphi \frac{\partial^2 \omega}{\partial \varrho^2} + \frac{\sin^2 \varphi}{\varrho^2} \frac{\partial^2 \omega}{\partial \varphi^2} - \frac{2 \sin \varphi \cos \varphi}{\varrho} \frac{\partial^2 \omega}{\partial \varrho \partial \varphi}$$

$$+ \frac{2 \sin \varphi \cos \varphi}{\varrho^2} \frac{\partial \omega}{\partial \varphi} + \frac{\sin^2 \varphi}{\varrho} \frac{\partial \omega}{\partial \varrho};$$

man erhält einen ganz analogen Ausdruck für $\frac{\partial^2 \omega}{\partial y^2}$ und findet durch Addition beider

$$\frac{\partial^2 \omega}{\partial x^2} + \frac{\partial^2 \omega}{\partial y^2} = \frac{\partial^2 \omega}{\partial \varrho^2} + \frac{1}{\varrho^2} \frac{\partial^2 \omega}{\partial \varphi^2} + \frac{1}{\varrho} \frac{\partial \omega}{\partial \varrho}.$$

63. **Eine andere Methode.** Die vorstehende Methode ist die praktischste, wenn die Funktion, deren partielle Derivierten man sucht, nicht bekannt ist; aber bei gewissen Fragen ist es vorteilhafter, den folgenden Weg einzuschlagen.

Es sei $z = f(x, y)$ eine Funktion der beiden unabhängigen Variablen x, y; wenn man x, y, z mittels zweier Hilfsvariablen u, v ausgedrückt voraussetzt, so besteht zwischen den totalen Differentialen dx, dy, dz die Beziehung

$$dz = \frac{\partial f}{\partial x} dx + \frac{\partial f}{\partial y} dy,$$

welche den beiden verschiedenen Relationen

$$\frac{\partial z}{\partial u}=\frac{\partial f}{\partial x}\frac{\partial x}{\partial u}+\frac{\partial f}{\partial y}\frac{\partial y}{\partial u},$$

$$\frac{\partial z}{\partial v}=\frac{\partial f}{\partial x}\frac{\partial x}{\partial v}+\frac{\partial f}{\partial y}\frac{\partial y}{\partial v}$$

äquivalent ist; hieraus kann man, wie bei der ersten Methode, $\frac{\partial f}{\partial x}$ und $\frac{\partial f}{\partial y}$ als Funktionen von u, v, $\frac{\partial z}{\partial u}$, $\frac{\partial z}{\partial v}$ entnehmen. Um aber die folgenden Derivierten zu berechnen, werden wir fortfahren, dieselbe Regel anzuwenden; so werden wir, um $\frac{\partial^2 f}{\partial x^2}$ und $\frac{\partial^2 f}{\partial x\,\partial y}$ zu berechnen, von der Identität ausgehen

$$d\left(\frac{\partial f}{\partial x}\right)=\frac{\partial^2 f}{\partial x^2}dx+\frac{\partial^2 f}{\partial x\,\partial y}dy,$$

welche den zwei Relationen

$$\frac{\partial\left(\frac{\partial f}{\partial x}\right)}{\partial u}=\frac{\partial^2 f}{\partial x^2}\frac{\partial x}{\partial u}+\frac{\partial^2 f}{\partial x\,\partial y}\frac{\partial y}{\partial u},$$

$$\frac{\partial\left(\frac{\partial f}{\partial x}\right)}{\partial v}=\frac{\partial^2 f}{\partial x^2}\frac{\partial x}{\partial v}+\frac{\partial^2 f}{\partial x\,\partial y}\frac{\partial y}{\partial v}$$

äquivalent ist, wobei man voraussetzt, daß $\frac{\partial f}{\partial x}$ durch seinen bereits berechneten Ausdruck ersetzt worden ist. Ebenso wird man $\frac{\partial^2 f}{\partial x\,\partial y}$ und $\frac{\partial^2 f}{\partial y^2}$ finden, indem man von der Identität

$$d\left(\frac{\partial f}{\partial y}\right)=\frac{\partial^2 f}{\partial x\,\partial y}dx+\frac{\partial^2 f}{\partial y^2}dy$$

ausgeht und die beiden für $\frac{\partial^2 f}{\partial x\,\partial y}$ erhaltenen Werte müssen identisch sein, was eine Bestätigung für die Richtigkeit der Rechnung liefert. Die Derivierten höherer Ordnung berechnen sich auf die gleiche Art.

Anwendung auf die Flächen. Man bedient sich der vorstehenden Rechnung bei dem Studium der Flächen. Nehmen wir an, daß die Koordinaten eines Punktes einer Fläche S als Funktionen zweier variabler Parameter u, v durch die Formeln

(62) $$x=f(u,v),\quad y=\varphi(u,v),\quad z=\psi(u,v)$$

ausgedrückt seien; man würde die Gleichung dieser Fläche erhalten, indem man die Variablen u und v aus den drei Gleichungen (62) eliminiert, aber man kann sich die Aufgabe stellen, die Eigenschaften der Fläche S auf Grund dieser Gleichungen selbst direkt zu studieren, ohne die Elimination, die praktisch unmöglich sein kann, auszuführen. Beachten wir zunächst, daß die drei JACOBIschen Determinanten $\frac{D(f, \varphi)}{D(u, v)}$, $\frac{D(\varphi, \psi)}{D(u, v)}$, $\frac{D(f, \psi)}{D(u, v)}$ nicht gleichzeitig Null sein können, denn die Elimination von u und v würde auf zwei verschiedene Relationen zwischen x, y, z führen und der Punkt mit den Koordinaten (x, y, z) würde eine Kurve und nicht eine Fläche beschreiben. Es sei also z. B.

$$\frac{D(f, \varphi)}{D(u, v)} \neq 0;$$

aus den beiden ersten Gleichungen (62) kann man sich dann die Werte von u und v entnommen und in die dritte eingetragen denken, wodurch man die Gleichung der Fläche $z = F(x, y)$ erhalten würde. Um diese Fläche in der Umgebung eines Punktes zu studieren, muß man die partiellen Derivierten $p, q, r, s, t \ldots$ dieser Funktion $F(x, y)$ mittels der Parameter u, v berechnen können. Die ersten Derivierten p und q erhält man mittels der Relation

$$dz = p\,dx + q\,dy,$$

die in die zwei Gleichungen

$$(63)\qquad \left\{\begin{aligned} \frac{\partial \psi}{\partial u} &= p \frac{\partial f}{\partial u} + q \frac{\partial \varphi}{\partial u}, \\ \frac{\partial \psi}{\partial v} &= p \frac{\partial f}{\partial v} + q \frac{\partial \varphi}{\partial v} \end{aligned}\right.$$

zerfällt, aus denen man p und q berechnen kann. Die Gleichung der Tangentenebene wird erhalten, indem man diese Werte von p und q in die Gleichung

$$Z - z = p(X - x) + q(Y - y)$$

einträgt; dies führt zu der Gleichung

$$(64)\qquad (X - x)\frac{D(y, z)}{D(u, v)} + (Y - y)\frac{D(z, x)}{D(u, v)} + (Z - z)\frac{D(x, y)}{D(u, v)} = 0.$$

Die Relationen (63) haben eine geometrische Bedeutung, die man leicht erhalten kann; sie drücken aus, daß die Tangentenebene die Tangenten an die beiden auf der Fläche gelegenen Kurven enthält, die man bekommt, wenn man erst v konstant und u variieren und dann u konstant und v variieren läßt.[1]

---

[1] Man kann zu der Gleichung der Tangentenebene auch durch eine direkte Überlegung gelangen. Jede auf der Fläche gelegene Kurve ist durch eine

Hat man p und q erhalten, $p = f_1(u, v)$, $q = f_2(u, v)$, so wird man r, s, t mittels der Gleichungen

$$dp = r\,dx + s\,dy\,,$$
$$dq = s\,dx + t\,dy$$

berechnen, deren jede zwei verschiedene Relationen liefert, usw.

64. **Problem IV.** Setzt man

$$x = f(u, v, w)\,, \quad y = \varphi(u, v, w)\,, \quad z = \psi(u, v, w)\,, \tag{65}$$

so ordnen diese Formeln jeder Relation zwischen den Variablen x, y, z eine neue Relation zwischen u, v, w zu. Man stellt sich die Aufgabe, die partiellen Derivierten von z in bezug auf die Variablen x, y mittels u, v, w und der partiellen Derivierten von w in bezug auf die Variablen u und v auszudrücken.

Dieses Problem läßt sich auf das eben behandelte zurückführen. Nimmt man nämlich an, daß w in den Formeln (65) durch eine Funktion von u und v ersetzt wurde, so hat man die Ausdrücke von x, y, z mittels der beiden Parameter u und v ausgedrückt und man braucht nur die vorangehende Methode wieder anzuwenden, indem man f, φ, ψ als zusammengesetzte Funktionen von u und v behandelt, während die Variable w als eine Zwischenfunktion betrachtet wird. Man erhält z. B. für die Berechnung der Derivierten erster Ordnung p und q die beiden Relationen

$$\frac{\partial\psi}{\partial u} + \frac{\partial\psi}{\partial w}\frac{\partial w}{\partial u} = p\left(\frac{\partial f}{\partial u} + \frac{\partial f}{\partial w}\frac{\partial w}{\partial u}\right) + q\left(\frac{\partial\varphi}{\partial u} + \frac{\partial\varphi}{\partial w}\frac{\partial w}{\partial u}\right),$$
$$\frac{\partial\psi}{\partial v} + \frac{\partial\psi}{\partial w}\frac{\partial w}{\partial v} = p\left(\frac{\partial f}{\partial v} + \frac{\partial f}{\partial w}\frac{\partial w}{\partial v}\right) + q\left(\frac{\partial\varphi}{\partial v} + \frac{\partial\varphi}{\partial w}\frac{\partial w}{\partial v}\right),$$

und ebenso verfährt man bei den folgenden Derivierten.

In der Sprache der Geometrie läßt sich das vorstehende Problem folgendermaßen aussprechen: Jedem Punkte m des Raumes mit den Koordinaten (x, y, z) läßt man durch eine bestimmte Konstruktion einen anderen Punkt M mit den Koordinaten (X, Y, Z) entsprechen. Wenn der Punkt m eine Fläche S beschreibt, so beschreibt der

Relation zwischen u und v definiert, $v = \Pi(u)$, und die Tangente an diese Kurve hat die Gleichungen

$$\frac{X - x}{\frac{\partial f}{\partial u} + \frac{\partial f}{\partial v}\Pi'(u)} = \frac{Y - y}{\frac{\partial\varphi}{\partial u} + \frac{\partial\varphi}{\partial v}\Pi'(u)} = \frac{Z - z}{\frac{\partial\psi}{\partial u} + \frac{\partial\psi}{\partial v}\Pi'(u)}\,.$$

Die Elimination von $\Pi'(u)$ führt zur Gleichung (64) der Tangentenebene.

Punkt M eine Fläche Σ, deren Eigenschaften man aus denen der ersten ableiten will.

Die Formeln, welche die Transformation definieren, sind von der Form

$$X = f(x, y z), \quad Y = \varphi(x, y, z), \quad Z = \psi(x, y, z);$$

es seien

$$z = F(x, y), \quad Z = \Phi(X, Y)$$

die Gleichungen der beiden Flächen S und Σ. Es handelt sich darum, die partiellen Derivierten $P, Q, R, S, T, \ldots$ der Funktion $\Phi(X, Y)$ mittels x, y, z und der partiellen Derivierten $p, q, r, s, t, \ldots$ der Funktion $F(x, y)$ auszudrücken. Dies ist aber gerade, abgesehen von der Abweichung in den Bezeichnungen, das eben behandelte Problem.

Die ersten Derivierten P und Q hängen nur von x, y, z, p, q ab, so daß die Transformation zwei sich berührende Flächen wieder in zwei sich berührende Flächen überführt. Dies sind jedoch nicht die allgemeinsten Transformationen, welche diese Eigenschaften genießen, wie man aus den folgenden Beispielen ersehen wird.

65. **Transformation von Legendre.** Es sei $z = f(x, y)$ die Gleichung einer Fläche S; dem Punkte $m(x, y, z)$ dieser Fläche ordnen wir den Punkt M mit den Koordinaten X, Y, Z zu, indem wir

$$X = p, \quad Y = q, \quad Z = px + qy - z$$

setzen, und es sei $Z = \Phi(X, Y)$ die Gleichung der von dem Punkte M beschriebenen Fläche. Denkt man sich z, p, q durch $f, \frac{\partial f}{\partial x}, \frac{\partial f}{\partial y}$ ersetzt, so erhält man die Ausdrücke der drei Koordinaten des Punktes M als Funktionen der beiden Veränderlichen x und y.

Bezeichnen wir noch mit P, Q, R, S, T die partiellen Derivierten der Funktion $\Phi(X, Y)$; die Relation

$$dZ = P\,dX + Q\,dY$$

gibt uns

$$p\,dx + q\,dy + x\,dp + y\,dq - dz = P\,dp + Q\,dq$$

oder

$$x\,dp + y\,dq = P\,dp + Q\,dq.$$

Setzen wir voraus, daß für die betrachtete Fläche p und q nicht Funktionen voneinander seien, so daß keine Identität der Form $\lambda\,dp + \mu\,dq = 0$ bestehen kann, ohne daß gleichzeitig $\lambda = \mu = 0$ wäre. Man leitet dann aus der vorstehenden Relation

$$P = x, \quad Q = y$$

ab. Um R, S, T zu erhalten, werden wir ebenso von den Relationen ausgehen

$$dP = R\,dX + S\,dY, \quad dQ = S\,dX + T\,dy,$$

die, wenn man X, Y, P, Q durch ihre Werte ersetzt, in

$$dx = R(r\,dx + s\,dy) + S(s\,dx + t\,dy),$$
$$dy = S(r\,dx + s\,dy) + T(s\,dx + t\,dy)$$

übergehen; man entnimmt hieraus

$$Rr + Ss = 1, \quad Rs + St = 0,$$
$$Sr + Ts = 0, \quad Ss + Tt = 1$$

und infolgedessen

$$R = \frac{t}{rt - s^2}, \quad S = \frac{-s}{rt - s^2}, \quad T = \frac{r}{rt - s^2}.$$

Aus den vorstehenden Formeln leitet man umgekehrt ab

$$x = P, \quad y = Q, \quad z = PX + QY - Z, \quad p = X, \quad q = Y,$$
$$r = \frac{T}{RT - S^2}, \quad s = \frac{-S}{RT - S^2}, \quad t = \frac{R}{RT - S^2};$$

dies beweist, daß die Transformation reziprok ist. Außerdem ist sie auch wirklich eine Berührungstransformation, da X, Y, Z, P, Q nur von x, y, z, p, q abhängen. Diese Eigenschaften werden anschaulich, wenn man beachtet, daß die Formeln eine Transformation durch reziproke Polaren in bezug auf das Paraboloid

$$x^2 + y^2 - 2z = 0$$

definieren.

Bemerkung. Die Ausdrücke für R, S, T werden unendlich, wenn in allen Punkten der von m beschriebenen Fläche die Beziehung $rt - s^2 = 0$ besteht. In diesem Falle beschreibt der Punkt M eine Kurve und nicht eine Fläche, denn es ist

$$\frac{D(X, Y)}{D(x, y)} = \frac{D(p, q)}{D(x, y)} = rt - s^2 = 0$$

und ebenso

$$\frac{D(X, Z)}{D(x, y)} = \frac{D(p, px + qy - z)}{D(x, y)} = y(rt - s^2) = 0.$$

Dies ist gerade der Fall, den wir beiseite gelassen haben.

66. **Transformation von AMPÈRE.** Bei den gleichen Bezeichnungen wie im vorangehenden Beispiele setzen wir

$$X = x, \quad Y = q, \quad Z = qy - z;$$

die Relation

$$dZ = P\,dX + Q\,dY$$

wird

$$q\,dy + y\,dq - dz = P\,dx + Q\,dq$$

oder

$$y\,dq - p\,dx = P\,dx + Q\,dq;$$

es ist also

$$P = -p, \quad Q = y$$

und umgekehrt

$$x = X, \quad y = Q, \quad z = QY - Z, \quad p = -P, \quad q = Y,$$

so daß die Transformation wieder eine Berührungstransformation und reziprok ist. Die Relation

$$dP = R\,dX + S\,dY$$

gibt sogleich

$$-r\,dx - s\,dy = R\,dx + S(s\,dx + t\,dy),$$

d. h.

$$R + Ss = -r, \quad St = -s$$

und man entnimmt hieraus

$$R = \frac{s^2 - rt}{t}, \quad S = -\frac{s}{t};$$

geht man von der Relation $dQ = S\,dX + T\,dY$ aus, so findet man ebenso

$$T = \frac{1}{t}.$$

Stellen wir uns als Anwendung dieser Formeln die Aufgabe, alle Funktionen $f(x, y)$ zu finden, die der Bedingung $rt - s^2 = 0$ genügen. Es sei S die durch die Gleichung $z = f(x, y)$ dargestellte Fläche, Σ die transformierte Fläche und $Z = \Phi(X, Y)$ die Gleichung von Σ. Nach der Formel, die R gibt, muß

$$R = \frac{\partial^2 \Phi}{\partial X^2} = 0$$

und Φ eine lineare Funktion von X sein,

$$Z = X\varphi(Y) + \psi(y),$$

wo φ und ψ willkürliche Funktionen von Y sind. Man leitet hieraus

$$P = \varphi(Y), \quad Q = X\varphi'(Y) + \psi'(Y)$$

ab und die Koordinaten (x, y, z) eines Punktes der Fläche S lassen sich umgekehrt als Funktionen der beiden Variablen X, Y durch die Formeln

$$x = X, \quad y = X\varphi'(Y) + \psi'(Y), \quad z = Y[X\varphi'(Y) + \psi'(Y)] - X\varphi(Y) - \psi(Y)$$

ausdrücken; die Gleichung dieser Fläche wird erhalten, indem man X und Y eliminiert oder, was auf dasselbe hinausläuft, indem man den veränderlichen Parameter α aus den beiden Gleichungen

$$z = \alpha y - x\varphi(\alpha) - \psi(\alpha),$$
$$0 = y - x\varphi'(\alpha) - \psi'(\alpha)$$

eliminiert, deren erste eine bewegliche, vom Parameter α abhängige Ebene darstellt, während die zweite erhalten wird, indem man die erste in bezug auf diesen Parameter differenziert. Man erhält so die abwickelbaren Flächen, welche später noch studiert werden sollen.

67. **Gleichung des Potentials in krummlinigen Koordinaten.** Die Rechnungen, die ein Wechsel der Variablen erfordert, können in sehr vielen Fällen durch verschiedene Kunstgriffe vereinfacht werden. Nehmen wir z. B. die Potentialgleichung in orthogonalen krummlinigen Koordinaten.[1] Es seien

[1] Lamé, Traité des coordonnées curvilignes. — Man vgl. auch Bertrand, Traité de Calcul différentiel, Bd. I, S. 181.

$$F(x, y, z) = \varrho\,,$$
$$F_1(x, y, z) = \varrho_1\,,$$
$$F_2(x, y, z) = \varrho_2$$

die Gleichungen dreier Flächenfamilien, die ein dreifach orthogonales System bilden, indem zwei beliebige Flächen, die zwei verschiedenen Familien angehören, sich stets in einem rechten Winkel schneiden; löst man diese drei Gleichungen auf, so entnimmt man daraus x, y, z als Funktionen der Parameter $\varrho, \varrho_1, \varrho_2$

$$(66) \qquad \begin{cases} x = \varphi\,(\varrho, \varrho_1, \varrho_2), \\ y = \varphi_1(\varrho, \varrho_1, \varrho_2), \\ z = \varphi_2(\varrho, \varrho_1, \varrho_2); \end{cases}$$

$\varrho, \varrho_1, \varrho_2$ bilden ein System orthogonaler krummliniger Koordinaten.

Da die vorstehenden drei Flächen orthogonal sind, müssen die Tangenten an die Schnittkurven je zweier dieser drei Flächen ein rechtwinkliges Dreikant bilden; es muß also

$$(67) \qquad \mathrm{S}\frac{\partial \varphi}{\partial \varrho}\frac{\partial \varphi}{\partial \varrho_1} = 0\,, \quad \mathrm{S}\frac{\partial \varphi}{\partial \varrho_1}\frac{\partial \varphi}{\partial \varrho_2} = 0\,, \quad \mathrm{S}\frac{\partial \varphi}{\partial \varrho}\frac{\partial \varphi}{\partial \varrho_2} = 0$$

sein, wo das Zeichen S anzeigt, daß man φ durch φ_1, dann durch φ_2 ersetzen und hernach addieren soll. Diese Bedingungen der Orthogonalität können auch in der äquivalenten Form geschrieben werden

$$(68) \qquad \begin{cases} \dfrac{\partial \varrho}{\partial x}\dfrac{\partial \varrho_1}{\partial x} + \dfrac{\partial \varrho}{\partial y}\dfrac{\partial \varrho_1}{\partial y} + \dfrac{\partial \varrho}{\partial z}\dfrac{\partial \varrho_1}{\partial z} = 0\,, \\ \dfrac{\partial \varrho_1}{\partial x}\dfrac{\partial \varrho_2}{\partial x} + \ldots = 0\,, \qquad \dfrac{\partial \varrho}{\partial x}\dfrac{\partial \varrho_2}{\partial x} + \ldots = 0\,. \end{cases}$$

Dies vorausgeschickt, wollen wir nun sehen, was aus der Potentialgleichung

$$\Delta_2 V = \frac{\partial^2 V}{\partial x^2} + \frac{\partial^2 V}{\partial y^2} + \frac{\partial^2 V}{\partial z^2} = 0$$

bei Einführung von $\varrho, \varrho_1, \varrho_2$ wird; zunächst ist

$$\frac{\partial V}{\partial x} = \frac{\partial V}{\partial \varrho}\frac{\partial \varrho}{\partial x} + \frac{\partial V}{\partial \varrho_1}\frac{\partial \varrho_1}{\partial x} + \frac{\partial V}{\partial \varrho_2}\frac{\partial \varrho_2}{\partial x}\,,$$

dann

$$\begin{aligned} \frac{\partial^2 V}{\partial x^2} = {} & \frac{\partial^2 V}{\partial \varrho^2}\left(\frac{\partial \varrho}{\partial x}\right)^2 + \frac{\partial^2 V}{\partial \varrho_1^2}\left(\frac{\partial \varrho_1}{\partial x}\right)^2 + \frac{\partial^2 V}{\partial \varrho_2^2}\left(\frac{\partial \varrho_2}{\partial x}\right)^2 \\ & + 2\frac{\partial^2 V}{\partial \varrho\,\partial \varrho_1}\frac{\partial \varrho}{\partial x}\frac{\partial \varrho_1}{\partial x} + 2\frac{\partial^2 V}{\partial \varrho_1\,\partial \varrho_2}\frac{\partial \varrho_1}{\partial x}\frac{\partial \varrho_2}{\partial x} + 2\frac{\partial^2 V}{\partial \varrho\,\partial \varrho_2}\frac{\partial \varrho}{\partial x}\frac{\partial \varrho_2}{\partial x} \\ & + \frac{\partial V}{\partial \varrho}\frac{\partial^2 \varrho}{\partial x^2} + \frac{\partial V}{\partial \varrho_1}\frac{\partial^2 \varrho_1}{\partial x^2} + \frac{\partial V}{\partial \varrho_2}\frac{\partial^2 \varrho_2}{\partial x^2}\,. \end{aligned}$$

Addiert man hierzu die zwei analogen Gleichungen, so verschwinden in der Summe vermöge der Beziehungen (68) die Derivierten zweiter Ordnung wie $\dfrac{\partial^2 V}{\partial \varrho\,\partial \varrho_1}$ und es bleibt

$$
(69)\quad \left\{ \begin{aligned} \frac{\partial^2 V}{\partial x^2} + \frac{\partial^2 V}{\partial y^2} + \frac{\partial^2 V}{\partial z^2} &= \Delta_1(\varrho)\frac{\partial^2 V}{\partial \varrho^2} + \Delta_1(\varrho_1)\frac{\partial^2 V}{\partial \varrho_1^2} + \Delta_1(\varrho_2)\frac{\partial^2 V}{\partial \varrho_2^2} \\ &\quad + \Delta_2(\varrho)\frac{\partial V}{\partial \varrho} + \Delta_2(\varrho_1)\frac{\partial V}{\partial \varrho_1} + \Delta_3(\varrho_2)\frac{\partial V}{\partial \varrho_2}, \end{aligned} \right.
$$

wo Δ_1 und Δ_2 die LAMÉschen Differentialparameter bezeichnen

$$
\Delta_1(f) = \left(\frac{\partial f}{\partial x}\right)^2 + \left(\frac{\partial f}{\partial y}\right)^2 + \left(\frac{\partial f}{\partial z}\right)^2, \quad \Delta_2(f) = \frac{\partial^2 f}{\partial x^2} + \frac{\partial^2 f}{\partial y^2} + \frac{\partial^2 f}{\partial z^2}.
$$

Die Differentialparameter erster Ordnung $\Delta_1(\varrho)$, $\Delta_1(\varrho_1)$, $\Delta_1(\varrho_2)$ lassen sich leicht berechnen. Aus den Relationen (66) folgert man

$$
\begin{aligned}
\frac{\partial \varphi}{\partial \varrho}\frac{\partial \varrho}{\partial x} + \frac{\partial \varphi}{\partial \varrho_1}\frac{\partial \varrho_1}{\partial x} + \frac{\partial \varphi}{\partial \varrho_2}\frac{\partial \varrho_2}{\partial x} &= 1, \\
\frac{\partial \varphi_1}{\partial \varrho}\frac{\partial \varrho}{\partial x} + \frac{\partial \varphi_1}{\partial \varrho_1}\frac{\partial \varrho_1}{\partial x} + \frac{\partial \varphi_1}{\partial \varrho_2}\frac{\partial \varrho_2}{\partial x} &= 0, \\
\frac{\partial \varphi_2}{\partial \varrho}\frac{\partial \varrho}{\partial x} + \frac{\partial \varphi_2}{\partial \varrho_1}\frac{\partial \varrho_1}{\partial x} + \frac{\partial \varphi_2}{\partial \varrho_2}\frac{\partial \varrho_2}{\partial x} &= 0
\end{aligned}
$$

und, indem man diese drei Gleichungen bzw. mit $\frac{\partial \varphi}{\partial \varrho}$, $\frac{\partial \varphi_1}{\partial \varrho}$, $\frac{\partial \varphi_2}{\partial \varrho}$ multipliziert und addiert,

$$
\frac{\partial \varrho}{\partial x} = \frac{\dfrac{\partial \varphi}{\partial \varrho}}{\left(\dfrac{\partial \varphi}{\partial \varrho}\right)^2 + \left(\dfrac{\partial \varphi_1}{\partial \varrho}\right)^2 + \left(\dfrac{\partial \varphi_2}{\partial \varrho}\right)^2};
$$

ebenso berechnet man $\frac{\partial \varrho}{\partial y}$ und $\frac{\partial \varrho}{\partial z}$ und erhält

$$
\left(\frac{\partial \varrho}{\partial x}\right)^2 + \left(\frac{\partial \varrho}{\partial y}\right)^2 + \left(\frac{\partial \varrho}{\partial z}\right)^2 = \frac{1}{\left(\dfrac{\partial \varphi}{\partial \varrho}\right)^2 + \left(\dfrac{\partial \varphi_1}{\partial \varrho}\right)^2 + \left(\dfrac{\partial \varphi_2}{\partial \varrho}\right)^2}.
$$

Setzt man also

$$
H = S\left(\frac{\partial \varphi}{\partial \varrho}\right)^2, \quad H_1 = S\left(\frac{\partial \varphi}{\partial \varrho_1}\right)^2, \quad H_2 = S\left(\frac{\partial \varphi}{\partial \varrho_2}\right)^2,
$$

wo das Zeichen S stets anzeigt, daß man φ durch φ_1, dann durch φ_2 ersetzen und hernach addieren soll, so wird

$$
\Delta_1(\varrho) = \frac{1}{H}, \quad \Delta_1(\varrho_1) = \frac{1}{H_1}, \quad \Delta_1(\varrho_2) = \frac{1}{H_2}.
$$

LAMÉ erhält die Ausdrücke von $\Delta_2(\varrho)$, $\Delta_2(\varrho_1)$, $\Delta_2(\varrho_2)$ als Funktionen von ϱ, ϱ_1, ϱ_2 durch eine ziemlich mühsame Rechnung, die man folgendermaßen abkürzen kann. In der Identität (69)

$$
\begin{aligned}
\Delta_2 V = \frac{1}{H}\frac{\partial^2 V}{\partial \varrho^2} + \frac{1}{H_1}\frac{\partial^2 V}{\partial \varrho_1^2} + \frac{1}{H_2}\frac{\partial^2 V}{\partial \varrho_2^2} \\
+ \Delta_2(\varrho)\frac{\partial V}{\partial \varrho} + \Delta_2(\varrho_1)\frac{\partial V}{\partial \varrho_1} + \Delta_2(\varrho_2)\frac{\partial V}{\partial \varrho_2}
\end{aligned}
$$

setzen wir nacheinander $V=x$, $V=y$, $V=z$; wir erhalten die drei Relationen

$$\frac{1}{H}\frac{\partial^2\varphi}{\partial\varrho^2}+\frac{1}{H_1}\frac{\partial^2\varphi}{\partial\varrho_1^2}+\frac{1}{H_2}\frac{\partial^2\varphi}{\partial\varrho_2^2}+\varDelta_2(\varrho)\frac{\partial\varphi}{\partial\varrho}+\varDelta_2(\varrho_1)\frac{\partial\varphi}{\partial\varrho_1}+\varDelta_2(\varrho_2)\frac{\partial\varphi}{\partial\varrho_2}=0,$$

$$\frac{1}{H}\frac{\partial^2\varphi_1}{\partial\varrho^2}+\frac{1}{H_1}\frac{\partial^2\varphi_1}{\partial\varrho_1^2}+\frac{1}{H_2}\frac{\partial^2\varphi_1}{\partial\varrho_2^2}+\varDelta_2(\varrho)\frac{\partial\varphi_1}{\partial\varrho}+\varDelta_2(\varrho_1)\frac{\partial\varphi_1}{\partial\varrho_1}+\varDelta_2(\varrho_2)\frac{\partial\varphi_1}{\partial\varrho_2}=0,$$

$$\frac{1}{H}\frac{\partial^2\varphi_2}{\partial\varrho^2}+\frac{1}{H_1}\frac{\partial^2\varphi_2}{\partial\varrho_1^2}+\frac{1}{H_2}\frac{\partial^2\varphi_2}{\partial\varrho_2^2}+\varDelta_2(\varrho)\frac{\partial\varphi_2}{\partial\varrho}+\varDelta_2(\varrho_1)\frac{\partial\varphi_2}{\partial\varrho_1}+\varDelta_2(\varrho_2)\frac{\partial\varphi_2}{\partial\varrho_2}=0,$$

welche man nur mehr nach $\varDelta_2(\varrho)$, $\varDelta_2(\varrho_1)$, $\varDelta_2(\varrho_2)$ aufzulösen hat. Man entnimmt daraus z. B., indem man sie mit $\frac{\partial\varphi}{\partial\varrho}$, $\frac{\partial\varphi_1}{\partial\varrho}$, $\frac{\partial\varphi_2}{\partial\varrho}$ multipliziert und dann addiert

$$\varDelta_2(\varrho)H+\frac{1}{H}\,S\,\frac{\partial\varphi}{\partial\varrho}\frac{\partial^2\varphi}{\partial\varrho^2}+\frac{1}{H_1}\,S\,\frac{\partial\varphi}{\partial\varrho}\frac{\partial^2\varphi}{\partial\varrho_1^2}+\frac{1}{H_2}\,S\,\frac{\partial\varphi}{\partial\varrho}\frac{\partial^2\varphi}{\partial\varrho_2^2}=0.$$

Überdies ist

$$S\,\frac{\partial\varphi}{\partial\varrho}\frac{\partial^2\varphi}{\partial\varrho^2}=\frac{1}{2}\frac{\partial H}{\partial\varrho}$$

und, indem man die erste der Relationen (67) nach ϱ_1 differenziert,

$$S\,\frac{\partial\varphi}{\partial\varrho}\frac{\partial^2\varphi}{\partial\varrho_1^2}=-\,S\,\frac{\partial\varphi}{\partial\varrho_1}\frac{\partial^2\varphi}{\partial\varrho\,\partial\varrho_1}=-\frac{1}{2}\frac{\partial H_1}{\partial\varrho}.$$

Ebenso ist

$$S\,\frac{\partial\varphi}{\partial\varrho}\frac{\partial^2\varphi}{\partial\varrho_2^2}=-\frac{1}{2}\frac{\partial H_2}{\partial\varrho}$$

und infolgedessen

$$\begin{aligned}\varDelta_2(\varrho)&=-\frac{1}{2H^2}\frac{\partial H}{\partial\varrho}+\frac{1}{2HH_1}\frac{\partial H_1}{\partial\varrho}+\frac{1}{2HH_2}\frac{\partial H_2}{\partial\varrho}\\&=-\frac{1}{2H}\frac{1}{\partial\varrho}\left[\log\left(\frac{H}{H_1H_2}\right)\right].\end{aligned}$$

Setzt man $H=\frac{1}{h^2}$, $H_1=\frac{1}{h_1^2}$, $H_2=\frac{1}{h_2^2}$, so wird diese Formel

$$\varDelta_2(\varrho)=h^2\frac{\partial}{\partial\varrho}\left(\log\frac{h}{h_1h_2}\right),$$

und man erhält ebenso

$$\varDelta_2(\varrho_1)=h_1^2\frac{\partial}{\partial\varrho_1}\left(\log\frac{h_1}{hh_2}\right),\qquad\varDelta_2(\varrho_2)=h_2^2\frac{\partial}{\partial\varrho_2}\left(\log\frac{h_2}{hh_1}\right).$$

Die Formel (69) wird also endgültig

$$(70)\quad\left\{\begin{aligned}\frac{\partial^2V}{\partial x^2}+\frac{\partial^2V}{\partial y^2}+\frac{\partial^2V}{\partial z^2}&=h^2\frac{\partial^2V}{\partial\varrho^2}+h_1^2\frac{\partial^2V}{\partial\varrho_1^2}+h_2^2\frac{\partial^2V}{\partial\varrho_2^2}\\&+h^2\frac{\partial}{\partial\varrho}\left(\log\frac{h}{h_1h_2}\right)\frac{\partial V}{\partial\varrho}+h_1^2\frac{\partial}{\partial\varrho_1}\left(\log\frac{h_1}{hh_2}\right)\frac{\partial V}{\partial\varrho_1}\\&+h_2^2\frac{\partial}{\partial\varrho_2}\left(\log\frac{h_2}{hh_1}\right)\frac{\partial V}{\partial\varrho_2}\end{aligned}\right.$$

oder in gedrängterer Form

$$\varDelta_2V=hh_1h_2\left[\frac{\partial}{\partial\varrho}\left(\frac{h}{h_1h_2}\frac{\partial V}{\partial\varrho}\right)+\frac{\partial}{\partial\varrho_1}\left(\frac{h_1}{hh_2}\frac{\partial V}{\partial\varrho_1}\right)+\frac{\partial}{\partial\varrho_2}\left(\frac{h_2}{hh_1}\frac{\partial V}{\partial\varrho_2}\right)\right].$$

Wenden wir diese Formel auf Polarkoordinaten an. Die Transformationsformeln sind, wenn man ϱ_1 und ϱ_2 durch θ und φ ersetzt,

$$x = \varrho \sin\theta \cos\varphi\,, \quad y = \varrho \sin\theta \sin\varphi\,, \quad z = \varrho \cos\theta$$

und die Koeffizienten h, h_1, h_2 haben die folgenden Werte:

$$h = 1\,, \quad h_1 = \frac{1}{\varrho}\,, \quad h_2 = \frac{1}{\varrho \sin\theta}\,;$$

die allgemeine Formel wird also

$$\Delta_2 V = \frac{1}{\varrho^2 \sin\theta}\left[\frac{\partial}{\partial\varrho}\left(\varrho^2 \sin\theta \frac{\partial V}{\partial \varrho}\right) + \frac{\partial}{\partial\theta}\left(\sin\theta \frac{\partial V}{\partial\theta}\right) + \frac{\partial}{\partial\varphi}\left(\frac{1}{\sin\theta}\frac{\partial V}{\partial\varphi}\right)\right]$$

oder entwickelt

$$\Delta_2 V = \frac{\partial^2 V}{\partial\varrho^2} + \frac{1}{\varrho^2}\frac{\partial^2 V}{\partial\theta^2} + \frac{1}{\varrho^2 \sin^2\theta}\frac{\partial^2 V}{\partial\varphi^2} + \frac{2}{\varrho}\frac{\partial V}{\partial\varrho} + \frac{\cot\theta}{\varrho^2}\frac{\partial V}{\partial\theta}\,,$$

was leicht direkt bestätigt werden kann.

Übungen.

1. Setzt man $u = x^2 + y^2 + z^2$, $v = x + y + z$, $w = xy + yz + zx$, so ist identisch $\frac{D(u, v, w)}{D(x, y, z)} = 0$. Die Beziehung zu finden, die zwischen u, v, w besteht.

2. Es sei $u_1 = \frac{x_1}{\sqrt{1 - x_1^2 - \ldots - x_n^2}}\,, \ldots, u_n = \frac{x_n}{\sqrt{1 - x_1^2 - \ldots - x_n^2}}$;
hier ist

$$\frac{D(u_1, u_2, \ldots, u_n)}{D(u_1, x_2, \ldots, x_n)} = \frac{1}{(1 - x_1^2 - x_2^2 - \ldots - x_n^2)^{1 + \frac{n}{2}}}\,.$$

3. Setzt man

$$\begin{aligned}
x_1 &= \cos\varphi_1\,,\\
x_2 &= \sin\varphi_1 \cos\varphi_2\,,\\
x_3 &= \sin\varphi_1 \sin\varphi_2 \cos\varphi_3\,,\\
&\ldots\ldots\ldots\ldots\\
x_n &= \sin\varphi_1 \sin\varphi_2 \ldots \sin\varphi_{n-1} \cos\varphi_n\,,
\end{aligned}$$

so ist

$$\frac{D(x_1, x_2, \ldots, x_n)}{D(\varphi_1, \varphi_2, \ldots, \varphi_n)} = (-1)^n \sin^n\varphi_1 \sin^{n-1}\varphi_2 \sin^{n-2}\varphi_3 \ldots \sin^2\varphi_{n-1} \sin\varphi_n\,.$$

4. Die Funktion $z = F(x, y)$, welche durch die beiden Gleichungen

$$\begin{aligned}
z &= \alpha x + y f(\alpha) + \varphi(\alpha),\\
0 &= x + y f'(\alpha) + \varphi'(\alpha)
\end{aligned}$$

definiert ist, wo α eine Hilfsvariable bedeutet, genügt der Relation $rt - s^2 = 0$, was auch die Funktionen $f(\alpha)$ und $\varphi(\alpha)$ seien.

5. Jede implizite Funktion $z = F(x, y)$, die durch eine Gleichung von der Form

$$y = x\varphi(z) + \psi(z)$$

definiert ist, genügt für beliebiges $\varphi(z)$ und $\psi(z)$ der Relation

$$rq^2 - 2pqs + tp^2 = 0\,.$$

6. Die Funktion $z = F(x, y)$, die durch die beiden Gleichungen

$$z\,\varphi'(\alpha) = [y - \varphi(\alpha)]^2, \qquad (x + \alpha)\,\varphi'(\alpha) = y - \varphi(\alpha)$$

definiert ist, wo α eine Hilfsvariable bedeutet, genügt für ganz beliebiges $\varphi(\alpha)$ der Relation $p\,q = z$.

7. Die Funktion $z = F(x, y)$, welche durch die beiden Gleichungen

$$[z - \varphi(\alpha)]^2 = x^2 (y^2 - \alpha^2), \qquad [z - \varphi(\alpha)]\,\varphi'(\alpha) = \alpha\, x^2$$

definiert ist, genügt der Relation $p\,q = x\,y$.

8. Setzt man $x = f(u, v)$, $y = \varphi(u, v)$, wobei die Funktionen $f(u, v)$ und $\varphi(u, v)$ den Bedingungen

$$\frac{\partial f}{\partial u} = \frac{\partial \varphi}{\partial v}, \qquad \frac{\partial f}{\partial v} = -\frac{\partial \varphi}{\partial u}$$

genügen, so ist identisch

$$\frac{\partial^2 V}{\partial u^2} + \frac{\partial^2 V}{\partial v^2} = \left(\frac{\partial^2 V}{\partial x^2} + \frac{\partial^2 V}{\partial y^2}\right)\left[\left(\frac{\partial f}{\partial u}\right)^2 + \left(\frac{\partial f}{\partial v}\right)^2\right].$$

9. Wenn die Funktion $V(x, y, z)$ der Gleichung $\varDelta_2 V = 0$ genügt, so verhält es sich ebenso mit der Funktion

$$\frac{1}{r}\, V\left(k^2 \frac{x}{r^2},\, k^2 \frac{y}{r^2},\, k^2 \frac{z}{r^2}\right),$$

wo k eine Konstante ist und $x^2 + y^2 + z^2 = r^2$ gesetzt wurde (Lord Kelvin).

10. Es seien $V(x, y, z)$ und $V_1(x, y, z)$ zwei Integrale der Gleichung $\varDelta_2 V = 0$; die Funktion

$$U = V(x, y, z) + (x^2 + y^2 + z^2)\, V_1(x, y, z)$$

genügt der Gleichung

$$\varDelta_2 \varDelta_2 U = 0.$$

11. Was wird aus der Gleichung

$$(x - x^3)\, y'' + (1 - 3x^2)\, y' - x\,y = 0,$$

wenn man $x = \sqrt{1 - t^2}$ setzt?

12. Dieselbe Frage für die Gleichung

$$\frac{\partial^2 z}{\partial x^2} + 2 x y^2 \frac{\partial z}{\partial x} + 2(y - y^3)\frac{\partial z}{\partial y} + x^2 y^2 z = 0,$$

wenn man die Variablenänderung $x = u\,v$, $y = \frac{1}{v}$ durchführt.

*13. Es sei $\varphi(x_1, x_2, \ldots, x_n;\, u_1, u_2, \ldots, u_n)$ eine Funktion der $2n$ unabhängigen Variablen $x_1, x_2, \ldots, x_n$, $u_1, u_2, \ldots, u_n$, die in bezug auf die Variablen $u_1, u_2, \ldots, u_n$ homogen und vom zweiten Grade ist. Setzt man

$$\frac{\partial \varphi}{\partial u_1} = p_1,\ \frac{\partial \varphi}{\partial u_2} = p_2,\ \ldots,\ \frac{\partial \varphi}{\partial u_n} = p_n$$

und nimmt man $p_1, p_2, \ldots, p_n$ an Stelle von $u_1, u_2, \ldots, u_n$ als die unabhängigen Variablen, so geht die Funktion φ in eine Funktion

$$\psi(x_1, x_2, \ldots, x_n;\, p_1, p_2, \ldots, p_n)$$

über. Es sind die Formeln

$$\frac{\partial \psi}{\partial p_k} = u_k, \qquad \frac{\partial \psi}{\partial x_k} = -\frac{\partial \varphi}{\partial x_k}$$

zu beweisen.

*14. Die Formeln $X = \frac{\partial F}{\partial y'}$, $Y = y' \frac{\partial F}{\partial y'} - F$, wo F eine Funktion von x, y, y' von der Form $\Phi(y', y - xy')$ ist, definieren eine Berührungstransformation, für die $Y' = y'$ ist. Umkehrung der Transformation.

15. In jedem Punkte M einer Fläche S zieht man die Normale MN und nimmt den Punkt N, in welchem sie einer festen Ebene P begegnet; dann errichtet man in diesem Punkte N eine Normale auf der Ebene und trägt darauf eine Länge $Nm = NM$ auf. Es ist die Tangentenebene an die vom Punkte m beschriebene Fläche zu finden.

Die vorstehende Transformation ist eine Berührungstransformation. Es ist die inverse Transformation zu studieren.

16. In den verschiedenen Punkten einer gegebenen Fläche S zieht man die Normalen und schneidet auf ihnen eine konstante Länge l ab; diese Punkte bilden eine neue Fläche Σ, deren Tangentenebene zu finden ist (Parallelflächen).

Dasselbe Problem für eine ebene Kurve.

*17. Gegeben seien eine Fläche S und ein fester Punkt O. Man verbindet den Punkt O mit einem beliebigen Punkte M der Fläche S; durch den Vektor OM und die Flächennormale MN im Punkte M legt man eine Ebene OMN. In dieser Ebene OMN errichtet man im Punkte O eine Normale auf dem Vektor OM und trägt darauf eine Länge $OP = OM$ ab. Der Punkt P beschreibt eine Fläche Σ, welche die Apsidalfläche der ersten heißt. Es ist die Tangentenebene an diese Fläche zu finden. Die vorstehende Transformation ist eine Berührungstransformation, und es besteht Reziprozität zwischen den Flächen S und Σ. Nimmt man als Fläche S ein Ellipsoid und verlegt den Punkt O ins Zentrum, so ist die Fläche Σ die Wellenfläche.

*18. Differentialinvarianten von Halphen. Die Differentialgleichung

$$9\left(\frac{d^2y}{dx^2}\right)^2 \frac{d^5y}{dx^5} - 45 \frac{d^2y}{dx^2}\frac{d^3y}{dx^3}\frac{d^4y}{dx^4} + 40\left(\frac{d^3y}{dx^3}\right)^3 = 0$$

ändert ihre Form nicht, wenn man auf die Variablen x, y eine beliebige homographische Transformation ausführt.

19. In dem Ausdrucke

$$P\,dx + Q\,dy + R\,dz,$$

wo P, Q, R beliebige Funktionen von x, y, z sind, setzt man

$$x = f(u, v, w), \qquad y = \varphi(u, v, w), \qquad z = \psi(u, v, w),$$

wo u, v, w neue Variable sind; er geht in einen Ausdruck von der gleichen Form

$$P_1\,du + Q_1\,dv + R_1\,dw$$

über, wo P_1, Q_1, R_1 Funktionen von u, v, w sind. Es ist zu zeigen, daß indentisch

$$H_1 = \frac{D(x, y, z)}{D(u, v, w)} H$$

ist, wenn man

$$H = P\left(\frac{\partial Q}{\partial z} - \frac{\partial R}{\partial y}\right) + Q\left(\frac{\partial R}{\partial x} - \frac{\partial P}{\partial z}\right) + R\left(\frac{\partial P}{\partial y} - \frac{\partial Q}{\partial x}\right)$$

$$H_1 = P_1\left(\frac{\partial Q_1}{\partial w} - \frac{\partial Q_1}{\partial v}\right) + Q_1\left(\frac{\partial R_1}{\partial u} - \frac{\partial P_1}{\partial w}\right) + R_1\left(\frac{\partial P_1}{\partial v} - \frac{\partial Q_1}{\partial u}\right)$$

setzt.

*20. Bilineare Kovariante. Es sei Θ_d eine lineare Form von Differentialen

$$\Theta_d = X_1\,dx_1 + X_2\,dx_2 + \ldots + X_n\,dx_n,$$

wo $X_1, X_2, \ldots, X_n$ Funktionen von n Variablen $x_1, x_2, \ldots, x_n$ sind. Man betrachte den Ausdruck

$$H = \sum_{i=1}^{n}\sum_{k=1}^{n} a_{ik}\,dx_i\,\delta x_k,$$

wo

$$a_{ik} = \frac{\partial X_i}{\partial x_k} - \frac{\partial X_k}{\partial x_i}$$

gesetzt wurde und wo zwei Systeme von Differentialen d, δ vorkommen. Führt man eine beliebige Änderung der Variablen durch

$$x_i = \varphi_i(y_1, y_2, \ldots, y_n) \qquad (i = 1, 2, \ldots, n),$$

so geht der Ausdruck Θ_d in einen Ausdruck von gleicher Form über:

$$\Theta'_d = Y_1\,dy_1 + \ldots + Y_n\,dy_n,$$

wo $Y_1, Y_2, \ldots, Y_n$ Funktionen von $y_1, y_2, \ldots, y_n$ sind; ferner sei wieder

$$a'_{ik} = \frac{\partial Y_i}{\partial y_k} - \frac{\partial Y_k}{\partial y_i}$$

und

$$H' = \sum_i \sum_k a'_{ik}\,dy_i\,\delta y_k.$$

Ersetzt man dx_i und δx_k in H bzw. durch

$$\frac{\partial \varphi_i}{\partial y_1}dy_1 + \frac{\partial \varphi_i}{\partial y_2}dy_2 + \ldots + \frac{\partial \varphi_n}{\partial y_n}dy_n$$

$$\frac{\partial \varphi_k}{\partial y_1}\delta y_1 + \frac{\partial \varphi_k}{\partial y_2}\delta y_2 + \ldots + \frac{\partial \varphi_k}{\partial y_n}\delta y_n,$$

so erhält man identisch $H = H_1$. H heißt die bilineare Kovariante von Θ_d.

21. Schwarzsche Formel. Setzt man $y = \dfrac{ax + b}{cx + d}$, wo x eine Funktion von t ist und a, b, c, d willkürliche Konstanten sind, so ist

$$\frac{x'''}{x'} - \frac{3}{2}\left(\frac{x''}{x'}\right)^2 = \frac{y'''}{y'} - \frac{3}{2}\left(\frac{y''}{y'}\right)^2,$$

wobei $x', x'', x''', y', y'', y'''$ die Derivierten in bezug auf die Variable t bezeichnen.

*22. Es seien u und v zwei beliebige Funktionen der beiden unabhängigen Variablen x und y. Man setze

$$U = \frac{au + bv + c}{a''u + b''v + c''}, \qquad V = \frac{a'u + b'v + c'}{a''u + b''v + c''},$$

wo $a, b, c, \ldots, c''$ Konstanten sind. Es sind die Formeln zu beweisen

$$\frac{\dfrac{\partial^2 u}{\partial x^2}\dfrac{\partial v}{\partial x} - \dfrac{\partial^2 v}{\partial x^2}\dfrac{\partial u}{\partial x}}{(u, v)} = \frac{\dfrac{\partial^2 U}{\partial x^2}\dfrac{\partial V}{\partial x} - \dfrac{\partial^2 V}{\partial x^2}\dfrac{\partial U}{\partial x}}{(U, V)}$$

$$\frac{\dfrac{\partial^2 u}{\partial x^2}\dfrac{\partial v}{\partial y} - \dfrac{\partial^2 v}{\partial x^2}\dfrac{\partial u}{\partial y} + 2\left(\dfrac{\partial v}{\partial x}\dfrac{\partial^2 u}{\partial x\,\partial y} - \dfrac{\partial u}{\partial x}\dfrac{\partial^2 v}{\partial x\,\partial y}\right)}{(u, v)}$$

$$= \frac{\dfrac{\partial^2 U}{\partial x^2}\dfrac{\partial V}{\partial y} - \dfrac{\partial^2 V}{\partial x^2}\dfrac{\partial U}{\partial y} + 2\left(\dfrac{\partial V}{\partial x}\dfrac{\partial^2 U}{\partial x\,\partial y} - \dfrac{\partial U}{\partial x}\dfrac{\partial^2 V}{\partial x\,\partial y}\right)}{(U, V)}$$

und die analogen Formeln, die man durch Permutation von x und y erhält. Hierbei wurde

$$(u, v) = \frac{\partial u}{\partial x}\frac{\partial v}{\partial y} - \frac{\partial u}{\partial y}\frac{\partial v}{\partial x}, \qquad (U, V) = \frac{\partial U}{\partial x}\frac{\partial V}{\partial y} - \frac{\partial U}{\partial y}\frac{\partial V}{\partial x}$$

gesetzt (Goursat und Painlevé).

23. Die Maximal- und Minimalwerte des Abstandes eines Punktes von einer Plan- und Raumkurve zu finden; dasselbe Problem für zwei Punkte zweier Kurven und für zwei Punkte zweier Flächen.

24. Die Punkte einer Fläche S, für welche die Summe der Quadrate der Abstände von n gegebenen Punkten $(x_1, y_1, z_1), \ldots, (x_n, y_n, z_n)$ ein Maximum oder Minimum ist, sind die Fußpunkte der vom Punkte

$$\frac{x_1 + \ldots + x_n}{n}, \quad \frac{y_1 + \ldots + y_n}{n}, \quad \frac{z_1 + \ldots + z_n}{n}$$

zur Fläche gezogenen Normalen.

25. Von allen Vierecken, die man mit vier gegebenen Seiten bilden kann, kann dem vom größten Flächeninhalte ein Kreis umschrieben werden. Ausdehnung auf die Vielecke von n Seiten.

26. Es ist das Maximum des Volumens eines einem Ellipsoid eingeschriebenen rechtwinkligen Parallelepipedes zu finden.

27. Die Achsen einer Kurve zweiten Grades mit Mittelpunkt zu finden, indem man ihre Eckpunkte als die Punkte betrachtet, für welche der Abstand vom Mittelpunkt ein Maximum oder Minimum ist.

28. Dasselbe Problem für die Achsen des Schnittes durch das Zentrum eines Ellipsoids.

*29. Die Ellipse von kleinstem Flächeninhalte, die durch die drei Eckpunkte eines Dreiecks geht, und das Ellipsoid von kleinstem Inhalte, das durch die vier Eckpunkte eines Tetraeders geht, zu finden.

30. Den kürzesten Abstand eines Kreises von einer Geraden im Raume zu finden.

*31. Das Quadrat des Moduls einer Determinante D mit imaginären Elementen ist höchstens gleich der Quadratwurzel aus dem Produkte der Summen der Quadrate der Moduln der in gleichen Zeilen enthaltenen Elemente (Hadamard).

Viertes Kapitel.

Bestimmte Integrale.

I. Verschiedene Methoden der Quadratur.

68. **Quadratur der Parabel.** Die Bestimmung der Fläche einer Plankurve ist eines der Probleme, die den Scharfsinn der Geometer am meisten beschäftigt haben. Unter den Beispielen, die uns die Alten hinterlassen haben, ist eines der berühmtesten die Quadratur der Parabel durch ARCHIMEDES; wir wollen hier eine seiner Methoden anführen.

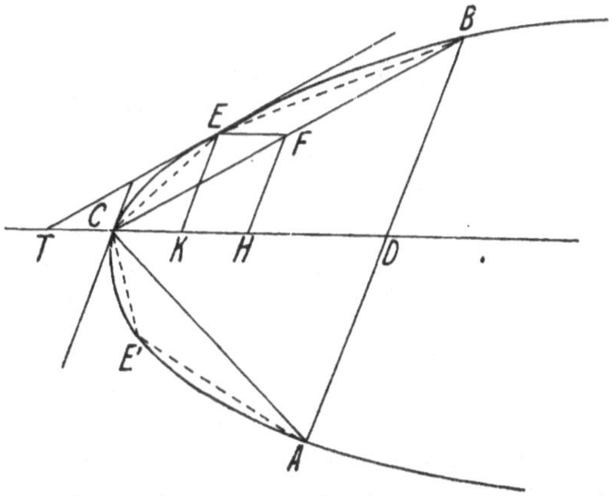

Fig. 10.

Es sei die Fläche zu bestimmen, die zwischen einem Parabelbogen ACB und der Sehne AB enthalten ist. Ziehen wir den Durchmesser CD, der den Mittelpunkt D von AB mit dem Punkte C verbindet, in welchem die Tangente zu AB parallel ist; ferner die Sehnen AC und BC und nehmen wir die Punkte E und E', in denen die Tangenten bzw. den beiden Sehnen BC und AC parallel sind. Wir wollen zunächst die Fläche des Dreieckes BEC mit der des Dreieckes ABC vergleichen. Ziehen wir die Tangente ET, die CD im Punkte T schneidet, den Durchmesser EF, welcher CB in F schneidet, und schließlich die Parallelen EK, FH zur Sehne AB. Nach einer elementaren Eigenschaft der Parabel ist $TC = CK$; außerdem ist $TC = EF = KH$ und infolgedessen $EF = \frac{CH}{2} = \frac{CD}{4}$. Die Flächen der beiden Dreiecke BCE, BDC, welche die gemeinsame Basis BC haben, verhalten sich zueinander wie die Höhen oder wie die Geraden EF, CD. Die Fläche des Dreieckes BCE ist demnach gleich dem vierten Teil der Fläche des Dreieckes BCD oder dem achten Teile der Fläche S des Dreieckes ABC; der Inhalt des Dreieckes ACE' hat offenbar den gleichen Wert. Verfährt man mit jeder der Sehnen BE, EC, CE', $E'A$ ebenso, so erhält man vier neue Dreiecke, deren Flächeninhalt gleich $\frac{S}{8^2}$ ist, usw. Die n^{te} Operation wird zu 2^n Dreiecken führen, für deren jedes der Flächeninhalt $\frac{S}{8^n}$ ist. Die Fläche des Parabelsegments ist offenbar gleich dem Grenzwerte, gegen welchen die Summe der Flächen aller dieser Dreiecke konvergiert, wenn n unbegrenzt wächst, d. h. gleich der Summe der abnehmenden geometrischen Progression

$$S + \frac{S}{4} + \frac{S}{4^2} + \ldots + \frac{S}{4^n} + \ldots,$$

deren Wert $\frac{4S}{3}$ ist. Man sieht also, daß die gesuchte Fläche gleich $\frac{2}{3}$ der Fläche des Parallelogrammes ist, welches über AB und CD konstruiert werden kann.

Die vorstehende Methode ist eine Exhaustionsmethode; die Fläche, welche man berechnen will, wird durch die Summe einer konvergenten Reihe ausgedrückt. Archimedes hat für dasselbe Problem auch ein anderes, den modernen Methoden viel näherstehendes Verfahren angewandt, bei dem die Fläche des parabolischen Segmentes in eine unbegrenzt wachsende Anzahl unendlich kleiner Teile zerlegt wird. Bis zur Erfindung der Integralrechnung haben die Geometer zur Berechnung von Flächen, Bögen und Körpern Methoden angewendet, die denen des Archimedes mehr oder weniger ähnlich waren.[1] Wie geistreich auch diese Verfahren seien, so bieten sie heute doch hauptsächlich nur ein historisches Interesse dar. Wir wollen daher auch gleich die allgemeine Zerlegungsmethode angeben, die uns ganz naturgemäß zur Integralrechnung führen wird.

69. **Allgemeine Methode.** Es sei $y = f(x)$ eine in einem Intervalle (a, b) stetige, positive und wachsende Funktion: dieser Funktion entspricht ein Kurvenbogen AMB, der oberhalb der x-Achse liegt. Stellen wir uns die Aufgabe, die Fläche zu berechnen, welche von dem Bogen AMB, den beiden Ordinaten AP, BQ und dem Ab-

[1] Man findet in dem Traité von Duhamel eine große Anzahl von Beispielen zur Bestimmung von Flächen, Bögen und Körpern nach dem Vorgange der Alten.

schnitt PQ begrenzt wird (Fig. 11). Zerlegen wir hierzu den Abschnitt PQ in eine gewisse Anzahl kleinerer Abschnitte durch Teilungspunkte mit den Abszissen $x_1, x_2, \ldots, x_{n-1}$, welche zugleich mit dem Index wachsen, und ziehen wir dann durch diese Teilungspunkte Parallele zu Oy. Die auszuwertende Fläche wird so in eine gewisse Anzahl gemischtliniger Trapeze zerlegt.

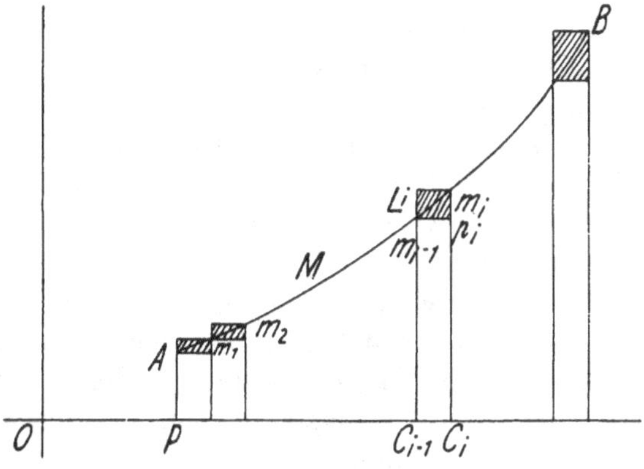

Fig. 11.

Betrachten wir z. B. das gemischtlinige Trapez $c_{i-1}\, m_{i-1}\, m_i\, c_i$; der Flächeninhalt dieses Trapezes ist offenbar zwischen dem des Rechteckes $c_{i-1}\, m_{i-1}\, p_i\, c_i$ und dem des Rechteckes $c_{i-1}\, l_i\, m_i\, c_i$ enthalten. Bezeichnen r_i und R_i diese beiden Flächen und ist A die auszuwertende Fläche, so erhält man die doppelte Ungleichung

$$\sum r_i < A < \sum R_i .$$

Es ist aber leicht, $\sum r_i$ und $\sum R_i$ zu berechnen:

$$s = \sum r_i = f(a)(x_1 - a) + f(x_1)(x_2 - x_1) + \ldots + f(x_{n-1})(b - x_{n-1})$$
$$S = \sum R_i = f(x_1)(x_1 - a) + f(x_2)(x_2 - x_1) + \ldots + f(b)(b - x_{n-1}).$$

Daraus ergibt sich für die Differenz $S - s$ der Ausdruck

$$S - s = (x_1 - a)[f(x_1) - f(a)] + (x_2 - x_1)[f(x_2) - f(x_1)] + \ldots$$
$$+ (b - x_{n-1})[f(b) - f(x_{n-1})];$$

es sei η die größte der Differenzen $x_1 - a$, $x_2 - x_1, \ldots$; dann ist klar, daß man die rechte Seite vergrößert, wenn man alle diese Differenzen durch η ersetzt. Man erhält also

$$S - s < \eta\,[f(x_1) - f(a) + f(x_2) - f(x_1) + \ldots + f(b) - f(x_{n-1})]$$

und infolgedessen

$$S - s < \eta\,[f(b) - f(a)].$$

Die Differenz $S - s$ konvergiert also gegen Null, wenn die Zahl n derart über alle Grenzen wächst, daß der Maximalwert der Differenzen $x_i - x_{i-1}$ gegen Null strebt. Um so mehr konvergieren die Differenzen $S - A$, $A - s$ unter denselben Bedingungen gegen Null und A ist demnach die gemeinsame Grenze der beiden Summen S und s. Es ist z. B.

(1) $A = \lim [(x_1 - a)f(a) + (x_2 - x_1)f(x_1) + \ldots + (b - x_{n-1})f(x_{n-1})]$.

Die Schlußweise wäre dieselbe, wenn die Funktion $f(x)$ im Intervall (a, b) abnehmend wäre. Würde diese Funktion in diesem Intervalle eine gewisse Anzahl Maxima und Minima darbieten, so würde man das ganze Segment in mehrere Teilsegmente durch die Ordinaten der Punkte, in denen $f(x)$ ein Maximum oder Minimum ist, zerlegen. Wir wollen nunmehr ein Beispiel geben, das von Fermat stammt.

Es sei die Fläche zu finden, die zwischen der Kurve $y = Ax^\mu$, der x-Achse und den beiden Geraden $x = a$, $x = b$ $(0 < a < b)$ enthalten ist, wobei der Exponent μ beliebig ist. Zu diesem Zwecke werden wir $n - 1$ geometrische Mittel zwischen a und b einreihen, so daß wir die Folge

$$a, \; a(1 + \alpha), \; a(1 + \alpha)^2, \ldots a(1 + \alpha)^{n-1}, \; b$$

erhalten, wo die Zahl α der Bedingung $a(1 + \alpha)^n = b$ genügt; nimmt man die vorstehenden Zahlen zu Abszissen der Teilungspunkte, so haben die entsprechenden Ordinaten die Werte

$$Aa^\mu, \; Aa^\mu(1 + \alpha)^\mu, \; Aa^\mu(1 + \alpha)^{2\mu}, \ldots$$

und der Ausdruck für den Inhalt des p^{ten} Rechteckes wird

$$[a(1 + \alpha)^p - a(1 + \alpha)^{p-1}]\, Aa^\mu(1 + \alpha)^{(p-1)\mu} = Aa^{\mu+1}\alpha(1 + \alpha)^{(p-1)(\mu+1)}.$$

Die Summe der Flächen aller dieser Rechtecke ist demnach gleich

$$Aa^{\mu+1}\alpha[1 + (1 + \alpha)^{\mu+1} + (1 + \alpha)^{2(\mu+1)} + \ldots + (1 + \alpha)^{(n-1)(\mu+1)}].$$

Wenn $\mu + 1$ nicht Null ist, was wir zunächst annehmen wollen, so ist die Summe in der Klammer gleich $\frac{(1 + \alpha)^{n(\mu+1)} - 1}{(1 + \alpha)^{\mu+1} - 1}$; ersetzt man $a(1 + \alpha)^n$ durch b, so kann man die vorstehende Summe auch schreiben

$$A(b^{\mu+1} - a^{\mu+1})\frac{\alpha}{(1 + \alpha)^{\mu+1} - 1}.$$

Wenn α gegen Null konvergiert, so hat der Quotient

$$\frac{(1 + \alpha)^{\mu+1} - 1}{\alpha}$$

die Derivierte von $(1 + \alpha)^{\mu+1}$ nach α für $\alpha = 0$, d. h. $\mu + 1$ zum Grenzwert; die gesuchte Fläche ist also gleich $\frac{A(b^{\mu+1} - a^{\mu+1})}{\mu + 1}$.

Wenn $\mu = -1$ ist, so läßt sich diese Rechnung nicht mehr anwenden. Die Summe der Rechteke ist gleich $nA\alpha$ und man muß den Grenzwert des Produktes $n\alpha$ suchen, wo n und α durch die Beziehung

$$a(1+\alpha)^n = b$$

verknüpft sind. Daraus erhält man

$$n\alpha = \log\frac{b}{a}\cdot\frac{\alpha}{\log(1+\alpha)} = \log\frac{b}{a}\cdot\frac{1}{\log(1+\alpha)^{\frac{1}{\alpha}}},$$

wo log den NEPERschen Logarithmus bezeichnet; wenn α gegen Null strebt, so hat $(1+\alpha)^{\frac{1}{\alpha}}$ die Zahl e zur Grenze und das Produkt $n\alpha$ hat $\log\frac{b}{a}$ zum Grenzwert. Die gesuchte Fläche ist also gleich $A\log\frac{b}{a}$.

70. **Primitive Funktionen.** Die Erfindung der Integralrechnung hat die Berechnung einer ebenen Fläche darauf zurückgeführt, eine Funktion zu suchen, die eine bekannte Funktion zur Derivierten hat. Es sei $y = f(x)$ die Gleichung einer Kurve, bezogen auf zwei rechtwinklige Achsen, wobei die Funktion $f(x)$ bekannt sei. Betrachten wir die Fläche, die zwischen dieser Kurve, der x-Achse, einer festen Ordinate M_0P_0 und einer variablen Ordinate MP enthalten ist, als Funktion der Abszisse x dieser variablen Ordinate. Diese Fläche A ist offenbar eine stetige Funktion von x, solange die Funktion $f(x)$ selbst stetig ist. Um alle möglichen Fälle zusammenzufassen, wollen wir übereinkommen, mit A die algebraische Summe der durch die gegebene Kurve, die x-Achse und die Geraden M_0P_0, MP begrenzten Flächen zu bezeichnen, wobei jeder der Teile, aus welchem sich diese Fläche zusammensetzen kann, mit einem Vorzeichen versehen wird: dem Zeichen $+$ für die Flächen rechts von M_0P_0 und oberhalb Ox, dem Zeichen $-$ für die Flächen rechts von M_0P_0 und unterhalb von Ox, während für die Flächen links von M_0P_0 das entgegengesetzte Übereinkommen gilt. So wird man, wenn MP nach $M'P'$ kommt (vgl. Fig. 12), A gleich der Differenz der beiden Flächen

$$M_0P_0C - M'P'C$$

nehmen; ebenso wird man, wenn MP in $M''P''$ ist, $A = M''P''D - M_0P_0D$ haben usf.

Nachdem wir diese Festsetzungen getroffen haben, wollen wir nun zeigen, daß die so definierte stetige Funktion A zur Derivierten $f(x)$

hat. Nehmen wir, wie es die Figur anzeigt, zwei benachbarte Ordinaten MP, NQ mit den Abszissen x und $x + \Delta x$. Der Zuwachs der Fläche ΔA ist offenbar zwischen den beiden Rechtecken enthalten, die als gemeinsame Basis die Distanz PQ und zu Höhen bezüglich die größte und die kleinste der Ordinaten des Bogens MN haben; bezeichnen wir diese Maximal- und Minimalordinaten bzw. mit H und h, so können wir schreiben

$$h\,\Delta x < \Delta A < H\,\Delta x,$$

oder indem wir durch Δx dividieren, $h < \frac{\Delta A}{\Delta x} < H$. Wenn Δx gegen Null strebt, so haben H und h wegen der Stetigkeit von $f(x)$

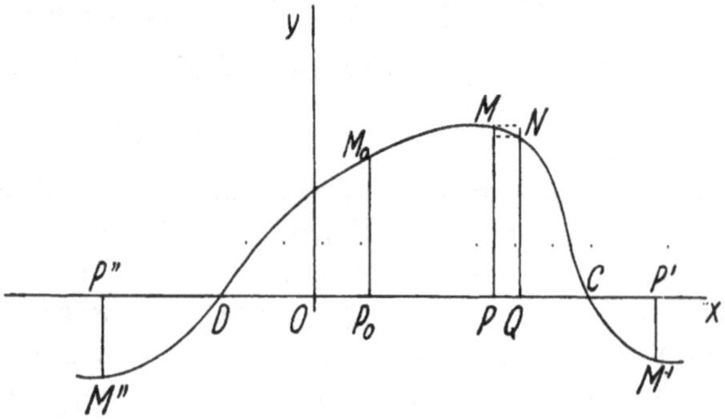

Fig. 12.

den gemeinsamen Grenzwert MP oder $f(x)$; die Funktion A hat also $f(x)$ zur Derivierten. Der Leser wird ohne Mühe bestätigen können, daß die Schlußweise dieselbe ist, welches auch die Lage des Punktes M und das Zeichen von Δx sei.

Wenn man bereits eine primitive Funktion von $f(x)$ kennt, d. h. eine Funktion $F(x)$, die $f(x)$ als Derivierte hat, so reduziert sich die Differenz $A - F(x)$, da ihre Derivierte gleich Null ist, auf eine Konstante C (Nr. 16). Um die Konstante C zu bestimmen, braucht man nur zu berücksichtigen, daß die Fläche A für die Abszisse $x = a$ der Geraden $M_0 P_0$ Null ist. Es ist also

$$A = F(x) - F(a).$$

Die vorstehende Überlegung beweist: einerseits, daß die Bestimmung einer ebenen Fläche sich auf das Aufsuchen einer primitiven Funktion zurückführen läßt; andererseits (und diese Folgerung ist für uns viel wichtiger), daß jede stetige Funktion $f(x)$ die Derivierte einer anderen Funktion ist. Dieses fundamentale Theorem ist so mit Hilfe eines ein wenig vagen geometrischen Begriffes, nämlich desjenigen der Fläche einer ebenen Kurve, begründet worden. Man hat sich mit diesem Beweise lange Zeit hindurch zufrieden gegeben, aber heute könnte er nicht mehr genügen. Um die Integralrechnung auf fester Grundlage aufzubauen, ist es unerläßlich, einen rein analytischen Beweis dieses Theorems zu geben, ohne an die geometrische Anschauung zu appellieren, um so mehr, als eine stetige Funktion nicht immer einer graphischen Darstellung fähig ist (Nr. 7 und 32). Wenn wir an den vorangehenden Beweis erinnert haben, so geschah dies nicht nur wegen seines historischen Interesses, sondern auch, weil er uns das wesentliche analytische Element des neuen Beweises liefert. In der Tat wird gerade das Studium von Summen der Form (1) und von einer ein wenig allgemeineren Form eine vorwiegende Rolle spielen.[1]

II. Bestimmte Integrale. — Geometrische Begriffe, die sich daran knüpfen.

71. **Die Summen S und s.** Es sei $f(x)$ eine im Intervall (a, b), $a < b$, endliche, stetige oder nicht stetige Funktion. Denken wir uns das Intervall (a, b) in eine gewisse Anzahl von kleineren Teilintervallen (a, x_1), (x_1, x_2), $\ldots$, (x_{n-1}, b) zerlegt, wobei die Zahlen $x_1, x_2, \ldots, x_{n-1}$ beständig wachsen; bezeichnen wir mit M und m die Grenzen von $f(x)$ im Gesamtintervalle und mit M_i, m_i die Grenzen derselben Funktion im Intervall (x_{i-1}, x_i) und setzen wir

$$S = M_1(x_1 - a) + M_2(x_2 - x_1) + \ldots + M_n(b - x_{n-1}),$$
$$s = m_1(x_1 - a) + m_2(x_2 - x_1) + \ldots + m_n(b - x_{n-1}).$$

Jeder Art der Unterteilung von (a, b) in kleinere Intervalle entspricht eine Summe S und eine Summe $s < S$. Alle Summen S sind offenbar größer als $m(b - a)$, denn alle Zahlen M_i sind größer oder mindestens gleich m; diese Summen S haben also eine untere Grenze J. Ebenso haben die Summen s, die alle kleiner als $M(b - a)$ sind, eine obere Grenze J'. Wir wollen nun zeigen, daß J' höchstens gleich J ist. Dazu genügt es offenbar zu zeigen, daß für zwei

[1] Unter den wichtigsten Arbeiten über den allgemeinen Begriff des bestimmten Integrals seien hier der Aufsatz von Riemann „Über die Darstellbarkeit einer Funktion durch eine trigonometrische Reihe (s. Riemanns Math. Werke) und das bereits angeführte Mémoire von Darboux „Sur les fonctions discontinues" hervorgehoben. Wir nehmen die Definition des bestimmten Integrals an, welche man Riemann verdankt. Lebesgue hat eine allgemeinere Definition vorgeschlagen (Leçons sur l'intégration et la recherche des fonctions primitives).

beliebig gegebene Arten der Unterteilung des Intervalles (a, b), denen bezüglich die Summen S und s, S' und s' entsprechen, $s < S'$, $s' < S$ ist.[1]

Nehmen wir zunächst an, daß man jedes der Intervalle (a_1, x_1), $(x_1, x_2), \ldots$ durch neue Teilungspunkte in kleinere Intervalle zerlege, und es sei

$$a, y_1, y_2, \ldots y_{k-1}, x_1, y_{k+1}, \ldots y_{l-1}, x_2, y_{l+1}, \ldots, b$$

die erhaltene neue Folge; die neue Art der Unterteilung soll zur ersten **konsekutiv** heißen. Bezeichnen wir mit Σ und σ die zu S und s analogen Summen, welche sich auf diese neue Einteilung von (a, b) beziehen und vergleichen wir S und Σ, s und σ. Vergleichen wir z. B. die Teile der Summen S und Σ, welche vom Intervalle (a, x_1) herrühren. Es seien M_1' und m_1' die Grenzen von $f(x)$ im Intervalle (a, y_1), M_2' und m_2' die Grenzen im Intervalle $(y_1, y_2), \ldots$, M_k' und m_k' die Grenzen im Intervalle (y_{k-1}, x_1). Der Teil von Σ, der von (a, x_1) herrührt, ist also gleich

$$M_1'(y_1 - a) + M_2'(y_2 - y_1) + \ldots + M_k'(x_1 - y_{k-1})$$

und da die Zahlen $M_1', M_2', \ldots, M_k'$ nicht M_1 übertreffen können, so ist klar, daß die vorstehende Summe höchstens gleich $M_1(x_1 - a)$ ist; ebenso ist der Teil von Σ, der vom Intervall (x_1, x_2) herrührt, höchstens gleich $M_2(x_2 - x_1)$ usf. Addiert man alle diese Ungleichungen, so findet man $\Sigma \leqq S$ und ebenso würde man sehen, daß $\sigma \geqq s$ ist.

Betrachten wir nun zwei ganz beliebige Arten der Unterteilung, denen die Summen S und s, S' und s' entsprechen. Superponiert man die Teilungspunkte der beiden vorstehenden Unterteilungen, so erhält man eine dritte Art der Unterteilung, die als konsekutiv in bezug auf jede der ersten angesehen werden kann. Es seien Σ und σ die auf diese Hilfsteilung sich beziehenden Summen. Wie wir eben gesehen haben, bestehen dann die Ungleichungen

$$\Sigma \leqq S, \quad \sigma \geqq s, \quad \Sigma \leqq S', \quad \sigma \geqq s';$$

[1] Dieses Resultat kann man auch ohne Rechnung erhalten. Nehmen wir z. B. an, daß $f(x)$ im Intervall (a, b) größer als Null sei, und ist D das Gebiet, das durch die Menge der Punkte der Ebene gebildet wird, deren Abszisse zwischen a und b und deren Ordinate zwischen 0 und $f(x)$ enthalten ist. Jede Summe S mißt die Fläche eines Polygonalgebietes P, welches das Gebiet D in seinem Inneren einschließt, während eine Summe s' die Fläche eines Polygonalfeldes mißt, daß in D enthalten ist. Das Gebiet P umschließt also das Gebiet p' und es ist also $S > s'$.

da Σ größer ist als σ, so schließt man hieraus, daß $s' < S$, $s < S'$ ist. Da alle Summen S größer sind als die Summen s, so kann die Grenze J nicht kleiner sein als die Grenze J'; man hat also $J \geqq J'$.

72. **Theorem von Darboux.** Die Summen S und s konvergieren bzw. gegen die Zahlen J und J', wenn die Zahl n derart über alle Grenzen wächst, daß die größte der Differenzen $x_i - x_{i-1}$ gegen Null konvergiert.

Beweisen wir es z. B. für die Summen S. Es sei ε eine willkürliche positive Zahl; da J die untere Grenze der Summen S ist, so existiert eine Folge von wachsenden Zahlen

$$a < a_1 < a_2 < \ldots < a_{p-1} < b,$$

so daß die Summe Σ, die dieser Teilung des Intervalles (a, b) entspricht, kleiner als $J + \frac{\varepsilon}{2}$ sei. Nehmen wir nun eine beliebige positive Zahl η, die kleiner als die kleinste der Differenzen

$$a_1 - a, \; a_2 - a_1, \; \ldots, \; b - a_{p-1}$$

ist, und betrachten wir eine Folge wachsender Zahlen

$$a = x_0 < x_1 < x_2 < \ldots < x_{n-1} < x_n = b,$$

für die alle Differenzen $x_i - x_{i-1}$ kleiner als η sind. Die obere Summe, die dieser neuen Teilung des Intervalls (a, b) entspricht, sei S; wir wollen nun zeigen, daß diese Summe S kleiner als $J + \varepsilon$ ist, vorausgesetzt, daß die Zahl η genügend klein ist.

Zu diesem Zwecke denken wir uns alle Zahlen x_i und a_k nach wachsender Größe angeordnet und es sei S' die obere Summe, die dieser dritten Art der Teilung des Intervalles (a, b) entspricht. Da diese als konsekutiv in bezug auf jede der beiden ersten angesehen werden kann, so wird $S' \leqq S$, $S' \leqq \Sigma$ und infolgedessen $S' < J + \frac{\varepsilon}{2}$ sein. Um eine obere Grenze der Differenz $S - S'$ zu erhalten, bemerken wir, daß man von der Teilung, die die Summe S ergibt, zu der Teilung, die S' ergibt, durch die Zerlegung einiger der Intervalle (x_{i-1}, x_i) in zwei kleinere Teilintervalle mittels eines der Punkte $a_1, a_2, \ldots, a_{p-1}$ übergeht. Die Gesamtanzahl der Intervalle (x_{i-1}, x_i), die man derart in zwei andere zerlegt, ist höchstens $p - 1$ und man erhält

$$S - S' = \Sigma[M(x_{i-1}, x_i)(x_i - x_{i-1}) - M(x_{i-1}, a_k)(a_k - x_{i-1}) \\ - M(a_k, x_i)(x_i - a_k)],$$

wobei $M(x', x'')$ die obere Grenze von $f(x)$ im Intervalle (x', x'') bezeichnet und die Summation über alle Intervalle (x_{i-1}, x_i) zu erstrecken ist, die in ihrem Inneren einen der Punkte $a_1, a_2, \ldots, a_{p-1}$ enthalten. Es sei H die obere Grenze von $|f(x)|$ im Intervall (a, b) man erhält offenbar $S - S' < 2(p-1)H\eta$, denn die obige Differenz läßt sich auch schreiben

$$S - S' = \Sigma[M(x_{i-1}, x_i) - M(x_{i-1}, a_k)](a_k - x_{i-1})$$
$$+ \Sigma[M(x_{i-1}, x_i) - M(a_k, x_i)](x_i - a_k).$$

Infolgedessen ist a fortiori

$$S < J + \frac{\varepsilon}{2} + 2(p-1)H\eta$$

und wenn die Zahl η kleiner ist als die kleinste der Zahlen $\frac{\varepsilon}{4(p-1)H}$, $a_1 - a$, $a_2 - a_1, \ldots$ $b - a_{p-1}$, so wird die Summe S, die einer beliebigen Teilung des Intervalles in Teilintervalle von geringerer Ausdehnung als η entspricht, kleiner als $J + \varepsilon$ sein womit der ausgesprochene Satz bewiesen ist.[1]

Bemerkung. Ändert man den Wert einer endlichen Funktion $f(x)$ willkürlich an einer endlichen Anzahl von Punkten des Intervalles, so ist klar, daß die Differenzen $S - S'$, $s - s'$ der beiden auf dieselbe Teilung bezüglichen Summen gegen Null konvergieren, wenn die Maximallänge der Teilintervalle gegen Null strebt. Die Zahlen J, J' sind für die beiden Funktionen dieselben.

73. **Integrierbare Funktionen.** Eine in einem Intervalle (a, b) endliche Funktion heißt in diesem Intervalle integrierbar, wenn die beiden Summen S und s gegen eine gemeinsame Grenze konvergieren, sobald die Anzahl der Teilintervalle derart unbegrenzt wächst, daß das größte dieser Teilintervalle gegen Null strebt.

---

[1] Die Schlußweise ist völlig analog derjenigen, welcher wir uns in Nr. 11 bedient haben. Andere Beispiele wird man noch in den Nr. 81 (Anmerkung) und 117 finden. Hier sei noch eine Verallgemeinerung angeführt, welche in der Theorie der Kurvenintegrale nützlich ist. Es sei $f(x)$ eine im Intervall (a, b) endliche Funktion, $\varphi(x)$ eine im selben Intervalle stetige und wachsende Funktion. Man kann sämtliche Schlüsse des Textes wiederholen, indem man in den Ausdrücken der Summen S und s die Differenzen $x_i - x_{i-1}$ durch $\varphi(x_i) - \varphi(x_{i-1})$ ersetzt und man schließt hieraus, daß die Summen

$$S_\varphi = \Sigma M_i[\varphi(x_i) - \varphi(x_{i-1})], \quad s_\varphi = \Sigma m_i[\varphi(x_i) - \varphi(x_{i-1})],$$

ebenso wie die Summen S und s gegen Grenzwerte konvergieren. Ist die Funktion $f(x)$ selbst stetig, so konvergiert die Differenz $S_\varphi - s_\varphi$ gegen Null, wenn die Zahl der Intervalle derart unbegrenzt wächst, daß die größte der Differenzen $x_i - x_{i-1}$ gegen Null strebt, und infolgedessen konvergieren die beiden Summen S_φ und s_φ gegen dieselbe Grenze (man vgl. Nr. 94).

Damit eine Funktion in einem Intervalle (a, b) integrierbar sei, ist notwendig und hinreichend, daß $J' = J$ sei. Diese Bedingung kann durch die folgende ersetzt werden:

Damit eine in einem Intervall (a, b) endliche Funktion $f(x)$ in diesem Intervalle integrierbar sei, ist notwendig und hinreichend, daß die Differenz $S - s$ gegen Null konvergiere, wenn die Anzahl der Teilintervalle derart unbegrenzt wächst, daß das größte dieser Teilintervalle gegen Null strebt.[1]

Denn die Differenz $S - s$ hat $J - J'$ zur Grenze; konvergiert $S - s$ gegen Null, so ist $J = J'$ und die Summen S und s haben denselben Grenzwert J.

Diese Bedingung kann man auch noch durch die folgende ersetzen:

Damit $f(x)$ im Intervall (a, b) integrierbar sei, ist notwendig und hinreichend, daß man für eine willkürlich gegebene positive Zahl ε eine Teilung des Intervalles (a, b) finden kann, so daß die Differenz $S - s$ kleiner als ε sei.

Denn da die Differenz $S - s$ größer als $J - J'$ ist, so ist auch $J - J' < \varepsilon$ und infolgedessen, da ε eine willkürliche positive Zahl ist, $J' = J$.

Jede stetige Funktion ist integrierbar. In der Tat, die Differenz $S - s$ ist kleiner oder höchstens gleich $(b - a)\omega$, wobei ω eine obere Grenze der Oszillation von $f(x)$ in jedem Teilintervalle bezeichnet. Man kann aber eine Zahl η derart wählen, daß die Oszillation in jedem Intervalle, das kleiner als η ist, selbst kleiner als eine gegebene positive Zahl sei (Nr. 8). Wählt man η derart, daß die Oszillation kleiner als $\frac{\varepsilon}{b - a}$ ist, so wird die Differenz $S - s$ kleiner als ε sein.

---

[1] Diese Bedingung kann auch, ohne daß man sich des Darbouxschen Theorems bedient, leicht begründet werden. Zunächst ist sie notwendig; denn wenn S und s einen gemeinsamen Grenzwert haben, so konvergiert die Differenz $S - s$ gegen Null.

Sie ist auch hinreichend, denn wir können schreiben

$$S - s = S - J + (J - J') + J' - s;$$

da keine der Zahlen $S - J$, $J - J'$, $J' - s$ negativ sein kann, so muß, damit ihre Summe gegen Null konvergiere, jede von ihnen gegen Null konvergieren oder Null sein. Insbesondere muß die Differenz $J - J'$, die eine feste Zahl ist, Null sein. Da die beiden anderen Zahlen $S - J$, $J' - s$ gegen Null streben, so haben S und s die Zahl J zur Grenze.

Jede monotone Funktion ist integrierbar. Nehmen wir die Funktion $f(x)$ z. B. wachsend an, so daß

$$f(a) \leqq f(x_1) \leqq f(x_2) \leqq \ldots \leqq f(x_{n-1}) \leqq f(b)$$

ist. Für die betrachtete Teilung $(a, x_1, x_2, \ldots, x_{n-1}, b)$ ist

$$S = f(x_1)(x_1 - a) + f(x_2)(x_2 - x_1) + \ldots + f(b)(b - x_{n-1}),$$
$$s = f(a)(x_1 - a) + f(x_1)(x_2 - x_1) + \ldots + f(x_{n-1})(b - x_{n-1}).$$

Nach einer bereits durchgeführten Rechnung (Nr. 69) wird, wenn alle Differenzen $x_1 - a$, $x_2 - x_1, \ldots$ kleiner als eine Zahl η sind,

$$S - s < \eta[f(b) - f(a)]$$

sein und es genügt, daß η kleiner als $\frac{\varepsilon}{f(b) - f(a)}$ sei, damit $S - s$ kleiner als ε wird.

Es seien $\alpha_1, \alpha_2, \ldots, \alpha_p$ eine beliebige Folge von Zahlen, die von a bis b wachsen. Wenn eine endliche Funktion $f(x)$ in jedem der Intervalle $(a, \alpha_1), (\alpha_1, \alpha_2), \ldots, (\alpha_p, b)$ integrierbar ist, so ist sie in dem ganzen Intervalle (a, b) integrierbar. Denn betrachtet man eine solche Unterteilung jedes der Intervalle (α_i, α_{i+1}), daß die Differenz $S - s$ für jedes dieser Intervalle kleiner als ε ist, so wird die analoge Differenz für das ganze Intervall kleiner als $p\varepsilon$ sein.

Eine endliche Funktion $f(x)$, die eine beliebige Zahl von Unstetigkeitspunkten in einem Intervalle darbietet, ist integrierbar, vorausgesetzt, daß man alle diese Unstetigkeiten in eine endliche Anzahl von Intervallen, deren Summe kleiner als jede gegebene positive Zahl ist, einschließen kann. In der Tat, es sei ε eine beliebige positive Zahl und H eine obere Grenze von $|f(x)|$; nach der Annahme können wir die Unstetigkeiten von $f(x)$ in eine endliche Anzahl von Intervallen einschließen, für welche die Summe ihrer Ausdehnungen kleiner als $\frac{\varepsilon}{4H}$ ist. Der von diesen Intervallen herrührende Teil von $S - s$ ist offenbar kleiner als $\frac{\varepsilon}{2}$. Da andererseits die Funktion $f(x)$ in den übrigen Intervallen stetig ist, so kann man diese selbst derart in kleinere Teilintervalle zerlegen, daß der entsprechende Teil von $S - s$ kleiner als $\frac{\varepsilon}{2}$ ist. Man erhält also $S - s < \varepsilon$. Im besonderen ist eine endliche Funktion, die im Intervall (a, b) nur eine endliche Anzahl von Unstetigkeitspunkten enthält, in diesem Intervalle integrierbar.

Aus der Definition folgt auch unmittelbar, daß zugleich mit $f(x)$ auch $Cf(x)$ integrierbar ist, wo C eine willkürliche Konstante bedeutet. Sind ferner $f_1(x)$ und $f_2(x)$ zwei integrierbare Funktionen, so ist auch ihre Summe $f_1(x)+f_2(x)$ integrierbar. Denn wenn $S, s, S', s', \Sigma, \sigma$ die einer und derselben Teilung des Intervalles entsprechenden Summen für diese drei Funktionen sind, so bestätigt man unmittelbar, daß $\Sigma - \sigma \leqq S - s + S' - s'$ ist.

Wir wollen nun beweisen, daß das Produkt zweier integrierbarer Funktionen wieder eine integrierbare Funktion ist. Nehmen wir zunächst die Funktionen $f_1(x)$, $f_2(x)$ positiv an; es seien $M_i, m_i, M_i', m_i', \mathfrak{M}_i, \mathfrak{m}_i$ die oberen und unteren Grenzen der drei Funktionen $f_1(x)$, $f_2(x)$, $f_1(x)f_2(x)$ im Intervalle (x_{i-1}, x_i), $S, s, S', s', \Sigma, \sigma$ die entsprechenden Summen für eine gewisse Teilung von (a, b). Dann ist offenbar $\mathfrak{M}_i \leqq M_i M_i'$, $\mathfrak{m}_i \geqq m_i m_i'$ und infolgedessen

$$\mathfrak{M}_i - \mathfrak{m}_i \leqq M_i M_i' - m_i m_i' = M_i(M_i' - m_i') + m_i'(M_i - m_i)$$

und um so mehr

$$\mathfrak{M}_i - \mathfrak{m}_i \leqq M(M_i' - m_i') + M'(M_i - m_i),$$

wo M, M' die oberen Grenzen von $f_1(x)$ und $f_2(x)$ im Intervall (a, b) sind. Multipliziert man diese Ungleichung mit $x_i - x_{i-1}$ und addiert alle analogen Ungleichungen, so erhält man

$$\Sigma - \sigma < M(S' - s') + M'(S - s).$$

Die Differenz $\Sigma - \sigma$ konvergiert also gegen Null.

Wenn die Funktionen $f_1(x), f_2(x)$ beliebige Vorzeichen haben, so kann man ihnen stets derartige Konstante C_1, C_2 hinzufügen, daß $f_1(x) + C_1$, $f_2(x) + C_2$ positiv werden. Das Produkt

$$[f_1(x) + C_1][f_2(x) + C_2] = f_1 f_2 + C_1 f_2 + C_2 f_1 + C_1 C_2$$

ist integrierbar und daher auch $f_1 f_2$.

Kombiniert man diese verschiedenen Sätze, so sieht man, daß jedes Polynom in $f_1, f_2, \ldots, f_p$ eine integrierbare Funktion ist, wenn $f_1, f_2, \ldots, f_p$ integrierbare Funktionen sind.

74. **Bestimmte Integrale.** Es sei $f(x)$ eine im Intervall (a, b) integrierbare Funktion. Der gemeinsame Grenzwert der Summen S und s heißt ein bestimmtes Integral und wird durch das Symbol

$$J = \int_a^b f(x)\,dx$$

dargestellt, das an seinen Ursprung erinnert und das man Integral von $f(x)\,dx$ zwischen den Grenzen a und b liest. Nach der Definition ist J stets zwischen den beiden Summen S und s enthalten, die einer beliebigen Unterteilung entsprechen; nimmt man als angenäherten Wert von J eine beliebige zwischen S und s enthaltene Zahl, so ist der begangene Fehler kleiner als die Differenz $S - s$.

Man kann in der Definition des Integrals die Summen S und s durch allgemeinere Ausdrücke ersetzen. Ist die Unterteilung des Intervalls (a, b)

$$a, x_1, x_2, \ldots x_{i-1}, x_i, \ldots, x_{n-1}, b$$

gegeben, so seien $\xi_1, \xi_2, \ldots, \xi_i, \ldots$ beliebige Werte, die bzw. diesen Teilintervallen angehören. Die Summe

$$(2) \qquad \begin{cases} f(\xi_1)(x_1 - a) + f(\xi_2)(x_2 - x_1) + \cdots + f(\xi_n)(b - x_{n-1}) \\ = \sum_{i=1}^{n} f(\xi_i)(x_i - x_{i-1}) \end{cases}$$

ist offenbar zwischen den Summen S und s enthalten, denn es ist stets $m_i \leqq f(\xi_i) \leqq M_i$; ist die Funktion $f(x)$ integrierbar, so hat diese Summe ebenfalls J zum Grenzwert. Setzt man im besonderen voraus, daß $\xi_1, \xi_2, \ldots, \xi_n$ bzw. mit $a, x_1, \ldots, x_{n-1}$ zusammenfallen, so findet man die früher (Nr. 69) betrachtete Summe (1) wieder. Das Produkt $f(\xi_i)(x_i - x_{i-1})$ heißt ein Element des Integrals.

Aus der Definition des Integrals ergeben sich unmittelbar einige Folgerungen. Man hat bei den obigen Schlüssen $a < b$ vorausgesetzt; vertauscht man die beiden Grenzen a und b, so wechseln alle Faktoren $x_i - x_{i-1}$ ihr Zeichen und der Grenzwert der Summen S und s selbst enthält das entgegengesetzte Zeichen; man hat also

$$\int_a^b f(x)\,dx = -\int_b^a f(x)\,dx.$$

Aus der Definition folgt auch, daß

$$\int_a^b f(x)\,dx = \int_a^c f(x)\,dx + \int_c^b f(x)\,dx$$

ist; wenn c zwischen a und b liegt, ist dies evident. Ist aber b z. B. zwischen a und c enthalten, so besteht die Formel auch noch, vorausgesetzt, daß die Funktion $f(x)$ zwischen a und c integrierbar ist, denn man kann sie schreiben

$$\int_a^c f(x)\,dx = \int_a^b f(x)\,dx - \int_c^b f(x)\,dx = \int_a^b f(x)\,dx + \int_b^c f(x)\,dx.$$

Sind allgemeiner $c, d, \ldots, l$ irgendwelche Zahlen, so ist

$$\int_a^b f(x)\,dx = \int_a^c f(x)\,dx + \int_c^d f(x)\,dx + \ldots + \int_l^b f(x)\,dx;$$

diese Zerlegung wird bei der Berechnung eines Integrals angewendet, wenn die Funktion $f(x)$ Unstetigkeitspunkte darbietet oder nicht denselben analytischen Ausdruck im ganzen Intervall (a, b) besitzt.

Ist $f(x) = A\varphi(x) + B\psi(x)$, wo A und B zwei beliebige Konstanten sind, so ist auch

$$\int_a^b f(x)\,dx = A\int_a^b \varphi(x)\,dx + B\int_a^b \psi(x)\,dx$$

und das gleiche gilt für die Summe einer beliebigen Anzahl von Funktionen.

Man kann $f(\xi_i)$ in der Summe (2) durch einen noch allgemeineren Ausdruck ersetzen. Ist das Intervall (a, b) in n Teilintervalle (a, x_1), (x_1, x_2), ... geteilt, so ordnen wir jedem Teilintervalle (x_{i-1}, x_i) eine Zahl ζ_i zu, die gleichzeitig mit der Differenz $x_i - x_{i-1}$ gleichmäßig gegen Null konvergiert. Wir verstehen darunter, daß man jeder positiven Zahl ε eine andere positive von x_{i-1} und x_i unabhängige Zahl η zuordnen kann, derart daß die Bedingung $|x_i - x_{i-1}| < \eta$ die Ungleichheit $|\zeta_i| < \varepsilon$ nach sich zieht. Wir werden nun zeigen, daß die Summe

$$T = \sum_{i=1}^{n} [f(x_{i-1}) + \zeta_i](x_i - x_{i-1}) \tag{3}$$

das bestimmte Integral $\int_a^b f(x)\,dx$ zum Grenzwert hat, unter der Voraussetzung, daß ζ_i gleichmäßig gegen Null konvergiert. In der Tat, nehmen wir an, daß man eine genügend kleine Zahl η genommen habe, so daß gleichzeitig

$$\left|\sum_{i=1}^{n} f(x_{i-1})(x_i - x_{i-1}) - \int_a^b f(x)\,dx\right| < \varepsilon, \qquad |\zeta_i| < \varepsilon$$

ist, wenn jede der Zahlen $|x_i - x_{i-1}| < \eta$ ist.

Da man schreiben kann

$$T - \int_a^b f(x)\,dx = \left[\sum_{i=1}^{n} f(x_{i-1})(x_i - x_{i-1}) - \int_a^b f(x)\,dx\right] + \sum_{i=1}^{n} \zeta_i(x_i - x_{i-1}),$$

so sieht man, daß unter den obigen Bedingungen auch

$$\left| T - \int_a^b f(x)\,dx \right| < \varepsilon + \varepsilon(b-a)$$

sein wird; der Satz ist also bewiesen.

In den Anwendungen bieten sich die bestimmten Integrale gerade als Grenzwerte von Summen der Form (3) am häufigsten dar. Wir werden auch noch oft Gelegenheit haben, diese Eigenschaft zu benutzen, die sich auf die Doppel- und die dreifachen Integrale ausdehnt.

75. **Erster Mittelwertsatz.** Es seien $f(x)$ und $\psi(x)$ zwei in einem Intervall (a, b) integrierbare Funktionen, für die beständig $f(x) \leqq \psi(x)$ ist. Setzt man $a < b$ voraus, so ist ein beliebiges Element des Integrals $\int_a^b f(x)\,dx$ höchstens gleich dem entsprechenden Elemente des Integrals $\int_a^b \psi(x)\,dx$ und es ist infolgedessen

$$\int_a^b f(x)\,dx \leqq \int_a^b \psi(x)\,dx.$$

Sind die Funktionen stetig, so können die beiden Integrale nur dann gleich sein, wenn beständig $f(x) = \psi(x)$ ist; wäre $b < a$, so müßte das Zeichen der Ungleichung umgekehrt werden.

Dies vorausgeschickt nehmen wir an, daß die zu integrierende Funktion von der Form $f(x)\,\varphi(x)$ sei, wobei die Funktion $\varphi(x)$ ein konstantes Zeichen bewahre. Nehmen wir z. B. an, daß $a < b$ und $\varphi(x)$ im Intervall (a, b) positiv ist. Es seien M und m die Grenzen von $f(x)$ in diesem Intervalle. Aus der Doppelungleichung

$$m \leqq f(x) \leqq M$$

leitet man durch Multiplikation mit dem positiven Faktor $\varphi(x)$

$$m\,\varphi(x) \leqq f(x)\,\varphi(x) \leqq M\,\varphi(x)$$

ab und infolgedessen ist

$$m \int_a^b \varphi(x)\,dx < \int_a^b f(x)\,\varphi(x)\,dx < M \int_a^b \varphi(x)\,dx;$$

dies läßt sich auch schreiben

$$\int_a^b f(x)\,\varphi(x)\,dx = \mu \int_a^b \varphi(x)\,dx, \tag{4}$$

wo μ eine zwischen M und m enthaltene Zahl bedeutet. In dieser Ungleichung drückt sich der erste Mittelwertsatz aus.

Die Formel ist anwendbar, welches auch die Grenzen a und b seien, vorausgesetzt daß $\varphi(x)$ ein konstantes Zeichen bewahrt. Ist die Funktion $f(x)$ stetig, so nimmt sie den Wert μ für einen zwischen a und b enthaltenen Wert ξ von x an und man kann die Mittelwertsformel auch schreiben

$$\int_a^b f(x)\varphi(x)\,dx = f(\xi)\int_a^b \varphi(x)\,dx \tag{5}$$

wo ξ zwischen a und b enthalten ist. Nimmt man im besonderen $\varphi(x) = 1$, so ist das Integral $\int_a^b dx$ nach der Definition selbst gleich $b - a$ und es bleibt

$$\int_a^b f(x)\,dx = (b-a)f(\xi). \tag{6}$$

76. **Zweiter Mittelwertsatz.** Man verdankt Bonnet eine andere Formel, die er aus einem Lemma von Abel abgeleitet hat.

Lemma: Es seien $\varepsilon_0, \varepsilon_1, \ldots, \varepsilon_p$ eine beliebige Zahl positiver, abnehmender Größen und $u_0, u_1, \ldots, u_p$ eine gleiche Anzahl positiver oder negativer beliebiger Größen. Wenn alle Summen

$$s_0 = u_0,\ s_1 = u_0 + u_1, \ldots, s_p = u_0 + u_1 + \ldots + u_p$$

zwischen zwei Zahlen A und B enthalten sind, so wird die Summe

$$S = \varepsilon_0 u_0 + \varepsilon_1 u_1 + \ldots + \varepsilon_p u_p$$

zwischen $A\varepsilon_0$ und $B\varepsilon_0$ enthalten sein.

Man kann in der Tat schreiben

$$u_1 = s_0,\ u_1 = s_1 - s_0, \ldots, u_p = s_p - s_{p-1};$$

die Summe S ist also gleich

$$s_0(\varepsilon_0 - \varepsilon_1) + s_1(\varepsilon_1 - \varepsilon_2) + \ldots + s_{p-1}(\varepsilon_{p-1} - \varepsilon_p) + s_p\varepsilon_p.$$

Alle Differenzen $\varepsilon_0 - \varepsilon_1,\ \varepsilon_1 - \varepsilon_2, \ldots, \varepsilon_{p-1} - \varepsilon_p$ sind positiv, ebenso ε_p; man erhält also zwei Grenzen für S, indem man $s_0, s_1, \ldots, s_p$ durch ihre obere Grenze A, dann durch ihre untere Grenze B ersetzt. Man findet so

$$S < A(\varepsilon_0 - \varepsilon_1 + \varepsilon_1 - \varepsilon_2 + \ldots + \varepsilon_{p-1} - \varepsilon_p + \varepsilon_p) = A\varepsilon_0$$

und man sieht ebenso, daß $S > B\varepsilon_0$ ist.

Dies vorausgeschickt seien $f(x)$ und $\varphi(x)$ zwei integrierbare Funktionen, von denen die Funktion $\varphi(x)$ positiv und abnehmend ist, während x von a bis b wächst. Das Integral $\int_a^b f(x)\varphi(x)dx$ ist der Grenzwert der Summe

$$J = f(a)\varphi(a)(x_1 - a) + f(x_1)\varphi(x_1)(x_2 - x_1) + \ldots,$$

welche zwischen den beiden Summen

$$J' = \sum_i M_i \varphi(x_{i-1})(x_i - x_{i-1}) \quad \text{und} \quad J'' = \sum_i m_i \varphi(x_{i-1})(x_i - x_{i-1})$$

enthalten ist, wo M_i und m_i die Grenzen von $f(x)$ im Intervalle (x_{i-1}, x_i) sind. Des weiteren ist die Differenz $J' - J''$ kleiner als

$$\varphi(a)\sum_i (M_i - m_i)(x_i - x_{i-1})$$

und konvergiert infolgedessen gegen Null, da $f(x)$ integrierbar ist. Das betrachtete bestimmte Integral ist also der gemeinsame Grenzwert der Summen J' und J'' und infolgedessen auch der Summe $\sum_i \mu_i \varphi(x_{i-1})(x_i - x_{i-1})$, wo μ_i eine beliebige zwischen m_i und M_i enthaltende Zahl bedeutet.

Wählen wir diese Zahl μ_i derart, daß

$$\mu_i(x_i - x_{i-1}) = \int_{x_{i-1}}^{x_i} f(x)\,dx$$

ist, was nach dem ersten Mittelwertsatze möglich ist. Da die Zahlen $\varphi(a), \varphi(x_1), \ldots,$ positiv und abnehmend ist, folgt aus dem Abelschen Lemma, daß diese letzte Summe zwischen $A\varphi(a)$ und $B\varphi(a)$ enthalten ist, wenn A und B das Maximum und Minimum des Integrals $\int_a^c f(x)dx$ bezeichnen, während c von a bis b variiert. Da dieses Integral offenbar eine stetige Funktion von c ist, kann man zur Grenze übergehend schreiben

$$\text{(7)} \qquad \int_a^b f(x)\varphi(x)dx = \varphi(a)\int_b^\xi f(x)dx \qquad (a < \xi < b).$$

Wenn die Funktion $\varphi(x)$ zwischen a und b abnehmend ist, ohne positiv zu bleiben, so kann man eine allgemeinere Formel annehmen, die man Weierstrass verdankt. Setzen wir

$$\varphi(x) = \varphi(b) + \psi(x);$$

die Funktion $\psi(x)$ ist positiv und abnehmend, so daß man die Formel (7) anwenden kann. Dies gibt

$$\int_a^b f(x)\,\psi(x)\,dx = [\varphi(a) - \varphi(b)]\int_a^\xi f(x)\,dx\,;$$

daraus folgt

$$\int_a^b f(x)\,\varphi(x)\,dx = \int_a^b f(x)\,\varphi(b)\,dx + [\varphi(a) - \varphi(b)]\int_a^\xi f(x)\,dx$$

oder

$$\int_a^b f(x)\,\varphi(x)\,dx = \varphi(a)\int_a^\xi f(x)\,dx + \varphi(b)\int_\xi^b f(x)\,dx\,.$$

Man erhält analoge Formeln, wenn die Funktion $\varphi(x)$ wachsend ist.

77. **Rückkehr zu den primitiven Funktionen.** Die vorangehenden allgemeinen Theoreme lassen sich auf alle integrierbaren Funktionen anwenden. In den nun folgenden Anwendungen ist die zu integrierende Funktion meist eine stetige Funktion oder bietet wenigstens nur eine endliche Anzahl von Unstetigkeiten im Integrationsintervalle dar. Bemerken wir ein für allemal, daß der Wert eines Integrals nur von der Natur der zu integrierenden Funktion und von den Grenzen abhängt und die Symbole

$$\int_a^b f(x)\,dx, \qquad \int_a^b f(z)\,dz, \qquad \int_a^b f(t)\,dt\,\ldots$$

somit genau dieselbe Bedeutung haben.

Betrachtet man eine der Grenzen, z. B. die untere a als fest, während die obere variabel ist, so ist das Integral eine Funktion dieser Grenze und wir schreiben

$$F(x) = \int_a^x f(t)\,dt$$

oder einfacher $\int_a^x f(x)\,dx$, wenn keine Zweideutigkeit zu befürchten ist. Da die Funktion $f(x)$ endlich ist, so ist klar, daß $F(x)$ eine stetige Funktion von x ist.

Wenn die Funktion $f(x)$ stetig ist, so läßt $F(x)$ als Derivierte $f(x)$ zu. Es ist nämlich

$$F(x+h) - F(x) = \int_x^{x+h} f(t)\,dt$$

oder, indem man die Mittelwertsformel (6) anwendet,

$$F(x+h) - F(x) = h f(\xi)$$

wo ξ zwischen x und $x+h$ enthalten ist. Wenn h gegen Null strebt, so hat $f(\xi)$ zum Grenzwert $f(x)$; die Funktion $F(x)$ hat also $f(x)$ zur Derivierten und das fundamentale Theorem der Integralrechnung ist so, ohne die geometrische Anschauung heranzuziehen, bewiesen.[1]

Jede andere Funktion, welche dieselbe Derivierte zuläßt, wird erhalten, indem man zu $F(x)$ eine willkürliche Konstante C hinzufügt. Es gibt eine und nur eine dieser Funktionen, welche einen im voraus gegebenen Wert y_0 für $x = a$ annimmt; dies ist die Funktion

$$y_0 + \int_a^x f(t)\,dt.$$

Jede Funktion, die $f(x)$ zur Derivierten hat, ist ein unbestimmtes Integral von $f(x)$ und wird durch das Symbol

$$\int f(x)\,dx$$

dargestellt, wobei man die Grenzen nicht anzeigt; nach dem zuletzt Gesagten ist

$$\int f(x)\,dx = \int_a^x f(x)\,dx + C.$$

Umgekehrt, hat man durch irgend ein Mittel eine Funktion $F(x)$ erhalten, die $f(x)$ als Derivierte zuläßt, so kann man schreiben

$$\int_a^x f(x)\,dx = F(x) + C;$$

---

[1] Wenn die Funktion $f(x)$ stetig ist, so bildet die Ermittelung einer primitiven Funktion von $f(x)$ oder die Berechnung des bestimmten Integrals $\int_a^x f(x)\,dx$ nur ein einziges Problem. Dies gilt jedoch nicht mehr für eine beliebige Funktion. Alles, was man behaupten kann, ist: wenn eine integrierbare Funktion $f(x)$ die Derivierte einer Funktion $F(x)$ ist, so ist die primitive Funktion $F(x)$ abgesehen von einer Konstanten gleich dem bestimmten Integrale $\int_a^x f(x)\,dx$. Dies folgt unmittelbar aus der Relation

$$F(b) - F(a) = (x_1 - a) f(\xi_1) + (x_2 - x_1) f(\xi_2) + \ldots + (b - x_{n-1}) f(\xi_n),$$

die eine Folge des Mittelwertsatzes der Differentialrechnung ist. Aber es kann vorkommen, daß eine integrierbare Funktion $f(x)$ nicht die Derivierte einer anderen Funktion ist oder daß eine abgeleitete Funktion nicht integrierbar ist. (Man vergleiche das vorhin angeführte Werk von Lebesque.)

um die Konstante C zu bestimmen, genügt es zu beachten, daß die linke Seite für $x = a$ verschwindet. Man muß also $C = -F(a)$ nehmen und erhält so die fundamentale Formel

$$\int_a^x f(x)\,dx = F(x) - F(a). \tag{8}$$

Ersetzen wir in dieser Formel $f(x)$ durch $F'(x)$; man erhält

$$F(x) - F(a) = \int_a^x F'(x)\,dx$$

oder, indem man den Mittelwertsatz anwendet,

$$F(x) - F(a) = (x - a)\,F'(\xi),$$

wo ξ zwischen a und x enthalten ist. Wir finden so den Mittelwertsatz der Differentialrechnung wieder, aber der Beweis ist nicht so allgemein wie der erste (Nr. 16), denn er setzt die Stetigkeit der Derivierten $F'(x)$ voraus.

Die fundamentale Formel (8) war unter der Voraussetzung aufgestellt worden, daß die Funktion $f(x)$ zwischen a und b stetig sei. Gibt man auf diese Bedingung nicht acht, so kann man zu widersprechenden Folgerungen geführt werden. So z. B. gibt die Formel (8), wenn man $f(x) = \frac{1}{x^2}$ setzt,

$$\int_a^b \frac{dx}{x^2} = \frac{1}{a} - \frac{1}{b};$$

die linke Seite hat bisher nur dann einen Sinn, wenn a und b gleichbezeichnet sind, während die rechte Seite auch dann noch einen bestimmten Wert hat, wenn a und b ungleich bezeichnet sind. Wir werden später die Erklärung dieses Widerspruches erhalten, wenn wir die bestimmten Integrale zwischen imaginären Grenzen studieren werden.

Ebenso gibt die Formel (8)

$$\int_a^b \frac{f'(x)\,dx}{f(x)} = \log\left[\frac{f(a)}{f(b)}\right];$$

sind $f(a)$ und $f(b)$ von entgegengesetztem Vorzeichen, so wird $f(x)$ zwischen a und b Null und die beiden Seiten der vorstehenden Gleichheit haben bis jetzt keinen Sinn für uns. Man wird gleichfalls später sehen, welche Bedeutung man ihnen zu geben übereinkommt.

Die Formel (8) kann auch einige Zweideutigkeit darbieten: so gibt sie z. B., wenn man $f(x) = \frac{1}{1+x^2}$ nimmt,

$$\int_a^b \frac{dx}{1+x^2} = \operatorname{Arc}\tan b - \operatorname{arc}\tan a.$$

Die linke Seite hat einen ganz bestimmten Sinn, während die rechte unendlich viele Bedeutungen darbietet. Um die Zweideutigkeit zu beheben setzen wir

$$F(x) = \int_0^x \frac{dx}{1+x^2};$$

diese Funktion $F(x)$ ist in jedem Intervalle stetig und wird mit x Null. Bezeichnen wir andererseits mit Arc tan x den Bogen, der zwischen $-\frac{\pi}{2}$ und $+\frac{\pi}{2}$ enthalten ist. Diese beiden Funktionen haben gleiche Derivierte und verschwinden für $x = 0$; sie sind also gleich und man kann schreiben

$$\int_a^b \frac{dx}{1+x^2} = \int_0^b \frac{dx}{1+x^2} - \int_0^a \frac{dx}{1+x^2} = \operatorname{Arc}\tan b - \operatorname{Arc}\tan a,$$

wobei man stets für Arc tan den Wert zwischen $-\frac{\pi}{2}$ und $+\frac{\pi}{2}$ nimmt.

Ebenso stellt man die Formel auf

$$\int_a^b \frac{dx}{\sqrt{1-x^2}} = \operatorname{Arc}\sin b - \operatorname{Arc}\sin a,$$

wo die Wurzel dem absoluten Werte nach gewonnen wird, a und b zwischen -1 und $+1$ enthalten sind und man mit Arc sin den Bogen zwischen $-\frac{\pi}{2}$ und $+\frac{\pi}{2}$ bezeichnet.

Allgemein wird man, wenn die primitive Funktion $F(x)$ mehrere Bestimmungen zuläßt, einen der Anfangswerte $F(a)$ herausgreifen und wird die stetige Änderung dieses gewählten Wertes verfolgen, während x im gleichen Sinne von a bis b variiert. Es ist manchmal bequemer, eine primitive unstetige Funktion einzuführen, indem man die Formel (8) verallgemeinert. Diese fundamentale Formel ist unter der Voraussetzung abgeleitet worden, daß die beiden Funktionen $f(x)$ und $F(x)$ im Intervalle (a, b) stetig sind und daß man in jedem Punkte dieses Intervalles $F'(x) = f(x)$ hat. Wir wollen nun ein wenig allgemeinere Voraussetzungen machen. Nehmen wir an, daß die beiden Funktionen $F(x)$ und $f(x)$ den vorstehenden Bedingungen genügen, außer in einer endlichen Anzahl von Punkten des Intervalles (a, b), die wir als Ausnahmspunkte bezeichnen werden. Wir nehmen überdies an, daß $f(x)$

endlich bleibe und daß $F(x)$ in diesem Intervalle nur Unstetigkeitspunkte erster Art habe. Um zu sehen, wie man die Formel (8) in diesem Falle modifizieren muß, setzen wir zunächst voraus, daß im Intervalle (a, b) nur ein einziger Ausnahmspunkt c existiere; bezeichnet ε eine positive, sehr kleine Zahl, so können wir unter der Voraussetzung $a < c < b$ schreiben

$$\int_a^b f(x)\,dx = \int_a^{c-\varepsilon} f(x)\,dx + \int_{c-\varepsilon}^{c+\varepsilon} f(x)\,dx + \int_{c+\varepsilon}^b f(x)\,dx,$$

oder, da zwischen a und $c - \varepsilon$ und zwischen $c + \varepsilon$ und b keine Ausnahmepunkte liegen,

$$\int_a^b f(x)\,dx = F(c-\varepsilon) - F(a) + \int_{c-\varepsilon}^{c+\varepsilon} f(x)\,dx + F(b) - F(c+\varepsilon).$$

Konvergiert ε gegen Null, so gilt dasselbe für $\int_{c-\varepsilon}^{c+\varepsilon} f(x)\,dx$ und man erhält an der Grenze

$$\int_a^b f(x)\,dx = F(b) - F(a) - \Delta_c,$$

wo Δ_c die Differenz $F(c+0) - F(c-0)$ oder die Diskontinuität von $F(x)$ in bezug auf den Punkt c bedeutet.

Gibt es mehrere Ausnahmspunkte im Intervall (a, b), so wird man es in Teilintervalle zerlegen, deren jedes nur einen Ausnahmspunkt enthält: stellt man in bezug auf jedes dieser Teilintervalle dieselbe Überlegung wie die soeben durchgeführte an und addiert die erhaltenen Resultate, so erhält man

$$\int_a^b f(x)\,dx = F(b) - F(a) - \Sigma\Delta, \tag{9}$$

wo $\Sigma\Delta$ die Summe der Diskontinuitäten von $F(x)$ im Intervall (a, b) bezeichnet. Diese Formel (9) reduziert sich auf die Formel (8), wenn $F(x)$ stetig ist; man sieht also, daß die Formel (8) auch noch auf eine endliche Funktion $f(x)$ anwendbar ist, die eine beliebige endliche Anzahl von Unstetigkeitspunkten in (a, b) hat, vorausgesetzt, daß die primitive Funktion stetig ist. Diese Bemerkung wird später auch auf den Fall einer nicht endlichen Funktion ausgedehnt werden.

78. **Indizes.** Um eine Anwendung der allgemeinen Formel (9) zu geben, betrachten wir das bestimmte Integral

$$\int_a^b \frac{f'(x)\,dx}{1+f^2(x)} = \int_a^b \frac{P'Q - PQ'}{P^2+Q^2}\,dx,$$

wo $f(x) = \frac{P}{Q}$ ist und P, Q zwei Funktionen sind, die ebenso wie ihre Derivierten im Intervall (a, b) stetig sind und nicht gleichzeitig verschwinden. Eine primitive Funktion ist $F(x) = \operatorname{Arc}\tan[f(x)]$; wenn die Funktion $f(x)$ im Intervall (a, b) nicht unendlich wird, so bleibt diese primitive Funktion stetig und man hat nach der Formel (8)

$$\int_a^b \frac{f'(x)\,dx}{1+f^2(x)} = \operatorname{Arc}\tan f(b) - \operatorname{Arc}\tan f(a).$$

Diese Formel ist aber im allgemeinen nicht mehr anwendbar, wenn $f(x)$ zwischen a und b unendlich wird. Es sei c ein Punkt, in dem die Funktion $f(x)$ unendlich wird, indem sie von $+\infty$ auf $-\infty$ übergeht; dann ist

$$F(c-0) = \frac{\pi}{2}, \quad F(c+0) = -\frac{\pi}{2}$$

und infolgedessen $\Delta_c = -\pi$. Geht $f(x)$ für $x = c$ von $-\infty$ auf $+\infty$ über, so ist die Diskontinuität gleich π. Schließlich wird $\Delta_c = 0$, wenn $f(x)$ unendlich wird, ohne das Zeichen zu ändern. Die Summe der Diskontinuitäten von $\operatorname{Arc}\tan[f(x)]$ ist also gleich $-(K-K')\pi$, wenn K die Anzahl bezeichnet, wie oft $f(x)$ unendlich wird, indem es von $+\infty$ auf $-\infty$ übergeht, K' die Anzahl, wie oft $f(x)$ von $-\infty$ auf $+\infty$ springt.

Die Zahl $K-K'$ heißt der **Index** von $f(x)$ in dem Intervall (a, b) und wird mit $J_a^b[f(x)]$ bezeichnet. Man erhält also die allgemeine Formel

$$\int_a^b \frac{f'(x)\,dx}{1+f^2(x)} = \operatorname{Arc}\tan b - \operatorname{Arc}\tan a + \pi J_a^b[f(x)].$$

Wenn $f(x)$ sich auf eine rationale Funktion $\frac{V_1}{V}$ reduziert, so kann man den Index durch elementare Operationen ermitteln, ohne die Wurzeln von V zu kennen. Es ist klar, daß man V_1 als prim zu V und von geringerem Grade als V annehmen kann, denn man ändert den Index nicht, wenn man ein Polynom abtrennt. Dies vorausgeschickt, denken wir uns die Folge der Divisionen, die zur Aufsuchung des größten gemeinschaftlichen Divisors zwischen V und V_1 dienen, ausgeführt, indem wir jedesmal das Zeichen des Restes ändern. Man dividiert zunächst V durch V_1, was einen Quotienten Q_1 und einen Rest $-V_2$ ergibt; dann dividiert man V_1 durch V_2, was einen Quotienten Q_2 und einen Rest $-V_3$ ergibt usf.; schließlich wird man zu einem konstanten Rest $-V_{n+1}$ gelangen. Die Operationen geben die Folge der Gleichheiten

$$V = V_1 Q_1 - V_2, \quad V_1 = V_2 Q_2 - V_3, \ldots, V_{n-1} = V_n Q_n - V_{n+1}$$

und die Folge der Polynome

$$(10) \qquad V, V_1, V_2, \ldots, V_{r-1}, V_r, V_{r+1}, \ldots, V_n, V_{n+1}$$

genießt die wesentlichen Eigenschaften einer Sturmschen Kette: 1. zwei aufeinander folgende Polynome können nicht gleichzeitig verschwinden, denn man würde daraus schrittweise ableiten, daß dieser Wert von x alle anderen Polynome und im besonderen V_{n+1} zum Verschwinden bringen müßte; 2. wenn eines der mittleren Polynome $V_1, V_2, \ldots, V_n$ Null wird, so ändert sich die durch die Folge (10) dargestellte Anzahl der Zeichenwechsel nicht, denn wenn V_r für $x = c$ Null wird, so sind V_{r-1} und V_{r+1} für $x = c$ ungleich bezeichnet. Daraus folgt, daß die Anzahl der Zeichenwechsel in der Folge (10) nur dann sich ändern kann, wenn x durch eine Wurzel von $V = 0$ hindurchgeht. Wenn $\frac{V_1}{V}$ hierbei von $+\infty$ auf $-\infty$ übergeht, so nimmt diese Zahl um eine Einheit zu; hingegen nimmt sie um eine Einheit ab, wenn $\frac{V_1}{V}$ von $-\infty$ auf $+\infty$ übergeht. Der Index ist also gleich der Differenz zwischen der Anzahl der Zeichenwechsel der Folge (10) für $x = b$ und $x = a$.

79. **Fläche einer ebenen Kurve.** Nennen wir polygonales Gebiet jedes ebene begrenzte Gebiet, dessen Begrenzung sich aus einer endlichen Anzahl von Abschnitten von Geraden zusammensetzt; dieses Gebiet kann von mehreren Polygonen gebildet werden, deren Begrenzungen keinen Punkt gemein haben. Der Flächeninhalt eines polygonalen Gebietes wurde in der Elementargeometrie definiert.[1] Betrachten wir nun eine geschlossene Kurve C ohne Doppelpunkt (Nr. 12), welche die Ebene in zwei Gebiete teilt, ein inneres Gebiet D und ein äußeres. Dem Gebiete D eine Fläche zuschreiben heißt im Grunde nichts anderes als das folgende Postulat zulassen:

I. Es existiert eine und nur eine Zahl, die größer ist als jede Zahl, welche die Fläche eines beliebigen in D enthaltenden polygonalen Gebietes mißt, und kleiner ist als jede Zahl, welche die Fläche eines beliebigen D enthaltenden polygonalen Gebietes mißt.

Die Existenz einer einzigen Zahl, welche diesen beiden Bedingungen genügt, kann strenge erwiesen werden, wenn die Kurve C einer sehr allgemeinen Bedingung genügt, die für die Kurven, die man für gewöhnlich betrachtet, stets erfüllt ist.

Es sei P ein polygonales D enthaltendes Gebiet, p ein anderes in D enthaltenes Gebiet, A und a bzw. die Flächen dieser beiden Gebiete. Es ist klar, daß $A > a$ ist, welches auch die beiden polygonalen Gebiete P und p seien. Die Zahlen A haben also eine untere Grenze A und die Zahlen a eine obere Grenze A'; überdies muß $\mathsf{A}' \leqq \mathsf{A}$ sein. Das Gebiet D heißt quadrierbar, wenn $\mathsf{A}' = \mathsf{A}$ ist und die Zahl A mißt den Flächeninhalt des Gebietes D. Es ist klar, daß dies die einzige Zahl ist, die der Bedingung I genügt.

Damit das Gebiet D quadrierbar sei, ist notwendig und hinreichend, daß man, wie klein auch die positive Zahl ε sei, ein D einschließendes polygonales Gebiet P und ein anderes in D eingeschlossenes polygonales Gebiet p finden kann, derart daß die Differenz $A - a$ der Flächen von P und p kleiner als ε sei.

---

[1] Siehe z. B. die Anmerkung D der Leçons de Géométrie élémentaire von HADAMARD. Man vgl. auch WEBER-WELLSTEIN, Elementar-Mathematik Bd. II, § 22.

Die Bedingung ist nach der Definition selbst notwendig. Sie ist auch hinreichend, da die Differenz $A - a$ nicht kleiner als die Differenz $\mathsf{A} - \mathsf{A}'$ sein kann. Daraus folgt, daß es, wenn das Gebiet D quadrierbar ist und zur Fläche A hat, stets möglich ist, zwei polygonale Gebiete P und p zu finden, das eine D enthaltend, das andere in D enthalten, so daß die Differenzen $A - \mathsf{A}$, $\mathsf{A} - a$ kleiner seien als jede gegebene positive Zahl ε. Die vorstehende Bedingung dafür, daß D quadrierbar sei, läßt sich auch noch so aussprechen: Es ist notwendig und hinreichend, daß die Grenzkurve C in ein polygonales Gebiet eingeschlossen werden kann, dessen Inhalt kleiner ist als jede gegebene Zahl. Denn jedes polygonale Gebiet, das C einschließt, ist die Differenz zweier polygonaler Gebiete, von denen das eine D enthält, das andere in D enthalten ist.

Denken wir uns, daß man ein Gebiet D, das von den Punkten im Inneren von C gebildet wird, in zwei analoge Gebiete D_1 und D_2 zerlegt, indem man z. B. zwei Punkte von C durch einen Kurvenbogen C', der in D liegt, verbindet. Wenn D_1 und D_2 quadrierbar sind, so ist es auch D und die Fläche von D ist die Summe der Flächen von D_1 und D_2.

Es seien P_1 und p_1 zwei polygonale Gebiete, das eine D_1 enthaltend, das andere in D_1 enthalten, A_1 bzw. a_1 ihre Flächen; haben P_2, p_2, A_2, a_2 dieselbe Bedeutung für D_2, so ist klar, daß das durch die Vereinigung von p_1 und p_2 gebildete polygonale Gebiet in D enthalten ist; somit ist $a_1 + a_2 < \mathsf{A}'$. Andererseits bilden die zwei Gebiete P_1 und P_2 durch ihre Vereinigung ein polygonales Gebiet, das D enthält. Da sie sich teilweise überdecken, ist $A_1 + A_2 > \mathsf{A}$ und infolgedessen $\mathsf{A} - \mathsf{A}' < (A_1 - a_1) + (A_2 - a_2)$. Da die Gebiete D_1 und D_2 quadrierbar sind, können die Differenzen $A_1 - a_1$, $A_2 - a_2$ so klein gemacht werden als man will. Man hat also $\mathsf{A}' = \mathsf{A}$ und die Doppelungleichung $a_1 + a_2 < \mathsf{A} < A_1 + A_2$ zeigt sehr wohl, daß die Fläche von D gleich der Summe der Flächen von D_1 und D_2 ist. Umgekehrt, sind D und D_1 quadrierbar, so ist es auch D_2; denn da D und D_1 quadrierbar sind, so kann man die Umgrenzung dieser beiden Gebiete in polygonale Gebiete einschließen, deren Fläche kleiner als jede gegebene Zahl ist. Dasselbe gilt daher auch für die Umgrenzung von D_2; D_2 ist also quadrierbar und es folgt aus dem Vorangehenden, daß seine Fläche gleich der Differenz der Flächen von D und D_1 ist.

Die Überlegung kann verallgemeinert werden. Wenn sich ein Gebiet D, dessen Umgrenzung sich aus einer beliebigen Anzahl von geschlossenen Kurven zusammensetzt, in eine Summe oder Differenz von quadrierbaren Gebieten wie die eben besprochenen zerlegen läßt, so ist dieses Gebiet D quadrierbar und seine Fläche ist die Summe oder Differenz der Flächen der Gebiete, die es zusammensetzen.

80. **Berechnung einer ebenen Fläche.** Wir werden nur solche ebene Gebiete behandeln, die von geschlossenen Kurven von der Art der gewöhnlich betrachteten begrenzt sind. Es ist leicht zu sehen, daß sie quadrierbar sind.

Nehmen wir zunächst wieder ein Gebiet D vor, analog dem, das uns zum Ausgangspunkte gedient hat (Nr. 69), das von einem Kurvenbogen AB, dem eine Parallele zu Oy in nicht mehr als einem einzigen Punkte begegnen kann, den beiden Ordinaten AP, BQ und dem Abschnitte PQ der x-Achse begrenzt wird. Es seien a und b die Abszissen der Punkte P und Q $(a < b)$, $y = f(x)$ die Gleichung des Bogens AB, wobei $f(x)$ eine im Intervalle (a, b) stetige und positive Funktion ist. Nehmen wir eine Folge wachsender Zahlen $x_1, x_2, \ldots, x_{n-1}$, die zwischen a und b enthalten sind, und es seien m_i, M_i die extremen Werte von $f(x)$ im Intervalle (x_{i-1}, x_i). Betrachten wir die beiden Reihen der Rechtecke r_i und R_i, die von Geraden $y = 0$, $x = x_{i-1}$, $x = x_i$ und $y = m_i$, bzw. $y = M_i$ begrenzt sind. Es ist klar, daß die Rechtecke r_i ein in D enthaltenes polygonales Gebiet bilden, während die Rechtecke R_i ein D enthaltendes polygonales Gebiet bilden. Nun sind aber die Flächen dieser beiden Gebiete bzw.

$$\Sigma r_i = \Sigma m_i (x_i - x_{i-1}), \qquad \Sigma R_i = \Sigma M_i (x_i - x_{i-1});$$

die obere Grenze von Σr_i und die untere von ΣR_i sind gleich. Das Gebiet D ist also quadrierbar und seine Fläche wird durch das bestimmte Integral $\int_a^b f(x)\,dx$ dargestellt. Das Resultat steht sehr wohl mit dem anschaulichen Begriffe des Flächeninhaltes, den die Geometrie liefert, im Einklang. Bemerken wir noch, daß man, welches auch das Zeichen von $f(x)$ im Intervalle (a, b) sei, das bestimmte Integral $\int_a^b f(x)\,dx$ als Ausdruck einer Fläche ansehen kann, wofern man das früher (Nr. 76) getroffene Übereinkommen annimmt. Man hat daher auch den Namen Quadratur beibehalten, um die Berechnung eines bestimmten Integrals zu bezeichnen.

Betrachten wir an zweiter Stelle ein Gebiet, das von zwei Abschnitten AA', BB' paralleler Geraden begrenzt ist und von zwei Kurven Am_1B, $A'm_2B'$, die zwischen diesen Geraden liegen, von einer zu AA' und BB' parallelen Gerade in einem einzigen Punkte getroffen werden und sich nicht schneiden. Wählen wir als y-Achse eine zu AA' parallele Gerade und als x-Achse eine dazu normale Gerade, so daß das Gebiet ganz oberhalb dieser Achse sei. Im Falle der Fig. 13 reduziert sich der Abschnitt BB' auf den Punkt B; es seien $y_1 = \psi_1(x)$, $y_2 = \psi_2(x)$ die Gleichungen der beiden Kurvenbögen Am_1B, $A'm_2B'$.

Das Gebiet D ist die Differenz zwischen den beiden quadrierbaren Gebieten, die durch die Umgrenzungslinien Am_1BQPA,

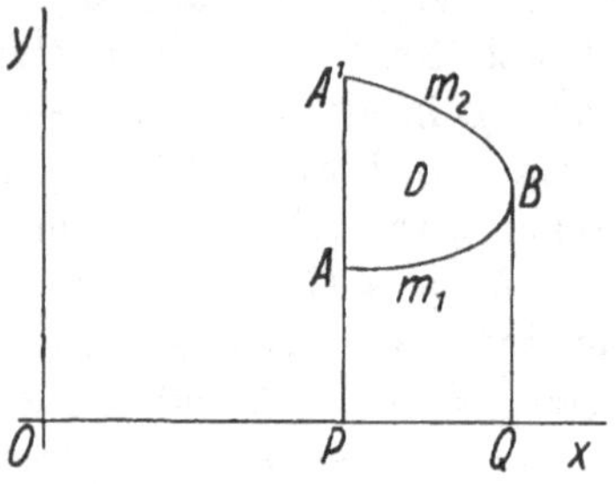

Fig. 13.

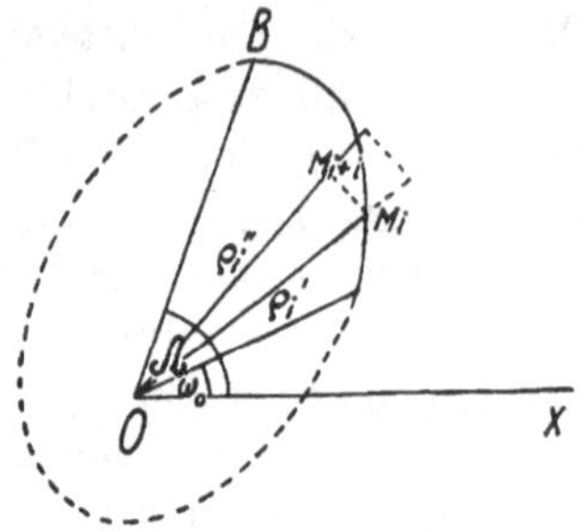

Fig. 14.

$A'm_2B'QPA'$ eingeschlossen werden; es ist demnach selbst qadrierbar und seine Fläche ist gleich der Differenz der beiden Integrale

$$\int_a^b \psi_2(x)\,dx, \qquad \int_a^b \psi_1(x)\,dx.$$

Jedes Gebiet, das sich in derartige Gebiete wie das vorstehende zerlegen läßt, ist also quadrierbar und seine Fläche läßt sich durch eine algebraische Summe von bestimmten Integralen ausdrücken. Wenn die Koordinatenachsen nicht rechtwinkelig sind, sondern einen beliebigen Winkel θ bilden, so wird man die bestimmten Integrale noch mit $\sin\theta$ multiplizieren müssen.

Manchmal ist es bequem, für die Berechnung von Flächen Polarkoordinaten anzuwenden. Es sei die Fläche eines Gebietes auszuwerten, das von zwei Strecken OA, OB, die mit einer Polarachse Ox die Winkel ω_0 und Ω $(\omega_0 < \Omega)$ bilden, begrenzt wird und von einem Bogen AMB, der im Winkel AOB liegt und von einem in diesem Winkel liegenden Halbstrahl nur in einem Punkte getroffen wird. Es sei $\varrho = f(\omega)$ die Gleichung dieses Bogens AMB in Polarkoordinaten. Teilen wir den Winkel AOB in eine gewisse Anzahl kleinerer Winkel mittels Radienvektoren, welche mit Ox die wachsenden Winkel $\omega_1, \omega_2, \ldots$ bilden. Es seien OM_i, OM_{i+1} zwei aufeinanderfolgende Radienvektoren, welche mit Ox die Winkel

ω_i, ω_{i+1} bilden, und ϱ_i', ϱ_i'' das Minimum und Maximum von $f(\omega)$ im Intervalle (ω_i, ω_{i+1}). Konstruieren wir uns einerseits das gleichschenkelige Dreieck t_i mit dem Scheitel O, dessen beide anderen Eckpunkte im Abstande ϱ_i' von O auf OM_i und OM_{i+1} liegen, andererseits das rechtwinkelige Dreieck T_i mit dem Eckpunkte O, für das man den Scheitel des rechten Winkels erhält, wenn man auf OM_i eine Länge ϱ_i'' aufträgt, während der dritte Eckpunkt auf OM_{i+1} liegt. Es ist klar, daß die Gesamtheit der Dreiecke t_i ein in D enthaltenes polygonales Gebiet und die Gesamtheit der Dreiecke T_i ein D enthaltendes polygonales Gebiet bildet. Die Flächen dieser beiden Gebiete sind

$$\tfrac{1}{2}\Sigma(\varrho_i')^2 \sin(\omega_{i+1} - \omega_i) \quad \text{und} \quad \tfrac{1}{2}\Sigma(\varrho_i'')^2 \tan(\omega_{i+1} - \omega_i)$$

und haben beide $\frac{1}{2}\int_{\omega_0}^{\Omega} \varrho^2 d\omega$ zum Grenzwert. Die erste Summe z. B. läßt sich schreiben

$$\tfrac{1}{2}\Sigma(\varrho_i')^2(1 - \varepsilon_i)(\omega_{i+1} - \omega_i),$$

wobei ε_i zu gleicher Zeit mit $\omega_{i+1} - \omega_i$ gleichmäßig gegen Null konvergiert. Die Fläche des Gebietes D ist demnach gleich dem bestimmten Integrale

$$\tfrac{1}{2}\int_{\omega_0}^{\Omega} \varrho^2 d\omega;$$

$\frac{1}{2}\varrho^2 d\omega$ ist das Flächenelement in Polarkoordinaten. Die geometrische Bedeutung ist evident.

Man wird auf diesen speziellen Fall leicht den Fall eines Gebietes zurückführen, das durch eine Kurve von gewöhnlicher Form begrenzt wird, indem man es als die Summe oder als die Differenz einer gewissen Anzahl von solchen Gebieten wie das vorstehende betrachtet.

Bemerkung I. Die Zahl, welche die Fläche des durch eine geschlossene Kurve begrenzten Gebietes mißt, ist als ein Schnitt in der Menge der positiven Zahlen definiert worden. Aus dieser Definition ergeben sich mehrere Eigenschaften, die ebenfalls als Definition gelten könnten. Hier sei nur eine von ihnen erwähnt, die sich vielleicht noch mehr dem gewöhnlichen Flächenbegriffe nähert. Es sei C eine ebene geschlossene Kurve, die ein quadrierbares Gebiet D von der Fläche A begrenzt. Nehmen wir ein D enthaltendes polygonales Gebiet P, dessen Fläche kleiner als $A + \varepsilon$ ist, und ein anderes in D enthaltenes Gebiet p, dessen Fläche größer als $A - \varepsilon$ ist. Der Inhalt des polygonalen Gebietes K, das die Differenz der beiden Gebiete P und p ist, ist dann kleiner als 2ε.

Führen wir nun eine ebene Karrierung mittels zweier zueinander rechtwinkeliger Systeme von Parallelen im Abstande ϱ aus. Wir erhalten drei Arten von Quadraten: 1. die inneren Quadrate von D, deren sämtliche inneren Punkte D angehören; 2. die äußeren Quadrate, die keinen Punkt mit D gemeinsam haben; 3. die gemischten Quadrate, die gleichzeitig Punkte in D und außerhalb D enthalten. Es ist leicht zu sehen, daß die Summe der Flächen der gemischten Quadrate gegen Null konvergiert, wenn ϱ unbegrenzt abnimmt. In der Tat, diese gemischten Quadrate sind von zweierlei Art: die einen sind vollständig in dem polygonalen Gebiete K enthalten und die Summe ihrer Flächen ist demnach kleiner als 2ε, die anderen haben mindestens einen Punkt mit der Begrenzung L von K gemeinsam. Wenn aber eine gerade Linie A von der Länge l und eine Karrierung von der Seite ϱ gegeben ist, so sind alle Quadrate, die einen Punkt mit mit A gemeinsam haben, im Inneren eines Rechteckes gelegen, dessen Seiten bzw. $l + 2\varrho\sqrt{2}$ und $2\varrho\sqrt{2}$ sind. Daraus folgt, daß die Summe der Flächen der gemischten Quadrate, die einen Punkt mit der polygonalen Linie L gemeinsam haben, zugleich mit ϱ gegen Null konvergiert; es existiert also eine positive Zahl λ von der Art, daß die Summe der Flächen dieser Quadrate kleiner als ε ist, wenn $\varrho < \lambda$ ist. Nun ist aber ε eine beliebige positive Zahl, wodurch die ausgesprochene Eigenschaft bewiesen ist. Man folgert hieraus auch, daß die Summe der Flächen der inneren Quadrate gegen die Fläche des Gebietes D konvergiert, wenn ϱ unbegrenzt abnimmt. Denn diese Summe ist kleiner als A und die Differenz zwischen den beiden Flächen ist geringer als die Summe der Flächen der gemischten Quadrate.

Bemerkung II. Betrachten wir im besonderen ein Gebiet wie das der Fig. 1 (Nr. 9),* das von dem Linienzuge

$$A\,C\,C'\,D\,D'\,B\,B_0\,A_0\,A$$

begrenzt wird. Die Ordinate eines Punktes der Linie $A\,C\,C'\,D\,D'\,B$ ist eine Funktion $f(x)$ der Abszisse, die eine beliebige Anzahl von Unstetigkeitspunkten erster Art darbietet. Die Fläche dieses Gebietes ist offenbar gleich der Summe der Flächen der Gebiete $A\,C\,C_0\,A_0$, $C'\,D\,D_0\,C_0$, $D'\,B\,B_0\,D_0$, d. h. gleich der Summe der Integrale

$$(11)\qquad \int_a^c f(x)\,dx + \int_c^d f(x)\,dx + \int_d^b f(x)\,dx = \int_a^b f(x)\,dx\,.$$

Ersetzt man die Ordinate BB_0 durch eine variable Ordinate, so ist das bestimmte Integral $F(x) = \int_a^x f(x)\,dx$ auch noch eine stetige Funktion von x; in einem Punkte x, in dem $f(x)$ stetig ist, ist auch hier $F'(x) = f(x)$. Für einen Unstetigkeitspunkt $x = c$ aber wird

$$F(c + h) - F(c) = \int_c^{c+h} f(x)\,dx = hf(c + \theta h), \qquad 0 < \theta < 1\,;$$

der Bruch $\frac{F(c + h) - F(c)}{h}$ hat also $f(c + 0)$ oder $f(c - 0)$ zum Grenzwert, je nachdem h positiv oder negativ ist. Dieses Beispiel zeigt sehr deutlich, daß das Integral $F(x) = \int_a^x f(x)\,dx$, wenn $f(x)$ eine integrierbare nicht stetige Funktion ist, nicht notwendig $f(x)$ als Derivierte zuläßt.

81. **Länge eines Kurvenbogens.** Es seien

$$x = f(t), \quad y = \varphi(t), \quad z = \psi(t) \tag{12}$$

drei in einem Intervall (a, b), $a < b$, stetige Funktionen von t. Läßt man t von a bis b wachsen, so beschreibt der Punkt mit den Koordinaten (x, y, z) einen geschlossenen oder nicht geschlossenen Kurvenbogen AB, der eine gewisse Anzahl von Doppelpunkten haben kann. Nehmen wir zwischen a und b eine Folge wachsender Zahlen $(a = t_0 < t_1 < t_2 < \dots < t_{n-1} < t_n = b)$ und es seien $P_0, P_1, \dots, P_{n-1}, P_n$ die entsprechenden Punkte der Kurve, wobei P_0 mit A und P_n mit B zusammenfalle. Diese Punkte $P_0, P_1, \dots, P_n$ sind die aufeinander folgenden Eckpunkte einer polygonalen Linie von der Länge L, die dem Bogen AB eingeschrieben ist. Wächst die Zahl n unbegrenzt in der Art, daß alle Differenzen $t_i - t_{i-1}$ gegen Null streben, so konvergieren alle Seiten dieses polygonalen Linienzuges gleichfalls gegen Null. Wenn die Länge L gegen einen Grenzwert S konvergiert, so sagt man, daß die Kurve rektifizierbar ist, und der Grenzwert S stellt die Länge des Kurvenbogens AB dar.

Wir wollen nun beweisen, daß die Kurve rektifizierbar ist, wenn die Funktionen $f(t)$, $\varphi(t)$, $\psi(t)$ im Intervalle (a, b) stetige Derivierte $f'(t)$, $\varphi'(t)$, $\psi'(t)$ zulassen.[1]

[1] Dies sind hinreichende, aber nicht notwendige Bedingungen. Die Bedingungen, die zugleich notwendig und hinreichend sind, damit die Kurve rektifizierbar sei, wurden von JORDAN gegeben: Damit eine Kurve C rektifizierbar sei, ist notwendig und hinreichend, daß die Menge

Es seien x_i, y_i, z_i die Koordinaten des Eckpunktes P_i und c_i die Länge der Seite $P_{i-1} P_i$; dann ist

$$c_i = \sqrt{(x_i - x_{i-1})^2 + (y_i - y_{i-1})^2 + (z_i - z_{i-1})^2}$$

---

der Zahlen L, welche die Umfänge der in C eingeschriebenen polygonalen Linienzüge messen, endlich sei.

Die Bedingung ist notwendig. Nehmen wir an, daß L gegen einen Grenzwert S konvergiere, wenn n unbegrenzt wächst, während das Maximum λ der Seiten des polygonalen Linienzuges gegen Null konvergiert. Es kann keinen in C eingeschriebenen Linienzug geben, dessen Umfang L' größer als S ist. Denn wenn es einen solchen gäbe und man jedes der Intervalle in kleinere und kleinere Teilintervalle zerlegte, so würden die Umfänge der neuen polygonalen Linienzüge alle größer als L' sein und könnten infolgedessen nicht gegen S konvergieren.

Die Bedingung ist hinreichend. Man beweist dies durch eine ganz gleiche Überlegung, wie sie bereits einmal (in Nr. 72) angewendet wurde. Es sei S die obere Grenze der Zahlen L; ist ε eine im voraus gegebene positive Zahl, so existiert eine Folge wachsender Zahlen

$$(a = a_0 < a_1 < a_2 < \ldots < a_p = b)$$

von der Art, daß der Umfang Λ des entsprechenden eingeschriebenen polygonalen Linienzuges größer als $S - \frac{\varepsilon}{2}$ ist. Betrachten wir eine beliebige Folge wachsender Zahlen

$$(a = t_0 < t_1 < t_2 < \ldots < t_{n-1} < t_n = b),$$

für die alle Intervalle $t_i - t_{i-1}$ kleiner seien als eine positive Zahl η, die selbst kleiner ist als die kleinste der Differenzen $a_1 - a_0$, $a_2 - a_1, \ldots, b - a_{p-1}$; es sei L der Umfang des entsprechenden eingeschriebenen polygonalen Linienzuges. Wir wollen zeigen, daß $S - L < \varepsilon$ sein wird, vorausgesetzt, daß η genügend klein sei.

Denken wir uns hierzu die Zahlen t_i und a_k nach wachsender Größe geordnet und es sei L' die Länge des polygonalen Hilfslinienzuges, den man durch diese neue Teilungsart erhält. Die Zahl L' ist größer als L und Λ oder mindestens ihnen gleich und infolgedessen größer als $S - \frac{\varepsilon}{2}$.

Man geht von dem polygonalen Linienzuge der Länge L zu dem der Länge L' über, indem man diejenigen Seiten c_i, die einen Punkt a_k im Intervalle (t_{i-1}, t_i) enthalten, durch die beiden anderen Seiten des Dreieckes ersetzt, das die den Werten t_{i-1}, a_k, t_i entsprechenden Punkte zu Eckpunkten hat. Die Anzahl dieser Seiten c_i ist höchstens gleich $p - 1$. Nehmen wir an, daß man die Zahl η genügend klein genommen habe, damit die Ungleichheit $|t' - t''| < \eta$ die andere

$$\sqrt{[f(t') - f(t'')]^2 + [\varphi(t') - \varphi(t'')]^2 + [\psi(t') - \psi(t'')]^2} < \frac{\varepsilon}{4(p-1)}$$

nach sich ziehe. Dies ist möglich, da f, φ, ψ stetige Faktoren sind; dann wird $L' - L < \frac{\varepsilon}{2}$ sein und da $L' > S - \frac{\varepsilon}{2}$ ist, so wird auch $L > S - \varepsilon$ sein. Die Zahl L hat also S zum Grenzwert.

oder infolge des Mittelwertsatzes

$$c_i = (t_i - t_{i-1}) \sqrt{[f'(\xi_i)]^2 + [\varphi'(\eta_i)]^2 + [\psi'(\zeta_i)]^2},$$

wo ξ_i, η_i, ζ_i zwischen t_{i-1} und t_i enthalten sind. Ist das Intervall (t_{i-1}, t_i) sehr klein, so unterscheidet sich der Wurzelausdruck sehr wenig von

$$\sqrt{[f'(t_{i-1})]^2 + [\varphi'(t_{i-1})]^2 + [\psi'(t_{i-1})]^2};$$

um eine Grenze für die Differenz beider zu finden, können wir sie schreiben

$$\frac{[f'(\xi_i) - f'(t_{i-1})][f'(\xi_i) + f'(t_{i-1})] + \ldots}{\sqrt{f'^2(\xi_i) + \varphi'^2(\eta_i) + \psi'^2(\zeta_i)} + \sqrt{f'^2(t_{i-1}) + \varphi'^2(t_{i-1}) + \psi'^2(t_{i-1})}}.$$

Nun ist aber

$$|f'(\xi_i)| + |f'(t_{i-1})| \leqq \sqrt{f'^2(\xi_i) + \ldots} + \sqrt{f'^2(t_{i-1}) + \ldots}$$

und infolgedessen

$$\left| \frac{f'(\xi_i) + f'(t_{i-1})}{\sqrt{f'^2(\xi_i) + \ldots} + \sqrt{f'^2(t_{i-1}) + \ldots}} \right| \leqq 1.$$

Da die drei Funktionen $f'(t)$, $\varphi'(t)$, $\psi'(t)$ stetig sind, so kann man jeder positiven Zahl ε eine andere positive Zahl η zuordnen, derart, daß in jedem Intervalle von geringerer Ausdehnung als η die Oszillation der Funktionen $f'(t)$, $\varphi'(t)$, $\psi'(t)$ kleiner als $\frac{\varepsilon}{3}$ ist. Wir erhalten somit

$$c_i = (t_i - t_{i-1}) \left[\sqrt{f'^2(t_{i-1}) + \varphi'^2(t_{i-1}) + \psi'^2(t_{i-1})} + \zeta_i \right],$$

wo ζ_i mit $t_i - t_{i-1}$ gleichmäßig gegen Null konvergiert, und infolgedessen hat der Umfang $L = \Sigma c_i$ das Integral

$$(13) \qquad S = \int_a^b \sqrt{f'^2 + \varphi'^2 + \psi'^2}\, dt$$

zum Grenzwert (Nr. 74).

Der vorangehende Beweis erstreckt sich auch auf den Fall, wo die Derivierten f', φ', ψ' in einer endlichen Anzahl von Punkten des Bogens AB unstetig wären. Dies würde der Fall sein, wenn die Kurve Eckpunkte darböte; man brauchte dann nur AB in mehrere andere Bögen zu zerlegen, für deren jeden f', φ', ψ' stetig wären.

Aus der Formel (13) leitet man ab, daß der Bogen, welcher zwischen einem festen Punkte A und einem dem Werte t des Parameters entsprechenden variablen Punkte enthalten ist, eine Funktion von t ist, deren Derivierte

$$\frac{dS}{dt} = \sqrt{f'^2 + \varphi'^2 + \psi'^2}$$

ist; erhebt man beide Seiten zum Quadrat und multipliziert mit dt^2, so erhält man

$$dS^2 = dx^2 + dy^2 + dz^2, \tag{14}$$

eine Formel, die ihre Geltung bewahrt, welches auch die unabhängige Variable sei. Man kann sie sich leicht nach ihrer geometrischen Bedeutung merken: sie drückt aus, daß dS die Diagonale eines rechtwinkligen Parallelepipedes mit den drei Kanten dx, dy, dz ist.

Bemerkung. Wendet man den Mittelwertsatz auf das bestimmte Integral an, das den Bogen $M_0 M_1$ darstellt, dessen Eckpunkte den Werten t_0, t_1 $(t_1 > t_0)$ des Parameters entsprechen, so erhält man

$$s = \operatorname{arc} M_0 M_1 = (t_1 - t_0)\sqrt{f'^2(\theta) + \varphi'^2(\theta) + \psi'^2(\theta)},$$

wo θ im Intervall (t_0, t_1) enthalten ist. Ferner ist, wenn c die Sehne $M_0 M_1$ bezeichnet

$$c^2 = [f(t_1) - f(t_0)]^2 + [\varphi(t_1) - \varphi(t_0)]^2 + [\psi(t_1) - \psi(t_0)]^2;$$

wenden wir den Mittelwertsatz auf jede der Differenzen $f(t_1) - f(t_0), \ldots$ an, so können wir schreiben

$$c = (t_1 - t_0)\sqrt{f'^2(\xi) + \varphi'^2(\eta) + \psi'^2(\zeta)},$$

wo die Zahlen ξ, η, ζ dem Intervall (t_0, t_1) angehören. Nach der früher durchgeführten Rechnung ist die Differenz der beiden Wurzelausdrücke kleiner als ε, vorausgesetzt, daß die Oszillation der Funktionen $f'(t)$, $\varphi'(t)$, $\psi'(t)$ im Intervall (t_0, t_1) kleiner als $\frac{\varepsilon}{3}$ sei. Man hat also

$$s - c < \varepsilon(t_1 - t_0)$$

und infolgedessen

$$1 - \frac{c}{s} < \frac{\varepsilon}{\sqrt{f'^2(\theta) + \varphi'^2(\theta) + \psi'^2(\theta)}}.$$

Wenn der Bogen $M_0 M_1$ unendlich klein wird, so konvergiert $t_1 - t_0$ gegen Null; das gleiche gilt für ε und infolgedessen für $1 - \frac{c}{s}$. Das Verhältnis eines unendlich kleinen Bogens zu einer Sehne hat also die Einheit zur Grenze.

Beispiel. Es sei der Bogen einer ebenen Kurve zu finden, die durch ihre Gleichung in Polarkoordinaten $\rho = f(\omega)$ gegeben ist.

Nimmt man ω als unabhängige Variable, so wird die Kurve durch die drei Gleichungen $x = \varrho \cos \omega$, $y = \varrho \sin \omega$, $z = 0$ dargestellt; hieraus erhält man

$$ds^2 = dx^2 + dy^2 = (\cos \omega \, d\varrho - \varrho \sin \omega \, d\omega)^2 + (\sin \omega \, d\varrho + \varrho \cos \omega \, d\omega)^2$$

oder durch Reduktion

$$ds^2 = d\varrho^2 + \varrho^2 \, d\omega^2.$$

Nehmen wir z. B. die Kardioide, die durch die Gleichung

$$\varrho = R + R \cos \omega$$

dargestellt wird. Die vorstehende Formel gibt

$$ds^2 = R^2 \, d\omega^2 [\sin^2 \omega + (1 + \cos \omega)^2] = 4 R^2 \cos^2 \frac{\omega}{2} \, d\omega^2;$$

lassen wir ω nur von 0 bis π variieren, so erhält man

$$ds = 2 R \cos \frac{\omega}{2} \, d\omega$$

und die Länge eines Bogens ist demnach

$$\left\{ 4 R \sin \frac{\omega}{2} \right\}_{\omega_0}^{\omega_1}.$$

Die Gesamtlänge ist also gleich $8 R$.

82. **Richtungskosinus.** — Um die Eigenschaften einer Kurve zu studieren, kommt man oft dazu, den Bogen als unabhängige Variable zu nehmen. Man setzt dann auf der Kurve einen Laufsinn als positiv fest und bezeichnet mit s die Länge des Bogens AM, der zwischen einem festen Punkte A und einem beliebigen Punkte M enthalten ist, versehen mit dem Zeichen $+$ oder $-$, je nachdem die Richtung von A nach M die positive oder die entgegengesetzte ist. In einem beliebigen Punkte M dieser Kurve ziehen wir die Richtung der Tangente, die mit der Richtung der wachsenden Bögen zusammenfällt und es seien α, β, γ die Winkel, welche diese Richtung mit den positiven Richtungen der drei rechtwinkligen Achsen Ox, Oy, Oz einschließt. Dann ist

$$\frac{\cos \alpha}{dx} = \frac{\cos \beta}{dy} = \frac{\cos \gamma}{dz} = \pm \frac{1}{\sqrt{dx^2 + dy^2 + dz^2}} = \pm \frac{1}{ds};$$

um das passende Vorzeichen zu finden, nehmen wir an, daß die positive Richtung der Tangente einen spitzen Winkel mit Ox einschließe; x und s wachsen gleichzeitig, man muß also das Zeichen $+$ nehmen. Ist der Winkel α stumpf, so ist $\cos \alpha$ negativ und man muß wieder das positive Zeichen nehmen. Man hat also in allen Fällen

$$(15) \qquad \cos \alpha = \frac{dx}{ds}, \qquad \cos \beta = \frac{dy}{ds}, \qquad \cos \gamma = \frac{dz}{ds},$$

wo dx, dy, dz die Differentiale in bezug auf die unabhängige Variable sind, die übrigens beliebig sein kann.

83. **Variation eines Segments einer Geraden.** Es sei MM_1 ein Abschnitt einer Geraden, dessen Eckpunkte zwei Kurven C, C_1 beschreiben. Auf jeder der beiden Kurven nehmen wir einen Punkt als Anfangspunkt und einen positiven Laufsinn an.

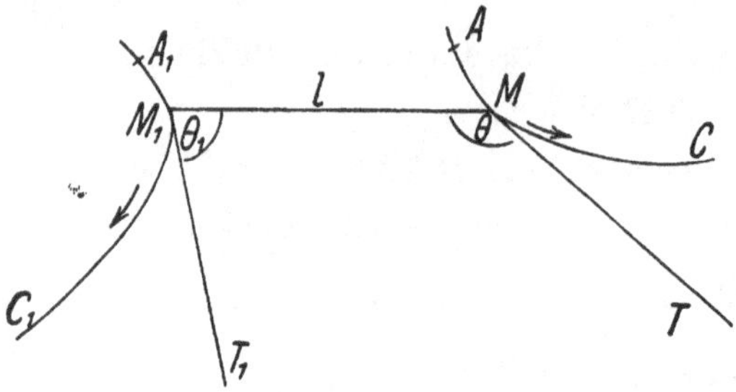

Fig. 15.

Es sei s der Bogen AM, s_1 der Bogen A_1M_1, beide Bögen mit einem Vorzeichen versehen, l die Länge MM_1, θ der Winkel von MM_1 mit der positiven Richtung der Tangente MT, θ_1 der Winkel von M_1M mit der positiven Richtung der Tangente M_1T_1. Wir wollen eine Beziehung zwischen θ, θ_1 und den Differentialen ds, ds_1, dl suchen.

Nennen wir x, y, z, x_1, y_1, z_1 die Koordinaten der Punkte M, M_1, α, β, γ die Winkel von MT mit den Achsen $\alpha_1, \beta_1, \gamma_1$ die Winkel von M_1T_1 mit den Achsen. Dann ist

$$l^2 = (x - x_1)^2 + (y - y_1)^2 + (z - z_1)^2;$$

daraus leitet man ab

$$l\,dl = (x - x_1)(dx - dx_1) + (y - y_1)(dy - dy_1) + (z - z_1)(dz - dz_1);$$

dies läßt sich mit Rücksicht auf die Formeln (15) und die analogen Formeln für C_1 auch schreiben

$$dl = \left(\frac{x - x_1}{l}\cos\alpha + \frac{y - y_1}{l}\cos\beta + \frac{z - z_1}{l}\cos\gamma\right)ds$$
$$+ \left(\frac{x_1 - x}{l}\cos\alpha_1 + \frac{y_1 - y}{l}\cos\beta_1 + \frac{z_1 - z}{l}\cos\gamma_1\right)ds_1.$$

$\frac{x - x_1}{l}$, $\frac{y - y_1}{l}$, $\frac{z - z_1}{l}$ sind aber die Richtungskosinus von M_1M und der Koeffizient von $ds = -\cos\theta$. Der Koeffizient von ds_1 ist ebenso $-\cos\theta_1$ und man erhält die gesuchte Relation

(16) $$dl = -ds\cos\theta - ds_1\cos\theta_1,$$

von der wir sofort eine interessante Anwendung machen wollen.

84. **Theoreme von GRAVES und CHASLES.** — Es seien E, E' zwei homofokale Ellipsen; von einem Punkte M der äußeren Ellipse E' zieht man

die beiden Tangenten MA, MB an die Ellipse E: die Differenz $MA + MB - \text{arc}\, ANB$ bleibt konstant, wenn der Punkt M die Ellipse E' durchläuft.

Es seien s und s' die Bögen OA und OB, σ der Bogen $O'M$, l und l' die Längen AM und BM, θ der Winkel von MB mit der positiven Richtung der Tangente MT; nach den Brennpunktseigenschaften ist der Winkel, den MA mit MT bildet, gleich $\pi - \theta$. Beachtet man, daß AM mit der positiven Richtung der Tangente in A zusammenfällt und daß BM der positiven Richtung der Tangente in B entgegengesetzt ist, so gibt die Formel (16) nacheinander

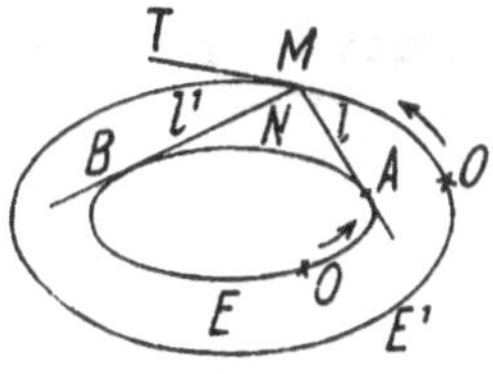

Fig. 16.

$$dl = -\, ds + d\sigma \cos\theta$$
$$dl' = \quad ds' - d\sigma \cos\theta$$

und man erhält durch Addition

$$d(l + l') = d(s' - s) = d\,\text{arc}\, ANB,$$

wodurch der ausgesprochene Satz bewiesen ist.

Dieses Theorem verdankt man dem englischen Geometer Graves. Man beweist ebenso das folgende, von Chasles entdeckte Theorem. Gegeben seien eine Ellipse und eine homofokale Hyperbel, die sich in N begegnen; zieht man von einem Punkte M, der auf dem durch N gehenden Hyperbelast liegt, die beiden Tangenten MA, MB an die Ellipse, so ist die Differenz der Bögen $NA - NB$ gleich der Differenz der Tangenten $MA - MB$.

III. Änderung der Variablen. — Partielle Integration.

Eine große Anzahl bestimmter Integrale, die man nicht unmittelbar erhalten kann, läßt sich mittels zweier allgemeiner Methoden, die wir nun kennen lernen wollen, berechnen.

85. **Änderung der Variablen.** Wenn man in einem bestimmten Integrale $\int_a^b f(x)\,dx$ die Variable x durch eine neue unabhängige Variable t mittels der Substitution $x = \varphi(t)$ ersetzt, so erhält man ein neues bestimmtes Integral. Wir nehmen an, daß die Funktion $\varphi(t)$ zwischen α und β stetig ist und daselbst eine stetige Derivierte zuläßt und daß $\varphi(t)$ stets in demselben Sinne von a bis b variiert, wenn t von α bis β läuft.

Das Intervall (α, β) werde durch die Zwischenwerte $\alpha, t_1, t_2, \ldots, t_{n-1}, \beta$ in kleinere Intervalle geteilt und es seien $a, x_1, x_2, \ldots, x_{n-1}, b$ die entsprechenden Werte von $x = \varphi(t)$. Nach dem Mittelwertsatze ist

$$x_i - x_{i-1} = (t_i - t_{i-1})\,\varphi'(\theta_i),$$

wo θ_i zwischen t_{i-1} und t_i enthalten ist; es sei $\xi_i = \varphi(\theta_i)$ der entsprechende Wert von x, der zwischen x_{i-1} und x_i enthalten ist. Die Summe

$$f(\xi_1)(x_1 - a) + f(\xi_2)(x_2 - x_1) + \ldots + f(\xi_n)(b - x_{n-1})$$

hat das betrachtete bestimmte Integral zum Grenzwert. Aber diese Summe läßt sich auch schreiben

$$f[\varphi(\theta_1)]\varphi'(\theta_1)(t_1 - \alpha) + \ldots + f[\varphi(\theta_i)]\varphi'(\theta_i)(t_i - t_{i-1}) + \ldots$$

und aus dieser Form erkennt man, daß sie das neue bestimmte Integral $\int_a^b f[\varphi(t)]\varphi'(t)\,dt$ zum Grenzwert hat. Man erhält also die Gleichheit

$$(17) \qquad \int_a^\beta f(x)\,dx = \int_a^\beta f[\varphi(t)]\varphi'(t)\,dt;$$

dies ist die Formel für die **Einführung einer neuen Variablen.** Man sieht, daß man das neue Differential unter dem Integrationszeichen erhält, indem man x und dx in $f(x)dx$ durch ihre Werte $\varphi(t)$ und $\varphi'(t)\,dt$ ersetzt, während die neuen Grenzen die Werte von t sind, die den alten Grenzen entsprechen. Wählt man die Funktion $\varphi(t)$ entsprechend, so kann es sich treffen, daß das neue Integral leichter auszuwerten ist als das erste, aber man kann in dieser Hinsicht keine exakten Regeln geben.

Beispiel. Es seien a und b zwei positive Zahlen; es ist

$$\int_1^{ab} \frac{dx}{x} = \int_1^a \frac{dx}{x} + \int_a^{ab} \frac{dx}{x};$$

setzt man in dem letzten Integral $x = ay$, so erhält man

$$\int_a^{ab} \frac{dx}{x} = \int_1^b \frac{dy}{y} = \int_1^b \frac{dx}{x}$$

und es besteht demnach die Gleichheit

$$\int_1^{ab} \frac{dx}{x} = \int_1^a \frac{dx}{x} + \int_1^b \frac{dx}{x}.$$

Wir finden so die fundamentale Eigenschaft des Logarithmus wieder (Nr. 54).

Nicht alle Voraussetzungen, die zur Ableitung der Formel (17) gemacht wurden, sind unerläßlich. So ist es nicht nötig, daß die Funktion $\varphi(t)$ stets in demselben Sinne variiere, wenn t von α nach β läuft. Nehmen wir z. B. an, daß $\varphi(t)$ von a bis c $(c > b)$ wachse, während t von α bis γ $(\gamma < \beta)$ wächst, und daß dann $\varphi(t)$ von c bis b abnehme, während t von γ bis β wächst. Wenn die Funktion $f(x)$ in dem Intervalle (a, c) stetig ist, so kann man die Formel auf jedes der Intervalle (a, c), (c, b) anwenden und erhält

$$\int_a^c f(x)\,dx = \int_\alpha^\gamma f[\varphi(t)]\,\varphi'(t)\,dt,$$

$$\int_c^b f(x)\,dx = \int_\gamma^\beta f[\varphi(t)]\,\varphi'(t)\,dt;$$

addiert man diese beiden Gleichheiten, so erhält man

$$\int_a^b f(x)\,dx = \int_\alpha^\beta f[\varphi(t)]\,\varphi'(t)\,dt.$$

Hingegen ist es notwendig, daß einem Werte von x, der zwischen a und b enthalten ist, mindestens ein Wert von t zwischen α und β entspricht. Trägt man dieser Bedingung nicht Rechnung, so kann man zu absurden Resultaten geführt werden. Wenn man z. B. auf das Integral $\int_{-1}^{+1} dx$ die Formel (17) anwendet, indem man $x = t^{3/2}$ setzt, so kommt man dazu,

$$\int_{-1}^{+1} dx = \int_1^1 \frac{3}{2}\sqrt{t}\,dt$$

zu schreiben, ein Resultat, das absurd ist, da das zweite Integral Null ist.

Um die Formel richtig anzuwenden, muß man das Intervall $(-1, +1)$ in zwei Intervalle $(-1, 0)$, $(0, +1)$ teilen. Im ersten Intervall wird man $x = -\sqrt{t^3}$ setzen und t von 1 bis 0 variieren lassen, im zweiten Intervall wird man $x = +\sqrt{t^3}$ setzen und t von 0 bis 1 variieren lassen. So findet man ein richtiges Resultat

$$\int_{-1}^{+1} dx = 3\int_0^1 \sqrt{t}\,dt = \{2\,t^{3/2}\}_0^1 = 2.$$

Bemerkung. Ersetzt man in der Formel (17) die oberen Grenzen b und β durch die variablen Grenzen x und t, so erhält man

$$\int_a^x f(x)\,dx = \int_\alpha^t f[\varphi(t)]\,\varphi'(t)\,dt;$$

dies zeigt, daß eine Funktion $F(x)$, deren Derivierte $f(x)$ ist, sich, wenn man $x = \varphi(t)$ setzt, in eine Funktion $\Phi(t)$ verwandelt, deren Derivierte $f[\varphi(t)]\,\varphi'(t)$ ist. Dasselbe ergibt sich auch unmittelbar aus der Formel, welche die Derivierte einer Funktion von einer Funktion ergibt. Wir können also allgemein schreiben

$$\int f(x)\,dx = \int f[\varphi(t)]\,\varphi'(t)\,dt;$$

dies ist die Formel für die Änderung der Variablen in den unbestimmten Integralen.

86. **Partielle Integration.** Es seien u und v zwei Funktionen, die ebenso wie ihre Derivierten zwischen a und b stetig sind. Es ist

$$\frac{d(uv)}{dx} = u\frac{dv}{dx} + v\frac{du}{dx}$$

und, indem man die beiden Seiten dieser Identität integriert,

$$\int_a^b \frac{d(uv)}{dx}\,dx = \int_a^b u\frac{dv}{dx}\,dx + \int_a^b v\frac{du}{dx}\,dx;$$

dies kann man auch schreiben

$$\int_a^b u\,dv = \{uv\}_a^b - \int_a^b v\,du, \tag{18}$$

wenn man allgemein mit $\{F(x)\}_a^b$ die Differenz $F(b) - F(a)$ bezeichnet. Ersetzt man die Grenze b durch eine variable Grenze x, während a fest bleibt, d. h. betrachtet man statt der bestimmten Integrale die unbestimmten, so erhält man ebenso

$$\int u\,dv = uv - \int v\,du. \tag{19}$$

Die Berechnung des Integrals $\int u\,dv$ wird so auf die Berechnung des Integrals $\int v\,du$ zurückgeführt, die leichter sein kann. Es sei z. B. das bestimmte Integral $\int_a^b x^m \log x\,dx$ $(m+1 \neq 0)$ zu berechnen; setzt man $u = \log x$, $v = \frac{x^{m+1}}{m+1}$, so gibt die Formel (18)

$$\int_a^b x^m \log x\,dx = \left\{\frac{x^{m+1}\log x}{m+1}\right\}_a^b - \frac{1}{m+1}\int_a^b x^m\,dx$$

$$= \left\{\frac{x^{m+1}\log x}{m+1} - \frac{x^{m+1}}{(m+1)^2}\right\}_a^b.$$

Die Formel kann nicht mehr angewandt werden, wenn $m+1=0$ ist; in diesem besonderen Falle ist

$$\int_a^b \log x \frac{dx}{x} = \left\{\tfrac{1}{2}(\log x)^2\right\}_a^b.$$

Die Formel (18) kann verallgemeinert werden. Bezeichnen wir mit $u', u'', \ldots, u^{(n+1)}$, $v', v'', \ldots, v^{(n+1)}$ die sukzessiven Derivierten der beiden Funktionen u und v. Die Anwendung der Formel (19) auf Integrale $\int u\,dv^{(n)}$, $\int u'\,dv^{(n-1)}, \ldots$ führt auf die folgenden Gleichheiten

$$\int_a^b u\,v^{(n+1)}\,dx = \int_a^b u\,dv^{(n)} = \Big\{u\,v^{(n)}\Big\}_a^b - \int_a^b u'\,v^{(n)}\,dx,$$

$$\int_a^b u'\,v^{(n)}\,dx = \int_a^b u'\,dv^{(n-1)} = \Big\{u'\,v^{(n-1)}\Big\}_a^b - \int_a^b u''\,v^{(n-1)}\,dx,$$

$$\ldots\ldots\ldots\ldots\ldots\ldots\ldots\ldots\ldots,\ldots$$

$$\int_a^b u^{(n)}\,v'\,dx = \int_a^b u^{(n)}\,dv = \Big\{u^{(n)}\,v\Big\}_a^b - \int_a^b u^{(n+1)}\,v\,dx.$$

Multipliziert man diese Formeln abwechselnd mit $+1$ und -1 und addiert sie, so erhält man

$$(20)\quad \begin{cases} \displaystyle\int_a^b u\,v^{(n+1)}\,dx = \Big\{u\,v^{(n)} - u'\,v^{(n-1)} + u''\,v^{(n-2)} + \ldots + (-1)^n\,u^{(n)}\,v\Big\}_a^b \\ \displaystyle\qquad\qquad + (-1)^{n+1}\int_a^b u^{(n+1)}\,v\,dx; \end{cases}$$

diese Formel führt die Berechnung des Integrals $\int u\,v^{(n+1)}\,dx$ auf die des Integrals $\int u^{(n+1)}\,v\,dx$ zurück.

Diese Formel läßt sich im besonderen dann anwenden, wenn man unter dem Integralzeichen das Produkt eines Polynoms von nicht höherem als dem n^{ten} Grade mit der Derivierten $\overline{n+1}^{\text{ter}}$ Ordnung einer bekannten Funktion v hat; denn dann ist $u^{(n+1)} = 0$ und die rechte Seite enthält kein Integrationszeichen mehr.

Es sei z. B. das bestimmte Integral

$$\int_a^b e^{\omega x} f(x)\,dx$$

zu berechnen, wo $f(x)$ ein Polynom n^{ten} Grades ist; man wird $u = f(x)$, $v = \dfrac{e^{\omega x}}{\omega^{n+1}}$ setzen und die Formel (20) gibt, wenn man $e^{\omega x}$ als Faktor voraussetzt,

$$(21)\quad \int_a^b e^{\omega x} f(x)\,dx = \left\{e^{\omega x}\left[\frac{f(x)}{\omega} - \frac{f'(x)}{\omega^2} + \ldots + (-1)^n \frac{f^{(n)}(x)}{\omega^{n+1}}\right]\right\}_a^b.$$

Ebenso gelangt man mittels der Formel (20) oder, was auf dasselbe hinausläuft, durch eine Folge partieller Integrationen zur Auswertung der bestimmten Integrale

$$\int_a^b \cos m x f(x)\, dx\,, \quad \int_a^b \sin m x f(x)\, dx\,,$$

wo $f(x)$ ein Polynom ist.

87. **Taylorsche Formel.** Ersetzen wir in der Formel (20) u durch $(b-x)^n$, v durch eine Funktion $F(x)$, die ebenso wie ihre Derivierten bis zur Ordnung $n+1$ zwischen a und b stetig ist. Sie wird dann

$$\int_a^b (b-x)^n F^{(n+1)}(x)\, dx = \Big\{(b-x)^n F^{(n)}(x) + n(b-x)^{n-1} F^{(n-1)}(x) + \dots \\ + n!\,(b-x) F'(x) + n!\, F(x)\Big\}_a^b .$$

Man entnimmt hieraus

$$F(b) = F(a) + \frac{b-a}{1} F'(a) + \dots + \frac{(b-a)^n}{n!} F^{(n)}(a) \\ + \frac{1}{n!}\int_a^b F^{(n+1)}(x)\,(b-x)^n\, dx\,;$$

da der Faktor $(b-x)^n$, während x von a bis b läuft, ein konstantes Zeichen bewahrt, kann man die Mittelwertsformel auf das Integral der rechten Seite anwenden; dies gibt

$$\int_a^b F^{(n+1)}(x)\,(b-x)^n\, dx = F^{(n+1)}(\xi)\int_a^b (b-x)^n\, dx \\ = \frac{1}{n+1}(b-a)^{n+1} F^{(n+1)}(\xi)\,,$$

wobei ξ zwischen a und b enthalten ist. Setzt man diesen Wert in die obige Formel ein, so finden wir genau die Taylorsche Formel mit der Lagrangeschen Reform wieder.

88. **Transzendenz von e.** Die Formel (21) erlaubt, ein berühmtes Theorem zu beweisen, das von Hermite entdeckt wurde: Die Zahl e ist nicht Wurzel einer algebraischen Gleichung mit ganzen Koeffizienten.[1]

Setzen wir in Formel (21) $a = 0$, $\omega = -1$; wir erhalten

$$\int_0^b e^{-x} f(x)\, dx = -\left\{e^{-x} F(x)\right\}_0^b ,$$

[1] Diesen Beweis verdankt man Hurwitz.

wobei

$$F(x) = f(x) + f'(x) + \ldots + f^{(n)}(x)$$

ist; dies können wir auch schreiben

$$(22) \qquad F(b) = e^b F(0) - e^b \int_0^b f(x)\, e^{-x}\, dx\,.$$

Nehmen wir nunmehr an, e sei Wurzel einer algebraischen Gleichung mit ganzen Koeffizienten

$$c_0 + c_1 e + c_2 e^2 + \ldots + c_m e^m = 0\,.$$

Setzen wir in der obigen Gleichung (22) sukzessive $b = 0, 1, 2, \ldots m$ und addieren die so erhaltenen Formeln, nachdem wir sie noch beziehungsweise mit $c_0, c_1, \ldots c_m$, multipliziert haben, so erhalten wir

$$(23) \qquad c_0 F(0) + c_1 F(1) + \ldots + c_m F(m) + \sum_{i=0}^{i=m} c_i e^i \int_0^i f(x)\, e^{-x}\, dx = 0\,,$$

wobei der Index i nur die ganzen Werte $0, 1, 2, \ldots m$, annimmt. Wir wollen nun zeigen, daß eine solche Beziehung unmöglich ist, wenn das Polynom $f(x)$, das bis jetzt völlig unbestimmt geblieben ist, geeignet gewählt wird.

Setzen wir

$$f(x) = \frac{1}{(p-1)!}\, x^{p-1}(x-1)^p (x-2)^p \ldots (x-m)^p\,,$$

wobei p eine Primzahl größer als m ist; dieses Polynom ist vom Grade $mp + p - 1$ und wenn man seine aufeinander folgenden Ableitungen berechnet, so sieht man, daß von der p^{ten} an alle Koeffizienten dieser Derivierten ganze durch p teilbare Zahlen sind, denn das Produkt von p aufeinander folgenden ganzen Zahlen ist teilbar durch $p!$. Außerdem verschwindet $f(x)$ ebenso wie die $p-1$ ersten Ableitungen für $x = 1, 2, \ldots, m$; daraus folgt, daß $F(1)$, $F(2), \ldots, F(m)$ ganze durch p teilbare Zahlen sind. Bleibt noch $F(0)$ zu berechnen,

$$F(0) = f(0) + f'(0) + \ldots + f^{(p-1)}(0) + f^{(p)}(0) + f^{(p+1)}(0) + \ldots;$$

zunächst ist $f(0) = f'(0) = \ldots = f^{(p-2)}(0) = 0$ und $f^{(p)}(0)$, $f^{(p+1)}(0), \ldots$ sind ganze Zahlen, die aus eben dem gerade vorhin angeführten Grunde durch p teilbar sind. Um $f^{(p-1)}(0)$ zu erhalten, genügt es, den Koeffizienten von x^{p-1} in $f(x)$ mit $(p-1)!$ zu multiplizieren, was $\pm (1 \cdot 2 \ldots m)^p$ ergibt. Die Summe

$$c_0 F(0) + c_1 F(1) + \ldots + c_m F(m)$$

ist also gleich einer ganzen, durch p teilbaren Zahl, vermehrt um

$$\pm\, c_0 (1 \cdot 2 \ldots m)^p\,;$$

hat man also für p eine Primzahl gewählt, die größer als m und c_0 ist, so kann diese letzte Zahl nicht durch p teilbar sein und der erste Teil der Summe (23) ist eine ganze von Null verschiedene Zahl.

Wir werden nun sogleich zeigen, daß man, wenn man nur für p eine genügend große Primzahl nimmt, die Summe

$$\sum_{i=0}^{m} c_i e^i \int_0^i f(x)\, e^{-x}\, dx$$

kleiner machen kann als jede gegebene Größe. Während x von 0 bis i läuft, ist jeder Faktor von $f(x)$ kleiner als m; es ist somit

$$|f(x)| < \frac{1}{(p-1)!} m^{mp+p-1},$$

$$\left|\int_0^i f(x) e^{-x} dx\right| < \frac{1}{(p-1)!} m^{mp+p-1} \int_0^i e^{-x} dx < \frac{1}{(p-1)!} m^{mp+p-1}$$

und infolgedessen

$$\left|\sum c_i e^i \int_0^i f(x) e^{-x} dx\right| < M \cdot \frac{m^{mp+p-1}}{(p-1)!} e^m = \varphi(p),$$

wo M eine obere Grenze von $|c_0| + |c_1| + \ldots + |c_m|$ bedeutet. Mit unbegrenzt wachsendem p strebt die Funktion $\varphi(p)$ gegen Null, da sie das allgemeine Glied einer konvergenten Reihe ist, bei der das Verhältnis eines Gliedes zum vorangehenden gegen Null konvergiert. Man kann daher eine genügend große Primzahl p finden, so daß die Gleichung (23) unmöglich ist; damit ist aber das Theorem von Hermite bewiesen.

89. **Legendresche Polynome.** Stellen wir uns die Aufgabe, ein Polynom vom Grade n zu bestimmen, $P_n(x)$, für welches das Integral

$$\int_a^b Q P_n(x) dx,$$

wobei Q ein ganz willkürliches Polynom von geringerem Grade als n bedeutet, Null ist. Man kann P_n als die n^{te} Derivierte eines Polynoms R vom Grade $2n$ betrachten; dieses Polynom R ist nicht völlig bestimmt, denn man kann ihm ein beliebiges Polynom vom Grade $n-1$ hinzufügen, ohne die n^{te} Derivierte zu ändern. Wir können also stets annehmen, daß $P_n = \frac{d^n R}{dx^n}$ ist, wobei das Polynom R ebenso wie seine $\overline{n-1}$ ersten Derivierten für $x = a$ verschwinden. Andererseits erhalten wir mittels der Formel der partiellen Integration

$$\int_a^b Q \frac{d^n R}{dx^n} dx = \left\{Q \frac{d^{n-1} R}{dx^{n-1}} - Q' \frac{d^{n-2} R}{dx^{n-2}} + \ldots + R \frac{d^{n-1} Q}{dx^{n-1}}\right\}_a^b;$$

da nach der Voraussetzung

$$R(a) = 0, \quad R'(a) = 0, \ldots, R^{(n-1)}(a) = 0$$

ist, so muß, damit das Integral Null sei, auch

$$Q(b) R^{(n-1)}(b) - Q'(b) R^{(n-2)}(b) + \ldots \pm Q^{(n-1)}(b) R(b) = 0$$

sein.

Da das Polynom Q vom Grade $n-1$ willkürlich ist, so sind die Größen $Q(b)$, $Q'(b)$, $\ldots$, $Q^{(n-1)}(b)$, selbst gleichfalls willkürlich und es muß auch

$$R(b) = 0, \quad R'(b) = 0, \ldots, R^{(n-1)}(b) = 0$$

sein. Das Polynom $R(x)$ ist also, abgesehen von einem konstanten Faktor, gleich dem Produkte $(x-a)^n \cdot (x-b)^n$ und das gesuchte Polynom P_n ist bis auf einen konstanten Faktor vollkommen bestimmt

$$P_n = C \frac{d^n}{dx^n}[(x-a)^n (x-b)^n].$$

Wenn die Grenzen a und b bzw. -1 und $+1$ sind, dann sind die Polynome P_n die LEGENDREschen Polynome. Indem wir die Konstante C wie LEGENDRE wählen, setzen wir

$$X_n = \frac{1}{2\cdot 4\cdot 6 \ldots 2n} \frac{d^n}{dx^n}[(x^2-1)^n]. \tag{24}$$

Kommt man außerdem überein, $X_0 = 1$ zu setzen, so erhält man

$$X_0 = 1, \quad X_1 = x, \quad X_2 = \frac{3x^2-1}{2}, \quad X_3 = \frac{5x^3-3x}{2}, \quad \ldots;$$

X_n ist ein Polynom vom Grade n, in dem alle Exponenten von x denselben Geradheitscharakter haben wie n. Die LEIBNIZsche Formel für die n^{te} Derivierte eines Produktes zweier Faktoren zeigt unmittelbar, daß

$$X_n(1) = 1, \quad X_n(-1) = (-1)^n \tag{25}$$

ist.

Nach der soeben dargelegten allgemeinen Eigenschaft ist, wenn $\varphi(x)$ ein beliebiges Polynom von geringerem als dem n^{ten} Grade bezeichnet,

$$\int_{-1}^{+1} X_n \varphi(x)\, dx = 0; \tag{26}$$

insbesondere ist stets, wenn m und n zwei verschiedene ganze Zahlen bedeuten

$$\int_{-1}^{+1} X_m X_n\, dx = 0. \tag{27}$$

Diese Formel läßt sehr einfach eine Rekursionsformel für drei aufeinander folgende Polynome X_n aufstellen. Beachten wir zunächst, daß jedes Polynom vom Grade n sich als lineare Funktion von $X_0, X_1, \ldots, X_n$ mit konstanten Koeffizienten darstellen läßt. Wir können also schreiben

$$x X_n = C_0 X_{n+1} + C_1 X_n + C_2 X_{n-1} + C_3 X_{n-2} + \ldots$$

wo $C_0, C_1, C_2, \ldots$ konstante Koeffizienten sind. Um z. B. C_3 zu bestimmen, multiplizieren wir die beiden Seiten dieser Gleichheit mit X_{n-2} und integrieren zwischen den Grenzen -1 und $+1$; es bleibt gemäß den Formeln (26) und (27)

$$C_3 \int_{-1}^{+1} X_{n-2}^2\, dx = 0$$

und infolgedessen ist $C_3 = 0$. Ebenso würde man zeigen, daß $C_4 = 0$, $C_5 = 0, \ldots$ ist. Der Koeffizient C_1 ist gleichfalls Null, da das Produkt $x X_n$ kein Glied in x^n enthält. Um schließlich C_0 und C_2 zu bestimmen, haben wir nur die Koeffizienten von x^{n+1} und x^{n-1} auf beiden Seiten gleich zu setzen. Wir erhalten so die Rekursionsformel

$$(n+1) X_{n+1} - (2n+1) x X_n + n X_{n-1} = 0, \tag{28}$$

welche auf sehr einfache Weise die Polynome X_n sukzessive berechnen läßt.

Die Formel (28) zeigt, daß die Folge der Polynome

(29) $$X_0, X_1, X_2, \ldots, X_n$$

die Eigenschaften einer STURMschen Kette genießt; variiert x kontinuierlich von -1 bis $+1$, so kann die Anzahl der durch diese Folge dargestellten Zeichenwechsel nur dann sich ändern, wenn x durch eine Wurzel von $X_n = 0$ hindurchgeht. Nun zeigen aber die Formeln (25), daß für $x = -1$ die Folge (29) n Zeichenwechsel darbietet, für $x = +1$ hingegen keinen einzigen. Die Gleichung $X_n = 0$ hat also n reelle Wurzeln, die zwischen -1 und $+1$ enthalten sind; dies könnte auch sehr leicht aus dem Theorem von ROLLE gefolgert werden.

IV. Verschiedene Erweiterungen des Integralbegriffes. Kurvenintegrale.

Wir wollen die Definition des bestimmten Integrales noch verallgemeinern. Wir haben bisher stets vorausgesetzt, daß sowohl die Funktion als auch das Integrationsintervall endlich seien. In gewissen Fällen kann man diese Einschränkungen fallen lassen.

90. **Eine der Grenzen wird unendlich.** Es sei $f(x)$ eine endliche integrierbare Funktion in jedem Intervalle (a, l), wo a eine feste Zahl und l eine beliebige Zahl, die größer als a ist, bezeichnet. Das Integral $\int_a^l f(x)\,dx$, wo $l > a$ ist, hat einen bestimmten Wert, wie groß auch l sei; wenn dieses Integral mit unbegrenzt wachsendem l gegen einen Grenzwert konvergiert, so stellt man diesen Grenzwert durch $\int_a^{+\infty} f(x)\,dx$ dar.

Kennt man eine primitive Funktion von $f(x)$, so ist es leicht zu sehen, ob das Integral einen Grenzwert hat. So ist z. B.

$$\int_0^l \frac{dx}{1+x^2} = \operatorname{Arc\,tan} l;$$

wenn l unbegrenzt wächst, hat die rechte Seite $\frac{\pi}{2}$ zum Grenzwert und wir können schreiben

$$\int_0^{+\infty} \frac{dx}{1+x^2} = \frac{\pi}{2}.$$

Ebenso ist, wenn man a positiv und $\mu - 1$ von Null verschieden voraussetzt,

$$\int_a^l \frac{k\,dx}{x^\mu} = \frac{k}{1-\mu}\left(\frac{1}{l^{\mu-1}} - \frac{1}{a^{\mu-1}}\right);$$

ist $\mu > 1$, so konvergiert die rechte Seite gegen einen Grenzwert, wenn l unbegrenzt wächst, und man kann schreiben

$$\int_a^{+\infty} \frac{k\,dx}{x^\mu} = \frac{k}{(\mu - 1)\,a^{\mu-1}}.$$

Ist hingegen $\mu < 1$, so wächst das Integral mit l über alle Grenzen. Ebenso auch für $\mu = 1$, denn das Integral wird durch einen Logarithmus ausgedrückt.

Im allgemeinen Falle handelt es sich darum zu erkennen, ob die Funktion

$$F(l) = \int_a^l f(x)\,dx$$

gegen einen Grenzwert konvergiert, wenn l unbegrenzt wächst. Nach einem früher (Nr. 9) erhaltenen Resultate ist dafür, daß $F(l)$ einen Grenzwert habe, notwendig und hinreichend, daß die Differenz

$$F(p) - F(q) = \int_p^q f(x)\,dx$$

gegen Null konvergiere, wenn die beiden Zahlen p und q unabhängig voneinander über alle Grenzen wachsen.

Die Zahl a kommt in dieser Bedingung nicht vor, was sich daraus erklärt, daß man als untere Grenze des Integrals jede Zahl, die größer als a ist, nehmen kann. Die Bedingung ist leicht an dem eben angeführten Beispiele $f(x) = kx^{-\mu}$ zu verifizieren.

Ist $q > p$, so ist

$$\left|\int_p^q f(x)\,dx\right| \leqq \int_p^q |f(x)|\,dx$$

und infolgedessen hat das Integral $\int_a^l f(x)\,dx$ einen Grenzwert, wenn das Integral $\int_a^l |f(x)|\,dx$ selbst einen Grenzwert hat, aber die Umkehrung ist nicht richtig.

Man bemerkt die Analogie der vorstehenden Regel mit der allgemeinen Konvergenzregel der Reihen (Nr. 5). Wie diese ist sie im allgemeinen sehr schwer anzuwenden, wenn die Funktion $f(x)$ beliebig ist. Wir wollen einige spezielle Fälle anführen, denen man oft begegnet und bei denen man erkennen kann, ob das Integral einen Grenzwert hat oder nicht.

Nehmen wir an, daß die Funktion $f(x)$ von der Form $x^{-a}\psi(x)$ sei, wo $\psi(x)$ eine Funktion ist, die endlich bleibt, wenn x unbegrenzt wächst. Der erste Mittelwertsatz gibt die Gleichheit

$$(30)\qquad \int_p^q x^{-a}\psi(x)\,dx = \mu\int_p^q x^{-a}\,dx,$$

wo μ eine Zahl ist, die zwischen der oberen Grenze M und der unteren Grenze m von $\psi(x)$ enthalten ist.

Diese Formel führt zu einem bestimmten Resultate in den beiden folgenden Fällen:

1. Wenn die Zahl α größer als Eins ist, so hat das Integral $\int_a^l f(x)\,dx$ einen Grenzwert; denn der Faktor μ bleibt endlich, während der Faktor $\int_p^q x^{-a}\,dx$ gegen Null konvergiert, wenn p und q über alle Grenzen wachsen.

2. Wenn die Zahl $\alpha \leqq 1$ ist und wenn M und m dasselbe Zeichen haben, so hat das Integral keinen Grenzwert. In der Tat, der absolute Wert von μ, der zwischen zwei gleichbezeichneten Zahlen M und m enthalten ist, bleibt notwendig größer als die kleinere der beiden Zahlen $|m|$ und $|M|$, während der Faktor $\int_p^q x^{-a}\,dx$ mit p über alle Grenzen wächst, wenn man z. B. $q = p^2$ nimmt.

Zweifelhaft bleibt es, wenn $\alpha \leqq 1$ ist und die beiden Zahlen M und m ungleich bezeichnet sind, denn der zweite Faktor des Produktes (30) konvergiert nicht gegen Null, während man über den ersten Faktor μ nichts Bestimmtes aussagen kann.

Das Integral $\int_0^l \frac{\cos a x}{1+x^2}\,dx$ z. B. hat einen Grenzwert, denn das Produkt $x^2 f(x)$ ist dem absoluten Betrage nach beständig kleiner als die Einheit. Doch kann man bis jetzt nichts über das Integral $\int_0^l \frac{\sin x}{x}\,dx$ sagen; in diesem Falle ist eben $\alpha = 1$, $M = 1$, $m = -1$.

Die vorstehenden Regeln genügen, um zu entscheiden, ob ein Integral einen Grenzwert hat oder nicht, wenn man eine solche positive Zahl α finden kann, daß das Produkt $x^{\alpha} f(x)$ für ein unendliches x gegen einen von Null verschiedenen Grenzwert konvergiert; denn in diesem Falle haben die beiden Zahlen M und m

dasselbe Zeichen wie der Grenzwert des Produktes. Das Integral hat also einen Grenzwert, wenn α größer als Eins ist und hat keinen, wenn α kleiner oder gleich Eins ist.

Damit z. B. das Integral eines rationalen Bruches einen Grenzwert habe, wenn die obere Grenze des Integrals unbegrenzt wächst, ist notwendig und hinreichend, daß der Grad des Nenners den des Zählers um mindestens zwei Einheiten übertreffe. Nehmen wir noch

$$f(x) = \frac{P(x)}{\sqrt{R(x)}},$$

wo P und R zwei Polynome der Grade p und r sind; das Produkt $x^{\frac{r}{2}-p} f(x)$ hat für ein unendliches x einen von Null verschiedenen Grenzwert. Damit das Integral selbst einen Grenzwert habe, ist also notwendig und hinreichend, daß $p < \frac{r}{2} - 1$ sei.

91. **Anwendung des zweiten Mittelwertsatzes.** Die vorangehende Überlegung kann verallgemeinert werden. Wenn die Funktion $f(x)$ von der Form $\varphi(x)\,\psi(x)$ ist, wobei die Funktion $\psi(x)$ positiv ist und die Funktion $\varphi(x)$ endlich bleibt, während x unbegrenzt wächst, so liefert die erste Mittelwertsformel

$$\int_p^q f(x)\,dx = \mu \int_p^q \psi(x)\,dx,$$

wo μ eine Zahl bedeutet, die endlich bleibt, wenn p und q unbegrenzt wachsen. Wenn das Integral $\int_a^l \psi(x)\,dx$ gegen einen Grenzwert konvergiert, also $\int_p^q \psi(x)\,dx$ gegen Null strebt, so konvergiert auch $\int_p^q f(x)\,dx$ gegen Null und das Integral $\int_a^l f(x)\,dx$ hat infolgedessen einen Grenzwert.

Der zweite Mittelwertsatz führt desgleichen auf eine neue hinreichende Konvergenzbedingung.

Wenn die Funktion $f(x)$ von der Form $\varphi(x)\,\psi(x)$ ist, wo $\varphi(x)$ eine positive abnehmende Funktion ist, so hat man (Nr. 76)

$$(31) \qquad \int_p^q \varphi(x)\,\psi(x)\,dx = \varphi(p) \int_p^\xi \psi(x)\,dx \qquad (p < \xi < q),$$

woraus man unmittelbar den folgenden Satz herleitet:

Bezeichnet $\varphi(x)$ eine abnehmende positive Funktion, die mit unbegrenzt wachsendem x gegen Null konvergiert, so hat das Integral $\int_a^l \varphi(x)\psi(x)dx$ einen Grenzwert, vorausgesetzt, daß der absolute Betrag des Integrals $\int_p^q \psi(x)dx$ kleiner bleibt als eine feste Zahl, was auch p und q seien.

Man erhält ein einfaches Beispiel, wenn man $\psi(x) = \sin x$ nimmt, denn der absolute Wert von $\int_p^q \sin x\,dx$ ist höchstens gleich 2. Es ist leicht, direkt zu zeigen, daß das Integral $\int_a^l \varphi(x)\sin x\,dx$, wo $\varphi(x)$ eine positive abnehmende, mit unbegrenzt wachsendem x gegen Null konvergierende Funktion ist, einen Grenzwert hat und daß die Konvergenz mit der einer alternierenden Reihe vergleichbar ist.

Nehmen wir, um die Ideen zu fixieren, $a = 0$ an, wobei wir voraussetzen, daß das Produkt $\varphi(x)\sin x$ für $x = 0$ endlich bleibt. Die Kurve $y = \varphi(x)\sin x$ hat das Aussehen einer Sinuslinie, welche die x-Achse in den Punkten $x = k\pi$ durchsetzt. Wir werden so dazu geführt, die alternierende Reihe

(32) $$a_0 - a_1 + a_2 - a_3 + \dots + (-1)^n a_n + \dots$$

zu studieren, wo man

$$a_n = \left| \int_{n\pi}^{(n+1)\pi} \varphi(x)\sin x\,dx \right|$$

gesetzt hat; a_n stellt die Fläche der Ausbuchtung dar, die zwischen der Kurve und dem Abschnitte $(n\pi, \overline{n+1}\,\pi)$ der x-Achse enthalten ist. Setzt man $x = y + n\pi$, so ist auch

$$a_n = \int_0^\pi \varphi(y + n\pi)\sin y\,dy.$$

Es ist offenbar, daß die Funktion unter dem Integrationszeichen abnimmt, wenn n wächst, da $\varphi(x)$ eine abnehmende Funktion ist, und es ist infolgedessen $a_{n+1} < a_n$. Andererseits ist a_n kleiner als $\pi\varphi(n\pi)$ und konvergiert daher mit unbegrenzt wachsendem n gegen Null. Die alternierende Reihe (32) ist also konvergent. Es sei l eine zwischen $n\pi$ und $(n+1)\pi$ enthaltene Zahl; dann ist

$$\int_0^l \varphi(x)\sin x\,dx = S_n \pm \theta a_n \qquad (0 \leqq \theta < 1),$$

wo S_n die Summe der n ersten Glieder der Reihe (32) ist. Wächst l über alle Grenzen, so verhält es sich ebenso mit der ganzen Zahl n,

a_n konvergiert gegen Null und das Integral hat die Summe S der Reihe (32) zum Grenzwert.

Ebenso beweist man, daß die Integrale $\int\limits_0^{+\infty} \sin x^2\,dx$, $\int\limits_0^{+\infty} \cos x^2\,dx$, die sich in der Theorie der Brechung darbieten, einen endlichen Wert haben. Die Kurve $y = \sin x^2$ z. B. hat die Wellenform einer Sinuslinie, aber die Wellen drängen sich immer enger zusammen, denn die Differenz $\sqrt{(n+1)\pi} - \sqrt{n\pi}$ zweier aufeinander folgender Wurzeln von $\sin x^2$ konvergiert mit unbegrenzt wachsendem n gegen Null. Man kann übrigens diese Integrale auf die vorangehende Form bringen, indem man $x^2 = y$ setzt.

Bemerkung. Dieses letzte Beispiel gibt zu einer interessanten Bemerkung Anlaß. Wenn x unbegrenzt wächst, oszilliert $\sin x^2$ zwischen -1 und $+1$; das Integral kann also einen Grenzwert haben, ohne daß die Funktion unter dem Integrationszeichen gegen Null konvergiert, anders ausgedrückt, ohne daß die Kurve $y = f(x)$ asymptotisch zur x-Achse ist. Hier noch ein Beispiel, wo es sich ebenso verhält und wo die Funktion $f(x)$ überdies ein konstantes Zeichen bewahrt. Es sei

$$f(x) = \frac{x}{1 + x^6 \sin^2 x};$$

diese Funktion ist beständig positiv, wenn x positiv ist, und konvergiert nicht gegen Null, denn es ist $f(k\pi) = k\pi$. Um zu zeigen, daß das Integral einen Grenzwert hat, betrachten wir wie oben die Reihe

$$a_0 + a_1 + \ldots + a_n + \ldots,$$

wo

$$a_n = \int\limits_{n\pi}^{(n+1)\pi} \frac{x\,dx}{1 + x^6 \sin^2 x}$$

ist; während x von $n\pi$ bis $(n+1)\pi$ wächst, ist x^6 größer als $n^6\pi^6$ und man hat

$$a_n < (n+1)\pi \int\limits_{n\pi}^{(n+1)\pi} \frac{dx}{1 + n^6\pi^6 \sin^2 x}.$$

Eine primitive Funktion ist

$$\frac{1}{\sqrt{1 + n^6\pi^6}} \operatorname{Arc\,tan}\left(\sqrt{1 + n^6\pi^6}\,\tan x\right);$$

während x von $n\pi$ bis $(n+1)\pi$ variiert, wird $\tan x$ ein einziges Mal unendlich, indem es von $+\infty$ auf $-\infty$ übergeht; daher ist das Integral gleich (Nr. 78) $\frac{\pi}{\sqrt{1+n^6\pi^6}}$ und es ist

$$a_n < \frac{(n+1)\pi^2}{\sqrt{1 + n^6\pi^6}} < \frac{n+1}{n^3\pi}.$$

Da die Reihe $\sum a_n$ konvergent ist, hat das Integral $\int\limits_0^l f(x)\,dx$ einen Grenzwert.

Es ist übrigens beinahe evident, daß das Integral, wenn $f(x)$ einen von Null verschiedenen Wert für unendliches x hat, keinen Grenzwert haben kann. Man hat in der Tat $\int_p^q f(x)\,dx = \mu(q-p)$; hat $f(x)$ einen Grenzwert $h \gtrless 0$, so hat μ denselben Grenzwert h und das Produkt $\mu(q-p)$ kann nicht gegen Null streben.

92. **Die zu integrierende Funktion wird unendlich.** Betrachten wir zunächst den folgenden speziellen Fall: die Funktion $f(x)$ ist endlich und integrierbar in jedem Intervalle $(a+\varepsilon, b)$, wo $a < b$ und ε eine beliebige positive Zahl kleiner als $b - a$ ist; sie wird aber für $x = a$ unendlich. Das Integral von $f(x)$, genommen zwischen den Grenzen $a + \varepsilon$ und b, hat einen endlichen Wert, wie klein auch ε sei. Wenn dieses Integral gegen einen Grenzwert konvergiert, während ε gegen Null strebt, so kommt man — wie es ja natürlich ist — überein, diesen Grenzwert durch

$$\int_a^b f(x)\,dx$$

zu bezeichnen. Kennt man eine primitive Funktion $F(x)$ von $f(x)$, so hat man

$$\int_{a+\varepsilon}^{b} f(x)\,dx = F(b) - F(a+\varepsilon)$$

und es genügt zu untersuchen, ob $F(a+\varepsilon)$ mit gegen Null strebendem ε gegen einen Grenzwert konvergiert. So z. B. ist

$$\int_{a+\varepsilon}^{b} \frac{M\,dx}{(x-a)^{\mu}} = -\frac{M}{\mu-1}\left[\frac{1}{(b-a)^{\mu-1}} - \frac{1}{\varepsilon^{\mu-1}}\right] \qquad (\mu \neq 1).$$

Ist $\mu > 1$, so wächst das Glied $\frac{1}{\varepsilon^{\mu-1}}$ mit gegen Null konvergierendem ε über alle Grenzen; ist hingegen $\mu < 1$, so kann man $\frac{1}{\varepsilon^{\mu-1}} = \varepsilon^{1-\mu}$ schreiben und man sieht, daß dieses Glied gleichzeitig mit ε gegen Null konvergiert. Das bestimmte Integral konvergiert also gegen einen Grenzwert

$$\int_a^b \frac{M\,dx}{(x-a)^{\mu}} = \frac{M(b-a)^{1-\mu}}{1-\mu};$$

für $\mu = 1$ ist

$$\int_{a-\varepsilon}^{b} \frac{M\,dx}{x-a} = M \log\left(\frac{b-a}{\varepsilon}\right)$$

und die rechte Seite wächst unbegrenzt, wenn ε gegen Null strebt. Zusammenfassend können wir sagen: damit das betrachtete Integral einen Grenzwert habe, ist notwendig und hinreichend, daß $\mu < 1$ sei.

Die Kurve, deren Gleichung

$$y = \frac{M}{(x-a)^\mu}$$

ist, läßt die Gerade $x = a$ als Asymptote zu, wenn μ positiv ist. Dennoch hat, wie eben gezeigt wurde, die Fläche, die zwischen der x-Achse, einer festen Ordinaten $x = b$, der Kurve und ihrer Asymptote enthalten ist, einen endlichen Wert, vorausgesetzt daß $\mu < 1$ ist.

Im allgemeinen Falle läuft die Frage darauf hinaus, zu erkennen, ob die Funktion von ε

$$F(\varepsilon) = \int_{a+\varepsilon}^{b} f(x)\,dx$$

gegen einen Grenzwert konvergiert, wenn ε durch positive Werte gegen Null strebt. Dafür ist notwendig und hinreichend Nr. 9), daß die Differenz

$$F(\varepsilon) - F(\varepsilon') = \int_{a+\varepsilon}^{a+\varepsilon'} f(x)\,dx$$

gegen Null konvergiere, wenn die beiden positiven Zahlen ε, ε' unabhängig voneinander gegen Null streben.

Man zieht hieraus dieselben Folgerungen wie in Nr. 90; wir wollen sie rasch anführen. Wenn die Funktion $f(x)$ von der Form $\frac{\psi(x)}{(x-a)^\alpha}$ ist, wo α ein positiver Exponent ist und $\psi(x)$ eine Funktion, die in der Umgebung des Punktes a zwischen zwei festen Zahlen M und m eingeschlossen bleibt, so erhält man

$$\int_{a+\varepsilon}^{a+\varepsilon'} f(x)\,dx = \mu \int_{a+\varepsilon}^{a+\varepsilon'} \frac{dx}{(x-a)^\alpha},$$

wo μ zwischen M und m enthalten ist. Somit

1. wenn $\alpha < 1$ ist, hat das Integral einen Grenzwert,
2. wenn $\alpha \geqq 1$ ist und die beiden Zahlen M und m gleichbezeichnet sind, hat das Integral keinen Grenzwert.

Zweifelhaft ist es, wenn $\alpha \geqq 1$ und M und m ungleich bezeichnet sind.

Jedesmal, wenn es eine Zahl α gibt von der Art, daß das Produkt $(x-a)^\alpha f(x)$ einen von Null verschiedenen Grenzwert K

hat, wenn x gegen a konvergiert, ist notwendig und hinreichend, daß α kleiner als Eins sei, damit das Integral einen Grenzwert habe.

Beispiele. Fs sei $f(x) = \frac{P}{Q}$ eine rationale Funktion; wenn a eine Wurzel m^{ter} Ordnung des Nenners ist, so konvergiert das Produkt $(x - a)^m f(x)$ für $x = a$ gegen einen von Null verschiedenen Grenzwert. Da m mindestens gleich Eins ist, sieht man, daß das Integral $\int_{a+\varepsilon}^{b} f(x)\,dx$ unbegrenzt wächst, wenn ε gegen Null strebt. Nehmen wir hingegen

$$f(x) = \frac{P(x)}{\sqrt{R(x)}}$$

wo P und R zwei Polynome sind und $R(x)$ zu seiner Derivierten prim ist; ist a eine Wurzel von $R(x)$, so hat das Produkt $(x - a)^{1/2} f(x)$ für $x = a$ einen Grenzwert und somit auch das Integral selbst. So z. B. hat

$$\int_{-1+\varepsilon}^{0} \frac{dx}{\sqrt{1 - x^2}}$$

für $\varepsilon = 0$ den Grenzwert $\frac{\pi}{2}$.

Nehmen wir noch das Integral $\int_{\varepsilon}^{1} \log x\,dx$: das Produkt $x^{1/2} \log x$ hat Null zum Grenzwert; von einem genügend kleinen Werte von x an kann man also schreiben $|\log x| < Mx^{-1/2}$, wobei M eine positive, willkürlich gewählte Zahl ist. Das Integral hat also einen Grenzwert.

Alles, was für die untere Grenze a gesagt wurde, kann ohne Änderung für die obere Grenze b wiederholt werden. Wenn die Funktion $f(x)$ für $x = b$ unendlich wird, so wird man das Integral $\int_a^b f(x)\,dx$ als Grenzwert des Integrals $\int_a^{b-\varepsilon'} f(x)\,dx$ definieren, wobei ε' gegen Null konvergiert. Ist $f(x)$ an beiden Grenzen unendlich, so wird man $\int_a^b f(x)\,dx$ als den Grenzwert des Integrals $\int_{a+\varepsilon}^{b-\varepsilon'} f(x)\,dx$ definieren, worin ε und ε' unabhängig voneinander gegen Null streben. Denn wenn c eine beliebige zwischen a und b enthaltene Zahl ist, so können wir schreiben

$$\int_{a+\varepsilon}^{b-\varepsilon'} f(x)\,dx = \int_{a+\varepsilon}^{c} f(x)\,dx + \int_{c}^{b-\varepsilon'} f(x)\,dx$$

und jedes dieser Integrale auf der rechten Seite muß einen Grenzwert zulassen. Wenn schließlich $f(x)$ für einen zwischen a und b enthaltenen Wert c unendlich wird, so definiert man das Integral $\int_a^b f(x)\,dx$ als die Summe der Grenzwerte der beiden Integrale $\int_a^{c-\varepsilon'} f(x)\,dx$, $\int_{c+\varepsilon}^b f(x)\,dx$ und man verfährt ebenso, wenn eine beliebige Anzahl von Unstetigkeiten zwischen a und b enthalten ist.

Es ist zu bemerken, daß die fundamentale Formel (8), die unter der Annahme aufgestellt worden ist, daß $f(x)$ zwischen a und b stetig ist, auch noch gilt, wenn $f(x)$ zwischen diesen Grenzen unendlich wird, vorausgesetzt, daß die primitive Funktion $F(x)$ stetig bleibt. Nehmen wir beispielsweise an, daß die Funktion $f(x)$ nur für einen Wert c zwischen a und b unendlich werde. Dann ist

$$\int_a^b f(x)\,dx = \lim_{\varepsilon'=0} \int_a^{c-\varepsilon'} f(x)\,dx + \lim_{\varepsilon=0} \int_{c+\varepsilon}^b f(x)\,dx;$$

ist $F(x)$ eine primitive Funktion von $f(x)$, so können wir dies schreiben

$$\int_a^b f(x)\,dx = \lim_{\varepsilon'=0} F(c-\varepsilon') - F(a) + F(b) - \lim_{\varepsilon=0} F(c+\varepsilon).$$

Da die Funktion $F(x)$ der Voraussetzung nach für $x = c$ stetig ist, haben $F(c-\varepsilon')$ und $F(c+\varepsilon)$ denselben Grenzwert $F(c)$ und es bleibt infolgedessen

$$\int_a^b f(x)\,dx) = F(b) - F(a).$$

Beispielsweise ist

$$\int_{-1}^{+1} \frac{dx}{x^{2/3}} = \left(3\,x^{1/3}\right)_{-1}^{+1} = 6.$$

Wenn die primitive Funktion $F(x)$ selbst zwischen a und b unendlich wird, ist die Formel nicht mehr anwendbar, denn das Integral auf der linken Seite hat, wenigstens bis jetzt, keinen Sinn.

Die Formeln der Änderung der Variablen und der partiellen Integration lassen sich desgleichen auf die neuen Integrale ausdehnen, indem man diese als Grenzwerte gewöhnlicher Integrale betrachtet.

93. Die Funktion $\Gamma(a)$. Das bestimmte Integral

$$\Gamma(a) = \int_0^\infty x^{a-1} e^{-x} dx \tag{33}$$

hat einen bestimmten Wert, vorausgesetzt, daß a positiv ist.

In der Tat, betrachten wir die beiden Integrale

$$\int_\varepsilon^1 x^{a-1} e^{-x} dx, \quad \int_1^l x^{a-1} e^{-x} dx,$$

wo ε eine sehr kleine und l eine sehr große positive Zahl ist. Das zweite Integral hat stets einen Grenzwert, denn von einem genügend großen Wert von x angefangen ist

$$x^{a-1} e^{-x} < \frac{1}{x^2},$$

was man auch schreiben kann $e^x > x^{a+1}$. Was das erste Integral betrifft, so hat das Produkt $x^{1-a} f(x)$ eins zum Grenzwert, wenn x gegen Null konvergiert; damit das Integral einen Grenzwert habe, ist notwendig und hinreichend, daß $1 - a$ kleiner als 1 oder daß a positiv sei. Nehmen wir diese Bedingung als erfüllt an: die Summe der beiden Grenzwerte ist die Funktion $\Gamma(a)$, die auch das Eulersche Integral zweiter Art heißt. Diese Funktion $\Gamma(a)$ wird unendlich, wenn a gegen Null konvergiert; sie hat für jeden positiven Wert von a einen positiven Wert und wächst mit a über alle Grenzen. Sie hat ein Minimum für $x = 1{,}4616321\ldots$ und der entsprechende Wert ist $0{\cdot}8556032\ldots$

Integrieren wir die Formel (33) partiell, indem wir $e^{-x} dx$ als das Differential von $-e^{-x}$ betrachten und nehmen wir $a > 1$ an. Man erhält

$$\Gamma(a) = -\left[x^{a-1} e^{-x}\right]_0^{+\infty} + (a-1)\int_0^{+\infty} x^{a-2} e^{-x} dx;$$

aber das Produkt $x^{a-1} e^{-x}$ ist, da $a > 1$ ist, an den beiden Grenzen Null und es bleibt

$$\Gamma(a) = (a-1)\Gamma(a-1). \tag{34}$$

Die wiederholte Anwendung dieser Formel gestattet, die Berechnung von $\Gamma(a)$ auf den Fall zurückzuführen, wo das Argument a zwischen 0 und 1 enthalten ist. Es ist leicht, hieraus den Wert von $\Gamma(a)$ abzuleiten, wenn a eine ganze Zahl ist. Zunächst ist

$$\Gamma(1) = \int_0^\infty e^{-x} dx = -\left\{e^{-x}\right\}_0^\infty = 1;$$

die vorstehende Formel gibt dann sukzessive, indem man $a = 2, 3, \ldots$ setzt,

$$\Gamma(2) = \Gamma(1) = 1, \; \Gamma(3) = 2\Gamma(2) = 1\cdot 2, \ldots$$

und allgemein, wenn n eine ganze positive Zahl ist

$$\Gamma(n) = 1\cdot 2\cdot 3\ldots(n-1). \tag{35}$$

94. **Kurvenintegrale.** Der Integralbegriff ist noch einer andersartigen, überaus wichtigen Erweiterung fähig. Nehmen wir, um die Ideen zu fixieren, eine ebene stetige Kurve C, die durch die beiden Gleichungen $x = f(t)$, $y = \varphi(t)$ dargestellt ist; läßt man t von a bis b variieren, so erhält man einen gewissen Bogen AB dieser Kurve; setzen wir z. B. $a < b$ voraus und nehmen wir zwischen a und b eine Folge wachsender Zahlen $(a = t_0 < t_1 < \ldots < t_{n-1} < t_n = b)$ und in jedem Teilintervalle (t_{i-1}, t_i) nach Belieben einen anderen Wert $\theta_i (t_{i-1} \leqq \theta_i \leqq t_i)$. Es seien (x_i, y_i) die Koordinaten des Punktes C, der dem Werte t_i des Parameters entspricht, (ξ_i, η_i) die Koordinaten des dem Werte θ_i entsprechenden Punktes. Schließlich sei $P(x, y)$ eine Funktion der zwei Variablen x und y, die längs des Bogens AB stetig ist; betrachten wir die Summe

$$(36)\quad \begin{cases} P(\xi_1, \eta_1)(x_1 - x_0) + P(\xi_2, \eta_2)(x_2 - x_1) + \ldots \\ \qquad + P(\xi_i, \eta_i)(x_i - x_{i-1}) + \ldots, \end{cases}$$

erstreckt über alle Teilintervalle. Wächst die Zahl n über alle Grenzen, derart daß die größte der Differenzen $t_i - t_{i-1}$ gegen Null strebt, so konvergiert die vorstehende Summe gegen einen Grenzwert, den man das Kurvenintegral von $P(x, y)$, erstreckt über den Bogen AB, nennt und den man durch das Symbol

$$\int_{AB} P(x, y)\, dx$$

bezeichnet, welches man: Integral von $P(x, y)\, dx$ längs AB liest.

Um die Existenz dieses Grenzwertes zu beweisen, nehmen wir an, daß man das Intervall (a, b) in eine endliche Anzahl von Teilintervallen teilen kann, in deren jedem die Funktion $f(t)$ beständig zu- oder abnimmt oder konstant bleibt. Nehmen wir zunächst an, daß x, während t von a bis b wächst, beständig von x_0 bis X wachse.

Der Kurvenbogen AB wird nur in einem Punkte von einer Parallelen zu Oy getroffen und kann durch eine Gleichung $y = \psi(x)$ dargestellt werden, wobei die Funktion $\psi(x)$ von x_0 bis X stetig verläuft. Ersetzt man y in $P(x, y)$ durch $\psi(x)$, so ist das Resultat eine stetige Funktion $\Phi(x) = P[x, \psi(x)]$ und es ist

$$P(\xi_i, \eta_i) = P[\xi_i, \psi(\xi_i)] = \Phi(\xi_i).$$

Die Summe (35) kann also geschrieben werden

$$\Phi(\xi_1)(x_1 - x_0) + \Phi(\xi_2)(x_2 - x_1) + \ldots + \Phi(\xi_i)(x_i - x_{i-1}) + \ldots;$$

sie hat das gewöhnliche bestimmte Integral

$$\int_{x_0}^{X} \Phi(r)\, dx = \int_{x_0}^{X} P[x, \psi(x)]\, dx$$

zum Grenzwert und man erhält infolgedessen die Gleichheit

$$\int_{AB} P(x, y)\, dx = \int_{x_0}^{X} P[x, \psi(x)]\, dx .$$

Nehmen wir nunmehr an, daß eine Kurve $ACDB$ (Fig. 17) vorliege, auf welcher sich zwei Punkte C und D befinden, für welche die Abszisse ein Maximum oder Minimum ist. Jeder der Bögen AC, CD, DB genügt der vorangehenden Bedingung und wir können schreiben

$$\int_{ACDB} P(x, y)\, dx = \int_{AC} P(x, y)\, dx + \int_{CD} P(x, y)\, dx + \int_{DB} P(x, y)\, dx ;$$

hierbei ist aber zu bemerken, daß man zur Berechnung der drei Integrale der rechten Seite y in $P(x, y)$ durch drei verschiedene Funktionen der Variablen x ersetzen muß.

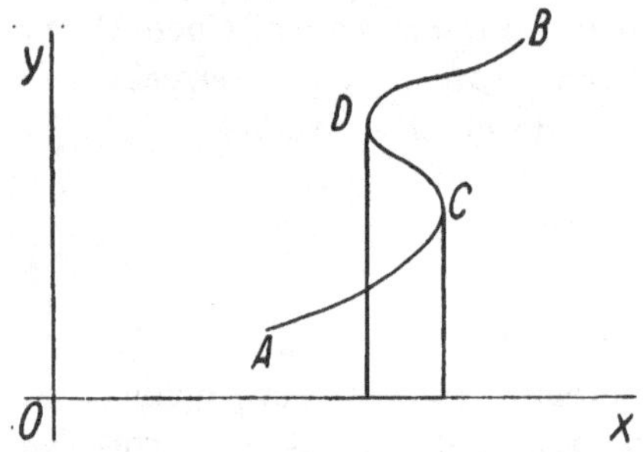

Fig. 17.

Wenn die Funktion $f(t)$ in einem Teilinterval (c, d) einen konstanten Wert bewahrt, so reduziert sich ein Teil von C auf einen Abschnitt einer Parallelen zu Oy und das entsprechende Kurvenintegral $\int P(x, y)\, dx$ ist nach der Definition selbst Null.

Die Kurvenintegrale

$$\int_{AB} Q(x, y)\, dy$$

werden ebenso definiert; wie man sieht, lassen sich die Integrale unmittelbar auf gewöhnliche bestimmte Integrale zurückführen, aber ihre Einführung rechtfertigt sich durch ihre Nützlichkeit. Wir wollen auch noch bemerken, daß man, wenn der Bogen AB sich aus mehreren Abschnitten verschiedener Kurven, wie Geraden, Kreisbogen usw. zusammensetzt, die von jedem dieser Abschnitte herstammenden Kurvenintegrale getrennt berechnen muß.

Ein in den Anwendungen sehr häufiger Fall ist der, daß die Funktionen $f(t)$, $\varphi(t)$ im Intervall (a, b) stetige Derivierte zulassen. In diesem Falle haben wir

$$x_i - x_{i-1} = f'(\theta_i)(t_i - t_{i-1}),$$

wo θ_i zwischen t_{i-1} und t_i enthalten ist; wählt man als Punkt (ξ_i, η_i) denjenigen, der diesem Werte θ_i enspricht, so erhält man

$$\Sigma P(\xi_i, \eta_i)(x_i - x_{i-1}) = \Sigma P[f(\theta_i), \varphi(\theta_i)] f'(\theta_i)(t_i - t_{i-1})$$

und durch Übergang zur Grenze

$$\int_{AB} P(x,y)\,dx = \int_a^b P[f(t), \varphi(t)] f'(t)\,dt. \tag{37}$$

In gleicher Weise erhielte man eine analoge Formel für $\int Q\,dy$ und durch Addition beider Formeln ergibt sich

$$\int_{AB} P\,dx + Q\,dy = \int_a^b [Pf'(t) + Q\varphi'(t)]\,dt;$$

dies ist die Formel der Änderung der Variabeln bei den Kurvenintegralen. Setzt sich der Kurvenbogen aus Abschnitten verschiedener Kurven zusammen, so werden die Funktionen $f(t)$ und $\varphi(t)$ selbstverständlich nicht ihre gleiche Bedeutung längs AB bewahren und man wird die Formel auf jeden der Abschnitte gesondert anwenden.

95. **Anwendung auf die Fläche einer geschlossenen Kurve.** — Um ein Beispiel von der Nützlichkeit der Kurvenintegrale bei der Verallgemeinerung gewisser Sätze zu geben, nehmen wir wieder die Formel vor, die den Flächeninhalt des Gebietes gibt, das von der geschlossenen Kurve $Am_1Bm_2A'A$ der Figur 13 (Nr. 80) begrenzt ist. Die beiden Integrale $\int_a^b \psi_2(x)\,dx$, $\int_a^b \psi_1(x)\,dx$ sind bzw. gleich den Kurvenintegralen $\int_{A'm_2B} y\,dx$, $\int_{Am_1B} y\,dx$; andererseits ist das Integral $\int_{AA'} y\,dx$ gleich Null und man ändert das Zeichen eines Kurvenintegrals, wenn man den Laufsinn umkehrt. Kommen wir überein zu sagen, daß die Begrenzungslinie C im direkten Sinne beschrieben wird, wenn ein Beobachter, der auf der Ebene längs dieser Grenzkurve schreitet, die eingeschlossene Fläche zur Linken läßt (wobei die Achsen die gewöhnliche Lage wie in der Figur haben), so kann das erhaltene Resultat folgendermaßen ausgesprochen werden: Die von der geschlossenen Grenzkurve C eingeschlossene Fläche hat den Wert

$$\Omega = -\int_C y\,dx, \tag{38}$$

wobei das Kurvenintegral längs der geschlossenen Grenzkurve im direkten Sinne zu nehmen ist. Dieses Integral ändert sich nicht, wenn man den Koordinatenursprung verlegt; die Formel besteht somit, welches auch die Lage der Grenzkurve C in bezug auf die Koordinatenachsen sei.

Betrachten wir nun eine Grenzkurve C von beliebiger Form. Nehmen wir an, daß man durch eine gewisse Anzahl von Transversalen, welche je zwei Punkte von C verbinden, Teilgrenzkurven erhalten kann, deren jede von einer zu Oy parallelen Geraden nur in zwei Punkten getroffen wird. Dies ist z. B. der Fall bei dem durch die Grenzkurve C der Figur 18 umschlossenen Gebiete, welches man mittels der Transversalen ab, cd in drei Gebiete zerlegt, die bezüglich durch die Linienzüge $amba$, $abndcqa$, $cdpc$ begrenzt sind und auf deren jedes man die vorstehende Formel anwenden kann. Addiert man die erhaltenen Resultate, so zerstören sich die von den Hilfslinien ab, cd herrührenden Kurvenintegrale und die von C begrenzte Fläche ist wieder gleich dem Kurvenintegrale $-\int y\,dx$, im direkten Sinne längs C genommen.

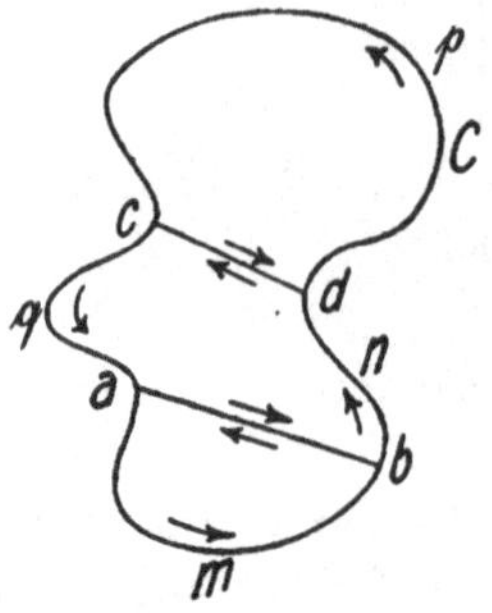

Fig. 18.

Man beweist ebenso, daß auch

$$\Omega = \int_C x\,dy \tag{39}$$

ist und durch Kombination beider Formeln erhält man

$$\Omega = \frac{1}{2}\int_C x\,dy - y\,dx, \tag{40}$$

die Integrale stets im direkten Sinne genommen.

Die Fläche der durch die Formeln

$$x = a\cos t, \qquad y = b\sin t$$

dargestellten Ellipse z. B. hat zum Ausdruck

$$\Omega = \frac{1}{2}\int_0^{2\pi} ab(\cos^2 t + \sin^2 t)\,dt = \pi ab.$$

Geht man von den rechtwinkligen Koordinaten durch die Formeln $x = \varrho\cos\omega$, $y = \varrho\sin\omega$ zu Polarkoordinaten über, so findet man sofort die Relation $x\,dy - y\,dx = \varrho^2 d\omega$, so daß das Kurvenintegral (40) mit dem Integral $\frac{1}{2}\int \varrho^2 d\omega$, genommen längs der Kurve C, identisch ist (man vgl. Nr. 80).

Bemerkung. Man kann die Fläche einer geschlossenen Kurve auch durch eine von der Lage der Achsen unabhängige Formel ausdrücken. Nehmen wir wieder den Bereich vor, der durch die geschlossene Kurve $Am_1 Bm_2 A'$ der Figur 13 (Nr. 80) begrenzt wird. Ziehen wir in einem Punkte M dieser Kurve die Richtung der Normale, die nach außen geht, und es seien α, β die Winkel, die diese Richtung mit den Achsen Ox, Oy bildet, diese Winkel von 0 bis π gerechnet. Längs des Bogens $Am_1 B$ ist der Winkel β stumpf und man hat $dx = - ds \cos\beta$, so daß man schreiben kann

$$\int_{Am_1 B} y\,dx = - \int y \cos\beta\, ds.$$

Längs $Bm_2 A'$ ist der Winkel β spitz; im Kurvenintegrale ist dx längs $Bm_2 A'$ negativ und wenn man übereinkommt, ds stets positiv zu nehmen, so ist auch hier $dx = - ds \cos\beta$. Die Fläche der geschlossenen Kurve ist also durch das Integral

$$\int y \cos\beta\, ds$$

dargestellt, wobei der Winkel β wie oben definiert ist und ds wesentlich positiv ist. Die Formel läßt sich wie oben auf eine Grenzkurve von beliebiger Form ausdehnen und man würde ebenso sehen, daß die Fläche auch gleich dem Integrale

$$\int x \cos\alpha\, ds$$

ist.

Dieser Satz läßt sich auf die Fläche eines Gebietes D ausdehnen, das durch eine beliebige geschlossene Kurve begrenzt wird, vorausgesetzt daß auch diese Kurve — außer in einer endlichen Anzahl von Eckpunkten — eine Tangente zuläßt. Wenn die Grenzkurve Eckpunkte darbietet, so wird man sie in mehrere Bögen teilen, so daß längs jedes von ihnen $\cos\alpha$ und $\cos\beta$ stetige Funktionen des Bogens s sind.

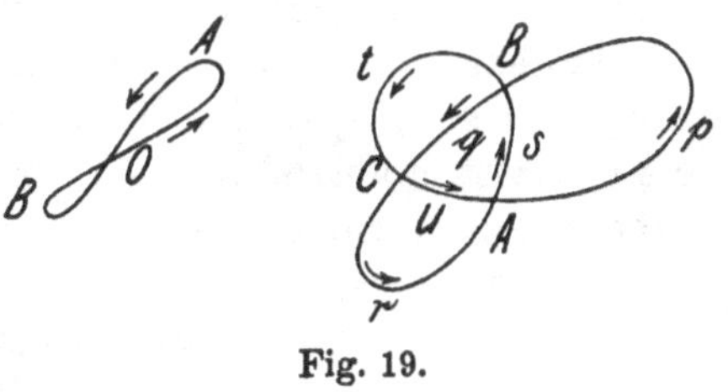

Fig. 19.

96. Wert des Integrals $\frac{1}{2}\int x\,dy - y\,dx$. Es liegt nahe, sich zu fragen, was das Integral $\frac{1}{2}\int x\,dy - y\,dx$ darstellt, das längs einer geschlossenen oder nicht geschlossenen Kurve von beliebiger Form genommen wird.

Betrachten wir z. B. die beiden geschlossenen Kurven $OAOBO$, $ApBqCrAsBtCuA$, die einen bzw. drei Doppelpunkte haben. Es ist klar, daß man die eine wie die andere durch die Vereinigung zweier geschlossener Kurven ohne Doppelpunkt ersetzen kann. So ist der geschlossene Umkreis $OAOBO$ der Folge der beiden Umkreise OAO, OBO äquivalent. Das längs des ganzen Umkreises genommene Integral ist gleich der Fläche der Schlinge

OAO, vermindert um die Fläche der Schlinge OBO. Ebenso kann der zweite Umkreis durch die beiden geschlossenen Kurven $ApBqCrA$ und $AsBtCuA$ ersetzt werden. Das Integral ist also gleich der Summe der Flächen der Schlingen $ApBsA$, $BtCqB$, $ArCuA$ mehr der zweifachen Fläche von $AsBqCuA$. Die Schlußfolgerung ist allgemein: ein geschlossener Umkreis mit einer beliebigen Anzahl von Doppelpunkten bestimmt eine gewisse Anzahl von Teilflächen $\sigma_1, \sigma_2, \ldots, \sigma_p$, die er völlig begrenzt. Das längs des ganzen Umkreises genommene Integral ist gleich einer Summe der Form

$$m_1 \sigma_1 + m_2 \sigma_2 + \ldots + m_p \sigma_p,$$

wo $m_1, m_2, \ldots, m_p$ ganze positive oder negative Zahlen sind, die man nach der folgenden Regel bestimmt. Gegeben seien zwei angrenzende Flächen σ, σ', die durch einen Bogen ab des Umkreises C getrennt sind; man denke sich einen Beobachter auf der Ebene den Umkreis in dem durch die Pfeile angegebenen Sinne beschreiben; die zur Linken gelassene Fläche hat einen Koeffizienten, der um eine Einheit höher ist als der Koeffizient der zur Rechten gelassenen Fläche. Den Koeffizienten 0 gibt man der unbegrenzten außerhalb der Grenzkurve gelegenen Fläche und bestimmt nach und nach die anderen Koeffizienten.

Hat man einen nicht geschlossenen Kurvenbogen AB, so führt man ihn in einen geschlossenen Kurvenzug über, indem man die Endpunkte A und B mit dem Ursprung verbindet, und wendet dann die vorstehende Regel auf diesen Umkreis an; denn das Integral $\int x\,dy - y\,dx$, genommen längs der Radien OA und OB ist offenbar Null.

V. Differentiation und Integration unter dem Integralzeichen.

97. Differentiation unter dem Integralzeichen. Man hat oft bestimmte Integrale zu studieren, in welchen die zu integrierende Funktion nicht nur von der Integrationsvariablen abhängt, sondern von einer oder mehreren Variablen, die man als Parameter betrachtet. Es sei $f(x, \alpha)$ eine Funktion der zwei Variablen x und α, die stetig bleibt, während x von x_0 bis X und α zwischen bestimmten Grenzen α_0, α_1 variiert. Das bestimmte Integral

$$F(\alpha) = \int_{x_0}^{X} f(x, \alpha)\,dx,$$

in dem α einen bestimmten zwischen α_0 und α_1 enthaltenen Wert haben soll und die Grenzen x_0 und X von α unabhängig seien, ist eine Funktion der Variablen α, deren Eigenschaften wir nun studieren wollen.

Wir können schreiben

$$(41) \qquad F(\alpha + \Delta\alpha) - F(\alpha) = \int_{x_0}^{X} [f(x, \alpha + \Delta\alpha) - f(x, \alpha)]\,dx;$$

da die Funktion $f(x, \alpha)$ stetig ist, kann man $\Delta\alpha$ genügend klein nehmen, damit die Differenz unter dem Integrationszeichen dem absoluten Werte nach kleiner sei als eine im voraus gegebene positive Zahl ε, was auch x sei. Der Zuwachs $\Delta F(\alpha)$ wird also dem absoluten Betrage nach kleiner als $\varepsilon\,|X - x_0|$ sein, womit die Stetigkeit bewiesen ist.

Wenn die Funktion $f(x, \alpha)$ eine Derivierte in bezug auf die Variable α zuläßt, so ist

$$f(x, \alpha + \Delta\alpha) - f(x, \alpha) = \Delta\alpha\,[f_\alpha'(x, \alpha) + \varepsilon],$$

wo ε gleichzeitig mit $\Delta\alpha$ gegen Null konvergiert. Man kann also, indem man die beiden Seiten der Gleichheit (41) durch $\Delta\alpha$ dividiert, schreiben

$$\frac{F(\alpha + \Delta\alpha) - F(\alpha)}{\Delta\alpha} = \int_{x_0}^{X} f_\alpha'(x, \alpha)\,dx + \int_{x_0}^{X} \varepsilon\,dx;$$

bezeichnen wir mit η eine obere Grenze des absoluten Betrages von ε, so ist das letzte Integral dem absoluten Werte nach kleiner als $\eta\,|X - x_0|$ und man erhält durch Übergang zur Grenze

$$\frac{dF}{d\alpha} = \int_{x_0}^{X} f_\alpha'(x, \alpha)\,dx. \tag{42}$$

Damit die Schlußweise absolut strenge sei, muß man sicher sein, daß man $\Delta\alpha$ genügend klein nehmen kann, damit der absolute Wert von ε kleiner als jede im voraus gegebene positive Zahl η sei und dies für alle Werte von x zwischen den Grenzen x_0 und X. Dies trifft sicher zu, wenn die Derivierte $f_\alpha'(x, \alpha)$ selbst stetig ist. In der Tat, der Mittelwertsatz gibt

$$f(x, \alpha + \Delta\alpha) - f(x, \alpha) = \Delta\alpha\, f_\alpha'(x, \alpha + \theta\Delta\alpha) \qquad (0 < \theta < 1)$$

und infolgedessen ist

$$\varepsilon = f_\alpha'(x, \alpha + \theta\Delta\alpha) - f_\alpha'(x, \alpha).$$

Ist die Funktion f_α' stetig, so wird die Differenz ε dem absoluten Betrage nach kleiner als η sein, welches auch die Werte von x und α seien, vorausgesetzt daß $|\Delta\alpha|$ kleiner als eine genügend klein gewählte positive Zahl h ist (Nr. 11).

Nehmen wir nunmehr an, daß die Grenzen X und x_0 selbst Funktionen von α seien. Bezeichnen ΔX und Δx_0 die einem Zuwachs $\Delta\alpha$ entsprechenden Zuwächse von X und x_0, so kann man schreiben

$$F(\alpha + \Delta\alpha) - F(\alpha) = \int_{x_0}^{X} [f(x, \alpha + \Delta\alpha) - f(x, \alpha)\, dx$$

$$+ \int_{X}^{X+\Delta X} f(x, \alpha + \Delta\alpha)\, dx - \int_{x_0}^{x_0 + \Delta x_0} f(x, \alpha + \Delta\alpha)\, dx$$

oder, wenn man den Mittelwertsatz auf die beiden letzten Integrale anwendet und durch $\Delta\alpha$ dividiert,

$$\frac{F(\alpha + \Delta\alpha) - F(\alpha)}{\Delta\alpha} = \int_{x_0}^{X} \frac{f(x, \alpha + \Delta\alpha) - f(x, \alpha)}{\Delta\alpha}\, dx$$

$$+ \frac{\Delta X}{\Delta\alpha} f(X + \theta\Delta X, \alpha + \Delta\alpha) - \frac{\Delta x_0}{\Delta\alpha} f(x_0 + \theta'\Delta x_0, \alpha + \Delta\alpha).$$

Wenn $\Delta\alpha$ gegen Null strebt, so hat das erste Integral denselben Grenzwert wie oben und indem man zur Grenze übergeht, erhält man

$$\text{(43)} \qquad \frac{dF}{d\alpha} = \int_{x_0}^{X} f_\alpha'(x, \alpha)\, dx + \frac{dX}{d\alpha} f(X, \alpha) - \frac{dx_0}{d\alpha} f(x_0, \alpha).$$

Dies ist die allgemeine Formel der Differentiation unter dem Integralzeichen.

Da man jedes Kurvenintegral auf eine Summe gewöhnlicher bestimmter Integrale zurückführen kann, läßt sich die Formel hierauf unmittelbar ausdehnen. Es sei z. B.

$$F(\alpha) = \int_{AB} P(x, y, \alpha)\, dx + Q(x, y, \alpha)\, dy$$

ein Kurvenintegral, genommen längs eines Bogens AB, welcher der gleiche ist, was auch α sei; dann ist

$$F'(\alpha) = \int_{AB} P_\alpha'(x, y, \alpha)\, dx + Q_\alpha'(x, y, \alpha)\, dy,$$

wobei das Integral längs derselben Kurve genommen wird.

98. **Integration unter dem Integralzeichen.** Es sei $f(x, y)$ eine Funktion der beiden Veränderlichen x, y, die in dem Bereiche D stetig ist, welcher durch die Bedingungen $a \leqq x \leqq b$, $c \leqq y \leqq d$, wo a, b, c, d Konstanten sind, definiert wird. Die Bedeutung des Ausdruckes

$$\int_a^b dx \int_c^d f(x, y)\, dy$$

ist klar: wenn x einen bestimmten zwischen a und b enthaltenen Wert hat, so ist das Integral $\int_c^d f(x,y)\,dy$ eine stetige Funktion von x, die man hernach zwischen den Grenzen a und b integriert. In diesem Ausdruck kann man die Ordnung der Integrationen umkehren, ohne das Resultat hierdurch zu ändern. Mit anderen Worten, es besteht die Gleichheit

$$\int_a^b dx \int_c^d f(x, y)\,dy = \int_c^d dy \int_a^b f(x,y)\,dx\,; \tag{44}$$

dies ist die Formel der Integration unter dem Integralzeichen.

Um dies zu beweisen, lassen wir a, c, d konstant und ersetzen b durch eine variable Zahl t, die zwischen a und b enthalten bleibe; die Gleichheit wird

$$\int_a^t dx \int_c^d f(x,y)\,dy = \int_c^d dy \int_a^t f(x,y)\,dx\,. \tag{45}$$

Die beiden Seiten dieser Formel sind Funktionen von t, die für $t = a$ Null sind; es wird also genügen zu beweisen, daß ihre Derivierten in bezug auf t identisch sind. Setzt man aber

$$\int_c^d f(x,y)\,dy = F(x), \qquad \int_a^t f(x,y)\,dx = \Phi(t,y),$$

so lautet die Relation (45)

$$\int_a^t F(x)\,dx = \int_c^d \Phi(t,y)\,dy \tag{45'}$$

und man verifiziert unmittelbar, daß die Derivierten der beiden Seiten in bezug auf t, d. i. $F(t)$ und $\int_c^d \frac{\partial \Phi}{\partial t}\,dy$, gleich $\int_c^d f(t,y)\,dy$ sind.

Die Beweise der Formeln (43) und (44) setzen voraus, daß die Funktion unter dem Integralzeichen zwischen den Integrationsgrenzen stetig ist und daß diese Grenzen selbst endlich sind. Wendet man diese Formeln an, ohne diese Bedingungen zu beachten, so kann man zu illusorischen oder selbst absurden Resultaten geführt werden.

Wendet man z. B. die allgemeine Formel (43) auf das bestimmte Integral

$$F(\alpha) = \int_0^\alpha \frac{f(x)\,dx}{\sqrt{\alpha - x}}$$

an, so erhält man die Differenz zweier unendlicher Größen; in diesem Falle wird die Funktion unter dem Integralzeichen für eine der Integrationsgrenzen unendlich. Nehmen wir ferner das Integral

$$F(\alpha) = \int_0^{+\infty} \frac{\sin \alpha x}{x}\, dx;$$

setzt man $\alpha x = y$, so erhält man

$$\int_0^{+\infty} \frac{\sin \alpha x}{x}\, dx = \pm \int_0^{+\infty} \frac{\sin y}{y}\, dy,$$

wobei das Zeichen vor dem zweiten Integrale das von α ist, denn die Grenzen des neuen Integrals sind 0 und $+\infty$ oder 0 und $-\infty$, je nachdem α positiv oder negativ ist. Man hat früher (Nr. 91) gesehen, daß das Integral $\int_0^{+\infty} \frac{\sin y}{y}\, dy$ eine positive Größe N ist; das betrachtete Integral ist also, je nach dem Zeichen von α, gleich $\pm N$. Wendet man auf dieses Integral die Formel (43) an, so kommt man zu der Gleichheit

$$F'(\alpha) = \int_0^{+\infty} \cos \alpha x\, dx,$$

deren rechte Seite keinen Sinn hat.

Betrachten wir noch die Funktion $f(x, y) = \frac{x^2 - y^2}{(x^2 + y^2)^2}$ und wenden wir darauf die Formel (44) an, wobei wir als die Grenzen der beiden Integrationen 0 und 1 nehmen; man erhält so

$$(46)\qquad \int_0^1 dx \int_0^1 \frac{x^2 - y^2}{(x^2 + y^2)^2}\, dy = \int_0^1 dy \int_0^1 \frac{x^2 - y^2}{(x^2 + y^2)^2}\, dx.$$

Eine erste Integration ergibt

$$\int_0^1 \frac{x^2 - y^2}{(x^2 + y^2)^2}\, dy = \left\{\frac{y}{x^2 + y^2}\right\}_0^1 = \frac{1}{1 + x^2}$$

und die linke Seite der obigen Gleichheit hat $\frac{\pi}{4}$ zum Wert. Vollzieht man die Integrationen in umgekehrter Reihenfolge, so findet man ebenso als Wert der rechten Seite $-\frac{\pi}{4}$. Die Absurdität des Resultates hat darin ihren Grund, daß die Funktion $f(x, y)$ für den auf der Grenze des betrachteten Gebietes gelegenen Punkt $x = y = 0$ unstetig ist (man sehe weiter unten Nr. 136).

99. Gleichmäßig konvergente Integrale. Man kann dennoch die Formeln (43) und (44) in Fällen anwenden, die allgemeiner als die in dem Beweise betrachteten sind. Es sei $f(x, \alpha)$ eine stetige Funktion der Variablen x und α, wenn x größer als eine Zahl a

ist und α zwischen α_0 und α_1 enthalten bleibt. Konvergiert das Integral $\int_a^l f(x, \alpha)\,dx$ für jeden beliebigen Wert von α mit unbegrenzt wachsendem l gegen einen Grenzwert, so ist dieser Grenzwert

$$F(\alpha) = \int_a^{+\infty} f(x, \alpha)\,dx \tag{47}$$

eine Funktion von α, die nicht notwendig stetig ist, wie es eines der eben angeführten Beispiele zeigt.

Wir werden sagen, daß das Integral (47) gleichmäßig konvergent ist, wenn man jeder positiven Zahl ε eine andere Zahl L derart zuordnen kann, daß für $l \geqq L$

$$\left| \int_l^{+\infty} f(x, \alpha)\,dx \right| < \varepsilon \tag{48}$$

ist und daß diese Zahl L für alle Werte von α im Intervalle (α_0, α_1) dieselbe ist. Die Funktion

$$\Phi(\alpha, n) = \int_a^{a+n} f(x, \alpha)\,dx,$$

wobei n eine positive, ganze Zahl ist, konvergiert also gleichmäßig gegen ihren Grenzwert $F(\alpha)$, wenn n unbegrenzt wächst, und infolgedessen ist $F(\alpha)$ eine stetige Funktion von α.

Nehmen wir nun an, daß das durch die gewöhnliche Regel der Differentiation unter dem Integralzeichen erhaltene Integral

$$F_1(\alpha) = \int_a^{+\infty} \frac{\partial f}{\partial \alpha}\,dx \tag{49}$$

einen Sinn habe und selbst im Intervall (α_0, α_1) gleichmäßig konvergent sei. Die Funktion

$$\Phi_1(\alpha, n) = \int_a^{a+n} \frac{\partial f}{\partial \alpha}\,dx$$

konvergiert gleichmäßig gegen ihren Grenzwert $F_1(\alpha)$; nun ist aber, was auch n sei, $\Phi_1(\alpha, n) = \frac{\partial}{\partial \alpha}[\Phi(\alpha, n)]$, wenn $\frac{\partial f}{\partial \alpha}$ stetig ist. Infolgedessen ist $F_1(\alpha)$ die Derivierte von $F(\alpha)$ (Nr. 31).

Man hat also das Recht, auf das Integral (47) die gewöhnliche Formel der Differentiation unter dem Integralzeichen anzuwenden, vorausgesetzt, daß das auf diese Weise erhaltene Integral gleichmäßig konvergent sei.

Ebenso wird man, wenn $f(x, \alpha)$ für die Integrationsgrenze $x = a$ unendlich ist, sagen, daß das Integral

$$F(\alpha) = \int_a^b f(x, \alpha)\, dx \qquad (a < b) \tag{50}$$

gleichmäßig konvergent ist, wenn man jeder positiven Zahl ε eine andere positive, von α unabhängige Zahl η zuordnen kann, derart daß

$$\left| \int_a^{a+h} f(x, \alpha)\, dx \right| < \varepsilon$$

sei für alle positiven Werte von h, die kleiner als η sind. Man kann auch auf das Integral (50) die gewöhnliche Formel der Differentiation anwenden, wenn das so erhaltene Integral gleichmäßig konvergent ist; der Beweis ist dem vorangehenden analog.

Ebenso kann man die Formel der Integration unter dem Integralzeichen auf den Fall ausdehnen, daß die eine der Grenzen unendlich ist. Es sei $f(x, \alpha)$ eine Funktion der beiden Variablen x und α, die für $x \geqq a$, $\alpha_0 \leqq \alpha \leqq \alpha_1$ stetig ist.

Wenn das Integral $\int_a^{+\infty} f(x, \alpha)\, dx$ in dem Intervalle (α_0, α_1) gleichmäßig konvergent ist, so ist

$$\int_a^{+\infty} dx \int_{\alpha_0}^{\alpha_1} f(x, \alpha)\, d\alpha = \int_{\alpha_0}^{\alpha_1} d\alpha \int_a^{+\infty} f(x, \alpha)\, dx. \tag{51}$$

Es sei l eine beliebige Zahl größer als a; nach der allgemeinen Formel (44) ist

$$\int_a^{l} dx \int_{\alpha_0}^{\alpha_1} f(x, \alpha)\, d\alpha = \int_{\alpha_0}^{\alpha_1} d\alpha \int_a^{l} f(x, \alpha)\, dx. \tag{52}$$

Wenn l unbegrenzt wächst, so hat die rechte Seite dieser Gleichheit

$$\int_{\alpha_0}^{\alpha_1} d\alpha \int_a^{+\infty} f(x, \alpha)\, dx$$

zum Grenzwert, denn die Differenz zwischen diesen beiden Ausdrücken ist gleich

$$\int_{\alpha_0}^{\alpha_1} d\alpha \int_l^{+\infty} f(x, \alpha)\, dx,$$

eine Größe, die dem absoluten Betrage nach kleiner als $\varepsilon\,|\alpha_1 - \alpha_0|$ ist, vorausgesetzt daß l größer als eine Zahl L sei. Die linke Seite der Gleichung (52) konvergiert also auch gegen einen Grenzwert, der durch das Symbol

$$\int_a^{+\infty} dx \int_{\alpha_0}^{\alpha_1} f(x, \alpha)\, d\alpha$$

dargestellt wird.

Setzt man diese beiden Grenzwerte gleich, so erhält man die Formel (51).

Beispiele. 1. Betrachten wir das Integral $F(\alpha) = \int_0^{+\infty} e^{-\alpha x} \frac{\sin x}{x}\, dx$, wo $\alpha \geqq 0$ ist. Dieses Integral ist gleichmäßig konvergent, denn man kann nach der zweiten Mittelwertsformel schreiben

$$\int_l^q e^{-\alpha x} \frac{\sin x}{x}\, dx = \frac{e^{-\alpha l}}{l} \int_l^{\xi} \sin x\, dx,$$

wo $l < \xi < q$ ist, und infolgedessen ist

$$\left| \int_l^{+\infty} e^{-\alpha x} \frac{\sin x}{x}\, dx \right| < \frac{2}{l};$$

wenn $l > \frac{2}{\varepsilon}$ ist, so wird die linke Seite dieser Ungleichheit für jeden Wert von $\alpha \geqq 0$ kleiner als ε sein. Die Funktion $F(\alpha)$ ist also für $\alpha \geqq 0$ stetig.

Das durch die Differentiation erhaltene Integral ist für alle Werte von α, die größer als eine positive Zahl k sind, gleichmäßig konvergent. Man hat in der Tat

$$\left| \int_l^{+\infty} e^{-\alpha x} \sin x\, dx \right| < \int_l^{+\infty} e^{-\alpha x}\, dx = \frac{1}{\alpha} e^{-\alpha l}$$

und man braucht nur l genügend groß zu nehmen, so daß $k e^{kl} > \frac{1}{\varepsilon}$ wird, damit der absolute Wert dieses Integrals kleiner als ε sei, wenn α größer als k ist. Es ist also

$$F'(\alpha) = -\int_0^{+\infty} e^{-\alpha x} \sin x\, dx;$$

das unbestimmte Integral ist leicht zu berechnen und man findet

$$F'(\alpha) = \left\{ \frac{e^{-\alpha x}(\cos x + \alpha \sin x)}{1 + \alpha^2} \right\}_0^{+\infty} = \frac{-1}{1 + \alpha^2};$$

man entnimmt daraus

$$F(\alpha) = C - \operatorname{Arc\,tan} \alpha,$$

und da das bestimmte Integral $F(\alpha)$ gegen Null konvergiert, wenn α unbegrenzt wächst, so ergibt sich $C = \frac{\pi}{2}$. Es ist also endgültig

$$\int_0^{+\infty} e^{-\alpha x} \frac{\sin x}{x}\, dx = \operatorname{Arc\,tan} \frac{1}{\alpha}. \tag{53}$$

Diese Formel ist nur für positive Werte von α aufgestellt worden; wir haben aber gesehen, daß $F(\alpha)$ auch noch für $\alpha = 0$ eine stetige Funktion von α ist. Läßt man α gegen Null konvergieren, so erhält man an der Grenze

$$\int_0^{+\infty} \frac{\sin x}{x}\, dx = \frac{\pi}{2}. \tag{54}$$

2. Es sei

$$F(\alpha) = \int_0^{\alpha} \frac{f(x)\, dx}{\sqrt{\alpha - x}};$$

die Funktion $f(x)$ sei ebenso wie $f'(x)$ in einem Intervalle $(0, a)$ stetig und α in diesem Intervalle enthalten. Man hat vorhin (Nr. 98) gesehen, daß die Formel der gewöhnlichen Differentiation zu einem illusorischen Resultat führt. Setzt man $x = \alpha t$, so erhält man

$$F(\alpha) = \int_0^1 \frac{\sqrt{\alpha}\, f(\alpha t)\, dt}{\sqrt{1 - t}};$$

das durch Differentiation erhaltene Resultat

$$\int_0^1 \frac{\frac{1}{2\sqrt{\alpha}} f(\alpha t) + t\sqrt{\alpha}\, f'(\alpha t)}{\sqrt{1 - t}}\, dt$$

ist in jedem Intervalle (α_0, α_1), wo α_0 und α_1 positiv und kleiner als a sind, gleichmäßig konvergent, denn es läßt sich mit einem Integrale $\int_0^1 \frac{M\, dt}{\sqrt{1 - t}}$ vergleichen, wo M eine feste Zahl ist. Zurückkehrend zur Variablen x erhält man also

$$F'(\alpha) = \int_0^{\alpha} \frac{f(x) + 2x f'(x)}{2\alpha\sqrt{\alpha - x}}\, dx.$$

Stellen wir uns als Anwendung die Aufgabe, die Funktion $f(x)$ derart zu bestimmen, daß die Funktion $F(\alpha)$ von α unabhängig sei. Die Derivierte $F'(\alpha)$ muß Null sein; dies kann nicht anders stattfinden, als daß die Funktion $f(x) + 2x f'(x)$ identisch Null ist, wenn anders man nicht annehmen wollte, daß dieser Ausdruck unendlich viele Nullstellen in der Umgebung des Ursprungs zulasse. Diese Bedingung läßt sich schreiben

$$\frac{f'(x)}{f(x)} + \frac{1}{2x} = 0$$

und man entnimmt hieraus $f(x) = \frac{C}{\sqrt{x}}$. Diese Funktion entspricht auch wirklich der Forderung; denn es ist

$$\int_0^a \frac{C\,dx}{\sqrt{x(a-x)}} = C\pi,$$

wie man leicht mittels der Substitution $x = a\sin^2\varphi$ erkennt.

100. **Theorem von d'ALEMBERT.** Rechnet man die beiden Seiten der Formel (44) gesondert aus und kommt man hierbei zu verschiedenen Resultaten, so muß man daraus schließen, daß die Funktion $f(x, y)$ mindestens für ein System der Werte von x und y, die die Bedingungen $a \leqq x \leqq b$, $c \leqq y \leqq d$ erfüllen, unstetig ist. GAUSS hat aus dieser Bemerkung einen sehr einfachen Beweis des Theorems von d'ALEMBERT abgeleitet.

Es sei $F(z)$ ein ganzes Polynom in z vom Grade m, dessen Koeffizienten wir als reell voraussetzen wollen, was die Allgemeinheit nicht beeinträchtigt. Ersetzen wir z durch

$$\varrho(\cos\omega + i\sin\omega)$$

und trennen wir die reellen und imaginären Teile, so können wir schreiben

$$F(z) = P + iQ,$$

indem wir setzen

$$P = A_0\varrho^m\cos m\omega + A_1\varrho^{m-1}\cos(m-1)\omega + \dots$$

$$Q = A_0\varrho^m\sin m\omega + A_1\varrho^{m-1}\sin(m-1)\omega + \dots$$

Es sei V die Funktion $\operatorname{arc\,tan}\frac{P}{Q}$; dann ist

$$\frac{\partial V}{\partial\varrho} = \frac{Q\frac{\partial P}{\partial\varrho} - P\frac{\partial Q}{\partial\varrho}}{P^2+Q^2}, \quad \frac{\partial V}{\partial\omega} = \frac{Q\frac{\partial P}{\partial\omega} - P\frac{\partial Q}{\partial\omega}}{P^2+Q^2}$$

und ohne daß es nötig wäre, die Rechnung auszuführen, sieht man, daß die zweite Derivierte $\frac{\partial^2 V}{\partial\varrho\,\partial\omega}$ von der Form

$$\frac{\partial^2 V}{\partial\varrho\,\partial\omega} = \frac{M}{(P^2+Q^2)^2}$$

ist, wo M eine stetige Funktion von ϱ und ω ist. Diese zweite Derivierte kann nur für die Wertsysteme (ϱ, ω) unstetig werden, die gleichzeitig P und Q zu Null machen, d. h. für die Wurzeln der Gleichung $F(z) = 0$. Beweist man also, daß die beiden Integrale

$$(55) \qquad \int_0^{2\pi} d\omega \int_0^R \frac{\partial^2 V}{\partial\varrho\,\partial\omega}\,d\varrho, \quad \int_0^R d\varrho \int_0^{2\pi} \frac{\partial^2 V}{\partial\varrho\,\partial\omega}\,d\omega$$

für einen gegebenen Wert von R ungleich sind, so kann man daraus schließen, daß die Gleichung $F(z) = 0$ mindestens eine Wurzel von kleinerem Modul als R hat. Nun ist aber das zweite Integral beständig Null, denn es ist

$$\int_0^{2\pi} \frac{\partial^2 V}{\partial\varrho\,\partial\omega}\,d\omega = \left\{\frac{\partial V}{\partial\varrho}\right\}_{\omega=0}^{\omega=2\pi}$$

und $\frac{\partial V}{\partial \varrho}$ ist eine periodische Funktion von ω mit der Periode 2π. Berechnen wir ebenso das erste Integral; es ist

$$\int_0^R \frac{\partial^2 V}{\partial \varrho\, \partial \omega}\, d\varrho = \left\{\frac{\partial V}{\partial \omega}\right\}_{\varrho=0}^{\varrho=R}$$

und eine leichte Rechnung zeigt, daß $\frac{\partial V}{\partial \omega}$ von der Form

$$\frac{\partial V}{\partial \omega} = \frac{-m A_0^2 \varrho^{2m} + \ldots}{A_0^2 \varrho^{2m} + \ldots}$$

ist, wo die nicht angeschriebenen Glieder von geringerem Grade als $2m$ in ϱ sind, und der Zähler kein von ϱ unabhängiges Glied enthält. Wächst ϱ über alle Grenzen, so hat die rechte Seite $-m$ zum Grenzwert; man kann also R genügend groß wählen, damit der Wert von $\frac{\partial V}{\partial \omega}$ für $\varrho = R$ gleich $-m + \varepsilon$ sei, wo ε dem absoluten Werte nach kleiner als m ist. Das Integral $\int_0^{2\pi} (-m + \varepsilon)\, d\omega$ ist offenbar negativ und infolgedessen kann das erste der Integrale (55) nicht Null sein.

Übungen:

1. Zu beweisen, daß die Summe

$$\frac{1}{n} + \frac{1}{n+1} + \ldots + \frac{1}{2n}$$

mit unbegrenzt wachsendem n den Grenzwert $\log 2$ hat. (Man zeigt, daß der Grenzwert dieser Summe das bestimmte Integral $\int_0^1 \frac{dx}{1+x}$ ist.)

2. Ebenso die Grenzwerte der Summen

$$\frac{n}{n^2+1} + \frac{n}{n^2+2^2} + \ldots + \frac{n}{n^2+(n-1)^2},$$

$$\frac{1}{\sqrt{n^2-1}} + \frac{1}{\sqrt{n^2-2^2}} + \ldots + \frac{1}{\sqrt{n^2-(n-1)^2}}$$

zu finden, indem man sie mit den entsprechenden bestimmten Integralen in Verbindung bringt. Ganz allgemein ist der Grenzwert der Summe $\sum_{i=0}^{n} \varphi(i, n)$ für unendliches n gleich einem bestimmten Integrale, wenn $\varphi(i, n)$ eine homogene Funktion vom Grade -1 in i und n ist.

3. Den Wert des bestimmten Integrals

$$\int_0^{\frac{\pi}{2}} \log(\sin x)\, dx$$

zu finden. ($J = -\frac{\pi}{2}\log 2$; man kann von der bekannten trigonometrischen Formel

$$\sin\frac{\pi}{n}\sin\frac{2\pi}{n}\ldots\sin\frac{(n-1)\pi}{n} = \frac{n}{2^{n-1}}$$

ausgehen und sich auf die beinahe evidenten Gleichheiten

$$\int_0^{\frac{\pi}{2}}\log(\sin x)\,dx = \int_0^{\frac{\pi}{2}}\log(\cos x)\,dx = \frac{1}{2}\int_0^{\frac{\pi}{2}}\log\left(\frac{\sin 2x}{2}\right)dx$$

stützen.)

4. Aus dem vorangehenden Werte den des bestimmten Integrals

$$\int_0^{\frac{\pi}{2}}\left(x-\frac{\pi}{2}\right)\tan x\,dx$$

abzuleiten.

5. Zu beweisen, daß $\int_0^1 \frac{\log(1+x)}{1+x^2}dx = \frac{\pi}{8}\log 2$ ist. (Man kann $x = \tan\varphi$ setzen und das erhaltene Integral in drei Teile zerlegen.)

*6. Den Wert des bestimmten Integrals $\int_0^\pi \log(1-2\alpha\cos x+\alpha^2)\,dx$ zu finden (Poisson).

Teilt man das Intervall von 0 bis π in n gleiche Teile und wendet eine bekannte Formel der Trigonometrie an, so wird man dazu geführt, den Grenzwert des Ausdruckes

$$\frac{\pi}{n}\log\left[\frac{\alpha-1}{\alpha+1}(\alpha^{2n}-1)\right]$$

für unendliches n zu suchen. Ist α zwischen -1 und $+1$ enthalten, so ist dieser Grenzwert Null; er ist gleich $\pi\log\alpha^2$, wenn $\alpha^2 > 1$ ist.

7. Das bestimmte Integral $\int_0^\pi \frac{\sin x\,dx}{\sqrt{1-2\alpha\cos x+\alpha^2}}$, in dem $\alpha > 0$ ist, ist gleich 2, wenn $\alpha < 1$ ist, und gleich $\frac{2}{\alpha}$, wenn $\alpha > 1$ ist.

8. Es seien $f(x)$ und $\varphi(x)$ zwei im Intervalle (a, b) integrierbare Funktionen. Es ist die Schwarzsche Ungleichung zu beweisen

$$\left(\int_a^b f(x)\varphi(x)\,dx\right)^2 \leqq \int_a^b f^2(x)\,dx\cdot\int_a^b \varphi^2(x)\,dx\,,$$

wobei die Gleichheit nur dann stattfinden kann, wenn das Verhältnis $\frac{f}{\varphi}$ konstant ist.

Man kann z. B. bemerken, daß das Integral $\int_a^b[\alpha f(x)+\beta\varphi(x)]^2dx$ eine positive quadratische Form in α, β ist.

9. Es seien $f(x)$ und $\varphi(x)$ zwei im Intervall (a, b) stetige Funktionen und $(a, x_1, x_2, \ldots, b)$ eine Teilung dieses Intervalls. Nimmt man in jedem Teilintervalle (x_{i-1}, x_i) zwei beliebige Werte ξ_i, η_i, so hat die Summe

$$\sum f(\xi_i)\,\varphi(\eta_i)\,(x_i - x_{i-1})$$

das bestimmte Integral

$$\int_a^b f(x)\,\varphi(x)\,dx$$

zum Grenzwert.

10. Es sei $f(x)$ eine im Intervall (a, b) stetige positive Funktion. Das Produkt der beiden bestimmten Integrale $\int_a^b f(x)\,dx$, $\int_a^b \frac{dx}{f(x)}$ ist ein Minimum, wenn die Funktion konstant ist.

11. Es sei $J_{x_0}^{x_1}$ der Index einer Funktion (Nr. 78) zwischen x_0 und x_1. Dann gilt die Relation

$$J_{x_0}^{x_1} f(x) + J_{x_0}^{x_1} \frac{1}{f(x)} = \varepsilon,$$

wo $\varepsilon = +1$ ist, wenn $f(x_0) > 0$ und $f(x_1) < 0$ ist, $\varepsilon = -1$, wenn $f(x_0) < 0$ und $f(x_1) > 0$ ist, und $\varepsilon = 0$, wenn $f(x_0)$ und $f(x_1)$ dasselbe Zeichen haben.

Man wende die Formel der Nr. 78 auf die beiden Funktionen $f(x)$ und $\frac{1}{f(x)}$ an.

*12. Es seien U und V zwei zueinander teilerfremde Polynome der Grade n und $n-1$. Der Index des rationalen Bruches $\frac{V}{U}$ zwischen den Grenzen $-\infty$ und $+\infty$ der Variablen ist gleich der Differenz zwischen der Anzahl der imaginären Wurzeln der Gleichung $U + iV = 0$, wo der Koeffizient von i positiv ist, und der Anzahl der imaginären Wurzeln, wo dieser Koeffizient negativ ist (Hermite).

*13. Den zweiten Mittelwertsatz mittels einer partiellen Integration zu begründen.

Es seien $f(x)$ und $\varphi(x)$ zwei im Intervall (a, b) stetige Funktionen, deren erste $f(x)$ beständig zu- oder abnimmt und eine stetige Derivierte zuläßt. Setzt man

$$\Phi(x) = \int_a^x \varphi(x)\,dx$$

und integriert partiell, so erhält man

$$\int_a^b f(x)\,\varphi(x)\,dx = f(b)\,\Phi(b) - \int_a^b f'(x)\,\Phi(x)\,dx;$$

da die Derivierte $f'(x)$ ein konstantes Zeichen bewahrt, so genügt es, nunmehr den ersten Mittelwertssatz auf das neue Integral anzuwenden.

14. Zu zeigen, daß das bestimmte Integral $\int x\,dy - y\,dx$, genommen längs einer geschlossenen Kurve, in ein Integral derselben Form übergeht,

wenn man von einem System rechtwinkeliger Achsen zu einem anderen gleich orientierten Systeme rechtwinkeliger Achsen übergeht.

15. Aus der Formel

$$\int_a^b \cos \lambda x \, dx = \frac{1}{\lambda}(\sin \lambda b - \sin \lambda a)$$

die bestimmten Integrale

$$\int_a^b x^{2p+1} \sin \lambda x \, dx, \qquad \int_a^b x^{2p} \cos \lambda x \, dx$$

abzuleiten.

16. Gegeben sind zwei beliebige Plankurven C, C'; man ordnet die Punkte (x, y), (x', y') der beiden Kurven, in denen die Tangenten parallel sind, einander zu. Der Punkt mit den Koordinaten $x_1 = px + qx'$, $y_1 = py + qy'$ wo p und q gegebene Konstanten sind, beschreibt eine neue Kurve C_1 und es besteht zwischen den entsprechenden Bögen der drei Kurven die Beziehung

$$s_1 = \pm p s \pm q s'.$$

17. Die entsprechenden Bögen der beiden Kurven

$$C \begin{cases} x = t f'(t) - f(t) + \varphi'(t), \\ y = f'(t) - t \varphi'(t) + \varphi(t), \end{cases} \qquad C' \begin{cases} x' = t f'(t) - f(t) - \varphi'(t), \\ y' = f'(t) + t \varphi'(t) - \varphi(t) \end{cases}$$

haben die gleiche Länge, was auch die Funktionen $f(t)$, $\varphi(t)$ seien.

18. In einer Ebene sind n Kurven $C_1, C_2, \ldots, C_n$ gegeben. Von einem Punkte M derselben Ebene zieht man die Normalen $MP_1, MP_2, \ldots, MP_n$ an diese Kurven. Es sei l_i die Länge MP_i. Der Ort der Punkte M, für welche eine Beziehung von gegebener Form $F(l_1, l_2, \ldots, l_n) = 0$ zwischen den n Längen l_i besteht, ist eine Kurve Γ. Trägt man auf jeder Geraden MP_i im entsprechenden Sinne eine Länge ab, welche zu $\frac{\partial F}{\partial l_i}$ proportional ist, so gibt die Resultante dieser n Strecken die Richtung der Normale an die Kurve Γ. Ausdehnung auf die Flächen.

19. Es sei C eine geschlossene Kurve. Der Ort der Punkte A, für welche die Fläche der entsprechenden Fußpunktkurve einen gegebenen Wert hat, ist ein Kreis, dessen Mittelpunkt fest ist.

Man definiere die Kurve C durch ihre Tangentengleichung

$$x \cos t + y \sin t = f(t).$$

20. Es sei C eine geschlossene Kurve, C_1 die Fußpunktkurve dieser Kurve in bezug auf einen Punkt A, C_2 der Ort der Fußpunkte der vom Punkte A auf die Normalen von C gefällten Perpendikeln. Zwischen den Flächen dieser drei Kurven besteht die Beziehung $\mathsf{A} = \mathsf{A}_1 - \mathsf{A}_2$.

Sind ϱ und ω die Polarkoordinaten eines Punktes von C_1, so sind nach den Eigenschaften der Fußpunktkurve (Nr. 61) ϱ' und $\omega + \frac{\pi}{2}$ die Koordinaten des entsprechenden Punktes von C_2 und die des entsprechenden Punktes von C sind $r = \sqrt{\varrho^2 + \varrho'^2}$ und $\varphi = \omega + \operatorname{arc\,tan} \frac{\varrho'}{\varrho}$.

21. Wenn eine Kurve C, ohne zu gleiten, auf einer Geraden rollt, so beschreibt jeder Punkt A, der mit der Kurve C fest verbunden ist, eine Kurve, die man als Rollkurve bezeichnet. 1. Die zwischen einem Bogen der Rollkurve und der Basis eingeschlossene Fläche ist doppelt so groß wie die entsprechende Fläche der Fußpunktkurve des Punktes A in bezug auf C; 2. der Bogen der Rollkurve ist gleich dem entsprechenden Bogen der Fußpunktkurve (Steiner).

Um diese Theoreme analytisch zu beweisen, seien X, Y die Koordinaten des Punktes A in bezug auf ein System beweglicher Achsen, das von der Tangente und der Normale in einem Punkte M von C gebildet wird, s der Bogen OM, gezählt von einem festen Punkte O von C an, und ω der Winkel der Tangenten in O und M. Man stellt die Beziehungen

$$ds + dX = Y d\omega, \quad dY + X d\omega = 0$$

auf, aus welchem sich die Sätze ableiten.

22. Zu beweisen, daß das Integral $\int\limits_0^l \frac{|\sin x|}{x^n} dx$, wo $n \leqq 1$ ist, mit l unbegrenzt wächst.

Fünftes Kapitel.

Berechnung der bestimmten Integrale.

I. Unbestimmte Integrale.

Es ist im allgemeinen sehr schwer, aus der Definition der bestimmten Integrale ihren Wert herzuleiten;[1] kennt man hingegen eine primitive Funktion von $f(x)$, so ist es sehr leicht, das bestimmte Integral für beliebige Grenzen auszuwerten. Doch ist das bestimmte Integral einer algebraischen Funktion $f(x)$, außer in einigen sehr einfachen Fällen, eine transzendente Funktion, welche sich nicht durch eine Kombination elementarer Funktionen in endlicher Anzahl ausdrücken läßt. Das Studium der Eigenschaften dieser Transzendenten und ihre Klassifikation ist eine der wichtigsten Aufgaben der Integralrechnung. Zum Zwecke der praktischen Berechnung der bestimmten Integrale hat es ein ersichtliches Interesse, diese neuen Transzendenten auf eine möglichst kleine Zahl zurückzuführen, um Tafeln ihrer numerischen Werte für genügend nahe Werte der Variablen anlegen zu können.

101. Integration der rationalen Funktionen. Jede rationale Funktion $f(x)$ ist die Summe eines ganzen Teiles $G(x)$ und eines Bruches $\frac{P(x)}{Q(x)}$, wo $P(x)$ zu $Q(x)$ prim und von geringerem Grade als $Q(x)$ ist. Kennt man die reellen und die imaginären Wurzeln der Gleichung $Q(x) = 0$, so läßt sich dieser rationale Bruch in eine Summe einfacher Brüche zerlegen, die einem der beiden folgenden Typen angehören

$$\frac{A}{(x-a)^m}, \qquad \frac{Mx+N}{[(x-\alpha)^2+\beta^2]^n},$$

wobei die einfachen Brüche der ersten Art von den reellen, die der zweiten Art von den konjugiert imaginären Wurzeln herstammen. Das Integral des ganzen Teiles erhält man unmittelbar. Ist $m > 1$, so ist

---

[1] Man vergl. das Beispiel der Nr. 69 und die Übungen 3 und 6 des vierten Kapitels.

$$\int \frac{A\,dx}{(x-a)^m} = -\frac{A}{(m-1)(x-a)^{m-1}}$$

und wenn $m = 1$ ist, so ist

$$\int \frac{A\,dx}{x-a} = A \log(x-a);$$

hierbei lassen wir zur Abkürzung die Konstante C auf der rechten Seite aus.

Es sind also nur noch die Partialbrüche zu untersuchen, welche von den imaginären Wurzeln des Nenners herrühren. Um die Schreibweise zu vereinfachen setzen wir

$$x = \alpha + \beta t, \qquad dx = \beta\,dt;$$

dies gibt

$$\int \frac{Mx+N}{[(x-\alpha)^2+\beta^2]^n}\,dx = \frac{1}{\beta^{2n-1}} \int \frac{M\alpha + N + M\beta t}{(1+t^2)^n}\,dt$$

und man erhält so zwei Arten von Integralen

$$\int \frac{t\,dt}{(1+t^2)^n} \quad \text{und} \quad \int \frac{dt}{(1+t^2)^n}\,.$$

Das erste läßt sich leicht berechnen, wenn man bedenkt, daß $t\,dt$ die Hälfte des Differentials von $(1+t^2)$ ist; darnach ist für $n = 1$

$$\int \frac{t\,dt}{1+t^2} = \frac{1}{2}\log(1+t^2) = \frac{1}{2}\log\left(\frac{(x-\alpha)^2+\beta^2}{\beta^2}\right)$$

und für $n > 1$

$$\int \frac{t\,dt}{(1+t^2)^n} = -\frac{1}{2(n-1)(1+t^2)^{n-1}} = -\frac{\beta^{2n-2}}{2(n-1)[(x-\alpha)^2+\beta^2]^{n-1}}$$

Es bleiben somit nur mehr die Integrale

$$\int \frac{dt}{(1+t^2)^n};$$

wenn $n = 1$ ist, so erhält man unmittelbar den Wert dieses Integrals

$$\int \frac{dt}{1+t^2} = \operatorname{arc\,tan} t = \operatorname{arc\,tan} \frac{x-\alpha}{\beta}\,.$$

Ist $n > 1$, so wendet man eine Reduktionsformel an, welche die Berechnung des vorgelegten Integrals auf die eines Integrals derselben Form zurückführt, wobei der Exponent von $1 + t^2$ um eine Einheit niedriger ist. Bezeichnet J_n das in Frage stehende Integral, so ist

$$J_n = \int \frac{dt}{(1+t^2)^n} = \int \frac{1+t^2-t^2}{(1+t^2)^n}\,dt = \int \frac{dt}{(1+t^2)^{n-1}} - \int \frac{t^2\,dt}{(1+t^2)^n};$$

integrieren wir das letzte Integral partiell, indem wir

$$u = t, \quad dv = \frac{t\,dt}{(1+t^2)^n}, \quad v = -\frac{1}{2(n-1)(1+t^2)^{n-1}}$$

setzen, so erhalten wir

$$\int \frac{t^2\,dt}{(1+t^2)^n} = -\frac{t}{2(n-1)(1+t^2)^{n-1}} + \frac{1}{2(n-1)}\int \frac{dt}{(1+t^2)^{n-1}}.$$

Setzen wir dies in den vorangehenden Ausdruck für J_n ein, so bleibt

$$J_n = \frac{2n-3}{2n-2} J_{n-1} + \frac{t}{2(n-1)(1+t^2)^{n-1}}.$$

Ersetzt man in dieser Formel n durch $n-1$, dann durch $n-2$ usf., so kommt man schließlich zu dem Integral $J_1 = \operatorname{arc\,tan} t$; durch Elimination der Zwischenglieder erhält man endgültig

$$J_n = \frac{(2n-3)(2n-5)\ldots 3\cdot 1}{(2n-2)(2n-4)\ldots 4\cdot 2}\operatorname{arc\,tan} t + R(t),$$

wobei $R(t)$ eine rationale Funktion von t ist, deren Ausdruck leicht zu finden wäre; wir bemerken nur, daß der Nenner $(1+t^2)^{n-1}$ ist und daß der Zähler von geringerem als dem $2n-2^{\text{ten}}$ Grade ist.

Das Integral einer rationalen Funktion setzt sich also endgültig aus einem Teil, der selbst rational ist, und aus transzendenten Gliedern von einer der folgenden Formen

$$\log(x-a), \quad \log[(x-\alpha)^2+\beta^2], \quad \operatorname{arc\,tan}\frac{x-\alpha}{\beta}$$

zusammen.

Bemerkung. Die vorangehende Methode ist, wenn auch völlig allgemein, nicht stets die einfachste; man kann vielmehr manchmal die Rechnung durch geeignete Kunstgriffe abkürzen. Nehmen wir z. B. das Integral

$$\int \frac{dx}{(x^2-1)^n};$$

ist $n > 1$, so könnte man entweder in Partialbrüche zerlegen, indem man die Wurzeln $+1$ und -1 trennt, oder eine Reduktionsformel anwenden, wie für das Integral J_n. Man erhält es aber auf elegantere Art, wenn man eine neue Variable z durch $x = \frac{1+z}{1-z}$ einführt; dies ergibt

$$x^2 - 1 = \frac{4z}{(1-z)^2}, \qquad dx = \frac{2\,dz}{(1-z)^2}$$

$$\int \frac{dx}{(x^2-1)^n} = \frac{2}{4^n}\int \frac{(1-z)^{2n-2}}{z^n}\,dz.$$

Entwickelt man $(1-z)^{2n-2}$ nach der Binomialformel, so hat man nur Monome von der Form Az^μ zu integrieren, wo μ positiv oder negativ sein kann.

Im vorhergehenden wurde vorausgesetzt, daß der zu integrierende Bruch in Partialbrüche zerlegt sei; dazu ist notwendig, daß man die Wurzeln des Nenners kenne. Die folgende Methode, die man HERMITE verdankt, erlaubt, den algebraischen Teil des Integrals zu finden, ohne die Wurzeln des Nenners zu kennen, und erfordert nur elementare Rechnungsoperationen.

Es sei $\frac{f(x)}{F(x)}$ die zu integrierende rationale Funktion, deren beide Glieder wir als teilerfremd voraussetzen können. Nach der Theorie der vielfachen Wurzeln kann man das Polynom $F(x)$ in die Form

$$F(x) = X_1 X_2^2 X_3^3 \dots X_p^p$$

setzen, wo $X_1, X_2, \dots, X_p$ Polynome sind, die nur einfache lineare Faktoren enthalten und von denen je zwei keinen gemeinsamen Faktor haben. Man kann infolgedessen, wie aus der Theorie des größten gemeinsamen Divisors bekannt ist, die vorgelegte Funktion in Partialbrüche zerlegen, deren Nenner $X_1, X_2^2, \dots, X_p^p$ sind,

$$\frac{f(x)}{F(x)} = \frac{A_1}{X_1} + \frac{A_2}{X_2^2} + \dots + \frac{A_p}{X_p^p},$$

wo A_i ein zu X_i teilerfremdes Polynom ist.

Es genügt daher zu zeigen, wie man den rationalen Teil eines solchen Integrals

$$\int \frac{A\,dx}{\varphi^n}$$

finden kann, wo $\varphi(x)$ ein zu seiner Derivierten $\varphi'(x)$ teilerfremdes Polynom ist. Man kann dann zwei andere Polynome B und C finden, welche die Identität

$$B\varphi(x) + C\varphi'(x) = A$$

erfüllen und das vorangehende Integral läßt sich schreiben

$$\int \frac{A\,dx}{\varphi^n} = \int \frac{B\varphi + C\varphi'}{\varphi^n}\,dx = \int \frac{B}{\varphi^{n-1}}\,dx + \int C\frac{\varphi'}{\varphi^n}\,dx.$$

Ist $n > 1$, so integrieren wir das letzte Integral partiell, indem wir

$$u = C, \qquad v = -\frac{1}{(n-1)\varphi^{n-1}}$$

setzen; dies gibt

$$\int C\frac{\varphi'}{\varphi^n}\,dx = -\frac{C}{(n-1)\varphi^{n-1}} + \frac{1}{n-1}\int \frac{C'}{\varphi^{n-1}}\,dx$$

und, wenn man diesen Wert in die vorangehende Relation einträgt,

$$\int \frac{A\,dx}{\varphi^n} = -\frac{C}{(n-1)\varphi^{n-1}} + \int \frac{A_1\,dx}{\varphi^{n-1}}$$

wo A_1 ein neues Polynom bezeichnet. Ist $n > 2$, so kann man dasselbe Reduktionsverfahren auf das neue Integral anwenden usf., bis der Exponent von φ im Nenner gleich Eins ist; man erhält also schließlich einen Ausdruck von der Form

$$\int \frac{A\,dx}{\varphi^n} = R(x) + \int \frac{\psi\,dx}{\varphi},$$

wo $R(x)$ eine rationale Funktion von x und ψ ein Polynom ist, das man immer von geringerem Grade als φ voraussetzen kann, das aber nicht notwendig zu φ prim ist. Um dieses letzte Integral zu berechnen, müßte man die Wurzeln von φ kennen, doch würde die Integration keinen rationalen Ausdruck einführen: denn der Bruch $\frac{\psi}{\varphi}$ wird, in Partialbrüche zerlegt, nur Glieder von der Form

$$\frac{A}{x-a}, \qquad \frac{Mx+N}{(x-\alpha)^2+\beta^2}$$

liefern und das Integral eines jeden von diesen ist eine transzendente Funktion.

Die Methode läßt speziell erkennen, ob das Integral einer rationalen Funktion selbst eine rationale Funktion ist: hierzu ist notwendig und hinreichend, daß nach vollständiger Durchführung der gegebenen Reduktionen alle Polynome ψ Null seien.

102. **Die Integrale** $\int R(x, \sqrt{Ax^2+2Bx+C})\,dx$. — Es ist natürlich, nach den Integralen der rationalen Funktionen die der irrationalen zu studieren. Wir beginnen mit dem Fall, wo die zu integrierende Funktion eine rationale Funktion von x und der Quadratwurzel aus einem Polynome zweiten Grades ist. In diesem Falle genügt eine einfache Änderung der Variablen, um die Wurzel wegzuschaffen und man kommt auf den vorhergehenden Fall zurück. Diese Änderung der Variablen ergibt sich sofort, wenn das Polynom unter dem Wurzelzeichen sich auf ein Binom vom ersten Grade reduziert; setzt man nämlich $ax+b=t^2$, so ist

$$\int R(x, \sqrt{ax+b})\,dx = \int R\left(\frac{t^2-b}{a}, t\right)\frac{2t\,dt}{a}$$

und die neue zu integrierende Funktion ist rational.

Wenn das Polynom unter dem Wurzelzeichen vom zweiten Grade ist und zwei reelle Wurzeln a und b hat, so kann man

$$\sqrt{A(x-a)(x-b)} = (x-b)\sqrt{A\frac{x-a}{x-b}}$$

schreiben und es genügt auch hier $\sqrt{A\frac{x-a}{x-b}} = t$ oder $x = \frac{Aa-bt^2}{A-t^2}$ zu setzen, um den Wurzelausdruck fortzuschaffen.

Wenn die Wurzeln des Polynoms unter dem Wurzelzeichen imaginär sind, so würde dieses Verfahren imaginäre Symbole einführen. Bezeichnet y den Wuzelausdruck $\sqrt{Ax^2 + 2Bx + C}$, so kann man x und y als die Koordinaten eines Punktes der Kurve

$$(1) \qquad y^2 = Ax^2 + 2Bx + C$$

auffassen und das Problem ist identisch mit dem, die Koordinaten eines Punktes eines Kegelschnittes durch rationale Funktionen eines Parameters auszudrücken. Es ist geometrisch evident, daß dies möglich ist; denn wenn man durch einen beliebigen Punkt (α, β) eines Kegelschnittes eine veränderliche Sekante

$$y - \beta = t(x - \alpha)$$

legt, so ist klar, daß die Koordinaten des zweiten Schnittpunktes dieser Sekante mit dem Kegelschnitte durch Gleichungen ersten Grades erhalten werden und infolgedessen rationale Funktionen von t sind.

Wenn nun das Trinom $Ax^2 + 2Bx + C$ imaginäre Wurzeln hat, so muß der Koeffizient A positiv sein, denn andernfalls wäre dieses Trinom für alle reellen Werte von x negativ. Der Kegelschnitt (1) ist dann eine Hyperbel und wenn man diese Hyperbel durch eine Parallele zu einer der Asymptoden schneidet,

$$y = x\sqrt{A} + t$$

so erhält man als Koordinaten des Schnittpunktes

$$x = \frac{C - t^2}{2t\sqrt{A} - 2B}, \quad y = t + \sqrt{A}\frac{C - t^2}{2t\sqrt{A} - 2B}.$$

Ist $A < 0$, so ist der Kegelschnitt eine Ellipse und das Trinom

$$Ax^2 + 2Bx + C$$

muß zwei reelle Wurzeln a und b haben, sonst wäre dieses Trinom für alle reellen Werte von x negativ. Die vorhin angeführte Änderung der Variablen würde man erhalten, wenn man den Kegelschnitt durch eine bewegliche Sekante

$$y = t(x - a)$$

schneidet.

Beispiele. Es sei z. B. das Integral

$$\int \frac{dx}{(x^2 + k)\sqrt{x^2 + k}}$$

zu berechnen. Der Hilfskegelschnitt $y^2 = x^2 + k$ ist eine Hyperbel und man erhält, wenn man sie durch eine Parallele zur Asymptote $x + y = t$ schneidet, für die Koordinaten des Schnittpunktes

$$x = \frac{1}{2}\left(t - \frac{k}{t}\right), \quad y = \sqrt{x^2 + k} = \frac{1}{2}\left(t + \frac{k}{t}\right)$$

und somit

$$dx = \frac{dt}{2}\left(\frac{t^2 + k}{t^2}\right), \quad \int \frac{dx}{y^3} = \int \frac{4t\,dt}{(t^2 + k)^2} = -\frac{2}{t^2 + k}.$$

Kehrt man zur Variablen x zurück, so erhält man

$$\int \frac{dx}{(x^2 + k)^{3/2}} = \frac{x - \sqrt{x^2 + k}}{k\sqrt{x^2 + k}} = \frac{x}{k\sqrt{x^2 + k}} - \frac{1}{k},$$

wobei die rechte Seite nur bis auf eine Konstante bestimmt ist. Allgemein erhält man, wenn $AC - B^2$ ungleich Null ist,

$$\int \frac{dx}{(Ax^2 + 2Bx + C)^{3/2}} = \frac{1}{AC - B^2} \frac{Ax + B}{\sqrt{Ax^2 + 2Bx + C}}.$$

In gewissen Fällen ist es leichter, das Integral direkt zu finden, ohne vorerst die Irrationalität fortzuschaffen. Nehmen wir als Beispiel das Integral

$$\int \frac{dx}{\sqrt{Ax^2 + 2Bx + C}}.$$

Wenn der Koeffizient A positiv ist, so kann man schreiben

$$\int \frac{\sqrt{A}\,dx}{\sqrt{A^2x^2 + 2ABx + AC}} = \int \frac{\sqrt{A}\,dx}{\sqrt{(Ax + B)^2 + AC - B^2}};$$

dies wird, wenn man $Ax + B = t$ setzt,

$$\frac{1}{\sqrt{A}} \int \frac{dt}{\sqrt{t^2 + AC - B^2}} = \frac{1}{\sqrt{A}} \log\left(t + \sqrt{t^2 + AC - B^2}\right).$$

Kehrt man zur Variablen x zurück, so erhält man also

$$\int \frac{dx}{\sqrt{Ax^2 + 2Bx + C}} = \frac{1}{\sqrt{A}} \log\left(Ax + B + \sqrt{A}\sqrt{Ax^2 + 2Bx + C}\right).$$

Ist der Koeffizient von x^2 negativ, so läßt sich das Integral schreiben

$$\int \frac{dx}{\sqrt{-Ax^2 + 2Bx + C}} = \int \frac{\sqrt{A}\,dx}{\sqrt{AC + B^2 - (Ax - B)^2}}; \qquad A > 0$$

die Größe $AC + B^2$ ist notwendig positiv und wenn man

$$Ax - B = t\sqrt{AC + B^2}$$

setzt, so erhält man das Integral

$$\frac{1}{\sqrt{A}} \int \frac{dt}{\sqrt{1 - t^2}} = \frac{1}{\sqrt{A}} \arcsin t.$$

Infolgedessen ist

$$\int \frac{dx}{\sqrt{-Ax^2 + 2Bx + C}} = \frac{1}{\sqrt{A}} \arcsin \frac{Ax - B}{\sqrt{AC + B^2}};$$

wenn x zwischen den beiden Wurzeln des Trinoms variiert, so variiert, wie man leicht sieht, das Argument von arc sin zwischen -1 und $+1$.

Ist endlich $A = 0$, ohne daß B Null ist, so ist das Integral algebraisch

$$\int \frac{dx}{\sqrt{2Bx + C}} = \frac{1}{B}\sqrt{2Bx + C}.$$

Die Integrale $\int \frac{dx}{(x-a)\sqrt{Ax^2 + 2Bx + C}}$ lassen sich durch die Substitution $x = a + \frac{1}{y}$ auf die vorhergehenden zurückführen; man findet in der Tat

$$\int \frac{dx}{(x-a)\sqrt{Ax^2 + 2Bx + C}} = -\int \frac{dy}{\sqrt{A_1 y^2 + 2B_1 y + C_1}},$$

wo

$$A_1 = Aa^2 + 2Ba + C, \quad B_1 = Aa + B, \quad C_1 = A$$

ist. Man kann noch bemerken, daß das Integral dann und nur dann algebraisch ist, wenn a eine Wurzel des Radikanden ist.

Betrachten wir noch das Integral $\int \sqrt{x^2 + A}\, dx$. Eine partielle Integration ergibt

$$\int \sqrt{x^2 + A}\, dx = x\sqrt{x^2 + A} - \int \frac{x^2\, dx}{\sqrt{x^2 + A}};$$

andererseits kann man schreiben

$$\int \frac{x^2\, dx}{\sqrt{x^2 + A}} = \int \sqrt{x^2 + A}\, dx - \int \frac{A\, dx}{\sqrt{x^2 + A}}$$
$$= \int \sqrt{x^2 + A}\, dx - A \log\left(x + \sqrt{x^2 + A}\right),$$

und man entnimmt diesen beiden Relationen

$$\int \sqrt{x^2 + A}\, dx = \frac{x}{2}\sqrt{x^2 + A} + \frac{A}{2}\log\left(x + \sqrt{x^2 + A}\right), \tag{2}$$

$$\int \frac{x^2\, dx}{\sqrt{x^2 + A}} = \frac{x}{2}\sqrt{x^2 + A} - \frac{A}{2}\log\left(x + \sqrt{x^2 + A}\right), \tag{3}$$

Ebenso würde man die beiden anderen Formeln aufstellen

$$\int \sqrt{a^2 - x^2}\, dx = \frac{x}{2}\sqrt{a^2 - x^2} + \frac{a^2}{2}\arcsin\frac{x}{a}, \tag{4}$$

$$\int \frac{x^2\, dx}{\sqrt{a^2 - x^2}} = -\frac{x}{2}\sqrt{a^2 - x^2} + \frac{a^2}{2}\arcsin\frac{x}{a}. \tag{5}$$

Zu den vorangehenden Integralen gelangt man, wenn man die Fläche eines Ellipsen- oder Hyperbelsektors auswerten will. Nehmen wir z. B. die Hyperbel

$$\frac{x^2}{a^2} - \frac{y^2}{b^2} = 1$$

und stellen wir uns die Aufgabe, die Fläche des Segments AMP auszuwerten, das von dem Bogen AM, der x-Achse und der Ordinate MP begrenzt wird. Diese Fläche ist gleich dem bestimmten Integrale

$$\int_a^x \frac{b}{a}\sqrt{x^2 - a^2}\, dx$$

d. h. nach der Formel (2) gleich dem bestimmten Integrale

$$\frac{1}{2}\frac{b}{a}\left[x\sqrt{x^2-a^2}-a^2\log\left(\frac{x+\sqrt{x^2-a^2}}{a}\right)\right].$$

Nun ist $MP = y = \frac{b}{a}\sqrt{x^2-a^2}$ und das Produkt $\frac{1}{2}\frac{b}{a}x\sqrt{x^2-a^2}$ stellt gerade das Dreieck OMP dar; man schließt daraus, daß die Fläche S des Sektors OAM, der zwischen dem Bogen AM, dem Radiusvektor OA und dem Radiusvektor OM liegt, sich durch

$$S = \frac{1}{2}ab\log\frac{x+\sqrt{x^2-a^2}}{a} = \frac{1}{2}ab\log\left(\frac{x}{a}+\frac{y}{b}\right)$$

ausdrückt.

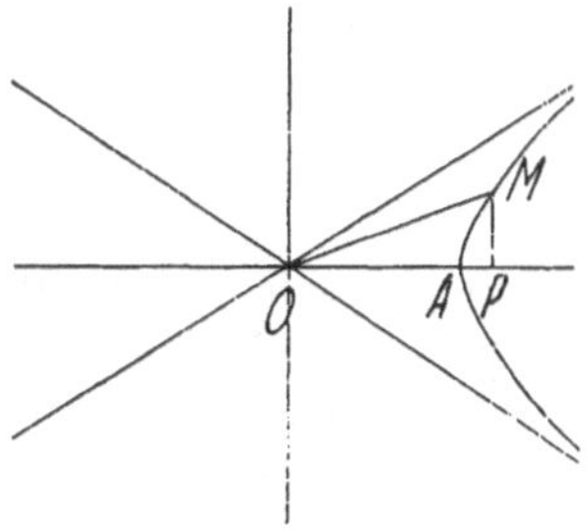

Fig. 20.

Mittels dieser Formel lassen sich die Koordinaten x und y eines Hyperbelpunktes durch die Fläche S ausdrücken. Denn aus der vorangehenden Relation und der Hyperbelgleichung folgt

$$\frac{x}{a}+\frac{y}{b} = e^{\frac{2S}{ab}}, \qquad \frac{x}{a}-\frac{y}{b} = e^{-\frac{2S}{ab}}$$

und infolgedessen

$$x = \frac{a}{2}\left(e^{\frac{2S}{ab}}+e^{-\frac{2S}{ab}}\right), \qquad y = \frac{b}{2}\left(e^{\frac{2S}{ab}}-e^{-\frac{2S}{ab}}\right).$$

Die Funktionen, die auf der rechten Seite auftreten, heißen die hyperbolischen Funktionen

$$\cos\text{hyp}\, x = \frac{e^x+e^{-x}}{2} \quad \text{und} \quad \sin\text{hyp}\, x = \frac{e^x-e^{-x}}{2},$$

so daß man schreiben kann

$$x = a\cosh\frac{2S}{ab}, \qquad y = b\sinh\frac{2S}{ab};$$

die hyperbolischen Funktionen genießen ähnliche Eigenschaften wie die trigonometrischen Funktionen.

Stellen wir uns weiter die Aufgabe, die Länge des Bogens der Parabel $2py = x^2$ zu finden, der zwischen dem Scheitel O und einem Punkte M enthalten ist; man erhält

$$\text{arc}\, OM = \int_0^x \sqrt{1+\left(\frac{dy}{dx}\right)^2}\,dx = \int_0^x \frac{\sqrt{x^2+p^2}}{p}\,dx$$

oder nach der Formel (2)

$$\text{arc}\, OM = \frac{x\sqrt{x^2+p^2}}{2p}+\frac{p}{2}\log\left(\frac{x+\sqrt{x^2+p^2}}{p}\right).$$

Der algebraische Teil der rechten Seite stellt gerade die Länge MT der Tangente dar; denn bekanntlich ist $OT = \frac{x}{2}$ und demnach ist

$$MT^2 = y^2+\frac{x^2}{4} = \frac{x^4}{4p^2}+\frac{x^2}{4} = \frac{x^2(x^2+p^2)}{4p^2}.$$

103. Unikursalkurven. Betrachten wir nun die Integrale algebraischer Funktionen im allgemeinen. Es sei

$$F(x,y) = 0 \tag{6}$$

die Gleichung einer algebraischen Kurve und $R(x,y)$ eine rationale Funktion von x und y; denken wir uns, daß man y in $R(x,y)$ durch eine der Wurzeln der Gleichung (6) ersetze; das Resultat ist eine Funktion der einzigen Variablen x und das Integral

$$\int R(x,y)\,dx$$

ist ein an die Kurve (6) geknüpftes Abelsches Integral. Wenn die gegebene Kurve und die Funktion $R(x,y)$ willkürlich sind, so sind diese Integrale transzendente Funktionen. In dem besonderen Falle aber, in dem die Kurve unikursal ist, d. h. dann, wenn die Koordinaten x und y eines Punktes dieser Kurve durch rationale Funktionen eines variablen Parameters t ausgedrückt werden können, lassen sich die an diese Kurve gebundenen Abelschen Integrale unmittelbar auf Integrale rationaler Funktionen zurückführen. In der Tat, es seien

$$x = f(t), \quad y = \varphi(t)$$

die Ausdrücke der Koordinaten x und y als Funktionen von t; nimmt man t als neue unabhängige Variable, so ist

$$\int R(x,y)\,dx = \int R[f(t), \varphi(t)]f'(t)\,dt$$

und die neue zu integrierende Funktion ist offenbar rational.

Man beweist in der analytischen Geometrie, daß jede Unikursalkurve vom Grade n genau $\frac{(n-1)(n-2)}{2}$ Doppelpunkte besitzt und daß umgekehrt jede Kurve vom Grade n, welche diese Anzahl Doppelpunkte besitzt, unikursal ist.[1] Wir wollen hier bloß daran erinnern, wie man die Ausdrücke der Koordinaten als Funktionen des Hilfsparameters erhalten kann. Es sei eine Kurve C_n vom Grade n gegeben, welche $\delta = \frac{(n-1)(n-2)}{2}$ Doppelpunkte besitzt; durch diese δ Doppelpunkte und und $n-3$ einfache Punkte

---

[1] Klassifikation der algebraischen Kurven dient der Begriff des Geschlechtes. Ist δ die Anzahl der Doppelpunkte der Kurve vom Grade n, so ist die Zahl $p = \frac{(n-1)(n-2)}{2} - \delta$ das Geschlecht der Kurve. Die Unikursalkurven sind also die Kurven vom Geschlechte Null und der obige Satz läßt sich auch so aussprechen: Jedes Abelsche Integral vom Geschlechte $p = 0$ läßt sich auf das Integral einer rationalen Funktion zurückführen.

von C_n lassen wir ein Kurvenbüschel vom Grade $n-2$ hindurchgehen: diese Punkte bestimmen tatsächlich ein solches Kurvenbüschel, denn es ist

$$\frac{(n-1)(n-2)}{2} + n - 3 = \frac{(n-2)(n+1)}{2} - 1$$

und es sind $\frac{(n-2)(n+1)}{2}$ Punkte zur Bestimmung einer Kurve vom Grade $n-2$ nötig. Es sei $P(x, y) + t\,Q(x, y) = 0$ die Gleichung der Kurven dieses Büschels, wobei t einen willkürlichen Parameter bezeichnet; jede Kurve des Büschels begegnet die Kurve C_n in $n(n-2)$ Punkten, von denen eine bestimmte Anzahl von t unabhängig ist, nämlich die $n-3$ gewählten einfachen Punkte und die δ Doppelpunkte, deren jeder für zwei Schnittpunkte zählt. Nun ist aber

$$n - 3 + 2\delta = n - 3 + (n-1)(n-2) = n(n-2) - 1\,;$$

es bleibt also nur ein einziger Schnittpunkt, der mit t veränderlich ist. Die Koordinaten dieses Punktes sind durch Gleichungen ersten Grades gegeben, deren Koeffizienten ganze Polynome in t sind; diese Koordinaten sind also selbst rationale Funktionen von t. Man könnte auch ein Kurvenbüschel vom Grade $n-1$ anwenden, das durch die $\frac{(n-1)(n-2)}{2}$ Doppelpunkte und $2n-3$ willkürlich auf C_n gewählte einfache Punkte hindurchgeht.

Für $n = 2$ ist $\frac{(n-1)(n-2)}{2} = 0$; jede Kurve zweiten Grades ist also unikursal. Für $n = 3$ ist $\frac{(n-1)(n-2)}{2} = 1$; die Unikursalkurven dritten Grades sind also diejenigen, die einen Doppelpunkt haben. Nimmt man den Doppelpunkt als Ursprung, so ist die Gleichung der kubischen Kurve von der Form

$$\varphi_3(x, y) + \varphi_2(x, y) = 0,$$

wobei φ_2 und φ_3 homogene Funktionen von dem durch ihren Index bezeichneten Grad sind. Eine durch den Doppelpunkt gehende Sekante $y = tx$ begegnet der kubischen Kurve in einem einzigen mit t variablen Punkte, dessen Koordinaten

$$x = -\frac{\varphi_2(1, t)}{\varphi_3(1, t)}, \qquad y = -\frac{t\,\varphi_2(1, t)}{\varphi_3(1, t)}$$

sind.

Eine unikursale Kurve vierten Grades besitzt drei Doppelpunkte. Um die Koordinaten eines Punktes zu erhalten, bildet man die Gleichung eines Kegelschnittbüschels, welches durch die drei Doppelpunkte und durch einen anderen beliebig auf der Kurve gewählten Punkt hindurchgeht. Jeder Kegelschnitt dieses Büschels begegnet der Kurve vierten Grades in einem einzigen mit dem Parameter variablen Punkte; wenn man z. B. die Gleichung für die Abszissen der Schnittpunkte bildet, so wird sich diese Gleichung, nachdem man sie von den Faktoren, die den bekannten Wurzeln entsprechen, befreit hat, auf den ersten Grad reduzieren und wird x als rationale Funktion des Parameters geben; und ebenso wird man für y vorgehen.

Nehmen wir z. B. die Lemniskate

$$(x^2 + y^2)^2 = a^2(x^2 - y^2),$$

die einen Doppelpunkt im Ursprung hat und überdies die unendlich fernen Kreispunkte als Doppelpunkte zuläßt. Ein Kreis, der durch den Ursprung geht und in diesem Punkte einen der Lemniskatenzweige berührt

$$x^2 + y^2 = t(x - y),$$

begegnet dieser Kurve in einem einzigen mit t variablen Punkte. Aus diesen beiden Gleichungen ergibt sich

$$t^2(x - y)^2 = a^2(x^2 - y^2)$$

und nach Division durch $x - y$

$$t^2(x - y) = a^2(x + y);$$

diese letzte Gleichung stellt eine durch den Ursprung gehende Gerade dar, die den Kreis in einem vom Ursprung verschiedenen Punkte schneidet, dessen Koordinaten

$$x = \frac{a^2 t(t^2 + a^2)}{t^4 + a^4}, \quad y = \frac{a^2 t(t^2 - a^2)}{t^4 + a^4}$$

sind. Zu diesen Formeln gelangt man noch rascher durch die folgende Methode, welche auf jede unikursale Kurve vierter Ordnung anwendbar ist, von der man einen Doppelpunkt kennt. Schneiden wir die Lemniskate durch die Sekante $y = \lambda x$; sie begegnet der Kurve in zwei Punkten mit den Koordinaten

$$x = \frac{\pm a\sqrt{1 - \lambda^2}}{1 + \lambda^2}, \quad y = \lambda x.$$

Das Polynom unter dem Wurzelzeichen ist vom zweiten Grade und es genügt, um die Irrationalität zu beseitigen, $\frac{1 - \lambda}{1 + \lambda} = \left(\frac{a}{t}\right)^2$ zu setzen, was wieder zu den voranstehenden Formeln führt.

Bemerkung I. Wenn eine ebene Kurve singuläre Punkte höherer Ordnung zuläßt, so zeigt man, daß jeder von ihnen einer gewissen Anzahl verschiedener Doppelpunkte äquivalent ist. Damit eine Kurve unikursal sei, genügt es, daß ihre singulären Punkte $\frac{(n-1)(n-2)}{2}$ Doppelpunkten äquivalent seien. Eine Kurve n^{ten} Grades z. B., die nur einen vielfachen Punkt von der Ordnung $n-1$ hat, ist unikursal, denn eine von diesem vielfachen Punkt ausgehende Sekante begegnet ihr in einem einzigen variablen Punkte.

Bemerkung II. Es kann vorkommen, daß man unter dem Integralzeichen eine rationale Funktion von x und von mehreren verschiedenen Irrationalen $y, z, \ldots$ hat; man beweist in der Algebra, daß alle diese Irrationalen mit Hilfe einer einzigen Hilfsvariablen ausgedrückt werden können. Nehmen wir z. B. an, man habe das Integral

$$\int R(x, x^{\alpha}, x^{\alpha'}, \ldots)\, dx,$$

wo R eine rationale Funktion bedeutet und die Exponenten $\alpha, \alpha', \ldots$ Brüche sind. Die Funktion R enthält in Wahrheit nur eine Irrationalität $x^{\frac{1}{D}}$, wo D den gemeinsamen Nenner der auf gleichen Nenner gebrachten Brüche $\alpha, \alpha', \ldots$ bezeichnet und es genügt $x = t^D$ zu setzen, um auf eine rationale Funktion zurückgeführt zu werden.

104. **Algebraisch-logarithmische Integrale.** Jedes Abelsche an eine Unikursalkurve geknüpfte Integral ist nach dem vorangehenden Paragraphen eine algebraisch-logarithmische Funktion, d. h. es ist gleich einer rationalen Funktion vermehrt um mit konstanten Faktoren multiplizierte Logarithmen rationaler Funktionen von x und y. Ist die Kurve (6) keine Unikursalkurve, so ist ein an diese Kurve geknüpftes Abelsches Integral im allgemeinen eine transzendente Funktion, die sich nicht mit Hilfe der logarithmischen Transzendenten allein ausdrücken läßt. Welches jedoch auch die Relation

$$F(x, y) = 0$$

sei, so gibt es stets unendlich viele rationale Funktionen $R(x, y)$, für die das Integral $\int R(x, y)\, dx$ algebraisch-logarithmisch ist, denn die Derivierte einer derartigen Funktion ist stets eine rationale Funktion von x und y. Wenn die Funktion $R(x, y)$ gegeben ist, so ist es im allgemeinen sehr schwer zu erkennen, ob das Integral $\int R(x, y)\, dx$ eine algebraisch-logarithmische Funktion ist. Dies ist im besonderen dann der Fall, wenn sich $R(x, y)\, dx$ durch eine algebraische Substitution, die aber nicht notwendig rational sein muß, auf ein rationales Differential zurückführen läßt.

Wir wollen als Beispiel die binomischen Differentiale

$$x^m (a x^n + b)^p dx$$

anführen, wo m, n, p kommensurabel sind. Es ist klar, daß die Relation $y = x^m (a x^n + b)^p$ durch eine algebraische Relation in x und y, $F(x, y) = 0$, ersetzt werden kann, welche im allgemeinen keine Unikursalkurve darstellt.

Diese Kurve ist unikursal, wenn p eine ganze Zahl ist. Bezeichnet man nämlich mit d den gemeinsamen Nenner der zwei Zahlen m und n, so ist klar, daß man durch die Substitution $x = t^d$ auch y als rationale Funktion von t erhält. Dies ist aber nicht der einzige Fall, wo man die Irrationalität beseitigen und die Integration vollenden kann. Um neue Fälle der Integrierbarkeit zu finden, versuchen wir, eine neue Variable einzuführen

$$a x^n + b = t;$$

man erhält

$$x = \left(\frac{t-b}{a}\right)^{\frac{1}{n}}, \quad dx = \frac{1}{n a}\left(\frac{t-b}{a}\right)^{\frac{1}{n}-1} dt$$

$$\int x^m (a x^n + b)^p dx = \frac{1}{n a}\int t^p \left(\frac{t-b}{a}\right)^{\frac{m+1}{n}-1} dt;$$

das neue Integral ist von derselben Form wie das erste und der Exponent, welcher an die Stelle von p trat, ist hier $\frac{m+1}{n} - 1$: man wird also die Integration ausführen können, wenn $\frac{m+1}{n}$ eine ganze Zahl ist.

Andererseits läßt sich das Integral auch so schreiben

$$\int x^{m+np} (a + b x^{-n})^p dx$$

und man sieht, daß man einen neuen Fall der Integrierbarkeit erhält, wenn $\frac{m+np+1}{n} = \frac{m+1}{n} + p$ eine ganze Zahl ist. Zusammenfassend kann man sagen: man kann die Integration ausführen, wenn eine der drei Zahlen p, $\frac{m+1}{n}$, $\frac{m+1}{n} + p$ ganz ist. Diese drei Fälle sind die einzigen, in denen sich das Integral mit Hilfe einer endlichen Anzahl elementarer Symbole ausdrücken läßt, wenn m, n, p kommensurabel sind.

Um die Integration, wenn sie möglich ist, auszuführen, ist es bequemer, das Integral zuerst auf eine einfachere Form zu bringen, bei der nur zwei Exponenten vorkommen. Setzen wir zu diesem Zwecke $a x^n = b t$; dies gibt

$$x = \left(\frac{b}{a}\right)^{\frac{1}{n}} t^{\frac{1}{n}}, \qquad dx = \frac{1}{n}\left(\frac{b}{a}\right)^{\frac{1}{n}} t^{\frac{1}{n}-1}\, dt,$$

$$\int x^m (a x^n + b)^p\, dx = \frac{b^p}{n}\left(\frac{b}{a}\right)^{\frac{m+1}{n}} \int t^{\frac{m+1}{n}-1} (1+t)^p\, dt.$$

Sieht man von dem konstanten Faktor ab und setzt

$$\frac{m+1}{n} - 1 = q,$$

so wird man auf das Integral

$$\int t^q (1+t)^p\, dt$$

geführt und die Fälle der Integrierbarkeit sind die folgenden: eine der drei Zahlen $p, q, p+q$ muß eine ganze Zahl sein.

Ist p ganz und $q = \frac{r}{s}$, so wird man $t = u^s$ setzen; ist q ganz und $p = \frac{r}{s}$, so wird man ebenso $1 + t = u^s$ setzen. Ist schließlich $p + q$ ganz, so schreibt man das Integral in der Form

$$\int t^{p+q} \left(\frac{1+t}{t}\right)^p dt$$

und man braucht bloß $1 + t = t u^s$ setzen, wenn $p = \frac{r}{s}$ ist, um die Irrationalität zu beseitigen.

Nehmen wir z. B. das Integral

$$\int x \sqrt[3]{1 + x^3}\, dx;$$

hier ist $m = 1$, $n = 3$, $p = \frac{1}{3}$, $\frac{m+1}{n} + p = 1$: es liegt also ein Fall der Integrierbarkeit vor. Setzt man zuerst $x^3 = t$, so erhält man das neue Integral

$$\frac{1}{3}\int \sqrt[3]{\frac{1+t}{t}}\, dt$$

und es genügt, die neue Veränderliche $1 + t = t u^3$ einzuführen, um die Wurzel wegzuschaffen.

105. **Reduktion der elliptischen und hyperelliptischen Integrale.** Es sei $P(x)$ ein ganzes Polynom vom Grade p, das zu seiner Derivierten prim ist. Ein Integral

$$\int R\left[x, \sqrt{P(x)}\right] dx,$$

wo R eine rationale Funktion von x und der Wurzel $y = \sqrt{P(x)}$ bedeutet, kann im allgemeinen nicht mit Hilfe elementarer Funktionen ausgedrückt werden, wenn der Grad von $P(x)$ größer als 2 ist. Diese Integrale, welche besondere Fälle der allgemeinsten ABELschen Integrale sind, zerfallen in einen algebraischen und logarithmischen Teil und in eine gewisse Anzahl spezieller Integrale, welche neue Transzendenten bilden, die man nicht mit Hilfe einer endlichen Anzahl elementarer Symbole darstellen kann. Wir wollen die hierzu nötigen Reduktionen im folgenden auseinandersetzen.

Die rationale Funktion $R(x,y)$ ist der Quotient zweier ganzer Polynome in x und y; ersetzt man jede gerade Potenz von y, wie y^{2q}, durch $[P(x)]^q$ und jede ungerade, wie y^{2q+1} durch $y[P(x)]^q$, so sieht man, daß man Zähler und Nenner des Bruches vom ersten Grade in y voraussetzen kann

$$R(x,y) = \frac{A + By}{C + Dy},$$

wo A, B, C, D ganze Polynome in x bedeuten. Durch Multiplikation beider Glieder mit $C - Dy$ und durch neuerliches Einsetzen von $P(x)$ für y^2 kann man auch schreiben

$$R(x,y) = \frac{F + Gy}{K}$$

und das betrachtete Integral teilt sich in zwei, von denen das eine $\int \frac{F\,dx}{K}$ das Integral einer rationalen Funktion ist und deren zweites $\int \frac{Gy}{K}\,dx$ uns allein beschäftigen soll. Dieses Integral schreiben wir in der Form

$$\int \frac{M\,dx}{N\sqrt{P(x)}},$$

wo M und N ganze Polynome von x sind; der rationale Bruch $\frac{M}{N}$ kann in einem ganzen Teil $E(x)$ und in eine Summe von gebrochenen Ausdrücken zerlegt werden

$$\frac{M}{N} = E(x) + \frac{A_1}{X_1} + \frac{A_2}{X_2^2} + \dots + \frac{A_p}{X_p^p},$$

wo jedes Polynom X_i zu seiner Ableitung prim ist. Man hat also nur zwei Arten von Integralen zu betrachten

$$Y_m = \int \frac{x^m\,dx}{\sqrt{P(x)}}, \qquad Z_n = \int \frac{A\,dx}{X^n\sqrt{P(x)}}.$$

Die Integrale Y_m können alle, wenn $P(x)$ vom Grade p ist, mittels der $p-1$ ersten $Y_0, Y_1, \dots, Y_{p-2}$ und algebraischer Größen ausgedrückt werden.

In der Tat, es sei

$$P(x) = a_0 x^p + a_1 x^{p+1} + \dots;$$

dann ist

$$\frac{d}{dx}\left[x^m \sqrt{P(x)}\right] = m x^{m-1} \sqrt{P(x)} + \frac{x^m P'(x)}{2\sqrt{P(x)}}$$
$$= \frac{2m x^{m-1} P(x) + x^m P'(x)}{2\sqrt{P(x)}};$$

der Zähler ist ein Polynom vom Grade $m + p - 1$, das Glied vom höchsten Grade darin ist $(2m + p) a_0 x^{m+p-1}$. Durch Integration der beiden Seiten erhält man

$$2x^m \sqrt{P(x)} = (2m + p) a_0 Y_{m+p-1} + \dots,$$

wo die nicht geschriebenen Glieder die Integrale Y mit geringerem Index als $m + p - 1$ enthalten. Setzen wir in dieser Formel sukzessive $m = 0, 1, 2, \dots$; wir können dann der Reihe nach Y_{p-1}, $Y_p, \dots$ mit Hilfe eines algebraischen Ausdruckes und der $p - 1$ Integrale $Y_0, Y_1, \dots, Y_{p-2}$ ausdrücken.

Bezüglich der Integrale der zweiten Form sind zwei Fälle zu unterscheiden, je nachdem X zu $P(x)$ prim ist oder nicht.

1. Wenn X zu $P(x)$ prim ist, so läßt sich das Integral Z_n auf einen algebraischen Ausdruck, auf eine Summe von Integralen Y_k und auf ein neues Integral

$$\int \frac{B\,dx}{X\sqrt{P(x)}}$$

zurückführen, wo B ein Polynom von geringerem Grade als X ist.

Da X zu seiner Ableitung X' und zu $P(x)$ prim ist, so ist X^n zu dem Produkt PX' prim. Man kann also zwei Polynome λ und μ finden, so daß identisch $\lambda X^n + \mu X' P = A$ ist, und das Integral zerfällt in zwei andere

$$\int \frac{A\,dx}{X^n \sqrt{P(x)}} = \int \frac{\lambda\,dx}{\sqrt{P(x)}} + \int \frac{\mu \sqrt{P} \cdot X'}{X^n}\,dx.$$

Das erste Integral ist eine Summe von Y_i-Integralen; das zweite kann man, wenn $n > 1$ ist, partiell integrieren, indem man

$$u = \mu \sqrt{P}, \qquad v = \frac{-1}{(n-1) X^{n-1}}$$

setzt; dies gibt

$$\int \frac{\mu \sqrt{P} X'\,dx}{X^n} = \frac{-\mu\sqrt{P}}{(n-1) X^{n-1}} + \frac{1}{n-1} \int \frac{2\mu' P + \mu P'}{2X^{n-1}\sqrt{P(x)}}\,dx.$$

Das neue Integral ist von derselben Form wie das erste, nur daß der Exponent von X um eine Einheit vermindert ist. Wiederholt man diese Reduktion so oft wie möglich, d. h. so lange als der Exponent von X größer als 1 ist, so kommt man zu einem Resultate von der Form

$$\int \frac{A\,dx}{X^n \sqrt{P(x)}} = \int \frac{B\,dx}{X\sqrt{P}} + \int \frac{C\,dx}{\sqrt{P}} + \frac{D\sqrt{P}}{X^{n-1}},$$

wo B, C, D drei Polynome sind, und man kann stets das erste B von geringerem Grade als X voraussetzen.

2. Nehmen wir an, daß X und P einen gemeinsamen Teiler D haben, so daß $X = YD$, $P = SD$ ist, wo die Polynome D, S, Y nun paarweise teilerfremd sind. Man kann wieder zwei Polynome λ und μ finden, so daß $A = \lambda D^n + \mu Y^n$ ist und kann infolgedessen schreiben

$$\int \frac{A\,dx}{X^n \sqrt{P}} = \int \frac{\lambda\,dx}{Y^n \sqrt{P}} + \int \frac{\mu\,dx}{D^n \sqrt{P}}$$

Das erste Integral gehört zu denen, mit welchen wir uns eben beschäftigt haben; das zweite Integral

$$\int \frac{\mu\,dx}{D^n \sqrt{P}},$$

worin D ein Divisor von P ist, läßt sich auf einen algebraischen Ausdruck und auf Y-Integrale zurückführen.

In der Tat, da D^n zu dem Produkte $D'S$ prim ist, so können wir zwei Polynome λ_1 und μ_1 finden, so daß $\lambda_1 D^n + \mu_1 D'S = \mu$ ist; das betrachtete Integral läßt sich schreiben

$$\int \frac{\mu\,dx}{D^n \sqrt{P}} = \int \frac{\lambda_1\,dx}{\sqrt{P}} + \int \frac{\mu_1 SD'}{D^n \sqrt{P}}\,dx.$$

Ersetzen wir in dem zweiten Integrale P durch SD und integrieren wir das erhaltene Integral

$$\int \mu_1 \sqrt{S} \frac{D'}{D^{n+\frac{1}{2}}}\,dx$$

partiell, indem wir

$$u = \mu_1 \sqrt{S}, \qquad v = \frac{-1}{n-\frac{1}{2}} \cdot \frac{1}{D^{n-\frac{1}{2}}}$$

setzen; dies gibt

$$\int \frac{\mu\,dx}{D^n \sqrt{P}} = \int \frac{\lambda_1\,dx}{\sqrt{P}} - \frac{\mu_1 \sqrt{S}}{(n-\frac{1}{2})\,D^{n-\frac{1}{2}}} + \frac{1}{2n-1} \int \frac{2\mu_1' S + \mu_1 S'}{D^{n-1}\sqrt{P}}\,dx.$$

In dieser Reduktionsformel kann man die Reduktion wegen des gebrochenen Exponenten $n - \frac{1}{2}$ bis zu dem Gliede treiben, wo D

nur in der ersten Potenz vorkommt, und man gelangt zu einem Resultat von der Form

$$\int \frac{\mu\, dx}{D^n \sqrt{P}} = \frac{K\sqrt{P}}{D^n} + \int \frac{H\, dx}{\sqrt{P}},$$

wo H und K zwei Polynome sind.

Jedes Integral $\int \frac{M\,dx}{N\sqrt{P}}$ läßt sich also endgültig auf einen algebraischen Teil und auf eine Summe von Integralen der Form

$$\int \frac{x^m\, dx}{\sqrt{P}}, \qquad \int \frac{X_1\, dx}{X\sqrt{P}}$$

zurückführen, wo m höchstens gleich $p-2$ ist, X zu seiner Derivierten X' und zu P prim ist und wo X_1 von geringerem Grade als X ist. Diese Reduktion erfordert nur Additionen, Multiplikationen und Divisionen von Polynomen.

Kennt man die Wurzeln der Gleichung $X = 0$, so kann man jeden der rationalen Brüche in eine Summe von Partialbrüchen der Form

$$\frac{A}{x-a}, \qquad \frac{Bx + C}{(x-\alpha)^2 + \beta^2}$$

zerlegen, wo A, B, C Konstanten sind, so daß man auf zwei neue Typen von Integralen

$$\int \frac{dx}{(x-a)\sqrt{P(x)}}, \qquad \int \frac{(Bx + C)\, dx}{[(x-\alpha)^2 + \beta^2]\sqrt{P(x)}}$$

geführt wird, welche man auf einen einzigen, den ersten der beiden, zurückführen kann, wenn man übereinkommt, auch imaginäre Werte für den Parameter a zuzulassen. Die Integrale dieser Form heißen Integrale dritter Gattung. Man nennt Integrale erster Gattung die Integrale Y_m, bei denen m kleiner als $\frac{p}{2} - 1$ ist; die Integrale Y_m, für die m gleich oder größer als $\frac{p}{2} - 1$ ist, sind die Integrale zweiter Gattung. Die Integrale erster Gattung besitzen eine charakteristische Eigenschaft: sie bewahren einen endlichen Wert, wenn die obere Grenze des Integrals unbegrenzt wächst oder einer Wurzel von $P(x)$ gleich wird (Nr. 90, 91, 92). Aber die obige Unterscheidung der Integrale zweiter und dritter Gattung kann nur provisorisch genommen werden; wodurch sie sich wirklich unterscheiden, wird später gezeigt werden.

Bemerkung. Bisher haben wir nichts über den Grad p des Polynoms $P(x)$ vorausgesetzt. Wenn dieses Polynom von ungeradem

Grade ist, so kann man stets den Grad um eine Einheit erhöhen. In der Tat, es sei $P(x)$ ein Polynom vom Grade $2q-1$,

$$P(x) = A_0 x^{2q-1} + A_1 x^{2q-1} + \dots + A_{2q-1};$$

setzen wir $x = a + \frac{1}{y}$, wobei a keine Wurzel von $P(x)$ ist. Dies gibt

$$P(x) = P(a) + P'(a)\frac{1}{y} + \dots + \frac{P^{(2q-1)}(a)}{(2q-1)!}\frac{1}{y^{2q-1}} = \frac{P_1(y)}{y^{2q}},$$

wobei $P_1(y)$ ein Polynom vom Grade $2q$ bezeichnet. Es ist also

$$\sqrt{P(x)} = \frac{\sqrt{P_1(y)}}{y^q}$$

und jedes Integral, welches x und $\sqrt{P(x)}$ rational enthält, verwandelt sich in ein Integral einer rationalen Funktion von y und $\sqrt{P_1(y)}$.

Umgekehrt: hat man unter der Wurzel ein Polynom von geradem Grade $2q$, so kann man den Grad dieses Polynoms um eine Einheit erniedrigen, vorausgesetzt, daß man eine seiner Nullstellen kennt. Es sei also a eine Wurzel der Gleichung $P(x) = 0$; setzt man $x = a + \frac{1}{y}$, so erhält man

$$P(x) = P'(a)\frac{1}{y} + \dots + \frac{P^{(2q)}(a)}{(2q)!}\frac{1}{y^{2q}} = \frac{P_1(y)}{y^{2q}},$$

wo $P_1(y)$ vom Grade $2q-1$ ist, und es ist infolgedessen

$$\sqrt{P(x)} = \frac{\sqrt{P_1(y)}}{y^q}.$$

Das neue Integral wird unter dem Integralzeichen keine andere Irrationalität als $\sqrt{P_1(y)}$ enthalten.

106. **Algebraische Integrierbarkeit.** Man kann durch eine mehr direkte Rechnung die Schlußformel erhalten, welche jedes Integral $\int \frac{M}{N}\frac{dx}{\sqrt{P}}$ ausdrückt, ohne durch alle Zwischenstufen zu gehen, die vorhin angewandt wurden. Es sei V der größte gemeinsame Divisor des Polynoms N und seiner Derivierten, W der größte gemeinsame Divisor der beiden Polynome N und P und schließlich U der Quotient von N durch das Produkt VW. Wie in der vorhergehenden Nummer bewiesen wurde, ist das betrachtete Integral gleich einem algebraischen Teile von der Form $\frac{Q\sqrt{P}}{VW}$, vermehrt um eine gewisse Anzahl von Integralen Y_i und um ein Integral $\int \frac{S\,dx}{U\sqrt{P}}$, wo Q und S zwei Polynome sind. Da jeder Ausdruck $F(x)\sqrt{P}$, wo $F(x)$ ein Polynom ist, gleich einer Summe von Y_i-Integralen ist, so kann man schreiben

$$\int \frac{M\,dx}{N\sqrt{P}} = \int \frac{T\,dx}{\sqrt{P}} + \frac{Q\sqrt{P}}{VW} + \int \frac{S\,dx}{U\sqrt{P}},$$

wobei der Grad von Q kleiner als der von VW und der Grad von S niedriger als der von U ist. Die drei Polynome U, V, W erhält man durch rationale Operationen; ebenso die drei Polynome Q, S, T. Denn setzt man die Derivierten der beiden Seiten der vorstehenden Formel einander gleich und multipliziert mit $N\sqrt{P}$, so erhält man

$$M = TN + Q'PU + \tfrac{1}{2}P'QU - QP\frac{UW'}{W} - QP\frac{UV'}{V} + SVW$$

und es ergibt sich eine obere Grenze des Grades von T, wenn man beachtet, daß der Grad von TN höchstens gleich dem höchsten Grade der anderen Glieder ist. Hat man so eine obere Grenze des Grades der Polynome Q, S, T erhalten, so kann man ihre Koeffizienten finden, indem man beide Seiten identisch gleichsetzt. Man ist hierbei im voraus sicher, daß die gefundenen Gleichungen verträglich sind, da diese Zerlegung möglich ist. Das Integral $\int \frac{T\,dx}{\sqrt{P}}$ wird seinerseits wieder in einen algebraischen Teil zerfallen und in eine lineare Kombination der $p-1$ Integrale $Y_0, Y_1, \ldots, Y_{p-2}$. Man kann also stets durch rationale Operationen das vorgelegte Integral auf die Form

$$\int \frac{M}{N\sqrt{P}}\,dx = R(x)\sqrt{P} + \int \frac{T_1\,dx}{\sqrt{P}} + \int \frac{S\,dx}{U\sqrt{P}}$$

bringen, wobei der Grad von T_1 höchstens gleich $p-2$ und der von S niedriger als der Grad von U ist und $R(x)$ eine rationale Funktion bezeichnet.

Damit das Integral eine algebraische Funktion sei, ist notwendig und hinreichend, daß die beiden Polynome T_1 und S Null seien. Da jedes Integral $\int R(x, \sqrt{P(x)})\,dx$ in ein Integral einer rationalen Funktion und ein Integral der vorstehenden Form zerfällt, so kann man stets durch rationale Operationen erkennen, ob dieses Integral eine algebraische Funktion ist, und in diesem Falle sie auch explizit erhalten.

107. **Elliptische Integrale.** Wenn das Polynom $P(x)$ vom zweiten Grade ist, so wird mittels der allgemeinen Reduktionsmethode welche eben auseinandergesetzt wurde, die Integration einer rationalen, Funktion in x und $\sqrt{P(x)}$ auf die Berechnung der Integrale

$$\int \frac{dx}{\sqrt{P(x)}}, \qquad \int \frac{dx}{(x-a)\sqrt{P(x)}}$$

zurückgeführt.

Der einfachste Fall nach diesem ist der der elliptischen Integrale, wo $P(x)$ vom 3. oder 4. Grade ist; die beiden Fälle lassen sich übrigens, wie wir eben gesehen haben, aufeinander zurückführen. Es sei also $P(x)$ ein Polynom 4. Grades mit reellen Koeffizienten, welches nur einfache lineare Faktoren hat; wir wollen zunächst zeigen, daß man stets durch eine lineare reelle Substitution es auf ein Polynom zurückführen kann, daß nur gerade Potenzen hat.

Es seien a, b, c, d die vier Wurzeln von $P(x) = 0$. Es existiert eine involutorische Beziehung

(7) $$Lx'x'' + M(x' + x'') + N = 0,$$

welche für $x' = a$, $x'' = b$ und $x' = c$, $x'' = d$ erfüllt ist. Zur Bestimmung der Koeffizienten L, M, N hat man die beiden Relationen

$$Lab + M(a + b) + N = 0$$
$$Lcd + M(c + d) + N = 0$$

und man sieht, daß man

$$L = a + b - c - d, \quad M = cd - ab, \quad N = ab(c + d) - cd(a + b)$$

setzen kann. Nennen wir α und β die Doppelpunkte der vorstehenden Involution, d. h. die Wurzeln der Gleichung

$$Lu^2 + 2Mu + N = 0;$$

die Bedingung, daß diese Wurzeln reell sind, lautet

$$(cd - ab)^2 - (a + b - c - d)[ab(c + d) - cd(a + b)] > 0$$

und kann, wie eine leichte Rechnung zeigt, geschrieben werden

$$(a - c)(a - d)(b - c)(b - d) > 0. \tag{8}$$

Man kann es stets so einrichten, daß diese Bedingung erfüllt ist. Sind die vier Wurzeln a, b, c, d reell, so genügt es, für a und b die beiden größten zu nehmen; die vier Faktoren von (8) sind dann positiv. Hat die Gleichung $P(x) = 0$ bloß zwei reelle Wurzeln, so nimmt man für a und b diese beiden reellen Wurzeln und für c und d die zwei konjugiert imaginären; die Faktoren $a - c$ und $a - d$ sind dann konjugiert imaginär ebenso wie $b - c$ und $b - d$. Wenn schließlich alle vier Wurzeln imaginär sind, so nimmt man für a und b zwei konjugiert imaginäre und für c und d die beiden anderen konjugierten Wurzeln. Die vier Faktoren von (8) sind auch jetzt paarweise konjugiert. Jedesmal sind die korrespondierenden Werte von L, M, N reell.

Dies vorausgeschickt, beachten wir, daß die Relation (7) sich schreiben läßt

$$\frac{x' - \alpha}{x' - \beta} + \frac{x'' - \alpha}{x'' - \beta} = 0; \tag{9}$$

setzt man $\frac{x - \alpha}{x - \beta} = y$ oder $x = \frac{\beta y - \alpha}{y - 1}$, so erhält man

$$P(x) = \frac{P_1(y)}{(y - 1)^4},$$

wo $P_1(y)$ ein neues Polynom 4ten Grades mit reellen Koeffizienten ist, dessen Wurzeln

$$\frac{a - \alpha}{a - \beta}, \quad \frac{b - \alpha}{b - \beta}, \quad \frac{c - \alpha}{c - \beta}, \quad \frac{d - \alpha}{d - \beta}$$

sind. Nach der Formel (9) erfüllen diese Wurzeln paarweise die Relation $y' + y'' = 0$; das Polynom $P_1(y)$ enthält also nur Glieder von geradem Grade.

Wenn die vier Wurzeln a, b, c, d die Relation $a + b = c + d$ befriedigen, so ist $L = 0$ und einer der Doppelpunkte der Involution liegt im Unendlichen. Setzt man $\alpha = -\frac{N}{2M}$, so läßt sich die Gleichung (7) auch schreiben

$$x' - \alpha + x'' - \alpha = 0$$

und man braucht nur $x = \alpha + y$ zu setzen, um ein Polynom zu erhalten, das nur gerade Potenzen enthält.

Wir können also voraussetzen, daß $P(x)$ auf die kanonische Form

$$P(x) = A_0 x^4 + A_1 x^2 + A_2$$

gebracht sei; jedes elliptische Integral läßt sich also, abgesehen von einem algebraischen Ausdruck und vom dem Integral einer rationalen Funktion auf die Integrale zurückführen

$$\int \frac{dx}{\sqrt{A_0 x^4 + A_1 x^2 + A_2}}, \quad \int \frac{x\,dx}{\sqrt{A_0 x^4 + A_1 x^2 + A_2}}, \quad \int \frac{x^2\,dx}{\sqrt{A_0 x^4 + A_1 x^2 + A_2}}$$

und auf Integrale der Form

$$\int \frac{dx}{(x-a)\sqrt{A_0 x^4 + A_1 x^2 + A_2}}.$$

Das Integral

$$u = \int_{x_0}^{x} \frac{dx}{\sqrt{A_0 x^4 + A_1 x^2 + A_2}}$$

ist das elliptische Integral erster Gattung von Legendre; betrachtet man umgekehrt x als Funktion von u, so erhält man eine **elliptische Funktion**. Das zweite Integral führt auf ein elementares Integral, indem man $x^2 = u$ setzt. Das dritte Integral

$$\int \frac{x^2\,dx}{\sqrt{A_0 x^4 + A_1 x^2 + A_2}}$$

ist das Integral zweiter Gattung von Legendre. Schließlich kann man schreiben

$$\int \frac{dx}{(x-a)\sqrt{P(x)}} = \int \frac{x\,dx}{(x^2 - a^2)\sqrt{P(x)}} + a \int \frac{dx}{(x^2 - a^2)\sqrt{P(x)}};$$

das Integral

$$\int \frac{dx}{(x^2 + h)\sqrt{A_0 x^4 + A_1 x^2 + A_2}}$$

ist das Integral dritter Gattung von Legendre.

Die elliptischen Integrale wurden so genannt, weil man ihnen zuerst bei dem Problem der Rektifikation der Ellipse begegnet ist. Es seien

$$x = a\cos\varphi, \qquad y = b\sin\varphi$$

die Koordinaten eines Punktes der Ellipse; dann ist

$$ds^2 = dx^2 + dy^2 = (a^2\sin^2\varphi + b^2\cos^2\varphi)\,d\varphi^2;$$

setzt man $a^2 - b^2 = a^2 e^2$, so läßt sich dies auch schreiben

$$ds = a\sqrt{1 - e^2\cos^2\varphi}\,d\varphi$$

und der Ausdruck für den Ellipsenbogen wird, wenn man $\cos\varphi = t$ setzt,

$$s = a\int\frac{\sqrt{1-e^2t^2}}{\sqrt{1-t^2}}\,dt = a\int\frac{1-e^2t^2}{\sqrt{(1-t^2)(1-e^2t^2)}}\,dt;$$

ein Ellipsenbogen drückt sich, wie man sieht, durch die Summe eines Integrals erster und eines Integrals zweiter Gattung aus.

Nehmen wir noch die durch die Gleichungen

$$x = a^2\frac{t(t^2+a^2)}{t^4+a^4}, \qquad y = a^2\frac{t(t^2-a^2)}{t^4+a^4}$$

dargestellte Lemniskate, so findet man, wenn man die Rechnung durchführt,

$$ds^2 = dx^2 + dy^2 = \frac{2a^4}{t^4+a^4}\,dt^2.$$

Der Lemniskatenbogen wird also durch ein elliptisches Integral erster Gattung ausgedrückt.[1]

108. **Pseudo-elliptische Integrale.** Es kommt manchmal vor, daß ein Integral $\int F\left(x, \sqrt{P(x)}\right)dx$, wo P ein Polynom 3. oder 4. Grades ist, sich mittels einer algebraischen Funktion und einer Summe von Logarithmen algebraischer Funktionen in endlicher Anzahl ausdrücken läßt; solche Integrale heißen pseudo-elliptisch. Ein ziemlich umfassender Fall hiervon ist der folgende: Es sei

(10) $$Lx'x'' + M(x' + x'') + N = 0$$

eine involutorische Beziehung, welche die vier Wurzeln der Gleichung vierten Grades $P(x) = 0$ paarweise einander zuordnet; wenn die rationale Funktion $f(x)$ derart ist, daß identisch

(11) $$f(x) + f\left(-\frac{Mx+N}{Lx+M}\right) = 0$$

ist, so ist das Integral $\int\frac{f(x)}{\sqrt{P(x)}}\,dx$ pseudo-elliptisch.

---

[1] Diese Eigenschaft genießt eine ganze Kurvenklasse, die von Serret entdeckt wurde (s. Serret, Lehrbuch der Differential- und Integralrechnung).

Es seien α, β die Doppelpunkte der Involution; die Relation (10) kann, wie bereits erwähnt, geschrieben werden

$$\frac{x' - \alpha}{x' - \beta} + \frac{x'' - \alpha}{x'' - \beta} = 0 . \tag{12}$$

Machen wir dementsprechend in dem Integral die Substitution $\frac{x - \alpha}{x - \beta} = y$; wir erhalten

$$dx = \frac{(\alpha - \beta)\, dy}{(1 - y)^2}, \qquad P(x) = \frac{P_1(y)}{(1 - y)^4}$$

und infolgedessen

$$\frac{dx}{\sqrt{P(x)}} = \frac{(\alpha - \beta)\, dy}{\sqrt{P_1(y)}},$$

wo $P_1(y)$ ein Polynom 4. Grades ist, das nur gerade Potenzen von y enthält (Nr. 107). Der rationale Bruch $f(x)$ geht hierbei in einen rationalen Bruch $\varphi(y)$ über, für den identisch $\varphi(y) + \varphi(-y) = 0$ ist; denn wenn zwei Werte von x durch die Relation (12) miteinander verbunden sind, so erfüllen die korrespondierenden Werte y', y'' von y die Relation $y' + y'' = 0$. Man sieht also, daß die Funktion $\varphi(y)$ von der Form $y\,\psi(y^2)$ ist, wo ψ eine rationale Funktion von y^2 ist; das vorgelegte Integral wird infolgedessen

$$\int \frac{y\,\psi(y^2)\, dy}{\sqrt{A_0 y^4 + A_1 y^2 + A_2}}$$

und es genügt, $y^2 = z$ zu setzen, um auf ein elementares Integral geführt zu werden. Der Satz ist also bewiesen und man hat überdies das Mittel, die Reduktion auszuführen.

Das Theorem besteht auch noch zu Recht, wenn das Polynom $P(x)$ vom dritten Grade ist, vorausgesetzt, daß man eine der Wurzeln dieses Polynoms als unendlich ansieht. Der Beweis ist dem vorangehenden ganz analog.

Wenn z. B. die Gleichung $P(x) = 0$ reziprok ist, so ist eine der involutorischen Beziehungen, welche die Wurzeln paarweise permutieren, $x'x'' = 1$. Wenn also eine rationale Funktion $f(x)$ so beschaffen ist, daß identisch $f(x) + f\left(\frac{1}{x}\right) = 0$ ist, so ist das Integral $\int \frac{f(x)\, dx}{\sqrt{P(x)}}$ pseudo-elliptisch und es genügt, sukzessive $\frac{x - 1}{x + 1} = y$, $y^2 = z$ zu setzen, um auf ein elementares Integral geführt zu werden.

Nehmen wir weiter an, daß $P(x)$ vom dritten Grade sei

$$P(x) = x(x - 1)\left(x - \frac{1}{k^2}\right);$$

wir setzen $a = \infty$, $b = 0$, $c = 1$, $d = \frac{1}{k^2}$. Es gibt drei involutorische Beziehungen, welche diese Wurzeln paarweise permutieren

$$x' = \frac{1}{k^2 x''}, \qquad x' = \frac{1 - k^2 x''}{k^2(1 - x'')}, \qquad x' = \frac{1 - x''}{1 - k^2 x''};$$

wenn also eine rationale Funktion $f(x)$ einer der Relationen

$$f(x) + f\left(\frac{1}{k^2 x}\right) = 0, \qquad f(x) + f\left[\frac{1 - k^2 x}{k^2(1 - x)}\right] = 0, \qquad f(x) + f\left[\frac{1 - x}{1 - k^2 x}\right] = 0$$

genügt, so ist das Integral

$$\int \frac{f(x)\,dx}{\sqrt{x(1-x)(1-k^2x)}}$$

pseudo-elliptisch. Aus diesen kann man neue ableiten. Setzt man z. B. $x = z^2$, so wird das vorstehende Integral zu

$$\int \frac{2f(z^2)\,dz}{\sqrt{(1-z^2)(1-k^2z^2)}}$$

und man schließt hieraus, daß dieses neue Integral ebenfalls pseudo-elliptisch ist, wenn $f(z^2)$ einer der Relationen

$$f(z^2) + f\left(\frac{1}{k^2z^2}\right) = 0, \quad f(z^2) + f\left[\frac{1-k^2z^2}{k^2(1-z^2)}\right] = 0, \quad f(z^2) + f\left(\frac{1-z^2}{1-k^2z^2}\right) = 0$$

genügt; der erste Fall war bereits von Euler bemerkt worden.

109. Integration einiger transzendenter Funktionen. Man weiß, daß $\sin x$ und $\cos x$ sich rational mittels $\tan\frac{x}{2} = t$ ausdrücken lassen; durch diesen Wechsel der Variablen kann man die Berechnung eines Integrals von der Form

$$\int R(\sin x, \cos x)\,dx$$

auf die Integration einer rationalen Funktion von t zurückführen. Denn man hat

$$x = 2\operatorname{arc\,tan} t, \quad dx = \frac{2\,dt}{1+t^2}, \quad \sin x = \frac{2t}{1+t^2}, \quad \cos x = \frac{1-t^2}{1+t^2}$$

und das vorgelegte Integral wird

$$\int R\left(\frac{2t}{1+t^2}, \frac{1-t^2}{1+t^2}\right)\frac{2\,dt}{1+t^2} = \int \Phi(t)\,dt,$$

wo $\Phi(t)$ eine rationale Funktion bezeichnet. So z. B. ist

$$\int \frac{dx}{\sin x} = \int \frac{dt}{t} = \log t,$$

also

$$\int \frac{dx}{\sin x} = \log\left(\tan\frac{x}{2}\right)$$

und das Integral $\int \frac{dx}{\cos x}$ wird durch die Substitution $x = \frac{\pi}{2} - y$ auf das vorangehende zurückgeführt

$$\int \frac{dx}{\cos x} = -\log\left[\tan\left(\frac{\pi}{4} - \frac{x}{2}\right)\right] = \log\left[\tan\left(\frac{\pi}{4} + \frac{x}{2}\right)\right].$$

Die vorstehende Methode hat den Vorzug der Allgemeinheit für sich, doch kann man oft durch andere Substitutionen rascher zum Ziele gelangen. So z. B. wenn die Funktion $f(\sin x, \cos x)$ die Periode π zuläßt, läßt sie sich als eine rationale Funktion

$F(\tan x)$ von $\tan x$ darstellen und man erhält durch Einführung der neuen Variablen $\tan x = t$

$$\int F(\tan x)\, dx = \int \frac{F(t)\, dt}{1 + t^2} .$$

Es sei z. B. das unbestimmte Integral

$$\int \frac{dx}{A \cos^2 x + B \sin x \cos x + C \sin^2 x + D}$$

zu berechnen, wo A, B, C, D beliebige Konstanten sind. Die Funktion unter dem Integrationszeichen läßt hier die Periode π zu und man erhält für $\tan x = t$

$$\cos^2 x = \frac{1}{1 + t^2}, \quad \sin x \cos x = \frac{t}{1 + t^2}, \quad \sin^2 x = \frac{t^2}{1 + t^2};$$

das vorstehende Integral wird also

$$\int \frac{dt}{A + Bt + Ct^2 + D(1 + t^2)} .$$

Die Form des Integrals hängt von der Natur der Wurzeln des Nenners ab; nimmt man drei der Koeffizienten als Null an, so findet man die Formeln

$$\int \frac{dx}{\cos^2 x} = \tan x, \quad \int \frac{dx}{\sin x \cos x} = \log(\tan x), \quad \int \frac{dx}{\sin^2 x} = -\cot x .$$

Ist die zu integrierende Funktion von der Form $R(\sin x) \cos x$ oder $R(\cos x) \sin x$, so ist die neu einzuführende Variable von vornherein gegeben; im ersten Falle wird man $\sin x$, im zweiten $\cos x$ gleich t setzen.

Für gewisse Gruppen von Integralen kann man auch **Reduktionsformeln** anwenden. So z. B. leitet man aus

$$\frac{d}{dx}(\tan^{n-1} x) = (n-1) \tan^{n-2} x (1 + \tan^2 x),$$

$$\int \tan^n x\, dx = \frac{\tan^{n-1} x}{n-1} - \int \tan^{n-2} x\, dx$$

ab, wodurch der Exponent von $\tan x$ unter dem Integralzeichen um zwei Einheiten vermindert wird. Fährt man so fort, so kommt man zu einem der beiden Integrale

$$\int dx = x \quad \text{oder} \quad \int \tan x\, dx = -\log(\cos x).$$

Betrachten wir noch das Integral

$$\int \sin^m x \cos^n x\, dx,$$

wo m und n beliebige ganze, positive oder negative Zahlen sind. Wenn eine dieser Zahlen ungerade ist, so wendet man vorteilhaft eine der oben angezeigten Substitutionen an. Ist z. B. $n = 2p + 1$, so wird man $\sin x = t$ setzen und wird so auf das Integral $\int t^m (1 - t^2)^p \, dt$ geführt. Wir beschränken uns also auf den Fall, wo m und n beide gerade sind, d. h. auf die Integrale

$$J_{m,n} = \int \sin^{2m} x \cos^{2n} x \, dx.$$

Schreiben wir dieses Integral in der Form

$$J_{m,n} = \int \sin^{2m-1} x \cos^{2n} x \sin x \, dx$$

und integrieren wir partiell, indem wir $\cos^{2n} x \sin x \, dx$ als das Differential von $\frac{-1}{2n+1} \cos^{2n+1} x$ betrachten; dies gibt

$$J_{m,n} = - \sin^{2m-1} x \frac{\cos^{2n+1} x}{2n+1} + \frac{2m-1}{2n+1} \int \sin^{2m-2} x \cos^{2n} x (1 - \sin^2 x) \, dx.$$

Diese Formel läßt sich auch schreiben

$$\text{(A)} \qquad J_{m,n} = - \frac{\sin^{2m-1} x \cos^{2n+1} x}{2(m+n)} + \frac{2m-1}{2(m+n)} J_{m-1,n},$$

wodurch der Exponent m vermindert wird, während sich n nicht ändert. Ist m negativ, so erhält man eine analoge Formel, wenn man die Gleichheit (A) nach $J_{m-1,n}$ auflöst und m durch $1 - m$ ersetzt,

$$\text{(B)} \qquad J_{-m,n} = \frac{\sin^{1-2m} x \cos^{2n+1} x}{1-2m} + \frac{2(n-m+1)}{1-2m} J_{1-m,n}.$$

Ganz analoge Formeln erhält man für die Reduktion des Exponenten von $\cos x$

$$\text{(C)} \qquad J_{m,n} = \frac{\sin^{2m+1} x \cos^{2n-1} x}{2(m+n)} + \frac{2n-1}{2(m+n)} J_{m,n-1},$$

$$\text{(D)} \qquad J_{m,-n} = - \frac{\sin^{2m+1} x \cos^{1-2n} x}{1-2n} + \frac{2(m+1-n)}{1-2n} J_{m,-n+1}.$$

Wendet man diese Reduktionsformeln so oft als nötig an, so wird man schließlich jede der Zahlen m und n auf Null herabmindern. Man kann hierbei nur dann aufgehalten werden, wenn man zu einem Integral $J_{m,n}$ kommt, für welches $m + n = 0$ ist, d. h. zu einem Integral von der Form $\int \tan^n x \, dx$ oder $\int \cot^n x \, dx$, für welche es einfache Reduktionsformeln gibt (siehe oben).

Man kann zu diesen Integralen auch auf eine andere Art gelangen. Betrachten wir ein Produkt aus einer beliebigen Anzahl von Faktoren der Form $\cos(ax + b)$, wo a und b konstant sind und wobei ein und derselbe Faktor mehrere Male in dem Produkte vorkommen kann. Die Formel

$$\cos u \cos v = \frac{\cos(u+v)}{2} + \frac{\cos(u-v)}{2}$$

ersetzt ein Produkt von zwei solchen Faktoren durch eine Summe zweier Kosinus von linearen Funktionen von x und ein Produkt von n Faktoren durch die Summe zweier Produkte von $n-1$ Faktoren. Durch fortgesetzte Anwendung derselben Formel kommt man schließlich dazu, das betrachtete Produkt durch eine Summe von der Form $\sum H \cos(Ax+B)$ zu ersetzen, deren jedes Glied sich unmittelbar integrieren läßt; ist A ungleich Null, so ist

$$\int \cos(Ax+B)\,dx = \frac{\sin(Ax+B)}{A} + C$$

und ist $A = 0$, so ist $\int \cos B\,dx = x\cos B + C$. Schreibt man also das Produkt $\cos^m x \sin^n x$, wo m und n ganze Zahlen sind, in der Form

$$\cos^m x \cos^n\left(\frac{\pi}{2} - x\right),$$

so kann man dieses Produkt bei Anwendung des obigen Vorganges durch eine Summe von Sinus und Kosinus des vielfachen Bogens ersetzen und die Integration läßt sich unmittelbar vollziehen.

Betrachten wir nunmehr die Integrale von der Form $\int R(x) e^{\omega x} dx$, wo $R(x)$ eine rationale Funktion von x ist. Denken wir uns wieder die Funktion $R(x)$ zerlegt

$$R(x) = E(x) + \frac{A_1}{X_1} + \frac{A_2}{X_2^2} + \cdots + \frac{A_p}{X_p^p},$$

wo $E(x)$, $A_1, A_2, \ldots, A_p$, $X_1, X_2, \ldots, X_p$ Polynome sind, von denen die X_i zu ihren Derivierten prim sind.

Das vorgelegte Integral ist dann gleich dem Integral $\int E(x) e^{\omega x} dx$, das bereits früher berechnet wurde (Nr. 86), vermehrt um eine Summe von Integralen der Form

$$\int \frac{A e^{\omega x} dx}{X^n}.$$

Ist $n > 1$, so kann man eine Reduktionsformel anwenden; da das Polynom X zu seiner Derivierten prim ist, bestimmen wir zwei Polynome λ und μ, so daß identisch $A = \lambda X + \mu X'$ ist und erhalten

$$\int \frac{A e^{\omega x} dx}{X^n} = \int \frac{\lambda e^{\omega x} dx}{X^{n-1}} + \int \frac{\mu X' e^{\omega x} dx}{X^n}.$$

Eine partielle Integration gibt sofort

$$\int \mu e^{\omega x} \frac{X' dx}{X^n} = -\frac{1}{n-1} \frac{\mu e^{\omega x}}{X^{n-1}} + \frac{1}{n-1} \int \frac{e^{\omega x}(\mu' + \mu \omega)}{X^{n-1}} dx$$

und durch Vereinigung der beiden Formeln sieht man, daß die Berechnung des betrachteten Integrals auf die eines Integrals derselben Art zurückgeführt wurde, bei dem der Exponent n um eine Einheit vermindert ist. Fährt man so fort, so wird man auf ein Integral

$$\int \frac{B e^{\omega x}}{X} dx$$

geführt, wo man stets das Polynom B zu X prim und von geringerem Grade als X annehmen kann. Auf dieses Integral läßt sich die obige Reduktionsmethode nicht mehr anwenden; kennt man aber die Wurzeln von $X = 0$, so kann man dieses Integral auf eine einzige neue Transzendente zurückführen. Nehmen wir beispielsweise alle Wurzeln als reell an; das Integral zerfällt in mehrere Integrale von der Form

$$\int \frac{\alpha e^{\omega x}}{x - a} dx,$$

die man durch die Substitutionen $x = a + \frac{y}{\omega}$, $u = e^y$ nach Vernachlässigung eines konstanten Faktors auf eine der beiden Formen

$$\int \frac{e^y dy}{y}, \quad \int \frac{du}{\log u}$$

zurückführen kann. Das letzte Integral $\int \frac{du}{\log u}$ ist eine transzendente Funktion, die der Integrallogarithmus heißt.

Betrachten wir noch die Integrale

$$\int e^{ax} f(\sin x, \cos x)\, dx,$$

wo f eine ganze Funktion von $\sin x$ und $\cos x$ ist. Ein beliebiges Glied dieses Integrals ist von der Form

$$\int e^{ax} \sin^m x \cos^n x\, dx,$$

wo m und n ganze positive Zahlen sind. Nach dem Vorhergehenden kann das Produkt $\sin^m x \cos^n x$ durch eine Summe von Sinus und Kosinus der Vielfachen von x ersetzt werden und man erhält endgültig nur zwei Typen von Integralen

$$\int e^{ax} \cos bx\, dx, \quad \int e^{ax} \sin bx\, dx.$$

Durch partielle Integration eines jeden dieser Integrale erhält man

$$\int e^{ax} \cos bx\, dx = \frac{e^{ax} \sin bx}{b} - \frac{a}{b} \int e^{ax} \sin bx\, dx\,,$$

$$\int e^{ax} \sin bx\, dx = -\frac{e^{ax} \cos bx}{b} + \frac{a}{b} \int e^{ax} \cos bx\, dx$$

und man entnimmt diesen Relationen

$$\int e^{ax} \cos bx\, dx = \frac{e^{ax}(a \cos bx + b \sin bx)}{a^2 + b^2}\,,$$

$$\int e^{ax} \sin bx\, dx = \frac{e^{ax}(a \sin bx - b \cos bx)}{a^2 + b^2}\,.$$

Auf die vorstehenden Integrale lassen sich u. a. die folgenden Typen zurückführen:

$$\int f(\log x)\, x^m\, dx\,, \quad \int f(\arcsin x)\, dx\,, \quad \int f(x) \arcsin x\, dx\,,$$

$$\int f(x) \arctan x\, dx\,,$$

wo f eine ganze Funktion bezeichnet. In den ersten beiden wird man als neue Variable $\log x$ oder $\arcsin x$ nehmen; in den beiden letzten wird man zunächst $f(x)\,dx$ als das Differential eines Polynoms $F(x)$ betrachten und wird so durch eine partielle Integration auf bereits studierte Typen geführt werden.

II. Näherungsweise Berechnung der bestimmten Integrale.

110. **Allgemeines.** Kennt man keine primitive Funktion von $f(x)$, so nimmt man, um den angenäherten Wert des bestimmten Integrals $\int_a^b f(x)\,dx$ zu finden, seine Zuflucht zu Näherungsmethoden. Der Mittelwertsatz liefert zwei Grenzen, zwischen welchen dieses Integral enthalten ist, und man kann durch ein analoges Vorgehen unendlich viele andere solcher Grenzen erhalten. Nehmen wir an, daß beständig, während x von a bis b $(a < b)$ läuft, $\varphi(x) < f(x) < \psi(x)$ sei; es ist klar, daß dann auch

$$\int_a^b \varphi(x)\, dx < \int_a^b f(x)\, dx < \int_a^b \psi(x)\, dx$$

ist; hat man für die Funktionen $\varphi(x)$ und $\psi(x)$ die Derivierten zweier bekannten Funktionen gewählt, so wird man auf diese Weise zwei

Grenzen erhalten, zwischen welchen der Wert des betrachteten Integrals enthalten ist. Nehmen wir z. B. das Integral

$$J = \int_0^1 \frac{dx}{\sqrt{1-x^4}};$$

man kann schreiben $\sqrt{1-x^4} = \sqrt{1-x^2} \cdot \sqrt{1+x^2}$ und $\sqrt{1+x^2}$ bleibt, während x von 0 bis 1 läuft, zwischen 1 und $\sqrt{2}$ enthalten. Das gesuchte Integral ist also zwischen den beiden Integralen

$$\frac{1}{\sqrt{2}} \int_0^1 \frac{dx}{\sqrt{1-x^2}}, \quad \int_0^1 \frac{dx}{\sqrt{1-x^2}},$$

d. h. zwischen $\frac{\pi}{2\sqrt{2}}$ und $\frac{\pi}{2}$ enthalten. Man kann zwei engere Grenzen finden, wenn man beachtet, daß $(1+x^2)^{-1/2}$ größer als $1 - \frac{x^2}{2}$ ist, wie dies die auf die beiden ersten Glieder beschränkte Entwicklung von $(1+u)^{-1/2}$ nach der Taylorschen Formel zeigt. Das Integral J ist also größer als

$$\int_0^1 \frac{dx}{\sqrt{1-x^2}} - \frac{1}{2} \int_0^1 \frac{x^2\,dx}{\sqrt{1-x^2}};$$

der Wert des letzten Integrals ist $\frac{\pi}{4}$ und infolgedessen liegt der Wert von J zwischen $\frac{3\pi}{8}$ und $\frac{\pi}{2}$.

Es ist klar, daß man auf diese Weise nur vorläufige Angaben über den Wert des Integrals erhält; um bessere Näherungswerte zu erhalten, wird man das Intervall (a, b) in kleinere Intervalle teilen und auf jedes von diesen den Mittelwertssatz anwenden. Nehmen wir beispielsweise an, daß $f(x)$ beständig wachsend von a bis b variiere. Teilen wir das Intervall (a, b) in n gleiche Teile $(b - a = nh)$; unmittelbar aus der Definition des Integrals folgt, daß $\int_a^b f(x)\,dx$ zwischen den beiden Summen

$$s = h\{f(a) + f(a+h) + \ldots + f(a + \overline{n-1}\,h)\},$$
$$S = h\{f(a+h) + f(a+2h) + \ldots + f(a+nh)\}$$

eingeschlossen ist. Nimmt man als Wert des Integrals $\frac{S+s}{2}$, so ist der begangene Fehler sicher kleiner als

$$S - s = \frac{b-a}{n}[f(b) - f(a)].$$

Der Wert $\frac{S+s}{2}$ kann geschrieben werden

$$h\left\{\frac{f(a)+f(a+h)}{2}+\frac{f(a+h)+f(a+2h)}{2}+\ldots\right.$$
$$\left.+\frac{f(a+\overline{n-1}\,h)+f(a+nh)}{2}\right\};$$

beachtet man, daß $\frac{h}{2}\{f(a+ih)+f(a+\overline{i+1}\,h)\}$ die Fläche des Trapezes darstellt, dessen Höhe h und dessen Parallelseiten $f(a+ih)$, $f(a+\overline{i+1}\,h)$ sind, so sieht man, daß die Methode darauf hinausläuft, die Fläche der Kurve $y=f(x)$, die zwischen zwei benachbarten Ordinaten enthalten ist, durch die Fläche des geradlinigen Trapezes zu ersetzen, das diese beiden Ordinaten zu Parallelseiten hat. Die Methode ist praktisch, wenn man keine große Annäherung benötigt.

Nehmen wir z. B. das Integral $\int\limits_0^1 \frac{dx}{1+x^2}$; für $n=4$ erhält man als angenäherten Wert des Integrals

$$\frac{1}{4}\left(\frac{1}{2}+\frac{16}{17}+\frac{4}{5}+\frac{16}{26}+\frac{1}{4}\right)=0{,}7827\ldots$$

und der begangene Fehler ist kleiner als $\frac{1}{16}=0{,}0625$. Man gewinnt hieraus einen Näherungswert von π mit einer richtigen Dezimalstelle 3,1308.

Variiert die Funktion $f(x)$ nicht in demselben Sinne, während x von a bis b läuft, so teilt man dieses Intervall in mehrere andere, für welche diese Bedingung erfüllt ist.

111. **Interpolation.** Eine andere Methode, um das Integral $\int\limits_a^b f(x)\,dx$ auszuwerten, besteht hierin: man nimmt auf der Kurve $y=f(x)$ zwischen den beiden Punkten mit den Abszissen a und b $\overline{n+1}$ Punkte $B_0, B_1, \ldots, B_n$ und legt durch sie eine parabolische Kurve der Ordnung n

$$y=\varphi(x)=a_0+a_1x+\ldots+a_nx^n;$$

als Näherungswert des auszuwertenden Integrals nimmt man den Wert des bestimmten Integrals $\int\limits_a^b \varphi(x)\,dx$, das leicht zu berechnen ist.

Es seien (x_0, y_0), (x_1, y_1), ..., (x_n, y_n) die Koordinaten von $\overline{n+1}$ Punkten $B_0, B_1, \ldots, B_n$. Das Polynom $\varphi(x)$ ist durch die Interpolationsformel von Lagrange gegeben

$$\varphi(x)=y_0X_0+y_1X_1+\ldots+y_iX_i+\ldots+y_nX_n,$$

wobei der Koeffizient X_i von y_i

$$X_i = \frac{(x - x_0)\dots(x - x_{i-1})(x - x_{i+1})\dots(x - x_n)}{(x_i - x_0)\dots(x_i - x_{i-1})(x_i - x_{i+1})\dots(x_i - x_n)}$$

ein Polynom vom Grade n ist, das für die gegebenen Werte $x_0, x_1, \dots, x_n$ außer für $x = x_i$ verschwindet und für $x = x_i$ gleich Eins ist. Man erhält also

$$\int_a^b \varphi(x)\,dx = \sum_{i=0}^{n} y_i \int_a^b X_i\,dx\,;$$

nun können wir aber schreiben

$$x_0 = a + \theta_0(b - a), \quad x_1 = a + \theta_1(b - a), \dots, x_n = a + \theta_n(b - a),$$

wo $\theta_0, \theta_1, \dots, \theta_n$ von 0 bis 1 wachsende Zahlen sind. Führt man eine neue Variable $x = a + (b - a)t$ ein, so nimmt der Näherungswert des Integrals die Form

$$(b - a)(K_0 y_0 + K_1 y_1 + \dots + K_n y_n) \tag{13}$$

an, wo man

$$K_i = \int_0^1 \frac{(t - \theta_0)\dots(t - \theta_{i-1})(t - \theta_{i+1})\dots(t - \theta_n)}{(\theta_i - \theta_0)\dots(\theta_i - \theta_{i-1})(\theta_i - \theta_{i+1})\dots(\theta_i - \theta_n)}\,dt$$

gesetzt hat.

Zerlegt man das Intervall (a, b) nach einem konstanten Verhältnis in kleinere Intervalle, so sind die Zahlen $\theta_0, \theta_1, \dots, \theta_n$ und infolgedessen die Koeffizienten K_i von $f(x)$ unabhängig. Sind diese Koeffizienten ein für allemal berechnet, so hat man nur $y_0, y_1, \dots, y_n$ durch ihre entsprechenden Werte in der Formel (13) zu ersetzen.

Wenn die Kurve $y = f(x)$, deren Fläche man finden will, graphisch gegeben ist, so ist es bequem, das Intervall (a, b) in gleiche Teile zu teilen, und man hat dann auf dieser Kurve nur äquidistante Ordinaten abzumessen. Teilt man in zwei gleiche Teile, so muß man $\theta_0 = 0$, $\theta_1 = \frac{1}{2}$, $\theta_2 = 1$ nehmen; dies gibt als Näherungswert des Integrals

$$J = \frac{b - a}{6}(y_0 + 4y_1 + y_2).$$

Desgleichen findet man für $n = 3$

$$J = \frac{b - a}{8}(y_0 + 3y_1 + 3y_2 + y_3)$$

und für $n = 4$

$$J = \frac{b - a}{90}(7y_0 + 32y_1 + 12y_2 + 32y_3 + 7y_4).$$

Die vorstehende Methode verdankt man Côtes; ihr ähnlich ist die Methode von Simpson. Denken wir uns das Intervall (a, b) in $2n$ gleiche Teile geteilt und es seien $y_0, y_1, y_2, \ldots, y_{2n}$ die den Teilungspunkten entsprechenden Ordinaten. Wendet man die erste Formel von Côtes auf die Flächen an, welche zwischen zwei aufeinander folgenden Ordinaten von geradem Index, wie y_0 und y_2, y_2 und $y_4 \ldots$ eingeschlossen sind, so findet man als Wert der ganzen auszuwertenden Fläche

$$J = \frac{b-a}{6n}[(y_0 + 4y_1 + y_2) + (y_2 + 4y_3 + y_4) + \cdots \\ + (y_{2n-2} + 4y_{2n-1} + y_{2n})]$$

und kommt durch Reduktion zur Simpsonschen Formel

$$J = \frac{b-a}{6n}[y_0 + y_{2n} + 2(y_2 + y_4 + \cdots + y_{2n-2}) \\ + 4(y_1 + y_3 + \cdots + y_{2n-1})].$$

112. **Methode von Gauss.** Bei der Gaussschen Methode nimmt man für die Größen θ_i andere Werte. Man wird hierauf durch folgende Überlegungen geführt: Nehmen wir als erwiesen an, man könne Polynome von wachsenden Graden finden, welche sich in dem Intervall (a, b) von der zu integrierenden Funktion $f(x)$ immer weniger und weniger unterscheiden. Es sei beispielsweise

$$f(x) = \alpha_0 + \alpha_1 x + \alpha_2 x^2 + \ldots \alpha_{2n-1} x^{2n-1} + R_{2n}(x),$$

wo der Rest $R_{2n}(x)$ für alle Werte von x zwischen a und b dem absoluten Werte nach kleiner als eine feste positive Zahl ε_n sei;[1] wir kennen im allgemeinen zwar die Koeffizienten α_i nicht, sie kommen aber, wie man bald sehen wird, in der Rechnung gar nicht vor. Es seien nun $x_0, x_1, \ldots, x_{n-1}$ Werte von x zwischen a und b und $\varphi(x)$ das Polynom vom Grade $n-1$, das für die Werte x_0, $x_1, \ldots, x_{n-1}$ dieselben Werte wie $f(x)$ annimmt. Die Interpolationsformel von Lagrange zeigt, daß dieses Polynom sich in der Form

$$\varphi(x) = \sum_{m=0}^{2n-1} \alpha_m \varphi_m(x) + R_{2n}(x_0)\Psi_0(x) + \ldots + R_{2n}(x_{n-1})\Psi_{n-1}(x)$$

schreiben läßt, wo $\varphi_m(x)$ und $\Psi_k(x)$ Polynome bedeuten, deren Grad $n-1$ nicht übersteigt. Es ist ersichtlich, daß das Polynom $\varphi_m(x)$ nur von den gewählten Werten $x_0, x_1, \ldots, x_{n-1}$ abhängt. Andererseits muß dieses Polynom $\varphi_m(x)$ für $x = x_0$, $x = x_1, \ldots, x = x_{n-1}$ dieselben Werte wie x^m annehmen; denn wenn man alle α_i außer α_m ebenso

[1] Dies ist nach einem Theorem von Weierstrass eine allgemeine Eigenschaft der im Intervall (a, b) stetigen Funktionen. (Man vergl. Kap. IX.)

wie $R_{2n}(x)$ gleich Null annimmt, so reduziert sich $f(x)$ auf $\alpha_m x^m$ und $\varphi(x)$ auf $\alpha_m \varphi_m(x)$. Die Differenz $x^m - \varphi_m(x)$ muß also durch das Produkt

$$P_n(x) = (x - x_0)(x - x_1) \dots (x - x_{n-1})$$

teilbar sein, d. h. es muß $x^m - \varphi_m(x) = P_n Q_{m-n}(x)$ sein, wobei $Q_{m-n}(x)$ ein Polynom vom Grade $m - n$ ist, wenn $m \geqq n$, und es muß $x^m - \varphi_m(x) = 0$ sein, wenn $m < n$ ist. Nun ist aber der Fehler, den man begeht, wenn man $\int_a^b f(x)\,dx$ durch $\int_a^b \varphi(x)\,dx$ ersetzt, gleich

$$(14) \quad \sum_{n=0}^{2n-1} \alpha_m \int_a^b [x^m - \varphi_m(x)]\,dx + \int_a^b R_{2n}(x)\,dx - \sum_{i=0}^{n-1} R_{2n}(x_i) \int_a^b \Psi_i(x)\,dx.$$

Die Glieder, die von den Koeffizienten $\alpha_0, \alpha_1, \dots, \alpha_{n-1}$ abhängen, sind identisch Null, und man sieht, daß der begangene Fehler einzig von den Koeffizienten $\alpha_n, \alpha_{n+1}, \dots, \alpha_{2n-1}$ und vom Reste $R_{2n}(x)$ abhängt. Nun ist aber im allgemeinen dieser Rest R_{2n} im Verhältnis zu den Koeffizienten $\alpha_n, \alpha_{n+1}, \dots \alpha_{2n-1}$ sehr klein, man wird also die Annäherung mit großer Wahrscheinlichkeit erhöhen, wenn man über $x_0, x_1, \dots, x_{n-1}$ derart verfügen kann, daß die Glieder, welche von $\alpha_n, \alpha_{n+1}, \dots, \alpha_{2n-1}$ abhängen, ebenfalls Null sind. Hierzu ist notwendig und hinreichend, daß die n Integrale

$$\int_a^b P_n Q_0\,dx, \int_a^b P_n Q_1\,dx, \dots, \int_a^b P_n Q_{n-1}\,dx$$

Null seien, wobei Q_i ein Polynom vom Grade i bedeutet. Wir haben früher (Nr. 89) gesehen, daß man diesen Bedingungen genügt, indem man

$$P_n = \frac{d^n}{dx^n}[(x - a)^n (x - b)^n]$$

setzt; man muß also nur für $x_0, x_1, \dots, x_{n-1}$ die n Wurzeln der Gleichung $P_n = 0$ nehmen, die auch wirklich zwischen a und b enthalten sind.

Wenn $a = -1$, $b = +1$ ist, ein Fall, auf den alle anderen durch die Substitution $x = \frac{b + a}{2} + \frac{b - a}{2} t$ zurückgeführt werden können, so sind die Werte $x_0, x_1, \dots, x_{n-1}$ die Wurzeln des Polynoms von Legendre $X_n = 0$. Man findet in dem Traité de Calcul intégral von Bertrand (S. 342) die Werte dieser Wurzeln sowie auch die Koeffizienten der Formel (13) bis $n = 5$ auf 7 bis 8 Dezimalstellen genau.

Der in der Methode von Gauss begangene Fehler ist gleich

$$\int_a^b R_{2n}(x)\,dx - \sum_{i=0}^{n-1} R_{2n}(x_i)\int_a^b \Psi_i(x)\,dx;$$

die Funktionen $\Psi_i(x)$ hängen von der Funktion, deren Integral man sucht, nicht ab. Um eine Grenze des begangenen Fehlers zu erhalten, genügt es also, eine Grenze von $R_{2n}(x)$ zu kennen, d. h. zu wissen, mit welcher Annäherung die Funktion $f(x)$ durch ein Polynom vom Grade $2n - 1$ im Intervalle (a, b) dargestellt werden kann, ohne daß es nötig wäre, dieses Polynom wirklich zu kennen.

113. **Das Planimeter von Amsler.** Man hat eine große Anzahl von Apparaten ersonnen, um durch mechanische Mittel die Fläche einer ebenen Kurve zu messen.[1] Einer der geistreichsten ist das Planimeter von Amsler, dessen Theorie eine interessante Anwendung der Kurvenintegrale darbietet.

Betrachten wir eine starre, in einer Ebene befindliche Gerade und die Flächen A_1, A_2 der Kurven, die von zwei Punkten A_1, A_2 dieser Geraden beschrieben worden sind, wenn sie in ihrer Bewegung am Ende einer gewissen Zeit wieder in ihre Anfangslage kommt. Es seien (x_1, y_1), (x_2, y_2) die Koordinaten der beiden Punkte A_1, A_2 in einem Systeme rechtwinkliger Achsen, l die Distanz der zwei Punkte und θ der Winkel, den die Richtung $A_1 A_2$ mit Ox einschließt. Um die Bewegung der Geraden zu definieren, muß man annehmen, daß x_1, y_1 und θ periodische Funktionen einer gewissen unabhängigen Variablen t sind, welche dieselben Werte wieder annehmen, wenn t um T wächst. Es ist $x_2 = x_1 + l\cos\theta$, $y_2 = y_1 + l\sin\theta$ und infolgedessen

$$\begin{aligned} x_2\,dy_2 - y_2\,dx_2 &= x_1\,dy_1 - y_1\,dx_1 + l^2\,d\theta \\ &\quad + l(\cos\theta\,dy_1 - \sin\theta\,dx_1 + x_1\cos\theta\,d\theta + y_1\sin\theta\,d\theta). \end{aligned}$$

Die nach der früher (Nr. 96) gemachten allgemeinen Festsetzung ausgewerteten Flächen der von den Punkten A_1, A_2 beschriebenen Kurven sind

$$\mathsf{A}_1 = \tfrac{1}{2}\int x_1\,dy_1 - y_1\,dx_1, \quad \mathsf{A}_2 = \tfrac{1}{2}\int x_2\,dy_2 - y_2\,dx_2;$$

hieraus folgt durch Integration beider Seiten der obigen Gleichung

$$\mathsf{A}_2 = \mathsf{A}_1 + \frac{l^2}{2}\int d\theta + \frac{l}{2}\int \cos\theta\,dy_1 - \sin\theta\,dx_1 + \frac{l}{2}\int (x_1\cos\theta + y_1\sin\theta)\,d\theta,$$

alle Integrale genommen zwischen den Grenzen t_0 und $t_0 + T$ der Variablen t. Es ist klar, daß $\int d\theta = 2K\pi$ ist, wo K eine ganze Zahl ist, die von der Bewegung der Geraden abhängt. Andererseits erhält man durch partielle Integration

$$\int x_1\cos\theta\,d\theta = x_1\sin\theta - \int \sin\theta\,dx_1$$

$$\int y_1\sin\theta\,d\theta = -\,y_1\cos\theta + \int \cos\theta\,dy_1;$$

[1] Ihre Beschreibung kann man in einem Werke von Abdank-Abakanowicz finden: Die Integraphen (Leipzig 1889).

nun nehmen aber $x_1 \sin\theta$ und $y_1 \cos\theta$ denselben Wert an, wenn t von t_0 bis $t_0 + T$ wächst, so daß wir also schreiben können

$$\mathsf{A}_2 = \mathsf{A}_1 + K\pi l^2 + l\int \cos\theta\, dy_1 - \sin\theta\, dx_1 \,.$$

Es sei s der von A_1 beschriebene Kurvenbogen, den man von einem beliebigen Anfangspunkte an in einem bestimmten Sinne als positiv zählt, und α der Winkel, den die positive Richtung der Tangente mit Ox einschließt; dann ist auch

$$\cos\theta\, dy_1 - \sin\theta\, dx_1 = (\sin\alpha\cos\theta - \sin\theta\cos\alpha)\, ds = \sin V ds\,,$$

wenn V den Winkel bezeichnet, den die positive Richtung der Tangente mit der auf der Geraden gewählten Richtung einschließt und der positiv wie in der Trigonometrie gezählt wird. Die voranstehende Formel läßt sich dann auch schreiben

$$(15)\qquad \mathsf{A}_2 = \mathsf{A}_1 + K\pi l^2 + l\int \sin V ds$$

Es sei A_3 ein dritter Punkt der Geraden, dessen Abstand von A_1 gleich l' sei; dann ist ebenso für die Fläche der von A_3 beschriebenen Kurve

$$(16)\qquad \mathsf{A}_3 = \mathsf{A}_1 + K\pi l'^2 + l'\int \sin V ds\,.$$

Eliminiert man aus diesen beiden Formeln das unbekannte Integral $\int \sin V ds$, so erhält man

$$l'\mathsf{A}_2 - l\mathsf{A}_3 = (l' - l)\mathsf{A}_1 + K\pi l l'(l - l');$$

dies läßt sich auch schreiben

$$(17)\qquad \mathsf{A}_1(23) + \mathsf{A}_2(31) + \mathsf{A}_3(12) + K\pi(12)(23)(31) = 0\,,$$

wenn man mit (ik) den Abstand der beiden Punkte A_i, A_k $(i, k = 1, 2, 3)$, mit einem Vorzeichen versehen, bezeichnet. Um eine Anwendung dieser Formel zu geben, betrachten wir eine Gerade $A_1 A_2$ von der Länge $(a + b)$, deren Endpunkte A_1 und A_2 dieselbe geschlossene konvexe Kurve C beschreiben; der Punkt A_3, der $A_1 A_2$ in zwei Abschnitte von der Länge a und b teilt, beschreibt gleichfalls eine geschlossene Kurve C', die innerhalb C liegt. Hier ist

$$\mathsf{A}_2 = \mathsf{A}_1\,,\quad (12) = a + b\,,\quad (23) = -b\,,\quad (31) = -a\,,\quad K = 1$$

und nach Division durch $(a + b)$ erhält man

$$\mathsf{A}_1 - \mathsf{A}_3 = \pi a b\,.$$

Nun stellt aber $\mathsf{A}_1 - \mathsf{A}_3$ die Fläche dar, die zwischen den Kurven C und C' enthalten ist, woraus man ersieht, daß die Größe dieser Fläche von der Form der Kurve C unabhängig ist. Dieses Theorem verdankt man Holditch.

Statt $\int \sin V ds$ aus den Formeln (15) und (16) zu eliminieren, eliminieren wir A_1; wir erhalten

$$(18)\qquad \mathsf{A}_3 = \mathsf{A}_2 + K\pi(l'^2 - l^2) + (l' - l)\int \sin V ds\,;$$

das Planimeter von Amsler bietet eine Anwendung dieser Formel dar. Es sei $A_1 A_2 A_3$ eine starre Stange, die in A_2 mit einer anderen Stange OA_2 gegliedert ist. Während der Punkt O fest bleibt, läßt man den Endpunkt A_3, der mit einer Spitze versehen ist, den Umriß der Fläche, die man auswerten will, beschreiben; der Punkt A_2 beschreibt einen Kreisbogen oder einen ganzen Umkreis, je nach der Natur der Bewegung. In jedem Falle kennt man

A_2, K, l, l' und man braucht nur noch das Integral $\int \sin V ds$ zu kennen, um die gesuchte Fläche A_3 zu erhalten. Dieses Integral ist längs der vom Endpunkte A_1 beschriebenen Kurve C_1 zu nehmen; dieser Endpunkt trägt einen graduierten Umdrehungszylinder, dessen Achse mit der Achse der Stange $A_1 A_3$ selbst zusammenfällt und der sich um diese Achse drehen kann.

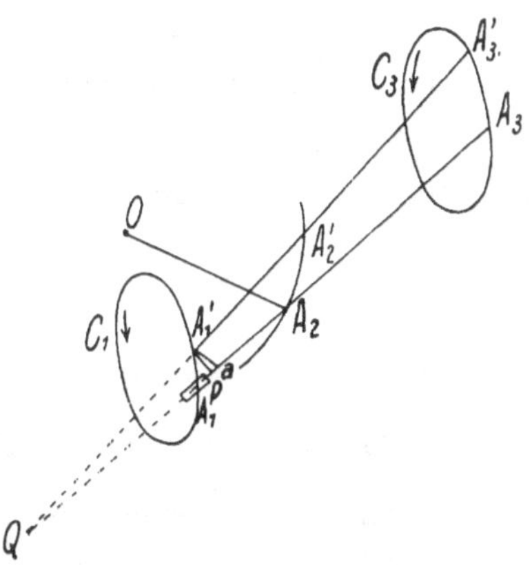

Fig. 21.

Betrachten wir eine unendlich kleine Verschiebung der Stange, die $A_1 A_2 A_3$ in $A_1' A_2' A_3'$ überführt. Es sei Q der Schnittpunkt der beiden Geraden $A_1 A_3$ und $A_1' A_3'$; um den Punkt Q als Mittelpunkt beschreiben wir einen Kreisbogen $A_1' a$ und fällen vom Punkte A_1' die Normale $A_1' P$ auf $A_1 A_2$. Um die Stange von der ersten Lage in die zweite überzuführen, kann man sich denken, daß sie zuerst auf sich selbst gleite, bis A_1 nach a kommt. Bei dieser Bewegung gleitet der Zylinder längs der auf der Zeichenebene liegenden Erzeugenden und die Rotation ist Null. Wenn man die Stange sich hierauf um den Punkt Q drehen läßt, bis a nach A_1' kommt, so wird die Umdrehung des Zylinders durch den Bogen $a A_1'$ gemessen. Nun konvergieren aber die beiden Brüche

$$\frac{a A_1'}{A_1' P}, \qquad \frac{A_1' P}{\operatorname{arc} A_1 A_1'}$$

bzw. gegen 1 und $\sin V$, wenn der Bogen $A_1' A_1$ gegen Null konvergiert. Man kann also $a A_1' = \Delta s (\sin V + \varepsilon)$ schreiben, wobei ε mit Δs unendlich klein wird. Die Totalumdrehung des Zylinders ist infolgedessen dem Grenzwert der Summe $\sum \Delta s (\sin V + \varepsilon)$, d. h. dem Integrale $\int \sin V ds$ proportional. Es genügt daher, diese Umdrehung zu messen, um daraus die gesuchte Fläche abzuleiten.

114. Integration der Reihen. Wenn die zu integrierende Funktion in eine Reihe entwickelt werden kann, deren Glieder stetig sind, so wird man daraus eine Reihenentwicklung des Integrals $\int_a^b f(x) dx$ ableiten können, vorausgesetzt daß die Reihe, welche $f(x)$ darstellt, in dem Intervall (a, b) gleichmäßig konvergiert. In der Tat, wir wollen beweisen, daß jede gleichmäßig konvergente Reihe mit stetigen Gliedern gliedweise integriert werden kann.

Es sei

$$(19) \qquad f(x) = u_0(x) + u_1(x) + \cdots + u_n(x) + u_{n+1}(x) + \cdots$$

eine in einem Intervalle (a, b) gleichmäßig konvergente Reihe, deren Glieder in diesem Intervalle stetige Funktionen sind. Einer im voraus gegebenen positiven Zahl ε lassen wir eine ganze Zahl N entsprechen, so daß für $n \geqq N$

$$|R_n(x)| = |u_{n+1}(x) + \dots| < \varepsilon$$

ist. Die Gleichheit (19) läßt sich schreiben

$$f(x) = u_0(x) + u_1(x) + \dots + u_n(x) + R_n(x)$$

und man folgert hieraus

$$\int_a^b f(x)\,dx = U_0 + U_1 + \dots + U_n + \int_a^b R_n(x)\,dx, \tag{20}$$

indem man zur Abkürzung $U_i = \int_a^b u_i(x)\,dx$ setzt. Die Relation (20) beweist, daß die Differenz zwischen dem Integral $\int_a^b f(x)\,dx$ und der Summe der $n+1$ ersten Glieder der Reihe $\sum_{i=1}^{+\infty} U_i$ dem absoluten Betrage nach kleiner als $\varepsilon|b-a|$ ist, sobald $n \geqq N$ ist, dies heißt aber, daß diese Reihe konvergent ist und zur Summe $\int_a^b f(x)\,dx$ hat. Es besteht also die Gleichheit

$$\int_a^b f(x)\,dx = \int_a^b u_0(x)\,dx + \int_a^b u_1(x)\,dx + \dots + \int_a^b u_n(x)\,dx + \dots \tag{21}$$

was man kurz so ausdrückt: die Reihe (19) kann gliedweise integriert werden.

Man kann dieses Resultat auch folgendermaßen aussprechen (man vgl. Nr. 29, 30, 97): Wenn eine stetige Funktion $f(x, n)$ gleichmäßig gegen einen Grenzwert $f(x)$ konvergiert, so ist

$$\int_a^b f(x)\,dx = \lim_{n=\infty} \int_a^b f(x, n)\,dx$$

oder auch

$$\int_a^b \left[\lim_{n=\infty} f(x,n)\right] dx = \lim_{n=\infty} \left[\int_a^b f(x)\,dx\right], \tag{22}$$

so daß man die Reihenfolge des Integrations- und des Limeszeichens umkehren kann.[1]

Wenn die Funktion $f(x, n)$ nicht gleichmäßig gegen $f(x)$ konvergiert, so ist die Gleichung (22) nicht immer richtig. Nehmen wir beispielsweise

$$f(x, n) = n x e^{-nx^2}, \quad a = 0, \quad b = 1.$$

[1] Allgemeiner: wenn integrierbare Funktionen $f_n(x)$, die in ihrer Gesamtheit, d. h. was auch x und n seien, endlich sind, eine Grenze $f(x)$ haben, so hat das Integral von $f_n(x)$ das Integral von $f(x)$ zur Grenze (Lebesgue, Leçons sur l'intégration etc. S. 114). Der Spezialfall dieses Theorems, wo f und f_n stetig sind, war schon früher von Osgood bewiesen worden (American Journal 1897).

Hier ist $f(x) = \lim_{n-\infty} [n x e^{-n x^2}] = 0$; die linke Seite der Formel (22) ist also Null, während der Wert der rechten Seite

$$\lim_{n=\infty} \left[\int_0^1 n x e^{-n x^2} d x \right] = \lim_{n=\infty} \left\{ -\frac{e^{-n x^2}}{2} \right\}_0^1 = \lim \frac{1-e^{-n}}{2} = \frac{1}{2}$$

ist.

Ebenso kann eine Reihe gliedweise differenziert werden, vorausgesetzt daß die Reihe der Derivierten gleichmäßig konvergent ist.

Es sei

$$f(x) = u_0(x) + u_1(x) + \ldots + u_n(x) + \ldots$$

eine im Intervall (a, b) konvergente Reihe; nehmen wir an, daß die durch die Derivierten gebildete Reihe in demselben Intervall gleichmäßig konvergent sei, und bezeichnen wir mit $\varphi(x)$ die Summe dieser neuen Reihe

$$\varphi(x) = \frac{d u_0}{d x} + \frac{d u_1}{d x} + \ldots + \frac{d u_n}{d x} + \ldots$$

Durch gliedweise Integration zwischen zwei Grenzen x_0 und x, die zwischen a und b liegen, erhält man

$$\int_{x_0}^{x} \varphi(x) d x = [u_0(x) - u_0(x_0)] + [u_1(x) - u_1(x_0)] + \ldots$$

d. h.

$$\int_{x_0}^{x} \varphi(x) d x = f(x) - f(x_0);$$

diese Beziehung zeigt, daß $\varphi(x)$ die Ableitung von $f(x)$ ist.

Dieser Beweis setzt voraus, daß die Derivierten $\frac{d u_i}{d x}$ stetige Funktionen sind, eine Hypothese, die bei dem ersten Beweise (Nr. 31) unnötig war.[1]

---

[1] Das Theorem in Nr. 99 bezüglich der Differentiation unter dem Integralzeichen kann ebenfalls aus der Formel (51) desselben Paragraphen hergeleitet werden. Nehmen wir an, daß die beiden Funktionen $f(x, \alpha)$ und $f_\alpha'(x, \alpha)$ für $x \geqq a$, $\alpha_0 \leqq \alpha \leqq \alpha_1$ stetig seien, daß die beiden Integrale

$$F(\alpha) = \int_a^{+\infty} f(x, \alpha) d x \quad \text{und} \quad \Phi(\alpha) = \int_a^{+\infty} f_\alpha'(x, \alpha) d x$$

einen Sinn haben und daß das letztere in dem Intervall (α_0, α_1) gleichmäßig konvergiere. Wenn α zwischen α_0 und α_1 enthalten ist, so ist nach der Formel (51)

$$\int_{\alpha_0}^{\alpha} d u \int_a^{+\infty} f_u'(x, u) d x = \int_a^{+\infty} d x \int_{\alpha_0}^{\alpha} f_u'(x, u) d u,$$

Beispiele. 1. Das Integral $\int \frac{e^x}{x} dx$ läßt sich nicht durch eine Kombination elementarer Funktionen in endlicher Anzahl ausdrücken; schreiben wir es wie folgt

$$\int \frac{e^x}{x} dx = \int \frac{dx}{x} + \int \frac{e^x - 1}{x} dx = \log x + \int \frac{e^x - 1}{x} dx.$$

Für das letztere Integral kann man eine Reihenentwicklung, die für jeden Wert von x gültig ist, finden; es ist nämlich

$$\frac{e^x - 1}{x} = 1 + \frac{x}{1 \cdot 2} + \frac{x^2}{1 \cdot 2 \cdot 3} + \ldots + \frac{x^{n-1}}{1 \cdot 2 \ldots n} + \ldots$$

und diese Reihe ist in dem Intervall von $-R$ bis $+R$, wie groß auch R sei, gleichmäßig konvergent, denn die absoluten Werte ihrer Glieder sind kleiner als die Glieder der Reihe

$$1 + \frac{R}{1 \cdot 2} + \ldots + \frac{R^{n-1}}{1 \cdot 2 \ldots n} + \ldots$$

Daraus schließt man, daß die Reihe, die man durch Integration erhält

$$F(x) = 1 + \frac{x}{1} + \frac{1}{2} \frac{x^2}{1 \cdot 2} + \ldots + \frac{1}{n} \frac{x^n}{1 \cdot 2 \ldots n} + \ldots$$

und die für jedes beliebige x konvergent ist, eine Funktion darstellt, deren Ableitung $\frac{e^x - 1}{x}$ ist.

2. Der Umfang einer Ellipse, deren große Achse $2a$ und deren Exzentrizität e ist, ist gleich dem bestimmten Integrale (Nr. 107)

$$S = 4a \int_0^{\frac{\pi}{2}} \sqrt{1 - e^2 \sin^2 \varphi}\, d\varphi.$$

Das Produkt $e^2 \sin^2 \varphi$ ist zwischen 0 und $e^2 < 1$ enthalten, so daß der Wurzelausdruck gleich der Summe der Reihe ist, die man durch die Binomialformel erhält.

$$\sqrt{1 - e^2 \sin^2 \varphi} = 1 - \frac{1}{2} e^2 \sin^2 \varphi - \frac{1}{2 \cdot 4} e^4 \sin^4 \varphi - \ldots$$

$$- \frac{1 \cdot 3 \cdot 5 \ldots (2n-3)}{2 \cdot 4 \cdot 6 \ldots 2n} e^{2n} \sin^{2n} \varphi - \ldots$$

und die Reihe der rechten Seite ist gleichmäßig konvergent, denn ihre Glieder sind dem absoluten Betrage nach kleiner als diejenigen der Reihe, die man erhält, wenn man $\sin \varphi = 1$ setzt. Man kann also gliedweise integrieren und beachtet man, daß nach einer bekannten Formel

---

was sich auch schreiben läßt

$$\int_{\alpha_0}^{\alpha} \Phi(u)\, du = \int_a^{+\infty} f(x, \alpha)\, dx - \int_a^{+\infty} f(x, \alpha_0)\, dx = F(\alpha) - F(\alpha_0).$$

Hieraus ergibt sich die Gleichheit

$$F'(\alpha) = \Phi(\alpha).$$

$$\int_0^{\frac{\pi}{2}} \sin^{2n} \varphi \, d\varphi = \frac{1 \cdot 3 \cdot 5 \ldots (2n-1)}{2 \cdot 4 \cdot 6 \ldots 2n} \cdot \frac{\pi}{2}$$

ist, so erhält man

$$\int_0^{\frac{\pi}{2}} \sqrt{1 - e^2 \sin^2 \varphi} \, d\varphi = \frac{\pi}{2} \left\{ 1 - \frac{1}{4} e^2 - \frac{3}{64} e^4 - \frac{5}{256} e^6 - \ldots \right.$$
$$\left. - \left[\frac{1 \cdot 3 \cdot 5 \ldots (2n-3)}{2 \cdot 4 \cdot 6 \ldots 2n} \right]^2 (2n-1) e^{2n} - \ldots \right\}.$$

Ist die Exzentrizität e sehr klein, so genügt es, eine kleine Anzahl von Gliedern auf der rechten Seite zu nehmen, um den Wert des Integrals mit einer großen Annäherung zu erhalten.

Auf dieselbe Art kann man das Integral

$$\int_0^{\varphi} \sqrt{1 - e^2 \sin^2 \varphi} \, d\varphi$$

in eine Reihe entwickeln, was auch die obere Grenze φ sei. Wir führen noch die Formel

$$\int_0^{\frac{\pi}{2}} \frac{d\varphi}{\sqrt{1 - e^2 \sin^2 \varphi}} = \frac{\pi}{2} \left\{ 1 + \frac{1}{4} e^2 + \frac{9}{64} e^4 + \ldots \right.$$
$$\left. + \left[\frac{1 \cdot 3 \cdot 5 \ldots (2n-1)}{2 \cdot 4 \cdot 6 \ldots 2n} \right]^2 e^{2n} + \ldots \right\}$$

an, welche die Entwicklung des vollständigen Integrals erster Gattung von Legendre gibt.

III. Verschiedene Methoden.

115. **Anwendung der Formeln der Differentiation und Integration unter dem Integralzeichen.** — Mittels der Formeln der Nummern 97 und 98 kann man oft den Wert gewisser bestimmter Integrale finden, indem man an andere bestimmte Integrale anknüpft. So ist beispielsweise, wenn a positiv ist,

$$\int_0^x \frac{dx}{x^2 + a} = \frac{1}{\sqrt{a}} \operatorname{Arc} \tan \frac{x}{\sqrt{a}};$$

wendet man die Formel (42) $\overline{n-1}$ mal hintereinander an, so leitet man daraus her

$$(-1)^{n-1} 1 \cdot 2 \ldots (n-1) \int_0^x \frac{dx}{(x^2 + a)^n} = \frac{d^{n-1}}{da^{n-1}} \left(\frac{1}{\sqrt{a}} \operatorname{Arc} \tan \frac{x}{\sqrt{a}} \right).$$

In diesem Beispiele hätte man den Wert des bestimmten Integrals auch direkt durch vorherige Berechnung des unbestimmten Integrals erhalten können; nicht aber in dem folgenden Beispiele.

Man wird später (Kap. VI, Nr. 135) die Formel

$$\int_0^{+\infty} e^{-x^2}\,dx = \frac{\sqrt{\pi}}{2}$$

beweisen; setzt man $x = y\sqrt{\alpha}$, wobei α positiv ist, so erhält man

$$(23)\qquad \int_0^{+\infty} e^{-\alpha y^2}\,dy = \frac{\sqrt{\pi}}{2}\,\alpha^{-\frac{1}{2}}$$

und man könnte leicht bestätigen, daß alle Integrale, die aus diesem durch aufeinanderfolgende Differentiationen in bezug auf den Parameter α abgeleitet werden, gleichmäßig konvergent sind, vorausgesetzt daß α größer bleibt als eine feste Zahl $k > 0$. Aus der vorstehenden Formel leitet man demnach die Werte einer ganzen Reihe von Integralen ab

$$(24)\qquad \left\{\begin{aligned} &\int_0^{+\infty} y^2 e^{-\alpha y^2}\,dy = \frac{\sqrt{\pi}}{2^2}\,\alpha^{-\frac{3}{2}}\\ &\int_0^{+\infty} y^4 e^{-\alpha y^2}\,dy = \frac{1\cdot 3}{2^3}\sqrt{\pi}\,\alpha^{-\frac{5}{2}}\\ &\quad\cdots\cdots\cdots\cdots\\ &\int_0^{+\infty} y^{2n} e^{-\alpha y^2}\,dy = \frac{1\cdot 3\cdot 5\ldots(2n-1)}{2^{n+1}}\sqrt{\pi}\,\alpha^{-\frac{2n+1}{2}} \end{aligned}\right.$$

und durch deren Kombination kann man unendlich viele andere ableiten. So ist z. B.

$$\int_0^{+\infty} e^{-\alpha y^2}\cos 2\beta y\,dy$$

$$= \int_0^{+\infty} e^{-\alpha y^2}\,dy\left[1 - \frac{(2\beta y)^2}{1\cdot 2} + \cdots + (-1)^n \frac{(2\beta y)^{2n}}{1\cdot 2\ldots 2n} + \cdots\right]$$

$$= \int_0^{+\infty} e^{-\alpha y^2}\,dy - \int_0^{\infty} e^{-\alpha y^2}\frac{(2\beta y)^2}{1\cdot 2}\,dy + \cdots + (-1)^n \int_0^{\infty} e^{-\alpha y^2}\frac{(2\beta y)^{2n}}{1\cdot 2\ldots 2n}\,dy + \cdots$$

Alle diese Integrale sind eben ausgewertet worden und man erhält

$$\int_0^{+\infty} e^{-\alpha y^2}\cos 2\beta y\,dy = \frac{1}{2}\sqrt{\frac{\pi}{\alpha}} - \frac{(2\beta)^2}{1\cdot 2}\,\frac{\sqrt{\pi}}{2}\,\frac{\alpha^{-\frac{3}{2}}}{2} + \cdots$$

$$+ (-1)^n \frac{(2\beta)^{2n}}{1\cdot 2\ldots 2n}\,\frac{\sqrt{\pi}}{2}\,\frac{1\cdot 3\cdot 5\ldots(2n-1)}{2^n}\,\alpha^{-\frac{2n+}{2}} + \cdots$$

oder durch Reduktion

$$(25)\qquad \int_0^{+\infty} e^{-\alpha y^2}\cos 2\beta y\,dy = \frac{1}{2}\sqrt{\frac{\pi}{\alpha}}\,e^{-\frac{\beta}{\alpha}}.$$

In anderen Fällen berechnet man vorerst die Derivierte des auszuwertenden Integrals in bezug auf einen Parameter. Betrachten wir z. B. das Integral

$$J = F(\alpha) = \int_0^\alpha \frac{\log(1+\alpha x)}{1+x^2}\,dx;$$

die Formel der Differentiation unter dem Integralzeichen gibt

$$\frac{dJ}{d\alpha} = \frac{\log(1+\alpha^2)}{1+\alpha^2} + \int_0^\alpha \frac{x\,dx}{(1+\alpha x)(1+x^2)}.$$

Durch Zerlegung der Partialbrüche erhält man

$$\frac{x}{(1+\alpha x)(1+x^2)} = \frac{1}{1+\alpha^2}\left(\frac{x+\alpha}{1+x^2} - \frac{\alpha}{1+\alpha x}\right)$$

und infolgedessen

$$\int_0^\alpha \frac{x\,dx}{(1+\alpha x)(1+x^2)} = -\frac{\log(1+\alpha^2)}{2(1+\alpha^2)} + \frac{\alpha}{1+\alpha^2}\operatorname{Arc\,tan}\alpha.$$

Es bleibt also

$$\frac{dJ}{d\alpha} = \frac{\alpha}{1+\alpha^2}\operatorname{Arc\,tan}\alpha + \frac{\log(1+\alpha^2)}{2(1+\alpha^2)}$$

und wenn man beachtet, daß $J = 0$ ist für $\alpha = 0$, so kann man schreiben

$$J = \int_0^\alpha \frac{\log(1+\alpha^2)}{2(1+\alpha^2)}\,d\alpha + \int_0^\alpha \frac{\alpha}{1+\alpha^2}\operatorname{Arc\,tan}\alpha\,d\alpha;$$

durch partielle Integration des ersten Integrals erhält man

$$(26)\qquad J = \frac{1}{2}\operatorname{Arc\,tan}\alpha\log(1+\alpha^2).$$

Die Formel der Integration unter dem Integralzeichen gestattet gleichfalls manchmal gewisse Integrale auszuwerten.

Betrachten wir beispielsweise die Funktion x^y; sie ist stetig, wenn x von 0 bis 1 und y von a bis b läuft, wobei a und b positiv sind. Es ist also nach der allgemeinen Formel (44) der Nr. 98

$$\int_0^1 dx\int_a^b x^y\,dy = \int_a^b dy\int_0^1 x^y\,dx.$$

Nun ist $\int\limits_0^1 x^y\,dx = \left\{\frac{x^{y+1}}{1+y}\right\}_0^1 = \frac{1}{1+y}$ und infolgedessen hat die rechte Seite den Wert

$$\int\limits_a^b \frac{dy}{y+1} = \log\frac{b+1}{a+1}\,.$$

Andererseits ist $\int\limits_a^b x^y\,dy = \left\{\frac{x^y}{\log x}\right\}_a^b = \frac{x^b - x^a}{\log x}$ und man erhält

$$\int\limits_0^1 \frac{x^b - x^a}{\log x}\,dx = \log\frac{b+1}{a+1}\,. \tag{27}$$

Es seien allgemein $P(x, y)$, $Q(x, y)$ zwei Funktionen, für die $\frac{\partial P}{\partial y} = \frac{\partial Q}{\partial x}$ sei, und x_0, x_1, y_0, y_1 seien Konstanten. Nach der Formel der Integration unter dem Integrationszeichen ist dann

$$\int\limits_{x_0}^{x_1} dx \int\limits_{y_0}^{y_1} \frac{\partial P}{\partial y}\,dy = \int\limits_{y_0}^{y_1} dy \int\limits_{x_0}^{x_1} \frac{\partial Q}{\partial x}\,dx$$

d. h.

$$\int\limits_{x_0}^{x_1} [P(x, y_1) - P(x, y_0)]\,dx = \int\limits_{y_0}^{y_1} [Q(x_1, y) - Q(x_0, y)]\,dy\,.$$

Cauchy hat hieraus eine große Zahl bestimmter Integrale abgeleitet.

116. **Berechnung von** $\int\limits_0^\pi \log(1 - 2\alpha\cos x + \alpha^2)\,dx$. — Wir geben hier noch ein Beispiel eines bestimmten Integrals, das durch einen besonderen Kunstgriff ausgewertet wird (man vergl. Übung 6 des IV. Kap.). Das Integral

$$F(\alpha) = \int\limits_0^\pi \log(1 - 2\alpha\cos x + \alpha^2)\,dx$$

hat einen endlichen Wert, vorausgesetzt daß $|\,\alpha\,|$ von Eins verschieden ist. Diese Funktion $F(\alpha)$ besitzt die folgenden Eigenschaften:

1. $F(-\alpha) = F(\alpha)$. Denn setzt man in

$$F(-\alpha) = \int\limits_0^\pi \log(1 + 2\alpha\cos x + \alpha^2)\,dx$$

$\pi - y$ für x, so erhält man

$$F(-\alpha) = \int_0^\pi \log(1 - 2\alpha\cos y + \alpha^2)\,dy = F(\alpha).$$

2. $F(\alpha^2) = 2F(\alpha)$. Denn nach dem vorigen ist

$$2F(\alpha) = F(\alpha) + F(-\alpha)$$

oder

$$2F(\alpha) = \int_0^\pi [\log(1 - 2\alpha\cos x + \alpha^2) + \log(1 + 2\alpha\cos x + \alpha^2)]\,dx$$

$$= \int_0^\pi \log(1 - 2\alpha^2\cos 2x + \alpha^4)\,dx\,;$$

setzt man $2x = y$, so erhält man

$$2F(\alpha) = \frac{1}{2}\int_0^\pi \log(1 - 2\alpha^2\cos y + \alpha^4)\,dy$$

$$+ \frac{1}{2}\int_\pi^{2\pi} \log(1 - 2\alpha^2\cos y + \alpha^4)\,dy\,;$$

für das letzte Integral findet man durch die Substitution $y = 2\pi - z$

$$\int_\pi^{2\pi} \log(1 - 2\alpha^2\cos y + \alpha^4)\,dy = \int^\pi \log(1 - 2\alpha^2\cos z + \alpha^4)\,dz$$

und infolgedessen

$$2F(\alpha) = \frac{1}{2}F(\alpha^2) + \frac{1}{2}F(\alpha^2) = F(\alpha^2).$$

Aus der vorstehenden Formel leitet man sukzessive

$$F(\alpha) = \frac{1}{2}F(\alpha^2) = \frac{1}{4}F(\alpha^4) = \ldots = \frac{1}{2^n}F(\alpha^{2^n})$$

ab. Ist $|\alpha|$ kleiner als Eins, so konvergiert α^{2^n} mit unbegrenzt wachsendem n gegen Null; das Gleiche gilt für $F(\alpha^{2^n})$, denn der Logarithmus konvergiert gegen Null. Für $|\alpha| < 1$ ist also

$$F(\alpha) = 0.$$

Ist $|\alpha|$ größer als Eins, so erhält man, wenn man $\alpha = \frac{1}{\beta}$ setzt,

$$F(\alpha) = \int_0^\pi \log\left(1 - \frac{2\cos x}{\beta} + \frac{1}{\beta^2}\right)dx$$

$$= \int_0^\pi \log(1 - 2\beta\cos x + \beta^2)\,dx - \pi\log\beta^2;$$

da $|\beta| < 1$ ist, bleibt

$$F(\alpha) = -\pi \log \beta^2 = \pi \log \alpha^2.$$

Das bestimmte Integral $F(\alpha)$ ist, wie man sieht, eine für die Werte $\alpha = \pm 1$ im Eulerschen Sinne unstetige Funktion von α.

117. **Näherungswert von $\log \Gamma(n+1)$.** Man kann auch sehr verschiedene Kunstgriffe anwenden, um wenn auch nicht den genauen, so doch wenigstens einen angenäherten Wert eines bestimmten Integrals zu erhalten. Wir wollen hierfür ein Beispiel geben. Nach der Definition ist

$$\Gamma(n+1) = \int_0^{+\infty} x^n e^{-x} dx;$$

die Funktion $x^n e^{-x}$ ist ein Maximum für $x = n$ und ihr Maximalwert ist $n^n e^{-n}$. Wächst x von 0 bis n, so wächst $x^n e^{-x}$ von 0 bis $n^n e^{-n}$ $(n > 0)$ und wächst x bis $+\infty$, so nimmt $x^n e^{-x}$ von $n^n e^{-n}$ bis 0 ab. Die Funktion $n^n e^{-n} e^{-t^2}$ wächst ebenfalls von 0 bis $n^n e^{-n}$, wenn t von $-\infty$ bis 0 wächst, um dann von $n^n e^{-n}$ bis 0 abzunehmen, wenn t von 0 bis $+\infty$ wächst. Wir können also

(28) $$x^n e^{-x} = n^n e^{-n} e^{-t^2}$$

setzen, indem wir die Werte von x und t derart einander zuordnen, daß x von 0 bis $+\infty$ wächst, während t von $-\infty$ bis $+\infty$ läuft.

Wir müssen nun noch $\frac{dx}{dt}$ berechnen. Nimmt man die logarithmischen Derivierten der beiden Seiten der Formel (28), so erhält man

$$\frac{dx}{dt} = \frac{2tx}{x-n}.$$

Andererseits ist nach Formel (28)

$$t^2 = x - n - n \log\left(\frac{x}{n}\right);$$

setzen wir, um die Rechnung zu erleichtern, $x = n + z$ und entwickeln wir $\log\left(1 + \frac{z}{n}\right)$ nach der Taylorschen Formel, die wir auf das zweite Glied beschränken; wir finden

$$t^2 = z - n\left[\frac{z}{n} - \frac{z^2}{2n^2\left(1 + \theta\frac{z}{n}\right)^2}\right] = \frac{nz^2}{2(n+\theta z)^2},$$

wobei θ zwischen 0 und 1 liegt. Man entnimmt hieraus sukzessive

$$\frac{n}{z} + \theta = \frac{1}{t}\sqrt{\frac{n}{2}},$$

$$\frac{2tx}{x-n} = 2t\left(\frac{n}{z} + 1\right) = 2\left[\sqrt{\frac{n}{2}} + (1-\theta)t\right],$$

und erhält endgültig

$$\Gamma(n+1) = 2n^n e^{-n}\sqrt{\frac{n}{2}}\int_{-\infty}^{+\infty} e^{-t^2}\,dt + 2n^n e^{-n}\int_{-\infty}^{+\infty} e^{-t^2}(1-\theta)\,t\,dt$$

Das erste Integral ist (Nr. 135)

$$\int_{-\infty}^{+\infty} e^{-t^2}\,dt = 2\int_{0}^{+\infty} e^{-t^2}\,dt = \sqrt{\pi}\,;$$

das zweite Integral läßt sich zwar nicht genau berechnen, da man θ nicht kennt, doch ist es leicht, dafür einen Schätzungswert zu finden. In der Tat, zwischen $-\infty$ und 0 sind alle Elemente negativ; sie sind alle positiv von 0 bis $+\infty$. Des weiteren ist jedes der Integrale $\int_{-\infty}^{0}$, $\int_{0}^{+\infty}$ dem absoluten Betrage nach kleiner als $\int_{0}^{+\infty} t e^{-t^2}\,dt = \frac{1}{2}$. Wir können also

(29) $$\Gamma(n+1) = \sqrt{2n}\,n^n e^{-n}\left(\sqrt{\pi} + \frac{\omega}{\sqrt{2n}}\right)$$

setzen, wo ω zwischen -1 und $+1$ enthalten ist.

Ist n sehr groß, so ist $\frac{\omega}{\sqrt{2n}}$ sehr klein, und wenn man als Näherungswert von $\Gamma(n+1)$

$$\Gamma(n+1) = n^n e^{-n}\sqrt{2n\pi}$$

setzt, ist der relative Irrtum sehr klein. Nimmt man die Logarithmen der beiden Seiten der Formel (29), so erhält man noch

(30) $$\log\Gamma(n+1) = \left(n+\frac{1}{2}\right)\log n - n + \frac{1}{2}\log 2\pi + \varepsilon\,,$$

wo ε sehr klein ist, wenn n sehr groß ist. Indem man ε vernachlässigt, erhält man den **asymptotischen Wert** von $\log\Gamma(n+1)$; diese Formel ist deswegen interessant, weil sie uns über die Größenordnung der Faktoriellen belehrt.

Übungen.

1. Es sind die unbestimmten Integrale der folgenden Funktionen zu berechnen:

$$\frac{1}{(x^4+1)^2},\quad \frac{1}{x(x^3+1)^3},\quad \frac{x^4-x^3-3x^2-x}{(x^2+1)^3},\quad \frac{1+\sqrt{1+x}}{1-\sqrt{x}},$$

$$\frac{1}{1+x+\sqrt{1+x^2}},\quad \frac{1+\sqrt[3]{1+x}}{1-\sqrt[3]{1+x}},\quad \frac{1}{\sqrt{x}+\sqrt{x+1}+\sqrt{x(x+1)}},\quad \frac{x}{\cos^2 x},$$

$$x e^x \cos x,\quad \frac{x^{\frac{n}{2}}}{\sqrt{a+x^{n+2}}},\quad x^\mu \operatorname{arc\,tan} x$$

(wo μ eine gebrochene Zahl $= \frac{p}{q}$ ist).

2. Das allgemeinste Polynom fünften Grades $P(x)$ zu bestimmen, für welches das Integral

$$\int \frac{P(x)\,dx}{x^3(x^4+1)^2}$$

eine rationale Funktion ist.

3. Das Integral $\int y\,dx$ zu berechnen, wenn x und y durch eine der folgenden Gleichungen aneinander geknüpft sind:

$$(x^2-a^2)^2 - a\,y^2(2\,y+3\,a) = 0, \quad y^2(a-x) = x^3,$$
$$y(x^2+y^2) = a(y^2-x^2), \quad x^3+y^3-3\,a\,x\,y = 0.$$

4. Es sind die folgenden Formeln abzuleiten:

$$\int \sin^{n-1} x \cos(n+1)\,x\,dx = \frac{\sin^n x \cos n\,x}{n} + C,$$
$$\int \sin^{n-1} x \sin(n+1)\,x\,dx = \frac{\sin^n x \sin n\,x}{n} + C,$$
$$\int \cos^{n-1} x \cos(n+1)\,x\,dx = \frac{\cos^n x \sin n\,x}{n} + C,$$
$$\int \cos^{n-1} x \sin(n+1)\,x\,dx = \frac{\cos^n x \cos n\,x}{n} + C. \quad \text{(Euler)}.$$

5. Die pseudo-elliptischen Integrale zu berechnen

$$\int \frac{(1+x^2)\,dx}{(1-x^2)\sqrt{1+x^4}}, \quad \int \frac{(1-x^2)\,dx}{(1+x^2)\sqrt{1+x^4}}.$$

6. Die folgenden Integrale sind auf elliptische Integrale zurückzuführen:

$$\int \frac{R(x)\,dx}{\sqrt{a(1+x^6)+b\,x(1+x^4)+c\,x^2(1+x^2)+d\,x^3}},$$
$$\int \frac{R(x)\,dx}{\sqrt{a(1+x^8)+b\,x^2(1+x^4)+c\,x^4}},$$

wo $R(x)$ eine rationale Funktion bezeichnet.

7. Die Rektifikation der Kurven $y = A\,x^\mu$ führt auf Integrale von binomischen Differentialen. Fälle der Integrierbarkeit.

8. Für $a > 1$ ist

$$\int_{-1}^{+1} \frac{dx}{(a-x)\sqrt{1-x^2}} = \frac{\pi}{\sqrt{a^2-1}}.$$

Es sind hieraus die bestimmten Integrale

$$\int_{-1}^{+1} \frac{x^{2n}\,dx}{\sqrt{1-x^2}} = \frac{1\cdot3\cdot5\ldots(2\,n-1)}{2\cdot4\cdot6\ldots2\,n}\,\pi$$

herzuleiten.

9. Wenn $AC - B^2 > 0$ ist, so ist

$$\int_{-\infty}^{+\infty} \frac{dx}{(Ax^2 + 2Bx + C)^n} = \frac{1\cdot 3\cdot 5\ldots(2n-3)}{2\cdot 4\cdot 6\ldots(2n-2)}\pi \frac{A^{n-1}}{(AC - B^2)^{n+\frac{1}{2}}}.$$

Man wende die Reduktionsformel der Nr. 101 an.

10. Das bestimmte Integral $\int_0^\pi \frac{\sin^2 x\, dx}{1 + 2a\cos x + a^2}$ zu berechnen.

11. Die Formeln aufzustellen:

$$\int_{-1}^{+1} \frac{dx}{\sqrt{1 - 2\alpha x + \alpha^2}\cdot\sqrt{1 - 2\beta x + \beta^2}} = \frac{1}{\sqrt{\alpha\beta}}\log\left(\frac{1 + \sqrt{\alpha\beta}}{1 - \sqrt{\alpha\beta}}\right) \quad (\beta\alpha > 0),$$

$$\int_{-1}^{+1} \frac{(1 - \alpha x)(1 - \beta x)\,dx}{(1 - 2\alpha x + \alpha^2)(1 - 2\beta x + \beta^2)\sqrt{1 - x^2}} = \frac{\pi}{2}\,\frac{2 - \alpha\beta}{1 - \alpha\beta}.$$

*12. Bezeichnen m und n zwei ganze positive Zahlen $(m < n)$ so ist

$$\int_0^{+\infty} \frac{x^{m-1}\,dx}{1 + x^n} = \frac{\pi}{n\sin\frac{m\pi}{n}}.$$

Man wende die Zerlegung in rationale Brüche an.

13. Aus der vorangehenden Formel die Beziehung

$$\int_0^{+\infty} \frac{x^{a-1}\,dx}{1 + x} = \frac{\pi}{\sin a\pi} \qquad (0 < a < 1)$$

herzuleiten.

14. Setzt man $J_{p,q} = \int t^q (t+1)^p\, dt$, so gelten die Reduktionsformeln

$$(p + q + 1)J_{p,q} = t^{q+1}(t+1)^p + pJ_{p-1,q},$$

$$(p - 1)J_{-p,q} = t^{q+1}(t+1)^{1+p} - (2 + q - p)J_{-p+1,q},$$

und zwei analoge Reduktionsformeln für den Exponenten q.

15. Es sind Reduktionsformeln zur Berechnung der Integrale

$$J_n = \int \frac{x^n\,dx}{\sqrt{Ax^2 + 2Bx + C}}, \qquad Z_m = \int \frac{dx}{(x-a)^m\sqrt{Ax^2 + 2Bx + C}}$$

aufzustellen.

*16. Eine Reduktionsformel für die bestimmten Integrale $\int_0^1 \frac{x^n\,dx}{\sqrt{1 - x^4}}$ aufzustellen. Daraus ist eine Formel für das bestimmte Integral $\int_0^1 \frac{dx}{\sqrt{1 - x^4}}$ abzuleiten, welche der Formel von Wallis analog ist.

17. Das bestimmte Integral $\int\limits_{-1}^{+1} \frac{x^4\,dx}{(x^2+1)\sqrt{1-x^2}}$ zu berechnen.

18. Der Flächeninhalt eines elliptischen Sektors, der zwischen der großen Achse und einem vom Brennpunkte aus gezogenen Radiusvektor liegt, hat den Ausdruck

$$A = \frac{p^2}{2}\int\limits_0^{\omega} \frac{d\omega}{(1+e\cos\omega)^2},$$

wo p den Parameter $\frac{b^2}{a}$ und e die Exzentrizität bezeichnet. Setzt man nach der allgemeinen Methode $\tan\frac{\omega}{2} = t$, dann $t = \sqrt{\frac{1+e}{1-e}}\cdot u$, so findet man

$$A = a\,b\left(\operatorname{arc\,tan} u - e\,\frac{u}{1+u^2}\right).$$

Zu zeigen, daß dieser Ausdruck auch

$$A = \frac{a\,b}{2}(\varphi - e\sin\varphi)$$

geschrieben werden kann, wenn φ die exzentrische Anomalie bezeichnet.

19. Die Kurven zu finden, für welche die Länge NT oder die Fläche des Dreieckes MNT konstant ist (Fig. 4). Man konstruiere die beiden Kurvenäste.

*20. Es sei $A_n = \frac{x^{2n+1}}{2\cdot4\cdot6\ldots2n}\int\limits_0^1 (1-z^2)^n\cos xz\,dz.$

Es ist die Rekursionsformel

$$A_{n+1} = (2n+1)A_n - x\frac{dA_n}{dx}$$

zu beweisen. Man leitet hieraus die Formeln ab

$$A_{2p} = U_{2p}\sin x + V_{2p}\cos x,$$
$$A_{2p+1} = U_{2p+1}\sin x + V_{2p+1}\cos x,$$

wo U_{2p}, V_{2p}, U_{2p+1}, V_{2p+1} Polynome mit ganzen Koeffizienten sind und U_{2p}, U_{2p+1} überdies nur gerade Potenzen von x enthalten. Man zeige, daß das Gesetz für $n = 1$ richtig ist und schließe mit Hilfe der Rekursionsformel, daß es allgemein gilt.

Mittels dieses Ausdruckes von A_{2p} kann man auch beweisen, daß π^2 inkommensurabel ist. Wäre nämlich $\frac{\pi^2}{4} = \frac{a}{b}$ und ersetzte man x in A_{2p} durch $\frac{\pi}{2}$, so erhielte man eine Bezeichnung von der Form

$$H_1 = a^p\sqrt{\frac{b}{a}}\,\frac{\left(\frac{b}{a}\right)^{2p}}{2\cdot4\cdot6\ldots4p}\int\limits_0^1 (1-z^2)^{2p}\cos\frac{\pi z}{2}\,dz,$$

wo H_1 eine ganze Zahl bezeichnet. Eine derartige Gleichheit ist jedoch unmöglich, denn die rechte Seite konvergiert mit unbegrenzt abnehmendem p gegen Null.

21. Das bestimmte Integral

$$\int_0^{+\infty} \frac{1 - e^{-x^2}}{x^2} dx$$

zu berechnen. Man wende die Differentiation unter dem Integralzeichen an.

22. Die Formel zu beweisen

$$J = \int_0^{+\infty} e^{-x^2 - \frac{a^2}{x^2}} dx = \frac{\sqrt{\pi}}{2} e^{-2a}.$$

Man beweist, daß $\frac{dJ}{da} = -2J$ ist.

23. Aus der vorangehenden Formel das bestimmte Integral

$$\int_0^{+\infty} e^{-\alpha - \frac{k^2}{\alpha}} \frac{d\alpha}{\sqrt{\alpha}} = \sqrt{\pi}\, e^{-2k}$$

herzuleiten.

24. Aus der Beziehung $\frac{1}{a^3} = \frac{1}{2}\int_0^{+\infty} x^2 e^{-ax} dx$ die Formel

$$\sum_{n=1}^{+\infty} \frac{1}{n^3} = \int_0^{+\infty} \frac{x^2 dx}{e^x - 1}$$

abzuleiten.

25. Zu beweisen, daß das Integral $\int_0^1 \frac{x^n \log x}{1 - x^2} dx$ gegen Null strebt, wenn die Zahl n über alle Grenzen wächst. Hieraus ist eine Reihenentwicklung für das bestimmte Integral

$$\int_0^1 \frac{\log x \, dx}{1 - x^2}$$

abzuleiten.

Sechstes Kapitel.

Doppelintegrale.

I. Doppelintegrale und ihre Berechnung. Greensche Formel.

118. Die Summen S und s für eine Funktion zweier Veränderlichen. — Es sei A ein begrenzter ebener Bereich, der von einer Grenzkurve Γ umschlossen wird, die sich aus einer einzigen geschlossenen Kurve C oder aus einer geschlossenen Kurve C und mehreren anderen innerhalb C liegenden geschlossenen Kurven C', C'', ... zusammensetzen kann. Denken wir uns diesen Bereich A durch Hilfslinien in n partielle Bereiche $a_1, a_2, \ldots, a_n$ zerlegt. Diese Zerlegung kann auf eine willkürliche Art vorgenommen werden: für uns kommt nur in Betracht, daß die Bereiche a_i quadrierbar seien. Es seien $\omega_1, \omega_2, \ldots, \omega_n$ die Flächen dieser Partialbereiche und Ω die Fläche des Bereiches A. Dann besteht offenbar ganz unabhängig von der Art, wie A eingeteilt wurde, die Beziehung $\Omega = \sum_1^n \omega_i$.

Es sei $f(x, y)$ eine im Bereiche A (die Grenzkurve Γ eingeschlossen) endliche Funktion; M und m seien die obere und die untere Grenze von $f(x, y)$ in diesem Bereiche und M_i und m_i die Grenzen von $f(x, y)$ in den Gebieten a_i. Betrachten wir die beiden Summen

$$S = \sum_1^n \omega_i M_i, \qquad s = \sum_{i=1}^n \omega_i m_i;$$

jeder Unterteilung von A entspricht so eine obere Summe S und eine untere Summe s. Alle Summen S sind offenbar größer als $m\Omega$, wenn Ω wie oben die Fläche des ebenen Gebietes A bezeichnet; sie haben also eine untere Grenze J. Andrerseits sind alle Summen s kleiner als $M\Omega$; sie haben also eine obere Grenze J'. Man könnte nun ebenso wie in Nr. 71 beweisen, daß $J' \leqq J$ ist; dies geht übrigens auch aus dem folgenden allgemeinen Satze hervor, der dem von Nr. 72 ganz analog ist:

Die Summen S und s haben bzw. die Zahlen J und J' zur Grenze, wenn die Zahl n unbegrenzt wächst, so daß hierbei alle Bereiche a_i in allen ihren Dimensionen gegen Null konvergieren.

Wir werden zur Abkürzung sagen, daß ein endlicher ebener Teil A in allen seinen Dimensionen kleiner als l ist, wenn es möglich ist, einen Kreis vom Durchmesser l zu finden, der A in seinem Innern einschließt. Ein variabler Teil der Ebene wird demnach in allen seinen Dimensionen unendlich klein heißen, wenn es möglich ist, einen Kreis von beliebig kleinem Radius zu finden, der diesen Teil in seinem Innern einschließt. Ein Quadrat z. B., dessen Seite gegen Null strebt, oder eine Ellipse, deren beide Achsen gegen Null streben, sind in allen ihren Dimensionen unendlich klein. Hingegen ist ein Rechteck, von dem nur eine Seite, eine Ellipse, von der nur eine Achse gegen Null strebt, nicht in allen Dimensionen unendlich klein.

Beweisen wir z. B., daß S zum Grenzwert J hat. Wir können annehmen, daß $f(x, y)$ in dem Bereich A positiv ist, denn man kann stets eine positive Konstante C von der Art finden, daß die Funktion

$$\varphi(x, y) = C + f(x, y)$$

in A positiv ist und die entsprechenden Summen S und S', die sich auf eine und dieselbe Art der Unterteilung von A beziehen, unterscheiden sich nur um eine konstante Größe $C\Omega$.

Dies vorausgeschickt sei ε eine beliebige positive Zahl; da die Zahl J die untere Grenze der Summen S ist, so gibt es eine Art der Teilung des Bereiches A in n Teilbereiche $a_1, a_2, \ldots, a_n$, so daß die entsprechende Summe S kleiner als $J + \frac{\varepsilon}{2}$ ist. Bezeichnen wir mit L die Gesamtheit der Begrenzungslinien, d. h. die Randkurve I und die Hilfslinien, die in A gezogen wurden, um diese besondere Art der Unterteilung zu erhalten. Es sei ω_i die Fläche des Bereiches a_i und γ_i die Begrenzungslinie dieses Bereiches. Im Innern des Bereiches a_i ziehen wir eine geschlossene Kurve γ_i', die mit γ_i keinen Punkt gemeinsam hat, aber genügend nahe an γ_i liegt, damit die zwischen den beiden Kurven γ_i, γ_i' enthaltene Fläche kleiner als $\frac{\eta}{n}$ sei, wo η eine willkürliche positive Zahl ist. Denken wir uns, daß man ebenso mit allen Teilbereichen $a_1, a_2, \ldots, a_n$ verfahre, und es sei L' die Gesamtheit der so gezogenen Linien γ_i'. Dieses System L' zerlegt den Bereich A in zwei Bereiche A' und A''; A' setzt sich aus der Gesamtheit der Bereiche a_i' im Innern der Linien γ_i' zusammen und A'' aus dem nach Unterdrückung von A' übrig bleibenden Gebiete. Bezeichnen Ω', Ω'' die Flächen dieser beiden Bereiche, so ist $\Omega = \Omega' + \Omega''$ und nach der Art, wie die Linien γ_i' gewählt wurden, ist die Differenz $\Omega - \Omega'$ oder Ω'' kleiner als η. Die Linien L und L' haben keinen Punkt gemeinsam und wir bezeichnen mit λ das Minimum der Distanz eines Punktes von L nach einem Punkte von L'.

Betrachten wir nun eine beliebige Zerlegung des Bereiches A in Teilbereiche, die in allen ihren Dimensionen kleiner als λ seien, und es sei S' die entsprechende obere Summe. Der Teil von S', der von den Teilbereichen herrührt, die keinen Punkt mit der Linie L gemeinsam haben, ist offenbar kleiner als S. Andrerseits sind die Teilbereiche, die mit der Linie L einen Punkt gemeinsam haben, im Innern des Bereiches A'' gelegen und liefern in S' eine Summe, die kleiner als $M\eta$ ist. Man erhält also

$$S' < S + M\eta < J + \frac{\varepsilon}{2} + M\eta;$$

hat man die willkürliche Zahl η kleiner als $\frac{\varepsilon}{2M}$ genommen, so wird $S' < J + \varepsilon$ sein, womit das Theorem bewiesen ist.

Ebenso würde man beweisen, daß s zum Grenzwert J' hat. Wenn der Bereich A in p Partialbereiche $A_1, A_2, \ldots A_p$ zerlegt wurde, so ist klar, daß die Beziehungen $J = J_1 + \ldots + J_p$, $J' = J_1' + \ldots + J_p'$ bestehen, wobei J_i und J_i' für A_i die Zahlen bedeuten, die eben inbezug auf den Bereich A definiert wurden.

19. Dopppelintegrale. Wenn die beiden Zahlen J und J' einander gleich sind, so heißt die Funktion $f(x, y)$ im Bereiche A integrierbar. Der gemeinsame Grenzwert J der Summen S und s heißt das Doppelintegral der Funktion $f(x, y)$, erstreckt über den Bereich A. Man stellt es durch die Bezeichnung[1])

$$J = \iint\limits_A f(x, y)\, dx\, dy$$

dar und der Teil A der Ebene heißt das Integrationsfeld.

Wie in dem Falle der einfachen Integrale sieht man auch hier unmittelbar, daß es für die Integrierbarkeit einer Funktion $f(x, y)$ in A notwendig und hinreichend ist, daß die Differenz $S - s$ gegen Null strebt, wenn die größte Dimension der Teilbereiche gegen Null konvergiert. Daraus folgt, daß jede stetige Funktion $f(x, y)$ integrierbar ist. Nehmen wir, um dies zu zeigen, an, daß man eine positive Zahl η derart gewählt habe,

[1]) Man stellt es auch durch $\iint\limits_A f(x, y)\, d\omega$ dar, wo $d\omega$ ein Flächenelement ist und wendet eine analoge Bezeichnungsweise für die mehrfachen Integrale an.

daß die Oszillation der Funktion in jedem Teile von A, dessen sämtliche Dimensionen kleiner als η sind, kleiner als ε sei. Wenn die Dimensionen aller Teile $a_1, a_2, \ldots a_n$ kleiner als η sind, so wird jede der Differenzen $M_i - m_i$ kleiner als ε und die Differenz $S - s$ wird kleiner als $\varepsilon\,\Omega$ sein.

Man beweist wie in Nr. 73, daß die Summe oder das Produkt einer beliebigen Anzahl integrierbarer Funktionen ebenfalls integrierbar ist. Wenn eine Funktion $f(x, y)$ in einem Bereiche A integrierbar ist, so ist sie es auch im jeden Bereiche A' im Innern von A; wenn der Bereich A in mehrere Teilbereiche $A_1, A_2, \ldots A_p$ zerlegt wird, so ist das Doppelintegral, erstreckt über das Feld A, gleich der Summe der Doppelintegrale, erstreckt über die Felder $A_1, A_2, \ldots A_p$.

Betrachten wir noch den allgemeineren Fall einer Funktion $f(x, y)$, die im Bereiche A endlich ist und in diesem Bereiche unendlich viele Unstetigkeitspunkte zuläßt, die man alle in einen Bereich δ einschließen kann, dessen Fläche kleiner als jede im voraus gegebene positive Zahl ist. Eine derartige Funktion ist integrierbar in A. Die Bedingung dafür, daß eine Funktion $f(x, y)$ integrierbar sei, kann nämlich auch so ausgesprochen werden: es ist notwendig und hinreichend, daß man jeder positiven Zahl ε eine Unterteilung von A in Partialgebiete zuordnen kann, so daß die entsprechende Differenz $S - s$ kleiner als ε sei. Dies folgt unmittelbar daraus, daß die Differenz $S - s$ mindestens gleich $J - J'$ ist.

Dies vorausgeschickt nehmen wir z. B. an, daß die endliche Funktion $f(x, y)$ in dem ganzen Bereiche A der durch die geschlossene Kurve C begrenzt ist, stetig sei mit Ausnahme der Punkte einer Linie L, die den Bereich A in zwei Bereiche A' und A'' zerlegt. Im Bereiche A' fällt $f(x, y)$ mit einer stetigen Funktion $f_1(x, y)$ und im Bereiche A'' mit einer stetigen Funktion $f_2(x, y)$ zusammen. Wir machen keine andere Hypothese über die Werte der Funktion $f(x, y)$ längs L als daß sie endlich bleiben. Ziehen wir zu beiden Seiten der Linie in A zwei unendlich benachbarte Linien L', L'', so daß die zwischen L' und L'' eingeschlossene Fläche kleiner als $\frac{\varepsilon}{2(M-m)}$ sei, wo ε eine

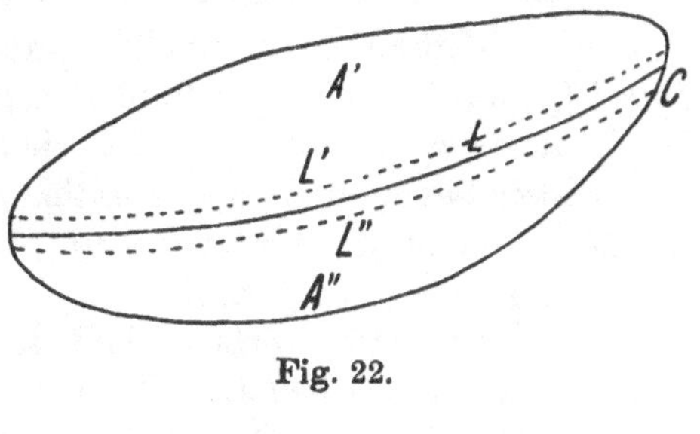

Fig. 22.

gegebene positive Zahl bedeutet. Diese beiden Linien L', L'' zerlegen A in drei Bereiche A', A'', A''', wo A''' der Bereich ist, welcher L enthält. Denken wir uns, daß man A', A'', A''' in kleinere Bereiche zerlege; der Teil von $S - s$, der von A''' herrührt, ist kleiner als $\frac{\varepsilon}{2}$ und da $f(x, y)$ in den Bereichen A' und A'' stetig ist, ist der von A' und A'' herrührende Teil von $S - s$ ebenfalls kleiner als $\frac{\varepsilon}{2}$, vorausgesetzt daß man die Art der Unterteilung geeignet gewählt hat. Man wird also $S - s < \varepsilon$ erhalten; da ε eine willkürliche positive Zahl ist, ist $f(x, y)$ also in A integrierbar. Es ist klar, daß diese Schlußweise allgemein gültig ist.

Das Doppelintegral im Felde A ist gleich der Summe der Doppelintegrale in den Feldern A', A'', A'''. Wenn die Linien L', L'' sich L unbegrenzt nähern, so strebt das Doppelintegral in A''' gegen Null; das Doppelintegral in A ist also der Grenzwert der Summe der Integrale in den Gebieten A' und A'' und ist unabhängig von den Werten der Funktion längs der Linie L. Allgemeiner: wenn eine Funktion $f(x, y)$ in einem Felde A integrierbar ist, so kann man, ohne den Wert des Integrals zu ändern, den Wert der Funktion in unendlich vielen Punkten nach Willkür ändern, vorausgesetzt, daß er endlich bleibe und daß alle diese Punkte in einen Bereich δ (der nicht zusammenhängend sein muß) eingeschlossen werden können, dessen Fläche kleiner als jede im voraus gegebene positive Zahl ist. Diese Bemerkung läßt sich der folgenden gegenüberstellen: wenn man J als den Grenzwert der Summe S berechnet, so kann man in dieser Summe die Teile, welche von einer beliebigen Anzahl der Teilgebiete herrühren, vernachlässigen, vorausgesetzt, daß die Summe der Flächen dieser Gebiete gegen Null strebt.

Die Definition des Doppelintegrals kann verallgemeinert werden. Es sei (ξ_i, η_i) ein beliebiger Punkt im Innern oder auf der Begrenzung des Gebietes a_i; es ist klar, daß die Summe $\sum f(\xi_i, \eta_i)\,\omega_i$ zwischen den beiden Summen S und s enthalten ist: sie hat also gleichfalls das Doppelintegral zum Grenzwert, unabhängig von der Art, wie man den Punkt (ξ_i, η_i) wählt.

Der erste Mittelwertsatz läßt sich ohne Schwierigkeit auf die Doppelintegrale ausdehnen. Es seien $f(x, y)$, $\varphi(x, y)$ zwei integrierbare Funktionen, von denen die eine $\varphi(x, y)$ in A ein konstantes Zeichen bewahrt; wir nehmen z. B. $\varphi(x, y) > 0$ an. Wenn M und m die Grenzen von $f(x, y)$ in A sind, so ist klar, daß

$$M\varphi(\xi_i, \eta_i)\,\omega_i > f(\xi_i, \eta_i)\,\varphi(\xi_i, \eta_i)\,\omega_i > m\,\varphi(\xi_i, \eta_i)\,\omega_i$$

ist; addiert man alle diese Ungleichungen und geht zur Grenze über, so schließt man daraus, daß

$$(1)\qquad \iint\limits_{(A)} f(x,y)\,\varphi(x,y)\,dx\,dy = \mu \iint\limits_{(A)} \varphi(x,y)\,dx\,dy$$

ist, wo μ zwischen M und m enthalten ist. Ist die Funktion $f(x,y)$ stetig, so nimmt sie den Wert μ für einen Punkt (ξ,η) im Innern der Grenzkurve C an und man kann dies auch schreiben

$$(1')\qquad \iint\limits_{(A)} f(x,y)\,\varphi(x,y)\,dx\,dy = f(\xi,\eta) \iint\limits_{(A)} \varphi(x,y)\,dx\,dy\,;$$

dies ist der Mittelwertsatz für Doppelintegrale. Wenn z. B. $\varphi(x,y) = 1$ ist, so ist das Integral $\iint dx\,dy$, erstreckt über das Gebiet der Ebene A, offenbar gleich der Fläche Ω dieses Gebietes der Ebene, und die Formel (1) wird

$$(2)\qquad \iint\limits_{(A)} f(x,y)\,dx\,dy = \Omega f(\xi,\eta)\,.$$

120. **Berechnung der Doppelintegrale.** Die Berechnung eines Doppelintegrals läßt sich auf die nacheinander vorgenommenen Auswertungen zweier einfacher Integrale zurückführen. Nehmen wir zunächst den Fall, daß das Integrationsfeld ein Rechteck R ist, welches von den Geraden $x = x_0$, $x = X$, $y = y_0$, $y = Y$ begrenzt wird, wo $x_0 < X$, $y_0 < Y$ ist. Denken wir uns dieses Rechteck durch Parallele zu den beiden Koordinatenachsen $x = x_i$, $y = y_k$ $(i = 1, 2, \ldots n;$ $k = 1, 2, \ldots m)$ in kleinere Rechtecke zerlegt. Die Fläche des Elementarrechteckes R_{ik}, das von den Geraden $x = x_{i-1}$, $x = x_i$, $y = y_{k-1}$, $y = y_k$ begrenzt wird, ist gegeben durch

$$(x_i - x_{i-1})\,(y_k - y_{k-1})$$

und das gesuchte Doppelintegral ist der Grenzwert der Summe

$$(3)\qquad S = \sum_{i=1}^{n} \sum_{k=1}^{m} f(\xi_{ik},\ \eta_{ik})\,(x_i - x_{i-1})\,(y_k - y_{k-1}),$$

wo (ξ_{ik}, η_{ik}) die Koordinaten eines beliebigen, im Innern oder auf den Seiten des Rechteckes R_{ik} genommenen Punktes sind.

Wir wollen die Unbestimmtheit dieser Punkte (ξ_{ik}, η_{ik}) benutzen, um die Berechnung zu vereinfachen. Wenn eine Funktion $f(x)$ in einem Intervalle (a, b) stetig ist und man (a, b) auf beliebige Art durch die Teilungspunkte $x_1, x_2, \ldots, x_{n-1}$ in Teilintervalle teilt, so kann man zunächst in jedem Teilintervalle (x_{i-1}, x_i) einen Wert ξ_i derart wählen, daß

$$(4)\quad \int_b^a f(x)\,dx = f(\xi_1)(x_1 - a) + f(\xi_2)(x_2 - x_1) + \dots + f(\xi_n)(b - x_n).$$

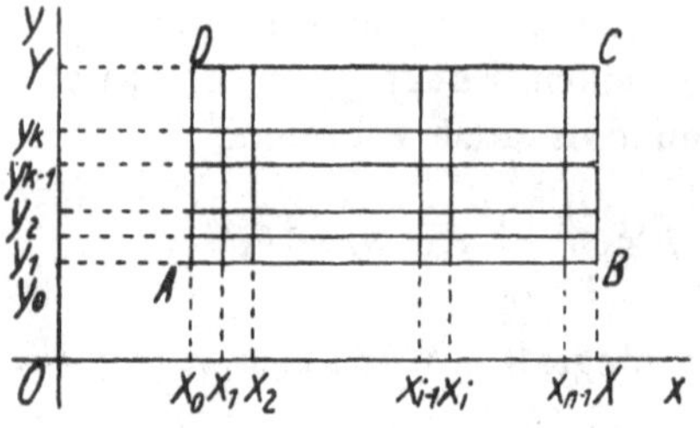

Fig. 23.

ist; hierzu genügt es, den Mittelwertsatz auf jedes der Intervalle (a, x_1), (x_1, x_2), $\dots (x_{n-1}, b)$ anzuwenden.

Nun hat aber der Teil der Summe S, der von dem Streifen der zwischen den beiden Geraden $x = x_{i-1}$, $x = x_i$ enthaltenen Rechtecke herrührt, den Wert

$$(x_i - x_{i-1})[f(\xi_{i1}, \eta_{i1})(y_1 - y_0) + f(\xi_{i2}, \eta_{i2})(y_2 + y_1) + \dots \\ + f(\xi_{ik}, \eta_{ik})(y_k - y_{k-1}) + \dots].$$

Wir wollen $\xi_{i1} = \xi_{i2} = \dots = \xi_{im} = x_{i-1}$ nehmen und $\eta_{i1}, \eta_{i2}, \dots$ derart wählen, daß die Summe

$$f(x_{i-1}, \eta_{i1})(y_1 - y_0) + f(x_{i-1}, \eta_{i2})(y_2 - y_1) + \dots$$

gleich dem Integral $\int_{y_0}^{Y} f(x_{i-1}, y)\,dy$ ist, wobei man x_{i-1} als konstant anzusehen hat. Verfahren wir ebenso mit allen Streifen von Rechtecken, die zwischen zwei benachbarten, zu Oy parallelen Geraden liegen, so können wir schreiben

$$(5)\quad S = \Phi(x_0)(x_1 - x_0) + \Phi(x_1)(x_2 - x_1) + \dots + \Phi(x_{i-1})(x_i - x_{i-1}) + \dots$$

indem wir zur Abkürzung

$$\Phi(x) = \int_{y_0}^{Y} f(x, y)\,dy$$

setzen. Diese Funktion $\Phi(x)$, die durch ein bestimmtes Integral, dargestellt wird, in dem x als ein Parameter betrachtet wird, ist eine stetige Funktion von x; wenn alle Intervalle $x_i - x_{i-1}$ gegen Null streben, so zeigt die Formel (5), daß S das bestimmte Integral

$$\int_{x_0}^{X} \Phi(x)\,dx$$

zum Grenzwert hat. Man erhält also für das gesuchte Doppelintegral

(6) $$\iint\limits_{(R)} f(x,y)\,dx\,dy = \int\limits_{x_0}^{X} dx \int\limits_{y_0}^{Y} f(x,y)\,dy\,;$$

um den Wert des Doppelintegrals zu erhalten, muß man zuerst $f(x,y)$ zwischen den Grenzen y_0 und Y integrieren, indem man hierbei x als konstant und y als variabel betrachtet: das Resultat ist eine Funktion der einzigen Variablen x, die man neuerdings zwischen den Grenzen x_0 und X integrieren muß.

Geht man in umgekehrter Reihenfolge vor, indem man zuerst den Teil der Summe S auswertet, der von einem Streifen von Rechtecken herrührt, die zwischen zwei Parallelen zu Ox enthalten sind, so würde man ebenso

$$\iint\limits_{(R)} f(x,y)\,dx\,dy = \int\limits_{y_0}^{Y} dx \int\limits_{x_0}^{X} f(x,y)\,dx$$

erhalten und durch Gleichsetzung dieser beiden Formeln ergibt sich

$$\int\limits_{x_0}^{X} dx \int\limits_{y_0}^{Y} f(x,y)\,dy = \int\limits_{y_0}^{Y} dy \int\limits_{x_0}^{X} f(x,y)\,dx\,;$$

wir finden so die Formel der Integration unter dem Integralzeichen wieder. Der Beweis setzt, wie der erste, voraus, daß die Grenzen x_0, y_0, X, Y fest sind und daß die Funktion $f(x,y)$ zwischen diesen Grenzen stetig ist.

Beispiel. Es sei $z = \frac{xy}{a}$. Die allgemeine Formel gibt

$$\iint\limits_{R} \frac{xy}{a}\,dx\,dy = \int\limits_{x_0}^{X} dx \int\limits_{y_0}^{Y} \frac{xy}{a}\,dy$$

$$= \int\limits_{x_0}^{X} \frac{x}{2a}(Y^2 - y_0^2)\,dx = \frac{1}{4a}(X^2 - x_0^2)(Y^2 - y_0^2).$$

Allgemeiner ist, wenn die Funktion $f(x,y)$ das Produkt einer Funktion der einzigen Variablen x und einer Funktion der einzigen Variablen y ist,

$$\iint\limits_{R} \varphi(x)\,\psi(y)\,dx\,dy = \int\limits_{x_0}^{X} \varphi(x)\,dx \cdot \int\limits_{y_0}^{Y} \psi(y)\,dy\,;$$

die beiden Integrale der rechten Seite sind völlig unabhängig voneinander.

Franklin hat (American Journal of Mathematics, Bd. VII., S. 77) aus dieser Bemerkung einen sehr einfachen Beweis einiger interessanter Theoreme von Tchebycheff abgeleitet. Es seien $\varphi(x)$ und $\psi(y)$ zwei in einem Intervalle (a, b) stetige Funktionen, wobei $a < b$ ist. Das Doppelintegral

$$\iint \left[\varphi(x) - \varphi(y)\right]\left[\psi(x) - \psi(y)\right] dx\, dy$$

erstreckt über das von den vier Geraden $x = a$, $x = b$, $y = a$, $y = b$ begrenzte Quadrat, ist nach der vorangehenden Bemerkung gleich der Differenz

$$2(b-a)\int_a^b \varphi(x)\psi(x)\,dx - 2\int_a^b \varphi(x)\,dx \cdot \int_a^b \psi(x)\,dx.$$

Nun haben aber alle Elemente des Doppelintegrals dasselbe Zeichen, wenn die beiden Funktionen $\varphi(x)$ und $\psi(x)$ gleichzeitig beständig zu- oder abnehmen oder wenn eine von ihnen beständig wächst, während die andere abnimmt. Im ersten Falle haben die beiden Differenzen $\varphi(x) - \varphi(y)$, $\psi(x) - \psi(y)$ stets dasselbe Zeichen, während sie im zweiten Falle ungleich bezeichnet sind. Wir erhalten infolgedessen

$$(b-a)\int_a^b \varphi(x)\psi(x)\,dx > \int_a^b \varphi(x)\,dx \cdot \int_a^b \psi(x)\,dx,$$

wenn die beiden Funktionen $\varphi(x)$ und $\psi(x)$ im Intervall (a, b) beide zu- oder beide abnehmen. Wir erhalten hingegen

$$(b-a)\int_a^b \varphi(x)\psi(x)\,dx < \int_a^b \varphi(x)\,dx \cdot \int_a^b \psi(x)\,dx,$$

wenn in demselben Intervalle eine der Funktionen wächst, während die andere abnimmt.

Über das Zeichen des Doppelintegrals besteht kein Zweifel, wenn $\varphi(x) = \psi(x)$ ist, denn die zu integrierende Funktion ist dann ein vollkommenes Quadrat. Man erhält also die Relation

$$(b-a)\int_a^b \left[\varphi(x)\right]^2 dx \geqq \left[\int_a^b \varphi(x)\,dx\right]^2,$$

welche für jede beliebige Funktion $\varphi(x)$ besteht und wobei die Gleichheit nur dann stattfinden kann, wenn $\varphi(x)$ eine Konstante ist.

Aus diesem Resultate kann man die Lösung eines interessanten Problemes der Variationsrechnung herleiten. Es seien P und Q zwei gegebene Punkte mit den Koordinaten (a, A) und (b, B). Es sei $y = f(x)$ die Gleichung einer Kurve, die diese beiden Punkte verbindet, und $f(x)$ sei, ebenso wie die erste Derivierte $f'(x)$, im Intervalle (a, b) stetig. Es handelt sich darum, unter diesen Kurven diejenige zu finden, für welche das Integral $\int_a^b y'^2\,dx$ ein Minimum ist.

Ersetzt man in der vorangehenden Ungleichheit $\varphi(x)$ durch y' und beachtet, das nach der Voraussetzung $f(a) = A$, $f(b) = B$ ist, so erhält man

$$(b-a)\int_a^b y'^2\,dx \geqq (B-A)^2.$$

Das Minimum für das Integral ist also gleich $\frac{(B-A)^2}{b-a}$ und dieser Wert wird erreicht, wenn y' konstant ist, d. h. wenn die Kurve sich auf die gerade Linie PQ reduziert.

121. **Fall eines beliebigen Integrationsfeldes.** Bevor wir zu dem Falle eines beliebigen Integrationsfeldes übergehen, wollen wir vorerst die Formel (6) verallgemeinern, indem wir annehmen, daß die Funktion $f(x, y)$ in dem Rechtecke $ABCD$ eine oder mehrere Unstetigkeitslinien zuläßt, dabei aber beständig endlich bleibt. Nehmen wir z. B. an, daß die Funktion $f(x, y)$ längs einer Linie L (oder wenigstens in gewissen Teilen dieser Linie), unstetig sei, die einen Punkt von AD mit einem Punkte von BC verbindet und durch eine Gleichung $y = \varphi(x)$ dargestellt wird, wo $\varphi(x)$ eine im Intervall (x_0, X) stetige Funktion ist. Diese Linie L zerlegt das Rechteck R in zwei Teile, einen Teil R' unterhalb von L, in dem $f(x, y)$ gleich einer stetigen Funktion $f_1(x, y)$ ist, und einen Teil R'' oberhalb L, in dem $f(x, y)$ gleich einer stetigen Funktion $f_2(x, y)$ ist. Wir haben bereits gesehen (Nr. 119), daß $f(x, y)$ integrierbar ist. Um das Doppelintegral zu berechnen, werden wir auch hier wie im vorangehenden Paragraphen das Feld in kleine Rechtecke zerlegen. Betrachten wir den Streifen von Rechtecken, der zwischen den beiden Parallelen $x = x_{i-1}$, $x = x_i$ zur y-Achse enthalten ist. Die Gerade $x = x_{i-1}$, begegnet der Unstetigkeitslinie in einem Punkte m mit der Ordinate $\varphi(x_{i-1})$, wobei diese Ordinate z. B. zwischen y_{k-1} und y_k enthalten ist. Zerlegen wir das kleine Rechteck, das von den vier Geraden $x = x_{i-1}$, $x = x_i$, $y = y_{k-1}$, $y = y_k$ begrenzt wird, in zwei andere mittels einer Parallelen zu Ox durch m. Wertet man von der Summe, deren Grenzwert man finden will, den Teil aus, welcher von diesem Streifen von Rechtecken herrührt, so findet man auch hier, daß bei geeigneter Wahl der Punkte (ξ, η) in jedem Rechtecke diese Summe durch

$$(x_i - x_{i-1})\left[\int_{y_0}^{\varphi(x_{i-1})} f_1(x_{i-1}, y)\,dy + \int_{\varphi(x_{i-1})}^{Y} f_2(x_{i-1}, y)\,dy\right]$$

gegeben ist.

Diese Schlußweise wird auf die gleiche Art zu Ende geführt. Setzt man

$$\int_{y_0}^{Y} f(x,y)\,dy = \int_{y_0}^{\varphi(x)} f_1(x,y)\,dy + \int_{\varphi(x)}^{Y} f_2(x,y)\,dy,$$

so ist der Wert des Doppelintegrals $\iint\limits_{(R)} f(x,y)\,dx\,dy$ durch die Formel (6) gegeben. Es ist klar, daß die Methode allgemein und die Schlußweise die gleiche ist, wie groß auch die Anzahl der Unstetigkeitslinien von der Art der Linie L im Rechtecke $ABCD$ sei, vorausgesetzt, daß die Funktion $f(x,y)$ endlich bleibt.

Dies vorausgeschickt betrachten wir nunmehr eine Grenzkurve, die von einer Parallelen zur y-Achse nur in zwei Punkten getroffen wird. Man kann stets voraussetzen, daß sie von zwei Grenzabschnitten AA', BB' gebildet werde, die zwei Parallelen zur y-Achse $x = a$ und $x = b$ $(a < b)$ angehören, und von zwei Kurvenbögen Am_1B, $A'm_2B'$, die durch die beiden Gleichungen $y_1 = \varphi_1(x)$, $y_2 = \varphi_2(x)$ dargestellt werden, wo $y_2 \geqq y_1$ ist und die Funktionen φ_2 und φ_2 zwischen a und b stetig sind. Es kann übrigens geschehen, daß die Punkte A und A', ebenso wie B und B' zusammenfallen; dies wird z. B. dann stattfinden, wenn die Begrenzungslinie eine geschlossene Kurve von der Gestalt einer Ellipse ist. Es sei $f(x,y)$ eine Funktion, die in dem durch diese Kurve begrenzten Bereiche und auf der Grenzkurve selbst stetig ist. Um das Doppelintegral zu berechnen, denken wir uns zwei Parallele zur x-Achse $y = y_0$, $y = Y$, so daß der Bereich R ganz zwischen diesen beiden Parallelen enthalten ist, und es sei T das durch die vier Geraden $x = a$, $x = b$, $y = y_0$, $y = Y$ begrenzte Rechteck (Fig. 24).

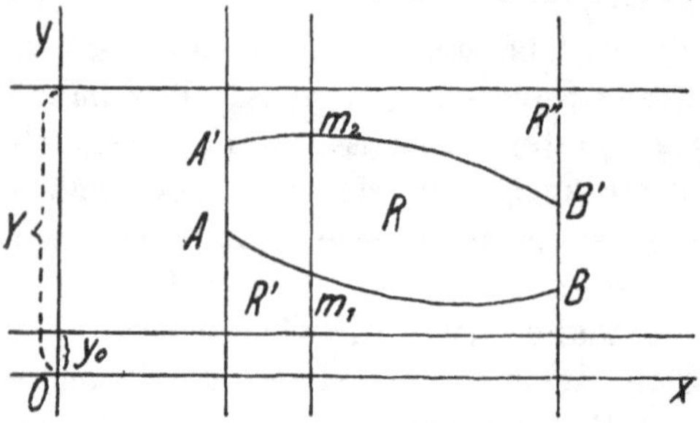

Fig. 24.

Die Kurven Am_1B, $A'm_2B'$ zerlegen das Rechteck T in drei Bereiche, den Bereich R, den Bereich R' unter Am_1B uud den Bereich R'' über $A'm_2B'$. Es sei $F(x,y)$ eine Hilfsfunktion, die in T folgendermaßen definiert ist: 1.) $F(x,y) = f(x,y)$ in R und auf der Grenzkurve von R; 2.) $F(x,y) = 0$ in R' und R''. Dann ist offenbar

$$\iint\limits_{(R)} f(x,y)\,dx\,dy = \iint\limits_{(T)} F(x,y)\,dx\,dy.$$

Die Formel (6) ist aber auf die Funktion $F(x,y)$ anwendbar, welche die Diskontinuitätslinien $A\,m_1\,B$ und $A'\,m_2\,B'$ zuläßt, und es ist

$$\iint_{T} F(x,y)\,dx\,dy = \int_a^b dx \int_{y_0}^{Y} F(x,y)\,dy\,.$$

Andererseits ist nach der Definition der Funktion $F(x,y)$

$$\int_{y_0}^{Y} F(x,y)\,dy = \int_{y_1}^{y_2} f(x,y)\,dy$$

und infolgedessen

$$\iint_{(R)} f(x,y)\,dx\,dy = \int_a^b dx \int_{y_1}^{y_2} f(x,y)\,dy\,. \tag{7}$$

Die erste Integration muß auch hier aufgeführt werden, indem man x als konstant ansieht, aber die Grenzen y_1 und y_2 sind selbst Funktionen von x und nicht Konstante.

Beispiel: Es sei das Doppelintegral der Funktion $\frac{xy}{a}$ im Innern eines Viertelkreises, der von den Achsen und dem Kreise

$$x^2 + y^2 - R^2 = 0$$

begrenzt wird, zu berechnen. Die Grenzen für x sind 0 und R und, wenn x fest bleibt, kann y von 0 bis $\sqrt{R^2 - x^2}$ variieren. Das Integral hat also den Ausdruck

$$\int_0^R dx \int_0^{\sqrt{R^2-x^2}} \frac{xy}{a}\,dy = \int_0^R \frac{x}{2a}\,\{y^2\}_0^{\sqrt{R^2-x^2}}\,dx = \int_0^R \frac{x(R^2-x^2)}{2a}\,dx\,;$$

dieses Integral ist leicht auszuwerten und hat den Wert $\frac{R^4}{8a}$.

Wenn das Integrationsfeld von einer beliebig geformten Grenzkurve umschlossen wird, so wird man es in mehrere Gebiete zerlegen, so daß die Grenzkurve eines jeden von ihnen von einer Parallelen zur y-Achse nur in zwei Punkten getroffen wird. Man könnte es auch in solche Gebiete zerlegen, daß die Begrenzungslinie eines jeden von ihnen von einer Parallelen zur x-Achse nur in zwei Punkten getroffen wird und mit einer Integration in bezug auf x beginnen. Nehmen wir z. B. eine geschlossene konvexe Kurve, die im Innern des Rechtecks $x = a$, $x = b$, $y = c$, $y = d$ enthalten ist, dessen Seiten durch die vier Punkte A, B, C, D gehen, für welche x oder y ein Minimum oder Maximum sind. Es seien[1] $y_1 = \varphi_1(x)$, $y_2 = \varphi_2(x)$ die Gleichungen der beiden Kurvenbögen ACB, ADB; ebenso seien $x_1 = \psi_1(y)$, $x_2 = \psi_2(y)$ die Gleichungen der Kurven-

[1] Der Leser wird gebeten, die Figur selbst zu zeichnen.

bogen CAD, CBD; $\varphi_1(x)$ und $\varphi_2(x)$ sind zwischen a und b stetig, $\psi_1(y)$ und $\psi_2(y)$ sind stetig, wenn y von c bis d variiert. Man kann das Doppelintegral einer Funktion $f(x, y)$, die im Innern dieser Grenzkurve stetig ist, auf zweierlei Arten berechnen, und erhält durch Gleichsetzung der beiden erhaltenen Ausdrücke

$$(8) \qquad \int_a^b dx \int_{y_1}^{y_2} f(x, y)\, dy = \int_c^d dy \int_{x_1}^{x} f(x, y)\, dy;$$

man sieht, daß die Grenzen in den beiden Integralen völlig verschieden sind. Jede konvexe Begrenzungslinie liefert eine derartige Formel. Nimmt man z. B. als Integrationsfeld das von den Geraden $y = 0$, $x = a$, $y = x$ begrenzte Dreieck, so gelangt man zu einer Formel, die Lejeune-Dirichlet gegeben hat,

$$\int_0^a dx \int_0^x f(x, y)\, dy = \int_0^a dy \int_y^a f(x, y)\, dx.$$

122. **Analogien mit den einfachen Integralen.** Das Integral $\int_a^x f(t)\, dt$, als Funktion von x betrachtet, hat die Derivierte $f(x)$. Für die Doppelintegrale existiert ein analoges Theorem. Es sei $f(x, y)$ eine Funktion, die im Innern eines von den Geraden $x = a$, $x = A$, $y = b$, $y = B$ $(a < A,\ b < B)$ begrenzten Rechtecks stetig ist. Das Doppelintegral von $f(x, y)$, erstreckt auf die Fläche des von den Geraden $x = a$, $x = X$, $y = b$, $y = Y$ $(a < X < A,\ b < Y < B)$ begrenzten Rechtecks, ist eine Funktion der Koordinaten X, Y des variablen Eckpunktes, die man schreiben kann

$$F(X, Y) = \int_a^X dx \int_b^Y f(x, y)\, dx.$$

Es sei $\Phi(x) = \int_b^Y f(x, y)\, dy$; eine erste Differentiation in bezug auf X gibt uns

$$\frac{\partial F}{\partial X} = \Phi(X) = \int_b^Y f(X, y)\, dy,$$

und wenn man neuerdings in bezug auf Y differenziert, erhält man

$$(9) \qquad \frac{\partial^2 F}{\partial X\, \partial Y} = f(X, Y).$$

Die allgemeinste Funktion $u(X, Y)$, die der vorangehenden Bedingung (9) genügt, wird leicht erhalten, indem man zu $F(X, Y)$ eine Funktion z hinzufügt, deren zweite Derivierte $\frac{\partial^2 z}{\partial X\, \partial Y}$ Null ist. Sie ist also (Nr. 62) von der Form

$$(10) \qquad u(X, Y) = \int_a^X dx \int_b^Y f(x, y)\, dy + \varphi(X) + \psi(Y),$$

wo $\varphi(X)$ und $\psi(Y)$ zwei willkürliche Funktionen sind. Man kann über diese beiden willkürlichen Funktionen derart verfügen, daß $u(X, Y)$ sich für $X = a$ auf eine gegebene Funktion $V(Y)$ und für $Y = b$ auf eine andere gegebene Funktion $U(X)$ reduziert; diese beiden Funktionen müssen durch die Beziehung $U(a) = V(b)$ miteinander verknüpft sein. Setzt man in der vorangehenden Relation sukzessive $X = a$, $Y = b$, so erhält man die beiden Bedingungen

$$V(Y) = \varphi(a) + \psi(Y), \qquad U(X) = \varphi(X) + \psi(b);$$

man entnimmt hieraus

$$\psi(Y) = V(Y) - \varphi(a), \qquad \psi(b) = V(b) - \varphi(a),$$
$$\varphi(X) = U(X) - V(b) + \varphi(a)$$

und die Formel (10) geht über in

$$u(X, Y) = \int_a^X dx \int_b^Y f(x, y)\, dy + U(X) + V(Y) - V(b). \tag{11}$$

Umgekehrt: wenn man durch irgendein Mittel eine Funktion $u(X, Y)$ erhalten hat, welche die Relation (9) erfüllt, so findet man durch eine der vorangehenden ganz analoge Rechnung, daß der Wert des Doppelintegrals

$$\int_a^X dx \int_b^Y f(x, y)\, dy = u(X, Y) - u(X, b) - u(a, Y) + u(a, b) \tag{12}$$

ist.

Ändern wir nun die Voraussetzungen dahin, daß wir die beiden Seiten des Rechtecks durch einen Kurvenbogen AB ersetzen, dessen Ordinate mit wachsender Abszisse beständig abnimmt (Fig. 25).

Es sei $f(x, y)$ eine im Innern des Rechtecks $ABCD$ stetige Funktion wenn M ein beliebiger Punkt des Rechtecks ist, so begegnen die durch M gezogenen Parallelen zu den Achsen dem Bogen AB in zwei Punkten P und Q und das Doppelintegral

$$F(X, Y) = \iint_{(PMQ)} f(x, y)\, dx\, dy,$$

erstreckt über die Fläche des gemischtlinigen Dreiecks PMQ, ist eine in diesem Rechtecke stetige Funktion. Schreibt man dieses Doppelintegral in der Form (7), so kann man leicht daraus ableiten, daß es auch der Beziehung (9) genügt. Man kann es auch folgendermaßen direkt sehen. Erteilen wir X und Y Inkremente h und k, wodurch man vom Punkte M zu dem benachbarten Punkte M' übergeht. Bezeichnen wir mit (1), (2), (3), (4) die Doppelintegrale, erstreckt über die mit den gleichen Ziffern bezeichneten Bereiche der Fig. 25. Dann ist

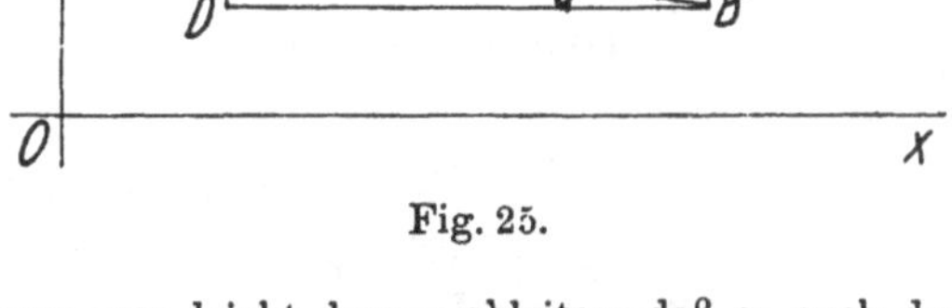

Fig. 25.

$$F(X+h, Y+k) = (1) + (2) + (3) + (4),$$

$$F(X+h, Y) = (1) + (3), \qquad F(X, Y+k) = (1) + (2)$$

und infolgedessen

$$\frac{F(X+h, Y+k) - F(X, Y+k) - F(X+h, Y) + F(X, Y)}{hk} = \frac{(4)}{hk};$$

das Verhältnis auf der linken Seite hat $\frac{\partial^2 F}{\partial X \partial Y}$ zur Grenze, wenn h und k gegen Null streben (Nr. 21). Wendet man andererseits den Mittelwertssatz auf das Doppelintegral (4) an, so erhält man $(4) = hk f(X + \theta h, Y + \theta' k)$. Läßt man h und k gegen Null konvergieren, so erhält man also wieder die Formel (9).

Das Integral $F(X, Y)$ der Gleichung (9) ist längs AB null. Ebenso auch seine beiden partiellen Derivierten erster Ordnung; man sieht in der Tat unmittelbar aus der Figur, daß einem Zuwachs h von X, wenn der Punkt M auf AB liegt, ein unendlich kleiner Zuwachs zweiter Ordnung von $F(X, Y)$ entspricht.

Die Formel (12) ist der Fundamentalformel (8) der Nr. 77 analog.

Die folgende Formel hingegen bietet eine gewisse Analogie zu der Formel der partiellen Integration dar.

Es sei A ein endliches Gebiet der Ebene, das von einer oder mehreren Kurven von beliebiger Form begrenzt wird. Eine Funktion $f(x, y)$, die in A stetig ist, variiert zwischen einem Minimum v_0 und einem Maximum V. Denken wir uns, man habe die Niveaukurven $f(x, y) = v$ gezogen, wo v zwischen v_0 und V enthalten ist, und nehmen wir an, daß man die Fläche des Gebietes von A finden kann, für das $f(x, y)$ zwischen v_0 und v enthalten ist. Diese Fläche ist eine Funktion $F(v)$, die mit v wächst, und die zwischen zwei unendlich benachbarten Niveaukurven eingeschlossene Fläche ist gleich $F(v + \Delta v) - F(v) = \Delta v F'(v + \theta \Delta v)$. Zerlegt man diese Fläche in unendlich kleine Gebiete durch Linien, die die beiden benachbarten Niveaukurven miteinander verbinden, so kann man in jedem dieser Gebiete einen Punkt (ξ, η) nehmen, so daß $f(\xi, \eta) = v + \theta \Delta v$ ist, und die Summe der Elemente des Doppelintegrals $\iint f\,dx\,dy$, die von diesem Gebiete herrühren, ist gegeben durch

$$(v + \theta \Delta v) F'(v + \theta \Delta v) \Delta v.$$

Das Doppelintegral ist also gleich dem Grenzwerte von

$$\sum (v + \theta \Delta v) F'(v + \theta \Delta v) \Delta v,$$

d. h. gleich dem einfachen Integrale

$$\int_{v_0}^{V} v F'(v)\,dv = V F(V) - \int_{v_0}^{V} F(v)\,dv.$$

Diese Methode ist besonders bequem, wenn das Integrationsfeld von zwei Niveaukurven

$$f(x, y) = v_0, \qquad f(x, y) = V$$

begrenzt wird. Es sei z. B. das Doppelintegral $\iint \sqrt{1 + x^2 + y^2}\,dx\,dy$, erstreckt über das Innere des Kreises $x^2 + y^2 = 1$, auszuwerten. Wenn wir $v = \sqrt{1 + x^2 + y^2}$ setzen, so wird das Integrationsfeld von zwei Niveaukurven

$v = 1$, $v = \sqrt{2}$ begrenzt und die Funktion $F(v)$, die die Fläche eines Kreises vom Radius $\sqrt{v^2 - 1}$ ist, ist gleich $\pi(v^2 - 1)$. Das Doppelintegral ist also gleich

$$\int_1^{\sqrt{2}} 2\pi v^2 \, dv = \frac{2\pi}{3}(2\sqrt{2} - 1)\,^{1)}$$

Die vorstehende Formel läßt sich leicht auf die Doppelintegrale der Form

$$\iint f(x, y)\, \varphi(x, y)\, dx\, dy$$

ausdehnen, wenn man mit $F(v)$ das Doppelintegral $\iint \varphi(x, y)\, dx\, dy$ bezeichnet, erstreckt auf den Teil des Integrationsfeldes, der von der Niveaukurve $v = f(x, y)$ begrenzt wird.

123. **Formel von Green.** Wenn die Funktion $f(x, y)$ die partielle Derivierte einer bekannten Funktion nach x oder nach y ist, so vollzieht sich eine der Integrationen unmittelbar und man wird auf eine einzige Quadratur geführt. Diese sehr einfache Bemerkung führt zu einer wichtigen Formel, der Formel von Green.

Betrachten wir zunächst ein Doppelintegral $\iint \frac{\partial P}{\partial y}\, dx\, dy$, erstreckt über den Teil der Ebene, der von einer Grenzlinie C (vergl. Fig. 24) umschlossen wird, die sich aus zwei Geradensegmenten AA', BB' parallel zur y-Achse und aus zwei Bögen Am_1B, $A'm_2B'$ zusammensetzt. Eine Parallele zu Oy zwischen AA' und BB' begegnet dem Bogen Am_1B und $A'm_2B'$ in zwei Punkten m_1 und m_2 mit den Ordinaten y_1 und y_2. Der Ausdruck des Doppelintegrals wird, wenn man zuerst inbezug auf y integriert,

$$\iint \frac{\partial P}{\partial y}\, dx\, dy = \int_a^b dx \int_{y_1}^{y_2} \frac{\partial P}{\partial y}\, dy = \int_a^b \left[P(x, y_2) - P(x, y_1)\right] dx.$$

Die beiden Integrale $\int_a^b P(x, y_1)\, dx$, $\int_a^b P(x, y_2)\, dx$ sind aber gerade die längs Am_1B, resp. $A'm_2B'$ genommenen Kurvenintegrale. Da die Kurvenintegrale $\int_{AA_1} P\, dx$, $\int_{BB_1} P\, dx$ null sind, so können wir die vorstehende Formel auch schreiben

$$(13) \qquad \iint \frac{\partial P}{\partial y}\, dx\, dy = -\int_{(C)} P\, dx,$$

[1]) Man findet zahlreiche Anwendungen dieser Methode in einem Aufsatze von CATALAN (Journal de Liouville, 1re Série, T. IV, p. 233).

wobei das Kurvenintegral längs der Grenzkurve C im direkten Sinne zu nehmen ist, wenn die Achsen die gleiche Lage wie in der Figur haben. Um die Formel auf eine Fläche, die von einer beliebig geformten Grenzkurve umschlossen wird, auszudehnen, geht man wie in Nr. 95 vor, indem man die Fläche in mehrere andere durch Transversalen derart zerlegt, daß die Umgrenzungslinie jeder der Teilflächen der vorstehenden Bedingung genügt, und wendet die Formel auf jede von ihnen an. Ebenso leitet man die Formel

$$\iint \frac{\partial Q}{\partial x}\, dx\, dy = \int_{(C)} Q\, dy \tag{14}$$

ab, wobei das Kurvenintegral stets in dem vollen Sinne genommen wird. Subtrahiert man die Gleichheiten (13) und (14), so erhält man

$$\int_{(C)} P\, dx + Q\, dy = \iint \left(\frac{\partial Q}{\partial x} - \frac{\partial P}{\partial y}\right) dx\, dy, \tag{15}$$

wobei das Doppelintegral über die von C begrenzte Fläche zu erstrecken ist. Dies ist die Formel von Green, die zu wichtigen Folgerungen führt. Setzt man $Q = x$, $P = -y$, so findet man die in Nr. 95 erhaltene Formel wieder, welche die Fläche einer geschlossenen Kurve durch ein Kurvenintegral ausdrückt.

Bemerkung. Ersetzt man in der Formel (13) P durch ein Produkt aus zwei Faktoren $u\, v$, so erhält man

$$\iint u \frac{\partial v}{\partial y}\, dx\, dy + \iint v \frac{\partial u}{\partial y}\, dx\, dy = -\int_{(C)} u\, v\, dx$$

und infolgedessen

$$\iint u \frac{\partial v}{\partial y}\, dx\, dy = -\int_{(C)} u\, v\, dx - \iint v \frac{\partial u}{\partial y}\, dx\, dy.$$

Ebenso würde man

$$\iint u \frac{\partial v}{\partial x}\, dx\, dy = \int_{(C)} u\, v\, dy - \iint v \frac{\partial u}{\partial x}\, dx\, dy$$

erhalten. Die Analogie mit der Formel der partiellen Integration ist offensichtlich.

II. Änderung der Variablen. — Volumen. — Inhalt einer krummen Oberfläche.

Wir haben bisher vorausgesetzt, daß man, um ein Doppelintegral auszuwerten, das Integrationsfeld durch Parallele zu den Koordinatenachsen in unendlich kleine Rechtecke zerlege. Wir wollen nun annehmen, daß man das Integrationsfeld durch zwei vollkommen beliebige Kurvenfamilien zerlegt.

124. **Vorbereitende Formel.** Es seien u und v die Koordinaten eines Punktes inbezug auf ein System rechtwinkliger Achsen in einer Ebene, x und y die Koordinaten eines anderen Punktes inbezug auf ein anderes rechtwinkliges Achsensystem von gleicher Anordnung wie das erste, das in derselben oder in einer anderen Ebene liegen kann. Die Formeln

$$(16) \qquad x = f(u, v), \qquad y = \varphi(u, v)$$

definieren eine gewisse Zuordnung zwischen den Punkten dieser beiden Ebenen. Wir setzen voraus: 1. daß diese Funktionen $f(u, v)$, $\varphi(u, v)$ stetig sind und stetige partielle Derivierte zulassen, wenn der Punkt (u, v) einen von einer Grenzkurve C_1 umschlossenen Teil A_1 der (u, v)-Ebene beschreibt; 2. daß die Formeln (16) dem Gebiete A_1 der (u, v)-Ebene ein Gebiet A der (x, y)-Ebene zuordnen, das von einer Kurve C begrenzt wird, und daß die Beziehung zwischen den Punkten der beiden Flächen und der beiden Kurven eineindeutig sei, d. h. daß einem Punkte von A nur ein Punkt von A_1 entspreche; 3. daß die Funktionaldeterminante $\Delta = \frac{D(f, \varphi)}{D(u, v)}$ im Innern von C_1 das Zeichen nicht ändere (sie kann aber in gewissen Punkten von A_1 verschwinden).

Es können sich dann zwei verschiedene Fälle darbieten. Wenn der Punkt (u, v) die Grenzkurve C_1 im direkten Sinne beschreibt, so beschreibt der Punkt (x, y) die Grenzkurve C, indem er stets im selben Sinne, dem direkten oder dem entgegengesetzten, fortschreitet. Entsprechend diesen beiden Fällen werden wir auch die Zuordnung eine direkte oder inverse nennen.

Die Fläche Ω des Gebietes A der Ebene ist durch

$$\Omega = \int\limits_{(C)} x\, dy$$

gegeben, wobei das Integral längs der Grenzkurve C im direkten Sinne zu nehmen ist. Wenn man die durch die Formeln (16) definierte Änderung der Variablen vornimmt, so erhält man

$$\Omega = \pm \int\limits_{(C_1)} f(u, v)\, d\,\varphi(u, v),$$

das neue Integral längs C_1 im direkten Sinne genommen; dabei gilt das Zeichen $+$ oder $-$, je nachdem die Zuordnung direkt oder invers ist. Wenden wir auf das neue Integral die Formel von Green an, indem wir $u = x$, $v = y$, $P = f\frac{\partial \varphi}{\partial u}$, $Q = f\frac{\partial \varphi}{\partial v}$ setzen: dann ist

$$\frac{\partial Q}{\partial u} - \frac{\partial P}{\partial v} = \Delta = \frac{D(f, \varphi)}{D(u, v)}$$

und wir erhalten

$$\Omega = \pm \iint\limits_{(A_1)} \frac{D(f, \varphi)}{D(u, v)} du\, dv$$

oder auch, wenn wir auf das Doppelintegral den Mittelwertsatz anwenden,

$$\Omega = \pm\, \Omega_1 \frac{D(f, \varphi)}{D(\xi, \eta)}, \tag{17}$$

wo (ξ, η) die Koordinaten eines Punktes im Innern von C_1 sind und Ω_1 die Fläche des Gebietes A_1 der Ebene (u, v) bedeutet. Man sieht zunächst, daß man auf der rechten Seite das Zeichen + oder − nehmen muß, je nachdem Δ selbst positiv oder negativ ist. Darnach ist die Zuordnung direkt oder invers, je nachdem Δ positiv oder negativ ist.

Die Formel (17) stellt eine weitere Analogie zwischen den Funktionaldeterminanten und den Derivierten her. Denken wir uns nämlich, daß der Teil A_1 der Ebene in jeder Richtung unbegrenzt abnehme, indem alle Punkte gegen einen bestimmten Punkt (u, v) streben. Dann wird dasselbe auch für A gelten und das Verhältnis der Flächen Ω, Ω_1 hat den Absolutwert der Determinante Δ zum Grenzwert; so wie die Derivierte der Grenzwert des Verhältnisses zweier Linienelemente ist, ist also Δ der Grenzwert des Verhältnisses zweier Flächenelemente. Die Formel (17) ist von diesem Gesichtspunkte aus das Analogon zum Mittelwertsatze der Differentialrechnung.

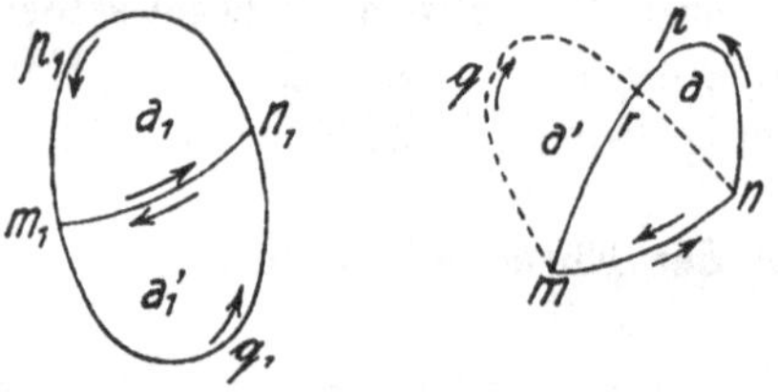

Fig. 26.

Bemerkungen. Die Voraussetzungen, welche wir über die Zuordnung zwischen A und A_1 gemacht haben, sind nicht alle unabhängig. So ist, damit die Zuordnung eindeutig sei, notwendig, daß Δ das Zeichen im Gebiete A_1 der (u, v)-Ebene nicht ändere. Setzen wir einmal voraus, daß Δ längs einer Kurve γ_1, welche das Gebiet von A_1, in dem Δ positiv ist, von dem Gebiete von A_1, in dem Δ negativ ist, trennt, gleich null ist. Nehmen wir einen kleinen Bogen $m_1 n_1$ von γ_1 und ein sehr kleines Gebiet von A_1, das den Bogen $m_1 n_1$ enthält; es zerfällt in zwei Gebiete a_1 und a'_1, deren Trennungslinie $m_1 n_1$ ist (Fig. 26).

Wenn der Punkt (u, v) die Fläche a_1 beschreibt, wo Δ positiv ist, so beschreibt der Punkt (x, y) eine Fläche a mit der Grenzkurve $m n p m$ und die beiden Grenzkurven $m_1 n_1 p_1 m_1$, $m n p m$ werden gleichzeitig im gleichen Sinne durchlaufen. Wenn der Punkt (u, v) die Fläche a'_1 beschreibt, wo Δ negativ ist, so beschreibt der Punkt (x, y) eine Fläche a', deren Grenzkurve $n\,m\,q\,n$ im inversen Sinne beschrieben werden muß, wenn $n_1\,m_1\,q_1\,n_1$ im direkten Sinne beschrieben wird. Diese Fläche a' muß also teilweise die Fläche a überdecken; jedem Punkte (x, y) des gemeinsamen Gebietes $n\,r\,m$ entsprechen zwei Punkte (u, v) die zu beiden Seiten der Linie $m_1\,n_1$ liegen.

Setzen wir z. B. $X = x$, $Y = y^2$; hier ist $\Delta = 2y$. Wenn der Punkt (x, y) eine geschlossene Fläche beschreibt, welche einen Abschnitt $a\,b$ der x-Achse enthält, so beschreibt der Punkt (X, Y), wie man ohne Mühe sieht, zwei Flächen, die oberhalb der X-Achse liegen und beide an demselben Segmente $A\,B$ dieser Achse enden, wie man es bei einem gefalteten Papier sieht.

Es genügt jedoch nicht, daß Δ dasselbe Zeichen in A_1 bewahre, damit die Zuordnung eineindeutig sei. Nehmen wir z. B. $X = x^2 - y^2$, $Y = 2xy$; die Jacobi'sche Determinante $\Delta = 4(x^2 + y^2)$ ist hier stets positiv. Bezeichnen (r, θ), (R, ω) die Polarkoordinaten der beiden Punkte (x, y), (X, Y), so lassen sich die vorstehenden Formeln schreiben: $R = r^2$, $\omega = 2\theta$. Lassen wir nun r von a bis b $(a < b)$ und θ von 0 bis $\pi + \alpha$ (wo α zwischen 0 und $\frac{\pi}{2}$ liegt) variieren. Der Punkt (R, ω) beschreibt den Kreisring, der zwischen den beiden Kreisen mit den Radien a^2 und b^2 enthalten ist. Aber jedem zwischen 0 und 2α enthaltenem Werte des Winkels ω entsprechen zwei Werte von θ, der eine θ_1 zwischen 0 und α, der andere zwischen π und $\pi + \alpha$. Man kann sich auch hier die durch den Punkt (X, Y) beschriebene Fläche mittels eines Kreisringes aus Papier, der sich teilweise überdeckt, veranschaulichen.

125. **Änderung der Variablen. Erste Methode.** Behalten wir die oben über die Gebiete A und A_1 aufgestellten Voraussetzungen sowie die Formel (16) bei und es sei $F(x, y)$ eine im Gebiete A stetige Funktion. Zerlegen wir das Gebiet A_1 in kleinere Gebiete $\alpha_1, \alpha_2, \ldots \alpha_n$ auf willkürliche Art; dem entspricht eine Teilung des Gebietes A in kleinere Gebiete $a_1, a_2, \ldots a_n$. Es seien ω_i und σ_i die Flächen zweier entsprechender Gebiete a_i und α_i; nach Formel (17) ist

$$\omega_i = \sigma_i \left| \frac{D(f, \varphi)}{D(u_i, v_i)} \right|,$$

wo u_i, v_i die Koordinaten eines Punktes des Gebietes α_i sind. Diesem Punkte (u_i, v_i) entspricht ein Punkt $x_i = f(u_i, v_i)$, $y_i = \varphi(u_i, v_i)$ des Gebietes a_i. Setzen wir $\Phi(u, v) = F[f(u, v), \varphi(u, v)]$, so können wir also schreiben

$$\sum_{i=1}^{n} F(x_i, y_i)\,\omega_i = \sum_{i=1}^{n} \Phi(u_i, v_i) \left| \frac{D(f, \varphi)}{D(u_i, v_i)} \right| \sigma_i;$$

geht man zur Grenze über, so erhält man die Gleichheit

$$(18) \qquad \iint\limits_{(A)} F(x, y)\,dx\,dy = \iint\limits_{(A_1)} F[f(u, v), \varphi(u, v)] \left| \frac{D(f, \varphi)}{D(u, v)} \right| du\,dv.$$

Um also eine Änderung der Variablen in einem Doppelintegrale auszuführen, muß man x und y durch ihre Werte als Funktionen der neuen Variablen u, v und das Produkt $dx\,dy$ durch $|\Delta|\,du\,dv$ ersetzen. Was das neue Integrationsfeld betrifft, so haben wir bereits auseinandergesetzt, wie man es bestimmt.

Um zu finden, zwischen welchen Grenzen die Integrationen, die den Wert des neuen Doppelintegrals geben, ausgeführt werden sollen, ist es im allgemeinen überflüssig, die Kurve C_1 des neuen Integrationsfeldes A_1 zu ziehen. Betrachten wir nämlich u und v als ein System krummliniger Koordinaten; wenn man in den Formeln (16) einer der Veränderlichen u, v einen konstanten Wert erteilt und die andere variieren läßt, so erhält man zwei Familien von Kurven $u =$ konst., $v =$ konst. Nach den über die Formeln (16) gemachten Voraussetzungen geht durch jeden Punkt des Gebietes A eine und nur eine Kurve jeder der beiden Familien. Nehmen wir z. B. an, daß eine Kurve $v =$ konst. der Kurve C nur in zwei Punkten M_1, M_2 begegne, die den Werten u_1, u_2 von u ($u_1 < u_2$) entsprechen, und daß alle Kurven (v), welche der Grenzkurve (C) begegnen, zwischen den beiden Kurven $v = a$, $v = b$ $(a < b)$ gelegen sind (Fig. 27). Integriert man dann zuerst nach u, während v konstant bleibt, so muß man u von u_1 bis u_2 (u_1 und u_2 sind im allgemeinen Funktionen von v) variieren lassen und dann das Resultat zwischen a und b integrieren. Der Ausdruck des gesuchten Doppelintegrals wird also

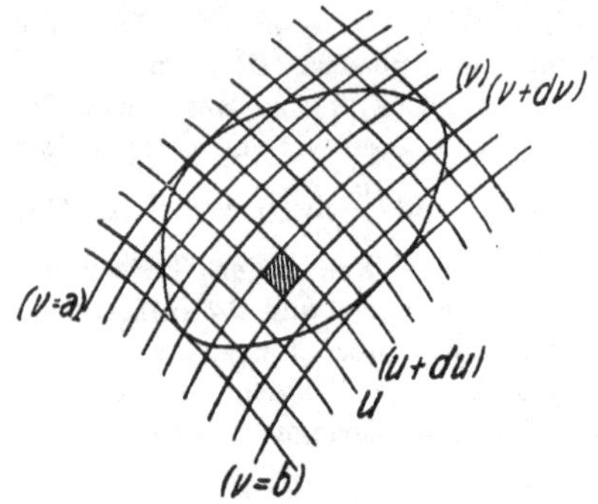

Fig. 27.

$$\int_a^b dv \int_{u_1}^{u_2} F[f(u,v), \varphi(u,v)]\,|\Delta|\,du\,dv\,.$$

Die Einführung neuer Variablen kommt im Grunde darauf hinaus, das Integrationsfeld durch die beiden Kurvensysteme (u) und (v) in unendlich kleine Gebiete zu zerlegen. Es sei ω die Fläche des krummlinigen Viereckes, das durch die Kurven (u), $(u+du)$, (v), $(v+dv)$ begrenzt wird, wo du und dv positiv sind; diesem Vierecke entspricht in der (u, v)-Ebene ein Rechteck mit den Seiten du und dv. Man erhält also nach der Formel (17) $\omega = |\Delta(\xi, \eta)|\,du\,dv$, wo ξ zwischen u und $u + du$, η zwischen v und $v + dv$ enthalten ist. Der Ausdruck $|\Delta(u, v)|\,du\,dv$ heißt das Flächenelement im Koordinatensystem (u, v). Der genaue Wert von ω ist $\omega = \{|\Delta(u,v)| + \varepsilon\}\,du\,dv$, wo ε zugleich mit du und dv unendlich klein ist. Wenn man aber den Grenzwert der Summe $\Sigma F(x,y)\,\omega$ sucht, so kann man ε vernachlässigen; denn da $\Delta(u,v)$ eine stetige Funktion ist, so kann man die Kurven (u) und (v) genügend nahe voraussetzen, so daß alle ε dem absoluten Betrage nach kleiner als jede im voraus gegebene positive Zahl sind und daß infolgedessen die Summe $\Sigma F(x,y)\,\varepsilon\,du\,dv$ selbst dem absoluten Betrage nach kleiner als jede positive Zahl ist.

126. **Beispiele.** 1. Polarkoordinaten. Nehmen wir den Fall, daß man von den rechtwinkligen Koordinaten zu Polarkoordinaten übergehe. Es ist $x = \varrho\cos\omega$, $y = \varrho\sin\omega$ und man erhält alle Punkte der Ebene, indem man ϱ von 0 bis $+\infty$ und ω von 0 bis 2π variieren läßt. Man findet $\Delta = \varrho$, so daß das Flächenelement $\varrho\,d\omega\,d\varrho$ ist, wie es auch die Geometrie leicht bestätigt. Setzen wir zunächst voraus, daß es sich darum handle, ein Doppelintegral in dem Teile einer Ebene auszuwerten, der von den beiden Geraden OA und OB, die mit der x-Achse die Winkel ω_1, ω_2 bilden, und von einem Bogen AB begrenzt wird, der von einem vom Ursprung aus gezogenen Halbstrahle nur in einem Punkte getroffen wird. Es sei $R = \varphi(\omega)$ die Gleichung des Bogens AB; wenn ω zwischen ω_1 und ω_2 enthalten ist, kann ϱ von 0 bis R variieren und das Doppelintegral von $f(x,y)$ hat den Wert

$$\int_{\omega_1}^{\omega_2} d\omega \int_0^R f(\varrho\cos\omega,\ \varrho\sin\omega)\,\varrho\,d\varrho\,.$$

Wenn der Bogen AB eine geschlossene Kurve bildet, so wird man $\omega_1 = 0$, $\omega_2 = 2\pi$ nehmen. Jedes Integrationsfeld kann in mehrere solche Gebiete zerlegt werden, wie das vorangehende ist. Nehmen wir z. B. an, daß die Grenzkurve C eine geschlossene konvexe Kurve sei und daß der Ursprung außerhalb derselben liege. Es seien OA und OB die durch den Ursprung an diese Grenzkurve gezogenen Tangenten, $R_1 = f_1(\omega)$, $R_2 = f_2(\omega)$ die Gleichungen der beiden Kurvenbögen ANB, AMB. Für einen gegebenen Wert von ω, der zwischen ω_1 und ω_2 liegt, kann ϱ von R_1 bis R_2 variieren, und man erhält als Wert des Doppelintegrals

$$\int_{\omega_1}^{\omega_2} d\omega \int_{R_1}^{R_2} f(\varrho\cos\omega,\ \varrho\sin\omega)\,\varrho\,d\varrho\,.$$

2. Elliptische Koordinaten. Betrachten wir eine Familie homofokaler Kegelschnitte

$$\frac{x^2}{\lambda} + \frac{y^2}{\lambda - c^2} = 1\,, \tag{19}$$

wo λ einen willkürlichen Parameter bezeichnet. Durch jeden Punkt der Ebene gehen zwei derartige Kegelschnitte, eine Ellipse und eine Hyperbel, denn die Gleichung (19) hat für jedes beliebige Wertepaar (x, y) eine Wurzel $\lambda > c^2$ und eine positive Wurzel μ kleiner als c^2. Aus der Relation (19) und aus der analogen, in der λ durch μ ersetzt wurde, entnimmt man

$$(20) \qquad x = \frac{\sqrt{\lambda\mu}}{c}, \quad y = \frac{\sqrt{(\lambda - c^2)(c^2 - \mu)}}{c} \qquad (0 \leqq \mu \leqq c^2 \leqq \lambda);$$

um jede Zweideutigkeit zu vermeiden, betrachten wir nur den Teil der xy-Ebene, der im Winkel $x0y$ liegt. Jeder Punkt dieses Gebietes entspricht eineindeutig

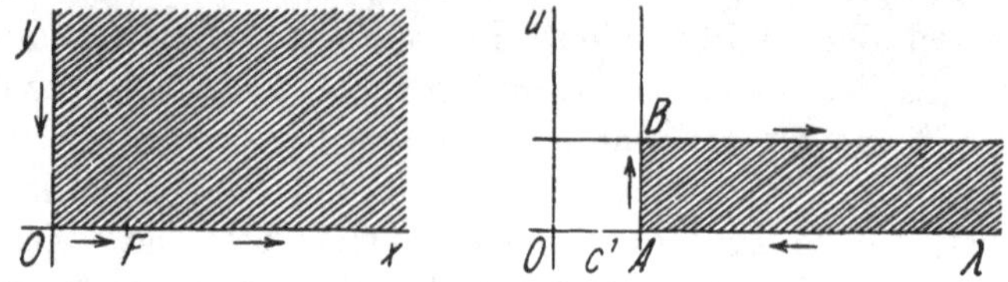

Fig. 28.

einem Punkte des Gebietes (λ, μ), das von den Geraden

$$\lambda = c^2, \qquad \mu = 0, \qquad \mu = c^2$$

begrenzt wird.

Beschreibt der Punkt (λ, μ) die Grenzkurve dieses Gebietes in dem durch die Pfeile angezeigten Sinne, so zeigen die Formeln (20), daß der Punkt (x, y) die beiden Achsen Ox, Oy in dem durch die Pfeile bezeichneten Sinne beschreibt. Die Zuordnung ist also invers; dies bestätigt man leicht durch die Berechnung von Δ

$$\Delta = \frac{D(x, y)}{D(\lambda, \mu)} = -\frac{1}{4} \frac{\lambda - \mu}{\sqrt{\lambda\mu(\lambda - c^2)(c^2 - \mu)}}.$$

127. Änderung der Variablen. Zweite Methode. — Wir wollen nun die allgemeine Formel (18) noch durch eine andere Methode begründen, die sich einzig auf die Art, wie man ein Doppelintegral berechnet, stützt. Wir behalten ausdrücklich die Voraussetzungen, die wir anfangs über die Zuordnung zwischen den Punkten der beiden Gebiete A, A_1 gemacht haben, bei. Wir können zunächst die folgenden einfachen Sätze aussprechen: 1. Wenn die Formel (18) für zwei spezielle Transformationen

$$x = f(u, v), \qquad u = f_1(u', v')$$
$$y = \varphi(u, v), \qquad v = \varphi_1(u', v')$$

richtig ist, so ist sie es auch für die Transformation, die man erhält, wenn man jene nacheinander ausführt; dies folgt aus der bekannten Eigenschaft der Funktionaldeterminanten (Nr. 54)

$$\frac{D(x, y)}{D(u', v')} = \frac{D(x, y)}{D(u, v)} \cdot \frac{D(u, v)}{D(u', v')}.$$

2. Wenn die Formel (18) für mehrere Gebiete $A, B, C, \dots L$, denen die Gebiete $A_1, B_1, C_1, \dots L_1$ entsprechen, richtig ist, so ist sie es auch für das Gebiet $A + B + C + \dots + L$. 3. Die Formel ist richtig, wenn sich die Änderung der Variablen auf eine Koordinatentransformation

$$x = x_0 + x' \cos\alpha - y' \sin\alpha, \quad y = y_0 + x' \sin\alpha + y' \cos\alpha$$

reduziert; hier ist $\Delta = 1$ und die beiden Integrale sind unmittelbar nach der Definition der Doppelintegrale gleich

$$\iint\limits_{(A)} F(x, y)\, dx\, dy = \iint\limits_{(A')} F(x_0 + x' \cos\alpha - y' \sin\alpha,$$
$$y_0 + x' \sin\alpha + y' \cos\alpha)\, dx'\, dy'.$$

Dies vorausgeschickt wollen wir zunächst die Formel für die spezielle Transformation

$$(21) \qquad x = \varphi(x', y'), \qquad y = y'$$

beweisen, welche dem Gebiete A ein Gebiet A' zuordnet, das zwischen denselben Parallelen zur x-Achse $y = y_0$, $y = y_1$ enthalten ist. Wir nehmen an, daß jedem Punkte von A nur ein Punkt in A' entspricht und umgekehrt. Wenn eine Parallele zu Ox der Grenzkurve C von A nur in zwei Punkten begegnet, so gilt das Gleiche für die Grenzkurve C' von A'. Den

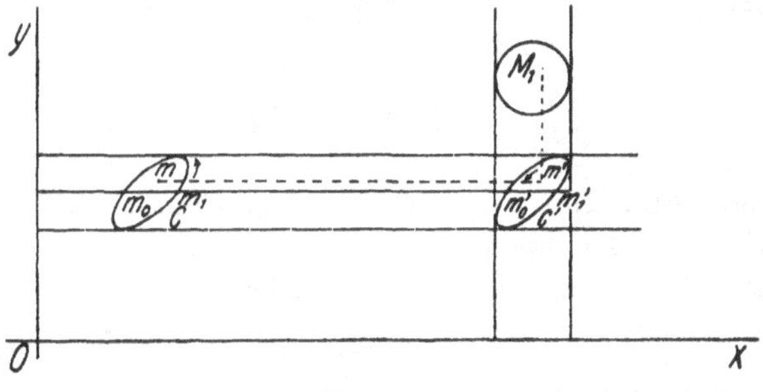

Fig. 29.

beiden Punkten von m_0 und m_1 der Grenzkurve C mit der Ordinate y entsprechen zwei Punkte m_0' und m_1' der Grenzkurve C'. Es können sich aber zwei Fälle darbieten, je nachdem die Zuordnung direkt oder invers ist. Um die beiden Fälle zu unterscheiden, bemerken wir, daß x für positives $\frac{\partial \varphi}{\partial x'}$ zugleich mit x' wächst; die Punkte m_0, m_1 und m_0', m_1' sind wie in Fig. 29 angeordnet, und die Zuordnung ist direkt. Ist hingegen $\frac{\partial \varphi}{\partial x'}$ negativ, so ist die Zuordnung invers.

Nehmen wir den ersten Fall, und es seien x_0, x_1, x_0', x_1' die Abszissen der Punkte m_0, m_1, m_0', m_1'. Wendet man die Formel, welche die Änderung der Variablen in einem einfachen Integrale gibt, an, so erhält man

$$\int_{x_0}^{x_1} F(x,y)\,dx = \int_{x_0'}^{x_1'} F[\varphi(x',y'),y']\,\frac{\partial\varphi}{\partial x'}\,dx',$$

wobei y und y' als konstant betrachtet werden, und infolgedessen

$$\int_{y_0}^{y_1} dy \int_{x_0}^{x_1} F(x,y)\,dx = \int_{y_0}^{y_1} dy' \int_{x_0'}^{x_1'} F[\varphi(x',y'),y']\,\frac{\partial\varphi}{\partial x'}\,dx'$$

Die JACOBIsche Determinante Δ reduziert sich aber hier gerade auf $\frac{\partial\varphi}{\partial x'}$, und die vorangehende Formel läßt sich auch schreiben

$$\iint_{(A)} F(x,y)\,dx\,dy = \iint_{(A')} F[\varphi(x',y'),y']\,|\Delta|\,dx'\,dy'.$$

Die Formel wird ebenso bewiesen, wenn $\frac{\partial\varphi}{\partial x'}$ negativ ist, und es ist klar, daß sie auch für ein Gebiet gilt, dessen Begrenzungskurve eine beliebige Form hat.

Ganz ähnlich wird man, indem man

(22) $$x = x', \qquad y = \psi(x',y')$$

setzt, die Formel

$$\iint_{(A)} F(x,y)\,dx\,dy = \iint_{(A')} F[x',\psi(x',y')]\,|\Delta|\,dx'\,dy'$$

beweisen, wobei das neue Integrationsfeld A' Punkt für Punkt dem Gebiete A entspricht.

Betrachten wir nun die allgemeinen Transformationsformeln

(23) $$x = f(x_1,y_1), \qquad y = f_1(x_1,y_1)$$

und bezeichnen wir mit (x,y), (x_1,y_1) die Koordinaten zweier korrespondierender Punkte m, M_1 inbezug auf dasselbe Achsensystem. Es seien A, A_1 die zugeordneten Gebiete, die von den Grenzkurven C, C_1 begrenzt werden. Wenn man den beiden Punkten m, M_1 einen Punkt m' mit den Koordinaten $x' = x_1$, $y' = y$ zuordnet, so beschreibt dieser Punkt m' einen Hilfsbereich A' und wir setzen zunächst voraus, daß dieser Punkt für Punkt jedem der Bereiche A, A_1 entspricht. Zwischen den sechs Koordinaten x, y, x_1, y_1, x', y' bestehen die vier Beziehungen

$$x = f(x_1,y_1), \qquad y = f_1(x_1,y_1), \qquad x' = x_1, \qquad y' = y;$$

man entnimmt hieraus zunächst die Relationen

(24) $$x' = x_1, \qquad y' = f_1(x_1,y_1),$$

die eine Transformation von der Form (22) definieren. Aus $y = f_1(x', y_1)$ entnimmt man hierauf $y_1 = \pi(x', y')$ und infolgedessen

(25) $$x = f(x', y_1) = \varphi(x', y'), \qquad y = y'.$$

Die betrachtete Transformation (23) geht also aus den beiden speziellen Transformationen (24) und (25) hervor, auf welche die allgemeine Formel anwendbar ist. Diese läßt sich demnach auch auf die Transformation (23) selbst anwenden.

Bemerkung. Wir haben vorausgesetzt, daß das vom Punkte m' beschriebene Gebiet jeder der Flächen A, A_1 punktweise entspreche. Man kann stets annehmen, daß dies zutrifft. In der Tat, betrachten wir die Kurven des Gebietes A_1, die den Parallelen zur x-Achse im Gebiete A entsprechen. Wenn diese Kurven von einer Parallelen zu Oy nur in einem Punkte getroffen werden, so ist klar, daß einem Punkte m von A nur ein Punkt m' von A' entspricht. Es wird also genügen, die Fläche A_1 in hinreichend kleine Gebiete zu teilen, damit in jedem von ihnen die Bedingung erfüllt sei. Wenn diese Kurven zu Oy parallel wären, so würde man damit beginnen, eine Koordinatentransformation auf (x_1, y_1) auszuführen.

128. **Volumina.** Ebenso wie der anschauliche Begriff des Flächeninhalts einer Plankurve zum analytischen Begriffe des bestimmten Integrals führt (Nr. 68 und 70), so könnte auch der analytische Ausdruck, von dem wir bei der Definition eines Doppelintegrals ausgegangen sind, aus dem anschaulichen Begriffe des Volumens hergeleitet werden, das von einem Zylinder, einer zu den Erzeugenden normalen Ebene und von einem Teile einer beliebigen Fläche begrenzt wird. Wir wollen diese sehr leichte Ausdehnung der früher (Nr. 69) angewandten Schlußweise hier nicht ausführen und lieber umgekehrt eine rein analytische Definition des durch eine geschlossene Oberfläche begrenzten Volumens geben. Es sei Σ eine geschlossene Fläche, die den Raum in zwei verschiedene Gebiete zerlegt, einen inneren Bereich D und einen äußeren Bereich D'; zwei Punkte eines und desselben Bereiches können stets durch einen Polygonalzug miteinander verbunden werden, der die Oberfläche Σ nicht durchsetzt, während jeder polygonale Zug, der zwei Punkte der zwei verschiedenen Bereiche verbindet, mindestens einen Punkt mit Σ gemeinsam hat.

Um das Volumen eines solchen Bereiches zu definieren, werden wir genau denselben Gang befolgen wie bei der Definition der Fläche einer ebenen Kurve. Nennen wir Polyederbereich jeden endlichen Bereich, dessen Begrenzung durch eine endliche Anzahl von ebenen Polygonalbereichen gebildet wird, die man seine Seitenflächen nennt. Jeder Polyederbereich kann durch die Vereinigung einer endlichen Anzahl konvexer Polyeder erhalten werden, und sein Volumen ist in der Elementargeometrie definiert worden. Dies vorausgeschickt seien P und p zwei Polyederbereiche, der erste D enthaltend, der zweite in D enthalten, V_P und V_p ihre Volumina. Es ist stets $V_P > V_p$, und infolgedessen haben die Zahlen V_P eine untere Grenze V, während die Zahlen V_p eine obere Grenze V' haben; überdies ist $V' \leqq V$. Ist $V' = V$, so sagt man, daß der Bereich D ein bestimmtes Volumen hat, und nimmt die Zahl V als Maß für dieses Volumen. Die folgenden Sätze lassen sich wie im Falle der ebenen Flächen (Nr. 79, 80) beweisen:

Damit der Bereich D ein Volumen habe, ist notwendig und hinreichend, daß man für jede positive Zahl ε zwei Polyederbereiche P und p finden kann, der eine D enthaltend, der andere in D enthalten, so daß die Differenz $V_P - V_p$ kleiner als ε ist.

Wenn ein Bereich D sich in mehrere Bereiche D_1, $D_2, \ldots D_n$ zerlegen läßt, deren Volumina resp. $V_1, V_2, \ldots V_n$ sind, so läßt der Bereich D ein Volumen

$$V = V_1 + V_2 \ldots + V_n$$

zu.

Wenn man den Raum mittels Ebenen, die zu drei rechtwinkligen Ebenen parallel sind und den gleichen Abstand ϱ haben, in Würfel teilt, so hat die Summe der Volumina der im Innern von D liegenden Würfel, wenn die Seite ϱ gegen Null strebt, das Volumen V zur Grenze, während die Summe der Volumina der Würfel, die einen oder mehrere Punkte mit der Begrenzung von D gemeinsam haben, gegen Null strebt.

Nehmen wir zunächst einen Bereich D, der von einem Zylinder begrenzt wird, dessen Querschnitt eine geschlossene ebene Kurve C ohne Doppelpunkt ist, von einer Ebene Q, die zu den Erzeugenden des Zylinders normal ist, und von einem Teile der Oberfläche S, der im Innern des Zylinders liegt und dem jede Parallele zu den Erzeugenden des Zylinders in einem und nur in einem Punkte begegnet. Nehmen wir die Ebene Q als xy-Ebene, eine Parallele zu den Erzeugenden des Zylinders als z-Achse und es sei C der Schnitt des Zylinders mit der Ebene $z = 0$. Ferner sei $z = f(x, y)$ die Gleichung der Oberfläche S; $f(x,y)$ ist im Innern des von der Kurve C begrenzten ebenen Bereiches d eine stetige Funktion von x und y. Wir nehmen überdies an, daß $f(x,y) \geqq 0$ ist. Wir führen nun eine Karrierung der xy-Ebene mittels Parallelen zu den Achsen aus, welche den gleichen Abstand ϱ haben, und bilden zwei Polyederbereiche P und p auf die folgende Art: Über jedem Quadrate α im Innern von C errichten wir ein gerades Prisma, das dieses Quadrat zur Basis und die obere Grenze M_i von $f(x,y)$ in diesem Quadrate zur Höhe hat; über jedem Quadrate σ, das zum Teil außerhalb der Kurve C liegt, errichten wir ebenso ein gerades Prisma, das dieses Quadrat als Basis und die obere Grenze M von $f(x,y)$ zur Höhe hat. Es ist klar, daß die Gesamtheit dieser Prismen einen Polyederbereich P bildet, der D enthält. Desgleichen errichten wir über jedem Quadrate α im Innern von C ein gerades Prisma, das dieses Quadrat zur Basis und die untere Grenze m_i von $f(x,y)$ in diesem Quadrate zur Höhe hat. Die Gesamtheit dieser neuen Prismen bildet ein Polyedergebiet p, das in D enthalten ist. Die Differenz $V_P - V_p$ der Volumina dieser beiden Polyedergebiete ist kleiner als $M\eta + A\omega$, wo η die Summe der Flächen der Quadrate σ ist, A die Fläche des Bereiches d und ω die obere Grenze der Oszillation von $f(x,y)$ in einem Quadrate von der Seite ϱ ist. Nun kann man aber ϱ genügend klein nehmen, damit jedes der Produkte $M\eta$, $A\omega$ kleiner als jede gegebene Zahl ε werde. Der Bereich D hat also ein bestimmtes Volumen.

Dieses Volumen ist gleich dem Doppelintegrale

$$V = \iint_{(d)} f(x,y)\,dx\,dy,$$

denn dieses Doppelintegral ist für jedes beliebige ϱ zwischen V_P und V_p enthalten.

Ein Bereich, der von einer geschlossenen Fläche begrenzt wird, die von einer Parallelen zu Oz in nicht mehr als zwei Punkten getroffen wird, kann als die Differenz zwischen zwei Bereichen von der Art des vorhergehenden betrachtet werden. Das Volumen wird also gleich der Differenz zweier Doppelintegrale sein. Ist endlich ein Bereich von einer beliebigen geschlossenen Fläche begrenzt, die von einer Parallelen zu Oz nur in einer endlichen Anzahl von Punkten getroffen wird, so läßt er sich in eine gewisse Anzahl von Bereichen zerlegen, deren Begrenzung von einer Parallelen zu Oz nur in zwei Punkten getroffen wird. Das Volumen dieses Bereiches wird also durch eine algebraische Summe von Doppelintegralen ausgedrückt werden.

129. **Berechnung der Volumina.** Betrachten wir wie gerade vorhin einen Teil des Raumes, der von einer Fläche S, die oberhalb der xy-Ebene gelegen ist, von dieser Ebene selbst und von einem Zylinder begrenzt wird, dessen Erzeugende parallel zu Oz sind; wir nehmen an, daß der Schnitt durch die Ebene $z = 0$ eine Kurve analog der in Fig. 24 ist, welche von zwei Parallelen zur y-Achse und von zwei Kurvenbogen Am_1B, $A'm_2B'$ gebildet wird. Ist $z = f(x, y)$ die Gleichung der Fläche S, so hat das so begrenzte Volumen den Wert

$$V = \int_a^b dx \int_{y_1}^{y_2} f(x, y)\, dy$$

Das Integral $\int_{y_1}^{y_2} f(x,y)\,dy$ stellt aber die Fläche A des Schnittes dar, den man durch dieses Volumen parallel zur yz-Ebene legt, und die vorangehende Formel läßt sich auch schreiben

$$V = \int_a^b A\, dx \tag{26}$$

Ein beliebig begrenztes Volumen ist gleich der algebraischen Summe einer gewissen Anzahl von Volumina, die wie das vorangehende begrenzt sind. Um z. B. das durch eine geschlossene konvexe Oberfläche begrenzte Volumen auszuwerten, kann man dieser Fläche einen Zylinder umschreiben, dessen Erzeugende parallel zu O_z sind, und man wird dann die Differenz zweier solcher Volumina, wie das erste war, auszuwerten haben. Die Formel (26) läßt sich also auf jedes zwischen zwei parallelen Ebenen $x = a$, $x = b$ $(a < b)$ und einer Fläche von beliebiger Form gelegene Volumen anwenden, wobei A die Fläche des Schnittes bedeutet, der in diesem Volumen durch eine zu den ersteren parallele Ebene erzeugt wird. Nehmen wir an, daß das Intervall (a, b) durch wachsende Zahlen $a, x_1, x_2 \ldots x_{n-1}, b$ in kleinere Intervalle zerlegt werde, und es seien $A_0, A_1 \ldots A_i$ die Flächen der Schnitte, welche den Ebenen $x = a$, $x = x_1, \ldots$ entsprechen. Das bestimmte Integral $\int_a^b A\,dx$ ist der Grenzwert der Summe

$$A_0(x_1 - a) + A_1(x_2 - x_1) + \ldots + A_{i-1}(x_i - x_{i-1}) + \ldots,$$

deren geometrische Bedeutung evident ist, denn $A_{i-1}(x_i - x_{i-1})$ z. B. stellt das Volumen einer zylindrischen Platte dar, die den von der Ebene $x = x_{i-1}$ erzeugten Schnitt zur Basis und die Distanz der beiden benachbarten Ebenen zur Höhe hat. Das gesuchte Volumen ist also der Grenzwert einer Summe von unendlich dünnen zylindrischen Platten, die wie die obige definiert sind; dies stimmt sehr gut mit dem gewöhnlichen Volumbegriff überein.

Kennt man den Ausdruck der Fläche A als Funktion von x, so wird das gesuchte Volumen durch eine einzige Quadratur erhalten. Nehmen wir z. B. an, man wolle das Volumen berechnen, das zwischen einer Umdrehungsfläche und zwei zur Achse senkrechten Ebenen liegt. Man nehme diese Achse als x-Achse und es sei $z = f(x)$ die Gleichung des Meridianschnittes in der xz-Ebene; der Schnitt durch eine zur yz-Ebene parallele Ebene ist ein Kreis vom Radius $f(x)$, und das gesuchte Volumen ist $\pi\int_a^b [f(x)]^2\,dx$.

Suchen wir noch das Volumen des Ellipsoids

$$\frac{x^2}{a^2} + \frac{y^2}{b^2} + \frac{z^2}{c^2} = 1,$$

das zwischen den beiden Ebenen $x = x_0$, $x = X$ enthalten ist. Der Schnitt durch eine zu $x = 0$ parallele Ebene ist eine Ellipse, deren Halbachsen gleich $b\sqrt{1 - \frac{x^2}{a^2}}$, $c\sqrt{1 - \frac{x^2}{a^2}}$ sind; man erhält also für das gesuchte Volumen

$$V = \int_{x_0}^{X} \pi b c \left(1 - \frac{x^2}{a^2}\right) dx = \pi b c \left(X - x_0 - \frac{X^3 - x_0^3}{3a^2}\right).$$

Um das ganze Volumen zu erhalten, muß man $x_0 = -a$, $X = a$ setzen und findet $V = \frac{4}{3}\pi a b c$.

130. **Ein von einer Regelfläche begrenztes Volumen.** Wenn der Ausdruck für die Fläche A eine ganze Funktion zweiten Grades ist, so läßt sich das Volumen sehr einfach mittels der Flächen B, B', b der beiden äußersten Schnitte und des Mittelschnittes und mittels der Distanz h der beiden äußersten Schnitte ausdrücken. Nimmt man die Ebene des Mittelschnittes als yz-Ebene, so erhält man

$$V = \int_{-a}^{+a} (lx^2 + 2mx + n)\,dx = 2l\frac{a^3}{3} + 2na;$$

andererseits ist

$$h = 2a,\quad b = n,\quad B = la^2 + 2ma + n,\quad B' = la^2 - 2ma + n,$$

und man entnimmt hieraus $n = b$, $a = \frac{h}{2}$, $2la^2 = B + B' - 2b$. Dies führt zu der gesuchten Formel

$$V = \frac{h}{6}\left[B + B' + 4b\right]. \tag{27}$$

Diese Formel läßt sich im besonderen auf das durch zwei parallele Ebenen und eine beliebige Regelfläche begrenzte Volumen anwenden. Es seien $y = ax + p$, $z = bx + q$ die Gleichungen einer beweglichen Geraden, wo a, b, p, q stetige Funktionen eines variablen Parameters sind, die zu ihren Anfangswerten zurückkehren, wenn t von t_0 bis T wächst. Diese Gerade beschreibt eine Regelfläche und der Flächeninhalt des Schnittes, der parallel zur Ebene $x = 0$ durch die Oberfläche gelegt wird, hat den Ausdruck (Nr. 95)

$$A = \int_{t_0}^{T} (ax + p)(b'x + q')\,dt$$

wo a', b', p', q' die Derivierten von a, b, p, q inbezug auf t sind; diese Derivierten können für eine endliche Anzahl von Werten von t zwischen t_0 und T unstetig sein, was der Fall sein wird, wenn sich die Regelfläche aus mehreren Stücken verschiedener Flächen zusammensetzt. Der obige Ausdruck läßt sich auch schreiben

$$A = x^2 \int_{t_0}^{T} a b'\,dt + x \int_{t_0}^{T} (a q' + p b')\,dt + \int_{t_0}^{T} p q'\,dt$$

und die Integrale, die auf der rechten Seite auftreten, sind offenbar von x unabhängig. Die Formel (27) ist also auf das gesuchte Volumen anwendbar; übrigens gibt sie auch die meisten Volumina, die man in der Elementargeometrie berechnet.

131. Inhalt einer krummen Oberfläche.[1] Es sei S ein Teil einer krummen Oberfläche ohne singuläre Punkte, der von einer Grenzkurve Γ eingeschlossen wird. Denken wir uns, daß man S auf willkürliche Art in kleinere Gebiete zerlege. Es sei s_i eines dieser Gebiete, das von einer Kurve γ_i begrenzt werde, und m_i ein Punkt von s_i. Legen wir in m_i die Tangentenebene an die Fläche S und nehmen wir den Teil s_i genügend klein, damit eine Normale auf diese Ebene ihn nur in einem Punkte treffe. Die Kurve γ_i projiziert sich auf diese Ebene längs einer Kurve γ_i', und es sei σ_i die Fläche des Teiles der Tangentenebene, welcher im Innern von γ_i' liegt und die Projektion von s_i darstellt. Die Summe $\Sigma\sigma_i$ strebt gegen einen Grenzwert, wenn die Zahl der Gebiete s_i unbegrenzt wächst, während jedes dieser Gebiete in allen Dimensionen unendlich klein wird. Diesen Grenzwert nennt man den Inhalt des Oberflächenstückes S.

[1]) Es würde natürlich erscheinen, den Inhalt einer Oberfläche ähnlich wie die Länge eines Kurvenbogens zu definieren, d. h. als den Grenzwert des Inhaltes einer eingeschriebenen polyedrischen Oberfläche, deren Seitenflächenanzahl unbegrenzt wächst, während alle Kanten gegen Null streben. Man verdankt Schwarz ein einfaches Beispiel, welches eine paradox scheinende Sache klar legt, daß nämlich der Inhalt dieser polyedrischen Oberfläche gegen keinen Grenzwert strebt, wenn man nicht eine ergänzende Bedingung hinzufügt (s. das Beispiel 12 in § 141).

Es seien x, y, z die rechtwinkligen Koordinaten eines Punktes von S; wir setzen voraus, daß diese Koordinaten als Funktionen zweier veränderlicher Parameter u, v ausgedrückt seien,

$$x = f(u, v), \qquad y = \varphi(u, v), \qquad z = \psi(u, v),$$

derart, daß das Oberflächengebiet S Punkt für Punkt dem von einer geschlossenen Grenzkurve C begrenzten Gebiete R der Ebene (u, v) entspreche; überdies werden wir annehmen, daß die Funktionen f, φ, ψ ebenso wie ihre partiellen Derivierten in diesem Gebiete stetig seien. Wir zerlegen R in kleinere Gebiete, und es sei r_i einer dieser Teile, der durch eine Kurve c_i begrenzt wird und ω_i der Inhalt von r_i; dem Gebiete r_i entspricht auf S ein Gebiet s_i, das von einer Grenzkurve γ_i begrenzt wird, und es sei σ_i die entsprechende ebene Fläche, die wir eben definiert haben. Wir wollen einen Ausdruck für das Verhältnis $\frac{\sigma_i}{\omega_i}$ suchen.

Es seien $\alpha_i, \beta_i, \gamma_i$ die Richtungskosinus der Normale an die Fläche S in einem Punkte m_i (x_i, y_i, z_i) von s_i, der einem Punkte (u_i, v_i) von r_i entspricht; die Tangentenebene in diesem Punkte hat die Gleichung

$$\alpha_i(X - x_i) + \beta_i(Y - y_i) + \gamma_i(Z - z_i) = 0.$$

Nehmen wir in dieser Tangentenebene zwei rechtwinklige Geraden m_iX und m_iY mit den Richtungskosinus $(\alpha_i', \beta_i', \gamma_i')$ und $(\alpha_i'', \beta_i'', \gamma_i'')$, die mit der Flächennormale ein rechtwinkliges Trieder m_iXYZ von gleicher Orientierung wie das der Koordinatenaxen bilden.

Es seien inbezug auf dieses neue Achsensystem X, Y die Koordinaten der Projektion eines Punktes des Gebietes s_i mit den Koordinaten x, y, z auf die Tangentenebene. Dann ist

$$X = \alpha_i'(x - x_i) + \beta_i'(y - y_i) + \gamma_i'(z - z_i)$$
$$Y = \alpha_i''(x - x_i) + \beta_i''(y - y_i) + \gamma_i''(z - z_i)$$

und, da die beiden Trieder gleich orientiert sind,

$$\frac{D(X, Y)}{D(u, v)} = \alpha_i \frac{D(y, z)}{D(u, v)} + \beta_i \frac{D(z, x)}{D(u, v)} + \gamma_i \frac{D(x, y)}{D(u, v)}.$$

Durch Anwendung der allgemeinen Formel (17) gelangt man also zu der Relation

$$\sigma_i = \omega_i \left| \alpha_i \frac{D(y, z)}{D(u_i', v_i')} + \beta_i \frac{D(z, x)}{D(u_i', v_i')} + \gamma_i \frac{D(x, y)}{D(u_i', v_i')} \right|,$$

wo u_i', v_i' die Koordinaten eines Punktes des Gebietes r_i der Ebene (u, v) sind. Wenn dieses Gebiet sehr klein ist, so liegt dieser Punkt (u_i', v_i') dem Punkte (u_i, v_i) sehr nahe und man kann schreiben

$$\frac{D(y,z)}{D(u_i',v_i')} = \frac{D(y,z)}{D(u_i,v_i)} + \varepsilon_i, \quad \frac{D(z,x)}{D(u_i',v_i')} = \frac{D(x,z)}{D(u_i,v_i)} + \varepsilon_i', \ldots\ldots$$

$$\sum \sigma_i = \sum \omega_i \left| \alpha_i \frac{D(y,z)}{D(u_i,v_i)} + \beta_i \frac{D(z,x)}{D(u_i,v_i)} + \gamma_i \frac{D(x,y)}{D(u_i,v_i)} \right|$$
$$+ \theta \sum \omega_i \left| \alpha_i \varepsilon_i + \beta_i \varepsilon_i' + \gamma_i \varepsilon_i'' \right|,$$

wo θ dem absoluten Wert nach höchstens gleich eins ist. Da die Derivierten der Funktionen f, φ, ψ im Gebiete R stetig sind, kann man die Gebiete r_i genügend klein voraussetzen, so daß alle Größen $\varepsilon_i, \varepsilon_i', \varepsilon_i''$ kleiner als eine willkürliche positive Zahl η sind. Das Zusatzglied wird sicher dem absoluten Betrage nach kleiner als $3\,\eta\,\Omega$ sein, wenn man mit Ω den Inhalt des Gebietes R bezeichnet; dieses Glied konvergiert also gegen Null und die Summe $\sum \sigma_i$ hat das Doppelintegral

$$\iint\limits_{(R)} \left| \alpha \frac{D(y,z)}{D(u,v)} + \beta \frac{D(z,x)}{D(u,v)} + \gamma \frac{D(x,y)}{D(u,v)} \right| du\, dv$$

zur Grenze, wo α, β, γ die Richtungskosinus der Normale an die Fläche S im Punkte (u, v) sind.

Berechnen wir diese Kosinus. Diese Gleichung der Tangentenebene ist

$$(X - x)\frac{D(y,z)}{D(u,v)} + (Y - y)\frac{D(z,x)}{D(u,v)} + (Z - z)\frac{D(x,y)}{D(u,v)} = 0;$$

man erhält also

$$\frac{\alpha}{\frac{D(y,z)}{D(u,v)}} = \frac{\beta}{\frac{D(z,x)}{D(u,v)}} = \frac{\gamma}{\frac{D(x,y)}{D(u,v)}} = \frac{\pm 1}{\sqrt{\left[\frac{D(y,z)}{D(u,v)}\right]^2 + \cdots}}.$$

Nimmt man in dem letzten Bruche das Zeichen $+$, so erhält man

$$\alpha \frac{D(y,z)}{D(u,v)} + \beta \frac{D(z,x)}{D(u,v)} + \gamma \frac{D(x,y)}{D(u,v)}$$
$$= \sqrt{\left[\frac{D(y,z)}{D(u,v)}\right]^2 + \left[\frac{D(x,z)}{D(u,v)}\right]^2 + \left[\frac{D(x,y)}{D(u,v)}\right]^2};$$

eine bekannte, von LAGRANGE häufig angewandte Identität

$$(a b' - b a')^2 + (b c' - c b')^2 + (c a' - a c')^2$$
$$= (a^2 + b^2 + c^2)(a'^2 + b'^2 + c'^2) - (a a' + b b' + c c')^2$$

erlaubt, den Ausdruck unter der Wurzel auch in der Form $EG - F^2$ zu schreiben, wenn man

$$E = \mathrm{S}\left(\frac{\partial x}{\partial u}\right)^2, \quad F = \mathrm{S}\frac{\partial x}{\partial u}\frac{\partial x}{\partial v}, \quad G = \mathrm{S}\left(\frac{\partial x}{\partial v}\right)^2$$

setzt, wo das Zeichen S anzeigt, daß man x durch y, dann durch z ersetzen und die Summe bilden soll. Der Inhalt der Fläche S wird also durch das Doppelintegral

$$(28) \qquad A = \iint\limits_{(R)} \sqrt{EG - F^2}\, du\, dv$$

dargestellt.

Die Funktionen E, F, G spielen bei dem Studium der Flächen eine wichtige Rolle. Wenn man die Ausdrücke von dx, dy, dz zum Quadrat erhebt und addiert, so erhält man

$$(29) \qquad ds^2 = dx^2 + dy^2 + dz^2 = E\,du^2 + 2F\,du\,dv + G\,dv^2.$$

Es ist klar, daß die Koeffizienten E, F, G von der Wahl der Koordinatenachsen abhängig sind und nur von der Fläche S und von den unabhängigen Variablen u, v abhängen. Wenn die Variablen u, v und die Fläche S reell sind, so ist $EG - F^2$ notwendig positiv.

132. **Flächenelement.** Der Ausdruck $\sqrt{EG - F^2}\,du\,dv$ stellt das Flächenelement der Oberfläche S im Koordinatensystem (u, v) dar. Der genaue Wert der Fläche des kleinen Oberflächengebietes, das zwischen den Kurven (u), $(u + du)$, (v), $(v + dv)$ enthalten ist, ist $(\sqrt{EG - F^2} + \varepsilon)\,du\,dv$, wo ε zugleich mit du und dv unendlich klein wird, und man sieht wie vorhin, daß man das Glied $\varepsilon\,du\,dv$ vernachlässigen kann. Durch einige Betrachtungen der Infinitesimalgeometrie kann man diesen Wert des Flächenelementes leicht wiederfinden. Setzen wir für den betrachteten Flächeninhalt ein Parallelogramm, daß in der Tangentenebene an S im Punkte (u, v) gelegen ist, so wird der Inhalt gleich dem Produkte aus den Längen der beiden Seiten und dem Sinus des Winkels der beiden Kurven (u) und (v) sein. Läßt man ebenso den Zuwachs des Bogens mit dem Differential ds zusammenfallen, so werden die Längen der Seiten nach der Formel (29) $\sqrt{E}\,du$, $\sqrt{G}\,dv$ sein, wobei du und dv als positiv vorausgesetzt werden. Was den Winkel α der beiden Kurven betrifft, so sind die Richtungskoeffizienten der Tangenten an diese Kurven bzw. $\frac{\partial x}{\partial u}, \frac{\partial y}{\partial u}, \frac{\partial z}{\partial u}$ und $\frac{\partial x}{\partial v}, \frac{\partial y}{\partial v}, \frac{\partial z}{\partial v}$; es ist also

$$\cos\alpha = \frac{\mathrm{S}\,\frac{\partial x}{\partial u}\frac{\partial x}{\partial v}}{\sqrt{\mathrm{S}\left(\frac{\partial x}{\partial u}\right)^2}\sqrt{\mathrm{S}\left(\frac{\partial x}{\partial v}\right)^2}} = \frac{F}{\sqrt{EG}}$$

und infolgedessen $\sin\alpha = \frac{\sqrt{EG - F^2}}{\sqrt{EG}}$. Bildet man das Produkt, so findet man den Ausdruck des Flächenelementes wieder. Aus der

Formel für $\cos\alpha$ ersieht man, daß der Koeffizient F gleich Null ist, wenn die beiden Kurvenfamilien (u) und (v) ein orthogonales Netz bilden und nur in diesem Falle.

Wenn sich die Oberfläche S auf eine Ebene reduziert, so findet man den in Nr. 124 erhaltenen Wert wieder. Denn setzt man $\psi(u,v) = 0$, so ist

$$E = \left(\frac{\partial x}{\partial u}\right)^2 + \left(\frac{\partial y}{\partial u}\right)^2, \quad F = \frac{\partial x}{\partial u}\frac{\partial x}{\partial v} + \frac{\partial y}{\partial u}\frac{\partial y}{\partial v}, \quad G = \left(\frac{\partial x}{\partial v}\right)^2 + \left(\frac{\partial y}{\partial v}\right)^2$$

und die Regel für die Bildung des Quadrates einer Determinante gibt

$$\Delta^2 = \left\{\begin{vmatrix} \frac{\partial x}{\partial u} & \frac{\partial x}{\partial v} \\ \frac{\partial y}{\partial u} & \frac{\partial y}{\partial v} \end{vmatrix}\right\}^2 = \begin{vmatrix} E & F \\ F & G \end{vmatrix} = EG - F^2;$$

$\sqrt{EG - F^2}$ reduziert sich also auf $|\Delta|$.

Beispiele. 1. Es sei der Inhalt eines Teiles der durch die Gleichung $z = f(x,y)$ dargestellten Fläche zu finden, der sich auf die xy-Ebene innerhalb eines Gebietes R projiziert, wobei die Funktion $f(x,y)$ und ihre Derivierten $p = \frac{\partial f}{\partial x}$ und $q = \frac{\partial f}{\partial y}$ stetig sind. Nimmt man x und y als unabhängige Variable, so ist $E = 1 + p^2$, $F = pq$, $G = 1 + q^2$, und die gesuchte Fläche wird durch das Doppelintegral

$$(30) \qquad A = \iint\limits_{(R)} \sqrt{1 + p^2 + q^2}\, dx dy = \iint\limits_{(R)} \frac{dx\, dy}{\cos\gamma}$$

dargestellt, wo γ den spitzen Winkel bezeichnet, den die Normale an die Fläche mit der z-Achse einschließt.

2. Es sei der Inhalt eines Teiles einer Umdrehungsfläche zu berechnen, der zwischen zwei Parallelkreisen enthalten ist. Nehmen wir als z-Achse die Achse der Fläche und sei $z = f(x)$ die Gleichung des Meridianschnittes in der xz-Ebene. Die Koordinaten eines Punktes der Fläche sind

$$x = \varrho\cos\omega, \quad y = \varrho\sin\omega, \quad z = f(\varrho),$$

wobei man als unabhängige Variable die Polarkoordinaten ϱ und ω der Projektion auf die xy-Ebene nimmt. Hier ist

$$ds^2 = d\varrho^2[1 + f'^2(\varrho)] + \varrho^2 d\omega^2,$$
$$E = 1 + f'^2(\varrho), \quad F = 0, \quad G = \varrho^2.$$

Um den Teil der Oberfläche zu erhalten, der zwischen den beiden Parallelkreisen vom Radius ϱ_1 und ϱ_2 $(\varrho_1 < \varrho_2)$ enthalten ist, muß man offenbar ϱ von ϱ_1 bis ϱ_2 und ω von 0 bis 2π variieren lassen. Man erhält also für die gesuchte Fläche

$$A = \int_{\varrho_1}^{\varrho_2} d\varrho \int_0^{2\pi} \varrho \sqrt{1 + f'^2(\varrho)}\, d\omega = 2\pi \int_{\varrho_1}^{\varrho_2} \varrho \sqrt{1 + f'^2(\varrho)}\, d\varrho$$

und man hat eine einzige Quadratur auszuführen. Bezeichnet man mit s den Bogen des Meridianschnittes, so ist

$$ds^2 = d\varrho^2 + dz^2 = d\varrho^2 [1 + f'^2(\varrho)],$$

und die vorstehende Formel nimmt die Form

$$A = \int_{\varrho_1}^{\varrho_2} 2\pi \varrho\, ds$$

an.

Die geometrische Interpretation ist evident; $2\pi\varrho\, ds$ ist die Seitenfläche eines Kegelstumpfes, dessen Seite ds ist und dessen Mittelkreis den Radius ϱ hat. Nimmt man die zwischen zwei unendlich benachbarten Parallelkreisen enthaltene Fläche für die Mantelfläche eines Kegelstumpfes, so findet man denselben Ausdruck für A wieder. So z. B. ist die Fläche der Kalotte eines Umdrehungsparaboloides, das durch die Rotation der Parabel $x^2 = 2pz$ erzeugt wird, zwischen dem Scheitel und dem Parallelkreise vom Radius r gleich

$$A = 2\pi \int_0^r \frac{\varrho}{p} \sqrt{\varrho^2 + p^2}\, d\varrho = \frac{2\pi}{3p} \left[(r^2 + p^2)^{\frac{3}{2}} - p^3 \right].$$

133. **Problem von Viviani.** Über dem Radius OA (Fig. 30) einer Kugel vom Radius R als Durchmesser beschreiben wir einen Kreis C und stellen uns die Aufgabe, das Volumen des Teiles der Kugel zu finden, der im Innern des Umdrehungszylinders liegt, welcher den Kreis C als Normalschnitt hat. Nimmt man den Mittelpunkt der Kugel zum Ursprung, so ist der vierte Teil des gesuchten Volumens gleich dem Doppelintegrale

$$\frac{V}{4} = \iint \sqrt{R^2 - x^2 - y^2}\, dx\, dy,$$

erstreckt über den Halbkreis, der über OA als Durchmesser beschrieben wurde. Gehen wir zu den Polarkoordinaten ϱ, ω über, so kann der

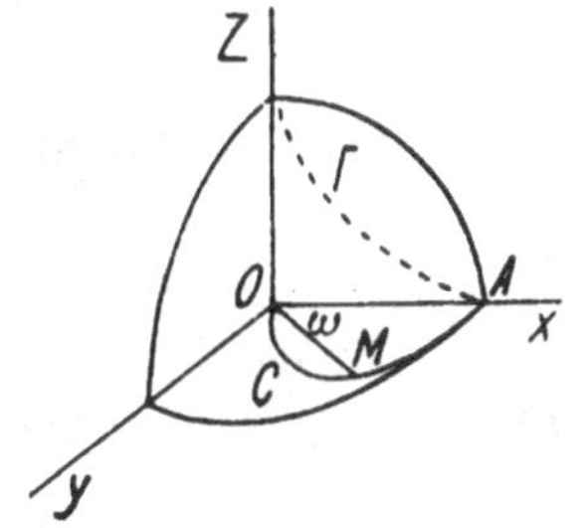

Fig. 30.

Winkel ω von 0 bis $\frac{\pi}{2}$ und ϱ von 0 bis $R\cos\omega$ variieren, und man erhält

$$\frac{V}{4} = \int_0^{\frac{\pi}{2}} d\omega \int_0^{R\cos\omega} \varrho \sqrt{R^2 - \varrho^2}\, d\varrho = -\int_0^{\frac{\pi}{2}} \frac{1}{3} \left[(R^2 - \varrho^2)^{\frac{3}{2}} \right]_0^{R\cos\omega} d\omega$$

oder

$$\frac{V}{4} = \frac{1}{3}\int_0^{\frac{\pi}{2}} (R^3 - R^3 \sin^3 \omega)\, d\omega = \frac{R^3}{3}\left(\frac{\pi}{2} - \frac{2}{3}\right).$$

Nimmt man von der Kugel den Teil weg, der im Innern des betrachteten und des in bezug auf Oz symmetrisch gelegenen Zylinders enthalten ist, so ist das Volumen des übrig bleibenden Teiles gleich

$$\frac{4}{3}\pi R^3 - \frac{8R^3}{3}\left(\frac{\pi}{2} - \frac{2}{3}\right) = \frac{16}{9} R^3.$$

Der Inhalt Ω der im Innern des obigen Zylinders gelegenen Kugeloberfläche ist ebenso durch die Formel

$$\Omega = 4\iint \sqrt{1 + p^2 + q^2}\, dx\, dy$$

gegeben; ersetzen wir p und q durch ihre Werte $-\frac{x}{z}$ und $-\frac{y}{z}$ und gehen wir zu Polarkoordinaten über. Man erhält:

$$\Omega = 4\int_0^{\frac{\pi}{2}} d\omega \int_0^{R\cos\omega} \frac{R\varrho\, d\varrho}{\sqrt{R^2 - \varrho^2}} = -4\int_0^{\frac{\pi}{2}} R\left(\sqrt{R^2 - \varrho^2}\right)_0^{R\cos\omega} d\omega$$

oder auch

$$\Omega = 4R^2 \int_0^{\frac{\pi}{2}} (1 - \sin\omega)\, d\omega = 4R^2\left(\frac{\pi}{2} - 1\right).$$

Nimmt man von der Gesamtoberfläche der Kugel den im Innern beider Zylinder gelegenen Teil weg, so ist die übrig bleibende Fläche gleich

$$4\pi R^2 - 8R^2\left(\frac{\pi}{2} - 1\right) = 8R^2.$$

III. Erweiterung des Begriffs des Doppelintegrals. — Flächenintegrale.

134. **Doppelintegrale in einem unbegrenzten Felde.** Es sei $f(x, y)$ eine endliche Funktion, die in jedem Teile der Ebene außerhalb einer geschlossenen Kurve Γ integrierbar ist. Das Doppelintegral $\iint f(x, y)\, dx\, dy$, erstreckt über das Gebiet, das zwischen Γ und einer Γ umschließenden Kurve C gelegen ist, hat einen endlichen Wert. Strebt dieses Integral gegen einen Grenzwert, wenn die Kurve C sich nach allen Richtungen unbegrenzt entfernt, so definiert man diesen Grenzwert als das Doppelintegral von $f(x, y)$, erstreckt über das Gebiet der Ebene außerhalb von Γ. Wir sagen, daß eine veränderliche Kurve C sich nach allen Richtungen unbegrenzt entferne, wenn von

einem bestimmten Zeitpunkte an diese Kurve im Äußeren eines Kreises von beliebig großem Radius R bleibt, der einen festen Punkt als Mittelpunkt hat.

Die notwendige und hinreichende Bedingung dafür, daß dieser Grenzwert existiere, ist die folgende. Es seien C, C' zwei beliebige geschlossene Kurven, welche die Kurve Γ einschließen, und $\delta(C, C')$ die Differenz der beiden Doppelintegrale, die sich über die von den Kurven (Γ, C) und (Γ, C') begrenzten Bereiche erstrecken. Es ist notwendig und hinreichend, daß die Differenz $\delta(C, C')$ gegen Null strebe, wenn die beiden Kurven C und C' sich unabhängig von einander nach allen Richtungen unbegrenzt entfernen.

Daß die Bedingung notwendig ist, ist evident; sie ist aber auch hinreichend. Betrachten wir in der Tat eine Folge von geschlossenen Kurven $C_1, C_2, \ldots C_n, \ldots$, welche Γ umgeben, sich wechselseitig umschließen und sich unbegrenzt entfernen, wenn n unbegrenzt wächst. Strebt die Differenz $\delta(C_m, C_n)$ gegen Null, wenn die beiden Zahlen m und n unbegrenzt wachsen, so konvergiert das auf den Bereich (Γ, C_n) erstreckte Doppelintegral gegen einen Grenzwert J (Nr. 5). Nehmen wir jetzt eine andere geschlossene Kurve C' von beliebiger Form, die sich nach allen Richtungen unbegrenzt entfernt. Da nach der Voraussetzung die Differenz $\delta(C', C_n)$ gegen Null strebt, so strebt auch das auf den Bereich (Γ, C') erstreckte Doppelintegral gegen J.

Wir haben bisher vorausgesetzt, daß das Integrationsfeld nach allen Richtungen hin unbegrenzt sei, es ist aber klar, daß diese Hypothese keineswegs unerläßlich ist. Man kann z. B. ein Integrationsfeld betrachten, das von zwei festen Graden und einer Kurve begrenzt ist, die sich in dem von diesen beiden Graden gebildeten Winkel unbegrenzt entfernt. Die vorausgehenden Überlegungen lassen sich hierauf ohne Änderungen anwenden.

Beispiel. Es sei $f(x, y)$ eine Funktion, die außerhalb eines Kreises K, dessen Radius a und dessen Mittelpunkt der Ursprung ist, von der Form

$$f(x, y) = \frac{\psi(x, y)}{(x^2 + y^2)^{\alpha}}$$

ist, wo der Zähler $\psi(x, y)$ zwischen zwei positiven Zahlen m und M enthalten bleibt. Das Doppelintegral, erstreckt über den Kreisring, der durch zwei mit K konzentrischen Kreisen vom Radius r und R gebildet wird, hat den Ausdruck

$$\int_0^{2\pi} d\omega \int_r^R \frac{\psi(\varrho \cos\omega, \varrho \sin\omega)\, \varrho\, d\varrho}{\varrho^{2\alpha}};$$

es ist also zwischen den beiden Integralen

$$2\pi m \int_r^R \frac{d\varrho}{\varrho^{2\alpha-1}}, \quad 2\pi M \int_r^R \frac{d\varrho}{\varrho^{2\alpha-1}}.$$

Damit dieses Integral mit unbegrenzt wachsendem r und R gegen Null strebe, ist notwendig und hinreichend, daß $\alpha > 1$ sei. Das Doppelintegral wird also auch in einem Bereiche, der zwischen zwei beliebigen geschlossenen Kurven liegt, gegen Null streben, wenn diese beiden Kurven sich unbegrenzt entfernen, denn dieser Bereich ist in einem Kreisringe von der Art des vorstehenden enthalten. Das Doppelintegral von $f(x, y)$, erstreckt über das Gebiet der Ebene außerhalb des Kreises vom Radius a, hat also einen endlichen Wert, wenn $\alpha > 1$ ist und nur in diesem Falle.

Aus der obigen notwendigen und hinreichenden Bedingung folgt sofort, daß das Doppelintegral $\iint f(x,y)\,dx\,dy$ allemal dann einen Grenzwert hat, wenn das Doppelintegral $\iint |f(x,y)|\,dx\,dy$ einen besitzt. Hier aber bietet sich eine wichtige Unterscheidung dar. Wenn die Funktion $f(x,y)$ ein konstantes Zeichen bewahrt, wenn sie z. B. positiv ist, so genügt es, um zu erkennen, ob das Integral einen Grenzwert hat, eine Folge von geschlossenen Kurven $C_1, C_2, \ldots C_n, \ldots$ zu betrachten, die sich gegenseitig einschließen und sich mit unbegrenzt wachsendem n unbegrenzt entfernen. Wenn das Doppelintegral $J_n = \iint f(x,y)\,dx\,dy$, erstreckt über den Bereich R_n, der zwischen Γ und C_n liegt, mit unbegrenzt wachsendem n gegen einen Grenzwert J strebt, so strebt das Integral J', erstreckt über das Gebiet R', das zwischen Γ und einer geschlossenen Kurve von beliebiger Form C' enthalten ist, die sich nach allen Richtungen unbegrenzt entfernt, gegen denselben Grenzwert. Denn die Grenzkurve C' ist zwischen zwei Grenzkurven C_m, C_{m+n} enthalten, die sich gleichzeitig mit C' unbegrenzt entfernen. Es ist also $J_m < J' < J_{m+n}$ und infolgedessen hat J' den Grenzwert J.

Wenn die Funktion $f(x, y)$ kein konstantes Zeichen bewahrt, so ist das Doppelintegral, erstreckt über einen beliebigen Bereich, die Differenz von zwei Doppelintegralen mit positiven Elementen.

$$\iint f(x,y)\,dx\,dy = \iint f_1(x, y)\,dx\,dy - \iint f_2(x, y)\,dx\,dy$$

während

$$\iint \left| f(x, y) \right| dx\,dy = \iint f_1(x, y)\,dx\,dy + \iint f_2(x, y)\,dx\,dy$$

ist; hierbei wurde $f_1 = f$ gesetzt, wenn $f > 0$ ist, und $f_1 = 0$, wenn

$f' < 0$ ist, und ebenso $f_2 = 0$, wenn $f > 0$, und $f_2 = -f$, wenn $f < 0$ ist. Wenn demnach das Doppelintegral $\iint |f(x,y)|\, dx\, dy$ keinen Grenzwert hat, so wächst mindestens eines der Doppelintegrale $\iint f_1\, dx\, dy$, $\iint f_2\, dx\, dy$ über alle Grenzen. Wenn beide Integrale unbegrenzt wachsen, so ist ihre Differenz **unbestimmt**. Man beweist in der Tat, indem man wie für die bedingt konvergenten Reihen schließt (s. Nr. 165), daß es möglich ist, eine solche variable Kurvenfamilie zu wählen, daß der Grenzwert des Doppelintegrals $\iint f(x, y)\, dx\, dy$, wenn $f(x, y)$ eine endliche Funktion ist, irgendeine im voraus gegebene Zahl sei.

Das folgende Beispiel verdankt man CAYLEY. Es sei $f(x, y) = \sin(x^2 + y^2)$; wenn wir zunächst im Innern eines Quadrates von der Seite a integrieren, so finden wir für das Doppelintegral

$$\int_0^a dx \int_0^a \sin(x^2 + y^2)\, dy = \int_0^a \sin x^2\, dx \cdot \int_0^a \cos y^2\, dy + \int_0^a \cos x^2\, dx \cdot \int_0^a \sin y^2\, dy.$$

Wächst a unbegrenzt, so haben die Integrale, welche auf der rechten Seite stehen, einen Grenzwert (Nr. 92). Man zeigt, daß dieser Grenzwert $\frac{1}{2}\sqrt{\frac{\pi}{2}}$ ist, und die rechte Seite hat $\frac{\pi}{4}$ zum Grenzwert. Wenn man hingegen im Innern eines Kreises vom Radius R integriert, so erhält man für das Doppelintegral:

$$\int_0^{\frac{\pi}{2}} d\omega \int_0^R \varrho \sin \varrho^2\, d\varrho = -\frac{\pi}{4}\Big[\cos \varrho^2\Big]_0^R = \frac{\pi}{4}\Big[1 - \cos R^2\Big]$$

und die rechte Seite wird unbestimmt, wenn R unbegrenzt wächst.

135. **Die Funktion $B(p, q)$.** Es sei

$$f(x, y) = 4x^{2p-1}y^{2q-1}e^{-(x^2+y^2)},$$

wobei man $p > 0$, $q > 0$ voraussetzt; diese Funktion ist im ersten Quadranten stetig und positiv. Integriert man zunächst im Innern des Quadrates mit der Seite a, das durch die Achsen und die Geraden $x = a$, $y = a$ gebildet wird, so erhält man als Wert des Doppelintegrals

$$\int_0^a 2x^{2p-1}e^{-x^2}dx \cdot \int_0 2y^{2q-1}e^{-y^2}dy;$$

diese beiden Integrale haben einen Grenzwert, wenn a unbegrenzt wächst. Denn setzt man in dem Integrale, das die Funktion $\Gamma(p)$ definiert (Nr. 94),

$$\Gamma(p) = \int_0^{+\infty} t^{p-1}e^{-t}dt$$

$t = x^2$, so erhält man

(31) $$\Gamma(p) = \int_0^{+\infty} 2x^{2p-1}\, e^{-x^2} dx\,.$$

Das Doppelintegral hat also das Produkt $\Gamma(p)\,\Gamma(q)$ zum Grenzwert.

Integrieren wir nun im Innern eines von den Achsen und dem Kreise $x^2 + y^2 = R^2$ begrenzten Kreisquadranten; wir erhalten für das Doppelintegral in Polarkoordinaten

$$\int_0^R 2\varrho^{2(p+q)-1}\, e^{-\varrho^2} d\varrho \cdot \int_0^{\frac{\pi}{2}} 2\cos^{2p-1}\varphi \sin^{2q-1}\varphi\, d\varphi\,.$$

Wenn R unbegrenzt wächst, hat das Doppelintegral

$$\Gamma(p+q)\, B(p,q)$$

zum Grenzwert, wenn man

(32) $$B(p,q) = \int_0^{\frac{\pi}{2}} 2\cos^{2p-1}\varphi \sin^{2q-1}\varphi\, d\varphi$$

setzt. Die beiden gefundenen Grenzwerte müssen einander gleich sein, und man erhält so die Beziehung

(33) $$\Gamma(p)\,\Gamma(q) = \Gamma(p+q)\, B(p,q).$$

Das Integral $B(p,q)$ ist das Eulersche Integral erster Gattung; setzt man $\sin^2\varphi = t$, so kann man es schreiben

(34) $$B(p,q) = \int_0^1 t^{q-1}(1-q)^{p-1}\, dt\,.$$

Die Formel (33) führt die Berechnung der Funktion $B(p,q)$ auf die der Γ-Funktion zurück. Wenn man hierin z. B. $p = q = \frac{1}{2}$ setzt, so erhält man

$$[\Gamma(\tfrac{1}{2})]^2 = \Gamma(1)\int_0^{\frac{\pi}{2}} 2\, d\varphi = \pi$$

und infolgedessen $\Gamma(\frac{1}{2}) = \sqrt{\pi}$. Die Formel (31) gibt dann

$$\int_0^{+\infty} e^{-x^2} dx = \frac{\sqrt{\pi}}{2}\,.$$

Setzt man allgemeiner $q = 1 - p$, wobei p zwischen 0 und 1 liegt, so erhält man

$$\Gamma(p)\,\Gamma(1-p) = B(p, 1-p) = \int_0^1 \left(\frac{1-t}{t}\right)^{p-1} \frac{dt}{t}\,;$$

man wird später sehen, daß der Wert dieses Integrals $\frac{\pi}{\sin p\pi}$ ist.

136. Integrale von nicht endlichen Funktionen. Auf analoge Art definiert man das Doppelintegral einer Funktion $f(x,y)$, die in einem Punkte oder längs einer Linie unendlich wird. Man beseitigt hierzu zunächst den Punkt oder die Linie des Integrationsfeldes, indem man sie mit einem sehr kleinen oder sehr nahe der Diskontinuitätslinie gelegenen Gebiet umgibt, das man hierauf unbegrenzt abnehmen läßt. Wenn sich z. B. die Funktion $f(x,y)$ in der Umgebung eines Punktes (a,b) in der Form

$$f(x,y) = \frac{\psi(x,y)}{[(x-a)^2 + (y-b)^2]^{\alpha}}$$

schreiben läßt, wo der absolute Betrag von $\psi(x,y)$ zwischen zwei positiven Zahlen m und M enthalten ist, so hat das Doppelintegral von $f(x,y)$ in einem Gebiete, das keine andere Unstetigkeit als den Punkt (a,b) enthält, einen endlichen Wert, vorausgesetzt, daß $\alpha < 1$ ist und nur in diesem Falle. Der Beweis ist ganz ähnlich demjenigen, welcher gerade vorhin (Nr. 134) gegeben wurde.

Betrachten wir noch eine Funktion $f(x,y)$, die den folgenden Bedingungen genügt: 1) sie ist in dem Bereiche A stetig, der durch die Bedingungen $a \leqq x \leqq b$, $0 \leqq y < g(x)$ definiert wird, wo $g(x)$ eine zwischen a und b positive stetige Funktion bedeutet; 2) sie ist in der Umgebung der Linie $y = g(x)$ von der Form

$$f(x,y) = \frac{\psi(x,y)}{[g(x) - y]^{\alpha}},$$

wo α ein positiver Exponent ist und der Zähler endlich bleibt. Der Ausdruck für das Doppelintegral, erstreckt über den Bereich δ, der begrenzt wird von den Geraden $x = a$, $x = b$ und von den beiden Kurven $y = g(x) - \varepsilon$, $y = g(x) - \eta$, wo ε und η sehr klein und positiv sind, ist

$$\int_a^b dx \int_\varepsilon^\eta \frac{\psi[x, g(x) - u]\, du}{u^{\alpha}}$$

und strebt gegen Null, vorausgesetzt daß $\alpha < 1$ ist. Das Doppelintegral von $f(x,y)$ hat also im Bereiche A einen endlichen Wert.

Wenn man erkannt hat, daß das Doppelintegral einer nicht endlichen Funktion in einem bestimmten Gebiete einen endlichen Wert hat, so kann man bei der Berechnung dieses Integrals wie im Falle einer endlichen Funktion vorgehen. Es sei z. B. das Doppelintegral der Funktion

$$f(x,y) = \frac{\psi(x,y)}{(x-y)^{\alpha}}$$

im Innern des von den Geraden $y = 0$, $y = x$, $x = a$ gebildeten Dreiecks auszuwerten, wenn die Funktion ψ in diesem Bereiche stetig und $\alpha < 1$ ist. Dieses Integral ist der Grenzwert des Doppelintegrals

$$J' = \int_h^a dx \int_0^{x-h} f(x, y)\, dy\,,$$

wenn h gegen Null strebt. Nun ist aber

$$\int_0^{x-h} f(x, y)\, dy = \int_0^x f(x, y)\, dy - \eta(x, h)\,,$$

wo $\eta(x, h)$ unendlich klein ist und mit h **gleichmäßig** gegen Null strebt, solange x im Intervall $(0, a)$ bleibt. Infolgedessen können wir schreiben

$$J' = \int_h^a dx \int_0^x f(x, y)\, dy - \int_h^a \eta(x, h)\, dx$$

und J' hat als Grenze den Ausdruck

$$J = \int_0^a dx \int_0^x f(x, y)\, dy\,.$$

Ebenso würde man für J den Ausdruck

$$J = \int_0^a dy \int_y^a f(x, y)\, dx$$

finden. Die Formel von Dirichlet (Nr. 121) ist also auch hier anwendbar.

Bemerkung. Wenn das Doppelintegral einer nicht endlichen Funktion, die in einem Bereiche R nicht beständig dasselbe Zeichen bewahrt, in diesem Bereiche keinen bestimmten Wert hat, so kann man eine ganz ähnliche Unbestimmtheit erhalten wie die, welche man bereits für den Fall eines unbegrenzten Integrationsfeldes kennt. Nehmen wir z. B. an, daß ein Unstetigkeitspunkt vorliege. Wenn man diesen Punkt mittels einer Kurve c isoliert, so kann das auf das übrigbleibende Feld erstreckte Doppelintegral ganz verschiedene Grenzwerte haben je nach der Form der Kurve c. Nehmen wir z. B. die Funktion

$$f(x, y) = \frac{y^2 - x^2}{(x^2 + y^2)^2}$$

und das Integrationsfeld sei das von den Geraden $x = 0$, $x = a$, $y = 0$, $y = b$ begrenzte Rechteck R, wo a und b positiv sind. Beginnen wir damit, den Ursprung zu isolieren, indem wir das Gebiet im Innern des Rechteckes abtrennen, das durch die Achsen und die Geraden $x = \varepsilon$, $y = \varepsilon'$ (wo ε, ε' zwei sehr kleine positive Zahlen sind) begrenzt wird. Das übrigbleibende Feld R' kann mittels der Geraden $x = 0$, $x = \varepsilon$, $x = a$, $y = 0$, $y = \varepsilon'$, $y = b$ in drei Rechtecke zerlegt werden. Andrerseits ist

$$f(x, y) = \frac{\partial^2}{\partial x, \partial y}\left(\operatorname{Arc} \tan \frac{y}{x}\right)$$

und man erhält durch sukzessive Anwendung der Formel (12) auf jedes der drei Rechtecke nach einigen leichten Reduktionen

$$\iint\limits_{(R')} f(x, y)\, dx\, dy = \operatorname{Arc} \tan \frac{b}{a} - \operatorname{Arc} \tan \frac{\varepsilon'}{\varepsilon}.$$

Man sieht, daß der Grenzwert dieses Doppelintegrals mit dem Grenzwerte des Verhältnisses $\frac{\varepsilon'}{\varepsilon}$ variiert, wenn ε und ε' gegen Null streben (vergl. Nr. 98).

137. **Abelsche Funktionalgleichung.** Das Studium eines Problems der Mechanik hat Abel auf die folgende Gleichung geführt

$$\varphi(x) = \int_0^x \frac{f(y)\, dy}{\sqrt{x - y}}, \tag{35}$$

wo $\varphi(x)$ eine gegebene Funktion ist, die in einem Intervall $(0, a)$, $a > 0$, stetig ist, und $f(y)$ die zu bestimmende Funktion ist. Wenn diese Funktion für $y = 0$ stetig ist, so ist klar, daß $\varphi(0) = 0$ sein muß; dies wollen wir zunächst voraussetzen.

Multiplizieren wir die beiden Seiten der Gleichung (35) mit $\frac{1}{\sqrt{\alpha - x}}$, wo α im Intervalle $(0, a)$ enthalten ist, und integrieren wir die beiden Seiten der neuen Gleichung zwischen den Grenzen 0 und α. Wir erhalten

$$\int_0^\alpha \frac{\varphi(x)\, dx}{\sqrt{\alpha - x}} = \int_0^\alpha dx \int_0^x \frac{f(y)\, dy}{\sqrt{(\alpha - x)(x - y)}}$$

oder bei Anwendung der Dirichletschen Formel auf das Doppelintegral der rechten Seite

$$\int_0^\alpha \frac{\varphi(x)\, dx}{\sqrt{\alpha - x}} = \int_0^\alpha f(y)\, dy \int_y^\alpha \frac{dx}{\sqrt{(\alpha - y)(x - y)}}.$$

Die erste Quadratur vollzieht sich unmittelbar, indem man

$$x = y \cos^2 \varphi + \alpha \sin^2 \varphi$$

setzt und es bleibt

$$\int_0^\alpha \frac{\varphi(x)\, dx}{\sqrt{\alpha - x}} = \pi \int_0^\alpha f(y)\, dy. \tag{36}$$

Die beiden Seiten der Formel sind Null für $\alpha = 0$; man braucht also nur noch auszudrücken, daß die Derivierten gleich sind. Die Derivierte der rechten Seite ist $\pi f(\alpha)$; die Derivierte der linken Seite, die bereits berechnet wurde (Nr. 99), hat den Ausdruck

$$\int_0^a \frac{\varphi(x) + 2x\varphi'(x)}{2a\sqrt{a-x}}\,dx$$

oder, wie man unmittelbar zeigt,

$$\int_0^a \frac{\varphi'(x)\,dx}{\sqrt{a-x}} - \frac{1}{a}\Big[\varphi(x)\sqrt{a-x}\Big]_0^a.$$

Der Voraussetzung nach ist $\varphi(0) = 0$; es bleibt also

$$(37)\qquad f(a) = \frac{1}{\pi}\int_0^a \frac{\varphi'(x)\,dx}{\sqrt{a-x}}.$$

Wenn $\varphi(0)$ nicht Null ist, so kann man die Gleichung (35) in der äquivalenten Form

$$\varphi(x) - \varphi(0) = \int_0^x \frac{f(y) - \dfrac{\varphi(0)}{\pi\sqrt{y}}}{\sqrt{x-y}}\,dy$$

schreiben (Nr. 99). Die linke Seite der neuen Gleichung wird für $x = 0$ null und man erhält nach Formel (37), wenn man in ihr x durch y ersetzt,

$$(38)\qquad f(y) = \frac{1}{\pi}\left[\frac{\varphi(0)}{\sqrt{y}} + \int_0^y \frac{\varphi'(x)\,dx}{\sqrt{y-x}}\right].$$

138. Flächenintegrale. Die Definition der Flächenintegrale ist der der Kurvenintegrale analog. Es sei S ein Teil der Oberfläche, welcher von einer oder mehreren Grenzkurven C begrenzt wird. Wir nehmen an, daß diese Fläche zwei verschiedene Seiten darbiete, so daß es, wenn man z. B. eine der Seiten rot, die andere blau anstreicht, unmöglich ist, auf einem stetigen, auf der Oberfläche gelegenen Weg von der roten auf die blaue Seite zu gelangen, ohne eine der Grenzkurven zu überschreiten.[1] Betrachten wir die Fläche S als eine materielle Fläche, die eine gewisse Dicke hat, und es seien m, m' zwei unendlich benachbarte Punkte, die auf den beiden verschiedenen Seiten der Fläche liegen. Ziehen wir im Punkte m die Normale mn, die die Oberfläche nicht durchsetzt; wir werden zur Abkürzung sagen, daß die so definierte Richtung der Normale dieser Seite der Oberfläche entspreche. Die Richtung der Normale auf der anderen Seite der Oberfläche im Punkte m' wird der ersten entgegengesetzt sein.

Dies vorausgeschickt sei $z = \varphi(x, y)$ die Gleichung eines Oberflächenstückes S, das von einer Kurve Γ begrenzt wird und von einer Parallelen zu Oz höchstens in einem Punkte getroffen wird; die Funktion $\varphi(x, y)$ sei im Innern eines Gebietes A, das von einer Kurve C, der Projektion von Γ, be-

[1] Es ist sehr leicht, eine Oberfläche zu bilden, die dieser Bedingung nicht genügt. Man braucht nur einen rechtwinkligen Papierstreifen $ABCD$ derart umzubiegen, daß man die Seite BC auf die Seite AD klebt, so daß C auf A und B auf D zu liegen kommt.

grenzt wird, stetig. Es ist klar, daß diese Fläche S zwei Seiten darbietet; die entsprechenden Richtungen der Normale bilden mit Oz bzw. einen spitzen oder einen stumpfen Winkel: wir werden als **obere Seite** diejenige bezeichnen, für welche die Normale einen spitzen Winkel mit Oz einschließt. Andererseits sei $P(x, y, z)$ eine Funktion der drei Variablen x, y, z, die in einem gewissen Bereiche des Raumes, der die Oberfläche S enthalte, stetig ist. Ersetzt man hierin z durch die Funktion $\varphi(x, y)$, so ist das Resultat eine bestimmte Funktion der beiden Variablen x, y, und es ist natürlich, in Analogie mit den Kurvenintegralen als **Flächenintegral** das Doppelintegral

$$\iint\limits_{(A)} P[x, y, \varphi(x, y)]\, dx\, dy \tag{39}$$

zu bezeichnen, erstreckt über das Gebiet (A) der Ebene. Denken wir uns die Koordinaten x, y, z eines Punktes von S mittels zweier Hilfsvariablen u und v ausgedrückt, so daß diese Fläche Punkt für Punkt eindeutig einem Gebiete R der Ebene (u, v) entspricht. Es sei $d\sigma$ das Flächenelement der Fläche S und γ der spitze Winkel, den die Normale auf der oberen Seite von S mit Oz einschließt; das vorstehende Doppelintegral ist gleich (vgl. Nr. 131, 132) dem Doppelintegrale

$$\iint\limits_{(R)} P(x, y, z) \cos\gamma\, d\sigma, \tag{40}$$

wo man x, y, z als Funktionen von u und v voraussetzt. Dieser neue Ausdruck ist viel allgemeiner als der erste, denn $\cos\gamma$ ist fähig, zwei Werte anzunehmen, je nach der Seite der Oberfläche, die man betrachtet. In dem bisher behandelten Falle, wo der Winkel γ spitz ist, werden wir sagen, daß das Doppelintegral (39) oder (40) das Oberflächenintegral

$$\iint P(x, y, z)\, dx\, dy, \tag{41}$$

erstreckt über die obere Seite der Fläche S, ist. Wenn man aber für γ den stumpfen Winkel nimmt, so werden alle Elemente des Doppelintegrals ihr Zeichen ändern und wir werden sagen, daß das neue Doppelintegral das Flächenintegral $\iint P\, dx\, dy$, erstreckt über die untere Seite von S darstelle. Zusammenfassend können wir sagen, daß das Flächenintegral $\iint P\, dx\, dy$ gleich $\pm$ dem Doppelintegral (39) ist, je nach der Seite der Oberfläche S, auf der man es nimmt.

Diese Definition gestattet, die Analogie zwischen den einfachen und den Doppelintegralen zu ergänzen. So z. B. wechselt ein einfaches Integral sein Zeichen, wenn man die Grenzen vertauscht, während wir bisher bei den Doppelintegralen keine Analogie hierfür kennen gelernt haben. Nach der verallgemeinerten Definition der Doppelintegrale kann man sagen, daß das Integral $\iint f(x, y)\, dx\, dy$, das wir bisher studiert haben, das über die obere Seite der xy-Ebene ausgestreckte Flächenintegral ist, während dasselbe Integral mit entgegengesetztem Zeichen das auf der unteren Seite genommene Doppelintegral darstellt. Den beiden Durchlaufungsrichtungen für ein einfaches Integral entsprechen die beiden Seiten der xy-Ebene für ein Doppelintegral.

Der Ausdruck (40) für ein Flächenintegral setzt offenbar nicht voraus, daß die Oberfläche in höchstens einem Punkte von einer Parallelen zu Oz getroffen werde. Auf die gleiche Art wird man auch die Flächenintegrale

$$\iint Q(x, y, z)\, dy\, dz\,, \qquad \iint R(x, y, z)\, dx\, dz$$

und das allgemeinere Integral

$$\iint P(x, y, z)\, dx\, dy + Q(x, y, z)\, dy\, dz + R(x, y, z)\, dz\, dx$$

definieren; dieses letztere läßt sich auch schreiben

$$\iint [P \cos\gamma + Q \cos\alpha + R \cos\beta]\, d\sigma\,,$$

wo α, β, γ die Winkel bezeichnen, welche die Richtung der Normale mit den Achsen einschließt, die der auf der Oberfläche gewählten Seite entspricht.

Die Flächenintegrale sind besonders in der mathematischen Physik nützlich.

Bemerkung I. Jedes Flächenintegral könnte auch direkt auf dieselbe Art wie ein auf einen ebenen Bereich erstrecktes Doppelintegral definiert werden. Es sei S ein Teil der Oberfläche; denken wir uns, daß man ihn auf beliebige Art in n kleinere Teile mit den Flächen $\sigma_1, \sigma_2, \ldots, \sigma_n$ zerlege und daß man dann in jedem Teile einen Punkt (ξ, η, ζ) beliebig herausgreife. Man braucht nur die Überlegungen der Nr. 118 und 119 wieder aufzunehmen, um zu beweisen, daß die Summe

$$\sum_{i=1}^{n} F(\xi_i, \eta_i, \zeta_i)\, \sigma_i$$

gegen einen Grenzwert strebt, wenn die Zahl n unbegrenzt wächst, so daß hierbei die Dimensionen jedes Teiles der Fläche gegen Null streben. Dieser Grenzwert, den man durch die Bezeichnung

$$\iint_{(S)} F(x, y, z)\, d\sigma$$

darstellt, ist ein über die Fläche S erstrecktes Flächenintegral.

Bemerkung II. Wenn wir das Doppelintegral

$$\iint P\, dx\, dy + Q\, dy\, dz + R\, dz\, dx$$

durch ein Flächenintegral

$$\iint (P \cos\gamma + Q \cos\alpha + R \cos\beta)\, d\sigma$$

ersetzen, so setzen wir implizite voraus, daß die betrachtete Fläche in jedem Punkte eine Tangentenebene zuläßt, deren Richtung auf eine stetige Art mit der Lage des Berührungspunktes variiert. Es kann aber auf einer Fläche auch Kurven geben, die einem Eckpunkte auf einer Kurve analog sind, d. h. Kurven, längs welcher sich zwei Oberflächenmäntel mit verschiedenen Tangentenebenen durchsetzen. Wenn eine derartige Kurve eine Fläche S in zwei Oberflächengebiete S_1 und S_2 zerlegt, für deren jedes die Tangentenebene sich auf stetige Art verschiebt, so definieren wir ein über S erstrecktes Flächenintegral als die Summe der über S_1 und S_2 erstreckten Flächenintegrale. Die im folgenden bewiesenen Eigenschaften lassen sich auf diesen allgemeineren Fall anwenden, wie man sofort erkennt, wenn man die Überlegungen wieder aufnimmt.

139. **Formel von Stokes.** Es sei L eine Raumkurve, längs welcher die Funktionen $P(x, y, z)$, $Q(x, y, z)$, $R(x, y, z)$ stetig sind. Das längs L genommene Kurvenintegral

$$\int_{(L)} P\,dx + Q\,dy + R\,dz$$

wird so wie ein längs einer Plankurve genommenes Kurvenintegral definiert (Nr. 92), worauf wir nicht wieder näher eingehen wollen. Ist die Kurve L geschlossen, so zerfällt es offenbar in drei Kurvenintegrale, die längs geschlossener ebener Kurven zu nehmen sind. Wendet man auf jedes von ihnen die Formel von GREEN an, so sieht man, daß man dieses Kurvenintegral durch die Summe von drei Doppelintegralen ersetzen kann. Die Einführung der Flächenintegrale läßt das Resultat sehr einfach aussprechen.

Es sei ein Flächenteil S gegeben, der zwei Seiten hat und den wir, um eine konkrete Annahme zu machen, als von einer einzigen Kurve Γ begrenzt voraussetzen wollen; jeder Seite der Oberfläche entspreche ein direkter Umlaufsinn auf der Grenzkurve Γ. Wir wollen das folgende Übereinkommen treffen: In einem Punkte M der Grenzkurve ziehen wir die Richtung Mn der Normale, welche der betrachteten Seite entspricht, und denken uns einen Beobachter, der seine Füße in M und den Kopf in n hat. Wir werden als direkten Sinn denjenigen bezeichnen, in dem dieser Beobachter Γ beschreiben muß, um die Fläche S zur Linken zu haben. Den beiden Seiten der Fläche S entsprechen zwei entgegengesetzte direkte Sinne auf der Grenzkurve Δ.

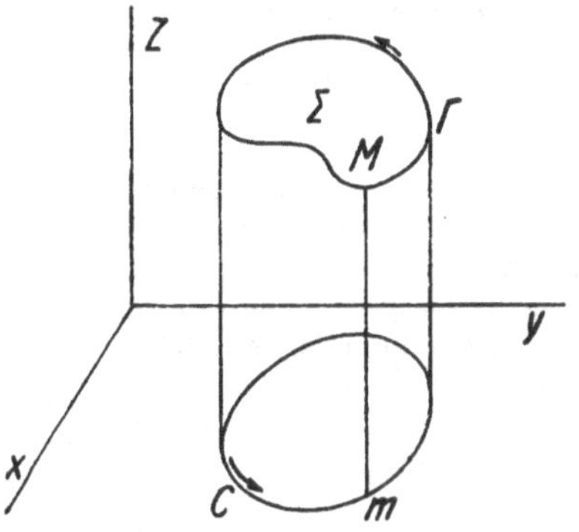

Fig. 31.

Dies vorausgeschickt betrachten wir zunächst ein Flächenstück S, das von einer Parallelen zu Oz in nicht mehr als einem Punkte getroffen wird, und nehmen an, daß das Trieder $Oxyz$ die Lage wie in Fig. 31 hat; Ox liegt hierbei vor der Ebene yOz, die als Zeichenebene gewählt wurde.

Der Grenzkurve Γ von S entspricht eine geschlossene Kurve C in der xy-Ebene und diese beiden Grenzkurven werden gleichzeitig in dem durch die Pfeile angezeigten Sinne beschrieben. Bezeichnen wir mit $P(x, y, z)$ eine Funktion, die in einem Raumgebiete, das S enthält, stetig ist und mit $z = \varphi(x, y)$ die Gleichung dieser Fläche. Das Kurvenintegral

$$\int_{(\Gamma)} P(x, y, z)\,dx$$

ist dann mit dem Kurvenintegrale

$$\int_{(C)} P[x, y, \varphi(x, y)]\,dx,$$

genommen längs der ebenen Kurve C, identisch. Wenden wir auf das letzte Integral die GREENsche Formel an (Nr. 123) und setzen wir, um klarer zu sein,

$$\overline{P(x, y)} = P[x, y, \varphi(x, y)].$$

Dann ist

$$\frac{\partial \overline{P(x, y)}}{\partial y} = \frac{\partial P}{\partial y} + \frac{\partial P}{\partial z}\frac{\partial \varphi}{\partial y} = \frac{\partial P}{\partial y} - \frac{\partial P}{\partial z}\frac{\cos\beta}{\cos\gamma},$$

wobei α, β, γ die Winkel bezeichnen, welche die Richtung der Normale, die der oberen Seite von S entspricht, mit den Achsen einschließt, und die Formel von GREEN gibt

$$\int_{(C)} \overline{P(x, y)}\, dx = \iint_{(A)} \left(\frac{\partial P}{\partial z}\cos\beta - \frac{\partial P}{\partial y}\cos\gamma\right)\frac{dx\,dy}{\cos\gamma},$$

wobei das Doppelintegral auf das Gebiet A der Ebene innerhalb der Grenzkurve C ausgedehnt wird. Die rechte Seite ist nichts anderes als das Flächenintegral

$$\iint \left(\frac{\partial P}{\partial z}\cos\beta - \frac{\partial P}{\partial y}\cos\gamma\right) d\sigma,$$

genommen auf der oberen Seite von S, und wir können schreiben

$$\int_{(\Gamma)} P(x, y, z)\, dx = \iint_{(S)} \frac{\partial P}{\partial z}\, dz\, dx - \frac{\partial P}{\partial y}\, dx\, dy.$$

Die Formel besteht offenbar noch zurecht, wenn man die Seite der Oberfläche wechselt, vorausgesetzt, daß man gleichzeitig auch den Umlaufsinn von Γ umkehrt, und sie überträgt sich wie die Formel von GREEN auf eine Oberfläche von beliebiger Form. Durch zyklische Permutation von x, y, z erhält man zwei ganz ähnliche Formeln

$$\int_{(\Gamma)} Q(x, y, z)\, dy = \iint_{(S)} \frac{\partial Q}{\partial x}\, dx\, dy - \frac{\partial Q}{\partial z}\, dy\, dz$$

$$\int_{(\Gamma)} R(x, y, z)\, dz = \iint_{(S)} \frac{\partial R}{\partial y}\, dy\, dz - \frac{\partial R}{\partial x}\, dz\, dx;$$

addiert man sie, so gelangt man zu der allgemeinen Formel von STOKES

$$(42)\quad \begin{cases} \displaystyle\int P(x, y, z)\, dx + Q(x, y, z)\, dy + R(x, y, z)\, dz = \\ \displaystyle = \iint_{(S)} \left(\frac{\partial Q}{\partial x} - \frac{\partial P}{\partial y}\right) dx\, dy + \left(\frac{\partial R}{\partial y} - \frac{\partial Q}{\partial z}\right) dy\, dz + \left(\frac{\partial P}{\partial z} - \frac{\partial R}{\partial x}\right) dx\, dz. \end{cases}$$

Der Umlaufssinn der Grenzkurve Γ und die Seite der Oberfläche, über die man das Doppelintegral erstreckt, entsprechen sich in der bereits angegebenen Art.

140. **Anwendung auf die Volumina.** Ebenso wie sich die Fläche einer geschlossenen Plankurve durch ein längs dieser Kurve genommenes Kurvenintegral ausdrücken läßt, so kann auch jedes Volumen im Innern einer geschlossenen Fläche S durch ein Flächenintegral ausgedrückt werden. Betrachten wir zunächst eine geschlossene Fläche S, die von einer Parallelen zu Oz nur in zwei Punkten getroffen wird. Die Punkte dieser Fläche projizieren sich auf die xy-Ebene ins Innere eines Bereiches A und jeder Punkt von A

ist eine Projektion zweier Punkte m_1 und m_2 von S. Es seien $z_1 = f_1(x, y)$, $z_2 = f_2(x, y)$ die Gleichungen der beiden von den Punkten m_1, bzw. m_2 beschriebenen Mäntel ($f_1 < f_2$). Das Volumen ist gleich der Differenz der beiden Doppelintegrale

$$V = \iint\limits_{(A)} f_2(x, y)\, dx\, dy - \iint\limits_{(A)} f_1(x, y)\, dx\, dy,$$

von denen das erste das Flächenintegral $\iint z\, dx\, dy$, genommen längs der oberen Seite von S_2, darstellt, während das zweite das Integral $\iint z\, dx\, dy$, genommen längs der unteren Seite von S_1, ist. Ihre Differenz ist also gleich dem Doppelintegrale $\iint z\, dx\, dy$, erstreckt über die ganze Fläche S längs derjenigen Seite, welche der nach außen gehenden Richtung der Normale entspricht. Der Symmetrie wegen kann man als Ausdruck für das Volumen ein beliebiges der Flächenintegrale

$$\iint\limits_{(S)} z\, dx\, dy, \qquad \iint\limits_{(S)} x\, dy\, dz, \qquad \iint y\, dz\, dx$$

wählen, jedes von ihnen längs der äußeren Seite der Fläche genommen, und man sieht leicht, daß sich die Formel auf ein von einer beliebigen Oberfläche begrenztes Volumen ausdehnt.

141. **Verhältnis zweier Flächenelemente.** Es seien S und S' zwei Flächenstücke, die einander Punkt für Punkt entsprechen, und die Zuordnung sei durch die Formeln

$$(43) \qquad x = f(x', y', z'), \qquad y = \varphi(x', y', z'), \qquad z = \psi(x', y', z')$$

definiert, wo x', y', z' die rechtwinkligen Koordinaten eines Punktes m' von S' und x, y, z die rechtwinkligen Koordinaten des entsprechenden Punktes m von S sind. Die Funktionen f, φ, ψ werden als stetig vorausgesetzt und lassen längs S' überall stetige partielle Derivierte zu. Denken wir uns, daß man die sechs Koordinaten x, y, z, x', y', z' der beiden korrespondierenden Punkte mittels zweier variabler Parameter u und v ausdrückt. Es seien E, F, G die früher definierten Koeffizienten für die Fläche S, und $E'\ F'\ G'$ die analogen Koeffizienten für S', $d\sigma$ und $d\sigma'$ die Elemente der beiden Flächen in dem Koordinatensysteme (u, v), dw und dw' die Flächenelemente der beiden Ebenen $z = 0$ und $z' = 0$ in demselben Variablensysteme (u, v). Bezeichnen wir mit α, β, γ die Winkel, welche eine Richtung der in m an die Fläche S errichteten Normale mn mit Ox, Oy, Oz einschließt, mit α', β', γ' die Winkel, welche die entsprechende Richtung der in m' auf der Fläche S' errichteten Normale mit $O'x'$, $O'y'$, $O'z'$ bildet. Dann bestehen die Beziehungen

$$d\sigma = \sqrt{EG - F^2}\, du\, dv, \qquad dw = \left| \frac{D(x, y)}{D(u, v)} \right| du\, dv$$

und infolgedessen

$$(44) \qquad \frac{dw}{d\sigma} = \frac{\left| \dfrac{D(x, y)}{D(u, v)} \right|}{\sqrt{EG - F^2}} = |\cos\gamma|;$$

ganz ebenso ist $dw' = |\cos\gamma'|\, d\sigma'$ und somit

$$|\cos\gamma|\, d\sigma = \frac{dw}{dw'}\, |\cos\gamma'|\, d\sigma'.$$

Andererseits ist nach der allgemeinen Formel (Nr. 124) auch

$$dw = dw' \left| \frac{D(x, y)}{D(x', y')} \right| \tag{45}$$

wobei diese Jacobische Determinante berechnet wird, indem man z' als eine durch die Oberfläche S' definierte Funktion von x', y' betrachtet. Man findet so

$$\left\{\begin{aligned} \frac{D(x, y)}{D(x', y')} &= \left(\frac{\partial f}{\partial x'} + \frac{\partial f}{\partial z'}\frac{\partial z'}{\partial x'}\right)\left(\frac{\partial \varphi}{\partial y'} + \frac{\partial \varphi}{\partial z'}\frac{\partial z'}{\partial y'}\right) \\ &\qquad - \left(\frac{\partial f}{\partial y'} + \frac{\partial f}{\partial z'}\frac{\partial z'}{\partial y'}\right)\left(\frac{\partial \varphi}{\partial x'} + \frac{\partial \varphi}{\partial z'}\frac{\partial z'}{\partial x'}\right) \\ &= \frac{D(f, \varphi)}{D(x', y')} + \frac{D(f, \varphi)}{D(y', z')}\frac{\cos\alpha'}{\cos\gamma'} + \frac{D(f, \varphi)}{D(z', x')}\frac{\cos\beta'}{\cos\gamma'} \\ &= \frac{1}{\cos\gamma'}\left[\frac{D(f, \varphi)}{D(y', z')}\cos\alpha' + \frac{D(f, \varphi)}{D(z', x')}\cos\beta' + \frac{D(f, \varphi)}{D(x', y')}\cos\gamma'\right]. \end{aligned}\right. \tag{46}$$

Trägt man diesen Wert der Jacobischen Determinante in die vorstehenden Formeln ein, so erhält man endgültig

$$|\cos\gamma|\, d\sigma = \left| \frac{D(f, \varphi)}{D(y', z')}\cos\alpha' + \frac{D(f, \varphi)}{D(z', x')}\cos\beta' + \frac{D(f, \varphi)}{D(x', y')}\cos\gamma' \right| d\sigma'. \tag{47}$$

Mit Hilfe dieser Formeln kann man jedes auf S erstreckte Flächenintegral durch ein über S' erstrecktes Flächenintegral ersetzen.

Übungen.

1. In einem beliebigen Punkte M der Kettenlinie, die in rechtwinkeligen Koordinaten durch die Gleichung

$$y = \frac{a}{2}\left(e^{\frac{x}{a}} + e^{-\frac{x}{a}}\right)$$

definiert wird, zieht man die Tangente, verlängert sie bis zu ihrem Schnittpunkte T mit der x-Achse und dreht dann die ganze Figur um diese Achse. Man soll die Differenz der Flächen, welche vom Bogen AM der Kettenlinie (A bedeutet den Scheitel der Kettenlinie) und von der Tangente MT erzeugt werden, 1. als Funktion der Abszisse des Punktes M, 2. als Funktion der Abszisse des Punktes T ausdrücken.

2. Ox, Oy, Oz seien drei rechtwinklige Achsen. Eine Regelfläche wird auf die folgende Art erzeugt: Die Ebene zOA dreht sich um Oz; die Erzeugende D, die in dieser Ebene liegt, bildet mit Oz einen konstanten Winkel, dessen Tangente λ ist; sie schneidet auf OA ein Stück OC gleich $\lambda a \theta$ ab, wo a eine gegebene Strecke und θ den Winkel zwischen den beiden Ebenen zOx, zOA bezeichnet.

a) Es ist das von der Regelfläche und den Ebenen xOy, zOx, zOA begrenzte Volumen zu berechnen, wenn der Winkel θ zwischen den beiden letzteren kleiner als 2π ist;

b) es ist der Inhalt des Oberflächenstückes zu berechnen, das von den Ebenen xOy, zOx, zOA begrenzt wird.

3. Es seien Ox, Oy, Oz drei rechtwinklige Achsen. Es ist das Volumen zu berechnen, das von der Oberfläche des elliptischen Paraboloids mit der Gleichung

$$\frac{2z}{c} = \frac{x^2}{p^2} + \frac{y^2}{q^2},$$

der xy-Ebene und der Zylinderfläche $b^2x^2 + a^2y^2 = a^2b^2$ begrenzt wird.

4. Ox und Oy seien rechtwinklige Achsen, A und B zwei Punkte der y-Achse. Es ist das Kurvenintegral

$$\int [\varphi(y)\,e^x - my]\,dx + [\varphi'(y)\,e^x - m]\,dy$$

zu berechnen, genommen längs eines beliebigen Weges AMB, der von A nach B geht und hierbei mit AB eine Fläche $AMBA$ von gegebener Größe S begrenzt; m bezeichnet eine Konstante und $\varphi(y)$ eine Funktion, die samt ihrer Derivierten $\varphi'(y)$ stetig ist.

5. Es ist die Formel $\Gamma(p)\,\Gamma(q) = \Gamma(p+q)\,B(p,q)$ aufzustellen, indem man das Doppelintegral

$$\iint e^{-x-y}\,x^{p-1}\,y^{q-1}\,dx\,dy,$$

erstreckt über den Winkel xOy, mittels der Variablenänderung $x + y = u$, $y = uv$ auswertet.

6. Den Inhalt des Oberflächengebietes eines Rotations-Ellipsoides oder -Hyperboloides zu finden, das zwischen zwei Parallelkreisen enthalten ist.

*7. Inhalt der Oberfläche eines Ellipsoids mit drei ungleichen Achsen. Die Hälfte der Gesamtoberfläche A ist gleich dem Integrale

$$\frac{A}{2} = \iint \sqrt{1 - \frac{\dfrac{a^2-c^2}{a^4}\,x^2 - \dfrac{b^2-c^2}{b^4}\,y^2}{1 - \dfrac{x^2}{a^2} - \dfrac{y^2}{b^2}}}\;dx\,dy,$$

erstreckt über das Innere der Ellipse $b^2x^2 + a^2y^2 = a^2b^2$. Unter den verschiedenen Mitteln, dieses Doppelintegral auf elliptische Integrale zurückzuführen, besteht eines der einfachsten, das man Catalan verdankt, in der Transformation Nr. 122. Bezeichnet man mit v die Funktion unter dem Integralzeichen und läßt v von 1 bis $+\infty$ variieren, so findet man, daß das Doppelintegral gleich dem Grenzwerte der Differenz

$$\frac{\pi\,a\,b\,l\,(l^2-1)}{\sqrt{\left(l^2-1+\dfrac{c^2}{a^2}\right)\left(l^2-1+\dfrac{c^2}{b^2}\right)}} - \pi\,a\,b\int_1^l \frac{(v^2-1)\,dv}{\sqrt{\left(v^2-1+\dfrac{c^2}{a^2}\right)\left(v^2-1+\dfrac{c^2}{b^2}\right)}}$$

für unendliches l ist; dieser Ausdruck bietet sich in unbestimmter Form dar, man kann aber

$$\int_1^l \frac{v^2\,dv}{\sqrt{\left(v^2-1+\dfrac{c^2}{a^2}\right)\left(v^2-1+\dfrac{c^2}{b^2}\right)}} = \left[\frac{\sqrt{\left(v^2-1+\dfrac{c^2}{a^2}\right)\left(v^2-1+\dfrac{c^2}{b^2}\right)}}{v}\right]_1^l$$

$$+ \int_1^l \frac{\left(1-\dfrac{c^2}{a^2}\right)\left(1-\dfrac{c^2}{b^2}\right)dv}{v^2\sqrt{\left(v^2-1+\dfrac{c^2}{a^2}\right)\left(v^2-1+\dfrac{c^2}{b^2}\right)}}$$

schreiben und der vorige Ausdruck hat, wie man leicht sieht, den Grenzwert

$$\pi a b \left[\frac{c^2}{a b} + \int_1^{+\infty} \frac{d v}{\sqrt{\left(v^2 - 1 + \frac{c^2}{a^2}\right)\left(v^2 - 1 + \frac{c^2}{b^2}\right)}} \right.$$

$$\left. - \left(1 - \frac{c^2}{a^2}\right)\left(1 - \frac{c^2}{b^2}\right) \int_1^{+\infty} \frac{d v}{v^2 \sqrt{\left(v^2 - 1 + \frac{c^2}{a^2}\right)\left(v^2 - 1 + \frac{c^2}{b^2}\right)}} \right].$$

*8. Vom Mittelpunkte eines Ellipsoids mit den Achsen $2a$, $2b$, $2c$ fällt man Perpendikel auf die Tangentenebenen dieses Ellipsoids; die Oberfläche der Fußpunktsfläche ist gleich der Fläche eines Ellipsoids, dessen Halbachsen $\frac{bc}{a}$, $\frac{ac}{b}$, $\frac{ab}{c}$ wären. (WILLIAM ROBERTS.)

9. Indem man das Doppelintegral von

$$(x - y)^n f(y),$$

erstreckt über die Fläche des von den Geraden $y = x_0$, $y = x$, $x = X$ gebildeten Dreiecks auf zwei Arten auswertet, beweist man die Gleichheit

$$\int_{x_0}^{X} dx \int_{x_0}^{x} (x - y)^n f(y)\, dy = \int_{x_0}^{X} \frac{(X - y)^{n+1}}{n + 1} f(y)\, dy .$$

Hieraus ist die Beziehung abzuleiten

$$\int_{x_0}^{x} dx \int_{x_0}^{x} dx \ldots \int_{x_0}^{x} f(x)\, dx = \frac{1}{(n - 1)!} \int_{x_0}^{x} (x - y)^{n-1} f(y)\, dy .$$

Ebenso ist die Formel

$$\int_{x_0}^{x} x\, dx \int_{x_0}^{x} x\, dx \ldots \int_{x_0}^{x} x\, dx \int_{x_0}^{x} f(x)\, dx = \frac{1}{2 \cdot 4 \cdot 6 \ldots 2n} \int_{x_0}^{x} (x^2 - y^2)^n f(y)\, dy$$

aufzustellen und diese Formeln sind mittels der Differentiation unter dem Integralzeichen zu verifizieren.

10. Es ist das Doppelintegral

$$\iint x^{\frac{1}{2}} y^{\frac{1}{3}} (1 - x - y)^{\frac{2}{3}}\, dx\, dy$$

auszuwerten, erstreckt über die Fläche des von den Geraden

$$x = 0, \qquad y = 0, \qquad x + y - 1 = 0$$

gebildeten Dreiecks.

11. Es ist das Doppelintegral

$$\iint x^2 y^3 \sqrt{1 - x^3 - y^3}\, dx\, dy$$

zu bestimmen, erstreckt über den durch die Ungleichungen

$$x \geqq 0, \qquad y \geqq 0, \qquad x^3 + y^3 \leqq 1$$

erstreckten Teil der Ebene.

12. Beispiel von H. A. Schwarz (vergl. die Fußnote in Nr. 131). — Es sei ein Umdrehungszylinder vom Radius r und der Höhe h gegeben; wir teilen die Höhe in m gleiche Teile und legen durch die Teilungspunkte Parallelebenen zu den Deckflächen; dann schreiben wir den so erhaltenen Querschnitten reguläre konvexe n-Ecke ein, und zwar so, daß die Erzeugende, die durch einen Eckpunkt eines dieser Vielecke geht, in den beiden benachbarten Vielecken die Mitte des von einer Seite unterspannten Bogens trifft. Die Eckpunkte dieser Polygone bilden die Eckpunkte einer dem Zylinder eingeschriebenen polyedrischen Oberfläche, die sich aus $4\,m\,n$ gleichen gleichschenkligen Dreiecken zusammensetzt, und der Inhalt dieser polyedrischen Oberfläche ist gleich

$$2\,m\,n\,r\sin\frac{\pi}{n}\sqrt{4\,r^2\left(\sin\frac{\pi}{2n}\right)^4+\frac{h^2}{m^2}}\,.$$

Der Grenzwert dieses Ausdruckes für unbegrenzt wachsendes m und n hängt von dem Grenzwerte des Bruches $\frac{m}{n^2}$ ab. Er ist nur dann gleich $2\pi\,r\,h$, wenn dieser Bruch gegen Null konvergiert.

Siebentes Kapitel.

Mehrfache Integrale.
Integration der totalen Differentiale.

I. Mehrfache Integrale. — Einführung neuer Variablen.

142. **Dreifache Integrale.** Die dreifachen Integrale werden definiert, indem man genau so wie bei den Doppelintegralen vorgeht (Nr. 118, 119). Man braucht nur die zweidimensionalen Bereiche durch dreidimensionale und den Flächeninhalt durch das Volumen zu ersetzen. Es sei $F(x, y, z)$ eine endliche Funktion, die in einem abgegrenzten Bereiche D des Raumes definiert ist. Denken wir uns diesen Bereich auf beliebige Art in n Teilbereiche $d_1, d_2, \ldots, d_n$ vom Volumen $v_1, v_2, \ldots, v_n$ zerlegt und es seien M_i, m_i die obere und die untere Grenze von F in d_i. Die beiden Summen

$$S = \sum_{i=1}^{n} M_i v_i, \qquad s = \sum_{i=1}^{n} m_i v_i$$

konvergieren gegen zwei Grenzwerte J, J', wenn die Zahl n über alle Grenzen wächst, so daß hierbei jeder Teilbereich in allen seinen Dimensionen unbegrenzt abnimmt, und es ist $J' \leqq J$.

Die Funktion $F(x, y, z)$ heißt im Bereiche D integrierbar, wenn $J' = J$ ist, und der gemeinsame Grenzwert der Summen S und s ist das dreifache Integral von $F(x, y, z)$, erstreckt über den Bereich D. Man stellt es durch das Symbol

$$J = \iiint\limits_{(D)} F(x, y, z)\, dx\, dy\, dz$$

dar und der Bereich D heißt das Integrationsfeld. Die Zahl J ist auch hier noch der Grenzwert der Summe

$$S' = \sum_{i=1}^{n} F(\xi_i, \eta_i, \zeta_i)\, v_i, \tag{1}$$

wo ξ_i, η_i, ζ_i die Koordinaten eines beliebigen Punktes des Bereiches d_i oder seiner Begrenzung bedeuten.

Jede stetige Funktion ist integrierbar. Ebenso jede endliche Funktion, die eine beliebige Anzahl Unstetigkeitspunkte aufweist, vorausgesetzt, daß man alle diese Punkte in einen Bereich einschließen kann, dessen Volumen kleiner als eine beliebige positive Zahl ist. Dies trifft z. B. für eine endliche Funktion $F(x, y, z)$ zu, die im Bereiche D eine oder mehrere Unstetigkeitsflächen zuläßt.

Die dreifachen Integrale treten bei verschiedenen Fragen der Mechanik auf, im besonderen wenn man die Masse oder den Schwerpunkt eines festen Körpers sucht. Nehmen wir an, daß das Gebiet (D) von einer inhomogenen Substanz erfüllt sei und es sei $u(x, y, z)$ die Dichte im Punkte (x, y, z), d. h. der Grenzwert des Verhältnisses der in einer Kugel von unendlich kleinem Radius um den Punkt (x, y, z) als Mittelpunkt enthaltenen Masse zum Volumen dieser Kugel. Sind u_1 und u_2 die Maximal- und Minimalwerte von u in dem Gebiete (d_i), so ist klar, daß die in diesem Gebiete eingeschlossene Masse zwischen $\mu_1 v_i$ und $\mu_2 v_i$ enthalten ist; sie ist also gleich $v_i \mu(\xi_i, \eta_i, \zeta_i)$, wobei der Punkt (ξ_i, η_i, ζ_i) einen geeignet gewählten Punkt aus (d_i) bedeutet. Die Gesamtmasse ist also gleich dem dreifachen Integrale $\iiint \mu\, dx\, dy\, dz$, genommen im Bereiche D.

143. **Berechnung der dreifachen Integrale.** Die Funktion $F(x, y, z)$ sei in einem Bereiche D stetig, der von zwei zur Ebene $z = 0$ parallelen Ebenen $z = z_0$, $z = Z$ und einem Zylinder begrenzt wird, dessen Erzeugende zu Oz parallel sind und dessen Schnitt mit der xy-Ebene eine geschlossene, den ebenen Bereich A begrenzende Kurve C ist. Denken wir uns diesen ebenen Bereich A in kleinere Bereiche $a_1, a_2, \ldots, a_n$ mit den Flächen $\omega_1, \omega_2, \ldots, \omega_n$ zerlegt und betrachten wir die Zylinder, deren Erzeugende zu Oz parallel sind und deren Grundflächen die Bereiche $a_1, a_2, \ldots, a_n$ sind. Legen wir dann die Ebenen $z = z_i$ $(i = 1, 2, \ldots, m-1)$, wobei $z_1, z_2, \ldots, z_{m-1}$ eine Folge wachsender, zwischen z_0 und Z enthaltener Zahlen bilden. Der Bereich D wird so in kleine zylindrische Bereiche zerlegt. Betrachten wir die Reihe dieser kleinen Bereiche, die in dem Zylinder mit dem ebenen Bereiche a_i als Basis liegen. Es seien (ξ_i, η_i) die Koordinaten eines beliebigen Punktes dieses Bereiches; der Teil der Summe S', der aus dieser Reihe von kleinen Bereichen hervorgeht, läßt sich schreiben

$$\omega_i [F(\xi_i, \eta_i, \zeta_{i1})(z_1 - z_0) + F(\xi_i, \eta_i, \zeta_{i2})(z_2 - z_1) + \ldots]$$

wo ζ_{i1} eine beliebige Zahl ist, die zwischen z_0 und z_1 enthalten ist, ζ_{i2} eine beliebige Zahl zwischen z_1 und z_2 usf. Wählt man diese Zahlen $\zeta_{i1}, \zeta_{i2}, \ldots$ geeignet, so ist der Koeffizient von ω_i gleich $\Phi(\xi_i, \eta_i)$, wobei

$$\Phi(x, y) = \int_{z_0}^{Z} F(x, y, z)\, dz \tag{2}$$

gesetzt wurde.

Die Summe S', deren Grenzwert wir suchen, ist also gleich $\sum_{i=1}^{n} \Phi(\xi_i, \eta_i)\, \omega_i$; ihr Grenzwert ist gleich dem Doppelintegrale der Funktion $\Phi(x, y)$, erstreckt sich über den Bereich A, und man erhält

$$\iiint_{(D)} F(x, y, z)\, dx\, dy\, dz = \iint_{(A)} \Phi(x, y)\, dx\, dy \tag{3}$$

$$= \iint_{(A)} dx\, dy \int_{z_0}^{z} F(x, y, z)\, dz.$$

Im vorigen Kapitel wurde gezeigt, wie sich die Berechnung eines Doppelintegrals auf Quadraturen zurückführen läßt. Wenn z. B. das Feld D das von den sechs Ebenen $x = x_0$, $x = X$, $y = y_0$, $y = Y$, $z = z_0$, $z = Z$ gebildete Parallelepiped ist, so ist der Bereich (A) ein Rechteck und das dreifache Integral hat den Wert

$$\int_{x_0}^{X} dx \int_{y_0}^{Y} dy \int_{z_0}^{Z} F(x, y, z)\, dz. \tag{4}$$

Der Sinn dieses Symbols ist ja klar. Man führt die erste Integration aus, indem man x und y als Konstanten betrachtet; das Resultat ist eine Funktion der zwei Variablen x und y, die man dann zwischen den Grenzen y_0 und Y integriert, indem man x als konstant und y als variabel betrachtet. Das Resultat dieser zweiten Integration hängt nur mehr von x ab und man integriert es aufs neue zwischen den Grenzen x_0 und X.

Es gibt offenbar so viele Arten, die Rechnung durchzuführen, als es Permutationen von drei Buchstaben gibt, d. h. sechs. Man kann z. B. das dreifache Integral auch in der Form

$$\int_{z_0}^{Z} dz \int_{x_0}^{X} dx \int_{y_0}^{Y} F(x, y, z)\, dy = \int_{z_0}^{Z} \Psi(z)\, dz$$

schreiben, indem man mit $\Psi(z)$ das Doppelintegral von $F(x, y, z)$, erstreckt über das durch die Geraden $x = x_0$, $x = X$, $y = y_0$, $y = Y$

gebildete Rechteck bezeichnet. Man wäre zu diesem Ausdrucke auch gekommen, wenn man D zuerst durch drei Reihen von Ebenen, welche zu den Koordinatenebenen parallel sind, in kleine Parallelepipede zerlegt und den Teil von S' ausgewertet hätte, welcher aus der zwischen den Nachbarebenen $z = z_{l-1}$, $z = z_l$ enthaltenen Parallelepipedenplatte hervorgeht; wählt man die Punkte (ξ, η, ζ) geeignet, so gibt der in S' enthaltene Teil der Platte die Summe

$$\Psi(z_{l-1})(z_l - z_{l-1})$$

und die Ableitung wird wie oben zu Ende geführt.

Die Formel (3) läßt sich auch noch auf eine endliche Funktion $F(x, y, z)$ anwenden, die in dem Bereiche eine oder mehrere Unstetigkeitsflächen aufweist. Nehmen wir z. B. an, daß die Funktion F auf gewissen Teilen der beiden Flächen S_1 und S_2 unstetig sei, die durch die beiden Gleichungen

$$(S_1) \qquad z = \varphi_1(x, y),$$

$$(S_2) \qquad z = \varphi_2(x, y)$$

dargestellt werden, wo φ_1 und φ_2 zwei in dem Gebiete A stetige Funktionen sind $(z_0 < \varphi_1 < \varphi_2 < Z)$. Diese beiden Flächen S_1 und S_2 zerlegen D in drei Gebiete, in deren jedem die Funktion F stetig ist. Nehmen wir an, daß der folgende Fall vorliege:

1. zwischen der Ebene $z = z_0$ und S_1 ist $F = f_1(x, y, z)$,
2. zwischen S_1 und S_2 ist $F = f_2(x, y, z)$,
3. zwischen S_2 und der Ebene $z = Z$ ist $F = f_3(x, y, z)$.

Jede dieser Funktionen f_1, f_2, f_3 wird in dem entsprechenden Bereiche als stetig vorausgesetzt. Die Formel (3) ist auch hier noch auf die Berechnung des dreifachen Integrals anwendbar, wofern man (vgl. Nr. 74)

$$\int_{z_0}^{Z} F(x, y, z)\,dz = \int_{z_0}^{\varphi_1} f_1(x, y, z)\,dz + \int_{\varphi_1}^{\varphi_2} f_2(x, y, z)\,dz + \int_{\varphi_2}^{Z} f_3(x, y, z)\,dz$$

setzt.

Diese Bemerkung liefert unmittelbar das Mittel, das dreifache Integral einer stetigen Funktion $F(x, y, z)$ in einem Bereiche D zu berechnen, der durch einen Zylinder wie den obigen und durch zwei Flächenstücke $z_1 = \varphi_1(x, y)$, $z_2 = \varphi_2(x, y)$ begrenzt wird, wobei φ_1 und φ_2 in dem ebenen Bereiche A stetig sind. Man braucht hierzu nur zwei Hilfsebenen $z = z_0$, $z = Z (z_0 < \varphi_1 < \varphi_2 < Z)$ und eine Hilfsfunktion $F(x, y, z)$ zu nehmen, die im Bereiche D gleich $F(x, y, z)$ und außerhalb dieses Bereiches Null ist. Die Schlußweise der Nr. 121

läßt sich ohne Modifikation anwenden und das dreifache Integral von $F(x, y, z)$ in D hat den Wert

$$\iint\limits_{(A)} dx\, dy \int\limits_{\varphi_1}^{\varphi_2} F(x, y, z)\, dz.$$

Ist die Umgrenzungslinie C des Bereiches A von zwei zu Oy parallelen Strecken und von zwei Bögen der Kurven $y_1 = \psi_1(x), y_2 = \psi_2(x)$ $(\psi_1 < \psi_2)$ gebildet, so ist

$$\text{(5)} \qquad \iiint\limits_{(D)} F(x, y, z)\, dx\, dy\, dz = \int\limits_a^b dx \int\limits_{\psi_1}^{\psi_2} dy \int\limits_{\varphi_1}^{\varphi_2} F(x, y, z)\, dz.$$

Die Grenzen φ_1 und φ_2 der ersten Integration hängen gleichzeitig von x und y ab, die Grenzen ψ_1 und ψ_2 nur von x und a, b sind konstant.

Wenn das Integrationsfeld D durch eine geschlossene Oberfläche Σ gebildet wird, die von einer Parallelen zu einer der Achsen nur in zwei Punkten getroffen wird (wie eine konvexe Fläche), so kann man die Quadraturen in einer beliebigen Ordnung ausführen, doch sind die Grenzen im allgemeinen je nach der Reihenfolge der Integrationen ganz verschieden.

Beispiele. Es sei der Wert des dreifachen Integrals $\iiint z\, dx\, dy\, dz$ zu bestimmen, ausgedehnt über den Oktanten der Kugel $x^2 + y^2 + z^2 = R^2$, der in dem Trieder $Oxyz$ enthalten ist. Integriert man zunächst in bezug auf z, dann nach y und schließlich nach x, so sind die Grenzen die folgenden: Sind x und y gegeben, so kann z von Null bis $\sqrt{R^2 - x^2 - y^2}$ variieren; ist x gegeben, so kann y von Null bis $\sqrt{R^2 - x^2}$ laufen und x variiert von Null bis R. Es ist also

$$\iiint z\, dx\, dy\, dz = \int\limits_0^R dx \int\limits_0^{\sqrt{R^2 - x^2}} dy \int\limits_0^{\sqrt{R^2 - x^2 - y^2}} z\, dz;$$

man entnimmt hieraus sukzessive

$$\int\limits_0^{\sqrt{R^2 - x^2 - y^2}} z\, dz = \frac{1}{2}(R^2 - x^2 - y^2)$$

$$\frac{1}{2}\int\limits_0^{\sqrt{R^2 - x^2}} (R^2 - x^2 - y^2)\, dy = \left\{\frac{1}{2}(R^2 - x^2)\, y - \frac{1}{6} y^3\right\}_0^{\sqrt{R^2 - x^2}} = \frac{1}{3}(R^2 - x^2)^{\frac{3}{2}}$$

und es bleibt das bestimmte Integral $\frac{1}{3}\int\limits_0^R (R^2 - x^2)^{\frac{3}{2}}\, dx$ zu berechnen, das für $x = R \cos \varphi$ in

$$\frac{1}{3}\int_0^{\frac{\pi}{2}} R^4 \sin^4\varphi\, d\varphi$$

übergeht. Das dreifache Integral hat also den Wert $\frac{R^4\pi}{16}$.

Bemerkung. Statt zuerst die Summe der Elemente auszurechnen, die von einer Säule zylindrischer Bereiche herrühren, könnte man auch anders vorgehen. Es sei D ein endlicher Bereich, der zwischen den beiden parallelen Ebenen $z = z_0$, $z = Z$ enthalten ist; teilen wir ihn zunächst durch die Ebenen $z = z_i (i = 1, 2, \ldots . m - 1)$ in Scheiben, wobei $z_1, z_2, \ldots, z_{m-1}$ eine Folge wachsender Zahlen zwischen z_0 und Z bedeuten. Hierauf teilen wir jede Scheibe in kleine zylindrische Bereiche; man sieht dann wieder, daß man die Punkte ξ, η, ζ in jedem Teilbereiche geeignet wählen kann, so daß die Summe der Elemente der zwischen den beiden Ebenen $z = z_i$, $z = z_{i-1}$ enthaltenen Scheibe den Ausdruck

$$(z_i - z_{i-1})\int_{A_{i-1}} F(x, y, z_{i-1})\, dx\, dy$$

hat, wobei A_{i-1} das ebene Gebiet ist, das der Bereich D mit der Ebene $z = z_{i-1}$ gemein hat. Setzt man also

$$\Psi(z) = \iint_{(A_z)} F(x, y, z)\, dx\, dy,$$

wobei A_z den eben definierten ebenen Bereich bedeutet, so hat das dreifache Integral den Ausdruck

$$\int_{z_0}^{Z} \Psi(z)\, dz.$$

Um ein über einen beliebigen Bereich D erstrecktes dreifaches Integral auszuwerten, wird man ihn in eine Summe von solchen Bereichen, wie die vorstehenden sind, zerlegen, z. B. in derartige Bereiche, daß eine zu einer festen Richtung parallele Gerade die Begrenzungsfläche in nicht mehr als zwei Punkten begegnet.

144. Greensche Formel. Für die dreifachen Integrale gibt es eine Formel, welche der Formel (15) in Nr. 123 ganz analog ist. Betrachten wir vorerst eine geschlossene Fläche S, die von einer Parallelen zur z-Achse nur in zwei Punkten getroffen wird, und eine Funktion $R(x, y, z)$, die ebenso wie $\frac{\partial R}{\partial z}$ im Innern dieser Fläche stetig ist. Alle Punkte von S projizieren sich in der xy-Ebene auf die Punkte einer Fläche A, die von einer geschlossenen Kurve C begrenzt wird. Jedem Punkte (x, y) des Gebietes A entsprechen zwei Punkte der Fläche S mit den Koordinaten $z_1 = \varphi_1(x, y)$ und $z_2 = \varphi_2(x, y)$. Diese Fläche ist so in zwei Teile S_1 und S_2 zerlegt; wir wollen $z_1 < z_2$ annehmen.

Das dreifache Integral

$$\iiint \frac{\partial R}{\partial z} dx\, dy\, dz,$$

erstreckt über das Innere der geschlossenen Oberfläche S, kann berechnet werden, indem man zuerst in bezug auf z zwischen den Grenzen z_1 und z_2 integriert (Nr. 134). Das Resultat dieser ersten Integration ist $R(x, y, z_2) - R(x, y, z_1)$ und man muß dann noch das Doppelintegral

$$\iint \left[R(x, y, z_2) - R(x, y, z_1) \right] dx\, dy$$

im Gebiete A nehmen. Nun ist aber das Doppelintegral $\iint R(x, y, z_2)\, dx\, dy$ nichts anderes als das Flächenintegral (Nr. 138)

$$\iint_{(S_2)} R(x, y, z)\, dx\, dy,$$

auf der oberen Seite der Fläche S_2 genommen. Ebenso ist das Doppelintegral von $R(x, y, z)$ mit entgegengesetzten Zeichen das Flächenintegral

$$\iint_{(S_1)} R(x, y, z)\, dx\, dy,$$

längs der unteren Seite von S_1 genommen. Indem wir beide Integrale addieren, können wir also schreiben

$$\iiint \frac{\partial R}{\partial z} dx\, dy\, dz = \iint_{(S)} R(x, y, z)\, dx\, dy,$$

wobei das Flächenintegral längs der äußeren Seite von S zu nehmen ist.

Dieses Resultat gilt auch noch, wenn die Begrenzungsfläche S des Bereiches außer von den Oberflächen S_1 und S_2 noch von einem Teile einer zylindrischen Oberfläche, deren Erzeugende zu Oz parallel sind, gebildet wird, denn das Flächenintegral $\iint \frac{\partial R}{\partial z} dx\, dy$, längs dieser zylindrischen Fläche genommen, ist Null.

Diese Formel ist, wie wir bereits mehrere Male auseinandergesetzt haben, auf ein von einer beliebigen Fläche begrenztes Volumen übertragbar und man leitet aus ihr durch Permutation von x, y, z zwei analoge Formel ab:

$$\iiint \frac{\partial P}{\partial x} dx\, dy\, dz = \iint_{(S)} P(x, y, z)\, dy\, dz$$

$$\iiint \frac{\partial Q}{\partial y} dx\, dy\, dz = \iint_{(S)} Q(x, y, z)\, dz\, dx.$$

Durch Addition erhält man die allgemeine Greensche Formel für die dreifachen Integrale

$$\iiint \left(\frac{\partial P}{\partial x} + \frac{\partial Q}{\partial y} + \frac{\partial R}{\partial z} \right) dx\, dy\, dz =$$

$$= \iint_{(S)} P(x, y, z)\, dy\, dz + Q(x, y, z)\, dz\, dx + R(x, y, z)\, dx\, dy,$$

wobei die Flächenintegrale stets längs der äußeren Seite zu nehmen sind.

Um die früher erhaltenen Ausdrücke für das Volumen wieder zu finden, braucht man nur $P = x$, $Q = R = 0$ oder $Q = y$, $P = R = 0$ oder $R = z$, $P = Q = 0$ zu setzen.

145. **Einführung neuer Variablen. Erste Methode.** — Es seien

$$(6)\qquad \begin{cases} x = f(x', y', z'), \\ y = \varphi(x', y', z'), \\ z = \psi(x', y', z'), \end{cases}$$

Formeln, welche eine Punkttransformation im Raume definieren; x', y', z' sind die rechtwinkligen Koordinaten eines Punktes m' in bezug auf ein System rechtwinkliger Achsen $O'x'$, $O'y'$, $O'z'$ und x, y, z sind die Koordinaten des entsprechenden Punktes m in bezug auf ein rechtwinkliges Achsensystem Ox, Oy, Oz, das mit dem ersten auch zusammenfallen kann. Wir machen die Annahmen: 1. wenn der Punkt (x', y', z') einen beschränkten von einer geschlossenen Fläche S' eingeschlossenen Bereich (E') beschreibt, so beschreibt der Punkt (x, y, z) einen anderen beschränkten, von einer geschlossenen Fläche S eingeschlossenen Bereich (E); 2. die Punkte von (E) und (E') lassen sich, ebenso wie die Punkte von S und S' eindeutig aufeinander beziehen; 3. die Funktion f, φ, ψ sind stetig und lassen partielle Derivierte zu, die in allen Punkten von (E') und S' stetig sind.

Es seien V und V' die Volumina der beiden Bereiche (E), (E'). Wir wollen zunächst dasselbe Problem wie in Nr. 124 lösen und das Verhältnis $\frac{V}{V'}$ berechnen. Es ist

$$(7)\qquad V = \int_{(S)} z\,dx\,dy = \int_{(S)} z\,d\sigma \cos\gamma,$$

wobei $d\sigma$ das Flächenelement von S und γ der Winkel ist, den die nach dem Äußeren des Bereiches (E) gerichtete Normale mit der z-Achse einschließt. Die Formel (47) in Nr. 141 erlaubt aber, das Flächenintegral (7) durch ein anderes zu ersetzen, das sich auf die Fläche S' erstreckt. Man erhält so, da V eine wesentlich positive Größe ist,

$$V = \left| \iint_{(S')} \psi(x', y', z') \cdot \left[\cos\alpha' \frac{D(f, \varphi)}{D(y', z')} + \cos\beta' \frac{D(f, \varphi)}{D(z', x')} + \cos\gamma' \frac{D(f, \varphi)}{D(x', y')} \right] d\sigma' \right|,$$

wobei α', β', γ' die Winkel sind, welche die Normale auf der Fläche S' mit den Achsen $O'x'$, $O'y'$, $O'z'$ einschließt. Dieses neue Integral ist nichts anderes als das Flächenintegral (Nr. 131, 132, 138)

$$(8)\qquad V = \left| \iint_{(S')} \psi \frac{D(f, \varphi)}{D(y', z')} dy'\,dz' + \psi \frac{D(f, \varphi)}{D(z', x')} dz'\,dx' + \psi \frac{D(f, \varphi)}{dx'\,dy'} dx'\,dy' \right|,$$

erstreckt über die äußere Seite von S'.

Wenden wir auf dieses letztere Integral die allgemeine Formel von Green an; wir erhalten

$$(8')\qquad \begin{cases} V = \left| \iiint_{(E)} \left\{ \frac{\partial}{\partial x'} \left[\psi \frac{D(f, \varphi)}{D(y', z')} \right] + \frac{\partial}{\partial y'} \left[\psi \frac{D(f, \varphi)}{D(z', x')} \right] \right. \right. \\ \qquad \left. \left. + \frac{\partial}{\partial z'} \left[\psi \frac{D(f, \varphi)}{D(x', y')} \right] \right\} dx'\,dy'\,dz' \right|. \end{cases}$$

Entwickelt man die Funktion unter dem Integralzeichen, so erhält man zwei Arten von Gliedern; die einen von der Art wie $\psi \frac{\partial^2 f}{\partial y' \partial x'} \frac{\partial \varphi}{\partial z'}$ enthalten eine Derivierte zweiter Ordnung, aber man sieht leicht, daß sich diese Glieder paarweise zerstören. Die Summe der übrigen Glieder, welche nur Derivierte der ersten Ordnung enthalten, ist

$$\frac{\partial\psi}{\partial x'}\,\frac{D(f,\varphi)}{D(y',z')}+\frac{\partial\psi}{\partial y'}\,\frac{D(f,\varphi)}{D(z',x')}+\frac{\partial\psi}{\partial z'}\,\frac{D(f,\varphi)}{D(x',y')}=\frac{D(f,\varphi,\psi)}{D(x',y',z')}.$$

Es ist also auch

$$V=\left|\iiint\limits_{(E')}\frac{D(f,\varphi,\psi)}{D(x',y',z')}\,dx'\,dy'\,dz'\right|$$

und schließlich, wenn man den Mittelwertsatz anwendet,

$$V=V'\left|\frac{D(f,\varphi,\psi)}{D(\xi,\eta,\zeta)}\right|, \tag{9}$$

wo ξ, η, ζ die Koordinaten eines Punktes des Bereiches (E') sind.

Diese Formel (9) ist der Formel (17) des Kap. VI völlig analog und es läßt sich aus ihr dieselbe Reihe von Folgerungen ziehen.[1] Im besonderen leitet man daraus unmittelbar die allgemeine Formel des Wechsels der Variablen in den dreifachen Integralen ab; es genügt, einfach die Methode der Nr. 125 wieder anzuwenden. Ist $F(x,y,z)$ eine im Bereiche (E) integrierbare Funktion, so ist

$$\iiint\limits_{(E)}F(x,y,z)\,dx\,dy\,dz=\iiint\limits_{(E')}F(f,\varphi,\psi)\left|\frac{D(f,\varphi,\psi)}{D(x',y',z')}\right|dx'\,dy'\,dz'. \tag{10}$$

146. Einführung neuer Variablen. Zweite Methode. Die Formel (10) kann auch auf die folgende Art bewiesen werden. Bemerken wir zunächst, daß diese Formel, wenn sie für zwei oder mehrere Änderungen der Variablen im einzelnen bewiesen wurde, auch für die Änderung der Variablen gilt, die man erhält, indem man jene sukzessive ausführt; dies folgt aus den bekannten Eigenschaften der Funktionaldeterminante (Nr. 54). Läßt sie sich weiter

---

[1]) Wir überlassen dem Leser den Beweis des folgenden Satzes, welcher die geometrische Bedeutung des Vorzeichens der Jacobischen Determinante gibt:

Es seien m und m' zwei korrespondierende Punkte der beiden Flächen S und S', mn und $m'n'$ die nach dem Äußeren der Bereiche (E), (E') gerichteten Normalen; es sei ferner c eine kleine geschlossene Kurve, die auf S um den Punkt m gezogen wurde, und c' die entsprechende Kurve auf S'.

Denken wir uns zwei Beobachter, den einen auf mn liegend mit den Füßen in m und dem Kopfe in n, den anderen auf $m'n'$ liegend mit den Füßen in m' und dem Kopfe in n'. Wenn ein beweglicher Punkt die Kurve c derart beschreibt, daß der erste Beobachter ihn sich von seiner Rechten nach seiner Linken bewegen sieht, so sieht der zweite Beobachter den entsprechenden beweglichen Punkt, welcher c' beschreibt, sich von seiner Rechten zu seiner Linken oder von seiner Linken nach seiner Rechten bewegen. Die Jacobische Determinante ist im ersten Falle positiv, im zweiten Falle negativ. Dabei wird vorausgesetzt, daß die beiden Achsensysteme gleich orientiert sind.

auf mehrere Gebiete des Raumes anwenden, so gilt sie auch für das Gebiet, das man erhält, wenn man diese Gebiete zusammenfügt. Dies vorausgeschickt wollen wir beweisen, daß die Formel auf jede Transformation, bei der man nur eine der unabhängigen Variablen ändert, Anwendung findet, z. B. auf eine Transformation der Form

(11) $$x = x', \quad y = y', \quad z = \psi(x', y', z').$$

Wir wollen annehmen, daß die zwei Punkte $M(x, y, z)$ und $M'(x', y', z')$ auf dasselbe Achsensystem bezogen seien und daß eine Parallele zur z-Achse die Fläche, welche den Bereich (E) begrenzt, nur in zwei Punkten treffe. Die Formeln (11) ordnen dieser Fläche eine andere Fläche zu, die den Bereich (E') begrenzt, und der diesen beiden Flächen umschriebene Zylinder, dessen Erzeugende parallel zu Oz sind, wird von der Ebene $z = 0$ längs einer geschlossenen Kurve C geschnitten. Jeder Punkt m des innerhalb der Grenzkurve C liegenden Bereiches A ist die Projektion zweier Punkte m_1 und m_2 der ersten Fläche mit den Koordinaten z_1 und z_2 und zweier Punkte m_1', m_2' der zweiten Fläche mit den Koordinaten z_1', z_2'. Wir wählen die Bezeichnungen derart, daß $z_1 < z_2$ und $z_1' < z_2'$ ist. Dem Punkte m_1 ordnen die Formeln (11) den Punkt m_1' oder m_2' zu. Um die beiden Fälle zu unterscheiden, genügt es, das Zeichen von $\frac{\partial \psi}{\partial z'}$ zu berücksichtigen. Wenn $\frac{\partial \psi}{\partial z'}$ positiv ist, so wächst z mit z'; die Punkte m_1 und m_1' entsprechen einander ebenso wie die beiden Punkte m_2 und m_2'. Ist hingegen $\frac{\partial \psi}{\partial z'}$ negativ, so nimmt z ab, wenn z' wächst; m_1 entspricht m_2' und m_2 dem Punkte m_1'. Im ersten Falle ist

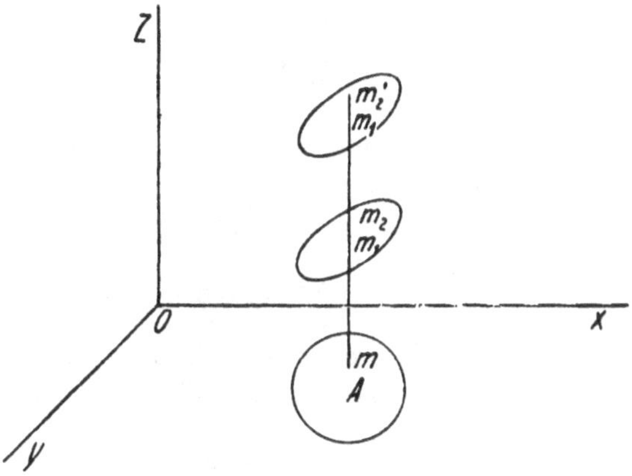

Fig. 32.

$$\int_{z_1}^{z_2} F(x, y, z)\, dz = \int_{z_1'}^{z_2'} F[x, y, \psi(x, y, z')]\, \frac{\partial \psi}{\partial z'}\, dz';$$

im zweiten Fall ist hingegen

$$\int_{z_1}^{z_2} F(x, y, z)\, dz = -\int_{z_1'}^{z_2'} F[x, y, \psi(x, y, z')] \frac{\partial \psi}{\partial z'} dz'.$$

In beiden Fällen können wir schreiben

$$(12) \qquad \int_{z_1}^{z_2} F(x, y, z)\, dz = \int_{z_1'}^{z_2'} F[x, y, \psi(x, y, z')] \left| \frac{\partial \psi}{\partial z'} \right| dz'.$$

Nehmen wir nun die Doppelintegrale der beiden Seiten dieser Gleichheit im Gebiete A, so ist das Doppelintegral

$$\iint_{(A)} dx\, dy \int_{z_1}^{z_2} F(x, y, z)\, dz$$

nichts anderes als das dreifache Integral $\iiint F(x, y, z)\, dx\, dy\, dz$, genommen im Gebiete (E) des Raumes. Ebenso ist das Doppelintegral der rechten Seite von (12) gleich dem dreifachen Integrale von

$$F[x', y', \psi(x', y', z')] \left| \frac{\partial \psi}{\partial z'} \right|,$$

genommen in (E'), wie man erkennt, wenn man x durch x' und y durch y' ersetzt. Man erhält also in diesem speziellen Falle

$$\iiint_{(E)} F(x, y, z)\, dx\, dy\, dz$$
$$= \iiint_{(E')} F[x', y', \psi(x', y', z')] \left| \frac{\partial \psi}{\partial z'} \right| dx'\, dy'\, dz';$$

nun reduziert sich aber hier die Determinante $\frac{D(x, y, z)}{D(x', y', z')}$ auf $\frac{\partial \psi}{\partial z'}$. Die Formel (10) ist also für die Änderungen der Veränderlichen von der Form (11) nachgewiesen.

Die allgemeine Formel (10) läßt sich auch auf die durch die Formeln

$$(13) \qquad x = f(x', y', z'), \quad y = \varphi(x', y', z'), \quad z = z'$$

definierte Änderung der Variablen anwenden, bei welcher z unverändert bleibt. Wir nehmen an, daß diese Formeln zwei Raumgebiete (E), (E') Punkt für Punkt einander zuordnen und daß im besonderen die Schnitte R, R', welche eine und dieselbe Parallelebene zu $z = 0$ in (E) und (E') erzeugt, sich punktweise entsprechen. Man hat also nach der Formel, welche die Änderung der Variablen in einem Doppelintegrale gibt,

$$(14)\quad \begin{cases} \displaystyle\iint\limits_{(R)} F(x, y, z)\, dx\, dy \\ \displaystyle = \iint\limits_{(R')} F[f(x', y', z'),\ \varphi(x', y', z'),\ z'] \left| \frac{D(f, \varphi)}{D(x', y')} \right| dx'\, dy'; \end{cases}$$

die beiden Seiten dieser Gleichheit hängen nur von der Variablen $z = z'$ ab. Integriert man aufs neue zwischen den Grenzen z_1 und z_2, innerhalb derer z im Gebiete (E) variieren kann, so läßt sich die erhaltene Gleichheit schreiben

$$(15)\quad \begin{cases} \displaystyle\iiint\limits_{(E)} F(x, y, z)\, dx\, dy\, dz \\ \displaystyle = \iiint\limits_{(E')} F[f(x', y', z'),\ \varphi(x', y', z'),\ z'] \left| \frac{D(f, \varphi)}{D(x', y')} \right| dx'\, dy'\, dz'. \end{cases}$$

Nun ist aber hier $\frac{D(x, y, z)}{D(x', y', z')} = \frac{D(x, y)}{D(x', y')}$, so daß sich die Formel (10) auch noch auf eine Änderung der Veränderlichen von der Form (13) anwenden läßt.

Wir wollen nun zeigen, daß jede Änderung der Variablen

$$(16)\qquad x = f(x_1, y_1, z_1), \quad y = \varphi(x_1, y_1, z_1), \quad z = \psi(x_1, y_1, z_1)$$

durch eine Kombination der vorhergehenden erhalten werden kann. Setzen wir zunächst $x' = x_1$, $y' = y_1$, $z' = z$; die letzte Gleichung (16) geht über in $z' = \psi(x', y', z_1)$ und man entnimmt hieraus $z_1 = \pi(x', y', z')$. Die Formeln (16) können also durch das System der 6 Gleichungen

$$(17)\quad x = f[x', y', \pi(x', y', z')], \quad y = \varphi[x', y', \pi(x', y', z')], \quad z = z',$$

$$(18)\qquad x' = x_1, \quad y' = y_1, \quad z' = \psi(x_1, y_1, z_1)$$

ersetzt werden; die allgemeine Formel (10) läßt sich, wie wir eben gesehen haben, auf die durch die Formeln (17) und (18) definierten Transformationen anwenden und infolgedessen auch auf die Änderung (16) der Variablen.

Man könnte auch, wie der Leser leicht selbst beweisen wird, die allgemeine Transformation (16) durch eine Folge von drei Transformationen von der Art (11) ersetzen.

147. **Volumelement.** Ersetzen wir in den Formeln (6), welche die Änderung der Variablen definieren, x', y', z' durch u, v, w

$$(19)\qquad x = f(u, v, w), \quad y = \varphi(u, v, w), \quad z = \psi(u, v, w)$$

und ändern wir die bisherige Auffassung ein wenig, indem wir u, v, w jetzt als ein System krummliniger Koordinaten betrachten. Die Flächen (u) z. B. sind die vom Punkte (x, y, z) beschriebenen Flächen, wenn v und w sich willkürlich ändern, während u einen konstanten Wert bewahrt, und die Flächen (v) und (w) werden ebenso definiert.

Wenn durch jeden Punkt eines Gebietes (E) des Raumes eine und nur eine Fläche jeder dieser Familien hindurchgeht, so zerlegen sie dieses Gebiet in krummflächige Hexaeder, die den Parallelepipeden analog sind, welche durch die zu den drei Achsenpaaren parallelen Ebenen gebildet werden.

Das Volumen des kleinen Körpers, der zwischen den Flächen (u), (v), (w), $(u + du)$, $(v + dv)$, $(w + dw)$ enthalten ist, wo du, dv, dw positiv sind, hat nach der Formel (9) den Ausdruck

$$\left[\left|\frac{D(f, \varphi, \psi)}{D(u, v, w)}\right| + \varepsilon\right] du\, dv\, dw,$$

wo ε zugleich mit du, dv, dw unendlich klein wird. Wie bereits mehrfach (Nr. 74, 125) auseinandergesetzt wurde, kann man das Glied $\varepsilon\, du\, dv\, dw$ vernachlässigen und das Produkt

$$dV = \left|\frac{D(f, \varphi, \psi)}{D(u, v, w)}\right| du\, dv\, dw$$

heißt das **Volumelement** in dem krummlinigen Koordinatensysteme (u, v, w).

Es sei ds^2 das Quadrat des Linienelementes in demselben Koordinatensysteme; den Formeln (19) entnimmt man

$$dx = \frac{\partial f}{\partial u} du + \frac{\partial f}{\partial v} dv + \frac{\partial f}{\partial w} dw, \quad dy = \frac{\partial \varphi}{\partial u} du + \ldots$$

und, indem man quadriert und addiert, erhält man

$$(21) \quad \begin{cases} ds^2 = H_1\, du^2 + H_2\, dv^2 + H_3\, dw^2 \\ \qquad + 2 F_1\, dv\, dw + 2 F_2\, dw\, du + 2 F_3\, du\, dv, \end{cases}$$

wobei

$$(22) \quad \begin{cases} H_1 = \mathrm{S}\left(\frac{\partial x}{\partial u}\right)^2, & H_2 = \mathrm{S}\left(\frac{\partial x}{\partial v}\right)^2, & H_3 = \mathrm{S}\left(\frac{\partial x}{\partial w}\right)^2, \\ F_1 = \mathrm{S}\frac{\partial x}{\partial v}\frac{\partial x}{\partial w}, & F_2 = \mathrm{S}\frac{\partial x}{\partial w}\frac{\partial x}{\partial u}, & F_3 = \mathrm{S}\frac{\partial x}{\partial u}\frac{\partial x}{\partial v} \end{cases}$$

gesetzt wurde; das Zeichen S bedeutet hierbei stets, daß man x durch y und dann durch z ersetzen und die Summe bilden soll. Die Formel, welche dV gibt, läßt sich sehr leicht aus der Formel für ds^2 ableiten; man findet nämlich, indem man nach der gewöhnlichen Regel das Quadrat der Determinante bildet,

$$\begin{vmatrix} \frac{\partial x}{\partial u} & \frac{\partial y}{\partial u} & \frac{\partial z}{\partial u} \\ \frac{\partial x}{\partial v} & \frac{\partial y}{\partial v} & \frac{\partial z}{\partial v} \\ \frac{\partial x}{\partial w} & \frac{\partial y}{\partial w} & \frac{\partial z}{\partial w} \end{vmatrix}^2 = \begin{vmatrix} H_1 & F_3 & F_2 \\ F_3 & H_2 & F_1 \\ F_2 & F_1 & H_3 \end{vmatrix} = M$$

und das Volumelement ist gleich $\sqrt{M}\, du\, dv\, dw$.

Betrachten wir im besonderen den sehr wichtigen Fall, wo die Koordinatenflächen (u), (v), (w) ein dreifach orthogonales System bilden, d. h. wo die drei Flächen, die durch einen beliebigen Punkt des Raumes hindurchgehen, einander paarweise unter einem rechten Winkel schneiden. Die Tangenten an die Schnittkurven je zweier dieser drei Flächen bilden dann ein rechtwinkliges Dreikant; dazu muß $F_1 = F_2 = F_3 = 0$ sein und diese Bedingungen sind auch hinreichend. Die Formeln, welche ds^2 und dV geben, nehmen dann die einfache Form

$$(23)\qquad ds^2 = H_1\,du^2 + H_2\,dv^2 + H_3\,dw^2,\quad dV = \sqrt{H_1 H_2 H_3}\,du\,dv\,dw$$

an. Man kann diese Formeln leicht durch einige Betrachtungen der Infinitesimalgeometrie wiederfinden. Nehmen wir du, dv, dw sehr klein an und vergleichen wir das eben definierte Körperelement mit einem ebenflächigen rechtwinkligen Parallelipiped. Die Kanten dieses Parallelepipeds sind bezw. $\sqrt{H_1}\,du$, $\sqrt{H_2}\,dv$, $\sqrt{H_3}\,dw$, wenn man von unendlich kleinen Größen höherer Ordnung absieht. Wir erhalten die Formeln (23), wenn wir als Linienelement die Diagonale und als Volumelement das Volumen dieses Körperelements nehmen. Der Inhalt einer der Flächen $\sqrt{H_1 H_2}\,du\,dv$ stellt uns desgleichen das Flächenelement der Fläche (w) dar.

Nehmen wir als Beispiel die Polarkoordinaten im Raume

$$(24)\qquad x = \rho\sin\theta\cos\varphi,\quad y = \rho\sin\theta\sin\varphi,\quad z = \rho\cos\theta;$$

ρ stellt den Abstand des Punktes $M(x, y, z)$ vom Ursprung dar, θ den Winkel, welchen OM mit Oz einschließt, und φ den Winkel, den die Spur der Halbebene MOz auf der Ebene $z = 0$ mit Ox einschließt; um alle Punkte des Raumes zu erhalten, genügt es, ρ von 0 bis $+\infty$, θ von 0 bis π und φ von 0 bis 2π variieren zu lassen. Die Rechnung ergibt aus den Formeln (24)

$$(25)\qquad ds^2 = d\rho^2 + \rho^2 d\theta^2 + \rho^2\sin^2\theta\,d\varphi^2$$

und infolgedessen

$$(26)\qquad dV = \rho^2\sin\theta\,d\rho\,d\theta\,d\varphi.$$

Man kann diese Formeln auch leicht ohne jegliche Rechnung finden. Die drei Oberflächenfamilien (ρ), (θ), (φ) sind bzw. konzentrische Kugeln um den Ursprung, Rotationskegel um Oz mit O als Spitze und Ebenen, die durch Oz hindurchgehen. Diese drei Flächen bilden in der Tat ein dreifach orthogonales System und die Dimensionen des Körperelements sind, wie man unmittelbar aus der Figur sieht, $d\varrho$, $\varrho\,d\theta$, $\varrho\sin\theta\,d\varphi$; dies führt wieder auf die Formeln (25) und (26).

Erstreckt sich das auszuwertende Integral über ein Gebiet, das von einer geschlossenen Fläche begrenzt wird, die von einem vom Ursprung gezogenen Halbstrahle nur in einem Punkte getroffen wird und die den Ursprung im Innern enthält, so wird man ϱ von 0 bis R laufen lassen müssen, wo $R = f(\theta, \varphi)$ die Gleichung der Fläche ist, dann θ von 0 bis π und φ von 0 bis 2π. Das durch diese Fläche begrenzte Volumen ist also gleich dem dreifachen Integrale

$$V = \int_0^{2\pi} d\varphi \int_0^{\pi} d\theta \int_0^{R} \varrho^2 \sin\theta\, d\varrho\,;$$

die erste Integration vollzieht sich unmittelbar und es bleibt

$$V = \int_0^{2\pi} d\varphi \int_0^{\pi} \frac{R^3 \sin\theta}{3}\, d\theta.$$

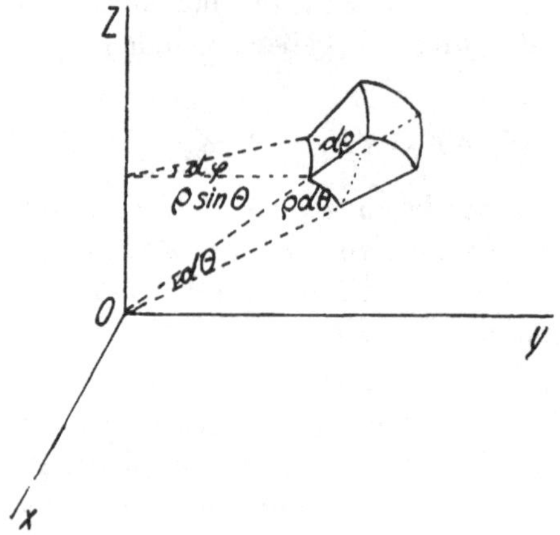

Fig. 33.

Bisweilen wendet man auch die semipolaren Koordinaten r, ω, z an, wo $x = r\cos\omega$, $y = r\sin\omega$ ist. In diesem Falle ist

$$ds^2 = dr^2 + r^2 d\omega^2 + dz^2$$

und

$$dV = r\,d\omega\,dr\,dz.$$

148. Elliptische Koordinaten. Die durch die Gleichung

$$\frac{x^2}{\lambda - a} + \frac{y^2}{\lambda - b} + \frac{z^2}{\lambda - c} - 1 = 0 \tag{27}$$

dargestellten Flächen, wo λ ein variabler Parameter und $a > b > c > 0$ ist, bilden eine Familie homofokaler Flächen zweiter Ordnung. Durch jeden Punkt des Raumes gehen drei Flächen dieser Familie, ein Ellipsoid, ein zweischaliges Hyperboloid und ein einschaliges Hyperboloid, denn die Gleichung (27) hat stets eine Wurzel λ_1, die zwischen b und c liegt, eine Wurzel λ_2, die zwischen a und b liegt, und eine Wurzel λ_3, die größer als a ist; diese drei Wurzeln $\lambda_1, \lambda_2, \lambda_3$ sind die elliptischen Koordinaten des Punktes, dessen rechtwinklige Koordinaten x, y, z sind. Zwei beliebige Flächen der Familie sind orthogonal, denn wenn man in der Gleichung (27) λ durch λ_1, dann durch λ_2 ersetzt und gliedweise subtrahiert, so erhält man nach Division durch $\lambda_1 - \lambda_2$

$$\frac{x^2}{(\lambda_1 - a)(\lambda_2 - a)} + \frac{y^2}{(\lambda_1 - b)(\lambda_2 - b)} + \frac{z^2}{(\lambda_1 - c)(\lambda_2 - c)} = 0\,, \tag{28}$$

eine Relation, welche die Orthogonalität der beiden Flächen (λ_1) und (λ_2) erweist.

Um x, y, z bequem als Funktionen von $\lambda_1, \lambda_2, \lambda_3$ zu erhalten, bemerken wir, daß identisch

$$(\lambda - a)(\lambda - b)(\lambda - c) - x^2(\lambda - b)(\lambda - c) - y^2(\lambda - c)(\lambda - a) - z^2(\lambda - a)(\lambda - b) = \\ = (\lambda - \lambda_1)(\lambda - \lambda_2)(\lambda - \lambda_3)$$

sein muß; setzt man in dieser Identität sukzessive $\lambda = a, \lambda = b, \lambda = c$, so entnimmt man daraus

$$\text{(29)} \qquad \begin{cases} x^2 = \dfrac{(\lambda_3 - a)(a - \lambda_1)(a - \lambda_2)}{(a - b)(a - c)} \\[2ex] y^2 = \dfrac{(\lambda_3 - b)(\lambda_2 - b)(b - \lambda_1)}{(a - b)(b - c)} \\[2ex] z^2 = \dfrac{(\lambda_3 - c)(\lambda_2 - c)(\lambda_1 - c)}{(a - c)(b - c)} \end{cases}$$

die logarithmischen Abteilungen hiervon geben

$$dx = \frac{x}{2}\left(\frac{d\lambda_1}{\lambda_1 - a} + \frac{d\lambda_2}{\lambda_2 - a} + \frac{d\lambda_3}{\lambda_3 - a}\right)$$

$$dy = \frac{y}{2}\left(\frac{d\lambda_1}{\lambda_1 - b} + \frac{d\lambda_2}{\lambda_2 - b} + \frac{d\lambda_3}{\lambda_3 - b}\right)$$

$$dz = \frac{z}{2}\left(\frac{d\lambda_1}{\lambda_1 - c} + \frac{d\lambda_2}{\lambda_2 - c} + \frac{d\lambda_3}{\lambda_3 - c}\right)$$

bildet man die Summe der Quadrate, so müssen die Glieder in $d\lambda_1\, d\lambda_2$, $d\lambda_2\, d\lambda_3$, $d\lambda_3\, d\lambda_1$ nach der Relation (28) und den analogen Relationen verschwinden. Der Koeffizient von $d\lambda_1^2$ ist

$$\frac{1}{4}\left[\frac{x^2}{(\lambda_1 - a)^2} + \frac{y^2}{(\lambda_1 - b)^2} + \frac{z^2}{(\lambda_1 - c)^2}\right]$$

oder, wenn man x^2, y^2, z^2 durch ihre Werte ersetzt und reduziert,

$$M_1 = \frac{1}{4}\, \frac{(\lambda_3 - \lambda_1)(\lambda_2 - \lambda_1)}{(\lambda_1 - a)(\lambda_1 - b)(\lambda_1 - c)}$$

und die Koeffizienten M_2 und M_3 von $d\lambda_2^2$ und $d\lambda_3^2$ ergeben sich hieraus durch zyklische Permutation. Das Volumelement ist dann $\sqrt{M_1 M_2 M_3}\, d\lambda_1\, d\lambda_2\, d\lambda_3$.

149. **Dirichletsche Integrale.** Es sei das dreifache Integral

$$\iiint x^p y^q z^r (1 - x - y - z)^s\, dx\, dy\, dz,$$

erstreckt über das Innere des durch die vier Ebenen $x = 0$, $y = 0$, $z = 0$, $x + y + z = 1$ gebildeten Tetraeders, zu berechnen. Setzen wir

$$x + y + z = \xi,\ y + z = \xi\eta,\ z = \xi\eta\zeta,$$

wo ξ, η, ζ drei neue Variable sind; diese Formeln geben

$$\xi = x + y + z,\ \eta = \frac{y + z}{x + y + z},\ \zeta = \frac{z}{y + z}$$

und es ist umgekehrt $x = \xi(1 - \eta)$, $y = \xi\eta(1 - \zeta)$, $z = \xi\eta\zeta$. Wenn x, y, z positiv sind und die Summe $x + y + z$ kleiner als eins ist, so sind ξ, η, ζ zwischen null und eins enthalten. Umgekehrt, wenn ξ, η, ζ zwischen null und eins enthalten sind, so ist $x > 0$, $y > 0$, $z > 0$, $x + y + z < 1$. Das frühere Tetraeder ist also durch einen Würfel ersetzt.

Um die Funktionaldeterminante zu berechnen, setzen wir $X = \xi$, $Y = \xi\,\eta$, $Z = \xi\,\eta\,\zeta$; dies gibt $x = X - Y$, $y = Y - Z$, $z = Z$. Man erhält

$$\frac{D(x, y, z)}{D(\xi, \eta, \zeta)} = \frac{D(x, y, z)}{D(X, Y, Z)} \cdot \frac{D(X, Y, Z)}{D(\xi, \eta, \zeta)} = \xi^2\,\eta$$

und das dreifache Integral wird bei dieser Änderung der Variablen

$$\int_0^1 d\xi \int_0^1 d\eta \int_0^1 \xi^{p+q+r+2}(1-\xi)^s\,\eta^{q+r+1}\,(1-\eta)^p\,\zeta^r\,(1-\zeta)^q\,d\zeta.$$

Die Funktion unter dem Integralzeichen ist das Produkt einer Funktion von ξ mit einer Funktion von η und einer Funktion von ζ. Das dreifache Integral ist also das Produkt

$$\int_0^1 \xi^{p+q+r+2}(1-\xi)^s\,d\xi \cdot \int_0^1 \eta^{q+r+1}(1-\eta)^p\,d\eta \cdot \int_0^1 \zeta^r\,(1-\zeta)^q\,d\zeta,$$

oder, wenn man die Γ-Funktion einführt [man vergl. die Formeln (33) und (34) der Nr. 135]

$$\frac{\Gamma(p+q+r+3)\,\Gamma(s+1)}{\Gamma(p+q+r+s+4)} \cdot \frac{\Gamma(q+r+2)\,\Gamma(p+1)}{\Gamma(p+q+r+3)} \cdot \frac{\Gamma(r+1)\,\Gamma(q+1)}{\Gamma(q+r+2)};$$

unterdrückt man die gemeinsamen Faktoren, so bleibt als Wert des dreifachen Integrals

$$\frac{\Gamma(p+1)\,\Gamma(q+1)\,\Gamma(r+1)\,\Gamma(s+1)}{\Gamma(p+q+r+s+4)}.$$

150. **Mehrfache Integrale.** Die reinen analytischen Ausdrücke, die wir für ein Doppelintegral und ein dreifaches Integral erhalten haben, erlauben uns, die Definition auf die Funktion einer willkürlichen Anzahl von unabhängigen Variablen auszudehnen. Wir wollen uns begnügen, den zu befolgenden Weg in großen Zügen anzuzeigen.

Es sei $x_1, x_2, \ldots, x_n$ ein System von n unabhänigen Variablen. Wir werden zur Abkürzung sagen, daß ein Wertsystem $x_1^0, x_2^0, \ldots, x_n^0$ dieser Variablen einen Punkt im n-dimensionalen Raume darstelle. Jede Relation $F(x_1, x_2, \ldots, x_n) = 0$, deren linke Seite eine stetige Funktion ist, wird ebenso eine Fläche darstellen; ist F vom ersten Grade, so werden wir auch weiterhin sagen, daß diese Gleichung eine Ebene darstelle. Betrachten wir die Gesamtheit der Punkte, deren Koordinaten Ungleichheitsbedingungen erfüllen, wie z. B.

$$\Psi_i\,(x_1, x_2, \ldots, x_n) \leqq 0 \qquad (i = 1, 2, \ldots, k); \tag{30}$$

wir werden sagen, daß diese Punktmenge einen Bereich D im Raume von n Dimensionen bildet. Wenn für alle Punkte dieses Bereiches D der absolute Wert jeder beliebigen der Koordinaten X_i kleiner als eine feste Zahl bleibt, so wird man sagen, daß D ganz im Endlichen liege. Wenn die Ungleichheiten, welche D definieren, die folgende Form haben:

$$x_1^0 \leqq x_1 \leqq x_1^1,\; x_2^0 \leqq x_2 \leqq x_2^1, \ldots\ldots, x_n^0 \leqq x_n \leqq x_n^1, \tag{31}$$

so werden wir diesen Bereich ein Prismatoid nennen und sagen, daß die n positiven Zahlen $x_i^1 - x_i^0$ die Dimensionen dieses Prismatoids sind. Schließlich werden wir sagen, daß ein Punkt des Bereiches D der **Begrenzung** dieses Bereiches angehört, wenn mindestens eine der Funktionen Ψ_i in den Formeln (30) für die Koordinaten dieses Punktes null ist.

Dies vorausgeschickt sei D ein endlicher Bereich und $f(x_1, x_2, \ldots, x_n)$ eine in diesem Bereiche stetige Funktion. Denken wie uns D durch Ebenen, welche den Ebenen $x_i = 0$ $(i = 1, 2, \ldots, n)$ parallel sind, in kleinere Bereiche zerlegt, Nehmen wir ein beliebiges von den durch diese Ebenen bestimmten Prismatoiden, welche ganz innerhalb D liegen; es seien $\Delta x_1, \Delta x_2, \ldots, \Delta x_n$ die Dimensionen dieses Prismatoids und $\xi_1, \xi_2, \ldots, \xi_n$ die Koordinaten eines beliebigen dem Prismatoide zugehörigen Punktes die Summe

$$S = \sum f(\xi_1, \xi_2, \ldots, \xi_n)\, \Delta x_1\, \Delta x_2 \ldots \Delta x_n, \tag{32}$$

erstreckt über alle Prismatoide, die ganz innerhalb des Bereiches D liegen, strebt gegen einen Grenzwert J, wenn die Zahl dieser Prismatoide über alle Grenzen wächst, so daß alle ihre Dimensionen gegen Null streben.[1]) Man nennt diesen Grenzwert das n-fache Intgral von $f(x_1, x_2, \ldots, x_n)$, genommen im Bereiche D,

$$J = \int\!\!\int \ldots \int f(x_1, x_2, \ldots, x_n)\, dx_1\, dx_2 \ldots dx_n.$$

Die Berechnung eines n-fachen Integrals läßt sich wieder auf die von n sukzessiven einfachen Integralen zurückführen. Um zu zeigen, daß das Gesetz allgemein ist, genügt es zu zeigen, daß es für ein n-faches Integral gilt, wenn es für ein (n-1)faches bereits als richtig vorausgesetzt wird. Betrachten wir hierzu einen beliebigen Punkt

$$(x_1, x_2, \ldots, x_n)$$

von D; abstrahieren wir für einen Augenblick von der Variablen x_n, so beschreibt der Punkt $(x_1, x_2, \ldots, x_{n-1})$ einen gewissen Bereich D' im Raume von $n - 1$ Dimensionen. Wir nehmen an, daß der Bereich D der folgenden Bedingung genügt: jedem Punkte $(x_1, x_2, \ldots, x_{n-1})$ im Innern von D' entsprechen bloß zwei Punkte auf der Umgrenzung von D mit den Koordinaten $(x_1, x_2, \ldots, x_{n-1}; x_n^{(1)})$ und $(x_1, x_2, \ldots, x_{n-1}; x_n^{(2)})$, wobei die Koordinaten $x_n^{(1)}$ und $x_n^{(2)}$ im Innern von D' stetige Funktionen der $n - 1$ Variablen $x_1, x_2, \ldots, x_{n-1}$ sind. Wäre diese Bedingung nicht erfüllt, so würde man D in genügend kleine Bereiche teilen, in deren jedem diese Bedingung erfüllt wäre. Dies vorausgeschickt betrachten wir die Säule von Prismatoiden des Bereiches D, die einem und demselben Punkte $(x_1, x_2, \ldots, x_{n-1})$ entsprechen; man beweist leicht, daß diese Prismatoide bei geeigneter Wahl der Punkte $(\xi_1, \xi_2, \ldots, \xi_n)$ in S eine Summe gleich

$$\Delta x_1\, \Delta x_2 \ldots \Delta x_{n-1} \left[\int_{x_n^{(1)}}^{x_n^{(2)}} f(x_1, x_2, \ldots, x_n)\, dx_n + \varepsilon \right]$$

[1]) Für $n = 2$ oder $n = 3$ ist der Grenzwert von S tatsächlich dem Doppelintegrale oder dem dreifachen Integrale gleich, denn die Summe der vernachlässigten Flächen bzw. Volumen strebt gegen Null.

geben, wo $|\varepsilon|$ kleiner als jede positive Zahl gemacht werden kann, vorausgesetzt, daß alle Größen Δx_i genügend klein sind. Setzen wir

$$\Phi(x_1 x_2, \ldots, x_{n-1}) = \int_{x_n^{(1)}}^{x_n^{(2)}} f(x_1, x_2, \ldots, x_n)\, dx_n, \tag{33}$$

so sehen wir, daß J gleich dem Grenzwerte der Summe

$$\Sigma\, \Phi(x_1, x_2 \ldots x_{n-1})\, \Delta x_1\, \Delta x_2 \ldots \Delta x_{n-1}$$

ist, d. h. gleich dem $\overline{n-1}$ fachen Integrale

$$J = \int\int \ldots \int \Phi(x_1, x_2, \ldots, x_{n-1})\, dx_1\, dx_2 \ldots dx_{n-1} \tag{34}$$

im Bereiche D'. Setzt man also das Gesetz für ein $\overline{n-1}$ faches Integral als richtig voraus, so ist es allgemein gültig.

Man könnte auch noch anders vorgehen. Betrachten wir die Punktmenge $(x_1, x_2, \ldots, x_n)$, für welche die Koordinate x_n einen gegebenen Wert hat; der Punkt $(x_1, x_2, \ldots, x_{n-1})$ beschreibt im $\overline{n-1}$ dimensionalen Raume einen Bereich δ, und man sieht ohne Mühe, daß das n-fache Integral J auch gleich dem Ausdrucke

$$J = \int_{X_n^{(1)}}^{X_n^{(2)}} \theta(x_n)\, dx_n \tag{35}$$

ist, wo $\theta(x_n)$ das $\overline{n-1}$ fache Integral $\int\int \ldots \int f\, dx_1\, dx_2 \ldots dx_{n-1}$ erstreckt über den Bereich δ und $X_n^{(1)}$, $X_n^{(2)}$ die untere und die obere Grenze von x_n im Bereiche D ist. Wie immer man auch vorgehen mag, so hängen die Grenzen für die verschiedenen Integrationen, die man auszuwerten hat, von der Natur des Bereiches D ab und variieren im allgemeinen mit der Anordnung der Integrationen. Ausgenommen ist der Fall, wo D ein Prismatoid ist, das durch die Bedingungen

$$x_1^0 \leqq x_1 \leqq X_1, \ldots, \quad x_i^0 \leqq x_i \leqq X_i, \ldots$$

definiert ist. In diesem Falle ist der Ausdruck für das vielfache Integral

$$J = \int_{x_1^0}^{X_1} dx_1 \int_{x_2^0}^{X_2} dx_2 \ldots \int_{x_n^0}^{X_n} f\, dx_n$$

und man kann die Reihenfolge der Integrationen in beliebiger Art umkehren, ohne die jeder Variablen entsprechenden Grenzen zu ändern.

Die Formel der Änderung der Variablen erstreckt sich auch auf die n-fachen Integrale. Es seien

$$x_i = \varphi_i(x_1', x_2', \ldots, x_n') \qquad (i = 1, 2, \ldots, n) \tag{36}$$

Transformationsformeln, die einem vom Punkte $(x_1', \ldots, x_n')$ beschriebenen Bereiche D' einen vom Punkt $(x_1, x_2, \ldots, x_n)$ beschriebenen Bereich D Punkt für Punkt zuordnen. Dann ist

$$(37)\qquad \iint\limits_{(D)}\cdots\int F(x_1, x_2, \ldots, x_n)\, dx_1\, dx_2 \ldots dx_n =$$

$$= \iint\limits_{(D')}\cdots\int F(\varphi_1, \varphi_2, \ldots, \varphi_n) \left| \frac{D(\varphi_1, \varphi_2, \ldots, \varphi_n)}{D(x_1', x_2', \ldots, x_n')} \right| dx_1'\, dx_2' \ldots dx_n' .$$

Der Beweis ist den vorhergehenden ganz ähnlich. Wir wollen uns begnügen, ihn in großen Zügen zu skizzieren:

1. Wenn die Formel (37) für zwei Transformationen richtig ist, so ist sie es auch für die Transformation, die man erhält, wenn man jene sukzessive ausführt;

2. jede Änderung der Variablen kann durch die Kombination von zwei Änderungen in der Art der folgenden erhalten werden:

$$(38)\qquad x_1 = x_1',\ x_2 = x_2',\ \ldots,\ x_{n-1} = x'_{n-1},\ x_n = \varphi_n(x_1', x_2', \ldots, x_n')$$

$$(39)\qquad x_1 = \psi_1(x_1, \ldots, x_n'),\ \ldots,\ x_{n-1} = \psi_{n-1}(x_1', \ldots, x_n'),\ x_n = x_n';$$

3. die Formel (37) läßt sich auf die Änderung der Variabeln von der Form (38) anwenden, wie aus der Form (34) hervorgeht, auf die man das n-fache Integral bringen kann. Sie läßt sich auch auf die Änderung der Variablen (39) anwenden, gemäß der zweiten Form (35) des vielfachen Integrals, wenn man annimmt, daß die Formel bereits für die vielfachen Integrale von der Ordnung $n-1$ bewiesen ist. Man wird also schrittweise zeigen, daß die Formel allgemein gültig ist.

Nehmen wir, um ein Beispiel zu geben an, daß man das bestimmte Integral

$$J = \iint\cdots\int x_1^{\alpha_1} x_2^{\alpha_2} \ldots x_n^{\alpha_n} (1 - x_1 - x_2 - \ldots - x_n)^{\beta}\, dx_1\, dx_2 \ldots dx_n ,$$

wo $\alpha_1, \alpha_2, \ldots \alpha_n, \beta$ positive Zahlen sind, in dem durch die Ungleichungen

$$0 \leqq x_1,\ 0 \leqq x_2,\ \ldots,\ 0 \leqq x_n,\ x_1 + x_2 + \ldots + x_n \leqq 1$$

definierten Bereiche D auswerten wolle. Die durch die Formeln

$$x_1 + x_2 + \ldots + x_n = \xi_1, \qquad x_2 + \ldots + x_n = \xi_1 \xi_2, \qquad \ldots, \qquad x_n = \xi_1 \xi_2 \ldots \xi_n$$

hervorgerufene Änderung der Variablen ersetzt D durch einen Bereich D', der durch die Ungleichungen

$$0 \leqq \xi_1 \leqq 1, \qquad 0 \leqq \xi_2 \leqq 1, \ \ldots,\ 0 \leqq \xi_n \leqq 1$$

definiert ist, und man erhält überdies, wie eine leichte Rechnung (Nr. 149) bestätigt

$$\frac{D(x_1, x_2, \ldots x_n)}{D(\xi_1, \xi_2, \ldots \xi_n)} = \xi_1^{n-1} \xi_1^{n-2} \ldots \xi_{n-1}$$

Die zu integrierende Funktion erhält die Form

$$\xi_1^{\alpha_1 + \ldots + \alpha_n + n - 1}\, \xi_2^{\alpha_2 + \ldots + \alpha_n + n - 2} \ldots \xi_n^{\alpha_n} (1 - \xi_1)^{\beta} (1 - \xi_2)^{\alpha_1} \ldots (1 - \xi_n)^{\alpha_{n-1}}$$

und das gesuchte Integral läßt sich auch hier mittels der Γ-Funktion ausdrücken

$$(40)\qquad J = \frac{\Gamma(\alpha_1 + 1)\, \Gamma(\alpha_2 + 1) \ldots \Gamma(\alpha_n + 1)\, \Gamma(\beta + 1)}{\Gamma(\alpha_1 + \alpha_2 + \ldots + \alpha_n + \beta + n + 1)} .$$

II. Integration der totalen Differentiale.

151. **Allgemeine Methode.** — Es seien $P(x,y)$, $Q(x,y)$ zwei Funktionen der beiden unabhängigen Variablen x und y; der Ausdruck

$$P\,dx + Q\,dx$$

ist im allgemeinen nicht das totale Differential einer Funktion der beiden Variablen x, y. In der Tat, die Gleichung

$$du = P\,dx + Q\,dy \tag{41}$$

ist, wie man weiß, den beiden verschiedenen Gleichungen

$$\frac{\partial u}{\partial x} = P(x,y), \qquad \frac{\partial u}{\partial x} = Q(x,y) \tag{42}$$

äquivalent; differenzieren wir die erste nach y, die zweite nach x, so sehen wir, daß $u(x,y)$ den beiden Beziehungen

$$\frac{\partial^2 u}{\partial x\,\partial y} = \frac{\partial P(x,y)}{\partial y}, \qquad \frac{\partial^2 u}{\partial x\,\partial y} = \frac{\partial Q(x,y)}{\partial y}$$

genügen muß. Damit eine Funktion $u(x,y)$ existiere, welche der Forderung genügt, muß also identisch

$$\frac{\partial P}{\partial y} = \frac{\partial Q}{\partial x} \tag{43}$$

sein. Diese notwendige Bedingung ist auch hinreichend. Es gibt in der Tat unendlich viele Funktionen $u(x,y)$, deren partielle Derivierte in bezug auf x gleich $P(x,y)$ ist; alle diese Funktionen sind in der Formel

$$u = \int_{x_0}^{x} P(x,y)\,dx + Y$$

enthalten, wo x_0 eine beliebig gewählte Konstante und Y eine willkürliche Funktion der Variablen y ist. Damit diese Funktion $u(x,y)$ die Gleichung (41) befriedige, ist notwendig und hinreichend, daß ihre partielle Derivierte in bezug auf y gleich $Q(x,y)$ sei, d. h. daß

$$\int_{x_0}^{x} \frac{\partial P}{\partial y}\,dx + \frac{dY}{dy} = Q(x,y)$$

sei. Nun ist aber nach der Integrierbarkeitsbedingung (43)

$$\int_{x_0}^{x} \frac{\partial P}{\partial y}\,dx = \int_{x_0}^{x} \frac{\partial Q}{\partial x}\,dx = Q(x,y) - Q(x_0,y)$$

und die vorangehende Beziehung reduziert sich auf

$$\frac{dY}{dy} = Q(x_0, y).$$

Die rechte Seite hängt nur von y ab; es gibt also unendlich viele Funktionen von y, die dieser Beziehung genügen. Sie sind in der Formel

$$Y = \int_{y_0}^{y} Q(x_0, y)\,dy + C$$

enthalten, wobei y_0 einen besonderen Wert von y und C eine willkürliche Konstante bedeutet. Es gibt also unendlich viele Funktionen $u(x, y)$ die der Gleichung (41) genügen; sie sind durch die Formel

$$(44) \qquad u = \int_{x_0}^{x} P(x, y)\,dy + \int_{y_0}^{y} Q(x_0, y)\,dy + C$$

gegeben und unterscheiden sich voneinander nur durch die additive Konstante C.

Es sei z. B.

$$P = \frac{x + my}{x^2 + y^2}, \qquad Q = \frac{y - mx}{x^2 + y^2};$$

die Bedingung (43) ist erfüllt und man erhält, wenn man $x_0 = 0$, $y_0 = 1$ setzt,

$$u = \int_0^x \frac{x + my}{x^2 + y^2}\,dx + \int_1^y \frac{dy}{y} + C.$$

Führt man die angezeigten Integrationen aus, so erhält man

$$u = \frac{1}{2}\Big[\log(x^2 + y^2)\Big]_0^x + m\left(\operatorname{arc\,tan}\frac{x}{y}\right)_0^x + \log y + C$$

oder nach durchgeführter Reduktion

$$u = \frac{1}{2}\log(x^2 + y^2) + m \operatorname{arc\,tan}\frac{x}{y} + C.$$

Die vorangehende Methode erstreckt sich auf den Fall einer beliebigen Anzahl von unabhängigen Variablen. Wir wollen noch die Rechnungen für drei Variable entwickeln. Es seien P, Q, R drei Funktionen von x, y, z; die Gleichung zwischen totalen Differentialen

$$(45) \qquad du = P\,dx + Q\,dy + R\,dz$$

ist den drei verschiedenen Gleichungen

$$(46)\qquad \frac{\partial u}{\partial x} = P, \quad \frac{\partial u}{\partial y} = Q, \quad \frac{\partial u}{\partial z} = R$$

äquivalent.

Berechnet man die Derivierten

$$\frac{\partial^2 u}{\partial x \partial y}, \quad \frac{\partial^2 u}{\partial x \partial z}, \quad \frac{\partial^2 u}{\partial y \partial z}$$

auf doppelte Art, so erhält man drei Bedingungen dafür, daß das Problem möglich sei:

$$(47)\qquad \frac{\partial P}{\partial y} = \frac{\partial Q}{\partial x}, \quad \frac{\partial P}{\partial z} = \frac{\partial R}{\partial x}, \quad \frac{\partial Q}{\partial z} = \frac{\partial R}{\partial y}.$$

Nehmen wir sie als befriedigt an. Nach der ersten gibt es unendlich viele Funktionen $u(x, y, z)$, deren partielle Derivierten in bezug auf x und y bzw. P und Q sind; sie sind in der Formel

$$u = \int_{x_0}^{x} P(x, y, z)\, dx + \int_{y_0}^{y} Q(x_0, y, z)\, dy + Z$$

enthalten, wo Z eine willkürliche Funktion von z bedeutet. Damit die Derivierte $\frac{\partial u}{\partial z}$ gleich R sei, muß überdies

$$\int_{x_0}^{x} \frac{\partial P}{\partial z}\, dx + \int_{y_0}^{y} \frac{\partial Q(x_0, y, z)}{\partial z}\, dy + \frac{dZ}{dz} = R$$

sein; diese Bedingung reduziert sich unter Berücksichtigung der Bedingungen (47) auf

$$R(x, y, z) - R(x_0, y, z) + R(x_0, y, z) - R(x_0, y_0, z) + \frac{dZ}{dz} = R(x, y, z)$$

oder

$$\frac{dZ}{dz} = R(x_0, y_0, z).$$

Man schließt hieraus, daß es unendlich viele Funktionen $u(x, y, z)$ gibt, die der Bedingung (45) genügen; sie werden durch die Formel

$$(48)\qquad u = \int_{x_0}^{x} P(x, y, z)\, dx + \int_{y_0}^{y} Q(x_0, y, z)\, dy + \int_{z_0}^{z} R(x_0, y_0, z)\, dz + C$$

dargestellt, wo x_0, y_0, z_0 drei beliebig gewählte numerische Werte sind und C eine willkürliche Konstante bezeichnet.

152. Studium des Integrals $\int_{(x_0, y_0)}^{(x, y)} P\,dx + Q\,dy$. — Die vorhergehende Untersuchung kann auch noch von einem anderen Gesichtspunkte aus behandelt werden, der ein gründlicheres Studium der

Frage gestattet und zu neuen Resultaten führt. Es seien $P(x, y)$ und $Q(x, y)$ zwei Funktionen, die in einem von einer einzigen geschlossenen Kurve C begrenzten Gebiete A stetig sind und daselbst stetige partielle Derivierte erster Ordnung zulassen; es kann übrigens vorkommen, daß dieses Gebiet A die ganze Ebene umfaßt, d. h. daß man die Grenzkurve C sich ins Unendliche gerückt vorstellt. Das Kurvenintegral

$$\int P\,dx + Q\,dy,$$

das man längs eines ganz im Innern von A gelegenen Weges L nimmt, hängt im allgemeinen vom Integrationswege ab; wir wollen zuerst fragen, unter welchen Bedingungen dieses Integral nur von den Koordinaten (x_0, y_0), (x_1, y_1) der Endpunkte dieser Linie L abhängt. Es seien M und N zwei beliebige Punkte des Gebietes A und L, L' zwei Wege, welche diese Punkte, ohne einander zwischen den Endpunkten zu kreuzen, verbinden; sie bilden vereinigt eine geschlossene Grenzkurve. Damit die Kurvenintegrale, genommen längs L und L' gleich seien, ist offenbar nötig und auch hinreichend, daß das längs der geschlossenen Grenzkurve $(L\,L')$ genommene Integral, wobei man stets im selben Sinne fortschreitet, Null sei. Die vorgelegte Frage ist also der folgenden äquivalent: Was ist nötig, damit das Kurvenintegral

$$\int P\,dx + Q\,dy$$

längs einer beliebigen geschlossenen in A liegenden Grenzkurve genommen Null sei?

Die Antwort fließt unmittelbar aus der Greenschen Formel

$$\int_{(C)} P\,dx + Q\,dy = \iint \left(\frac{\partial Q}{\partial x} - \frac{\partial P}{\partial y}\right) dx\,dy, \tag{49}$$

wobei C eine beliebige geschlossene Grenzkurve in A ist und sich das Doppelintegral auf das Innere von C erstreckt. Wenn die Derivierten der Funktionen P und Q der Beziehung (43) genügen, so ist klar, daß das Kurvenintegral auf der linken Seite stets Null ist. Diese Bedingung ist aber auch notwendig. Denn wenn

$$\frac{\partial P}{\partial y} - \frac{\partial Q}{\partial x}$$

im Gebiete A nicht identisch Null ist, so kann man, da es eine stetige Funktion ist, stets ein genügend kleines Gebiet a finden, in dem das Zeichen von $\frac{\partial P}{\partial y} - \frac{\partial Q}{\partial x}$ konstant ist; dann ist nach der

Formel (49) klar, daß das Kurvenintegral, längs der Umgrenzungslinie von a genommen, nicht Null sein kann.

Wenn die Bedingung (43) identisch erfüllt ist, so geben zwei Wege L, L', welche dieselben Endpunkte M, N haben und sich zwischen diesen Endpunkten nicht kreuzen, den gleichen Wert für das Kurvenintegral. Dies bleibt auch dann noch bestehen, wenn sie sich eine beliebige Anzahl von Malen zwischen M und N schneiden, denn es genügt, sie mit einem dritten Wege L'' zu vergleichen, der den beiden ersten in keinem anderen Punkte als in M und N begegnet.

Dies vorausgeschickt nehmen wir an, daß einer der Endpunkte der Integrationslinie ein fixer Punkt (x_0, y_0) sei, der zweite Endpunkt (x, y) hingegen ein variabler Punkt in A; das Integral

$$F(x,y) = \int_{(x_0, y_0)}^{(x, y)} P\,dx + Q\,dy, \tag{50}$$

längs eines Weges von beliebiger Form genommen, hängt nur von den Koordinaten (x, y) des variablen Endpunktes ab. Die partiellen Derivierten dieser Funktionen sind gerade $P(x,y)$ und $Q(x,y)$. Es ist z. B.

$$F(x + \varDelta x, y) = F(x,y) + \int_{(x, y)}^{(x + \varDelta x, y)} P(x,y)\,dx,$$

denn man kann annehmen, daß man zuerst vom Punkte (x_0, y_0) zum Punkte (x, y) geht und dann vom Punkte (x, y) zum Punkte $(x + \varDelta x, y)$, indem man auf der Parallelen zu Ox bleibt, längs welcher $dy = 0$ ist. Wenden wir den Mittelwertsatz an, so können wir schreiben

$$\frac{F(x + \varDelta x, y) - F(x,y)}{\varDelta x} = P(x + \theta \varDelta x, y) \qquad (0 < \theta < 1);$$

läßt man $\varDelta x$ gegen Null streben, so erhält man $F'_x = P$ und man würde ebenso sehen, daß $F'_y = Q$ ist. Das Kurvenintegral $F(x,y)$ befriedigt also die Gleichung in totalen Differentialen (41) und man erhält das allgemeine Integral dieser Gleichung, indem man zu $F(x,y)$ eine willkürliche Konstante hinzufügt.

Die neue Formel ist allgemeiner als die Formel (44), da der Integrationsweg unbestimmt bleibt. Es ist übrigens leicht, aus ihr die Formel (44) abzuleiten. Um jede Zweideutigkeit zu vermeiden, bezeichnen wir mit (x_0, y_0), (x_1, y_1) die Koordinaten der beiden Endpunkte und nehmen als Integrationsweg die beiden Geraden $x = x_0$, $y = y_1$. Längs der ersten ist $x = x_0$, $dx = 0$ und y variiert von y_0

bis y_1; längs der zweiten ist $y = y_1$, $dy = 0$ und x variiert von x_0 bis x_1. Das Integral ist also gleich

$$\int_{y_0}^{y_1} Q(x_0, y)\, dy + \int_{x_0}^{x_1} P(x, y_1)\, dx;$$

dies ist aber, abgesehen von der Verschiedenheit in der Bezeichnung, die Formel (44).

Es kann aber vorteilhafter sein, einen anderen Integrationsweg einzuschlagen. Nehmen wir an, daß man $x = f(t)$, $y = \varphi(t)$ setze und t von t_0 bis t_1 laufen lasse; der Punkt (x, y) beschreibe hierbei einen Kurvenbogen, der den Punkt (x_0, y_0) mit dem Punkte (x_1, y_1) verbindet; man erhält

$$\int_{(x_0, y_0)}^{(x_1, y_1)} P\,dx + Q\,dy = \int_{t_0}^{t_1} [P(x,y) f'(t) + Q(x,y)\varphi'(t)]\,dt$$

und man hat nur mehr eine Quadratur auszuführen. Wenn man z. B. längs der geraden Verbindungslinie fortschreitet, wird man $x = x_0 + t(x_1 - x_0)$, $y = y_0 + t(y_1 - y_0)$ setzen und t von 0 bis 1 variieren lassen.

Kennt man umgekehrt ein partikuläres Integral der Gleichung (41), so wird man daraus das Kurvenintegral durch die Formel

$$\int_{(x_0, y_0)}^{(x, y)} P\,dx + Q\,dy = \Phi(x, y) - \Phi(x_0, y_0)$$

ableiten, die der Formel (8) des Kap. IV analog ist.

153. **Perioden.** Man kann noch allgemeinere Fälle studieren. Beachten wir zunächst, daß sich die Formel von Green auch auf Flächen erstreckt, die von mehreren Grenzkurven umschlossen sind. Betrachten wir z. B. eine Fläche A, die von einer äußeren Grenzkurve C und zwei innerhalb der ersten liegenden Kurven C', C'' begrenzt ist (Fig. 34); ferner seien P und Q zwei Funktionen, die ebenso wie ihre Derivierten erster Ordnung in diesem Gebiete stetig sind. (Man muß hierbei die Teile der Ebene, welche im Innern der Grenzkurven C', C'' liegen, als nicht zum Gebiete A gehörig betrachten; über das Verhalten der Funktionen P und Q in diesen Gebieten setzt man nichts voraus.) Verbinden wir die Grenzkurven C', C'' mit der geschlossenen Grenzkurve durch die Transversalen ab, cd. Wir erhalten so eine geschlossene Grenzkurve

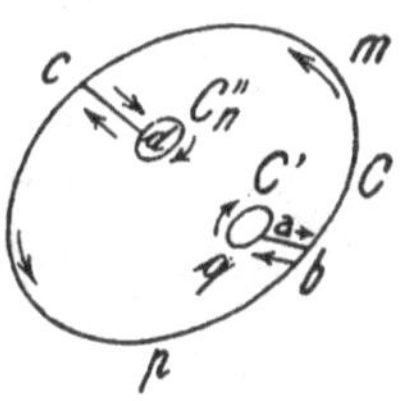

Fig. 34.

abmcdndcpbaqa oder Γ, die in einem einzigen Zuge beschrieben werden kann. Wenden wir die GREENsche Formel auf die von dieser Grenzkurve umschlossene Fläche an, so zerstören sich die von den Transversalen *ab* und *cd* herrührenden Kurvenintegrale gegenseitig, denn jede von ihnen wird zweimal im entgegengesetzten Sinne beschrieben, und es bleibt

$$\int P\,dx + Q\,dy = \int\!\!\int \left(\frac{\partial Q}{\partial x} - \frac{\partial P}{\partial y}\right) dx\,dy,$$

wobei das Kurvenintegral längs der Gesamtumgrenzung der Fläche A zu nehmen ist, d. h. längs der drei Grenzkurven C, C', C'' in dem durch die Pfeile angezeigten Sinne, derart daß man die eingeschlossene Fläche stets zur Linken hat.

Wenn die Funktionen P und Q die Bedingung $\frac{\partial Q}{\partial x} = \frac{\partial P}{\partial y}$ im Gebiete A erfüllen, so ist das Doppelintegral Null und wir können die obige Beziehung auch so schreiben

$$(51) \qquad \int_{(C)} P\,dx + Q\,dy = \int_{(C')} P\,dx + Q\,dy + \int_{(C'')} P\,dx + Q\,dy,$$

indem wir jetzt übereinkommen, die drei Kurvenintegrale im selben Sinne zu nehmen.

Dies vorausgeschickt, nehmen wir wieder ein Gebiet A vor, das durch eine einzige Grenzkurve C umschlossen wird, und es seien P, Q zwei Funktionen, die ebenso wie ihre Derivierten stetig sind und die Bedingung $\frac{\partial P}{\partial y} = \frac{\partial Q}{\partial x}$ erfüllen, ausgenommen in einer endlichen Anzahl von Punkten, wo mindestens eine der Funktionen P, Q unstetig ist. Nehmen wir z. B. an, daß es in A drei derartige Unstetigkeitspunkte a, b, c gebe. Umgeben wir jeden dieser Punkte mit einem Kreise von sehr kleinem Radius und verbinden wir diese Kreisumfänge mit der Grenzkurve C durch einen Schnitt (Fig. 32). Das Integral $\int P\,dx + Q\,dy$, das auf einer keinen Schnitt durchsetzenden Linie von einem festen Punkte (x_0, y_0) bis zu einem variablen Punkte (x, y) genommen wird, hat nach dem bereits studierten Falle einen einzigen Wert in jedem Punkte, denn die Grenzkurve C, die Schnitte und die kleinen Kreisringe bilden eine einzige Linie, die in einem einzigen stetigen Zuge beschrieben werden

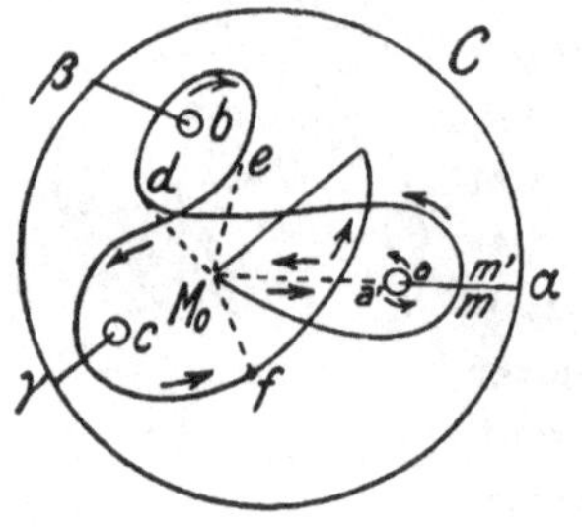

Fig. 35.

kann. Wir werden mit $\overline{F(x,y)}$ den Wert dieses Integrals, längs des direkten, von $M_0(x_0, y_0)$ zu $M(x,y)$ führenden Weges bezeichnen.

Betrachten wir den Weg, der sich aus der den Punkt M_0 mit einem a unendlich benachbarten Punkte a' verbindenden Geraden, dem kleinen Umkreis um a mit dem Radius $a a'$ und der Geraden $a' M_0$ zusammensetzt. Das Kurvenintegral $\int P dx + Q dy$, genommen längs dieser Schlinge, reduziert sich auf das längs des Umkreises genommene Kurvenintegral. Dieses letztere Integral ist im allgemeinen nicht Null, wenn eine der Funktionen P, Q im Punkte a unendlich ist, aber es ist vom Radius des kleinen Umkreises unabhängig; es ist eine Konstante $\pm \mathfrak{A}$, wo das doppelte Zeichen den beiden Umlaufssinnen entspricht. Ebenso werden wir mit $\pm \mathfrak{B}$ bzw. mit $\pm \mathfrak{C}$ den Wert des Kurvenintegrals, längs einer um den singulären Punkt b bzw. c beschriebenen Schlinge genommen, bezeichnen.

Dies vorausgeschickt kann jeder Weg, der den Punkt M_0 mit dem Punkte M verbindet, auf eine Folge von Schlingen zurückgeführt werden, auf die man dann den direkten von M_0 zu M führenden Weg folgen läßt. Der Weg $M_0 m d e f M$ z. B. läßt sich auf die Folge der Wege $M_0 m d M_0$, $M_0 d e M_0$, $M_0 e f M_0$, $M_0 f M$ zurückführen; der Weg $M_0 m d M_0$ läßt sich seinerseits auf eine um den singulären Punkt a beschriebene Schlinge zurückführen und Analoges gilt für die anderen. Schließlich ist $M_0 f M$ dem direkten Wege äquivalent. Daraus folgt, daß für jeden beliebigen Integratiosweg der Wert des Kurvenintegrals von der Form

$$F(x,y) = \overline{F(x,y)} + m\mathfrak{A} + n\mathfrak{B} + p\mathfrak{C} \tag{52}$$

ist, wo m, n, p drei ganze, positive oder negative, vollkommen willkürliche Zahlen sind. Die Größen $\mathfrak{A}$, $\mathfrak{B}$, $\mathfrak{C}$ sind die Perioden des Kurvenintegrals. Dieses Integral ist also eine Funktion der Variablen x, y, das unendlich viele Bestimmungen zuläßt und wir sehen hier, woher diese vielfachen Bestimmungen stammen.

Bemerkung. Die Funktion $\overline{F(x,y)}$ ist eine im Gebiete A völlig bestimmte Funktion, wenn man die Schnitte $a\alpha$, $b\beta$, $c\gamma$ gezogen hat; aber man muß hierbei bemerken, daß die Differenz $\overline{F(m)} - \overline{F(m')}$ in zwei unendlich benachbarten, zu beiden Seiten eines Schnittes gelegenen Punkten wie m, m' einen endlichen Wert hat. Man erhält in der Tat

$$\mathfrak{A} = \int_{M_0}^{m} + \int_{m}^{m'} + \int_{m'}^{M_0};$$

dies läßt sich auch schreiben

$$\int_{M_0}^{m} = \int_{M_0}^{m'} + \mathfrak{A} + \int_{m'}^{m};$$

$\int_{m'}^{m}$ ist aber unendlich klein und es bleibt

$$F(m) - \overline{F(m')} = \mathfrak{A}.$$

Die Differenz $F(m) - F(m')$ ist also längs $a\alpha$ überall konstant und gleich $\mathfrak{A}$. Und ebenso verhält es sich mit den anderen Schnitten.

Beispiel. Das Kurvenintegral

$$\int_{(1,0)}^{(x,y)} \frac{x\,dy - y\,dx}{x^2 + y^2}$$

bietet einen einzigen kritischen Punkt, den Ursprung, dar. Um die entsprechende Periode zu erhalten, integrieren wir längs des Kreises $x^2 + y^2 = \varrho^2$; man erhält

$$x = \varrho \cos \omega, \quad y = \varrho \sin \omega, \quad x\,dy - y\,dx = \varrho^2 d\omega$$

und die Periode ist gleich $\int_0^{2\pi} d\omega = 2\pi$. Die Richtigkeit hiervon ist unmittelbar klar, denn unter dem Integralzeichen steht das totale Differential von $\operatorname{arc\,tan} \frac{y}{x}$.

154. Gemeinsame Wurzeln zweier Gleichungen. Es seien X, Y zwei Funktionen der Variablen x, y, die in einem von einer einzigen geschlossenen Grenzkurve C eingeschlossenen Gebiete A stetig sind; wir nehmen an, daß die partiellen Derivierten erster Ordnung gleichfalls stetig seien.

Der Ausdruck $\frac{X\,dY - Y\,dX}{X^2 + Y^2}$ genügt der Integrierbarkeitsbedingung, denn er ist das totale Differential von $\operatorname{arc\,tan} \frac{Y}{X}$. Daraus folgt, daß das bestimmte Integral

$$\int_{(C)} \frac{X\,dY - Y\,dX}{X^2 + Y^2}, \tag{53}$$

längs der Grenzkurve C im direkten Sinne genommen, Null ist, wenn die Koffizienten von dx und dy unter dem Integralzeichen im Innern von C stetig bleiben, d. h. wenn die beiden Kurven $X = 0$, $Y = 0$ im Innern dieser Begrenzungskurve keinen Punkt gemein haben. Wenn aber diese beiden Kurven eine gewisse Anzahl von gemeinsamen Punkten $a, b, c \ldots$ haben, so ist das Integral (53) gleich der Summe der Integrale, die man längs der um $a, b, c \ldots$ als Mittelpunkte beschriebenen kleinen Kreisumfänge im direkten Sinne nimmt. Es seien (α, β) die Koordinaten eines dieser gemeinsamen Punkte; wir wollen annehmen, daß in diesem Punkte die Funktionaldeterminante $\frac{D(X, Y)}{D(x, y)}$ nicht

Null ist, d. h. daß die zwei Kurven $X = 0$, $Y = 0$ sich nicht in diesem Punkte berühren. Wir können dann um den Punkt (α, β) als Mittelpunkt einen Kreis c von genügend kleinem Radius beschreiben, damit der Punkt (X, Y) um den Punkt $(0, 0)$ ein kleines ebenes Flächengebiet beschreibe, das von einer Kurve γ, die Punkt für Punkt dem Kreise c entspricht (Nr. 39 und 124), begrenzt wird.

Wenn der Punkt (x, y) den Umkreis c im direkten Sinne beschreibt, so beschreibt der Punkt (X, Y) die Kurve γ im direkten oder entgegengesetzten Sinne, je nach dem Vorzeichen der Funktionaldeterminante in diesem kleinen Kreise. Nun ist aber das längs des kleinen Umkreises genommene Integral gleich der Variation von $\operatorname{arc\,tan} \frac{Y}{X}$ und infolgedessen gleich $\pm 2\pi$. Wiederholt man diese Überlegung für alle Wurzeln, so schließt man daraus, daß

$$\int_{(C)} \frac{X\,dY - Y\,dX}{X^2 + Y^2} = 2\pi(P - N) \tag{54}$$

ist, wo P die Anzahl der den beiden Kurven gemeinsamen Punkte ist, für welche $\frac{D(X, Y)}{D(x, y)}$ positiv ist, und N die Zahl der gemeinsamen Punkte, für welche die Determinante negativ ist.

Das bestimmte Integral der linken Seite ist auch gleich der Variation von $\operatorname{arc\,tan} \frac{Y}{X}$ längs C, d. h. gleich dem Index der Funktion $\frac{Y}{X}$, wenn der Punkt (x, y) die Kurve C beschreibt. Wenn die Funktionen X, Y Polynome sind und wenn die Grenzkurve C durch Bogen unikursaler Kurven gebildet wird, so wird man dazu geführt, den Index einer oder mehrerer rationaler Funktionen zu berechnen, was nur elementare Operationen erfordert (Nr. 78). Übrigens kann man, was auch die Funktionen X, Y seien, das bestimmte Integral (54) mit einem Fehler, der kleiner als π ist, berechnen; und dies genügt auch, da die rechte Seite ein Vielfaches von 2π sein muß.

Die Formel (54) läßt die genaue Anzahl der beiden Kurven gemeinsamen Punkte nur dann erkennen, wenn die Funktionaldeterminante im Innern von C ein konstantes Zeichen bewahrt. Neuere Arbeiten von Picard gestatten, das Resultat zu verallgemeinern.[1]

155. **Ausdehnung der vorangehenden Resultate.** Die Resultate der letzten Paragraphen lassen sich ohne wesentliche Änderung auf die Kurvenintegrale im Raume

$$U = \int_{(x_0, y_0, z_0)}^{(x, y, z)} P\,dx + Q\,dy + R\,dz \tag{55}$$

ausdehnen. Wir wollen mit P, Q, R drei Funktionen bezeichen, die ebenso wie ihre partiellen Derivierten erster Ordnung in einem Gebiete (E) des Raumes, das von einer einzigen geschlossenen Fläche S begrenzt wird, stetig sind. Suchen wir zunächst die Bedingungen dafür, daß das vorstehende Kurvenintegral nur von den Endpunkten (x_0, y_0, z_0), (x, y, z) des Integrationsweges abhängig ist. Dies läuft auch hier darauf hinaus zu untersuchen, in welchen Fällen das Kurvenintegral, längs einer beliebigen geschlossenen Knrve Γ ge-

[1] Traité d'Analyse, Bd. II.

nommen, Null ist. Nun ist aber nach der Formel von STOKES (Nr. 139) dieses Kurvenintegral gleich dem Flächenintegrale

$$\iint \left(\frac{\partial Q}{\partial x} - \frac{\partial P}{\partial y}\right) dx\, dy + \left(\frac{\partial R}{\partial y} - \frac{\partial Q}{\partial z}\right) dy\, dz + \left(\frac{\partial P}{\partial z} - \frac{\partial R}{\partial x}\right) dz\, dx,$$

erstreckt über eine von der Grenzkurve Γ umschlossene Fläche Σ. Damit dieses Flächenintegral für jede beliebige Grenzkurve Γ Null sei, ist offenbar notwendig und hinreichend, daß

$$(56)\qquad \frac{\partial P}{\partial y} = \frac{\partial Q}{\partial x}, \quad \frac{\partial Q}{\partial z} = \frac{\partial R}{\partial y}, \quad \frac{\partial R}{\partial x} = \frac{\partial P}{\partial z}$$

sei. Wenn diese Bedingungen erfüllt sind, so ist U eine Funktion der Variablen x, y, z, deren totales Differential $P\,dx + Q\,dy + R\,dz$ ist und die in dem Gebiete E des Raumes uniform ist. Um den Wert von U in einem Punkte zu erhalten, kann man den Integrationsweg willkürlich wählen.

Wenn die Funktionen P, Q, R die Beziehungen (56) erfüllen, aber in allen Punkten einer oder mehrerer Linien in (E) unendlich werden, so leitet man hieraus Folgerungen ab, die den in Nr. 153 entwickelten analog sind.

Wenn z. B. eine der Funktionen P, Q, R in allen Punkten einer geschlossenen Kurve γ unendlich wird, so wird das Integral U eine Periode zulassen, die gleich dem Werte des Kurvenintegrals ist, das längs einer geschlossenen Grenzkurve genommen wird, welche ein- und nur einmal eine von der Kurve γ begrenzte Fläche σ durchsetzt.

Man kann sich auch für die Flächenintegrale eine ganz ähnliche Frage vorlegen wie für die Kurvenintegrale. Bezeichnen wir mit A, B, C drei Funktionen, die ebenso wie ihre Derivierten erster Ordnung in dem Gebiete (E) des Raumes, das von einer einzigen geschlossenen Fläche S begrenzt wird, stetig sind. Es sei Σ eine Fläche in E, die von einer beliebig geformten Kurve Γ begrenzt wird. Das Flächenintegral

$$(57)\qquad J = \iint_{(\Sigma)} A\, dy\, dz + B\, dz\, dx + C\, dx\, dy$$

hängt im allgemeinen von der Fläche Σ selbst ab und nicht nur von der Grenzkueve Γ. Damit dieses Integral nur von der Grenzkurve Γ abhänge, ist notwendig, daß das über eine beliebige geschlossene Fläche in E erstreckte Doppelintegral Null sei. Die Bedingung hierfür wird uns unmittelbar durch die GREENsche Formel geliefert (Nr. 144). Wir wissen in der Tat, daß das vorstehende Doppelintegral, erstreckt über eine geschlossene Fläche, gleich dem dreifachen Integrale

$$\iiint \left(\frac{\partial A}{\partial x} + \frac{\partial B}{\partial y} + \frac{\partial C}{\partial z}\right) dx\, dy\, dz,$$

erstreckt über das von dieser Fläche begrenzte Volumen ist. Damit dies letztere Integral für jedes beliebige Volumen Null sei, ist offenbar nötig, daß die Funktionen A, B, C die Beziehung

$$(58)\qquad \frac{\partial A}{\partial x} + \frac{\partial B}{\partial y} + \frac{\partial C}{\partial z} = 0$$

erfüllen und diese Bedingung ist hinreichend.

Die Formel von Stokes bestätigt dies leicht. Denn wenn drei Funktionen A, B, C, welche die Relation (58) erfüllen, gegeben sind, so kann man auf unendlich viele Arten drei andere Funktionen P, Q, R bestimmen, so daß

$$(59) \qquad \frac{\partial R}{\partial y} - \frac{\partial Q}{\partial z} = A, \qquad \frac{\partial P}{\partial z} - \frac{\partial R}{\partial x} = B, \qquad \frac{\partial Q}{\partial x} - \frac{\partial P}{\partial y} = C$$

ist. Zunächst ist klar, daß diese Gleichungen, wenn sie eine Lösung zulassen. deren unendlich viele zulassen, denn sie ändern sich nicht, wenn man P, Q, R bzw. durch

$$P + \frac{\partial \lambda}{\partial x}, \qquad Q + \frac{\partial \lambda}{\partial y}, \qquad R + \frac{\partial \lambda}{\partial z}$$

ersetzt, wo λ eine beliebige Funktion von x, y, z bedeutet. Dies vorausgeschickt nehmen wir $R = 0$; man entnimmt den beiden ersten Beziehungen (59)

$$P = \int_{z_0}^{z} B(x, y, z)\, dz + \varphi(x, y), \qquad Q = -\int_{z_0}^{z} A(x, y, z)\, dz + \psi(x, y),$$

wo $\varphi(x, y)$ und $\psi(x, y)$ zwei beliebige Funktionen von x und y sind. Setzt man diese Werte in die letzte Gleichung (59) ein, so erhält man

$$-\int_{z_0}^{z} \left(\frac{\partial A}{\partial x} + \frac{\partial B}{\partial y}\right) dz + \frac{\partial \psi}{\partial x} - \frac{\partial \varphi}{\partial y} = C(x, y, z)$$

oder, indem man die Bedingung (58) berücksichtigt,

$$\frac{\partial \psi}{\partial x} - \frac{\partial \varphi}{\partial y} = C(x, y, z_0);$$

eine der Funktionen φ, ψ kann man demnach noch willkürlich wählen.

Hat man so drei Funktionen P, Q, R bestimmt, welche den Gleichungen (59) genügen, so ist das Flächenintegral nach der Formel von Stokes gleich dem Kurvenintegrale

$$\int_{(\Gamma)} P\, dx + Q\, dy + R\, dz;$$

es hängt also nur von der Umgrenzungskurve Γ ab.

Übungen.

1. Es ist der Wert des dreifachen Integrals zu berechnen

$$\iiint [5(x - y)^2 + 3az - 4a^2]\, dx\, dy\, dz,$$

erstreckt über das durch die Ungleichungen

$$x^2 + y^2 - az < 0, \qquad x^2 + y^2 + z^2 - 2a^2 < 0$$

definierte Volumen.

2. Es ist der Inhalt der durch die Gleichung

$$x^2 + y^2 + z^2 = \frac{a^2 b^2 (x^2 + y^2) z}{a^2 x^2 + b^2 y^2}$$

dargestellten Oberfläche und des durch diese Fläche begrenzten Volumens zu berechnen.

3. Es sind die Eigenschaften der Funktion

$$F(X, Y, Z) = \int_{x_0}^{X} dx \int_{y_0}^{Y} dy \int_{z_0}^{Z} f(x, y, z)\, dz,$$

betrachtet als Funktion von X, Y, Z zu studieren. Die Resultate der Nr. 122 sind zu erweitern.

4. Es ist das Volumen zu finden, das durch den Teil der durch die Gleichung

$$(x^2 + y^2 + z^2)^3 = 3a^3 xyz$$

dargestellten Oberfläche begrenzt wird, der im Trieder $Oxyz$ liegt.

5. Das vielfache Integral

$$\iint \cdots \int x_1^{\alpha_1} x_2^{\alpha_2} \ldots x_n^{\alpha_n} F(x_1 + x_2 + \ldots + x_n)\, dx_1\, dx_2 \ldots dx_n,$$

erstreckt über den durch die Ungleichungen

$$0 \leqq x_1,\ 0 \leqq x_2,\ \ldots,\ 0 \leqq x_n, \qquad x_1 + x_2 + \ldots + x_n \leqq a$$

definierten Bereich D, ist auf ein einfaches Integral zurückzuführen (man geht wie in Nr. 149 vor).

6. Dieselbe Aufgabe für das vielfache Inregral

$$\iint \cdots \int x_1^{\alpha_1} x_2^{\alpha_2} \ldots x_n^{\alpha_n} F\left[\left(\frac{x_1}{a_1}\right)^{p_1} + \ldots + \left(\frac{x_n}{a_n}\right)^{p_n}\right] dx_1\, dx_2 \ldots dx_n,$$

erstreckt über den durch die Ungleichungen

$$0 \leqq x_1,\ 0 \leqq x_2,\ \ldots,\ 0 \leqq x_n, \quad \left(\frac{x_1}{a_1}\right)^{p_1} + \ldots + \left(\frac{x_n}{a_n}\right)^{p_n} \leqq 1$$

definierten Bereich.

*7. Es ist die Formel zu beweisen

$$\iint \cdots \int dx_1\, dx_2 \ldots dx_n = \frac{\pi^{\frac{n}{2}}}{\Gamma\left(\frac{n}{2} + 1\right)},$$

wobei sich das vielfache Integral auf den durch die Ungleichung

$$x_1^2 + x_2^2 + \ldots + x_n^2 < 1$$

definierten Bereich D erstreckt.

*8. Es ist die Formel zu beweisen

$$\int_0^{\pi} d\theta \int_0^{2\pi} F(a \cos\theta + b \sin\theta \cos\varphi + c \sin\theta \sin\varphi) \sin\theta\, d\varphi = 2\pi \int_{-1}^{+1} F(uR)\, du,$$

wo a, b, c beliebige Konstanten sind und $R = \sqrt{a^2 + b^2 + c^2}$ gesetzt wurde.

[Poisson.]

Bemerkung. Man kann beachten, daß das Doppelintegral ein bestimmtes über die Kugel $x^2 + y^2 + z^2 = 1$ erstrecktes Flächenintegral darstellt, und die Ebene $bx + cy + az = 0$ als neue xy-Ebene nehmen.

*9. Es sei $\varrho = F(\theta, \varphi)$ die Gleichung einer geschlossenen Oberfläche in Polarkoordinaten. Es ist zu beweisen, daß das durch diese Fläche begrenzte Volumen gleich dem über die ganze Oberfläche erstreckten Doppelintegrale

$$(\alpha) \qquad \frac{1}{3}\iint \varrho \cos\gamma \, d\sigma$$

ist, wo $d\sigma$ das Flächenelement und γ den Winkel bezeichnet, den der Radiusvektor mit der nach außen gerichteten Normale einschließt. Geometrische Interpretation.

*10. Es sei ein Ellipsoid durch die Gleichung

$$\frac{x^2}{\mu^2} + \frac{y^2}{\mu^2 - b^2} + \frac{z^2}{\mu^2 - c^2} = 1$$

gegeben; wir definieren einen Punkt der Fläche durch die elliptischen Koordinaten ν und ϱ, d. h. durch die Wurzeln der vorangehenden Gleichung, in der man sich μ durch die Unbekannte ersetzt denkt (vgl. Nr. 148). Die Anwendung der Formeln der Nr. 140 auf das Volumen dieses Ellipsoids führt zu der folgenden Beziehung:

$$\int_0^b d\varrho \int_b^c \frac{(\nu^2 - \varrho^2)\sqrt{(c^2 - \varrho^2)(c^2 - \nu^2)}}{\sqrt{(b^2 - \varrho^2)(\nu^2 - b^2)}} \, d\nu = \frac{1}{b}\pi c^2 (c^2 - b^2) .$$

Die Anwendung der Formel (α) gibt ebenso

$$\int_0^b d\varrho \int_b^c \frac{(\nu^2 - \varrho^2)\, d\nu}{\sqrt{(b^2 - \varrho^2)(c^2 - \varrho^2)(\nu^2 - b^2)(c^2 - \nu^2)}} = \frac{\pi}{2} .$$

[LAMÉ.]

11. Es sind die Funktionen $P(x, y)$ und $Q(x, y)$, die ebenso wie ihre partiellen Derivierten stetig seien, so zu bestimmen, daß das längs einer beliebigen geschlossenen Kurve genommene Kurvenintegral

$$\int P(x + \alpha, y + \beta)\, dx + Q(x + \alpha, y + \beta)\, dy$$

von den Konstanten α, β unabhängig ist und nur von der Umgrenzungskurve selbst abhängt.

Achtes Kapitel.

Unendliche Reihen und Produkte.

I. Konvergenzregeln.

156. **Allgemeines.** Wir haben zu Beginn (Nr. 5) die allgemeine Bedingung für die Konvergenz einer Reihe kennen gelernt. In der Praxis benutzt man zur Entscheidung, ob eine gegebene Reihe konvergent oder divergent sei, meist Regeln, die zwar weniger allgemein, aber bequemer anzuwenden sind. Wir wollen hier an die gebräuchlichsten Konvergenzregeln erinnern, die bei den meisten Anwendungen genügen. Wir schicken zunächst nur noch einige Bemerkungen voraus, die sich unmittelbar aus der Definition der Konvergenz ergeben:

1. Multipliziert man alle Glieder einer Reihe mit einer von Null verschiedenen konstanten Zahl a, so ist die neue Reihe zugleich mit der ersten konvergent oder divergent; wenn die erste konvergent ist und S zur Summe hat, so ist die Summe der zweiten Reihe $a\,S$.

2. Hat man zwei konvergente Reihen

$$u_0 + u_1 + \cdots\cdots + u_n + \cdots, \tag{1}$$

$$v_0 + v_1 + \cdots\cdots + v_n + \cdots, \tag{2}$$

deren Summen resp. S und S' sind, so ist die neue Reihe, die man erhält, wenn man diese Reihen gliedweise addiert,

$$(u_0 + v_0) + (u_1 + v_1) + \cdots\cdots + (u_n + v_n) + \cdots\cdots \tag{3}$$

ebenfalls konvergent und hat $S + S'$ zur Summe. Ebenso würde es sich verhalten, wenn man p konvergente Reihen gliedweise addierte.

3. Man ändert die Konvergenz oder Divergenz einer Reihe nicht, wenn man den Wert einer endlichen Anzahl von Gliedern dieser Reihe ändert; denn dies läuft darauf hinaus, alle Summen S_n, von einem genügend großen Werte von u angefangen, um eine konstante Größe zu vermehren oder zu vermindern. Insbesondere wird der Konvergenzcharakter einer Reihe nicht geändert, wenn man eine gewisse Anzahl von Anfangsgliedern der Reihe unterdrückt.

4. Es sei S die Summe einer konvergenten Reihe, S_n die Summe der $n + 1$ ersten Glieder der Reihe und R_n die Summe der Reihe, die mit den Gliede $u_n + 1$ beginnt; nimmt man als Näherungswert von S die Summe S_n der $n + 1$ ersten Glieder, so ist der begangene Fehler offenbar gleich R_n. Da S_n mit unbegrenzt wachsendem n zum Grenzwert S hat, so strebt die Differenz R_n gegen Null und man kann stets — wenigstens theoretisch — eine genügend große Anzahl von Gliedern nehmen, damit der Fehler, den man begeht, wenn man S durch S_n ersetzt, kleiner als jede im voraus gegebene Zahl ist. Es genügt, eine obere Grenze von R_n zu kennen, um sich von der erhaltenen Annäherung Rechenschaft zu geben. Es ist klar, daß in der Praxis die einzigen Reihen, die sich für numerische Berechnungen eignen die sind, für welche der Rest R_n genügend rasch gegen Null strebt.

157. **Reihen mit positiven Gliedern.** Die Reihen, deren Glieder alle positiv sind, sind von großer Wichtigkeit und wir wollen zunächst diese studieren. In einer solchen Reihe wächst die Summe S_n beständig mit n; für die Konvergenz solcher Reihen ist es also hinreichend, daß diese Summe S_n für beliebiges n kleiner bleibe als eine feste Grenze. Der häufigste Vorgang, um über die Konvergenz oder Divergenz einer Reihe zu entscheiden, besteht in der Vergleichung der vorgelegten Reihe mit einer anderen bereits bekannten. Man stützt sich hierbei auf die folgenden Sätze:

1. Wenn in einer Reihe mit positiven Gliedern alle Glieder kleiner oder höchstens gleich den entsprechenden einer anderen konvergenten Reihe mit positiven Gliedern sind, so ist die erste Reihe konvergent.

Denn die Summe S_n der n ersten Glieder der vorgelegten Reihe ist offenbar kleiner als die Summe S' der zweiten Reihe; sie hat also einen Grenzwert S, der kleiner als S' ist.

2. Wenn in einer Reihe mit positiven Gliedern alle Glieder größer als die entsprechenden einer anderen divergenten Reihe mit positiven Gliedern sind, so ist sie gleichfalls divergent.

Denn die Summe der n ersten Glieder der ersten Reihe ist größer als die Summe der n ersten Glieder der zweiten und wächst infolgedessen zugleich mit n über alle Grenzen.

Man kann den Vergleich zweier Reihen auch noch auf eine andere Art bewerkstelligen, indem man sich auf das folgende Lemma stützt. Es seien

$$(U) \qquad u_0 + u_1 + u_2 + \cdots\cdots + u_n + \cdots\cdots$$

$$(V) \qquad v_0 + v_1 + v_2 + \cdots\cdots + v_n + \cdots\cdots$$

zwei Reihen mit positiven Gliedern. Wenn die Reihe U konvergent ist und wenn von einem bestimmten Range an beständig $\frac{v_{n+1}}{v_n} < \frac{u_{n+1}}{u_n}$ ist, so ist die Reihe (V) ebenfalls konvergent. Wenn aber die Reihe (U) divergent ist und wenn von einem bestimmten Range an beständig $\frac{v_{n+1}}{v_n} > \frac{u_{n+1}}{u_n}$ ist, so ist die Reihe (V) gleichfalls divergent.

Um den ersten Teil zu beweisen, nehmen wir an, daß die Ungleichheit $\frac{v_{n+1}}{v_n} < \frac{u_{n+1}}{u_n}$ für $n \geqq p$ erfüllt sei. Da man weder die Konvergenz der Reihe noch auch das Verhältnis eines Gliedes zum vorangehenden ändert, wenn man alle Glieder mit demselben konstanten Faktor multipliziert, so kann man $v_p < u_p$ voraussetzen und es ist offenbar, daß dann auch $v_{p+1} < u_{p+1}$, $v_{p+2} < u_{p+2} \ldots$ sein wird. Die Reihe (V) ist also konvergent. Der zweite Teil des Lemmas wird auf die gleiche Art bewiesen.

Ist also eine Reihe mit positiven Gliedern von bekanntem Charakter gegeben, so kann man sie als Vergleichungsglied nehmen und man erhält so zwei Sätze, mittels deren man in gewissen Fällen die Konvergenz oder Divergenz einer anderen Reihe mit positiven Gliedern feststellen kann, indem man einmal die Glieder der beiden Reihen selbst, das andere Mal die Verhältnisse zweier aufeinanderfolgender Glieder betrachtet.

158. **Regeln von Cauchy und von d'Alembert.** Die einfachste Reihe, die man zum Vergleiche herausziehen kann, ist die geometrische Progression mit dem Quotienten k, die für $k < 1$ konvergent und für $k \geqq 1$ divergent ist. Der Vergleich einer Reihe von positiven Gliedern mit einer geometrischen Progression führt auf die folgende Regel, die man Cauchy verdankt:

Wenn in einer Reihe mit positiven Gliedern von einem bestimmten Rang an $\sqrt[n]{u_n}$ beständig kleiner als eine feste Zahl k bleibt, die selbst kleiner als Eins ist, so ist die Reihe konvergent; wenn jedoch $\sqrt[n]{u_n}$ von einem bestimmten Rang an beständig größer bleibt als Eins, so ist die Reihe divergent.

Im ersten Falle ist $\sqrt[n]{u_n} < k < 1$ und infolgedessen $u_n < k^n$. Die Glieder der Reihe sind also von einem bestimmten Range an kleiner als die einer geometrischen Progression mit einem Quotienten $k < 1$. Im zweiten Falle hingegen ist $\sqrt[n]{u_n} > 1$ und somit auch $u_n > 1$; das allgemeine Glied strebt also nicht gegen Null. Die vorstehende

Regel ist allemal anwesendbar, wenn $\sqrt[n]{u_n}$ gegen einen Grenzwert strebt und man kann dann den folgenden Satz aussprechen:

Wenn $\sqrt[n]{u_n}$ mit unbegrenzt wachsendem n gegen einen Grenzwert l strebt, so ist die Reihe konvergent, wenn $l < 1$ ist und divergent, wenn $l > 1$ ist.

Für $l = 1$ ist es zweifelhaft, ausgenommen den Fall, wo $\sqrt[n]{u_n}$ gegen die Einheit strebt, indem es dabei stets größer als eins bleibt; dann ist die Reihe divergent.

Vergleicht man ebenso das Verhältnis zweier aufeinanderfolgender Glieder einer Reihe von positiven Gliedern mit dem Verhältnis zweier aufeinanderfolgender Glieder einer geometrischen Progression, so erhält man die Regel von D'ALEMBERT:

Wenn in einer Reihe mit positiven Gliedern das Verhältnis eines Gliedes zum vorangehenden von einem bestimmten Rang an kleiner als eine feste Zahl k ist, die selbst kleiner als Eins ist, so ist die Reihe konvergent. Wenn dieses Verhältnis von einem bestimmten Rang an größer als Eins ist, so ist die Reihe divergent.

Man leitet hieraus als Korollar ab: wenn das Verhältnis $\frac{u_{n+1}}{u_n}$ mit unbegrenzt wachsendem n gegen einen Grenzwert l strebt, so ist die Reihe konvergent, wenn $l < 1$ ist, und divergent für $l > 1$. Der einzige zweifelhafte Fall besteht für $l = 1$, wofern nicht $\frac{u_{n+1}}{u_n}$ gegen eins strebt, indem es stets größer als eins bleibt; dann ist die Reihe divergent.

159. **Verschiedene Bemerkungen.** I. Die Regel von CAUCHY ist allgemeiner als die Regel von D'ALEMBERT. Setzen wir voraus, daß die Glieder einer Reihe von einem bestimmten Rang an kleiner als die einer fallenden geometrischen Progression seien; das allgemeine Glied u_n wird, wofern n größer als eine feste Zahl p ist, kleiner als $A r^n$ sein, wo A eine Konstante und $r < 1$ ist. Es wird also $\sqrt[n]{u_n} < r A^{1/n}$ sein und das zweite Glied hat, wenn n unbegrenzt wächst, r als Grenzwert. Bezeichnet k eine feste zwischen r und 1 enthaltene Zahl, so wird von einem gewissen Rang an $\sqrt[n]{u_n} < k$ sein. In diesen Falle ist also die Regel von CAUCHY stets anwendbar, während es vorkommen kann, daß das Verhältnis $\frac{u_{n+1}}{u_n}$ Werte annimmt, die größer als Eins sind, wie weit man auch in der Reihe gehen mag. Nehmen wir z. B. die Reihe

$$1 + r\,|\sin\alpha| + r^2\,|\sin 2\alpha| + \ldots r^n\,|\sin n\alpha| + \ldots,$$

wo $r < 1$ ist und α eine beliebige Konstante bedeutet. Hier ist

$$\sqrt[n]{u_n} = r \sqrt[n]{|\sin n\alpha|} < r,$$

während das Verhältnis

$$\frac{u_{n+1}}{u_n} = r \left| \frac{\sin(n+1)\alpha}{\sin n\alpha} \right|$$

im allgemeinen unendlich viele Werte größer als Eins annehmen kann, wenn n unbegrenzt wächst.

Dennoch ist es vorteilhaft, die Regel von d'Alembert beizubehalten, die sich oft leichter anwenden läßt. So z. B. hat in der Reihe

$$1 + \frac{x}{1} + \frac{x^2}{1.2} + \ldots + \frac{x^n}{1.2\ldots n} + \ldots$$

das Verhältnis eines Gliedes zum vorangehenden, d. i. $\frac{x}{n+1}$, mit unbegrenzt wachsendem n Null zum Grenzwert, während man nicht unmittelbar erkennt, was aus $\sqrt[n]{u_n} = \frac{x}{\sqrt[n]{1, 2\ldots n}}$ für sehr große Werte von n wird.

II. Wenn man durch Anwendung einer der vorangehenden Regeln erkannt hat, daß die Glieder einer Reihe von einem bestimmten Rang an kleiner als die einer fallenden geometrischen Progression sind, deren allgemeines Glied $A r^n$ ist, so ist es leicht, eine obere Grenze des Fehlers zu erhalten, den man begeht, wenn man als Summe der Reihe die Summe ihrer m ersten Glieder nimmt; dieser Fehler ist offenbar kleiner als die Summe der Progression

$$A r^m + A r^{m+1} + \ldots = \frac{A r^m}{1-r}.$$

III. Wenn jeder der beiden Ausdrücke $\sqrt[n]{u_n}$ und $\frac{u_{n+1}}{u_n}$ einen Grenzwert hat, so sind diese beiden Grenzwerte dieselben. Betrachten wir, um dies zu zeigen, die Hilfsreihe

$$u_0 + u_1 x + \ldots + u_n x^n + \ldots, \tag{4}$$

wo x positiv ist. In dieser Reihe hat das Verhältnis eines Gliedes zum vorangehenden $l x$ zum Grenzwert, wenn l den Grenzwert von $\frac{u_{n+1}}{u_n}$ bezeichnet; die Reihe (4) ist also konvergent, wenn $x < \frac{1}{l}$ ist, und divergent, wenn $x > \frac{1}{l}$ ist. Bezeichnet man ebenso mit l' den Grenzwert von $\sqrt[n]{u_n}$, so hat der Ausdruck $\sqrt[n]{u_n x^n}$ zum Grenzwert $l' x$, so daß die Reihe (4) konvergent sein muß, wenn $x < \frac{1}{l'}$ ist, und divergent wenn $x > \frac{1}{l'}$ ist. Damit diese beiden Konvergenzbedingungen einander nicht widersprechen, muß offenbar $l = l'$ sein; denn wäre z. B. $l > l'$, so würde jede Zahl x zwischen $\frac{1}{l}$ und $\frac{1}{l'}$ die Reihe nach der Regel von Cauchy konvergent machen, während für dieselbe Zahl die Reihe nach der Regel von d'Alembert divergent wäre.

IV. Allgemein, wenn $\frac{u_{n+1}}{u_n}$ gegen einen Grenzwert l strebt, so konvergiert $\sqrt[n]{u_n}$ gegen denselben Grenzwert. Setzen wir nämlich voraus, daß von einem bestimmten Rang an alle Verhältnisse

$$\frac{u_{n+1}}{u_n}, \quad \frac{u_{n+2}}{u_{n+1}}, \ldots, \frac{u_{n+p}}{u_{n+p-1}}$$

zwisch $l - \varepsilon$ und $l + \varepsilon$ enthalten seien, wo ε eine positive Zahl bezeichnet, die man beliebig klein annehmen kann, wofern nur n genügend groß ist. Dann wird auch

$$(l - \varepsilon)^p < \frac{u_{n+p}}{u_n} < (l + \varepsilon)^p$$

sein oder auch

$$u_n^{\frac{1}{n+p}} (l - \varepsilon)^{\frac{p}{n+p}} < \sqrt[n+p]{u_{n+p}} < u_n^{\frac{1}{n+p}} (l + \varepsilon)^{\frac{p}{n+p}};$$

wenn die Zahl p bei festem n unbegrenzt wächst, so streben die beiden äußeren Glieder dieser Doppelungleichheit bzw. gegen $l - \varepsilon$ und $l + \varepsilon$. Es wird also für jeden Wert von m, der größer als eine geeignete Grenze ist,

$$l - 2\varepsilon < \sqrt[m]{u_m} < l + 2\varepsilon$$

sein und da ε willkürlich ist, schließt man hieraus, daß $\sqrt[m]{u_m}$ die Zahl l zum Grenzwert hat.

Es ist wichtig zu bemerken, daß die Umkehrung nicht richtig ist. Nehmen wir z. B. die Reihe

$$1, a, ab, a^2 b, a^2 b^2, \ldots, a^n b^{n-1}, a^n b^n, \ldots,$$

wo a und b zwei verschiedene Zahlen sind. Das Verhältnis eines Gliedes zum vorangehenden ist abwechselnd a oder b, während der Ausdruck $\sqrt[n]{u_n}$, wenn n unbegrenzt wächst, $\sqrt{ab}$ zur Grenze hat.

Der vorstehende Satz kann dazu dienen, den Grenzwert gewisser Ausdrücke, die sich in unbestimmter Form darbieten, zu finden. Er zeigt uns z. B., daß $\sqrt[n]{1 \cdot 2 \ldots n}$ mit n unbegrenzt wächst, denn das Verhältnis $\frac{1 \cdot 2 \ldots n}{1 \cdot 2 \ldots (n-1)}$ wächst selbst über alle Grenzen. Ebenso sieht man, daß $\sqrt[n]{n}$ die Einheit zur Grenze hat, desgleichen $\sqrt[n]{\log n}$.

160. **Anwendung des größten Grenzwertes.** Cauchy hat die vorangehende Regel in allgemeinerer Form ausgesprochen. Es sei a_n das allgemeine Glied einer Reihe mit positiven Gliedern. Betrachten wir die Folge

$$(5) \qquad a_1, a_2^{\frac{1}{2}}, a_3^{\frac{1}{3}}, \ldots, a_n^{\frac{1}{n}}, \ldots,$$

wenn die Glieder dieser Folge keine obere Grenze haben, so konvergiert das allgemeine Glied a_n nicht gegen Null und die Reihe ist divergent. Wenn alle Glieder der Folge (5) kleiner als eine feste Zahl sind, so sei ω der größte Grenzwert der Glieder dieser Folge.

Die Reihe Σa_n ist konvergent, wenn $\omega < 1$ ist, und divergent wenn $\omega > 1$ ist.

Um den ersten Teil zu beweisen, nehmen wir eine zwischen ω und 1 enthaltene Zahl $1 - \alpha$. Nach der Definition des größten Grenzwertes (Nr. 4) gibt es nur eine endliche Anzahl von Gliedern der Folge (5), die größer als $1 - \alpha$ sind. Man kann also eine solche Zahl p finden, daß für jeden Wert von n, der größer als p ist, $\sqrt[n]{a_n} < 1 - \alpha$ sei: die Reihe Σa_n ist also konvergent. Wenn hingegen $\omega > 1$ ist, so sei $1 + \alpha$ eine zwischen 1 und ω enthaltene Zahl; es gibt unendlich viele Glieder der Folge (5), die größer als $1 + \alpha$ sind, und infolgedessen unendlich viele Werte von n, für die a_n größer als Eins ist: die Reihe Σa_n ist also divergent. Zweifelhaft bleibt nur der Fall $\omega = 1$.

161. **Theorem von Cauchy.** Wenn $\frac{u_{n+1}}{u_n}$ oder $\sqrt[n]{u_n}$ gegen die Einheit streben, ohne beständig größer als Eins zu sein, so reichen die Regeln von d'Alembert und Cauchy nicht hin, die Konvergenz oder Divergenz einer Reihe zu behaupten. Man muß in diesem Falle andere Reihen als Vergleichsreihen heranziehen, welche dieselbe Eigenschaft haben und von bekanntem Charakter sind. Der nachfolgende Satz, den Cauchy aus dem Studium der bestimmten Integrale abgeleitet hat, gestattet oft, über die Konvergenz oder Divergenz einer Reihe zu entscheiden, wenn einen die vorangehenden Regeln im Stiche lassen.

Es sei $\varphi(x)$ eine Funktion, die von einem gewissen Wert a von x an positiv ist, beständig abnimmt und mit unbegrenzt wachsendem x gegen Null strebt. Die Kurve $y = \varphi(x)$ hat die x-Achse zur Asymptote und das bestimmte Integral $\int_a^l \varphi(x)\,dx$ kann gegen einen endlichen Grenzwert streben oder nicht, wenn l unbegrenzt wächst. Die Reihe

$$\varphi(a) + \varphi(a+1) + \ldots + \varphi(a+n) + \ldots \tag{6}$$

ist konvergent, wenn das vorangehende Integral gegen einen Grenzwert strebt und divergent im entgegengesetzten Falle.

Nehmen wir an, x sei zwischen $a + p - 1$ und $a + p$ enthalten, wo p eine ganze positive Zahl bedeutet. Aus der doppelten Ungleichheit

$$\varphi(a + p - 1) > \varphi(x) > \varphi(a + p)$$

entnimmt man durch Integration zwischen den Grenzen $a + p - 1$ und $a + p$

$$\varphi(a + p - 1) > \int_{a+p-1}^{a+p} \varphi(x)\,dx > \varphi(a + p).$$

Setzen wir hierin sukzessive $p = 1, 2, \ldots, n$ und addieren wir die erhaltenen Integrale; dies gibt

$$\varphi(a) + \varphi(a+1) + \ldots + \varphi(a+n-1) > \int_a^{a+n} \varphi(x)\,dx;$$

$$\varphi(a+1) + \varphi(a+2) + \ldots + \varphi(a+n) < \int_a^{a+n} \varphi(x)\,dx.$$

Wenn also das Integral $\int_a^l \varphi(x)\,dx$ mit unbegrenzt wachsendem l gegen einen Grenzwert L konvergiert, so bleibt die Summe $\varphi(a) + \ldots + \varphi(a+n)$ beständig kleiner als $\varphi(a) + L$ und konvergiert gegen einen Grenzwert; die Reihe (6) ist also konvergent. Wenn hingegen das Integral $\int_a^{a+n} \varphi(x)\,dx$ über jede Grenze hinaus wächst, so verhält es sich gemäß der ersten Ungleichheit mit der Summe $\sum_{i=0}^{n} \varphi(a+i)$ ebenso; die Reihe (6) ist also divergent.

Nehmen wir z. B. $\varphi(x) = \frac{1}{x^\mu}$, wo μ positiv ist, und $a = 1$. Diese Funktion $\varphi(x)$ genügt wirklich allen Bedingungen des Satzes und das Integral $\int_1^l \frac{dx}{x^\mu}$ strebt mit unbegrenzt wachsendem l gegen einen Grenzwert, wenn μ größer als die Einheit ist und nur in diesem Falle. Daraus folgt, daß die Reihe, deren allgemeines Glied $n^{-\mu}$ ist, konvergent ist, wenn $\mu > 1$ ist, und divergent für $\mu \leqq 1$.

Nehmen wir noch $\varphi(x) = \frac{1}{x(\log x)^\mu}$ und $a = 2$, wobei μ positiv sei und $\log x$ den NEPERschen Logarithmus bezeichnet. Setzt man $\mu \gtrless 1$ voraus, so ist

$$\int_2^n \frac{dx}{x(\log x)^\mu} = \frac{-1}{\mu - 1}\left[(\log n)^{1-\mu} - (\log 2)^{1-\mu}\right];$$

die rechte Seite hat einen endlichen Grenzwert, wenn $\mu > 1$ ist, und wächst unbegrenzt für $\mu < 1$. In dem speziellen Falle, wo $\mu = 1$ ist, sieht man ebenso, daß das Integral über jede Grenze hinaus wächst. Die Reihe

$$\frac{1}{2(\log 2)^\mu} + \frac{1}{3(\log 3)^\mu} + \ldots + \frac{1}{n(\log n)^\mu} + \ldots$$

ist also konvergent, wenn $\mu > 1$ ist, und divergent, wenn $\mu \leqq 1$ ist.

Allgemeiner: die Reihe, deren allgemeines Glied

$$\frac{1}{n \log n \log^2 n \ldots \log^{p-1} n (\log^p n)^\mu}$$

ist, ist konvergent, wenn $\mu > 1$, und divergent, wenn $\mu \leqq 1$ ist. Hierbei wurde zur Abkürzung $\log^2 n$ statt $\log \log n$ und allgemein $\log^p n$ statt p aufeinanderfolgender log-Zeichen geschrieben. Natürlich gibt man hierbei der ganzen Zahl n nur genügend große Werte damit $\log n$, $\log^2 n, \ldots, \log^p n$ positiv seien, und setzt voraus, daß die vorhergehenden Glieder durch Nullen ersetzt werden. Man beweist dies, wie für die vorhergehenden Reihen; wenn z. B. $\mu \neq 1$ ist, so ist die Funktion

$$\frac{1}{x \log x \log^2 x \ldots (\log^p x)^\mu}$$

die Derivierte von $\frac{1}{1-\mu}(\log^p x)^{1-\mu}$ und diese Funktion strebt nur dann mit unbegrenzt wachsendem x gegen einen endlichen Grenzwert, wenn $\mu > 1$ ist.

Der Satz von Cauchy ist noch einer anderweitigen Anwendung fähig. Betrachten wir, während $\varphi(x)$ noch immer den oben aufgestellten Bedingungen genügt, die Summe

$$\varphi(n) + \varphi(n+1) + \ldots + \varphi(n+p), \tag{7}$$

wo n und p zwei ganze Zahlen sind, die man unbegrenzt wachsen läßt. Wenn die Reihe, deren allgemeines Glied $\varphi(n)$ ist, konvergent ist, so hat die vorstehende Summe Null zum Grenzwert, denn sie ist die Differenz der beiden Summen S_{n+p} und S_{n-1}, die beide gegen die Summe der Reihe konvergieren. Wenn aber diese Reihe divergent ist, so kann man nichts mehr über die obige Summe aussagen. Nimmt man die eben angestellte Überlegung wieder auf, so gelangt man zu der Doppelungleichheit

$$\int_n^{n+p} \varphi(x)\,dx < \varphi(n) + \varphi(n+1) + \ldots + \varphi(n+p) < \varphi(n) + \int_n^{n+p} \varphi(x)\,dx;$$

da $\varphi(n)$ mit unbegrenzt wachsendem n gegen Null konvergiert, so sieht man, daß der Grenzwert der betrachteten Summe derselbe ist wie der des Integrals $\int_n^{n+p} \varphi(x)\,dx$, und er hängt von der Art ab, wie die Zahlen n und p über alle Grenzen wachsen.

Um z. B. den Grenzwert der Summe $\sum_{i=0}^{p} \frac{1}{n+i}$ zu erhalten, genügt es, den Grenzwert des bestimmten Integrals $\int_n^{n+p} \frac{dx}{x} = \log\left(1 + \frac{p}{n}\right)$ zu suchen. Es ist klar, daß dieses Integral nur dann einen Grenzwert hat, wenn $\frac{p}{n}$ selbst gegen einen Grenzwert strebt; ist α der Grenzwert dieses Verhältnisses, so hat die vorangehende Summe $\log(1+\alpha)$ zum Grenzwert, wie es bereits früher (Nr. 48) gezeigt wurde.

Um den Grenzwert der Summe $\sum_{i=0}^{p} \frac{1}{\sqrt{n+i}}$ zu erhalten, muß man ebenso den Grenzwert des Integrals

$$\int_{n}^{n+p} \frac{dx}{\sqrt{x}} = 2(\sqrt{n+p} - \sqrt{n})$$

suchen; damit dieser Ausdruck einen Grenzwert habe, ist notwendig, daß der Quotient $\frac{p}{\sqrt{n}}$ selbst einen Grenzwert α habe. Der vorstehende Ausdruck hat dann gleichfalls α zur Grenze.

162. **Logarithmische Kriterien.** Cauchy nahm als weitere Vergleichsreihe die Reihe $\sum n^{-\mu}$ und leitete hieraus eine neue Konvergenzregel ab, die der ersten ganz analog ist:

Wenn von einem bestimmten Rang an $\frac{\log \frac{1}{u_n}}{\log n}$ beständig größer als eine feste Zahl ist, die selbst größer als Eins ist, so ist die Reihe konvergent. Wenn $\frac{\log \frac{1}{u_n}}{\log n}$ beständig kleiner als Eins ist, so ist die Reihe divergent.

Wenn $\frac{\log \frac{1}{u_n}}{\log n}$ mit unbegrenzt wachsendem n gegen einen Grenzwert l strebt, so ist die Reihe konvergent, wenn $l > 1$ ist, und divergent, wenn $l < 1$ ist. Zweifelhaft bleibt der Fall $l = 1$.

Um den ersten Teil zu beweisen, bemerken wir, daß aus der Ungleichheit

$$\log \frac{1}{u_n} > k \log n$$

folgt, daß $u_n < n^{-k}$ ist; die Reihe ist also konvergent, wenn $k > 1$ ist.

Ebenso leitet man, wenn

$$\log \frac{1}{u_n} < \log n$$

ist, $u_n > \frac{1}{n}$ ab, die Reihe ist also divergent.

Mittels dieser Regel kann man die Konvergenz einer Reihe allemal dann erkennen, wenn alle Glieder dieser Reihe von einem bestimmten Rang an kleiner sind als die entsprechenden Glieder

der Reihe $\sum A n^{-\mu}$, wo A ein konstanter Faktor und $\mu > 1$ ist. Denn aus

$$u_n < \frac{A}{n^{\mu}}$$

folgt

$$\log u_n + \mu \log n < \log A$$

oder

$$\frac{\log \frac{1}{u_n}}{\log n} > \mu - \frac{\log A}{\log n}$$

und die rechte Seite hat μ zum Grenzwert, wenn n über alle Grenzen wächst. Von einem bestimmten Rang an wird also, wenn k eine Zahl zwischen Eins und μ bezeichnet,

$$\frac{\log \frac{1}{u_n}}{\log n} > k$$

sein.

Nimmt man ebenso als Vergleichsreihen die Reihen

$$\sum \frac{1}{n (\log n)^{\mu}}, \quad \sum \frac{1}{n \log n (\log^2 n)^{\mu}}, \quad \ldots,$$

so erhält man unendlich viele Konvergenzregeln, die sich aus der vorhergehenden ableiten lassen, indem man $\frac{\log \frac{1}{u_n}}{\log n}$ durch $\frac{\log \frac{1}{n u_n}}{\log^2 n}$, dann durch $\frac{\log \frac{1}{n u_n \log n}}{\log^3 n}$, ... ersetzt.[1] Diese Regeln lassen sich auf immer ausgedehntere Fälle anwenden; wenn nämlich mittels einer von ihnen die Konvergenz oder Divergenz einer Reihe entschieden werden kann, so kann sie es auch, wie leicht zu erkennen, mittels aller folgenden. Wie weit man aber auch in der Reihe dieser Versuche gehen mag, so kann es doch geschehen, daß die Anwendung dieser Regeln niemals den Charakter einer Reihe erkennen läßt. du Bois-Reymond[2] und Pringsheim[3] haben tatsächlich sowohl konvergente als auch divergente Reihen gebildet, für welche die logarithmischen Kriterien keine Auskunft geben. Dieses Resultat ist von großem theoretischen Interesse, doch sind die konvergenten Reihen dieser Art offenbar sehr langsam konvergent und

[1] Man vgl. Bertrand, Traité de Calcul differentiel et intégral, Bd. 1, S. 238; Journal de Liouville 1re série, Bd. 7, S. 35.

[2] Über Konvergenz von Reihen (Crelles Journal, Bd. 66, 1873).

[3] Allgemeine Theorie der Divergenz (Math. Annalen, Bd. 25, 1890.)

erscheinen nicht geeignet, bei numerischen Berechnungen Anwendung zu finden.[1]

163. **Regel von Raabe und Duhamel.** Behält man dieselben Reihen als Vergleichsreihen bei, vergleicht man aber statt der Glieder selbst, die Verhältnisse zweier aufeinanderfolgender Glieder, so wird man zu neuen Regeln geführt, die zwar weniger allgemein als die vorangehenden sind, in der Praxis aber oft bequemer angewandt werden können. So sei (U) eine Reihe mit positiven Gliedern, in der das Verhältnis $\frac{u_{n+1}}{u_n}$ gegen die Einheit strebt, indem es beständig kleiner als Eins bleibt. Man kann dieses Verhältnis durch $\frac{1}{1+\alpha_n}$ darstellen, wo α_n eine positive Zahl ist, die mit unbegrenzt wachsendem n gegen Null strebt. Der Vergleich dieses Verhältnisses mit $\left(\frac{n}{n+1}\right)^\mu$ führt zu der folgenden Regel, die zuerst von RAABE[2], dann von DUHAMEL[3] gefunden wurde:

Wenn von einem bestimmten Rang an das Produkt $n\alpha_n$ beständig größer ist als eine feste Zahl k, die selbst größer als Eins ist, so ist die Reihe konvergent. Wenn von einem bestimmten Rang an dieses Produkt beständig kleiner als Eins ist, so ist die Reihe divergent.

Der zweite Teil des Satzes ist unmittelbar klar; wenn von einem bestimmten Rang an $n\alpha_n < 1$ ist, so folgt daraus

$$\frac{1}{1+\alpha_n} > \frac{n}{n+1}$$

und das Verhältnis $\frac{u_{n+1}}{u_n}$ ist größer als das Verhältnis zweier aufeinanderfolgender Glieder der harmonischen Reihe: die Reihe ist also divergent.

Um den ersten Teil zu beweisen nehmen wir an, daß von einem bestimmten Rang an beständig $n\alpha_n > k > 1$ sei. Es sei μ eine zwischen 1 und k enthaltene Zahl, $1 < \mu < k$; die Konvergenz der Reihe wird gesichert sein, wenn von einem bestimmten Rang an das Verhältnis $\frac{u_{n+1}}{u_n}$ kleiner ist als das Verhältnis $\left(\frac{n}{n+1}\right)^\mu$ zweier auf-

[1] Bei einem von DU BOIS-REYMOND gegebenen Beispiele einer konvergenten Reihe müßte man, um nur die halbe Summe dieser Reihe zu erhalten, so viele Glieder nehmen als der Kubikinhalt der Erde, ausgedrückt in Kubikmillimetern, beträgt.

[2] Zeitschrift für Mathematik u. Physik, Bd. 10, 1832.

[3] LIOUVILLES Journal, Bd. 4, 1838.

einanderfolgender Glieder der Reihe, deren allgemeines Glied $n^{-\mu}$ ist Dazu muß

$$(8) \qquad \frac{1}{1+\alpha_n} < \frac{1}{\left(1+\frac{1}{n}\right)^\mu}$$

sein; dies kann man, wenn man $\left(1+\frac{1}{n}\right)^\mu$ nach der TAYLORschen Formel bis zu dem Gliede $\frac{1}{n^2}$ entwickelt, auch schreiben

$$1+\frac{\mu}{n}+\frac{\lambda_n}{n^2} < 1+\alpha_n,$$

wobei λ_n mit unbegrenzt wachsendem n stets kleiner als eine feste Zahl bleibt. Diese Bedingung lautet einfacher

$$\mu+\frac{\lambda_n}{n} < n\,\alpha_n;$$

nun hat aber die linke Seite mit unbegrenzt wachsendem n zum Grenzwerte μ. Von einem genügend großen Werte von n angefangen, wird also die linke Seite kleiner als $n\,\alpha_n$ sein und dies genügt, um die Ungleichung (8) und damit die Konvergenz der Reihe zu behaupten.

Wenn das Produkt $n\,\alpha_n$ für unendliches n gegen einen Grenzwert l strebt, so kann man die vorstehende Regel anwenden. Die Reihe ist konvergent, wenn $l > 1$ ist und divergent, wenn $l < 1$ ist. Zweifelhaft bleibt es für $l = 1$ außer wenn $n\,\alpha_n$ gegen Eins konvergiert, indem es dabei stets kleiner als Eins bleibt; die Reihe ist dann divergent.

Wenn das Produkt $n\,\alpha_n$ für unendliches n die Einheit zur Grenze hat, so vergleicht man $\frac{u_{n+1}}{u_n}$ mit dem Verhältnis zweier aufeinanderfolgender Glieder der Reihe

$$\frac{1}{2(\log 2)^\mu}+\ldots\ldots+\frac{1}{n(\log n)^\mu}+\ldots\ldots,$$

die konvergent ist, wenn $\mu > 1$ ist, und divergent, wenn $\mu \leqq 1$ ist. Schreiben wir das Verhältnis zweier aufeinanderfolgender Glieder in der Form

$$\frac{u_{n+1}}{u_n} = \frac{1}{1+\frac{1}{n}+\frac{\beta_n}{n}},$$

wobei β_n mit unbegrenzt wachsendem n gegen Null konvergiert. Wenn von einem bestimmten Rang an das Produkt $\beta_n \log n$ beständig größer ist als eine feste Zahl, die größer ist als die Einheit, so ist die Reihe konvergent. Wenn dieses Produkt beständig kleiner als Eins ist, so ist die Reihe divergent.

Um den ersten Teil zu beweisen, nehmen wir an, daß für alle Werte von n, die größer als eine Zahl p sind $\beta_n \log n > k > 1$ sei. Es sei μ eine Zahl

zwischen 1 und k $(1 < \mu < k)$. Die Konvergenz der Reihe wird erwiesen sein, wenn von einem bestimmten Rang an

$$\frac{u_{n+1}}{u_n} < \frac{n}{n+1}\left[\frac{\log n}{\log(n+1)}\right]^{\mu} \tag{9}$$

ist; dies läßt sich auch schreiben

$$1 + \frac{1}{n} + \frac{\beta_n}{n} > \left(1 + \frac{1}{n}\right)\left[1 + \frac{\log\left(1 + \frac{1}{n}\right)}{\log n}\right]^{\mu}$$

oder auch, wenn man die Taylorsche Formel auf die rechte Seite anwendet

$$1 + \frac{1}{n} + \frac{\beta_n}{n} > \left(1 + \frac{1}{n}\right)\left\{1 + \frac{\mu\log\left(1 + \frac{1}{n}\right)}{\log n} + \lambda_n\left[\frac{\log\left(1 + \frac{1}{n}\right)}{\log n}\right]^2\right\},$$

wobei λ_n dem absoluten Betrag nach kleiner als eine feste Zahl bleibt, wenn n unbegrenzt wächst. Diese Ungleichheit läßt sich einfacher so schreiben

$$\beta_n \log n > \mu(n+1)\log\left(1 + \frac{1}{n}\right) + \frac{\lambda_n(n+1)\left[\log\left(1 + \frac{1}{n}\right)\right]^2}{\log n};$$

das Produkt $(n+1)\log\left(1 + \frac{1}{n}\right)$ hat aber mit unbegrenzt wachsendem n die Einheit zur Grenze, denn man kann nach der Taylorschen Formel schreiben

$$(n+1)\log\left(1 + \frac{1}{n}\right) = 1 + \frac{1}{2n}(1 + \varepsilon), \tag{10}$$

wo ε gegen Null strebt. Die rechte Seite der vorstehenden Ungleichheit hat also μ zur Grenze und die Ungleichheit ist von einem bestimmten Rang an gesichert, da die linke Seite größer als eine Zahl $k > \mu$ ist.

Man beweist ebenso den zweiten Teil, indem man das Verhältnis $\frac{u_{n+1}}{u_n}$ mit dem von zwei aufeinanderfolgenden Gliedern der Reihe, deren allgemeines Glied $\frac{1}{n \log n}$ ist, vergleicht. Die Ungleichheit

$$\frac{u_{n+1}}{u_n} > \frac{n}{n+1}\frac{\log n}{\log(n+1)}$$

läßt sich schreiben

$$1 + \frac{1}{n} + \frac{\beta_n}{n} < \left(1 + \frac{1}{n}\right)\left[1 + \frac{\log\left(1 + \frac{1}{n}\right)}{\log n}\right]$$

oder

$$\beta_n \log n < (n+1)\log\left(1 + \frac{1}{n}\right);$$

nun strebt aber die rechte Seite durch Werte, die stets größer als Eins sind, gegen die Einheit, wie man aus der Formel (10) erkennt. Die Ungleichheit ist also von einem bestimmten Rang gesichert, da die linke Seite die Einheit nicht überschreitet.

Aus dem vorangehenden Satze leitet man als Korollar ab: wenn das Produkt $\beta_n \log n$ mit unbegrenzt wachsendem n gegen einen Grenzwert l strebt, so ist die Reihe konvergent, wenn $l > 1$, und divergent, wenn $l < 1$ ist. Es herrscht Zweifel für $l = 1$, außer in dem Falle, wo das Produkt $\beta_n \log n$ stets kleiner als Eins bleibt; die Reihe ist dann divergent.

Wenn $\beta_n \log n$ gegen die Einheit strebt, indem es stets größer als Eins bleibt, so wird man ebenso

$$\frac{u_{n+1}}{u_n} = \frac{1}{1 + \frac{1}{n} + \frac{1 + \gamma_n}{n \log n}}$$

setzen, wo γ_n mit unbegrenzt wachsendem n gegen Null strebt. Man wird hierbei ganz ähnliche Sätze wie die vorangehenden erhalten, wenn man das Produkt $\gamma_n \log^2 n$ betrachtet, u. s. f.

Korollar. Wenn in einer Reihe mit positiven Gliedern das Verhältnis eines Gliedes zum vorangehenden von der Form

$$\frac{u_{n+1}}{u_n} = 1 - \frac{r}{n} + \frac{H_n}{n^{1+\mu}}$$

ist, wo μ eine positive Zahl, r konstant ist und der absolute Wert von H_n kleiner als eine feste Zahl bleibt, während n unbegrenzt wächst, so ist die Reihe konvergent, wenn $r > 1$ ist, und divergent, wenn $r \leqq 1$ ist.

Stellt man das Verhältnis zweier aufeinanderfolgender Glieder in der Form $\frac{1}{1 + \alpha_n}$ dar, so ist in der Tat

$$n \alpha_n = \frac{r - \frac{H_n}{n^\mu}}{1 - \frac{r}{n} + \frac{H_n}{n^{1+\mu}}}$$

und infolgedessen $\lim n \alpha_n = r$. Die Reihe ist also konvergent, wenn $r > 1$ und divergent, wenn $r < 1$ ist. Zweifelhaft bleibt noch der Fall $r = 1$. Um den Zweifel zu beheben, setzen wir

$$\frac{u_{n+1}}{u_n} = \frac{1}{1 + \frac{1}{n} + \frac{\beta_n}{n}};$$

dies gibt

$$\beta_n \log n = - \frac{\frac{\log n}{n} - \frac{n+1}{n} H_n \frac{\log n}{n^\mu}}{1 - \frac{1}{n} + \frac{H_n}{n^{1+\mu}}}$$

und die rechte Seite strebt mit unbegrenzt wachsendem n gegen Null, wie klein auch die positive Zahl μ sei. Die Reihe ist also divergent.

Nehmen wir z. B. an, daß $\frac{u_{n+1}}{u_n}$ eine rationale Funktion von n sei, die mit unbegrenzt wachsendem n gegen die Einheit strebt,

$$\frac{u_{n+1}}{u_n} = \frac{n^p + a_1 n^{p-1} + a_2 n^{p-2} + \ldots\ldots}{n^p + b_1 n^{p-1} + b_2 n^{p-2} + \ldots\ldots};$$

wenn man die Division ausführt und beim Gliede in $\frac{1}{n^2}$ abbricht, so kann man schreiben

$$\frac{u_{n+1}}{u_n} = 1 + \frac{a_1 - b_1}{n} + \frac{\varphi(n)}{n^2},$$

wo $\varphi(n)$ eine rationale Funktion von n ist, die mit unbegrenzt wachsendem n gegen einen endlichen Grenzwert konvergiert. Nach dem vorhergehenden Resultate ist für die Konvergenz der Reihe notwendig und hinreichend, daß

$$b_1 > a_1 + 1$$

ist.

Dieses Theorem verdankt man Gauss, der es direkt bewiesen hat; es ist eine der ersten allgemeinen Konvergenzregeln.[1]

164. **Absolut konvergente Reihen.** Befassen wir uns nun mit Reihen, deren Glieder beliebige Zeichen haben können. Wenn von einem genügend hohen Rang an alle Glieder dasselbe Zeichen haben, so führt dieser Fall unmittelbar auf den vorangehenden zurück. Es genügt also, den Fall zu studieren, wo es in der Reihe unendlich viele positive sowie negative Glieder gibt. Wir wollen zunächst den folgenden Satz beweisen, der grundlegend ist:

Eine Reihe mit beliebigen Gliedern ist konvergent, wenn die durch die absoluten Werte ihrer Glieder gebildete Reihe konvergent ist.

Es sei

$$u_0 + u_1 + \dots + u_n + \dots \tag{11}$$

eine Reihe, deren Glieder beliebige Zeichen haben können und

$$U_0 + U_1 + \dots + U_n + \dots \tag{12}$$

die durch die absoluten Werte dieser Glieder gebildete Reihe, wobei $|u_n| = U_n$ gesetzt wurde. Wenn die Reihe (12) konvergent ist, so ist es auch die Reihe (11); dies ist eine Folge des allgemeinen Konvergenztheorems, da

$$u_n + u_{n+1} + \dots + u_{n+p} < U_n + U_{n+1} + \dots + U_{n+p}$$

ist und man die zweite Summe kleiner als jede gegebene Zahl machen kann, vorausgesetzt daß man die Zahl n genügend groß nimmt, während die Zahl p beliebig bleibt.

Man kann sich hiervon auch noch auf andere Weise überzeugen. Schreiben wir

$$u_n = (u_n + U_n) - U_n$$

[1] Disquisitiones generales circa seriem infinitam $1 + \frac{\alpha \cdot \beta}{1 \cdot \gamma} x + \dots$ (Oeuvres complètes, T. 3., p. 138).

und betrachten wir die Hilfsreihe, deren allgemeines Glied $u_n + U_n$ ist,

(13) $$(u_0 + U_0) + (u_1 + U_1) + \ldots + (u_n + U_n) + \ldots;$$

bezeichnen S_n, S_n', S_n'' die Summen der n ersten Glieder der Reihen (11), (12), (13), so ist offenbar

$$S_n = S_n'' - S_n'.$$

Nun ist aber die Reihe (12) der Voraussetzung nach konvergent; desgleichen auch die Reihe (13), die kein negatives Glied enthält und deren allgemeines Glied höchstens gleich $2\,U_n$ ist. Die Summen S_n', S_n'' und infolgedessen auch S_n streben also mit unbegrenzt wachsendem n gegen Grenzwerte, d. h. die vorgelegte Reihe (11) ist konvergent. Man sieht überdies, daß man sich diese Reihe dadurch entstanden denken kann, daß man zwei konvergente Reihen mit positiven Gliedern gliedweise subtrahiert.

Jede Reihe von der Art, daß die absoluten Beträge ihrer Glieder eine konvergente Reihe bilden, heißt absolut konvergent. Man kann in einer solchen Reihe die Anordnung der Glieder auf jede beliebige Art vornehmen, ohne daß hierdurch die Summe der Reihe geändert würde; aus diesem Grunde heißen diese Reihen auch unbedingt konvergent. Betrachten wir zunächst eine konvergente Reihe (U) mit positiven Gliedern und es sei (V) eine andere Reihe, welche dieselben Glieder wie die erste, jedoch in einer verschiedenen Anordnung enthält, so daß jedes Glied der Reihe (U) sich in der Reihe (V) auf einem beliebigen Platze wiederfindet und umgekehrt.

Es sei S_m' die Summe der m ersten Glieder der Reihe (V); da alle diese Glieder sich in der Reihe (U) wiederfinden, so ist klar, daß man eine genügend große Zahl n wählen kann, so daß die m ersten Glieder der Reihe (V) unter den n ersten Gliedern der Reihe (U) enthalten sind. Es ist also

$$S_m' < S_n < S;$$

dies beweist, daß die Reihe (V) konvergent ist und eine Summe $S' \leqq S$ hat. Ganz ähnlich zeigt man, daß $S \leqq S'$ sein muß; woraus $S' = S$ folgt. Dieselbe Schlußweise zeigt, daß die Divergenz einer der beiden Reihen (U), (V) auch die der anderen nach sich zieht.

Man kann in einer konvergenten Reihe mit positiven Gliedern die Glieder gruppenweise in beliebiger Art zusammenfassen, d. h. eine neue Reihe bilden, deren jedes Glied gleich der Summe einer gewissen Anzahl willkürlich gewählter Glieder der ersten Reihe ist, ohne daß sich hierdurch die Summe der Reihe ändert. Nehmen wir zunächst an, daß man eine gewisse Anzahl von aufeinanderfolgenden Gliedern zusammenfasse und es sei

$$A_0 + A_1 + A_2 + \dots + A_n + \dots \tag{14}$$

die so erhaltene neue Reihe, wobei z. B.

$$A_0 = a_0 + a_1 + \dots + a_p, \qquad A_1 = a_{p+1} + a_{p+2} + \dots + a_q,$$
$$A_2 = a_{q+1} + a_{q+2} + \dots + a_r, \dots$$

ist. Die Summe S_m' der m ersten Glieder der Reihe (14) ist gleich der Summe S_N der N ersten Glieder der vorgelegten Reihe ($N > m$), Wenn m unbegrenzt wächst, so wächst auch N über alle Grenzen und S_m' hat infolgedessen ebenfalls S zum Grenzwert.

Kombiniert man die beiden vorangehenden Operationen, so sieht man in der Tat, daß man die Summe einer konvergenten Reihe mit positiven Gliedern nicht ändert, wenn man die Glieder in beliebiger Anzahl und Anordnung zu Gruppen zusammenfaßt; nur muß hierbei jedes Glied der ersten Reihen in einer und nur in einer der Gruppen, welche die Glieder der zweiten Reihe bilden, enthalten sein. Da jede absolut konvergente Reihe als die Differenz zweier konvergenter Reihen mit positiven Gliedern betrachtet werden kann, so sind die vorangehenden Operationen auch noch für eine solche Reihe gültig; man sieht also, daß eine unbedingt konvergente Reihe vom Standpunkte des numerischen Rechnens wie eine Summe einer endlichen Anzahl von Gliedern behandelt werden kann.

165. Einfach konvergente Reihen. Eine Reihe mit beliebigen Gliedern kann auch konvergent sein, ohne daß die durch die absoluten Beträge ihrer Glieder gebildete Reihe konvergent ist. Dies geht schon deutlich aus dem Theorem über die alternierenden Reihen hervor, das wir hier bloß aussprechen wollen:

Eine Reihe von abwechselnd positiven und negativen Gliedern ist konvergent, wenn der absolute Wert jedes Gliedes kleiner als der absolute Wert des vorangehenden Gliedes ist und wenn außerdem die Glieder dem absoluten Wert nach unbegrenzt abnehmen, wenn ihr Rang über alle Grenzen wächst.

Die Reihe

$$1 - \frac{1}{2} + \frac{1}{3} - \frac{1}{4} + \dots + (-1)^{n-1}\frac{1}{n} + \dots \tag{15}$$

z. B. ist konvergent, während die durch die absoluten Werte der Glieder gebildete Reihe, die sogenannte harmonische Reihe, divergent ist. Die konvergenten Reihen, die nicht absolut konvergent sind, heißen einfach konvergent. Die Arbeiten von CAUCHY, LEJEUNE-DIRICHLET und RIEMANN haben deutlich dargetan, wie notwendig es ist, zwischen absolut und einfach konvergenten Reihen zu entscheiden. So ist man z. B. nicht berechtigt, in einer solchen Reihe die Ordnung, in welcher die Glieder aufeinanderfolgen, abzuändern oder diese Glieder nach Willkür zu gruppieren; solche Operationen können bewirken, daß die Summe der Reihe geändert wird, ja sogar, daß eine konvergente Reihe in eine divergente übergeht und umgekehrt. Deshalb nennt man die einfach konvergenten Reihen auch bedingt konvergent. Nehmen wir z. B. die konvergente Reihe (15) wieder vor, deren Summe offenbar der Grenzwert des Ausdruckes

$$\sum_{n=0}^{n=m}\left(\frac{1}{2n+1}-\frac{1}{2n+2}\right)$$

für unbegrenzt wachsendes m ist. Schreiben wir die Glieder dieser Reihe in anderer Ordnung, indem wir jedem positiven Gliede zwei negative folgen lassen

$$(16)\quad 1-\frac{1}{2}-\frac{1}{4}+\frac{1}{3}-\frac{1}{6}-\frac{1}{8}+\ldots+\frac{1}{2n+1}-\frac{1}{4n+2}-\frac{1}{4n+4}+\ldots;$$

man beweist leicht, indem man die Summen $S_{3n}, S_{3n+1}, S_{3n+2}$ betrachtet, daß diese neue Reihe gleichfalls konvergent ist. Sie hat zur Summe den Grenzwert des Ausdruckes

$$\sum_{n=0}^{n=m}\left(\frac{1}{2n+1}-\frac{1}{4n+2}-\frac{1}{4n+4}\right),$$

wenn m unbegrenzt wächst. Nun ist aber

$$\frac{1}{2n+1}-\frac{1}{4n+2}-\frac{1}{4n+4}=\frac{1}{2}\left(\frac{1}{2n+1}-\frac{1}{2n+2}\right)$$

und infolgedessen ist die Summe der zweiten Reihe gleich der halben Summe der ersten Reihe.

Ist allgemein eine bedingt konvergente Reihe gegeben, so kann man die Glieder dieser Reihe in eine solche Ordnung bringen, daß die neue Reihe konvergent ist und zur Summe eine beliebige im voraus gegebene Zahl A hat. Bezeichnen wir mit S_p die Summe der p ersten positiven Zahlen dieser Reihe, mit S_q' die Summe der absoluten Werte der q ersten negativen Glieder; die Summe der n ersten Glieder ist dann von der Form $S_p - S_q'$. Wenn die beiden Zahlen p und q unbegrenzt wachsen, so wachsen auch die beiden Summen S_p und S_q' über alle Grenzen, denn sonst wäre die Reihe divergent oder unbedingt konvergent. Andererseits muß, da die Reihe konvergent ist, das allgemeine Glied gegen Null konvergieren.

Dies vorausgeschickt, bilden wir eine neue Reihe, die A zur Summe hat, auf die folgenden Art: Nehmen wir die positiven Glieder der vorgelegten

Reihe in der Reihenfolge, in der sie auftreten, bis ihre Summe größer als A ist; schreiben wir hierauf die ersten negativen Glieder, wieder in der Reihenfolge, in der sie vorkommen, und brechen wir hierbei erst ab, bis die Summe aller aufgeschriebenen Glieder kleiner als A ist; schreiben wir dann wieder die positiven Glieder, indem wir mit dem ersten noch nicht aufgeschriebenen beginnen, solange bis die Summe der hingeschriebenen Glieder wieder größer als A ist, dann nehmen wir wieder die negativen Glieder usf. Man sieht, daß die Summen der Glieder dieser neuen Reihe bald größer und bald kleiner als A sind, daß sie sich aber von A um eine Größe unterscheiden, die unbegrenzt abnimmt und gegen Null strebt.

166. **Regel von Abel.** Man verdankt Abel ein Theorem, durch das die Konvergenz gewisser Reihen, auf die sich die vorangehenden Regeln nicht mehr anwenden lassen, erkannt werden kann. Der Beweis beruht auf einem Lemma, das bereits benützt wurde (Nr. 77). Es sei Σu_i eine konvergente oder eine unbestimmte Reihe (d. h. eine solche, für die die Summe der n ersten Glieder dem absoluten Werte nach stets kleiner als eine feste Zahl A ist); betrachten wir andererseits eine Folge von positiven Zahlen ε_i, deren jede kleiner als die vorangehende ist und für die $\lim\limits_{n=\infty} \varepsilon_n = 0$ ist. Dann ist die Reihe

$$\varepsilon_0 u_0 + \varepsilon_1 u_1 + \ldots + \varepsilon_n u_n + \ldots \tag{17}$$

unter den ausgesprochenen Bedingungen konvergent.

Aus den Voraussetzungen folgt, daß für beliebiges n und p

$$| u_{n+1} + \ldots + u_{n+p} | < 2A$$

ist und infolgedessen ist nach dem eben erwähnten Lemma

$$| u_{n+1} \varepsilon_{n+1} + \ldots + u_{n+p} \varepsilon_{n+p} | < 2A \varepsilon_{n+1};$$

da ε_{n+1} mit unbegrenzt wachsendem n gegen Null strebt, so kann man n genügend groß nehmen, damit der absolute Betrag der Summe

$$\varepsilon_{n+1} u_{n+1} + \ldots + \varepsilon_{n+p} u_{n+p}$$

bei beliebigem p kleiner als jede im voraus gegebene Zahl werde. Die Reihe (17) ist also nach dem allgemeinen Theorem der Nr. 5 konvergent.

Wenn die Reihe $u_0 + u_1 + \ldots + u_n + \ldots$ sich auf die Reihe

$$1 - 1 + 1 - 1 + 1 - \ldots$$

reduziert, deren Glieder abwechselnd $+1$ und -1 sind, so reduziert sich der obige Satz auf das vorhin erwähnte Theorem über die alternierenden Reihen.

Wir geben hier noch ein anderes Beispiel. Die Reihe

$$\sin\theta + \sin 2\theta + \sin 3\theta + \ldots + \sin n\theta + \ldots$$

ist konvergent oder unbestimmt. Wenn $\sin\theta = 0$ ist, so sind alle Glieder der Reihe Null; ist $\sin\theta \gtrless 0$, so ist die Summe der n ersten Glieder nach einer bekannten trigonometrischen Formel gleich

$$\frac{\sin\frac{n\theta}{2}}{\sin\frac{\theta}{2}} \sin\left(\frac{n+1}{2}\theta\right)$$

und infolgedessen dem absoluten Betrage nach kleiner als $\dfrac{1}{\left|\sin\dfrac{\theta}{2}\right|}$. Man schließt hieraus, daß die Reihe

$$\varepsilon_1 \sin\theta + \varepsilon_2 \sin 2\theta + \ldots + \varepsilon_n \sin n\theta + \ldots$$

für jeden Wert von θ konvergent ist, und man beweist ebenso, daß auch die Reihe

$$\varepsilon_1 \cos\theta + \varepsilon_2 \cos 2\theta + \ldots + \varepsilon_n \cos n\theta + \ldots$$

konvergent ist, ausgenommen etwa für $\theta = 2k\pi$.

Korollar. Man kann einen noch allgemeineren Satz aussprechen, wenn man sich auf konvergente Reihen beschränkt. Es sei

$$u_0 + u_1 + \ldots u_n + \ldots$$

eine konvergente Reihe und

$$\alpha_0,\ \alpha_1,\ \ldots\ \alpha_n,\ \ldots$$

eine Folge positiver Zahlen, die beständig zu- oder abnehmen und mit unbegrenzt wachsendem n gegen einen von Null verschiedenen Grenzwert k streben; dann ist die Reihe

(18) $$\alpha_0 u_0 + \alpha_1 u_1 + \ldots + \alpha_n u_n + \ldots$$

gleichfalls konvergent.

Nehmen wir z. B. an, daß die Zahlen α_i beständig wachsen; setzen wir

$$\alpha_0 = k - \varepsilon_0, \quad \alpha_1 = k - \varepsilon_1, \ \ldots, \ \alpha_n = k - \varepsilon_n,$$

so bilden die Zahlen $\varepsilon_0, \varepsilon_1, \ldots, \varepsilon_n, \ldots$ eine Folge abnehmender positiver Zahlen und ε_n strebt mit unbegrenzt wachsendem n gegen Null. Jede der beiden Reihen

$$k u_0 + k u_1 + \ldots + k u_n + \ldots$$
$$\varepsilon_0 u_0 + \varepsilon_1 u_1 + \ldots + \varepsilon_n u_n + \ldots$$

ist also konvergent und infolgedessen ist es auch die Reihe (18).

II. Reihen mit imaginären Gliedern. — Mehrfache Reihen.

167. **Definitionen.** Wir wollen in den folgenden Paragraphen einige Verallgemeinerungen des Reihenbegriffs angeben. Es sei

(19) $$u_0 + u_1 + u_2 + \ldots + u_n + \ldots$$

eine Reihe, deren Glieder imaginäre Größen sind,

$$u_0 = a_0 + b_0 i, \quad u_1 = a_1 + b_1 i, \quad \ldots, \quad u_n = a_n + b_n i, \ldots$$

diese Reihe heißt konvergent, wenn die beiden durch die reellen Teile und durch die Koeffizienten von i gebildeten Reihen

(20) $$a_0 + a_1 + a_2 + \ldots + a_n + \ldots$$

(21) $$b_0 + b_1 + b_2 + \ldots + b_n + \ldots$$

für sich konvergent sind. Es seien S' und S'' die Summen der beiden Reihen (20) und (21): die Summe der Reihe (19) ist

$S = S' + iS''$; es ist klar, daß diese Summe auch hier der Grenzwert der Summe S_n der n ersten Glieder der Reihe (19) ist, wenn die Zahl n unbegrenzt wächst. Man sieht, daß eine Reihe mit komplexen Gliedern im Grunde nichts anderes als die Vereinigung zweier Reihen mit reellen Gliedern ist.

Wenn die durch die Moduln der Glieder der Reihe (19) gebildete Reihe

$$(22) \qquad \sqrt{a_0^2 + b_0^2} + \sqrt{a_1^2 + b_1^2} + \dots + \sqrt{a_n^2 + b_n^2} + \dots\dots$$

konvergent ist, so ist klar, daß jede der Reihen (20) und (21) unbedingt konvergent ist, denn die absoluten Werte von a_n und b_n sind höchstens gleich dem allgemeinen Gliede der Reihe (22); die Reihe (19) heißt dann absolut oder unbedingt konvergent. Man kann die Ordnung unter den Gliedern einer solchen Reihe abändern oder die Glieder willkürlich gruppieren, ohne damit die Summe zu ändern.

Jeder Regel, aus welcher sich die Konvergenz einer Reihe mit positiven Gliedern ableiten läßt, entspricht eine Regel, mittels welcher man entscheiden kann, ob eine Reihe mit beliebigen reellen oder imaginären Gliedern unbedingt konvergent ist. So z. B., wenn in einer Reihe der Modul des Verhältnisses $\frac{u_{n+1}}{u_n}$ von einem bestimmten Range an kleiner als eine feste Zahl ist, die selbst kleiner als Eins ist, so ist die Reihe absolut konvergent. Setzen wir, um dies zu zeigen, $U_i = |u_i|$; wenn von einem bestimmten Range an beständig $\left|\frac{u_{n+1}}{u_n}\right| < k < 1$ ist, so ist das Verhältnis zweier aufeinanderfolgender Glieder der Reihe

$$U_0 + U_1 + \dots + U_n + \dots$$

von einem bestimmten Range an kleiner als k, und diese Reihe ist demnach konvergent. Wenn das Verhältnis $\frac{u_{n+1}}{u_n}$ mit unbegrenzt wachsendem n gegen einen Grenzwert l strebt, so ist die Reihe konvergent, wenn $|l| < 1$, und divergent, wenn $|l| > 1$ ist; in diesem Falle strebt der Modul des allgemeinen Gliedes v_n nicht gegen Null, die beiden Reihen (20) und (21) können also nicht gleichzeitig konvergent sein. Unentschieden bleibt der Fall $|l| = 1$.

Allgemein sei w der größte Grenzwert von $\sqrt[n]{U_n}$, wenn n unbegrenzt wächst. Die Reihe (19) ist unbedingt konvergent, wenn $w < 1$, und divergent, wenn $w > 1$ ist, denn in diesem Falle strebt der Modul des allgemeinen Gliedes nicht gegen Null (Nr. 160). Zweifelhaft ist es für $w = 1$; die Reihe kann unbedingt konvergent, einfach konvergent oder divergent sein.

168. Multiplikation der Reihen. Es seien

(23) $$u_0 + u_1 + u_2 + \cdots\cdots + u_n + \cdots$$

(24) $$v_0 + v_1 + v_2 + \cdots\cdots + v_n + \cdots$$

zwei Reihen mit beliebigen Gliedern. Multiplizieren wir je ein Glied der ersten Reihe mit je einem Gliede der zweiten, und fassen wir alle Produkte $u_i v_j$ zusammen, für welche die Summe $i + j$ der Indices dieselbe ist; wir erhalten so eine neue Reihe

(25) $$\begin{cases} u_0 v_0 + (u_0 v_1 + u_1 v_0) + (u_0 v_2 + u_1 v_1 + u_2 v_0) + \cdots\cdots \\ \qquad + (u_0 v_n + u_1 v_{n-1} + \cdots\cdots + u_n v_0) + \cdots\cdots \end{cases}$$

Wenn die beiden Reihen (23) und (24) unbedingt konvergent sind, so ist die Reihe (25) gleichfalls konvergent, und ihre Summe ist gleich dem Produkte der Summen der beiden ersten Reihen. Dieses Theorem, das man CAUCHY verdankt, wurde von MERTENS verallgemeinert, der zeigte, daß es noch richtig sei, wofern nur eine einzige der beiden Reihen (23) und (24) unbedingt konvergent ist, während die andere jedoch bedingt konvergent sein kann.

Nehmen wir an, daß z. B. die Reihe (23) unbedingt konvergent sei, und es sei w_n das allgemeine Glied der Reihe (25)

$$w_n = u_0 v_n + u_1 v_{n-1} + \cdots\cdots + u_n v_0.$$

Um den Satz zu beweisen, genügt es zu zeigen, daß die beiden Differenzen

$$w_0 + w_1 + \cdots + w_{2n} - (u_0 + u_1 + \cdots + u_n)(v_0 + v_1 + \cdots\cdots + v_n)$$
$$w_0 + w_1 + \cdots + w_{2n+1} - (u_0 + u_1 + \cdots + u_{n+1})(v_0 + v_1 + \cdots + v_{n+1})$$

gegen Null konvergieren, wenn n unbegrenzt wächst. Da die Ableitung in beiden Fällen dieselbe ist, so betrachten wir die erste Differenz, die wir durch Ordnung in bezug auf die u_i schreiben können

$$\delta = u_0 (v_{n+1} + \cdots + v_{2n}) + u_1 (v_{n+1} + \cdots + v_{2n-1}) + \cdots + u_{n-1} v_{n+1}$$
$$+ u_{n+1} (v_0 + \cdots + v_{n-1}) + u_{n+2} (v_0 + \cdots + v_{n-2}) + \cdots + u_{2n} v_0.$$

Da die Reihe (23) absolut konvergent ist, so bleibt die Summe

$$U_0 + U_1 + \cdots + U_n$$

kleiner als eine positive feste Zahl A, was auch n sei; da ferner die Reihe (24) konvergent ist, so bleibt der Modul der Summe

$$v_0 + v_1 + \cdots + v_n$$

für beliebiges n kleiner als eine positive feste Zahl B. Dies vorausgeschickt sei ε eine beliebige im voraus gegebene positive Zahl; wir können eine genügend große positive Zahl m wählen, so daß für ein beliebiges p

$$U_{n+1} + \cdots\cdots + U_{n+p} < \frac{\varepsilon}{A+B}$$

$$|v_{n+1} + \cdots\cdots + v_{n+p}| < \frac{\varepsilon}{A+B}$$

sei, vorausgesetzt daß $n \geqq m$ ist. Hat man die Zahl n derart gewählt, so erhält man eine obere Grenze des Moduls von δ, wenn man $u_0, u_1, \ldots, u_{2n}$ durch $U_0, U_1, \ldots, U_{2n}$, ferner $v_{n+1} + v_{n+2} + \cdots\cdot + v_{n+p}$ durch $\frac{\varepsilon}{A+B}$ und schließlich $v_0 + \cdots\cdot + v_{n-1}, v_0 + \cdots\cdot + v_{n-2}, \ldots, v_0$ durch B ersetzt. Man erhält so

$$|\delta| < U_0 \frac{\varepsilon}{A+B} + U_1 \frac{\varepsilon}{A+B} + \cdots\cdots + U_{n-1} \frac{\varepsilon}{A+B}$$
$$+ U_{n+1} B + U_{n+2} B + \cdots\cdots + U_{2n} B$$

oder auch

$$|\delta| < \frac{\varepsilon}{A+B}(U_0 + U_1 + \cdots\cdot + U_{n-1})$$
$$+ B(U_{n+1} + \cdots\cdot + U_{2n}) < \frac{\varepsilon A}{A+B} + \frac{\varepsilon B}{A+B}$$

oder schließlich $|\delta| < \varepsilon$. Die Differenz δ hat also den Grenzwert Null.

169. **Doppelreihen.** Betrachten wir ein rechtwinkliges Schachbrett, das oben und links begrenzt ist, nach unten und rechts hin sich aber unbegrenzt ausdehnt. Dieses Schachbrett enthält unendlich viele vertikale Kolonnen und unendlich viele horizontale Reihen, die beide von 0 bis $+\infty$ numeriert seien. Denken wir uns nun jedem Felde dieses Schachbrettes eine Zahl zugeordnet, die in das entsprechende Feld eingeschrieben werde; es sei a_{ik} die Zahl, welche dem Felde in der i^{ten} Reihe und der k^{ten} Kolonne entspricht.

Wir erhalten so eine Tabelle, die wie die folgende angeordnet ist:

$$(26)\qquad \begin{array}{|llllll} a_{00} & a_{01} & a_{02} & \cdots\cdots\cdots & a_{0n} & \cdots\cdots \\ a_{10} & a_{11} & a_{12} & \cdots\cdots\cdots & a_{1n} & \cdots\cdots \\ a_{20} & a_{21} & a_{22} & \cdots\cdots\cdots & a_{2n} & \cdots\cdots \\ \cdot & \cdot & \cdot & \cdots\cdots\cdots & \cdot & \cdots\cdots \\ \cdot & \cdot & \cdot & \cdots\cdots\cdots & \cdot & \cdots\cdots \\ a_{m0} & a_{m1} & a_{m2} & \cdots\cdots\cdots & a_{mn} & \cdots\cdots \\ \cdot & \cdot & \cdot & \cdots\cdots\cdots & \cdot & \cdots\cdots \end{array}$$

Wir wollen zunächst annehmen, daß alle Glieder dieser Tafel reell und positiv sind.

Denken wir uns nun eine Folge von Kurven $C_1, C_2, \ldots, C_n, \ldots$, die sich in allen Richtungen unbegrenzt entfernen und mit den beiden Geraden, welche die Tafel einfassen, eine Folge von geschlossenen, sich gegenseitig umhüllenden Kurven bilden. Es seien $S_1, S_2, \ldots, S_n, \ldots$ die Summen der Glieder der Tafel, die sich im Innern dieser geschlossenen Kurven befinden. Wenn die Summe S_n mit unbegrenzt wachsendem n gegen einen Grenzwert S konvergiert, so sagt man, daß die Doppelreihe

$$(27) \qquad \sum_{i=0}^{+\infty}\sum_{k=0}^{+\infty} a_{ik}$$

konvergent ist und S zur Summe hat. Um diese Definition zu rechtfertigen, ist es unerläßlich zu beweisen, daß der Grenzwert S von der Form der Kurven C unabhängig ist. Denken wir uns also eine andere Folge von Kurven $C'_1, C'_2, \ldots, C'_m, \ldots$, und es seien $S'_1, S'_2, \ldots, S'_m, \ldots$ die korrespondierenden Summen. Wenn die Zahl m festgelegt ist, so kann man stets die Zahl n genügend groß annehmen, damit die Kurve C_n ganz außerhalb von C'_m liege; es ist also $S'_m < S_n$ und infolgedessen auch $S'_m < S$ für jedes beliebige m. Nun wächst aber diese Summe S'_m mit dem Index; sie konvergiert also gegen einen Grenzwert $S' \leqq S$. Ebenso kann man zeigen, daß auch $S \leqq S'$ ist; daher muß $S' = S$ sein.

Zur Bildung der Kurven C kann man z. B. die beiden Seiten eines Quadrates nehmen, dessen Seite unbegrenzt wächst, oder auch Geraden, die zu den Achsen des Schachbrettes gleich geneigt sind; die entsprechenden Summen werden die folgenden sein:

$$a_{00} + (a_{10} + a_{11} + a_{01}) + \ldots + (a_{n0} + a_{n1} + \ldots + a_{nn} + a_{n-1,n} + \ldots + a_{0n}),$$
$$a_{00} + (a_{10} + a_{01}) + (a_{20} + a_{11} + a_{02}) + \ldots + (a_{n0} + a_{n-1,1} + \ldots + a_{0n});$$

wenn eine dieser Summen mit unbegrenzt wachsendem n gegen einen Grenzwert strebt, so konvergiert auch die zweite, und diese Grenzwerte sind gleich. Man kann die Summe der Tafel auch nach Zeilen oder Kolonnen bilden. In der Tat, nehmen wir an, daß die Doppelreihe (27) konvergent sei und es sei S die Summe. Es ist klar, daß die Summe einer beliebigen Anzahl von Gliedern der Tabelle kleiner als S ist, und es folgt daraus, daß alle derartigen Reihen wie

$$(28) \qquad a_{i0} + a_{i1} + \ldots + a_{in} + \ldots \quad (i = 0, 1, 2 \ldots),$$

die von den Gliedern einer horizontalen Reihe gebildet werden, konvergent sind, denn die Summe

$$a_{i0} + a_{i1} + \ldots + a_{in}$$

ist stets kleiner als S und wächst beständig mit n.

Es seien $\sigma_0, \sigma_1, \ldots, \sigma_i, \ldots$ die Summen der verschiedenen so erhaltenen Reihen; die neue Reihe

(29) $$\sigma_0 + \sigma_1 + \ldots + \sigma_i + \ldots$$

ist gleichfalls konvergent. Denn betrachten wir die Summe der Glieder der Tabelle $\sum a_{ik}$, für die $i \leqq p$, $k \leqq r$ ist. Diese Summe ist stets kleiner als S; läßt man, während die Zahl p fest bleibt, die Zahl r unbegrenzt wachsen, so hat die Summe

$$\sigma_0 + \sigma_1 + \ldots + \sigma_p$$

zur Grenze. Man erhält also stets $\sigma_0 + \sigma_1 + \ldots + \sigma_p < S$, und da diese Summe mit der Zahl p beständig wächst, so schließt man daraus, daß die Reihe (29) konvergent ist und zur Summe eine Zahl $\Sigma \leqq S$ hat. Wenn umgekehrt alle Reihen (28) konvergent sind und wenn die neue Reihe (29), die durch die Summen der ersten Reihen gebildet wird, gleichfalls konvergent ist und zur Summe Σ hat, so ist klar, daß die Summe einer beliebigen Anzahl von Gliedern der Tabelle (26) kleiner als Σ ist. Es ist also auch $S \leqq \Sigma$ und daher $\Sigma = S$.

Was wir soeben von den Reihen gesagt haben, die man durch Zusammenfassung der Glieder nach horizontalen Reihen erhält, läßt sich offenbar auf die Reihen anwenden, die man erhält, wenn man vertikale Kolonnen nimmt. Um die Summe einer Doppelreihe zu bilden, deren sämtliche Glieder positiv sind, kann man sie entweder nach Zeilen oder nach Kolonnen oder mittels Grenzkurven von beliebiger Form berechnen. Ist im besonderen die Reihe konvergent, wenn man ihre Summe nach horizontalen Zeilen bildet, so ist sie es auch, wenn man sie nach Kolonnen auswertet und die Summe ist die gleiche. Man kann für die Doppelreihen mit positiven Gliedern eine Folge von Theoremen aufstellen, die denen analog sind, welche für die einfachen Reihen bewiesen wurden. Wenn z. B. in einer Doppelreihe mit positiven Gliedern die Glieder kleiner sind als die entsprechenden einer anderen konvergenten Doppelreihe, so ist die erste Reihe gleichfalls konvergent, usw.

Eine Doppelreihe mit positiven Gliedern, die nicht konvergent ist, heißt divergent. Die Summe der Elemente der entsprechenden Tafel, die im Innern einer geschlossenen Kurve gelegen sind, wächst über alle Grenzen hinaus, wenn sich die Kurve in jeder Richtung unbegrenzt entfernt.

Betrachten wir nunmehr eine Tabelle, deren Elemente nicht alle positiv sind. Es ist offenbar unnütz, die Fälle zu betrachten, wo alle Elemente negativ sind oder wo es nur eine endliche Anzahl von positiven oder von negativen Elementen gibt, da jeder dieser Fälle unmittelbar auf den zuerst besprochenen zurückführt. Wir werden also annehmen, daß es in der Tabelle unendlich viele positive und unendlich viele negative Elemente gibt. Es sei a_{ik} das allgemeine Glied dieser Tabelle T. Wenn die Tafel T_1 mit positiven Gliedern, deren allgemeines Glied gleich dem absoluten Werte $|a_{ik}|$ des entsprechenden Gliedes von T ist, konvergent ist, so heißt die Tafel T absolut oder unbedingt konvergent. Eine solche Tabelle besitzt alle wesentlichen Eigenschaften einer konvergenten Tabelle mit positiven Gliedern.

Um dies zu beweisen, betrachten wir zwei Hilfstabellen T' und T'', die auf die folgende Weise definiert sind. Die Tabelle T' wird aus der Tabelle T hergeleitet, indem man jedes negative Element durch Null ersetzt, während die positiven Elemente beibehalten werden. Ebenso erhält man die Tabelle T'', indem man in T jedes positive Element durch Null ersetzt und das Zeichen jedes negativen Elementes umkehrt. Jede dieser Tabellen T' und T'' ist konvergent, wenn die Tabelle T_1 konvergent ist, denn ein Element von T' z. B. ist höchstens gleich dem entsprechenden Element in T_1. Die Summe der Elemente der Reihe T, die im Innern einer geschlossenen Kurve liegen, ist gleich der Differenz zwischen den Summen der Elemente der beiden Tabellen T' und T'' im Innern derselben Kurve. Da diese beiden letzten Summen gegen einen Grenzwert streben, wenn die geschlossene Kurve sich nach jeder Richtung über alle Grenzen entfernt, so strebt auch die erste Summe gegen einen Grenzwert, der von der Form der geschlossenen Kurve unabhängig ist. Diesen Grenzwert nennt man die Summe der Tafel T. Die eben angewandten Schlußweisen für die Reihen mit positiven Gliedern zeigen, daß man dieselbe Summe erhält, ob man die Tafel T nach Zeilen oder nach Kolonnen auswertet. Wenn demnach eine Tabelle, deren Glieder ein beliebiges Zeichen haben, unbedingt konvergent ist, so kann mit ihr wie mit einer konvergenten Tabelle mit positiven Gliedern operiert werden. Aber es ist hierzu unerläßlich, sich zuerst die Gewißheit zu verschaffen, daß die durch die absoluten Werte der Elemente von T gebildete Tabelle T_1 konvergent ist.

Wenn die Tabelle T_1 divergent ist, so ist mindestens eine der Tafeln T', T'' divergent. Wenn nur eine dieser Tafeln, z. B. T', divergent ist, während T'' konvergent ist, so wächst die Summe der Elemente der Tabelle T, die im Innern einer beliebig geformten geschlossenen Kurve C enthalten sind, über jede Grenze, wenn sich die Kurve nach allen Richtungen unbegrenzt entfernt.

Wenn die beiden Tafeln T', T'' divergent sind, so zeigt die vorangehende Schlußweise, daß die Summe der Elemente der Tabelle T, die im Innern der geschlossenen Kurve C liegen, gleich der Differenz zweier Summen ist, die beide unbegrenzt wachsen, wenn sich die Kurve C nach allen Richtungen unbegrenzt entfernt. Es kann vorkommen, daß diese Differenz gegen verschiedene Grenzwerte konvergiert, je nach der Form der Kurve C, d. h. je nach der Art, in welcher man die Anzahl der positiven und die der negativen Glieder unbegrenzt wachsen läßt. Diese Summe kann übrigens auch über alle Grenzen wachsen oder gegen gar keinen Grenzwert konvergieren, wenn man die Glieder der Tabelle in einer gewissen Anordnung addiert. Im besonderen kann es vorkommen, daß man ganz verschiedene Resultate erhält, je nachdem man die Summe der Elemente der Tabelle nach Zeilen oder nach Kolonnen bildet.

Das folgende Beispiel verdankt man Arndt (Grunerts Archiv, Bd. XI, S. 319). Betrachten wir die Tabelle

$$\begin{array}{l}
\frac{1}{2}\left(\frac{1}{2}\right) - \frac{1}{3}\left(\frac{2}{3}\right), \quad \frac{1}{3}\left(\frac{2}{3}\right) - \frac{1}{4}\left(\frac{3}{4}\right), \quad \ldots, \quad \frac{1}{p}\left(\frac{p-1}{p}\right) - \frac{1}{p+1}\left(\frac{p}{p+1}\right), \\
\frac{1}{2}\left(\frac{1}{2}\right)^2 - \frac{1}{3}\left(\frac{2}{3}\right)^2, \quad \frac{1}{3}\left(\frac{2}{3}\right)^2 - \frac{1}{4}\left(\frac{3}{4}\right)^2, \quad \ldots, \quad \frac{1}{p}\left(\frac{p-1}{p}\right)^2 - \frac{1}{p+1}\left(\frac{p}{p+1}\right)^2, \\
\cdots\cdots\cdots\cdots\cdots\cdots\cdots\cdots\cdots\cdots \\
\frac{1}{2}\left(\frac{1}{2}\right)^n - \frac{1}{3}\left(\frac{2}{3}\right)^n, \quad \frac{1}{3}\left(\frac{2}{3}\right)^n - \frac{1}{4}\left(\frac{3}{4}\right)^n, \quad \ldots, \quad \frac{1}{p}\left(\frac{p-1}{p}\right)^n - \frac{1}{p+1}\left(\frac{p}{p+1}\right)^n, \\
\cdots\cdots\cdots\cdots\cdots\cdots\cdots\cdots\cdots\cdots
\end{array}$$

welche unendlich viele positive und unendlich viele negative Elemente enthält. Die durch die Elemente einer Zeile oder einer Kolonne gebildeten Reihen sind sämtlich konvergent. Die durch die Elemente der n^{ten} Zeile gebildete Reihe hat offenbar $\frac{1}{2^{n+1}}$ zur Summe, so daß man für die nach Zeilen gebildete Summe der Tabelle

$$\frac{1}{4} + \frac{1}{8} + \ldots + \frac{1}{2^{n+1}} + \ldots,$$

d. i. $\frac{1}{2}$ findet. Andererseits ist die durch die Elemente der $\overline{p-1}^{\text{ten}}$ Kolonne gebildete Reihe, d. i.

$$\frac{1}{p}\left[\left(\frac{p-1}{p}\right) + \left(\frac{p-1}{p}\right)^2 + \ldots + \left(\frac{p-1}{p}\right)^n + \ldots\right],$$

$$-\frac{1}{p+1}\left[\left(\frac{p}{p+1}\right) + \left(\frac{p}{p+1}\right)^2 + \ldots + \left(\frac{p}{p+1}\right)^n + \ldots\right],$$

konvergent und ihre Summe ist

$$\frac{p-1}{p} - \frac{p}{p+1} = -\frac{1}{p(p+1)} = \frac{1}{p+1} - \frac{1}{p}.$$

Wertet man also die Tabelle nach Kolonnen aus, so findet man als Summe

$$\left(\frac{1}{3} - \frac{1}{2}\right) + \left(\frac{1}{4} - \frac{1}{3}\right) + \ldots + \left(\frac{1}{p+1} - \frac{1}{p}\right) + \ldots,$$

d. i. $-\frac{1}{2}$. Dieses Beispiel zeigt sehr deutlich, daß man in der Rechnung nur unbedingt konvergente Doppelreihen verwenden soll.

Man kann auch Doppelreihen betrachten, deren Elemente komplexe Zahlen sind. Wenn die Elemente der Tabelle (26) komplex sind, so kann man zwei andere Tafeln T', T'' bilden, indem man einerseits den reellen Teil, andererseits den Koeffizienten von $\sqrt{-1}$ in jedem Elemente der Tafel T nimmt.

Wenn die Tabelle T_1 mit positiven Gliedern, die durch die Moduln der korrespondierenden Elemente von T gebildet wird, konvergent ist, so ist jede der Tafeln T', T'' absolut konvergent und die Tabelle T heißt gleichfalls **absolut konvergent**. Die Summe der Elemente dieser Tabelle, die im Innern einer variablen geschlossenen Kurve liegen, strebt gegen einen Grenzwert, wenn sich die Kurve nach allen Richtungen hin unbegrenzt entfernt. Dieser Grenzwert ist von der Form der variablen Kurve unabhängig und heißt die **Summe** der Tabelle. Die Summe einer absolut konvergenten Tabelle kann auch hier nach Zeilen oder nach Kolonnen ausgewertet werden.

170. Eine unbedingt konvergente Doppelreihe kann durch eine gewöhnliche, aus denselben Gliedern gebildete Reihe ersetzt werden. Es genügt zu zeigen, daß man stets die Felder eines unbegrenzten Schachbrettes (wie 26) so numerieren kann, daß jedes Feld eine bestimmte Nummer erhalte, ohne daß irgendeines ausgelassen werde. Anders ausgedrückt, wenn man einerseits die natürliche Folge der Zahlen, andererseits alle Systeme von zwei ganzen Zahlen (i, k) betrachtet, wo $i \geqq 0$, $k \geqq 0$ ist, so kann man jedem dieser Systeme eine der Zahlen der natürlichen Folge derart zuordnen, daß auch umgekehrt einer Zahl n nur eines dieser Systeme entspricht. Schreiben wir nämlich alle diese Systeme nacheinander auf die folgende Art

$$(30) \qquad (0, 0),\ (1, 0),\ (0, 1),\ (2, 0),\ (1, 1),\ (0, 2), \ldots$$

und schreiben wir allgemein, nachdem alle Systeme, für die $i + k < n$ ist, bereits angeschrieben sind, alle Systeme, für die $i + k = n$ ist, indem wir mit dem System $(n, 0)$ beginnen und i sukzessive um eine Einheit bis Null abnehmen lassen. Es ist klar, daß jedes System (i, k) nur eine **endliche** Anzahl von Systemen vor sich hat und infolgedessen in der Folge einen endlichen Rang einnimmt. Denken wir uns nunmehr, daß man die Glieder der Doppelreihe $\Sigma\Sigma a_{ik}$ in der eben definierten Anordnung schreibe; wir erhalten dann eine gewöhnliche Reihe

$$(31) \qquad a_{00} + a_{10} + a_{01} + a_{20} + a_{11} + a_{02} + \cdots + a_{n0} + a_{n-1,1} + \cdots,$$

deren Glieder dieselben sind wie in der betrachteten Doppelreihe, die wie diese unbedingt konvergent ist und dieselbe Summe hat. Es ist klar, daß diese Art der Überführung nicht die einzige ist, da man die Anordnung der Glieder in beliebiger Art abändern kann. Umgekehrt kann jede unbedingt konvergente gewöhnliche Reihe auf unendlich viele Arten in eine Doppelreihe transformiert werden, und dieses Vorgehen bildet ein wichtiges Beweismittel für gewisse Identitäten.

Man sieht, daß der Begriff der Doppelreihe im Grunde von dem gewöhnlichen Reihenbegriffe nicht verschieden ist. Man hat vorhin gesehen, daß man in einer absolut konvergenten Reihe eine endliche Anzahl von Gliedern durch ihre Summe ersetzen oder die Glieder in beliebiger Anordnung aufeinander folgen lassen kann. Sucht man diese Eigenschaft noch zu verallgemeinern, so wird man ganz natürlich dazu geführt, die Doppelreihen einzuführen.

171. **Vielfache Reihen.** Der Begriff der Doppelreihe ist noch einer großen Erweiterung fähig. Vor allem kann man Reihen betrachten, deren jedes Glied a_{mn} von zwei Indizes abhängt, von denen jeder von $-\infty$ bis $+\infty$ variieren kann. Man kann sich die Glieder dieser Reihe nach den Feldern eines rechtwinkligen, nach allen Richtungen hin unbegrenzten Schachbrettes angeordnet denken und sieht, daß die Doppelreihe $\Sigma\Sigma\, a_{mn}$ sich in vier derartige Doppelreihen, wie wir sie bis nun studiert haben, aufteilen läßt. Eine wichtigere Erweiterung ist die folgende. Betrachten wir eine Reihe, deren jedes Glied $a_{m_1, m_2, \ldots, m_p}$ von p Indizes $m_1, m_2, \ldots, m_p$ abhängt, die von 0 bis $+\infty$ oder von $-\infty$ bis $+\infty$ variieren können und von denen überdies verlangt werden kann, daß sie gewisse Ungleichheiten erfüllen. Obwohl man sich nicht mehr einer der vorhergehenden analogen geometrischen Darstellungsweise bedienen kann, sobald mehr als zwei Indizes vorhanden sind, so zeigt eine leichte Überlegung, daß die für die Doppelreihen aufgestellten Sätze sich ohne Schwierigkeit auf die vielfachen Reihen der Ordnung p übertragen lassen.

Setzen wir zunächst voraus, daß alle Glieder $a_{m_1, m_2, \ldots, m_p}$ reell und positiv seien. Denken wir uns, daß man die Summe einer gewissen Anzahl von Gliedern dieser Reihe bilde, daß man hierauf zu dieser Summe die Summe einer gewissen Anzahl der vernachlässigten Glieder hinzufüge usw., derart, daß ein beliebiges Glied der Reihe am Ende einer gewissen Anzahl von Operationen in allen weiter folgenden Summen vorkomme. Es seien dann $S_1, S_2, \ldots, S_n, \ldots$ die so erhaltenen Summen; wenn S_n gegen einen Grenzwert S konvergiert, während n unbegrenzt wächst, so ist die Reihe konvergent und hat S zur Summe; wie im Falle von zwei Indizes ist dieser Grenzwert von der Art, wie man die Zahl der hinzugefügten Glieder wachsen läßt, unabhängig. Wenn die Glieder beliebige Zeichen haben oder imaginär sind, so ist die Reihe auch hier konvergent, wofern die durch die Moduln gebildete Reihe konvergent ist.

172. **Verallgemeinerung des Theorems von Cauchy.** Man kann oft über die Konvergenz oder Divergenz einer vielfachen Reihe mittels des folgenden Theorems entscheiden, welches die Verallgemeinerung des Theorems von Cauchy bildet (Nr. 161). Es sei $f(x, y)$ eine Funktion der beiden Variablen x und y, die für alle Punkte (x, y) außerhalb einer gewissen geschlossenen Kurve Γ positiv ist und abnimmt, wenn sich der Punkt (x, y) vom Ursprung entfernt. Betrachten wir einerseits das Doppelintegral $\int\int f(x, y)\, dx\, dy$, erstreckt über den Ring, der zwischen der Kurve Γ und einer anderen

außerhalb liegenden Kurve C, die unbegrenzt größer wird, enthalten ist, andererseits die Doppelreihe $\Sigma f(m, n)$, wo die Indices m, n alle ganzen positiven und negativen Werte, für die der Punkt (m, n) außerhalb von Γ liegt, durchlaufen. Unter den angegebenen Bedingungen ist die Doppelreihe konvergent, wenn das Doppelintegral eine Grenze hat und umgekehrt.

Die Parallelen zu den Koordinatenachsen $x = 0, \pm 1, \pm 2, \ldots$ und $y = 0, \pm 1, \pm 2, \ldots$ zerlegen die zwischen den beiden Kurven C und Γ enthaltene Fläche in eine gewisse Anzahl von Quadraten und unregelmäßigen Teilgebieten. Wenn wir in jedem der Quadrate den vom Ursprung am weitest entfernten Eckpunkt nehmen, so ist klar, daß die entsprechende Summe $\Sigma f(m, n)$ kleiner als das Doppelintegral $\int\int f(x, y)\, dx\, dy$, erstreckt über die zwischen C und Γ enthaltene Fläche, sein wird. Strebt dieses Doppelintegral gegen einen Grenzwert S, wenn sich die Kurve C unbegrenzt entfernt, so folgt daraus, daß die Summe einer beliebigen Anzahl von Gliedern dieser Doppelreihe stets kleiner als eine feste Zahl ist; diese Reihe ist also konvergent. Man sieht ebenso, daß das Doppelintegral, wenn die Doppelreihe konvergent ist, stets kleiner als eine feste Zahl ist; dieses Integral strebt also gegen einen Grenzwert. Das Theorem erstreckt sich unter geeigneten Voraussetzungen auf eine vielfache Reihe von p Indices; das Vergleichsglied ist dann ein vielfaches Integral von der Ordnung p.

Die Doppelreihe z. B., deren allgemeines Glied $\frac{1}{(m^2 + n^2)^{\mu}}$ ist, wobei die Zahlen m und n alle ganzen Werte von $-\infty$ bis $+\infty$ außer $m = n = 0$ annehmen, ist konvergent, wenn $\mu > 1$ ist, und divergent, wenn $\mu \leqq 1$ ist. Denn das Doppelintegral

$$\int\int \frac{dx\, dy}{(x^2 + y^2)^{\mu}}, \tag{32}$$

erstreckt über den Teil der Ebene, der außerhalb eines Kreises um den Ursprung als Mittelpunkt liegt, hat einen endlichen Wert, wenn $\mu > 1$ ist, und wächst unbegrenzt, wenn $\mu \leqq 1$ (Nr. 134).

Allgemeiner ist die vielfache Reihe, deren allgemeines Glied

$$\frac{1}{(m_1^2 + m_2^2 + \ldots + m_p^2)^{\mu}}$$

ist, wobei die Kombination $m_1 = m_2 = \ldots = m_p = 0$ ausgeschlossen bleibt, konvergent, wenn $2\mu > p$ ist.

173. **Vielfache Reihen mit variablen Gliedern.** Wenn eine Doppelreihe oder allgemeiner eine vielfache Reihe von p Dimen-

sionen gegeben ist, deren Glieder Funktionen einer beliebigen Anzahl n von Variablen $x, y, z, \ldots$ sind und die in einem Bereiche D unbedingt konvergent ist, so sagt man, daß die Reihe in diesem Bereiche gleichmäßig konvergent sei, wenn die folgende Bedingung erfüllt ist. Wenn eine beliebige positive Zahl ε gegeben ist, so existiert eine endliche Zahl N von Gliedern der Reihe derart, daß die Differenz zwischen der Summe S der Reihe und der Summe einer beliebigen Anzahl n von Gliedern dieser Reihe, welche die N ersten umfassen, dem absoluten Werte nach kleiner als ε ist für alle Wertsysteme der Variablen $x, y, z, \ldots$ im Bereiche D.

Nimmt man die Schlußweisen der Nr. 30 und 114 wieder auf, so zeigt man, daß die Summe einer gleichmäßig konvergenten Reihe, deren Glieder stetige Funktionen in D sind, selbst eine stetige Funktion in diesem Bereiche ist, die in jedem endlichen Bereiche von q Dimensionen ($q \leqq n$), der in D enthalten ist, gliedweise integriert werden kann. Ebenso kann man eine unbedingt konvergente Reihe eine beliebige Anzahl von Malen gliedweise differenzieren, wofern alle so erhaltenen Reihen gleichmäßig konvergent sind.

Eine vielfache Reihe ist auch wieder gleichmäßig konvergent, wenn der absolute Betrag eines beliebigen Gliedes kleiner oder höchstens gleich dem entsprechenden Gliede einer konvergenten Reihe mit positiven, von den Variablen unabhängigen Gliedern ist (Nr. 36).

III. Unendliche Produkte.

174. **Definitionen und Allgemeines.** Gegeben sei eine unbegrenzte Folge von reellen oder imaginären Gliedern, deren allgemeines Glied u_n ist; betrachten wir die aufeinanderfolgenden Produkte $P_0, P_1, \ldots, P_n, \ldots$ wo

$$P_n = (1 + u_0)(1 + u_1) \ldots (1 + u_n)$$

gesetzt wurde. Wenn das Produkt P_n mit unbegrenzt wachsendem n gegen einen Grenzwert P strebt, so sagt man, daß das unendliche Produkt

$$(33) \qquad \prod_{n=0}^{+\infty}(1 + u_n) = (1 + u_0)(1 + u_1)(1 + u_2) \ldots (1 + u_n) \ldots$$

konvergent ist: die Zahl P wird als der Wert dieses Produktes bezeichnet.

Ist einer der Faktoren $1 + u_m$ Null, so sind alle Produkte P_n, für die $n \geqq m$ ist, Null; es ist also auch $P = O$. Es kann aber auch vorkommen, daß das Produkt P_n gegen Null strebt, ohne daß einer der Faktoren $1 + u_m$ Null ist. Dies ist z. B. der Fall bei dem Produkte der reziproken Werte der n ersten Zahlen, das offenbar gegen Null strebt, wenn n unbegrenzt wächst. Da die Regeln, welche über die Konvergenz eines unendlichen Produktes entscheiden, sich nicht immer auf diesen singulären Fall anwenden lassen, so werden wir den Namen eines konvergenten Produktes auf diejenigen unendlichen Produkte beschränken, für die P_n gegen eine von Null verschiedene Grenze P konvergiert; wenn P_n Null zum Grenzwert hat, so werden wir sagen, daß das Produkt null ist, während es divergent heißen soll, wenn P_n gegen gar keinen Grenzwert konvergiert.

Damit ein unendliches Produkt konvergent sei, ohne Null zu sein, ist notwendig, daß u_n gegen Null strebe. In der Tat, wenn P_n gegen einen Grenzwert P konvergiert, so muß die Differenz $P_n - P_{n-1} = P_{n-1} u_n$ gegen Null streben; da der Faktor P_{n-1} eine von Null verschiedene Grenze hat, so muß also der Faktor u_n gegen Null streben. Die Schlußweise ist nicht mehr anwendbar, wenn das Produkt Null ist; man zeigt leicht an dem obigen Beispiele, daß u_n nicht gegen Null strebt.

Nach einer früheren Bemerkung (Nr. 5) läßt sich das Studium der Konvergenz oder der Divergenz eines unendlichen Produktes auf das Studium derselben Frage für eine Reihe zurückführen. Setzen wir $v_0 = 1 + u_0$ und für $n > 0$

$$(34) \qquad v_n = P_n - P_{n-1} = (1 + u_0)(1 + u_1) \ldots (1 + u_{n-1}) u_n$$

und betrachten wir die Hilfsreihe

$$(35) \qquad v_0 + v_1 + \ldots\ldots + v_n + \ldots\ldots$$

Die Summe $\Sigma_n = v_0 + v_1 + \ldots + v_n$ ist offenbar gleich P_n, so daß diese Reihe zugleich mit dem unendlichen Produkte $\Pi(1 + u_n)$ konvergent oder divergent ist; wenn die Reihe konvergent ist, so ist die Summe Σ gleich dem Werte P des unendlichen Produktes.

175. **Unbedingt konvergente Produkte.** Nehmen wir zunächst an, daß alle Zahlen u_n reell und positiv seien. Das Produkt P_n wächst beständig mit n; um die Konvergenz zu beweisen, genügt es zu zeigen, daß dieses Produkt P_n für beliebiges n kleiner als eine feste Zahl bleibt. Nun ist einerseits

$$P_n > 1 + u_0 + u_1 + \ldots + u_n;$$

für ein positives x ist andererseits $1 + x < e^x$ und infolgedessen ist

$$P_n < e^{u_0 + u_1 + \ldots + u_n}.$$

Wenn P_n gegen einen Grenzwert P konvergiert, so zeigt die erste Ungleichheit, daß beständig $v_0 + u_1 + \ldots + u_n < P$ ist. Die Reihe mit positiven Gliedern

(36) $$v_0 + u_1 + \ldots. + u_n + \ldots.$$

ist also konvergent. Nehmen wir umgekehrt an, daß diese Reihe konvergent sei und zur Summe S habe; die zweite Ungleichheit gibt $P_n < e^S$ Das Produkt P_n strebt also gegen einen Grenzwert und man schließt daraus, daß das unendliche Produkt $\prod_{n=0}^{+\infty}(1 + u_n)$, dessen sämtliche Zahlen u_n reell und positiv sind, zugleich mit der Reihe (36) konvergent oder divergent ist.

Betrachten wir nun ein unendliches Produkt mit beliebigen reellen oder imaginären Gliedern

(37) $$(1 + u_0)(1 + u_1)\ldots..(1 + u_n)\ldots.$$

und es sei $U_i = |u_i|$. Wenn die Reihe

(38) $$U_0 + U_1 + \ldots. + U_n + \ldots.$$

konvergent ist, so ist es auch das unendliche Produkt (37). Denn setzen wir wie oben

$$v_n = (1 + u_0)(1 + u_1)\ldots..(1 + u_{n-1})\, u_n$$
$$V_n = (1 + U_0)(1 + U_1)\ldots...(1 + U_{n-1})\, U_n;$$

wenn die Reihe mit positiven Gliedern ΣU_i konvergent ist, so ist nach dem Vorangehenden auch gleichzeitig das unendliche Produkt $\Pi(1 + U_i)$ und infolgedessen auch die Reihe

(39) $$V_0 + V_1 + \ldots.. + V_n + \ldots..$$

konvergent. Nun ist aber offenbar $|v_n| < V_n$; die Reihe

(40) $$v_0 + v_1 + \ldots. + v_n + \ldots.$$

ist also absolut konvergent und die Summe dieser Reihe ist, wie bereits bemerkt wurde, der Grenzwert des Produktes

$$P_n = (1 + u_0)(1 + u_1)\ldots..(1 + u_n),$$

wenn n unbegrenzt wächst. Unter diesen Bedingungen heißt das Produkt $\prod_{n=0}^{+\infty}(1 + u_n)$ absolut oder unbedingt konvergent.

Die unbedingt konvergenten unendlichen Produkte bieten ein besonderes Interesse dar so wie die unbedingt konvergenten Reihen, mit denen sie große Analogien haben. So kann man in einem unbedingt konvergenten unendlichen Produkte die Ordnung der Faktoren auf willkürliche Art abändern, ohne dadurch den Wert des Produktes zu ändern. Wir wollen zunächst zeigen, daß man, wenn ein unbedingt konvergentes Produkt gegeben ist, jeder positiven Zahl ε eine ganze Zahl n zuordnen kann derart, daß der Modul der Differenz zwischen der Einheit und dem Produkte einer beliebigen Anzahl von Faktoren

$$(1 + u_\alpha)(1 + u_\beta) \dots (1 + u_\lambda)$$

kleiner als ε ist, wenn alle Indices $\alpha, \beta, \dots, \lambda$ größer als n sind. Denn man sieht unmittelbar, wenn man die beiden Produkte entwickelt, daß

$$|(1 + u_\alpha)(1 + u_\beta) \dots (1 + u_\lambda) - 1| < (1 + U_\alpha)(1 + U_\beta) \dots (1 + U_\lambda) - 1$$

und infolgedessen

$$|1 + u_\alpha)(1 + u_s) \dots (1 + u_\lambda) - 1| < e^{U_\alpha + U_\beta + \dots + U_\lambda} - 1$$

ist; da aber die Reihe ΣU_i konvergent ist, kann man die Zahl n genügend groß nehmen, so daß die Summe $U_\alpha + U_\beta + \dots + U_\lambda$ kleiner als $\log(1 + \varepsilon)$ sei, wenn alle Indices $\alpha, \beta, \dots, \lambda$ größer als n sind. Die rechte Seite der vorstehenden Ungleichheit kann also kleiner gemacht werden als jede positive Zahl ε, wofern man die ganze Zahl n nur genügend groß nimmt.

Dies beweist, wie wir nebenbei bemerken können, daß ein unbedingt konvergentes Produkt nicht Null sein kann, wenn nicht einer der Faktoren des Produktes Null ist. Nehmen wir in der Tat an, daß keiner der Faktoren des Produktes Null sei, und wählen wir die Zahl n genügend groß, damit für jede positive Zahl p

$$|(1 + u_{n+1})(1 + u_{n+2}) \dots (1 + u_{n+p}) - 1| < \alpha$$

sei, wobei α eine positive Zahl kleiner als die Einheit ist. Es ist klar, daß der Modul des unendlichen Produktes $\prod_{\nu=1}^{+\infty}(1 + u_{n+\nu})$ größer als $1 - \alpha$ sein wird und daß infolgedessen das Produkt P, das man erhält, wenn man das vorangehende mit P_n multipliziert, nicht Null sein kann.

Dies vorausgeschickt sei

$$(41) \qquad (1 + u_0)(1 + u_1) \dots (1 + u_n) \dots$$

ein unbedingt konvergentes unendliches Produkt und

$$(42) \qquad (1 + u'_0)(1 + u'_1) \dots (1 + u'_m) \dots$$

ein anderes unendliches Produkt, das aus denselben Faktoren in einer anderen Anordnung zusammengesetzt ist. Dieses zweite Produkt ist gleichfalls unbedingt konvergent, denn die Reihe $\Sigma U_i'$ ist aus denselben Gliedern wie Reihe ΣU_i gebildet. Bezeichnen wir die Werte dieser beiden Produkte (41) und (42) mit P und P'. Es sei P_n das Produkt der $n+1$ ersten Faktoren des Produktes (41); alle diese Faktoren finden sich in dem Produkte (42) wieder, und wir können eine Zahl $m > n$ nehmen, so daß das Produkt P'_m alle Faktoren von P_n enthalte. Es ist also

$$\frac{P'_m}{P_n} = (1 + u_\alpha)(1 + u_\beta)\ldots.(1 + u_\lambda),$$

wo alle Indices $\alpha, \beta, \ldots., \lambda$ größer als n sind, und man kann, wie wir eben gesehen haben, die Zahl n genügend groß wählen, damit

$$\left|\frac{P'_m}{P_n} - 1\right| < \varepsilon$$

sei, wie klein auch die positive Zahl ε ist. Mit unbegrenzt wachsendem n wächst auch m über alle Grenzen und das Verhältnis $\frac{P'_m}{P_n}$ hat $\frac{P'}{P}$ zum Grenzwert. Es muß also $P' = P$ sein.

176. **Gleichmäßig konvergente Produkte.** Betrachten wir noch ein unendliches Produkt (33), in dem $u_0, u_1, \ldots, u_n, \ldots.$ stetige reelle oder imaginäre Funktionen einer oder mehrerer Variablen $x, y, z, \ldots$ sind; hierin ist offenbar der Fall inbegriffen, wo $u_0, u_1, \ldots u_n, \ldots$ Funktionen einer komplexen Variablen z wären. Wir sagen, daß dieses Produkt in einem gewissen Bereiche D gleichmäßig konvergent ist, wenn die oben definierte Reihe Σv_n, deren Summe gleich dem unendlichen Produkte ist, in diesem Bereiche gleichmäßig konvergent ist. Das Produkt P ist dann eine stetige Funktion der unabhängigen Variablen.

Ein unendliches Produkt ist gleichmäßig konvergent, wenn es die Reihe

$$(43) \qquad U_0 + U_1 + \ldots. + U_n + \ldots.$$

ist. Nehmen wir, um dies zu zeigen, die Reihe (35) wieder vor; es ist

$$v_{n+1} + \ldots. + v_{n+p} = P_{n+p} - P_n = P_n[(1 + u_{n+1})\ldots.(1 + u_{n+p}) - 1];$$

überdies gelten die evidenten Ungleichheiten

$$|P_n| < (1 + U_0)(1 + U_1)\ldots.(1 + U_n) < e^{U_0 + U_1 + \ldots. + U_n}$$

$$|(1 + u_{n+1})(1 + u_{n+2})\ldots.(1 + u_{n+p}) - 1| < e^{U_{n+1} + U_{n+2} + \ldots. + U_{n+p}} - 1.$$

Die Reihe (43) stellt aber, da sie in D gleichmäßig konvergent ist, eine stetige Funktion dar, die kleiner als eine gewisse Grenze

M bleibt, und man kann eine genügend große Zahl N derart wählen, daß die Summe

$$U_{n+1} + U_{n+2} + \dots + U_{n+p},$$

wo $n \geqq N$ ist, im gleichen Bereiche für jedes p kleiner als eine positive Zahl α bleibe. Man erhält also, wenn man die Zahl N derart gewählt hat,

$$|v_{n+1} + \dots + v_{n+p}| < e^M(e^\alpha - 1).$$

Dies beweist, daß die Reihe Σv_n gleichmäßig konvergent ist, da man α stets derart wählen kann, daß es der Bedingung $e^M(e^\alpha - 1) < \varepsilon$ Genüge leiste, wie klein auch ε sei.

Bemerkung. Alle vorstehenden Eigenschaften erstrecken sich ohne Schwierigkeit auf die unendlichen Produkte $\Pi(1 + u_{mn})$, wo jeder Faktor mit zwei verschiedenen Indices m, n, die gesondert von 0 bis $+\infty$ variieren können, versehen ist. Wenn die Doppelreihe ΣU_{mn} konvergent ist, so hat das vorangehende Produkt einen völlig bestimmten Wert, welcher von der Art, wie man die Zahl der Faktoren wachsen läßt, unabhängig ist. Ebenso wie eine unbedingt konvergente Doppelreihe auf unendlich viele Arten in eine gewöhnliche Reihe transformiert werden kann, so kann auch ein unendliches Doppelprodukt wie das vorstehende auf unendlich viele Arten in ein unbedingt konvergentes, einfach unendliches Produkt verwandelt werden. Wenn alle Glieder u_{mn} stetige Funktionen gewisser Variablen $x, y, \dots$ sind, und wenn die Reihe ΣU_{mn} in einem gewissen Bereiche D gleichmäßig konvergent ist, so ist das unendliche Produkt $\Pi(1 + u_{mn})$ selbst gleichmäßig konvergent und eine im Bereiche D stetige Funktion von $x, y, \dots$ dar.

177. Unendliche reelle Produkte. Nehmen wir wieder ein unendliches Produkt von reellen Faktoren

$$(1 + u_0)(1 + u_1) \dots (1 + u_n) \dots$$

vor, um den Fall zu behandeln, wo in der Folge $u_0, u_1, u_2, \dots$ unendlich viele negative Glieder vorkommen. Wenn alle diese Glieder von einem bestimmten Rang an zwischen -1 und 0 enthalten sind, so hat man ein unendliches Produkt von der Art

$$(1 - v_0)(1 - v_1) \dots (1 - v_n) \dots \tag{44}$$

zu studieren, wo $v_0, v_1, \dots, v_n, \dots$ positiv und kleiner als Eins sind. Es ist klar, daß das Produkt $(1 - v_0) \dots (1 - v_n)$ mit wachsendem n abnimmt und daß dieses Produkt positiv bleibt; es strebt also, wenn n unbegrenzt wächst, gegen einen Grenzwert, der Null oder eine positive Zahl sein kann. Wenn die Reihe Σv_i konvergent ist, so ist das unendliche Produkt (44) unbedingt konvergent; das Produkt $(1 - v_0) \dots (1 - v_n)$ hat also einen von Null verschiedenen Grenzwert (Nr. 175).

Um zu sehen, was dann geschieht, wenn die Reihe Σv_i divergent ist, bemerken wir, daß für jeden reellen Wert von x die Ungleichheit $1 + x < e^x$ besteht, denn die Funktion $e^x - x - 1$ hat für $x = 0$ ein Minimum. Man kann also schreiben

$$1 - v_0 < e^{-v_0}, 1 - v_1 < e^{-v_1}, \ldots, 1 - v_n < e^{-v_n}$$

und infolgedessen

$$(1 - v_0)(1 - v_1)\ldots(1 - v_n) < e^{-(v_0 + v_1 + \ldots + v_n)}.$$

Die Summe $v_0 + v_1 + \ldots + v_n$ wächst mit n über alle Grenzen und infolgedessen ist das unendliche Produkt Null.

Wenn die Folge $u_0, u_1, \ldots, u_n, \ldots$ unendlich viele positive und unendlich viele negative Glieder enthält, so kann das unendliche Produkt nur dann konvergent sein, ohne Null zu werden, wenn das allgemeine Glied u_n gegen Null strebt (Nr. 174). Nehmen wir an, daß dies der Fall sei; da man stets eine endliche Anzahl von Faktoren am Anfang vernachlässigen kann, werden wir annehmen, daß alle Faktoren positiv sind. Das Produkt P_n enthält dann eine gewisse Anzahl von Faktoren größer als Eins und eine gewisse Anzahl von Faktoren kleiner als Eins; der einzige zweifelhafte Fall ist offenbar der, daß das Produkt der Faktoren, die größer als Eins sind, unbegrenzt wächst, während das Produkt der Faktoren, die kleiner als Eins sind, mit unbegrenzt wachsendem n gegen Null strebt. Das unendliche Produkt kann je nach dem besonderen Falle konvergent oder divergent sein; man kann auch hier, wie bei den bedingt konvergenten Reihen (Nr. 165) leicht zeigen, daß man in einem derartigen Produkte die Faktoren stets in eine solche Anordnung bringen kann, daß das Produkt P_n eine beliebige im voraus gegebene positive Zahl zum Grenzwert habe.

Wenn die Reihe Σu_n konvergent ist, hat man eine präzise Regel. **Das Produkt P_n strebt gegen einen positiven Grenzwert oder gegen Null, je nachdem die Reihe Σu_n^2 konvergent oder divergent ist.**

Um dies zu beweisen, bemerken wir, daß das Verhältnis

$$\frac{\log(1 + x) - x}{x^2}$$

$-\frac{1}{2}$ zur Grenze hat, wenn x gegen Null strebt; wir können also

$$\log(1 + x) = x - \frac{x^2}{2}(1 + \alpha)$$

setzen, wobei der absolute Betrag von α kleiner als $\frac{1}{2}$ ist, vorausgesetzt, daß der absolute Betrag von x kleiner als ein bestimmter Grenzwert ist. Da u_n gegen Null strebt, wenn n unbegrenzt wächst, und man das unendliche Produkt mit einem beliebigen Faktor beginnen lassen kann, so ist es erlaubt, die folgenden Gleichheiten anzunehmen:

$$\log(1 + u_0) = u_0 - \frac{u_0^2}{2}(1 + \theta_0)$$

$$\log(1 + u_1) = u_1 - \frac{u_1^2}{2}(1 + \theta_1)$$

$$\cdots\cdots\cdots\cdots$$

$$\log(1 + u_n) = u_n - \frac{u_n^2}{2}(1 + \theta_n),$$

wo alle Zahlen $\theta_0, \theta_1, \ldots, \theta_n$ wischen $-\frac{1}{2}$ und $+\frac{1}{2}$ liegen. Man entnimmt hieraus

(45) $$\log P_n = u_0 + u_1 + \ldots + u_n - \frac{1}{2} u_0^2(1+\theta_0) - \ldots - \frac{1}{2} u_n^2(1+\theta_n);$$

wenn die beiden Reihen Σu_n und Σu_n^2 konvergent sind, so strebt die rechte Seite mit unbegrenzt wachsendem n gegen einen endlichen Grenzwert, denn $u_n^2(1+\theta_n)$ ist zwischen $\frac{u_n^2}{2}$ und $\frac{3}{2} u_n^2$ enthalten. Das Produkt P_n strebt also gegen einen von Null verschiedenen Grenzwert. Wenn hingegen die Reihe Σu_n^2 divergent ist, so wächst die rechte Seite der Formel (45) dem absoluten Werte nach über alle Grenzen, indem sie negativ bleibt, und infolgedessen strebt P_n gegen Null.

Dieselbe Gleichheit (45) beweist, daß das unendliche Produkt divergent oder Null ist, wenn die Reihe Σu_n divergent und die Reihe Σu_n^2 konvergent ist. Es ist aber zu bemerken, daß das unendliche Produkt konvergent sein kann, wenn die beiden Reihen Σu_n und Σu_n^2 divergent sind. Setzen wir z. B. $u_0 = u_1 = u_2 = 0$ und für $n > 1$

$$u_{2n-1} = -\frac{1}{\sqrt{n}}, \quad u_{2n} = \frac{1}{\sqrt{n}} + \frac{1}{n} + \frac{1}{n\sqrt{n}};$$

die Reihe Σu_n ist divergent, denn die Summe S_{2n} ist größer als

$$\frac{1}{2} + \frac{1}{3} + \cdots + \frac{1}{n};$$

das gleiche gilt aus dem nämlichen Grunde für Σu_n^2. Dennoch ist das unendliche Produkt

$$\left(1 - \frac{1}{\sqrt{2}}\right)\left(1 + \frac{1}{\sqrt{2}} + \frac{1}{2} + \frac{1}{2\sqrt{2}}\right) \cdots \left(1 - \frac{1}{\sqrt{n}}\right)\left(1 + \frac{1}{\sqrt{n}} + \frac{1}{n} + \frac{1}{n\sqrt{n}}\right) \cdots$$

konvergent, denn das Produkt von $2n - 2$ Faktoren ist gleich

$$\left(1 - \frac{1}{4}\right)\left(1 - \frac{1}{9}\right) \cdots \left(1 - \frac{1}{n^2}\right),$$

während das Produkt von $2n - 1$ Faktoren gleich dem vorstehenden Produkte, multipliziert mit dem Faktor $1 - \frac{1}{\sqrt{1+n}}$ ist, der die Einheit zum Grenzwert hat.[1]

Beispiele. 1. Die Reihe

$$-\frac{1}{2} + \frac{1}{2} - \frac{1}{4} + \frac{1}{4} - \ldots - \frac{1}{2n} + \frac{1}{2n} + \ldots$$

ist ebenso wie die Reihe, die man durch Quadrieren ihrer Glieder erhält, konvergent. Das entsprechende unendliche Produkt

$$\frac{1}{2} \cdot \frac{3}{2} \cdot \frac{3}{4} \cdot \frac{5}{4} \cdots \frac{2n-1}{2n} \cdot \frac{2n+1}{2n} \cdots$$

[1] Siehe Cauchy, Oeuvres complètes, 2e série, t. III., note IX; Pringsheim, Mathematische Annalen, Bd. XXII, XXIII, XLII.

ist also konvergent; man weiß nach der Formel von Wallis, daß es gleich $\frac{2}{\pi}$ ist. Um es in ein unbedingt konvergentes Produkt zu verwandeln, genügt es, zwei aufeinander folgende Faktoren zu vereinigen; dies gibt

$$\frac{2}{\pi} = \prod_{n=1}^{+\infty} \left(1 - \frac{1}{4n^2}\right).$$

2. Es sei $u_0 + u_1 + \ldots + u_n + \ldots$ eine Reihe mit reellen Gliedern, in der das Verhältnis zweier aufeinander folgender Glieder eine rationale Funktion von n ist, die mit unbegrenzt wachsendem n gegen die Einheit strebt

$$\frac{u_{n+1}}{u_n} = \frac{n^p + a_1 n^{p-1} + \ldots}{n^p + b_1 n^{p-1} + \ldots}.$$

Lassen wir den Fall, wo eines der Glieder dieser Reihe Null oder unendlich ist, bei Seite, so können wir schreiben

$$u_{n+1} = u_1 \prod_{\nu=1}^{n} \left[1 + \frac{a_1 - b_1}{\nu} + \frac{\varphi(\nu)}{\nu^2}\right],$$

wo $\varphi(\nu)$ eine rationale Funktion von ν ist, die ihrem absoluten Betrag nach kleiner als eine feste Zahl bleibt. Ist $a_1 - b_1 > 0$, so werden schließlich alle Glieder der Reihe

$$\sum \left[\frac{a_1 - b_1}{\nu} + \frac{\varphi \nu}{\nu^2}\right] \tag{46}$$

positiv sein und diese Reihe ist divergent; das allgemeine Glied u_{n+1} der ersten Reihe wächst also dem absoluten Betrage nach über alle Grenzen. Ist $a_1 - b_1 = 0$, so ist die Reihe (46) unbedingt konvergent und u_{n+1} strebt gegen einen endlichen, von Null verschiedenen Grenzwert. Ist endlich $a_1 - b_1 < 0$, so werden schließlich alle Glieder der Reihe (46) negativ sein und diese Reihe ist divergent; u_{n+1} strebt also mit unendlich wachsendem n gegen Null. Diese Resultate verdankt man Gauss (man vgl. Nr. 163).

178. **Determinanten von unendlicher Ordnung.** Es sei Σa_{ik} eine absolut konvergente Reihe, in der jeder der Indices i, k von $-\infty$ bis $+\infty$ läuft. Betrachten wir die folgende Determinante

$$D_m = \begin{vmatrix} 1 + a_{-m,-m} & \cdots & \cdots & \cdots & a_{-m,m} \\ a_{-m+1,-m} & \cdots & \cdots & \cdots & a_{-m+1,m} \\ \cdots & \cdots & \cdots & \cdots & \cdots \\ a_{0,-m} & \cdots & 1 + a_{0,0} & \cdots & a_{0,m} \\ \cdots & \cdots & \cdots & \cdots & \cdots \\ a_{m,-m} & \cdots & \cdots & \cdots & 1 + a_{m,m} \end{vmatrix}$$

Das Produkt $\Pi_m = \Pi_{i,k}(1 + |a_{ik}|)$, wo die beiden Indizes i und k von $-m$ bis $+m$ variieren, ist größer als $|D_m|$, denn ein beliebiges Glied von D_m hat ein Glied aus Π_m zum Modul und dieses Produkt enthält außerdem noch andere Glieder, die alle positiv sind. Ebenso sieht man, daß ein beliebiges Glied der Differenz $D_{m+p} - D_m$ ein Glied der Differenz $\Pi_{m+p} - \Pi_m$ als Modul hat, welche noch andere, durchwegs positive Glieder enthält. Es ist also

$$|D_{m+p} - D_m| < \Pi_{m+p} - \Pi_m.$$

Da aber die Reihe $\Sigma\,|\,a_{ik}\,|$ konvergent ist, so strebt das Produkt Π_m mit unbegrenzt wachsendem m gegen einen Grenzwert; die Differenz $\Pi_{m+p} - \Pi_m$ und infolgedessen auch die Differenz $D_{m+p} = D_m$ strebt also gegen Null, wenn die beiden Zahlen m und $m + p$ unbegrenzt wachsen. Daraus folgt, daß die Determinante D_m gegen einen Grenzwert strebt (Nr. 5).

Übungen.

1. Damit ein unendliches Produkt konvergent sei, ohne Null zu sein, ist notwendig und hinreichend, daß man jeder positiven Zahl ε eine ganze Zahl n zuordnen kann, so daß für jede Zahl p

$$|(1 + u_{n+1})(1 + u_{n+2}) \ldots (1 + u_{n+p}) - 1\,| < \varepsilon$$

sei.

2. Die Reihe mit positiven Gliedern $u_0 + u_1 + \ldots + u_n + \ldots$ ist gleichzeitig mit der Reihe $\frac{u_0}{s_0} + \frac{u_1}{s_1} + \ldots + \frac{u_n}{s_n} + \ldots$ konvergent oder divergent.

Anleitung. Man kann $\frac{s_0}{s_n} = \prod_{i=1}^{n}\left(1 - \frac{u_i}{s_i}\right)$ setzen und den Satz der Nr. 177 anwenden.

3. Multiplikation der Reihen. Das Theorem von Cauchy zu beweisen, indem man auf zwei Arten die Doppelreihe $\sum_m \sum_n u_m v_n$ auswertet, wobei die beiden Reihen Σu_m, Σv_n als absolut konvergent vorausgesetzt werden.

4. Indem man auf zwei verschiedene Arten die Summe der Glieder einer nach zwei Richtungen unbegrenzten Tafel auswertet, die Formeln aufzustellen:

$$\frac{q}{1-q} + \frac{q^3}{1-q^3} + \frac{q^5}{1-q^5} + \ldots = \frac{q}{1-q^2} + \frac{q^2}{1-q^4} + \frac{q^3}{1-q^6} + \ldots + \frac{q^n}{1-q^{2n}} + \ldots,$$

$$\frac{1}{1+q} + \frac{q}{1+q^3} + \frac{q^2}{1+q^5} + \ldots = \frac{1}{1-q} - \frac{q}{1-q^3} + \frac{q^2}{1-q^5} - \ldots,$$

$$\frac{q}{1-q} + \frac{2q^2}{1-q^2} + \frac{3q^3}{1-q^3} + \ldots = \frac{q}{(1-q)^2} + \frac{q^2}{(1-q^2)^2} + \frac{q^3}{(1-q^3)^2} + \ldots,$$

$$\frac{q}{1-q^2} + \frac{3q^3}{1-q^6} + \frac{5q^5}{1-q^{10}} + \ldots = \frac{q(1+q^2)}{(1-q^2)^2} + \frac{q^3(1+q^6)}{(1-q^6)^2} + \frac{q^5(1+q^{10})}{(1-q^{10})^2} + \ldots,$$

$$\frac{\sqrt{q}}{1+q} - \frac{\sqrt{q^3}}{3(1+q)^3} + \frac{\sqrt{q^5}}{5(1+q^5)} - \ldots = \operatorname{arc\,tan}\sqrt{q} - \operatorname{arc\,tan}\sqrt{q^3} + \operatorname{arc\,tan}\sqrt{q^5} - \ldots,$$

wobei $|\,q\,|$ überall kleiner als Eins vorausgesetzt wird.

*5. Es sei q eine positive Zahl kleiner als Eins. Wir setzen

$$Q_1 = \prod_{n=1}^{+\infty}(1 + q^{2n}), \quad Q_2 = \prod_{n=1}^{+\infty}(1 + q^{2n-1}), \quad Q_3 = \prod_{n=1}^{+\infty}(1 - q^{2n-1});$$

es ist die Formel

$$Q_1\,Q_2\,Q_3 = 1$$

zu beweisen.

Neuntes Kapitel.

Ganze Reihen. – Trigonometrische Reihen.

I. Taylorsche Reihe. — Allgemeines.

179. **Taylorsche Reihe.** Wenn die Folge der Derivierten einer Funktion $f(x)$ in einem Intervalle $(a, a + h)$ unbegrenzt ist, so kann man die Zahl n, die in der Formel (7) (S. 34) vorkommt, so groß wie man will voraussetzen; wenn der Rest R_n mit unbegrenzt wachsendem n gegen Null strebt, so wird man darauf geführt,

$$(1)\quad f(a+h) = f(a) + \frac{h}{1} f'(a) + \frac{h^2}{1\cdot 2} f''(a) + \cdots + \frac{h^n}{1\cdot 2 \ldots n} f^{(n)}(a) + \cdots$$

zu schreiben; diese Formel sagt aus, daß die Reihe

$$f(a) + \frac{h}{1} f'(a) + \cdots + \frac{h^n}{1\cdot 2 \ldots n} f^{(n)}(a) + \cdots$$

konvergent ist und $f(a+h)$ zur Summe hat. Diese Formel (1) ist die eigentliche TAYLORsche Formel; sie ist aber nur dann gültig, wenn man bewiesen hat, daß der Rest R_n für unbegrenzt wachsendes n gegen Null konvergiert, während die allgemeine Formel (7) nur die Existenz der Derivierten bis zur $\overline{n+1}^{\text{ten}}$ voraussetzt. Die Formel (1) läßt sich auch noch, indem man a durch x ersetzt, schreiben:

$$f(x+h) = f(x) + \frac{h}{1} f'(x) + \cdots + \frac{h^n}{1\cdot 2 \ldots n} f^{(n)}(x) + \cdots;$$

setzt man hingegen $a = 0$ und ersetzt h durch x, so erhält man

$$(2)\qquad f(x) = f(0) + \frac{x}{1} f'(0) + \cdots + \frac{x^n}{1\cdot 2 \ldots n} f^{(n)}(0) + \cdots$$

Diese Formel (2) heißt auch mitunter die MACLAURINsche Formel; man muß jedoch bemerken, daß diese verschiedenen Formeln im Grunde äquivalent sind. Während die Formel (2) die Entwicklung einer Funktion von x nach den Potenzen von x gibt, gibt die Formel (1) die Fntwicklung einer Funktion von h nach den Potenzeu von h: es genügt eine einfache Änderung der Bezeichnung, um von einer zur anderen überzugehen.

Es gibt einen ziemlich umfassenden Fall, wo man behaupten kann, daß das Ergänzungsglied R_n gegen Null strebt, wenn n unbegrenzt wächst; nämlich dann, wenn der absolute Wert einer Derivierten beliebiger Ordnung kleiner als eine feste Zahl M bleibt, während x im Intervalle $(a, a + h)$ variiert. Man erhält in der Tat

$$|R_n| < M \frac{|h|^{n+1}}{1 \cdot 2 \ldots (n+1)}$$

und die rechte Seite ist das allgemeine Glied einer konvergenten Reihe. Dies findet bei den Funktionen e^x, $\sin x$, $\cos x$ statt; alle Derivierten von e^x sind gleich e^x und lassen demnach in dem betrachteten Intervalle dasselbe Maximum zu. Was die Derivierten von $\sin x$ und $\cos x$ anlangt, so übersteigt ihr absoluter Betrag niemals die Einheit. Die Formel (1) ist also auf diese drei Funktionen anwendbar, welches auch die Werte von a und h seien. Beschränken wir uns auf die Formel (2); wenn $f(x) = e^x$ ist, so sind die Funktion und alle ihre Derivierten für $x = 0$ gleich Eins und wir erhalten infolgedessen die Entwicklung

$$e^x = 1 + \frac{x}{1} + \frac{x^2}{1 \cdot 2} + \cdots + \frac{x^n}{1 \cdot 2 \ldots n} + \cdots, \tag{3}$$

die sich auf alle positiven und negativen Werte von x anwenden läßt. Bedeutet a eine beliebige positive Zahl, so ist $a^x = e^{x \log a}$ und infolgedessen

$$a^x = 1 + \frac{x \log a}{1} + \frac{(x \log a)^2}{1 \cdot 2} + \cdots + \frac{(x \log a)^n}{1 \cdot 2 \ldots n} + \cdots. \tag{4}$$

Nehmen wir noch $f(x) = \sin x$; die höheren Derivierten bilden eine periodische Folge von vier Gliedern $\cos x$, $-\sin x$, $-\cos x$, $\sin x$ und die Werte dieser Derivierten für $x = 0$ bilden gleichfalls eine periodische Folge 1, 0, -1, 0. Man erhält also für jeden positiven oder negativen Wert von x

$$\sin x = \frac{x}{1} - \frac{x^3}{1 \cdot 2 \cdot 3} + \frac{x^5}{1 \cdot 2 \cdot 3 \cdot 4 \cdot 5} - \cdots + (-1)^n \frac{x^{2n+1}}{1 \cdot 2 \ldots (2n+1)} + \cdots \tag{5}$$

und ebenso findet man

$$\cos x = 1 - \frac{x^2}{1 \cdot 2} + \frac{x^4}{1 \cdot 2 \cdot 3 \cdot 4} - \cdots + (-1)^n \frac{x^{2n}}{1 \cdot 2 \cdot 3 \ldots 2n} + \cdots. \tag{6}$$

Kehren wir zu dem allgemeinen Falle zurück. Die Diskussion des Restes R_n ist selten so einfach wie in den vorangehenden Beispielen; man kann sie aber durch die Bemerkung erleichtern, daß die Reihe

$$f(a) + \frac{h}{1} f'(a) + \cdots + \frac{h^n}{1 \cdot 2 \ldots n} f^{(n)}(a) + \cdots$$

konvergent ist, wenn der Rest R_n gegen Null strebt. Im allgemeinen ist es vorteilhafter, vor der Untersuchung des Restgliedes R_n sich der Konvergenz der Reihe zu versichern; wenn die Reihe für gegebene Werte von a und h divergent ist, so ist es unnötig, die Untersuchung weiter zu führen: man kann dann von vornherein behaupten, daß R_n mit unbegrenzt wachsendem n nicht gegen Null strebt.

Die Umkehrung ist nicht richtig. Die Reihe

$$f(0) + \frac{x}{1} f'(0) + \frac{x^2}{1\cdot 2} f''(0) + \ldots + \frac{x^n}{1\cdot 2\ldots n} f^{(n)}(0) + \ldots$$

kann sehr gut konvergent sein, ohne die Funktion $f(x)$ darzustellen, aus der sie entstanden ist; das folgende Beispiel verdankt man CAUCHY. Es sei $f(x) = e^{-\frac{1}{x^2}}$; es ist $f'(x) = \frac{2}{x^3} e^{-\frac{1}{x^2}}$ und allgemein ist die n^{te} Derivierte von der Form

$$f^{(n)}(x) = \frac{P}{x^m} e^{-\frac{1}{x^2}},$$

wo P ein Polynom bezeichnet. Alle diese Derivierten sind für $x = 0$ null, denn der Quotient von $e^{-\frac{1}{x^2}}$ durch eine beliebige positive Potenz von x strebt mit x gegen Null; man kann ihn, indem man $x = \frac{1}{z}$ setzt, in der Form

$$\frac{1}{x^m} e^{-\frac{1}{x^2}} = \frac{z^m}{e^{z^2}}$$

schreiben und man weiß, daß $\frac{e^{z^2}}{z^m}$ mit z unbegrenzt wächst, wie groß auch m sei. Es sei andererseits $\varphi(x)$ eine Funktion, auf die sich die Formel (2) anwenden läßt

$$\varphi(x) = \varphi(0) + \frac{x}{1} \varphi'(0) + \ldots + \frac{x^n}{1\cdot 2\ldots n} \varphi^{(n)}(0) + \ldots.$$

Setzen wir $F(x) = \varphi(x) + e^{-\frac{1}{x^2}}$, so ist

$$F(0) = \varphi(0), \quad F'(0) = \varphi'(0), \ldots, \quad F^{(n)}(0) = \varphi^{(n)}(0), \ldots,$$

so daß die Entwicklung von $F(x)$ nach der Formel von MACLAURIN mit der vorhergehenden identisch wäre. Die Summe der Reihe, die man so erhält, stellt also eine Funktion dar, welche ganz verschieden ist von derjenigen, aus welcher diese Reihe entstanden ist.

Allgemein: wenn zwei Funktionen $f(x)$ und $\varphi(x)$ ebenso wie alle ihre Derivierten für $x = 0$ gleich sind, ohne identisch gleich zu sein, so ist klar, daß sie nicht beide in eine Reihe nach der MACLAURINschen Formel entwickelbar sind, da die Koeffizienten der Entwicklung für die beiden Funktionen dieselben wären.

180. **Binomialformel.** Nehmen wir als letztes Beispiel die Funktion $(1+x)^m$, die ebenso wie ihre Derivierten stetig ist, wenn $1+x$ positiv ist. Die entsprechende Reihe (2)

$$1+\frac{m}{1}x+\frac{m(m-1)}{1\cdot 2}x^2+\ldots+\frac{m(m-1)\ldots(m-n+1)}{1\cdot 2\ldots n}x^n+\ldots$$

ist divergent, wenn $|x|>1$ ist, wofern nicht m eine ganze positive Zahl oder Null ist. Um zu beweisen, daß der Rest gegen Null strebt, wenn x zwischen -1 und $+1$ enthalten ist, schreiben wir diesen Rest in der Form eines bestimmten Integrals (Nr. 87)

$$R_n=\frac{1}{n!}\int_0^x F^{(n+1)}(z)(x-z)^n\,dz$$

$$=\frac{m(m-1)\ldots(m-n)}{n!}\int(1+z)^{m-1}\left(\frac{x-z}{1+z}\right)^n dz\,.$$

Wenn z von 0 bis x variiert, so bleibt $(1+z)^{m-1}$ kleiner als ein von n unabhängiges Maximum. Der Quotient $\frac{x-z}{1+z}$ bleibt dem absoluten Betrage nach kleiner als x, denn wenn man $z=\theta x$ setzt, erhält man

$$\frac{x-z}{1+z}=x\left(\frac{1-\theta}{1+\theta x}\right)$$

und der Koeffizient von x ist kleiner als eins, wenn θ von 0 bis 1 wächst. Daraus folgt, daß der absolute Betrag von R_n kleiner als das allgemeine Glied einer konvergenten Reihe ist.

Für jeden zwischen -1 und $+1$ enthaltenen Wert von x ist demnach

$$(7)\qquad (1+x)^m=1+\frac{m}{1}x+\frac{m(m-1)\ldots(m-n+1)}{1\cdot 2\ldots n}x^n+\ldots.$$

Dieselbe Methode führt auch zu der Entwicklung

$$(8)\qquad \log(1+x)=\frac{x}{1}-\frac{x^2}{2}+\frac{x^3}{3}-\frac{x^4}{4}+\ldots,$$

die für $-1<x\leqq 1$ gilt.

Außer den beiden Beispielen, die wir eben behandelt haben, und einigen anderen bietet die Diskussion des Restes infolge der wachsenden Kompliziertheit der höheren Derivierten große Schwierigkeiten. Es könnte also nach diesem ersten Überblick scheinen, daß die Anwendungen der TAYLORschen Formel auf die Entwicklung einer Funktion in eine Reihe sehr beschränkt sein müßten. Eine derartige Meinung wäre jedoch vollkommen unrichtig, vielmehr spielen gerade diese Entwicklungen in der modernen Analysis eine fundamentale Rolle. Um aber ihre Wichtigkeit würdigen zu können, muß man sich auf einen anderen Standpunkt stellen und die Eigenschaften der ganzen Reihen an ihnen selbst studieren, ohne sich weiter um ihren Ursprung zu kümmern.

II. Ganze Reihen mit einer Variablen.

Die TAYLORsche Formel führt naturgemäß zu den ganzen Reihen mit einer oder mehreren Variablen, die wir nun direkt studieren wollen. Wenn wir uns auch nur mit reellen Variablen beschäftigen werden, so lassen sich die Überlegungen doch ohne weiteres auf imaginäre Variablen ausdehnen, indem man überall die Worte absoluter Betrag durch Modul ersetzt.

181. **Konvergenzbereich.** Betrachten wir zunächst eine Reihe

$$A_0 + A_1 X + A_2 X^2 + \dots + A_n X^n + \dots, \tag{9}$$

in der alle Koeffizienten $A_0, A_1, A_2, \dots$ positiv sind und wo man der unabhängigen Variablen X nur positive Werte erteilt. Wir können die positiven Zahlen in zwei Klassen einteilen: wir werden sagen, daß eine positive Zahl X der Klasse (α) angehört, wenn die Reihe (9) konvergent ist, und daß sie zur Klasse (β) gehört, wenn diese Reihe divergent ist. Nehmen wir zunächst an, daß es positive Zahlen beider Klassen gebe. Da ein beliebiges Glied der Reihe (9), dessen Koeffizient nicht Null ist, mit X wächst, so ist klar, daß eine beliebige Zahl der Klasse (α) kleiner als eine beliebige Zahl der Klasse (β) ist. Es gibt also eine Zahl $R > 0$ (Nr. 2), so daß jede Zahl X größer als R die Reihe (9) divergent macht, während jede positive Zahl X kleiner als R die Reihe konvergent macht. Diese Zahl R selbst kann, an die Stelle von X gesetzt, eine konvergente oder divergente Reihe geben.

Es kann geschehen, daß eine der beiden Klassen (α) oder (β) verschwindet: gibt es keine Zahl der Klasse (β), so ist die Reihe (9) für jeden Wert von X konvergent und man sagt, daß R unendlich ist. Dies ist der Fall für die Reihe

$$1 + \frac{X}{1} + \frac{X^2}{1 \cdot 2} + \dots + \frac{X^n}{1 \cdot 2 \dots n} + \dots.$$

Gibt es aber keine positive Zahl der Klasse (α), so ist die Reihe (9) außer für $X = 0$ divergent und man setzt $R = 0$. So z. B. bei der Reihe

$$1 + X + 1 \cdot 2 X^2 + \dots + 1 \cdot 2 \dots n X^n + \dots.$$

Betrachten wir nunmehr eine ganze Reihe

(10) $$a_0 + a_1 x + a_2 x^2 + \ldots + a_n x^n + \ldots,$$

in der die Koeffizienten a_i und die Variable x beliebige Zeichen haben können. Wir werden von nun ab $|a_i| = A_i$ und $|x| = X$ setzen, so daß die Reihe (9) von den absoluten Werten der Glieder der Reihe (10) gebildet wird. Es sei R die Zahl, die eben für die Reihe (9) definiert wurde; es ist klar, daß die Reihe (10) für jeden Wert von x zwischen $-R$ und $+R$ nach der Definition der Zahl R unbedingt konvergent ist. Es bleibt noch zu zeigen, daß die Reihe (10) divergent ist, wenn der absolute Betrag von x größer als R ist. Dies folgt aus dem fundamentalen Satze von Abel[1]: Wenn die Reihe (10) für einen besonderen Wert x_0 von x konvergent ist, so ist sie für jeden Wert von x, dessen absoluter Betrag kleiner als $|x_0|$ ist, unbedingt konvergent.

Da die Reihe (10) für $x = x_0$ als konvergent vorausgesetzt wird, sei M eine positive Zahl, die größer als der absolute Betrag jedes beliebigen Gliedes dieser Reihe ist, derart, daß für jede Zahl n

$$A_n |x_0|^n < M$$

ist. Wir können schreiben:

$$A_n X^n = A_n |x_0|^n \left(\frac{X}{|x_0|}\right) < M \left(\frac{X}{|x_0|}\right)^n;$$

die Reihe (9) ist also konvergent, wenn man $X < |x_0|$ voraussetzt, womit der ausgesprochene Satz bewiesen ist.

Wenn also die Reihe (10) für $x = x_0$ konvergent ist, so sieht man hiernach, daß die Reihe der absoluten Beträge konvergent sein wird, vorausgesetzt, daß $X < |x_0|$ ist. Es kann also nicht $|x_0| > R$ sein, denn sonst wäre die Zahl R nicht die obere Grenze der Werte von X, welche die Reihe (9) konvergent machen.

Zusammenfassend können wir sagen: wenn eine ganze Reihe (10) gegeben ist, in der die Koeffizienten beliebige Zeichen haben, so gibt es eine positive Zahl R, welche die folgende Eigenschaft besitzt: die Reihe (10) ist für jeden Wert von x zwischen $-R$ und $+R$ unbedingt konvergent und für jeden Wert von x, der dem absoluten Betrage nach größer als R ist, divergent. Das Intervall $(-R, +R)$ heißt der Konvergenzbereich; dieser Bereich erstreckt sich von $-\infty$ bis $+\infty$ in dem Grenzfall, wo R unendlich ist. Er reduziert sich auf den Ursprung, wenn $R = 0$ ist; wir werden diesen besonderen Fall in der Folge außer acht lassen.

[1] Untersuchungen über die Reihe $1 + \frac{m}{1} x + \ldots$ Vgl. Ostwalds Klassiker Nr. 71.

Der Beweis sagt uns nichts darüber, was für die Grenzwerte $x = R$, $x = -R$ gilt. Die Reihe (10) kann unbedingt konvergent, bedingt konvergent oder divergent sein.

Betrachten wir z. B. die drei Reihen

$$1 + \sum_{\nu=1}^{+\infty} x^\nu, \quad 1 + \sum_{\nu=1}^{+\infty} \frac{x^\nu}{\nu}, \quad 1 + \sum_{\nu=1}^{+\infty} \frac{x^\nu}{\nu^2};$$

für diese drei Reihen ist $R = 1$, denn das Verhältnis eines Gliedes zum vorhergehenden hat x zum Grenzwert. Die erste Reihe ist für $x = \pm 1$ divergent, die zweite ist für $x = 1$ divergent und für $x = -1$ konvergent; die dritte ist für $x = \pm 1$ unbedingt konvergent.

Bemerkung. Der Abelsche Satz kann verallgemeinert werden. Es genügt in der Tat für die Beweisführung vorauszusetzen, daß der absolute Betrag eines beliebigen Gliedes der Reihe

$$a_0 + a_1 x_0 + \ldots + a_n x_0^n + \ldots$$

kleiner als eine feste Zahl bleibt. Wenn dies zutrifft, so ist die Reihe (10) für jeden Wert der Variablen, dessen absoluter Betrag kleiner als $|x_0|$ ist, unbedingt konvergent.

Die Zahl R ist durch eine sehr einfache Beziehung an die früher definierte Zahl w gebunden (Nr. 160), welche der größte Grenzwert der Glieder der Folge

$$A_1, \quad \sqrt[2]{A_2}, \quad \sqrt[3]{A_3}, \ldots, \quad \sqrt[n]{A_n}, \ldots$$

ist. Betrachtet man nämlich die analoge Folge

$$A_1 X, \quad \sqrt[2]{A_2 X^2}, \ldots, \quad \sqrt[n]{A_n X^n},$$

so ist klar, daß der größte Grenzwert der Glieder dieser Folge $w X$ ist. Die Reihe (9) ist also konvergent, wenn $X < \frac{1}{w}$ ist, und divergent, wenn $X > \frac{1}{w}$ ist; infolgedessen ist $R = \frac{1}{w}$.[1]

182. **Stetigkeit einer ganzen Reihe.** Bezeichnen wir mit $f(x)$ die Summe einer im Intervalle $-R$ bis $+R$ konvergenten Reihe

$$f(x) = a_0 + a_1 x + \ldots + a_n x^n + \ldots \tag{11}$$

und es sei R' eine positive Zahl kleiner als R. Wir wollen zunächst zeigen, daß die Reihe (11) im Intervalle $-R'$ bis $+R'$ gleichmäßig konvergent ist. In der Tat ist für einen Wert von x, dessen absoluter Betrag R' nicht übertrifft, der absolute Betrag eines beliebigen Glie-

[1] Dieses Theorem wurde von Cauchy in seinem Cours d'Analyse bewiesen und von Hadamard wieder gefunden.

des $a_n x^n$ höchstens gleich dem entsprechenden Gliede der konvergenten Reihe

$$A_0 + A_1 R' + \ldots . + A_n R'^n + \ldots .$$

Daraus folgt, daß die Summe $f(x)$ der Reihe eine stetige Funktion von x für jeden Wert der Variablen ist, der zwischen $-R$ und $+R$ enthalten ist. Denn wenn eine Zahl x_0 gegeben ist, die dem absoluten Betrag nach kleiner als R ist, so ist klar, daß man eine andere positive Zahl R' finden kann, die kleiner als R und größer als $|x_0|$ ist. Nach dem, was wir eben gesehen haben, ist die Reihe im Intervalle $-R'$ bis $+R'$ gleichmäßig konvergent; die Sumue $f(x)$ ist also für jeden Wert x_0 der diesem Intervall angehört, stetig.

Der Beweis erstreckt sich nicht mehr auf die Grenzwerte $+R$ und $-R$ des Konvergenzbereiches. Die Stetigkeit besteht dennoch vorausgesetzt, daß die Reihe konvergent ist. ABEL hat nämlich bewiesen, daß für den Fall, daß die Reihe (11) für $x = R$ konvergent ist, die Summe dieser Reihe der Grenzwert ist, gegen den die Summe der Reihe $f(x)$ strebt, wenn x gegen R konvergiert, indem es kleiner als R bleibt.

Bezeichnen wir mit S die Summe der konvergenten Reihe

$$S = a_0 + a_1 R + a_2 R^2 + \ldots + a_n R^n + \ldots$$

und es sei n eine solche ganze Zahl, daß der absolute Betrag einer beliebigen der Summen

$$a_{n+1} R^{n+1}, \quad a_{n+1} R^{n+1} + a_{n+2} R^{n+2}, \ldots$$
$$a_{n+1} R^{n+1} + \ldots + a_{n+p} R^{n+p}, \ldots$$

kleiner als eine gegebene positive Zahl ε sei. Setzen wir $x = R\theta$ und lassen wir θ von 0 bis 1 wachsen, so wird x von 0 bis R wachsen und man erhält

$$f(x) = f(\theta R) = a_0 + a_1 \theta R + a_2 \theta^2 R^2 + \ldots + a_n \theta^n R^n + \ldots;$$

wenn die Zahl n auf die eben genannte Art gewählt wurde, so können wir schreiben

$$(12) \quad \begin{aligned} S - f(x) = {} & a_1 R(1-\theta) + a_2 R^2(1-\theta^2) + \ldots + a_n R^n(1-\theta^n) \\ & + a_{n+1} R^{n+1} + \ldots + a_{n+p} R^{n+p} + \ldots \\ & - a_{n+1} \theta^{n+1} R^{n+1} - \ldots - a_{n+p} \theta^{n+p} R^{n+p} - \ldots \end{aligned}$$

Nach der Art, wie die Zahl n gewählt wurde, ist die Summe der Reihe in der zweiten Zeile dem absoluten Betrag nach kleiner als ε. Andererseits bilden die Zahlen $\theta^{n+1}, \theta^{n+2}, \ldots \theta^{n+p}, \ldots$ eine abnehmende Reihe; man erhält also, nach dem bereits angewandten Lemma von ABEL (Nr. 76, 106)

$$|a_{n+1}\theta^{n+1}R^{n+1}+\ldots+a_{n+p}\theta^{n+p}R^{n+p}|<\theta^{n+1}\varepsilon<\varepsilon$$

und infolgedessen ist die Summe der Reihe in der dritten Zeile dem absoluten Betrag nach gleichfalls kleiner als ε. Betrachten wir nunmehr die erste Zeile der Formel (12); dies ist ein Polynom vom Grade n in θ, das für $\theta = 1$ null ist. Man kann also eine positive Zahl η finden, so daß der absolute Betrag dieses Polynoms kleiner als ε ist, wofern θ zwischen $1-\eta$ und der Einheit enthalten ist. Für alle diese Werte von θ ist infolgedessen

$$|S-f(x)|<3\varepsilon;$$

nun ist aber ε eine willkürliche positive Zahl: $f(x)$ hat also S zur Grenze, wenn x gegen R konvergiert.

Man zeigt ebenso, daß die Summe der Reihe (11), wenn die Reihe für $x=-R$ konvergent ist, daselbst der Grenzwert ist, gegen den die Summe $f(x)$ konvergiert, wenn x gegen $-R$ strebt. Es genügt übrigens, x in $-x$ zu verwandeln, um auf den früheren Fall zurückzukommen.

Anwendung. Dieser Satz gestattet, das früher (Nr. 168) aufgestellte Theorem über die Multiplikation zweier Reihen zu ergänzen.

Es seien

$$S = u_0 + u_1 + u_2 + \ldots + u_n + \ldots$$
$$S' = v_0 + v_1 + v_2 + \ldots + v_n + \ldots$$

zwei konvergente Reihen, von denen keine unbedingt konvergent ist; dann kann die durch die Multiplikationsregel gebildete Reihe

$$u_0 v_0 + (u_0 v_1 + u_1 v_0) + \ldots + (u_0 v_n + \ldots + u_n v_0) + \ldots$$

konvergent oder divergent sein; wenn sie aber konvergent ist, so ist ihre Summe Σ gleich dem Produkte der Summen der beiden ersten Reihen $\Sigma = SS'$. Denn betrachten wir die drei ganzen Reihen

$$f(x) = u_0 + u_1 x + \ldots + u_n x^n + \ldots,$$
$$\varphi(x) = v_0 + v_1 x + \ldots + v_n x^n + \ldots,$$
$$\psi(x) = u_0 v_0 + (u_0 v_1 + u_1 v_0)x + \ldots + (u_0 v_n + \ldots + u_n v_0)x^n + \ldots;$$

diese Reihen sind der Voraussetzung nach für $x=1$ konvergent und infolgedessen sind sie unbedingt konvergent, solange x zwischen -1 und $+1$ enthalten ist. Für diese Werte von x ist das CAUCHYsche Theorem über die Multiplikation der Reihen anwendbar und gibt uns die Relation

$$f(x)\,\varphi(x) = \psi(x); \tag{13}$$

strebt nun x gegen die Einheit, so haben $f(x)$, $\varphi(x)$, $\psi(x)$ nach dem ABELschen Theorem resp. S, S', Σ zu Grenzwerten. Die beiden Seiten der Formel (13) bleiben einander beständig gleich und es ist also an der Grenze $\Sigma = SS'$.

Das Theorem gilt ebenso für die Reihen mit imaginären Gliedern und läßt sich auf die gleiche Art beweisen.

183. Höhere Derivierte einer ganzen Reihe. Differenziert man eine ganze Reihe

$$f(x) = a_0 + a_1 x + a_2 x^2 + \dots + a_n x^n + \dots,$$

die in dem Intervalle $(-R, +R)$ konvergent ist, gliedweise, so erhält man eine neue ganze Reihe

$$(14) \qquad a_1 + 2a_2 x + \dots + n a_n x^{n-1} + \dots,$$

die in demselben Intervalle konvergent ist. Um dies zu beweisen braucht man nur zu zeigen, daß die Reihe der absoluten Beträge

$$A_1 + 2A_2 X + \dots n A_n X^{n-1} + \dots$$

konvergent ist, wenn $X < R$, und divergent, wenn $X > R$ ist.

Um den ersten Teil zu beweisen, nehmen wir $X < R$ an und, es sei R' eine zwischen X und R enthaltene Zahl, $X < R' < R$. Die Hilfsreihe

$$\frac{1}{R'} + \frac{2}{R'}\frac{X}{R'} + \frac{3}{R'}\left(\frac{X}{R'}\right)^2 + \dots + \frac{n}{R'}\left(\frac{X}{R'}\right)^{n-1} + \dots$$

ist konvergent, denn das Verhältnis eines Gliedes zum vorhergehenden hat eine Zahl $\frac{X}{R'}$ zur Grenze, die kleiner als eins ist. Multipliziert man die Glieder dieser Reihe resp. mit den Faktoren

$$A_1 R', A_2 R'^2, \dots, A_n R'^n, \dots$$

die wegen $R' < R$ alle kleiner als eine feste Zahl sind, so ist evident, daß die erhaltene neue Reihe

$$A_1 + 2A_2 X + \dots + n A_n X^{n-1} + \dots$$

auch noch konvergent ist.

Der zweite Teil wird ebenso bewiesen. Wenn die Reihe

$$A_1 + 2A_2 X_1 + \dots + n A_n X_1^{n-1} + \dots,$$

wo $X_1 > R$ ist, konvergent wäre, so wäre es auch die Reihe

$$A_1 X_1 + 2A_2 X_1^2 + \dots + n A_n X_1^n + \dots$$

und infolgedessen auch die Reihe $\sum_1^{+\infty} A_n X_1^n$, deren Glieder kleiner als die der vorangehenden sind. Die Zahl R wäre also nicht die obere Grenze der Werte von X, welche die Reihe (9) konvergent machen.

Die Summe $f_1(x)$ der ganzen Reihe (14) ist eine im selben Intervall stetige Funktion der Veriablen. Da (14) im ganzen Intervalle $(-R', +R')$, wo $R' < R$ ist, gleichmäßig konvergent ist, so stellt sie die Derivierte von $f(x)$ in diesem Intervalle dar (Nr. 31). Da die

Zahl R' so nahe an R genommen werden kann als man will, so schließt man daraus, daß die Funktion $f(x)$ für jeden zwischen $-R$ und $+R$ gelegenen Wert von x eine Derivierte zuläßt, welche durch die Reihe dargestellt wird, die man durch gliedweise Differentiation erhält,

$$f'(x) = a_1 + 2a_2 x + \ldots + n a_n x^{n-1} + \ldots \tag{15}$$

Schließt man in bezug auf diese Reihe so wie vorher in bezug auf die erste, so folgert man, daß $f(x)$ eine zweite Derivierte

$$f''(x) = 2a_2 + 2 \cdot 3 a_3 x + \ldots + n(n-1) a_n x^{n-2} + \ldots$$

zuläßt usf. Die Funktion $f(x)$ läßt im Intervall $(-R, +R)$ eine unbegrenzte Folge von Derivierten zu, die durch die Reihen dargestellt werden, welche man durch gliedweise Differentiation erhält,

$$f^{(n)}(x) = 1 \cdot 2 \ldots n a_n + 2 \cdot 3 \ldots n(n+1) a_{n+1} x + \ldots \tag{16}$$

man in diesen Formeln $x = 0$, so erhält man

$$a_0 = f(0), \quad a_1 = f'(0), \quad a_2 = \frac{f''(0)}{2}, \ldots$$

und allgemein

$$a_n = \frac{f^{(n)}(0)}{1 \cdot 2 \ldots n},$$

so daß die Entwicklung von $f(x)$ mit derjenigen identisch ist, welche die Maclaurinsche Formel liefern würde,

$$f(x) = f(0) + \frac{x}{1} f'(0) + \frac{x^2}{1 \cdot 2} f''(0) + \ldots + \frac{x^n}{1 \cdot 2 \ldots n} f^{(n)}(0) + \ldots$$

Da die Koeffizienten $a_0, a_1, \ldots a_n, \ldots$, von numerischen Faktoren abgesehen, gleich den Werten sind, welche die Funktion $f(x)$ und ihre sukzessiven Derivierten für $x = 0$ annehmen, so ist klar, daß die Entwicklung einer Funktion in eine ganze Reihe nur auf eine einzige Art möglich sein kann.

Integriert man eine ganze Reihe gliedweise, so erhält man ebenso eine neue ganze Reihe mit einem beliebigen konstanten Gliede, die in demselben Intervalle wie die erste konvergent ist und sie als Derivierte zuläßt. Integriert man neuerdings, so erhält man eine neue Reihe, deren beide ersten Glieder willkürlich sind usf.

Beispiele. 1. Für jeden zwischen -1 und $+1$ gelegenen Wert von x ist die geometrische Progression mit dem Quotienten $-x$

$$1 - x + x^2 - x^3 + \ldots + (-1)^n x^n + \ldots$$

konvergent und hat $\frac{1}{1+x}$ zur Summe. Integriert man gliedweise zwischen den Grenzen 0 und x, wo $|x| < 1$ ist, so findet man die Entwicklung von $\log(1+x)$ wieder (Nr. 179)

$$\log(1+x) = \frac{x}{1} - \frac{x^2}{2} + \frac{x^3}{3} - \dots + (-1)^n \frac{x^{n+1}}{n+1} + \dots$$

und die Formel ist auch noch für $x = 1$ richtig, da die Reihe rechts für $x = 1$ konvergent bleibt.

2. Für jeden Wert von x zwischen -1 und $+1$ ist auch

$$\frac{1}{1+x^2} = 1 - x^2 + x^4 - x^6 + \dots + (-1)^n x^{2n} + \dots;$$

integriert man gliedweise zwischen den Grenzen 0 und x, wobei $|x| < 1$ ist, so erhält man

$$\operatorname{Arc}\tan x = \frac{x}{1} - \frac{x^3}{3} + \frac{x^5}{5} - \dots + (-1)^n \frac{x^{2n+1}}{2n+1} + \dots$$

Da die Reihe für $x = 1$ konvergent bleibt, so entnimmt man daraus die Gleichheit

$$\frac{\pi}{2} = 1 - \frac{1}{3} + \frac{1}{5} - \frac{1}{7} + \dots + (-1)^n \frac{1}{2n+1} + \dots$$

3. Es sei $F(x)$ die Summe der konvergenten Reihe

$$F(x) = 1 + \frac{m}{1}x + \frac{m(m-1)}{1\cdot 2}x^2 + \dots + \frac{m(m-1)\dots(m-p+1)}{1\cdot 2\dots p}x^p + \dots,$$

wo m eine beliebige Zahl und $|x| < 1$ ist. Man leitet daraus ab

$$F'(x) = m\left[1 + \frac{m-1}{1}x + \dots + \frac{(m-1)\dots(m-p+1)}{1\cdot 2\dots p-1}x^{p-1} + \dots\right];$$

multipliziert man die beiden Seiten mit $1 + x$ und vereinigt die beiden Glieder, welche eine gleiche Potenz von x enthalten, so erhält man unter Benutzung der leicht zu bestätigenden Gleichheit

$$\frac{(m-1)\dots(m-p+1)}{1\cdot 2\dots(p-1)} + \frac{(m-1)\dots(m-p)}{1\cdot 2\dots p} = \frac{m(m-1)\dots(m-p+1)}{1\cdot 2\dots p}$$

die Beziehung

$$(1+x)F'(x) = m\left[1 + \frac{m}{1}x + \frac{m(m-1)}{2}x^2 + \dots + \right.$$
$$\left. + \frac{m(m-1)\dots(m-p+1)}{1\cdot 2\dots p}x^p + \dots\right],$$

d. h.

$$(1+x)F'(x) = mF(x).$$

Schreibt man diese Gleichheit in der Form

$$\frac{F'(x)}{F(x)} = \frac{m}{1+x},$$

so leitet man daraus ab, daß $F(x)$ von der Form

$$F(x) = C(1+x)^m$$

ist. Um die Konstante C zu bestimmen, braucht man nur zu bemerken, daß $F(0) = 1$ ist; dies gibt $C = 1$ und wir finden die Entwicklung von $(1 + x)^m$ wieder (Nr. 179)

$$(1 + x)^m = 1 + \frac{m}{1} x + \ldots + \frac{m(m-1)\ldots(m-p+1)}{1 \cdot 2 \ldots p} x^p + \ldots .$$

4. Ersetzen wir in der vorangehenden Formel x durch $-x^2$ und m durch $-\frac{1}{2}$, so erhält man

$$\frac{1}{\sqrt{1-x^2}} = 1 + \frac{1}{2} x^2 + \frac{1 \cdot 3}{2 \cdot 4} x^4 + \ldots + \frac{1 \cdot 3 \cdot 5 \ldots (2n-1)}{2 \cdot 4 \cdot 6 \ldots 2n} x^{2n} + \ldots ;$$

diese Formel ist für jeden zwischen -1 und $+1$ gelegenen Wert von x gültig. Integriert man die beiden Seiten zwischen den Grenzen 0 und x, wobei $|x| < 1$ ist, so erhält man die Entwicklung von $\operatorname{Arc} \sin x$

$$\operatorname{Arc} \sin x = \frac{x}{1} + \frac{1}{2} \frac{x^3}{3} + \frac{1 \cdot 3}{2 \cdot 4} \frac{x^5}{5} + \ldots + \frac{1 \cdot 3 \cdot 5 \ldots (2n-1)}{2 \cdot 4 \cdot 6 \ldots 2n} \frac{x^{2n+1}}{2n+1} + \ldots .$$

184. **Zweiter Beweis.** Die Eigenschaften der durch ganze Reihen dargestellten Funktionen können auch auf eine mehr elementare Art bewiesen werden. Es sei x_0 eine zwischen $-R$ und $+R$ enthaltene Zahl und x_1 eine benachbarte Zahl, die in dem gleichen Intervalle enthalten ist. Um zu beweisen, daß die Differenz $f(x_1) - f(x_0)$ gegen Null strebt, wenn x_1 bei fest bleibendem x_0 gegen x_0 strebt, ziehen wir die beiden Reihen, welche $f(x_0)$ und $f(x_1)$ darstellen, Glied für Glied voneinander ab; wir erhalten

$$f(x_1) - f(x_0) = a_1(x_1 - x_0) + a_2(x_1^2 - x_0^2) + \ldots + a_n(x_1^n - x_0^n) + \ldots .$$

Das allgemeine Glied dieser neuen Reihe läßt sich schreiben

$$a_n(x_1 - x_0)(x_1^{n-1} + x_1^{n-2} x_0 + \ldots + x_0^{n-1}).$$

Um eine obere Grenze des absoluten Betrages dieses Gliedes zu erhalten, bezeichnen wir mit l eine positive Zahl kleiner als R und größer als $|x_0|$; da x_1 gegen x_0 streben soll, so nehmen wir auch an, daß $l > |x_1|$ sei. Der absolute Betrag irgendeines der Produkte x_1^{n-1}, $x_1^{n-2} x_0$, ... ist dann kleiner als l^{n-1} und infolgedessen ist der absolute Betrag des betrachteten allgemeinen Gliedes kleiner als $n A_n l^{n-1} |x_1 - x_0|$. Wir erhalten also

$$|f(x_1) - f(x_0)| < |x_1 - x_0| (A_1 + 2 A_2 l + \ldots + n A_n l^{n-1} + \ldots);$$

nun ist aber die in der Klammer stehende Reihe konvergent, da $l < R$ ist (Nr. 182). Daher konvergiert die Differenz $f(x_1) - f(x_0)$ gleichzeitig mit $x_1 - x_0$ gegen Null und die Funktion $f(x)$ ist in jedem zwischen $-R$ und $+R$ enthaltenen Punkte stetig.

Um zu beweisen, daß $f_1(x)$ die Derivierte von $f(x)$ ist, braucht man geradeso nur zu zeigen, daß die Differenz

$$D = \frac{f(x_1) - f(x_0)}{x_1 - x_0} - f_1(x_0)$$

zugleich mit $x_1 - x_0$ gegen Null strebt. Der Quotient $\frac{f(x_1) - f(x_0)}{x_1 - x_0}$ ist, wie wir eben gesehen haben, gleich der Summe der konvergenten Reihe

$$a_1 + a_2(x_1 + x_0) + \ldots + a_n(x_1^{n-1} + x_1^{n-2}x_0 + \ldots + x_0^{n-1}) + \ldots.$$

Zieht man von dieser Reihe Glied für Glied die $f_1(x_0)$ darstellende Reihe ab, so erhält man für D eine Reihe, deren allgemeines Glied sich schreiben läßt

$$a_n[(x_1^{n-1} - x_0^{n-1}) + (x_1^{n-2}x_0 - x_0^{n-1}) + \ldots + (x_1 x_0^{n-2} - x_0^{n-1})]$$

und jede der Differenzen $x_1^{n-1} - x_0^{n-1}$, $x_1^{n-2}x_0 - x_0^{n-1}$, ... ist das Produkt aus $x_1 - x_0$ und Produkten von der Form $x_0^p x_1^q$, wo p und q ganze, nicht negative Zahlen sind, deren Summe $n - 2$ ist. Die Gesamtzahl dieser Produkte ist, wie leicht zu sehen, $\overline{n-1} + \overline{n-2} + \ldots + 2 + 1 = \frac{n(n-1)}{2}$ und der absolute Betrag eines jeden von ihnen ist kleiner als l^{n-2}, wo die Zahl l dieselbe Bedeutung wie vorhin hat. Man erhält also

$$|D| < \frac{|x_1 - x_0|}{2}[2A_2 + 6A_3 l + \ldots + n(n-1)A_n l^{n-2} + \ldots]$$

und die Reihe in der Klammer ist konvergent, wenn l eine positive Zahl kleiner als R ist, denn es ist die Reihe der Moduln der ganzen Reihe $f_2(x)$, die man durch gliedweise Differentiation aus $f_1(x)$ ableitet. Infolgedessen konvergiert D gegen Null, wenn x_1 gegen x_0 strebt.

185. **Ausdehnung der Taylorschen Formel.** Es sei $f(x)$ die Summe einer ganzen im Intervall $(-R, +R)$ konvergenten Reihe, x_0 ein Punkt dieses Intervalls und $x_0 + h$ ein anderer Punkt desselben Intervalls, für den $|x_0| + |h| < R$ ist. Die Reihe, deren Summe $f(x_0 + h)$ ist,

$$a_0 + a_1(x_0 + h) + a_2(x_0 + h)^2 + \ldots + a_n(x_0 + h)^n + \ldots$$

kann durch eine Doppelreihe ersetzt werden, die man erhält, wenn man die verschiedenen Potenzen von $x_0 + h$ entwickelt und die Glieder gleichen Grades in h in dieselbe Zeile schreibt

$$(17)\qquad \begin{aligned} &a_0 + a_1 x_0 + a_2 x_0^2 + \ldots + a_n x_0^n + \ldots \\ &\quad + a_1 h + 2a_2 x_0 h + \ldots + n a_n x_0^{n-1} h + \ldots \\ &\qquad + a_2 h^2 + \ldots + \frac{n(n-1)}{1 \cdot 2} a_n x_0^{n-2} h^2 + \ldots \\ &\qquad\qquad + \ldots\ldots\ldots\ldots\ldots \end{aligned}$$

Diese Doppelreihe ist unbedingt konvergent; in der Tat, ersetzt man jedes Glied durch seinen absoluten Betrag, so erhält man eine neue Doppelreihe mit positiven Gliedern

$$(18)\quad \begin{aligned} &A_0 + A_1 |x_0| + A_2 |x_0|^2 + \dots + A_n |x_0|^n + \dots \\ &\quad + A_1 |h| + 2 A_2 |x_0| |h| + \dots + n A_n |x_0|^{n-1} |h| + \dots \\ &\qquad + A_2 |h|^2 + \dots + \frac{n(n-1)}{2} A_n |x_0|^{n-2} |h|^2 + \dots \\ &\qquad\qquad + \dots\dots\dots\dots\dots\dots \end{aligned}$$

Bildet man die Summe der Elemente dieser Tabelle nach vertikalen Kolonnen, so erhält man die Reihe

$$A_0 + A_1 [|x_0| + |h|] + \dots + A_n [|x_0| + |h|]^n + \dots,$$

die konvergent ist, da man $|x_0| + |h| < R$ vorausgesetzt hat. Man kann also die Summe der Elemente der Tabelle (17) sowohl nach Zeilen als auch nach Kolonnen bilden. Bildet man die Summe nach den Kolonnen, so findet man $f(x_0 + h)$ wieder; bildet man die Summe nach horizontalen Zeilen, so ist das Resultat nach den Potenzen von h geordnet und die Koeffizienten von $h, h^2, \dots$ sind bezgl. $f'(x_0)$, $\frac{f''(x_0)}{1 \cdot 2}, \dots$. Wir können also, wenn wir $|h| < R - |x_0|$ voraussetzen, schreiben

$$(19)\quad f(x_0 + h) = f(x_0) + \frac{h}{1} f'(x_0) + \dots + \frac{h^n}{1 \cdot 2 \dots n} f^{(n)}(x_0) + \dots.$$

Die Formel (19) läßt sich sicher im Intervall von $x_0 - R + |x_0|$ bis $x_0 + R - |x_0|$ anwenden; es kann aber vorkommen, daß die Reihe auf der rechten Seite in einem weiteren Intervalle konvergent ist. Betrachten wir z. B. die Funktion $(1 + x)^m$, wo m keine ganze positive Zahl ist; die Entwicklung nach den Potenzen von x ist von $x = -1$ bis $x = +1$ gültig. Es sei x_0 ein in diesem Intervall enthaltener Wert von x; wir können dann

$$(1 + x)^m = (1 + x_0 + x - x_0)^m = (1 + x_0)^m [1 + z]^m$$

setzen, wo

$$z = \frac{x - x_0}{1 + x_0}$$

ist, und $(1 + z)^m$ nach den Potenzen von z entwickeln. Diese neue Entwicklung wird so lange gültig sein, als $|z| < 1$ ist, d. h. für die Werte von x, die zwischen -1 und $1 + 2x_0$ liegen. Wenn x_0 positiv ist, so ist das neue Intervall größer als das alte $(-1, +1)$ und die neue Formel gestattet, den Wert der Funktion für Werte der Variablen zu berechnen, welche außerhalb des ursprünglichen Intervalls liegen. Durch Vertiefung dieser Bemerkung wird man zu einem außerordentlich wichtigen Begriff, dem der analytischen Fortsetzung geführt, dessen Studium wir uns für den folgenden Band aufheben.

Bemerkung. Die Eigenschaften, welche für die nach positiven Potenzen einer Variablen x geordneten Reihen bewiesen wurden, erstrecken sich offenbar ohne Schwierigkeit auf die Reihen, welche nach positiven Potenzen von $x - a$ fortschreiten, und allgemeiner auf die Reihen, welche nach positiven Potenzen einer beliebigen stetigen Funktion $\varphi(x)$ geordnet sind; es genügt, sie als zusammengesetzte Funktionen zu behandeln, wobei $\varphi(x)$ die Zwischenfunktion ist. So z. B ist eine nach positiven Potenzen von $\frac{1}{x}$ geordnete Reihe für die Werte von x, deren absoluter Betrag eine gewisse Grenze überschreitet, konvergent und stellt eine für alle diese Werte der Variablen stetige Funktion dar. Betrachten wir z. B. die Funktion $\sqrt{x^2 - a}$, die wir $\pm x\left(1 - \frac{a}{x^2}\right)^{\frac{1}{2}}$ schreiben können; für Werte von x, deren absoluter Betrag größer als $\sqrt{a}$ ist, kann $\left(1 - \frac{a}{x^2}\right)^{\frac{1}{2}}$ nach Potenzen von $\frac{1}{x^2}$ entwickelt werden und man erhält so die Formel

$$\sqrt{x^2 - a} = x - \frac{1}{2}\frac{a}{x} - \frac{1}{2 \cdot 4}\frac{a^2}{x^3} - \ldots - \frac{1 \cdot 3 \ldots (2p-3)}{2 \cdot 4 \ldots 2p}\frac{a^p}{x^{2p-1}} - \ldots,$$

welche die Entwicklung von $\sqrt{x^2 - a}$ gibt, solange $x > \sqrt{a}$ ist. Wenn $x < -\sqrt{a}$ ist, so ist die Reihe auch noch konvergent und hat $-\sqrt{x^2 - a}$ zur Summe. Diese Formel kann dazu dienen, die Entwicklung einer Quadratwurzel einer ganzen Zahl zu finden, wenn man das nächsthöhere vollständige Quadrat kennt.

186. **Majoranten.** Die bereits bewiesenen Eigenschaften weisen eine große Analogie zwischen den Polynomen und den ganzen Reihen auf. Es seien mehrere ganze Reihen $f_1(x), f_2(x), \ldots, f_n(x)$ gegeben und es sei $(-r, +r)$ der kleinste Konvergenzbereich dieser Reihen; solange $|x| < r$ ist, sind diese Reihen absolut konvergent und man kann sie wie Polynome durch Addition und Multiplikation kombinieren. Allgemein kann jedes ganze Polynom in $f_1(x), f_2(x), \ldots, f_n(x)$ im nämlichen Intervalle in eine ganze konvergente Reihe entwickelt werden.

Um diese Eigenschaften zu erweitern, wollen wir zunächst gewisse Ausdrücke definieren, die in der Folge ihre Anwendung finden werden. Es sei $f(x)$ eine ganze Reihe

$$f(x) = a + a_1 x + a_2 x^2 + \ldots + a_n x^n + \ldots$$

und $\varphi(x)$ eine andere ganze in einem passenden Intervalle konvergente Reihe

$$\varphi(x) = \alpha_0 + \alpha_1 x + \alpha_2 x^2 + \ldots + \alpha_n x^n + \ldots,$$

deren sämtliche Koeffizienten positiv sind. Man sagt, daß die Funktion $\varphi(x)$ eine Majorante der Funktion $f(x)$ ist, wenn jeder der Koeffizienten α_n größer oder mindestens gleich dem absoluten Werte des entsprechenden Koeffizienten von $f(x)$ ist,

$$|a_0| \leqq \alpha_0, \quad |a_1| \leqq \alpha_1, \quad \ldots, \quad |a_n| \leqq \alpha_n, \quad \ldots;$$

nach einer von Poincaré vorgeschlagenen Bezeichnungsweise zeigt man diese Beziehung zwischen den beiden Funktionen $f(x)$ und $\varphi(x)$ durch

$$f(x) \ll \varphi(x)$$

an.

Die Nützlichkeit der Majoranten bei den Schlußfolgerungen stützt sich auf die folgende Eigenschaft, die eine unmittelbare Folge der Definition ist: Es sei $P_n(a_0, a_1, \ldots, a_n)$ ein Polynom, das von den $n + 1$ ersten Koeffizienten von $f(x)$ abhängt und dessen Koeffizienten reell und positiv sind; ersetzt man in diesem Polynome $a_0, a_1, \ldots, a_n$ durch die entsprechenden Koeffizienten der Majorante $\varphi(x)$, so ist offenbar

$$|P(a_0, a_1, \ldots, a_n)| \leqq P(\alpha_0, \alpha_1, \ldots, \alpha_n).$$

So z. B. ist, wenn $\varphi(x)$ eine Majorante für $f(x)$ ist, die Reihe, welche $[\varphi(x)]^2$ darstellt, eine Majorante für $[f(x)]^2, \ldots$ und allgemein $[\varphi(x)]^n$ eine Majorante für $[f(x)]^n$. Ebenso ist, wenn φ und φ_1 Majoranten für f und f_1 sind, das Produkt $\varphi\varphi_1$ eine Majorante für ff_1 usw.

Wenn eine in einem Intervall $(-R, +R)$ konvergente ganze Reihe gegeben vorliegt, so ist die Suche nach einer Majorante ein Problem von großer Unbestimmtheit. Doch ist es für die folgenden Beweise wichtig, eine möglichst einfache Majorante zu wählen. Es sei r eine positive Zahl, die kleiner als R ist, jedoch beliebig nahe an R liegen kann. Da die Reihe für $x = r$ konvergent ist, sei M die obere Grenze des absoluten Betrages der Glieder dieser Reihe; dann ist für jedes beliebige n

$$|a_n| = A_n \leqq \frac{M}{r^n}.$$

Die Reihe, deren allgemeines Glied $M\frac{x^n}{r^n}$ ist, d. h.

$$M + M\frac{x}{r} + \ldots + M\frac{x^n}{r^n} = \frac{M}{1 - \frac{x}{r}}$$

ist also eine Majorante für $f(x)$; ihrer bedient man sich wohl am häufigsten. Kommt in der Reihe $f(x)$ das konstante Glied nicht vor, so kann man ebenso als Majorante die Funktion

$$\frac{M}{1-\frac{x}{r}} - M$$

nehmen. Man kann für r eine beliebige Zahl kleiner als R wählen und es ist klar, daß die entsprechende Zahl M im allgemeinen mit r abnimmt, aber niemals kleiner als A_0 sein kann, wenn A_0 nicht Null ist. In diesem Falle kann man stets eine positive Zahl $\varrho < R$ finden, so daß die Funktion $\frac{A_0}{1-\frac{x}{\varrho}}$ eine Majorante für $f(x)$ ist. Es sei in der Tat

$$M + M\frac{x}{r_1} + M\frac{x^2}{r^2} + \ldots + M\frac{x^n}{r^n} + \ldots,$$

worin $M > A_0$ ist, eine erste Majorante. Nehmen wir eine Zahl ϱ, die kleiner als $r\frac{A_0}{M}$ ist; man kann, wenn man $n \geqq 1$ voraussetzt,

$$|a_n \varrho^n| = |a_n r^n| \cdot \left(\frac{\varrho}{r}\right)^n < M\frac{\varrho}{r} \cdot \left(\frac{\varrho}{r}\right)^{n-1}$$

schreiben und infolgedessen ist $|a_n \varrho^n| < A_0$; überdies ist $|a_0| = A_0$. Die Reihe

$$A_0 + A_0\frac{x}{\varrho} + A_0\frac{x^2}{\varrho^2} + \ldots + A_0\frac{x^n}{\varrho^n} + \ldots$$

ist also eine Majorante für $f(x)$; diese Eigenschaft werden wir sofort benutzen. Allgemeiner kann man für M eine beliebige Zahl, die größer oder mindestens gleich A_0 ist, nehmen.

Ebenso zeigt man, daß man im Falle $a_0 = 0$ als Majorante einen Ausdruck von der Form

$$\frac{\mu x}{\varrho - x}$$

wählen kann, wo μ eine willkürliche positive Zahl ist.

Bemerkung. Kennt man eine abnehmende geometrische Progression als Majorante, so kann man sich auch Rechenschaft von der Annäherung geben, die man erhält, wenn man die Summe $f(x)$ der Reihe durch die Summe der $n+1$ ersten Glieder ersetzt (vgl. Nr. 159, Bem. 2).

187. **Substitution einer Reihe in eine andere Reihe.** Es sei

(20) $$z = f(y) = a_0 + a_1 y + \ldots + a_n y^n + \ldots$$

eine nach den Potenzen einer Variablen y geordnete Reihe, die, solange $|y| < R$ ist, konvergent ist. Andererseits sei

(21) $$y = \varphi(x) = b_0 + b_1 x + \ldots + b_n x^n + \ldots$$

eine andere im Intervall $-r$ bis $+r$ konvergente Reihe. Denken wir uns, daß man in der Reihe (20) $y, y^2, y^3, \ldots$ durch ihre nach den Potenzen von x geordneten Reihenentwicklungen, die man aus der Formel (21) herleitet, ersetze; wir erhalten so eine zweifach unendliche Tabelle

$$(22)\quad \left\{\begin{array}{l} a_0 + a_1 b_0 + a_2 b_0^2 + \ldots + a_n b_0^n + \ldots \\ \quad + a_1 b_1 x + 2 a_2 b_0 b_1 x + \ldots + n a_n b_0^{n-1} b_1 x + \ldots \\ \quad + a_1 b_2 x^2 + a_2 (b_1^2 + 2 b_0 b_2) x^2 + \ldots + \ldots \\ \quad + \ldots \ldots \ldots \ldots \ldots \ldots \ldots \end{array}\right.$$

und wir wollen sehen, ob diese Tabelle absolut konvergent sein kann. Dazu ist vor allem notwendig, daß die Reihe, die von den Gliedern der ersten Zeile gebildet wird, d. i.

$$a_0 + a_1 b_0 + a_2 b_0^2 + \ldots$$

absolut konvergent, daß also $|b_0| < R$ sei. Diese Bedingung ist auch hinreichend. Denn wenn sie erfüllt ist, so kann man als Majorante von $\varphi(x)$ einen Ausdruck von der Form $\frac{m}{1 - \frac{x}{\varrho}}$ nehmen, wo m eine beliebige positive Zahl größer als $|b_0|$ und $\varrho < r$ ist. Man kann also voraussetzen, daß $m < R$ genommen wurde. Es sei R' eine positive Zahl, die zwischen m und R enthalten ist; die Funktion $f(y)$ läßt ihrerseits als Majorante einen Ausdruck von der Form

$$\frac{M}{1 - \frac{y}{R'}} = M + M\frac{y}{R'} + M\frac{y^2}{R'^2} + \ldots$$

zu.

Ersetzt man in dieser letzten Reihe y durch $\frac{m}{1 - \frac{x}{\varrho}}$ und entwickelt man die verschiedenen Potenzen von y nach der Binomialformel nach wachsenden Potenzen von x, so erhält man eine neue zweifach unendliche Tabelle

$$(23)\quad \left\{\begin{array}{l} M + M\left(\frac{m}{R'}\right) \quad + \ldots + M\left(\frac{m}{R'}\right)^n + \ldots \\ \quad + M\left(\frac{m}{R'}\right)\frac{x}{\varrho} + \ldots + n M\left(\frac{m}{R'}\right)^n \frac{x}{\varrho} + \ldots \\ \quad + \ldots \ldots \ldots \ldots \ldots \end{array}\right.$$

deren sämtliche Koeffizienten positiv und größer als die absoluten Beträge der entsprechenden Koeffizienten der Tabelle (22) sind, denn ein beliebiger Koeffizient der Tabelle (22) wird aus den Koeffizienten $a_0, a_1, a_2, \ldots, b_0, b_1, b_2, \ldots$ nur durch Additionen und Multiplikationen gebildet. Wenn also die Doppelreihe (23) absolut konvergent ist, so ist es die Doppelreihe (22) a fortiori. Ersetzt man in der Reihe (23) x durch seinen absoluten Betrag, so ist für die Konvergenz der neuen Reihe notwendig, daß die aus den Gliedern derselben Kolonne gebildeten Reihen konvergent seien, d. h. daß $|x| < \varrho$ sei. Ist diese Bedingung erfüllt, so ist die Summe der Glieder der $\overline{n+1}^{\text{ten}}$ Kolonne gleich

$$M\left[\frac{m}{R'\left(1-\frac{|x|}{\varrho}\right)}\right]^n$$

und es ist außerdem nötig, daß auch

$$m < R'\left(1-\frac{|x|}{\varrho}\right),$$

d. h. daß

$$|x| < \varrho\left(1-\frac{m}{R'}\right) \tag{24}$$

sei.

Da die letzte Ungleichung (24) die vorangehende $|x| < \varrho$ in sich schließt, folgt, daß sie die notwendige und hinreichende Bedingung dafür bildet, daß die Doppelreihe (23) absolut konvergent sei. Die Doppelreihe (22) wird also gleichfalls für die Werte von x, die dieser Bedingung genügen, absolut konvergent sein; bemerken wir, daß alle diese Werte von x die Reihe $\varphi(x)$ konvergent machen und daß der entsprechende Wert von y dem absoluten Betrage nach kleiner als R' ist, denn die Ungleichungen

$$|\varphi(x)| < \frac{m}{1-\frac{|x|}{\varrho}}, \qquad \frac{|x|}{\varrho} < 1 - \frac{m}{R'}$$

ziehen die andere Ungleichung $|\varphi(x)| < R'$ nach sich. Bildet man die Summe dieser Reihe (22), indem man sie nach Kolonnen addiert, so findet man

$$a_0 + a_1\,\varphi(x) + a_2[\varphi(x)]^2 + \ldots + a_n[\varphi(x)]^n + \ldots$$

d. h. $f[\varphi(x)]$, addiert man hingegen nach horizontalen Zeilen, so erhält man eine nach wachsenden Potenzen von x geordnete Reihe und man kann

$$f[\varphi(x)] = c_0 + c_1 x + c_2 x^2 + \ldots + c_n x^n + \ldots \tag{25}$$

setzen, wo die Koeffizienten $c_0, c_1, c_2 \ldots$ sich mittels der Koeffizienten der beiden Reihen durch die leicht aufzustellenden Formeln ausdrücken lassen,

$$(26)\qquad \begin{cases} c_0 = a_0 + a_1 b_0 + a_2 b_0^2 + \ldots + a_n b_0^n + \ldots, \\ c_1 = a_1 b_1 + 2 a_2 b_1 b_0 + \ldots + n a_n b_0^{n-1} b_1 + \ldots \\ c_2 = a_1 b_2 + a_2 (b_1^2 + 2 b_0 b_2) + \ldots, \\ \ldots\ldots\ldots\ldots\ldots\ldots \end{cases}$$

Die Beziehung (25) ist nur für diejenigen Werte von x aufgestellt worden, die der Ungleichung (24) genügen; dies ist aber nur eine untere Grenze des Intervalls, in dem diese Beziehung zurecht besteht. Es kann sehr gut sein, daß sie in einem viel ausgedehnteren Intervalle fortbesteht. Dies ist eine Frage, deren vollständige Lösung das Studium der Funktionen einer komplexen Variablen erfordert und die später wieder aufgenommen werden wird.

Besondere Fälle. 1. Da die Zahl R', die in der Ungleichung (24) vorkommt, beliebig nahe an R angenommen werden kann, so folgt, daß die Formel (25) gilt, solange $|x| < \varrho\left(1 - \frac{m}{R}\right)$ ist. Wenn also die Reihe (20) für jeden Wert von y konvergent ist, so kann man R unendlich groß und ϱ beliebig nahe an r annehmen. Die Formel (25) wird dann anzuwenden sein, solange $|x| < r$ ist, d. h. in dem gleichen Intervalle wie die Formel (21). Wenn im besonderen die Reihe $\varphi(x)$ für jeden Wert von x konvergent ist, ebenso wie $f(y)$, so kann man auch r unendlich groß voraussetzen, und die Formel (25) besteht für jedes beliebige x zu Recht.

2. Wenn das konstante Glied b_0 der Reihe (21) Null ist, so kann man als Majorante von $\varphi(x)$ einen Ausdruck von der Form

$$\frac{m}{1 - \frac{x}{\varrho}} - m$$

nehmen, wo $\varrho < r$ und m beliebig ist. Schließt man wie in dem allgemeinen Falle, so wird man leicht zeigen, daß die Formel (25) so lange gilt, als

$$(27)\qquad |x| < \varrho \frac{R'}{R' + m}$$

ist, wo R' beliebig nahe an R liegt. Das durch die letzte Ungleichung gelieferte Intervall ist ausgedehnter als das durch die allgemeine Bedingung (24) gegebene.

Dieser besondere Fall bietet sich in der Praxis öfters dar. Die Ungleichung $|b_0| < R$ ist dann von selbst befriedigt und der Koeffizient c_n hängt nur von $a_0, a_1, \ldots, a_n, b_1, \ldots, b_n$ ab,

$$c_0 = a_0,\ c_1 = a_1 b_1,\ c_2 = a_1 b_2 + a_2 b_1^2,\ \ldots,\ c_n = a_1 b_n + \ldots + a_n b_1^n.$$

Beispiele. 1. Cauchy hat gezeigt, daß man die Binomialformel aus der Entwicklung von $\log(1+x)$ ableiten kann. Man kann nämlich schreiben

$$(1+x)^\mu = e^{\mu \log(1+x)} = e^y = 1 + \frac{y}{1} + \frac{y^2}{1\cdot 2} + \dots,$$

wobei

$$y = \mu \log(1+x) = \mu\left(\frac{x}{1} - \frac{x^2}{2} + \frac{x^3}{3} - \frac{x^4}{4} + \dots\right)$$

ist; dies gibt, wenn man die zweite Entwicklung in die erste einsetzt

$$(1+x)^\mu = 1 + \mu\left(\frac{x}{1} - \frac{x^2}{2} + \frac{x^3}{3} - \dots\right) + \frac{\mu^2}{1\cdot 2}\left(\frac{x}{1} - \frac{x^2}{2} + \frac{x^3}{3} - \dots\right)^2 + \dots.$$

Ordnet man die rechte Seite nach den Potenzen von x, so ist klar, daß man als Koeffizienten von x^n ein Polynom n^{ten} Grades in μ, $P_n(\mu)$, erhält. Dieses Polynom muß für $\mu = 0, 1, 2, \dots, n-1$ verschwinden und sich für $\mu = n$ auf die Einheit reduzieren; dies genügt zu seiner Bestimmung

$$P_n = \frac{\mu(\mu-1)\dots(\mu-n+1)}{1\cdot 2\dots n}.$$

2. Es sei $z = (1+x)^{\frac{1}{x}}$, wo x zwischen -1 und $+1$ liegt. Man kann schreiben

$$z = e^y = 1 + \frac{y}{1} + \frac{y^2}{1\cdot 2} + \dots,$$

wobei

$$y = \frac{1}{x}\log(1+x) = 1 - \frac{x}{2} + \frac{x^2}{3} - \dots + (-1)^n \frac{x^n}{n+1} + \dots$$

gesetzt wurde.

Die erste Entwicklung ist für jeden Wert von y gültig; die zweite nur, wenn $|x| < 1$ ist. Die Formel, die man durch Substitution der zweiten Entwicklung in die erste erhält, läßt sich also auf die zwischen -1 und $+1$ liegenden Werte von x anwenden.

Beschränkt man sich auf die beiden ersten Glieder, so erhält man

$$(1+x)^{\frac{1}{x}} = e - \frac{x}{2}\left(1 + \frac{1}{1} + \frac{1}{1\cdot 2} + \dots + \frac{1}{1\cdot 2\dots n} + \dots\right) + \dots$$
$$= e - \frac{e}{2}x + \dots$$

Strebt x durch positive Werte gegen Null, so konvergiert also $(1+x)^{\frac{1}{x}}$ wachsend gegen e.

188. **Division der ganzen Reihen.** Betrachten wir zunächst den reziproken Wert einer ganzen Reihe, die mit Eins anfängt

$$f(x) = \frac{1}{1 + b_1 x + b_2 x^2 + \dots}$$

und im Intervalle $(-r, +r)$ konvergent ist. Setzen wir

$$y = b_1 x + b_2 x^2 + \dots;$$

so wird

$$f(x) = \frac{1}{1+y} = 1 - y + y^2 - y^3 + \dots;$$

setzt man die erste Entwicklung in die zweite ein, so erhält man für $f(x)$ eine Entwicklung in eine ganze Reihe

$$f(x) = 1 - b_1 x + (b_1^2 - b_2) x^2 + \ldots,$$

die in einem gewissen Intervalle gültig ist.

Ebenso würde man den reziproken Wert einer beliebigen ganzen Reihe entwickeln, die mit einem konstanten, von Null verschiedenen Gliede anfängt.

Es sei nun der Quotient zweier konvergenter ganzer Reihen

$$\frac{\varphi(x)}{\psi(x)} = \frac{a_0 + a_1 x + a_2 x^2 + \ldots}{b_0 + b_1 x + b_2 x^2 + \ldots}$$

zu entwickeln.

Wenn b_0 nicht Null ist, kann man schreiben

$$\frac{\varphi(x)}{\psi(x)} = (a_0 + a_1 x + a_2 x^2 + \ldots) \times \frac{1}{b_0 + b_1 x + b_2 x^2 + \ldots}$$

und nach dem eben behandelten Falle ist die rechte Seite das Produkt zweier konvergenter ganzer Reihen; der Quotient kann also in der Umgebung von $x = 0$ in die Form einer konvergenten ganzen Reihe gebracht werden,

$$\frac{a_0 + a_1 x + a_2 x^2 + \ldots}{b_0 + b_1 x + b_2 x^2 + \ldots} = c_0 + c_1 x + c_2 x^2 + \ldots .$$

Schafft man den Nenner fort und setzt die Koeffizienten der gleichen Potenzen von x auf den beiden Seiten gleich, so erhält man die folgenden Beziehungen

$$a_n = b_0 c_n + b_1 c_{n-1} + \ldots + b_n c_0 \qquad (n = 0, 1, 2, \ldots),$$

welche die Koeffizienten $c_0, c_1, \ldots, c_n$ nacheinander bestimmen. Man sieht, daß diese Koeffizienten genau diejenigen sind, die man erhielte, wenn man die Division der beiden Reihen nach der gewöhnlichen Divisionsregel zweier nach wachsenden Potenzen von x geordneten Polynome ausführte.

Ist $b_0 = 0$, so ist das Resultat verschieden. Nehmen wir gleich den allgemeinen Fall, daß $\psi(x) = x^k \psi_1(x)$ ist, wo k eine positive ganze Zahl ist und $\psi_1(x)$ eine ganze Reihe bezeichnet, in der das konstante Glied von Null verschieden ist.

Man kann

$$\frac{\varphi(x)}{\psi(x)} = \frac{1}{x^k} \frac{\varphi(x)}{\psi_1(x)}$$

setzen und nach dem eben Gesagten ist

$$\frac{\varphi(x)}{\psi_1(x)} = c_0 + c_1 x + \ldots + c_{k-1} x^{k-1} + c_k x^k + c_{k+1} x^{k+1} + \ldots .$$

Hieraus leitet man

$$(28)\qquad \frac{\varphi(x)}{\psi(x)} = \frac{c_0}{x^k} + \frac{c_1}{c^{k-1}} + \dots + \frac{c_{k-1}}{x} + c_k + c_{k+1}x + \dots$$

ab; der Quotient ist also gleich der Summe aus einem rationalen Bruche, der für $x = 0$ unendlich wird, und aus einer ganzen Reihe, die in einem gewissen Intervalle um den Ursprung herum konvergent ist.

Bemerkung. Um die aufeinanderfolgenden Potenzen einer ganzen Reihe zu berechnen, ist es in der Praxis vorteilhafter, wie folgt vorzugehen. Wenn man in der Identität

$$(a_0 + a_1 x + \dots + a_n x^n + \dots)^m = c_0 + c_1 x + \dots + c_n x^n + \dots$$

die logarithmischen Derivierten der beiden Seiten nimmt und die Nenner wegschafft, erhält man eine neue Identität

$$(29)\qquad \begin{aligned} m(a_1 + 2a_2 x + \dots + n a_n x^{n-1} + \dots)(c_0 + c_1 x + \dots + c_n x^n + \dots) \\ = (a_0 + a_1 x + \dots + a_n x^n + \dots)(c_1 + 2c_2 x + \dots + n c_n x^{n-1} + \dots). \end{aligned}$$

Es ist leicht, die Koeffizienten der verschiedenen Potenzen von x auf den beiden Seiten zu bilden, und wenn man die Koeffizienten der gleichen Potenzen gleichsetzt, so erhält man eine Folge von Relationen, durch welche $c_1, c_2, \dots c_n, \dots$ sukzessive bestimmt werden, wenn man c_0 kennt. Es ist aber offenbar $c_0 = a_0{}^m$.

189. **Entwicklung von** $\frac{1}{\sqrt{1 - 2xz + z^2}}$. Stellen wir uns die Aufgabe, $\frac{1}{\sqrt{1 - 2xz + z^2}}$ nach Potenzen von z zu entwickeln. Setzt man $y = 2xz - z^2$, so ist für $|y| < 1$

$$\frac{1}{\sqrt{1-y}} = (1-y)^{-\frac{1}{2}} = 1 + \tfrac{1}{2}y + \frac{1\cdot 3}{2\cdot 4}y^2 + \dots,$$

d. h.

$$(30)\qquad \frac{1}{\sqrt{1 - 2xz + z^2}} = 1 + \frac{2xz - z^2}{2} + \frac{3}{8}(2xz - z^2)^2 + \dots;$$

vereinigt man alle Glieder, die durch die gleiche Potenz von z teilbar sind, so erhält man eine Entwicklung von der Form

$$(31)\qquad \frac{1}{\sqrt{1 - 2xz + z^2}} = P_0 + P_1 z + P_2 z^2 + \dots + P_n z^n + \dots,$$

wobei

$$P_0 = 1, \qquad P_1 = x, \qquad P_2 = \frac{3x^2 - 1}{2}, \dots,$$

und allgemein P_n ein Polynom n^{ten} Grades in x ist. Diese Polynome können nacheinander durch eine Rekursionsformel bestimmt werden. Differenziert man die vorstehende Formel nach z, so erhält man

$$\frac{x - z}{(1 - 2xz + z^2)^{\frac{3}{2}}} = P_1 + 2P_2 z + \dots + nP_n z^{n-1} + \dots$$

oder, unter Berücksichtigung der Formel (31),

$$(x - z)(P_0 + P_1 z + \ldots + P_n z^n + \ldots) = (1 - 2xz + z^2)(P_1 + 2P_2 z + \ldots);$$

setzen wir die Koeffizienten von z^n auf beiden Seiten gleich, so finden wir die Rekursionsformel

$$(n + 1) P_{n+1} = (2n + 1) x P_n - n P_{n-1}.$$

Diese Formel aber ist mit derjenigen identisch, welche drei aufeinanderfolgende LEGENDREsche Polynome aneinander knüpft, und es ist auch $P_0 = X_0$, $P_1 = X_1$, $P_2 = X_2$. Also ist für n auch $P_n = X_n$ und die Formel (31) wird

$$(32) \qquad \frac{1}{\sqrt{1 - 2xz + z^2}} = 1 + X_1 z + X_2 z^2 + \ldots + X_n z^n + \ldots,$$

wobei X_n das n^{te} LEGENDREsche Polynom ist

$$X_n = \frac{1}{2 \cdot 4 \cdot 6 \ldots 2n} \frac{d^n}{dx^n} [(x^2 - 1)^n].$$

Man wird später sehen, in welchem Intervalle diese Formel anwendbar ist.

III. Ganze Reihen mit mehreren Veränderlichen.

190. **Konvergenzbereich.** Betrachten wir zunächst eine ganze Reihe

$$(33) \qquad \Sigma A_{mn} X^m Y^n,$$

in welcher alle Koeffizienten A_{mn} positiv sind und auch die Variablen X, Y selbst positive Werte annehmen. Es ist klar, daß die Reihe, wenn sie für ein System positiver Werte X_0, Y_0 konvergent ist, es auch für jedes Wertesystem (X, Y) sein wird, für das $X \leqq X_0$, $Y \leqq Y_0$ ist. Wenn hingegen die Reihe (33) für die Werte X_0, Y_0 divergent ist, so wird sie es a fortiori sein, wenn gleichzeitig $X \geqq X_0$, $Y \geqq Y_0$ ist. Anders ausgedrückt, wenn die Reihe (33) für die Koordinaten eines Punktes M des Quadranten XOY konvergent ist, so ist sie es auch für alle Punkte, die im Innern oder auf den Seiten des Rechteckes $OPMQ$ liegen (Fig. 36); wenn hingegen die Reihe für die Koordinaten des Punktes M divergent ist, so ist sie es in jedem Punkte, der im Innern oder auf den Seiten des rechten Winkels $P'MQ'$ liegt.

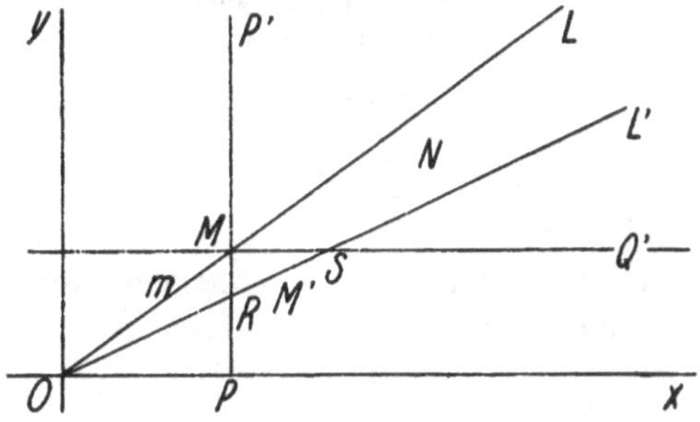

Fig. 36.

Dies vorausgeschickt betrachten wir einen unbegrenzten Halbstrahl OL im Winkelfelde XOY und einen Punkt m, der diesen Halbstrahl vom Ursprung aus beschreibt. Die Koordinaten dieses Punktes m und somit alle Glieder der Reihe (33), für die A_{mn} nicht Null ist, nehmen beständig zu, wenn sich der Punkt m vom Ursprung entfernt. Es gibt also auf der Geraden OL einen Trennungspunkt M von der Beschaffenheit, daß die Reihe (33) für jeden Punkt zwischen O und M auf dem Segment OM konvergent ist und für jeden Punkt von OL, der über M hinausliegt, divergent ist.[1]

Im besonderen kann es vorkommen, daß der Punkt M im Ursprung liegt; die Reihe (33) ist dann für jeden Punkt, der nicht auf einer der Achsen OX oder OY liegt, divergent. Verliert sich hingegen der Punkt M ins Unendliche, so ist die Reihe für jedes beliebige Wertepaar X, Y, d. h. im ganzen Quadranten XOY, konvergent.

Lassen wir diese beiden Grenzfälle beiseite, so haben wir also auf jedem Halbstrahle OL, der im Winkel XOY liegt, einen Punkt M, dessen Abstand vom Ursprung auf stetige Weise mit dem Richtungskoeffizienten dieser Geraden variiert. Es sei nämlich OL' ein OL benachbarter Halbstrahl (Fig. 36). Da die Reihe (33) in jedem Punkte des Abschnittes OM konvergent ist, so ist sie es auch in jedem Punkte, der im Innern des Rechteckes $OPMQ$ liegt, und infolgedessen in jedem Punkte des Abschnittes OR. Da andererseits die Reihe (33) in jedem Punkte von ML divergent ist, so ist sie es auch in jedem Punkte von SL'. Der Trennungspunkt M' des Halbstrahles OL' ist also ein Punkt des Segmentes RS und fällt daher mit dem Punkte M zusammen, wenn OL' mit OL zusammenfällt. Der Ort, den der Punkt M beschreibt, wenn der Halbstrahl OL den Winkel XOY überstreicht, ist eine Kurve Γ, die diesen Winkel XOY in zwei getrennte Gebiete scheidet, ein inneres Gebiet (J) und ein äußeres Gebiet (A). Ein Punkt m ist im Gebiete (J), wenn dieser Punkt zwischen dem Ursprung und dem Trennungspunkte M liegt, und im Gebiete (A) im entgegengesetzten Falle. Es folgt unmittelbar aus der Definition dieser Kurve Γ, daß die Reihe (33) in jedem Punkte des Gebietes (J) konvergent und in jedem Punkte des Gebietes (A) divergent ist. In einem Punkte der Trennungskurve Γ selbst kann die Reihe konvergent oder divergent sein.

[1] Ist λ der Richtungskoeffizient der Geraden OL, so ist die Abszisse des Punktes M der reziproke Wert des größten Grenzwertes der Zahlenmenge $\sqrt[n]{A_{pq}\lambda^q}$, wobei $n = p + q$ ist (Lemaire, Bull. des Sciences math. 1896).

Diese Trennungskurve Γ kann je nach der betrachteten Reihe sehr verschiedene Formen haben. Aus der oben angestellten Überlegung folgt nur, daß die Ordinate eines Punktes dieser Kurve nicht wachsen kann, wenn die Abszisse wächst, und umgekehrt. Um zu sehen, was eintritt, wenn OL gegen OX strebt, braucht man nur zu bemerken, daß die Abszisse des Punktes M nicht abnehmen und die Ordinate dieses Punktes nicht zunehmen kann; y strebt also gegen einen Grenzwert, während x gegen einen Grenzwert streben oder unbegrenzt wachsen kann. Die Kurve Γ kann also in einem Punkte A von OX endigen oder eine Asymptote parallel zu OX haben, die auch mit der Achse selbst zusammenfallen kann. Bemerken wir nur das eine, daß die Reihe (33), wenn die Kurve Γ in einem Punkte von OX aufhört, nicht notwendig für jeden Punkt der Achse OX, der jenseits des Punktes A liegt, divergent ist. Es ist klar, daß sich dies alles ebenso auf die Achse OY anwenden läßt.

Beispiele. 1. Die Reihe $\sum M \frac{X^m Y^n}{a^m b^n}$ ist konvergent, wenn gleichzeitig $X < a$, $Y < b$ ist, und nur in diesem Falle; ihre Summe ist $\frac{M}{\left(1 - \frac{X}{a}\right)\left(1 - \frac{Y}{b}\right)}$. Die Kurve Γ setzt sich hier aus den beiden Seiten eines Rechteckes zusammen, die zu den Achsen parallel sind.

2. Die Doppelreihe

$$\sum M \frac{(m+n)!}{m!\,n!} \frac{X^m Y^n}{a^m b^n} = \frac{M}{1 - \left(\frac{X}{a} + \frac{Y}{b}\right)}$$

ist konvergent, wenn $\frac{X}{a} + \frac{Y}{b} < 1$ ist. Die Kurve Γ ist hier eine zwischen den beiden Achsen OX, OY liegende Strecke.

3. Die Doppelreihe $\sum A_{mn} X^m Y^n$, in der $A_{mm} = 1$ und $A_{mn} = 0$ (für $m \neq n$) ist, ist nur konvergent, wenn $XY < 1$ ist. Die Kurve Γ ist ein Hyperbelzweig mit den Achsen als Asymptoten.

4. Die Reihe

$$\sum' M \left(\frac{X}{a}\right)^m \left(\frac{Y}{b}\right)^n,$$

in der die Indizes m und n von 1 bis $+\infty$ laufen, ist im Innern desselben Rechteckes wie die Reihe des ersten Beispiels konvergent und außerdem auch in allen Punkten der Achsen OX und OY. Wenn der Halbstrahl OL gegen OX strebt, so strebt der Punkt M von OL gegen den Punkt mit der Abszisse a von OX, während der Trennungspunkt auf OX ins Unendliche fällt.

5. Die Reihe $\sum n!\, X^n Y^n$ ist in jedem nicht auf den Achsen liegenden Punkte divergent.

191. Eigenschaften der ganzen Reihen. Nehmen wir nunmehr eine ganze Reihe mit beliebigen Koeffizienten

(34) $$F(x,y) = \sum_{m,n} a_{mn}\, x^m y^n$$

und es sei $A_{mn} = |a_{mn}|$, $X = |x|$, $Y = |y|$. Die Reihe der absoluten Beträge (33) ist konvergent, wenn der Punkt mit den Koordinaten X, Y sich in dem eben definierten Gebiete J befindet und nur in diesem Falle. Die Reihe (34) ist hiernach absolut konvergent, wenn der Punkt mit den Koordinaten (x, y) sich im Innern des ebenen Gebietes D befindet, das von vier mit der Trennungskurve Γ gleichen Kurven begrenzt wird, von denen eine die Kurve Γ selbst ist und die anderen zu ihr symmetrisch liegen (Fig. 37).

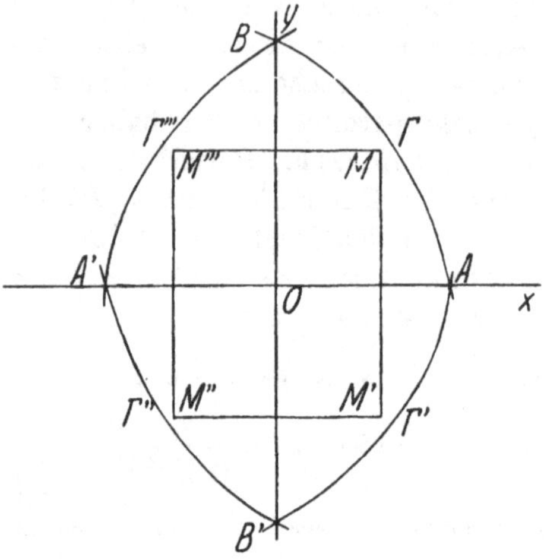

Fig. 37.

In einem außerhalb des Gebietes D befindlichen Punkte, der **nicht auf den Achsen liegt**, ist die Reihe (34) nicht absolut konvergent. Man kann sie auch nicht in eine konvergente Reihe verwandeln, wie immer man auch ihre Glieder anordnen mag. In der Tat, es seien x_0, y_0 die Koordinaten eines außerhalb D liegenden Punktes, der nicht auf den Achsen liegt; der absolute Betrag des allgemeinen Gliedes der Reihe $\Sigma a_{mn} x_0^m y_0^n$ kann nicht endlich sein. Denn wäre wirklich für jedes beliebige m und n

$$|a_{mn} x_0^m y_0^n| < M,$$

wo M eine feste Zahl ist, so würde man daraus schließen, daß das allgemeine Glied der Reihe (33) kleiner als

$$M \frac{X^m\, Y^n}{|x_0|^m |y_0|^n}$$

d. h. kleiner als das allgemeine Glied einer Reihe, die für $X < |x_0|$, $Y < |y_0|$ konvergent ist. Der Punkt mit den Koordinaten $|x_0|$, $|y_0|$ kann also nicht unterhalb der Kurve Γ liegen und infolgedessen kann der Punkt (x_0, y_0) nicht außerhalb des Gebietes D liegen. In einem Punkte der Kurve, die diesen Bereich begrenzt, kann die Reihe (34) ebenso wie die Reihe (33) konvergent oder divergent sein.

Es seien a, b die Koordinaten eines Punktes von D im Innern des Winkels xOy. Die Reihe (34) ist im Innern des Rechteckes $MM'M''M'''$, das von den vier Geraden $x = \pm a$, $y = \pm b$ gebildet wird, gleichmäßig konvergent, und infolgedessen ist $F(x,y)$ in diesem Rechtecke eine stetige Funktion der Variablen x und y. Daraus folgt, daß $F(x,y)$ eine stetige Funktion in jedem Punkte von D ist; denn wenn ein beliebiger Punkt m dieses Bereiches gegeben ist, so ist klar, daß man in D einen anderen Punkt M finden kann, so daß m im Innern des betreffenden Rechteckes $MM'M''M'''$ liegt.

Differenziert man die Reihe (34) Glied für Glied nach x oder nach y, so erhält man zwei neue Reihen

$$(35)\qquad \begin{cases} F_1(x,y) = \sum\limits_{m,\,n} m a_{mn} x^{m-1} y^n \\ F_2(x,y) = \sum\limits_{m,\,n} n a_{mn} x^m y^{n-1}, \end{cases}$$

die denselben Konvergenzbereich wie die Reihe (34) haben. Es genügt hierzu zu zeigen, daß die Reihe $\sum\limits_{m,\,n} m A_{mn} X^{m-1} Y^n$ z. B. dieselbe Trennungskurve Γ wie die Reihe (33) zuläßt.

Der Beweis, der dem in der Nr. 183 ganz gleich ist, zerfällt in zwei Teile:

1. Wenn die Reihe $\Sigma m A_{mn} X^{m-1} Y^n$ konvergent ist, so ist es auch die Reihe $\Sigma A_{mn} X^{m-1} Y^n$ und infolgedessen auch die Reihe (33);

2. wenn umgekehrt die Reihe $\Sigma A_{mn} X_0^m Y_0^n$ konvergent ist, so ist es auch die Reihe $\Sigma m A_{mn} X^{m-1} Y^n$, wenn $X < X_0$, $Y < Y_0$ ist.

Denn nehmen wir an, daß für beliebiges m und n

$$A_{mn} X_0^m Y_0^n < M$$

sei; man leitet daraus die Ungleichung]

$$m A_{mn} X^{m-1} Y^n < \frac{Mm}{X_0} \left(\frac{X}{X_0}\right)^{m-1} \left(\frac{Y}{Y_0}\right)^n$$

ab, und die rechte Seite ist das allgemeine Glied einer konvergenten Doppelreihe, deren Summe

$$\frac{M}{X_0} \frac{1}{\left(1 - \frac{X}{X_0}\right)^2 \left(1 - \frac{Y}{Y_0}\right)}.$$

Ordnet man die beiden Reihen $F(x,y)$ und $F_1(x,y)$ nach wachsenden Potenzen von x, so erhält man, wenn man y als konstant betrachtet, zwei ganze Reihen in x, und nach der Art, wie die zweite aus der ersten abgeleitet wurde, ist

$$F_1(x,y) = \frac{\partial F}{\partial x}.$$

Aus demselben Grunde ist auch

$$F_2(x, y) = \frac{\partial F}{\partial y}.$$

Überhaupt kann die Reihe (34) im Bereiche D eine beliebige Anzahl von Malen Glied für Glied differenziert werden. So z. B. ist die partielle Derivierte $\frac{\partial^{m+n} F}{\partial x^m \partial y^n}$ gleich der Summe einer Doppelreihe, deren konstantes Glied $m!\,n!\,a_{mn}$ ist; die Koeffizienten a_{mn} stellen also, von numerischen Faktoren abgesehen, die Werte der partiellen Derivierten der Funktion $F(x, y)$ für $x = y = 0$ dar, und die Formel (34) läßt sich auch schreiben

$$(34)' \qquad F(x, y) = \sum \frac{\left(\frac{\partial^{m+n} F(x, y)}{\partial x^m \partial y^n}\right)_0}{1 \cdot 2 \ldots m \cdot 1 \cdot 2 \ldots n} x^m y^n;$$

dies zeigt, wie wir im Vorbeigehen bemerken können, daß eine Funktion von zwei Variablen nur auf eine einzige Art in eine ganze Reihe entwickelt werden kann. Faßt man alle Glieder der Doppelreihe von gleichem Grade in x und y zusammen, so erhält man eine gewöhnliche Reihe

$$(34)'' \qquad F(x, y) = \varphi_0 + \varphi_1 + \varphi_2 + \cdots + \varphi_n + \cdots,$$

wo φ_n ein homogenes Polynom vom Grade n in x, y ist, das man in der symbolischen Form

$$\varphi_n = \frac{1}{1 \cdot 2 \ldots n}\left(x \frac{\partial F}{\partial x} + y \frac{\partial F}{\partial y}\right)^{(n)}$$

schreiben kann; diese Entwicklung ist also identisch mit derjenigen, welche die TAYLORsche Formel liefert (Nr. 28).

Es seien (x_0, y_0) die Koordinaten eines Punktes von D und r, ϱ die Koordinaten eines Punktes der Kurve Γ, so daß $|x_0| < r$, $|y_0| < \varrho$ ist. Nehmen wir in D einen benachbarten Punkt $(x_0 + h, y_0 + k)$, für den

$$|x_0| + |h| < r, \qquad |y_0| + |k| < \varrho$$

ist. Im Innern des durch die vier Geraden

$$x = x_0 \pm [r - |x_0|], \qquad y = y_0 \pm [\varrho - |y_0|]$$

gebildeten Rechteckes kann die Funktion $F(x, y)$ in eine nach Potenzen von $x - x_0$ und $y - y_0$ geordnete ganze Reihe

$$(36) \qquad F(x_0 + h, y_0 + k) = \sum \left(\frac{\partial^{m+n} F}{\partial x^m \partial y^n}\right)_{\substack{x = x_0 \\ y = y_0}} \frac{h^m k^n}{m!\,n!}$$

entwickelt werden.

Man beweist dies, indem man in der Doppelreihe

$$\sum a_{mn}(x_0 + h)^m (y_0 + k)^n$$

jedes Glied durch seine Entwicklung nach den Potenzen von h und k ersetzt und beachtet, daß die neue vielfache Reihe nach den aufgestellten Voraussetzungen unbedingt konvergent ist. Ordnet man diese Reihe nach den Potenzen von h und k, so gelangt man gerade zu der Formel (36).

Die vorausgehenden Schlüsse und Sätze lassen sich ohne Schwierigkeit auf die ganzen Reihen mit beliebig vielen Variablen ausdehnen. Wenn eine ganze Reihe mit n Variablen $x_1, x_2, \ldots, x_n$ gegeben ist, so gibt es im allgemeinen unendlich viele Prismatoide, die durch Bedingungen von der Art

$$-x_1^0 < x_1 < x_1^0, \; -x_2^0 < x_2 < x_2^0, \ldots, -x_n^0 < x_n < x_n^0$$

definiert sind, so daß im Innern eines jeden von ihnen die ganze Reihe $F(x_1, x_2, \ldots, x_n)$ absolut konvergent ist. Sie stellt in diesem Bereiche eine stetige Funktion dar und kann beliebig oft gliedweise differenziert werden.

192. **Majoranten.** Wenn eine ganze Reihe mit n Variablen $f(x, y, z, \ldots)$ vorliegt, so werden wir sagen, daß eine andere Reihe mit n Variablen $\varphi(x, y, z \ldots)$ eine Majorante der ersten ist, wenn ein beliebiger Koeffizient von $\varphi(x, y, z, \ldots)$ positiv und größer als der absolute Betrag des entsprechenden Koeffizienten von $f(x, y, z, \ldots)$ ist. Die Schlußweise Nr. 191 beruht im Grunde auf der Verwendung einer Majorante; wenn die Reihe $\Sigma | a_{mn} x^m y^n |$ für $x = r$, $y = \varrho$ konvergent ist, so ist die Funktion

$$\varphi(x, y) = \frac{M}{\left(1 - \frac{x}{r}\right)\left(1 - \frac{y}{\varrho}\right)} = M \Sigma \left(\frac{x}{r}\right)^m \left(\frac{y}{\varrho}\right)^n,$$

wo M größer als alle Glieder der Reihe $\Sigma | a_{mn} r^m \varrho^n |$ ist, eine Majorante für die Reihe $\Sigma a_{mn} x^m y^n$. Die Funktion

$$\psi(x, y) = \frac{M}{1 - \left(\frac{x}{r} + \frac{y}{\varrho}\right)}$$

ist gleichfalls eine Majorante, denn der Koeffizient von $x^m y^n$ in $\psi(x, y)$ ist gleich dem Koeffizienten des gleichen Gliedes in $M\left(\frac{x}{r} + \frac{y}{\varrho}\right)^{m+n}$ und infolgedessen mindestens gleich dem von $x^m y^n$ in $\varphi(x, y)$.

Liegt ebenso eine dreifache Reihe

$$f(x, y, z) = \Sigma a_{mnp} x^m y^n z^p$$

gegeben vor, die für $x = r$, $y = r'$, $z = r''$ absolut konvergent ist, wo r, r', r'' drei positive Zahlen sind, so läßt sie als Majorante einen Ausdruck von der Form

$$\varphi(x, y, z) = \frac{M}{\left(1 - \frac{x}{r}\right)\left(1 - \frac{y}{r'}\right)\left(1 - \frac{z}{r''}\right)}$$

zu, den man auch noch durch irgendeinen der folgenden ersetzen könnte

$$\frac{M}{1 - \left(\frac{x}{r} + \frac{y}{r'} + \frac{z}{re}\right)}, \qquad \frac{M}{\left(1 - \frac{x}{r}\right)\left[1 - \left(\frac{y}{r'} + \frac{z}{r''}\right)\right]}, \ldots .$$

Enthält $f(x, y, z)$ kein konstantes Glied, so kann man als Majorante auch den einen oder den anderen der vorangehenden Ausdrücke, vermindert um M, wählen.

Der Satz von der Substitution einer ganzen Reihe in eine andere ganze Reihe (Nr. 187) erstreckt sich auch auf die Reihen mit mehreren Variablen: Ersetzt man in einer ganzen konvergenten Reihe mit p Variablen $y_1, y_2, .., y_p$ diese Variablen durch p Entwicklungen in ganzen Reihen mit q Variablen $x_1, x_2, .., x_q$, die konvergent sind und keine konstanten Glieder enthalten, so kann das Resultat der Substitution auf die Form einer ganzen Reihe gebracht werden, die nach den Potenzen von $x_1, x_2, \ldots, x_q$ geordnet ist, vorausgesetzt daß die absoluten Beträge dieser Variablen kleiner als gewisse Grenzen sind.

Da der Beweis derselbe bleibt, wie groß auch die Anzahl der Variablen ist, werden wir uns etwa auf den folgenden Fall beschränken. Es sei

$$F(y, z) = \sum a_{mn} y^m z^n \tag{37}$$

eine ganze Reihe, die für $|y| \leqq r$, $|z| \leqq r'$ konvergent ist; andererseits seien

$$\left\{\begin{aligned} y &= b_1 x + b_2 x^2 + \ldots + b_n x^n + \ldots \\ z &= c_1 x + c_2 x^2 + \ldots + c_n x^n + \ldots \end{aligned}\right. \tag{38}$$

zwei Reihen ohne konstantes Glied, die konvergent sind, so lange der absolute Betrag von x die positive Zahl ϱ nicht übersteigt. Ersetzen wir in einem beliebigen Gliede der Reihe (37) y und z durch ihre Reihenentwicklungen (38); wir erhalten so für $y^m z^n$ eine neue ganze Reihe in x, und die Doppelreihe (37) wird durch eine dreifache Reihe ersetzt, deren sämtliche Koeffizienten sich aus den Koeffizienten a_{mn}, b_n, c_n nur durch Additionen und Multiplikationen zusammensetzen.

Es handelt sich darum zu zeigen, daß diese einfache Reihe selbst unbedingt konvergent ist, wofern der absolute Betrag von x eine gewisse Grenze nicht übersteigt, und daß man sie infolgedessen nach wachsenden Potenzen der Variablen anordnen kann. Bemerken wir dazu, daß man als Majorante von $F(y, z)$ die Funktion

$$\Phi(y, z) = \frac{M}{\left(1 - \frac{y}{r}\right)\left(1 - \frac{z}{r'}\right)} = \Sigma M \left(\frac{y}{r}\right)^m \left(\frac{z}{r'}\right)^n \tag{39}$$

und als Majorante der beiden Reihen (38) einen Ausdruck von der Form

$$\frac{N}{1 - \frac{x}{\varrho}} - N = \sum_{n=1}^{+\infty} N \left(\frac{x}{\varrho}\right)^n \tag{40}$$

nehmen kann, wo M und N zwei positive Zahlen sind. Ersetzt man jetzt in der Doppelreihe (39) y und z durch die Entwicklung (40) und entwickelt man jedes der Produkte $y^m z^n$ nach Potenzen von x, so sind alle Koeffizienten der so erhaltenen dreifachen Reihe positiv und größer als die absoluten Beträge der entsprechenden Koeffizienten der früher erhaltenen dreifachen Reihe. Man braucht also nur zu zeigen, daß diese neue Reihe konvergent ist, wenn man x einen genügend kleinen positiven Wert erteilt. Addiert man aber die Glieder, die von der Entwicklung eines und desselben Gliedes der Reihe (39) herrühren, so findet man die Doppelreihe wieder, deren allgemeines Glied

$$M \frac{N^{m+n}}{r^m r'^n} \frac{\left(\frac{x}{\varrho}\right)^{m+n}}{\left(1 - \frac{x}{\varrho}\right)^{m+n}}$$

ist; dies ist aber, vom Faktor M abgesehen, genau das allgemeine Glied der Reihe, die man durch gliedweise Multiplikation der beiden Reihen

$$\sum \left(\frac{N}{r}\right)^m \left(\frac{\frac{x}{\varrho}}{1 - \frac{x}{\varrho}}\right)^m, \quad \sum \left(\frac{N}{r'}\right)^n \left(\frac{\frac{x}{\varrho}}{1 - \frac{x}{\varrho}}\right)^n$$

erhält, und diese beiden Reihen sind konvergent, wofern gleichzeitig

$$|x| < \varrho \frac{r}{r + N}, \qquad |x| < \varrho \frac{r'}{r' + N}$$

ist; es genügt also, daß der absolute Betrag von x kleiner als die kleinere der beiden Zahlen $\varrho \frac{r}{r + N}$, $\varrho \frac{r'}{r' + N}$ sei, damit man das Recht habe, die dreifache Reihe nach Potenzen von x zu ordnen.

Bemerkung. Das Theorem ist auch noch richtig, wenn die Reihen (38) konstante Glieder b_0, c_0 besitzen, wofern $|b_0| < r, |c_0| < r'$ ist. Denn man kann ja die Entwicklung (37) durch eine nach Potenzen von $y - b_0$ und $z - c_0$ geordnete Reihe ersetzen (Nr. 191) und man wird so auf den eben behandelten Fall zurückgeführt.

IV. Implizite Funktionen. — Analytische Kurven und Flächen.

193. **Implizite Funktionen einer Variablen.** Unter gewissen Kontinuitätsbedingungen wurde bereits (Nr. 33) die Existenz der impliziten Funktionen bewiesen. Wenn die linken Seiten der betrachteten Gleichungen in ganze Reihen entwickelbar sind, so kommt man zu genaueren Resultaten, die wir nunmehr darlegen wollen.

Es sei $F(x, y) = 0$ eine Gleichung, bei der die linke Seite in eine konvergente, nach wachsenden Potenzen von $x - x_0$, $y - y_0$ geordnete Reihe entwickelt werden kann, welche kein konstantes Glied enthält und in der der Koeffizient von $y - y_0$ nicht Null ist. Diese Gleichung läßt eine und nur eine Wurzel zu, die gegen y_0 strebt, wenn x gegen x_0 konvergiert, und diese Wurzel läßt sich in eine ganze nach Potenzen von $x - x_0$ geordnete Reihe entwickeln.

Um die Rechnungen zu vereinfachen, nehmen wir $x_0 = y_0 = 0$ an, was auf eine Verschiebung des Ursprunges hinausläuft. Schreibt man auf die eine Seite das Glied, das vom ersten Grade in y ist, so nimmt die vorgelegte Gleichung die Form an

$$(41) \qquad y = f(x, y) = a_{10}\, x + a_{20}\, x^2 + a_{11}\, xy + a_{02}\, y^2 + \dots,$$

wobei die nicht geschriebenen Glieder von einem höheren als dem zweiten Grade sind. Wir wollen zunächst zeigen, daß man die Gleichung (41) formell befriedigen kann, indem man y durch eine Reihe

$$(42) \qquad y = c_1\, x + c_2\, x^2 + \dots + c_n\, x^n + \dots$$

ersetzt und mit der rechten Seite so operiert, als ob diese Reihe konvergent wäre. Setzt man die beiden Seiten gleich, so findet man nach der ausgeführten Substitution in der Tat die Bedingungen

$$c_1 = a_{10}, \; c_2 = a_{20} + a_{11}\, c_1 + a_{02}\, c_1^2, \; \dots;$$

allgemein drückt sich c_n mittels der Koeffizienten a_{ik}, wo $i + k \leqq n$ ist, und der vorhergehenden Koeffizienten $c_1, c_2, \dots, c_{n-1}$ nur durch Additionen und Multiplikationen aus, so daß man

$$(43) \qquad c_n = P_n(a_{10}, a_{20}, a_{11}, \dots, a_{0n})$$

schreiben kann, wo P_n ein Polynom ist, dessen sämtliche Koeffizienten ganze positive Zahlen sind. Die Berechtigung für die vorangehenden Operationen wird dann erbracht sein, wenn man beweist, daß die so erhaltene Reihe (42) für genügend kleine Werte von x konvergent ist. Man bedient sich hierfür eines sehr allgemeinen Kunstgriffes, zu dem CAUCHY die erste Anregung gegeben hat und der auf der Anwendung der Majoranten beruht.

Es sei

$$\varphi(x, Y) = \sum b_{mn} x^m Y^n$$

eine Majorante von $f(x, y)$, in der $b_{00} = b_{01} = 0$ ist und b_{mn} positiv und mindestens gleich $|a_{mn}|$ ist; betrachtet man die Hilfsgleichung

$$(41)' \qquad Y = \varphi(x, Y) = \sum b_{mn} x^m Y^n$$

und sucht man, wie früher, diese Gleichung zu befriedigen, indem man für Y eine ganze Reihe in x

$$(42)' \qquad Y = C_1 x + C_2 x^2 + \ldots + C_n x^n + \ldots$$

nimmt, so wird man für die Koeffizienten $C_1, C_2, \ldots$ auch wieder die Werte

$$C_1 = b_{10}, C_2 = b_{20} + b_{11} C_1 + b_{02} C_1^2, \ldots$$

und allgemein

$$(43)' \qquad C_n = P_n(b_{10}, b_{20}, \ldots, b_{0n})$$

erhalten.

Der Vergleich der Beziehungen (43) und (43)' zeigt uns sofort, daß $|c_n| < C_n$ ist, da alle Koeffizienten des Polynoms P_n positiv sind und $|a_{mn}| \leqq b_{mn}$ ist. Die Reihe (42) wird also konvergent sein, wenn es die Reihe (42)' ist. Nun können wir aber als Majorante $\varphi(x, Y)$ einen Ausdruck der Form

$$\varphi(x, y) = \frac{M}{\left(1 - \frac{x}{r}\right)\left(1 - \frac{Y}{\varrho}\right)} - M - M\frac{Y}{\varrho}$$

nehmen, wo M, r, ϱ drei positive Zahlen sind, und die Hilfsgleichung (41)' wird nach Fortschaffung der Nenner

$$Y^2 - \frac{\varrho^2 Y}{\varrho + M} + \frac{M\varrho^2}{\varrho + M}\,\frac{x}{r - x} = 0.$$

Diese Gleichung läßt eine Wurzel zu, die für $x = 0$ Null ist. Diese Wurzel hat den Ausdruck

$$Y = \frac{\varrho^2}{2(\varrho + M)} - \frac{\varrho^2}{2(\varrho + M)}\sqrt{1 - \frac{4M(\varrho + M)}{\varrho^2}\,\frac{x}{r - x}};$$

die Größe unter dem Wurzelzeichen läßt sich schreiben

$$\left(1 - \frac{x}{\alpha}\right)\left(1 - \frac{x}{r}\right)^{-1},$$

indem man

$$\alpha = r\left(\frac{\varrho}{\varrho + 2M}\right)^2$$

setzt, und man erhält so

$$Y = \frac{\varrho^2}{2(\varrho + M)}\left[1 - \left(1 - \frac{x}{\alpha}\right)^{\frac{1}{2}}\left(1 - \frac{x}{r}\right)^{-\frac{1}{2}}\right].$$

Diese Wurzel Y kann also im Intervalle $(-\alpha, +\alpha)$ in eine konvergente Reihe entwickelt werden; diese Entwicklung ist notwendig mit jener identisch, welche die direkte Substitution liefert, d. h. mit der Entwicklung (42)'. Die Reihe (42) ist darnach a fortiori im Intervall $(-\alpha, +\alpha)$ konvergent; aber dies ist nur eine untere Grenze des Konvergenzintervalls, das viel ausgedehnter sein kann.

Nach der Art selbst, wie man die Koeffizienten c_n erhalten hat, ist klar, daß die Summe y der Reihe (42) die Gleichung (41) befriedigt. Schreiben wir diese Gleichung $F(x, y) = y - f(x, y) = 0$ und es sei $y = P(x)$ die Wurzel, die wir erhalten haben. Setzt man, in $F(x, y)$, $y = P(x) + z$ und ordnet das Resultat der Substitution nach Potenzen von x und z, so müssen alle Glieder durch z teilbar sein, da dieses Resultat für jedes beliebige x Null sein muß, wenn man $z = 0$ setzt. Es ist also identisch

$$F[x, P(x) + z] = z\, Q(x, z),$$

wo $Q(x, z)$ eine ganze Reihe in x und z ist, und wenn man nunmehr z durch $y - P(x)$ in $Q(x, z)$ ersetzt, so gelangt man endgiltig zu der Identität

$$F(x, y) = [y - P(x)]\, Q_1(x, y);$$

das konstante Glied in Q_1 muß gleich der Einheit sein, da der Koeffizient von y gleich Eins sein muß, und wir können schreiben

(44) $$F(x, y) = [y - P(x)](1 + \alpha x + \beta y + \ldots).$$

Diese Zerlegung von $F(x, y)$ in ein Produkt aus zwei Faktoren rührt von Weierstrass her. Sie setzt die Wurzel $y = P(x)$ in Evidenz und zeigt überdies, daß es keine andere Wurzel von $F(x, y) = 0$ gibt, die zugleich mit x verschwindet, da der zweite Faktor nicht gegen Null konvergiert, wenn x und y gegen Null streben.

Bemerkung. Um die aufeinander folgenden Koeffizienten der Entwicklung (41) zu bestimmen, schreiben wir die vorgelegte Gleichung

(41)'' $$y = Ax^n + xy\,\Phi(x, y) + Cx^{n+1} + \ldots + Dy^2 + \ldots, \qquad A \neq 0,$$

wo $\Phi(x, y)$ eine ganze Reihe in x und y ist, und wo die nicht aufgeschriebenen Glieder zwei ganze Reihen in x bzw. y bilden, deren eine durch x^{n+1}, deren andere durch y^2 teilbar ist. Das erste Glied der gesuchten Reihe ist Ax^n, und wenn man $y = x^n (A + z)$ setzt, bleibt nach der Division der beiden Seiten der Gleichung (41)″ durch x^n eine Gleichung von derselben Form

$$z = A_1 x^{n'} + x z \Phi_1(x, z) + \ldots;$$

das erste Glied der Entwicklung von z ist $A_1 x^{n'}$ und das zweite Glied von y ist infolgedessen $A_1 x^{n+n'}$; es ist klar, daß man so unbegrenzt fortfahren kann.[1]

194. **Allgemeines Theorem.** Betrachten wir nunmehr ein System von p Relationen zwischen $p + q$ Veränderlichen

$$(45)\qquad \begin{cases} F_1(x_1, x_2, \ldots, x_q;\ y_1, y_2, \ldots, y_p) = 0 \\ F_2(x_1, x_2, \ldots, x_q;\ y_1, x_2, \ldots, y_p) = 0 \\ \ldots\ldots\ldots\ldots\ldots\ldots \\ F_p(x_1, x_2, \ldots, x_q;\ y_1, y_2, \ldots, y_p) = 0, \end{cases}$$

wo die Funktionen $F_1, F_2, \ldots, F_p$ für $x_i = y_k = 0$ verschwinden und sich in der Umgebung hiervon in ganze Reihen entwickeln lassen; wir setzen überdies voraus, daß die Funktionaldeterminante

$$\frac{D(F_1, F_2, \ldots, F_n)}{D(y_1, y_2, \ldots, y_n)}$$

für diese Werte nicht Null ist. Unter diesen Bedingungen lassen die Gleichungen (45) ein und nur ein Lösungssystem von der Form

$$y_1 = \varphi_1(x_1, x_2, \ldots, x_q),\ \ldots,\ y_p = \varphi_p(x_1, x_2, \ldots, x_q)$$

zu, wo $\varphi_1, \varphi_2, \ldots, \varphi_p$ ganze Reihen in $x_1, x_2, \ldots, x_q$ sind, die für $x_1 = x_2 = \ldots = x_q = 0$ verschwinden.

Um die Schreibweise zu vereinfachen, beschränken wir uns auf den Fall zweier Gleichungen zwischen zwei Funktionen u und v und drei unabhängigen Variablen x, y, z

$$(46)\qquad \begin{cases} F_1 = a u + b v + c x + d y + e z + \ldots = 0 \\ F_2 = a' u + b' v + c' x + d' y + e' z + \ldots = 0. \end{cases}$$

Da die Determinante $a b' - b a'$ nach der Voraussetzung nicht Null ist, kann man die beiden Gleichungen (46) durch zwei Gleichungen der Form

$$(47)\qquad \begin{cases} u = \sum a_{mnpqr} x^m y^n z^p u^q v^r \\ v = \sum b_{mnpqr} x^m y^n z^p u^q v^r \end{cases}$$

ersetzen, deren rechte Seiten weder konstante Glieder noch Glieder des ersten Grades in u und v enthalten. Man beweist auf dieselbe

---

[1] Hat man so eine gewisse Anzahl von Gliedern erhalten, so kann man ihre Zahl durch eine Division verdoppeln. (Nouv. Annales de Math. 1904.)

Art wie vorhin, daß man diese Gleichungen formell befriedigt, wenn man für u und v Reihen in x, y, z

$$(48)\qquad u = \sum c_{ikl}\, x^i y^k z^l, \qquad v = \sum c'_{ikl}\, x^i y^k z^l$$

nimmt, deren Koeffizienten c_{ikl} und c'_{ikl} sich nur durch Additionen und Multiplikationen aus den Koeffizienten a_{mnpqr} und b_{mnpqr} zusammensetzen. Um die Konvergenz dieser Entwicklungen darzutun, genügt es auch hier, sie mit den analogen Entwicklungen zu vergleichen, die man erhält, wenn man den beiden Hilfsgleichungen

$$U = V = \frac{M}{\left(1 - \frac{x+y+z}{r}\right)\left(1 - \frac{U+V}{\varrho}\right)} - M\left(1 + \frac{U+V}{\varrho}\right)$$

zu genügen sucht, wo M, r, ϱ positive Zahlen sind, deren Bedeutung bereits auseinandergesetzt wurde. Diese beiden Hilfsgleichungen reduzieren sich auf eine einzige Gleichung zweiten Grades

$$U^2 - \frac{\varrho^2 U}{2\varrho + 4M} + \frac{M\varrho^2}{2\varrho + 4M} \cdot \frac{x+y+z}{r - (x+y+z)} = 0,$$

welche eine für $x = y = z = 0$ verschwindende Wurzel zuläßt. Der Ausdruck für diese Wurzel ist

$$U = \frac{\varrho^2}{4(\varrho + 2M)} - \frac{\varrho^2}{4(\varrho + 2M)} \sqrt{\frac{1 - \frac{x+y+z}{\alpha}}{1 - \frac{x+y+z}{r}}},$$

wobei $\alpha = r\left(\frac{\varrho}{\varrho + 4M}\right)^2$ gesetzt wurde.

Diese Wurzel kann in eine konvergente Reihe entwickelt werden, so lange die absoluten Beträge von x, y, z nicht $\frac{\alpha}{3}$ übersteigen. Die Reihen (48) sind also innerhalb dieser Grenzen konvergent.

Es seien u_1 und v_1 die entwickelbaren Lösungen der Gleichungen (47). Setzt man $u = u_1 + u'$, $v = v_1 + v'$ und substituiert man dies in den Gleichungen (47) und ordnet man hernach nach Potenzen von $x, y, z, u'\ v'$, so werden alle Glieder u' oder v' als Faktor enthalten müssen. Daraus folgt, daß die vorgelegten Gleichungen, wenn man zu den Variablen x, y, z, u, v zurückkehrt, sich schreiben lassen

$$(47)'\qquad \begin{cases} (u - u_1)f + (v - v_1)\varphi = 0 \\ (u - u_1)f_1 + (v - v_1)\varphi_1 = 0, \end{cases}$$

worin $f, \varphi, f_1, \varphi_1$ auch ganze Reihen in x, y, z, u, v sind. Die Lösungen $u = u_1$, $v = v_1$ sind so in Evidenz gesetzt; man sieht aber überdies, daß es keine anderen Lösungen gibt, die für $x = y = z = 0$

verschwinden. Denn für jede andere Lösung der Gleichungen (47)' muß $f\varphi_1 - \varphi f_1$ Null sein; vergleicht man aber die Gleichungen (47) und (47)', so sieht man, daß das konstante Glied in f und φ_1 gleich der Einheit ist, während es in f_1 und φ Null ist. Man kann also die Gleichung $f\varphi_1 - \varphi f_1 = 0$ nicht befriedigen, wenn man für u und v Funktionen nimmt, die für $x = y = z = 0$ verschwinden.

195. **Lagrangesche Formel.** Es sei

$$y = a + x\varphi(y) \tag{49}$$

eine Gleichung, in der die Funktion $\varphi(y)$ in eine nach wachsenden Potenzen von $y - a$ geordnete konvergente Reihe entwickelbar ist, so lange der absolute Betrag von $y - a$ eine gewisse Grenze nicht überschreitet:

$$\varphi(y) = \varphi(a) + (y - a)\varphi'(a) + \frac{(y-a)^2}{1\cdot 2}\varphi''(a) + \ldots;$$

nach dem allgemeinen Theorem der Nr. 193 läßt diese Gleichung eine und nur eine Wurzel zu, die gegen a konvergiert, wenn x gegen Null strebt, und diese Wurzel wird für genügend kleine Werte von x durch die Summe einer konvergenten Reihe dargestellt:

$$y = a + a_1 x + a_2 x^2 + \ldots.$$

Allgemeiner, wenn $f(y)$ eine nach positiven Potenzen von $y - a$ entwickelbare Funktion ist, so wird man, nachdem man y durch die vorangehende Entwicklung ersetzt hat, für $f(y)$ eine nach den Potenzen von x geordnete Entwicklung erhalten, die gültig ist, so lange x zwischen gewissen Grenzen liegt:

$$f(y) = f(a) + A_1 x + A_2 x^2 + \ldots + A_n x^n + \ldots \tag{50}$$

Das Ziel der Formel von Lagrange ist gerade, den Ausdruck der Koeffizienten $A_1, A_2, \ldots, A_n, \ldots$ als Funktionen von a zu geben. Bemerken wir, daß dieses Problem von dem allgemeinen Probleme nicht wesentlich verschieden ist; der Koeffizient A_n ist, vom Faktor $n!$ abgesehen, die n^{te} Derivierte von $f(y)$ für $x = 0$, wobei y durch die Gleichung (49) definiert ist, und diese Derivierte läßt sich nach den bekannten Regeln berechnen. Die Rechnung scheint kompliziert, kann aber dank den folgenden Bemerkungen von Laplace sehr abgekürzt werden. Die partiellen Derivierten der durch die Gleichung (49) definierten Funktion y nach x und a sind durch die Formeln gegeben

$$[1 - x\varphi'(y)]\frac{\partial y}{\partial x} = \varphi(y), \qquad [1 - x\varphi'(y)]\frac{\partial y}{\partial a} = 1;$$

man leitet daraus unmittelbar die Beziehung

$$\frac{\partial u}{\partial x} = \varphi(y)\frac{\partial u}{\partial a} \tag{51}$$

ab, wobei $u = f(y)$ gesetzt wurde. Wenn andererseits $F(y)$ eine beliebige Funktion von y bezeichnet, so bestätigt man unmittelbar durch Differenzieren, daß

$$\frac{\partial}{\partial a}\left[F(y)\frac{\partial u}{\partial x}\right] = \frac{\partial}{\partial x}\left[F(y)\frac{\partial u}{\partial a}\right] \tag{51'}$$

ist, denn jede der Derivierten nimmt entwickelt den Ausdruck an

$$F'(y)f'(y)\frac{\partial y}{\partial a}\frac{\partial y}{\partial x} + F(y)\frac{\partial^2 u}{\partial a\,\partial x}.$$

Dies vorausgeschickt wollen wir nun zeigen, daß für jede ganze Zahl n

$$\frac{\partial^n u}{\partial x^n} = \frac{\partial^{n-1}}{\partial a^{n-1}}\left[\varphi(y)^n \frac{\partial u}{\partial a}\right]$$

ist. Nach der Formel (51) ist das Gesetz für $n = 1$ richtig; um seine Allgemeingültigkeit zu erweisen, nehmen wir an, daß es für einen bestimmten Wert von n bereits bewiesen sei. Man leitet daraus

$$\frac{\partial^{n+1} u}{\partial x^{n+1}} = \frac{\partial^n}{\partial a^{n-1}\partial x}\left[\varphi(y)^n \frac{\partial u}{\partial a}\right]$$

ab. Unter Benutzung der Relationen (51) und (51)' kann man aber schreiben

$$\frac{\partial}{\partial x}\left[\varphi(y)^n \frac{\partial u}{\partial a}\right] = \frac{\partial}{\partial a}\left[\varphi(y)^n \frac{\partial u}{\partial x}\right] = \frac{\partial}{\partial a}\left[\varphi(y)^{n+1} \frac{\partial u}{\partial a}\right];$$

es ist also tatsächlich

$$\frac{\partial^{n+1} u}{\partial x^{n+1}} = \frac{\partial^n}{\partial a^n}\left[\varphi(y)^{n+1} \frac{\partial u}{\partial a}\right]$$

und die Formel gilt für jeden Wert von n.

Setzen wir nunmehr $x = 0$ voraus; y reduziert sich auf a, u auf $f(a)$ und die n^{te} Derivierte von u nach x wird

$$\left(\frac{\partial^n u}{\partial x^n}\right)_0 = \frac{d^{n-1}}{da^{n-1}}[\varphi(a)^n f'(a)].$$

Die Taylorsche Formel gibt uns also für die Entwicklung von $f(y)$

$$(52)\qquad \begin{cases} f(y) = f(a) + x\,\varphi(a) f'(a) + \dfrac{x^2}{1\cdot 2}\dfrac{d}{da}[\varphi(a)^2 f'(a)] + \ldots \\ \qquad + \dfrac{x^n}{n!}\dfrac{d^{n-1}}{da^{n-1}}[\varphi(a)^n f'(a)] + \ldots \end{cases}$$

Dies ist die bekannte Lagrangesche Formel; sie gibt den Ausdruck der Wurzel y, die gegen a strebt, wenn x gegen Null konvergiert. Wir werden später sehen, zwischen welchen Grenzen diese Formel anwendbar ist.

Bemerkung. Aus dem allgemeinen Theorem folgt auch, daß die Wurzel y, als Funktion von x und a betrachtet, durch eine nach den Potenzen von x und a geordnete Doppelreihe ersetzt werden kann. Man erhält diese Doppelreihe, wenn man jeden der Koeffizienten A_n durch seine Entwicklung nach den Potenzen von a ersetzt. Man leitet daraus die Berechtigung ab, die Reihe (52) Glied für Glied nach dem Parameter a zu differenzieren.

Beispiele. 1. Die Gleichung

$$(53)\qquad y = a + \frac{x}{2}(y^2 - 1)$$

läßt für $x = 0$ eine Wurzel $y = a$ zu. Die Lagrangesche Formel liefert als Entwicklung dieser Wurzel

$$(54)\qquad \begin{cases} y = a + \dfrac{x}{2}(a^2 - 1) + \dfrac{1}{1\cdot 2}\left(\dfrac{x}{2}\right)^2 \dfrac{d(a^2-1)^2}{da} + \ldots \\ \qquad + \dfrac{1}{1\cdot 2\ldots n}\left(\dfrac{x}{2}\right)^n \dfrac{d^{n-1}(a^2-1)^n}{da^{n-1}} + \ldots; \end{cases}$$

löst man andererseits die Gleichung (53) auf, so erhält man als Ausdruck der Wurzeln

$$y = \frac{1}{x} \pm \frac{1}{x}\sqrt{1 - 2ax + x^2}$$

und um die Wurzel $y = a$ für $x = 0$ zu erhalten, muß man das Zeichen − nehmen. Differenziert man die beiden Seiten der Gleichung (54) nach der Variablen a, so gelangt man zu einer Formel, die sich nur durch die Bezeichnungen von der früher (Nr. 189) erhaltenen Formel (32) unterscheidet.

2. Die Keplersche Gleichung

$$u = a + e \sin u \tag{55}$$

läßt für $e = 0$ die Wurzel $u = a$ zu. Die Lagrangesche Formel gibt für die nach a konvergierende Wurzel die Entwicklung

$$u = a + e \sin a + \frac{e^2}{1\cdot 2}\frac{d}{da}(\sin^2 a) + \ldots + \frac{e^n}{1\cdot 2\ldots n}\frac{d^{n-1}(\sin^n a)}{da^{n-1}} + \ldots \tag{56}$$

Laplace hat als erster durch eine kunstvolle Analyse dargetan, daß die vorstehende Reihe konvergent ist, solange e kleiner als der Grenzwert 0·662743 ... ist.

196. **Inversion.** Es sei

$$y = a_1 x + a_2 x^2 + \ldots + a_n x^n + \ldots \tag{57}$$

eine im Intervalle $(-r, +r)$ konvergente Reihe, bei welcher der erste Koeffizient a_1 nicht Null ist. Betrachtet man in der Gleichung (57) y als die unabhängige Veränderliche und x als eine Funktion von y, so läßt diese Gleichung nach dem allgemeinen Theorem (Nr. 193) eine und nur eine Wurzel zu, die mit y gegen Null konvergiert, und diese Wurzel ist in eine nach Potenzen von y geordnete Reihe entwickelbar

$$x = b_1 y + b_2 y^2 + \ldots + b_n y^n + \ldots \tag{58}$$

Die Koeffizienten $b_1, b_2, b_3, \ldots$ lassen sich leicht sukzessive bestimmen, indem man x in der Formel (57) durch die Entwicklung (58) ersetzt und beide Seiten identisch gleichsetzt. Man findet so

$$b_1 = \frac{1}{a_1}, \qquad b_2 = -\frac{a_2}{a_1^3}, \qquad b_3 = \frac{2a_2^2 - a_1 a_3}{a_1^5}, \ldots;$$

man kann den allgemeinen Ausdruck der Koeffizienten b_n auch mittels der Lagrangeschen Formel erhalten. Denn setzt man

$$\psi(x) = a_1 + a_2 x + \ldots + a_n x^{n-1} + \ldots,$$

so läßt sich die Gleichung (57) schreiben

$$x = y\frac{1}{\psi(x)}$$

und die Lagrangesche Formel gibt als Entwicklung der Wurzel, die zugleich mit y verschwindet,

$$x = y\frac{1}{\psi(0)} + \ldots + \frac{y^n}{1\cdot 2\ldots n}\left[\frac{d^{n-1}}{dx^{n-1}}\left(\frac{1}{\psi(x)}\right)^n\right]_0 + \ldots,$$

wobei der Index 0 anzeigt, daß man nach den Differenziationen x durch 0 ersetzen soll.

Das vorstehende Problem war früher unter dem Namen der Reihenumkehrung bekannt.

197. **Analytische Funktionen.** Wir werden in der Folge analytische Funktion jede Funktion einer beliebigen Anzahl von Variablen $x, y, z, \ldots$ nennen, die in der Umgebung eines Wertesystems $x_0, y_0, z_0, \ldots$ in eine ganze nach Potenzen von $x - x_0$, $y - y_0$, $z - z_0, \ldots$ geordnete Reihe entwickelt werden kann, die konvergent ist, solange die absoluten Werte dieser Differenzen gewisse Grenzen nicht überschreiten (die Werte $x_0, y_0, z_0, \ldots$ können im übrigen gewissen Einschränkungeu unterworfen sein, die wir hier nicht prüfen wollen). Aus der Studie, die wir in diesem Kapitel eben anstellten, geht hervor, daß diese Funktionen in gewisser Weise auseinander hervorgehen. Wenn eine oder mehrere analytische Funktionen gegeben sind, so führen die Integration oder die Differentiation sowie die algebraischen Operationen, wie die Multiplikation, die Division und die Kombination durch Substitution usw. auf neue analytische Funktionen. Ebenso verhält es sich mit den Funktionen, die man durch die Lösung von Gleichungen erhält, deren linke Seiten analytisch sind. Da nun die einfachsten Funktionen wie die Polynome, die Exponentialfunktion und die Kreisfunktionen analytisch sind, so erklärt man sich leicht, warum die ersten von den Geometern studierten Funktionen notwendigerweise analytische Funktionen waren, und die Wichtigkeit dieser Funktionen wird noch deutlicher beim Studium der Funktionen einer komplexen Variablen und der Differentialgleichungen hervortreten. Aber trotz der fundamentalen Rolle der analytischen Funktionen darf man niemals vergessen, daß sie in Wirklichkeit nur eine ganz besondere Gruppe in der Menge der stetigen Funktionen sind.[1]

[1] Es sei $f(x)$ eine Funktion, die in einem Intervalle (a, b) stetig ist und daselbst stetige Derivierte aller Ordnungen zuläßt. Wenn diese Derivierten der Bedingung

$$\text{(A)} \qquad |f^{(n)}(x)| < \frac{M n!}{\varrho^n}$$

genügen, wo M und ϱ zwei positive von x unabhängige Zahlen sind, so ist die Funktion $f(x)$ analytisch. Denn bedeuten x und x_0 zwei beliebige Punkte des Intervalls (a, b) und entwickelt man $f(x) - f(x_0)$ mittels der Taylorschen Formel nach Potenzen von $x - x_0$, so ist der Rest R_n gemäß der Bedingung (A) dem absoluten Betrage nach kleiner als $M \frac{|x - x_0|^{n+1}}{\varrho^{n+1}}$ und strebt infolgedessen gegen Null, wenn n unbegrenzt wächst, während x zwischen $x_0 - \varrho$ und $x_0 + \varrho$ enthalten bleibt.

Umgekehrt wird man im II. Bande sehen, daß die Bedingung (A) notwendig ist, damit $f(x)$ analytisch sei.

198. **Analytische Kurven.** Wir haben (Nr. 13) eine Kurve als den Ort definiert, den ein Punkt M beschreibt, dessen Koordinaten stetige Funktionen eines Parameters t, $x = f(t)$, $y = \varphi(t)$, $z = \psi(t)$ sind, wenn man diesen Parameter variieren läßt. Wenn die Funktionen $f(t)$, $\varphi(t)$, $\psi(t)$ analytische Funktionen von t sind, das heißt Funktionen von t, die sich in der Umgebung jedes Wertes t_0, der in einem gewissen Intervalle (a, b) liegt, mittels der Taylorschen Formel nach Potenzen von $t - t_0$ entwickeln lassen, so heißt der entsprechende Bogen der Kurve ein analytischer Kurvenbogen. Alle Kurven, mit denen man es in den gebräuchlichsten Anwendungen zu tun hat, sind analytische Kurven oder werden von einer endlichen Anzahl analytischer Kurvenbogen, die mit ihren Enden aneinander stoßen, gebildet.

Es seien x_0, y_0, z_0 die Koordinaten eines Punktes M_0 einer analytischen Kurve; x, y, z die Koordinaten eines anderen Kurvenpunktes M in der Umgebung von M_0. Der Punkt M_0 heißt ein regulärer Punkt, wenn zwei der drei Differenzen $x - x_0$, $y - y_0$, $z - z_0$ in ganze, nach den Potenzen der dritten geordnete Reihen entwickelt werden können, die konvergent sind, solange die absoluten Beträge dieser Differenzen kleiner als eine gewisse Grenze $h > 0$ bleiben. Im entgegengesetzten Falle heißt der Punkt M_0 ein singulärer Punkt. Ein analytischer Kurvenbogen ohne singulären Punkt heißt regulär.

Aus der Definition der analytischen Kurven folgt, daß die Koordinaten x, y, z eines Punktes M in der Nachbarschaft des Punktes $M_0(x_0, y_0, z_0)$ durch ganze Reihen

$$(59)\qquad \begin{cases} x = x_0 + a_1(t - t_0) + \dots + a_n(t - t_0)^n + \dots, \\ y = y_0 + b_1(t - t_0) + \dots + b_n(t - t_0)^n + \dots, \\ z = z_0 + c_1(t - t_0) + \dots + c_n(t - t_0)^n + \dots, \end{cases}$$

dargestellt werden können, die konvergent sind, solange $|t - t_0|$ kleiner als eine positive Zahl r ist.

Damit der Punkt M_0 ein regulärer Punkt sei, genügt es, daß einer der drei Koeffizienten a_1, b_1, c_1 der Formeln (59) nicht Null sei. Wenn z. B. a_1 nicht Null ist, so wird man aus der ersten der Gleichungen (59) eine Entwicklung von $t + t_0$ nach den Potenzen von $x - x_0$ entnehmen (Nr. 193) und wird, wenn man diesen Wert von $t - t_0$ in die anderen beiden Formeln einträgt, die Entwicklung von $y - y_0$, $z - z_0$ nach ganzen Potenzen von $x - x_0$ erhalten. Umgekehrt können die Gleichungen, die eine analytische Kurve definieren, in der Nachbarschaft eines regulären Punktes M_0

auf die Form (59) gebracht werden, wobei einer der Koeffizienten a_1, b_1, c_1 nicht Null ist. Denn wenn z. B. $y - y_0$ und $z - z_0$ ganzen Reihen in $x - x_0$ gleich sind, so genügt es $x - x_0 = t$ zu setzen, um auf Formeln von der Form (59) zu kommen, wobei dann $a_1 = 1$ ist. Aus dieser Bemerkung geht auch hervor, daß die Definition eines regulären Punktes von den Koordinatenachsen unabhängig ist. Denn betrachtet man die Kurve Γ, die aus der Kurve C durch eine projektive Transformation hervorgeht, welche durch die Formeln

$$X = l\,x + m\,y + n\,z + p,$$
$$Y = l'x + m'y + n'z + p',$$
$$Z = l''x + m''y + n''z + p'',$$

deren Determinante nicht Null ist, definiert wird, so ist

$$\frac{dX}{dt} = l\frac{dx}{dt} + m\frac{dy}{dt} + n\frac{dz}{dt}, \quad \frac{dY}{dt} = l'\frac{dx}{dt} + \ldots, \quad \frac{dZ}{dt} = l''\frac{dx}{dt} + \ldots$$

und die drei Derivierten $\frac{dX}{dt}$, $\frac{dY}{dt}$, $\frac{dZ}{dt}$ können für einen Wert t_0 von t nicht gleichzeitig Null sein, wenn die drei Derivierten $\frac{dx}{dt}$, $\frac{dy}{dt}$, $\frac{dz}{dt}$ für diesen Wert von t nicht gleichfalls alle Null sind.[1]

Wenn die drei Koeffizienten a_1, b_1, c_1 gleichzeitig Null sind, so ist der Punkt M_0 im allgemeinen ein singulärer Punkt. Nehmen wir z. B. die durch die beiden Gleichungen $x = t^2$, $y = t^3$ definierte Plankurve. Für $t = 0$ ist $a_1 = b_1 = 0$; der Ursprung ist auch wirklich ein singulärer Punkt, denn man entnimmt aus den obigen Gleichungen $x = y^{\frac{2}{3}}$ und umgekehrt $y = x^{\frac{3}{2}}$, und jede der Koordinaten ist eine gebrochene Potenz der anderen Koordinate.

Nehmen wir hingegen die durch die Formeln $x = t^2$, $y = t^4$ definierte Plankurve. Für $t = 0$ ist auch hier $a_1 = b_1 = 0$ und dennoch ist der Ursprung kein singulärer Punkt, da $y = x^2$ ist. Doch wird man bei diesem letzten Beispiele bemerken, daß einem Kurvenpunkte zwei verschiedene Werte ($\pm t$) des Parameters entsprechen.

Es seien x_0, y_0 die Koordinaten eines Punktes M_0 einer ebenen Kurve C, die durch eine Gleichung $F(x, y) = 0$ dargestellt wird, deren linke Seite in eine ganze, nach Potenzen von $x - x_0$ und $y - y_0$ geordnete Reihe entwickelt werden kann. Wenn die partiellen Derivierten $\frac{\partial F}{\partial x}$, $\frac{\partial F}{\partial y}$ für $x = x_0$, $y = y_0$ nicht beide Null sind, so ist M_0 ein regulärer Punkt. Denn wenn z. B. $\left(\frac{\partial F}{\partial y}\right)_0 \neq 0$ ist, so

[1] Man sieht leicht, daß sich dieser Satz auf jede umkehrbare, durch analytische Formeln definierte Transformation ausdehnen läßt.

kann man aus der Gleichung $F = 0$ eine Entwicklung von $y - y_0$ nach Potenzen von $x - x_0$ ableiten (Nr. 193).

Desgleichen seien x_0, y_0, z_0 die Koordinaten eines Punktes M_0 einer Raumkurve Γ, die durch ein System zweier Gleichungen

$$(60) \qquad F(x, y, z) = 0, \quad F_1(x, y, z) = 0$$

dargestellt wird, deren linke Seiten ganze Reihen in $x - x_0$, $y - y_0$ $z - z_0$ sind. Dieser Punkt M_0 ist ein regulärer Punkt, wofern die drei Funktionaldeterminanten

$$\frac{D(F, F_1)}{D(x, y)}, \quad \frac{D(F, F_1)}{D(y, z)}, \quad \frac{D(F, F_1)}{D(z, x)}$$

für $x = x_0$, $y = y_0$, $z = z_0$ nicht gleichzeitig Null sind. Wenn z. B. die Determinante $\frac{D(F, F_1)}{D(x, y)}$ im Punkte M_0 nicht Null ist, so wird man $x - x_0$, $y - y_0$ mittels der Gleichungen (60) in ganze, nach Potenzen von $z - z_0$ geordnete Reihen entwickeln können.

Die Sätze sind denen der Nummern 36 und 42 analog; wir erhalten hier aber ein genaueres Resultat, da wir beweisen, daß die impliziten Funktionen, um die es sich handelt, analytische Funktionen der unabhängigen Variablen sind.

Bemerkung I. Betrachten wir im besonderen eine Plankurve C, d. h. ersetzen wir die letzte der Formeln (59) durch $z = 0$. Die Gestalt der Kurve in der Umgebung des Punktes M_0 erhält man, wenn man beachtet, daß $x - x_0$ und $y - y_0$ für unendlich kleine Werte von $t - t_0$ die Zeichen der ersten Glieder auf den rechten Seiten $a_m(t - t_0)^m$, bzw. $b_n(t - t_0)^n$ haben.

Nehmen wir an, daß $m \leqq n$ sei. Ist m ungerade (was für einen regulären Punkt stets zutrifft), so hat die Kurve die gewöhnliche Gestalt oder sie bietet einen Wendepunkt dar. Ist m gerade, so weist die Kurve einen Rückkehrpunkt der ersten oder zweiten Art auf.

Bemerkung II. Es sei M_0 ein regulärer Punkt einer analytischen Plankurve C; nehmen wir an, daß z. B. $y - y_0$ nach den Potenzen von $x - x_0$ entwickelt ist,

$$y - y_0 = c_1(x - x_0) + c_2(x - x_0)^2 + \dots$$

Wenn die Tangente zur x-Achse nicht parallel ist, so ist der Koeffizient c_1 nicht Null und man kann umgekehrt aus der vorstehenden Relation die Entwicklung von $x - x_0$ nach den Potenzen von $y - y_0$ herleiten. Dies ist nicht mehr der Fall, wenn die Tangente im Punkte M_0 zur x-Achse parallel ist. In diesem Falle ist $c_1 = 0$ und die Entwicklung von $y - y_0$ beginnt mit einem Gliede von höherem als dem ersten Grade in $x - x_0$; man kann also das allgemeine Theorem der Nr. 193 nicht mehr anwenden. Aus einer Studie, die später (Bd. II) angestellt werden wird, folgt, daß $x - x_0$ dann in eine ganze nach gebrochenen Potenzen von $y - y_0$ geordnete Reihe entwickelt werden kann.

199. Doppelpunkte. Nehmen wir das Studium einer analytischen Plankurve C in der Umgebung eines Doppelpunktes wieder auf.

Nimmt man diesen Doppelpunkt zum Ursprung, so ist die Gleichung der Kurve von der Form

$$(61) \qquad a x^2 + 2 b x y + c y^2 + \varphi_3(x, y) + \ldots = 0,$$

wobei die Koeffizienten a, b, c nicht gleichzeitig Null sind und die nicht aufgeschriebenen Glieder eine ganze Reihe in x und y bilden, die in der Umgebung des Punktes $x = y = 0$ konvergent ist. Nehmen wir überdies an, die Achsen seien so gewählt, daß c nicht Null ist. Nach einer bereits früher (S. 95, Fußnote) gemachten Bemerkung kann die Gleichung (61) nicht mehr als zwei reelle, mit x gegen Null strebende Wurzeln zulassen; man wird später beweisen, daß sie stets zwei und nur zwei reelle oder imaginäre Wurzeln zuläßt, die mit x gegen Null streben. Man kann den Ausdruck für diese Wurzeln leicht finden, wenn $b^2 - ac$ nicht Null ist.

1. Es sei $b^2 - ac > 0$. Man kann dann die vorstehende Gleichung, wenn man durch c dividiert, auch schreiben

$$62) \qquad F(x, y) = (y - \alpha x)(y - \beta x) + \varphi_3(x, y) + \ldots = 0,$$

wo α und β zwei verschiedene reelle Zahlen sind. Setzt man

$$y = x(\alpha + u),$$

so kann $F[x, x(\alpha + u)]$ nach Potenzen von x und u (Nr. 192) geordnet werden und es bleibt nach Division durch x^2 die Gleichung

$$(63) \qquad u(u + \alpha - \beta) + \ldots = 0,$$

in welcher die nicht aufgeschriebenen Glieder für $x = 0$ Null sind. Nach dem allgemeinen Theoreme der Nr. 193 läßt diese Gleichung eine Wurzel u_1 zu, die mit x zugleich verschwindet und die nach Potenzen von x entwickelbar ist

$$u_1 = \alpha_1 x + \alpha_2 x^2 + \ldots$$

Die Gleichung (62) läßt also auch die Wurzel y_1 zu

$$(64) \qquad y_1 = \alpha x + \alpha_1 x^2 + \alpha_2 x^3 + \ldots$$

und man würde ebenso sehen, daß diese Gleichung noch eine zweite Wurzel

$$y_2 = \beta x + \beta_1 x^2 + \beta_2 x^3 + \ldots$$

zuläßt.

Durch den Ursprung gehen also zwei Kurvenzweige und auf jedem einzelnen von ihnen ist der Ursprung ein regulärer Punkt.

Auf dieselbe Weise wie zu Ende der Nr. 193 beweist man leicht, daß sich $F(x, y)$ in ein Produkt aus drei Faktoren zerlegen läßt

$$(66) \qquad F(x, y) = (y - y_1)(y - y_2)(1 + c_1 x + c_2 y + \ldots),$$

wodurch die beiden Wurzeln y_1 und y_2 der Gleichung (62) in Evidenz gesetzt werden und überdies gezeigt wird, daß diese Gleichung keine andere Wurzel zuläßt, die zugleich mit x gegen Null strebt.

2. Es sei $b^2 - ac < 0$. Wir wissen, daß dann der Ursprung ein isolierter Doppelpunkt ist. Dennoch ließen sich die Rechnungen, die wir eben angezeigt haben, auch hier noch anwenden und würden zu zwei konvergenten Reihen (64) und (65) führen, die der Gleichung (62) formell genügten, jedoch imaginäre Koeffizienten hätten. Die Gleichung (62) läßt also in diesem Falle zwei konjugiert imaginäre Wurzeln zu, die mit x unendlich klein werden.

Die vorstehende Methode läßt sich auch ohne Schwierigkeit auf das Studium einer analytischen Kurve in der Umgebung eines vielfachen Punktes von beliebiger Ordnung p mit verschiedenen Tangenten anwenden.

3. Es sei $b^2 - ac = 0$. Nimmt man als x-Achse die Tangente im Doppelpunkte, so ist die Gleichung von der Form

$$y^2 = Ax^3 + Bx^2y + Cxy^2 + Dy^3 + \dots \tag{67}$$

Es seien $u + \sqrt{v}$ und $u - \sqrt{v}$ die beiden unendlich kleinen Wurzeln. Ersetzt man y durch $u + \sqrt{v}$, so wird die Gleichung

$$u^2 + 2u\sqrt{v} + v = Ax^3 + Bx^2(u + \sqrt{v}) + Cx(u + \sqrt{v})^2 + D(u + \sqrt{v})^3 + \dots$$

Setzt man einerseits die durch die rationalen Glieder in v gebildete Reihe andererseits den Koeffizienten von $\sqrt{v}$ gleich Null, so erhält man zur Bestimmung von u und v die beiden folgenden Gleichungen

$$\left\{\begin{aligned} v &= -u^2 + Ax^3 + Bx^2u + Cxu^2 + Cxv + Du^3 + 3Duv + \dots \\ 2u - Dv &= Bx^2 + 2Cxu + 3Du^2 + \dots \end{aligned}\right. \tag{68}$$

Man kann auf dieses System das allgemeine Theorem der Nr. 194 anwenden und leitet daraus für u und v Reihenentwicklungen ab

$$\left\{\begin{aligned} v &= Ax^3 + \dots, \\ u &= \frac{B}{2}x^2 + \dots, \end{aligned}\right. \tag{69}$$

die mit Gliedern beginnen, welche mindestens vom drittten bzw. zweiten Grade in x sind. Es seien allgemein

$$u = ax^p + \dots, \quad v = bx^q + \dots \qquad (ab \neq 0;\ p \geqq 2,\ q \geqq 3),$$

die so erhaltenen Reihen. Die Gleichung (67) läßt die zwei unendlich kleinen Wurzeln zu

$$y = ax^p + \dots \pm \sqrt{bx^q + \dots}$$

Die Form der Kurve hängt vor allem von dem Geradheitscharakter von q ab.

Erster Fall. Es sei $q = 2r + 1$ $(r \geqq 1)$. Nehmen wir überdies $b > 0$ an; für die der Null benachbarten Werte von x hat die Reihe unter dem Wurzelzeichen das Zeichen von bx^q. Damit y reell sei, muß $x > 0$ vorausgesetzt werden und die beiden Werte von y werden durch eine Entwicklung in eine nach Potenzen von $\sqrt{x}$ geordnete Reihe dargestellt. Ist $r + \frac{1}{2} < p$, so ist das Glied vom niedrigsten Grade das Glied in $x^{r+\frac{1}{2}}$ und es liegt ein Rückkehrpunkt der ersten Art vor. Ist $r + \frac{1}{2} > p$, so handelt es sich um einen Rückkehrpunkt zweiter Art.

Zweiter Fall. Es sei $q = 2r (r > 1)$. Die Werte von y werden nur dann für unendlich kleine Werte von x reell sein, wenn b positiv ist. Wenn dies der Fall ist, so existieren zwei Kurvenzweige, welche die x-Achse im Ursprung berühren, und der Ursprung ist für jeden von ihnen ein regulärer Punkt, denn man kann diese beiden Wurzeln schreiben

$$y = ax^p + \ldots \pm x^r \sqrt{b + b_1 x + \ldots}$$

Ist b negativ, so ist der Ursprung ein isolierter Doppelpunkt.

200. **Analytische Flächen.** Ein Flächenstück S heißt analytisch, wenn in der Umgebung jedes Punktes M_0 dieser Fläche die Koordinaten x, y, z eines variablen Punktes M in ganze Reihen mit zwei variablen Parametern $t - t_0$, $u - u_0$ entwickelt werden können,

$$(70) \quad \begin{cases} x - x_0 = a_{10}(t - t_0) + a_{01}(u - u_0) + \ldots \\ y - y_0 = b_{10}(t - t_0) + b_{01}(u - u_0) + \ldots \\ z - z_0 = c_{10}(t - t_0) + c_{01}(u - u_0) + \ldots \end{cases}$$

die konvergent bleiben, so lange die absoluten Beträge der Differenzen $t - t_0$, $u - u_0$ gewisse Grenzen nicht überschreiten. Ein Punkt M_0 der Fläche S ist ein regulärer Punkt, wenn in der Umgebung dieses Punktes eine der drei Differenzen $x - x_0$, $y - y_0$, $z - z_0$ in eine ganze, nach den ganzen Potenzen der beiden anderen geordnete Reihe entwickelt werden kann. Jeder Punkt M_0, für den die drei Determinanten

$$\frac{D(y,z)}{D(t,u)}, \quad \frac{D(z,x)}{D(t,u)}, \quad \frac{D(x,y)}{D(t,u)}$$

nicht gleichzeitig Null sind, ist ein regulärer Punkt; setzt man z. B. voraus, daß die erste Determinante nicht Null ist, so kann man aus den beiden letzten Gleichungen (70) $t - t_0$ und $u - u_0$ entnehmen und erhält, wenn man diese Werte in die erste Gleichung einträgt, eine Entwicklung von $x - x_0$ nach den Potenzen von $y - y_0$ und $z - z_0$.

Es sei eine Fläche S durch eine nicht aufgelöste Gleichung $F(x, y, z) = 0$ gegeben, und es seien x_0, y_0, z_0 die Koordinaten eines Punktes M_0 dieser Fläche. Wenn die Funktion F in eine ganze nach den Potenzen von $x - x_0$, $y - y_0$, $z - z_0$ geordnete Reihe entwickelbar ist, ohne daß die drei partiellen Derivierten

$$\frac{\partial F}{\partial x_0}, \qquad \frac{\partial F}{\partial y_0}, \qquad \frac{\partial F}{\partial z_0}$$

gleichzeitig Null sind, so folgt aus dem allgemeinen Theoreme (Nr. 193), daß der Punkt M_0 ein regulärer ist.

Bemerkung. Die für einen regulären Punkt einer Fläche angenommene Definition ist von der Wahl der Achsen unabhängig. Nehmen wir an, daß der Punkt $M_0\,(x_0, y_0, z_0)$ ein regulärer Punkt der Fläche S sei; die Koordinaten eines benachbarten Punktes sind dann durch Formeln von der Form (70) gegeben, wobei die drei Determinanten

$$\frac{D(y,z)}{D(t,u)}, \qquad \frac{D(z,x)}{D(t,u)}, \qquad \frac{D(x,y)}{D(t,u)}$$

für $t = t_0$, $u = u_0$ nicht gleichzeitig Null sind. Eine Koordinatentransformation läuft darauf hinaus, die Variablen x, y, z durch drei neue Variable X, Y, Z zu ersetzen, die lineare Funktionen der ersten sind,

$$\begin{aligned} X &= \alpha_1 x + \beta_1 y + \gamma_1 z + \delta_1 \\ Y &= \alpha_2 x + \beta_2 y + \gamma_2 z + \delta_2 \\ Z &= \alpha_3 x + \beta_3 y + \gamma_3 z + \delta_3 \end{aligned}$$

und für die die Determinante $\Delta = \frac{D(X,Y,Z)}{D(x,y,z)}$ nicht Null ist. Ersetzt man x, y, z durch ihre Entwicklungen (70), so erhält man für X, Y, Z drei neue Entwicklungen derselben Form und es kann nicht für $t = t_0$, $u = u_0$ gleichzeitig

$$\frac{D(X\,Y)}{D(t,u)} = \frac{D(Y,Z)}{D(t,u)} = \frac{D(Z,X)}{D(t,u)} = 0$$

sein, denn man leitet aus den Transformationsformeln umgekehrt

$$\begin{aligned} x &= A_1 X + B_1 Y + C_1 Z + D_1, \\ y &= A_2 X + B_2 Y + C_2 Z + D_2, \\ z &= A_3 X + B_3 Y + C_3 Z + D_3 \end{aligned}$$

ab und die drei Funktionaldeterminanten in den Variablen X, Y, Z können nicht gleichzeitig Null sein ohne daß nicht auch die drei Determinanten in den Variablen x, y, z gleichzeitig verschwinden.

V. Trigonometrische Reihen. — Reihen von Polynomen.

201. **Fouriersche Reihen.** In den folgenden Paragraphen wollen wir uns mit Reihen von ganz anderer Natur, als die vorhergehenden waren, befassen. Die trigonometrischen Reihen scheinen das erstemal von DANIEL BERNOULLI anläßlich des Problems der schwingenden Saiten betrachtet worden zu sein; den Vorgang der Koeffizientbestimmung, den wir angeben wollen, verdankt man EULER.

Es sei $f(x)$ eine Funktion der Variablen x, die im Intervalle (a, b) endlich und integrierbar ist; wir werden zunächst voraussetzen, daß die Grenzen a und b gleich $-\pi$ und $+\pi$ seien, was man immer erreichen kann, denn man braucht nur die neue Variable

$$\frac{2\pi x - (a+b)\pi}{b-a}$$

einzuführen, um auf diesen Fall geführt zu werden. Wenn dann für alle Werte von x, die zwischen $-\pi$ und $+\pi$ liegen, die folgende Gleichheit besteht

$$(71)\quad f(x) = \frac{a_0}{2} + (a_1 \cos x + b_1 \sin x) + \ldots + (a_m \cos mx + b_m \sin mx) + \ldots,$$

wo $a_0, a_1, b_1, \ldots, a_m, b_m, \ldots$ konstante unbekannte Koeffizienten sind, so bietet sich zu deren Bestimmung ganz naturgemäß der folgende Kunstgriff dar. Erinnern wir uns zunächst an die folgenden Formeln, in denen m und n ganze positive Zahlen sind:

$$(72)\quad \int_{-\pi}^{+\pi} \cos mx\, dx = 0, \text{ wenn } m \neq 0, \quad \int_{-\pi}^{+\pi} \sin mx\, dx = 0,$$

$$\int_{-\pi}^{+\pi} \cos mx \cos nx\, dx = \int_{-\pi}^{+\pi} \frac{\cos(m-n)x + \cos(m+n)x}{2}\, dx = 0, \text{ wenn } m \neq n,$$

$$\int_{-\pi}^{+\pi} \cos^2 mx\, dx = \int_{-\pi}^{+\pi} \frac{1+\cos 2mx}{2}\, dx = \pi, \text{ wenn } m \neq 0,$$

$$\int_{-\pi}^{+\pi} \sin mx \sin nx\, dx = \int_{-\pi}^{+\pi} \frac{\cos(m-n)x - \cos(m+n)x}{2}\, dx = 0, \text{ wenn } m \neq n,$$

$$\int_{-\pi}^{+\pi} \sin^2 mx\, dx = \int_{-\pi}^{+\pi} \frac{1-\cos 2mx}{2}\, dx = \pi, \text{ wenn } m \neq 0,$$

$$\int_{-\pi}^{+\pi} \sin mx \cos nx\, dx = \int_{-\pi}^{+\pi} \frac{\sin(m+n)x - \sin(m-n)x}{2}\, dx = 0.$$

Integrieren wir die beiden Seiten der Gleichheit (71) zwischen den Grenzen $-\pi$ und $+\pi$, indem wir die rechte Seite gliedweise integrieren, so erhalten wir

$$\int_{-\pi}^{+\pi} f(x)\,dx = \frac{a_0}{2}\int_{-\pi}^{+\pi} dx = \pi a_0$$

eine Gleichheit, aus der man den Wert von a_0 entnimmt. Geht man ebenso vor, nachdem man die beiden Seiten der Relation (71) mit $\cos mx$ oder $\sin mx$ multipliziert hat, so ist das einzige Glied auf der rechten Seite, dessen Integration zwischen den Grenzen $-\pi$ und $+\pi$ ein von Null verschiedenes Resultat gibt, das Glied in $\cos^2 mx$ oder $\sin^2 mx$ und man gelangt zu den folgenden Formeln

$$\int_{-\pi}^{+\pi} f(x)\cos mx\,dx = \pi a_m, \qquad \int_{-\pi}^{+\pi} f(x)\sin mx\,dx = \pi b_m.$$

Wir erhalten so die Werte der Koeffizienten

$$(73)\quad \begin{cases} a_0 = \dfrac{1}{\pi}\displaystyle\int_{-\pi}^{+\pi} f(\alpha)\,d\alpha, \qquad a_m = \dfrac{1}{\pi}\displaystyle\int_{-\pi}^{+\pi} f(\alpha)\cos m\alpha\,d\alpha, \\ b_m = \dfrac{1}{\pi}\displaystyle\int_{-\pi}^{+\pi} f(\alpha)\sin m\alpha\,d\alpha. \end{cases}$$

Der vorangehenden Rechnung zur Bestimmung des Koeffizienten fehlt jedoch offenbar die Strenge und sie hat lediglich den Wert einer Induktion.

Man nennt FOURIERsche Reihe jede trigonometrische Reihe

$$\frac{a_0}{2} + a_1\cos x + b_1\sin x + \ldots + a_m\cos mx + b_m\sin mx + \ldots,$$

deren Koeffizienten aus einer integrierbaren Funktion $f(x)$ durch die Formeln (73) abgeleitet werden. Jeder im Intervall $(-\pi, +\pi)$ integrierbaren Funktion $f(x)$ entspricht eine FOURIERsche Reihe, aber es ist keineswegs evident, daß diese FOURIERsche Reihe konvergent ist und $f(x)$ zur Summe hat, ebensowenig wie es evident ist, daß die von einer Funktion, welche Derivierte beliebig hoher Ordnung zuläßt, hergeleitete TAYLORsche Reihe diese Funktion wirklich darstellt (Nr. 179). Wir können im Gegenteil behaupten, daß eine FOURIERsche Reihe nicht immer die Funktion darstellt, der sie ihre Entstehung verdankt. Denn wenn $f_1(x)$ und $f_2(x)$ zwei Funktionen sind, die sich nur für eine endliche Anzahl von x-Werten zwischen $-\pi$ und $+\pi$ voneinander unterscheiden, so wird die

Fouriersche Reihe für diese beiden Funktionen die gleiche sein (Nr. 73). Wenigstens eine der beiden Funktionen wird also durch die Fouriersche Reihe nicht für jeden Wert von x dargestellt. Aus dem Ausdrucke der Koeffizienten (73) folgt hingegen, daß wenn zwei Funktionen $f(x)$, $\varphi(x)$ durch ihre Fourierschen Reihen zwischen $-\pi$ und $+\pi$ dargestellt werden, dasselbe auch für die Funktionen $Af(x)+B\varphi(x)$ gilt, wo A und B zwei beliebige Konstanten sind.

Wir wollen nun ein System von hinreichenden Bedingungen dafür aufstellen, daß eine Funktion $f(x)$ im Intervall $(-\pi, +\pi)$ in eine Fouriersche Reihe entwickelbar sei. Diese Bedingungen, die wir zur Abkürzung die Dirichletschen Bedingungen nennen werden, sind die folgenden:

1. Man kann das betrachtete Intervall $(-\pi, +\pi)$ in eine endliche Anzahl von offenen Teilintervallen teilen, in deren jedem die Funktion monoton ist;

2. die Funktion läßt keine anderen als reguläre Diskontinuitätspunkte zu.

Die Summe der $2m+1$ ersten Glieder der aus einer Funktion $f(x)$ abgeleiteten Fourierschen Reihe wird, wenn man die Koeffizienten a_i, b_i durch ihre Werte (73) ersetzt und die auf der Hand liegenden Reduktionen ausführt,

$$S_{2m+1}=\frac{1}{\pi}\int_{-\pi}^{+\pi} f(\alpha)\left[\frac{1}{2}+\cos(\alpha-x)+\cos 2(\alpha-x)+\dots\right.$$
$$\left.+\cos m(\alpha-x)\right]d\alpha.$$

Nun ist aber nach einer sehr bekannten trigonometrischen Formel

$$\frac{1}{2}+\cos a+\cos 2a+\dots+\cos ma=\frac{\sin\frac{2m+1}{2}a}{2\sin\frac{a}{2}}$$

und infolgedessen

$$S_{2m+1}=\frac{1}{\pi}\int_{-\pi}^{+\pi} f(\alpha)\frac{\sin\frac{2m+1}{2}(\alpha-x)}{2\sin\frac{\alpha-x}{2}}\,d\alpha;$$

dies können wir auch noch, wenn wir $\alpha=x+2y$ setzen, schreiben

$$(74)\qquad S_{2m+1}=\frac{1}{\pi}\int_{-\frac{\pi+x}{2}}^{\frac{\pi-x}{2}} f(x+2y)\frac{\sin(2m+1)y}{\sin y}\,dy.$$

202. **Studium des Integrals** $\int_0^h f(x)\frac{\sin nx}{\sin x}\,dx$. — Der für die Summe S_{2m+1} erhaltene Ausdruck führt uns dazu, den Grenzwert des bestimmten Integrals

$$\int_0^h f(x)\frac{\sin nx}{\sin x}\,dx$$

für unbegrenzt wachsendes n zu suchen. Dieses Studium wurde zum ersten Male in einwandfreier Weise von Lejeune-Dirichlet vorgenommen; es beruht auf einigen bereits bewiesenen Sätzen, an die wir kurz erinnern wollen.

Das bestimmte Integral

$$\int_0^h \frac{\sin x}{x}\,dx,$$

in dem h eine positive Zahl ist, ist selbst positiv und höchstens gleich dem Integrale $A = \int_0^\pi \frac{\sin x}{x}\,dx$ (Nr. 91); wenn h unbegrenzt wächst, hat es $\frac{\pi}{2}$ zur Grenze (Nr. 99).

Das bestimmte Integral

$$\int_0^h \frac{\sin nx}{x}\,dx,$$

wo $h > 0$ und n eine positive ganze Zahl ist, wird, wenn man $nx = y$ setzt, zu

$$\int_0^{nh} \frac{\sin ny}{y}\,dy,$$

es ist also für jeden Wert von n und h positiv und kleiner als A und hat, wenn n unbegrenzt wächst, $\frac{\pi}{2}$ zur Grenze. Daraus folgt, daß das bestimmte Integral $\int_a^b \frac{\sin nx}{x}\,dx$, wo a und b zwei beliebige positive Zahlen sind, mit unbegrenzt wachsendem n gegen Null strebt, denn es ist gleich der Differenz der beiden Integrale

$$\int_0^b \frac{\sin nx}{x}\,dx, \qquad \int_0^a \frac{\sin nx}{x}\,dx,$$

die beide gegen $\frac{\pi}{2}$ konvergieren. Man kann dies übrigens auch mit Hilfe des zweiten Mittelwertsatzes direkt beweisen; setzt man $a < b$ voraus, so ist die Funktion $\frac{1}{x}$ positiv und zwischen a und b abnehmend; es ist somit

$$\int_a^b \frac{\sin nx}{x}\, dx = \frac{1}{a}\int_a^\xi \sin nx\, dx = \frac{1}{a}\,\frac{\cos na - \cos n\xi}{n}.$$

Der absolute Betrag dieses Integrals ist also kleiner als $\frac{2}{na}$; dies beweist, daß es für jeden Wert von b, der größer als a ist, gleichmäßig gegen Null konvergiert.

Dies vorausgeschickt betrachten wir das bestimmte Integral

$$J = \int_0^h \varphi(x) \frac{\sin nx}{x}\, dx$$

wo $h > 0$ und $\varphi(x)$ eine positive im Intervall $(0, h)$ abnehmende Funktion ist. Dasselbe Integral, zwischen zwei beliebigen positiven Grenzen im selben Intervall genommen, strebt gegen Null. In der Tat; setzen wir $a < b$ voraus, so gibt der zweite Mittelwertsatz wieder

$$\int_a^b \varphi(x) \frac{\sin nx}{x}\, dx = \varphi(a)\int_a^\xi \frac{\sin nx}{x}\, dx$$

und der absolute Betrag des Integrals ist infolgedessen kleiner als $\frac{2\varphi(a)}{na}$. Diese Rechnung gibt uns aber keinerlei Aufschluß über den Grenzwert des Integrals J selbst.

Um diesen Grenzwert zu finden, bezeichnen wir mit c eine sehr kleine positive Zahl; wir können schreiben

$$J = \int_0^c \varphi(x) \frac{\sin nx}{x}\, dx + \int_c^h \varphi(x) \frac{\sin nx}{x}\, dx.$$

Das zweite Integral strebt, wie wir eben gesehen haben, mit unbegrenzt wachsendem n gegen Null. Was das erste betrifft, so unterscheidet sich die Funktion $\varphi(x)$, wenn die Zahl c genügend klein ist, im Intervall $(0, c)$ sehr wenig von $\varphi(+0)$ und es ist ziemlich wahrscheinlich, daß dieses Integral denselben Grenzwert haben muß wie das Integral $\int_0^c \varphi(+0) \frac{\sin nx}{x}\, dx$, d. h. $\frac{\pi}{2}\varphi(+0)$. Um diese Folgerung in einen strengen Beweis überzuführen, schreiben wir die Differenz in der Form

$$J - \frac{\pi}{2}\varphi(+0) = \varphi(+0)\left(\int_0^c \frac{\sin nx}{x}\,dx - \frac{\pi}{2}\right) +$$

$$+\int_0^c [\varphi(x) - \varphi(+0)]\frac{\sin nx}{x}\,dx + \int_c^h \varphi(x)\,\frac{\sin nx}{x}\,dx$$

Da die Funktion $\varphi(x) - \varphi(+0)$ im Intervall $(0, c)$ abnimmt, schreiben wir das zweite Integral in der Form

$$\int_0^c [\varphi(c) - \varphi(+0)]\,\frac{\sin nx}{x}\,dx + \int_0^c [\varphi(x) - \varphi(c)]\,\frac{\sin nx}{x}\,dx\,;$$

da die Funktion $\varphi(x) - \varphi(c)$ positiv und abnehmend ist, können wir auf das neue Integral den zweiten Mittelwertsatz anwenden und erhalten endgültig

$$\left|\int_0^c [\varphi(x) - \varphi(+0)]\,\frac{\sin nx}{x}\,dx\right| < 2A[\varphi(+0) - \varphi(c)].$$

Ebenso ist

$$\left|\int_c^h \varphi(x)\,\frac{\sin nx}{x}\,dx\right| < \frac{2\varphi(c)}{nc}\,.$$

Es sei nun ε eine willkürliche positive Zahl. Da $\varphi(x)$, wenn x gegen Null strebt, $\varphi(+0)$ zur Grenze hat, so wählen wir für c eine genügend kleine positive Zahl, damit

$$2A[\varphi(+0) - \varphi(c)] < \frac{\varepsilon}{3}$$

sei. Ist die Zahl c auf diese Art gewählt, so wählen wir eine ganze Zahl N so, daß $\frac{2\varphi(c)}{Nc} < \frac{\varepsilon}{3}$ und daß überdies für jeden Wert von $n \geqq N$

$$\varphi(+0)\left|\int_0^c \frac{\sin nx}{x}\,dx - \frac{\pi}{2}\right| < \frac{\varepsilon}{3}$$

ist. Für alle diese Werte der Zahl n wird also a fortiori

$$\left|J - \frac{\pi}{2}\varphi(+0)\right| < \varepsilon$$

sein und infolgedessen ist tatsächlich

(75) $$\lim_{n=\infty} J = \frac{\pi}{2}\varphi(+0).$$

Das vorstehende Theorem wurde bewiesen, indem der Funktion $\varphi(x)$ mehrere Einschränkungen auferlegt wurden, von denen man sie noch befreien kann. Ist $\varphi(x)$ abnehmend ohne von 0 bis h beständig positiv zu sein, so kann man ihr stets eine positive Konstante C hinzufügen, so daß die Summe $\psi(x) = \varphi(x) + C$ zwischen 0 und h positiv und abnehmend sei. Das Theorem läßt sich also auf die Funktion $\psi(x)$ anwenden und man kann schreiben

$$\int_0^h \varphi(x) \frac{\sin n x}{x} dx = \int_0^h \psi(x) \frac{\sin n x}{x} dx - C \int_0^h \frac{\sin n x}{x} dx;$$

die rechte Seite hat $\frac{\pi}{2}\psi(+0) - \frac{\pi}{2}C$, d. h. $\frac{\pi}{2}\varphi(+0)$ zur Grenze.

Wenn die Funktion $\varphi(x)$ zwischen 0 und h wächst, so nimmt $-\varphi(x)$ ab und es ist

$$\int_0^h \varphi(x) \frac{\sin n x}{x} dx = -\int_0^h -\varphi(x) \frac{\sin n x}{x} dx;$$

das Integral hat auch dann noch $\frac{\pi}{2}\varphi(+0)$ zur Grenze.

Ebenso würde man beweisen, daß das Integral

$$\int_a^b \varphi(x) \frac{\sin n x}{x} dx,$$

wo a und b zwei beliebige positive Zahlen sind und $\varphi(x)$ eine im Intervall (a, b) monotone Funktion ist, mit unbegrenzt wachsendem n gegen Null strebt.

Setzen wir schließlich einfach voraus, daß die Funktion $\varphi(x)$ beschränkt ist und daß man das Intervall $(0, h)$ in eine endliche Anzahl von Intervallen $(0, a)$, (a, b), (b, c), ..., (l, h) zerlegen kann, in deren jedem die Funktion $\varphi(x)$ monoton ist. Das Integral von 0 bis a hat $\frac{\pi}{2}\varphi(+0)$ zur Grenze, während alle anderen wie

$$\int_a^b \varphi(x) \frac{\sin n x}{x} dx$$

zur Grenze Null haben. Die Formel (75) läßt sich also auch auf diese Funktion anwenden.

Das Integral

$$J = \int_0^h f(x) \frac{\sin n x}{\sin x} dx, \tag{76}$$

wo h eine positive Zahl kleiner als π ist, läßt sich schreiben

$$J = \int_0^h f(x) \frac{x}{\sin x} \frac{\sin n x}{x} dx.$$

Wenn die Funktion $f(x)$ zwischen 0 und h positiv und wachsend ist, so ist es auch die Funktion $\varphi(x) = f(x)\frac{x}{\sin x}$ und infolgedessen ist

$$\text{(77)} \qquad \lim_{n=\infty} J = \frac{\pi}{2}\varphi(+0) = \frac{\pi}{2} f(+0).$$

Durch eine Reihe von Überlegungen, die den eben entwickelten ganz analog sind, beweist man der Reihe nach:

1. daß die Formel (77) auf jede monotone Funktion im Intervall $(0, h)$ anwendbar ist;

2. daß das Integral

$$\int_a^b f(x) \frac{\sin n x}{\sin x} dx,$$

wo a und b zwei positive Zahlen kleiner als π sind und $f(x)$ eine im Intervall (a, b) monotone Funktion ist, gegen Null strebt;

3. daß schließlich

$$\text{(78)} \qquad \lim \int_0^h f(x) \frac{\sin n x}{\sin x} dx = \frac{\pi}{2} f(+0) \qquad (0 < h < \pi)$$

ist, wofern das Intervall $(0, h)$ in eine endliche Anzahl von Teilen zerlegt werden kann, in deren jedem $f(x)$ beschränkt und monoton ist.

203. Funktionen, die in Fouriersche Reihen entwickelbar sind. Es sei $f(x)$ eine Funktion, die im Intervall von $-\pi$ bis $+\pi$ beschränkt und integrierbar ist.

Wir haben früher den Ausdruck für die Summe S_{2m+1} der $2m+1$ ersten Glieder der entsprechenden Fourierschen Reihe (Formel 74) gefunden. Teilen wir dieses Intervall in zwei andere, deren Grenzen bzw. 0 und $\frac{\pi - x}{2}$, $-\frac{\pi + x}{2}$ und 0 sind, und setzen wir in dem zweiten $y = -z$; wir erhalten

$$\text{(79)} \qquad S_{2m+1} = \frac{1}{\pi}\int_0^{\frac{\pi - x}{2}} f(x + 2y) \frac{\sin(2m+1)y}{\sin y} dy$$

$$+ \frac{1}{\pi}\int_0^{\frac{\pi + x}{2}} f(x - 2z) \frac{\sin(2m+1)z}{\sin z} dz.$$

Ist x zwischen $-\pi$ und $+\pi$ enthalten, so sind die beiden oberen Grenzen dieser Integrale zwischen 0 und π enthalten und man kann auf sie das Theorem des vorangehenden Paragraphen anwenden, vorausgesetzt, daß die Funktion $f(x)$ die erste DIRICHLETsche Bedingung erfüllt, d. h. daß man das Intervall von $-\pi$ bis $+\pi$ in eine endliche Anzahl von Intervallen teilen kann, in deren jedem die Funktion monoton ist. Dann verhält es sich mit der Funktion $f(x+2y)$ von y im Intervall $\left(0, \frac{\pi - x}{2}\right)$ ebenso und das erste Integral hat den Grenzwert

$$\frac{1}{\pi}\left[\frac{\pi}{2} f(x+0)\right] = \frac{1}{2} f(x+0).$$

Das zweite Integral hat ebenso den Grenzwert $\frac{1}{2} f(x-0)$ und infolgedessen hat S_{2m+1} den Grenzwert $\frac{f(x+0)+f(x-0)}{2}$.

Nehmen wir nunmehr an, daß x gleich einer der Grenzen, z. B. $-\pi$, ist. Man kann schreiben

$$S_{2m+1} = \frac{1}{\pi}\int_0^{\frac{\pi}{2}} f(-\pi+2y)\frac{\sin(2m+1)y}{\sin y}\,dy$$

$$+ \frac{1}{\pi}\int_{\frac{\pi}{2}}^{\pi} f(-\pi+2y)\frac{\sin(2m+1)y}{\sin y}\,dy.$$

Das erste Integral auf der rechten Seite hat den Grenzwert $\frac{1}{2} f(-\pi+0)$; das zweite Integral wird, wenn man y durch $\pi - z$

$$\frac{1}{\pi}\int_0^{\frac{\pi}{2}} f(\pi-2z)\frac{\sin(2m+1)z}{\sin z}\,dz$$

und hat den Grenzwert $\frac{1}{2} f(\pi-0)$. Die Summe der FOURIERschen Reihe ist also für $x = -\pi$ gleich $\frac{f(\pi-0)+f(-\pi+0)}{2}$; es ist klar, daß die Summe für $x = \pi$ die nämliche ist.

Zusammenfassend können wir sagen: Wenn man das Intervall $(-\pi, +\pi)$ in eine endliche Anzahl von Teilintervallen zerlegen kann, in deren jedem $f(x)$ monoton ist, so ist die entsprechende FOURIERsche Reihe konvergent und hat

$\frac{f(x+0)+f(x-0)}{2}$ zur Summe, wenn x zwischen $-\pi$ und $+\pi$ enthalten ist, und $\frac{f(-\pi+0)+f(\pi-0)}{2}$, wenn $x=\pm\pi$ ist.

Nehmen wir überdies an, daß $f(x)$ keine anderen als reguläre Unstetigkeitspunkte habe; für jeden zwischen $-\pi$ und $+\pi$ enthaltenen Wert von x ist

$$f(x)=\frac{f(x+0)+f(x-0)}{2}$$

und die Summe der FOURIERschen Reihe ist gleich $f(x)$. Somit ist jede Funktion $f(x)$, die im Intervall $(-\pi, +\pi)$ definiert ist und daselbst den DIRICHLETschen Bedingungen genügt, in diesem Intervalle in eine FOURIERsche Reihe entwickelbar.

Dieser Satz setzt allerdings voraus, daß man

$$f(-\pi)=f(\pi)=\frac{f(-\pi+0)+f(\pi-0)}{2}$$

setzt; aber diese Annahme ist nur die logische Konsequenz aus der anderen, welche über die Natur der Unstetigkeitspunkte gemacht wurde. Denn wenn man, statt x als eine auf einer Geraden aufgetragene Länge zu betrachten, x als Bogen auf dem Umfange eines Kreises vom Radius eins aufträgt, so ist die Summe der Reihe in einem beliebigen Punkte m des Kreisumfanges das arithmetische Mittel der beiden Grenzwerte, gegen welche die beiden Summen der Reihe in zwei diesseits und jenseits des Punktes m liegenden Punkten des Kreises konvergiert, wenn diese Punkte sich dem Punkte m unbegrenzt nähern. Wenn die beiden Grenzwerte $f(-\pi+0)$, $f(\pi-0)$ verschieden sind, so ist der dem Anfangspunkt der Bogen diametral gegenüberliegende Punkt der Kreises ein Unstetigkeitspunkt und der Wert der Funktion in diesem Punkte ist gleichfalls das arithmetische Mittel der beiden Grenzwerte $f(-\pi+0)$ und $f(\pi-0)$.

Allgemein sei $f(x)$ eine in einem Intervalle $(\alpha, \alpha+2\pi)$ von der Länge 2π definierte Funktion, die den DIRICHLETschen Bedingungen genügt. Es gibt offenbar eine und nur eine Funktion $F(x)$, welche die Periode 2π zuläßt und mit $f(x)$ im Intervall $(\alpha, \alpha+2\pi)$ zusammenfällt; diese Funktion $F(x)$ wird für jeden Wert von x durch die Summe einer trigonometrischen Reihe dargestellt, deren Koeffizienten a_m und b_m durch die Formeln (73)

$$a_m=\frac{1}{\pi}\int_{-\pi}^{+\pi}F(x)\cos m x\,dx, \qquad b_m=\frac{1}{\pi}\int_{-\pi}^{+\pi}F(x)\sin m x\,dx$$

gegeben sind. Der Koeffizient a_m z. B. läßt sich auch schreiben

$$
\begin{aligned}
a_m &= \frac{1}{\pi}\int_a^{\pi} F(x)\cos m x\,dx + \frac{1}{\pi}\int_{-\pi}^{a} F(x)\cos m x\,dx \\
&= \frac{1}{\pi}\int_a^{\pi} F(x)\cos m x\,dx + \frac{1}{\pi}\int_{\pi}^{a+2\pi} F(x)\cos m x\,dx \\
&= \frac{1}{\pi}\int_a^{a+2\pi} F(x)\cos m x\,dx = \frac{1}{\pi}\int_a^{a+2\pi} f(x)\cos m x\,dx\,,
\end{aligned}
$$

und ebenso würde man für den Koeffizienten b_m

$$b_m = \frac{1}{\pi}\int_a^{a+2\pi} f(x)\sin m x\,dx$$

finden.

Wenn eine Funktion $f(x)$ in einem beliebigen Intervalle von der Ausdehnung 2π gegeben ist, so erlauben die vorstehenden Formeln, die Koeffizienten der Entwicklung in eine Fourierscheine Reihe zu berechnen, ohne daß es nötig wäre, die Grenzen des Intervalls auf $-\pi$ und $+\pi$ zurückzuführen.

204. Beispiele. 1. Stellen wir uns die Aufgabe, eine Fouriersche Reihe zu finden, deren Summe gleich -1 ist, wenn x zwischen $-\pi$ und 0 liegt, und gleich $+1$, wenn x zwischen 0 und π liegt. Die Formeln (73) geben uns

$$a_0 = \frac{1}{\pi}\int_{-\pi}^{0} - dx + \frac{1}{\pi}\int_0^{\pi} dx = 0\,,$$

$$a_m = \frac{1}{\pi}\int_{-\pi}^{0} -\cos m x\,dx + \frac{1}{\pi}\int_0^{\pi}\cos m x\,dx = 0\,,$$

$$b_m = \frac{1}{\pi}\int_{-\pi}^{0} -\sin m x\,dx + \frac{1}{\pi}\int_0^{\pi}\sin m x\,dx = \frac{2 - \cos m\pi - \cos(-m\pi)}{m\pi}\,;$$

b_m ist Null, wenn m gerade ist, und gleich $\frac{4}{m\pi}$, wenn m ungerade ist. Multipliziert man alle Koeffizienten mit $\frac{\pi}{2}$, so sieht man, daß die Reihe

$$(80)\qquad y = \frac{\sin x}{1} + \frac{\sin 3x}{3} + \ldots + \frac{\sin(2m+1)x}{2m+1} + \ldots$$

zur Summe $-\frac{\pi}{4}$ hat, wenn x zwischen $-\pi$ und 0 liegt, und $+\frac{\pi}{4}$, wenn x zwischen 0 und π liegt. Der Punkt $x = 0$ ist ein Unstetigkeitspunkt und die

Summe der Reihe für $x = 0$ ist Null, wie es sein muß. Wir können dies auch so ausdrücken: die Summe der Reihe (80) ist gleich $\frac{\pi}{4}$, wenn $\sin x$ positiv ist, gleich $-\frac{\pi}{4}$, wenn $\sin x$ negativ ist, und gleich 0, wenn $\sin x$ Null ist.

Die durch die Gleichung (80) dargestellte Kurve setzt sich aus unendlich vielen Strecken von der Länge π, die auf den Parallelen zur x-Achse $y = \pm\frac{\pi}{4}$ liegen, und aus unendlich vielen isolierten Punkten ($y = 0$, $x = k\pi$) auf der x-Achse zusammen.

2. Es sei die Entwicklung von x in eine Fouriersche Reihe im Intervall von 0 bis 2π zu finden. Hier ist

$$a_0 = \frac{1}{\pi}\int_0^{2\pi} x\,dx = 2\pi,$$

$$a_m = \frac{1}{\pi}\int_0^{2\pi} x\cos mx\,dx = \left[\frac{x\sin mx}{m\pi}\right]_0^{2\pi} - \frac{1}{m\pi}\int_0^{2\pi}\sin mx\,dx = 0,$$

$$b_m = \frac{1}{\pi}\int_0^{2\pi} x\sin mx\,dx = -\left[\frac{x\cos mx}{m\pi}\right]_0^{2\pi} + \frac{1}{m\pi}\int_0^{2\pi}\cos mx\,dx = -\frac{2}{m}.$$

Man leitet hieraus die Formel

$$\frac{x}{2} = \frac{\pi}{2} - \frac{\sin x}{1} - \frac{\sin 2x}{2} - \frac{\sin 3x}{3} - \cdots \tag{81}$$

ab, die für alle Werte von x zwischen 0 und 2π gilt. Ersetzt man in der vorstehenden Formel die linke Seite durch y, so setzt sich die durch die Gleichung dargestellte Kurve aus unendlich vielen, zur Geraden $y = \frac{x}{2}$ parallelen Strecken und aus unendlich vielen isolierten Punkten zusammen.

Bemerkungen. 1. Wenn eine im Intervall $(-\pi, +\pi)$ definierte Funktion gerade ist, so daß $f(-x) = f(x)$ ist, so sind alle Koeffizienten b_m Null, denn dann ist offenbar

$$\int_{-\pi}^{0} f(x)\sin mx\,dx = -\int_0^{\pi} f(x)\sin mx\,dx.$$

Ist hingegen die Funktion $f(x)$ ungerade, so daß $f(-x) = -f(x)$ ist, so sind alle Koeffizienten a_m, einschließlich a_0, Null. Ist eine Funktion $f(x)$ nur im Intervalle $(0, \pi)$ definiert, so kann man sie im Intervall $(-\pi, 0)$ fortsetzen, indem man übereinkommt,

$$f(-x) = f(x) \quad \text{oder} \quad f(-x) = -f(x)$$

zu setzen. Die Funktion $f(x)$ kann also entweder durch eine Sinus- oder durch eine Kosinusreihe im Intervall $(0, \pi)$ dargestellt werden.

2. Es sei $f(x)$ eine Funktion, die im Intervalle $(-\pi, +\pi)$ in eine Fouriersche Reihe entwickelbar ist,

(82) $f(x) = \frac{a_0}{2} + (a_1 \cos x + b_1 \sin x) + \ldots + (a_m \cos m x + b_m \sin m x) + \ldots;$

die Koeffizienten a_i, b_i sind hierbei durch die Formeln (73) gegeben.

Ersetzt man in dieser Formel x durch $-x$, so erhält man

(83) $f(-x) = \frac{a_0}{2} + (a_1 \cos x - b_1 \sin x) + \ldots + (a_m \cos m x - b_m \sin m x) + \ldots$

Aus diesen beiden Gleichheiten entnimmt man, daß die beiden trigonometrischen Reihen

$$\frac{a_0}{2} + a_1 \cos x + \ldots + a_m \cos m x + \ldots,$$
$$b_1 \sin x + \ldots + b_m \sin m x + \ldots,$$

im Intervalle $(-\pi, +\pi)$ konvergent sind und die beiden Funktionen

$$\varphi(x) = \frac{f(x) + f(-x)}{2} \quad \text{bzw.} \quad \psi(x) = \frac{f(x) - f(-x)}{2}$$

darstellen; man bestätigt leicht, daß dies gerade die auf diese beiden Funktionen bezüglichen Fouriersche Reihen sind.

205. **Entwicklung einer stetigen Funktion. Theorem von Weierstrass.** Es sei $y = f(x)$ eine in einem Intervall (a, b) stetige Funktion. Man verdankt Weierstrass einen bemerkenswerten Satz, der folgendes behauptet. Es sei ε eine im voraus gegebene positive Zahl; dann kann man ein Polynom $P(x)$ derart bestimmen, daß die Differenz $f(x) - P(x)$ für jeden Wert von x im Intervall (a, b) dem absoluten Werte nach kleiner als ε ist.

Unter den zahlreichen Beweisen für dieses Theorem ist einer der einfachsten der von Lebesgue. Betrachten wir zunächst den folgenden speziellen Fall. Es sei $\psi(x)$ eine im Intervall $(-1, +1)$ stetige Funktion, die folgendermaßen definiert ist: für $-1 \leqq x \leqq 0$ ist $\psi(x) = 0$ und für $0 \leqq x \leqq 1$ ist $\psi(x) = 2kx$, wo k ein gegebener konstanter Faktor ist. Wir können dies so schreiben $\psi(x) = k[x + |x|]$. Andererseits ist für die zwischen -1 und $+1$ liegenden Werte von x

$$|x| = \sqrt{1 - (1 - x^2)}$$

und der Wurzelausdruck kann für diese Werte von x in eine gleichmäßig konvergente[1], nach Potenzen von $(1 - x^2)$ geordnete Reihe entwickelt werden; $|x|$ und infolgedessen $\psi(x)$ kann also in diesem Intervall mit beliebiger Annäherung durch ein Polynom ersetzt werden. Nehmen wir nunmehr eine beliebige im Intervall (a, b) stetige Funktion und denken wir uns dieses Intervall in n Teilintervalle (a_0, a_1), (a_1, a_2), ..., (a_{n-1}, a_n), wobei $a = a_0 < a_1 < a_2 < \ldots < a_{n-1} < a_n = b$ ist, derart zerlegt, daß die Oszillation von $f(x)$ in jedem dieser Intervalle kleiner als $\frac{\varepsilon}{2}$ sei. Es sei L die gebrochene Linie, die man erhält, wenn man die Punkte der Kurve $y = f(x)$ mit den

[1] Denn wenn x zwischen -1 und $+1$ liegt, so ist der absolute Betrag des allgemeinen Gliedes höchstens gleich $\frac{1 \cdot 3 \ldots (2n-3)}{2 \cdot 4 \ldots 2n}$; dies aber ist das allgemeine Glied einer konvergenten Reihe, wie man mittels der Regel von Duhamel erkennt.

Abszissen $a_0, a_1, a_2, \ldots, b$ der Reihe nach miteinander verbindet. Die Ordinate eines Punktes dieser gebrochenen Linie ist offenbar eine stetige Funktion $\varphi(x)$ der Abszisse und die Differenz $f(x) - \varphi(x)$ ist dem absoluten Betrage nach kleiner als $\frac{\varepsilon}{2}$. Denn im Intervall $(a_{\mu-1}, a_\mu)$ z. B. kann man schreiben

$$f(x) - \varphi(x) = [f(x) - f(a_{\mu-1})][1 - \theta] + [f(x) - f(a_\mu)]\theta,$$

wobei $x - a_{\mu-1} = \theta(a_\mu - a_{\mu-1})$ ist. Da der Faktor θ positiv und kleiner als Eins ist, so ist die Differenz $f - \varphi$ dem absoluten Wert nach kleiner als $\frac{\varepsilon}{2}[1 - \theta + \theta] = \frac{\varepsilon}{2}$. Diese Funktion $\varphi(x)$ kann in eine Summe von n Funktionen zerlegt werden, die der eben definierten Funktion $\psi(x)$ ganz analog sind. Es seien in der Tat $A_0, A_1, A_2, \ldots, A_n$ die aufeinanderfolgenden Eckpunkte des Polygonalzuges L; $\varphi(x)$ ist gleich der stetigen Funktion ψ_1, die im Intervall (a, b) durch die Gerade dargestellt wird, auf der $A_0 A_1$ liegt, vermehrt um eine Funktion φ_1, die durch einen polygonaleu Zug $A_0' A_1' \ldots A_n'$ dargestellt wird, dessen erste Seite auf der x-Achse liegt; $\varphi_1(x)$ ist wieder die Summe zweier stetiger Funktionen ψ_2 und φ_2, deren erste ψ_2 zwischen a und a_1 Null ist und zwischen a_1 und b durch eine Gerade dargestellt wird, auf der $A_1' A_2'$ liegt, während φ_2 durch einen polygonalen Zug $A_0'' A_1'' A_2'' \ldots A_n''$ dargestellt ist, dessen Eckpunkte A_0'', A_1'', A_2'' auf der x-Achse liegen. Man gelangt so schließlich dazu, $\varphi(x)$ durch eine Summe von n Funktionen $\varphi = \psi_1 + \psi_2 + \ldots + \psi_n$ zu ersetzen, wo ψ_i eine stetige Funktion ist, die zwischen a und a_{i-1} Null ist und zwischen a_i und b durch eine Gerade dargestellt wird. Führt man eine neue Variable $X = px + q$ ein, so wird, wenn man p und q geeignet wählt, ψ_i im Intervall $(-1, +1)$ durch die Gleichung

$$\psi_i = k[X + |X|]$$

definiert sein und wird infolgedessen durch ein Polynom mit beliebiger Genauigkeit dargestellt werden können. Da jede der Funktionen ψ_i im Intervall (a, b) durch ein Polynom mit einer Annäherung auf weniger als $\frac{\varepsilon}{2n}$ dargestellt werden kann, so ist klar, daß die Summe dieser Polynome sich von $f(x)$ um weniger als ε unterscheiden wird.

Aus diesem Theoreme folgert man, daß jede in einem Intervall (a, b) stetige Funktion durch eine gleichmäßig konvergente Reihe von Polynomen in diesem Intervall dargestellt werden kann. Denn nehmen wir eine Folge von positiven abnehmenden Zahlen $\varepsilon_1, \varepsilon_2, \ldots, \varepsilon_n \ldots$, deren allgemeines Glied ε_n mit unbegrenzt wachsendem n gegen Null strebt. Nach dem vorangehenden Theoreme können wir jeder Zahl ε_i dieser Folge ein Polynom $P_i(x)$ zuordnen, so daß die Differenz $f(x) - P_i(x)$ im ganzen Intervalle (a, b) dem absoluten Werte nach kleiner als ε_i ist. Wenn dies geschehen, so ist die Reihe

$$P_1(x) + [P_2(x) - P_1(x)] + \ldots + [P_n(x) - P_{n-1}(x)] + \ldots$$

konvergent und hat, solange x im Intervall (a, b) bleibt, $f(x)$ zur Summe. Denn es ist klar, daß die Summe S_n der n ersten Glieder gleich P_n ist; die Differenz $f(x) - S_n$, die dem absoluten Werte nach kleiner als ε_n ist, strebt also mit unbegrenzt wachsendem n gegen Null. Die Konvergenz ist gleichmäßig, denn wenn man m genügend groß gewählt hat, so daß $\varepsilon_m < \varepsilon$ ist, so wird auch $|f(x) - S_n| < \varepsilon$ sein, wofern n gleich oder größer als m ist.

Übungen.

1. Die Wurzel der Gleichung $y^2 = a y + x$, die für $x = 0$ gleich a ist, ist mittels der LAGRANGEschen Formel nach Potenzen von x zu entwickeln.

2. Dieselbe Aufgabe für die Gleichung $y - a + x y^{m+1} = 0$.

Anwendung auf die Gleichung zweiten Grades $a - b x + c x^2 = 0$.

Die Wurzel, die, wenn c gegen Null strebt, gegen $\frac{a}{b}$ konvergiert, nach Potenzen von c zu entwickeln.

3. Es ist die Formel aufzustellen

$$\frac{\log(1+x)}{1+x} = x - \left(1 + \frac{1}{2}\right)x^2 + \left(1 + \frac{1}{2} + \frac{1}{3}\right)x^3 - \left(1 + \frac{1}{2} + \frac{1}{3} + \frac{1}{4}\right)x^4 + \ldots$$

4. Wenn $x > -\frac{1}{2}$ ist, so ist

$$\frac{x}{\sqrt{1+x}} = \frac{x}{1+x} + \frac{1}{2}\left(\frac{x}{1+x}\right)^2 + \frac{1\cdot 3}{2\cdot 4}\left(\frac{x}{1+x}\right)^3 + \ldots$$

5. Wenn $|x| < 1$ ist, so ist

$$x = \frac{1}{2}\,\frac{2x}{1+x^2} + \frac{1}{2\cdot 4}\left(\frac{2x}{1+x^2}\right)^3 + \frac{1\cdot 3}{2\cdot 4\cdot 6}\left(\frac{2x}{1+x^2}\right)^5 + \ldots$$

Welche Summe hat die Reihe für $|x| > 1$?

6. Es ist die Formel zu beweisen

$$(a+x)^{-n} = \frac{1}{a^n}\left[1 - \frac{n x}{a+x} + \frac{n(n-1)}{1\cdot 2}\left(\frac{x}{a+x}\right)^2 \right.$$
$$\left. - \frac{n(n-1)(n-2)}{1\cdot 2\cdot 3}\left(\frac{x}{a+x}\right)^3 + \ldots\right].$$

7. Die Werte von $\sin m x$ und $\cos m x$, die sich für $\sin x = 0$ auf 0 bzw. 1 reduzieren, sind in Reihen nach den Potenzen von $\sin x$ entwickelbar

$$\sin m x = m\left[\sin x - \frac{m^2-1}{1\cdot 2\cdot 3}\sin^3 x + \frac{(m^2-1)(m^2-9)}{1\cdot 2\cdot 3\cdot 4\cdot 5}\sin^5 x - \ldots\right],$$

$$\cos m x = 1 - \frac{m^2}{1\cdot 2}\sin^2 x + \frac{m^2(m^2-4)}{1\cdot 2\cdot 3\cdot 4}\sin^4 x - \ldots$$

Man bedient sich der Differentialgleichung

$$(1-y^2)\frac{d^2u}{dy^2} - y\frac{du}{dy} + m^2 u = 0,$$

die für $\cos m x$ und $\sin m x$, als Funktionen von $\sin x$ betrachtet, erfüllt ist.

8. Aus den vorstehenden Formeln die Entwicklungen von

$$\cos(n \operatorname{arc} \cos x), \qquad \sin(n \operatorname{arc} \cos x)$$

abzuleiten.

9. Die folgenden Formeln zu beweisen:

$$\log(x+2) = 2\log(x+1) - 2\log(x-1) + \log(x-2)$$
$$+ 2\left[\frac{2}{x^3-3x} + \frac{1}{3}\left(\frac{2}{x^3-3x}\right)^3 + \frac{1}{5}\left(\frac{1}{x^3-3x}\right)^5 + \ldots\right]$$

[Reihe von BORDA].

$$\begin{aligned}\log(x+5) &= \log(x+4)+\log(x+3)-2\log x\\ &\quad+\log(x-3)+\log(x-4)-\log(x-5)\\ &\quad-2\left[\frac{72}{x^4-25x^2+72}+\frac{1}{3}\left(\frac{72}{x^4-25x^2+72}\right)^3+\dots\right]\end{aligned}$$

[Reihe von HARO].

10*. Eine Funktion $f(x)$, die in einem Intervall (a, b) stetig ist und für die $\int_a^b x^n f(x)\,dx = 0$ für $n = 0, 1, 2, \dots$ ist, ist identisch Null.

Bemerkung. Man nehme an, daß $f(x)$ in eine gleichmäßige konvergente Reihe von Polynomen entwickelt sei, woraus man ableitet, daß das Integral $\int_a^b f(x)^2\,dx$ Null ist [MOORE].

11*. Eine stetige, von Null verschiedene Funktion, kann keine FOURIERsche Reihe zulassen, die identisch Null ist.

Nehmen wir an, daß in einem Intervalle (a, b), wo a und b zwischen 0 und 2π enthalten sind, $f(x) > m > 0$ sei und setzen wir

$$\psi = 1 + \cos\left(x - \frac{a+b}{2}\right) - \cos\frac{a-b}{2}\,.$$

Man beweist, daß das Integral $\int_0^{2\pi} f(x)\,\psi^n\,dx$ für keinen Wert von n Null sein kann.[1]

Man leitet hieraus ab, daß zwei verschiedene stetige Funktionen nicht dieselbe FOURIERsche Reihe haben können; wenn somit die aus einer stetigen Funktion $f(x)$ abgeleitete FOURIERsche Reihe gleichmäßig konvergent ist, so ist die Summe dieser Reihe gleich $f(x)$.

[1] Vgl. LEBESGUE, Leçons sur les séries trigonométriques S. 37.

Zehntes Kapitel.

Theorie der Einhüllenden. — Krümmung ebener Kurven. — Berührung.

Die Kurven und Flächen, die man in der eigentlichen Geometrie studiert, sind analytische Kurven und Flächen. Doch setzt die Existenz der geometrischen Elemente, die wir im Folgenden definieren werden, nur die Existenz der Derivierten bis zu einer bestimmten Ordnung voraus. So z. B. hat eine ebene Kurve, die durch die Gleichung $y = f(x)$ dargestellt ist, eine Tangente, wenn die Funktion $f(x)$ eine Derivierte $f'(x)$ hat, einen Krümmungsradius, wenn $f'(x)$ selbst eine Derivierte $f''(x)$ besitzt usf.

I. Einhüllende Kurven und Flächen.

206. **Bestimmung der Einhüllenden.** Es sei die Gleichung einer ebenen Kurve C

(1) $$f(x, y, a) = 0$$

gegeben, die von einem willkürlichen Parameter a abhängt; läßt man diesen Parameter variieren, so ändern sich im allgemeinen Form und Lage dieser Kurve auf stetige Art. Wenn alle diese Kurven C eine bestimmte Kurve E beständig berühren, so heißt diese Kurve E die Einhüllende der Kurven C, die man die Eingehüllten nennt. Wenn die Kurven C gegeben sind, so stellen wir uns die Aufgabe zu untersuchen, ob sie eine Einhüllende zulassen und diese gegebenenfalls zu bestimmen.

Nehmen wir an, daß diese Einhüllende E existiere, und es seien (x, y) die Koordinaten des Berührungspunktes M der Kurve E mit der eingehüllten Kurve C, die dem Werte a des Parameters entspricht. Diese Koordinaten x, y sind unbekannte Funktionen des Parameters a, welche der Gleichung (1) genügen. Um sie zu bestimmen, müssen wir ausdrücken, daß die Tangente an die Kurve, welche der Punkt M beschreibt, wenn a variiert, mit der Tangente an die Kurve C zusammenfällt. Bezeichnen wir mit δx und δy die

Richtungsparameter der Tangente an die eingehüllte Kurve, mit $\frac{dx}{da}$ und $\frac{dy}{da}$ die Ableitungen der unbekannten Funktionen $x = \varphi(a)$, $y = \psi(a)$; dann muß

$$\frac{\frac{dx}{da}}{\delta x} = \frac{\frac{dy}{da}}{\delta y} \tag{2}$$

sein.

Da aber die Kurve C durch die Gleichung (1) dargestellt wird, in der a einen konstanten Wert hat, so besteht die Beziehung

$$\frac{\partial f}{\partial x}\,\delta x + \frac{\partial f}{\partial y}\,\delta y = 0, \tag{3}$$

welche die Tangente an diese Kurve bestimmt. Andererseits erfüllen die unbekannten Funktionen $x = \varphi(a)$, $y = \psi(a)$ gleichfalls die Gleichung

$$f(x, y, a) = 0,$$

in der a jetzt die unabhängige Variable bezeichnet, und infolgedessen ist auch

$$\frac{\partial f}{\partial x}\,\frac{dx}{da} + \frac{\partial f}{\partial y}\,\frac{dy}{da} + \frac{\partial f}{\partial a} = 0. \tag{4}$$

Die Bedingungsgleichung (2) wird unter Berücksichtigung der Relationen (3) und (4)

$$\frac{\partial f}{\partial a} = 0; \tag{5}$$

diese Gleichung bestimmt in Verbindung mit der Relation (1) die beiden unbekannten Funktionen $x = \varphi(a)$, $y = \psi(a)$. Man wird also die Gleichung der Einhüllenden, wenn eine solche existiert, erhalten, indem man den Parameter a zwischen den beiden Gleichungen $f = 0$, $\frac{\partial f}{\partial a} = 0$ eliminiert.

Es sei $R(x,y) = 0$ das Ergebnis der Elimination; wir wollen untersuchen, ob diese Kurve wirklich eine Einhüllende darstellt. Es sei C_0 diejenige Kurve, welche dem Werte a_0 des Parameters entspricht, und (x_0, y_0) die Koordinaten eines Schnittpunktes M_0 der beiden Kurven

$$f(x, y, a_0) = 0, \qquad \frac{\partial f}{\partial a_0} = 0; \tag{6}$$

die Gleichungen (1) und (5) definieren zwei Funktionen $x = \varphi(a)$, $y = \psi(a)$, die sich für $a = a_0$ auf x_0, bzw. y_0 reduzieren, und man hat für $a = a_0$ offenbar

$$\frac{\partial f}{\partial a_0}\left(\frac{dx}{da}\right)_0 + \frac{\partial f}{\partial y_0}\left(\frac{dy}{da}\right)_0 = 0;$$

diese Beziehung in Verbindung mit der Relation (3) zeigt uns, daß im Punkte (x_0, y_0) die Tangente an die Kurve C_0 mit der Tangente an die vom Punkte (x, y) beschriebene Kurve zusammenfällt, es sei denn, daß gleichzeitig $\frac{\partial f}{\partial x_0} = 0$, $\frac{\partial f}{\partial y_0} = 0$ sei, d. h. daß der Punkt (x_0, y_0) ein singulärer Punkt der Kurve C_0 sei. Die Gleichung $R(x,y) = 0$ gibt uns also nicht nur die Einhüllende der Kurven C, sondern kann auch einen Ort der singulären Punkte dieser Kurven umfassen.

Man kann dieses Resultat vervollständigen. Wenn jede der Kurven C einen oder mehrere singuläre Punkte besitzt, so ist der Ort dieser singulären Punkte sicherlich ein Teil der Kurve $R(x,y) = 0$. Es seien (x, y) die Koordinaten eines dieser singulären Punkte; x und y sind Funktionen von a, welche gleichzeitig die drei Relationen

$$f(x, y, a) = 0, \qquad \frac{\partial f}{\partial x} = 0, \qquad \frac{\partial f}{\partial y} = 0$$

und infolgedessen auch die Beziehung $\frac{\partial f}{\partial a} = 0$ erfüllen; x und y genügen also der Gleichung $R = 0$, die man erhält, wenn man a aus den beiden Gleichungen $f = 0$, $\frac{\partial f}{\partial a} = 0$ eliminiert. In dem allgemeinsten Falle setzt sich die Kurve $R(x,y) = 0$ aus zwei analytisch gesonderten Teilen zusammen, von denen der eine die eigentliche Einhüllende ist, während der andere der Ort der singulären Punkte ist.

Beispiel. Es sei $f(x, y, a) = y^4 - y^2 + (x - a)^2 = 0$; dann ist $\frac{\partial f}{\partial a} = -2(x - a)$ und die Elimination von a aus den beiden Gleichungen $f = 0$ und $\frac{\partial f}{\partial a} = 0$ führt zu der Gleichung $y^4 - y^2 = 0$, welche die drei Geraden $y = 0$, $y = +1$, $y = -1$ darstellt. Die betrachteten Kurven lassen sich aus der Kurve $y^4 - y^2 + x^2 = 0$ herleiten, indem man diese parallel zur x-Achse gleiten läßt; diese Kurve hat aber einen Doppelpunkt im Ursprung und berührt die beiden Geraden $y = \pm 1$ in den Schnittpunkten mit der y-Achse. Die Gerade $y = 0$ ist also ein Ort von Doppelpunkten. während die beiden Geraden $y = \pm 1$ die eigentliche Einhüllende bilden.

207. Wenn die Kurve C eine Einhüllende E besitzt, so sind die Berührungspunkte der Kurve C mit ihrer Einhüllenden die Grenzlagen der Schnittpunkte dieser Kurve mit einer unendlich nahen Kurve derselben Familie. Es seien in der Tat

$$(7) \qquad f(x, y, a) = 0, \qquad f(x, y, a + h) = 0$$

die Gleichungen der beiden benachbarten Kurven; das System (7), das die Koordinaten der gemeinsamen Punkte bestimmt, kann offenbar durch das äquivalente System

$$(7') \qquad f(x, y, a) = 0, \qquad \frac{f(x, y, a + h) - f(x, y, a)}{h} = 0$$

ersetzt werden, in welchem die zweite Gleichung sich auf $\frac{\partial f}{\partial a} = 0$ reduziert, wenn h gegen Null strebt, d. h. wenn sich die zweite Kurve der ersten unbegrenzt nähert. Diese Eigenschaft ist übrigens geometrisch beinahe evident; man ersieht in der Tat aus der Figur 38(a), daß die beiden Nachbarkurven C, C' einen Schnittpunkt N haben, der sich dem Berührungspunkte M unbegrenzt nähert, wenn die zweite Kurve C' mit C zur Deckung gelangt. Man ersieht ebenso aus der Figur (38b), daß einer der Schnittpunkte der beiden Nachbarkurven C, C', wenn die Kurven (1) einen Doppelpunkt haben, mit dem Doppelpunkte zusammenfällt, wenn sich die Kurve C' der Kurve C unbegrenzt nähert.

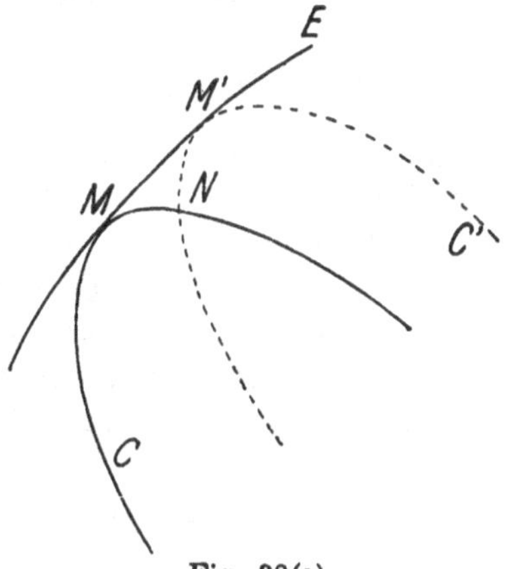

Fig. 38(a).

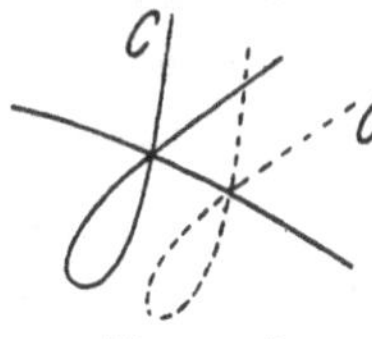

Fig. 38(b).

Die vorstehende Bemerkung erklärt sehr gut, warum man den Ort der singulären Punkte gleichzeitig mit der Einhüllenden finden muß. Nehmen wir, um dies zu zeigen, an, daß $f(x, y, a)$ z. B. ein Polynom vom Grade m in a sei. Für einen willkürlich auf der Ebene angenommenen Punkt M_0 mit den Koordinaten (x_0, y_0) läßt die Gleichung

$$(8) \qquad f(x_0, y_0, a) = 0$$

im allgemeinen m verschiedene Wurzeln zu; durch diesen Punkt gehen also m verschiedene Kurven der betrachteten Familie. Wenn aber der Punkt M_0 der Kurve $R(x, y) = 0$ angehört, so ist gleichzeitig

$$f(x_0, y_0, a) = 0, \qquad \frac{\partial f}{\partial a} = 0$$

und die Gleichung (8) hat eine Doppelwurzel. Man kann also sagen, daß die Kurve $R(x, y) = 0$ der Ort derjenigen Punkte der Ebene ist, in denen zwei der durch sie gehenden Kurven der Familie (1) zusammenfallen. Nähert sich aber ein Punkt unbegrenzt einem Punkte der Einhüllenden oder einem Punkte der Kurve, die den Ort der singulären Punkte bildet, so unterscheiden sich, wie man aus den Figuren 38 (a) und 38 (b) deutlich erkennt, zwei der durch diesen Punkt gehenden Kurven C sehr wenig voneinander und vereinigen sich an der Grenze.

Bemerkung. Es kommt häufig vor, daß man die Einhüllende einer Kurve

$$F(x, y, a, b) = 0 \tag{9}$$

zu suchen hat, deren Gleichung zwei variable Parameter a und b enthält, die durch eine Relation $\varphi(a, b) = 0$ miteinander verbunden sind. Dieser Fall ist von dem allgemeinen nicht verschieden, denn man kann b als eine Funktion von a betrachten, die durch die Beziehung $\varphi = 0$ definiert ist. Nach der aufgestellten Regel muß man die Gleichung (9) mit derjenigen verbinden, die man erhält, wenn man die Derivierte der linken Seite in bezug auf den Parameter a gleich Null setzt

$$\frac{\partial F}{\partial a} + \frac{\partial F}{\partial b}\frac{db}{da} = 0;$$

aus der Relation $\varphi(a, b) = 0$ folgt aber

$$\frac{\partial \varphi}{\partial a} + \frac{\partial \varphi}{\partial b}\frac{db}{da} = 0$$

und die vorangehende Formel wird, wenn man $\frac{db}{da}$ eliminiert,

$$\frac{\partial F}{\partial a}\frac{\partial \varphi}{\partial b} - \frac{\partial F}{\partial b}\frac{\partial \varphi}{\partial a} = 0. \tag{10}$$

Man erhält also die Gleichung der Umhüllenden, indem man a und b aus den Gleichungen $F = 0$, $\varphi = 0$ und der vorstehenden Gleichung (10) eliminiert.

208. **Einhüllende einer Geraden.** Nehmen wir die Gleichung einer Geraden D in der Normalform

$$x \cos\alpha + y \sin\alpha - f(\alpha) = 0, \tag{11}$$

worin der Winkel α der variable Parameter ist. Nimmt man die Derivierte in bezug auf diesen Parameter, so erhält man

$$-x \sin\alpha + y \cos\alpha - f'(\alpha) = 0 \tag{12}$$

und man entnimmt aus den beiden Gleichungen (11) und (12) die Koordinaten des Berührungspunktes der beweglichen Geraden mit ihrer Einhüllenden

$$\left\{\begin{aligned} x &= f(\alpha)\cos\alpha - f'(\alpha)\sin\alpha \\ y &= f(\alpha)\sin\alpha + f'(\alpha)\cos\alpha \end{aligned}\right. \tag{13}$$

Es ist leicht zu bestätigen, daß die Tangente an die durch diesen Punkt (x, y) beschriebene Kurve E die Gerade D ist; aus den Gleichungen (13) folgt nämlich

$$(14)\qquad \begin{cases} dx = -[f(\alpha) + f''(\alpha)] \sin\alpha\, d\alpha \\ dy = [f(\alpha) + f''(\alpha)] \cos\alpha\, d\alpha \end{cases}$$

und man sieht, daß der Richtungskoeffizient der Tangente $-\cot\alpha$ ist; dies ist aber gerade der Richtungskoeffizient der Geraden D. Aus den Gleichungen (14) entnimmt man auch, wenn s den Bogen der einhüllenden Kurve bezeichnet,

$$ds = \sqrt{dx^2 + dy^2} = \pm [f(\alpha) + f''(\alpha)]\, d\alpha$$

und infolgedessen

$$s = \pm \left[\int f(\alpha)\, d\alpha + f'(\alpha)\right];$$

um eine rektifizierbare Kurve zu erhalten, braucht man also für $f(\alpha)$ nur die Derivierte einer bekannten Funktion zu nehmen.[1]

Nehmen wir z. B. $f(\alpha) = l \sin\alpha \cos\alpha$; setzt man in der Gleichung (11) erst $y = 0$, dann $x = 0$, so erhält man (Fig. 39) $OA = l \sin\alpha$, $OB = l \cos\alpha$ und infolgedessen $AB = l$. Die gesuchte Kurve ist also die Einhüllende einer Geraden von konstanter Länge l, deren Eckpunkte zwei rechtwinklige Geraden beschreiben. Die Formeln (13) werden hier

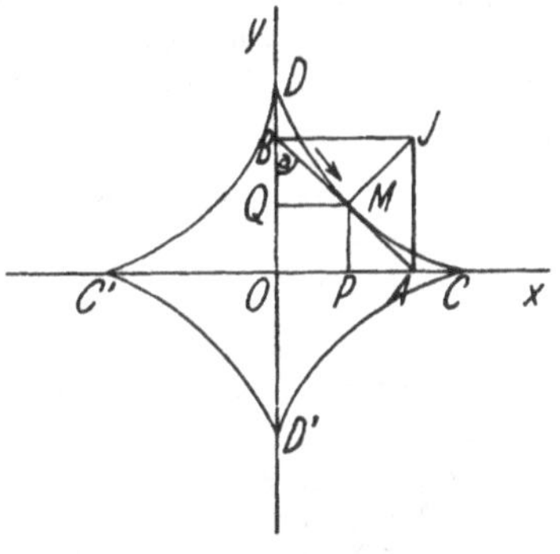

Fig. 39.

$$x = l \sin^3\alpha, \quad y = l \cos^3\alpha$$

und die Gleichung der Einhüllenden ist

$$\left(\frac{x}{l}\right)^{\frac{2}{3}} + \left(\frac{y}{l}\right)^{\frac{2}{3}} = 1;$$

dies ist eine Hypozykloide mit vier Spitzen von der durch die Figur angezeigten Art. Variiert α von 0 bis $\frac{\pi}{2}$, so beschreibt der Berührungspunkt den Bogen DC. Die Länge des Bogens, von D an gerechnet, hat den Ausdruck

$$s = \int_0^\alpha 3l \sin\alpha \cos\alpha\, d\alpha = \frac{3l}{2} \sin^2\alpha.$$

[1] In der obigen Formel für den Bogen

$$s = f'(\alpha) + \int f(\alpha)\, d\alpha$$

haben alle Größen, die auf der rechten Seite vorkommen, eine geometrische Bedeutung: α ist der Winkel, den das vom Ursprung auf die bewegliche Gerade gefällte Perpendikel ON mit der x-Achse einschließt, $f(\alpha)$ ist der Abstand ON des Ursprunges von dieser Geraden; $f'(\alpha)$ ist abgesehen vom Vorzeichen der Abstand MN des Berührungspunktes der beweglichen Geraden mit ihrer Einhüllenden vom Fußpunkte des vom Ursprunge aus gefällten Perpendikels. Diese Rektifikationsformel heißt mitunter auch die Formel von Legendre.

Es sei J der vierte Eckpunkt des über OA und OB konstruierten Rechteckes und M der Fußpunkt des vom Punkte J auf AB gefällten Perpendikels. Die Dreiecke AMJ, APM geben der Reihe nach

$$AM = AJ\cos\alpha = l\cos^2\alpha, \qquad AP = AM\sin\alpha = l\cos^2\alpha\sin\alpha$$

und infolgedessen $OP = OA - AP = l\sin^3\alpha$, so daß der Punkt M der Berührungspunkt der Geraden AB mit ihrer Einhüllenden ist. Man erhält hierauf

$$BM = l - AM = l\sin^2\alpha$$

und infolgedessen arc $DM = \frac{3}{2}BM$.

209. **Einhüllende eines Kreises.** Es sei

$$(x-a)^2 + (y-b)^2 - \varrho^2 = 0 \tag{15}$$

die Gleichung eines Kreises, in der a, b, ϱ Funktionen eines variablen Parameters t sind. Die Berührungspunkte dieses Kreises mit seiner Einhüllenden sind die Schnittpunkte des Kreises mit der Geraden

$$(x-a)a' + (y-b)b' + \varrho\varrho' = 0; \tag{16}$$

diese Gerade steht auf der Tangente an die vom Kreiszentrum (a, b) beschriebene Kurve C normal und ihr Abstand vom Mittelpunkte ist gleich $\varrho\frac{d\varrho}{ds}$, wenn s der Bogen der Kurve C ist. Diese Gerade schneidet den Kreis in zwei Punkten N, N', welche in bezug auf die Tangente MT symmetrisch liegen (Fig. 40); die Einhüllende setzt sich somit aus zwei Zweigen E, E' zusammen, die im allgemeinen analytisch nicht gesondert sind. Mehrere speziellle Fälle sind zu bemerken:

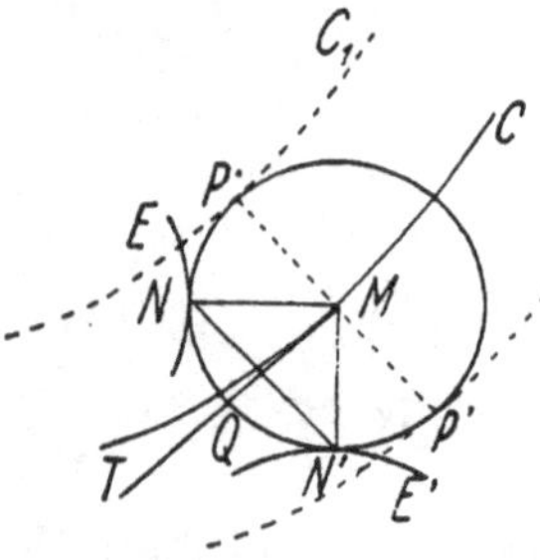

Fig. 40.

1. Wenn ϱ konstant ist, so fällt die Berührungssehne NN' mit der Normale PP' zusammen und die Einhüllende setzt sich aus den beiden parallelen Kurven C_1, C_1' zusammen, die man erhält, wenn man auf der Normale an die Kurve C zu beiden Seiten des Punktes M die konstante Länge ϱ aufträgt.

2. Wenn $\varrho = s + C$ ist, so ist $\varrho\frac{d\varrho}{ds} = \varrho$; die Sehne NN' reduziert sich auf die Tangente an den Kreis im Punkte Q. Die beiden Zweige der Einhüllenden fallen zusammen und die Normalen dieser Einhüllenden Γ sind die Tangenten an die Kurve C; man sagt, daß C die Evolute von Γ und umgekehrt Γ eine Evolvente von C sei. Wenn $d\varrho > ds$ ist, so schneidet die Gerade (16) den Kreis nicht mehr und die Einhüllende ist imaginär.

Sekundäre Kausticae. Nehmen wir an, daß der veränderliche Kreisradius dem Abstande des Mittelpunktes von einem festen Punkte O proportional sei. Nimmt man diesen festen Punkt als Ursprung, so ist die Gleichung des Kreises

$$(x-a)^2 + (y-b)^2 = k^2(a^2 + b^2),$$

wo k ein konstanter Faktor ist, und die Berührungssehne hat die Gleichung

$$(x-a)a' + (y-b)b' + k^2(aa' + bb') = 0.$$

Es seien δ und δ' die Abstände des Kreismittelpunktes $M(a, b)$ von der Berührungssehne und von der durch den Ursprung gezogenen Parallelen; aus der vorstehenden Gleichung entnimmt man $\delta = k^2\delta'$. Man erhält also die Berührungssehne, wenn man auf dem Radius MO den Punkt P so bestimmt, daß $MP = k^2 MO$ ist und vom Punkte P ein Perpendikel auf die Tangente an den Ort der Mittelpunkte fällt. Nehmen wir $k < 1$ an und es sei E der Zweig der Einhüllenden des Kreises, welcher auf derselben Seite der Tangente an die Kurve C liegt, wie der Punkt O. Nennen wir i und r die Winkel die die Normale MI mit den Geraden MO und MN einschließt; dann ist (Fig. 41)

$$\sin i = \frac{Mg}{MQ}, \ \sin r = \frac{Mp}{MN}, \ \frac{\sin i}{\sin r} = \frac{Mq}{Mp} = \frac{MQ}{MP} = \frac{1}{k}.$$

Dies vorausgeschickt denken wir uns, daß der Punkt O ein leuchtender Punkt sei und daß die Kurve C die Trennungslinie sei zwischen dem Medium, in dem sich O befindet, und einem neuen Medium, dessen Brechungsindex in bezug auf das erste gleich $\frac{1}{k}$ ist. Nach der Brechung geht der einfallende Strahl OM in einen gebrochenen Strahl MR über, der nach dem Brechungsgesetze gerade die Verlängerung von NM ist. Alle gebrochenen Strahlen MR sind also zur Einhüllenden E normal, die man die sekundäre Kaustica durch Brechung nennt. Die eigentliche Kaustica, welche die Einhüllende der gebrochenen Strahlen ist, ist die Evolute der sekundären Kaustica.

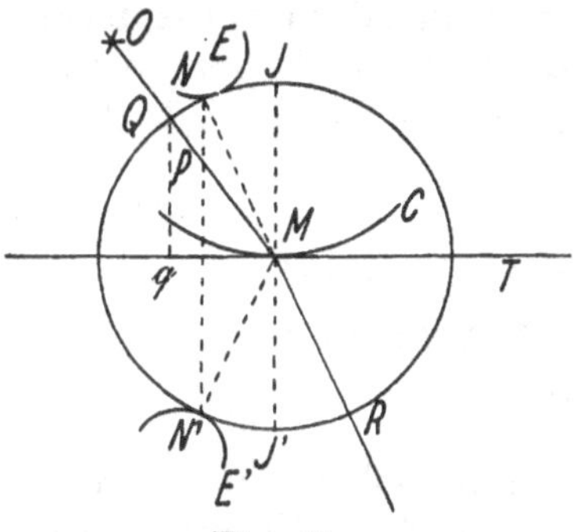

Fig. 41.

Der zweite Zweig der Einhüllenden E' hat offenbar keinen physikalischen Sinn; er würde einem negativen Brechungsindex entsprechen. Nimmt man $k = 1$ an, so reduziert sich die Einhüllende E auf den Punkt O selbst, während die Einhüllende E' der Ort derjenigen Punkte ist, die zum Punkte O in bezug auf die Tangenten an die Kurve C symmetrisch liegen. Diese Kurve ist auch die sekundäre Kaustica durch Reflexion für die Lichtstrahlen, die vom Punkte O ausgehen und an der Kurve C zurückgeworfen werden. Beschreibt man um jeden Punkt einer Kurve C als Mittelpunkt einen Kreis, dessen Radius dem Abstande des Mittelpunktes von einer festen Geraden proportional ist, so beweist man ebenso, daß man als Einhüllende die sekundären Kausticae in bezug auf die von einem unendlich fernen Brennpunkte ausgehenden Lichtstrahlen erhält.

210. **Flächen mit einem Parameter.** Es sei

$$f(x, y, z, a) = 0 \tag{17}$$

die Gleichung einer Fläche S, die von einem willkürlichen Parameter a abhängt. Wenn es eine Fläche E gibt, die jede der Flächen S

längs einer Kurve C berührt, so heißt diese Fläche E die Einhüllende der Flächen S und die Berührungskurve C der beiden Flächen S und E ist die Charakteristik.

Um zu erkennen, ob eine Einhüllende existiert, muß man also untersuchen, ob es möglich ist, auf jeder der Flächen S eine Kurve C derart zu bestimmen, daß der Ort dieser Kurven die Fläche S längs C berührt. Es seien x, y, z die Koordinaten eines Punktes M der Charakteristik; wenn dieser Punkt nicht ein singulärer Punkt der Fläche S ist, so ist die Gleichung der Tangentenebene an diese Fläche

$$\frac{\partial f}{\partial x}(X - x) + \frac{\partial f}{\partial y}(Y - y) + \frac{\partial f}{\partial z}(Z - z) = 0.$$

Stellt man sich andererseits auf die einhüllende Fläche E, so sind x, y, z, a Funktionen zweier unabhängiger Variablen, welche die Gleichung (17) befriedigen und zwischen deren Differentialen die Beziehung

$$\frac{\partial f}{\partial x}dx + \frac{\partial f}{\partial y}dy + \frac{\partial f}{\partial z}dz + \frac{\partial f}{\partial a}da = 0$$

besteht; damit die Tangentenebene an die Fläche E mit der Tangentenebene an S identisch sei, ist notwendig und hinreichend, daß zwischen den Differentialen dx, dy, dz die Beziehung

$$\frac{\partial f}{\partial x}dx + \frac{\partial f}{\partial y}dy + \frac{\partial f}{\partial z}dz = 0$$

bestehe; diese Bedingung vereinfacht sich unter Berücksichtigung der vorangehenden zu

$$\frac{\partial f}{\partial a} = 0. \tag{18}$$

Umgekehrt kann man, wie für die ebenen Kurven (Nr. 207), zeigen, daß die Fläche $R(x, y, z) = 0$, die man durch die Elimination des Parameters a zwischen den beiden Gleichungen (17) und (18) erhält, sowohl die Einhüllende der Flächen S als auch den Ort der singulären Punkte enthält. Die Charakteristik C, die durch die Gleichungen (17) und (18) dargestellt wird, ist wieder die Grenzlage der Schnittkurve der Fläche S mit einer unendlich benachbarten Fläche derselben Familie.

211. **Flächen mit zwei Parametern.** Betrachten wir nunmehr eine Gleichung

$$f(x, y, z, a, b) = 0, \tag{19}$$

welche Flächen S darstellt, die von zwei Parametern a und b abhängen. Es gibt im allgemeinen keine Fläche, welche alle Flächen dieser Familie längs einer Kurve berührt; denn wenn man zwischen den beiden Parametern a und b eine Beziehung $b = \varphi(a)$ aufstellt, so erhält man Flächen, die nur mehr von einem Parameter a abhängen und die Charakteristik wird durch die Gleichung (19) in Verbindung mit der Gleichung

$$\frac{\partial f}{\partial a} + \frac{\partial f}{\partial b}\varphi'(a) = 0 \tag{20}$$

dargestellt. Diese Charakteristik hängt im allgemeinen von $\varphi'(a)$ ab, so daß es auf jeder Fläche S unendlich viele Charakteristiken gibt; sie erzeugen also keine Fläche, wenn a und b variieren. Wir wollen sehen, ob es eine Fläche E gibt, welche jede der Flächen nur in einem oder einigen Punkten und nicht längs einer Kurve berührt. Wenn es eine solche Fläche gibt, so sind die Koordinaten (x, y, z) eines Berührungspunktes der Fläche S mit der Einhüllenden E Funktionen der beiden variablen Parameter a und b, welche der Relation (19) genügen und deren Differentiale dx, dy, dz infolgedessen die Beziehung

$$\frac{\partial f}{\partial x}dx + \frac{\partial f}{\partial y}dy + \frac{\partial f}{\partial z}dz + \frac{\partial f}{\partial a}da + \frac{\partial f}{\partial b}db = 0 \tag{21}$$

erfüllen. Damit die vom Punkte (x, y, z) erzeugte Fläche die Fläche S berühre, muß überdies

$$\frac{\partial f}{\partial x}dx + \frac{\partial f}{\partial y}dy + \frac{\partial f}{\partial z}dz = 0$$

sein; diese Beziehung wird unter Berücksichtigung der vorhergehenden

$$\frac{\partial f}{\partial a}da + \frac{\partial f}{\partial b}db = 0.$$

Da a und b zwei unabhängige Variablen sind, muß für den Berührungspunkt gleichzeitig

$$\frac{\partial f}{\partial a} = 0, \qquad \frac{\partial f}{\partial b} = 0 \tag{22}$$

sein. Man wird also die Gleichung der Einhüllenden erhalten, wenn man a und b zwischen den drei Relationen (19) und (22) eliminiert. Die Schlußweise zeigt, daß die so gefundene Fläche die Fläche S wirklich berührt, außer wenn für die gemeinsamen Lösungen der Gleichungen (19) und (22) gleichzeitig

$$\frac{\partial f}{\partial x} = \frac{\partial f}{\partial y} = \frac{\partial f}{\partial z} = 0$$

ist; diese Fläche ist also entweder die Einhüllende oder der Ort der singulären Punkte der Flächen S.

Wir haben also endgültig zwei Arten von einhüllenden Flächen, je nachdem die eingehüllten Flächen von einem oder von zwei Parametern abhängen. Die Tangentenebene an eine Kugel oder an ein Hyperboloid z. B. hängt von zwei Parametern ab und diese Ebene berührt die Fläche nur in einem Punkte. Hingegen hängt die Tangentenebene an einen Kegel oder einen Zylinder nur von einem variablen Parameter ab, sie berührt aber ihre Einhüllende längs einer Erzeugenden.

212. **Abwickelbare Flächen.** — Ein Fläche, die von einer nur von einem variablen Parameter abhängigen Ebene eingehüllt ist, heißt abwickelbare Fläche.

Es sei

$$z = \alpha x + y f(\alpha) + \varphi(\alpha) \tag{23}$$

die Gleichung der beweglichen Ebene P, worin α ein variabler Parameter, $f(\alpha)$ und $\varphi(\alpha)$ zwei beliebige Funktionen dieses Parameters sind. Die Charakteristik wird durch die Gleichung (23) in Verbindung mit der Gleichung

$$x + y f'(\alpha) + \varphi'(\alpha) = 0 \tag{24}$$

definiert, die man durch Differentiation der ersten nach α erhält; sie ist also eine gerade Linie G und die abwickelbare Fläche ist eine Regelfläche. Wir wollen beweisen, daß alle diese Geraden G Tangenten an eine Raumkurve sind. Differenzieren wir hierzu nochmals nach α; die so erhaltene neue Gleichung

$$y f''(\alpha) + \varphi''(\alpha) = 0 \tag{25}$$

bestimmt auf der Charakteristik G einen einzelnen Punkt M. Der Ort dieser Punkte M ist, wenn α variiert, eine Raumkurve Γ, deren Tangente die Gerade G ist. In der Tat, die Kurve Γ wird durch die drei Gleichungen (23), (24), (25) dargestellt, aus denen man die Koordinaten x, y, z als Funktionen von α entnehmen könnte. Differenziert man die beiden ersten dieser Gleichungen, so erhält man unter Berücksichtigung der letzten

$$dz = \alpha\, dx + f(\alpha)\, dy, \qquad dx + f'(\alpha)\, dy = 0; \tag{26}$$

diese Relationen drücken aus, daß die Tangente an die Kurve Γ zur Charakteristik G parallel ist. Überdies haben diese beiden Geraden einen Punkt gemeinsam, also fallen sie zusammen.

Jede abwickelbare Fläche kann also als eine Fläche definiert werden, die von den Tangenten an eine Raumkurve Γ erzeugt wird. Diese Kurve Γ kann sich im Ausnahmsfalle auf einen in endlicher oder unendlicher Entfernung gelegenen

Punkt reduzieren; die Fläche ist dann ein Kegel oder ein Zylinder. Dies tritt dann ein, wenn $f''(\alpha) = 0$ ist.

Umgekehrt ist jede Fläche, die von den Tangenten an eine Raumkurve Γ erzeugt wird, eine abwickelbare Fläche. Es seien

$$x = f(t), \qquad y = \varphi(t), \qquad z = \psi(t)$$

die Koordinaten eines Punktes von Γ; die Oskulationsebene, deren geometrische Definition wir später (Nr. 222) geben werden, hat die Gleichung

$$(27) \qquad A(X - x) + B(Y - y) + C(Z - z) = 0,$$

wobei die Koeffizienten A, B, C den beiden Relationen

$$(28) \quad A\,dx + B\,dy + C\,dz = 0, \qquad A\,d^2x + B\,d^2y + C\,d^2z = 0$$

genügen.

Diese Ebene hängt von einem einzigen variablen Parameter t ab; wir wollen zeigen, daß die Charakteristik dieser Ebene gerade die Tangente an die Kurve Γ ist. Diese Charakteristik ist der Schnitt der Schmiegungsebene mit der Ebene

$$dA(X - x) + dB(Y - y) + dC(Z - z) = 0,$$

die gleichfalls durch den Punkt (x, y, z) hindurchgeht. Um zu beweisen, daß sie mit der Tangente zusammenfällt, genügt es zu zeigen, daß

$$A\,dx + B\,dy + C\,dz = 0, \qquad dA\,dx + dB\,dy + dC\,dz = 0$$

ist; die erste Beziehung ist eine von den Relationen (28), die A, B, C bestimmen. Die zweite erhält man durch Differentiation der ersten, wenn man die letzte Gleichung (28) berücksichtigt.

Mittels dieser Art, eine abwickelbare Fläche zu erzeugen, kann man sich eine ganz deutliche Vorstellung von der Form der Fläche machen. Es sei AB ein Bogen der Raumkurve; durch jeden Punkt M des Bogens AB ziehen wir die Tangente und betrachten nur den Teil der Tangente, welcher einer bestimmten Richtung, z. B. der von A nach B entspricht. Der Ort dieser Halbstrahlen ist ein Flächenmantel S_1, der von dem Bogen AB und den beiden Tangenten in A und B begrenzt wird und auf der anderen Seite sich ins Unendliche erstreckt. Nimmt man ebenso die anderen Teile der Tangenten, so erhält man einen anderen analogen Flächenmantel S_2, der sich mit S_1 längs des Bogens AB vereinigt; die beiden Flächenmäntel scheinen sich für einen oberhalb stehenden Beobachter teilweise zu überdecken. Es ist klar, daß jede Ebene, die durch einen Punkt O des Bogens AB hindurchgeht, die beiden

Mäntel S_1 und S_2 längs zweier Kurvenzweige schneidet, welche sich im Punkte O vereinigen und daselbst einen Rückkehrpunkt bilden; diese Eigenschaft erklärt den Namen Rückkehrkante, welchen die Raumkurve Γ führt.

Es ist leicht, dies durch die Rechnung zu bestätigen. Nehmen wir den Punkt O als Ursprung, die schneidende Ebene als xy-Ebene, die Tangente als z-Achse, die Oskulationsebene als xz-Ebene; hat man z als unabhängige Variable gewählt, so sind die Entwicklungen von x und y von der Form

$$x = a_2 z^2 + a_3 z^3 + \ldots, \qquad y = b_3 z^3 + \ldots,$$

denn für den Ursprung muß

$$\frac{dx}{dz} = \frac{dy}{dz} = \frac{d^2y}{dz^2} = 0$$

sein; die Gleichungen der Tangente in einem dem Ursprunge benachbarten Punkte lassen sich demnach schreiben

$$\frac{X - a_2 z^2 - a_3 z^3 - \ldots}{2 a_2 z + \ldots} = \frac{Y - b_3 z^3 - \ldots}{3 b_3 z^2 + \ldots} = Z - z.$$

Setzt man $Z = 0$, so erhält man die Koordinaten X, Y des Schnittpunktes der Tangente mit der Schnittebene; die Entwicklungen dieser Koordinaten beginnen mit einem Gliede in z^2, bzw. z^3, so daß der Ursprung wirklich ein Rückkehrpunkt ist.

Beispiel. Nehmen wir als Rückkehrkante die kubische Raumkurve $x = t$, $y = t^2$, $z = t^3$. Die Gleichung der Schmiegungsebene ist

$$t^3 - 3t^2 X + 3t Y - Z = 0;$$

man erhält die Gleichung der abwickelbaren Fläche, indem man aufschreibt, daß die vorstehende Gleichung, als Gleichung in t betrachtet, eine Doppelwurzel zuläßt, was darauf hinausläuft, t zwischen den beiden Gleichungen

$$(E) \qquad \begin{cases} t^2 - 2t X + Y = 0 \\ X t^2 - 2t Y + Z = 0 \end{cases}$$

zu eliminieren. Das Ergebnis der Elimination ist

$$(XY - Z)^2 - 4(X^2 - Y)(Y^2 - XZ) = 0;$$

die abwickelbare Fläche ist also von der vierten Ordnung. Man kann noch bemerken, daß die Gleichungen (E) die Tangente an die Raumkurve darstellen.

213. Wenn $z = F(x, y)$ die Gleichung einer abwickelbaren Fläche ist, so genügt die Funktion $F(x, y)$ der Gleichung $s^2 - rt = 0$; r, s, t bezeichnen hierbei wie gewöhnlich die drei partiellen Derivierten zweiter Ordnung der Funktion $F(x, y)$.

Denn die Tangentenebene an diese Fläche, die die Gleichung

$$Z = pX + qY + z - px - qy$$

hat, kann nur von einem Parameter abhängen; von den drei Größen p, q, $z - px - qy$ ist nur eine einzige willkürlich und es besteht im besonderen eine Relation zwischen p und q, $f(p, q) = 0$. Hieraus leitet man ab, daß die JACOBIsche Determinante

$$\frac{D(p, q)}{D(x, y)} = rt - s^2$$

identisch Null sein muß.

Umgekehrt, wenn $rt - s^2 = 0$ ist, so sind q und p mindestens durch eine Relation miteinander verknüpft. Gibt es zwei verschiedene Relationen zwischen p und q, so sind p und q konstant, $p = a$, $q = b$, und die Funktion $F(x,y)$ ist gleich $ax + by + c$; die Fläche ist eine Ebene. Gibt es nur eine einzige Relation zwischen p und q, so kann man sie in der Form $q = \varphi(p)$ schreiben, wobei sich p nicht auf eine Konstante reduziert. Es ist aber auch

$$y(rt - s^2) = \frac{D(z - px - qy, p)}{D(x, y)},$$

so daß $z - px - qy$ gleichfalls eine Funktion von p, $\psi(p)$, ist, wenn $rt - s^2 = 0$ ist. Die unbekannte Funktion $z = F(x,y)$ und ihre partiellen Derivierten p und q erfüllen also die beiden Beziehungen

$$q = \varphi(p), \qquad z - px - \varphi(p)y = \psi(p);$$

differenzieren wir die zweite nach x und y, so erhalten wir

$$[x + y\varphi'(p) + \psi'(p)]\frac{\partial p}{\partial x} = 0, \qquad [x + y\varphi'(p) + \psi'(p)]\frac{\partial p}{\partial y} = 0.$$

Da sich p nicht auf eine Konstante reduziert so muß

$$x + y\varphi'(p) + \psi'(p) = 0$$

sein.

Die Gleichung der Fläche wird also erhalten, wenn man p zwischen dieser Relation und

$$z = px + y\varphi(p) + \psi(p)$$

eliminiert; dies gibt aber gerade die Einhüllende der vorstehenden Ebene, wobei man p als den variablen Parameter betrachtet.

214. Einhüllende einer Familie von Raumkurven. Eine Familie von Raumkurven, die von einem Parameter abhängen, läßt im allgemeinen keine einhüllende Kurve zu. Betrachten wir zunächst eine Familie von Geraden

(29) $$x = az + p, \qquad y = bz + q,$$

wo a, b, p, q gegebene Funktionen eines variablen Parameters α sind; wir wollen untersuchen, unter welcher Bedingung diese Gerade in allen ihren Lagen Tangente an eine Raumkurve Γ ist. Es sei

$z = \varphi(\alpha)$ die Koordinate z des Punktes M, in dem die bewegliche Gerade D ihre Einhüllende Γ berührt; die gesuchte Kurve Γ wird dann durch die Gleichungen (29), zu denen noch die Relation $z = \varphi(\alpha)$ hinzukommt, dargestellt und die Richtungsparameter der Tangente an diese Kurve haben den Ausdruck

$$\frac{dx}{d\alpha} = a\varphi'(\alpha) + a'\varphi(\alpha) + p',$$

$$\frac{dy}{d\alpha} = b\varphi'(\alpha) + b'\varphi(\alpha) + q', \qquad \frac{dz}{d\alpha} = \varphi'(\alpha),$$

wo a', b', p', q' die Ableitungen von a, b, p, q sind. Damit diese Tangente mit der Geraden D zusammenfalle, ist notwendig und hinreichend, daß

$$\frac{dx}{d\alpha} = a\frac{dz}{d\alpha}, \qquad \frac{dy}{d\alpha} = b\frac{dz}{d\alpha}$$

sei, d. h. daß

$$a'\varphi(\alpha) + p' = 0, \qquad b'\varphi(\alpha) + q' = 0$$

sei.

Die unbekannte Funktion $\varphi(\alpha)$ muß also zwei verschiedenen Relationen genügen und die bewegliche Gerade hat infolgedessen nur dann eine Einhüllende, wenn diese Relationen miteinander verträglich sind, d. h. wenn

$$a'q' - b'p' = 0$$

ist. Wenn diese Bedingung erfüllt ist, so erhält man die einhüllende Kurve, indem man $\varphi(\alpha) = -\frac{p'}{a'} = -\frac{b'}{q'}$ setzt.

Man kann diese Überlegung leicht verallgemeinern. Betrachten wir eine Kurvenfamilie (C), die von einem variablen Parameter abhängt und durch die Gleichungen

$$(30) \qquad F(x, y, z, \alpha) = 0, \qquad \Phi(x, y, z, \alpha) = 0$$

dargestellt ist; wenn diese Kurven C eine Kurve Γ berühren, so sind die Koordinaten (x, y, z) des Berührungspunktes M der Kurve C, welche dem Werte α des Parameters entspricht, mit der Einhüllenden Funktionen des Parameters α, welche die Gleichungen (30) und eine von diesen verschiedene Relation befriedigen. Es seien dx, dy, dz die Differentiale der Koordinaten des Punktes M, wenn man ihn als Punkt der Kurve C betrachtet; da α auf der Kurve C konstant bleibt, so bestehen zwischen den Differentialen die beiden Beziehungen

$$(31) \qquad \begin{cases} \dfrac{\partial F}{\partial x}dx + \dfrac{\partial F}{\partial y}dy + \dfrac{\partial F}{\partial z}dz = 0, \\ \dfrac{\partial \Phi}{\partial x}dx + \dfrac{\partial \Phi}{\partial y}dy + \dfrac{\partial \Phi}{\partial z}dz = 0. \end{cases}$$

Andererseits seien δx, δy, δz, $\delta \alpha$ die Differentiale von x, y, z, α, wenn man M als Punkt der Kurve Γ betrachtet; diese Differentiale erfüllen die Bedingungen

$$(32) \qquad \begin{cases} \frac{\partial F}{\partial x}\delta x + \frac{\partial F}{\partial y}\delta y + \frac{\partial F}{\partial z}\delta z + \frac{\partial F}{\partial \alpha}\delta \alpha = 0, \\ \frac{\partial \Phi}{\partial x}\delta x + \frac{\partial \Phi}{\partial y}\delta y + \frac{\partial \Phi}{\partial z}\delta z + \frac{\partial \Phi}{\partial \alpha}\delta \alpha = 0. \end{cases}$$

Damit die Kurven C und Γ einander berühren, ist notwendig und hinreichend, daß

$$\frac{dx}{\delta x} = \frac{dy}{\delta y} = \frac{dz}{\delta z}$$

sei und diese Bedingungen werden mit Berücksichtigung der Beziehungen (31) und (32)

$$\frac{\partial F}{\partial \alpha}\delta \alpha = 0, \quad \frac{\partial \Phi}{\partial \alpha}\delta \alpha = 0.$$

Die Koordinaten x, y, z des Berührungspunktes müssen also die Gleichungen

$$(33) \qquad F = 0, \quad \Phi = 0, \quad \frac{\partial F}{\partial \alpha} = 0, \quad \frac{\partial \Phi}{\partial \alpha} = 0$$

erfüllen.

Damit die Kurven C eine Einhüllende zulassen, ist also notwendig, daß die vorstehenden vier Gleichungen für jeden Wert des Parameters α miteinander vereinbar seien. Umgekehrt, wenn diese Gleichungen für jeden Wert von α eine gemeinsame Lösung in x, y, z zulassen, so zeigt die Beweisführung, daß die von diesem Punkte (x, y, z) beschriebene Kurve Γ in jedem dieser Punkte die entsprechende Kurve C berührt. Dies setzt jedoch voraus, daß der Punkt mit den Koordinaten (x, y, z) nicht ein singulärer Punkt der Kurve C ist, d. h. daß die Relationen (31) das Verhältnis der Differentiale dx, dy, dz wirklich bestimmen.

Bemerkung. Wenn die Kurven C die Charakteristiken einer Flächenfamilie mit einem Parameter $F(x, y, z, \alpha) = 0$ sind, so reduzieren sich die Gleichungen (33) auf drei verschiedene Gleichungen

$$(34) \qquad F = 0, \quad \frac{\partial F}{\partial \alpha} = 0, \quad \frac{\partial^2 F}{\partial \alpha^2} = 0;$$

die durch diese Gleichungen dargestellte Kurve ist also die Einhüllende der Charakteristiken. Dies ist die Verallgemeinerung der Eigenschaft, die früher für die Erzeugenden einer abwickelbaren Fläche dargelegt wurde.

Die Gleichungen einer beweglichen Geraden bieten sich mituntnr in der Form

$$\frac{x - x_0}{a} = \frac{y - y_0}{b} = \frac{z - z_0}{c} \tag{35}$$

dar, wo x_0, y_0, z_0, a, b, c Funktionen eines variablen Parameters α sind. Es ist leicht, direkt die Bedingung dafür zu finden, daß diese Gerade eine Einhüllende habe. Bezeichnen wir mit l den gemeinsamen Wert der vorstehenden Verhältnisse; die Koordinaten eines beliebigen Punktes der Geraden haben den Ausdruck

$$x = x_0 + la, \quad y = y_0 + lb, \quad z = z_0 + lc$$

und es handelt sich darum, ob es möglich ist, für l eine Funktion von α derart zu wählen, daß die von dem Punkte (x, y, z) beschriebene Kurve die bewegliche Grade berühre. Dazu muß

$$\frac{x_0' + a'l}{a} = \frac{y_0' + b'l}{b} = \frac{z_0' + c'l}{c} \tag{36}$$

sein; bezeichnet man mit m eine neue Unbestimmte, die gleich den vorstehenden Verhältnissen ist und eliminiert man l und m zwischen den drei erhaltenen linearen Gleichungen, so wird man auf die Bedingungsgleichung

$$\begin{vmatrix} x_0' & y_0' & z_0' \\ a & b & c \\ a' & b' & c' \end{vmatrix} = 0 \tag{37}$$

geführt. Wenn diese Bedingung erfüllt ist, so geben die Relationen (36) l und damit die Einhüllende.

II. Krümmung ebener Kurven.

215. **Krümmungsradius.** Nach der allgemeinen Vorstellung von der Krümmung wird man sagen, daß eine Kurve um so stärker gekrümmt sei, je rascher sie sich von ihrer Tangente entfernt. Um von diesem etwas unbestimmten Begriffe zu einer genauen Definition zu gelangen, betrachten wir zunächst einen Kreis. Seine Krümmung wächst, wenn der Radius abnimmt. Es ist daher natürlich, als Maß seiner Krümmung die einfachste Funktion des Radius zu nehmen, die mit abnehmendem Radius zunimmt, d. i. den reziproken Wert des Radius $\frac{1}{R}$. Nehmen wir auf dem Kreise vom Radius R einen Bogen AB, der einem Zentriwinkel w entspricht; der Winkel der beiden Tangenten in den Endpunkten A und B hat gleichfalls den Wert w und die Länge des Bogens AB hat den Wert $s = Rw$. Die Krümmung des Kreises wird also auch durch den Quotienten $\frac{w}{s}$ gemessen. Diese neue Definition läßt sich nun auf einen Bogen einer beliebigen ebenen Kurve ausdehnen. Es sei AB ein ebener Kurvenbogen ohne Wendepunkt und w der Winkel, den die Richtungen der Tangenten in den Endpunkten bilden, wobei diese Rich-

tungen einem bestimmten Umlaufssinne, z. B. dem von A gegen B entsprechen sollen; der Quotient $\frac{w}{\operatorname{arc} AB}$ heißt dann die **mittlere Krümmung** des Bogens AB. Wenn sich der Punkt B dem Punkte A unbegrenzt nähert, so strebt dieser Quotient im allgemeinen gegen einen Grenzwert, welcher die **Krümmung im Punkte** A heißt. Der Krümmungsradius im Punkte A ist der Radius eines Kreises, der daselbst dieselbe Krümmung wie die gegebene Kurve hat; er ist also gleich dem reziproken Werte der Krümmung. Es sei s der Bogen der Kurve, gezählt von einem festen Punkt an, und α der Winkel, den die Richtung der Tangente mit einer festen Richtung, z. B. der x-Achse einschließt. Es ist klar, daß die mittlere Krümmung des Bogens AB gleich dem absoluten Werte des Quotienten $\frac{\Delta \alpha}{\Delta s}$ ist; man erhält also für den Wert des Krümmungsradius R

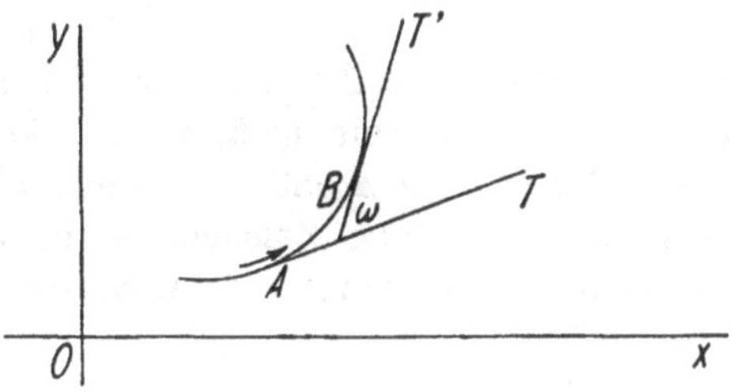

Fig. 42.

$$R = \pm \lim \frac{\Delta s}{\Delta \alpha} = \pm \frac{ds}{d\alpha} .$$

Nehmen wir an, daß die Gleichung der vorgelegten Kurve nach y aufgelöst sei, $y = f(x)$; dann ist

$$\alpha = \operatorname{arc\,tan} y', \quad d\alpha = \frac{y''\,dx}{1 + y'^2}, \quad ds = \sqrt{1 + y'^2}\,dx$$

und infolgedessen

$$R = \pm \frac{(1 + y'^2)^{\frac{3}{2}}}{y''} . \tag{38}$$

Da der Krümmungsradius eine wesentlich positive Größe ist, so zeigt das Zeichen $\pm$ nur an, daß man den absoluten Wert nehmen muß. Denken wir uns auf der Kurvennormale vom Punkte A aus im Sinne der Konkavität der Kurve eine Länge gleich dem Krümmungsradius aufgetragen; der so erhaltene Punkt J ist der **Krümmungsmittelpunkt** und der um J mit dem Radius R beschriebene Kreis ist der **Krümmungskreis**. Es seien x_1, y_1 die Koordinaten des Krümmungsmittelpunktes; diese Koordinaten genügen den beiden Relationen

$$(x_1 - x) + (y_1 - y)y' = 0, \quad (x_1 - x)^2 + (y_1 - y)^2 = \frac{(1 + y'^2)^3}{y''^2},$$

welche ausdrücken, daß dieser Punkt auf der Normale liegt und vom Punkte A den Abstand R hat. Aus diesen beiden Gleichungen entnimmt man durch Elimination von x_1

$$y_1 - y = \pm \frac{1 + y'^2}{y''};$$

um zu erkennen, welches Zeichen man nehmen muß, bemerken wir, daß $y_1 - y$ positiv sein muß, wenn, wie in der Figur 42 y'' positiv ist, und daß $y_1 - y$ negativ ist, wenn y'' negativ ist; man muß also in beiden Fällen das Zeichen $+$ nehmen. Die Koordinaten des Krümmungsmittelpunktes sind infolgedessen durch die Formeln gegeben

$$(39) \qquad y_1 - y = \frac{1 + y'^2}{y''}, \quad x_1 - x = -y' \frac{1 + y'^2}{y''}.$$

Wenn die Koordinaten eines Punktes (x, y) der Kurve als Funktionen eines variablen Parameters t ausgedrückt sind, so ist

$$y' = \frac{dy}{dx}, \quad y'' = \frac{dx\, d^2y - dy\, d^2x}{dx^3}$$

und die Formeln (38) und (39) werden

$$(40) \quad \left\{ \begin{aligned} R &= \pm \frac{(dx^2 + dy^2)^{\frac{3}{2}}}{dx\, d^2y - dy\, d^2x}, \\ y_1 - y &= \frac{dx\,(dx^2 + dy^2)}{dx\, d^2y - dy\, d^2x}, \quad x_1 - x = -\frac{dy\,(dx^2 + dy^2)}{dx\, d^2y - dy\, d^2x}. \end{aligned} \right.$$

In einem Wendepunkte ist $y'' = 0$ und der Krümmungsradius unendlich. In einem Rückkehrpunkte erster Art läßt sich y nach Potenzen von $x^{\frac{1}{2}}$ entwickeln, und dabei hat y' einen endlichen Wert, während dagegen y'' unendlich wird: der Krümmungsradius ist also Null.

Bemerkung. Wenn die Koordinaten als Funktionen des Kurvenbogens ausgedrückt sind, den man als unabhängige Variable genommen hat,

$$x = \varphi(s), \quad y = \psi(s),$$

so genügen φ und ψ der Relation

$$\varphi'^2(s) + \psi'^2(s) = 1,$$

da $dx^2 + dy^2 = ds^2$ ist, und infolgedessen auch der Beziehung

$$\varphi' \varphi'' + \psi' \psi'' = 0.$$

Man entnimmt hieraus wenn man die beiden Relationen nach φ' und ψ' auflöst,

$$\varphi' = \varepsilon \frac{\psi''}{\sqrt{\varphi''^2 + \psi''^2}}, \quad \psi' = -\varepsilon \frac{\varphi''}{\sqrt{\varphi''^2 + \psi''^2}},$$

wo $\varepsilon = \pm 1$ ist, und die Formel für den Krümmungsradius nimmt die elegante Form an

$$\frac{1}{R^2} = [\varphi''(s)]^2 + [\psi''(s)]^2.$$

216. **Evoluten.** Der Krümmungsmittelpunkt in einem Kurvenpunkte ist die Grenzlage des Schnittpunktes der Normale in diesem Punkte mit einer unendlich benachbarten Normale. Bezeichnen X und Y die laufenden Koordinaten, so ist die Gleichung der Normale

$$X - x + (Y - y)y' = 0;$$

um den Schnittpunkt mit der unendlich benachbarten Normale zu erhalten, muß man diese Gleichung mit der Derivierten der linken Seite in bezug auf den variablen Parameter x verbinden, d. i. mit

$$-1 - y'^2 + (Y - y)y'' = 0.$$

Der Wert von Y, den man hieraus ableitet, ist gerade die Ordinate des Krümmungsmittelpunktes, wodurch der Satz bewiesen ist. Daraus folgt, daß der Ort der Krümmungsmittelpunkte einer ebenen Kurve nichts anderes als die Einhüllende der Normalen oder die Evolute dieser Kurve ist.

Um die Beziehungen einer Kurve zu ihrer Evolute näher zu studieren, wollen wir vorerst einige Vereinbarungen treffen. Wir wollen den Bogen einer ebenen Kurve von einem festen Punkte an, der als Ursprung gewählt wurde, in einem bestimmten Sinne zählen und es sei α der Winkel, den die Richtung der im Sinne der wachsenden Bogen gezogenen Tangente mit der x-Achse einschließt. Aus der Formel $\tan\alpha = \pm y'$ entnimmt man

$$\cos\alpha = \pm \frac{1}{\sqrt{1 + y'^2}} = \pm \frac{dx}{ds};$$

hierbei muß man auf der rechten Seite das Zeichen $+$ nehmen, denn wenn x und s gleichzeitig wachsen, so ist der Winkel α spitz, während er stumpf ist, wennn x und s im entgegengesetzten Sinne variieren (Nr. 80). Ebenso ist für den Winkel β, den die Tangente mit der y-Achse einschließt, $\cos\beta = \frac{dy}{ds}$; diese Formeln lassen sich auch schreiben

$$\cos\alpha = \frac{dx}{ds}, \quad \sin\alpha = \frac{dy}{ds},$$

wobei der Winkel α wie in der Trigonometrie zu zählen ist. Bemerken wir noch, daß man auf einem Bogen, der keinen Wendepunkt darbietet, einen Umlaufsinn derart wählen kann, daß s und α im selben Sinne variieren, so daß $R = \frac{ds}{d\alpha}$ ist. Hat man dies getan, so schließt die Richtung der Strecke, deren Anfangspunkt der Kurvenpunkt und deren Endpunkt der Krümmungsmittelpunkt ist, wie man leicht bestätigt, wenn man die beiden möglichen Fälle an der Hand einer Figur untersucht) einen Winkel $\alpha_1 = \alpha + \frac{\pi}{2}$ mit der x-Achse ein. Die Koordinaten (x_1, y_1) des Krümmungsmittelpunktes werden dann durch die Formeln gegeben

$$x_1 = x + R\cos\left(\alpha + \frac{\pi}{2}\right) = x - R\sin\alpha,$$

$$y_1 = y + R\sin\left(\alpha + \frac{\pi}{2}\right) = y + R\cos\alpha;$$

aus ihnen leitet man ab

$$dx_1 = \cos\alpha\, ds - R\cos\alpha\, d\alpha - \sin\alpha\, dR = -\sin\alpha\, dR,$$

$$dy_1 = \sin\alpha\, ds - R\sin\alpha\, d\alpha + \cos\alpha\, dR = \cos\alpha\, dR.$$

Aus diesen Formeln entnimmt man zunächst $\frac{dy_1}{dx_1} = -\cot\alpha$; dies beweist, daß die Tangente an die Evolute, die Normale an die vorgelegte Kurve ist, was bereits direkt gezeigt wurde. Ferner erhält man die Beziehung

$$ds_1^2 = dx_1^2 + dy_1^2 = dR^2,$$

oder $ds_1 = \pm dR$. Nehmen wir z. B. an, daß der Krümmungsradius, wenn man auf der Kurve C von M_1 nach M_2 schreitet, beständig wachse und zählen wir den Evolutenbogen derart, daß er gleichzeitig mit R wächst. Die vorstehende Formel gibt $ds_1 = dR$; hieraus folgt $s_1 = R + C$ und infolgedessen arc $J_1 J_2 = R_2 - R_1$; der Evolutenbogen ist also gleich der Differenz der den beiden Endpunkten entsprechenden Krümmungsradien der Kurve (C).

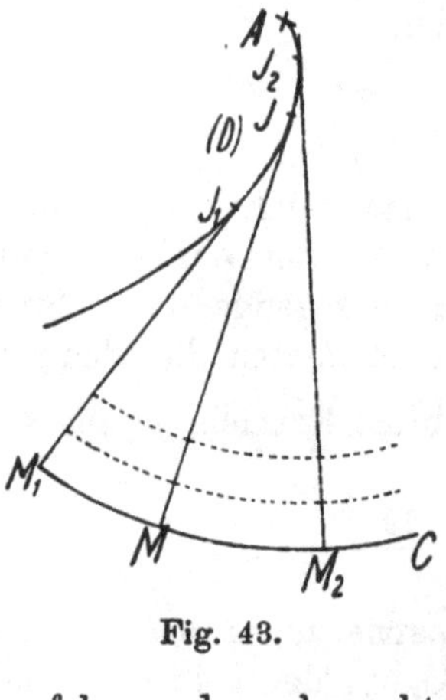

Fig. 43.

Diese Eigenschaft liefert ein mechanisches Mittel, um in einem stetigen Zuge die Evolvente (C) zu beschreiben, wenn man die Evolute (D) kennt. Denken wir uns nämlich einen Faden, der von einem willkürlichen Punkte A an auf der Evolute (D) aufgewickelt ist und sich im Punkte J_2 von ihr loslöst, um der Tangente $J_2 M_2$ zu folgen; dann braucht man den Faden nur in M_2 abzuschneiden und ihn, während man ihn fortwährend gespannt hält, auf die Evolute aufzuwickeln; der Endpunkt beschreibt dann die Evolvente (C).

Man kann diese Konstruktion auch so beschreiben: Es sei s der Bogen AJ der Evolute; auf jeder Tangente an die Evolute trägt man eine Länge $JM = l$ auf, so daß $l + s =$ konst. ist. Läßt man diese Konstante variieren, so erhält man unendlich viele Evolventen, die alle aus einer von ihnen hervorgehen, wenn man auf der Normale eine willkürliche konstante Länge aufträgt.

Diese Eigenschaften lassen sich übrigens sehr leicht aus der allgemeinen Formel herleiten, welche das Differential der Länge eines Segmentes gibt (Nr. 83)

$$dl = -d\sigma_1 \cos\omega_1 - d\sigma_2 \cos\omega_2\,;$$

wenn die Gerade die von dem einen ihrer Endpunkte beschriebene Kurve berührt und zu der von dem anderen Endpunkte beschriebenen Kurve normal ist, so kann man $\omega_1 = \pi$, $\omega_2 = \frac{\pi}{2}$ nehmen und erhält $dl - d\sigma_1 = 0$. Wenn die Gerade zu einer der beiden Kurven normal und die Länge l konstant ist, so ist $dl = 0$, $\cos\omega_1 = 0$ und infolgedessen $\cos\omega_2 = 0$.

Der vorangehende Satz, den Evolutenbogen betreffend, hat als wesentliche Voraussetzung, daß der Krümmungsradius zwischen den beiden Endpunkten des Bogens im selben Sinne variiere. Andernfalls muß der Satz modifiziert werden; bemerken wir zunächst, daß in einem Punkte, in welchem der Krümmungsradius ein Maximum oder ein Minimum ist, $dR = 0$ und infolgedessen $dx_1 = dy_1 = 0$ ist; die Evolute weist also einen Rückkehrpunkt auf. Nehmen wir z. B. an, daß der Krümmungsradius im Punkte M ein Maximum habe; dann ist

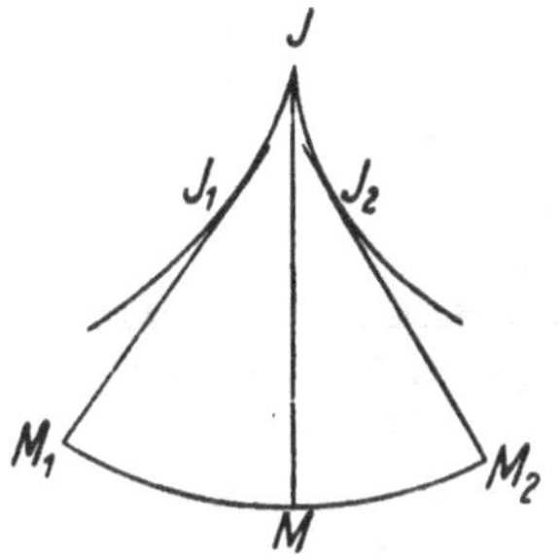

Fig. 44.

$$\text{arc}\, JJ_1 = JM - J_1M_1\,, \qquad \text{arc}\, JJ_2 = JM - J_2M_2$$

und infolgedessen

$$\text{arc}\, J_1JJ_2 = 2JM - J_1M_1 - J_2M_2.$$

Die Differenz $J_1M_1 - J_2M_2$ stellt die Differenz der beiden Bogen JJ_1, JJ_2 und nicht ihre Summe dar.

217. **Zykloide.** Die Zykloide ist die Kurve, die ein Punkt eines Kreises beschreibt, welcher ohne zu gleiten auf einer festen Geraden rollt. Nehmen wir diese feste Gerade als x-Achse, als Ursprung den Punkt dieser Geraden, in welchem sie der Kreis zu Beginn der Bewegung berührt, und als y-Achse die Senkrechte in diesem Punkte. Wenn der bewegliche Kreis die Gerade im Punkte J berührt, so ist der Punkt dieses Kreises, der zuerst in O war, nach M gekommen und es ist $\text{arc}\, JM = OJ$. Nehmen wir als unabhängige Variable den Winkel φ, den der Radius CM mit CJ einschließt; bezeichnen P und Q

die Projektionen des Punktes M auf OJ und JT, so erhält man für die Koordinaten des Punktes M (Fig. 45)

$$x = OJ - JP = R\varphi - R\sin\varphi, \qquad y = MP = JC + CQ = R - R\cos\varphi$$

und man kann sich leicht überzeugen, daß diese Formeln für jeden Wert des Winkels φ richtig sind. Nach einem vollen Umlauf hat der erzeugende Punkt

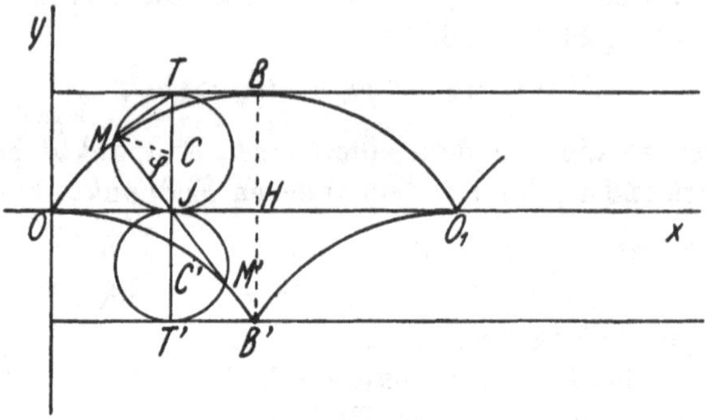

Fig. 45.

den Bogen OBO_1 beschrieben und man erhält, wenn sich die Bewegung unbegrenzt fortsetzt, unendlich viele Bogen, die dem ersten gleich sind.

Aus den obigen Formeln entnimmt man

$$\begin{aligned} x &= R(\varphi - \sin\varphi), & dx &= R(1-\cos\varphi)\,d\varphi, & d^2x &= R\sin\varphi\,d\varphi^2,\\ y &= R(1-\cos\varphi), & dy &= R\sin\varphi\,d\varphi, & d^2y &= R\cos\varphi\,d\varphi^2; \end{aligned}$$

der Richtungskoeffizient der Tangente ist demnach

$$\frac{dy}{dx} = \frac{\sin\varphi}{1-\cos\varphi} = \cot\frac{\varphi}{2}$$

und zeigt, daß die Tangente in M die Gerade MT ist, denn in dem gleichschenkligen Dreiecke MTC ist der Winkel bei T die Hälfte des Außenwinkels $MCJ = \varphi$. Die Normale in M ist also die Gerade MJ, welche den Punkt M und den Berührungspunkt des Kreises mit der festen Geraden verbindet.

Für den Zykloidenbogen erhalten wir die Formel

$$ds^2 = R^2\,d\varphi^2[\sin^2\varphi + (1-\cos\varphi)^2] = 4R^2\sin^2\frac{\varphi}{2}\,d\varphi^2$$

oder

$$ds = 2R\sin\frac{\varphi}{2}\,d\varphi,$$

wenn man den Bogen derart zählt, daß er mit φ wächst. Nimmt man den Punkt O als Anfangspunkt der Bogen, so erhält man hieraus

$$s = 4R\left(1 - \cos\frac{\varphi}{2}\right);$$

setzt man hierin $\varphi = 2\pi$, so findet man für die Länge des Bogens OBO_1 den Wert $8R$. Der Bogen OMB, der zwischen dem Ursprunge O und dem höchsten

Punkte B enthalten ist, ist also gleich $4R$ und der Bogen BM der Figur hat den Ausdruck $4R\cos\frac{\varphi}{2}$. Das Dreieck MTC gibt aber $MT = 2R\cos\frac{\varphi}{2}$, so daß also $BM = 2MT$ ist.

Ebenso erhält man für die Fläche der Zykloide

$$A = \int y\,dx = \int_0^{\varphi} R^2(1 - 2\cos\varphi + \cos^2\varphi)\,d\varphi$$

$$= R^2\int_0^{\varphi}\left(\frac{3}{2} - 2\cos\varphi + \frac{\cos 2\varphi}{2}\right)d\varphi;$$

d. i.

$$A = \left(\frac{3}{2}\varphi - 2\sin\varphi + \frac{\sin 2\varphi}{4}\right)R^2;$$

die Fläche zwischen dem Bogen OBO_1 und der Basis OO_1 ist also gleich $3\pi R^2$, d. h. gleich der dreifachen Fläche des erzeugenden Kreises (Galilei).

Die Formel für den Krümmungsradius einer ebenen Kurve wird hier

$$\varrho = \frac{8R^3\sin^3\frac{\varphi}{2}\,d\varphi^3}{2R^2\sin^2\frac{\varphi}{2}\,d\varphi^3} = 4R\sin\frac{\varphi}{2};$$

nun liefert aber das Dreieck MCJ die Beziehung $MJ = 2R\sin\frac{\varphi}{2}$. Man erhält also $\varrho = 2MJ$ und somit den Krümmungsmittelpunkt, wenn man die Gerade MJ über den Punkt J hinaus um sich selbst verlängert. Mittelst dieser Eigenschaft kann man leicht die Evolute finden. Denn betrachten wir den Kreis, der zu dem beweglichen in bezug auf den Punkt J symmetrisch liegt, und den Punkt M', in welchem die Gerade MJ diesen Kreis schneidet; dann ist offenbar $M'J = MJ$, so daß M' gerade der Krümmungsmittelpunkt ist. Nun ist aber

$$\text{arc}\,T'M' = \pi R - \text{arc}\,JM' = \pi R - \text{arc}\,JM = \pi R - OJ$$

oder auch

$$\text{arc}\,T'M' = OH - OJ = JH = T'B'.$$

Der Punkt M' beschreibt also einen Zykloidenbogen, der gleich dem ersten ist, dessen Rückkehrpunkt aber in B' und dessen Scheitel in O liegt. Wenn M den Bogen BO_1 beschreibt, so beschreibt der Punkt M' einen anderen Bogen, welcher zu dem ersten in bezug auf BB' symmetrisch liegt.

218. **Kettenlinie.** Die Kettenlinie ist die ebene Kurve, welche in einem geeignet gewählten rechtwinkligen Achsensystem durch die Gleichung

$$y = \frac{a}{2}\left(e^{\frac{x}{a}} + e^{-\frac{x}{a}}\right) \tag{42}$$

dargestellt wird; sie hat die in der Figur (46) durch die Kurve MAM' angezeigte Form.

Aus der Gleichung (42) entnimmt man

$$y' = \frac{1}{2}\left(e^{\frac{x}{a}} - e^{-\frac{x}{a}}\right), \qquad y'' = \frac{1}{2a}\left(e^{\frac{x}{a}} + e^{-\frac{x}{a}}\right) = \frac{y}{a^2}$$

$$1 + y'^2 = \frac{\left(e^{\frac{x}{a}} + e^{-\frac{x}{a}}\right)^2}{4} = \frac{y^2}{a^2};$$

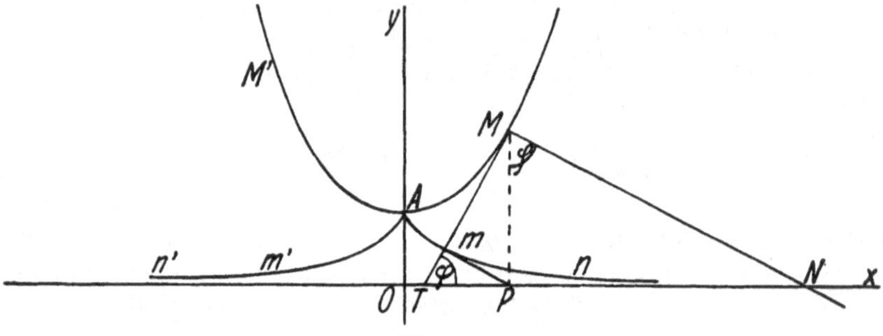

Fig. 46.

es sei φ der Winkel, den die Tangente mit der x-Achse einschließt; aus dem Werte von y' folgt

$$\sin\varphi = \frac{e^{\frac{x}{a}} - e^{-\frac{x}{a}}}{e^{\frac{x}{a}} + e^{-\frac{x}{a}}}, \qquad \cos\varphi = \frac{2}{e^{\frac{x}{a}} + e^{-\frac{x}{a}}} = \frac{a}{y}.$$

Der Krümmungsradius R hat den Ausdruck

$$R = \frac{(1 + y'^2)^{\frac{3}{2}}}{y''} = \frac{y^2}{a};$$

in dem Dreiecke MPN ist aber $MP = MN \cos\varphi$ und infolgedessen

$$MN = \frac{MP}{\cos\varphi} = \frac{y^2}{a}.$$

Der Krümmungsradius der Kettenlinie ist also gleich der Normale MN; es wäre leicht, hieraus die Evolute abzuleiten. Der Bogen AM der Kettenlinie ist gleich

$$s = \int_0^x \frac{e^{\frac{x}{a}} + e^{-\frac{x}{a}}}{2}\,dx = \frac{a}{2}\left(e^{\frac{x}{a}} - e^{-\frac{x}{a}}\right),$$

oder unter Benutzung der obigen Formeln $s = y \sin\varphi$; fällt man vom Punkte P ein Perpendikel Pm auf die Tangente MT, so gibt das Dreieck PMm

$$Mm = MP \sin\varphi = s.$$

Der Bogen AM ist also gleich der Länge Mm.

219. **Traktrix.** Die vom Punkte m beschriebene Kurve heißt **Traktrix**; sie ist eine Evolvente der Kettenlinie, die in A einen Rückkehrpunkt hat.

Die Tangente in m an diese Kurve ist die Gerade mP; das Dreieck mPM gibt aber $mP = y \cos\varphi = a$, so daß die Länge mP der Tangente an die Traktrix zwischen dem Berührungspunkte m und der x-Achse konstant gleich a ist. Die Traktrix ist übrigens die einzige Kurve, welche diese Eigenschaft genießt.

Aus dem Dreiecke MTP entnimmt man die Beziehung $Mm \times mT = a^2$, so daß bei einer Traktrix das Produkt aus Krümmungsradius und Normale konstant ist; aber diese Eigenschaft teilt sie mit unendlich vielen anderen ebenen Kurven.

Es seien (x_1, y_1) die Koordinaten des Punktes m; dann ist

$$x_1 = x - s\cos\varphi = x - a\,\frac{e^{\frac{x}{a}} - e^{-\frac{x}{a}}}{e^{\frac{x}{a}} + e^{-\frac{x}{a}}},$$

$$y_1 = y - s\sin\varphi = \frac{2a}{e^{\frac{x}{a}} + e^{-\frac{x}{a}}};$$

diese Formeln werden, wenn man $e^{\frac{x}{a}} = \tan\frac{\theta}{2}$ setzt,

$$(43)\qquad x_1 = a\cos\theta + a\log\left(\tan\frac{\theta}{2}\right), \qquad y_1 = a\sin\theta.$$

Wenn der Parameter θ von $\frac{\pi}{2}$ bis π variiert, so beschreibt der Punkt (x_1, y_1) den Bogen Amn, der die x-Achse zur Asymptote hat; wenn θ von $\frac{\pi}{2}$ bis 0 variiert, so beschreibt der Punkt (x_1, y_1) den Bogen $Am'n'$, der zu dem ersten in bezug auf Oy symmetrisch liegt und dem Zweige AM' der Kettenlinie entspricht.

III. Kontakt zweier Kurven, einer Kurve und einer Fläche.

220. **Berührung zwischen ebenen Kurven.** Es seien C und C' zwei ebene Kurven, die sich in einem Punkte A berühren. Denken wir uns, daß man in der Umgebung des Punktes A jedem Punkte m der Kurve C einen Punkt m' der Kurve C' nach einem willkürlichen Gesetze derart zuordne, daß der Punkt m' gleichzeitig mit dem Punkte m nach A kommt. Nimmt man als unendlich kleine Größe erster Ordnung den Bogen Am oder, was auf dasselbe hinausläuft, die Sehne Am, so wollen wir zunächst untersuchen, welcher Art

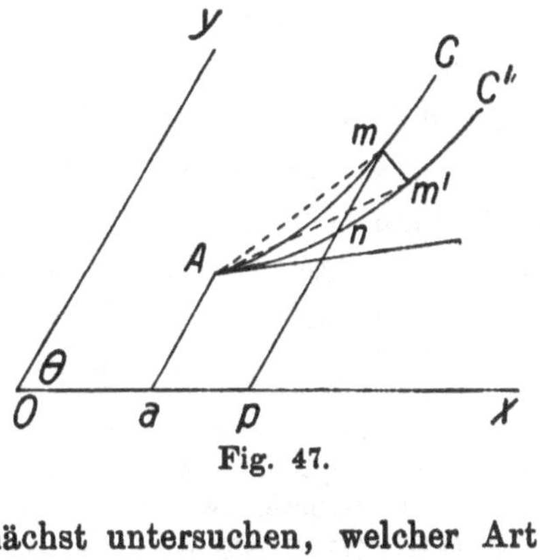

Fig. 47.

die Zuordnung sein muß, damit mm' in bezug auf Am unendlich klein von möglichst hoher Ordnung sei.[1] Wir beziehen hierzu die beiden Kurven auf zwei rechtwinklige oder schiefwinklige Achsen, wobei jedoch die y-Achse nicht zur gemeinsamen Tangente AT parallel sein soll. Es seien

$$(C) \qquad y = f(x)$$

$$(C') \qquad Y = F(x)$$

die Gleichungen der beiden Kurven und (x_0, y_0) die Koordinaten des Punktes A; die Koordinaten des Punktes m werden dann $x_0 + h$ und $f(x_0 + h)$ und die des Punktes m' ebenso $x_0 + k$ und $F(x_0 + k)$ sein, wo k eine Funktion von h bezeichnet, die zugleich mit h gegen Null strebt und die die Art der gewählten Zuordnung zwischen den Punkten der beiden Kurven definiert. Bemerken wir noch, daß man die unendlich kleine Größe erster Ordnung Am durch $h = ap$ ersetzen kann, denn das Verhältnis $\frac{ap}{Am}$ strebt gegen eine endliche von Null verschiedene Grenze, wenn sich der Punkt m dem Punkte A unbegrenzt nähert.

Dies vorausgeschickt nehmen wir an, daß für eine bestimmte festgelegte Art der Zuordnung mm' in bezug auf h unendlich klein von der Ordnung $r + 1$ sei; $\overline{mm'}^2$ ist dann unendlich klein von der Ordnung $2r + 2$.

Nun kann man aber, wenn θ den Winkel der Achsen bezeichnet, schreiben

$$\overline{mm'}^2 = [F(x_0 + k) - f(x_0 + h) + (k - h)\cos\theta]^2 + (k - h)^2 \sin^2\theta;$$

jede der Differenzen $k - h$ und $F(x_0 + k) - f(x_0 + h)$ muß also unendlich klein von mindestens $\overline{r+1}^{\text{ter}}$ Ordnung sein, d. h. es muß

$$k = h + \alpha h^{r+1}, \qquad F(x_0 + k) - f(x_0 + h) = \beta h^{r+1}$$

sein, wo α und β Funktionen von h sind, die endlich bleiben, wenn h gegen Null strebt. Die letzte Formel läßt sich auch schreiben

$$F(x_0 + h + \alpha h^{r+1}) - f(x_0 + h) = \beta h^{r+1};$$

denkt man sich $F(x_0 + h + \alpha h^{r+1})$ nach Potenzen von α entwickelt, so ist der von α abhängige Teil unendlich klein von mindestens $\overline{r+1}^{\text{ter}}$ Ordnung und die Differenz

$$A = F(x_0 + h) - f(x_0 + h)$$

[1] Es ist klar, daß man diese Ordnung erhält, wenn man dem Punkte m den Punkt m' zuordnet, für den der Abstand zwischen m und einem Punkte von C' ein Minimum ist. Wir wollen aber beweisen, daß man diese Art der Zuordnung durch unendlich viele andere ersetzen kann.

ist also unendlich klein von mindestens $\overline{r+1}^{\text{ter}}$ Ordnung, sie kann es aber auch von höherer Ordnung sein. Diese Differenz Δ stellt aber den Abstand mn der Punkte der beiden Kurven C, C' dar, die auf einer und derselben Parallelen zur y-Achse liegen. Da man also, wenn man den Punkt m' durch den Punkt n ersetzt, die Infinitesimalordnung von mm' nur erhöhen kann, so schließt man daraus, daß der Abstand zweier entsprechender Punkte der beiden Kurven unendlich klein von möglichst hoher Ordnung sein wird, wenn die entsprechenden Punkte auf einer Parallelen zur y-Achse liegen. Wenn diese Ordnung gleich $r+1$ ist, so sagt man, daß die beiden Kurven im Punkte A eine Berührung von der Ordnung r haben.

Bemerkungen. Diese Definition gibt zu einigen Bemerkungen Anlaß. Die y-Achse war nur der einzigen Bedingung unterworfen, zur gemeinsamen Tangente AT nicht parallel zu sein; man kann also, um die Ordnung der Berührung zu bestimmen, die Punkte der beiden Kurven einander zuordnen, welche auf einer Parallelen zu einer beliebigen festen, zur Tangente nicht parallelen Geraden D liegen. Die vorangehende Beweisführung zeigt, daß die erhaltene Infinitesimalordnung von der Richtung der Geraden D unabhängig ist. Dies kann man leicht bestätigen; nehmen wir nämlich an, daß man durch einen Punkt m der Kurve C zwei Geraden mm' und mn (Fig. 47) ziehe, welche zu zwei festen, mit der Tangente nicht zusammenfallenden Richtungen parallel sind. In dem Dreiecke $mm'n$ ist

$$\frac{mm'}{mn} = \frac{\sin mnm'}{\sin mm'n};$$

wenn sich der Punkt m dem Punkte A nähert, so streben die Winkel mnm' und $mm'n$ gegen Grenzwerte, die von Null und π verschieden sind, da die Sehne $m'n$ die Tangente AT zur Grenzlage hat; infolgedessen ist mm' von derselben Ordnung wie mn. Dieselbe Rechnung zeigt auch, daß mm' nicht unendlich klein von höherer Ordnung als mn sein kann, welches auch die Konstruktion sei, nach der man den Punkt m' aus dem Punkte m herleitet, da der Zähler $\sin mnm'$ einen von Null verschiedenen endlichen Grenzwert hat.

Man hat als unendlich kleine Größe erster Ordnung den Bogen Am oder die Sehne Am genommen; man hätte dasselbe Resultat erhalten, wenn man statt dessen den Bogen An der Kurve C' genommen hätte, denn Am und An haben dieselbe Ordnung.

Wenn zwei Kurven C, C' eine Berührung der Ordnung r haben, so kann man unendlich viele Zuordnungen zwischen den Punkten m, m'

der beiden Kurven herstellen, so daß für sie mm' unendlich klein von der Ordnung $r+1$ sei. Man braucht nur $k = h + \alpha h^{s+1}$ zu setzen, wo $s \geqq r$ und α eine Funktion von h ist, welche einen endlichen Wert bewahrt, wenn $h = 0$ wird. Wäre $s < r$, so wäre mm' nur von der Ordnung $s+1$.

221. **Ordnung der Berührung.** Um die Ordnung der Berührung zwischen den beiden Kurven C, C' zu erhalten, muß man somit die Infinitesimalordnung von

$$Y - y = F(x_0 + h) - f(x_0 + h)$$

in bezug auf h auswerten. Da sich die beiden Kurven im Punkte A berühren, so ist zunächst $F(x_0) = f(x_0)$, $F'(x_0) = f'(x_0)$, es kann aber sein, daß noch eine gewisse Anzahl anderer Derivierten der beiden Funktionen für x_0 gleich sind. Nehmen wir gleich den allgemeinen Fall, daß

$$(44) \quad \begin{cases} F(x_0) = f(x_0), \quad F'(x_0) = f'(x_0), \quad F''(x_0) = f''(x_0), \ldots \\ \qquad \ldots, F^{(n)}(x_0) = f^{(n)}(x_0) \end{cases}$$

sei, während die folgenden Derivierten $F^{(n+1)}(x_0)$ und $f^{(n+1)}(x_0)$ ungleich seien. Wendet man die Taylorsche Formel auf die beiden Funktionen $F(x)$ und $f(x)$ an, so können wir schreiben

$$Y = F(x_0) + \frac{h}{1} F'(x_0) + \ldots + \frac{h^n}{1 \cdot 2 \ldots n} F^{(n)}(x_0) + \frac{h^{n+1}}{1 \cdot 2 \ldots (n+1)} [F^{(n+1)}(x_0) + \varepsilon],$$

$$y = f(x_0) + \frac{h}{1} f'(x_0) + \ldots + \frac{h^n}{1 \cdot 2 \ldots n} f^{(n)}(x_0) + \frac{h^{n+1}}{1 \cdot 2 \ldots (n+1)} [f^{(n+1)}(x_0) + \varepsilon'],$$

und, wenn man Glied für Glied subtrahiert,

$$(45) \quad Y - y = \frac{h^{n+1}}{1 \cdot 2 \ldots (n+1)} [F^{(n+1)}(x_0) - f^{(n+1)}(x_0) + \varepsilon - \varepsilon'].$$

wo ε, ε' unendlich klein sind. Die Ordnung der Berührung zwischen den beiden Kurven ist also gleich der Ordnung der höchsten Derivierten, der Funktionen $f(x)$ und $F(x)$, die für $x = x_0$ einander gleich sind.

Die Bedingungen (44), die Lagrange gegeben hat, drücken auch aus, daß $x = x_0$ eine $\overline{n+1}$ fache Wurzel der Gleichung $F(x) = f(x)$ ist. Diese Gleichung bestimmt aber die Abszissen der den beiden Kurven C, C' gemeinsamen Punkte; man kann also sagen, daß bei zwei Kurven, welche eine Berührung von der Ordnung n haben, $n+1$ Schnittpunkte in einem einzigen zusammenfallen.

Die Formel (45) zeigt, daß $Y - y$ sein Zeichen mit h ändert, wenn n gerade ist, und es nicht ändert, wenn n ungerade ist. Also: zwei Kurven, welche eine Berührung ungerader Ordnung haben, durchsetzen einander im Berührungspunkte nicht und zwei Kurven, deren Berührung von gerader Ordnung ist, durchsetzen einander. Man kann sich dies leicht klar machen. Betrachten wir beispielsweise eine Kurve C', welche die Kurve C in der Umgebuug von A in drei Punkten durchsetzt; wenn sich diese Kurve C' auf stetige Art deformiert, so daß die drei Schnittpunkte mit dem Punkte A zusammenfallen, so hat die Grenzlage von C' eine Berührung zweiter Ordnung mit C und man braucht sich nur die Figur zu zeichnen, um zu sehen, daß sich die beiden Kurven im Punkte A durchsetzen. Die Überlegung ist offenbar allgemein.

Wenn die Gleichungen der beiden Kurven in bezug auf die Koordinaten y, Y, wie es im allgemeinen der Fall sein wird, nicht aufgelöst sind, so kann man mit Hilfe der bekannten Differentiationsregeln stets die notwendigen Bedingungen dafür finden, daß die beiden Kurven eine Berührung von der Ordnung n haben. Das Problem bietet also keine besondere Schwierigkeit dar. Wir wollen nur einige spezielle Fälle untersuchen, die in den Anwendungen häufig vorkommen. Nehmen wir zunächst an, daß die Koordinaten eines Punktes jeder Kurve als Funktionen eines variablen Parameters ausgedrückt seien,

$$(C) \qquad x = f(t), \quad y = \varphi(t),$$

$$(C') \qquad X = f(u), \quad Y = \psi(u),$$

und daß für einen besonderen Wert t_0 gleichzeitig $\psi(t_0) = \varphi(t_0)$, $\psi'(t_0) = \varphi'(t_0)$ sei, so daß sich die beiden Kurven im Punkte A mit den Koordinaten $f(t_0)$, $\varphi(t_0)$ berühren. Wenn $f'(t_0)$, wie wir annehmen wollen, nicht Null ist, so ist die gemeinsame Tangente nicht zur y-Achse parallel und man erhält die Punkte der beiden Kurven, welche dieselbe Abszisse haben, wenn man $u = t$ setzt. Andererseits ist $x - x_0$ in bezug auf $t - t_0$ von der ersten Ordnung und wir werden wieder dazu geführt, die Infinitesimalordnung von $\psi(t) - \varphi(t)$ in bezug auf $t - t_0$ zu bestimmen. Damit die beiden Kurven eine Berührung von der Ordnung n haben, ist notwendig und hinreichend, daß

$$(46) \qquad \psi(t_0) = \varphi(t_0), \quad \psi'(t_0) = \varphi'(t_0), \quad \ldots, \quad \psi^{(n)}(t_0) = \varphi^{(n)}(t_0)$$

sei und die Berührung ist nur von der Ordnung n, wenn die beiden Derivierten $\psi^{(n+1)}(t_0)$ und $\varphi^{(n+1)}(t_0)$ ungleich sind.

Betrachten wir noch den Fall, daß die Kurve C durch die beiden Gleichungen

(47) $$x = f(t), \quad y = \varphi(t),$$

die Kurve C' durch die Gleichung $F(x, y) = 0$ dargestellt wird. Dieser Fall läßt sich auf den vorangehenden zurückführen; ersetzen wir x in $F(x, y)$ durch $f(t)$ und es sei $y = \psi(t)$ die durch die Relation

(48) $$F[f(t), \quad \psi(t)] = 0$$

definierte implizite Funktion, so daß die Kurve C' auch durch das System der beiden Gleichungen

(49) $$x = f(t), \quad y = \psi(t)$$

dargestellt erscheint. Damit die beiden Kurven C, C' im Punkte A, der dem Werte t_0 des Parameters entspricht, eine Berührung von der Ordnung n haben, müssen die vorhin gefundenen Bedingungen (46) erfüllt sein. Die höheren Derivierten der impliziten Funktion $\psi(t)$ entnimmt man den Gleichungen

(50) $$\left\{\begin{aligned} &\frac{\partial F}{\partial x} f'(t) + \frac{\partial F}{\partial y} \psi'(t) = 0, \\ &\frac{\partial^2 F}{\partial x^2} [f'(t)]^2 + 2 \frac{\partial^2 F}{\partial x \partial y} f'(t) \psi'(t) + \frac{\partial^2 F}{\partial y^2} [\psi'(t)]^2 \\ &\qquad\qquad + \frac{\partial F}{\partial x} f''(t) + \frac{\partial F}{\partial y} \psi''(t) = 0, \\ &\quad \cdots\cdots\cdots\cdots\cdots\cdots \\ &\frac{\partial^n F}{\partial x^n} [f'(t)]^n + \ldots + \frac{\partial F}{\partial y} \psi^{(n)}(t) = 0; \end{aligned}\right.$$

man erhält die Berührungsbedingungen, wenn man in diesen Formeln $t = t_0$, $x = f(t_0)$, $\psi(t_0) = \varphi(t_0)$, $\psi'(t_0) = \varphi'(t_0)$, $\ldots$, $\psi^{(n)}(t_0) = \varphi^{(n)}(t_0)$ setzt. Diese Bedingungen lassen sich auch so aussprechen: Setzen wir $\mathbf{F}(t) = F[f(t), \varphi(t)]$; **damit die beiden Kurven im Punkte $t = t_0$ eine Berührung von der Ordnung n haben, ist notwendig und hinreichend, daß**

(51) $$\mathbf{F}(t_0) = 0, \quad \mathbf{F}'(t_0) = 0, \quad \ldots, \quad \mathbf{F}^{(n)}(t_0) = 0$$

sei.

Die Gleichung $\mathbf{F}(t) = 0$ gibt die Werte des Parameters t, welche den Schnittpunkten der beiden Kurven entsprechen. Die Berührungsbedingungen drücken auch hier noch aus, daß diese Gleichung $t = t_0$ als vielfache Wurzel von der Ordnung $n + 1$ zuläßt, d. h. daß die beiden Kurven $n + 1$ Punkte gemeinsam haben, welche in einem einzigen zusammenfallen.

222. **Oskulierende Kurven.** Es sei eine bestimmte Kurve C gegeben und eine Kurve C', die von $n+1$ Parametern $a, b, c, \ldots, l$ abhängt,

$$F(x, y, a, b, c, \ldots, l) = 0; \tag{52}$$

man kann dann die Werte dieser $n+1$ Parameter derart wählen, daß die Kurve C' mit der Kurve C in einem im voraus gegebenen Punkte eine Berührung von der Ordnung n habe. Es seien $x = f(t)$, $y = \varphi(t)$ die Koordinaten eines Punktes von C; die Bedingungen dafür, daß die beiden Kurven C, C' im Punkte $t = t_0$ eine Berührung von der Ordnung n haben, sind durch die Gleichungen (51) gegeben, in denen

$$\mathbf{F}(t) = F[f(t), \varphi(t), a, b, c, \ldots, l]$$

zu setzen ist. Für einen gegebenen Wert t_0 des Parameters bestimmen diese $n+1$ Gleichungen die $n+1$ Parameter $a, b, c, \ldots, l$. Man sagt, daß die so erhaltene Kurve C' die Kurve C oskuliere.

Wenden wir diese Theorie auf die einfachsten Kurven an. Die Gleichung einer Geraden $y = ax + b$ hängt von zwei Parametern a und b ab; die oskulierende Gerade hat also eine Berührung erster Ordnung. Ist $y = f(x)$ die Gleichung der Kurve C, so müssen die Parameter a und b die beiden Relationen

$$f(x_0) = a x_0 + b, \quad f'(x_0) = a$$

befriedigen; man findet so die Gleichung der Tangente wieder, wie man nicht anders erwarten konnte. Die Gleichung eines Kreises

$$(x-a)^2 + (y-b)^2 - R^2 = 0 \tag{53}$$

hängt von drei Parametern a, b, R ab; der oskulierende Kreis hat also eine Berührung zweiter Ordnung. Es sei $y = f(x)$ die Gleichung der gegebenen Kurve; zur Bestimmung von a, b, R wird man anschreiben, daß der Kreis dieser Kurve in drei zusammenfallenden Punkten begegnet; dies gibt in Verbindung mit der Gleichung (53) die beiden Bedingungen

$$x - a + (y-b)y' = 0, \quad 1 + y'^2 + (y-b)y'' = 0. \tag{54}$$

Die Werte von a und b, welche man aus diesen beiden Relationen entnimmt, sind mit den Koordinaten des Krümmungsmittelpunktes identisch; der oskulierende Kreis fällt also mit dem Krümmungskreis zusammen. Da die Berührung von der zweiten Ordnung ist, so können wir daraus schließen, daß der Krümmungskreis einer ebenen Kurve diese Kurve im Berührungspunkte durchsetzt.

Alle diese Resultate konnte man a priori voraussehen. Denn die Koordinaten des Krümmungsmittelpunktes hängen nur von x, y, y', y'' ab; zwei Kurven, die eine Berührung zweiter Ordnung haben, haben also denselben Krümmungsmittelpunkt. Nun ist aber der Krümmungsmittelpunkt des oskulierenden Kreises offenbar der Mittelpunkt dieses Kreises selbst; somit sind Krümmungskreis und oskulierender Kreis identisch. Betrachten wir andererseits zwei benachbarte Krümmungskreise; die Differenz ihrer Radien, welche gleich dem zwischen den beiden Zentren enthaltenen Bogen der Evolute ist, ist größer als der Abstand ihrer Mittelpunkte. Einer der beiden Kreise liegt also ganz im Innern des anderen, was nicht sein könnte, wenn in der Umgebung des Berührungspunktes beide Kreise innerhalb oder beide Kreise außerhalb der Kurve C lägen. Sie müssen also die Kurve C durchsetzen.

Nichtsdestoweniger gibt es auf einer ebenen Kurve gewisse besondere Punkte, in denen der oskulierende Kreis die Kurve nicht durchsetzt; diese Bemerkung schließt sich an eine allgemeine Eigenschaft an. Wenn eine Kurve C' gegeben ist, die von $n+1$ Parametern abhängt, so kann man zu den $n+1$ Gleichungen (51) die neue Gleichung

$$F^{(n+1)}(t_0) = 0$$

hinzufügen, wofern man t_0 als eine neue Unbekannte betrachtet, die noch zu bestimmen ist. Es gibt demnach im allgemeinen auf einer Plankurve C eine gewisse Anzahl von Punkten, in denen die Berührung mit der oskulierenden Kurve C' von der Ordnung $n+1$ ist. So gibt es Punkte, in denen die Tangente eine Berührung von der zweiten Ordnung hat; es sind dies die Wendepunkte, für die $y'' = 0$ ist. Um die Punkte zu erhalten, in denen der oskulierende Kreis eine Berührung dritter Ordnung hat, muß man die letzte Gleichung (48) differentiieren; dies gibt

$$3y'y'' + (y-b)y''' = 0$$

und man erhält, wenn man $y-b$ eliminiert, die Bedingung

$$(55) \qquad (1+y'^2)y''' - 3y'y''^2 = 0.$$

Die Punkte, welche dieser Bedingung genügen, sind diejenigen, für welche $\frac{dR}{dx} = 0$ ist, d. h. in denen der Krümmungsradius ein Maximum oder ein Minimum ist. Für eine Ellipse sind dies die Scheitelpunkte, für eine Zykloide die Punkte, in denen die Tangente zur Basis parallel ist.

223. Eine oskulierende Kurve kann als die Grenzlage einer Kurve C' angesehen werden, welche die Kurve C in $n+1$ unendlich benachbarten Punkten schneidet, die schließlich in einem Punkte zusammenfallen. Nehmen wir beispielsweise eine Kurvenfamilie, die von drei Parametern a, b, c abhängt, und es seien $t_0 + h_1$, $t_0 + h_2$, $t_0 + h_3$ drei Nachbarwerte von t_0; die Kurve C', welche die Kurve C in den drei entsprechenden Punkten schneidet, wird durch die drei Gleichungen

(56) $$\mathbf{F}(t_0 + h_1) = 0\,, \quad \mathbf{F}(t_0 + h_2) = 0\,, \quad \mathbf{F}(t_0 + h_3) = 0$$

bestimmt.

Subtrahieren wir die erste Gleichung von der zweiten und dritten und wenden wir auf die beiden Differenzen den Mittelwertssatz an, so erhalten wir das äquivalente System

(57) $$\mathbf{F}(t_0 + h_1) = 0\,, \quad \mathbf{F}'(t_0 + k_1) = 0\,, \quad \mathbf{F}'(t_0 + k_2) = 0\,,$$

worin k_1 zwischen h_1 und h_2, k_2 zwischen h_1 und h_3 liegt. Subtrahiert man neuerdings die zweite Gleichung von der dritten und wendet man wieder den Mittelwertssatz an, so erhält man ein neues System

(58) $$\mathbf{F}(t_0 + h_1) = 0\,, \quad \mathbf{F}'(t_0 + k_1) = 0\,, \quad \mathbf{F}''(t_0 + l_1) = 0\,,$$

wobei l_1 zwischen k_1 und k_2 liegt. Gleichzeitig mit h_1, h_2, h_3 streben auch k_1, k_2, l_1 gegen Null und diese Gleichungen werden an der Grenze zu

$$\mathbf{F}(t_0) = 0\,, \quad \mathbf{F}'(t_0) = 0\,, \quad \mathbf{F}''(t_0) = 0\,;$$

dies sind gerade die Gleichungen, die die oskulierende Kurve bestimmen. Die Schlußweise bleibt für jede Anzahl der Parameter die gleiche und man könnte die oskulierende Kurve auch als die Grenzlage einer Kurve C' definieren, welche die Kurve C in p Punkten berührt und in q anderen Punkten schneidet (wobei $2p + q = n + 1$ ist), wenn diese $p + q$ Punkte in einem einzigen zusammenfallen.

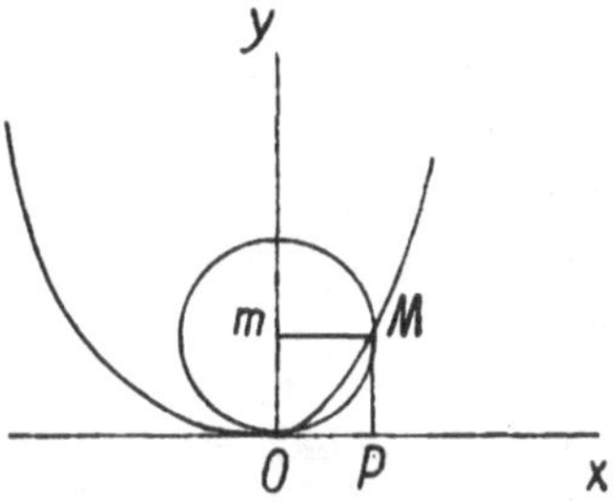

Fig. 48.

Der oskulierende Kreis z. B. ist die Grenzlage eines Kreises, der durch drei dem Berührungspunkte unendlich benachbarte Punkte der Kurve C hindurchgeht. Er ist auch die Grenzlage eines Kreises, der die Kurve C im gegebenen Punkte berührt und durch einen anderen, dem ersten unendlich benachbarten Punkte der Kurve C hindurchgeht. Wir wollen einen Augenblick bei dieser Eigenschaft verweilen, die leicht zu verifizieren ist.

Nehmen wir als Ursprung den gegebenen Punkt, als x-Achse die Tangente und als positive Richtung der y-Achse die Richtung der Normale, die gegen den Krümmungsmittelpunkt geht. Im Ursprunge ist $y' = 0$ und infolgedessen $R = \frac{1}{y''}$, so daß wir nach der Taylorschen Formel schreiben können

$$y = x^2\left(\frac{1}{2R} + \varepsilon\right),$$

wo ε mit x unendlich klein wird. Man entnimmt hieraus, daß R die Grenze des Ausdruckes $\frac{x^2}{2y} = \frac{\overline{OP}^2}{2MP}$ ist, wenn sich M dem Punkte O nähert. Es sei andererseits R_1 der Radius des Kreises C_1, der die x-Achse im Ursprunge berührt und durch den Punkt M geht. Dann ist

$$\overline{OP}^2 = \overline{Mm}^2 = MP(2R_1 - MP)$$

oder

$$\frac{\overline{OP}^2}{2MP} = R_1 - \frac{MP}{2};$$

der Grenzwert des Radius R_1 ist also wirklich gleich dem Krümmungsradius R.

224. **Berührung zweier Raumkurven.** Die Ordnung der Berührung zwischen zwei Raumkurven wird ebenso wie für die Plankurven definiert. Betrachten wir zwei Kurven Γ, Γ', die sich in einem gemeinsamen Punkte A berühren; es sei M ein Punkt von Γ in der Umgebung von A, dem man einen Punkt M' von Γ' nach einem willkürlichen Gesetze derart zuordnet, daß die beiden Punkte M, M' gleichzeitig gegen den Punkt A streben. Wir wollen sehen, welches die höchste Infinitesimalordnung von MM' in bezug auf den Bogen AM ist, den man als unendlich klein von der ersten Ordnung ansieht; wenn diese Ordnung $n + 1$ ist, so werden wir sagen, daß die beiden Kurven eine Berührung von der Ordnung n haben.

Beziehen wir die beiden Kurven auf ein System rechtwinkliger Achsen[1], wobei die z, y-Ebene zur gemeinsamen Tangente nicht parallel sei, und nehmen wir zunächst an, daß ihre Gleichungen auf die folgende Form gebracht seien:

---

[1] Man sieht leicht, daß diese Voraussetzung für die Folge keineswegs nötig ist; man braucht sich hierzu nur an die Formel für den Abstand zweier Punkte in schiefwinkligen Koordinaten zu halten.

$$(\Gamma) \quad \begin{cases} y = f(x), \\ z = \varphi(x), \end{cases} \qquad (\Gamma') \quad \begin{cases} Y = F(x), \\ Z = \Phi(x). \end{cases}$$

Sind x_0, y_0, z_0 die Koordinaten des Berührungspunktes, so sind die Koordinaten der beiden Punkte M, M' resp.

$$M\{x_0 + h, \quad f(x_0 + h), \quad \varphi(x_0 + h)\}, \quad M'\{x_0 + k, \quad F(x_0 + k), \quad \Phi(x_0 + k)\},$$

wo k eine Funktion von h ist, die von dem Gesetze der angenommenen Zuordnung abhängt und zugleich mit h Null wird. An Stelle des Bogens AM kann man auch (Nr. 216) h als unendlich kleine Größe erster Ordnung annehmen und man erhält als Bedingung dafür, daß MM' unendlich klein von der Ordnung $n + 1$ sei, die Forderung, daß jede der Differenzen

$$k - h, \quad F(x_0 + k) - f(x_0 + h), \quad \Phi(x_0 + k) - \varphi(x_0 + h)$$

unendlich klein von mindestens $\overline{n+1}^{\text{ter}}$ Ordnung sei. Es muß also

$$k - h = \alpha h^{n+1}, \quad F(x_0 + k) - f(x_0 + h) = \beta h^{n+1}$$
$$\Phi(x_0 + k) - \varphi(x_0 + h) = \gamma h^{n+1}$$

sein, wo α, β, γ endlich bleiben, wenn h gegen Null strebt; ersetzt man k durch seinen Wert $h + \alpha h^{n+1}$, so werden die beiden letzten Bedingungen

$$F(x_0 + h + \alpha h^{n+1}) - f(x_0 + h) = \beta h^{n+1}$$
$$\Phi(x_0 + h + \alpha h^{n+1}) - \varphi(x_0 + h) = \gamma h^{n+1}.$$

Entwickelt man $F(x_0 + h + \alpha h^{n+1})$ und $\Phi(x_0 + h + \alpha h^{n+1})$ nach der Taylorschen Formel, so enthalten alle Glieder, die von α abhängen, h^{n+1} als Faktor und die Differenzen

$$F(x_0 + h) - f(x_0 + h), \quad \Phi(x_0 + h) - \varphi(x_0 + h)$$

müssen also mindestens von der Ordnung $n + 1$ sein. Daraus folgt: wenn die Distanz MM' infinitesimal von der Ordnung $n + 1$ ist, so ist der Abstand MN der Punkte M, N der beiden Kurven, welche dieselbe Abszisse $x_0 + h$ haben, mindestens von der Ordnung $n + 1$. Man wird also die höchste Infinitesimalordnung erhalten, wenn man die Punkte der beiden Kurven, welche dieselbe Abszisse haben, einander zuordnet.

Es ist leicht, diese Ordnung zu bestimmen. Da die beiden Kurven sich berühren, so bestehen die Beziehungen

$$f(x_0) = F(x_0), \; f'(x_0) = F'(x_0), \; \varphi(x_0) = \Phi(x_0), \; \varphi'(x_0) = \Phi'(x_0);$$

nehmen wir, um den allgemeinen Fall zu erledigen, an, daß außerdem

$$f''(x_0) = F''(x_0), \; \ldots, \; f^{(n)}(x_0) = F^{(n)}(x_0)$$
$$\varphi''(x_0) = \Phi''(x_0), \; \ldots, \; \varphi^{(n)}(x_0) = \Phi^{(n)}(x_0)$$

sei, während mindestens eine der Differenzen

$$F^{(n+1)}(x_0) - f^{(n+1)}(x_0), \quad \Phi^{(n+1)}(x_0) - \varphi^{(n+1)}(x_0)$$

von Null verschieden ist. Der Abstand MM' ist dann von der Ordnung $n+1$ und es besteht eine Berührung von der Ordnung n. Man kann das Resultat auch so aussprechen: Um die Ordnung der Berührung zwischen zwei Raumkurven Γ, Γ' zu erhalten, braucht man nur die Projektionen (C, C') und (C_1, C'_1) dieser Kurven auf die x, y- und x, z-Ebene zu betrachten, die Ordnung der Berührung dieser Kurvenpaare zu bestimmen und die kleinere dieser beiden Zahlen zu nehmen.

Wenn die beiden Kurven Γ, Γ' durch die Formeln

$$(\Gamma) \qquad x = f(t), \qquad y = \varphi(t), \qquad z = \psi(t)$$

$$(\Gamma') \qquad X = f(u), \qquad Y = \Phi(u), \qquad Z = \Psi(u)$$

dargestellt werden, so berühren sich diese Kurven in einem Punkte, wenn für $u = t = t_0$

$$\Phi(t_0) = \varphi(t_0), \quad \Phi'(t_0) = \varphi'(t_0), \quad \Psi(t_0) = \psi(t_0), \quad \Psi'(t_0) = \psi'(t_0)$$

ist; wir wollen annehmen, daß die Tangente im Berührungspunkte zur y, z-Ebene nicht parallel ist, d. h. daß $f'(t_0)$ nicht Null ist. Die Punkte der beiden Kurven, welche die gleiche Abszisse haben, entsprechen demselben Werte von t. Damit eine Berührung von der Ordnung n bestehe, ist notwendig und hinreichend, daß $\Phi(t) - \varphi(t)$, $\Psi(t) - \psi(t)$ in bezug auf $t - t_0$ unendlich klein von der Ordnung $n + 1$ seien, d. h. daß

$$\Phi'(t_0) = \varphi'(t_0), \ \ldots, \quad \Phi^{(n)}(t_0) = \varphi^{(n)}(t_0)$$

$$\Psi'(t_0) = \psi'(t_0), \ \ldots, \quad \Psi^{(n)}(t_0) = \psi^{(n)}(t_0)$$

sei, während mindestens eine der Differenzen

$$\Phi^{(n+1)}(t_0) - \varphi^{(n+1)}(t_0), \quad \Psi^{(n+1)}(t_0) - \psi^{(n+1)}(t_0)$$

nicht Null ist.

Auf den vorstehenden Fall läßt sich der andere zurückführen, in dem die eine der beiden Kurven Γ durch die Gleichungen

$$(59) \qquad x = f(t), \ y = \varphi(t), \ z = \psi(t)$$

dargestellt ist, während die Kurve Γ' durch ein System zweier nicht aufgelöster Gleichungen

$$F(x, y, z) = 0, \quad F_1(x, y, z) = 0$$

gegeben ist. Nimmt man die Überlegungen der Nr. 221 wieder auf, so beweist man, daß für eine Berührung von der Ordnung n im Punkte M_0 von Γ, der dem Werte t_0 von t entspricht,

$$(60)\qquad \begin{cases} \mathbf{F}(t_0) = 0, & \mathbf{F}'(t_0) = 0, \ldots, & \mathbf{F}^{(n)}(t_0) = 0 \\ \mathbf{F}_1(t_0) = 0, & \mathbf{F}'_1(t_0) = 0, \ldots, & \mathbf{F}_1^{(n)}(t_0) = 0 \end{cases}$$

sein muß, wobei

$$\mathbf{F}(t) = F[f(t), \varphi(t), \psi(t)], \quad \mathbf{F}_1(t) = F_1[f(t), \varphi(t), \psi(t)]$$

gesetzt wurde.

225. **Oskulierende Kurven.** Betrachten wir einerseits eine bestimmte Kurve Γ, deren Koordinaten als Funktionen eines Parameters durch die Formeln (53) ausgedrückt sind; andererseits eine Familie von Kurven Γ', die von $2n+2$ Parametern $a, b, c, \ldots, l$ abhängen und durch die Gleichungen

$$(61)\qquad F(x, y, z, a, b, \ldots, l) = 0, \qquad F_1(x, y, z, a, b, \ldots, l) = 0$$

dargestellt werden. Man kann im allgemeinen über diese $2n+2$ Parameter derart verfügen, daß eine der Kurven dieser Familie mit der Kurve Γ in einem gegebenen Punkte eine Berührung von der Ordnung n habe. Man sagt, daß die so erhaltene Kurve die Kurve Γ oskuliert. Die Gleichungen, welche die Parameter $a, b, c, \ldots, l$ bestimmen, sind gerade die oben angeschriebenen $2n+2$ Gleichungen (60) Doch ist zu bemerken, daß diese Gleichungen nur dann miteinander verträglich sein können, wenn jede der Funktionen F, F_1 mindestens $n+1$ Parameter enthält. Wenn z. B. die Kurven Γ' Plankurven sind, so enthält die eine der Gleichungen (61) nur drei Parameter; eine ebene Kurve kann also mit einer Raumkurve in einem willkürlich auf der Raumkurve angenommenen Punkte keine Berührung von höherer als der zweiten Ordnung haben.

Wenden wir diese Theorie auf die einfachsten Kurven, die Gerade und den Kreis an. Eine Gerade hängt von vier Parametern ab; die oskulierende Gerade hat also eine Berührung erster Ordnung. Es ist leicht zu zeigen, daß sie mit der Tangente zusammenfällt; wenn die Gleichungen der Geraden

$$x = az + p, \qquad y = bz + q$$

sind, so werden die Gleichungen (60) für einen Punkt x_0, z_0, z_0 einer Kurve Γ

$$x_0 = az_0 + p, \quad x_0' = az_0', \quad y_0 = bz_0 + q, \quad y_0' = bz_0'$$

und man entnimmt hieraus

$$a = \frac{x_0'}{z_0'}, \quad b = \frac{y_0'}{z_0'}, \quad p = x_0 - \frac{x_0'}{z_0'}z_0, \quad q = y_0 - \frac{y_0'}{z_0'}z_0;$$

man findet also wirklich die Gleichungen der Tangente wieder. Damit die Tangente mit der Kurve eine Berührung zweiter Ordnung habe, müßte noch $x_0'' = az_0''$, $y_0'' = bz_0''$ und infolgedessen

$$\frac{x_0''}{x_0'} = \frac{y_0''}{y_0'} = \frac{z_0''}{z_0'}$$

sein; diesen Puukten werden wir bei einer anderen Frage wieder begegnen (Nr. 230).

Ein Kreis im Raume hängt von sechs Parametern ab; der oskulierende Kreis hat also eine Berührung zweiter Ordnung. Schreiben wir die Gleichungen des Kreises in der Form

$$F(x, y, z) = A(x-a) + B(y-b) + C(z-c) = 0,$$

$$F_1(x, y, z) = (x-a)^2 + (y-b)^2 + (z-c)^2 - R^2 = 0,$$

wobei die variablen Parameter a, b, c, R und die Verhältnisse zweier der Koeffizienten A, B, C zum dritten sind. Die Gleichungen, welche die Werte dieser Parameter bestimmen, sind dann, wenn man sich x, y, z durch $f(t)$, $\varphi(t)$, $\psi(t)$ ersetzt denkt,

$$A(x-a) + B(y-b) + C(z-c) = 0,$$

$$A\frac{dx}{dt} + B\frac{dy}{dt} + C\frac{dz}{dt} = 0,$$

$$A\frac{d^2x}{dt^2} + B\frac{d^2y}{dt^2} + C\frac{d^2z}{dt^2} = 0,$$

$$(x-a)^2 + (y-b)^2 + (z-c)^2 = R^2,$$

$$(x-a)\frac{dx}{dt} + (y-b)\frac{dy}{dt} + (z-c)\frac{dz}{dt} = 0,$$

$$(x-a)\frac{d^2x}{dt^2} + (y-b)\frac{d^2y}{dt^2} + (z-c)\frac{d^2z}{dt^2} + \frac{dx^2 + dy^2 + dz^2}{dt^2} = 0.$$

Die zweite und dritte dieser Relationen zeigen, daß die Ebene des oskulierenden Kreises die Oskulationsebene selbst ist (Nr. 226). Die beiden letzten Gleichungen stellen, wenn man in ihnen a, b, c als laufende Koordinaten ansieht, die Normalebene im Punkte (x, y, z) und die unendlich benachbarte Normalebene dar (man vergl. Nr. 234).

226. **Berührung zwischen einer Kurve und einer Fläche.** Betrachten wir eine Fläche S und eine Kurve Γ, welche diese Fläche in einem Punkte A berührt. Einem Punkte M der Kurve in der Umgebung des Punktes A ordnen wir nach einem willkürlichen Gesetze einen Punkt M' der Fläche zu derart, daß die beiden Punkte M und M' gleichzeitig gegen den Punkt A streben. Wir wollen zunächst sehen, wie man den Punkt M' wählen muß, damit die Infinitesimalordnung von MM' in bezug auf den Bogen AM möglichst hoch sei. Beziehen wir die Figur auf drei rechtwinklige Koordinatenachsen, die so gewählt sind, daß weder die Tangente an die Kurve Γ zur y, z-Ebene, noch die Tangentenebene an die

Fläche zur z-Achse parallel sei. Es seien x_0, y_0, z_0 die Koordinaten des Punktes A, $Z = F(x, y)$ die Gleichung der Fläche S, $y = f(x)$, $z = \varphi(x)$ die Gleichungen von Γ und nehmen wir an, daß für eine bestimmte Art der Zuordnung MM' unendlich klein von der Ordnung $n + 1$ sei. Die Koordinaten x, y, z des Punktes M sind

$$x_0 + h, \qquad f(x_0 + h), \qquad \varphi(x_0 + h),$$

die des Punktes M' seien $X, Y, Z = F(X, Y)$. Damit MM' in bezug auf den Bogen AM oder, was auf dasselbe hinausläuft, in bezug auf h von der Ordnung $n + 1$ sei, muß jede der Differenzen $X - x$, $Y - y$, $Z - z$ unendlich klein von mindestens $\overline{n+1}^{\text{ter}}$ Ordnung sein. Es muß also

$$X - x = \alpha h^{n+1}, \quad Y - y = \beta h^{n+1}, \quad Z - z = F(X, Y) - z = \gamma h^{n+1}$$

sein, wo α, β, γ für $h = 0$ endlich bleiben, und infolgedessen

$$F(x + \alpha h^{n+1}, y + \beta h^{n+1}) - z = \gamma h^{n+1}.$$

Die Differenz $F(x, y) - z$ wird also selbst mindestens von der Ordnung $n + 1$ sein. Ordnet man also dem Punkte M von Γ den Punkt N von S zu, in welchem die durch M zur z-Achse gezogene Parallele die Fläche durchsetzt, so ist die Infinitesimalordnung von MN mindestens gleich derjenigen von MM'. Man erhält somit die Ordnung der Berührung zwischen Fläche und Kurve, indem man die Infinitesimalordnung von MN in bezug auf den Bogen AM oder auf h bestimmt. Man kann auch sagen, daß dies die Berührungsordnung zwischen Γ und der Kurve Γ' ist, die man erhält, wenn man Γ parallel zur z-Achse auf die Fläche projiziert. (Es ist übrigens klar, daß die Richtung von Oz eine beliebige, zur Tangentenebene nicht parallele Richtung sein kann.)

Die Gleichungen der Kurve Γ' sind

$$y = f(x), \qquad Z = F[x, f(x)] = \Phi(x);$$

gemäß der Voraussetzung ist

$$\Phi(x_0) = \varphi(x_0), \qquad \Phi'(x_0) = \varphi'(x_0);$$

wenn überdies

$$\Phi''(x_0) = \varphi''(x_0), \quad \ldots, \quad \Phi^{(n)}(x_0) = \varphi^{(n)}(x_0), \quad \Phi^{(n+1)}(x_0) \neq \varphi^{(n+1)}(x_0)$$

ist, so haben die Kurve und die Fläche eine Berührung von der Ordnung n. Bemerken wir, daß die Gleichung $\Phi(x) = \varphi(x)$ die Abszissen der Schnittpunkte zwischen Kurve und Fläche gibt; die Bedingungen dafür, daß in einem Punkt A eine Berührung n^{ter} Ordnung bestehe, drücken aus, daß in diesem Punkte $n + 1$ Schnittpunkte zusammenfallen.

Nehmen wir noch den Fall, daß die Kurve Γ durch die Gleichungen $x = f(t)$, $y = \varphi(t)$, $z = \psi(t)$ und die Fläche S durch die Gleichung $F(x, y, z) = 0$ dargestellt wird. Die eben definierte Kurve Γ' wird dann durch die Gleichungen $x = f(t)$, $y = \varphi(t)$, $z = \pi(t)$ dargestellt, wobei die Funktion $\pi(t)$ durch die Relation

$$F[f(t), \varphi(t), \pi(t)] = 0$$

definiert wird. Damit Γ und Γ' eine Berührung von der Ordnung n haben, muß $\pi(t) - \psi(t)$ in bezug auf $t - t_0$ unendlich klein von der Ordnung $n + 1$ sein, d. h. es muß

$$\pi(t_0) = \psi(t_0), \qquad \pi'(t_0) = \psi'(t_0), \qquad \ldots, \qquad \pi^{(n)}(t_0) = \psi^{(n)}(t_0)$$

sein.

Man kann diese Bedingungen auch noch in der Form

$$\mathbf{F}(t_0) = 0, \qquad \mathbf{F}'(t_0) = 0, \quad \ldots, \quad \mathbf{F}^{(n)}(t_0) = 0$$

schreiben, wobei $F(t)$ dieselbe Bedeutung wie früher hat (Nr. 224); sie drücken aus, daß die Kurve und die Fläche $n + 1$ Punkte gemeinsam haben, die sich im Berührungspunkte vereinigen.

Wenn die Fläche S von $n + 1$ Parametern $a, b, c, \ldots, l$ abhängt, so kann man über sie derart verfügen, daß diese Fläche mit einer gegebenen Kurve in einem gegebenen Punkte eine Berührung von der Ordnung n habe; die so erhaltene Fläche heißt alsdann die oskulierende.

Im Falle einer Ebene hat man drei Parameter; die Gleichungen, welche diese Parameter bestimmen, sind die folgenden:

$$\begin{aligned} Af(t) + B\varphi(t) + C\psi(t) + D &= 0, \\ Af'(t) + B\varphi'(t) + C\psi'(t) &= 0, \\ Af''(t) + B\varphi''(t) + C\psi''(t) &= 0. \end{aligned}$$

Diese Gleichungen sind genau dieselben, die wir zur Definition der Oskulationsebene aufgestellt haben (Nr. 213), und man sieht, daß die Berührung im allgemeinen von der zweiten Ordnung ist. Damit die Berührung von höherer Ordnung sei, müßte noch

$$Af'''(t) + B\varphi'''(t) + C\psi'''(t) = 0$$

sein; man sagt dann, daß in solchen Punkten die Schmiegungsebene stationär sei.

Eine Kugel hängt von vier Parametern ab; die oskulierende Kugel hat also eine Berührung von der dritten Ordnung. Die Rechnung wird später durchgeführt werden (Nr. 242).

227. **Gerade, die eine Fläche oskulieren.** Wenn die Gleichungen einer Kurve C von $n + 2$ variablen Parametern abhängen,

so kann man über diese Parameter derart verfügen, daß diese Kurve mit einer gegebenen Fläche S in einem gegebenen Punkte M eine Berührung von der Ordnung n habe. Denn wenn man anschreibt, daß die Kurve C durch den Punkt M geht und der Fläche S dort in $n+1$ zusammenfallenden Punkten begegnet, so erhält man im ganzen $n+2$ Gleichungen zur Bestimmung der Parameter. Eine Gerade z. B. hängt von vier Parametern ab; in jedem Punkte einer Fläche gibt es somit eine oder mehrere Geraden, welche mit der Fläche eine Berührung zweiter Ordnung haben. Um diese Geraden zu bestimmen, nehmen wir den betrachteten Flächenpunkt zum Ursprung; die z-Achse liege nicht in der Tangentenebene und $z = F(x, y)$ sei die Gleichung der Fläche in diesem Achsensysteme. Die gesuchte Gerade geht offenbar durch den Ursprung und ihre Gleichungen haben die Form

$$\frac{x}{a} = \frac{y}{b} = \frac{z}{c} = \varrho;$$

die Gleichung $c\varrho = F(a\varrho, b\varrho)$ soll $\varrho = 0$ als dreifache Wurzel zulassen; dazu ist nötig, daß

$$c = ap + bq,$$
$$0 = a^2 r + 2abs + b^2 t$$

sei, wobei p, q, r, s, t die Werte der Derivierten erster und zweiter Ordnung von $F(x, y)$ für $x = y = 0$ bezeichnen. Die erste dieser beiden Relationen drückt aus, daß die gesuchte Gerade in der Tangentenebene an die Fläche liegt, was auch schon a priori evident war. Man sieht überdies, daß das Verhältnis $\frac{b}{a}$ durch eine Gleichung zweiten Grades bestimmt wird, deren Wurzeln reell sind, wofern $s^2 - rt$ positiv ist. In jedem Punkte einer Fläche gibt es also im allgemeinen zwei und nur zwei Gerade, die mit der Fläche eine Berührung zweiter Ordnung haben; diese Geraden sind je nach dem Zeichen von $s^2 - rt$ reell oder imaginär. Wir werden diesen beiden Geraden im 12. Kapitel beim Studium der Krümmung der Flächen wieder begegnen.

Übungen.

1. Gegeben sei eine Kurve C vom dritten Grade, die in O einen Doppelpunkt hat. Ein rechter Winkel MON dreht sich um den Punkt O und seine Schenkel begegnen der Kurve C bzw. in den Punkten M und N. Es ist die Einhüllende der Geraden MN zu bestimmen. Man behandle die speziellen Fälle, wo die Kurve C durch die Gleichung $\lambda y^2 = x^3$ oder $x^3 = y^3 = \mu xy$ gegeben ist.

2. Es sind die Punkte zu finden, in denen die durch die Gleichungen

$$x = a(n\omega - \sin\omega), \qquad y = a(n - \cos\omega)$$

dargestellte Kurve mit dem oskulierenden Kreise eine Berührung von höherer als der zweiten Ordnung hat.

3. Es seien m, m_1, m_2 drei benachbarte Punkte auf einer Plankurve. Die Tangenten in diesen Punkten bilden ein Dreieck, dem man einen Kreis umschreibt. Es ist der Grenzwert des Radius dieses Kreises zu finden, wenn die drei Punkte zusammenfallen.

4. Wenn eine geschlossene Kurve ohne Wendepunkt eine geschlossene Evolute hat, so ist die Gesamtlänge dieser Evolute gleich der doppelten Differenz zwischen der Summe der größten und der der kleinsten Krümmungsradien in sämtlichen Punkten der vorgelegten Kurve.

5, Zieht man durch jeden Punkt einer Kurve eine Gerade von gegebener Länge, die mit der Normale einen konstanten Winkel einschließt, so geht die Normale an die Kurve, die der Ort der Endpunkte dieser Geraden ist, durch den Krümmungsmittelpunkt der vorgelegten Kurve.

6. Es sei r der von einem festen Pole zu einem Punkte einer Plankurve gezogene Radiusvektor, p der Abstand dieses Poles von der Tangente; der Krümmungsradius R hat den Ausdruck $R = \pm r \frac{dr}{dp}$.

7. Der Ort der Brennpunkte der Parabeln, welche in einem gegebenen Punkte mit einer gegebenen Kurve eine Berührung zweiter Ordnung haben, ist ein Kreis.

8. Den Ort der Mittelpunkte der Ellipsen zu bestimmen, deren Achsen eine gegebene Richtung haben, und die in einem gegebenen Punkte mit einer gegebenen Kurve eine Berührung zweiter Ordnung haben.

9. Es sei $F(X, Y; x, y)$ eine Funktion zweier Variablenpaare (x, y), (X, Y). Betrachtet man in der Gleichung $F = 0$ (x, y) als die Koordinaten eines bestimmten Punktes m, X und Y als laufende Koordinaten, so ordnet diese Relation jedem Punkte m der Ebene eine Kurve c zu. Beschreibt der Punkt m eine Kurve C, so hüllt die entsprechende Kurve c eine Kurve Γ ein, welche durch die beiden Gleichungen

$$F(X, Y; x, y) = 0, \qquad \frac{\partial F}{\partial x} + \frac{\partial F}{\partial y} y' = 0$$

definiert ist. Diese Kurve Γ entsteht aus C durch eine Berührungstransformation und man erhält die inverse Transformation, wenn man die Rolle der beiden Variablenpaare (x, y) und (X, Y) vertauscht. Ausdehnung auf die Flächen (man vergl. Nr. 61).

Anwendung: $F = X^2 + Y^2 - Xx - Yy$.

10. Damit eine durch die Gleichung $F(x, y, a) = 0$ dargestellte Kurve C mit ihrer Einhüllenden in einem Punkte eine Berührung von der Ordnung n habe, ist notwendig und hinreichend, daß in diesem Punkte

$$F = 0, \qquad \frac{\partial F}{\partial a} = 0, \qquad \frac{\partial^2 F}{\partial a^2} = 0, \qquad \ldots, \qquad \frac{\partial^n F}{\partial a^n} = 0$$

sei. Anwendung auf den Fall, daß C ein Kreis ist.

11. Jede Fläche $F(x, y, z, a) = 0$ hat eine Berührung zweiter Ordnung mit der Rückkehrkante der einhüllenden Fläche, die durch die drei Gleichungen $F = 0$, $\frac{\partial F}{\partial a} = 0$, $\frac{\partial^2 F}{\partial a^2} = 0$ definiert ist.

12. Den geometrischen Ort der Mittelpunkte der Kugeln zu bestimmen, die in einem gegebenen Punkte mit einer gegebenen Kurve eine Berührung zweiter Ordnung haben.

13. Wenn sich die Einhüllende einer variablen Kugel, die von einem Parameter abhängt, auf eine Kurve Γ reduziert, so hat diese Kurve Γ eine Berührung zweiter Ordnung mit der Kugel.

14.* Es sei eine Fläche S gegeben; wenn man um jeden Punkt m von S als Mittelpunkt eine Kugel Σ mit einem variablen Radius R beschreibt, so berührt diese Kugel Σ ihre Einhüllende im allgemeinen in zwei Punkten M, M', so daß die Gerade MM' auf der Tangentenebene in m an die Fläche S normal steht. Es ist der Abstand δ des Punktes m von der Geraden MM' zu berechnen.

Ist die Fläche S auf ein System von orthogonalen krummlinigen Koordinaten (u, v) bezogen, so daß $ds^2 = E\,du^2 + G\,dv^2$ ist, so hat man

$$\delta^2 = R^2\left[\frac{1}{E}\left(\frac{\partial R}{\partial u}\right)^2 + \frac{1}{G}\left(\frac{\partial R}{\partial v}\right)^2\right].$$

15. Wenn eine Fläche S eine Ebene in allen Punkten einer Kurve C dieser Ebene berührt, so hat die Tangente in einem beliebigen Punkte dieser Kurve eine Berührung dritter Ordnung mit der Fläche S.

16.* In jedem Punkte M einer Fläche S gibt es im allgemeinen ∞^1 Kreise, die mit S eine Berührung von der dritten Ordnung haben. Durch jede Tangente der Fläche im Punkte M geht die Ebene eines und nur eines dieser Kreise. Wenn der Punkt M kein Nabelpunkt ist, so gibt es zehn Kreise, die im Punkte M eine Berührung vierter Ordnung mit der Fläche haben.

[DARBOUX.]

Elftes Kapitel.

Raumkurven

I. Oskulationsebene.

228. **Definition und Gleichung.** Es war schon mehrere Male (Nr. 212, 225, 226) von der Oskulationsebene an eine Raumkurve die Rede. Die direkte Definition dieser Ebene ist der der Tangente analog. Es sei M ein Punkt einer Raumkurve Γ, MT die Tangente in diesem Punkte; die Ebene, die durch die Gerade MT und durch einen dem Punkte M benachbarten Punkt M' von Γ geht, strebt im allgemeinen gegen eine Grenzlage, wenn der Punkt M' sich mehr und mehr dem Punkte M nähert; man nennt diese Grenzebene die Oskulationsebene an die Kurve Γ im Punkte M. Wir wollen zunächst ihre Gleichung suchen.

Es seien

$$(1) \qquad x = f(t), \quad y = \varphi(t), \quad z = \psi(t)$$

die Formeln, welche die Koordinaten eines Punktes von Γ als Funktionen eines Parameters geben; die Punkte M und M' mögen den Werten t und $t + h$ dieses Parameters entsprechen. Die Gleichung der Ebene MTM' ist

$$A(X - x) + B(Y - y) + C(Z - z) = 0$$

wobei die Koeffizienten A, B, C die Bedingungen

$$(2) \qquad A f'(t) + B\varphi'(t) + C\psi'(t) = 0$$

$$(3) \qquad A[f(t+h) - f(t)] + B[\varphi(t+h) - \varphi(t)] + C[\psi(t+h) - \psi(t)] = 0$$

erfüllen müssen. Ersetzen wir in der Relation (3) $f(t+h)$, $\varphi(t+h)$, $\psi(t+h)$ durch ihre Entwicklungen nach der TAYLORschen Formel, so kann man sie schreiben

$$A\left\{h f'(t) + \frac{h^2}{1 \cdot 2}\left[f''(t) + \varepsilon_1\right]\right\} + B\left\{h\varphi'(t) + \frac{h^2}{1 \cdot 2}\left[\psi''(t) + \varepsilon_2\right]\right\} + \cdots = 0;$$

subtrahiert man hiervon die mit h multiplizierte Relation (2) und dividiert man das Resultat durch $\frac{h^2}{2}$, so sieht man, daß das System der Beziehungen (2) und (3) dem folgenden äquivalent ist:

$$Af'(t) + B\varphi'(t) + C\psi'(t) = 0$$

$$A[f''(t) + \varepsilon_1] + B[\varphi''(t) + \varepsilon_2] + C[\psi''(t) + \varepsilon_3] = 0,$$

wo ε_1, ε_2, ε_3 zugleich mit h unendlich klein sind. Wenn h gegen Null strebt, so reduziert sich die zweite Relation auf

$$(4) \qquad Af''(t) + B\varphi''(t) + C\psi''(t) = 0.$$

Die Gleichung der Oskulationsebene ist also

$$(5) \qquad A(X - x) + B(Y - y) + C(Z - z) = 0,$$

wobei die Koeffizienten A, B, C die Beziehungen

$$(6) \qquad \begin{cases} A\,dx + B\,dy + C\,dz = 0 \\ A\,d^2x + B\,d^2y + C\,d^2z = 0 \end{cases}$$

erfüllen müssen.

Man schreibt mitunter die Gleichung der Oskulationsebene auch in Determinantenform:

$$\begin{vmatrix} X - x & Y - y & Z - z \\ dx & dy & dz \\ d^2x & d^2y & d^2z \end{vmatrix} = 0.$$

Es ist leicht zu zeigen, daß von allen Ebenen, die durch die Tangente gehen, die Oskulationsebene diejenige ist, der sich die Kurve Γ in der Umgebung des Berührungspunktes am meisten nähert (Nr. 226). Betrachten wir zunächst eine andere Ebene, die durch die Tangente geht, und sei $F(t)$ das Resultat der Substitution von $f(t+h)$, $\varphi(t+h)$, $\psi(t+h)$ an Stelle der laufenden Koordinaten X, Y, Z auf der linken Seite der Gleichung (5); wir erhalten

$$F(t) = \frac{h^2}{1\cdot 2}\left[Af''(t) + B\varphi''(t) + C\psi''(t) + \eta\right],$$

wo η zugleich mit h unendlich klein wird. Der Abstand eines dem Punkte M benachbarten Punktes von Γ ist also unendlich klein von der zweiten Ordnung; da $F(t)$ stets dasselbe Zeichen bewahrt, wenn h sehr klein ist, so sieht man überdies, daß die Kurve Γ in der Umgebung des Berührungspunktes ganz zur selben Seite der Tangentenebene liegt.

Anders verhält es sich mit der Oskulationsebene; für diese Ebene ist $Af'' + B\varphi'' + C\psi'' = 0$ und man muß die Entwicklung der Koordinaten eines Punktes von Γ bis zu den Gliedern dritter Ordnung in h treiben; dies gibt nach der Substitution

$$F(t) = \frac{h^3}{1\cdot 2\cdot 3}\left(\frac{A\,d^3x + B\,d^3y + C\,d^3z}{dt^3} + \eta\right).$$

Man sieht, daß der Abstand eines Punktes von Γ von der Oskulationsebene unendlich klein von der dritten Ordnung ist; überdies wechselt $F(t)$ sein Zeichen mit h, was beweist, daß die Raumkurve die Oskulationsebene im Berührungspunkte durchsetzt. Diese Eigenschaften unterscheiden deutlich die Oskulationsebene von allen anderen Ebenen, die durch die Tangente hindurchgehen.

229. **Stationäre Oskulationsebenen.** Die vorstehenden Schlußfolgerungen sind in dem Falle irrig, wo die Koeffizienten A, B, C der Gleichung der Oskulationsebene die Relation

$$A\,d^3x + B\,d^3y + C\,d^3z = 0 \tag{7}$$

befriedigen; in diesem Falle muß man die Entwicklung der Koordinaten bis zu den Gliedern vierter Ordnung treiben und man erhält ein Resultat von der Form

$$F(t) = \frac{h^4}{1\cdot 2\cdot 3\cdot 4}\left(\frac{A\,d^4x + B\,d^4y + C\,d^4z}{dt^4} + \eta\right).$$

Man sagt, daß die Oskulationsebene in diesen Punkten stationär ist; wenn — was im allgemeinen der Fall sein wird — $A\,d^4x + B\,d^4y + C\,d^4z$ von Null verschieden ist, so ändert $F(t)$ nicht das Zeichen mit h und die Kurve durchsetzt nicht ihre Oskulationsebene. Außerdem ist der Abstand eines Kurvenpunktes von der Oskulationsebene von der vierten Ordnung. Wäre auch noch $A\,d^4x + B\,d^4y + C\,d^4z = 0$, so müßte man die Entwicklung bis zu den Gliedern fünfter Ordnung treiben usf.

Eliminiert man A, B, C zwischen den drei Relationen (6) und (7), so gelangt man zu der Gleichung

$$\Delta = \begin{vmatrix} dx & dy & dz \\ d^2x & d^2y & d^2z \\ d^3x & d^3y & d^3z \end{vmatrix} = 0; \tag{8}$$

die Wurzeln dieser Gleichung in t geben die Punkte der Kurve Γ, für welche die Oskulationsebene stationär ist. Man erhält so im allgemeinen auf jeder Raumkurve eine gewisse Anzahl von Punkten, welche diese Eigenschaft besitzen.

Dies führt uns zu der Frage, ob es Kurven Γ gibt, für die alle Oskulationsebenen stationär sind. Genauer ausgedrückt: suchen wir alle Funktionen x, y, z einer Variablen t, die ebenso wie ihre Derivierten bis zur dritten Ordnung stetig sind und für welche die vorstehende Determinante identisch Null ist, wenn t zwischen zwei Grenzen a und b $(a < b)$ variiert.

Nehmen wir zunächst an, daß einer der den Elementen der dritten Zeile entsprechenden Minoren von Δ, $dx\,d^2y - dy\,d^2x$ z. B. im Intervall (a, b) nicht verschwinde. Die beiden Relationen

$$(9)\qquad \begin{cases} dz = C_1\,dx + C_2\,dy \\ d^2z = C_1\,d^2x + C_2\,d^2y \end{cases}$$

bestimmen C_1 und C_2 als Funktionen von t, die in diesem Interalle stetig sind; da $\Delta = 0$ ist, so genügen diese Funktionen auch der Relation

$$(10)\qquad d^3z = C_1\,d^3x + C_2\,d^3y\,.$$

Differenzieren wir nun die Gleichungen (9); unter Berücksichtigung der Formel (10) erhalten wir die neuen Gleichungen

$$d\,C_1\,dx + d\,C_3\,dy = 0\,, \qquad d\,C_1\,d^2x + d\,C_2\,d^2y = 0\,,$$

aus denen man $d\,C_1 = d\,C_2 = 0$ entnimmt. Die Koeffizienten C_1, C_2 sind also konstant und man erhält durch Integration der ersten der Gleichungen (9)

$$z = C_1\,x + C_2\,y + C_3\,,$$

wo C_3 eine neue Konstante bedeutet. Die Kurve Γ ist also eine ebene Kurve.

Wenn die Determinante $dx\,d^2y - dy\,d^2x$ für einen zwischen a und b enthaltenen Wert c der Variablen t verschwindet, so verliert die Schlußfolgerung ihre Beweiskraft, denn die Ausdrücke für C_1 und C_2 werden für diesen Wert c von t unendlich oder unbestimmt. Nehmen wir z. B. an, daß diese Determinante im Intervalle (a, b) nur für diesen Wert von t verschwinde und daß die analoge Determinante $dx\,d^2z - dz\,d^2x$ für $t = c$ nicht Null sei. Die vorangehende Beweisführung zeigt, daß alle Punkte der Kurve Γ, die man erhält, indem man t von a bis c variieren läßt, in einer und derselben Ebene P liegen, und daß alle Punkte, die man erhält, indem man t von c bis b variieren läßt, ebenfalls in einer und derselben Ebene Q liegen. Da andererseits der Minor $dx\,d^2z - dz\,d^2x$ für $t = c$ nicht Null ist, so können wir eine genügend kleine Zahl h wählen, so daß dieser Minor nicht verschwindet, wenn man t von $c - h$ bis $c + h$ variieren läßt. Alle Punkte der Kurve Γ, die man erhält, wenn man t von $c - h$ bis $c + h$ variieren läßt, liegen gleichfalls in einer und derselben Ebene R; diese Ebene R muß unendlich viele, nicht in einer Geraden liegende Punkte mit den Ebenen P und Q gemeinsam haben und infolgedessen fallen diese drei Ebenen zusammen.

Verallgemeinert man diese Überlegung, so kommt man zu dem Schlusse, daß alle Punkte der Kurve Γ in einer und derselben Ebene liegen, wenn die drei Determinanten

$$dx\,d^2y - dy\,d^2x, \qquad dx\,d^2z - dz\,d^2x, \qquad dy\,d^2z - dz\,d^2y$$

im Intervalle (a, b) nicht gleichzeitig verschwinden. Wenn diese drei Determinanten gleichzeitig Null werden, so kann es geschehen, daß die Kurve Γ sich aus mehreren ebenen Kurvenbögen zusammensetzt, die in verschiedenen

Ebenen liegen und die sich in Punkten vereinigen, wo die Gleichung der Oskulationsebene unbestimmt ist.[1]

Wenn die drei vorstehenden Minoren in einem bestimmten Intervall identisch Null sind, so ist die Kurve Γ eine gerade Linie oder setzt sich aus Abschnitten von Geraden zusammen. Wenn z. B. $\frac{dx}{dt}$ im Intervall (a, b) nicht verschwindet, so kann man schreiben

$$\frac{d^2y\,dx - dy\,d^2x}{(dx)^2} = 0, \qquad \frac{d^2z\,dx - dz\,d^2x}{(dx)^2} = 0$$

und man schließt hieraus, daß

$$dy = C_1\,dx. \qquad dz = C_2\,dx$$

ist, wo C_1 und C_2 zwei Konstanten sind; eine neuerliche Integration gibt sofort

$$y = C_1 x + C_1', \qquad z = C_2 x + C_2',$$

woraus man erkennt, daß die Kurve Γ eine gerade Linie ist.

230. **Stationäre Tangenten.** Das Vorangehende führt uns dazu, auf einer Raumkurve gewisse Ausnahmspunkte zu studieren, auf welche bereits aufmerksam gemacht wurde (Nr. 225); das sind die Punkte, für welche

$$\frac{d^2x}{dx} = \frac{d^2y}{dy} = \frac{d^2z}{dz} \tag{11}$$

ist; man sagt, daß in diesen Punkten die Tangente stationär ist. Durch Anwendung der Formel, welche die Distanz eines Punktes von einer Geraden gibt, beweist man leicht, daß der Abstand eines Punktes von Γ von der Tangente in einem benachbarten Punkte, der im allgemeinen von der zweiten Ordnung ist, für eine stationäre Tangente von der dritten Ordnung ist. Reduziert sich die Kurve Γ auf eine ebene Kurve, so sind die stationären Tangenten die Wendetangenten. Die eben durchgeführte Rechnung zeigt, daß die einzige Kurve, deren sämtliche Tangenten stationär sind, die gerade Linie ist.

In einem Punkte, in dem die Tangente stationär ist, ist $\Delta = 0$ und die Gleichung der Oskulationsebene bietet sich in unbestimmter Form dar. Aber diese Unbestimmtheit ist nur scheinbar. In der Tat, wenn wir die zu Anfang der Nr. 230 durchgeführten Rechnungen wieder vornehmen, indem wir die Entwicklung der Koordinaten des Punktes M' bis zu den Gliedern dritter Ordnung treiben und die Relationen (11) benutzen, finden wir, daß die Gleichung der Ebene, welche durch die Tangente in M und durch den Punkt M' hindurchgeht, sich schreiben läßt

$$\begin{vmatrix} X - x & Y - y & Z - z \\ f'(t) & \varphi'(t) & \psi'(t) \\ f'''(t) + \varepsilon_1 & \varphi'''(t) + \varepsilon_2 & \psi'''(t) + \varepsilon_3 \end{vmatrix} = 0,$$

wo ε_1, ε_2, ε_3 mit h gegen Null streben. Diese Ebene strebt also gegen eine völlig bestimmte Grenzlage; man wird die Gleichung der Oskulationsebene erhalten, indem man die zweite der Relationen (6) durch die folgende

$$A\,d^3x + B\,d^3y + C\,d^3z = 0$$

ersetzt.

---

[1] Dieser singuläre Fall scheint zum ersten Male von PEANO hervorgehoben worden zu sein. Er bietet offenbar nur ein rein analytisches Interesse dar.

Wäre auch noch

$$\frac{d^3x}{dx} = \frac{d^3y}{dy} = \frac{d^3z}{dz},$$

so müßte man die zweite der Gleichungen (6) durch

$$A\,d^q x + B\,d^q y + C\,d^q z = 0$$

ersetzen, wobei q die kleinste ganze Zahl ist, für die diese Beziehung von $A\,dx + B\,dy + C\,dz = 0$ verschieden ist. Wir überlassen es dem Leser, dies zu beweisen und die Lage der Kurve in bezug auf ihre Oskulationsebene zu studieren. Im allgemeinen Falle, wo nicht

$$A\,d^4x + B\,d^4y + C\,d^4z = 0$$

ist, wird eine beliebige Tangentialebene von der Raumkurve durchsetzt, mit Ausnahme der Oskulationsebene, die es nicht wird.

Anwendung auf einige Kurven. Betrachten wir im besonderen die Raumkurven Γ, welche einer Beziehung der Form

$$x\,dy - y\,dx = K\,dz \tag{12}$$

genügen, wo K eine gegebene Konstante ist; aus dieser Relation ergibt sich

$$\left\{\begin{aligned} x\,d^2y - y\,d^2x &= K\,d^2z \\ x\,d^3y - y\,d^3x + dx\,d^2y - dy\,d^2x &= K\,d^3z\,. \end{aligned}\right. \tag{13}$$

Es sei also eine derartige Kurve gegeben und stellen wir uns die Aufgabe, die Oskulationsebenen zu finden, die durch einen gegebenen Punkt (a, b, c) des Raumes gehen. Die Koordinaten des Berührungspunktes (x, y, z) müssen der Gleichung

$$\begin{vmatrix} a - x & b - y & c - z \\ dx & dy & dz \\ d^2x & d^2y & d^2z \end{vmatrix} = 0$$

genügen, die unter Berücksichtigung der Relationen (12) und (13)

$$ay - bx + K(c - z) = 0 \tag{14}$$

wird; die Berührungspunkte liegen also im Schnitt der Raumkurve Γ und der durch die Gleichung (14) dargestellten Ebene, die durch den Punkt (a, b, c) geht.

Die Gleichung $\Delta = 0$, welche die Punkte bestimmt, in denen die Oskulationsebene stationär ist, wird ebenso, wenn man dz, d^2z und d^3z durch ihre Werte ersetzt,

$$\Delta = \frac{1}{K}(dx\,d^3y - dy\,d^3x) = 0\,;$$

für diese Punkte wird also

$$\frac{d^2x}{dx} = \frac{d^2y}{dy} = \frac{y\,d^2x - x\,d^2y}{y\,dx - x\,dy} = \frac{d^2z}{dz}$$

sein, woraus ersichtlich ist, daß die Tangente in diesen Punkten stationär ist.

Es ist leicht, Raumkurven zu erhalten, die der Bedingung (12) genügen; es genügt z. B.

$$x = A\,t^m, \qquad y = B\,t^n, \qquad z = C\,t^{m+n}$$

zu setzen, wo A, B, C, m, n Konstanten sind. Die einfachsten Kurven sind die kubische Raumkurve $x = t$, $y = t^2$, $z = t^3$ und die Raumkurve vierter Ordnung $x = t$, $y = t^3$, $z = t^4$. Die gemeine Schraubenlinie

$$x = a\cos t, \qquad y = a\sin t, \qquad z = Kt$$

genügt gleichfalls der Forderung.

Um alle Raumkurven zu erhalten, die der Bedingung (12) genügen, schreiben wir sie so

$$d(xy - Kz) = 2y\,dx\,;$$

setzt man

$$x = f(t), \qquad xy - Kz = \varphi(t),$$

so gibt uns diese Beziehung $2y f' t = \varphi'(t)$. Löst man diese drei Gleichungen in bezug auf x, y, z, so erhalten wir die allgemeinen Ausdrücke der Koordinaten als Funktionen eines veränderlichen Parameters

$$(15) \qquad x = f(t), \quad y = \frac{\varphi'(t)}{2f'(t)}, \qquad Kz = \frac{f(t)\,\varphi'(t)}{2f'(t)} - \varphi(t).$$

Diese Formeln hängen von zwei willkürlichen Funktionen f und φ ab, es ist aber klar, daß man für eine dieser Funktionen eine besondere Form, z. B. $f(t) = t$, nehmen kann, ohne hierdurch der Allgemeinheit Abbruch zu tun.

II. Krümmung und Torsion. — Evoluten.

231. **Sphärische Indikatrix.** Nehmen wir auf einer Raumkurve Γ einen bestimmten Umlaufssinn an und bezeichnen wir mit s den Kurvenbogen AM, der zwischen einem als Anfangspunkt gewählten Punkte A und einem beliebigen Punkte M enthalten ist, versehen mit dem Zeichen $+$ oder $-$, je nachdem die Richtung von A nach M die positive oder die entgegengesetzte ist. Es sei MT die positive Richtung der Tangente in M, d. h. diejenige, welche wachsenden Bögen entspricht. Zieht man durch einen Punkt O des Raumes Parallelen zu diesen Halbstrahlen, so bildet man einen Kegel S, welcher der Richtungskegel der von den Tangenten an die Kurve Γ erzeugten abwickelbaren Fläche ist. Um den Punkt O als Mittelpunkt beschreiben wir mit einem Radius von der Länge Eins eine Kugel und es sei Σ der Schnitt dieser Kugel mit dem obigen Kegel; die Kurve Σ heißt die sphärische Indikatrix der Kurve Γ. Diese beiden Kurven entsprechen sich punktweise; dem Punkte M von Γ entspricht der Punkt m, wo die Parallele zur Richtung MT die Kugel durchsetzt. Wenn der Punkt M die Kurve Γ im positiven Sinne beschreibt, so beschreibt der Punkt m die Kurve Σ in einem bestimmten Sinne, den wir als positiven Sinn auf der Kurve Σ annehmen wollen, so daß die zugeordneten Bögen s und σ der beiden Kurven gleichzeitig wachsen (Fig. 49).

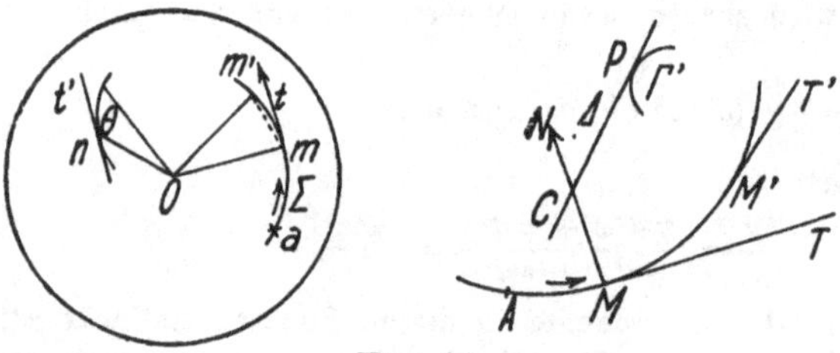

Fig. 49.

Verschiebt man den Mittelpunkt O der Kugel, so ist klar, daß die Kurve Σ dieselbe Verschiebung erleidet; wir werden in der Folge annehmen, daß der Mittelpunkt O mit dem Koordinatenanfangspunkte zusammenfalle. Wechselt man den positiven Sinn auf der Kurve Γ, so ist ebenfalls klar, daß die Kurve Σ durch die in bezug auf den Punkt O symmetrische Kurve ersetzt wird; es ist aber zu bemerken, daß die positive Richtung mt der Tangente an Σ von dem auf Γ angenommenen Umlaufssinn unabhängig ist.

Die Tangentenebene an den Kegel längs der Erzeugenden Om ist der Oskulationsebene in M parallel. Es sei

$$AX + BY + CZ = 0$$

die Gleichung der Ebene Omm', wobei der Mittelpunkt O der Kugel im Ursprung liege; da diese Ebene den beiden Tangenten in M und M' parallel ist, so müssen, wenn die Punkte M und M' den Werten t und $t+h$ des Parameters entsprechen, die Gleichungen bestehen

$$(16) \qquad A f'(t) + B\varphi'(t) + C\psi'(t) = 0$$

$$(17) \qquad A f'(t+h) + B\varphi'(t+h) + C\psi'(t+h) + 0;$$

die zweite dieser Relationen kann durch die folgende ersetzt werden

$$A\frac{f'(t+h) - f'(t)}{h} + B\frac{\varphi'(t+h) - \varphi'(t)}{h} + C\frac{\psi'(t+h) - \psi'(t)}{h} = 0.$$

Diese Gleichung wird, wenn h gegen Null strebt, zu

$$(18) \qquad A f''(t) + B\varphi''(t) + C\psi''(t) = 0$$

und die Gleichungen (16) und (18), zu denen man gelangt, sind gerade diejenigen, welche die Oskulationsebene bestimmen.

232. **Krümmungsradius.** Es sei ω der Winkel der positiven Richtungen MT, $M'T'$ der beiden Tangenten in den unendlich benachbarten Punkten M, M' der Kurve Γ. Der Grenzwert des Quotienten $\frac{\omega}{\text{arc}\, MM'}$ für eine unbegrenzte Annäherung des Punktes M' an den Punkt M heißt die Krümmung von Γ im Punkte M; der Krümmungsradius ist der reziproke Wert der Krümmung, d. h. der Grenzwert des Quotienten $\frac{\text{arc}\, MM'}{\omega}$. Man kann den Krümmungsradius auch noch als den Grenzwert des Verhältnisses der unendlich kleinen Bögen MM', mm' definieren; es ist in der Tat

$$\frac{\text{arc}\, MM'}{\omega} = \frac{\text{arc}\, MM'}{\text{arc}\, mm'} \cdot \frac{\text{arc}\, mm'}{\text{Sehne}\, mm'} \cdot \frac{\text{Sehne}\, mm'}{\omega}$$

und jedes der Verhältnisse $\frac{\text{arc}\, mm'}{\text{Sehne}\, mm'}$, $\frac{\text{Sehne}\, mm'}{\omega}$ hat die Einheit zur Grenze, wenn m' sich m nähert. Da die Bögen s, σ im selben Sinne variieren, erhält man also

$$R = \frac{ds}{d\sigma}. \tag{19}$$

Es seien

$$x = f(t), \quad y = \varphi(t), \quad z = \psi(t) \tag{20}$$

die Koordinaten eines Punktes der Kurve Γ in einem Systeme rechtwinkeliger Koordinaten, das den Punkt O als Ursprung hat. Die Koordinaten des Punktes m sind gerade die Richtungskosinus von MT

$$\alpha = \frac{dx}{ds}, \quad \beta = \frac{dy}{ds}, \quad \gamma = \frac{dz}{ds};$$

aus diesen Formeln leitet man ab

$$d\alpha = \frac{ds\, d^2x - dx\, d^2s}{ds^2}, \quad d\beta = \frac{ds\, d^2y - dy\, d^2s}{ds^2}, \quad d\gamma = \frac{ds\, d^2z - dz\, d^2s}{ds^2}$$

$$d\sigma^2 = d\alpha^2 + d\beta^2 + d\gamma^2 = \frac{(ds\, d^2x - dx\, d^2s)^2 + (ds\, d^2y - dy\, d^2s)^2 + (\ldots .)^2}{ds^4}$$

oder wenn man die Quadrate unter Berücksichtigung der Relationen für ds^2 und $ds\, d^2s$ entwickelt,

$$d\sigma^2 = \frac{(dx^2 + dy^2 + dz^2)[(d^2x)^2 + (d^2y)^2 + (d^2z)^2] - (dx\, d^2x + dy\, d^2y + dz\, d^2z)^2}{ds^4}.$$

Mittels der Identität von Lagrange läßt sich dies auch schreiben

$$d\sigma^2 = \frac{A^2 + B^2 + C^2}{ds^4}, \tag{21}$$

indem man, wie wir es auch in der Folge tun werden,

$$A = dy\, d^2z - dz\, d^2y, \quad B = dz\, d^2x - dx\, d^2z, \quad C = dx\, d^2y - dy\, d^2x$$

setzt, und die Formel (19) für den Krümmungsradius wird somit

$$R^2 = \frac{ds^6}{A^2 + B^2 + C^2}; \tag{22}$$

R^2 ist, wie man sieht, eine rationale Funktion von $x, y, z, x', y', z', x'', y'', z''$; der Ausdruck für den Krümmungsradius selbst ist irrational, doch ist er eine wesentlich positive Größe.

Bemerkung. Wenn die unabhängige Variable der Bogen der Kurve Γ selbst ist, so erfüllen die Funktionen $f(s)$, $\varphi(s)$, $\psi(s)$ die Beziehung $f'^2(s) + \varphi'^2(s) + \psi'^2(s) = 1$ und die Formel für den Krümmungsradius nimmt eine elegante Form an. Denn wenn man die vorangehende Rechnung wieder vornimmt, so erhält man

$$\tag{23} \left\{ \begin{aligned} &\alpha = f'(s), \quad \beta = \varphi'(s), \quad \gamma = \psi'(s), \\ &d\alpha = f''(s)\,ds, \quad d\beta = \varphi''(s)\,ds, \quad d\gamma = \psi''(s)\,ds, \\ &d\sigma^2 = \{[f''(s)]^2 + [\varphi''(s)]^2 + [\psi''(s)]^2\}\, ds^2 \end{aligned} \right.$$

und infolgedessen

$$(24)\qquad \frac{1}{R^2} = [f''(s)]^2 + [\varphi''(s)]^2 + [\psi''(s)]^2.$$

233. **Hauptnormale. — Krümmungsmittelpunkt.** Durch den Punkt M der Kurve Γ ziehen wir eine Parallele zur Tangente in m der Kurve Σ und betrachten auf dieser Geraden die Richtung MN, die zur positiven Richtung mt parallel ist. Die so erhaltene Gerade heißt die Hauptnormale; das ist die Normale, die in der Oskulationsebene liegt, da mt auf Om normal steht und die Ebene Omt der Oskulationsebene parallel ist (Nr. 231). Die Richtung MN ist die positive Richtung der Hauptnormalen. Dies ist eine wohldefinierte Richtung, da die Richtung von mt von dem auf Γ angenommenen Umlaufssinn unabhängig ist. Wir werden sofort sehen, wie man diese Richtung definieren könnte, ohne sich der Indikatrix zu bedienen.

Trägt man auf der Richtung MN von dem Punkte M aus eine Länge MC gleich dem Krümmungsradius auf, so heißt der Endpunkt C der Krümmungsmittelpunkt und der in der Oskulationsebene um C als Mittelpunkt mit dem Radius MC beschriebene Kreis heißt der Krümmungskreis. Es seien α', β', γ' die Richtungskosinus der Hauptnormalen; die Koordinaten x_1, y_1, z_1 des Krümmungsmittelpunktes sind

$$x_1 = x + R\alpha', \quad y_1 = y + R\beta', \quad z_1 = z + R\gamma'.$$

Nun ist aber

$$\alpha' = \frac{d\alpha}{d\sigma} = \frac{d\alpha}{ds}\frac{ds}{d\sigma} = R\frac{d\alpha}{ds} = R\,\frac{ds\,d^2x - dx\,d^2s}{ds^3}$$

und analoge Formeln gelten auch für β' und γ'. Ersetzt man α' in x_1 durch seinen Wert, so erhält man

$$x_1 = x + R^2 \cdot \frac{ds\,d^2x - dx\,d^2s}{ds^3};$$

der Koeffizient von R^2 läßt sich auch schreiben

$$\frac{ds^2\,d^2x - dx\,ds\,d^2s}{ds^4} = \frac{d^2x(dx^2+dy^2+dz^2) - dx(dx\,d^2x + dy\,d^2y + dz\,d^2z)}{ds^4},$$

oder nach Einführung der Koeffizienten A, B, C

$$\frac{B\,dz - C\,dy}{ds^4}.$$

Die Werte von y_1 und z_1 lassen sich aus denen von x_1 mittels Symmetrie ableiten und man erhält für die Koordinaten des Krümmungsmittelpunktes endgültig

$$(25)\quad \begin{cases} x_1 = x + R^2 \dfrac{B\,dz - C\,dy}{ds^4}, \quad y_1 = y + R^2 \dfrac{C\,dx - A\,dz}{ds^4}, \\ z_1 = z + R^2 \dfrac{A\,dy - B\,dx}{ds^4}; \end{cases}$$

diese Formeln sind in $x, y, z, x', y', z', x'', y'', z''$ rational.

Legt man durch den Punkt M eine Ebene Q normal zu MN, so geht diese Ebene durch die Tangente MT und durchsetzt die Kurve Γ im Punkte M nicht. Wir werden zeigen, daß der Krümmungsmittelpunkt und die dem Punkte M benachbarten Punkte von Γ auf derselben Seite dieser Ebene Q liegen. Um dies zu beweisen, nehmen wir an, daß die unabhängige Variable der Bogen s der Kurve Γ sei, gezählt vom Punkte M an; für die Koordinaten X, Y, Z eines Punktes M' in der Umgebung von M erhält man

$$X = x + \frac{s}{1}\frac{dx}{ds} + \frac{s^2}{1\cdot 2}\left(\frac{d^2x}{ds^2} + \varepsilon\right)$$

und zwei analoge Entwicklungen für Y und Z. Für die unabhängige Variable s ist aber

$$\frac{dx}{ds} = \alpha, \qquad \frac{d^2x}{ds^2} = \frac{d\alpha}{ds} = \frac{d\alpha}{d\sigma}\cdot\frac{d\sigma}{ds} = \frac{1}{R}\alpha'$$

und die Formel für X wird

$$X = x + \alpha s + \left(\frac{\alpha'}{R} + \varepsilon\right)\frac{s^2}{1\cdot 2}.$$

Ersetzt man X, Y, Z auf der linken Seite der Gleichung der zu MN normalen Ebene

$$\alpha'(X - x) + \beta'(Y - y) + \gamma'(Z - z) = 0$$

durch ihre Werte, so erhält man als Resultat der Substitution

$$\frac{s}{1}(\alpha\alpha' + \beta\beta' + \gamma\gamma') + \frac{s^2}{1\cdot 2}\left(\frac{1}{R} + \eta\right) = \frac{s^2}{2}\left(\frac{1}{R} + \eta\right),$$

wo η zugleich mit s unendlich klein wird; dieses Resultat ist für die der Null benachbarten Werte von s positiv. Ersetzt man ebenso X, Y, Z durch die Koordinaten $x + R\alpha', \ldots$ des Krümmungsmittelpunktes, so erhält man als Substitutionsresultat R, eine Größe, die wesentlich positiv ist; dies beweist den ausgesprochenen Satz.

234. **Polarachse. Polarfläche.** Die durch den Krümmungsmittelpunkt auf die Oskulationsebene gezogene Normale heißt die Polar- oder Krümmungsachse. Diese Gerade ist die Charakteristik der Normalebene von Γ. Zunächst ist klar, daß der Schnitt der beiden durch die benachbarten Punkte M, M' gelegten Normalebenen eine Gerade D ist, die auf den beiden Geraden MT und $M'T'$ und infolgedessen auf der Ebene mOm' normal steht. Wenn sich M'

dem Punkte M nähert, so wird die Ebene $m\,O\,m'$ zur Oskulationsebene parallel und die Gerade D hat also als Grenzlage eine Gerade, die auf der Oskulationsebene normal steht. Um zu beweisen, daß diese Gerade durch den Krümmungsmittelpunkt geht, nehmen wir an, daß man den Bogen s von Γ als unabhängige Variable gewählt habe; die Normalebene hat die Gleichung

$$(26)\qquad \alpha(X-x)+\beta(Y-y)+\gamma(Z-z)=0$$

und die Charakteristik ist durch die Gleichungen (26) und

$$(27)\qquad \frac{\alpha'}{R}(X-x)+\frac{\beta'}{R}(Y-y)+\frac{\gamma'}{R}(Z-z)-1=0$$

definiert.

Die neue Gleichung stellt eine Ebene dar, die zur Hauptnormale senkrecht steht und durch den Krümmungsmittelpunkt hindurchgeht. Der Schnitt dieser beiden Ebenen ist also die Krümmungsachse. Danach sieht man, daß der Krümmungsmittelpunkt mit dem Mittelpunkte des Oskulationskreises zusammenfällt (Nr. 225) und daß infolgedessen Krümmungskreis und Oskulationskreis sich vereinigen. Dieses Resultat konnte a priori vorausgesehen werden, denn zwei Kurven die eine Berührung von der zweiten Ordnung haben, haben denselben Krümmungskreis, da y', z', y'', z'' für die beiden Kurven dieselben Werte haben.

Die von den Krümmungsachsen erzeugte Regelfläche ist die Polarfläche. Nach dem eben Bewiesenen ist sie auch die Einhüllende der Normalebenen von Γ. Wenn die Kurve Γ eine Plankurve ist, so ist die Polarfläche der Zylinder, dessen senkrechter Querschnitt die Evolute von Γ ist und die vorangehenden Eigenschaften werden evident.

235. **Torsion.** Ersetzt man in der Definition der Krümmung die Tangente durch die Oskulationsebene, so wird man zu einem neuen geometrischen Element geführt, das gewissermaßen die mehr oder minder rasche Drehung der Oskulationsebene mißt. Es sei ω' der Winkel zwischen den Oskulationsebenen in den beiden unendlich nahen Punkten M und M'; als die Torsion im Punkte M bezeichnet man den Grenzwert des Quotienten $\frac{\omega'}{\operatorname{arc} MM'}$ bei unbegrenzter Annäherung des Punktes M' an M. Der Torsionsradius T ist der reziproke Wert der Torsion.

Ziehen wir durch den Punkt M eine Senkrechte auf die Oskulationsebene und legen wir auf dieser sogenannten Binormale eine bestimmte, später noch näher zu bestimmende Richtung mit den Kosinus α'', β'', γ'' fest. Die durch den Ursprung gezogene Parallele durchsetzt die Kugel vom Radius Eins in einem Punkte n, den wir gleichfalls dem Punkte M von Γ zuordnen wollen. (Fig. 49.)

Der Ort des Punktes n ist eine sphärische Kurve Θ und man beweist wie vorhin, daß der Torsionsradius T auch als der Grenzwert des Verhältnisses der beiden entsprechenden unendlich kleinen Bögen arc MM', arc nn' der beiden Kurven Γ und Θ definiert werden kann. Man erhält also

$$T^2 = \frac{ds^2}{d\tau^2},$$

wo τ den Bogen der Kurve Θ bezeichnet.

Die Koordinaten des Punktes n sind α'', β'', γ'', d. h.

$$\alpha'' = \frac{A}{\pm\sqrt{A^2+B^2+C^2}}, \quad \beta'' = \frac{B}{\pm\sqrt{A^2+B^2+C^2}},$$

$$\gamma'' = \frac{C}{\pm\sqrt{A^2+B^2+C^2}},$$

wobei die Wurzel in den drei Formeln mit demselben Zeichen zu nehmen ist. Man entnimmt hieraus die Werte $d\alpha''$, $d\beta''$, $d\gamma''$, z. B.

$$d\alpha'' = \pm\frac{(A^2+B^2+C^2)\,dA - A(A\,dA + B\,dB + C\,dC)}{(A^2+B^2+C^2)^{3/2}}$$

und die Formel $d\tau^2 = d\alpha''^2 + d\beta''^2 + d\gamma''^2$ liefert uns

$$d\tau^2 = \frac{(A^2+B^2+C^2)(dA^2+dB^2+dC^2) - (A\,dA + B\,dB + C\,dC)^2}{(A^2+B^2+C^2)^2},$$

oder mittels der Identität von Lagrange

$$d\tau^2 = \frac{(B\,dC - C\,dB)^2 + (C\,dA - A\,dC)^2 + (A\,dB - A\,dA)^2}{(A^2+B^2+C^2)^2}.$$

Man kann die Berechnung des Zählers vereinfachen, indem man die Beziehungen

$$A\,dx + B\,dy + C\,dz = 0,$$
$$dA\,dx + dB\,dy + dC\,dz = 0$$

berücksichtigt, aus denen man

$$(28)\qquad \frac{dx}{B\,dC - C\,dB} = \frac{dy}{C\,dA - A\,dC} = \frac{dz}{A\,dB - B\,dA} = \frac{1}{K}$$

entnimmt, und man erhält

$$d\tau^2 = \frac{K^2\,ds^2}{(A^2+B^2+C^2)^2}.$$

Für den Wert von K erhält man, indem man entwickelt,

$$K = \frac{(dz\,d^2x - dx\,d^2z)(dx\,d^3y - dy\,d^3x) - (dx\,d^2y - dy\,d^2x)(dz\,d^3x - dx\,d^3z)}{dx}$$

$$= dz\,d^2x\,d^3y - dx\,d^2z\,d^3y + dy\,d^2z\,d^3x$$
$$- d^2y\,dz\,d^3x + dx\,d^2y\,d^3z - dy\,d^2x\,d^3z;$$

die rechte Seite ist nichts anderes als die Entwicklung der Determinante $\varDelta$ (Nr. 229, Formel (8)). Man erhält also

$$d\tau = \pm \frac{\varDelta\, ds}{A^2 + B^2 + C^2}$$

und infolgedessen

(29) $$T = \pm \frac{A^2 + B^2 + C^2}{\varDelta}.$$

Wenn man den Torsionsradius T als eine wesentliche positive Größe betrachtet, so wie den Krümmungsradius, so wird man für T den absoluten Wert der rechten Seite nehmen. Es ist aber zu bemerken, daß der erhaltene Ausdruck in $x', x'', x''', y', y'', y''', z', z'', z'''$ rational ist. Es ist demnach natürlich, den Torsionsradius mit einem Vorzeichen zu versehen. Die beiden Zeichen entsprechen völlig verschiedenen Lagen der Kurve Γ in der Umgebung des Punktes M.

Da das Zeichen von T nur von dem Zeichen von $\varDelta$ abhängt, studieren wir, wie die Lage der Kurve mit diesem Zeichen variiert. Wir werden annehmen, daß das Dreikant $Oxyz$ derart orientiert sei, daß ein auf der xy-Ebene stehender Beobachter, der die Füße in O und den Kopf in z hat, die x-Achse sich um 90^0 von rechts nach links drehen sieht, um mit der y-Achse zusammenzufallen. Nunmehr wählen wir auf der Binormale die Richtung MN_b so, daß das Dreikant (MT, MN, MN_b) dieselbe Orientierung wie das Dreikant $Oxyz$ habe. Verschiebt man die Kurve Γ in stetiger Weise derart, daß der Punkt M nach O, MT auf Ox, MN auf Oy zu liegen kommt, so wird die Richtung MN_b mit Oz zusammenfallen. Bei dieser Bewegung bleibt der absolute Betrag von T der nämliche; $\varDelta$ kann also nicht Null werden und bewahrt infolgedessen ein konstantes Zeichen.[1] Die Kurve Γ werde auf dieses neue Koordinatensystem bezogen und wir nehmen an, daß der Wert $t = 0$ des Parameters dem Ursprunge entspreche; die Koordinaten eines benachbarten Punktes haben dann Ausdrücke von der Form

(30) $$\begin{cases} x = a_1 t + t^2(a_2 + \varepsilon), \\ y = b_2 t^2 + t^3(b_3 + \varepsilon'), \\ z = t^3(c_3 + \varepsilon''), \end{cases}$$

wo $\varepsilon, \varepsilon', \varepsilon''$ mit t unendlich klein sind; denn für das gewählte Achsensystem muß $t = 0$, $dy = dz = d^2z = 0$ sein. Man kann $a_1 > 0$ voraussetzen, denn es würde genügen, t durch $-t$ zu ersetzen,

[1] Es ist übrigens leicht, durch eine direkte Rechnung zu beweisen, daß $\varDelta$ bei dem Übergange von einem rechtwinkligen Achsensystem zu einem anderen gleich orientierten sich nicht ändert.

um a_1 in $-a_1$ zu verwandeln; b_2 ist positiv, da y für die der Null benachbarten Werte von t positiv ist; c_3 aber kann positiv oder negativ sein. Für $t = 0$ ist aber $\Delta = 12\, a_1\, b_2\, c_3\, dt^6$, so daß Δ das Zeichen von c_3 hat. Demnach sind je nach dem Zeichen von c_3 zwei Fälle zu unterscheiden: wenn $c_3 > 0$ ist, sind x und z negativ, wenn t von $-h$ bis 0 variiert, und positiv, wenn t von 0 bis $+h$ variiert (wo h eine sehr kleine positive Zahl bezeichnet). Ein auf der Oskulationsebene stehender Beobachter, der die Füße in einem Punkte P der Hauptnormale hat, würde den Bogen MM' zu seiner Linken oberhalb der Oskulationsebene und den Bogen MM'' zu seiner Rechten unterhalb der Oskulationsebene sehen (Fig. 50a). Die Kurve ist also linksgewunden. Wäre c_3 negativ, so erhielte man die entgegengesetzte Lage (Fig. 50b); die Kurve wäre rechtsgewunden. Diese beiden Lagen sind voneinander vollkommen verschieden. Zwei Schraubenlinien z. B. von gleicher Ganghöhe auf Rotationszylindern von gleichem Radius sind kongruent, wenn sie beide rechtsgewunden oder beide linksgewunden sind; wenn aber die eine rechts-, die andere linksgewunden ist, so ist die eine mit der zur anderen in bezug auf eine Ebene symmetrisch gelegenen Schraubenlinie kongruent.

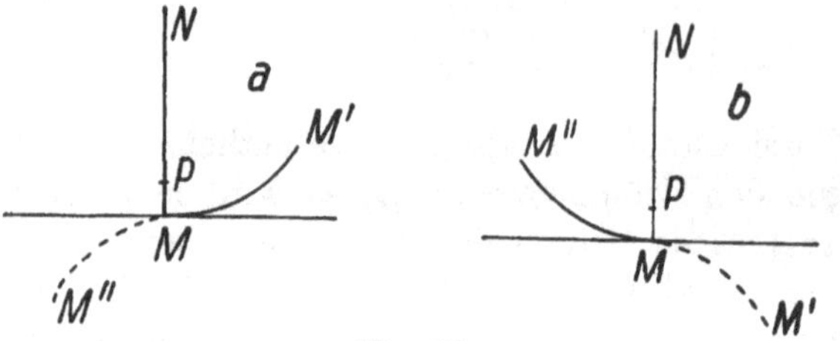

Fig. 50.

Wir werden von nun an die Formel für die Torsion in der Form

$$T = -\frac{A^2 + B^2 + C^2}{\Delta} \tag{31}$$

schreiben; in einem Punkte, in dem T positiv ist, ist die Kurve rechtsgewunden, in einem Punkte, in dem T negativ ist, linksgewunden. Das Gegenteil fände statt, wenn das Dreikant $Oxyz$ anders orientiert wäre.

236. **Frenetsche Formeln.** Jeder Punkt M der Kurve Γ ist der Scheitel einer dreifach rechtwinkeligen Ecke von derselben Orientierung wie das Dreikant $Oxyz$, die von der Tangente, der Hauptnormale und der Binormale gebildet wird. Die positive Richtung der Hauptnormale ist völlig bestimmt, während die positive Richtung der Tangente willkürlich angenommen werden kann und die der Binormale bestimmt. Die Differentiale der neun Richtungs-

kosinus $\alpha, \beta, \gamma, \ldots$ lassen sich sehr einfach mittels R, T und dieser Kosinus selbst durch Formeln ausdrücken, die man FRENET[1] verdankt. Wir haben bereits die Formeln für $d\alpha, d\beta, d\gamma$ erhalten

$$\text{(32)} \qquad \frac{d\alpha}{ds} = \frac{\alpha'}{R}, \quad \frac{d\beta}{ds} = \frac{\beta'}{R}, \quad \frac{d\gamma}{ds} = \frac{\gamma'}{R}.$$

Es seien

$$\alpha'' = \varepsilon \frac{A}{\sqrt{A^2+B^2+C^2}}, \quad \beta'' = \varepsilon \frac{B}{\sqrt{A^2+B^2+C^2}},$$

$$\gamma'' = \varepsilon \frac{C}{\sqrt{A^2+B^2+C^2}} \qquad (\varepsilon = \pm 1)$$

die Kosinus der positiven Richtung auf der Binormale. Da das Dreikant (MT, MN, MN_b) dieselbe Orientierung wie das Dreikant $Oxyz$ hat, muß

$$\alpha' = \beta''\gamma - \beta\gamma''$$

sein oder

$$\alpha' = \varepsilon \frac{B\gamma - C\beta}{\sqrt{A^2+B^2+C^2}}.$$

Andererseits läßt sich die Formel für $d\alpha''$ auch schreiben

$$d\alpha'' = \varepsilon \frac{B(B\,dA - A\,dB) + C(C\,dA - A\,dC)}{(A^2+B^2+C^2)^{3/2}},$$

oder mit Rücksicht auf die Beziehungen (28) und den Wert von K

$$\frac{d\alpha''}{ds} = \varepsilon \Delta \frac{C\beta - B\gamma}{(A^2+B^2+C^2)^{3/2}} = -\frac{\Delta\alpha'}{A^2+B^2+C^2}.$$

Der Koeffizient von α' ist nichts anderes als $\frac{1}{T}$ (Formel (31)); ebenso würde man $d\beta''$ und $d\gamma''$ berechnen und wir erhalten die Formeln[2]

$$\text{(33)} \qquad \frac{d\alpha''}{ds} = \frac{\alpha'}{T}, \quad \frac{d\beta''}{ds} = \frac{\beta'}{T}, \quad \frac{d\gamma''}{ds} = \frac{\gamma'}{T},$$

die den Formeln (32) völlig analog sind.

Um $d\alpha', d\beta', d\gamma'$ zu erhalten, differentiieren wir die bekannten Relationen

$$\begin{aligned} \alpha'^2 + \beta'^2 + \gamma'^2 &= 1, \\ \alpha\alpha' + \beta\beta' + \gamma\gamma' &= 0, \\ \alpha'\alpha'' + \beta'\beta'' + \gamma'\gamma'' &= 0; \end{aligned}$$

[1] Man sehe die Nouvelles Annales de Math. 1864, p. 284.

[2] Hätte man die Formel für die Torsion $\frac{1}{T} = \frac{\Delta}{A^2+B^2+C^2}$ geschrieben, so hätte man die FRENETschen Formeln $d\alpha'' = -\frac{\alpha'\,ds}{T}, \ldots$ schreiben müssen.

dies gibt, wenn man $d\alpha$, $d\beta$, $d\gamma$, $d\alpha''$, $d\beta''$, $d\gamma''$ durch ihre den Formeln (32) und (33) entnommenen Werte ersetzt,

$$\begin{aligned} \alpha' d\alpha' + \beta' d\beta' + \gamma' d\gamma' &= 0, \\ \alpha\, d\alpha' + \beta\, d\beta' + \gamma\, d\gamma' + \frac{ds}{R} &= 0, \\ \alpha'' d\alpha' + \beta'' d\beta' + \gamma'' d\gamma' + \frac{ds}{T} &= 0; \end{aligned}$$

hieraus erhält man leicht

$$(34)\quad \frac{d\alpha'}{ds} = -\frac{\alpha}{R} - \frac{\alpha''}{T}, \quad \frac{d\beta'}{ds} = -\frac{\beta}{R} - \frac{\beta''}{T}, \quad \frac{d\gamma'}{ds} = -\frac{\gamma}{R} - \frac{\gamma''}{T}.$$

Die Formeln (32), (33), (34) sind die gesuchten Formeln.

Bemerkung. Die Formeln (33) zeigen, daß die Tangente an die vom Punkte n mit den Koordinaten α'', β'', γ'' beschriebene sphärische Kurve Θ der Hauptnormale parallel ist. Dies zeigt auch die Geometrie. Betrachten wir in der Tat den Kegel S' mit der Spitze O, dessen Leitlinie die Kurve Θ ist; die Erzeugende On steht auf der längs Om an den Kegel S gelegten Tangentenebene normal (Nr. 235) und infolgedessen ist der Kegel S' zum Kegel S supplementär. Man weiß aber, daß zwischen zwei derartigen Kegeln Reziprozität besteht, derart, daß umgekehrt die Erzeugende Om von S auf der längs On an den Kegel S' gelegten Tangentenebene normal steht. Da somit die Tangente mt an die Kurve Σ zu den beiden Geraden Om, On senkrecht ist, so steht sie auch auf der Ebene mOn normal. Aus demselben Grunde steht auch die Tangente nt' an die Kurve Θ zur Ebene mOn normal; diese beiden Geraden sind also parallel.

237. **Entwicklung von x, y, z nach Potenzen von s.** Gegeben seien zwei Funktionen einer unabhängigen Variablen s, $R = \varphi(s)$, $T = \psi(s)$, deren erste positiv ist; es existiert eine Raumkurve Γ, die abgesehen von ihrer Lage im Raume vollkommen bestimmt ist, deren Krümmungs- und Torsionsradius sich durch die vorstehenden Formeln mittels des von einem Punkte an gezählten Bogens dieser Kurve ausdrücken. Der strenge Beweis dieser Behauptung kann erst nach der Theorie der Differentialgleichungen erbracht werden. Wir wollen hier bloß zeigen, wie man die Entwicklungen der Koordinaten eines Punktes der gesuchten Kurve nach den Potenzen von s finden kann, indem wir die Möglichkeit dieser Entwicklung voraussetzen. Nehmen wir als Koordinatenachsen die Tangente, die Hauptnormale und die Binormale im Punkte O, von dem aus der Bogen gezählt wird; die Ausdrücke für die Koordinaten eines dem Ursprunge benachbarten Punktes der gesuchten Kurve sind.

$$(35)\quad\begin{cases} x = \frac{s}{1}\left(\frac{dx}{ds}\right)_0 + \frac{s^2}{1\cdot 2}\left(\frac{d^2x}{ds^2}\right)_0 + \frac{s^3}{1\cdot 2\cdot 3}\left(\frac{d^3x}{ds^3}\right)_0 + \dots\,. \\ y = \frac{s}{1}\left(\frac{dy}{ds}\right)_0 + \frac{s^2}{1\cdot 2}\left(\frac{d^2y}{ds^2}\right)_0 + \frac{s^3}{1\cdot 2\cdot 3}\left(\frac{d^3y}{ds^3}\right)_0 + \dots\,. \\ z = \frac{s}{1}\left(\frac{dz}{ds}\right)_0 + \frac{s^2}{1\cdot 2}\left(\frac{d^2z}{ds^2}\right)_0 + \frac{s^3}{1\cdot 2\cdot 3}\left(\frac{d^3z}{ds^3}\right)_0 + \dots\,. \end{cases}$$

Nun ist aber

$$\frac{dx}{ds} = \alpha, \qquad \frac{d^2x}{ds^2} = \frac{d\alpha}{ds} = \frac{\alpha'}{R}$$

und wenn man neuerdings differentiiert

$$\frac{d^3x}{ds^3} = -\frac{\alpha'}{R^2}\frac{dR}{ds} - \frac{1}{R}\left(\frac{\alpha}{R} + \frac{\alpha''}{T}\right)$$

und allgemein erhält man durch die wiederholte Anwendung der FRENETschen Formeln den Ausdruck für $\frac{d^nx}{ds^n}$

$$\frac{d^nx}{ds^n} = L_n\alpha + M_n\alpha' + P_n\alpha'',$$

wo L_n, M_n, P_n bekannte Funktionen von R, T und deren sukzessiven Derivierten in bezug auf den Bogen sind. Ebenso würde man die höheren Derivierten von y und z erhalten, indem man α, α', α'' durch β, β', β'' und $\gamma, \gamma', \gamma''$ ersetzt. Für den Ursprung ist aber $\alpha_0 = 1$, $\beta_0 = 0$, $\gamma_0 = 0$, $\alpha'_0 = 0$, $\beta'_0 = 1$, $\gamma'_0 = 0$, $\alpha''_0 = 0$, $\beta''_0 = 0$, $\gamma''_0 = 1$ und die Formeln (35) werden, wenn man sich auf die Glieder in s, s^2, s^3 beschränkt

$$(36)\quad\begin{cases} x = \frac{s}{1} - \frac{s^3}{6R^2} + \dots\,. \\ y = \frac{s^2}{2R} - \frac{s^3}{6R^2}\frac{dR}{ds} + \dots\,. \\ z = -\frac{s^3}{6RT} + \dots\,. \end{cases}$$

Hierbei setzt man natürlich voraus, daß R, T $\frac{dR}{ds}$, ... durch ihre Werte für $s = 0$ ersetzt wurden.

Diese Formeln lassen leicht den Hauptteil gewisser unendlich kleiner Größen berechnen. So z. B. ist der Abstand eines dem Ursprung benachbarten Kurvenpunktes von der Oskulationsebene von der dritten Ordnung und sein Hauptteil ist $-\frac{s^3}{6RT}$. Der Abstand eines Punktes von der x-Achse, d. h. von der Tangente, ist von der zweiten Ordnung und sein Hauptteil ist $\frac{s^2}{2R}$ (man vergl. Nr. 223). Berechnen wir noch die Länge einer unendlich kleinen Sehne c; man erhält

$$c^2 = x^2 + y^2 + z^2 = s^2 - \frac{s^4}{12R^2} + \cdots,$$

die nicht aufgeschriebenen Glieder sind von einem höheren als dem vierten Grade. Man erhält weiter

$$c = s\left(1 - \frac{s^2}{12R^2} + \ldots\right)^{1/2} = s\left(1 - \frac{s^2}{24R^2} + \ldots\right);$$

die Differenz $s - c$ ist also unendlich klein von der dritten Ordnung und ihr Hauptteil ist $\frac{s^3}{24R^2}$.

Man beweist durch eine ganz ähnliche Rechnung, daß die kürzeste Distanz zwischen der Tangente im Ursprung und der Tangente in einem unendlich benachbarten Punkte unendlich klein von der dritten Ordnung ist, mit dem Hauptteil $\frac{s^3}{12RT}$. Dieses Theorem verdankt man Bouquet.

238. Natürliche Gleichung. Wenn der Torsionsradius T unendlich ist, so ist die Kurve eben, da Δ Null sein muß (Nr. 229), und die Differentialgleichungen, welche die Kurve bestimmen, lassen sich in diesem Falle durch Quadraturen integrieren.

Denken wir uns, daß man als unabhängige Variable den Bogen s genommen habe; die rechtwinkligen Koordinaten x und y sind Funktionen von s, die den beiden Gleichungen (Nr. 232, Bemerkung)

$$(37) \qquad \left(\frac{dx}{ds}\right)^2 + \left(\frac{dy}{ds}\right)^2 = 1 \qquad \left(\frac{d^2x}{ds^2}\right)^2 + \left(\frac{d^2y}{ds^2}\right)^2 = \left[\frac{1}{\varphi(s)}\right]^2$$

genügen.

Man genügt der ersten dieser Beziehungen, wenn man $\frac{dx}{ds} = \cos\alpha$, $\frac{dy}{ds} = \sin\alpha$ setzt, wobei α den Winkel bezeichnet, den die positive Richtung der Tangente mit der x-Achse einschließt, und die zweite der Beziehungen (37) gibt uns dann

$$d\alpha = \pm\frac{ds}{\varphi(s)};$$

diese Formel hätte man auch unmittelbar nach der Definition des Krümmungsradius hinschreiben können.

Man erhält hieraus α durch eine Quadratur

$$\alpha = \alpha_0 \pm \int_{s_0}^{s} \frac{ds}{\varphi(s)}$$

und hierauf x und y durch zwei neue Quadraturen

$$x = x_0 + \int_{s_0}^{s} \cos\alpha\, ds, \qquad y = y_0 + \int_{s_0}^{s} \sin\alpha\, ds.$$

Diese Kurven hängen von drei Konstanten x_0, y_0, α_0 ab; wenn es einem aber bloß auf die Form und nicht auf die Lage ankommt, so erhält man tatsächlich nur eine einzige Kurve. Betrachten wir in der Tat die spezielle Kurve C, welche durch die Formeln

$$X = \int_{s_0}^{s} \cos\left[\int_{s_0}^{s} \frac{ds}{\varphi(s)}\right] ds, \qquad Y = \int_{s_0}^{s} \sin\left[\int_{s_0}^{s} \frac{ds}{\varphi(s)}\right] ds$$

dargestellt wird; die allgemeinen Formeln lassen sich, wenn man zunächst das Zeichen + nimmt, schreiben

$$x = x_0 + X\cos\alpha_0 - Y\sin\alpha_0,$$
$$y = y_0 + X\sin\alpha_0 + Y\cos\alpha_0;$$

dies sind aber die Formeln, welche eine Koordinatentransformation definieren. Nimmt man das Zeichen — vor $\varphi(s)$, so würde man eine zur Kurve C symmetrische erhalten. Eine ebene Kurve ist also, was die Form betrifft, vollkommen bestimmt, wenn man den Krümmungsradius als Funktion des Bogens kennt. Die Gleichung $R = \varphi(s)$ heißt die natürliche Gleichung der Kurve. Noch allgemeiner: kennt man eine Relation zwischen zwei der Größen R, s, α, so ist die Kurve der Form nach vollkommen definiert und man kann die Koordinaten durch Quadraturen erhalten. So z. B. wenn man R als Funktion des Winkels α kennt, $R = f(\alpha)$, erhält man $ds = f(\alpha)\,d\alpha$, dann

$$dx = \cos\alpha\, f(\alpha)\, d\alpha,$$
$$dy = \sin\alpha\, f(\alpha)\, d\alpha$$

und schließlich x und y durch zwei Quadraturen. Wenn z. B. R konstant ist, so leitet man aus diesen Formeln

$$x = x_0 + R\sin\alpha, \qquad y = y_0 - R\cos\alpha$$

ab; die gesuchte Kurve ist also ein Kreis vom Radius R, welches Resultat nach der Eigenschaft der Evolute evident ist. Da der Bogen dieser Evolute Null sein muß, ist es in der Tat klar, daß sie sich auf einen Punkt reduzieren muß.

Stellen wir uns noch die Aufgabe, eine ebene Kurve zu finden, deren Krümmungsradius dem Bogen umgekehrt proportional ist, $R = \frac{a^2}{s}$; man erhält zunächst

$$\alpha = \int_0^s \frac{s\,ds}{a^2} = \frac{s^2}{2a^2},$$

dann

$$x = \int_0^s \cos\frac{s^2}{2a^2}\,ds, \qquad y = \int_0^s \sin\frac{s^2}{2a^2}\,ds.$$

Wenngleich man diese Integrale nicht in expliziter Form erhalten kann, so ist es doch leicht, sich eine Vorstellung von der Form dieser Kurve zu machen. Wächst s von 0 bis ∞, so streben x und y gegen einen endlichen Grenzwert, indem sie durch unendlich viele Maxima und Minima hindurchgehen; die Kurve hat die Form einer Spirale mit einem asymptotischen Punkte auf der Geraden $y = x$.

239. Evolventen und Evoluten. Man sagt, daß eine Kurve Γ_1 eine Evolvente einer anderen Kurve Γ ist, wenn die Tangenten an die Kurve Γ zugleich Normalen an die Kurve Γ_1 sind; die Kurve Γ heißt eine Evolute von Γ_1. Es ist klar, daß alle Evolventen einer Kurve Γ auf der abwickelbaren Fläche liegen, deren Rückkehrkante Γ ist, und daß sie die Erzeugenden unter einem rechten Winkel treffen.

Es seien x, y, z die Koordinaten eines Punktes M von Γ; α, β, γ die Richtungskosinus der Tangente und l das Segment MM_1, das zwischen dem Punkte M und dem Punkte M_1, in dem eine Evolvente die Tangente in M schneidet, enthalten ist; die Koordinaten von M_1 sind

$$x_1 = x + l\alpha, \quad y_1 = y + l\beta, \quad z_1 = z + l\gamma$$

und infolgedessen ist

$$dx_1 = dx + l d\alpha + \alpha dl, \quad dy_1 = dy + l d\beta + \beta dl,$$
$$dz_1 = dz + l d\gamma + \gamma dl.$$

Damit die von dem Punkte M_1 beschriebene Kurve normal zu MM_1 sei, ist notwendig und hinreichend, daß $\alpha dx_1 + \beta dy_1 + \gamma dz_1 = 0$ sei, d. h. daß

$$\alpha dx + \beta dy + \gamma dz + dl + l(\alpha d\alpha + \beta d\beta + \gamma d\gamma) = 0$$

sei; diese Relation reduziert sich auf $ds + dl = 0$. Man erhält also die Evolventen einer Raumkurve Γ durch dieselbe Konstruktion, die die Evolventen einer ebenen Kurve liefert.

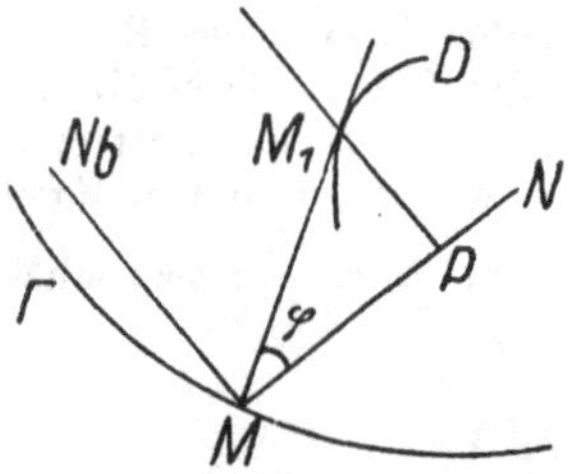

Fig. 51.

Stellen wir uns nunmehr die Aufgabe, die verschiedenen Evoluten einer Kurve Γ zu finden, d. h. die Normalen an diese Kurve nach einem stetigen Gesetze derart aneinander zu reihen, daß man eine abwickelbare Fläche erhält (Fig. 51).

Es sei D eine Evolute, φ der Winkel der Normale MM_1 mit der Hauptnormale MN, l der Abschnitt MP der Hauptnormale, der zwischen dem Punkte M und der Projektion P des Punktes M_1 enthalten ist. Die Koordinaten x_1, y_1, z_1 des Punktes M_1 sind durch die Formeln

$$(38) \qquad \begin{cases} x_1 = x + l\alpha' + l\alpha'' \tan\varphi, \\ y_1 = y + l\beta' + l\beta'' \tan\varphi, \\ z_1 = z + l\gamma' + l\gamma'' \tan\varphi \end{cases}$$

gegeben, die man erhält, wenn man die gebrochene Linie $OMPM_1$ auf die drei Achsen projiziert. Die Tangente an die vom Punkte M_1 beschriebene Kurve muß die Gerade MM_1 selbst sein, wozu erforderlich ist, daß

$$\frac{dx_1}{x_1 - x} = \frac{dy_1}{y_1 - y} = \frac{dz_1}{z_1 - z}$$

sei; bezeichnen wir den gemeinsamen Wert dieser Verhältnisse mit K, so läßt sich die Bedingung $dx_1 = K(x_1 - x)$, wenn man x_1 und dx_1 durch ihre Werte ersetzt und sich der Frenetschen Formeln bedient, auch schreiben

$$\alpha\, ds\left(1 - \frac{l}{R}\right) + \alpha'\left(dl + l\tan\varphi\frac{ds}{T} - Kl\right) + \alpha''\left[d(l\tan\varphi) - \frac{l\,ds}{T} - Kl\tan\varphi\right] = 0.$$

Die Bedingungen $dy_1 = K(y_1 - y)$, $dz_1 = K(z_1 - z)$ werden zwei ganz ähnliche Relationen ergeben, die man aus der vorstehenden ableitet, indem man $\alpha, \alpha', \alpha''$ durch β, β', β'', dann durch $\gamma, \gamma', \gamma''$ ersetzt. Da die Determinante der neun Kosinus gleich eins ist, so ist das durch diese drei Relationen gebildete System äquivalent dem folgenden:

$$(39)\qquad \begin{cases} \left(1 - \frac{l}{R}\right)ds = 0, \quad dl + l\tan\varphi\frac{ds}{T} = Kl, \\ d(l\tan\varphi) - \frac{l\,ds}{T} = Kl\tan\varphi. \end{cases}$$

Aus der ersten folgt $l = R$, d. h. der Punkt P ist der Krümmungsmittelpunkt und die Gerade PM_1 die Krümmungsachse. Infolgedessen liegen alle Evoluten einer Kurve Γ auf der Polarfläche. Um diese Evoluten endgültig zu bestimmen, haben wir nur mehr K zwischen den beiden letzten Relationen (39) zu eliminieren und l durch R zu ersetzen; nach Ausführung aller Reduktionen bleibt $ds = T\,d\varphi$. Den Winkel φ erhält man also durch eine Quadratur

$$(40)\qquad \varphi = \varphi_0 + \int_0^s \frac{ds}{T}.$$

Betrachtet man zwei Werte des Winkels φ, welche zwei verschiedenen Werten der Konstanten φ_0 entsprechen, so bleibt die Differenz dieser beiden Winkel längs der ganzen Kurve Γ konstant. Man sieht also, daß zwei Normalen der Kurve Γ, welche Tangenten an zwei verschiedene Evoluten sind, sich unter einem konstanten Winkel schneiden. Kennt man eine Familie von Normalen zu Γ, welche eine abwickelbare Fläche erzeugen, so wird man alle anderen von Normalen gebildeten abwickelbaren Flächen erhalten, wenn man jene Normalen um einen konstanten, sonst aber beliebigen Winkel um ihren Schnittpunkt mit Γ dreht.

Bemerkung I. Wenn die Kurve Γ eine Plankurve ist, so ist T unendlich und die vorstehende Formel wird $\varphi = \varphi_0$. Die Evolute, welche dem Werte $\varphi_0 = 0$ entspricht, ist die gewöhnliche ebene Evolute, die zugleich der Ort der Krümmungszentren ist. Die unendlich vielen anderen Evoluten liegen auf dem Zylinder, dessen senkrechter Querschnitt die gewöhnliche Evolute ist; dies sind Raumkurven, welche Schraubenlinien heißen und im nächsten Paragraphen studiert werden sollen. Dies ist der einzige Fall, daß der Ort der Krümmungszentren zugleich eine Evolute ist. Damit die Beziehung (40) für $\varphi = 0$ befriedigt sei, muß T unendlich, also $\Delta = 0$ sein; die Kurve ist also eine Plankurve (Nr. 229).

Bemerkung II. Wenn die Kurve D eine Evolute von Γ ist, so ist umgekehrt Γ eine Evolvente von D. Bezeichnet s_1 den in einem entsprechenden Sinne gezählten Bogen der Evolute, so erhält man also

$$ds_1 = d(MM_1);$$

die Evoluten einer Kurve sind also rektifizierbare Kurven.

240. **Schraubenlinien.** Es sei C eine beliebige Plankurve; errichtet man in jedem Punkte m dieser Kurve einen Perpendikel auf die Ebene von C und trägt darauf eine Länge mM ab, die dem von einem festen Punkte A an gemessenen Bogen der Kurve C proportional ist, so ist der Ort des Punktes M eine Raumkurve Γ, die man Schraubenlinie nennt. Nehmen wir als xy-Ebene die Ebene der Kurve C und es seien

$$x = f(\sigma), \quad y = \varphi(\sigma)$$

die Ausdrücke der Koordinaten eines Punktes m von C als Funktionen des Bogens σ; die Koordinaten des entsprechenden Punktes M der Kurve Γ sind dann

$$x = f(\sigma), \quad y = \varphi(\sigma), \quad z = K\sigma, \tag{41}$$

wo K ein konstanter Faktor ist. Die Funktionen f und φ erfüllen überdies die Relation $f'^2 + \varphi'^2 = 1$. Aus den Formeln (41) entnimmt man, wenn s der Bogen von Γ ist,

$$ds^2 = (f'^2 + \varphi'^2 + K^2)\,d\sigma^2 = (1 + K^2)\,d\sigma^2$$

und infolgedessen $s = \sigma\sqrt{1 + K^2} + H$; zählt man die Bogen s und σ von einem und demselben Punkte A der Kurve C an, so ist $H = 0$ und $s = \sigma\sqrt{1 + K^2}$. Die Richtungskosinus der Tangente an Γ haben die Werte

$$\alpha = \frac{f'(\sigma)}{\sqrt{1+K^2}}, \quad \beta = \frac{\varphi'(\sigma)}{\sqrt{1+K^2}}, \quad \gamma = \frac{K}{\sqrt{1+K^2}}; \tag{42}$$

da γ von σ unabhängig ist, so sieht man, daß die Tangente einen konstanten Winkel mit der z-Achse einschließt. Diese Eigenschaft ist charakteristisch:

Jede Kurve, deren Tangenten einen konstanten Winkel mit einer festen Richtung einschließen, ist eine Schraubenlinie. Um dies zu beweisen, nehmen wir die z-Achse parallel zu dieser Richtung und es sei C die Projektion der betrachteten Kurve Γ auf die xy-Ebene; man kann die Gleichungen der Kurve Γ stets in der Form

$$x = f(\sigma), \quad y = \varphi(\sigma), \quad z = \psi(\sigma) \tag{43}$$

schreiben, wobei die Funktion f und φ der Beziehung $f'^2 + \varphi'^2 = 1$ genügen, indem man als unabhängige Variable den Bogen σ der Kurve C nimmt. Hieraus folgt

$$\gamma = \frac{dz}{ds} = \frac{\psi'(\sigma)}{\sqrt{f'^2 + \varphi'^2 + \psi'^2}} = \frac{\psi'}{\sqrt{1 + \psi'^2}};$$

damit γ konstant sei, ist notwendig und hinreichend, daß ψ' konstant sei und daß somit $\psi(\sigma)$ von der Form $K\sigma + z_0$ sei. Wählt man den Ursprung geeignet, so sind also die Gleichungen der Kurve Γ von der Form (41).

Die Formel $\frac{d\gamma}{ds} = \frac{\gamma'}{R}$ gibt uns hier, da γ konstant ist, $\gamma' = 0$. Die Hauptnormale ist also zu den Erzeugenden des Zylinders normal; da sie überdies zur Tangente an die Schraubenlinie normal ist, so ist sie die Normale für den Zylinder und die Oskulationsebene ist selbst zum Zylinder normal. Die Binormale liegt also in der Tangentenebene an den Zylinder und ist zur Tangente normal; dies beweist, daß sie gleichfalls einen konstanten Winkel mit der z-Achse einschliest.

Die Formel $\frac{d\gamma'}{ds} = -\frac{\gamma}{R} - \frac{\gamma''}{T}$ gibt uns hernach, da $\gamma' = 0$ ist, $\frac{\gamma}{R} + \frac{\gamma''}{T} = 0$; dies zeigt, daß bei einer Schraubenlinie das Verhältnis $\frac{T}{R}$ konstant ist.

Diese verschiedenen Eigenschaften sind für eine Schraubenlinie charakteristisch. Beweisen wir z. B., daß **jede Kurve, für die das Verhältnis $\frac{R}{T}$ konstant ist, eine Schraubenlinie ist** (Barré de Saint-Venant und J. Bertrand).

Aus den Frenetschen Formeln entnimmt man

$$\frac{d\alpha}{d\alpha''} = \frac{d\beta}{d\beta''} = \frac{d\gamma}{d\gamma''} = \frac{T}{R} = \frac{1}{H};$$

ist H konstant, so erhält man durch Integration

$$\alpha'' = H\alpha - A; \quad \beta'' = H\beta - B, \quad \gamma'' = H\gamma - C,$$

wo A, B, C drei neue Konstanten bezeichnen. Addieren wir diese drei Gleichungen, nachdem wir sie resp. mit α, β, γ multipliziert haben, so erhalten wir

$$A\alpha + B\beta + C\gamma = H$$

oder auch

$$\frac{A\alpha + B\beta + C\gamma}{\sqrt{A^2 + B^2 + C^2}} = \frac{H}{\sqrt{A^2 + B^2 + C^2}};$$

$\frac{A}{\sqrt{A^2 + B^2 + C^2}}, \frac{B}{\sqrt{A^2 + B^2 + C^2}}, \frac{C}{\sqrt{A^2 + B^2 + C^2}}$ sind aber die Richtungskosinus einer Geraden Δ und die vorstehende Beziehung drückt aus, daß die

Tangente mit dieser Richtung einen konstanten Winkel einschließt; die betrachtete Kurve ist also eine Schraubenlinie.

Berechnen wir noch den Krümmungsradius. Unter Benutzung der früher gefundenen Werte (42) für α und β ist

$$\frac{\alpha'}{R} = \frac{d\alpha}{ds} = \frac{1}{1+K^2} f''(\sigma), \qquad \frac{\beta'}{R} = \frac{1}{1+K^2}\varphi''(\sigma)$$

und infolgedessen, da $\gamma' = 0$ ist,

$$\frac{1}{R^2} = \frac{1}{(1+K^2)^2}[f''^2(\sigma) + \varphi''^2(\sigma)]. \tag{44}$$

Das Verhältnis $\frac{1+K^2}{R}$ ist also von K unabhängig; für $K = 0$ reduziert sich aber dieses Verhältnis, wie man leicht bestätigen kann (Nr. 232) auf den reziproken Wert des Krümmungsradius des Querschnittes C. Die vorstehende Formel läßt sich also schreiben $R = r(1+K^2)$; dies zeigt, daß der Krümmungsradius einer Schraubenlinie zu dem Krümmungsradius der Kurve C in einem konstanten Verhältnisse steht. Es ist leicht, daraus alle Kurven, für welche R und T konstant sind, abzuleiten. Denn wenn $\frac{T}{R}$ konstant ist, so sind diese Kurven nach dem Theoreme von Barré de Saint-Venant und J. Bertrand Schraubenlinien. Da überdies R konstant ist, so ist es auch der Krümmungsradius r der Kurve C. Diese Kurve C ist also ein Kreis und die gesuchte Kurve ist eine auf einem Kreiszylinder gezogene Schraubenlinie. Diesen Satz verdankt man Puiseux.

241. **Bertrandsche Kurven.** Die Hauptnormalen an eine Plankurve sind gleichzeitig die Hauptnormalen an unendlich viele andere Plankurven, die zu der ersten parallel sind. J. Bertrand hat sich die Aufgabe gestellt, die Raumkurven zu finden, deren Hauptnormalen die Hauptnormalen einer zweiten Raumkurve sind. Nehmen wir an, daß die Koordinaten x, y, z eines Punktes von Γ als Funktionen von s ausgedrückt seien; auf jeder Hauptnormale tragen wir eine Länge l ab und es seien X, Y, Z die Koordinaten des Endpunktes

$$X = x + l\alpha', \qquad Y = y + l\beta', \qquad Z = z + l\gamma'. \tag{45}$$

Damit die Hauptnormale an die Kurve Γ auch die Hauptnormale an die vom Punkte X, Y, Z beschriebene Kurve Γ' sei, ist notwendig und hinreichend, daß die beiden Relationen bestehen

$$\alpha' dX + \beta' dY + \gamma' dZ = 0,$$

$$\alpha'(dY d^2Z - dZ d^2Y) + \beta'(dZ d^2X - dX d^2Z) + \gamma'(dX d^2Y - dY d^2X) = 0,$$

deren Bedeutung ganz klar ist. Der ersten entnimmt man $dl = 0$; dies zeigt, daß die Länge l konstant sein muß. Ersetzt man hierauf in der zweiten $dX, d^2X, dY, \ldots$ durch ihre Werte, die man den Frenetschen Formeln und den aus ihnen durch Differentiation abgeleiteten Formeln entnimmt, so bleibt nach allen Reduktionen

$$\frac{1}{T} d\left(1 - \frac{l}{R}\right) = \left(1 - \frac{l}{R}\right) d\left(\frac{1}{T}\right)$$

und man entnimmt hieraus durch Integration die Beziehung

$$\frac{l}{R} + \frac{l'}{T} = 1, \tag{46}$$

wo l' eine neue Konstante bezeichnet. Die gesuchten Kurven sind also diejenigen, für welche eine lineare Beziehung zwischen Krümmung und Torsion besteht. Man sieht überdies, daß die Bedingung hinreichend ist und die Länge l ist durch die Beziehung (46) gegeben.

Ein bemerkenswerter besonderer Fall wurde bereits von MONGE studiert, nämlich der, wo der Krümmungsradius konstant ist. Die Beziehung (46) wird dann $l = R$ und die durch die Formeln (45) dargestellte Kurve Γ' ist der Ort der Krümmungsmittelpunkte der Kurve Γ. Aus den Formeln (45) entnimmt man, wenn man $l = R =$ konst. voraussetzt,

$$dX = -\frac{R}{T}\alpha'' ds, \qquad dY = -\frac{R}{T}\beta'' ds, \qquad dZ = -\frac{R}{T}\gamma'' ds;$$

dies zeigt, daß die Tangente an die Kurve Γ' die Krümmungsachse von Γ ist. Der Krümmungsradius R' von Γ' wird seinerseits durch die Formel

$$R'^2 = \frac{dX^2 + dY^2 + dZ^2}{d\alpha''^2 + d\beta''^2 + d\gamma''^2} = R^2$$

gegeben; man sieht, daß dieser Krümmungsradius gleichfalls konstant und gleich R ist. Zwischen den beiden Kurven Γ, Γ' besteht Reziprozität; jede von ihnen ist die Rückkehrkurve der Polarfläche der anderen. Alle diese Eigenschaften sind leicht direkt an der zirkularen Schraubenlinie zu bestätigen.

Bemerkung. Es ist leicht, allgemeine Formeln zu erhalten, welche alle Raumkurven darstellen, deren Krümmungsradius konstant und gleich R ist. Es seien α, β, γ drei Funktionen eines variablen Parameters, welche der Beziehung $\alpha^2 + \beta^2 + \gamma^2 = 1$ genügen. Die Formeln

(47) $$X = R\int \alpha\, d\sigma, \qquad Y = R\int \beta\, d\sigma, \qquad Z = R\int \gamma\, d\sigma,$$

in denen $d\sigma = \sqrt{d\alpha^2 + d\beta^2 + d\gamma^2}$ gesetzt wurde, stellen eine Kurve dar, die der Forderung genügt, und es ist leicht zu beweisen, daß man auf diese Weise alle diese Kurven erhält. Denn α, β, γ sind gerade die Richtungskosinus der Tangente und σ ist der Bogen der sphärischen Indikatrix (Nr. 241).

242. **Oskulationskugel.** Wir wollen die FRENETschen Formeln noch zur Bestimmung der oskulierenden Kugel verwenden. Wir setzen voraus, daß die Koordinaten x, y, z eines Punktes der Kurve Γ als Funktionen des Bogens s dieser Kurve ausgedrückt seien. Damit die Kugel mit dem Mittelpunkte (a, b, c) und dem Radius ϱ mit der Kurve Γ in einem Punkte dieser Kurve eine Berührung dritter Ordnung habe, ist notwendig und hinreichend, daß

$$\mathbf{F}(s) = 0, \qquad \mathbf{F}'(s) = 0, \qquad \mathbf{F}''(s) = 0, \qquad \mathbf{F}'''(s) = 0$$

sei, wobei

$$\mathbf{F}(s) = (x-a)^2 + (y-b)^2 + (z-c)^2 - \varrho^2$$

gesetzt wurde und man voraussetzt, daß x, y, z als Funktionen von s ausgedrückt sind. Entwickelt man die drei letzten Bedingungen unter Benützung der FRENETschen Formeln, so erhält man

$$F'(s) = (x-a)\alpha + (y-b)\beta + (z-c)\gamma = 0,$$

$$F''(s) = (x-a)\cdot\frac{\alpha'}{R} + (y-b)\frac{\beta'}{R} + (z-c)\frac{\gamma'}{R} + 1 = 0,$$

$$F'''(s) = -\frac{x-a}{R}\left(\frac{\alpha}{R}+\frac{\alpha''}{T}\right) - \frac{y-b}{R}\left(\frac{\beta}{R}+\frac{\beta''}{T}\right) - \frac{z-c}{R}\left(\frac{\gamma}{R}+\frac{\gamma''}{T}\right)$$
$$-\frac{1}{R^2}\frac{dR}{ds}[(x-a)\alpha' + (y-b)\beta' + (z-c)\gamma'] = 0.$$

Diese drei Gleichungen bestimmen a, b, c. Nun stellt aber die erste, wenn man in ihr a, b, c als die laufenden Koordinaten betrachtet, die Normalebene an die Kurve im Punkte (x, y, z) dar und die beiden anderen werden aus ihr durch Differentiation nach dem variablen Parameter s gewonnen; der Mittelpunkt der oskulierenden Kugel fällt also mit dem Punkte zusammen, in welchem die Krümmungsachse ihre Einhüllende berührt. Um diese drei Gleichungen aufzulösen, beachten wir, daß die letzte unter Berücksichtigung der beiden ersten sich auf

$$(x-a)\alpha'' + (y-b)\beta'' + (z-c)\gamma'' = T\frac{dR}{ds}$$

reduziert, woraus man leicht

$$a = x + R\alpha' - T\frac{dR}{ds}\alpha'',$$

$$b = y + R\beta' - T\frac{dR}{ds}\beta'',$$

$$c = z + R\gamma' - T\frac{dR}{ds}\gamma''$$

entnimmt; der Radius ϱ der oskulierenden Kugel wird durch die Formel gegeben

$$\varrho^2 = R^2 + T^2\left(\frac{dR}{ds}\right)^2.$$

Ist R konstant, so fällt der Mittelpunkt der Oskulationskugel mit dem Krümmungsmittelpunkte zusammen; dies steht mit dem zu Ende der Nr. 237 erhaltenen Resultate völlig im Einklang.

Übungen.

1. Es sind die Gleichungen der Evoluten der Kurve, welche die geradlinigen Erzeugenden des geraden Kreiskegels unter einem konstanten Winkel schneidet, in endlichen Ausdrücken zu finden. Diskussion.

2. Gibt es solche Raumkurven Γ, daß die Schnittpunkte der Tangente, der Hauptnormale und der Binormale mit einer festen Ebene P die Eckpunkte eines gleichseitigen Dreiecks sind?

3. Es sei Γ die Rückkehrkurve einer Fläche, welche die Einhüllende von Kugeln ist (Einhüllende der charakteristischen Kreise); die Kurve, die der

geometrische Ort des Mittelpunktes der variablen Kugel ist, liegt auf der Polarfläche von Γ. Umkehrung.

4. Es sei eine Raumkurve Γ gegeben; durch einen festen Punkt O des Raumes zieht man eine Parallele zur Krümmungsachse in einem Punkte M von Γ und trägt auf dieser eine Länge ON gleich dem Krümmungsradius von Γ im Punkte M auf. Der Punkt N beschreibt eine Raumkurve Γ', die der von den Krümmungsmittelpunkten von Γ gebildeten Kurve Γ'' derart zugeordnet ist, daß ihre linearen Elemente gleich und zueinander orthogonal sind [Rouquet].

5. Wenn der Radius der oskulierenden Kugel einer Raumkurve Γ einen konstanten Wert a hat, so liegt diese Kurve auf einer Kugel vom Radius a, wofern nicht der Krümmungsradius selbst konstant und gleich a ist.

6. Damit der Ort der Krümmungsmittelpunkte einer auf einem Zylinder gezogenen Schraubenlinie eine andere Schraubenlinie sei, die auf einem Zylinder liegt, dessen Erzeugende parallel zu denen des ersten sind, ist notwendig und hinreichend, daß der Querschnitt durch diesen ein Kreis oder eine logarithmische Spirale sei. Im letzteren Falle liegen diese Schraubenlinien auf Kreiskegeln [Tissot].

7.* Wenn zwei Raumkurven dieselben Hauptnormalen haben, so bilden die Oskulationsebenen dieser beiden Kurven in den Punkten, wo diese eine gemeinsame Normale schneiden, einen konstanten Winkel. Diese beiden Punkte und die Krümmungsmittelpunkte der beiden Kurven bestimmen vier Punkte, deren anharmonisches Verhältnis konstant ist. Das Produkt der Torsionsradien der beiden Kurven in den entsprechenden Punkten ist konstant [Serret, Mannheim, Schell].

8.* Es seien x, y, z die rechtwinkligen Koordinaten eines Punktes einer Raumkurve Γ, s der Bogen dieser Kurve. Man nennt **adjungierte Kurve** die Kurve Γ_0, deren Koordinaten durch

$$x_0 = \int \alpha''\, ds, \qquad y_0 = \int \beta''\, ds, \qquad z_0 = \int \gamma''\, ds$$

ausgedrückt sind, und **assoziierte Kurven** die Kurven, welche durch die Gleichungen

$$X = x \cos\theta + x_0 \sin\theta, \qquad Y = y \cos\theta + y_0 \sin\theta, \qquad Z = z \cos\theta + z_0 \sin\theta$$

dargestellt werden, wo θ einen konstanten Winkel bezeichnet. Es ist die Lage des Fundamentaldreikants für diese neuen Kurven sowie auch die Radien der Krümmung und der Torsion zu finden.

Wenn die Kurve Γ eine konstante Krümmung hat, so hat die Kurve Γ_0 eine konstante Torsion und die assoziierten Kurven sind Bertrandsche Kurven. Es sind daraus die allgemeinen Gleichungen dieser letzten Kurven abzuleiten.

9. Es seien zwei Kurven Γ, Γ' gegeben, die sich in einem Punkte A berühren; auf diesen Kurven nimmt man von A aus im selben Sinne zwei sehr kleine gleiche Bögen AM, AM'. Es ist die Grenzlage der Geraden MM' zu finden (Cauchy].

10. Damit eine Gerade, die mit dem Fundamentaldreikant einer Raumkurve Γ fest verbunden ist und durch die Ecke des Dreikants geht, eine abwickelbare Fläche erzeuge, ist notwendig, daß diese Gerade mit der Tangente zusammenfalle, es sei denn, daß die Kurve eine Schraubenlinie ist. In diesem Falle gibt es unendlich viele Geraden, welche der Forderung genügen.

Für eine BERTRANDsche Kurve gibt es zwei mit dem Fundamentaltrieder fest verbundene hyperbolische Paraboloide, deren sämtliche Erzeugende abwickelbare Flächen erzeugen [CESÀRO, Rivista di Matematica, 1892].

11.* Damit die Hauptnormalen einer Raumkurve die Binormalen einer anderen Raumkurve seien, muß zwischen Krümmungs- und Torsionsradius eine Beziehung von der Form

$$A\left(\frac{1}{R^2}+\frac{1}{T^2}\right)=\frac{B}{R}$$

bestehen, wo A und B Konstanten sind [MANNHEIM, Comptes rendus, 1877].

Die Fälle, in denen eine durch einen Punkt einer Raumkurve gezogene und mit dem Fundamentaltrieder fest verbundene Gerade die Hauptnormale oder die Binormale einer anderen Raumkurve bleibt, wurden von PELLET (Comptes rendus, 1887), von CESÀRO (Nouvelles Annales, 1888), BALITRAND (Mathesis, 1894) studiert.

12. Wenn die Schmiegungsebene einer Raumkurve Γ beständig eine feste Kugel mit dem Mittelpunkte O berührt, so geht die durch die Tangente normal zur Hauptnormale gelegte Ebene durch den Punkt O und weiter ist das Verhältnis des Krümmungsradius zum Torsionsradius eine lineare Funktion des Bogens. Umkehrungen.

13. Projiziert man eine Raumkurve Γ parallel zur Tangente MT in einem Punkte M dieser Kurve auf eine Ebene P, so hat die Projektion im Punkte m, der Projektion von M, einen Rückkehrpunkt und die Rückkehrtangente ist die Spur der Schmiegungsebene im Punkte M der Kurve Γ auf der Ebene P. Spezieller Fall, daß die Schmiegungsebene in M stationär ist.

14.* In jedem Punkte M einer Kurve Γ zieht man eine Normale, die mit der Hauptnormale einen konstanten Winkel φ bildet, und trägt auf ihr eine konstante Länge $MM' = l$ auf. Die vom Punkte M' beschriebene Kurve C' ist zur selben Geraden $M'M$ normal. Es ist der Winkel φ derart zu bestimmen, daß die Tangenten an die beiden Kurven C, C' in den beiden korrespondierenden Punkten M, M' einen konstanten Winkel V bilden. Spezieller Fall, daß $V = \frac{\pi}{2}$ ist.

Nimmt man als Unbekannte $\tan\frac{\varphi}{2}$, so erhält man eine RICCATIsche Gleichung [DARBOUX, Comptes rendus, 1908].

Zwölftes Kapitel.

Flächen.

I. Krümmung der Flächenkurven.

243. **Fundamentalformel. Satz von Meusnier.** Eine Fläche S ist allgemein durch ein System von drei Gleichungen

$$(1) \qquad x = f(u, v), \quad y = \varphi(u, v), \quad z = \psi(u, v)$$

definiert, wo x, y, z die rechtwinkligen Koordinaten eines Punktes dieser Fläche und u, v zwei variable Parameter sind. Die drei Funktionen f, φ, ψ sind nicht notwendig analytische Funktionen, wir werden aber annehmen, daß sie — abgesehen von Ausnahmepunkten — stetig sind und stetige partielle Derivierte der beiden ersten Ordnungen zulassen. Wenn die drei Determinanten

$$\frac{D(y, z)}{D(u, v)}, \quad \frac{D(z, x)}{D(u, v)}, \quad \frac{D(x, y)}{D(u, v)}$$

für ein Wertesystem von u und v nicht gleichzeitig Null sind, so ist der entsprechende Flächenpunkt M ein gewöhnlicher Punkt (Nr. 63) und eine der Koordinaten ist in der Umgebung dieses Punktes eine stetige Funktion der beiden anderen Koordinaten, die auch stetige partielle Derivierte der ersten und zweiten Ordnung hat. Wir stellen uns die Aufgabe, die Krümmung der verschiedenen auf der Fläche liegenden Kurven in einem gewöhnlichen Punkte zu bestimmen. Man könnte voraussetzen, daß die Fläche in der Umgebung dieses Punktes durch eine Gleichung von der Form $z = F(x, y)$ dargestellt ist, doch erhält man, wenn man die drei Gleichungen (1) beibehält, Formeln, die symmetrischer sind und eine allgemeinere Anwendung zulassen.

Die Gleichung der Tangentenebene an die Fläche im Punkte (x, y, z) ist

$$(2) \qquad A(X - x) + B(Y - y) + C(Z - z) = 0;$$

die Koeffizienten A, B, C müssen hierbei den beiden Relationen

$$(3) \qquad S A \frac{\partial x}{\partial u} = 0, \quad S A \frac{\partial x}{\partial v} = 0$$

genügen, wobei die Bedeutung des Zeichens S evident ist. Aus diesen Relationen entnimmt man

$$(4) \qquad A = K \frac{D(y, z)}{D(u, v)}, \quad B = K \frac{D(z, x)}{D(u, v)}, \quad C = K \frac{D(x, y)}{D(u, v)},$$

wo K einen konstanten oder variablen Faktor bezeichnet, den man nach Belieben wählen kann.[1] Wenn z. B. die Fläche durch eine Gleichung $z = F(x, y)$ dargestellt ist, so wird man $x = u$, $y = v$, $K = -1$ setzen und die entsprechenden Werte von A, B, C sind dann $A = p$, $B = q$, $C = -1$, wobei p und q die gewöhnliche Bedeutung haben.

Ersetzt man in den Gleichungen (1) u und v durch Funktionen eines variablen Parameters α, so beschreibt der Punkt (x, y, z) eine Kurve Γ, die auf S liegt, und die Richtungsparameter der Tangente an diese Kurve sind proportional zu

$$dx = \frac{\partial f}{\partial u} du + \frac{\partial f}{\partial v} dv, \quad dy = \frac{\partial \varphi}{\partial u} du + \frac{\partial \varphi}{\partial v} dv,$$

$$dz = \frac{\partial \psi}{\partial u} du + \frac{\partial \psi}{\partial v} dv;$$

jedem Werte des Verhältnisses $\frac{dv}{du}$ entspricht so eine bestimmte Tangente der Fläche im Punkte (u, v), deren Richtungskosinus zu berechnen leicht wäre. Längs der ganzen Kurve Γ befriedigen die Differentiale dx, dy, dz die Beziehung

$$(5) \qquad A\,dx + B\,dy + C\,dz = 0,$$

die einfach ausdrückt, daß die Tangente an die Kurve Γ in der Tangentenebene an die Fläche gelegen ist. Setzt man das totale Differential der linken Seite dieser Relation gleich Null (Nr. 38), so erhält man eine Beziehung zwischen den Differentialen zweiter Ordnung von x, y, z

$$(6) \qquad A\,d^2x + B\,d^2y + C\,d^2z + aA\,dx + dB\,dy + dC\,dz = 0,$$

deren geometrische Bedeutung wir im folgenden angeben wollen.

[1] Es ist klar, daß man übereinkommen könnte, den Wert für K ein für alle Male festzulegen, z. B. $K = \pm 1$ zu setzen. In Hinsicht auf die Anwendungen ist es aber vorteilhafter, diesen Faktor unbestimmt zu lassen, um ihn in jedem besonderen Falle geeignet zu wählen, so daß dadurch die Ausdrücke der Koeffizienten A, B, C womöglich vereinfacht werden.

Bemerken wir vorerst, daß $dA\,dx + dB\,dy + dC\,dz$ eine quadratische Form in du, dv ist

(7) $$dA\,dx + dB\,dy + dC\,dz = D\,du^2 + 2\,D'\,du\,dv + D''\,dv^2,$$

deren Koeffizienten D, D', D'' sich aus den Ausdrücken von x, y, z, A, B, C durch Differentiationen herleiten.

Andererseits stellt $A\,d^2x + B\,d^2y + C\,d^2z$, abgesehen von einem Faktor, den Kosinus des Winkels der beiden Geraden dar, deren Richtungsparameter bzw. (A, B, C) und (d^2x, d^2y, d^2z) sind. Die Gerade, deren Richtungsparameter A, B, C sind, ist die Flächennormale; als die positive Richtung dieser Normale werden wir jene wählen, deren Richtungskosinus

(8) $$\lambda = \frac{-A}{\sqrt{A^2+B^2+C^2}}, \quad \mu = \frac{-B}{\sqrt{A^2+B^2+C^2}}, \quad \nu = \frac{-C}{\sqrt{A^2+B^2+C^2}},$$

sind.

Nimmt man als unabhängige Variable den Bogen s der Kurve Γ, so ist überdies

$$\frac{d^2x}{ds^2} = \frac{\alpha'}{R}, \quad \frac{d^2y}{ds^2} = \frac{\beta'}{R}, \quad \frac{d^2z}{ds^2} = \frac{\gamma'}{R},$$

wobei α', β', γ', R die gewöhnliche Bedeutung haben (Nr. 236). Dividiert man alle Glieder der Relation (6) durch ds^2, so kann man sie also schreiben

$$\frac{\sqrt{A^2+B^2+C^2}}{R}(\lambda\alpha' + \mu\beta' + \nu\gamma') = \frac{D\,du^2 + 2\,D'\,du\,dv + D''\,dv^2}{E\,du^2 + 2\,F\,du\,dv + G\,dv^2},$$

wo E, F, G die Gaussschen Koeffizienten sind, die in der Formel $ds^2 = E\,du^2 + 2\,F\,du\,dv + G\,dv^2$ auftreten (Nr. 130).

Nun ist aber $\lambda\alpha' + \mu\beta' + \nu\gamma' = \cos\theta$, wenn man mit θ den Winkel bezeichnet, den die Hauptnormale an die Kurve Γ mit der positiven Richtung der Flächennormale einschließt, und wir gelangen so zu der fundamentalen Formel

(9) $$\frac{\sqrt{A^2+B^2+C^2}}{R}\cos\theta = \frac{D\,du^2 + 2\,D'\,du\,dv + D''\,dv^2}{E\,du^2 + 2\,F\,du\,dv + G\,dv^2},$$

die der Formel (6) völlig äquivalent ist. In dieser Relation sind der Wurzelausdruck und der Krümmungsradius R wesentlich positiv, so daß $\cos\theta$ das Zeichen der rechten Seite hat. Für ein gegebenes Wertesystem von u und v variiert die rechte Seite nur mit dem Verhältnis $\frac{dv}{du}$, d. h. mit der Lage der Tangente an die Kurve Γ im Punkte M. Es sei Γ' eine andere Flächenkurve, welche die erste im Punkte M berührt, R' ihr Krümmungsradius und θ' der

Winkel, den ihre Hauptnormale mit der positiven Richtung der Flächennormale einschließt. Die rechte Seite der Formel (9) hat für die beiden Kurven denselben Wert und infolgedessen ist

$$\frac{\cos\theta}{R} = \frac{\cos\theta'}{R'}. \tag{10}$$

Betrachten wir im besonderen zwei Flächenkurven Γ und Γ', die im Punkte M dieselbe Oskulationsebene (die nicht mit der Tangentenebene zusammenfallen soll) haben. Es ist klar, daß diese beiden Kurven dieselbe Tangente im Punkte M haben, nämlich den Schnitt der Tangentenebene mit der Oskulationsebene. Man kann also auf sie die Relation (10) anwenden. Die Richtungen der beiden Hauptnormalen sind aber dieselben oder einander entgegengesetzt; es ist also $\theta' = \theta$ oder $\theta' = \pi - \theta$. Die letzte Annahme ist zu verwerfen, da $\cos\theta$ und $\cos\theta'$ gleich bezeichnet sind; es ist also $\theta' = \theta$ und infolgedessen $R' = R$. Da die beiden Kurven Γ und Γ' die gleiche Richtung der Hauptnormalen haben und ihre Krümmungsradien gleich sind, so haben sie auch denselben Krümmungsmittelpunkt. Wir erhalten so den Satz: Alle Flächenkurven, die durch den Punkt M gehen und in diesem Punkte dieselbe Oskulationsebene (die nicht mit der Tangentenebene zusammmenfallen soll) haben, haben auch denselben Krümmungsmittelpunkt. Insbesondere hat jede Kurve denselben Krümmungsmittelpunkt wie der ebene Schnitt, den ihre Oskulationsebene auf der Fläche erzeugt.

Man braucht also nur die Krümmung der ebenen Schnitte der Fläche, die durch den Punkt M gehen, zu studieren. Wir wollen zunächst untersuchen, in welcher Weise die Krümmung der verschiedenen ebenen Schnitte, deren Ebenen durch eine und dieselbe Tangente MT gehen, variiert. Man kann, ohne der Allgemeinheit Abbruch zu tun, voraussetzen, daß für diese Tangente

$$D\,du^2 + 2\,D'\,du\,dv + D''\,dv^2 > 0$$

ist, denn wenn man das Zeichen von A, B, C umkehrt, wodurch die positive Richtung der Flächennormale geändert wird, so ist klar, daß D, D', D'' ihr Zeichen gleichfalls wechseln. Für alle diese ebenen Schnitte ist $\cos\theta$ positiv und der Winkel θ spitz; im besonderen ist für den durch MT gehenden Normalschnitt der Winkel θ' Null. Es sei R' der Krümmungsradius dieses Normalschnittes; die Formel (10) wird in diesem Falle $R' = R\cos\theta$. Diese Gleichheit drückt, wie man leicht sieht, aus, daß der Krümmungsmittelpunkt eines schiefen Schnittes erhalten wird, indem man den Krümmungsmittelpunkt des durch dieselbe Tangente gehenden Normalschnittes orthogonal auf die Ebene des schiefen Schnittes projiziert (Theorem von MEUSNIER).

Dieser Satz führt das Studium der Krümmung eines schiefen Schnittes auf das der Krümmung eines Normalschnittes zurück. Wir werden sogleich die Resultate, die man EULER verdankt, auseinandersetzen; beachten wir vorerst, daß die Formel (9) für einen Normalschnitt je nach dem Zeichen von

$$D\,du^2 + 2\,D\,du\,dv + D''\,dv^2$$

zwei verschiedene Formen annimmt. Um diesen Übelstand zu vermeiden, werden wir von nun ab übereinkommen, mit R den mit einem Zeichen versehenen Krümmungsradius eines Normalschnittes zu bezeichnen, und zwar mit dem Zeichen $+$ oder $-$, je nachdem die Richtung, die vom Punkte M zum Krümmungsmittelpunkt führt, mit der positiven Richtung der Flächennormale oder mit der entgegengesetzten zusammenfällt. Nach diesem Übereinkommen ist R in beiden Fällen durch die Formel

$$(11) \qquad \frac{\sqrt{A^2+B^2+C^2}}{R} = \frac{D\,du^2 + 2\,D'\,du\,dv + D''\,dv^2}{E\,du^2 + 2\,F\,du\,dv + G\,dv^2}$$

gegeben, welche die Lage des Krümmungsmittelpunktes ohne Schwierigkeit erkennen läßt.

Aus der Formel (11) entnimmt man leicht, welche Lage die Fläche in bezug auf ihre Tangentenebene in der Umgebung des Berührungspunktes hat. Ist $D'^2 - D\,D'' < 0$, so bewahrt das Trinom $D\,du^2 + 2\,D'\,du\,dv + D''\,dv^2$, wenn sich die schneidende Ebene um die Normale dreht, ein konstantes Zeichen, nämlich das von D und D''; die Krümmungsmittelpunkte aller Normalschnitte liegen auf derselben Seite der Tangentenebene und die Schnitte selbst sind infolgedessen gleichfalls zur selben Seite dieser Ebene gelegen; man sagt, daß die Fläche im betrachteten Punkte konvex ist. Ist hingegen $D'^2 - D\,D'' > 0$, so wird das Trinom für zwei besondere Lagen der schneidenden Ebene Null; die entsprechenden Normalschnitte bieten einen Wendepunkt dar. Wenn die schneidende Ebene in dem einen der durch diese beiden Ebenen gebildeten Keile liegt, so ist R positiv und der Schnitt liegt auf der einen Seite der Tangentenebene; liegt die schneidende Ebene hingegen in dem supplementären Keile, so ist R negativ und der Schnitt liegt auf der anderen Seite der Tangentenebene. Die Fläche durchsetzt also die Tangentenebene in der Umgebung des Berührungspunktes; man sagt, daß sie konvex-konkav ist. Ist schließlich $D'^2 - DD''$ in dem betrachteten Punkte Null, so liegen sämtliche ebenen Normalschnitte auf einer und derselben Seite der Tangentenebene mit Ausnahme eines einzigen, dessen Krümmungsradius unendlich ist und der die Tangentenebene im allgemeinen durchsetzt; ein solcher Punkt heißt ein **parabolischer** Punkt.

Betrachten wir im besonderen eine durch die Gleichung $z = F(x, y)$ dargestellte Fläche S. Setzt man $A = p$, $B = q$, $C = -1$, so ist unmittelbar $D = r$, $D' = s$, $D'' = t$, wo r, s, t die gewöhnliche Bedeutung haben. Die Koeffizienten E, F, G haben die Werte $E = 1 + p^2$, $F = pq$, $G = 1 + q^2$. Die positive Richtung der Flächennormale hat die Richtungskosinus

$$(12) \quad \lambda = \frac{-p}{\sqrt{1 + p^2 + q^2}}, \quad \mu = \frac{-q}{\sqrt{1 + p^2 + q^2}}, \quad \nu = \frac{1}{\sqrt{1 + p^2 + q^2}}$$

und bildet mit der z-Achse einen spitzen Winkel. Es seien α, β, γ die Richtungskosinus der Tangente an den Normalschnitt im Punkte M; du und dv sind zu α und β proportional und die Formel (11) geht in

$$(13) \quad \frac{\sqrt{1 + p^2 + q^2}}{R} = \frac{r\alpha^2 + 2s\alpha\beta + t^2\beta^2}{(1 + p^2)\alpha^2 + 2pq\alpha\beta + (1 + q^2)\beta^2}$$

über; berücksichtigt man, daß $\gamma = p\alpha + q\beta$ und $\alpha^2 + \beta^2 + \gamma^2 = 1$ ist, so kann man einfacher

$$(13') \quad \frac{\sqrt{1 + p^2 + q^2}}{R} = r\alpha^2 + 2s\alpha\beta + t\beta^2$$

schreiben.

Hier ist es das Zeichen des Trinoms $r\alpha^2 + 2s\alpha\beta + t\beta^2$, das anzeigt, ob ein Normalschnitt in der Umgebung des Berührungspunktes unterhalb oder oberhalb der Tangentenebene liegt. Die Fläche ist im Punkte M konvex oder konvex-konkav, je nachdem $s^2 - rt < 0$ oder $s^2 - rt > 0$ ist; für einen parabolischen Punkt ist $s^2 - rt = 0$.

Es ist leicht, diese Resultate zu bestätigen, indem man die Differenz δ der Koordinaten z und z' des Flächenpunktes und des Punktes der Tangentenebene, die sich auf denselben Punkt der xy-Ebene projizieren, studiert. Es seien (x_0, y_0) die Koordinaten des Berührungspunktes, p_0, q_0, r_0, s_0, t_0 die Werte der Derivierten von $F(x, y)$ in diesem Punkte. Dann ist

$$\delta = F(x, y) - z_0 - p_0(x - x_0) - q_0(y - y_0),$$

$$\left(\frac{\partial \delta}{\partial x}\right)_0 = 0, \quad \left(\frac{\partial \delta}{\partial y}\right)_0 = 0$$

$$\left(\frac{\partial^2 \delta}{\partial x^2}\right)_0 = r_0, \quad \left(\frac{\partial^2 \delta}{\partial x \partial y}\right)_0 = s_0, \quad \left(\frac{\partial^2 \delta}{\partial y^2}\right)_0 = t_0.$$

Wenn $s_0^2 - r_0 t_0 < 0$ ist, so ist δ im Punkte M ein Maximum oder Minimum und da δ in diesem Punkte Null ist, so bewahrt δ in der

Umgebung ein konstantes Zeichen; ist hingegen $s_0^2 - r_0 t_0 > 0$, so findet weder ein Maximum noch ein Minimum statt und δ bewahrt infolgedessen in der Umgebung des Punktes M nicht dasselbe Zeichen.

244. **Die beiden fundamentalen Formen.** Durch die eben durchgeführten Untersuchungen werden wir dazu geführt, neben der Form

$$ds^2 = E\,du^2 + 2F\,du\,dv + G\,dv^2$$

eine neue quadratische Form in du, dv zu betrachten, d. i.

$$D\,du^2 + 2D'\,du\,dv + D''\,dv^2.$$

Die Koeffizienten D, D', D'' haben nach ihrer Definition die Werte

$$(14)\quad D = \mathrm{S}\frac{\partial A}{\partial u}\frac{\partial x}{\partial u}, \qquad 2D' = \mathrm{S}\frac{\partial A}{\partial u}\frac{\partial x}{\partial v} + \mathrm{S}\frac{\partial A}{\partial v}\frac{\partial x}{\partial u}, \qquad D'' = \mathrm{S}\frac{\partial A}{\partial v}\frac{\partial x}{\partial v};$$

der Ausdruck für D' läßt sich unter Berücksichtigung der Relationen (3) noch vereinfachen. Denn differenziert man die erste dieser Relationen nach v und die zweite nach u, so erhält man

$$\mathrm{S}A\frac{\partial^2 x}{\partial u\,\partial v} + \mathrm{S}\frac{\partial A}{\partial v}\frac{\partial x}{\partial u} = 0, \qquad \mathrm{S}A\frac{\partial^2 x}{\partial u\,\partial v} + \mathrm{S}\frac{\partial A}{\partial u}\frac{\partial x}{\partial v} = 0;$$

somit ist

$$\mathrm{S}\frac{\partial A}{\partial v}\frac{\partial x}{\partial u} = \mathrm{S}\frac{\partial A}{\partial u}\frac{\partial x}{\partial v}$$

und infolgedessen

$$(14')\quad D' = \mathrm{S}\frac{\partial A}{\partial v}\frac{\partial x}{\partial u} = \mathrm{S}\frac{\partial A}{\partial u}\frac{\partial x}{\partial v}$$

Man kann auch für D, D', D'' Ausdrücke erhalten, in denen nur die Derivierten der Koordinaten x, y, z vorkommen. Aus der Identität (6) entnimmt man

$$D\,du^2 + 2D'\,du\,dv + D''\,dv^2 = -(A\,d^2x + B\,d^2y + C\,d^2z);$$

der Koeffizient D von du^2 ist also gleich

$$-\left(A\frac{\partial^2 x}{\partial u^2} + B\frac{\partial^2 y}{\partial u^2} + C\frac{\partial^2 z}{\partial u^2}\right).$$

Ersetzt man A, B, C durch ihre Werte (4), so sieht man, daß sich der Koeffizient von K in Determinantenform schreiben läßt:

$$(15)\quad D = -K\begin{vmatrix} \frac{\partial x}{\partial u} & \frac{\partial y}{\partial u} & \frac{\partial z}{\partial u} \\ \frac{\partial x}{\partial v} & \frac{\partial y}{\partial v} & \frac{\partial z}{\partial v} \\ \frac{\partial^2 x}{\partial u^2} & \frac{\partial^2 y}{\partial u^2} & \frac{\partial^2 z}{\partial v^2} \end{vmatrix}$$

und ebenso findet man

$$(16)\quad D' = -K \begin{vmatrix} \frac{\partial x}{\partial u} & \frac{\partial y}{\partial u} & \frac{\partial z}{\partial u} \\ \frac{\partial x}{\partial v} & \frac{\partial y}{\partial v} & \frac{\partial z}{\partial v} \\ \frac{\partial^2 x}{\partial u\partial v} & \frac{\partial^2 y}{\partial u\partial v} & \frac{\partial^2 z}{\partial u\partial v} \end{vmatrix}, \qquad D'' = -K \begin{vmatrix} \frac{\partial x}{\partial u} & \frac{\partial y}{\partial u} & \frac{\partial z}{\partial u} \\ \frac{\partial x}{\partial v} & \frac{\partial y}{\partial v} & \frac{\partial z}{\partial v} \\ \frac{\partial^2 x}{\partial v^2} & \frac{\partial^2 y}{\partial v^2} & \frac{\partial^2 z}{\partial v^2} \end{vmatrix}.$$

Die Koeffizienten D, D', D'' sind ebenso wie die Koeffizienten A, B, C, erst dann vollkommen bestimmt, wenn für K ein bestimmter Wert gewählt wurde, während die quadratische Form

$$(17)\qquad \frac{D\,du^2 + 2\,D'\,du\,dv + D''\,dv^2}{\sqrt{A^2 + B^2 + C^2}}$$

bis auf das Zeichen von diesem Faktor K unabhängig ist. Diese Form (17) hat eine sehr einfache geometrische Bedeutung. Es sei δ der mit einem passenden Zeichen versehene Abstand des Flächenpunktes, der den Werten $u + du$, $v + dv$ der Parameter entspricht, von der Tangentenebene im Punkte (u, v). Entwickelt man δ nach den Potenzen von du und dv, so verschwinden die Glieder ersten Grades gemäß den Relationen (3) und die Gesamtheit der Glieder des zweiten Grades in du und dv ist gerade

$$\frac{1}{2}\,\frac{A\,d^2x + B\,d^2y + C\,d^2z}{\sqrt{A^2 + B^2 + C^2}},$$

d. i., abgesehen vom Faktor $-\frac{1}{2}$, die Form (17). Die Formel (11) für den Krümmungsradius eines Normalabschnitts läßt sich also schreiben

$$\frac{1}{R} = 2 \lim \frac{\delta}{ds^2};$$

dieses Resultat steht mit dem in der Nr. 219 bereits angezeigten völlig im Einklang.

245. **Die Eulerschen Sätze. Indikatrix.** Um die Größenänderung des Krümmungsradius eines Normalschnittes zu studieren, denken wir uns, daß man den betrachteten Flächenpunkt zum Ursprung und die Tangentenebene an die Fläche zur xy-Ebene gewählt habe. In diesem Achsensysteme ist $p = q = 0$ und die Formel (13) wird

$$(18)\qquad \frac{1}{R} = r\cos^2\varphi + 2s\cos\varphi\sin\varphi + t\sin^2\varphi,$$

wenn φ der Winkel ist, den die Spur der schneidenden Ebene auf der xy-Ebene mit der x-Achse bildet. Setzt man die Derivierte der rechten Seite gleich Null, so findet man, daß R für zwei zueinander normale Richtungen einen Extremwert annimmt. Um die Änderung von R in allen möglichen besonderen Fällen im einzelnen zu studieren, ist es bequem, sich der folgenden geometrischen Darstellung zu bedienen, Denken wir uns auf der Spur der schneidenden Ebene eine Länge Om, die gleich der Quadratwurzel aus dem absoluten Betrage des Krümmungsradius ist, aufgetragen; dieser Punkt m beschreibt eine Kurve, die man Indikatrix nennt, und es ist klar, daß der Anblick dieser Kurve die Variation des Krümmungsradius sogleich erkennen läßt. Dies vorausgeschickt untersuchen wir die drei möglichen Fälle:

1. $s^2 - rt < 0$. Der Radius R hat ein konstantes Zeichen; wir setzen es positiv voraus. Die Koordinaten des Punktes m sind $\xi = \sqrt{R}\cos\varphi$, $\eta = \sqrt{R}\sin\varphi$ und die Gleichung der gesuchten Kurve ist infolgedessen

$$r\xi^2 + 2s\xi\eta + t\eta^2 = 1; \tag{19}$$

diese Kurve ist eine Ellipse mit dem Ursprung als Mittelpunkt. Man sieht, daß R ein Maximum ist, wenn die Spur der schneidenden Ebene mit der großen Achse der Ellipse zusammenfällt, und ein Minimum, wenn diese Spur mit der kleinen Achse zusammenfällt, und daß zwei schneidende Ebenen, deren Spuren zu den Achsen der Indikatrix gleich geneigt sind, denselben Wert für R ergeben. Die durch die Achsen der Indikatrix gehenden Normalschnitte heißen die Hauptnormalschnitte und die entsprechenden Krümmungsradien sind die Hauptkrümmungsradien. Hat man zur x- und y-Achse die Achsen der Indikatrix genommen, so ist in diesem Achsensysteme $s = 0$ und die Formel (18) wird

$$\frac{1}{R} = r\cos^2\varphi + t\sin^2\varphi;$$

die Hauptkrümmungsradien R_1 und R_2 ergeben sich hieraus für $\varphi = 0$ und $\varphi = \frac{\pi}{2}$. Es ist also $\frac{1}{R_1} = r$, $\frac{1}{R_2} = t$, und infolgedessen

$$\frac{1}{R} = \frac{\cos^2\varphi}{R_1} + \frac{\sin^2\varphi}{R_2}; \tag{20}$$

2. $s^2 - rt > 0$. Die Normalschnitte, welche den Werten des Winkels φ entsprechen, für die

$$r\cos^2\varphi + 2s\sin\varphi\cos\varphi + t\sin^2\varphi = 0$$

ist, haben einen unendlichen Krümmungsradius. Es seien $L_1'OL_1$, $L_2'OL_2$ die Spuren dieser Ebenen auf xOy. Wenn die Spur der schneidenden Ebene in dem Winkel $L_1 OL_2$ liegt, so ist das Trinom z. B. positiv und wenn man dieselbe Darstellung wie in dem ersten Falle anwendet, so sieht man, daß der entsprechende Teil der Indikatrix durch die Gleichung

$$r\xi^2 + 2s\xi\eta + t\eta^2 = 1$$

dargestellt wird; dies ist eine Hyperbel, welche die Geraden $L_1'OL_1$ und L'_2OL_2 zu Asymptoten hat. Wenn hingegen die Spur der schneidenden Ebene in dem Winkel $L_2'OL_1$ enthalten ist, so ist $R < 0$ und man muß, um den entsprechenden Teil der Indikatrix zu erhalten,

$$\xi = \sqrt{-R}\cos\varphi, \qquad \eta = \sqrt{-R}\sin\varphi$$

setzen: dies führt zu der Gleichung der Hyperbel

$$r\xi^2 + 2s\xi\eta + t\eta^2 = -1,$$

welche zu der vorigen konjugiert ist.

Mittels dieser beiden konjugierten Hyperbeln kann man sich auch hier ein Bild von der Variation des Krümmungsradius eines Normalschnittes bilden. Nimmt man die Achsen dieser Hyperbeln als Koordinatenachsen, so nimmt die allgemeine Formel (18) wieder die Form (20) an, wo R_1 und R_2 die beiden Hauptkrümmungsradien bezeichnen, von denen hier aber der eine positiv, der andere negativ ist.

3. $s^2 - rt = 0$. In diesem Falle bewahrt der Krümmungsradius R ein konstantes Zeichen, z. B. das Zeichen $+$. Die Indikatrix wird auch hier durch die Gleichung (19) dargestellt; diese Kurve hat aber parabolischen Charakter mit dem Ursprung als Mittelpunkt, setzt sich somit notwendig aus zwei parallelen Geraden zusammen. Nimmt man die y-Achse parallel zu diesen beiden Geraden, so muß in diesem Achsensysteme $s = 0$, $t = 0$ sein und die allgemeine Formel (18) nimmt die Form an

$$\frac{1}{R} = r\cos^2\varphi$$

oder $R_1 = R\cos^2\varphi$. Man kann sie auch als einen Grenzfall der Formel (20) betrachten, den man erhält, wenn man den einen der Hauptkrümmungsradien R_2 unendlich werden läßt.

Die Eulerschen Formeln lassen sich auch aufstellen, ohne daß man die vorbereitende Formel (13) benötigte. Nimmt man den Flächenpunkt als Ursprung und die Tangentenebene als xy-Ebene und treibt man die Entwicklung von z nach der Taylorschen Formel bis zu den Gliedern dritten Grades, so erhält man

$$z = \frac{rx^2 + 2sxy + ty^2}{1 \cdot 2} + \cdots$$

wo die nicht aufgeschriebenen Glieder von der dritten oder einer höheren Ordnung sind. Um den Krümmungsradius des durch die Ebene $y = x \tan\varphi$ erzeugten Schnittes zu erhalten, kann man zunächst die Koordinatentransformation

$$x = x' \cos\varphi - y' \sin\varphi, \qquad y = x' \sin\varphi + y' \cos\varphi$$

ausführen und dann $y' = 0$ setzen; dies gibt die Entwicklung von z nach Potenzen von x'

$$z = \frac{r\cos^2\varphi + 2s\sin\varphi\cos\varphi + t\sin^2\varphi}{1\cdot 2} x'^2 + \dots$$

und wir finden unter Benützung der Bemerkung in Nr. 219 die Formel (18) wieder.

Bemerkungen. Die Schnittkurve der Fläche mit ihrer Tangentenebene hat die Gleichung

$$0 = rx^2 + 2sxy + ty^2 + \varphi_3(x, y) + \dots$$

und bietet im Ursprung einen Doppelpunkt dar; die Tangenten im Doppelpunkte sind gerade die Asymptoten. Allgemeiner, wenn zwei Flächen S, S_1 die xy-Ebene im Ursprunge berühren, so hat die Projektion der Schnittkurve auf die xy-Ebene die Gleichung

$$0 = (r - r_1)x^2 + 2(s - s_1)xy + (t - t_1)y^2 + \dots,$$

wo r_1, s_1, t_1 dieselbe Bedeutung für die Fläche S_1 wie r, s, t für die Fläche S haben. Die Natur des Doppelpunktes hängt vom Zeichen des Ausdruckes $(s - s_1)^2 - (r - r_1)(t - t_1)$ ab; ist dieser Ausdruck Null, so weist die Schnittkurve im allgemeinen einen Rückkehrpunkt auf.

In jedem Flächenpunkte gibt es also endgültig vier bemerkenswerte Lagen für die Tangenten an diese Flächen: zwei zueinander normale Tangenten, für welche der Krümmungsradius ein Maximum oder ein Minimum ist, und zwei asymptotische oder Haupttangenten, für welche R unendlich ist. Man erhält diese, wenn man das Trinom $r\alpha^2 + 2s\alpha\beta + t\beta^2$ gleich Null setzt (vgl. Nr. 227). Wir wollen nun zeigen, wie man die Hauptnormalschnitte und die Hauptkrümmungsradien in einem beliebigen rechtwinkligen Achsensysteme bestimmt.

246. Hauptkrümmungsradien. Durch das Studium der Indikatrix gelangt man zu der Erkenntnis, daß einem gegebenen Werte von R im allgemeinen zwei — reelle oder imaginäre — Normalschnitte entsprechen, deren Krümmungsradien den gegebenen Wert haben; ausgenommen ist nur der Fall, daß R gleich einem der Hauptkrümmungsradien ist, denn dann gibt es außer dem entsprechenden Hauptnormalschnitt keinen anderen mit diesem Krümmungsradius. Um die Normalschnitte zu bestimmen, deren Krümmungsradius einen gegebenen Wert R hat, nehmen wir die allgemeine Formel (11) wieder vor, die wir in der Form

$$(21)\qquad \frac{1}{\varrho} = \frac{D\,du^2 + 2D'du\,dv + D''dv^2}{E\,du^2 + 2F\,du\,dv + G\,dv^2}$$

schreiben, wobei $R = \varrho\sqrt{A^2 + B^2 + C^2}$ gesetzt wurde. Für einen gegebenen Wert von ϱ ist die Gleichung (21) eine Gleichung zweiten Grades in $\frac{dv}{du}$

$$(22)\qquad (\varrho D - E)\,du^2 + 2(\varrho D' - F)\,du\,dv + (\varrho D'' - G)\,dv^2 = 0,$$

deren beide Wurzeln die Tangenten an diejenigen Normalschnitte bestimmen, deren Krümmungsradius R ist. Ist R ein Hauptkrümmungsradius, so hat die Gleichung (22) eine Doppelwurzel in $\frac{dv}{du}$, die den beiden Relationen

$$(23)\qquad \begin{cases} (\varrho D - E)\,du + (\varrho D' - F)\,dv = 0 \\ (\varrho D' - F)\,du + (\varrho D'' - G)\,dv = 0 \end{cases}$$

genügt und dieses System bestimmt gleichzeitig die Hauptkrümmungsradien und die Hauptnormalschnitte. Eliminiert man $\frac{dv}{du}$, so erhält man eine Gleichung zweiten Grades in ϱ

$$(24)\qquad (\varrho D' - F)^2 - (\varrho D - E)(\varrho D'' - G) = 0,$$

in welcher man nur ϱ durch $\frac{R}{\sqrt{A^2 + B^2 + C^2}}$ zu ersetzen braucht, um die Gleichung für die Hauptkrümmungsradien zu erhalten. Eliminiert man ebenso ϱ zwischen den beiden Gleichungen (23), so erhält man eine Gleichung zweiten Grades in $\frac{dv}{du}$,

$$(25)\qquad (D\,du + D'dv)(F\,du + G\,dv) - (D'du + D''dv)(E\,du + F\,dv) = 0,$$

deren Wurzeln die Spuren der Hauptnormalschnitte auf der Tangentenebene bestimmen.

Aus der Natur der Frage selbst ergibt sich, daß die beiden Wurzeln der Gleichung in ϱ stets reell sind; sind R und R' die Hauptkrümmungsradien, so wird das Produkt RR' durch die Formel

$$(26)\qquad \frac{1}{RR'} = \frac{DD'' - D'^2}{(EG - F^2)(A^2 + B^2 + C^2)}$$

gegeben, welche eine Bestätigung der vorangehenden Resultate liefert. Denn da $EG - F^2$ stets positiv ist, so hat RR' das Zeichen von $DD'' - D'^2$. In einem parabolischen Punkte ist einer der Hauptkrümmungsradien unendlich und $\frac{1}{RR'}$ Null.

Damit die Wurzeln der Gleichung (24) gleich seien, ist notwendig, daß die Indikatrix ein Kreis sei, und dann haben alle

Normalschnitte denselben Krümmungsradius. Die rechte Seite der Formel (11) muß also in diesem Falle von dem Verhältnisse $\frac{dv}{du}$ unabhängig sein; dazu ist notwendig, daß

$$\frac{D}{E} = \frac{D'}{F} = \frac{D''}{G} \tag{27}$$

sei.

Die Punkte, welche diesen Bedingungen genügen, heißen Nabelpunkte. In diesen Punkten reduziert sich die Gleichung (25) auf eine Identität, was sich daraus erklärt, daß jeder Durchmesser eines Kreises eine Symmetrieachse ist. Im Falle einer durch eine Gleichung $z = F(x, y)$ dargestellten Fläche werden die Gleichungen (24), (25), (27) bzw.

$$(rt - s^2) R^2 - \sqrt{1 + p^2 + q^2}[(1 + p^2)t - 2pqs + (1 + q^2)r] R + (1 + p^2 + q^2)^2 = 0 \tag{24'}$$

$$\alpha^2[(1 + p^2)s - pqr] + \alpha\beta[(1 + p^2)t - (1 + q^2)r] + \beta^2[pqt - (1 + q^2)s] = 0 \tag{25'}$$

$$\frac{r}{1 + p^2} = \frac{s}{pq} = \frac{t}{1 + q^2}. \tag{27'}$$

Man kann sie entweder als besonderen Fall der allgemeinen Formeln ableiten oder auch direkt, indem man von der Formel (13) ausgeht.

Manchmal kann man die Hauptnormalschnitte einer Fläche durch geometrische Betrachtungen finden. Wenn z. B. durch den Punkt M eine Symmetrieebene der Fläche hindurchgeht, so ist klar, daß die Schnittgerade dieser Ebene mit der Tangentenebene in M eine Symmetrieachse der Indikatrix ist, und der Schnitt durch die Symmetrieebene ist einer der Hauptnormalschnitte. So z. B. ist in einem Punkte einer Umdrehungsfläche der zugehörige Meridian der eine Hauptnormalschnitt; die Ebene des zweiten Hauptnormalschnittes geht also durch die Flächennormale und die Tangente an den Parallelkreis. Nun kennt man aber den Krümmungsmittelpunkt eines der schiefen Schnitte, die durch die Tangente an den Parallelkreis gehen, nämlich den Mittelpunkt dieses Parallelkreises selbst. Nach dem Satze von Meusnier folgt daraus, daß der Krümmungsmittelpunkt des zweiten Hauptnormalschnittes im Schnittpunkte der Flächennormale mit der Achse liegt.

In einem Punkte einer abwickelbaren Fläche ist $s^2 - rt = 0$ und die Indikatrix ist ein System zweier Geraden. Einer der Hauptnormalschnitte fällt mit der Erzeugenden zusammen und der entsprechende Hauptkrümmungsradius ist unendlich. Die Ebene des zweiten Hauptnormalschnittes ist zur Erzeugenden normal. Alle Punkte einer abwickelbaren Fläche sind **parabolisch** und dies sind die einzigen Flächen, welche diese Eigenschaft besitzen (Nr. 218).

Wenn eine nicht abwickelbare Fläche in gewissen Punkten konvex, in anderen Punkten konvex-konkav ist, so besitzt sie im allgemeinen eine Linie parabolischer Punkte, welche die Gebiete, für die $s^2 - rt$ positiv ist, von denjenigen, für die $s^2 - rt$ negativ ist, trennt. Auf der Ringfläche z. B. wird diese Linie von den beiden äußersten Parallelkreisen gebildet.

Auf einer konvexen Fläche gibt es im allgemeinen nur eine gewisse Anzahl von Nabelpunkten, die voneinander isoliert sind. Man beweist wie folgt, daß die Kugel die einzige reelle Fläche ist, deren sämtliche Punkte Nabelpunkte sind. Es seien wieder λ, μ, ν die Richtungskosinus der Flächennormale; differenziert man die Formeln (12), so erhält man

$$\frac{\partial \lambda}{\partial x} = \frac{pqs - (1+q^2)r}{(1+p^2+q^2)^{\frac{3}{2}}}, \quad \frac{\partial \lambda}{\partial y} = \frac{pqt - (1+q^2)s}{(1+p^2+q^2)^{\frac{3}{2}}}$$

$$\frac{\partial \mu}{\partial x} = \frac{pqr - (1+p^2)s}{(1+p^2+q^2)^{\frac{3}{2}}}, \quad \frac{\partial \mu}{\partial y} = \frac{pqs - (1+p^2)t}{(1+p^2+q^2)^{\frac{3}{2}}};$$

diese Formeln werden unter Berücksichtigung der Formeln (27′)

$$\frac{\partial \lambda}{\partial y} = 0, \quad \frac{\partial \mu}{\partial x} = 0, \quad \frac{\partial \lambda}{\partial x} = \frac{\partial \mu}{\partial y}.$$

Die erste erweist, daß λ nur von x, die zweite, daß μ nur von y abhängt; der gemeinsame Wert der Derivierten $\frac{\partial \lambda}{\partial x}, \frac{\partial \mu}{\partial y}$ ist also sowohl von x als auch von y unabhängig; er ist eine Konstante $\frac{1}{a}$. Man entnimmt hieraus

$$\lambda = \frac{x - x_0}{a}, \quad \mu = \frac{y - y_0}{a}, \quad \nu = \frac{\sqrt{a^2 - (x - x_0)^2 - (y - y_0)^2}}{a}$$

$$p = -\frac{\lambda}{\nu} = -\frac{x - x_0}{\sqrt{a^2 - (x - x_0)^2 - (y - y_0)^2}}$$

$$q = -\frac{\mu}{\nu} = -\frac{y - y_0}{\sqrt{a^2 - (x - x_0)^2 - (y - y_0)^2}}$$

und erhält durch Integration als Wert von z

$$z = z_0 + \sqrt{a^2 - (x - x_0)^2 - (y - y_0)^2}$$

man findet also in der Tat die Gleichung einer Kugel. Wäre $\frac{\partial \lambda}{\partial x} = \frac{\partial \mu}{\partial y} = 0$, so würde man ebenso sehen, daß die Fläche eine Ebene ist. Die Gleichungen (27′) lassen aber außerdem unendlich viele imaginäre Lösungen zu, die der Gleichung $1 + p^2 + q^2 = 0$ genügen, was man leicht bestätigen kann, wenn man diese Relation nach x und nach y differenziert.

II. Asymptotenlinien. Krümmungslinien.

247. **Asymptotenlinien.** Auf einem konvex-konkaven Flächenteile gibt es in jedem Punkte zwei Tangenten, für welche der entsprechende Normalschnitt einen unendlichen Krümmungsradius hat: es sind dies die Asymptoten der Intikatrix. Man nennt Asymptotenlinien die auf der Fläche liegenden Linien, die in jedem ihrer Punkte eine dieser Asymptoten berühren. Bewegt man sich auf einer dieser Linien, so sind u und v Funktionen einer Variablen; damit die Tangente mit einer Asymptote der Indikatrix zusammenfalle, müssen du und dv nach dem früheren der Beziehung

$$D\,du^2 + 2\,D'du\,dv + D''dv^2 = 0 \tag{28}$$

genügen.

Da die Koeffizienten D, D', D'' Funktionen von u und v sind, so entnimmt man der vorstehenden Gleichung zwei Werte von $\frac{dv}{du}$ von der Form

$$\frac{dv}{du} = \varphi_1(u, v), \qquad \frac{dv}{du} = \varphi_2(u, v); \tag{29}$$

wir werden später beweisen, daß jede dieser Gleichungen unendlich viele Integrale zuläßt und daß jedes Wertepaar (u_0, v_0) im allgemeinen ein und nur ein Integral bestimmt. Durch jeden Punkt der Fläche gehen also im allgemeinen zwei und nur zwei Asymptotenlinien. Die Differentialgleichung (28) läßt sich auch in der äquivalenten Form

$$dA\,dx + dB\,dy + dC\,dz = 0 \tag{30}$$

schreiben, die im allgemeinen bei den Anwendungen am bequemsten ist. Im Falle, daß die Fläche durch die Gleichung $z = F(x, y)$ dargestellt ist, wird die vorstehende Differentialgleichung

$$dp\,dx + dq\,dy = r\,dx^2 + 2s\,dx\,dy + t\,dy^2 = 0. \tag{31}$$

Man kann die Asymptotenlinien auch noch durch die folgende Eigenschaft definieren, in welcher keine metrische Beziehung vorkommt. Es sind die Linien der Fläche, deren Schmiegungsebene mit der Tangentenebene zusammenfällt. In der Tat, damit die Schmiegungsebene mit der Tangentenebene zusammenfalle, ist notwendig und hinreichend, daß gleichzeitig

$$A\,dx + B\,dy + C\,dz = 0, \qquad A\,d^2x + B\,d^2y + C\,d^2z = 0$$

sei; die erste Beziehung ist für jede auf der Fläche liegende Kurve erfüllt, während die zweite nach der Identität (6) mit der Gleichung (30) identisch ist. Es ist übrigens leicht, sich über die Identität der beiden Definitionen Rechenschaft abzulegen. Da der Krümmungsradius eines Normalschnittes, welcher eine Asymptote der Indikatrix berührt, unendlich ist, so gilt nach dem Satze von Meusnier das gleiche auch vom Krümmungsradius einer Asymptotenlinie, wofern nicht die Schmiegungsebene auf der Normale senkrecht steht, denn in diesem Falle wird der Satz von Meusnier illusorisch. Die Schmiegungsebene an eine Asymptotenlinie muß also mit der Tangentenebene zusammenfallen, wofern nicht der Krümmungsradius beständig unendlich ist; in diesem Falle hätte man eine gerade Linie, deren Schmiegungsebene unbestimmt ist. Aus dieser Eigenschaft geht offenbar hervor, daß die Asymptotenlinien bei jeder homographischen Transformation erhalten bleiben. Man sieht auch, daß die Differentialgleichung die nämliche ist, ob nun die Achsen rechtwinklig oder geneigt sind, denn die Gleichung der Schmiegungsebene ist stets die gleiche.

Die Asymptotenlinien einer Fläche S existieren offenbar nur, wenn die Fläche konvex-konkav ist. Wenn jedoch die Fläche analytisch ist, so läßt die Differentialgleichung (28) stets unendlich viele reelle oder imaginäre Integrale zu, welches auch das Zeichen von $D'^2 - DD''$ sei; wir werden sagen, daß eine analytische konvexe Fläche zwei Systeme imaginärer Asymptotenlinien zulasse. So z. B. sind die Asymptotenlinien eines einschaligen Hyperboloids die beiden Systeme geradliniger Erzeugenden; für ein Ellipsoid oder eine Kugel sind diese Erzeugenden imaginär, aber sie genügen noch der Differentialgleichung der Asymptotenlinien.

Beispiele. 1. Es seien die Asymptotenlinien der Fläche

$$z = x^m y^n$$

zu finden; hier ist

$$r = m(m-1)x^{m-2}y^n, \qquad s = mn\,x^{m-1}y^{n-1}, \qquad t = n(n-1)x^m y^{n-2}$$

und die Differentialgleichung (31) läßt sich schreiben

$$m(m-1)\left(\frac{y\,dx}{x\,dy}\right)^2 + 2mn\left(\frac{y\,dx}{x\,dy}\right) + n(n-1) = 0\,.$$

Man entnimmt hieraus zwei Werte h_1, h_2 für das Verhältnis $\frac{y\,dx}{x\,dy}$; die beiden Familien von Asymptotenlinien projizieren sich auf die xy-Ebene längs der Kurven

$$y^{h_1} = C_1 x, \qquad y^{h_2} = C_2 x\,.$$

2. Nehmen wir noch das Konoid $z = \varphi\left(\frac{y}{x}\right)$. Man kann $x = u$, $y = uv$, $z = \varphi(v)$ setzen und die Beziehungen (3) werden

$$A + Bv = 0, \qquad Bu + C\varphi'(v) = 0;$$

man genügt ihnen, indem man $C = -u$, $B = \varphi'(v)$, $A = -v\varphi'(v)$ setzt, und die Differentialgleichung (30) ist hier

$$u\varphi''(v)\,dv^2 - 2\varphi'(v)\,du\,dv = 0.$$

Man erhält zunächst $v =$ konst.; diese Lösung gibt die geradlinigen Erzeugenden; dividiert man durch dv, so bleibt die Gleichung

$$\frac{\varphi''(v)\,dv}{\varphi'(v)} = \frac{2\,du}{u},$$

aus der man $u^2 = C\varphi'(v)$ entnimmt, und die Projektionen der Asymptotenlinien des zweiten Systems auf die xy-Ebene haben die Gleichung

$$x^2 = C\varphi'\left(\frac{y}{x}\right).$$

3. Führen wir noch die von Jamet angegebenen Flächen an, deren Gleichung auf die Form

$$x f\left(\frac{y}{x}\right) = F(z)$$

gebracht werden kann. Nimmt man also als unabhängige Variablen z und $u = \frac{y}{x}$, so ist die Differentialgleichung der Asymptotenlinien

$$\sqrt{\frac{F''(z)}{F(z)}}\,dz = \pm\sqrt{\frac{f''(u)}{f(u)}}\,du$$

und läßt sich durch zwei Quadraturen integrieren.

4. Eine Schraubenfläche wird durch die Gleichungen

$$x = \varrho\cos\omega, \qquad y = \varrho\sin\omega, \qquad z = f(\varrho) + h\omega$$

gegeben; wir überlassen dem Leser den Beweis, daß die Differentialgleichung der Asymptotenlinien

$$\varrho f''(\varrho)\,d\varrho^2 - 2h\,d\omega\,d\varrho + \varrho^2 f'(\varrho)\,d\omega^2 = 0$$

ist; man findet hieraus ω durch eine Quadratur.

248. **Asymptotenlinien der Regelflächen.** Jede Regelfläche kann durch Gleichungen von der Form

$$x = x_0 + \alpha u, \qquad y = y_0 + \beta u, \qquad z = z_0 + \gamma u$$

dargestellt werden, wo x_0, y_0, z_0, α, β, γ Funktionen des Parameters v sind. Setzt man $u = 0$, so beschreibt der Punkt (x_0, y_0, z_0) eine Flächenkurve Γ; läßt man hingegen v konstant und u variieren, so beschreibt der Punkt (x, y, z) eine geradlinige Erzeugende und die Variable u ist dem Abstande des Punktes (x, y, z) vom Punkte (x_0, y_0, z_0) der Kurve Γ proportional. Nehmen wir zur Vereinfachung an, daß man in den Formeln (4) $K = \pm 1$ setzt; die Ausdrücke (15) und (16) zeigen sofort, daß $D = 0$, D' von u unabhängig und D'' ein Polynom in u von höchstens zweitem Grade ist. Dividiert man die linke Seite der Gleichung (28) durch den Faktor dv, der den geradlinigen Erzeugenden entspricht, so bleibt zur Bestimmung des zweiten Systems von Asymptotenlinien eine Differentialgleichung von der Form

$$\frac{du}{dv} + Lu^2 + Mu + N = 0, \tag{32}$$

wobei L, M und N Funktionen der Variablen v sind. Die Gleichungen dieser Art genießen bemerkenswerte Eigenschaften, die wir später entwickeln werden. So wird man sehen, daß das Doppelverhältnis von vier beliebigen Integralen konstant ist; daraus geht hervor, daß das Doppelverhältnis der vier Schnittpunkte einer beliebigen Erzeugenden der Fläche mit vier Asymptotenlinien konstant ist, wonach man alle diese Asymptotenlinien finden kann, sobald man drei von ihnen kennt. Man wird auch sehen, daß man, wenn man ein oder zwei Integrale der Gleichung (32) kennt, alle anderen durch zwei, bzw. eine Quadratur finden kann. Begegnen alle Erzeugenden der Fläche einer festen Geraden, so ist diese Gerade eine Asymptotenlinie des zweiten Systems und man erhält alle anderen durch zwei Quadraturen. Läßt die Fläche zwei geradlinige Leitlinien zu, so kennt man zwei Asymptotenlinien und es könnte scheinen, daß man, um die anderen zu erhalten, noch eine Quadratur ausführen müßte. Man kann aber ein genaueres Resultat erhalten. Ist nämlich eine Regelfläche gegeben, welche zwei geradlinige Leitlinien zuläßt, so kann man eine projektive Transformation ausführen, durch die eine dieser Leitlinien ins Unendliche rückt; die Fläche geht in ein Konoid über und wir haben bemerkt (Nr. 247), daß die Asymptotenlinien eines Konoids ohne jegliche Quadratur bestimmt werden.

249. **Konjugierte Linien.** Zwei Geraden, die durch einen Punkt einer Fläche S gehen, in der Tangentenebene liegen und ein System konjugierter Durchmesser der Indikatrix bilden, heißen konjugierte Tangenten. Jeder Tangente der Fläche entspricht offenbar eine konjugierte Tangente, die mit der ersten zusammenfällt, wenn sie eine Haupttangente ist, und nur in diesem Falle. Es seien du und dv die Richtungsparameter einer Tangente an die Fläche in krummlinigen Koordinaten; die Projektion dieser Tangente auf die xy-Ebene hat den Richtungskoeffizienten

$$\frac{\frac{\partial \varphi}{\partial u} du + \frac{\partial \varphi}{\partial v} dv}{\frac{\partial f}{\partial u} du + \frac{\partial f}{\partial v} dv}$$

so daß das Doppelverhältnis von vier Tangenten in einem Punkte $M(u, v)$ der Fläche gleich dem Doppelverhältnis der entsprechenden vier Werte von $\frac{dv}{du}$ ist. Es seien (du, dv) und $(\delta u, \delta v)$ die Richtungsparameter zweier Tangenten MT, MT' und c, c' die Wurzeln der Gleichung

$$D + 2D'm + D''m^2 = 0,$$

welche die Haupttangenten bestimmt. Damit MT und MT' konjugiert seien, ist notwendig und hinreichend, daß

$$\frac{dv - c\,du}{dv - c'\,du} + \frac{\delta v - c\,\delta u}{\delta v - c'\,\delta u} = 0$$

sei. Schafft man die Nenner weg und ersetzt man cc', $c + c'$ durch ihre Werte, so geht diese Bedingung über in

$$(33) \qquad D\,du\,\delta u + D'(du\,\delta v + dv\,\delta u) + D''\,dv\,\delta v = 0.$$

Berücksichtigt man die Werte von D, D', D'', so läßt sich diese Bedingung auch noch in einer der äquivalenten Formen

$$(34) \quad dA\,\delta x + dB\,\delta y + dC\,\delta z = 0, \qquad \delta A\,dx + \delta B\,dy + \delta C\,dz = 0$$

schreiben, wobei allgemein

$$dF = \frac{\partial F}{\partial u}du + \frac{\partial F}{\partial v}dv, \qquad \delta F = \frac{\partial F}{\partial u}\delta u + \frac{\partial F}{\partial v}\delta v$$

gesetzt wurde.

Es sei auf der Fläche S eine Kurve Γ gegeben; die Tangentenebene an diese Fläche längs der Kurve Γ hüllt eine abwickelbare Fläche ein, welche die Fläche S längs Γ berührt. Die Erzeugende dieser abwickelbaren Fläche ist in jedem Punkte M von Γ die zur Tangente an Γ konjugierte Tangente.

In der Tat, verfolgt man den Lauf der Kurve Γ, so sind x, y, z, A, B, C Funktionen eines variablen Parameters α; die Charakteristik der Tangentenebene ist durch die beiden Gleichungen

$$(35) \qquad \begin{cases} A(X - x) + B(Y - y) + C(Z - z) = 0 \\ dA(X - x) + dB(Y - y) + dC(Z - c) = 0 \end{cases}$$

definiert, wenn man die Relation (5) berücksichtigt. Der Buchstabe d zeigt die nach α genommenen Differentiale an; wenn die Richtungsparameter dieser Charakteristik $\delta x, \delta y, \delta z$ sind, so gibt die zweite der Formeln (35)

$$dA\,\delta x + dB\,\delta y + dC\,\delta z = 0.$$

Diese Relation ist mit der früheren (34) identisch, wodurch der Satz bewiesen ist. Ist im besonderen die Kurve Γ eine Asymptotenlinie, so fällt die Charakteristik mit der Tangente an die Kurve Γ zusammen und diese ist infolgedessen die Rückkehrkante der abwickelbaren Fläche (man vergl. Nr. 247).

Man sagt, daß zwei Kurvenfamilien der Fläche, deren jede von einem variablen Parameter abhängt, ein konjugiertes Netz bilden, wenn die Tangenten an die Kurven der beiden Familien, die durch einen beliebigen Punkt gehen, daselbst konjugiert sind. Es gibt offenbar unendlich viele konjugierte Netze, denn man kann sich willkürlich eine der beiden Kurvenfamilien vorlegen, und die Kurven der zweiten Familie sind dann durch eine Differentialgleichung erster Ordnung gegeben. Denn wenn $F(u, v) = K$ die Gleichung einer Kurvenfamilie ist, die von einem willkürlichen Parameter K abhängt, so leitet man aus der Gleichung $dF = 0$ die andere $\frac{dv}{du} = G(u, v)$ her, und die Gleichung (33) gibt uns dann den Wert von $\frac{\delta v}{\delta u}$ als Funktion von u und v, d. h. eine Differentialgleichung erster Ordnung.

Suchen wir als Beispiel die Bedingung dafür, daß die Kurven $u =$ konst. $v =$ konst. ein konjugiertes Netz bilden. Man kann $du = 0$, $\delta v = 0$ setzen, und die Bedingung (33) geht über in $D' = 0$ oder

$$\begin{vmatrix} \frac{\partial x}{\partial u} & \frac{\partial y}{\partial u} & \frac{\partial z}{\partial u} \\ \frac{\partial x}{\partial v} & \frac{\partial y}{\partial v} & \frac{\partial z}{\partial v} \\ \frac{\partial^2 x}{\partial u \partial v} & \frac{\partial^2 y}{\partial u \partial v} & \frac{\partial^2 z}{\partial u \partial v} \end{vmatrix} = 0.$$

Man kann auch sagen, diese Bedingung drücke aus, daß x, y, z drei Integrale einer Gleichung von der Form

$$(36) \qquad \frac{\partial^2 \theta}{\partial u \partial v} = M \frac{\partial \theta}{\partial u} + N \frac{\partial \theta}{\partial v}$$

sind, wo M und N beliebige Funktionen von u und v sind; man braucht also nur drei verschiedene Integrale einer beliebigen Gleichung dieser Form zu kennen, um die Gleichungen einer auf ein konjugiertes System bezogenen Fläche zu erhalten. Setzt man z. B. $M = N = 0$, so ist jedes Integral der Gleichung (36) die Summe einer Funktion von u und einer Funktion von v; auf jeder Fläche also, welche durch Gleichungen von der Form

$$(37) \qquad x = f(u) + f_1(v), \qquad y = \varphi(u) + \varphi_1(v), \qquad z = \psi(u) + \psi_1(v)$$

dargestellt wird, bilden die Kurven (u) und (v) ein konjugiertes Netz.

Die Flächen dieser Art heißen Translationsflächen; sie können auf zwei verschiedene Arten durch die Translation einer Kurve Γ von unveränderlicher Form, von der ein Punkt eine andere Kurve Γ' beschreibt, erzeugt werden. Betrachten wir in der Tat die vier Punkte M_0, M_1, M_2, M_3 der Fläche, welche bzw. den Werten (u_0, v_0), (u, v_0), (u_0, v), (u, v) der Parameter u, v entsprechen. Nach den Formeln (37) sind diese vier Punkte die Eckpunkte eines

Parallelogramms. Läßt man v_0 fest und variiert u, so beschreibt der Punkt M_1 auf der Fläche eine Kurve Γ; läßt man ebenso u_0 fest, während v variiert, so beschreibt der Punkt M_2 eine andere Kurve Γ' auf der Fläche. Man kann sich also vorstellen, daß diese Fläche entweder durch eine translatorische Bewegung der Kurve Γ, bei welcher der Punkt M_2 die Kurve Γ' beschreibt, oder durch eine translatorische Bewegung der Kurve Γ', bei welcher der Punkt M_1 die Kurve Γ beschreibt, erzeugt wird. Nach dieser Erzeugungsart ist es klar, daß diese beiden Kurvenfamilien konjugiert sind. In den verschiedenen Lagen von Γ' z. B. bilden die Tangenten in allen Punkten von Γ einen Zylinder, der der Fläche längs Γ umschrieben ist. Die Tangenten an diese Kurven sind also konjugiert.

250. **Krümmungslinien.** Man nennt Krümmungslinien einer Fläche S die Linien dieser Fläche, die in jedem ihrer Punkte eine der Achsen der Indikatrix berühren. Diese Linien sind somit durch die früher erhaltene Differentialgleichung

$$(25)\qquad (D\,du + D'\,dv)(F\,du + G\,dv) - (D'\,du + D''\,dv)(E\,du + F\,dv) = 0$$

definiert, welche stets zwei reelle Werte für $\frac{dv}{du}$ liefert. Die allgemeine Theorie der Differentialgleichungen beweist, daß durch jeden regulären Punkt der Fläche (der kein Nabelpunkt ist) zwei und nur zwei Krümmungslinien hindurchgehen, deren jede eine der Indikatrixachsen berührt. Auf jeder reellen Fläche (außer auf einer Kugel oder einer Ebene) gibt es demnach zwei Familien von Krümmungslinien, die ein Netz bilden, das gleichzeitig orthogonal und konjugiert ist.

Die Krümmungslinien können auch durch die folgende Eigenschaft definiert werden: es sind die Linien auf der Fläche, welche die Eigenschaft haben, daß die Normalen an die Fläche in den verschiedenen Punkten einer dieser Linien eine abwickelbare Fläche bilden.

Die Gleichungen der Normale sind

$$\frac{X-x}{A} = \frac{Y-y}{B} = \frac{Z-z}{C};$$

damit diese Gerade eine abwickelbare Fläche erzeuge, ist notwendig und hinreichend, daß (Nr. 219)

$$(38)\qquad \begin{vmatrix} dx & dy & dz \\ A & B & C \\ dA & dB & dC \end{vmatrix} = 0$$

sei oder, wenn man die Differentiale entwickelt,

$$\begin{vmatrix} \frac{\partial x}{\partial u} du + \frac{\partial x}{\partial v} dv, & \frac{\partial y}{\partial u} du + \frac{\partial y}{\partial v} dv, & \frac{\partial z}{\partial u} du + \frac{\partial z}{\partial v} dv \\ A & B & C \\ \frac{\partial A}{\partial u} du + \frac{\partial A}{\partial v} dv, & \frac{\partial B}{\partial u} du + \frac{\partial B}{\partial v} dv, & \frac{\partial C}{\partial u} du + \frac{\partial C}{\partial v} dv \end{vmatrix} = 0$$

sei. Um die Identität dieser Differentialgleichung mit der Gleichung (25) darzutun, multiplizieren wir die Elemente der ersten Kolonne mit $\frac{\partial x}{\partial u}$, die der zweiten mit $\frac{\partial y}{\partial u}$, die der dritten mit $\frac{\partial z}{\partial u}$ und ersetzen die Elemente der ersten Kolonne durch die Summe der entsprechenden Produkte. Nach einer analogen Kombination, bei welcher u durch v ersetzt wurde, geht die Determinante mit Rücksicht auf die Werte von D, D', D'' (Formeln 14 und 14') über in

$$\begin{vmatrix} E\,du + F\,dv & F\,du + G\,dv & \frac{\partial z}{\partial u} du + \frac{\partial z}{\partial v} dv \\ 0 & 0 & C \\ D\,du + D'dv & D'du + D''dv & \frac{\partial C}{\partial u} du + \frac{\partial C}{\partial v} dv \end{vmatrix} = 0;$$

man kommt also wirklich wieder auf die Gleichung (25).

Dieses Resultat läßt sich leicht mittels der Eigenschaften der Evoluten der Raumkurven und mittels der konjugierten Tangenten erklären. Es sei Γ eine Linie auf der Fläche S von der Eigenschaft, daß die Normale MN eine abwickelbare Fläche erzeugt; wenn man diese Gerade sich in der Normalebene an Γ um den Punkt M um 90^0 drehen läßt, so fällt sie mit einer Geraden MT' der Tangentenebene zusammen, welche auf der Tangente MT der Kurve Γ normal steht. Die Gerade MT' erzeugt gleichfalls eine abwickelbare Fläche, die der Fläche S längs Γ umschrieben ist (Nr. 241). Die Geraden MT, MT' sind also zwei konjugierte Tangenten; da sie außerdem zu einander normal sind, so sind sie die Achsen der Indikatrix. Die Umkehrung wird ebenso bewiesen.

In den Anwendungen ist es oft bequemer, die Differentialgleichung der Krümmungslinien in der Form (38) zu nehmen, denn diese Form erfordert nicht die vorhergehende Berechnung der sechs Koeffizienten E, F, G, D, D', D''. Nehmen wir z. B. an, daß die Fläche durch die Gleichung $z = F(x, y)$ dargestellt sei; die Gleichungen der Normale sind

$$(39)\qquad \begin{cases} X = -pZ + (x + pz), \\ Y = -qZ + (y + qz); \end{cases}$$

damit diese Gerade eine abwickelbare Fläche erzeuge, ist notwendig und hinreichend, daß die beiden Gleichungen (Nr. 215)

$$(40) \qquad -Z\,dp + d(x + pz) = 0, \qquad -Z\,dq + d(y + qz) = 0$$

für einen und denselben Wert von Z befriedigt seien, d. h. daß

$$\frac{d(x + pz)}{dp} = \frac{d(y + qz)}{dq}$$

oder einfacher

$$\frac{dx + p\,dz}{dp} = \frac{dy + q\,dz}{dq}$$

sei.

Ersetzt man dz, dp, dq durch ihre Ausdrücke, so erhält man die Differentialgleichung

$$(41) \qquad \frac{(1 + p^2)\,dx + pq\,dy}{r\,dx + s\,dy} = \frac{pq\,dx + (1 + q^2)\,dy}{s\,dx + t\,dy},$$

die mit der Gleichung (25') völlig identisch ist, wenn man dx und dy bzw. durch α und β ersetzt.

1. Suchen wir z. B. die Krümmungslinien der Schraubenfläche

$$z = a \operatorname{arc\,tan} \frac{y}{x} \cdot$$

Man kann hier

$$x = \varrho \cos\theta, \qquad y = \varrho \sin\theta, \qquad z = a\theta$$

setzen; die Koeffizienten A, B, C müssen den beiden Relationen

$$A \cos\theta + B \sin\theta = 0,$$
$$-A\varrho \sin\theta + B\varrho \cos\theta + Ca = 0$$

genügen. Wir werden $C = \varrho$ und infolgedessen $A = a \sin\theta$, $B = -a\cos\theta$ setzen.

Die Differentialgleichung (38) wird hier nach den entsprechenden Entwicklungen und Reduktionen

$$d\varrho^2 - (\varrho^2 + a^2)\,d\theta^2 = 0.$$

Man entnimmt hieraus

$$d\theta = \pm \frac{d\varrho}{\sqrt{\varrho^2 + a^2}};$$

nehmen wir z. B. das Zeichen +, so erhält man durch Integration

$$\varrho + \sqrt{\varrho^2 + a^2} = a\,e^{\theta - \theta_0}$$

und

$$\varrho = \frac{a}{2}\left[e^{\theta - \theta_0} - e^{-(\theta - \theta_0)}\right].$$

Die Projektionen dieser Krümmungslinien auf die xy-Ebene sind lauter gleiche Spiralen, die leicht zu konstruieren sind.

2. Suchen wir noch die Krümmungslinien des Paraboloids $z = \frac{xy}{a}$. Hier ist

$$p = \frac{y}{a}, \qquad q = \frac{x}{a}, \qquad r = t = 0, \qquad s = \frac{1}{a}$$

und die Differentialgleichung (41) wird hier

$$(a^2 + y^2)\,dx^2 = (a^2 + x^2)\,dy^2 .$$

Man entnimmt hieraus

$$\frac{dx}{\sqrt{x^2 + a^2}} \pm \frac{dy}{\sqrt{y^2 + a^2}} = 0 .$$

Nehmen wir vor den beiden Wurzelausdrücken z. B. das Zeichen +, so wird das allgemeine Integral durch die Gleichung

$$\left(x + \sqrt{x^2 + a^2}\right)\left(y + \sqrt{y^2 + a^2}\right) = C$$

dargestellt und gibt das eine System von Krümmungslinien. Setzt man

$$\lambda = x\sqrt{y^2 + a^2} + y\sqrt{x^2 + a^2}, \tag{42}$$

so läßt sich die vorstehende Gleichung gemäß der Identität

$$\left(x\sqrt{y^2 + a^2} + y\sqrt{x^2 + a^2}\right)^2 + a^4 = \left[x\,y + \sqrt{(x^2 + a^2)(y^2 + a^2)}\right]^2$$

auch schreiben

$$\lambda + \sqrt{\lambda^2 + a^4} = C;$$

daraus folgt, daß die Projektionen des einen Systems von Krümmungslinien durch die Gleichung (42) dargestellt werden, wobei λ eine willkürliche Konstante bedeutet. Ebenso würde man sehen, daß die Projektionen der Krümmungslinien des anderen Systems durch die Gleichung

$$x\sqrt{y^2 + a^2} - y\sqrt{x^2 + a^2} = \mu \tag{43}$$

dargestellt sind.

Berücksichtigt man die Gleichung des Paraboloids $x\,y = a\,z$, so können die Relationen (42) und (43) auch in der Form

$$\sqrt{x^2 + z^2} + \sqrt{y^2 + z^2} = C, \qquad \sqrt{x^2 + z^2} - \sqrt{y^2 + z^2} = C'$$

geschrieben werden; nun stellen aber

$$\sqrt{x^2 + z^2} \quad \text{und} \quad \sqrt{y^2 + z^2}$$

die Abstände des Punktes (x, y, z) von der y-Achse bzw. x-Achse dar. Die Krümmungslinien des Paraboloids sind also Kurven von der Eigenschaft, daß die Summe oder die Differenz der Abstände eines beliebigen ihrer Punkte von der x- und y-Achse konstant ist.

251. **Evolute einer Fläche.** Es sei C eine Krümmungslinie der Fläche S; beschreibt der Punkt M die Kurve C, so bleibt die Flächennormale tangential zu einer Kurve Γ. Es sei A der Berührungspunkt und X, Y, Z seien seine Koordinaten; die Koordinate Z ist durch eine der beiden Gleichungen (40) gegeben, die sich auf eine einzige reduzieren, da C eine Krümmungslinie ist. Diese Gleichungen lassen sich schreiben

$$Z - z = \frac{(1 + p^2)\,dx + p\,q\,dy}{r\,dx + s\,dy} = \frac{p\,q\,dx + (1 + q^2)\,dy}{s\,dx + t\,dy};$$

multipliziert man Zähler und Nenner des ersten Bruches mit dx, die des zweiten Bruches mit dy und addiert, so erhält man einen Bruch, der diesen beiden völlig äquivalent ist, so daß

$$Z - z = \frac{dx^2 + dy^2 + (p\,dx + q\,dy)^2}{r\,dx^2 + 2\,s\,dx\,dy + t\,dy^2}$$

ist. dx, dy, dz sind aber den Richtungskosinus α, β, γ der Tangente proportional, und es ist somit

$$Z - z = \frac{\alpha^2 + \beta^2 + (p\,\alpha + q\,\beta)^2}{r\,\alpha^2 + 2\,s\,\alpha\,\beta + t\,\beta^2} = \frac{1}{r\,\alpha^2 + 2\,s\,\alpha\,\beta + t\,\beta^2}\,.$$

Vergleichen wir diese Formel mit der Formel (13), welche den mit seinem Zeichen versehenen Krümmungsradius R des die Krümmungslinie berührenden Normalschnittes gibt, so sieht man, daß sich die vorstehende Relation auch schreiben läßt

$$(44) \qquad Z - z = \frac{R}{\sqrt{1 + p^2 + q^2}} = R\,v\,,$$

wo v der Kosinus des spitzen Winkels ist, den die positive Richtung der Normale mit der z-Achse einschließt. $z + R\,v$ ist aber gerade der Wert von Z für den Krümmungsmittelpunkt dieses Normalschnittes. Daraus folgt, daß der Berührungspunkt A der Normale MN mit ihrer Einhüllenden Γ mit dem Krümmungsmittelpunkt des die Kurve C berührenden Hauptnormalschnittes zusammenfällt. Die Kurve Γ ist also selbst der Ort dieser Krümmungsmittelpunkte. Betrachtet man alle Krümmungslinien, die zu demselben Systeme wie die Linie C gehören, so ist der Ort der entsprechenden Kurven Γ eine Fläche Σ, welche alle Normalen von S zu Tangenten hat. Denn die Normale MN z. B. ist die Tangente in A an die auf Σ liegende Kurve Γ.

Betrachten wir nunmehr die zweite Krümmungslinie C', die durch M hindurchgeht und die erste C rechtwinkelig durchsetzt. Die Normale an die Fläche S längs C' bleibt gleichfalls an eine Kurve Γ' tangential, welche der Ort der Krümmungsmittelpunkte der die Kurve C' berührenden Normalschnitte ist. Der Ort dieser Kurve Γ' für alle Krümmungslinien, die demselben Systeme wie C' angehören, ist eine Fläche Σ', welche alle Normalen von S zu Tangenten hat. Die beiden Flächen Σ, Σ' sind im allgemeinen analytisch nicht verschieden, sondern bilden zwei Mäntel einer einzigen, durch eine unzerlegbare Gleichung dargestellten Fläche.

Die Normale MN an die Fläche S berührt diese beiden Mäntel Σ, Σ' in den beiden Hauptkrümmungsmittelpunkten A und A' der Fläche S im Punkte M. Man kann leicht die Tangentenebenen an diese beiden Mäntel in den Punkten A und A' finden (Fig. 52). Wenn der Punkt M die Kurve C beschreibt, so erzeugt die Normale MN eine abwickelbare Fläche D, deren Rückkehrkante Γ ist; andererseits beschreibt der Berührungspunkt A' dieser Normale MN mit Σ' eine von Γ' verschiedene Kurve γ', denn die Gerade MN kann nicht gleichzeitig Tangente an die beiden Kurven Γ und Γ' bleiben. Die abwickelbare Fläche D und die Fläche Σ' berühren sich also im Punkte A', und infolgedessen berührt die Tangentenebene in A' an Σ' die abwickelbare Fläche D längs MN; es ist dies also die Ebene NMT, welche durch die Tangente an C geht. Ebenso würde man sehen, daß die Tangentenebene an die Fläche Σ im Punkt A die Ebene NMT' ist, die durch die Tangente an die zweite Krümmungslinie C' hindurchgeht.

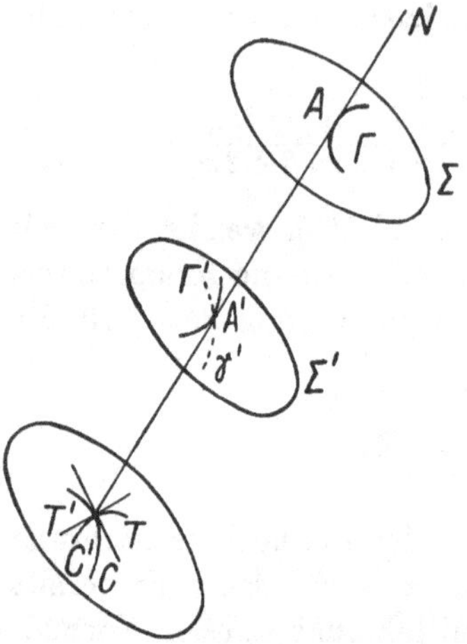

Fig. 52.

Die beiden Ebenen NMT, NMT' stehen aufeinander normal; dies führt auf eine wichtige Eigenschaft der Evolutenfläche. Denken wir uns, daß man von einem beliebigen Punkte O des Raumes eine Normale OM auf die Fläche S fälle, und es seien A, A' die Hauptkrümmungsmittelpunkte von S auf dieser Normale. Die Tangentenebenen in dem Punkte A und A' der beiden Mäntel Σ, Σ' der Evolute sind orthogonal. Da diese Tangentenebenen durch den Punkt O gehen, so sieht man, daß die beiden Mäntel der Evolute einer Fläche S, von einem beliebigen Punkte O des Raumes aus betrachtet, sich unter einem rechten Winkel zu durchsetzen scheinen. Die Umkehrung dieser Eigenschaft wird später bewiesen werden.

252. **Formeln von Olinde Rodrigues.** Bezeichnen wir wie bisher mit λ, μ, ν die Richtungskosinus der Flächennormale, mit R einen Hauptkrümmungsradius; die Koordinaten des entsprechenden Krümmungsmittelpunktes sind

$$X = x + R\lambda, \quad Y = y + R\mu, \quad Z = z + R\nu. \tag{45}$$

Beschreibt der Punkt (x, y, z) die Krümmungslinie, welche den Normalschnitt mit dem Krümmungsradius R berührt, so beschreibt dieser Krümmungsmittelpunkt, wie wir eben gesehen haben, eine Kurve Γ, welche die Normale MN von S berührt. Es muß also

$$\frac{dX}{\lambda} = \frac{dY}{\mu} = \frac{dZ}{\nu}$$

sein oder, wenn man X, Y, Z durch die Werte (45) ersetzt,

$$\frac{dx + R\,d\lambda}{\lambda} = \frac{dy + R\,d\mu}{\mu} = \frac{dz + R\,d\nu}{\nu};$$

der gemeinsame Wert dieser Brüche ist Null, denn wenn man Zähler und Nenner des ersten mit λ, die des zweiten mit μ, die des dritten mit ν multipliziert und dann addiert, so erhält man einen äquivalenten Bruch, dessen Nenner die Einheit ist, während der Zähler

$$\lambda\,dx + \mu\,dy + \nu\,dz + R(\lambda\,d\lambda + \mu\,d\mu + \nu\,d\nu)$$

identisch Null ist. Wir erhalten so die Formeln von Olinde Rodrigues

$$(46) \qquad dx + R\,d\lambda = 0, \quad dy + R\,d\mu = 0, \quad dz + R\,d\nu = 0,$$

die eine wichtige Rolle in der Flächentheorie spielen. Diese Formeln haben natürlich nur für eine Verschiebung des Punktes (x, y, z) auf einer Krümmungslinie Geltung.

Bemerkung. Man kann sich der Eigenschaften der Evolute einer Fläche auch bedienen, um die Gleichung für die Hauptkrümmungsradien abzuleiten. Ersetzen wir λ, μ, ν in den Formeln (45) durch ihre Werte (8) und setzen $R = \varrho\sqrt{A^2 + B^2 + C^2}$; wir erhalten

$$X = x - \varrho A, \quad Y = y - \varrho B, \quad Z = z - \varrho C.$$

Da der Punkt X, Y, Z, wenn sich der Punkt (x, y, z) längs einer Krümmungslinie bewegt, eine Kurve beschreibt, welche die Normale an die Fläche S berührt, so muß

$$\frac{dx - \varrho\,dA - A\,d\varrho}{A} = \frac{dy - \varrho\,dB - B\,d\varrho}{B} = \frac{dz - \varrho\,dC - C\,d\varrho}{C}$$

sein, oder wenn man mit $-d\varrho + K$ den gemeinsamen Wert dieser Brüche bezeichnet,

$$(47) \qquad \begin{cases} dx - \varrho\,dA - AK = 0, \quad dy - \varrho\,dB - BK = 0, \\ dz - \varrho\,dC - CK = 0. \end{cases}$$

Eliminiert man ϱ und K zwischen diesen drei Beziehungen, so findet man die Differentialgleichung (38) der Krümmungslinien wieder; ersetzt man aber dx, dy, dz, dA, dB, dC durch

$$\frac{\partial x}{\partial u}du + \frac{\partial x}{\partial v}dv, \quad \ldots, \quad \frac{\partial C}{\partial u}du + \frac{\partial C}{\partial v}dv$$

und eliminiert dann du, dv, K, so erhält man eine Gleichung in ϱ

$$(48)\qquad \begin{vmatrix} \frac{\partial x}{\partial u} - \varrho \frac{\partial A}{\partial u}, & \frac{\partial x}{\partial v} - \varrho \frac{\partial A}{\partial v}, & A \\ \frac{\partial y}{\partial u} - \varrho \frac{\partial B}{\partial u}, & \frac{\partial y}{\partial v} - \varrho \frac{\partial B}{\partial v}, & B \\ \frac{\partial z}{\partial u} - \varrho \frac{\partial C}{\partial u}, & \frac{\partial z}{\partial v} - \varrho \frac{\partial C}{\partial v}, & C \end{vmatrix} = 0.$$

Mittels ganz ähnlicher Transformationen wie die der Nr. 250 kann man die Identität dieser Gleichung mit der Gleichung (24) nachweisen, doch erfordert die Gleichung (48) nicht die vorhergehende Berechnung von E, F, G, D, D', D''.

Suchen wir noch als Anwendung die Hauptkrümmungsradien der Schraubenfläche mit Leitebene. In diesem Falle ist, wenn man die früher angewendeten Bezeichnungen ein wenig abändert,

$$x = u\cos v, \quad y = u \sin v, \quad z = av,$$
$$A = a\sin v, \quad B = -a\cos v, \quad C = u$$

und die Gleichung (48) reduziert sich auf

$$a^2 \varrho^2 = a^2 + u^2,$$

aus der man $R = \pm \frac{a^2 + u^2}{a}$ entnimmt. Die Hauptkrümmungsradien der Schraubenfläche sind also gleich und dem Zeichen nach entgegengesetzt.

253. Theorem von Joachimsthal. Mitunter kann man die Krümmungslinien gewisser Flächen durch geometrische Betrachtungen finden. So z. B. ist es beinahe evident, daß die Krümmungslinien einer Rotationsfläche die Meridiane und die Parallelkreise dieser Fläche sind, denn diese Kurven berühren in jedem ihrer Punkte eine der Indikatrixachsen. Als Bestätigung hierfür führen wir an, daß die Normalen längs eines Parallelkreises einen Kreiskegel, also abwickelbare Flächen bilden.

Auf einer abwickelbaren Fläche wird eine Familie von Krümmungslinien durch die Erzeugenden gebildet. Die zweite Familie setzt sich aus den orthogonalen Trajektorien der Erzeugenden, d. h. aus den Evolventen der Rückkehrkante zusammen (Nr. 239); man erhält sie durch eine einzige Quadratur. Kennt man eine von ihnen, so kann man daraus alle anderen ohne Quadratur ableiten. Alle diese Resultate lassen sich leicht rechnerisch bestätigen.

Die Theorie der Evoluten einer Raumkurve hat Joachimsthal auf ein wichtiges Theorem geführt, das in dieser Theorie oft benutzt wird. Es seien S, S' zwei Flächen, die sich längs einer Kurve C schneiden, welche für jede von ihnen eine Krümmungslinie ist; die

Normale MN an die Fläche S längs C erzeugt eine abwickelbare Fläche und die Normale MN' an die Fläche S' längs C erzeugt eine andere abwickelbare Fläche. Nun ist aber jede dieser Geraden eine Normale an die Kurve C. Daraus folgt (Nr. 239), daß sich zwei Flächen, welche eine gemeinsame Krümmungslinie haben, längs dieser Linie unter einem konstanten Winkel schneiden.

Umgekehrt, schneiden sich zwei Flächen unter einem konstanten Winkel und ist die Schnittlinie für eine von ihnen eine Krümmungslinie, so ist sie auch eine Krümmungslinie der anderen. Denn wenn eine Familie von Normalen einer Raumkurve C eine abwickelbare Fläche erzeugt, so weiß man ja, daß sich dies nicht ändert, wenn man jede von ihnen in der Normalebene von C um einen konstanten Winkel dreht.

Jede ebene oder sphärische Kurve ist eine Krümmungslinie der Ebene oder der Kugel. Aus dem Theorem von Joachimsthal folgt somit als Korollar: Damit eine ebene oder sphärische Kurve, die auf einer Fläche liegt, eine Krümmungslinie dieser Fläche sei, ist notwendig und hinreichend, daß die Fläche die Ebene oder die Kugel unter einem konstanten Winkel schneidet.

254. **Theorem von Dupin.** Wir haben bereits bei verschiedenen Gelegenheiten von dreifachen Orthogonalsystemen gesprochen (Nr. 67, 147). Der Ursprung dieser Theorie geht auf ein berühmtes Theorem zurück, das man Dupin verdankt und das wir hier beweisen wollen:

Es seien drei Flächenfamilien gegeben, die ein dreifaches Orthogonalsystem bilden; der Schnitt zweier Flächen von verschiedenen Familien ist eine Krümmungslinie für jede von ihnen.

Nehmen wir an, daß die rechtwinkligen Koordinaten x, y, z eines Punktes des Raumes mittels dreier Parameter u, v, w ausgedrückt seien, so daß die drei Flächenfamilien (u), (v), (w) ein dreifaches Orthogonalsystem bilden. Die Bedingungen der Orthogonalität sind durch die drei Relationen ausgedrückt (Nr. 67)

$$(49) \qquad \mathrm{S}\frac{\partial x}{\partial v}\frac{\partial x}{\partial w} = 0, \qquad \mathrm{S}\frac{\partial x}{\partial w}\frac{\partial x}{\partial u} = 0, \qquad \mathrm{S}\frac{\partial x}{\partial u}\frac{\partial x}{\partial v} = 0.$$

Differenziert man diese Relationen resp. nach u, v, w, so erhält man

$$\mathrm{S}\frac{\partial x}{\partial v}\frac{\partial^2 x}{\partial u \partial w}+\mathrm{S}\frac{\partial x}{\partial w}\frac{\partial^2 x}{\partial u \partial v}=0, \qquad \mathrm{S}\frac{\partial x}{\partial w}\frac{\partial^2 x}{\partial u \partial v}+\mathrm{S}\frac{\partial x}{\partial u}\frac{\partial^2 x}{\partial v \partial w}=0,$$

$$\mathrm{S}\frac{\partial x}{\partial u}\frac{\partial^2 x}{\partial v \partial w}+\mathrm{S}\frac{\partial x}{\partial v}\frac{\partial^2 x}{\partial u \partial w}=0;$$

hieraus leitet man durch leichte Kombinationen

$$(50) \qquad \mathrm{S}\frac{\partial x}{\partial u}\frac{\partial^2 x}{\partial v \partial w}=0, \qquad \mathrm{S}\frac{\partial x}{\partial v}\frac{\partial^2 x}{\partial w \partial u}=0, \qquad \mathrm{S}\frac{\partial x}{\partial w}\frac{\partial^2 x}{\partial u \partial v}=0$$

ab. Die Elimination der Derivierten $\frac{\partial x}{\partial w}$, $\frac{\partial y}{\partial w}$, $\frac{\partial z}{\partial w}$ zwischen den beiden ersten Gleichungen (49) und der letzten Gleichung (50) führt zu der Bedingung

$$(51) \qquad \begin{vmatrix} \frac{\partial x}{\partial u} & \frac{\partial y}{\partial u} & \frac{\partial z}{\partial u} \\ \frac{\partial x}{\partial v} & \frac{\partial y}{\partial v} & \frac{\partial z}{\partial v} \\ \frac{\partial^2 x}{\partial u \partial v} & \frac{\partial^2 y}{\partial u \partial v} & \frac{\partial^2 z}{\partial u \partial v} \end{vmatrix} = 0;$$

dies drückt aus, daß auf einer Fläche (w) die Kurven $u = C$, $v = C'$ ein konjugiertes Netz bilden. Da dieses Netz gleichzeitig orthogonal und konjugiert ist, so setzt es sich aus den Krümmungslinien zusammen, womit der ausgesprochene Satz bewiesen ist.

Ein sehr bemerkenswertes Beispiel eines dreifachen Orthogonalsystems bilden die homofokalen Flächen zweiten Grades (Nr. 148), durch deren Studium Dupin zweifellos auf das allgemeine Theorem geführt wurde. Aus diesem Theorem folgt, daß die Krümmungslinien eines Ellipsoids oder eines Hyperboloides (die bereits von Monge angegeben wurden) die Schnittkurven dieser Fläche mit den zu ihr homofokalen Flächen zweiten Grades sind.

Die durch die Gleichung

$$\frac{y^2}{p-\lambda}+\frac{z^2}{q-\lambda}=2x-\lambda$$

dargestellten Paraboloide, wo λ einen variablen Parameter bedeutet, bilden gleichfalls ein dreifaches Orthogonalsystem; dies gibt uns die Krümmungslinien des Paraboloids. Hierher gehört auch das dreifache System der Nr. 250

$$\frac{xy}{z}=a, \qquad \sqrt{x^2+z^2}+\sqrt{y^2+z^2}=\beta, \qquad \sqrt{x^2+z^2}-\sqrt{y^2+z^2}=\gamma.$$

Die Suche nach dreifachen Orthogonalsystemen ist eines der interessantesten und schwierigsten Probleme der Infinitesimalgeometrie. Sie hat zu einer großen Anzahl von Abhandlungen Veranlassung gegeben, deren wichtigste Resultate in einem neuen Werke von

Darboux angeführt sind.[1] Eine beliebige Fläche S gehört zu unendlich vielen dreifachen Orthogonalsystemen; eines dieser Systeme wird von den Parallelflächen zu S und von den beiden Familien abwickelbarer Flächen gebildet, die von den Normalen an S längs der Krümmungslinien dieser Fläche erzeugt werden. Es sei nämlich O ein beliebiger Punkt der Flächennormale MN an S im Punkte M, MT und MT' die Tangenten an die beiden Krümmungslinien C, C', die durch M hindurchgehen. Die Tangentenebene an die zu S parallele Fläche, die durch O geht, ist zur Tangentenebene an S im Punkte M parallel; die Tangentenebenen der durch die Normalen längs der Kurve C oder der Kurve C' erzeugten abwickelbaren Flächen sind die Ebenen NMT resp. NMT'. Diese drei Ebenen sind wirklich paarweise orthogonal.

Aus jedem dreifachen Orthogonalsystem kann man unendlich viele andere analoge Systeme mittels der Transformation durch reziproke Radien ableiten, da bei dieser Transformation die Winkel erhalten bleiben. Da jede Fläche, wie wir eben gesehen haben, einem dreifachen Orthogonalsysteme angehört, so schließt man daraus (was man auch leicht direkt zeigen kann), daß bei jeder Transformation mittels reziproker Radien die Krümmungslinien der transformierten Fläche die transformierten Krümmungslinien der ursprünglichen Fläche sind.

255. **Anwendung auf einige Klassen von Flächen.** Man hat sich eine große Anzahl von Problemen über die Bestimmung von Flächen gestellt, deren Krümmungslinien gewissen, im voraus gegebenen geometrischen Bedingungen genügen. Wir wollen hier einige der einfachsten Resultate anführen.

Suchen wir zunächst alle Flächen, für die das eine System von Krümmungslinien Kreise sind. Nach dem Theoreme von Joachimsthal muß die Ebene des Kreises die Fläche unter einem konstanten Winkel schneiden; daraus folgt, daß die Flächennormalen in allen Punkten des Kreises C die Kreisachse (d. i. das im Mittelpunkte auf der Kreisebene errichtete Lot) in einem und demselben Punkte O schneiden. Die um O als Mittelpunkt beschriebene und durch C gehende Kugel berührt die Fläche längs C; die betrachtete Fläche ist also die Einhüllende einer von einem variablen Parameter abhängigen Kugel. Umgekehrt entspricht jede Einhüllende von Kugeln der Forderung, denn die Charakteristiken sind Kreise und bilden offenbar eine Familie von Krümmungslinien.

Die Rotationsflächen sind offenbar ein besonderer Fall. Einen anderen interessanten Fall bilden die Kanalflächen, das sind die Einhüllenden einer Kugel von konstantem Radius R, deren Zentrum eine willkürliche Kurve Γ beschreibt. Die Charakteristiken sind die Kreise vom Radius R, deren Mittelpunkt die Kurve Γ beschreibt und deren Ebene zu Γ normal bleibt. Die Flächennormalen sind auch Normalen an die Kurve Γ; man erhält also die Krümmungslinien des zweiten Systems, wenn man die Spuren nimmt, welche

[1] Leçons sur les systèmes orthogonaux et les coordonnées curvilignes, 1898.

die von den Normalen an Γ erzeugten abwickelbaren Flächen auf der Fläche bilden.

Wenn beide Systeme von Krümmungslinien einer Fläche Kreise sind, so kann diese Fläche danach auf zwei verschiedene Arten als die Einhüllende einer Kugel betrachtet werden, die von einem variablen Parameter abhängt. Es seien S_1, S_2, S_3 drei beliebige Kugeln desselben Systems, C_1, C_2, C_3 die entsprechenden Charakteristiken und M_1, M_2, M_3 die Schnittpunkte von C_1, C_2, C_3 mit einer Krümmungslinie C' des zweiten Systems. Die Kugel S', welche die Fläche in allen Punkten des Kreises C' berührt, berührt auch die drei Kugeln S_1, S_2, S_3 in den Punkten M_1, M_2, M_3; die gesuchte Fläche ist somit die Einhüllende einer variablen Kugel, welche in allen ihren Lagen drei feste Kugeln berührt. Diese Fläche ist als DUPINsche Zyklide bekannt. MANNHEIM hat auf elegante Art bewiesen, daß sie aus einem Torus durch eine Transformation mittels reziproker Radien abgeleitet werden kann. Es sei γ der Kreis, der zu den drei Kugeln S_1, S_2, S_3 orthogonal ist; führt man eine Transformation mittels reziproker Radien aus, indem man einen Punkt von γ als Pol nimmt, so geht dieser Kreis in eine Gerade OO' über und die Kugeln S_1, S_2, S_3 gehen in drei Kugeln Σ_1, Σ_2, Σ_3 über, die zu der geraden Linie OO' orthogonal sind und deren Mittelpunkte infolgedessen auf dieser Geraden liegen. Es seien C_1', C_2', C_3' die Schnitte dieser Kugeln durch eine durch OO' gehende Ebene, C' ein Kreis, der C_1', C_2', C_3' berührt und Σ' die Kugel, deren größter Kugelkreis C' ist. Dann ist klar, daß bei einer Rotation um OO' die Kugel Σ' zu den drei Kugeln Σ_1, Σ_2, Σ_3 tangential bleibt, und die Einhüllende von Σ' ist der Torus, dessen Meridian der Kreis C' ist.

Stellen wir uns noch die Aufgabe, die Flächen zu bestimmen, für welche ein System von Krümmungslinien aus Plankurven besteht, die in Parallelebenen liegen. Nehmen wir als xy-Ebene eine Ebene, die zu den Ebenen der Krümmungslinien parallel ist, und es sei

$$x \cos \alpha + y \sin \alpha = F(\alpha, z)$$

die Tangentengleichung des ebenen Schnittes, den eine zur xy-Ebene parallele Ebene auf der Fläche erzeugt; $F(\alpha, z)$ ist eine Funktion der beiden Variablen α und z, die von der betrachteten Fläche abhängt. Man erhält die Koordinaten eines Flächenpunktes, wenn man mit der vorstehenden Gleichung die Relation

$$-x \sin \alpha + y \cos \alpha = \frac{\partial F}{\partial \alpha}$$

verknüpft.

Die Formeln für x, y, z sind demnach

$$(52) \qquad x = F \cos \alpha - \frac{\partial F}{\partial \alpha} \sin \alpha, \qquad y = F \sin \alpha + \frac{\partial F}{\partial \alpha} \cos \alpha, \qquad z = z;$$

jede Fläche kann durch derartige Gleichungen dargestellt werden, wenn man die Funktion $F(\alpha, z)$ geeignet wählt. Ausgenommen hierbei sind nur die Regelflächen, welche die Ebene $z = 0$ als Leitebene haben.

Eine leichte Rechnung gibt für die Koeffizienten A, B, C der Gleichung der Tangentenebene

$$A = \cos \alpha, \qquad B = \sin \alpha, \qquad C = -\frac{\partial F}{\partial z},$$

so daß der Kosinus des Winkels, den die Normale mit der z-Achse einschließt, den Ausdruck

$$\nu = \frac{-F_z'}{\sqrt{1 + F_z'^2}}$$

hat. Damit die ebenen Schnitte, die in den zur xy-Ebene parallelen Ebenen liegen, Krümmungslinien seien, ist nach dem Theorem von Joachimstal notwendig und hinreichend, daß diese Ebenen die Fläche unter einem konstanten Winkel schneiden, d. h. daß ν von α unabhängig sei. Dafür ist notwendig und hinreichend, daß F_z' nur von der Variablen z abhänge und daß somit $F(\alpha, z)$ von der Form

$$F(\alpha, z) = \varphi(z) + \psi(\alpha)$$

sei, wo φ und ψ willkürliche Funktionen sind. Die Formeln (52) gehen dann über in

$$\text{(53)} \qquad \begin{cases} x = \psi(\alpha)\cos\alpha - \psi'(\alpha)\sin\alpha + \varphi(z)\cos\alpha \\ y = \psi(\alpha)\sin\alpha + \psi'(\alpha)\cos\alpha + \varphi(z)\sin\alpha \\ z = z; \end{cases}$$

man erhält so die allgemeinsten Flächen, die der Forderung genügen.

Man kann sich diese Flächen auf die folgende Art entstanden denken. Die beiden ersten Gleichungen (53) stellen, wenn man darin z als konstant und α als variabel ansieht, eine Familie von Kurven dar, die man erhält, wenn man die Schnitte der Fläche, welche die zur xy-Ebene parallelen Ebenen erzeugen, auf die Ebene $z = 0$ projiziert. Diese verschiedenen Kurven sind aber alle zu der Kurve parallel, die man erhält, wenn man $\varphi(z) = 0$ setzt; daraus ergibt sich die folgende Konstruktion: man nimmt in der Ebene $z = 0$ eine willkürliche Kurve und die verschiedenen zu ihr parallelen Kurven; dann verschiebt man jede von diesen Kurven nach einem willkürlichen Gesetze parallel zur z-Achse. Die durch die verschiedenen Lagen der variablen Kurve erzeugte Fläche ist die allgemeinste Fläche, welche der Forderung genügt.

Diese Erzeugungsart kann, wie man leicht sieht, durch die folgende ersetzt werden: Die gesuchten Flächen werden durch eine Plankurve von beliebiger Form erzeugt, deren Ebene ohne zu gleiten auf einem Zylinder mit beliebiger Basis rollt.

Man bestätigt dies leicht aus den Formeln (53), wenn man die Kurven $\alpha =$ konst. betrachtet. Die beiden Familien von Krümmungslinien sind gerade die Plankurven $z = C$ und $\alpha = C'$.

256. Sphärische Abbildung. Es sei Σ eine Fläche oder der Teil einer Fläche mit zwei verschiedenen Seiten (Nr. 138). Wählen wir von diesen beiden Seiten eine und betrachten wir in jedem Punkte M die Richtung MN der Normale, welche dieser Seite entspricht. Hierauf ziehen wir vom Mittelpunkt O einer Kugel aus, deren Radius gleich der Längeneinheit ist, einen Halbstrahl parallel zur positiven Richtung MN der Normale an Σ. Dieser Halbstrahl durchsetzt die Kugel S in einem Punkte m, den man dem Punkte M von Σ zuordnet. Jedem Punkte M von Σ entspricht so ein bestimmter Punkt m von S; die Tangentenebenen in den entsprechenden Punkten sind parallel, und wenn man als positive Richtung der Kugelnormale die nach außen gehende Richtung wählt, so sind auch die positiven Richtungen der Normalen an die beiden Flächen die gleichen. Jeder Kurve C von Σ entspricht eine Kurve c von S, welche die sphärische Abbildung von C ist.

Die Tangente mt in einem Punkte m von c steht normal auf der Tangente, welche auf Σ zu der durch den entsprechenden Punkt M an die Kurve C gezogenen Tangente konjugiert ist.

In der Tat, es seien M, M' zwei benachbarte Punkte auf C, m und m' die entsprechenden Punkte auf c, D die Schnittgerade der Tangentenebenen in den Punkten M und M' der Fläche Σ, d die Schnittgerade der Tangentenebenen in den Punkten m und m' der Kugel. Da diese Ebenen paarweise zueinander parallel sind, so ist klar, daß auch d zu D parallel ist. Wenn sich der Punkt M' dem Punkte M unbegrenzt nähert, so hat die Gerade D diejenige Tangente MT' an Σ zur Grenzlage, welche zur Tangente MT an C konjugiert ist (Nr. 249). Ebenso ist die Grenzlage von d die zu mt auf der Kugel konjugierte Tangente mt'. Nun steht aber mt' auf mt normal, da die Indikatrix in einem beliebigen Punkte einer Kugel ein Kreis ist; außerdem ist mt' zu MT' parallel, wodurch der obige Satz bewiesen ist.

Damit die Geraden MT, mt parallel seien, ist notwendig und hinreichend, daß MT zur konjugierten Tangente normal sei, d. h. daß MT eine der Indikatrixachsen von Σ sei. Man sieht also, daß die Tangente an eine Krümmungslinie von Σ und die Tangente an ihre sphärische Abbildung in den entsprechenden Punkten parallel sind. Die Krümmungslinien sind überdies die einzigen Kurven von Σ, denen diese Eigenschaft zukommt.

Dieses Resultat steht mit den Formeln von Olinde Rodrigues im Einklang. Denn wenn man den Mittelpunkt der Kugel S als Ursprung nimmt, so sind die Koordinaten des Punktes m gerade die Richtungskosinus λ, μ, ν der positiven Richtung der Normale, und der obige Satz, daß die Tangenten an die von den Punkten $M(x, y, z)$ und $m(x, y, z)$ beschriebenen Kurven C und c parallel sind, führt zu den Beziehungen

$$\frac{dx}{d\lambda} = \frac{dy}{d\mu} = \frac{dz}{d\nu},$$

die mit den Formeln (46) übereinstimmen.

Betrachten wir auf der Fläche Σ ein unendlich kleines Flächenelement $d\sigma$, das um den Punkt M dieser Fläche herum liegt, und es sei σ' das entsprechende Flächenelement auf der Kugel. Um das Verhältnis $\frac{d\sigma'}{d\sigma}$ auszuwerten, brauchen wir nur die Rechnung der Nr. 141 anzuwenden und dabei zu beachten, daß im gegenwärtigen Falle die Normalen an die beiden Flächen parallel sind und das Verhältnis $\frac{d\sigma'}{d\sigma}$ somit gleich dem Verhältnisse der beiden Elemente der xy-Ebene $\frac{d\omega'}{d\omega}$ ist. Nehmen wir an, daß die Fläche Σ in der Umgebung des Punktes M durch eine Gleichung $z = f(x, y)$ dargestellt sei und daß man als positive Richtung der Normale diejenige wählt, welche einen spitzen Winkel mit der z-Achse einschließt. Die Koordinaten des Punktes m sind dann

$$x' = \frac{-p}{\sqrt{1 + p^2 + q^2}}, \qquad y' = \frac{-q}{\sqrt{1 + p^2 + q^2}}, \qquad z' = \frac{1}{\sqrt{1 + p^2 + q^2}}$$

und man erhält

$$\frac{d\omega'}{d\omega} = \left|\frac{D(x', y')}{D(x, y)}\right| = \left|\frac{D(x', y')}{D(p, q)}\right| \left|\frac{D(p, q)}{D(x, y)}\right|$$

oder nach einer leichten Rechnung

$$\frac{d\omega'}{d\omega} = \frac{|rt - s^2|}{(1 + p^2 + q^2)^2}.$$

Die rechte Seite dieser Formel ist nichts anderes als der absolute Wert der Totalkrümmung $\frac{1}{RR'}$ der Fläche Σ; dies führt zu einer Definition dieses geometrischen Elementes, die der der Krümmung einer Kurve (Nr. 228) völlig analog ist.

Während aber die Krümmung einer Raumkurve durch einen Wurzelausdruck dargestellt wird, ist der Ausdruck für die Totalkrümmung rational und hat infolgedessen ein Zeichen, nämlich das von $rt - s^2$. Denken wir uns zwei Beobachter, die resp. auf den Normalen in zwei sich entsprechenden Punkten von Σ und S liegen, die Füße auf der Fläche und den Kopf in der positiven Richtung der Normale. Beschreibt der erste Beobachter die Umgrenzung der Fläche $d\sigma$ so, daß er diese Fläche zu seiner Linken hat, so beschreibt der zweite Beobachter die Begrenzung der sphärischen Kurve $d\sigma'$, indem er diese Fläche zu seiner Linken oder zu seiner Rechten läßt; $rt - s^2$ und infolgedessen $\frac{1}{RR'}$ ist im ersten Falle positiv und im zweiten Falle negativ (Nr. 124, 141).

III. Begriffe über Geradensysteme.

Die Lage einer Geraden im Raume hängt von vier variablen Parametern ab. Man kann also Vereinigungen von Geraden betrachten, die von einem, zwei oder drei variablen Parametern abhängen, je nach der Anzahl der Relationen, die man zwischen den vier Parametern, von denen die Lage einer Geraden abhängt, herstellt. Eine bewegliche Gerade, die von einem variablen Parameter abhängt, erzeugt eine Regelfläche. Die Menge von Geraden, welche von zwei verschiedenen variablen Parametern abhängen, ist eine Strahlenkongruenz und jedes System von Geraden, die von drei Parametern abhängen, heißt ein Strahlenkomplex.

257. **Regelflächen.** Es seien in einem Systeme rechtwinkliger Achsen

(54) $$x = az + p, \quad y = bz + q$$

die Gleichungen der beweglichen Erzeugenden G, wobei a, b, p, q Funktionen eines variablen Parameters u sind. Wir wollen untersuchen, wie sich die Lage der Tangentenebene an die durch diese Gerade erzeugte Fläche S ändert, wenn sich der Berührungspunkt längs der Erzeugenden G bewegt. Die Gleichungen (54) geben in Verbindung mit der Gleichung $z = z$ die Ausdrücke für die Koordinaten eines beliebigen Punktes der Fläche als Funktionen der unabhängigen Parameter z und u; die Gleichung der Tangentenebene ist dann (Nr. 63)

$$\begin{vmatrix} X-x & Y-y & Z-z \\ a & b & 1 \\ a'z+p' & b'z+q' & 0 \end{vmatrix} = 0,$$

wobei a', b', p', q' die Derivierten von a, b, p, q in bezug auf u sind. Ersetzt man x durch $az+p$, y durch $bz+q$ und entwickelt die Determinante, so geht diese Gleichung über in

$$(55)\qquad (b'z+q')(X-aZ-p)-(a'z+p')(Y-bZ-q)=0.$$

Wir sehen zunächst, daß diese Ebene beständig durch die Erzeugende G hindurchgeht, was a priori evident war, und außerdem, daß sich diese Ebene um die Erzeugende dreht, wenn der Berührungspunkt diese Gerade beschreibt, wofern nicht der Bruch $\frac{a'z+p'}{b'z+q'}$ von z unabhängig ist, d. h. wofern nicht $a'q'-b'p'=0$ ist; diesen Fall wollen wir zunächst beiseite lassen. Da der vorstehende Bruch vom ersten Grade in z ist, so berührt jede Ebene, die durch die Erzeugende geht, die Fläche in einem und nur in einem Punkte dieser Erzeugenden. Entfernt sich der Berührungspunkt auf der Erzeugenden ins Unendliche, so strebt die Tangentenebene gegen eine Grenzlage P', welche die Tangentenebene im unendlich fernen Punkte der Erzeugenden heißt und die durch die Gleichung

$$(56)\qquad b'(X-aZ-p)-a'(Y-bZ-q)=0$$

dargestellt ist.

Es sei ω der Winkel, den diese Ebene P' mit der Tangentenebene im Punkte (x, y, z) der Erzeugenden einschließt. Die Richtungsparameter der Normalen auf diese beiden Ebenen sind b', $-a'$, $a'b-ab'$, resp. $b'z+q'$, $-(a'z+p')$, $b(a'z+p')-a(b'z+q')$; somit ist

$$\cos\omega = \frac{[a'^2+b'^2+(ab'-ba')^2]^{-\frac{1}{2}}\{[a'^2+b'^2+(ab'-ba')^2]z + b'q'+a'p'+(ab'-ba')(aq'-bp')\}}{\sqrt{[a'^2+b'^2+(ab'-ba')^2]z^2 + 2z[b'q'+a'p'+(ab'-ba')(aq'-bp')]+q'^2+p'^2+(aq'-bp')^2}}$$

und man entnimmt hieraus nach leichter Rechnung

$$(57)\qquad \tan\omega = \frac{(a'q'-b'p')\sqrt{1+a^2+b^2}}{[a'^2+b'^2+(ab'-ba')^2]z+b'q'+a'p'+(ab'-a'b)(aq'-bp')}.$$

Die Tangentenebene steht auf der Ebene P' senkrecht in einem Punkt O_1 der Erzeugenden, dessen Koordinate z_1 durch die Formel

$$(58) \qquad z_1 = -\frac{a'p' + b'q' + (ab' - ba')(aq' - bp')}{a'^2 + b'^2 + (ab' - ba')^2}$$

gegeben ist; dieser Punkt O_1 heißt der Zentralpunkt der Erzeugenden und die Tangentenebene in diesem Punkte ist die Zentralebene P. Der Winkel θ, den die Tangentenebene in einem anderen Punkte der Erzeugenden mit der Zentralebene einschließt, ist gleich $\frac{\pi}{2} - \omega$ und die Formel (57) kann durch die folgende

$$\tan\theta = \frac{[a'^2 + b'^2 + (ab' - ba')^2](z - z_1)}{(a'q' - b'p')\sqrt{1 + a^2 + b^2}}$$

ersetzt werden. Es sei ϱ der Abstand des Zentralpunktes vom Berührungspunkte M der Tangentenebene, mit dem Zeichen $+$ oder $-$ versehen, je nachdem die Richtung $O_1 M$ einen spitzen oder stumpfen Winkel mit der z-Achse einschließt. Dann ist $\varrho = (z - z_1)\sqrt{1 + a^2 + b^2}$ und die vorstehende Formel läßt sich auch schreiben

$$(59) \qquad \tan\theta = k\varrho,$$

wobei

$$(60) \qquad k = \frac{a'^2 + b'^2 + (ab' - ba')^2}{(a'q' - b'p')(1 + a^2 + b^2)}$$

gesetzt wurde; der Faktor k ist der Verteilungsparameter. Die Formel (59) stellt in einer sehr einfachen Form das Gesetz dar, nach welchem sich die Tangentenebene um die Erzeugende dreht. Diese Formel enthält nur Elemente mit einer geometrischen Bedeutung und wir werden auch etwas später sehen, wie man den Parameter k direkt definieren kann. Diese Formel ist dennoch in einer Hinsicht unbestimmt, denn man sieht nicht sofort, in welchem Sinne der Winkel θ zu zählen ist. Anders ausgedrückt, man weiß a priori nicht, in welchem Sinne sich die Tangentenebene um die Erzeugende dreht, wenn sich der Berührungspunkt verschiebt. Dieser Drehungssinn ist eben durch das Vorzeichen von k gegeben.

Um dies aufzuklären, denken wir uns einen Beobachter auf der Erzeugenden G liegen: wenn sich der Berührungspunkt von den Füßen gegen den Kopf hin verschiebt, so sieht dieser Beobachter die Tangentenebene sich von seiner Linken zur Rechten oder von seiner Rechten zur Linken drehen. Man braucht nur ein wenig nachzudenken um zu erkennen, daß der so definierte Drehungssinn derselbe bleibt, wenn sich der Beobachter auf der Erzeugenden umdreht, so daß er den Kopf dort hat, wo er früher die Füße hatte und umgekehrt. Zwei hyperbolische Paraboloide, welche eine gemeinsame Erzeugende haben und in bezug auf eine durch diese Erzeugende gehende Ebene symmetrisch liegen, geben eine gute Vorstellung von diesen beiden Lagen. Dies vorausgeschickt denken wir uns, daß man das Dreikant der Koordinatenachsen auf stetige Art so verschiebt, daß der Ursprung mit dem Zentralpunkte O_1, die z-Achse mit der Erzeugenden und die xz-Ebene mit der Zentralebene zusammenfällt. Es ist klar, daß hierbei der Verteilungsparameter einen konstanten Wert beibehält und die Formel (59) geht in dem neuen Achsensystem in

$$(59)' \qquad \tan\theta = kz$$

über, wo θ den in geeignetem Sinne gezählten Winkel zwischen der Tangentenebene und der Ebene $y = 0$ bezeichnet.

Für den der z-Achse entsprechenden Wert u_0 des Parameters muß $a = b = p = q = 0$ sein und die Gleichung der Tangentenebene (55) reduziert sich hier auf

$$(b'z + q')X - (a'z + p')Y = 0.$$

Damit der Ursprung der Zentralpunkt und die xz-Ebene die Zentralebene sei, muß $a' = 0$, $q' = 0$ sein und die Gleichung der Tangentenebene wird $Y = \frac{b'z}{p'}X$, während die Formel (60) $k = -\frac{b'}{p'}$ gibt. Man sieht also, daß man den Winkel θ in der Formel (59)' von der y-Achse gegen die x-Achse hin zählen muß. Wenn das Achsensystem die früher (Nr. 235) festgelegte Lage hat, so sieht ein auf der z-Achse liegender Beobachter die Tangentenebene sich von links nach rechts drehen, wenn k positiv ist, und von rechts nach links, wenn k negativ ist.

Der Ort der Zentralpunkte der verschiedenen Erzeugenden einer Regelfläche heißt ihre Striktionslinie. Die Koordinaten eines Punktes dieser Linie, als Funktionen des Parameters u ausgedrückt, sind durch die Gleichungen (54) und (58) gegeben.

Bemerkung. Wenn für die betrachtete Erzeugende $a'q' = b'p'$ ist, so bleibt die Tangentenebene längs der ganzen Erzeugenden die gleiche. Ist diese Beziehung für alle Werte von u erfüllt, so ist die Regelfläche abwickelbar (Nr. 214) und man kann die bereits entwickelten Resultate leicht wiederfinden. Denn wenn a' und b' nicht gleichzeitig Null sind, so ist die Tangentenebene in allen Punkten von G dieselbe und wird für den Punkt $z = -\frac{p'}{a'} = -\frac{q'}{b'}$, d. h. für den Berührungspunkt der Erzeugenden mit ihrer Einhüllenden unbestimmt.

Berücksichtigt man die Beziehung $a'q' - b'p' = 0$, so bestätigt man leicht, daß der durch die Formel (58) gegebene Wert von z_1 mit dem vorstehenden identisch ist. Die Striktionslinie fällt mit der Rückkehrkante zusammen; der Verteilungsparameter wird unendlich. Ist $a' = b' = 0$, so ist die Fläche ein Zylinder; der Zentralpunkt ist unbestimmt.

258. **Der Zentralpunkt und der Verteilungsparameter** können auch noch auf eine andere Weise definiert werden. Betrachten wir zugleich mit der Erzeugenden G eine benachbarte Erzeugende G_1, die dem Werte $u + h$ des Parameters entspricht und durch die Gleichungen

$$(61) \qquad x = (a + \Delta a)z + p + \Delta p, \qquad y = (b + \Delta b)z + q + \Delta q$$

dargestellt wird. Es sei δ der kürzeste Abstand der beiden Geraden G und G_1, α der Winkel zwischen diesen Geraden und X, Y, Z die Koordinaten des Schnittpunktes von G mit der gemeinsamen Normale. Nach bekannten Formeln der analytischen Geometrie ist

$$Z = -\frac{\Delta a\, \Delta p + \Delta b\, \Delta q + (a\Delta b - b\,\Delta a)[(a + \Delta a)\,\Delta q - (b + \Delta b)\,\Delta p]}{(\Delta a)^2 + (\Delta b)^2 + (a\,\Delta b - b\,\Delta a)^2},$$

$$\delta = \frac{\Delta a\, \Delta q - \Delta b\, \Delta p}{\sqrt{(\Delta a)^2 + (\Delta b)^2 + (a\,\Delta b - b\,\Delta a)^2}},$$

$$\sin\alpha = \frac{\sqrt{(\Delta a)^2 + (\Delta b)^2 + (a\,\Delta b - b\,\Delta a)^2}}{\sqrt{a^2 + b^2 + 1}\,\sqrt{(a + \Delta a)^2 + (b + \Delta b)^2 + 1}}.$$

Strebt h gegen Null, so hat Z den oben für z_1 gefundenen Ausdruck zur Grenze, während $\frac{\sin\alpha}{\delta}$ den Grenzwert k hat. Der Zentralpunkt ist also die Grenzlage des Fußpunktes der Geraden, die auf G und auf einer unendlich benachbarten Erzeugenden G_1 senkrecht steht, während der Verteilungsparameter der Grenzwert des Verhältnisses $\frac{\sin\alpha}{\delta}$ ist.

Setzt man in dem Ausdrucke für δ statt Δa, Δb, Δp, Δq ihre Reihenentwicklungen nach Potenzen von h, so erhält man für die Entwicklung des Zählers

$$\Delta a\, \Delta q - \Delta b\, \Delta p = h^2(a'q' - b'p') + \frac{h^3}{2}(a''q' + a'q'' - b''p' - b'p'') + \cdots,$$

während der Nenner stets von der ersten Ordnung in h ist. Man sieht, daß δ im allgemeinen unendlich klein von der ersten Ordnung ist, außer wenn es sich um abwickelbare Flächen handelt, da dann $a'q' - b'p' = 0$ ist. Der Koeffizient von $\frac{h^3}{2}$ ist aber die Derivierte von $a'q' - b'p'$; dieser Koeffizient ist also gleichfalls Null und infolgedessen ist auf einer abwickelbaren Fläche die kürzeste Distanz zweier unendlich benachbarter Erzeugenden unendlich klein von der dritten Ordnung (Nr. 237). Diese Bemerkung verdankt man BOUQUET, der überdies gezeigt hat, daß diese Distanz nicht beständig unendlich klein von einer höheren als der dritten Ordnung sein kann, außer wenn sie Null ist, d. h. wenn es sich um die Tangenten an eine ebene Kurve oder um Kegelflächen handelt. Um dies zu sehen, braucht man nur die Entwicklung von $\Delta a \Delta q - \Delta b \Delta p$ bis zu den Gliedern der vierten Ordnung zu treiben.

259. **Kongruenzen. Fokalflächen.** Jede Menge von Geraden

$$x = az + p, \quad y = bz + q, \tag{62}$$

bei der a, b, p, q von zwei variablen Parametern α, β abhängen, heißt eine Kongruenz von Geraden. Durch einen Punkt des Raumes geht im allgemeinen eine gewisse Anzahl von Geraden der Kongruenz, denn wenn x, y, z bekannt sind, so erhält man zwei Gleichungen zur Bestimmung von α und β. Stellt man zwischen den Parametern α und β eine Beziehung her, so erzeugt die durch die Gleichungen (62) dargestellte Gerade G eine Regelfläche, die im allgemeinen nicht abwickelbar ist. Damit diese Fläche abwickelbar sei, ist notwendig, daß

$$da\,dq - db\,dp = 0$$

sei, oder, wenn man da durch $\frac{\partial a}{\partial \alpha} d\alpha + \frac{\partial a}{\partial \beta} d\beta, \ldots$ ersetzt, daß

$$\left\{\begin{aligned} &\left(\frac{\partial a}{\partial \alpha} d\alpha + \frac{\partial a}{\partial \beta} d\beta\right)\left(\frac{\partial q}{\partial \alpha} d\alpha + \frac{\partial q}{\partial \beta} d\beta\right) - \\ &\qquad - \left(\frac{\partial b}{\partial \alpha} d\alpha + \frac{\partial b}{\partial \beta} d\beta\right)\left(\frac{\partial p}{\partial \alpha} d\alpha + \frac{\partial p}{\partial \beta} d\beta\right) = 0 \end{aligned}\right. \tag{63}$$

sei.

Aus dieser Gleichung, die in $\frac{d\beta}{d\alpha}$ von zweitem Grade ist, entnimmt man im allgemeinen zwei verschiedene Werte für $\frac{d\beta}{d\alpha}$

$$\frac{d\beta}{d\alpha} = \psi_1(\alpha, \beta), \quad \frac{d\beta}{d\alpha} = \psi_2(\alpha, \beta). \tag{64}$$

Unter sehr allgemeinen Bedingungen, die wir später präzisieren werden und jetzt als erfüllt annehmen wollen, wird jede dieser Gleichungen durch unendlich viele Funktionen von α befriedigt; jede von ihnen läßt ein und nur ein Integral zu, das für $\alpha = \alpha_0$ den Wert β_0 annimmt. Jede Gerade G der Kongruenz gehört also zwei abwickelbaren Flächen an, deren Erzeugende allesamt Geraden der Kongruenz sind. Es seien Γ und Γ' die Rückkehrkanten dieser beiden abwickelbaren Flächen, A und A' die Berührungspunkte von G mit Γ, resp. Γ'. Diese beiden Punkte heißen die Fokalpunkte der Erzeugenden. Man erhält sie wie folgt, ohne daß es nötig wäre, die Gleichung (63), welche die abwickelbaren Flächen der Kongruenz bestimmt, vorher zu integrieren. Die Koordinate z des einen dieser Punkte muß gleichzeitig die beiden Beziehungen

$$z\,da + dp = 0, \qquad z\,db + dq = 0$$

erfüllen, die, wenn man da, db, dp, dq durch ihre Entwicklungen ersetzt, in

$$z\left(\frac{\partial a}{\partial \alpha} d\alpha + \frac{\partial a}{\partial \beta} d\beta\right) + \frac{\partial p}{\partial \alpha} d\alpha + \frac{\partial p}{\partial \beta} d\beta = 0,$$

$$z\left(\frac{\partial b}{\partial \alpha} d\alpha + \frac{\partial b}{\partial \beta} d\beta\right) + \frac{\partial q}{\partial \alpha} d\alpha + \frac{\partial q}{\partial \beta} d\beta = 0$$

übergehen.

Eliminiert man z zwischen diesen beiden Relationen, so findet man die Gleichung (63) wieder, eliminiert man aber den Bruch $\frac{d\beta}{d\alpha}$, so erhält man eine Gleichung des zweiten Grades, welche die beiden Fokalpunkte bestimmt

$$(65)\quad \left(z\frac{\partial a}{\partial \alpha} + \frac{\partial p}{\partial \alpha}\right)\left(z\frac{\partial b}{\partial \beta} + \frac{\partial q}{\partial \beta}\right) - \left(z\frac{\partial a}{\partial \beta} + \frac{\partial p}{\partial \beta}\right)\left(z\frac{\partial b}{\partial \alpha} + \frac{\partial q}{\partial \alpha}\right) = 0$$

Der Ort der Fokalpunkte setzt sich aus zwei Flächenmänteln Σ, Σ' zusammen, deren Gleichung man durch Elimination von α und β aus den Gleichungen (62) und (65) erhält. Diese beiden Mäntel sind übrigens im allgemeinen analytisch nicht verschieden, sondern bilden zwei Mäntel einer und derselben Fläche. Es sind dies die beiden Mäntel der Fokalfläche. Diese Fokalfläche ist auch der Ort der Rückkehrkanten der abwickelbaren Flächen der Kongruenz. Denn nach der Definition der Kurve Γ ist klar, daß die Tangente an diese Kurve in einem beliebigen Punkte a der Kongruenz angehört und daß der Punkt a einer ihrer Fokalpunkte ist. Jede Gerade der Kongruenz ist Tangente an die beiden Mäntel Σ, Σ', da diese Gerade Tangente an zwei Kurven ist, die resp. auf diesen beiden Mänteln liegen.

Durch eine Überlegung, ähnlich der in Nr. 251, kann man leicht die Tangentenebenen in A und A' an die beiden Flächen Σ und Σ' finden (Fig. 52). Denken wir uns z. B., daß sich die Gerade G verschiebe, während sie zu Γ tangential bleibt; diese Gerade bleibt auch Tangente an die Fläche Σ' und ihr Berührungspunkt A' mit diesem Mantel beschreibt eine Kurve γ', die von der Kurve Γ' notwendig verschieden ist. Die von G erzeugte abwickelbare Fläche berührt also Σ' in A', da die beiden Tangentenebenen die Gerade G und die Tangente an γ' gemein haben. Daraus folgt, daß die Tangentenebene an Σ' in A' gerade die Schmiegungsebene der Kurve Γ im Punkte A ist. Ebenso würde man sehen, daß die Tangentenebene an Σ in A die Oskulationsebene an die Kurve Γ' im Punkte A' ist. Diese beiden Ebenen heißen Fokalebenen.

Es kann vorkommen, daß der eine der Mäntel der Fokalfläche sich auf eine Kurve C reduziert. Die Geraden der Kongruenz bleiben dann zum Mantel Σ tangential und gehen durch die Kurve C; die eine der Familien von abwickelbaren Flächen setzt sich aus Kegeln zusammen, welche der Fläche Σ umschrieben sind und deren Scheitel in den verschiedenen Punkten von C liegen. Reduzieren sich beide Mäntel der Fokalfläche auf zwei Kurven C, C', so sind beide Familien von abwickelbaren Flächen Kegel, deren Scheitel auf einer der Kurven liegen und die durch die andere Kurve hindurchgehen. Sind die beiden Kurven C, C' gerade Linien, so liegt eine lineare Kongruenz vor.

260. **Kongruenzen von Normalen.** Die Normalen an eine Fläche bilden offenbar eine Kongruenz, aber die Umkehrung ist nicht richtig; es gibt nicht immer eine Fläche, die zu allen Geraden einer Kongruenz normal ist. Denn betrachtet man die von den Normalen an eine Fläche S gebildete Kongruenz, so sind die beiden Mäntel der Fokalfläche gerade beiden die Mäntel Σ, Σ' der Evolute von S (Nr. 251) und wir haben gesehen, daß in den beiden Berührungspunkten A, A' der Normale mit den beiden Mänteln die Tangentenebenen aufeinander normal standen. Diese Eigenschaft ist für die Kongruenzen von Normalen charakteristisch. Suchen wir, um dies zu zeigen, die Bedingung dafür, daß die Gerade (62) zu einer Fläche normal bleibe; hierzu ist notwendig und hinreichend, daß eine Funktion $f(\alpha, \beta)$ existiere, so daß die durch die Gleichungen

$$(66) \qquad x = az + p, \quad y = bz + q, \quad z = f(\alpha, \beta)$$

dargestellte Fläche S die Gerade G selbst als Normale zulasse. Dazu muß

$$a \frac{\partial x}{\partial \alpha} + b \frac{\partial y}{\partial \alpha} + \frac{\partial z}{\partial \alpha} = 0$$

$$a \frac{\partial x}{\partial \beta} + b \frac{\partial y}{\partial \beta} + \frac{\partial z}{\partial \beta} = 0$$

sein; diese Bedingungen werden, wenn man x durch $az + p$, y durch $bz + q$ ersetzt und durch $\sqrt{a^2 + b^2 + 1}$ dividiert,

$$
(67)\quad \begin{cases}
\dfrac{\partial}{\partial \alpha}\left(z\sqrt{a^2+b^2+1}\right) + \dfrac{a\dfrac{\partial p}{\partial \alpha} + b\dfrac{\partial q}{\partial \alpha}}{\sqrt{a^2+b^2+1}} = 0, \\[2ex]
\dfrac{\partial}{\partial \beta}\left(z\sqrt{a^2+b^2+1}\right) + \dfrac{a\dfrac{\partial p}{\partial \beta} + b\dfrac{\partial q}{\partial \beta}}{\sqrt{a^2+b^2+1}} = 0.
\end{cases}
$$

Damit sie vereinbar seien, ist notwendig und hinreichend, daß

$$
(68)\quad \frac{\partial}{\partial \beta}\left(\frac{a\dfrac{\partial p}{\partial \alpha} + b\dfrac{\partial q}{\partial \alpha}}{\sqrt{a^2+b^2+1}}\right) = \frac{\partial}{\partial \alpha}\left(\frac{a\dfrac{\partial p}{\partial \beta} + b\dfrac{\partial q}{\partial \beta}}{\sqrt{a^2+b^2+1}}\right)
$$

sei; wenn diese Gleichung erfüllt ist, so geben die Gleichungen (67) z durch eine Quadratur. Die Flächen, die man erhält, hängen von einer durch die Integration eingeführten Konstante ab und bilden eine Familie paralleler Flächen.

Um die geometrische Bedeutung der Bedingung (68) zu erhalten, bemerken wir, daß diese Relation ihrer Natur nach von der Wahl der Koordinatenachsen und der unabhängigen Variablen unabhängig ist. Denken wir uns, daß man als z-Achse eine Gerade der Kongruenz und als Parameter α und β die Koordinaten des Schnittpunktes einer beliebigen Geraden der Kongruenz mit der Ebene $z = 0$ gewählt habe. Dann ist $p = \alpha$, $q = \beta$, während a und b Funktionen der Variablen α und β sind, die für $\alpha = \beta = 0$ verschwinden. Die Bedingung der Integrierbarkeit reduziert sich für die Parameterwerte $\alpha = 0$, $\beta = 0$ auf $\frac{\partial a}{\partial \beta} = \frac{\partial b}{\partial \alpha}$. Andererseits geht die Gleichung (63) hier über in

$$
\frac{\partial a}{\partial \beta} d\beta^2 + \left(\frac{\partial a}{\partial \alpha} - \frac{\partial b}{\partial \beta}\right) d\alpha\, d\beta - \frac{\partial b}{\partial \alpha} d\alpha^2 = 0;
$$

ersetzt man in dieser Gleichung α und β resp. durch x und y, so bestimmt sie die Kurven der Ebene $z = 0$, die die Spuren der abwickelbaren Flächen der Kongruenz auf dieser Ebene sind, und die Bedingung $\frac{\partial a}{\partial \beta} = \frac{\partial b}{\partial \alpha}$ drückt aus, daß sich die beiden Kurven dieser Art, die durch den Ursprung gehen, unter einem rechten Winkel schneiden. Die Tangentenebenen an die beiden abwickelbaren Flächen der Kongruenz, welche die Gerade $x = 0$, $y = 0$ enthalten, stehen also aufeinander normal und wir erhalten somit den folgenden wichtigen Satz: D a m i t e i n e K o n g r u e n z v o n G e r a d e n d u r c h N o r m a l e n e i n e r F l ä c h e g e b i l d e t w e r d e, i s t n o t w e n d i g u n d h i n r e i c h e n d, d a ß d i e d u r c h j e d e G e r a d e d e r K o n g r u e n z g e h e n d e n F o k a l e b e n e n a u f e i n a n d e r n o r m a l s t e h e n.

Bemerkung. Nimmt man als variable Parameter α, β die Kosinus der Winkel, welche die Gerade mit den Achsen Ox und Oy einschließt, so ist

$$a = \frac{\alpha}{\sqrt{1-\alpha^2-\beta^2}}, \quad b = \frac{\beta}{\sqrt{1-\alpha^2-\beta^2}}, \quad \sqrt{1+a^2+b^2} = \frac{1}{\sqrt{1-\alpha^2-\beta^2}};$$

die Gleichungen (61) gehen über in

$$(69) \quad \begin{cases} \dfrac{\partial}{\partial \alpha}\left(\dfrac{z}{\sqrt{1-\alpha^2-\beta^2}}\right) + \alpha \dfrac{\partial p}{\partial \alpha} + \beta \dfrac{\partial q}{\partial \alpha} = 0, \\ \dfrac{\partial}{\partial \beta}\left(\dfrac{z}{\sqrt{1-\alpha^2-\beta^2}}\right) + \alpha \dfrac{\partial p}{\partial \beta} + \beta \dfrac{\partial q}{\partial \beta} = 0, \end{cases}$$

und die Integrierbarkeitsbedingung (68) reduziert sich auf $\frac{\partial q}{\partial \alpha} = \frac{\partial p}{\partial \beta}$. Sie drückt aus, daß p und q die partiellen Derivierten einer und derselben Funktion $F(\alpha, \beta)$ sind, die man durch eine Quadratur erhält, $p = \frac{\partial F}{\partial \alpha}$, $q = \frac{\partial F}{\partial \beta}$. Man erhält hierauf z durch die Integration der totalen Differentialgleichung

$$d\left(\frac{z}{\sqrt{1-\alpha^2-\beta^2}}\right) = -\left(\alpha \frac{\partial^2 F}{\partial \alpha^2} + \beta \frac{\partial^2 F}{\partial \alpha\, \partial \beta}\right) d\alpha - \left(\alpha \frac{\partial^2 F}{\partial \alpha\, \partial \beta} + \beta \frac{\partial^2 F}{\partial \beta^2}\right) d\beta,$$

aus der man

$$z = \sqrt{1-\alpha^2-\beta^2}\left(C + F - \alpha \frac{\partial F}{\partial \alpha} - \beta \frac{\partial F}{\partial \beta}\right)$$

entnimmt, wo C eine willkürliche Konstante bedeutet.

261. **Theorem von Malus.** Wenn die von einem Punkte ausgehenden Lichtstrahlen durch eine Fläche reflektiert oder gebrochen werden, so sind sie nach der Reflexion oder Brechung zu einer Familie von parallelen Flächen normal. Dieses Theorem, das man Malus verdankt, wurde von Cauchy, Dupin, Gergonne und Quételet auf den Fall einer beliebigen Anzahl von Reflexionen und Brechungen erweitert und man kann den folgenden allgemeinen Satz aussprechen:

Wenn Lichtstrahlen zu einer Fläche normal sind, so bewahren sie diese Eigenschaft auch nach einer beliebigen Anzahl von Reflexionen und Brechungen.

Da die Reflexion als eine Brechung mit dem Index -1 angesehen werden kann, so braucht man das Theorem offenbar nur für eine einzige Brechung zu beweisen. Es sei S eine Fläche, die zu den Lichtstrahlen normal ist, mM ein einfallender Strahl, der der brechenden Fläche Σ in M begegnet, MR der gebrochene Strahl. Nach dem Gesetze von Descartes liegen der einfallende Strahl Mm, der gebrochene Strahl MR und die Normale MN in einer und derselben Ebene und zwischen den Winkeln i und r (vergl. Fig. 53) besteht die Beziehung $n \sin i = \sin r$. Wir wollen beispielsweise, wie es auch bei der Figur geschehen ist, $n < 1$ annehmen. Es sei l die Distanz Mm; auf der Verlängerung des gebrochenen Strahls tragen wir eine Länge $l' = Mm'$ gleich dem k-fachen der Länge l auf, wobei k einen konstanten Faktor bezeichnet, der sofort bestimmt werden wird. Der Punkt m' beschreibt eine Fläche S' und man kann den Faktor k derart wählen, daß der gebrochene Strahl Mm' zu dieser Fläche normal sei. In der Tat, es sei C eine beliebige Kurve auf der Fläche S; wenn der Punkt m C beschreibt, so beschreibt der Punkt M, in welchem der einfallende Strahl Σ durchsetzt, eine Kurve Γ und der entsprechende Punkt m' beschreibt auf S' eine Kurve C'. Es seien s, σ, s' die Bögen der drei Kurven C, Γ, C', ω der Winkel zwischen der Tangente MT_1 an Γ und der Spur MT, welche die durch den einfallenden Strahl gehende Normalebene auf der Tangentenebene erzeugt, φ und φ' die Winkel von MT_1 mit Mm und Mm'. Um z. B. $\cos\varphi$ auszuwerten, denken wir uns, daß man die auf Mm aufgetragene Längeneinheit auf MT_1 projiziere; man kann diese Länge zuerst auf MT und dann diese Projektion auf MT_1 projizieren; dies gibt $\cos\varphi = \sin i \cos\omega$ und man erhält ebenso $\cos\varphi' = \sin r \cos\omega$. Dies vorausgeschickt, wenden wir die Formel (16) der Nr. 83, welche das Differential einer Strecke gibt, auf die beiden Strecken Mm, Mm' an; bezeichnet θ den Winkel zwischen $m'M$ und der Tangente an die Kurve C', so ist

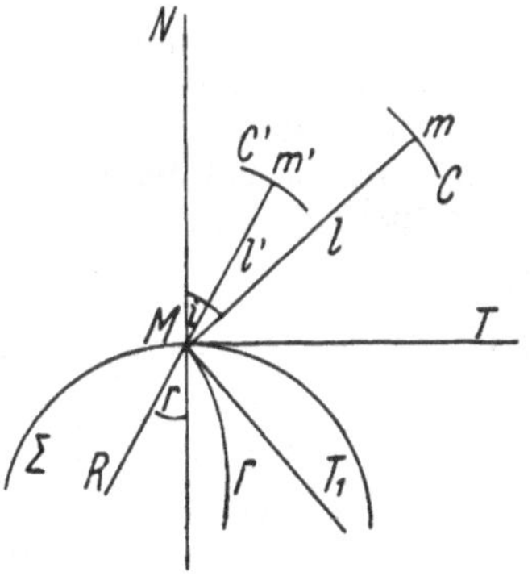

Fig. 53.

$$dl = -d\sigma \cos\omega \sin i,$$
$$dl' = -d\sigma \cos\omega \sin r - ds' \cos\theta.$$

Ersetzt man hierin dl' durch $k\,dl$, so leitet man daraus die Beziehung

$$\cos\omega\, d\sigma(k \sin i - \sin r) = ds' \cos\theta$$

ab, die für $k = n$ in $ds' \cos\theta = 0$ übergeht. Der Strahl Mm' ist also zur Kurve C' normal und da C' eine beliebige Kurve der Fläche S' ist, so folgt daraus, daß der gebrochene Strahl gerade die Normale der Fläche S' ist. Diese Fläche S' heißt die sekundäre Kaustica. Es ist klar, daß dies die Einhüllende der Kugel ist, die mit einem Radius gleich der n-fachen Länge von Mm um den Punkt M als Mittelpunkt beschrieben wird, und man kann das erhaltene Resultat so aussprechen:

Es seien die einfallenden Strahlen zu einer Fläche S normal und wir betrachten diese Fläche als die Einhüllende von Kugeln, deren Mittelpunkte auf der brechenden Fläche Σ liegen. Um die sekundäre Kaustica in bezug auf die gebrochenen Strahlen zu erhalten, muß man die Einhüllende aller Kugeln nehmen, die man erhält, wenn man den Radius der ersteren im Verhältnis der Einheit zum Brechungsindex reduziert.

Diese Einhüllende setzt sich aus zwei Mänteln zusammen, welche gleichen, dem Zeichen nach aber entgegengesetzten Werten des Brechungsindex entsprechen. Im allgemeinen ist es unmöglich, diese beiden Flächen analytisch zu scheiden.

262. **Komplexe.** Ein Komplex von Geraden wird durch die Menge von Geraden, welche von drei variablen Parametern abhängen, gebildet. Es seien

(70) $$x = az + p, \qquad y = bz + q$$

die Gleichungen einer Geraden; jeder Komplex von Geraden wird durch eine bestimmte Beziehung zwischen a, b, p, q

(71) $$F(a, b, p, q) = 0$$

definiert und umgekehrt. Ist F ein ganzes Polynom in a, b, p, q, so ist der Komplex algebraisch. Die Geraden des Komplexes, welche durch einen gegebenen Punkt (x_0, y_0, z_0) hindurchgehen, bilden einen Kegel, dessen Scheitel dieser Punkt ist und dessen Gleichung man erhält, wenn man a, b, p, q zwischen den Relationen (70), (71) und (72)

(72) $$x_0 = az_0 + p, \qquad y_0 = bz_0 + q$$

eliminiert; die Gleichung eines Kegels des Komplexes ist also

(73) $$F\left(\frac{x - x_0}{z - z_0}, \quad \frac{y - y_0}{z - z_0}, \quad \frac{x_0 z - x z_0}{z - z_0}, \quad \frac{y_0 z - y z_0}{z - z_0}\right) = 0.$$

Ebenso gibt es in jeder Ebene unendlich viele Geraden, die dem Komplex angehören; diese Geraden hüllen eine Kurve ein, welche eine Kurve des Komplexes heißt. Ist der Komplex algebraisch, so ist die Ordnung des Kegels des Komplexes gleich der Klasse der Kurve des Komplexes. Denn nehmen wir an, man wolle die Geraden des Komplexes erhalten, die durch einen gegebenen Punkt A gehen und in einer durch diesen Punkt gehenden Ebene P liegen. Man kann dazu zwei Wege einschlagen: man kann den Kegel des Komplexes, dessen Scheitel in A liegt, durch die Ebene P schneiden oder durch den Punkt A die Tangenten an die in der Ebene P liegende Kurve des Komplexes ziehen. Da man hierbei auf die gleiche Anzahl von Geraden kommen muß, so folgt daraus die Richtigkeit des ausgesprochenen Satzes.

Wenn sich der Kegel des Komplexes auf eine Ebene reduziert, so heißt der Komplex linear und die Gleichung (71) ist von der Form

(74) $$Aa + Bb + Cp + Dq + E(aq - bp) + F = 0;$$

Der Ort der Geraden des Komplexes, die durch einen Punkt (x_0, y_0, z_0) hindurchgehen, ist die durch die Gleichung

(75) $$\begin{cases} A(x - x_0) + B(y - y_0) + C(x_0 z - z_0 x) \\ \qquad + D(y_0 z - z_0 y) + E(y_0 x - x_0 y) + F(z - z_0) = 0 \end{cases}$$

dargestellte Ebene. Da die Kurve des Komplexes von der Klasse eins sein muß, so reduziert sie sich auf einen Punkt, d. h. alle Geraden des Komplexes, die in einer Ebene liegen, gehen durch einen Punkt dieser Ebene, welcher der Pol oder Brennpunkt heißt. Ein linearer Komplex stellt somit eine Beziehung zwischen den Punkten und den Ebenen im Raume dar derart, daß einem Punkte eine durch diesen Punkt gehende Ebene und einer Ebene ein auf der Ebene liegender Punkt entspricht. Auch die Geraden des Raumes sind einander zugeordnet. Es sei D eine Gerade, die nicht dem Komplex angehört; es seien F und F' die Brennpunkte zweier Ebenen, die durch diese Gerade gehen, und Δ ihre Verbindungslinie. Der Brennpunkt jeder durch Δ gehenden Ebene ist der Punkt φ, in welchem sie die Gerade D trifft, denn die Geraden φF, $\varphi F'$ gehören offenbar zum Komplex. Daraus folgt, daß jede Gerade, die D und Δ trifft, zum Komplex gehört und daß der Brennpunkt einer durch D gehenden Ebene der Schnittpunkt dieser Ebene mit der Geraden Δ ist. Die beiden Geraden D und Δ heißen **konjugierte Geraden**; jede von ihnen ist der Ort der Brennpunkte der durch die andere gehenden Ebenen.

Rückt die Gerade D ins Unendliche, so werden die durch D gehenden Ebenen parallel und man sieht, daß der Ort der Brennpunkte der zu einer festen Ebene parallelen Ebenen eine Gerade ist. Es gibt auch stets eine solche Ebene, daß der Ort der Brennpunkte der parallelen Ebenen eine zu dieser Ebene normale Gerade sei. Hat man diese Gerade zur z-Achse genommen, so muß jede Ebene, deren Brennpunkt auf der z-Achse liegt, zur Ebene $z = 0$ parallel sein. Nach der Gleichung (75) ist hierzu notwendig und hinreichend, daß $A = B = C = D = 0$ sei; die Gleichung des Komplexes nimmt die einfache Form

$$aq - bp + K = 0 \tag{76}$$

an und die Ebene, deren Brennpunkt im Punkte (x, y, z) liegt, hat die Gleichung

$$Xy - Yx + K(Z - z) = 0, \tag{77}$$

wo X, Y, Z die laufenden Koordinaten sind.

Suchen wir als Anwendung die Kurven, deren Tangenten dem vorstehenden Komplex angehören. Es sei eine derartige Kurve gegeben, deren Koordinaten x, y, z Funktionen eines variablen Parameters sind; die Tangente in einem Punkte dieser Kurve wird durch die Gleichungen

$$\frac{X - x}{dx} = \frac{Y - y}{dy} = \frac{Z - z}{dz}$$

gegeben; damit diese Gerade dem Komplex angehöre, ist notwendig und hinreichend, daß sie in der Ebene (77) liege, deren Brennpunkt der Punkt (x, y, z) ist. d. h. daß

$$x\,dy - y\,dx = K\,dz \tag{78}$$

sei. Man hat früher Nr. 230 gesehen, wie man alle Funktionen x, y, z eines variablen Parameters erhalten kann, welche dieser Beziehung Genüge leisten; man erhält so alle Kurven, welche die Forderung befriedigen.

Die in der Nr. 230 erhaltenen Resultate lassen sich in der Theorie der Komplexe leicht aussprechen. So erhält man durch Differentiation der Gleichung (78)

$$x\,d^2y - y\,d^2x = K\,d^2z \tag{79}$$

und die Relationen (78) und (79) zeigen, daß die Schmiegungsebene im Punkte (x, y, z) gerade die Ebene (77) ist. Man kann somit den folgenden Satz aussprechen: **Wenn die Tangenten an eine Raumkurve einem linearen Komplex angehören, so ist die Schmiegungsebene in einem Punkte dieser Kurve die Ebene, deren Brennpunkt dieser Punkt ist.**

Denken wir uns, daß man von einem Punkte O des Raumes Oskulationsebenen an eine Raumkurve Γ ziehen wolle, deren Tangenten einem linearen Komplexe angehören. Es sei M der Berührungspunkt einer dieser Ebenen. Nach dem vorstehenden Theoreme ist MO eine Gerade des Komplexes und infolgedessen liegt der Punkt M in der Ebene, deren Brennpunkt dieser Punkt O ist. Umgekehrt, wenn der Punkt M der Kurve Γ in dieser Ebene liegt, so liegt die Gerade MO, die dem Komplex angehört, in der Schmiegungsebene in M und diese Schmiegungsebene geht durch den Punkt O. Die gesuchten

Punkte sind also die Schnittpunkte der Kurve Γ mit der Ebene, deren Brennpunkt der Punkt O ist (vgl. Nr. 230).

Den linearen Komplexen begegnet man in einer großen Anzahl von geometrischen und mechanischen Theorien.

Übungen.

1. Es sind die Krümmungslinien der abwickelbaren Fläche zu finden, welche die Einhüllende einer beweglichen Ebene ist, die in rechtwinkligen Koordinaten durch die Gleichung

$$z = \alpha x + y\,\varphi(\alpha) + R\sqrt{1 + \alpha^2 + \varphi^2(\alpha)}$$

dargestellt wird, wo α ein variabler Parameter, $\varphi(\alpha)$ eine willkürliche Funktion dieses Parameters und R eine gegebene Konstante ist.

2. Es seien a, b, α, β Funktionen eines variablen Parameters; man sucht die Bedingungen dafür, daß die Gerade $x = az + \alpha$, $y = bz + \beta$ eine abwickelbare Fläche erzeuge, deren zu den Erzeugenden senkrechte Krümmungslinien auf konzentrischen Kugeln liegen.

3. Die Krümmungslinien der Fläche zu bestimmen, die in rechtwinkligen Koordinaten durch die Gleichung $e^z = \cos x \cos y$ dargestellt wird.

4. Es sei ein Ellipsoid mit drei ungleichen Achsen gegeben, das in rechtwinkligen Koordinaten durch die Gleichung

$$\frac{x^2}{a^2} + \frac{y^2}{b^2} + \frac{z^2}{c^2} - 1 = 0$$

dargestellt wird, und man betrachtet die in der xz-Ebene liegende Ellipse E. Für jeden Punkt M dieser Ellipse sind zu bestimmen: 1. die Ausdrücke für die Hauptkrümmungsradien R_1, R_2 des Ellipsoids; 2. die Beziehung, die zwischen R_1 und R_2 besteht; 3. der Ort der Hauptkrümmungsmittelpunkte, wenn sich der Punkt M längs der Ellipse E bewegt.

5. Es ist die Gleichung zweiten Grades zu bilden, welche die Hauptkrümmungsradien in einem beliebigen Punkte des Paraboloids gibt, das in rechtwinkligen Koordinaten durch die Gleichung

$$\frac{x^2}{a} + \frac{y^2}{b} = 2z$$

definiert ist; 2. es ist jeder der beiden Hauptkrümmungsradien für jeden Punkt der Schnittlinie des vorgelegten Paraboloids mit dem durch die Gleichung

$$\frac{x^2}{a-\lambda} + \frac{y^2}{a-\lambda} = 2z - \lambda$$

definierten Paraboloide als Funktion der Variablen z auszudrücken.

6. Es ist der Ort der Krümmungsmittelpunkte der Hauptschnitte des Paraboloids $xy = az$ in den verschiedenen Punkten der x-Achse zu bestimmen.

7. Es ist die Gleichung der Fläche zu finden, die der Ort der Krümmungsmittelpunkte der ebenen Schnitte einer gegebenen Fläche S ist, welche durch einen gegebenen Punkt M dieser Fläche gehen.

8. Gegeben sei eine Fläche zweiten Grades und eine Tangente MT in einem Punkte M dieser Fläche. Man legt eine Ebene durch MT und nimmt den Krümmungsmittelpunkt O des ebenen Schnittes, hierauf den Krümmungsmittelpunkt O' der Evolute des ebenen Schnittes. Es ist der Ort des Punktes O' zu finden, wenn sich die schneidende Ebene um MT dreht.

9. Die Asymptotenlinien des Torus zu bestimmen, der von einem um eine seiner Tangenten rotierenden Kreise erzeugt wird.

10. Es seien Ox, Oy, Oz drei rechtwinklige Koordinatenachsen und C eine gegebene Kurve der Ebene zOx. Eine Fläche wird durch einen Kreis erzeugt, dessen Ebene zur xy-Ebene parallel bleibt und dessen Mittelpunkt die Kurve C beschreibt und der beständig durch die z-Achse.

Man soll die Differentialgleichung der Asymptotenlinien der Fläche bilden, indem man als Variable die Koordinate z eines beliebigen Punktes und den Winkel θ nimmt, den der Radius des durch diesen Punkt gehenden Kreises mit der Spur der Kreisebene auf der Ebene zOx einschließt. Anwendung auf den Fall, daß die Kurve C eine Parabel ist, deren Scheitel der Punkt O und deren Achse die Gerade Ox ist.

11. Es sind die Asymptotenlinien einer Regelfläche zu bestimmen, die zu einer anderen Regelfläche in allen Punkten einer Erzeugenden $\varDelta$ der zweiten Fläche tangential ist, während alle Erzeugenden der ersten Fläche durch die Gerade $\varDelta$ gehen.

12. Es sind auf dem geraden Helikoide die Linien zu finden, deren Oskulationsebene die Flächennormale enthält.

13. Mann suche die Asymptotenlinien der durch die Gleichungen

$$x = (1 + u)\cos v\,, \qquad y = (1 - u)\sin v\,, \qquad z = u$$

dargestellten Regelfläche.

14*. Es sei eine Fläche S und eine Gerade $\varDelta$ gegeben; die Schnitte der Fläche mit den durch die Gerade $\varDelta$ gehenden Ebenen und die Berührungskurven der Kegel, die der Fläche S umschrieben sind und ihre Scheitel auf $\varDelta$ haben, bilden ein konjugiertes Netz. (Koenigs).

15*. Auf jeder Fläche kennt man eine imaginäre Krümmungslinie: sie ist der Ort der Punkte, für die $1 + p^2 + q^2 = 0$ ist.

Um dies zu beweisen, bringt man die Differentialgleichung der Krümmungslinien auf die Form

$$(dp\,dy - dq\,dx)(1 + p^2 + q^2) + (p\,dy - q\,dx)(p\,dp + q\,dq) = 0\,.$$

(Darboux).

Kolibri 360 GmbH
Ferdinand-Jühlke-Straße 7
99095 Erfurt, Deutschland
produktsicherheit@kolibri360.de